Vector Identities

$$\mathbf{A} = A_x\hat{\mathbf{e}}_x + A_y\hat{\mathbf{e}}_y + A_z\hat{\mathbf{e}}_z, \quad A^2 = A_x^2 + A_y^2 + A_z^2, \quad \mathbf{A}\cdot\mathbf{B} = A_xB_x + A_yB_y + A_zB_z$$

$$\mathbf{A}\times\mathbf{B} = \begin{vmatrix} A_y & A_z \\ B_y & B_z \end{vmatrix}\hat{\mathbf{e}}_x + \begin{vmatrix} A_z & A_x \\ B_z & B_x \end{vmatrix}\hat{\mathbf{e}}_y + \begin{vmatrix} A_x & A_y \\ B_x & B_y \end{vmatrix}\hat{\mathbf{e}}_z$$

$$\mathbf{A}\cdot(\mathbf{B}\times\mathbf{C}) = \begin{vmatrix} A_x & A_y & A_z \\ B_x & B_y & B_z \\ C_x & C_y & C_z \end{vmatrix} = A_x\begin{vmatrix} B_y & B_z \\ C_y & C_z \end{vmatrix}\hat{\mathbf{e}}_x + A_y\begin{vmatrix} B_z & B_x \\ C_z & C_x \end{vmatrix}\hat{\mathbf{e}}_y + A_z\begin{vmatrix} B_x & B_y \\ C_x & C_y \end{vmatrix}\hat{\mathbf{e}}_z$$

$$\mathbf{A}\times(\mathbf{B}\times\mathbf{C}) = \mathbf{B}(\mathbf{A}\cdot\mathbf{C}) - \mathbf{C}(\mathbf{A}\cdot\mathbf{B}), \qquad \sum_k \varepsilon_{ijk}\varepsilon_{pqk} = \delta_{ip}\delta_{jq} - \delta_{iq}\delta_{jp}$$

Vector Calculus

$$\mathbf{F} = -\boldsymbol{\nabla}V(r) = -\frac{\mathbf{r}}{r}\frac{dV}{dr} = -\hat{\mathbf{r}}\frac{dV}{dr}, \qquad \boldsymbol{\nabla}\cdot[\mathbf{r}f(r)] = 3f(r) + r\frac{df}{dr},$$

$$\boldsymbol{\nabla}\cdot(r^n\hat{\mathbf{r}}) = (n+2)r^{n-1}$$

$$\boldsymbol{\nabla}(\mathbf{A}\cdot\mathbf{B}) = (\mathbf{A}\cdot\boldsymbol{\nabla})\mathbf{B} + (\mathbf{B}\cdot\boldsymbol{\nabla})\mathbf{A} + \mathbf{A}\times(\boldsymbol{\nabla}\times\mathbf{B}) + \mathbf{B}\times(\boldsymbol{\nabla}\times\mathbf{A})$$

$$\boldsymbol{\nabla}\cdot(S\mathbf{A}) = \boldsymbol{\nabla}S\cdot\mathbf{A} + S\,\boldsymbol{\nabla}\cdot\mathbf{A}, \qquad \boldsymbol{\nabla}\times(S\mathbf{A}) = \boldsymbol{\nabla}S\times\mathbf{A} + S\,\boldsymbol{\nabla}\times\mathbf{A}$$

$$\boldsymbol{\nabla}\cdot(\mathbf{A}\times\mathbf{B}) = \mathbf{B}\cdot(\boldsymbol{\nabla}\times\mathbf{A}) - \mathbf{A}\cdot(\boldsymbol{\nabla}\times\mathbf{B})$$

$$\boldsymbol{\nabla}\times(\mathbf{A}\times\mathbf{B}) = \mathbf{A}\,\boldsymbol{\nabla}\cdot\mathbf{B} - \mathbf{B}\,\boldsymbol{\nabla}\cdot\mathbf{A} + (\mathbf{B}\cdot\boldsymbol{\nabla})\mathbf{A} - (\mathbf{A}\cdot\boldsymbol{\nabla})\mathbf{B},$$

$$\boldsymbol{\nabla}\cdot(\boldsymbol{\nabla}\times\mathbf{A}) = 0, \quad \boldsymbol{\nabla}\times\boldsymbol{\nabla}S = 0, \quad \boldsymbol{\nabla}\times\mathbf{r} = 0, \quad \boldsymbol{\nabla}\times[\mathbf{r}f(r)] = 0$$

$$\boldsymbol{\nabla}^2\frac{1}{r} = -4\pi\,\delta(\mathbf{r}), \qquad \boldsymbol{\nabla}\times(\boldsymbol{\nabla}\times\mathbf{A}) = \boldsymbol{\nabla}(\boldsymbol{\nabla}\cdot\mathbf{A}) - \boldsymbol{\nabla}^2\mathbf{A}$$

$$\int_V \boldsymbol{\nabla}\cdot\mathbf{B}\,d^3r = \int_S \mathbf{B}\cdot d\boldsymbol{\sigma}, \quad \text{(Gauss)}$$

$$\int_S (\boldsymbol{\nabla}\times\mathbf{A})\cdot d\boldsymbol{\sigma} = \oint \mathbf{A}\cdot d\mathbf{r}, \quad \text{(Stokes)}$$

$$\int_V (\varphi\boldsymbol{\nabla}^2\psi - \psi\boldsymbol{\nabla}^2\varphi)d^3r = \int_S (\varphi\boldsymbol{\nabla}\psi - \psi\boldsymbol{\nabla}\varphi)\cdot d\boldsymbol{\sigma}, \quad \text{(Green)}$$

$$\delta(ax) = \frac{1}{|a|}\delta(x), \quad \delta(f(x)) = \sum_{\substack{i,f(x_i)=0 \\ f'(x_i)\neq 0}} \frac{\delta(x-x_i)}{|f'(x_i)|},$$

$$\delta(t-x) = \frac{1}{2\pi}\int_{-\infty}^{\infty} e^{i\omega(t-x)}d\omega = \sum_{n=0}^{\infty}\varphi_n^*(t)\varphi_n(x)$$

General Orthogonal Coordinates

Cartesian Coordinates

$$q_1 = x\,, \quad q_2 = y\,, \quad q_3 = z\,; \quad h_1 = h_2 = h_3 = 1, \quad \mathbf{r} = x\,\hat{\mathbf{x}} + y\,\hat{\mathbf{y}} + z\,\hat{\mathbf{z}}$$

Cylindrical Coordinates

$$q_1 = \rho\,, \quad q_2 = \varphi\,, \quad q_3 = z\,; \quad h_1 = h_\rho = 1\,, \quad h_2 = h_\varphi = \rho\,, \quad h_3 = h_z = 1,$$

$$\mathbf{r} = \rho\cos\varphi\,\hat{\mathbf{x}} + \rho\sin\varphi\,\hat{\mathbf{y}} + z\,\hat{\mathbf{z}}$$

Spherical Polar Coordinates

$$q_1 = r\,, \quad q_2 = \theta\,, \quad q_3 = \varphi\,; \quad h_1 = h_r = 1\,, \quad h_2 = h_\theta = r\,, \quad h_3 = h_\varphi = r\sin\theta,$$

$$\mathbf{r} = r\sin\theta\cos\varphi\,\hat{\mathbf{x}} + r\sin\theta\sin\varphi\,\hat{\mathbf{y}} + r\cos\theta\,\hat{\mathbf{z}}$$

$$d\mathbf{r} = \sum_i h_i dq_i\,\hat{\mathbf{q}}_i\,, \qquad \mathbf{A} = \sum_i A_i\,\hat{\mathbf{q}}_i\,, \quad \mathbf{A}\cdot\mathbf{B} = \sum_i A_i B_i\,, \quad \mathbf{A}\times\mathbf{B} = \begin{vmatrix} \hat{\mathbf{q}}_1 & \hat{\mathbf{q}}_2 & \hat{\mathbf{q}}_3 \\ A_1 & A_2 & A_3 \\ B_1 & B_2 & B_3 \end{vmatrix}$$

$$\int_V f\,d^3r = f(q_1,q_2,q_3)h_1h_2h_3\,dq_1dq_2dq_3\,, \qquad \int_L \mathbf{F}\cdot d\mathbf{r} = \sum_i \int_i F_i h_i\,dq_i\,,$$

$$\int_S \mathbf{B}\cdot d\boldsymbol{\sigma} = \int B_1h_2h_3\,dq_2dq_3 + \int B_2h_3h_1\,dq_3dq_1 + \int B_3h_1h_2\,dq_1dq_2\,,$$

$$\boldsymbol{\nabla}V = \sum_i \frac{1}{h_i}\frac{\partial V}{\partial q_i}\,\hat{\mathbf{q}}_i$$

$$\boldsymbol{\nabla}\cdot\mathbf{F} = \frac{1}{h_1h_2h_3}\left[\frac{\partial}{\partial q_1}(F_1h_2h_3) + \frac{\partial}{\partial q_2}(F_2h_3h_1) + \frac{\partial}{\partial q_3}(F_3h_1h_2)\right]$$

$$\boldsymbol{\nabla}^2V = \frac{1}{h_1h_2h_3}\left[\frac{\partial}{\partial q_1}\left(\frac{h_2h_3}{h_1}\frac{\partial V}{\partial q_1}\right) + \frac{\partial}{\partial q_2}\left(\frac{h_3h_1}{h_2}\frac{\partial V}{\partial q_2}\right) + \frac{\partial}{\partial q_3}\left(\frac{h_1h_2}{h_3}\frac{\partial V}{\partial q_3}\right)\right]$$

$$\boldsymbol{\nabla}\times\mathbf{F} = \frac{1}{h_1h_2h_3}\begin{vmatrix} h_1\,\hat{\mathbf{q}}_1 & h_2\,\hat{\mathbf{q}}_2 & h_3\,\hat{\mathbf{q}}_3 \\ \partial/\partial q_1 & \partial/\partial q_2 & \partial/\partial q_3 \\ h_1F_1 & h_2F_2 & h_3F_3 \end{vmatrix}$$

Euler-Mascheroni Constant

$$\gamma = \lim_{n\to\infty}\left[1 + \frac{1}{2} + \frac{1}{3} + \cdots + \frac{1}{n} - \ln(n+1)\right] = 0.57721\ 56649\ 01533$$

Bernoulli Numbers

$$B_0 = 1\,, \quad B_1 = -\frac{1}{2}\,, \quad B_2 = \frac{1}{6}\,, \quad B_4 = -\frac{1}{30}\,, \quad B_6 = \frac{1}{42}\,, \quad B_8 = -\frac{1}{30}\,, \quad \cdots$$

수리물리학 7판

Mathematical Methods for Physicists

A Comprehensive Guide

Arfken, Weber, and Harris 지음 | 이지우 감수
강지훈 · 고태준 · 박완일 · 심경무 · 윤영귀 · 이종수 · 이지우 · 이현민 옮김

George B. Arfken
Miami University
Oxford, OH

Hans J. Weber
University of Virginia
Charlottesville, VA

Frank E. Harris
University of Utah, Salt Lake City, UT
and
University of Florida, Gainesville, FL

청문각

▪ 역자 서문

아프켄(Arfken) 4판의 번역이 1999년 경문사에서 출판한 뒤로 아프켄의《수리물리학》책은 5, 6, 7판본이 나왔으나 국내에 번역본이 출간되지 않았다. 학생들의 영어 능력이 매우 뛰어 나게 되어 아프켄의 책을 원서로 보는 학생들이 늘었으리라 짐작되고 기초 과학에 대한 사회적인 보상의 감소로 인해 물리학과에서는 수리물리학을 좀 더 쉬운 교재로 가르치게 된 경향도 아프켄의《수리물리학》의 번역본에 대한 수요를 감소시켰을 것이다. 어렵게 가르치고 배워봤자 쓸모없다는 자조감도 영향을 끼쳤으리라 본다.

오랫동안 대학에서 강의를 해본 결과, 수리물리학을 아프켄으로 가르치는 것이 조금 어렵더라도 강의 하는 사람이나 학생들에게 더 많은 동기부여를 제공한다는 점에서 아프켄은 수리물리학 교재의 정수라고 생각한다. 실제로 7판의 모든 장들은 과학자나 공학자들이 한번쯤은 자기 연구 분야나 응용 분야, 더 나아가 일상생활에서도 만날 수 있는 중요한 수학적 범주를 모두 포함하고 있다. 게다가 방대한 양의 연습문제와 참고 문헌은 마치 과학이라는 것이 모두 이 책 안에 들어 있는 것과 같은 착각을 일으킬 정도다. 그만큼 아프켄은 수리물리학 교재의 바이블이라고 할 수 있겠다.

저자 서문에서도 밝혔듯이 단학기 학부 강의, 2학기 학부 강의, 대학원 강의 교재로 손색이 없고, 책의 내용은 물리학 전공의 어느 분야를 택하더라도 필요한 내용을 담고 있으므로, 그에 맞게 강의 계획을 할 수 있을 것이다. 학생들은 어떤 분야를 공부하든지 간에 수학적인 사항이 다시 필요할 때, 가까이 두고 훑어 볼 수 있는 동반자로 사용할 수 있을 것이다.

학생들이 원서로 강의하면 번역본이 있는지 질문을 매번 하였는데, 그때마다 시간이 나면 내가 번역하마라고 허풍을 떨었다. 이번에 청문각 출판사에서 학생들에게 식언하지 않도록 7판 번역본을 기획해주셨다. 물리학도 어려운데 원서 아프켄의 행간 속에 들어 있는 깊은 의미까지 이해하는 것은 영어에 대해서 문턱이 있는 학생들에게 너무 과하다는 피드백을 많이 받았기에 이번 번역본을 내는 것이 수리물리학 전반에 대한 학생들의 이해를 증진시키는 데 도움이 되었으면 하는 바람이다.

번역에 있어 특이한 점은 원서의 장을 기준으로 12장 해석학에서의 심화 주제, 16장 각운동량, 17장 군이론, 21장 적분 방정식, 23장 확률과 통계 부분은 생략하였고, 13 ~ 15장은 학생들에게 꼭 필요한 절들만을 모아 한 개장으로 축약했다. 학부에서 2학기 과목을 가르칠 때를 기준으로 해서 번역본 기준 1 ~ 8장을 첫 학기에, 9 ~ 16장은 둘째 학기에 강의를 할 수 있도록 구성해보았다. 각운동량은 양자역학에서, 확률과 통계 부분은 고등학교의 확률과 통계와 통계 역학 교재, 대학 통계학 교재를 참고할 수 있고, 군이론은 대학원 과정에서 중요하므로 대학원에서 다룬다면, 이 번역본은 학부 학생들의 2학기 수리물리학 과정으로 적당할 것으로 생각한다. 용어는 한국 물리학회의 물리학용어집, 대한 수학회 용어집, 창의 재단의 교과서 편수 자료를 기준으로 하였으나, 때로는 이해를 돕기 위해 전통적인 수학 교재에서 사용한 용어를 사용하였다. 첫 번역이라 매끄럽지 못한 부분이 많아서, 강의 하시는 분들과 학생 분들이 불편한 부분이 있을 것이다. 출판사나 역자들에게 피드백을 주시면 다음에는 더 나은 번역본이 나오도록 경주하겠다.

대학 수학 교과 과정은 엄밀한 증명의 과정이 필요하지만 물리학이나 공학에서는 연구에 필요한 수학적 지식을 알기 위해서 수학 증명을 완벽하게 공부하기에는 시간적인 여유가 없다. 아프켄 책을 하나하나 따라가다 보면 때로는 증명을 완벽하게 할 수는 없지만, 꽤 많은 것들을 스스로 증명해보는 즐거움을 찾을 수 있을 것이다. 또한 충분한 양의 연습문제를 풀어보면서 스스로 터득할 수 있는 것들도 많을 것이다.

바쁜 연구와 교육 시간을 쪼개서 번역하는 수고를 마다하시지 않으시고 참여하신 존경하는 교수님들을 대표하여 번역하는 과정에서 도움을 주신 청문각의 모든 분들께 감사드리며, 작은 노력이 씨앗이 되어서 조금씩 흐름을 바꿀 수 있다는 믿음으로 과학자와 공학자의 꿈을 꾸는 미래 세대에게 이 책을 바친다. 이제 강의할 시간이다.

감수 이 지 우

▪ 저자 서문

《물리학도를 위한 수리물리학》의 이번 7판은 이전 6개의 판본에 의해 정해진 전통을 유지하고 있으며, 학생으로서 또는 시작하는 연구자로서 열정적인 과학자와 공학자들이 만나게 될 모든 수학적인 방법을 보여주는 것을 그 목표로 하고 있다. 이 판의 구성이 이전 판들의 구성과 몇 가지 점에서 다르긴 하지만, 보여주는 방식은 동일하다. 책에 소개된 거의 모든 수학적인 관계에 대한 증명이 서술되어 있고, 어떻게 수학이 실재 세계의 물리 문제에 적용되는지 설명하는 예들과 함께 제공된다. 많은 연습문제들은 학생들이 수학적인 개념을 사용하는 능력을 발전시키는 기회를 제공할 것이고, 또한 물리에서 수학이 실제로 쓰이는 방대한 내용들을 보여줄 것이다.

이전 판에서와 마찬가지로, 수학 증명은 수학자들이 엄밀하다고 생각할 정도는 아니지만, 그럼에도 불구하고 관련된 사고들의 핵심을 전달하며, 또한 다뤄야 할 수학적 관련성과 연관된 조건과 제한에 대한 이해를 제공한다. 일반화를 최대화하는 것은 시도하지 않았고, 수학 공식을 성립시키는 필요한 조건을 최소화하지도 않았다. 일반적으로 독자들은 물리 내용에서 수학을 사용하는 데 유의미할 조건들에 대해서 주의를 받을 것이다.

학생 여러분께

이 책에 나와 있는 수학은 어느 정도의 능력으로 적용되지 않으면 소용이 없고, 그러한 능력의 익힘은 수동적으로는, 즉 단순히 책 내용을 읽는다든가 쓰여 있는 것을 이해하는 것, 또는 심지어 강의하는 사람이 보여주는 것을 주의 깊게 듣는다고 해서 얻어지지 않을 것이다. 수동적인 이해는 개념을 이용하고, 어떤 표현들을 유용한 공식으로 변환하는지 결정하고, 문제를 푸는 전략을 세우는 경험에 의해 보강될 필요가 있다. 유의미한 수학적인 도구를 얻고, 그것들을 사용하는 경험을 얻기 위해 꽤 많은 양의 배경 지식을 익혀야 한다. 이것은 문제들을 푸는 것을 통해서만 얻어질 수 있고, 이런 이유에서 이 책은 1400개에 가까운 문제를 포함하고 있다. 그중 많은 문제는 해답이 있다. (그러나 풀이 과정은 없다.) 만약 이 책을 독학하는 데 쓰거나 또는 강의하는 분이 상당한 양의 문제를 숙제로 내지 않는다면, 문제 중 충분한 비율만큼 풀 수 있을 때까지 연습문제를 풀기를 충고한다.

이 책은 여러분이 물리에서 중요한 수학적인 방법에 관해 배우도록 도와줄 수 있고, 또한 졸업한 이후에도 죽 참고 서적으로 사용될 수 있을 것이다. 앞으로 오랜 시간 동안 이 책이 쓸모가 있도록 새롭게 단장하였다.

새로운 것들

이 7판은 이전 판에 대한 중대하고 상세한 개정판이다. 책 내용의 모든 용어들은 적당한지 시험하였고, 용어들의 위치가 적당한지 고려하였다. 이 개정판의 주요 특징은 (1) 주제의 순서가 제공되고 논의되기 전에 그 개념을 사용할 필요를 줄이기 위해서 향상되었다. (2) 소개장은 잘 준비된 학생들이 알만하고, 나중 장들에서 (많은 부가 설명 없이) 의존할 내용들을 지니게 하였다. 이는 책에서 중언부언 하는 것을 줄이게 하였다. 이러한 구성의 특징은 배경지식이 부족한 학생들로 하여금 책의 나머지 부분에 대해서 준비하게 할 수 있다. (3) 최근 들어 중요성과 유의미성이 증가한 주제들을 강조하여 보여주었다. 이러한 범주에 있는 장들은 벡터공간, 그린 함수, 각운동량, 특수 함수를 다룬 것 중에서는 다이로그 함수를 포함한 장들이 있다. (4) 복소 적분이라는 지극히 중요한 도구를 사용하는 능력을 증가시키기 위해 복소 적분에 대해서 더 상세히 논의하였다. (5) 책에 나와 있는 연습문제 사이의 상호 관련성을 향상시켰고, 필요하다고 생각되는 곳에 271개의 새로운 연습문제를 추가하였다. (6) 학생들이 따라가기 어렵다고 생각한 유도 과정들은 몇 개의 단계를 추가하였다. 필요하다고 생각되는 곳에 이해를 좀 더 명확하게 하고 쉽게 하기 위해서 그 내용을 다시 썼다.

새롭고 확장된 이 책의 특성을 넣기 위해 중요한 내용을 가진 몇몇 주제는 삭제하거나 조금 덜 강조할 필요가 있었다. 대부분의 경우, 이렇게 삭제된 내용들은 강의하는 분이나 학생들에게 이 책에 대한 온라인 부록으로 포함시키는 것으로 남겼다. 온라인에서만 다루는 것들은, 마티유 함수, 비선형 방법과 카오스, 주기적 계에 대한 새로운 장들이다. 이것들은 예와 연습문제와 함께, 학생들과 강의하는 분들에 의해 완벽하게 사용될 수 있도록 준비된 완전하고 새롭게 개정된 장들이다. 많은 강의하는 분들이 6판에서와 같이 무한급수에 대한 내용은 같은 구성 형태를 원해서, 그 부분은(대개 인쇄 판본에서와 동일하지만, 한 곳에 모두 있지는 않은) 하나의 단위로 제공되는 온라인판 무한급수 장으로 모았다. 온라인 내용들은 www.elsevierdirect.com에서 찾을 수 있다.

책 내용을 관통하는 길

이 책은 한 명의 강의하는 분이 2학기 동안 전부 다루기에는 많은 내용을 가지고 있다. 강의에 사용되지 않을 내용들은 참고용이나, 특별한 프로젝트를 위해 필요할 때 이용 가능하도록 남아 있다. 완벽하게 준비되지 않은 학생들이 사용하기에는 전형적인 학기 코스로는 1~3장, 4장의 일부분, 5~6장, 11장의 일부를 사용할 수 있을 것이다. 표준 대학원 1학기 코스로는 1~3장은 선이수한 것으로 하고, 4장의 일부, 5~9장, 11장, 12장, 16장, 18장을 시간이 허락하는 한 다룰 수 있을 것이다. 대학원에서 1년 코스로는 몇몇 장들을 추가해서 나갈 수 있을 것인데, 20장(그리고 학생들이 익숙하지 않다면 19장도)과 강의하는 분의 전반적인 대학원 교과과정에 따른 선택적인 장들을 다룰 수 있을 것이다. 1~3장, 5~9장, 11장을 다루었고, 학생들에게 그 내용이 알려져 있으면, 남아 있는 장들을 대부분 선택해도 학생들에게 충분히 접근 가능할 것이다. 그러나 15, 16, 17장은 포함하도록 선택하는 것이 현명할 것으로 본다.

감사의 글

7판은 많은 분들의 조언과 도움을 받았다. 이름 모를 독자들로부터 또한 유타 대학의 학생들과의 소통으로부터 귀중한 조언들을 제공 받았다. Elsevier출판사의 Patricia Osborn 편집장, Kathryn Morrissey 편집 프로젝트 매니저로부터 중요한 도움을 받았고, 출판 서비스 매니저 Jeff Freeland가 아주 능력 있게 제작을 감독해 주었다. FEH는 친구들의 지원과 격려에 감사하고, 파트너 Sharon Carlson에게도 감사한다. 그녀가 없었다면 그는 이 프로젝트를 적당한 시간에 맞춰 결과물로 만드는 데 필요한 에너지와 목표 의식을 가질 수 없었을 것이다.

▪ 차례

CHAPTER 1 수학 기초

CHAPTER 2 행렬식과 행렬

CHAPTER 3 벡터해석

CHAPTER 6 고윳값 문제

CHAPTER 7 상미분 방정식

CHAPTER 8 스텀-리우빌 이론

CHAPTER 9 편미분 방정식

CHAPTER 10 그린 함수

CHAPTER 11 복소 변수 이론

CHAPTER 12 감마 함수·베셀 함수·르장드르 함수

CHAPTER 13 더 많은 특수 함수

CHAPTER 14 푸리에 급수

CHAPTER 15 적분 변환

CHAPTER 16 변분법

CHAPTER 1

수학 기초

첫 장에서 이 책 전체에 필요한 여러 가지 수학적 기법을 개괄한다. 일부 주제(예: 복소변수)는 뒷장에서 더 자세히 다룰 것이다. 또한 이 장에서 짧게 소개하는 특수 함수들 중에서 물리학에 특별한 중요성이 있는 것(예: 베셀 함수)은 나중에 폭넓게 논의할 것이다. 다양한 수학적 주제를 다루는 후반부는 이 시점에서 요구되는 배경지식을 넘어서는 내용을 다룬다. 이 장의 끝에 있는 '더 읽을 거리'는 수학적 방법에 관한 일반 참고 문헌들을 포함하고 있는데, 일부는 이 책의 내용보다 수준이 더 높거나 포괄적이다.

1.1 무한급수

아마도 물리학자들의 도구 상자에서 가장 많이 사용되는 기술은 무한히 많은 항들의 합인 **무한급수**(infinite series)의 활용법이다. 무한급수를 사용하여 함수를 표현하거나 좀 더 분석이 용이한 형태로 바꾸고, 심지어 수치 계산의 준비 과정으로 무한급수를 활용한다. 따라서 급수 전개를 만들고 다루는 기술을 터득하는 것은 물리학의 수학적 방법에 대한 역량을 키우려는 이에게 절대적으로 필수적인 훈련 요소다. 그러므로 급수 전개는 이 책의 첫 번째 주제가 된다. 흔하게 접하는 전개로 대표되는 함수를 인식하는 능력이 이 기술의 중요한 부분이다. 또한 무한급수의 수렴과 관련된 쟁점을 이해하는 것도 중요하다.

■ 기본 개념

무한히 많은 항의 합에 의미를 부여하는 일반적인 방법은 부분합의 개념을 도입하는 것이다. 무한수열 $u_1, u_2, u_3, u_4, u_5, \ldots$에 대해 다음과 같이 부분합을 정의하자.

$$s_i = \sum_{n=1}^{i} u_n \tag{1.1}$$

이것은 유한한 합이고 아무런 어려움을 주지 않는다. 부분합 s_i가 $i \to \infty$일 때 유한한 극한

$$\lim_{i \to \infty} s_i = S \tag{1.2}$$

로 수렴하면 무한급수 $\sum_{n=1}^{\infty} u_n$이 **수렴하고**(convergent), 값 S를 갖는다고 말한다. 무한급수를 S와 같은 것으로 **정의한** 것과 극한에 수렴하는 필요조건은 $\lim_{n \to \infty} u_n = 0$임을 유의하자. 그렇지만 이 조건은 수렴을 보장하는 데 충분하지 않다.

때때로 식 (1.2)의 조건을 **코시 판정법**(Cauchy criterion)이라고 하는 형태로 적용하는 것이 편리하다. 즉 모든 $\varepsilon > 0$ 각각에 대해 $|s_j - s_i| < \varepsilon$이 N보다 큰 모든 i와 j에 대해서 성립하는 고정된 수 N이 존재하는지로 판단하는 것이다. 이것은 수열에서 멀리 갈수록 부분합이 몰려야 한다는 것을 의미한다.

어떤 급수는 **발산한다**(diverge). 즉 그것은 부분합의 수열이 $\pm\infty$로 접근한다는 것을 의미한다. 어떤 급수의 부분합은 다음 예에서처럼 두 값 사이에서 진동할 수 있다.

$$\sum_{n=1}^{\infty} u_n = 1 - 1 + 1 - 1 + 1 - \cdots - (-1)^n + \cdots$$

이 급수는 극한으로 수렴하지 않고 **진동한다**(oscillatory)고 말할 수 있다. 보통 **발산한다**(divergent)는 용어는 확장되어 진동 급수도 포함한다. 사용하려는 급수가 수렴하는지, 어떤 조건에서 수렴하는지를 결정할 수 있는 것은 중요하다.

예제 1.1.1 기하급수

$u_0 = 1$로 시작하고 연속하는 항의 비가 $r = u_{n+1}/u_n$인 기하급수의 형식은 다음과 같다.

$$1 + r + r^2 + r^3 + \cdots + r^{n-1} + \cdots$$

이것의 n번째 부분합(처음 n항들의 합) s_n은[1]

$$s_n = \frac{1 - r^n}{1 - r} \tag{1.3}$$

이다. $|r| < 1$로 제한하면 큰 n에 대해 r^n이 영으로 접근하고 s_n은 극한

$$\lim_{n \to \infty} s_n = \frac{1}{1 - r} \tag{1.4}$$

을 가지므로, $|r| < 1$인 경우에 이 기하급수는 수렴한다. $|r| \geq 1$인 경우에는 큰 n에 대해 각 항들이 영으로 접근하지 않으므로 이 급수는 명확히 발산한다(또는 진동한다). ■

예제 1.1.2 조화급수

좀 더 복잡한 두 번째 예제로 조화급수

---

1 $s_n = \sum_{m=0}^{n-1} r^m$을 $1 - r$로 곱하고 나눈다.

$$\sum_{n=1}^{\infty} \frac{1}{n} = 1 + \frac{1}{2} + \frac{1}{3} + \frac{1}{4} + \cdots + \frac{1}{n} + \cdots \tag{1.5}$$

을 생각해보자. 항들은 큰 n에 대해 영으로 접근한다. 즉 $\lim_{n\to\infty} 1/n = 0$이지만, 이것은 수렴을 보장하기에 충분하지 않다. 항들을 (그들의 순서를 변화시키지 않고)

$$1 + \frac{1}{2} + \left(\frac{1}{3} + \frac{1}{4}\right) + \left(\frac{1}{5} + \frac{1}{6} + \frac{1}{7} + \frac{1}{8}\right) + \left(\frac{1}{9} + \cdots + \frac{1}{16}\right) + \cdots$$

와 같이 묶으면 괄호들은 다음 형태와 같이 p개의 항들을 포함한다.

$$\frac{1}{p+1} + \frac{1}{p+2} + \cdots + \frac{1}{p+p} > \frac{p}{2p} = \frac{1}{2}$$

괄호 묶음을 차례로 더하여 부분합을 만들면

$$s_1 = 1,\ s_2 = \frac{3}{2},\ s_3 > \frac{4}{2},\ s_4 > \frac{5}{2},\ \cdots,\ s_n > \frac{n+1}{2}$$

을 얻고 조화급수가 발산한다는 결론에 도달할 수밖에 없다.

비록 조화급수가 발산하지만 그 부분합은 정수론의 여러 주제와 관련되어 있고, 종종 $H_n = \sum_{m=1}^{n} m^{-1}$을 **조화 수**(harmonic number)라고 한다. ■

이제 급수의 수렴과 발산을 더 자세히 살펴보려고 하는데, 여기에서는 항들이 양수인 급수를 고려한다. 양과 음의 항들로 된 급수는 나중에 다룰 것이다.

■ 비교 테스트

a_n이 수렴 급수를 형성할 때, 항 u_n의 급수가 항별로 $0 \le u_n \le a_n$을 만족한다면 급수 $\sum_n u_n$도 수렴한다. s_i와 s_j를 u 급수의 부분합이라 하면, $j > i$일 때 차 $s_j - s_i$는 $\sum_{n=i+1}^{j} u_n$이고, 이것은 대응하는 a 급수의 양보다 더 작으므로 수렴이 보장된다. 마찬가지 논리로 항 v_n의 급수가 항별로 $0 \le b_n \le v_n$을 만족하고 b_n이 발산 급수를 형성하면 $\sum_n v_n$도 발산한다.

수렴 급수 a_n으로 이미 기하급수가 있었고, 조화급수는 발산 비교 급수 b_n의 역할을 한다. 다른 급수들이 수렴 또는 발산으로 판명되면 그것들도 비교 테스트를 위한 급수로 사용할 수 있다.

예제 1.1.3 발산 급수

$p = 0.999$일 때 $\sum_{n=1}^{\infty} n^{-p}$이 수렴하는지 밝히시오. $n^{-0.999} > n^{-1}$이고 $b_n = n^{-1}$은 발산 조화급수를 형성하므로 비교 테스트에 따라 $\sum_n n^{-0.999}$은 발산한다. 일반화하면 $\sum_n n^{-p}$은 모든 $p \le 1$인 경우에 발산한다. ■

■ 코시 루트 테스트

r가 n과 무관하고, 충분히 큰 모든 n에 대해 $(a_n)^{1/n} \le r < 1$이면 $\sum_n a_n$은 수렴한다. 충분히 큰 모든 n에 대해 $(a_n)^{1/n} \ge 1$이면 $\sum_n a_n$은 발산한다.

이 테스트는 급수의 수렴 또는 발산이 큰 n일 때 발생하는 상황에 완전히 달려 있다는 것을 강조한다. 수렴에 관련하여 중요한 것은 큰 n 극한에서의 행동이다.

이 테스트의 첫 부분은 $(a_n)^{1/n}$을 n거듭제곱으로 올리면 쉽게 증명할 수 있다. 그러면

$$a_n \le r^n < 1$$

이 된다. r^n은 바로 수렴 기하급수의 n번째 항이므로 비교 테스트에 따라서 $\sum_n a_n$은 수렴한다. 거꾸로 $(a_n)^{1/n} \ge 1$이면 $a_n \ge 1$이고 이 급수는 발산한다. 이런 루트 테스트는 멱급수(1.2절)의 성질을 확립하는 데 특별히 유용하다.

■ 달랑베르(또는 코시) 비 테스트

r가 n과 무관하고, 충분히 큰 모든 n에 대해 $a_{n+1}/a_n \le r < 1$이면 $\sum_n a_n$은 수렴한다. 충분히 큰 모든 n에 대해 $a_{n+1}/a_n \ge 1$이면 $\sum_n a_n$은 발산한다.

이 테스트는 기하급수 $(1 + r + r^2 + \cdots)$와 직접 비교하여 입증할 수 있다. 두 번째 부분에서 $a_{n+1} \ge a_n$이므로 발산은 비교적 당연해 보인다. 코시 루트 테스트만큼 아주 섬세하지는 않지만 이 달랑베르 비 테스트는 아주 적용하기 쉽고 널리 사용된다. 비 테스트를 극한의 형태로 달리 표현할 수 있다.

$$\lim_{n\to\infty} \frac{a_{n+1}}{a_n} \begin{cases} < 1\text{이면, 수렴} \\ > 1\text{이면, 발산} \\ = 1\text{이면, 불결정} \end{cases} \tag{1.6}$$

마지막의 불결정 가능성 때문에 이 비 테스트는 결정적인 점들에서 실패할 수 있고, 그러면 더 정교하고 섬세한 테스트가 필요해진다. 기민한 독자는 이러한 불결정성이 어떻게 나타나는지 궁금할 수도 있다. 사실 이것은 첫 번째 표현 $a_{n+1}/a_n \le r < 1$에 감춰져 있다. **유한한** 모든 n에 대해 $a_{n+1}/a_n < 1$이 성립하지만, 충분히 큰 모든 n에 대해 $a_{n+1}/a_n \le r$가 되도

록 **n에 독립이고** 1보다 작은 r를 선택할 수 없는 경우가 있을 수 있다. 그러한 예로 조화급수가 있다. 이 경우에

$$\frac{a_{n+1}}{a_n} = \frac{n}{n+1} < 1$$

이지만

$$\lim_{n\to\infty} \frac{a_{n+1}}{a_n} = 1$$

이기 때문에 일정한 비 $r < 1$이 존재하지 않고 이 테스트는 실패한다.

예제 1.1.4 **달랑베르 비 테스트**

$\sum_n n/2^n$이 수렴하는지 밝히시오. 비 테스트를 적용하면

$$\frac{a_{n+1}}{a_n} = \frac{(n+1)/2^{n+1}}{n/2^n} = \frac{1}{2}\frac{n+1}{n}$$

이다. $n \geq 2$인 경우에

$$\frac{a_{n+1}}{a_n} \leq \frac{3}{4}$$

이므로 이 급수는 수렴한다. ■

■ 코시(또는 매클로린) 적분 테스트

이것은 또 다른 종류의 비교 테스트인데, 급수를 적분과 비교한다. 기하학적으로 단위 너비 직사각형 급수의 면적을 곡선 아래의 면적과 비교하는 것이다.

$f(x)$가 연속이고, **단조 감소 함수**(monotonic decreasing function)이며 $f(n) = a_n$이라고 하자. $\int_1^\infty f(x)dx$가 유한하면 $\sum_n a_n$은 수렴하고 적분이 무한하면 급수는 발산한다. i번째 부분합은

$$s_i = \sum_{n=1}^{i} a_n = \sum_{n=1}^{i} f(n)$$

이다. 그러나 $f(x)$는 단조 감소하기 때문에 그림 1.1(a)에서 보듯이

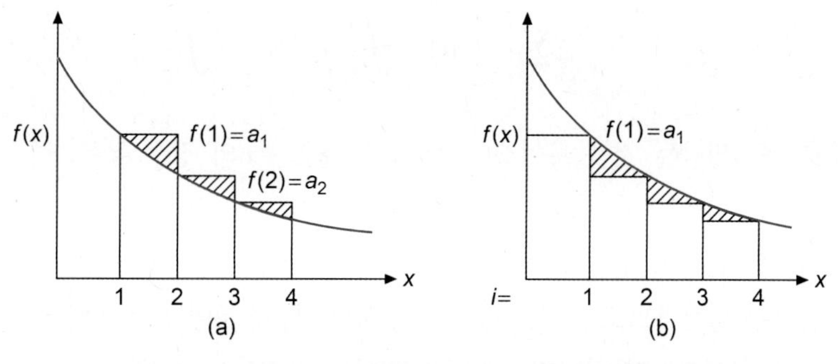

그림 1.1 (a) 적분과 상합의 비교 (b) 적분과 하합의 비교

$$s_i \geq \int_1^{i+1} f(x)dx$$

가 된다. 한편, 그림 1.1(b)에서 보듯이

$$s_i - a_1 \leq \int_1^i f(x)dx$$

가 된다. $i \to \infty$ 인 극한을 취하면

$$\int_1^\infty f(x)dx \leq \sum_{n=1}^\infty a_n \leq \int_1^\infty f(x)dx + a_1 \tag{1.7}$$

이 된다. 따라서 대응하는 적분이 수렴하거나 발산함에 따라 무한급수는 수렴하거나 발산한다.

이 적분 테스트는 처음 몇 항들을 더한 뒤에 급수의 나머지에 대한 상한과 하한을 설정하는 데 특별히 유용하다. 즉

$$\sum_{n=1}^\infty a_n = \sum_{n=1}^N a_n + \sum_{n=N+1}^\infty a_n \tag{1.8}$$

과

$$\int_{N+1}^\infty f(x)dx \leq \sum_{n=N+1}^\infty a_n \leq \int_{N+1}^\infty f(x)dx + a_{N+1} \tag{1.9}$$

이 된다.

적분 테스트에서 내삽 함수 $f(x)$가 양수이고 단조라는 제한조건을 완화하기 위해 도함수가 연속인 모든 함수 $f(x)$에 대해서 무한급수는 정확히 두 적분의 합

$$\sum_{n=N_1+1}^{N_2} f(n) = \int_{N_1}^{N_2} f(x)dx + \int_{N_1}^{N_2} (x-[x])f'(x)dx \tag{1.10}$$

로 표현된다는 것을 보이겠다. 여기서 $[x]$는 x의 정수 부분, 즉 x 이하인 수 중에서 가장 큰 정수이므로 $x-[x]$는 0과 1 사이에서 톱니처럼 변한다. 식 (1.10)의 두 적분이 수렴하면 무한급수도 수렴하지만, 두 적분 중 하나가 수렴하고 다른 하나가 수렴하지 않으면 무한급수는 발산하므로 식 (1.10)은 유용하다. 두 적분이 모두 발산하는 경우에는 적분의 발산이 서로 상쇄되는지 아닌지 보일 수 없다면 테스트는 실패한다.

이제 식 (1.10)을 입증할 필요가 있다. 두 번째 적분에 대한 공헌을 다음과 같이 처리한다.

1. 부분 적분을 사용하면 다음과 같다.

$$\int_{N_1}^{N_2} xf'(x)dx = N_2 f(N_2) - N_1 f(N_1) - \int_{N_1}^{N_2} f(x)dx$$

2. 적분을 구한다.

$$\begin{aligned}\int_{N_2}^{N_2} [x]f'(x)dx &= \sum_{n=N_1}^{N_2-1} n \int_{n}^{n+1} f'(x)dx = \sum_{n=N_1}^{N_2-1} n[f(n+1)-f(n)] \\ &= -\sum_{n=N_1+1}^{N_2} f(n) - N_1 f(N_1) + N_2 f(N_2)\end{aligned}$$

첫 번째 식에서 두 번째 식을 빼면 식 (1.10)을 얻는다.

식 (1.10)에서 두 번째 적분이 영에 대해 대칭이 되도록 톱니를 이동시키면(따라서 아마도 더 작다) 위에서 사용했던 것과 비슷한 방법을 사용하여 대등한 다른 표현을 유도할 수 있다. 최종 공식은 다음과 같다.

$$\begin{aligned}\sum_{n=N_1+1}^{N_2} f(n) = &\int_{N_1}^{N_2} f(x)dx + \int_{N_1}^{N_2} \left(x-[x]-\frac{1}{2}\right)f'(x)dx \\ &+ \frac{1}{2}[f(N_2) - f(N_1)]\end{aligned} \tag{1.11}$$

식 (1.10)과 (1.11)은 단조성 조건을 사용하지 않기 때문에 이 식들을 교대급수에, 심지어 비정형 부호 바뀜을 가지는 급수에조차 적용할 수 있다.

예제 1.1.5 리만 제타 함수

리만 제타 함수는 급수가 수렴한다는 조건하에서

$$\zeta(p) = \sum_{n=1}^{\infty} n^{-p} \tag{1.12}$$

으로 정의된다. $f(x) = x^{-p}$으로 택하면

$$\begin{aligned} \int_1^{\infty} x^{-p} dx &= \left. \frac{x^{-p+1}}{-p+1} \right|_{x=1}^{\infty}, \quad p \neq 1 \\ &= \ln x \,|_{x=1}^{\infty}, \qquad p = 1 \end{aligned}$$

이 된다. 적분, 따라서 급수는 $p \leq 1$이면 발산하고 $p > 1$이면 수렴한다. 그러므로 식 (1.12)는 조건 $p > 1$을 동반해야 한다. 이것은 부수적으로 조화급수($p = 1$)가 로그처럼 발산한다는 것을 독립적으로 증명한다. 처음 백만 항의 합 $\sum_{n=1}^{1,000,000} n^{-1}$은 겨우 $14.392\,726\cdots$ 이다. ■

조화급수는 발산하는 반면에 다음 조합

$$\gamma = \lim_{n \to \infty} \left(\sum_{m=1}^{n} m^{-1} - \ln n \right) \tag{1.13}$$

은 수렴하며, **오일러-마스케로니 상수**(Euler-Mascheroni constant)로 알려진 극한에 접근한다.

예제 1.1.6 천천히 발산하는 급수

이제 다음 급수를 고려해보자.

$$S = \sum_{n=2}^{\infty} \frac{1}{n \ln n}$$

적분

$$\int_2^{\infty} \frac{1}{x \ln x} dx = \int_{x=2}^{\infty} \frac{d \ln x}{\ln x} = \ln \ln x \Big|_{x=2}^{\infty}$$

가 발산하는 것은 S가 발산한다는 것을 가리킨다. 수렴을 결정하는 것은 큰 x에서의 행동이기 때문에 적분의 하한이 겉보기 특이성을 유발하지 않는 한 사실상 그것은 중요하지 않다.

$n \ln n > n$이기 때문에 발산은 조화급수보다 느리다. 그러나 ε이 아무리 작은 양수이더라도 $\ln n$이 n^{ε}보다 더 천천히 증가하기 때문에 급수 $\sum_n n^{-(1+\varepsilon)}$은 수렴하더라도 급수 S는 발산한다. ■

■ 더 섬세한 테스트

이미 조사했던 것보다 더 섬세한 여러 테스트는 쿠머(Kummer)에 의한 정리의 결과들이다. 유한한 양수의 항 u_n, a_n의 두 급수를 다루는 쿠머 정리는 다음과 같다.

1. 급수 $\sum_n u_n$은

$$\lim_{n\to\infty}\left(a_n \frac{u_n}{u_{n+1}} - a_{n+1}\right) \ge C > 0 \tag{1.14}$$

이면 수렴한다. 여기서 C는 상수다. 급수 $\sum_n a_n^{-1}$이 수렴한다면 이 진술은 단순한 비교 테스트와 대등하므로 그 합이 발산할 때만 새로운 정보를 전한다. $\sum_n a_n^{-1}$이 더 약하게 발산할수록 쿠머 테스트는 더 강력해진다.

2. $\sum_n a_n^{-1}$이 발산하고

$$\lim_{n\to\infty}\left(a_n \frac{u_n}{u_{n+1}} - a_{n+1}\right) \le 0 \tag{1.15}$$

이면 $\sum_n u_n$은 발산한다.

이처럼 강력한 테스트의 증명은 놀랍도록 간단하다. 진술 2항은 비교 테스트에서 곧바로 따라 나온다. 진술 1항을 증명하기 위해 $i = N+1$부터 더 큰 임의의 n까지 식 (1.14)를 다음과 같이 쓰자.

$$\begin{aligned} u_{N+1} &\le (a_N u_N - a_{N+1} u_{N+1})/C \\ u_{N+2} &\le (a_{N+1} u_{N+1} - a_{N+2} u_{N+2})/C \\ \cdots &\le \cdots\cdots\cdots\cdots \\ u_n &\le (a_{n-1} u_{n-1} - a_n u_n)/C \end{aligned}$$

더하면

$$\sum_{i=N+1}^{n} u_i \le \frac{a_N u_N}{C} - \frac{a_n u_n}{C} \tag{1.16}$$

$$< \frac{a_N u_N}{C} \tag{1.17}$$

을 얻는다. 이것은 급수 $\sum_n u_n$의 꼬리가 유계된 것을 보여주므로 충분히 큰 모든 n에 대해 식 (1.14)를 만족할 때 급수가 수렴한다는 것이 증명된다.

가우스 테스트(Gauss' test)는 연속적인 u_n의 비가 1에 접근하고 이전에 논의했던 테스트가 불결정 결과를 내놓을 때 쿠머 정리를 급수 $u_n > 0$에 적용한 것이다. 큰 n에 대해

$$\frac{u_n}{u_{n+1}} = 1 + \frac{h}{n} + \frac{B(n)}{n^2} \tag{1.18}$$

이고 $B(n)$이 충분히 큰 n에 대해 유계되어 있다면 가우스 테스트는 $\sum_n u_n$은 $h > 1$인 경우에 수렴하고 $h \le 1$인 경우에 발산한다고 말한다. 여기에서 불결정 경우는 없다.

가우스 테스트는 굉장히 섬세하고 물리학자들이 마주칠만한 모든 곤란한 급수에 대해 유효하게 작용한다. 쿠머 정리를 사용하여 이것을 증명하기 위해 $a_n = n\ln n$으로 택하자. 급수 $\sum_n a_n^{-1}$은 예제 1.1.6에서 이미 확립한 대로 약하게 발산한다.

식 (1.14)의 좌변에 극한을 취하면 다음과 같다.

$$\lim_{n\to\infty}\left[n\ln n\left(1+\frac{h}{n}+\frac{B(n)}{n^2}\right)-(n+1)\ln(n+1)\right]$$
$$=\lim_{n\to\infty}\left[(n+1)\ln n+(h-1)\ln n+\frac{B(n)\ln n}{n}-(n+1)\ln(n+1)\right]$$
$$=\lim_{n\to\infty}\left[-(n+1)\ln\left(\frac{n+1}{n}\right)+(h-1)\ln n\right] \tag{1.19}$$

$h < 1$인 경우에 식 (1.19)의 두 항이 모두 음수인 것은 쿠머 정리의 발산 경우임을 나타낸다. $h > 1$인 경우는 식 (1.19)의 두 번째 항이 첫 번째 항보다 우세하고 양수이므로 수렴을 의미한다. $h = 1$에서 두 번째 항은 사라지고 첫 번째 항이 본질적으로 음수인 것은 발산을 가리킨다.

예제 1.1.7 **르장드르 급수**

르장드르 방정식(7장 참고)에 대한 급수해는 어떤 조건에서 연속 항의 비가

$$\frac{a_{2j+2}}{a_{2j}} = \frac{2j(2j+1)-\lambda}{(2j+1)(2j+2)}$$

이다. 이것을 지금 사용하려는 형태로 놓기 위해 $u_j = a_{2j}$로 정의하고 다음과 같이 쓰자.

$$\frac{u_j}{u_{j+1}} = \frac{(2j+1)(2j+2)}{2j(2j+1)-\lambda}$$

j가 큰 극한에서 상수 λ는 무시할 수 있다[가우스 테스트의 용어에서 이것은 $B(j)/j^2$ 정도까지 공헌하는데, $B(j)$는 유계되어 있다]. 그러므로

$$\frac{u_j}{u_{j+1}} \to \frac{2j+2}{2j} + \frac{B(j)}{j^2} = 1 + \frac{1}{j} + \frac{B(j)}{j^2} \tag{1.20}$$

가 된다. 가우스 테스트는 이 급수가 발산함을 알려준다. ■

연습문제

1.1.1 (a) $\lim_{n\to\infty} n^p u_n = A < \infty$이고 $p > 1$이면 급수 $\sum_{n=1}^{\infty} u_n$은 발산함을 증명하시오.

(b) $\lim_{n\to\infty} n u_n = A > 0$이면 급수는 발산함을 증명하시오. ($A = 0$이면 이 테스트는 실패한다.)

극한 테스트(limit test)인 이 두 테스트는 흔히 급수의 수렴을 확립하는 데 편리하다. 이것들을

$$\sum_n n^{-q}, \quad 1 \le q < p$$

와 비교하는 비교 테스트로 간주할 수 있다.

1.1.2 $\lim_{n\to\infty} \frac{b_n}{a_n} = K$이고 상수가 $0 < K < \infty$이면 $\sum_n b_n$은 $\sum_n a_n$과 함께 발산하거나 수렴함을 보이시오.

[힌트] $\sum_n a_n$이 수렴한다면 b_n을 $b_n' = \frac{b_n}{2K}$으로 조절하라. $\sum_n a_n$이 발산한다면 $b_n'' = \frac{2b_n}{K}$으로 조절하라.

1.1.3 (a) 급수 $\sum_{n=2}^{\infty} \frac{1}{n(\ln n)^2}$이 수렴함을 보이시오.

(b) 직접 더하면 $\sum_{n=2}^{100,000} [n(\ln n)^2]^{-1} = 2.02288$이다. 식 (1.9)를 사용하여 이 급수의 합을 유효 숫자 다섯 자리까지 어림하시오.

1.1.4 가우스 테스트는 흔히 비

$$\frac{u_n}{u_{n+1}} = \frac{n^2 + a_1 n + a_0}{n^2 + b_1 n + b_0}$$

의 테스트 형태로 주어진다. 수렴할 때 매개변수 a_1과 b_1은 어떤 값인가? 발산할 때는 어떤 값인가?

답. $a_1 - b_1 > 1$일 때 수렴, $a_1 - b_1 \le 1$일 때 발산

1.1.5 수렴하는지 밝히시오.

(a) $\sum_{n=2}^{\infty} (\ln n)^{-1}$

(b) $\sum_{n=1}^{\infty} \frac{n!}{10^n}$

(c) $\sum_{n=1}^{\infty} \frac{1}{2n(2n+1)}$

(d) $\sum_{n=1}^{\infty} [n(n+1)]^{-1/2}$

(e) $\sum_{n=0}^{\infty} \frac{1}{2n+1}$

1.1.6 수렴하는지 밝히시오.

(a) $\sum_{n=1}^{\infty} \frac{1}{n(n+1)}$

(b) $\sum_{n=2}^{\infty} \frac{1}{n \ln n}$

(c) $\sum_{n=1}^{\infty} \frac{1}{n 2^n}$

(d) $\sum_{n=1}^{\infty} \ln\left(1 + \frac{1}{n}\right)$

(e) $\sum_{n=1}^{\infty} \frac{1}{n \cdot n^{1/n}}$

1.1.7 p와 q가 어떤 값일 때 $\sum_{n=2}^{\infty} \frac{1}{n^p (\ln n)^q}$이 수렴하는가?

답. $\begin{cases} p > 1, & \text{모든 } q \\ p = 1, & q > 1 \end{cases}$이면 수렴, $\begin{cases} p < 1, & \text{모든 } q \\ p = 1, & q \le 1 \end{cases}$이면 발산

1.1.8 $\sum_{n=1}^{1,000} n^{-1} = 7.485\,470 \cdots$일 때 오일러-마스케로니 상수의 상한과 하한을 정하시오.

답. $0.5767 < \gamma < 0.5778$

1.1.9 [**올버스 역설**(Olbers' paradox)] 별들이 균일하게 분포되어 있는 정적인 우주를 가정하자. 전 공간을 일정한 두께의 껍질로 나눈다. 껍질의 별들은 그 자체로 입체각 ω_0에 대응한다. **먼 별들이 더 가까운 별들에 차단당하는 것을 허용하면** 껍질을 무한대까지 확장하고, 모든 별들에 대응하는 총 알짜 입체각이 **정확히** 4π임을 보이시오. [따라서 밤하늘은 빛으로 환

하게 빛나야 한다. 더 자세한 것은 E. Harrison, "*Darkness at Night: A Riddle of the Universe*", Cambridge, MA: Harvard University Press (1987) 참고.]

1.1.10 수렴하는지 밝히시오.

$$\sum_{n=1}^{\infty}\left[\frac{1\cdot 3\cdot 5\cdots(2n-1)}{2\cdot 4\cdot 6\cdots(2n)}\right]^2=\frac{1}{4}+\frac{9}{64}+\frac{25}{256}+\cdots$$

■ 교대급수

앞 절에서 급수의 항들을 양수인 것으로 제한했다. 이제 대조적으로 부호가 번갈아 나타나는 무한급수를 고려한다. 교대하는 부호에 의한 부분적인 상쇄 때문에 수렴이 더 빠르고 확인하기가 더 쉽다. 교대급수의 수렴에 대한 일반적인 조건인 라이프니츠 조건을 증명할 것이다. 부호가 더 불규칙하게 바뀌는 급수인 경우에는 대개 식 (1.10)의 적분 테스트가 도움이 된다.

라이프니츠 조건(Leibniz criterion)은 $a_n > 0$일 때 $\sum_{n=1}^{\infty}(-1)^{n+1}a_n$인 형태의 급수에 적용되는데, a_n이 (n이 충분히 큰 경우에) **단조 감소**하고 $\lim_{n\to\infty}a_n=0$이면 이 급수는 수렴한다고 말한다. 이 정리를 증명하기 위해 s_{2n} 이후의 급수의 나머지 R_{2n}, 즉 $2n$항 이후의 부분합을 두 가지 다른 방법으로 다음과 같이 쓸 수 있다.

$$\begin{aligned} R_{2n} &= (a_{2n+1}-a_{2n+2})+(a_{2n+3}-a_{2n+4})+\cdots \\ &= a_{2n+1}-(a_{2n+2}-a_{2n+3})-(a_{2n+4}-a_{2n+5})-\cdots \end{aligned}$$

a_n은 감소하고 있고 이 식들의 첫 줄은 $R_{2n}>0$임을, 두 번째 줄은 $R_{2n}<a_{2n+1}$임을 의미하므로

$$0<R_{2n}<a_{2n+1}$$

이다. 따라서 R_{2n}은 양수이지만 유계되어 있고, n을 더 큰 값으로 택하여 유계를 임의로 작게 만들 수 있다. 또한 이 논증은 교대급수에서 a_{2n} 이후를 절단하여 발생하는 오차는 음의 값(생략한 항들을 결합하여 양의 결과가 되는 것을 보일 수 있다)이고 그 크기는 a_{2n+1}로 유계되어 있다는 것을 보여준다. 이 같은 논리를 홀수 항 이후의 나머지 R_{2n+1}에 대해 적용하면 a_{2n+1} 이후를 절단하여 발생하는 오차는 양수이고 a_{2n+2}로 유계되어 있음을 보여준다. 따라서 단조 감소하는 항들로 된 교대급수를 절단하여 발생하는 오차는 보존한 마지막 항의 부호와 같고, 절단한 첫항보다 작다.

라이프니츠 조건의 적용 가능성은 부호가 엄격하게 교대하는지에 달려 있다. 부호 바뀜이 덜 규칙적일수록 수렴을 결정하기가 더 어려워진다.

예제 1.1.8 **부호 바뀜이 불규칙한 급수**

$0 < x < 2\pi$인 경우에 급수

$$S = \sum_{n=1}^{\infty} \frac{\cos(nx)}{n} = -\ln\left(2\sin\frac{x}{2}\right) \qquad (1.21)$$

는 수렴하고, 그 계수는 부호를 자주 바꾸지만 라이프니츠 조건을 쉽게 적용할 정도는 아니다. 수렴을 증명하기 위해 식 (1.10)의 두 번째 적분에 $\cos(nx)/n$의 (n에 대한) 도함수를 명시적인 형태로 삽입하여 적분 테스트를 적용한다.

$$S = \int_1^{\infty} \frac{\cos(nx)}{n} dn + \int_1^{\infty} (n - [n]) \left[-\frac{x}{n}\sin(nx) - \frac{\cos(nx)}{n^2} \right] dn \qquad (1.22)$$

부분 적분을 사용하면 식 (1.22)의 첫 번째 적분은

$$\int_1^{\infty} \frac{\cos(nx)}{n} dn = \left[\frac{\sin(nx)}{nx} \right]_1^{\infty} + \frac{1}{x} \int_1^{\infty} \frac{\sin(nx)}{n^2} dn$$

과 같이 재배열되고,

$$\left| \int_1^{\infty} \frac{\sin(nx)}{n^2} dn \right| < \int_1^{\infty} \frac{dn}{n^2} = 1$$

이기 때문에 이 적분은 수렴한다. 이제 식 (1.22)의 두 번째 적분을 보면 항 $\cos(nx)/n^2$도 수렴 적분으로 이어지므로

$$\int_1^{\infty} (n - [n]) \frac{\sin(nx)}{n} dn$$

의 수렴만 조사하면 된다. 그 다음에 $(n - [n])\sin(nx) = g'(n)$으로 놓자. 이것은 $g(N) = \int_1^N (n - [n])\sin(nx)\,dn$을 정의하는 것과 대등하다. 그러면

$$\int_1^{\infty} (n - [n]) \frac{\sin(nx)}{n} dn = \int_1^{\infty} \frac{g'(n)}{n} dn = \left[\frac{g(n)}{n} \right]_1^{\infty} + \int_1^{\infty} \frac{g(n)}{n^2} dn$$

으로 쓸 수 있다. 여기서 마지막 등호는 다시 한번 부분 적분을 사용하여 얻었다. $g(n)$에 대한 명시적 표현은 없지만 $\sin x$의 진동 주기와 $(n - [n])$의 톱니 주기가 엇맞기 때문에 이것

은 유계되어 있다. 이러한 유계성 때문에 식 (1.22)의 두 번째 적분이 수렴하고, 따라서 S가 수렴함을 확립할 수 있다. ■

■ 절대 수렴과 조건 수렴

무한급수는 그 항들의 절댓값이 수렴 급수를 형성할 때 **절대**(absolutely) 수렴한다. 무한급수가 수렴하지만 절대적으로 수렴하지는 않는 경우를 **조건**(conditionally) 수렴이라고 한다. 조건 수렴 급수의 예로 교대 조화급수

$$\sum_{n=1}^{\infty}(-1)^{n-1}n^{-1} = 1 - \frac{1}{2} + \frac{1}{3} - \frac{1}{4} + \cdots + \frac{(-1)^{n-1}}{n} + \cdots \tag{1.23}$$

이 있다. 이 급수는 라이프니츠 조건에 기반하여 수렴한다. 이것은 분명히 절대 수렴하는 것은 아니다. 만약 모든 항을 +부호로 택하면 조화급수가 되고, 그것이 발산한다는 것은 이미 알고 있다. 항들이 양수인 급수에 대한 이 절의 앞에서 설명한 테스트는 절대 수렴에 대한 테스트가 된다.

연습문제

1.1.11 다음 급수가 수렴하는지, 그리고 수렴한다면 절대 수렴하는지 결정하시오.

(a) $\frac{\ln 2}{2} - \frac{\ln 3}{3} + \frac{\ln 4}{4} - \frac{\ln 5}{5} + \frac{\ln 6}{6} - \cdots$

(b) $\frac{1}{1} + \frac{1}{2} - \frac{1}{3} - \frac{1}{4} + \frac{1}{5} + \frac{1}{6} - \frac{1}{7} - \frac{1}{8} + \cdots$

(c) $1 - \frac{1}{2} - \frac{1}{3} + \frac{1}{4} + \frac{1}{5} + \frac{1}{6} - \frac{1}{7} - \frac{1}{8} - \frac{1}{9} - \frac{1}{10} + \frac{1}{11} \cdots + \frac{1}{15} - \frac{1}{16} \cdots - \frac{1}{21} + \cdots$

1.1.12 **카탈란 상수**(Catalan's constant) $\beta(2)$는 다음과 같이 정의된다.

$$\beta(2) = \sum_{k=0}^{\infty}(-1)^k(2k+1)^{-2} = \frac{1}{1^2} - \frac{1}{3^2} + \frac{1}{5^2} \cdots$$

여섯 자리 정확도로 $\beta(2)$를 계산하시오.

[힌트] 수렴 정도는 항들을

$$(4k-1)^{-2} - (4k+1)^{-2} = \frac{16k}{(16k^2-1)^2}$$

와 같이 짝지어서 높일 수 있다. 합 $\sum_{1 \le k \le N} 16k/(16k^2-1)^2$에서 충분한 자릿수까지 얻었다면, 급수의 꼬리($\sum_{k=N+1}^{\infty}$)에 대한 상한과 하한을 정하여 추가적인 유효 숫자를 얻을 수 있다. 상한과 하한은 매클로린 적분 테스트에서처럼 적분과 비교하여 설정할 수 있다.

답. $\beta(2) = 0.9159\,6559\,4177\cdots$

■ 급수의 연산

이제 무한급수에 행해지는 연산을 살펴보자. 이와 관련하여 절대 수렴을 확립하는 것이 중요하다. 왜냐하면 절대 수렴 급수의 항들을 익숙한 대수 또는 산술 규칙에 따라 정렬할 수 있기 때문이다.

- 무한급수가 절대 수렴하면 급수 합은 항들이 더해지는 순서와 무관하다.
- 절대 수렴 급수는 다른 절대 수렴 급수와 항별로 더하고 빼고 곱할 수 있고 그로 인한 최종 급수도 절대 수렴한다.
- 급수를 (전체로) 다른 절대 수렴 급수와 곱할 수 있다. 곱의 극한은 개별 급수의 극한의 곱이 된다. 이중 급수인 곱 급수도 절대 수렴한다.

조건 수렴 급수에 대해서는 그와 같은 보장을 할 수가 없다. 그렇지만 두 급수 중 오직 하나만 조건 수렴할 때 위 성질의 일부는 여전히 참이다.

예제 1.1.9 **교대 조화급수의 재배열**

교대 조화급수를

$$1-\frac{1}{2}+\frac{1}{3}-\frac{1}{4}+\cdots = 1-\left(\frac{1}{2}-\frac{1}{3}\right)-\left(\frac{1}{4}-\frac{1}{5}\right)-\cdots \tag{1.24}$$

과 같이 쓰면 $\sum_{n=1}^{\infty}(-1)^{n-1}n^{-1} < 1$임은 분명하다. 그렇지만 항의 순서를 재배열하면 이 급수가 $\frac{3}{2}$에 수렴하게 만들 수 있다. 식 (1.24)의 항들을

$$\left(1+\frac{1}{3}+\frac{1}{5}\right)-\left(\frac{1}{2}\right)+\left(\frac{1}{7}+\frac{1}{9}+\frac{1}{11}+\frac{1}{13}+\frac{1}{15}\right)$$
$$-\left(\frac{1}{4}\right)+\left(\frac{1}{17}+\cdots+\frac{1}{25}\right)-\left(\frac{1}{6}\right)+\left(\frac{1}{27}+\cdots+\frac{1}{35}\right)-\left(\frac{1}{8}\right)+\cdots \tag{1.25}$$

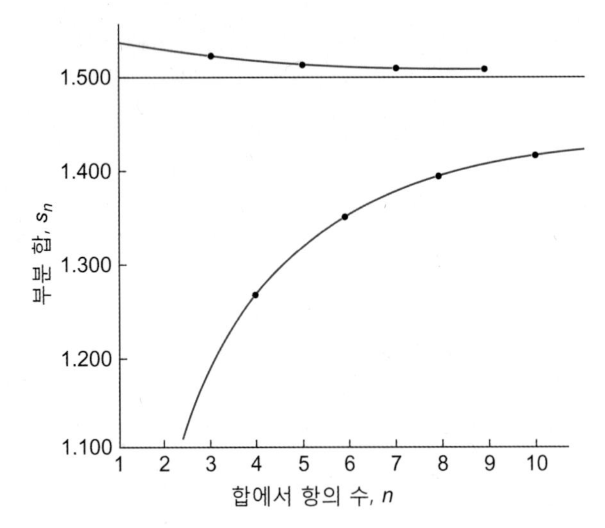

그림 1.2 교대 조화급수. 1.5에 수렴되도록 항들을 재배열한다.

처럼 재편성한다. 편의상 괄호로 모은 항들을 단일 항처럼 취급하면 다음과 같이 부분합을 얻는다.

$$
\begin{aligned}
s_1 &= 1.5333 & s_2 &= 1.0333 \\
s_3 &= 1.5218 & s_4 &= 1.2718 \\
s_5 &= 1.5143 & s_6 &= 1.3476 \\
s_7 &= 1.5103 & s_8 &= 1.3853 \\
s_9 &= 1.5078 & s_{10} &= 1.4078
\end{aligned}
$$

이 s_n의 표와 그림 1.2의 n 대 s_n의 도표로부터 $\frac{3}{2}$으로 수렴하는 것은 꽤 명확하다. 재배열 방식은 부분합이 $\frac{3}{2}$ 이상이 될 때까지 양수 항들을 택한 다음에 부분합이 $\frac{3}{2}$ 바로 아래로 떨어지도록 음수 항들을 더하는 식으로 진행되었다. 급수가 무한대로 확장되면서 원래의 모든 항들이 결국은 나타나지만 이렇게 재배열된 교대 조화급수의 부분합은 $\frac{3}{2}$에 수렴한다.

■

예제가 보여주듯이 적절하게 항들을 재배열하면 조건 수렴 급수를 원하는 어떠한 값으로도 수렴하게 하거나 심지어 발산하게 만들 수도 있다. 이 진술을 종종 **리만 정리**(Riemann's theorem)라고 한다.

또 다른 예는 조건 수렴 급수를 곱하는 위험을 보여준다.

예제 1.1.10 조건 수렴 급수를 제곱하면 발산할 수 있다

급수 $\sum_{n=1}^{\infty} \frac{(-1)^{n-1}}{\sqrt{n}}$은 라이프니츠 조건에 의해 수렴한다. 이 급수의 제곱

$$\left[\sum_{n=1}^{\infty} \frac{(-1)^{n-1}}{\sqrt{n}}\right]^2 = \sum_n (-1)^n \left[\frac{1}{\sqrt{1}}\,\frac{1}{\sqrt{n-1}} + \frac{1}{\sqrt{2}}\,\frac{1}{\sqrt{n-2}} + \cdots + \frac{1}{\sqrt{n-1}}\,\frac{1}{\sqrt{1}}\right]$$

의 일반항은 $[\cdots]$에 $n-1$개의 항이 더해져 있는데, 각 항은 $\frac{1}{\sqrt{n-1}\sqrt{n-1}}$보다 크므로 전체 $[\cdots]$ 항은 $\frac{n-1}{n-1}$보다 크고 영으로 가지 않는다. 따라서 이 곱 급수의 일반항은 n이 큰 극한에서 영으로 접근하지 않고 급수는 발산한다. ■

이 예제들은 조건 수렴 급수를 다룰 때는 조심해야 한다는 것을 보여준다.

■ 수렴의 개선

지금까지 이 절에서 추상적인 수학적 성질로서 수렴을 확립하는 것에 관심을 가졌다. 실제적으로 수렴 **정도**는 상당히 중요하다. 쿠머에 의한 수렴을 개선하는 방법은 천천히 수렴하는 급수와 합이 알려진 하나 이상의 급수의 선형 결합을 형성하는 것이다. 알려진 급수로서 다음 모음이 특별히 유용하다.

$$\alpha_1 = \sum_{n=1}^{\infty} \frac{1}{n(n+1)} = 1$$

$$\alpha_2 = \sum_{n=1}^{\infty} \frac{1}{n(n+1)(n+2)} = \frac{1}{4}$$

$$\alpha_3 = \sum_{n=1}^{\infty} \frac{1}{n(n+1)(n+2)(n+3)} = \frac{1}{18}$$

$$\cdots\cdots\cdots\cdots\cdots\cdots$$

$$\alpha_p = \sum_{n=1}^{\infty} \frac{1}{n(n+1)\cdots(n+p)} = \frac{1}{p\,p!} \tag{1.26}$$

이들 합은 연습문제 1.5.3의 주제인 부분 분수 전개를 통해 계산할 수 있다.

우리가 더하고자 하는 급수와 하나 이상의 알려진 급수는 항별로 (계수를 곱하여) 결합된다. 가장 느리게 수렴하는 항들이 상쇄되도록 선형 결합의 계수가 선택된다.

예제 1.1.11 리만 제타 함수 $\zeta(3)$

식 (1.12)의 정의로부터 $\zeta(3)$은 $\sum_{n=1}^{\infty} n^{-3}$이다. 식 (1.26)의 α_2가 $\sim n^{-3}$의 큰 n 의존도를 가지므로 다음 선형 결합을 고려한다.

$$\sum_{n=1}^{\infty} n^{-3} + a\alpha_2 = \zeta(3) + \frac{a}{4} \tag{1.27}$$

α_1은 $\zeta(3)$보다 더 천천히 수렴하기 때문에 이것을 사용하지 않았다. 좌변의 두 급수를 항별로 결합하면

$$\sum_{n=1}^{\infty}\left[\frac{1}{n^3} + \frac{a}{n(n+1)(n+2)}\right] = \sum_{n=1}^{\infty}\frac{n^2(1+a)+3n+2}{n^3(n+1)(n+2)}$$

를 얻는다. $a=-1$로 선택하면 분자의 선행 항이 제거된다. 이것을 식 (1.27)의 우변과 같다고 놓고 $\zeta(3)$에 대해 풀면

$$\zeta(3) = \frac{1}{4} + \sum_{n=1}^{\infty}\frac{3n+2}{n^3(n+1)(n+2)} \tag{1.28}$$

가 된다. 최종 급수는 아름답게 보이지 않지만 n^{-4}처럼 수렴하는데, 이것은 n^{-3}보다 빠르다. 더 편리하고, 수렴이 더 빠르기조차 하는 형태가 연습문제 1.1.16에 소개된다. 거기에서 대칭성이 n^{-5}의 수렴으로 이어진다. ■

앞서 말한 예제에서 α_p에 관해 예시된 것과 유사한 방법으로 리만 제타 함수를 사용하는 것이 가끔 도움이 된다. 제타 함수를 표(표 1.1 참고)로 만들었기 때문에 그런 접근법은 실용적이다.

표 1.1 리만 제타 함수

s	$\zeta(s)$
2	1.64493 40668
3	1.20205 69032
4	1.08232 32337
5	1.03692 77551
6	1.01734 30620
7	1.00834 92774
8	1.00407 73562
9	1.00200 83928
10	1.00099 45751

예제 1.1.12 수렴의 개선

문제는 급수 $\sum_{n=1}^{\infty} 1/(1+n^2)$을 계산하는 것이다. 직접 나누어 $(1+n^2)^{-1} = n^{-2}(1+n^{-2})^{-1}$을 전개하면

$$
\begin{aligned}
(1+n^2)^{-1} &= n^{-2}\left(1 - n^{-2} + n^{-4} - \frac{n^{-6}}{1+n^{-2}}\right) \\
&= \frac{1}{n^2} - \frac{1}{n^4} + \frac{1}{n^6} - \frac{1}{n^8+n^6}
\end{aligned}
$$

을 얻는다. 그러므로

$$
\sum_{n=1}^{\infty} \frac{1}{1+n^2} = \zeta(2) - \zeta(4) + \zeta(6) - \sum_{n=1}^{\infty} \frac{1}{n^8+n^6}
$$

이 된다. 나머지 급수는 n^{-8}처럼 수렴한다. 확실히 이 과정을 원하는 만큼 계속할 수 있지만, 얼마나 많은 대수를 하고 얼마나 많은 컴퓨터 계산을 할 것인지 사이에서 선택을 해야 한다. ■

■ 이중 급수의 재배열

절대 수렴 이중 급수(항들이 합의 지표 2개로 정해지는 급수)는 흥미로운 재배열 기회를 제공한다.

$$
S = \sum_{m=0}^{\infty} \sum_{n=0}^{\infty} a_{n,m} \tag{1.29}
$$

을 고려해보자. 더하는 순서를 바꾸는 명백한 가능성(즉 m 합을 먼저 함)뿐만 아니라 더 혁신적인 재배열을 할 수 있다. 이것을 하는 한 가지 이유는 이중 합을 단일 합으로 줄일 수 있거나 심지어 전체 이중 합을 닫힌 형식으로 구할 수도 있기 때문이다.

예를 들어 이중 급수에서 $m=q$, $n=p-q$와 같은 지표 치환을 해보자. 다음으로 p의 범위는 $(0, \infty)$로, q의 범위는 $(0, p)$로 정하면 모든 $n \ge 0$, $m \ge 0$을 덮을 수 있으므로 이중 급수를

$$
S = \sum_{p=0}^{\infty} \sum_{q=0}^{p} a_{p-q,q} \tag{1.30}
$$

로 쓸 수 있다. nm평면에서 합의 영역은 전체 사분면 $m \ge 0$, $n \ge 0$이고, pq평면에서 합은 그림 1.3에 그려진 삼각형 영역에 걸쳐 있다. 똑같은 이 pq 영역은 반대 순서로 합을 행

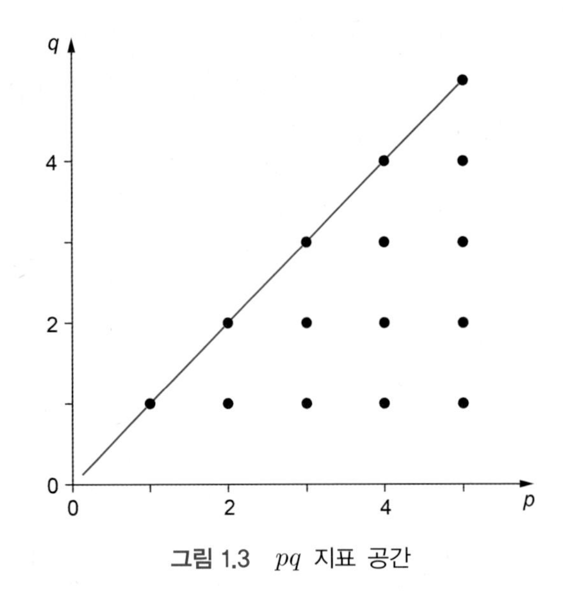

그림 1.3 pq 지표 공간

해도 덮을 수 있고, 그 극한은

$$S = \sum_{q=0}^{\infty} \sum_{p=q}^{p} a_{p-q,q}$$

이다. 여기서 주목해야 하는 중요한 점은 이들 체계는 지정된 영역에 걸쳐 지표가 변해가면 공통적으로 모든 $a_{n,m}$을 결국은 정확히 한 번씩만 마주친다는 것이다.

가능한 또 다른 지표 치환은 $n = s$, $m = r - 2s$로 놓는 것이다. s를 먼저 더하면 그 범위는 $(0, [r/2])$여야 한다. 여기서 $[r/2]$는 $r/2$의 정수 부분이다. 즉 r이 짝수이면 $[r/2] = r/2$이고, r이 홀수이면 $(r-1)/2$이다. r의 범위는 $(0, \infty)$다. 이 상황은

$$S = \sum_{r=0}^{\infty} \sum_{s=0}^{[r/2]} a_{s,r-2s} \tag{1.31}$$

에 해당한다. 그림 1.4에서 1.6까지의 스케치는 각각 식 (1.29), (1.30), (1.31)에 주어진 형태를 사용할 때 $a_{n,m}$이 더해지는 순서를 보여준다.

식 (1.29)처럼 처음에 도입된 이중 급수가 절대 수렴하면 이러한 모든 재배열은 궁극적으로 같은 결과를 줄 것이다.

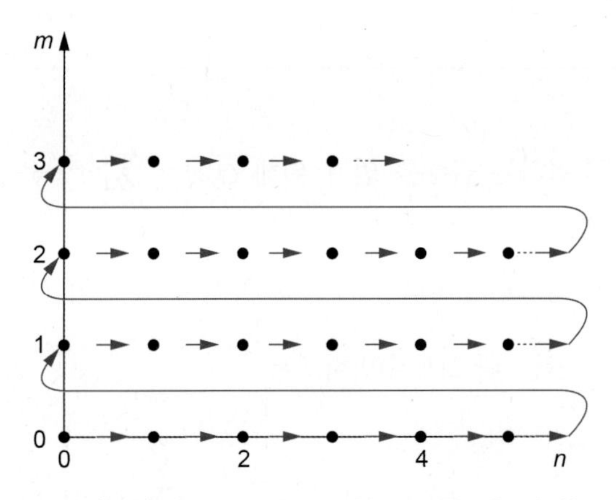

그림 1.4 식 (1.29)의 m, n 지표 집합으로 항들을 더하는 순서

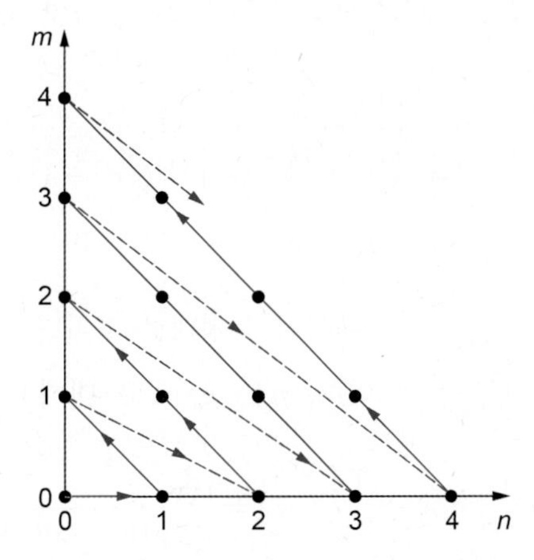

그림 1.5 식 (1.30)의 p, q 지표 집합으로 항들을 더하는 순서

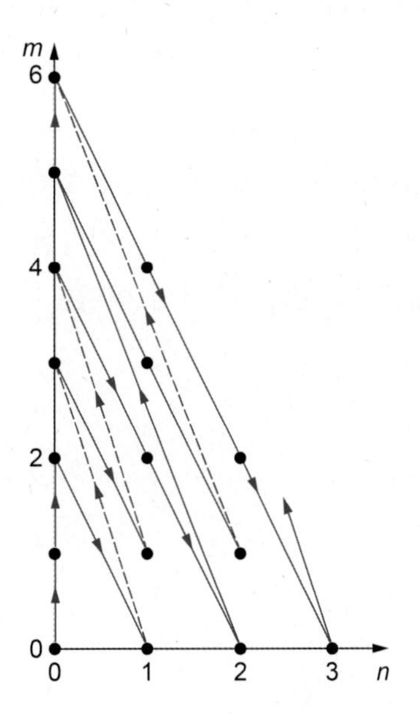

그림 1.6 식 (1.31)의 r, s 지표 집합으로 항들을 더하는 순서

연습문제

1.1.13 n^{-4}처럼 수렴하는 급수를 얻기 위해 $\zeta(2)=\sum_{n=1}^{\infty} n^{-2}$을 α_1 및 α_2와 어떻게 결합해야 하는지 보이시오.

[참고] $\zeta(2)$는 값 $\pi^2/6$을 가진다고 알려져 있다[식 (12.66) 참고].

1.1.14 최소한 n^{-8}만큼 빠르게 수렴하도록

$$\lambda(3)=\sum_{n=0}^{\infty}\frac{1}{(2n+1)^3}$$

을 계산하는 방법을 제시하고 결과를 소수 여섯 자리까지 얻으시오.

답. $\lambda(3)=1.051800$

1.1.15 (a) $\sum_{n=2}^{\infty}[\zeta(n)-1]=1$, (b) $\sum_{n=2}^{\infty}(-1)^n[\zeta(n)-1]=\frac{1}{2}$임을 보이시오. 여기서 $\zeta(n)$은 리만 제타 함수다.

1.1.16 식 (1.26)의 α_2를 좀 더 대칭적인 형태로 고치면 예제 1.1.11의 수렴을 (이 특수한 경우에) 더 편리하게 개선할 수 있다. n을 $n-1$로 대체하면 다음과 같다.

$$\alpha_2{}'=\sum_{n=2}^{\infty}\frac{1}{(n-1)n(n+1)}=\frac{1}{4}$$

(a) $\zeta(3)$과 $\alpha_2{}'$를 결합하여 n^{-5}과 같은 수렴을 얻으시오.

(b) α_4에서 $n\to n-2$를 한 것을 $\alpha_4{}'$라 하자. $\zeta(3)$, $\alpha_2{}'$, $\alpha_4{}'$를 결합하여 n^{-7}과 같은 수렴을 얻으시오.

(c) $\zeta(3)$을 소수 여섯 자리 정확도(오차 5×10^{-7})로 계산하려면 $\zeta(3)$ 단독으로는 얼마나 많은 항이 필요한가? (a)에서처럼 결합한다면? (b)에서처럼 결합한다면?

[참고] 오차는 해당 적분을 사용하여 어림할 수 있다.

답. (a) $\zeta(3)=\frac{5}{4}-\sum_{n=2}^{\infty}\frac{1}{n^3(n^2-1)}$

1.2 함수의 급수

각 항 u_n이 어떤 변수의 함수 $u_n = u_n(x)$일 가능성도 포함하도록 무한급수의 개념을 확장한다. 부분합은 변수 x의 함수

$$s_n(x) = u_1(x) + u_2(x) + \cdots + u_n(x) \tag{1.32}$$

가 되고, 부분합의 극한으로 정의되는 급수 합에서처럼

$$\sum_{n=1}^{\infty} u_n(x) = S(x) = \lim_{n\to\infty} s_n(x) \tag{1.33}$$

이다. 지금까지는 n의 함수로서 부분합의 행동에 관심을 가졌다. 이제는 이 양들이 어떻게 x에 의존하는지 고려한다. 여기서 핵심 개념은 균등 수렴이다.

■ 균등 수렴

임의의 작은 값 $\varepsilon > 0$에 대해서

$$|S(x) - s_n(x)| < \varepsilon \tag{1.34}$$

이 모든 $n \geq N$인 경우에 성립하는 수 N이 $a \leq x \leq b$, 즉 구간 $[a, b]$의 **x와 무관하게** 존재한다면, 급수가 구간 $[a, b]$에서 **균등 수렴한다**(uniformly convergent)고 말한다. 이것은 급수가 균등 수렴하려면 무한급수의 꼬리의 절댓값 $\left|\sum_{i=N+1}^{\infty} u_i(x)\right|$가 주어진 구간의 모든 x(양끝도 포함)에 대해 임의의 작은 ε보다 작게 되는 유한한 N을 찾을 수 있어야 한다는 뜻이다.

예제 1.2.1 불균등 수렴

구간 $[0, 1]$에서 다음 급수를 고려하자.

$$S(x) = \sum_{n=0}^{\infty} (1-x)x^n$$

$0 \leq x < 1$인 경우에 기하급수 $\sum_n x^n$은 값 $1/(1-x)$로 수렴하므로 이들 x값들에 대해 $S(x) = 1$이다. 그러나 $x = 1$에서 급수의 모든 항은 영이므로 $S(1) = 0$이다. 즉

$$\sum_{n=0}^{\infty}(1-x)x^n = 1, \quad 0 \le x < 1$$
$$= 0, \quad x = 1 \tag{1.35}$$

이다. 그러므로 전 구간 $[0, 1]$에서 $S(x)$는 수렴하고, 각 항들이 음이 아니므로 또한 절대 수렴한다. $x \neq 0$이면 식 (1.3)과 비교하여 알 수 있듯이 이것은 부분합 s_N이 $1-x^N$이 되는 급수다. $S(x)=1$이므로 균등 수렴 조건은

$$|1-(1-x^N)| = x^N < \varepsilon$$

이다. N이 어떠한 값이든지, 그리고 ε이 아무리 작아도 이 조건을 위반하는 (1에 가까운) x 값이 존재한다. 근원적인 문제는 $x=1$이 기하급수의 수렴 극한이라는 것이고, $x=1$을 포함하는 영역에서는 x와 무관하게 유계되는 수렴 정도를 가질 수 없다는 것이다.

이 예제로부터 절대 수렴과 균등 수렴이 독립적인 개념이라는 것도 주목하자. 이 예제의 급수는 절대 수렴하지만 균등 수렴하지는 않는다. 균등 수렴하지만, 겨우 조건 수렴하는 급수의 예를 곧 제시할 것이다. 그리고 이들 성질이 둘 다 있거나 둘 다 없는 급수도 있다. ■

■ 바이어슈트라스 M (우세한) 테스트

균등 수렴에 대한 가장 흔한 테스트는 바이어슈트라스 M 테스트다. 구간 $[a, b]$의 모든 x에 대해 $M_i \ge |u_i(x)|$가 성립하고 급수 $\sum_{i=1}^{\infty} M_i$가 수렴한다면, 급수 $u_i(x)$가 구간 $[a, b]$에서 **균등** 수렴할 것이다.

바이어슈트라스 M 테스트의 증명은 직접적이고 간단하다. $\sum_i M_i$가 수렴하기 때문에 $n+1 \ge N$에 대해

$$\sum_{i=n+1}^{\infty} M_i < \varepsilon$$

이 성립하는 어떤 수 N이 존재한다. 이것은 수렴의 정의로부터 따라 나온다. 그러면 구간 $a \le x \le b$의 모든 x에 대해 $|u_i(x)| \le M_i$이므로

$$\sum_{i=n+1}^{\infty} u_i(x) < \varepsilon$$

이 된다. 따라서 $S(x) = \sum_{n=1}^{\infty} u_i(x)$는

$$|S(x) - s_n(x)| = \left| \sum_{i=n+1}^{\infty} u_i(x) \right| < \varepsilon \tag{1.36}$$

을 만족하고, $\sum_{n=1}^{\infty} u_i(x)$는 $[a, b]$에서 균등 수렴한다. 바이어슈트라스 M 테스트의 진술에 절댓값이 명기되어 있기 때문에 급수 $\sum_{n=1}^{\infty} u_i(x)$는 또한 절대 수렴한다. 예제 1.2.1에서 이미 살펴보았듯이 절대 수렴과 균등 수렴은 다른 개념이고, 바이어슈트라스 M 테스트의 한계는 절대 수렴하는 급수에 대한 균등 수렴만 확립할 수 있다는 것이다.

절대 수렴과 균등 수렴 사이의 차이를 더 강조하기 위해 또 다른 예를 살펴보자.

예제 1.2.2 **균등 수렴 교대급수**

다음 급수를 고려하자.

$$S(x) = \sum_{n=1}^{\infty} \frac{(-1)^n}{n+x^2}, \quad -\infty < x < \infty \tag{1.37}$$

라이프니츠 조건을 적용하면 전 구간 $-\infty < x < \infty$에서 이 급수가 수렴함을 쉽게 보일 수 있지만, 급수의 항의 절댓값들이 n이 큰 경우에 발산 조화급수의 그것들에 접근하므로 이 급수는 절대 수렴하지 **않는다**. 절댓값 급수의 발산은 정확히 조화급수가 되는 $x = 0$에서 명백하다. 그럼에도 불구하고 이 급수는 $-\infty < x < \infty$에서 균등 수렴한다. 왜냐하면 모든 x에서 이 급수의 수렴이 최소한 $x = 0$에서만큼 빠르기 때문이다. 형식적으로 표현하면

$$|S(x) - s_n(x)| < |u_{n+1}(x)| \leq |u_{n+1}(0)|$$

이다. $u_{n+1}(0)$은 x와 무관하기 때문에 균등 수렴이 입증된다. ■

■ 아벨 테스트

아벨은 균등 수렴을 좀 더 정교하게 테스트하는 방법을 제시했다. $u_n(x)$를 $a_n f_n(x)$의 형태로 쓸 수 있고

1. a_n이 수렴 급수 $\sum_n a_n = A$를 형성하고,
2. $[a, b]$의 모든 x에 대해 함수 $f_n(x)$가 n에 따라 단조 감소한다. 즉 $f_{n+1}(x) \leq f_n(x)$이고,
3. $[a, b]$의 모든 x에 대해 모든 $f_n(x)$가 범위 $0 \leq f_n(x) \leq M$으로 유계되어 있고, M이 x와 무관하다면

$\sum_n u_n(x)$는 $[a, b]$에서 균등 수렴한다.

이 테스트는 멱급수의 수렴을 분석할 때 특별히 유용하다. 균등 수렴에 대한 아벨 테스트와 다른 테스트의 자세한 증명은 놉(Knopp)의 저술과 휘태커(Whittaker) 및 왓슨(Watson)의 저술에 나와 있다(이 장의 끝에 있는 더 읽을 거리 참고).

■ 균등 수렴 급수의 성질

균등 수렴 급수에는 특별히 유용한 세 가지 성질이 있다. 급수 $\sum_n u_n(x)$가 $[a, b]$에서 균등 수렴하고 각 개별항 $u_n(x)$가 연속이면,

1. 급수 합 $S(x) = \sum_{n=1}^{\infty} u_n(x)$도 연속이다.
2. 급수는 항별로 적분하여 구할 수 있다. 적분들의 합은 합의 적분과 같다.

$$\int_a^b S(x)dx = \sum_{n=1}^{\infty} \int_a^b u_n(x)dx \tag{1.38}$$

3. 추가적으로

$$[a, b]\text{에서 } \frac{du_n(x)}{dx}\text{가 연속이고,}$$
$$[a, b]\text{에서 } \sum_{n=1}^{\infty} \frac{du_n(x)}{dx}\text{가 균등 수렴한다면,}$$

급수 합 $S(x)$의 도함수는 개별항의 도함수의 합과 같다.

$$\frac{d}{dx}S(x) = \sum_{n=1}^{\infty} \frac{d}{dx}u_n(x) \tag{1.39}$$

균등 수렴 급수의 항별 적분에는 개별항의 연속성만 필요하다. 이 조건은 물리적인 적용에서는 거의 항상 만족된다. 급수의 항별 미분은 좀 더 제한적인 조건이 만족되어야 하기 때문에 보통 타당하지 않다.

연습문제

1.2.1 다음 급수의 **균등** 수렴의 범위를 구하시오.

(a) $\eta(x) = \sum_{n=1}^{\infty} \frac{(-1)^{n-1}}{n^x}$　　　(b) $\zeta(x) = \sum_{n=1}^{\infty} \frac{1}{n^x}$

답. (a) $0 < s \le x < \infty$, (b) $1 < s \le x < \infty$

1.2.2 기하급수 $\sum_{n=0}^{\infty} x^n$이 균등 수렴하는 x의 범위를 구하시오.

답. $-1 < -s \le x \le s < 1$

1.2.3 $\sum_{n=0}^{\infty} 1/(1+x^n)$이 (a) 수렴하는, (b) 균등 수렴하는 양수 x의 범위를 구하시오.

1.2.4 계수들의 급수 $\sum a_n$과 $\sum b_n$이 절대 수렴하면 푸리에 급수

$$\sum (a_n \cos nx + b_n \sin nx)$$

가 $-\infty < x < \infty$에서 **균등** 수렴함을 보이시오.

1.2.5 르장드르 급수 $\sum_{\text{even } j} u_j(x)$가 점화 관계

$$u_{j+2}(x) = \frac{(j+1)(j+2) - l(l+1)}{(j+2)(j+3)} x^2 u_j(x)$$

를 만족한다. 여기서 지표 j는 짝수이고 l은 어떤 상수이다(그러나 이 문제에서 음이 아닌 홀수는 **아니다**). 이 르장드르 급수가 수렴하는 x값의 범위를 구하시오. 양끝점을 테스트하시오.

답. $-1 < x < 1$

1.2.6 체비셰프 방정식의 급수해를 구하면 연속 항들이 비

$$\frac{u_{j+2}(x)}{u_j(x)} = \frac{(k+j)^2 - n^2}{(k+j+1)(k+j+2)} x^2$$

을 가진다. 여기서 $k=0$과 $k=1$이다. $x = \pm 1$에서 수렴을 테스트하시오.

답. 수렴

1.2.7 초구면 (게겐바우어) 함수 $C_n^{\alpha}(x)$의 급수를 구하면 점화 관계

$$a_{j+2}=a_j\frac{(k+j)(k+j+2\alpha)-n(n+2\alpha)}{(k+j+1)(k+j+2)}$$

에 도달한다. $x=\pm 1$에서 이들 급수 각각의 수렴을 매개변수 α의 함수로 조사하시오.

답. $\alpha<1$이면 수렴, $\alpha \geq 1$이면 발산

■ 테일러 전개

테일러 전개는 함수의 멱급수 표현형을 만드는 강력한 도구다. 여기에서 제시되는 유도는 유한한 수의 항과 계산하기 쉽거나 어려울 수도 있는 나머지의 합으로 전개하는 가능성뿐만 아니라 함수를 무한 멱급수로 표현하는 가능성도 제시한다.

함수 $f(x)$의 n번째 도함수[2]가 구간 $a \leq x \leq b$에서 연속이라고 가정하자. n번째 도함수를 n번 적분한다. 처음 세 적분은

$$\int_a^x f^{(n)}(x_1)dx_1=f^{(n-1)}(x_1)\Big|_a^x=f^{(n-1)}(x)-f^{(n-1)}(a)$$

$$\begin{aligned}\int_a^x dx_2\int_a^{x_2} f^{(n)}(x_1)dx_1 &= \int_a^x dx_2\left[f^{(n-1)}(x_2)-f^{(n-1)}(a)\right]\\ &= f^{(n-2)}(x)-f^{(n-2)}(a)-(x-a)f^{(n-1)}(a)\end{aligned}$$

$$\begin{aligned}\int_a^x dx_3\int_a^{x_3} dx_2\int_a^{x_2} f^{(n)}(x_1)dx_1 &= f^{(n-3)}(x)-f^{(n-3)}(a)\\ &\quad -(x-a)f^{(n-2)}(a)-\frac{(x-a)^2}{2!}f^{(n-1)}(a)\end{aligned}$$

이고, 마지막으로 n번째 적분한 다음에는

$$\begin{aligned}\int_a^x dx_n \cdots \int_a^{x_2} f^{(n)}(x_1)dx_1 &= f(x)-f(a)-(x-a)f'(a)-\frac{(x-a)^2}{2!}f''(a)\\ &\quad -\cdots-\frac{(x-a)^{n-1}}{(n-1)!}f^{(n-1)}(a)\end{aligned}$$

가 된다. 이 표현은 정확하다. 어떠한 항도 생략하지 않았고 근사도 하지 않았다. 이제 $f(x)$에 대해 풀면

$$f(x)=f(a)+(x-a)f'(a)$$

2 테일러 전개는 약간 덜 제한적인 조건에서 유도될 수도 있다. 더 읽을 거리의 제프리와 제프리(H. Jeffreys and B. S. Jeffreys) 1.133절 참고.

$$+\frac{(x-a)^2}{2!}f''(a)+\cdots+\frac{(x-a)^{n-1}}{(n-1)!}f^{(n-1)}(a)+R_n \tag{1.40}$$

을 얻는다. 여기서 나머지 R_n은 n겹 적분

$$R_n=\int_a^x dx_n\cdots\int_a^{x_2}dx_1 f^{(n)}(x_1) \tag{1.41}$$

로 주어진다. $a\le\xi\le x$일 때 적분학의 **평균값 정리**(mean value theorem)

$$\int_a^x g(x)dx=(x-a)g(\xi) \tag{1.42}$$

를 사용하여 R_n을 아마도 더 실용적인 형태로 바꿀 수도 있다. n번 적분함으로써 나머지의 르장드르 형[3]을 얻는다.

$$R_n=\frac{(x-a)^n}{n!}f^{(n)}(\xi) \tag{1.43}$$

이 형의 테일러 전개에서는 무한급수의 수렴 문제는 없다. 급수는 유한한 수의 항을 포함하고 유일한 문제는 나머지의 크기와 관련된다.

$f(x)$가 $\lim_{n\to\infty}R_n=0$인 함수일 때 식 (1.40)은 테일러 전개

$$\begin{aligned}f(x)&=f(a)+(x-a)f'(a)+\frac{(x-a)^2}{2!}f''(a)+\cdots\\&=\sum_{n=0}^{\infty}\frac{(x-a)^n}{n!}f^{(n)}(a)\end{aligned} \tag{1.44}$$

가 된다. 여기에서 처음으로 $n=0$인 $n!$이 등장했다. $0!=1$로 정의한다는 것을 유의하자.

이 테일러 급수는 한 점 x에서의 함숫값을 기준점 a에서의 함수와 그 도함수들의 값으로 표현한다. 이것은 변수의 **변화**(change), 즉 $x-a$의 거듭제곱으로 나타낸 전개다. 이 점을 강조하여 테일러 급수를 x 대신에 $x+h$로, a 대신에 x로 대체한 형태로 다음과 같이 쓸 수 있다.

$$f(x+h)=\sum_{n=0}^{\infty}\frac{h^n}{n!}f^{(n)}(x) \tag{1.45}$$

---

3 코시가 유도한 다른 형은 $R_n=\frac{(x-\xi)^{n-1}(x-a)}{(n-1)!}f^{(n)}(\xi)$다.

■ 멱급수

보통 기준점 a의 값이 영인 상황에서 테일러 전개를 사용한다. 그런 경우의 전개를 **매클로린 급수**(Maclaurin series)라고 하고 식 (1.40)은

$$f(x) = f(0) + xf'(0) + \frac{x^2}{2!}f''(0) + \cdots = \sum_{n=0}^{\infty} \frac{x^n}{n!} f^{(n)}(0) \tag{1.46}$$

이 된다. 매클로린 급수의 당면한 적용은 다양한 초월 함수를 무한(멱)급수로 전개하는 것이다.

예제 1.2.3 지수함수

$f(x) = e^x$라 하자. 미분한 다음 $x = 0$으로 놓으면 모든 $n = 1, 2, 3, \ldots$에 대해

$$f^{(n)}(0) = 1$$

이다. 따라서 식 (1.46)에 따라

$$e^x = 1 + x + \frac{x^2}{2!} + \frac{x^3}{3!} + \cdots = \sum_{n=0}^{\infty} \frac{x^n}{n!} \tag{1.47}$$

을 얻는다. 이것이 지수함수의 급수 전개다. 일부 지자들은 이 급수를 지수힘수의 정의로 사용한다.

비록 이 급수가 달랑베르 비 테스트를 사용하여 증명할 수 있듯이 모든 x에 대해 명확히 수렴하지만, 나머지 항 R_n을 확인해보는 것이 유익하다. 식 (1.43)에 따라서

$$R_n = \frac{x^n}{n!} f^{(n)}(\xi) = \frac{x^n}{n!} e^{\xi}$$

이다. 여기서 ξ는 0과 x 사이의 값이다. x의 부호와 무관하게

$$|R_n| \le \frac{|x|^n e^{|x|}}{n!}$$

이다. $|x|$가 얼마나 크든 간에 n을 충분히 증가시키면 R_n에 대한 이 형의 분모가 분자를 압도하게 되므로 $\lim_{n\to\infty} R_n = 0$이다. 따라서 e^x의 매클로린 전개는 전 영역 $-\infty < x < \infty$에 걸쳐 절대 수렴한다. ■

$\exp(x)$에 대한 전개가 있는 지금은 식 (1.45)를 미분 연산자 특성에 초점을 두는 형식으

로 다시 쓸 수 있다. D를 **연산자**(operator) d/dx로 정의하면

$$f(x+h) = \sum_{n=0}^{\infty} \frac{h^n \mathbf{D}^n}{n!} f(x) = e^{h\mathbf{D}} f(x) \tag{1.48}$$

가 된다.

예제 1.2.4 로그

두 번째 매클로린 전개로 $f(x) = \ln(1+x)$를 택하자. 미분을 하면

$$\begin{aligned} f'(x) &= (1+x)^{-1} \\ f^{(n)}(x) &= (-1)^{n-1}(n-1)!(1+x)^{-n} \end{aligned} \tag{1.49}$$

을 얻고, 식 (1.46)은

$$\begin{aligned} \ln(1+x) &= x - \frac{x^2}{2} + \frac{x^3}{3} - \frac{x^4}{4} + \cdots + R_n \\ &= \sum_{p=1}^{n} (-1)^{p-1} \frac{x^p}{p} + R_n \end{aligned} \tag{1.50}$$

을 내놓는다. 이 경우에 $x > 0$에 대해 나머지는

$$\begin{aligned} R_n &= \frac{x^n}{n!} f^{(n)}(\xi), \quad 0 \le \xi \le x \\ &\le \frac{x^n}{n}, \qquad\quad 0 \le \xi \le x \le 1 \end{aligned} \tag{1.51}$$

이 된다. 이 결과는 $0 \le x \le 1$인 경우에 n이 무한정 증가하면서 나머지가 영으로 접근한다는 것을 보여준다. $x < 0$인 경우에 평균값 정리는 R_n에 대한 의미 있는 극한을 확립하기에는 너무 거친 도구다. 무한급수로서

$$\ln(1+x) = \sum_{n=1}^{\infty} (-1)^{n-1} \frac{x^n}{n} \tag{1.52}$$

은 $-1 < x \le 1$인 경우에 수렴한다. 범위 $-1 < x < 1$은 달랑베르 비 테스트로 쉽게 확립된다. $x = 1$에서 수렴은 라이프니츠 조건으로 확립된다. 특히 $x = 1$에서 조건 수렴하는 교대 조화급수가 되므로 그것에 값을 대입하면

$$\ln 2 = 1 - \frac{1}{2} + \frac{1}{3} - \frac{1}{4} + \frac{1}{5} - \cdots = \sum_{n=1}^{\infty} (-1)^{n-1} n^{-1} \tag{1.53}$$

을 얻는다. $x=-1$에서 전개는 조화급수가 되고, 그것은 잘 알다시피 발산한다. ■

■ 멱급수의 성질

멱급수는 특별하고 아주 유용한 형태의 무한급수이고, 이전 소절에 예시된 것처럼 매클로린 공식인 식 (1.44)에 따라 만들어질 수 있다. 어떻게 얻든지, 이것의 일반형은

$$f(x)=a_0+a_1x+a_2x^2+a_3x^3+\cdots=\sum_{n=0}^{\infty}a_nx^n \tag{1.54}$$

이다. 여기서 계수 a_i들은 x와 무관한 상수다.

식 (1.54)는 코시 루트 테스트나 달랑베르 비 테스트로 쉽게 수렴 여부를 알아볼 수 있다. 만약

$$\lim_{n\to\infty}\left|\frac{a_{n+1}}{a_n}\right|=R^{-1}$$

이면 급수는 $-R<x<R$에 대해 수렴한다. 이것이 수렴 구간 또는 수렴 **반지름**(radius)이다. x가 극한점 $\pm R$일 때 루트 테스트와 비 테스트가 실패하기 때문에 이 점들에 특별한 주의를 해야 한다.

예를 들어 $a_n=n^{-1}$이면 $R=1$이고, 1.1절로부터 급수가 $x=-1$인 경우에는 수렴하지만 $x=+1$인 경우에는 발산한다고 결론을 내릴 수 있다. $a_n=n!$이면 $R=0$이고 급수는 모든 $x\neq 0$에 대해 발산한다.

멱급수가 $-R<x<R$에 대해 수렴한다고 하자. 그러면 $0<S<R$일 때 모든 **내부**(interior) 구간 $-S\leq x\leq S$에서 그 급수가 균등 및 절대 수렴할 것이다. 이것은 바이어슈트라스 M 테스트로 곧바로 증명될 수 있다.

각 항 $u_n(x)=a_nx^n$이 x의 연속 함수이고 $f(x)=\sum a_nx^n$이 $-S\leq x\leq S$에서 균등 수렴하므로 $f(x)$는 균등 수렴 구간에서 연속 함수가 되어야 한다. 이런 행동은 삼각함수로 된 급수의 놀랍도록 다른 행동과 대조된다. 삼각함수 급수는 톱니 형이나 네모파 같은 불연속 함수를 표현하는 데 자주 사용된다.

$u_n(x)$가 연속이고 $\sum a_nx^n$이 균등 수렴하면 멱급수의 항별 미분이나 적분이 원래 급수와 똑같은 수렴 반지름과 연속 함수로 된 새로운 멱급수를 낳는다. 미분이나 적분으로 도입된 새 인자는 루트나 비 테스트에 영향을 주지 않는다. 그러므로 멱급수는 균등 수렴 구간에서 원하는 만큼 미분하거나 적분할 수 있다(연습문제 1.2.16). 일반적으로 무한급수의 미분에 놓여 있는 다소 엄격한 제한의 관점에서 이것은 주목할 만한 가치 있는 결과다.

■ 유일성 정리

매클로린 급수를 사용하여 이미 e^x와 $\ln(1+x)$를 멱급수로 전개했다. 이 책 곳곳에서 함수가 멱급수로 표현되거나 심지어 정의되는 상황을 마주치게 될 것이다. 이제 멱급수 표현형이 유일하다는 것을 확립하자.

똑같은 함수의 두 가지 전개에 대한 수렴 구간이 원점을 포함하는 영역에서 겹친다고 가정해보자.

$$\begin{aligned} f(x) &= \sum_{n=0}^{\infty} a_n x^n, \quad -R_a < x < R_a \\ &= \sum_{n=0}^{\infty} b_n x^n, \quad -R_b < x < R_b \end{aligned} \tag{1.55}$$

증명하고 싶은 것은 모든 n에 대해 $a_n = b_n$이라는 것이다.

R이 R_a와 R_b 중 더 작은 것일 때,

$$\sum_{n=0}^{\infty} a_n x^n = \sum_{n=0}^{\infty} b_n x^n, \quad -R < x < R \tag{1.56}$$

로 시작한다. $x=0$으로 놓아서 각 급수에서 상수항을 제외한 모든 항들을 제거하면

$$a_0 = b_0$$

을 얻는다. 이제 멱급수의 미분 가능성을 활용하여 식 (1.56)을 미분하면

$$\sum_{n=1}^{\infty} n a_n x^{n-1} = \sum_{n=1}^{\infty} n b_n x^{n-1} \tag{1.57}$$

을 얻는다. 또다시 $x=0$으로 놓아서 새로운 상수항을 분리하면

$$a_1 = b_1$$

이 된다. 이 과정을 n번 반복하면

$$a_n = b_n$$

을 얻고, 이것은 두 급수가 동일하다는 것을 보여준다. 따라서 멱급수 표현형은 유일하다.

미분 방정식의 풀이를 멱급수의 해로 전개하여 구할 때 이 정리는 핵심적인 사항이다. 멱급수의 유일성은 이론 물리학에서 자주 등장한다. 양자역학에서 섭동 이론의 확립이 한 예다.

■ 불결정 형식

함수의 멱급수 표현형은 보통 불결정 형식을 계산하는 데 유용하고 **로피탈 규칙**(l'Hôpital's rule)의 근거가 된다. 그 규칙에 따르면 미분 가능한 두 함수 $f(x)$와 $g(x)$의 비가 $x=x_0$에서 0/0 형식인 불결정이면,

$$\lim_{x\to x_0}\frac{f(x)}{g(x)}=\lim_{x\to x_0}\frac{f'(x)}{g'(x)} \tag{1.58}$$

이다. 식 (1.58)의 증명은 연습문제 1.2.12의 주제다.

때때로 로피탈 규칙에 들어가는 도함수를 구하는 것보다 그냥 멱급수 전개를 도입하는 것이 더 쉽다. 이 전략의 예로서 다음의 예제와 연습문제 1.2.15가 있다.

예제 1.2.5 로피탈 규칙의 대안

다음 식을 계산하시오.

$$\lim_{x\to 0}\frac{1-\cos x}{x^2} \tag{1.59}$$

$\cos x$를 매클로린 전개(연습문제 1.2.8 참고)로 대체하면

$$\frac{1-\cos x}{x^2}=\frac{1-\left(1-\frac{1}{2!}x^2+\frac{1}{4!}x^4-\cdots\right)}{x^2}=\frac{1}{2!}-\frac{x^2}{4!}+\cdots$$

을 얻는다. $x\to 0$이면 다음 결과를 얻는다.

$$\lim_{x\to 0}\frac{1-\cos x}{x^2}=\frac{1}{2} \tag{1.60}$$

■

멱급수의 유일성은 계수 a_n을 매클로린 급수의 도함수와 동일시할 수 있다는 것을 의미한다.

$$f(x)=\sum_{n=0}^{\infty}a_nx^n=\sum_{m=0}^{\infty}\frac{1}{n!}f^{(n)}(0)x^n$$

으로부터 다음 결과를 얻는다.

$$a_n=\frac{1}{n!}f^{(n)}(0)$$

■ 멱급수의 역

다음과 같은 급수가 있다고 하자.

$$y - y_0 = a_1(x-x_0) + a_2(x-x_0)^2 + \cdots = \sum_{n=1}^{\infty} a_n(x-x_0)^n \tag{1.61}$$

이것은 $(y-y_0)$을 $(x-x_0)$의 항으로 표현한다. 그렇지만 $(x-x_0)$을 $(y-y_0)$의 항으로 명시적으로 표현하는 것이 바람직할 수도 있다. 즉

$$x - x_0 = \sum_{n=1}^{\infty} b_n(y-y_0)^n \tag{1.62}$$

형식의 표현을 원한다. 여기서 b_n은 주어진 a_n의 항으로 결정되어야 한다. 처음의 몇몇 계수에 대해 완벽히 적절한 무차별 대입 방법은 단순히 식 (1.61)을 식 (1.62)에 대입하는 것이다. 식 (1.62)의 양변에 있는 $(x-x_0)^n$의 계수가 같다고 놓고, 멱급수가 유일하다는 점을 이용하면

$$\begin{aligned}
b_1 &= \frac{1}{a_1} \\
b_2 &= -\frac{a_2}{a_1^3} \\
b_3 &= \frac{1}{a_1^5}\left(2a_2^2 - a_1 a_3\right) \\
b_4 &= \frac{1}{a_1^7}\left(5a_1 a_2 a_3 - a_1^2 a_4 - 5a_2^3\right) \text{ 등등}
\end{aligned} \tag{1.63}$$

을 얻는다. 일부 고차 계수가 드와이트(Dwight)의 책[4]에 나와 있다. 좀 더 일반적이고 훨씬 우아한 방법은 《수리물리학》(Mathematical Methods for Physicists)의 1판과 2판에 있는 복소 변수를 활용하는 것이다.

[4] H. B. Dwight, *Tables of Integrals and Other Mathematical Data*, 4th ed., New York: Macmillan (1961). (공식 50번 참고)

1.2.8 다음을 보이시오.

(a) $\sin x = \sum_{n=0}^{\infty} (-1)^n \frac{x^{2n+1}}{(2n+1)!}$ (b) $\cos x = \sum_{n=0}^{\infty} (-1)^n \frac{x^{2n}}{(2n)!}$

1.2.9 $\cos x$의 멱급수를 $\sin x$의 멱급수로 나누어서 $\cot x$를 x의 거듭제곱의 오름차순으로 급수 전개하시오.

[참고] $1/x$로 시작하는 최종 급수를 **로랑 급수**(Laurent series)라고 한다[$\cot(x) - x^{-1}$은 테일러 전개가 있지만 $\cot x$는 그렇지 않다]. $\cos x$와 $\sin x$의 두 급수는 모든 x에서 타당하지만 $\cot x$ 급수의 수렴은 분모 $\sin x$의 영점 때문에 제한된다.

1.2.10 급수 전개하여

$$\frac{1}{2}\ln\frac{\eta_0 + 1}{\eta_0 - 1} = \coth^{-1}\eta_0, \quad |\eta_0| > 1$$

임을 보이시오. 이 항등식은 르장드르 방정식의 두 번째 해를 구할 때 사용될 수 있다.

1.2.11 $f(x) = x^{1/2}$은 (a) 매클로린 전개가 없지만 (b) 임의의 점 $x_0 \neq 0$에 대한 테일러 전개는 있음을 보이시오. $x = x_0$에 대한 테일러 전개의 수렴 범위를 구하시오.

1.2.12 로피탈 규칙인 식 (1.58)을 증명하시오.

1.2.13 $n > 1$일 때 다음을 보이시오.

(a) $\frac{1}{n} - \ln\left(\frac{n}{n-1}\right) < 0$ (b) $\frac{1}{n} - \ln\left(\frac{n+1}{n}\right) > 0$

이 부등식을 사용하여 오일러-마스케로니 상수를 정의하는 식 (1.13)의 극한이 유한함을 보이시오.

1.2.14 수치 해석에서 $d^2\psi(x)/dx^2$을

$$\frac{d^2}{dx^2}\psi(x) \approx \frac{1}{h^2}[\psi(x+h) - 2\psi(x) + \psi(x-h)]$$

로 근사하는 것이 종종 편리하다. 이 근사의 오차를 구하시오.

답. 오차$= \frac{h^2}{12}\psi^{(4)}(x)$

1.2.15 $\lim_{x\to 0}\left[\frac{\sin(\tan x)-\tan(\sin x)}{x^7}\right]$를 구하시오.

답. $-\frac{1}{30}$

1.2.16 어떤 멱급수가 $-R < x < R$에서 수렴한다. 미분된 급수와 적분된 급수가 똑같은 수렴 구간을 가짐을 보이시오. (단, 양끝점 $x = \pm R$는 고려하지 않는다.)

1.3 이항 정리

아주 중요한 매클로린 전개의 응용은 이항 정리의 유도다.

$f(x) = (1+x)^m$이라 하자. m은 양수나 음수가 될 수 있으며 정숫값으로 제한되지 않는다. 식 (1.46)을 바로 적용하면

$$(1+x)^m = 1 + mx + \frac{m(m-1)}{2!}x^2 + \cdots + R_n \tag{1.64}$$

을 얻는다. 이 함수에서 나머지는

$$R_n = \frac{x^n}{n!}(1+\xi)^{m-n}m(m-1)\cdots(m-n+1) \tag{1.65}$$

이고 ξ는 0과 x 사이의 값이다. 이제 $x \ge 0$으로 관심을 제한하면 $n > m$일 때 $(1+\xi)^{m-n}$은 $\xi = 0$에서 최대가 되므로 x가 양수인 경우에

$$|R_n| \le \frac{x^n}{n!}|m(m-1)\cdots(m-n+1)| \tag{1.66}$$

이 되고, $0 \le x < 1$일 때 $\lim_{n\to\infty} R_n = 0$이다. 멱급수의 수렴 반지름은 x가 양수인 경우와 음수인 경우에 같으므로 이항 급수는 $-1 < x < 1$일 때 수렴한다. 극한점 ± 1에서 수렴은 현재의 분석으로는 해결되지 않는데 m에 의존한다.

요약하면, **이항 전개**(binomial expansion)

$$(1+x)^m = 1 + mx + \frac{m(m-1)}{2!}x^2 + \frac{m(m-1)(m-2)}{3!}x^3 + \cdots \tag{1.67}$$

은 $-1 < x < 1$일 때 수렴한다. 유의해야 할 중요한 점은 식 (1.67)이 m이 정수든 아니든, 양수든 음수든 관계없이 적용된다는 것이다. m이 음이 아닌 정수이면 $n > m$인 경우의 R_n은 모든 x에 대해 사라지는데, 이것은 이러한 조건에서 $(1+x)^m$이 유한한 합이라는 것과 일치한다.

이항 전개가 자주 등장하기 때문에 이항 전개에 나타나는 계수를 **이항 계수**(binomial coefficient)라 하고 특별한 기호

$$\binom{m}{n} = \frac{m(m-1)\cdots(m-n+1)}{n!} \tag{1.68}$$

로 나타낸다. 그러면 이항 전개가 취하는 일반 형식은

$$(1+x)^m = \sum_{n=0}^{\infty} \binom{m}{n} x^n \tag{1.69}$$

이다. 식 (1.68)을 계산할 때 $n=0$이면 분자의 곱은 비어 있고(m에서 시작하여 $m+1$까지 **내려감**), 그런 경우에 규약은 곱의 값을 1로 하는 것이다. 또한 0!을 1로 정의한 것을 기억할 것이다.

m이 양의 정수인 특별한 경우에 이항 계수를 계승의 항으로 다음과 같이 쓸 수 있다.

$$\binom{m}{n} = \frac{m!}{n!(m-n)!} \tag{1.70}$$

$n!$은 음의 정수 n에 대해 정의되어 있지 않으므로 양의 정수 m에 대한 이항 전개는 $n=m$ 항에서 끝나는 것으로 이해해야 하고, 이것은 $(1+x)^m$의 (유한한) 전개로부터 유래된 다항식의 계수들에 해당한다.

m이 양의 정수인 경우에 $\binom{m}{n}$은 조합 이론에서도 나타나는데, 이것은 물체 m개에서 n개를 선택할 수 있는 서로 다른 방법의 수다. 물론 그것은 $(1+x)^m$을 전개할 때 계수 집합과 일치한다. x^n을 포함한 항의 계수는 n개의 인자 $(1+x)$에서 'x'를 선택하고 나머지 $(1+x)$ 인자들에서 1을 선택할 수 있는 방법의 수에 해당한다.

m이 음의 정수인 경우에도 여전히 이항 계수에 대한 특별한 표기를 사용할 수 있다. 하지만 계산을 쉽게 하기 위해 $m=-p$로 놓고 p가 양의 정수이면

$$\binom{-p}{n} = (-1)^n \frac{p(p+1)\cdots(p+n-1)}{n!} = \frac{(-1)^n (p+n-1)!}{n!(p-1)!} \tag{1.71}$$

이 된다.

m이 정수가 아닌 경우에는 **포흐하머 기호**(Pochhammer symbol)를 사용하는 것이 편리

하다. 그것은 일반적인 a와 음이 아닌 정수 n에 대해 표기 $(a)_n$을

$$(a)_0 = 1, \quad (a)_1 = a, \quad (a)_{n+1} = a(a+1)\cdots(a+n), \quad (n \leq 1) \tag{1.72}$$

로 정의한다. m이 정수든 아니든 간에 이항 계수 공식을

$$\binom{m}{n} = \frac{(m-n+1)_n}{n!} \tag{1.73}$$

으로 쓸 수 있다.

이항 계수, 그리고 이항 계수가 수반되는 합과의 관계에 대한 문헌들은 많이 있다. 여기에서는 $1/\sqrt{1+x}$, 즉 $(1+x)^{-1/2}$을 계산할 때 나타나는 그러한 공식 하나를 언급한다. 그 이항 계수는

$$\begin{aligned}\binom{-\frac{1}{2}}{n} &= \frac{1}{n!}\left(-\frac{1}{2}\right)\left(-\frac{3}{2}\right)\cdots\left(-\frac{2n-1}{2}\right) \\ &= (-1)^n \frac{1\cdot 3\ \cdots\ (2n-1)}{2^n n!} = (-1)^n \frac{(2n-1)!!}{(2n)!!}\end{aligned} \tag{1.74}$$

이다. 여기에서 '이중 계승' 기호는 다음과 같이 짝수 또는 홀수들의 곱을 가리킨다.

$$\begin{aligned}1\cdot 3\cdot 5\cdots(2n-1) &= (2n-1)!! \\ 2\cdot 4\cdot 6\cdots(2n) &= (2n)!!\end{aligned} \tag{1.75}$$

이것과 정상적인 계승 사이에는

$$(2n)!! = 2^n n!, \quad (2n-1)!! = \frac{(2n)!}{2^n n!} \tag{1.76}$$

과 같은 연관이 있다. 이 관계들은 $0!! = (-1)!! = 1$인 특수한 경우를 포함한다.

예제 1.3.1 **상대론적 에너지**

질량 m과 속도 v인 입자의 상대론적 총에너지는

$$E = mc^2\left(1-\frac{v^2}{c^2}\right)^{-1/2} \tag{1.77}$$

이다. 여기서 c는 광속이다. 식 (1.69)에서 $m = -1/2$과 $x = -v^2/c^2$으로 놓고 식 (1.74)를 사용하여 이항 계수를 계산하면

$$E = mc^2\left[1 - \frac{1}{2}\left(-\frac{v^2}{c^2}\right) + \frac{3}{8}\left(-\frac{v^2}{c^2}\right)^2 - \frac{5}{16}\left(-\frac{v^2}{c^2}\right)^3 + \cdots\right]$$

$$= mc^2 + \frac{1}{2}mv^2 + \frac{3}{8}mv^2\left(\frac{v^2}{c^2}\right) + \frac{5}{16}mv^2\left(-\frac{v^2}{c^2}\right)^2 + \cdots \tag{1.78}$$

을 얻는다. 첫항 mc^2은 정지 에너지다. 그러면

$$E_{\text{kinetic}} = \frac{1}{2}mv^2\left[1 + \frac{3}{4}\frac{v^2}{c^2} + \frac{5}{8}\left(-\frac{v^2}{c^2}\right)^2 + \cdots\right] \tag{1.79}$$

이다. 입자 속도가 $v \ll c$인 경우에 괄호 안의 표현은 1로 줄어들어서 상대론적 총에너지의 운동 부분은 고전적인 결과와 같음을 알 수 있다. ■

이항 전개는 양의 정수 n의 경우에 다항식으로 다음과 같이 일반화할 수 있다.

$$(a_1 + a_2 + \cdots + a_m)^n = \sum \frac{n!}{n_1!n_2!\cdots n_m!} a_1^{n_1} a_2^{n_2} \cdots a_m^{n_m} \tag{1.80}$$

여기서 합은 음이 아닌 정수 n_1, n_2, ..., n_m이 $\sum_{i=1}^{m} n_i = n$이 되는 서로 다른 모든 조합을 포함한다. 이 일반화는 통계역학에서 상당히 많이 사용된다.

일상적인 해석에서 이항 계수의 조합적인 성질 때문에 이항 계수가 자주 나타난다. 예를 들어 두 함수의 곱 $u(x)v(x)$의 n번째 도함수에 대한 라이프니츠 공식을 다음과 같이 쓸 수 있다.

$$\left(\frac{d}{dx}\right)^n (u(x)v(x)) = \sum_{i=0}^{n} \binom{n}{i} \left(\frac{d^i u(x)}{dx^i}\right)\left(\frac{d^{n-i} v(x)}{dx^{n-i}}\right) \tag{1.81}$$

연습문제

1.3.1 고전적인 랑주뱅 상자성 이론에 따르면 자기 편극은

$$P(x) = c\left(\frac{\cosh x}{\sinh x} - \frac{1}{x}\right)$$

로 표현된다. x가 작은 경우(낮은 장, 높은 온도)에 $P(x)$를 멱급수로 전개하시오.

1.3.2 주어진 식

$$\int_0^1 \frac{dx}{1+x^2} = \tan^{-1} x \Big|_0^1 = \frac{\pi}{4}$$

에서 적분을 급수로 전개하고 항별 적분을 해서

$$\frac{\pi}{4} = 1 - \frac{1}{3} + \frac{1}{5} - \frac{1}{7} + \frac{1}{9} - \cdots + (-1)^n \frac{1}{2n+1} + \cdots$$

임을 보이시오.[5] 이것이 π에 관한 라이프니츠 공식이다. $x=1$에서 적분될 급수와 적분된 급수의 수렴을 비교하시오. 라이프니츠 공식은 너무 천천히 수렴해서 수치 작업에는 쓸모가 없다.

1.3.3 불완전 감마 함수 $\gamma(n+1, x) \equiv \int_0^x e^{-t} t^n dt$를 x의 멱급수로 전개하고, 그 급수의 수렴 범위를 구하시오.

답. $\int_0^x e^{-t} t^n dt = x^{n+1} \left[\frac{1}{n+1} - \frac{x}{n+2} + \frac{x^2}{2!(n+3)} - \cdots \frac{(-1)^p x^p}{p!(n+p+1)} + \cdots \right]$

1.3.4 $y = \sinh^{-1} x$(즉 $\sinh y = x$)의 급수 전개를 다음 방법을 통하여 x의 거듭제곱으로 구하시오.

(a) $\sinh y$에 대한 급수의 역변환

(b) 직접적인 매클로린 전개

1.3.5 정수 $n \ge 0$에 대해 $\frac{1}{(1-x)^{n+1}} = \sum_{m=n}^{\infty} \binom{m}{n} x^{m-n}$임을 보이시오.

1.3.6 $m = 1, 2, 3, \ldots$에 대해 $(1+x)^{-m/2} = \sum_{n=0}^{\infty} (-1)^n \frac{(m+2n-2)!!}{2^n n!(m-2)!!} x^n$임을 보이시오.

1.3.7 이항 전개를 사용하여 다음 세 가지 도플러 편이 공식을 비교하시오.

(a) $\nu' = \nu \left(1 \mp \frac{v}{c}\right)^{-1}$ 움직이는 파원

(b) $\nu' = \nu \left(1 \pm \frac{v}{c}\right)$ 움직이는 관찰자

(c) $\nu' = \nu \left(1 \pm \frac{v}{c}\right)\left(1 - \frac{v^2}{c^2}\right)^{-1/2}$ 상대론적

[참고] 상대론적 공식은 v^2/c^2 차수의 항을 무시하면 고전적인 공식과 같아진다.

---

5 $\tan^{-1} x$의 급수 전개(상한 1을 x로 대체)는 1671년에 그레고리(James Gregory)가 라이프니츠보다 3년 앞서서 발견했다. 베크만(Peter Beckmann)의 유쾌한 책 *A History of Pi*, 2nd ed., Boulder, CO: Golem Press (1971) 및 L. Berggren, J. Borwein, and P. Borwein, *Pi: A Source Book*, New York: Springer (1997) 참고.

1.3.8 일반 상대성 이론에서 은하의 후퇴 속도를 적색 편이 δ로 연결하는(정의하는) 다양한 방법이 있다. 밀른(Milne) 모형(운동학적 상대론)의 결과는 다음과 같다.

(a) $v_1 = c\delta\left(1 + \frac{1}{2}\delta\right)$

(b) $v_2 = c\delta\left(1 + \frac{1}{2}\delta\right)(1+\delta)^{-2}$

(c) $1 + \delta = \left[\frac{1 + v_3/c}{1 - v_3/c}\right]^{1/2}$

1. $\delta \ll 1$(그리고 $v_3/c \ll 1$)인 경우에 세 가지 공식 모두 $v = c\delta$가 됨을 보이시오.

2. 세 속도를 δ^2 차수의 항까지 비교하시오.

[참고] 특수 상대성에서(δ를 z로 바꿈) 방출된 파장 λ_0에 대한 관측된 파장 λ의 비는 다음과 같다.

$$\frac{\lambda}{\lambda_0} = 1 + z = \left(\frac{c+v}{c-v}\right)^{1/2}$$

1.3.9 같은 방향인 두 속도 u와 v의 상대론적 합 w는

$$\frac{w}{c} = \frac{u/c + v/c}{1 + uv/c^2}$$

로 주어진다.

$$\frac{v}{c} = \frac{u}{c} = 1 - \alpha$$

이고, $0 \le \alpha \le 1$인 경우에 w/c를 α의 거듭제곱으로 α^3항까지 구하시오.

1.3.10 정지 질량 m_0인 입자에 x축을 따라 일정한 힘 $m_0 g$가 작용한 결과의 변위 x는 상대론적 효과를 포함하여

$$x = \frac{c^2}{g}\left\{\left[1 + \left(g\frac{t}{c}\right)^2\right]^{1/2} - 1\right\}$$

이다. 변위 x를 시간 t의 멱급수로 구하고 고전적인 결과

$$x = \frac{1}{2}gt^2$$

과 비교하시오.

1.3.11 디랙(Dirac)의 상대성 이론을 사용하면 원자 분광법의 미세 구조 공식은

$$E = mc^2\left[1 + \frac{\gamma^2}{(s + n - |k|)^2}\right]^{-1/2}$$

으로 주어진다. 여기서

$$s = (|k|^2 - \gamma^2)^{1/2}, \quad k = \pm 1,\ \pm 2,\ \pm 3,\ \ldots$$

이다. γ^2의 거듭제곱으로 γ^4 차수까지 전개하시오($\gamma^2 = Ze^2/4\pi\epsilon_0\hbar c$이고 Z는 원자 번호이다). 이 전개는 디랙 전자 이론의 예측을 상대론적 슈뢰딩거(Schrödinger) 전자 이론의 예측과 비교할 때 유용하다. 실험 결과는 디랙 이론을 지지한다.

1.3.12 양성자-양성자 정면 충돌에서 입사한 운동 에너지에 대한 질량 중심 계의 운동 에너지 비는

$$R = [\sqrt{2mc^2(E_k + 2mc^2)} - 2mc^2]/E_k$$

이다. 다음 경우에 이 운동 에너지 비의 값을 구하시오.

(a) $E_k \ll mc^2$ (비상대론적)

(b) $E_k \gg mc^2$ (극상대론적)

답. (a) $\frac{1}{2}$, (b) 0. 후자의 답은 (과녁이 정지해 있는) 고에너지 입자 가속기에 대한 일종의 수익 체감의 법칙이다.

1.3.13 이항 전개를 하면

$$\frac{x}{1-x} = \sum_{n=1}^{\infty} x^n, \quad \frac{x}{x-1} = \frac{1}{1-x^{-1}} = \sum_{n=0}^{\infty} x^{-n}$$

이다. 이 두 급수를 더하면 $\sum_{n=-\infty}^{\infty} x^n = 0$이다. 바라건대, 우리는 이것이 터무니없다는 것에 동의할 수 있다. 하지만 잘못된 것은 무엇일까?

1.3.14 (a) 플랑크(Planck)의 양자 진동자 이론에서 평균 에너지는

$$\langle \varepsilon \rangle = \frac{\sum_{n=1}^{\infty} n\varepsilon_0 \exp(-n\varepsilon_0/kT)}{\sum_{n=0}^{\infty} \exp(-n\varepsilon_0/kT)}$$

이다. 여기서 ε_0은 고정된 에너지다. 분자와 분모를 이항 전개로 식별하여 비가

$$\langle \varepsilon \rangle = \frac{\varepsilon_0}{\exp(\varepsilon_0/kT) - 1}$$

이 됨을 보이시오.

(b) $kT \gg \varepsilon_0$일 때 (a)의 $\langle \varepsilon \rangle$이 고전적인 결과인 kT로 줄어듦을 보이시오.

1.3.15 $y = \tan^{-1} x$(즉 $\tan y = x$)에 대한 그레고리 급수

$$\tan^{-1} x = \int_0^x \frac{dt}{1+t^2} = \int_0^x \{1 - t^2 + t^4 - t^6 + \cdots\} dt$$
$$= \sum_{n=0}^{\infty} (-1)^n \frac{x^{2n+1}}{2n+1}, \quad -1 \le x \le 1$$

을 얻기 위해 이항 정리에 따라 전개하고 항별 적분을 하시오.

1.3.16 전자에 의한 빛의 산란을 기술하는 클라인-니시나 공식(Klein-Nishina formula)은

$$f(\varepsilon) = \frac{(1+\varepsilon)}{\varepsilon^2} \left[\frac{2+2\varepsilon}{1+2\varepsilon} - \frac{\ln(1+2\varepsilon)}{\varepsilon} \right]$$

형식의 항을 포함한다. 여기서 $\varepsilon = h\nu/mc^2$은 전자 정지 에너지에 대한 광자 에너지의 비다. $\lim_{\varepsilon \to 0} f(\varepsilon)$을 구하시오.

답. $\frac{4}{3}$

1.3.17 질량 A의 핵과 탄성 충돌하여 에너지를 잃는 중성자의 행동은 매개변수 ξ_1로 기술되는데,

$$\xi_1 = 1 + \frac{(A-1)^2}{2A} \ln \frac{A-1}{A+1}$$

이다. A가 클 때 잘 맞는 근사는

$$\xi_2 = \frac{2}{A + \frac{2}{3}}$$

다. ξ_1과 ξ_2를 A^{-1}의 거듭제곱으로 전개하고, ξ_1과 ξ_2가 $(A^{-1})^2$까지 일치함을 보이시오. $(A^{-1})^3$항의 계수의 차를 구하시오.

1.3.18 다음 두 적분이 카탈란 상수와 같음을 보이시오.

(a) $\int_0^1 \arctan t \frac{dt}{t}$ (b) $-\int_0^1 \ln x \frac{dx}{1+x^2}$

[참고] 카탈란 상수의 정의와 수치 계산을 연습문제 1.1.12에서 다뤘다.

1.4 수학적 귀납법

처음에 어떻게 진행할지 명확하지 않은 상황에서 정수 집합에 대해 타당한 관계를 확립할 필요에 가끔 직면한다. 하지만 그 관계가 임의의 값의 어떤 지표 n인 경우에 성립한다면 n을 $n+1$로 대체해도 유효하다는 것을 증명하는 것이 가능할 수도 있다. 또한 그 관계가 어떤 초깃값 n_0에 대하여 무조건적으로 성립한다는 것을 보일 수 있다면 그 관계가 n_0+1, n_0+2, ...인 경우에도 (무조건적으로) 만족된다는 결론을 내릴 수 있다. 이런 증명 방법을 **수학적 귀납법**(mathematical induction)이라고 한다. 어떤 관계가 성립한다는 것을 알지만(또는 추측하지만) 좀 더 직접적인 증명 방법이 없을 때 보통 이 방법이 가장 도움이 된다.

예제 1.4.1 정수의 합

1에서 n까지의 정수의 합 $S(n)$은 공식 $S(n)=n(n+1)/2$로 주어진다. 이 공식의 귀납적 증명은 다음과 같이 진행된다.

1. $S(n)$에 대한 공식을 가정하면

$$S(n+1)=S(n)+(n+1)=\frac{n(n+1)}{2}+(n+1)=\left[\frac{n}{2}+1\right](n+1)=\frac{(n+1)(n+2)}{2}$$

로 계산할 수 있다. 따라서 $S(n)$을 가정하면 $S(n+1)$의 타당성을 확립할 수 있다.

2. $S(1)=1(2)/2=1$임은 명백하므로 $S(n)$에 대한 공식은 $n=1$인 경우에 타당하다.
3. 따라서 $S(n)$에 대한 공식은 모든 정수 $n \ge 1$에 대해 타당하다. ■

연습문제

1.4.1 $\sum_{j=1}^{n} j^4 = \frac{n}{30}(2n+1)(n+1)(3n^2+3n-1)$임을 보이시오.

1.4.2 곱의 반복 미분에 대한 라이프니츠 공식

$$\left(\frac{d}{dx}\right)^n [f(x)g(x)] = \sum_{j=0}^{n} \binom{n}{j} \left[\left(\frac{d}{dx}\right)^j f(x)\right]\left[\left(\frac{d}{dx}\right)^{n-j} g(x)\right]$$

를 증명하시오.

1.5 함수의 급수 전개에 대한 연산

함수를 표현하는 급수를 얻거나 그러한 급수를 조작하여 수렴을 개선할 수 있는 수많은 방법(요령)이 있다. 1.1절에 도입한 절차 외에도 전개가 변수에 의존한다는 점을 다양하게 활용하는 다른 절차들도 있다. 이런 간단한 예가 $f(x) = \ln(1+x)$의 전개다. 예제 1.2.4에서 $f(x)$의 매클로린 전개와 도함수의 계산을 직접 활용하여 그 전개를 얻었다. 이 급수를 얻는 더 쉬운 방법은 $1/(1+x)$의 멱급수를 0에서 x까지 항별로 적분하는 것이다.

$$\frac{1}{1+x} = 1 - x + x^2 - x^3 + \cdots \Rightarrow$$

$$\ln(1+x) = x - \frac{x^2}{2} + \frac{x^3}{3} - \frac{x^4}{4} + \cdots$$

어느 정도 우회할 필요가 있는 문제가 다음 예제인데, 전개를 구하려고 하는 함수의 도함수를 표현하는 급수에 대해 이항 정리를 사용한다.

예제 1.5.1 이항 전개의 응용

때때로 직접적인 방법이 어려울 때 이항 전개는 매클로린 급수를 얻는 간접적인 수단을 제공한다. 여기에서 멱급수 전개

$$\sin^{-1}x = \sum_{n=0}^{\infty} \frac{(2n-1)!!}{(2n)!!} \frac{x^{2n+1}}{(2n+1)} = x + \frac{x^3}{6} + \frac{3x^5}{40} + \cdots \tag{1.82}$$

을 고려하자. $\sin y = x$에서 시작하여 $dy/dx = 1/\sqrt{1-x^2}$을 구한 다음에 적분

$$\sin^{-1} x = y = \int_0^x \frac{dt}{(1-t^2)^{1/2}}$$

를 쓴다. 이제 $(1-t^2)^{-1/2}$의 이항 전개를 도입하고 항별로 적분한다. 그 결과가 식 (1.82)다. ■

급수의 수렴을 개선하는 또 다른 방법은 그 급수에 변수가 있는 다항식을 곱하여 만들어진 급수에서 가장 느리게 수렴하는 부분이 제거되도록 다항식의 계수를 선택하는 것이다. 여기에 이러한 간단한 예가 있다.

예제 1.5.2 급수에 다항식 곱하기

$\ln(1+x)$에 대한 급수로 되돌아가서

$$\begin{aligned}(1+a_1 x)\ln(1+x) &= \sum_{n=1}^{\infty}(-1)^{n-1}\frac{x^n}{n} + a_1 \sum_{n=1}^{\infty}(-1)^{n-1}\frac{x^{n+1}}{n} \\ &= x + \sum_{n=2}^{\infty}(-1)^{n-1}\left(\frac{1}{n} - \frac{a_1}{n-1}\right)x^n \\ &= x + \sum_{n=2}^{\infty}(-1)^{n-1}\frac{n(1-a_1)-1}{n(n-1)}x^n\end{aligned}$$

을 형성한다. $a_1 = 1$로 택하면 분자의 n이 사라지고 결합된 급수는 n^{-2}처럼 수렴한다. $\ln(1+x)$에 대한 최종 급수는 다음과 같다.

$$\ln(1+x) = \left(\frac{x}{1+x}\right)\left(1 - \sum_{n=1}^{\infty}\frac{(-1)^n}{n(n+1)}x^n\right)$$ ■

또 다른 유용한 방법은 **부분 분수 전개**(partial fraction expansion)를 사용하는 것이다. 그것은 겉보기에 어려운 급수를 잘 알려진 다른 급수로 바꿀지도 모른다.

$g(x)$와 $h(x)$가 x의 다항식인데, $g(x)$가 $h(x)$보다 차수가 더 낮고, $h(x)$의 인수분해가 $h(x) = (x-a_1)(x-a_2)\cdots(x-a_n)$이며 $h(x)$의 인자가 서로 구별된다면(즉 h는 중근을 가지지 않는다), $g(x)/h(x)$를

$$\frac{g(x)}{h(x)} = \frac{c_1}{x-a_1} + \frac{c_2}{x-a_2} + \cdots + \frac{c_n}{x-a_n} \tag{1.83}$$

의 형식으로 쓸 수 있다. 아마도 허숫값의 도입을 피하기 위해 $h(x)$에 하나 이상의 이차 인자를 남겨두기 원한다면 해당 부분 분수 항은

$$\frac{ax+b}{x^2+px+q}$$

의 형식이 될 것이다. $h(x)$에 $(x-a_1)^m$과 같은 반복 선형 인자가 있다면 $x-a_1$의 거듭제곱에 대한 부분 분수 전개는

$$\frac{c_{1,m}}{(x-a_1)^m}+\frac{c_{1,m-1}}{(x-a_1)^{m-1}}+\cdots\frac{c_{1,1}}{x-a_1}$$

의 형식을 가진다. 부분 분수 전개의 계수는 대개 쉽게 구할 수 있고, 때때로 계수를

$$c_i=\lim_{x\to a_i}(x-a_i)g(x)/h(x) \tag{1.84}$$

와 같은 극한으로 표현하는 것이 유용하다.

예제 1.5.3 **부분 분수 전개**

함수가

$$f(x)=\frac{k^2}{x(x^2+k^2)}=\frac{c}{x}+\frac{ax+b}{x^2+k^2}$$

라 하자. 부분 분수 전개의 형식을 썼지만 아직 a, b, c의 값을 결정하지 않았다. 식의 우변을 통분하면

$$\frac{k^2}{x(x^2+k^2)}=\frac{c(x^2+k^2)+x(ax+b)}{x(x^2+k^2)}$$

가 된다. 우변 분자를 전개하여 좌변 분자와 같다고 놓으면

$$0(x^2)+0(x)+k^2=(c+a)x^2+bx+ck^2$$

을 얻는다. 이 식은 x의 각 거듭제곱의 계수가 양변에서 같아야 한다고 요구하여 풀 수 있다. $b=0$, $c=1$을 얻으므로 $a=-1$이다. 따라서 최종 결과는 다음과 같다.

$$f(x)=\frac{1}{x}-\frac{x}{x^2+k^2} \tag{1.85}$$

■

전개가 수렴하는 범위가 개선되도록 전개 변수를 변화시키는, 오일러에 의한 다음 절차는 한층 더 영리함을 보여준다. 나중에 연습문제 1.5.4(힌트 있음)에서 증명할 오일러 변환은

$$f(x) = \sum_{n=0}^{\infty} (-1)^n c_n x^n \tag{1.86}$$

$$= \frac{1}{1+x} \sum_{n=0}^{\infty} (-1)^n a_n \left(\frac{x}{1+x}\right)^n \tag{1.87}$$

과 같이 전환시킨다. 계수 a_n은 c_n의 반복된 차인

$$a_0 = c_0, \quad a_1 = c_1 - c_0, \quad a_2 = c_2 - 2c_1 + c_0, \quad a_3 = c_3 - 3c_2 + 3c_1 - c_0, \ \ldots$$

이고, 이것의 일반적인 공식은

$$a_n = \sum_{j=0}^{n} (-1)^j \binom{n}{j} c_{n-j} \tag{1.88}$$

이다. 오일러 변환이 적용되는 이 급수가 교대급수일 필요는 없다. 계수 c_n은 위 정의의 부호를 상쇄하는 부호 인자를 가질 수 있다.

예제 1.5.4 **오일러 변환**

$\ln(1+x)$의 매클로린 급수는 극단적으로 느리게 수렴하고, 수렴 반지름은 겨우 $|x| < 1$이다. 연관된 급수

$$\frac{\ln(1+x)}{x} = 1 - \frac{x}{2} + \frac{x^2}{3} - \cdots \tag{1.89}$$

의 오일러 변환을 고려하면 식 (1.86)에서 $c_n = 1/(n+1)$이다. 처음 몇 항은 $a_0 = 1$, $a_1 = \frac{1}{2} - 1 = -\frac{1}{2}$, $a_2 = \frac{1}{3} - 2\left(\frac{1}{2}\right) + 1 = \frac{1}{3}$, $a_3 = \frac{1}{4} - 3\left(\frac{1}{3}\right) + 3\left(\frac{1}{2}\right) - 1 = -\frac{1}{4}$이고, 일반적으로는

$$a_n = \frac{(-1)^n}{n+1}$$

이다. 그러면 전환된 급수는

$$\frac{\ln(1+x)}{x} = \frac{1}{1+x}\left[1 + \frac{1}{2}\left(\frac{x}{1+x}\right) + \frac{1}{3}\left(\frac{x}{1+x}\right)^2 + \cdots\right]$$

인데, 이것을

$$\ln(1+x) = \left(\frac{x}{1+x}\right) + \frac{1}{2}\left(\frac{x}{1+x}\right)^2 + \frac{1}{3}\left(\frac{x}{1+x}\right)^3 + \cdots \tag{1.90}$$

으로 재배열한다. 새로운 이 급수는 $x=1$에서 멋지게 수렴하고, 실제로 모든 $x<\infty$에 대해 수렴한다. ■

연습문제

1.5.1 $0<x<1$인 경우에 부분 분수 전개를 사용하여 다음을 보이시오.

$$\int_{-x}^{x} \frac{dt}{1-t^2} = \ln\left(\frac{1+x}{1-x}\right)$$

1.5.2 p가 양의 정수일 때, 다음 부분 분수 전개를 증명하시오.

$$\frac{1}{n(n+1)\cdots(n+p)} = \frac{1}{p!}\left[\binom{p}{0}\frac{1}{n} - \binom{p}{1}\frac{1}{n+1} + \binom{p}{2}\frac{1}{n+2} - \cdots + (-1)^p\binom{p}{p}\frac{1}{n+p}\right]$$

[힌트] 수학적 귀납법을 사용하라. 여기서 사용하는 이항 계수 공식 두 가지는 다음과 같다.

$$\frac{p+1}{p+1-j}\binom{p}{j} = \binom{p+1}{j}, \qquad \sum_{j=1}^{p+1}(-1)^{j-1}\binom{p+1}{j} = 1$$

1.5.3 α_p에 대한 공식, 식 (1.26)은 항이

$$u_n(p) = \frac{1}{n(n+1)\cdots(n+p)}$$

인 $\sum_{n=1}^{\infty} u_n(p)$ 형식의 합이다. 분모의 처음과 마지막 인자에 부분 분수 분해를 적용하여, 즉

$$\frac{1}{n(n+p)} = \frac{1}{p}\left[\frac{1}{n} - \frac{1}{n+p}\right]$$

을 사용하여 $u_n(p) = \frac{u_n(p-1) - u_{n+1}(p-1)}{p}$이고 $\sum_{n=1}^{\infty} u_n(p) = \frac{1}{p\,p!}$임을 보이시오.
[힌트] $u_1(p-1) = 1/p!$임을 주목하면 도움이 된다.

1.5.4 오일러 변환의 증명: 식 (1.88)을 식 (1.87)에 대입하여 식 (1.86)이 됨을 입증하시오.
[힌트] 두 지표들을 더하는 범위가 $(0, \infty)$가 되도록 합성 이중 급수를 재배열하는 것이 좋다. 그러면 계수 c_j를 포함하지 않은 합을 이항 전개로 파악할 수 있다.

1.5.5 $\arctan(x)$의 급수

$$\arctan(x) = x - \frac{x^3}{3} + \frac{x^5}{5} - \frac{x^7}{7} + \frac{x^9}{9} - \cdots$$

에 대해 오일러 변환을 수행하시오. $\arctan(1) = \pi/4$와 $\arctan(3^{-1/2}) = \pi/6$를 계산하여 구한 결과를 확인하시오.

1.6 몇몇 중요한 급수

빈번하게 나타나서 모든 물리학자들이 알고 있어야 할 몇 가지 급수들이 있다. 다음은 기억해둘 가치가 있는 급수들이다.

$$\exp(x) = \sum_{n=0}^{\infty} \frac{x^n}{n!} = 1 + x + \frac{x^2}{2!} + \frac{x^3}{3!} + \frac{x^4}{4!} + \cdots, \qquad -\infty < x < \infty \tag{1.91}$$

$$\sin(x) = \sum_{n=0}^{\infty} \frac{(-1)^n x^{2n+1}}{(2n+1)!} = x - \frac{x^3}{3!} + \frac{x^5}{5!} - \frac{x^7}{7!} + \cdots, \qquad -\infty < x < \infty \tag{1.92}$$

$$\cos(x) = \sum_{n=0}^{\infty} \frac{(-1)^n x^{2n}}{(2n)!} = 1 - \frac{x^2}{2!} + \frac{x^4}{4!} - \frac{x^6}{6!} + \cdots, \qquad -\infty < x < \infty \tag{1.93}$$

$$\sinh(x) = \sum_{n=0}^{\infty} \frac{x^{2n+1}}{(2n+1)!} = x + \frac{x^3}{3!} + \frac{x^5}{5!} + \frac{x^7}{7!} + \cdots, \qquad -\infty < x < \infty \tag{1.94}$$

$$\cosh(x) = \sum_{n=0}^{\infty} \frac{x^{2n}}{(2n)!} = 1 + \frac{x^2}{2!} + \frac{x^4}{4!} + \frac{x^6}{6!} + \cdots, \qquad -\infty < x < \infty \tag{1.95}$$

$$\frac{1}{1-x} = \sum_{n=0}^{\infty} x^n = 1 + x + x^2 + x^3 + x^4 + \cdots, \qquad -1 \le x < 1 \tag{1.96}$$

$$\ln(1+x) = \sum_{n=1}^{\infty} \frac{(-1)^{n-1} x^n}{n} = x - \frac{x^2}{2} + \frac{x^3}{3} - \frac{x^4}{4} + \cdots, \qquad -1 < x \le 1 \tag{1.97}$$

$$(1+x)^p = \sum_{n=0}^{\infty} \binom{p}{n} x^n = \sum_{n=0}^{\infty} \frac{(p-n+1)_n}{n!} x^n, \qquad -1 < x < 1 \tag{1.98}$$

[알림] 표기 $(a)_n$은 포흐하머 기호로, $(a)_0 = 1$, $(a)_1 = a$이고 정수 $n > 1$인 경우에는 $(a)_n = a(a+1)\cdots(a+n-1)$이다. 식 (1.98)에서 a와 p가 양수 또는 자연수일 필요는 없다.

연습문제

1.6.1 $-1 < x < 1$일 때 $\ln\left(\frac{1+x}{1-x}\right) = 2\left(x + \frac{x^3}{3} + \frac{x^5}{5} + \cdots\right)$임을 보이시오.

1.7 벡터

과학과 공학에서는 질량, 시간, 온도와 같이 대수적 크기(즉 크기 그리고 어쩌면 부호)만 있는 양들이 자주 등장한다. **스칼라량**(scalar quantity)이라고 하는 이것들은 어떠한 좌표계를 사용해도 여전히 똑같다. 대조적으로 많은 흥미로운 물리량들이 크기와 더불어 연관 방향을 가진다. 변위, 속도, 가속도, 힘, 운동량, 각운동량이 이 두 번째 집단에 속한다. 크기와 방향이 있는 양들을 **벡터량**(vector quantity)이라고 한다. 벡터를 스칼라와 구별하기 위해 보통 벡터량을 $\mathbf{V}$나 $\mathbf{x}$와 같이 획이 굵은 활자로 나타낸다.

이 절에서는 3차원(3D) 공간에 한정되지 않는 벡터의 성질을 다룬다(그러므로 벡터 가위곱, 즉 외적의 개념과 회전 운동을 기술하는 벡터의 활용은 배제된다). 또한 현재의 논의를 단일한 점의 물리량을 기술하는 벡터로 한정한다. 그것은 벡터가 확장된 영역에 걸쳐 정의되어 그 크기와 방향이 그와 관련된 위치의 함수가 되는 상황과 대조된다. 영역에 걸쳐 정의되는 벡터를 **벡터장**(vector field)이라고 한다. 익숙한 예가 전기장인데, 그것은 공간 영역 곳곳에서 시험 전하에 작용하는 전기력의 크기와 방향을 기술한다. 나중에 이런 중요한 주제로 돌아올 것이다.

현 논의의 핵심 사항은 (1) 벡터의 기하학적, 대수적 묘사, (2) 벡터의 선형 결합, (3) 두 벡터의 내적(점곱) 그리고 그것을 활용하여 두 벡터 사이의 각을 결정하거나 벡터를 좌표 방향들로 분해하는 것이다.

■ 기본 성질

벡터를 2차원(2D) 또는 3차원 공간에서 한 점에서 시작하여 다른 점에서 끝나는 화살에 대응하는 것으로 정의한다. **벡터 덧셈**(vector addition)은 그림 1.7에서 보듯이 두 번째 벡터의 꼬리(시작점)를 첫 번째 벡터의 머리(끝점)에 놓는 결과와 같다. 그림에서 보듯이 덧셈의 결과는 벡터를 어떤 순서로 더해도 똑같으므로 벡터 덧셈은 **교환**(commutative) 연산이다. 세 벡터를 더하면 결과는 덧셈이 이루어지는 순서와 무관하므로 벡터 덧셈은 또한 **결합적**

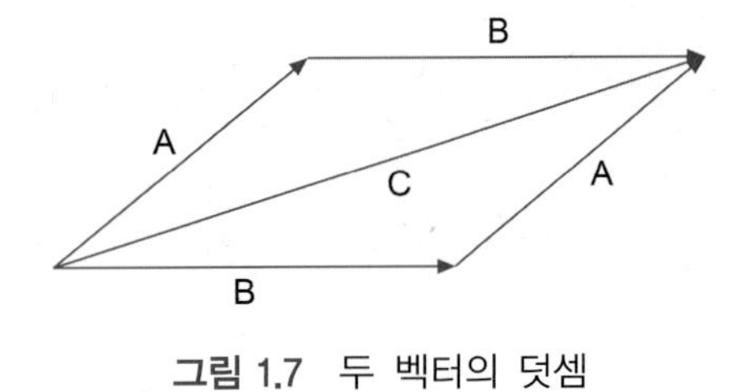

그림 1.7 두 벡터의 덧셈

(associative)이다. 형식적으로 이것은

$$(\mathbf{A}+\mathbf{B})+\mathbf{C} = \mathbf{A}+(\mathbf{B}+\mathbf{C})$$

를 의미한다. 벡터 **A**에 **스칼라**인 보통 수 k를 곱하는 연산을 정의하는 것도 유용하다. 그 결과는 여전히 원래 방향을 가리키지만 그 크기는 k배가 된 벡터가 된다. k가 음수이면 벡터의 길이는 $|k|$가 곱해지고 방향은 거꾸로 된다. 이것은 **뺄셈**(subtraction)을

$$\mathbf{A}-\mathbf{B} \equiv \mathbf{A}+(-1)\mathbf{B}$$

처럼 해석할 수 있다는 뜻이다. 그리고 $\mathbf{A}+2\mathbf{B}-3\mathbf{C}$처럼 다항식을 형성할 수 있다.

지금까지는 벡터를 사용하고 싶은 좌표계와 무관한 양으로 묘사하고 벡터의 **기하학적**(geometric) 성질에 초점을 맞추었다. 예를 들어 물체에 작용하는 힘의 벡터합이 영이면 물체는 정적 평형이 될 것이라는 역학 원리를 생각해보자. 그림 1.8의 점 O에 작용하는 알짜힘은 $\mathbf{F}_1$, $\mathbf{F}_2$, $\mathbf{F}_3$으로 표시된 힘들의 벡터합이다. 정적 평형에서 힘의 합은 그림의 오른쪽 부분에 그려져 있다.

또한 벡터에 대한 **대수적**(algebraic) 묘사를 전개하는 것도 중요하다. 그렇게 하려면 벡터 **A**의 꼬리를 데카르트 좌표계(Cartesian coordinate system), 즉 직각좌표계의 원점에 놓고 벡터의 머리의 좌표에 주목하면 된다. (3차원 공간의) 이 좌표들에 A_x, A_y, A_z란 이름을 주면 **A**의 **성분**(component) 묘사를 얻는다. 이 성분들로부터 피타고라스 정리를 사용하여 **A**의 길이, 즉 **크기**(magnitude)를 계산할 수 있는데, 그 크기는 A 또는 $|\mathbf{A}|$로 나타내고

$$A = (A_x^2 + A_y^2 + A_z^2)^{1/2} \tag{1.99}$$

이 된다. 성분 A_x, ...는 벡터를 더하거나 벡터에 스칼라를 곱할 때 그 결과를 계산하는 데도 유용하다. $\mathbf{C}=k\mathbf{A}+k'\mathbf{B}$이면 **C**의 성분이

$$C_x = kA_x + k'B_x,\ \ C_y = kA_y + k'B_y,\ \ C_z = kA_z + k'B_z$$

인 것은 데카르트 좌표계의 기하학으로부터 명백하다.

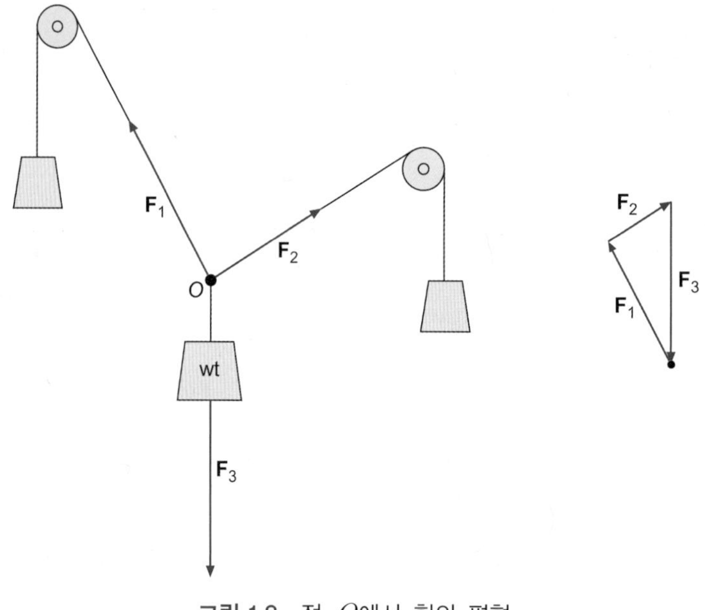

그림 1.8 점 O에서 힘의 평형

이 시점에서 좌표축의 방향에 놓인 **단위벡터**(unit vector)라고 하는 단위길이의 벡터를 도입하는 것이 편리하다. $\hat{\mathbf{e}}_x$를 x 방향의 단위벡터라고 하면, $A_x\hat{\mathbf{e}}_x$를 부호가 붙은 크기가 A_x인 x 방향의 벡터로 취급할 수 있다. 그러므로 $\mathbf{A}$를 벡터합

$$\mathbf{A} = A_x\hat{\mathbf{e}}_x + A_y\hat{\mathbf{e}}_y + A_z\hat{\mathbf{e}}_z \tag{1.100}$$

로 표현할 수 있다. $\mathbf{A}$가 그 자체로 원점에서 점 $(x,\ y,\ z)$까지의 변위이면 그것을 특별한 기호 $\mathbf{r}$로 나타내고 식 (1.100)은

$$\mathbf{r} = x\hat{\mathbf{e}}_x + y\hat{\mathbf{e}}_y + z\hat{\mathbf{e}}_z \tag{1.101}$$

가 된다. $\mathbf{r}$를 **반지름 벡터**(radius vector)라고도 한다.

단위벡터가 벡터들이 존재하는 공간을 **생성한다**(span)거나 공간의 **기저**(basis)를 형성한다고 말한다. 두 표현은 모두 그 공간에 있는 어떠한 벡터도 기저 벡터의 선형 결합으로 만들 수 있다는 것을 의미한다. 벡터 $\mathbf{A}$는 특정한 값 A_x, A_y, A_z를 가지기 때문에 이 선형 결합은 유일하다.

가끔 벡터를 그 크기 A와 벡터가 데카르트 좌표계의 축들과 이루는 각들로 명시하기도 한다. 벡터가 x, y, z축과 이루는 각을 각각 α, β, γ라 하면, $\mathbf{A}$의 성분은

$$A_x = A\cos\alpha, \quad A_y = A\cos\beta, \quad A_z = A\cos\gamma \tag{1.102}$$

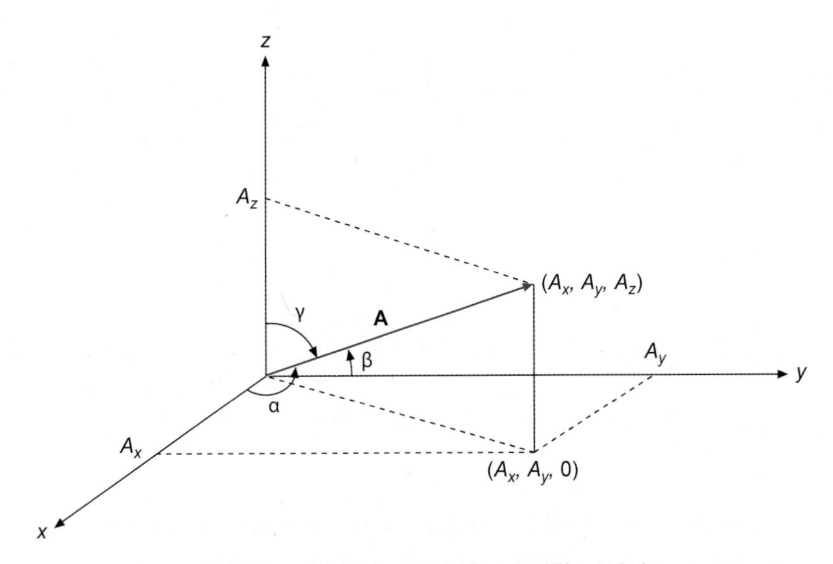

그림 1.9 A의 데카르트 성분과 방향 코사인

가 된다. $\cos\alpha$, $\cos\beta$, $\cos\gamma$(그림 1.9 참고)를 **A**의 **방향 코사인**(direction cosine)이라고 한다. $A_x^2 + A_y^2 + A_z^2 = A^2$임을 이미 알고 있기 때문에 방향 코사인은 완전히 독립적인 것은 아니고 반드시 다음 관계를 만족해야 한다.

$$\cos^2\alpha + \cos^2\beta + \cos^2\gamma = 1 \tag{1.103}$$

식 (1.100)의 형식은 성분 A_x, A_y, A_z가 복소수 값일 때도 전개 가능하지만 묘사하고 있는 기하학적 상황에서는 이들 계수를 실숫값으로 제한하는 것이 자연스럽다. 수학자들은(그리고 가끔 우리도) 두 좌표가 모든 가능한 실숫값으로 된 공간을 $\mathbb{R}^2$으로 나타내고, 완전한 3차원 공간은 $\mathbb{R}^3$으로 표시한다.

■ 내적(스칼라곱)

벡터를 좌표 방향의 성분 벡터의 항으로

$$\mathbf{A} = A_x\hat{\mathbf{e}}_x + A_y\hat{\mathbf{e}}_y + A_z\hat{\mathbf{e}}_z$$

처럼 쓸 때 $A_x\hat{\mathbf{e}}_x$를 벡터의 x 방향 **사영**(projection)으로 생각할 수 있다. 다르게 말하자면 $\hat{\mathbf{e}}_x$ 홀로 생성한 부분 공간에 있는 **A** 부분이다. 용어 **사영**은 벡터를 좌표축 중의 하나로 붕괴(투영)한다는 개념에 해당한다(그림 1.10 참고).

내적(dot product)이라고 하는 양을 정의하는 것이 유용하다. 내적은

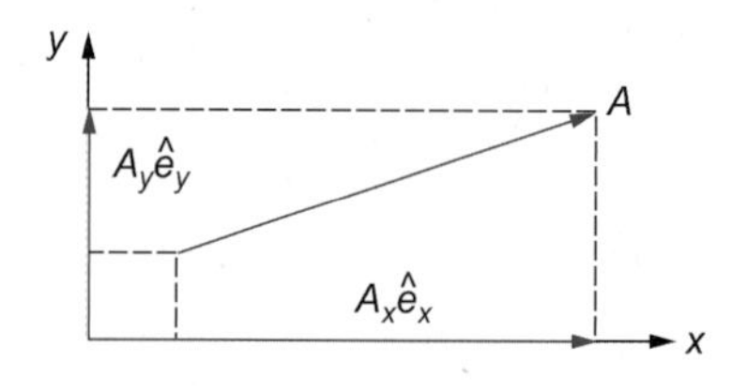

그림 1.10 A를 x와 y축으로 사영

$$\mathbf{A}\cdot\hat{\mathbf{e}}_x = A_x = A\cos\alpha,\quad \mathbf{A}\cdot\hat{\mathbf{e}}_y = A_y = A\cos\beta,\quad \mathbf{A}\cdot\hat{\mathbf{e}}_z = A_z = A\cos\gamma \tag{1.104}$$

에 따라 좌표축으로의 사영에서 계수, 즉 A_x, ...를 생성하는 성질을 가진다. 여기서 $\cos\alpha$, $\cos\beta$, $\cos\gamma$는 $\mathbf{A}$의 방향 코사인들이다.

내적의 개념을 일반화하여 임의의 두 벡터 $\mathbf{A}$와 $\mathbf{B}$에 적용하고 싶은데, 사영처럼 그것은 선형이고, 분배법칙과 결합법칙

$$\mathbf{A}\cdot(\mathbf{B}+\mathbf{C}) = \mathbf{A}\cdot\mathbf{B}+\mathbf{A}\cdot\mathbf{C} \tag{1.105}$$

$$\mathbf{A}\cdot(k\mathbf{B}) = (k\mathbf{A})\cdot\mathbf{B} = k\mathbf{A}\cdot\mathbf{B} \tag{1.106}$$

를 따라야 한다. 여기서 k는 스칼라다. 이제 식 (1.100)에서처럼 $\mathbf{B}$를 데카르트 성분들로 분해하여 $\mathbf{B} = B_x\hat{\mathbf{e}}_x + B_y\hat{\mathbf{e}}_y + B_z\hat{\mathbf{e}}_z$로 표현한 후 벡터 $\mathbf{A}$와 $\mathbf{B}$의 내적을

$$\begin{aligned}\mathbf{A}\cdot\mathbf{B} &= \mathbf{A}\cdot(B_x\hat{\mathbf{e}}_x + B_y\hat{\mathbf{e}}_y + B_z\hat{\mathbf{e}}_z)\\ &= B_x\mathbf{A}\cdot\hat{\mathbf{e}}_x + B_y\mathbf{A}\cdot\hat{\mathbf{e}}_y + B_z\mathbf{A}\cdot\hat{\mathbf{e}}_z\\ &= B_xA_x + B_yA_y + B_zA_z\end{aligned} \tag{1.107}$$

처럼 구성할 수 있다. 이것은 일반 공식

$$\mathbf{A}\cdot\mathbf{B} = \sum_i B_iA_i = \sum_i A_iB_i = \mathbf{B}\cdot\mathbf{A} \tag{1.108}$$

로 이어지는데, 이 식은 공간의 차원 수가 3과 다를 때도 적용할 수 있다. $\mathbf{A}\cdot\mathbf{B} = \mathbf{B}\cdot\mathbf{A}$이므로 내적은 교환 가능하다.

내적의 중요한 성질 하나는 $\mathbf{A}\cdot\mathbf{A}$가 $\mathbf{A}$의 크기의 제곱이라는 것이다. 즉

$$\mathbf{A}\cdot\mathbf{A} = A_x^2 + A_y^2 + \cdots = |\mathbf{A}|^2 \tag{1.109}$$

이다. 이 사실을 $\mathbf{C} = \mathbf{A}+\mathbf{B}$에 적용하면

$$|\mathbf{C}|^2 = \mathbf{C}\cdot\mathbf{C} = (\mathbf{A}+\mathbf{B})\cdot(\mathbf{A}+\mathbf{B}) = \mathbf{A}\cdot\mathbf{A}+\mathbf{B}\cdot\mathbf{B}+2\mathbf{A}\cdot\mathbf{B}$$

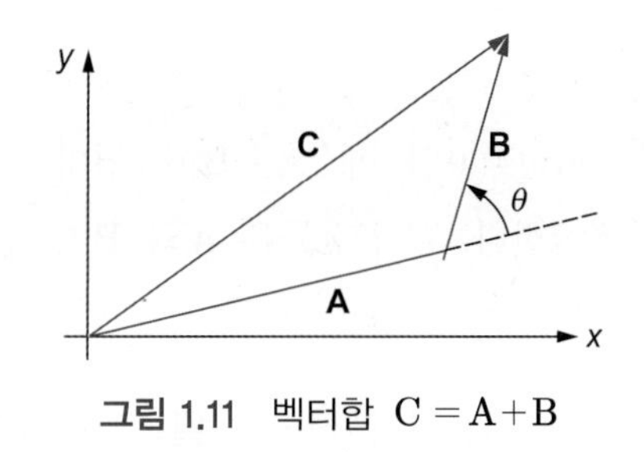

그림 1.11 벡터합 $\mathbf{C}=\mathbf{A}+\mathbf{B}$

를 얻는데, 이것을 재배열하면 다음과 같다.

$$\mathbf{A}\cdot\mathbf{B}=\frac{1}{2}\left[|\mathbf{C}|^2-|\mathbf{A}|^2-|\mathbf{B}|^2\right] \tag{1.110}$$

그림 1.11에서 보듯이 벡터합 $\mathbf{C}=\mathbf{A}+\mathbf{B}$의 기하학과 코사인 법칙, 그리고 그 법칙과 식 (1.110)과의 유사성으로부터 잘 알려진 공식

$$\mathbf{A}\cdot\mathbf{B}=|\mathbf{A}||\mathbf{B}|\cos\theta \tag{1.111}$$

를 얻는다. 여기서 θ는 $\mathbf{A}$와 $\mathbf{B}$의 방향 사이의 각이다. **대수적** 공식, 식 (1.108)과는 대조적으로 식 (1.111)은 내적에 대한 **기하학적** 공식이고, 그것은 $\mathbf{A}$와 $\mathbf{B}$의 상대적인 방향에만 의존하므로 좌표계와 무관하다는 것을 명확히 보여준다. 그러한 이유로 내적을 **스칼라곱**(scalar product)이라고도 한다.

식 (1.111)은 또한 벡터 $\mathbf{A}$를 $\mathbf{B}$의 방향으로 사영하거나 그 반대인 것으로 해석하는 것도 허용한다. $\hat{\mathbf{b}}$가 $\mathbf{B}$ 방향의 단위벡터이면 $\mathbf{A}$를 그 방향으로 사영한 것은

$$A_b\hat{\mathbf{b}}=(\hat{\mathbf{b}}\cdot\mathbf{A})\hat{\mathbf{b}}=(A\cos\theta)\hat{\mathbf{b}} \tag{1.112}$$

로 주어진다. 여기서 θ는 $\mathbf{A}$와 $\mathbf{B}$ 사이의 각이다. 더구나 $\mathbf{B}$를 $\mathbf{A}$ 방향으로 사영한 크기와 $|\mathbf{B}|$의 곱을 내적 $\mathbf{A}\cdot\mathbf{B}$와 같은 것으로 취급할 수 있으므로 $\mathbf{A}\cdot\mathbf{B}=A_bB$다. 마찬가지로 $\mathbf{A}\cdot\mathbf{B}$는 $\mathbf{A}$를 $\mathbf{B}$ 방향으로 사영한 크기와 $|\mathbf{A}|$의 곱과 같으므로 $\mathbf{A}\cdot\mathbf{B}=B_aA$도 된다.

마지막으로, $|\cos\theta|\le 1$이므로 식 (1.111)은 부등식

$$|\mathbf{A}\cdot\mathbf{B}|\le|\mathbf{A}||\mathbf{B}| \tag{1.113}$$

로 이어진다. 식 (1.113)의 등호는 오직 $\mathbf{A}$와 $\mathbf{B}$가 동일 직선상에(같은 방향이거나 반대 방향으로) 있을 때만 성립한다. 이것은 나중에 더 일반적인 맥락에서 전개할 **슈바르츠 부등식**(Schwarz inequality)을 물리적 공간에 적용한 특수한 경우다.

■ 직교성

식 (1.111)은 $\cos\theta = 0$일 때 $\mathbf{A}\cdot\mathbf{B}$가 영이 됨을 보여준다. 그 경우는 $\theta = \pm\pi/2$(즉 $\theta = \pm 90°$)에서 발생한다. 이 θ값들은 $\mathbf{A}$와 $\mathbf{B}$가 수직인 경우에 해당하고, 전문적인 용어로 이 경우를 **직교한다**(orthogonal)고 한다. 따라서

$\mathbf{A}$와 $\mathbf{B}$가 직교할 필요충분조건은 $\mathbf{A}\cdot\mathbf{B}=0$이다.

2차원에서 이 결과를 점검해보자. $\mathbf{B}$의 기울기 B_y/B_x가 A_y/A_x의 역수의 음수와 같다면 $\mathbf{A}$와 $\mathbf{B}$는 수직이다. 즉

$$\frac{B_y}{B_x} = -\frac{A_x}{A_y}$$

이다. 이 결과는 $A_xB_x + A_yB_y = 0$으로 전개되는데, 이것은 $\mathbf{A}$와 $\mathbf{B}$가 직교한다는 조건이다.

사영의 관점에서 $\mathbf{A}\cdot\mathbf{B}=0$은 $\mathbf{A}$를 $\mathbf{B}$ 방향으로 사영한 것이 사라짐(그리고 그 반대도 사라짐)을 뜻한다. 물론 그것은 $\mathbf{A}$와 $\mathbf{B}$가 직교하다는 것을 다른 식으로 말한 것에 불과하다.

데카르트 단위벡터들이 서로 직교한다는 사실은 많은 내적 계산을 단순화한다.

$$\hat{\mathbf{e}}_x\cdot\hat{\mathbf{e}}_y = \hat{\mathbf{e}}_x\cdot\hat{\mathbf{e}}_z = \hat{\mathbf{e}}_y\cdot\hat{\mathbf{e}}_z = 0, \quad \hat{\mathbf{e}}_x\cdot\hat{\mathbf{e}}_x = \hat{\mathbf{e}}_y\cdot\hat{\mathbf{e}}_y = \hat{\mathbf{e}}_z\cdot\hat{\mathbf{e}}_z = 1 \tag{1.114}$$

이기 때문에 $\mathbf{A}\cdot\mathbf{B}$를

$$\begin{aligned}
&(A_x\hat{\mathbf{e}}_x + A_y\hat{\mathbf{e}}_y + A_z\hat{\mathbf{e}}_z)\cdot(B_x\hat{\mathbf{e}}_x + B_y\hat{\mathbf{e}}_y + B_z\hat{\mathbf{e}}_z)\\
&\quad = A_xB_x\hat{\mathbf{e}}_x\cdot\hat{\mathbf{e}}_x + A_yB_y\hat{\mathbf{e}}_y\cdot\hat{\mathbf{e}}_y + A_zB_z\hat{\mathbf{e}}_z\cdot\hat{\mathbf{e}}_z + (A_xB_y + A_yB_x)\hat{\mathbf{e}}_x\cdot\hat{\mathbf{e}}_y\\
&\qquad + (A_xB_z + A_zB_x)\hat{\mathbf{e}}_x\cdot\hat{\mathbf{e}}_z + (A_yB_z + A_zB_y)\hat{\mathbf{e}}_y\cdot\hat{\mathbf{e}}_z\\
&\quad = A_xB_x + A_yB_y + A_zB_z
\end{aligned}$$

처럼 계산할 수 있다.

2장 초기에 필요한 외적의 소개는 3장 벡터해석, 3.2절 3차원 공간의 벡터를 참고하라.

연습문제

1.7.1 크기가 1.732 단위인 벡터 $\mathbf{A}$는 좌표축들과 똑같은 각을 형성한다. A_x, A_y, A_z를 구하시오.

1.7.2 삼각형은 원점에서 연장된 세 벡터 $\mathbf{A}$, $\mathbf{B}$, $\mathbf{C}$의 꼭짓점으로 정의된다. 삼각형의 연속된 변의 **벡터합**$(AB+BC+CA)$이 영임을 $\mathbf{A}$, $\mathbf{B}$, $\mathbf{C}$의 식으로 보이시오. 여기서 변 AB는 A에서

B까지이고, 변 BC와 CA도 유사하게 정의된다.

1.7.3 반지름 a의 구는 점 $\mathbf{r}_1$에 중심을 두고 있다.

(a) 이 구에 대한 대수적 방정식을 쓰시오.

(b) 이 구에 대한 **벡터** 방정식을 쓰시오.

답. (a) $(x-x_1)^2+(y-y_1)^2+(z-z_1)^2=a^2$

(b) $\mathbf{r}=\mathbf{r}_1+\mathbf{a}$이고, $\mathbf{a}$는 크기가 a로 일정하지만 모든 방향을 취한다.

1.7.4 **허블의 법칙**(Hubble's law). 허블은 먼 은하들이 우리가 있는 지구로부터 그 은하까지의 거리에 비례하는 속도로 멀어지고 있다는 것을 발견했다. 우리가 원점에 있다면 i번째 은하에 대해

$$\mathbf{v}_i = H_0\mathbf{r}_i$$

다. 우리로부터 멀어지는 은하의 이러한 후퇴가 우리가 우주의 중심에 있음을 의미하지는 **않다**는 것을 보이시오. 구체적으로, $\mathbf{r}_1$에 있는 은하를 새로운 원점으로 택하고 허블의 법칙이 여전히 성립됨을 보이시오.

1.7.5 한 꼭짓점이 원점에 있고 세 변이 데카르트 좌표축에 따라 놓여 있는 단위 정육면체의 대각선 벡터를 구하시오. 길이가 $\sqrt{3}$인 대각선이 4개 있음을 보이시오. 이것들을 벡터로 표현하면 그 성분들은 얼마인가? 정육면체 면의 대각선은 길이가 $\sqrt{2}$임을 보이고, 그 성분들을 결정하시오.

1.7.6 원점에서 시작하는 벡터 $\mathbf{r}$는 공간의 점 (x, y, z)에서 끝난다. 다음 경우에 $\mathbf{r}$의 끝이 휩쓰는 면적을 구하시오.

(a) $(\mathbf{r}-\mathbf{a})\cdot\mathbf{a}=0$. $\mathbf{a}$를 기하학적으로 규정하시오.

(b) $(\mathbf{r}-\mathbf{a})\cdot\mathbf{r}=0$. $\mathbf{a}$의 기하학적 역할을 설명하시오.

벡터 $\mathbf{a}$는 (크기와 방향에서) 상수다.

1.7.7 도관이 수평과 45°를 이루면서 빌딩의 남쪽 벽을 따라 대각선 방향으로 내려온다. 도관은 모서리에 도달하여 꺾여서 여전히 수평과 45°를 이루면서 서쪽을 향하는 벽을 따라 대각선 방향으로 내려온다. 남쪽 벽과 서쪽 벽에 있는 도관 사이의 각은 얼마인가?

답. 120°

1.7.8 속도 (1, 2, 3) km/s로 자유 비행하는 로켓으로부터 점 (2, 1, 3)에 있는 관찰자까지의 최단 거리를 구하시오. 로켓은 시간 $t=0$일 때 (1, 1, 1)에서 발사되었고, 길이는 킬로미터 단위다.

1.7.9 삼각형의 중선들이 각 꼭짓점으로부터 중선 길이의 2/3에 있는 중심에서 교차함을 보이시오. 수치상 예를 그리시오.

1.7.10 $\mathbf{A}^2 = (\mathbf{B} - \mathbf{C})^2$으로부터 시작하여 코사인 법칙을 증명하시오.

1.7.11 세 벡터

$$\mathbf{P} = 3\hat{\mathbf{e}}_x + 2\hat{\mathbf{e}}_y - \hat{\mathbf{e}}_z$$

$$\mathbf{Q} = -6\hat{\mathbf{e}}_x - 4\hat{\mathbf{e}}_y + 2\hat{\mathbf{e}}_z$$

$$\mathbf{R} = \hat{\mathbf{e}}_x - 2\hat{\mathbf{e}}_y - \hat{\mathbf{e}}_z$$

가 있을 때, 수직하는 두 벡터와 평행 또는 반평행하는 두 벡터를 찾으시오.

1.8 복소수와 함수

복소수와 복소 변수 이론에 기반한 해석은 물리 이론의 수학적 분석에서 극도로 중요하고 값진 도구다. 물리량의 측정 결과는 궁극적으로 실수로 기술되어야 한다고 우리는 굳게 믿지만 그러한 측정의 결과를 예측하는 성공적인 이론들이 복소수와 복소해석의 사용을 필요로 한다는 풍부한 증거가 있다. 나중에 별도의 장에서 복소 변수 이론의 기본을 탐구하지만, 여기서는 복소수를 도입하고 복소수의 좀 더 기초적인 성질 몇 가지를 알아본다.

■ 기본 성질

복소수는 두 실수의 순서쌍 (a, b)에 지나지 않는다. 비슷하게, 복소 변수는 두 실변수의 순서쌍

$$z \equiv (x, y) \tag{1.115}$$

다. 순서는 중요하다. 일반적으로 (a, b)는 (b, a)와 같지 않고 (x, y)는 (y, x)와 같지 않다. 평소처럼 실수 $(x, 0)$을 간단하게 x로 계속 쓰고 $i \equiv (0, 1)$을 허수 단위라 칭한다. 모든 복소해석은 숫자와 변수의 순서쌍과 함수의 순서쌍$(u(x, y), v(x, y))$의 항으로 전개시킬 수 있다.

이제 복소수의 **덧셈**을 데카르트 성분의 항으로

$$z_1 + z_2 = (x_1,\ y_1) + (x_2,\ y_2) = (x_1 + x_2,\ y_1 + y_2) \tag{1.116}$$

와 같이 정의한다. 복소수의 **곱셈**은

$$z_1 z_2 = (x_1,\ y_1) \cdot (x_2,\ y_2) = (x_1 x_2 - y_1 y_2,\ x_1 y_2 + x_2 y_1) \tag{1.117}$$

과 같이 정의한다. 곱셈이 그저 대응하는 성분의 곱이 아니라는 것은 명백하다. 식 (1.117)을 사용하여 $i^2 = (0,\ 1) \cdot (0,\ 1) = (-1,\ 0) = -1$임을 증명할 수 있으므로 보통처럼 $i = \sqrt{-1}$임을 또한 알 수 있고, 더 나아가 식 (1.115)를

$$z = (x,\ y) = (x,\ 0) + (0,\ y) = x + (0,\ 1) \cdot (y,\ 0) = x + iy \tag{1.118}$$

처럼 다시 쓸 수 있다.

분명히, 기호 i의 도입은 여기서 필요하지 않지만 편리는 하다. 왜냐하면 복소수의 덧셈과 곱셈 규칙이 $i^2 = -1$의 성질이 추가된 보통 산술의 규칙들과 일치하기 때문이다. 즉

$$(x_1 + iy_1)(x_2 + iy_2) = x_1 x_2 + i^2 y_1 y_2 + i(x_1 y_2 + y_1 x_2) = (x_1 x_2 - y_1 y_2) + i(x_1 y_2 + y_1 x_2)$$

는 식 (1.117)과 일치한다. 역사적인 이유로 i와 그 곱을 **허수**(imaginary number)라고 한다.

때때로 수학자들이 $\mathbb{Z}$로 나타내는 복소수 공간은 다음과 같은 형식적 성질을 가진다.

- 이 공간은 덧셈과 곱셈에 대해 닫혀 있다. 즉 두 복소수를 더하거나 곱하면 그 결과도 복소수다.
- 이 공간에는 유일한 영 수가 있다. 어떠한 복소수에 영을 더해도 그 수가 변하지 않고, 임의의 복소수에 영을 곱하면 영이 된다.
- 이 공간에는 유일한 단위 수 1이 있다. 어떠한 복소수에 1을 곱해도 그 수가 변하지 않는다.
- 모든 복소수 z에는 덧셈에 대한 역수($-z$라고 함)가 있고, 영이 아닌 모든 z에는 곱셈에 대한 역수(z^{-1} 또는 $1/z$로 나타냄)가 있다.
- 이 공간은 멱법에 대해 닫혀 있다. 즉 u와 v가 복소수이면 u^v도 복소수다.

엄밀한 수학적 관점에서 위의 마지막 진술은 멱법을 정말로 정의한 것은 아니기 때문에 약간 엉성하다. 하지만 우리 목적에는 적당함을 알게 될 것이다.

일부 추가적인 정의와 성질은 다음과 같다.

켤레 복소수: 모든 복소수처럼 i에도 덧셈에 대한 역수가 있는데, $-i$ 또는 이성분 형식

$(0, -1)$로 나타낸다. 복소수 $z = x + iy$에 대해 또 다른 복소수 $z^* = x - iy$를 정의하는 것이 유용하다. z^*를 z의 **켤레 복소수**(complex conjugate)라고 한다.[6]

$$zz^* = (x + iy)(x - iy) = x^2 + y^2 \tag{1.119}$$

을 만들면 zz^*가 실수임을 알 수 있다. z의 절댓값을 $\sqrt{zz^*}$으로 정의하고 $|z|$로 나타낸다.

나누기: 이제 두 복소수의 나누기 z'/z를 고려하자. 이 양을 조작하여 복소수 형식 $u + iv$ (u와 v는 실수)로 가져올 필요가 있다.

$$\frac{z'}{z} = \frac{z'z^*}{zz^*} = \frac{(x' + iy')(x - iy)}{x^2 + y^2}$$

이므로 다음과 같다.

$$\frac{x' + iy'}{x + iy} = \frac{xx' + yy'}{x^2 + y^2} + i\frac{xy' - x'y}{x^2 + y^2} \tag{1.120}$$

■ 복소 영역의 함수

복소 영역의 기본 연산이 실수 공간의 산수에 대한 기본 연산과 똑같은 규칙을 따르므로 그 함수의 실수와 복소수 함수 형태가 비슷하도록 함수를 정의하는 것이 자연스럽다. 특히 복소수와 실수 정의가 둘 다 적용 가능할 때는 둘이 일치하도록 정의해야 한다. 예를 들어 어떤 함수가 멱급수로 표현된다면, 멱급수의 수렴 범위 안에서 전개 변수의 복소수 값으로 그런 급수를 사용할 수 있어야 한다. 이런 개념을 **대수 형식의 불변성**(permanence of the algebraic form)이라고 한다.

이 개념을 지수함수에 적용하여

$$e^z = 1 + z + \frac{1}{2!}z^2 + \frac{1}{3!}z^3 + \frac{1}{4!}z^4 + \cdots \tag{1.121}$$

을 정의한다. 이제 z를 iz로 대체하면

$$\begin{aligned} e^{iz} &= 1 + iz + \frac{1}{2!}(iz)^2 + \frac{1}{3!}(iz)^3 + \frac{1}{4!}(iz)^4 + \cdots \\ &= \left[1 - \frac{1}{2!}z^2 + \frac{1}{4!}z^4 - \cdots\right] + i\left[z - \frac{1}{3!}z^3 + \frac{1}{5!}z^5 - \cdots\right] \end{aligned} \tag{1.122}$$

6 보통 수학 문헌에서 z의 켤레 복소수를 $\bar{z}$로 나타낸다.

을 얻는다. 식 (1.122)의 급수에서 z가 실수든 복소수든 간에 달랑베르 비 테스트가 성공한다. 즉 급수가 모든 z에 대해 절대 수렴하기 때문에 그 급수의 항들을 재배열할 수 있다. 이제 식 (1.122)의 마지막 줄에 있는 괄호의 전개를 $\cos z$와 $\sin z$로 인지하면 아주 가치 있는 결과인

$$e^{iz} = \cos z + i \sin z \tag{1.123}$$

를 얻는다. 이 결과는 실수든, 허수든, 복소수든 간에 모든 z에 대해 유효하지만 z가 실수일 때 특별히 유용하다.

복소수를 더하거나 곱하거나 나눌 때 실수부와 허수부로 나눌 수 있는 것처럼 복수 변수 $z = x + iy$의 어떠한 함수 $w(z)$도 원칙적으로 그렇게 할 수 있다. 즉

$$w(z) = u(x,\ y) + iv(x,\ y) \tag{1.124}$$

로 쓸 수 있는데, 분리된 함수 $u(x,\ y)$와 $v(x,\ y)$는 순실수다. 예를 들어 $f(z) = z^2$이면

$$f(z) = (z + iy)^2 = (x^2 - y^2) + i(2xy)$$

가 된다. 함수 $f(z)$의 **실수부**(real part)를 $\mathfrak{Re} f(z)$로, **허수부**(imaginary part)는 $\mathfrak{Im} f(z)$로 나타낸다. 식 (1.124)는 다음과 같이 나뉜다.

$$\mathfrak{Re} w(z) = u(x,\ y), \quad \mathfrak{Im} w(z) = v(x,\ y)$$

함수 $w(z)$의 켤레 복소수는 $u(x,\ y) - iv(x,\ y)$이고, 어떤 w인지에 따라 $w(z^*)$와 같을 수도 있고 같지 않을 수도 있다.

■ 극 표현

복소수에 평면 그래프의 위치를 부여하여 복소수를 구상화할 수 있다. 그런 그래프를 **아르강 다이어그램**(Argand diagram)이라 하고, 좀 더 간편하게 복소평면(complex plane)이라고 한다. 전통적으로 실수 성분은 수평으로, 즉 **실수축**(real axis)이라고 하는 것에 그리고 **허수축**(imaginary axis)은 수직 방향으로 그린다(그림 1.12 참고). 점을 데카르트 좌표 $(x,\ y)$로 나타내는 대신에 극 좌표 $(r,\ \theta)$를 사용하여 나타낼 수 있다. 둘 사이의 관계는

$$x = r\cos\theta, \quad y = r\sin\theta \quad \text{또는} \quad r = \sqrt{x^2 + y^2}, \quad \theta = \tan^{-1} y/x \tag{1.125}$$

이다. 아크탄젠트 함수 $\tan^{-1}(y/x)$는 다중값을 가지므로 아르강 다이어그램에서 올바른 위치는 x와 y의 개별 값과 일치시킬 필요가 있다.

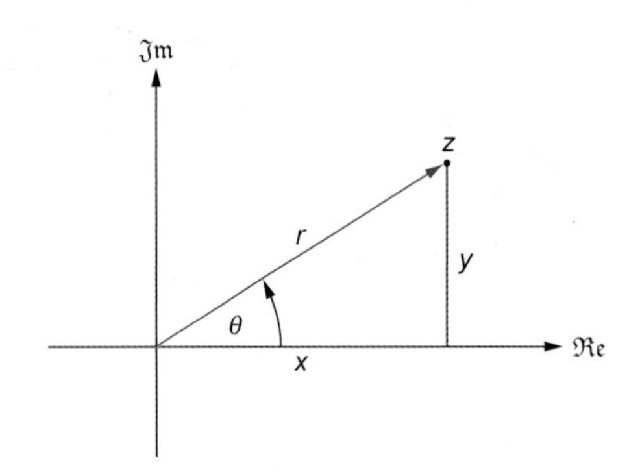

그림 1.12 $z = x + iy = re^{i\theta}$의 위치를 보여주는 아르강 다이어그램

복소수의 데카르트 표현과 극 표현은 또한

$$x + iy = r(\cos\theta + i\sin\theta) = re^{i\theta} \tag{1.126}$$

에 의해 연관될 수 있다. 여기서 복소 지수함수를 도입하기 위해 식 (1.123)을 사용했다. r는 또한 $|z|$이므로 z의 크기는 아르강 다이어그램의 원점으로부터 거리가 된다. 복소 변수 이론에서 r를 z의 **모듈러스**(modulus)라고도 하며 θ는 z의 **편각**(argument) 또는 **위상**(phase)이라고 한다.

극 표현으로 된 두 복소수 z와 z'의 곱 zz'은

$$zz' = (re^{i\theta})(r'e^{i\theta'}) = (rr')e^{i(\theta+\theta')} \tag{1.127}$$

처럼 쓸 수 있는데, 이것은 아르강 다이어그램에서 곱의 위치의 편각(극각)은 두 인자의 극각의 합이고 그 크기는 둘의 크기의 곱임을 보여준다. 거꾸로, 몫 z/z'의 크기는 r/r'이고 그 편각은 $\theta - \theta'$이다. 이 관계들은 복소 곱과 나누기를 정성적으로 이해하는 데 도움을 준다. 또한 이 논의는 곱과 나누기가 극 표현에서 더 쉬운 반면에 덧셈과 뺄셈은 데카르트 좌표계에서 더 간단한 형태가 된다.

아르강 다이어그램에서 복소수를 그리면 일부 성질이 명백해진다. 아르강 다이어그램에서 덧셈은 2차원 벡터 덧셈과 비슷하므로

$$\big||z| - |z'|\big| \le |z \pm z'| \le |z| + |z'| \tag{1.128}$$

임을 알 수 있다. 또한 $z^* = re^{-i\theta}$는 z와 크기는 같지만 편각이 부호만 다르므로 $z + z^*$는 실수이고 $2\mathfrak{Re}\,z$와 같고 $z - z^*$는 순허수이고 $2i\,\mathfrak{Im}\,z$와 같다. 그림 1.13에 이 논의가 예시되어 있다.

아르강 다이어그램을 사용하여 z 그 자체와 마찬가지로 함수 $w(z)$의 값을 그릴 수 있는데, 그 경우에 축들을 w의 실수부와 허수부를 가리키는 u와 v로 표시할 수 있다. 그 경우에

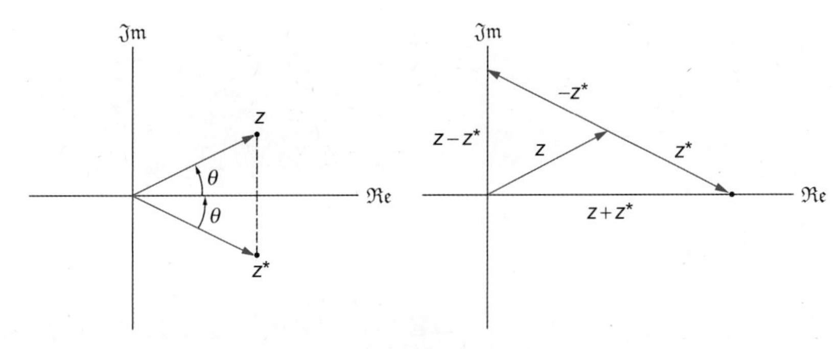

그림 1.13 왼쪽: z와 z^*의 관계. 오른쪽: $z+z^*$와 $z-z^*$

함수 $w(z)$를 xy평면으로부터 uv평면으로의 **사상**(mapping)을 제공하는 것으로 생각할 수 있다. 그 효과는 xy(때때로 z라고 하는) 평면의 곡선이 $uv(=w)$평면의 해당 곡선으로 사상되는 것이다. 게다가 이전 절의 진술을 다음과 같이 함수로 확장할 수 있다.

$$||w(z)|-|w'(z)|| \le |w(z) \pm w'(z)| \le |w(z)|+|w'(z)|,$$
$$\mathfrak{Re}\, w(z) = \frac{w(z)+[w(z)]^*}{2}, \quad \mathfrak{Im}\, w(z) = \frac{w(z)-[w(z)]^*}{2i} \tag{1.129}$$

■ 단위크기의 복소수

실숫값으로 제한한다는 것을 강조하기 위해 변수 θ를 사용한

$$e^{i\theta} = \cos\theta + i\sin\theta \tag{1.130}$$

형식의 복소수들은 아르강 다이어그램에서 $x=\cos\theta$, $y=\sin\theta$인 점들에 대응하고 그 크기는 $\cos^2\theta+\sin^2\theta=1$이다. 그러므로 점 $\exp(i\theta)$는 단위원에서 극각 θ인 곳에 놓여 있다. 이 관찰로부터 몇 가지 관계들이 명백해지는데, 원칙적으로 식 (1.130)으로부터 그 관계들을 유도할 수도 있다. 예를 들어 θ가 특수값 $\pi/2$, π, $3\pi/2$이면

$$e^{i\pi/2} = i, \quad e^{i\pi} = -1, \quad e^{3i\pi/2} = -i \tag{1.131}$$

와 같은 흥미로운 관계가 성립한다. 또한 $\exp(i\theta)$는 주기가 2π인 주기 함수이므로

$$e^{2i\pi} = e^{4i\pi} = \cdots = 1, \quad e^{3i\pi/2} = e^{-i\pi/2} = -i, \text{ 등등} \tag{1.132}$$

이 성립한다. 단위원 위의 관련된 몇몇 z 값이 그림 1.14에 그려져 있다. 이런 관계들 때문에 $\exp(i\omega t)$의 실수부는 각진동수 ω의 진동을 묘사하고 $\exp(i[\omega t+\delta])$는 처음 언급한 진동으로부터 위상차 δ만큼 이동한 진동을 묘사한다.

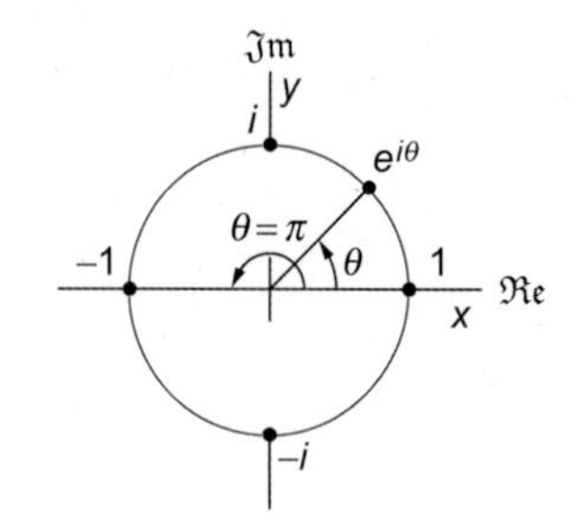

그림 1.14 단위원 위의 몇몇 z값

■ 원형 함수와 쌍곡선 함수

식 (1.130)에 요약된 관계로부터 사인과 코사인에 대한 편리한 공식을 얻을 수 있다. $\exp(i\theta)$와 $\exp(-i\theta)$의 합과 차를 취하면

$$\cos\theta = \frac{e^{i\theta} + e^{-i\theta}}{2}, \quad \sin\theta = \frac{e^{i\theta} - e^{-i\theta}}{2i} \tag{1.133}$$

를 얻는다. 이 공식들은 쌍곡선 함수를

$$\cosh\theta = \frac{e^{\theta} + e^{-\theta}}{2}, \quad \sinh\theta = \frac{e^{\theta} - e^{-\theta}}{2} \tag{1.134}$$

인 것으로 정의한다. 이들 두 쌍의 식을 비교하면 공식

$$\cosh iz = \cos z, \quad \sinh iz = i\sin z \tag{1.135}$$

를 확립할 수 있다. 증명은 연습문제 1.8.5로 남겨놓는다.

$\exp(in\theta)$를 대등한 두 형식

$$\cos n\theta + i\sin n\theta = (\cos\theta + i\sin\theta)^n \tag{1.136}$$

으로 쓸 수 있다는 점으로부터 드무아브르 정리(de Moivre's theorem)라고 하는 관계가 성립한다. 식 (1.136)의 우변을 전개하면 쉽게 삼각함수의 배각 공식을 얻는데, 그 중 가장 간단한 예가 다음과 같이 잘 알려진 결과다.

$$\sin(2\theta) = 2\sin\theta\cos\theta, \quad \cos(2\theta) = \cos^2\theta - \sin^2\theta$$

식 (1.133)의 $\sin\theta$ 공식을 $\exp(i\theta)$에 대해 풀면 (그리고 양근을 택하면)

$$e^{i\theta} = i\sin\theta + \sqrt{1 - \sin^2\theta}$$

를 얻는다. $\sin\theta = z$와 $\theta = \sin^{-1}(z)$로 놓고 위 식의 양변에 로그를 택하면 역삼각함수를 다음과 같이 로그로 표현할 수 있다.

$$\sin^{-1}(z) = -i\ln\left[iz + \sqrt{1-z^2}\right]$$

이런 식으로 생성할 수 있는 몇몇 공식은 다음과 같다.

$$\sin^{-1}(z) = -i\ln\left[iz + \sqrt{1-z^2}\right], \quad \tan^{-1}(z) = \frac{i}{2}\left[\ln(1-iz) - \ln(1+iz)\right],$$

$$\sinh^{-1}(z) = \ln\left[z + \sqrt{1+z^2}\right], \quad \tanh^{-1}(z) = \frac{1}{2}\left[\ln(1+z) - \ln(1-z)\right] \quad (1.137)$$

■ 거듭제곱과 루트

극 형식은 복소수의 거듭제곱과 루트를 표현하는 데 아주 편리하다. 정수 거듭제곱의 경우에 그 결과는 명백하고 유일하다.

$$z = re^{i\varphi}, \quad z^n = r^n e^{in\varphi}$$

루트(분수 거듭제곱)의 경우에도

$$z = re^{i\varphi}, \quad z^{1/n} = r^{1/n} e^{i\varphi/n}$$

을 얻지만 결과는 유일하지 않다. z를 대등하지만 다른 형식

$$z = re^{i(\varphi + 2m\pi)}$$

으로 택하자. 여기서 m은 정수다. 이제 추가적으로 루트에 대한 값

$$z^{1/n} = r^{1/n} e^{i(\varphi + 2m\pi)/n} \qquad (\text{임의의 정수 } m)$$

을 얻는다. $n = 2$(제곱근에 해당)이면 m의 서로 다른 선택으로 구별되는 $z^{1/2}$의 값을 2개 얻는데, 모듈러스는 같지만 편각은 π만큼 다르다. 이것은 제곱근이 이중근이고 두 부호로 표현될 수 있다는 잘 알려진 결과에 해당한다.

일반적으로 $z^{1/n}$은 n가이고 연속적인 값들의 편각은 $2\pi/n$만큼 차이가 난다. 그림 1.15는 $1^{1/3}$, $i^{1/3}$, $(-1)^{1/3}$의 다중값들을 보여준다.

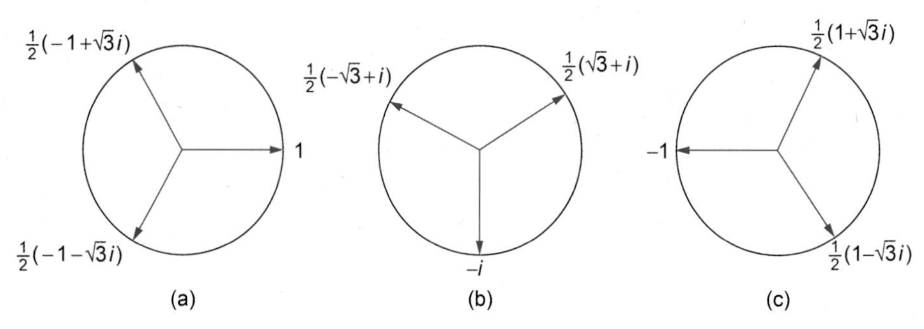

그림 1.15 세제곱근: (a) $1^{1/3}$, (b) $i^{1/3}$, (c) $(-1)^{1/3}$

■ 로그

또 다른 다가 복소 함수는 로그인데, 그 극 표현은

$$\ln z = \ln(re^{i\theta}) = \ln r + i\theta$$

형식을 가진다. 그렇지만

$$\ln z = \ln\left(re^{i(\theta+2n\pi)}\right) = \ln r + i(\theta + 2n\pi) \tag{1.138}$$

도 **임의의** 양의 정수나 음의 정수 n에 대해 참이다. 그러므로 주어진 z에 대해 $\ln z$는 식 (1.138)에서 가능한 n의 모든 선택에 대응하는 무한히 많은 수의 값을 가진다.

연습문제

1.8.1 $x+iy$의 역수를 극 형식을 사용하여 구한 후 최종 결과를 데카르트 형식으로 표현하시오.

1.8.2 복소수는 제곱근들을 가지며 그 제곱근들이 복소평면에 포함되는 것을 보이시오. i의 제곱근은 얼마인가?

1.8.3 다음을 보이시오.

(a) $\cos n\theta = \cos^n\theta - \binom{n}{2}\cos^{n-2}\theta\sin^2\theta + \binom{n}{4}\cos^{n-4}\theta\sin^4\theta - \cdots$

(b) $\sin n\theta = \binom{n}{1}\cos^{n-1}\theta\sin\theta - \binom{n}{3}\cos^{n-3}\theta\sin^3\theta + \cdots$

1.8.4 다음을 증명하시오.

(a) $\displaystyle\sum_{n=0}^{N-1}\cos nx = \frac{\sin(Nx/2)}{\sin x/2}\cos(N-1)\frac{x}{2}$

(b) $\sum_{n=0}^{N-1} \sin nx = \frac{\sin(Nx/2)}{\sin x/2} \sin(N-1)\frac{x}{2}$

이 급수들은 다중 슬릿 회절 무늬의 분석에 등장한다.

1.8.5 복소 변수에 대한 삼각함수와 쌍곡선 함수를 적절한 멱급수를 사용하여 정의한다고 가정한다. 다음을 보이시오.

$$i \sin z = \sinh iz, \quad \sin iz = i \sinh z,$$
$$\cos z = \cosh iz, \quad \cos iz = \cosh z$$

1.8.6 멱급수를 비교하여 확립된 항등식

$$\cos z = \frac{e^{iz} + e^{-iz}}{2}, \quad \sin z = \frac{e^{iz} - e^{-iz}}{2i}$$

을 사용하여 다음을 보이시오.

(a) $\sin(x + iy) = \sin x \cosh y + i \cos x \sinh y$

$\cos(x + iy) = \cos x \cosh y - i \sin x \sinh y$

(b) $|\sin z|^2 = \sin^2 x + \sinh^2 y, \quad |\cos z|^2 = \cos^2 x + \sinh^2 y$

이것은 복소평면에서 $|\sin z|, |\cos z| > 1$이 될 수도 있음을 보여준다.

1.8.7 연습문제 1.8.5와 1.8.6의 항등식으로부터 다음을 보이시오.

(a) $\sinh(x + iy) = \sinh x \cos y + i \cosh x \sin y$

$\cosh(x + iy) = \cosh x \cos y + i \sinh x \sin y$

(b) $|\sinh z|^2 = \sinh^2 x + \sin^2 y, \quad |\cosh z|^2 = \cosh^2 x + \sin^2 y$

1.8.8 다음을 보이시오.

(a) $\tanh \frac{z}{2} = \frac{\sinh x + i \sin y}{\cosh x + \cos y}$

(b) $\coth \frac{z}{2} = \frac{\sinh x - i \sin y}{\cosh x - \cosh y}$

1.8.9 급수 전개를 비교하여 $\tan^{-1} x = \frac{i}{2} \ln\left(\frac{1 - ix}{1 + ix}\right)$임을 보이시오.

1.8.10 다음 경우의 **모든 값들을** 데카르트 형식으로 구하시오.

(a) $(-8)^{1/3}$

(b) $i^{1/4}$

(c) $e^{i\pi/4}$

1.8.11 다음 경우의 **모든 값들을** 극 형식으로 구하시오.

(a) $(1 + i)^3$

(b) $(-1)^{1/5}$

1.9 도함수와 극값

점 x에서 함수 $f(x)$의 도함수 $df(x)/dx$로 인정되는 익숙한 극한

$$\frac{df(x)}{dx} = \lim_{\varepsilon=0} \frac{f(x+\varepsilon)-f(x)}{\varepsilon} \tag{1.139}$$

를 생각해보자. ε이 영으로 접근하는 방향과 무관하게 극한이 존재할 때만 도함수가 정의된다. 기준점 x와 무관한 변수인 변화 dx에 연관된 $f(x)$의 **변분**(variation) 또는 **미분**(differential)은

$$df = f(x+dx) - f(x) = \frac{df}{dx}dx \tag{1.140}$$

형태를 가지는데, dx가 충분히 작은 극한에서 dx^2과 더 높은 차수의 dx 거듭제곱에 의존하는 항들은 무시된다. (f의 연속성에 기반한) 평균값 정리에 따르면 여기 df/dx는 x와 $x+dx$ 사이의 어떤 점 ξ에서의 값으로 구해지는데, $dx \to 0$이면 $\xi \to x$다.

관심 있는 양이 독립변수가 2개 이상인 함수일 때 식 (1.140)의 일반화는 (물리적으로 중요한 삼변수의 경우에 예시하면)

$$\begin{aligned} df = & \left[f(x+dx,\ y+dy,\ z+dz) - f(x,\ y+dy,\ z+dz)\right] \\ & + \left[(f(x,\ y+dy,\ z+dz) - f(x,\ y,\ z+dz)\right] \\ & + \left[f(x,\ y,\ z+dz) - f(x,\ y,\ z)\right] \\ = & \frac{\partial f}{\partial x}dx + \frac{\partial f}{\partial y}dy + \frac{\partial f}{\partial z}dz \end{aligned} \tag{1.141}$$

가 된다. 여기서 **편미분 도함수**(partial derivative)는 미분하지 않는 독립변수들이 일정하게 유지되는 미분을 가리킨다. $\partial f/\partial x$의 값을 y와 z 대신에 $y+dy$와 $z+dz$에서 구하면 도함수가 dy와 dz의 크기 정도만큼 변하므로 그 변화는 작은 변분의 극한에서 무시된다. 따라서 식 (1.141)을 기준점 $x,\ y,\ z$에서 값을 구하는 편미분 도함수가 포함된 것으로 해석해도 모순이 되지 않는다.

식 (1.141)에 이르게 된 것과 같은 종류의 분석을 사용하여 고계 도함수를 정의할 수 있고 $\partial^2/\partial x\partial y$와 같은 **교차 도함수**(cross derivative)가

$$\frac{\partial}{\partial y}\left(\frac{\partial f}{\partial x}\right) \equiv \frac{\partial^2 f}{\partial y \partial x} = \frac{\partial^2 f}{\partial x \partial y} \tag{1.142}$$

와 같이 미분을 하는 순서와 무관하다는 유용한 결과를 확립할 수 있다.

때때로 어떤 변수들이 미분하는 변수와 독립인지 문맥상 명확하지 않을 수 있다. 그런 경우에는 모호함을 피하기 위해 도함수 표기에 아래 첨자를 단다. 예를 들어 문제에서 x, y, z가 정의되어 있지만 그들 중 2개만 독립이면

$$\left(\frac{\partial f}{\partial x}\right)_y \quad \text{또는} \quad \left(\frac{\partial f}{\partial x}\right)_z$$

로 쓸 수 있고, 실제로 양쪽 다 동등하다.

다변수 함수를 다루는 경우에 식 (1.141)에서 유도되는 유용한 공식 2개가 있다.

1. **연쇄 법칙**(chain rule)

$$\frac{df}{ds}=\frac{\partial f}{\partial x}\frac{dx}{ds}+\frac{\partial f}{\partial y}\frac{dy}{ds}+\frac{\partial f}{\partial z}\frac{dz}{ds} \tag{1.143}$$

는 x, y, z가 또 다른 변수 s의 함수인 경우에 적용된다.

2. $df=0$으로 놓아서 얻는 공식은[여기서는 독립변수가 2개이고 식 (1.141)의 dz항이 없는 경우에 대해 나타냄] 다음과 같다.

$$\left(\frac{\partial y}{\partial x}\right)_f=-\frac{\left(\frac{\partial f}{\partial x}\right)_y}{\left(\frac{\partial f}{\partial y}\right)_x} \tag{1.144}$$

라그랑지안 역학에서 가끔 마주치는

$$\frac{d}{dt}L(x,\ \dot{x},\ t)=\left[\frac{\partial L}{\partial x}\dot{x}+\frac{\partial L}{\partial \dot{x}}\ddot{x}+\frac{\partial L}{\partial t}\right]$$

과 같은 표현[7]은 연쇄 법칙을 사용한 예다. 여기서 세 변수에 대한 L의 형식적 의존성과 L의 총 시간 의존성을 구별할 필요가 있다. 일반적인 (d/dt)와 편미분 $(\partial/\partial t)$ 도함수 표기의 사용에 유의하자.

■ 정상점

독립변수 한 세트(예: 이전 논의에서 x, y, z)가 공간의 방향을 나타내든 아니든 간에 독립변수들의 공간에서 여러 방향으로 움직이면 함수 f가 어떻게 변하는지 물을 수 있다. 답

---

7 여기에서 점은 시간 도함수를 가리킨다.

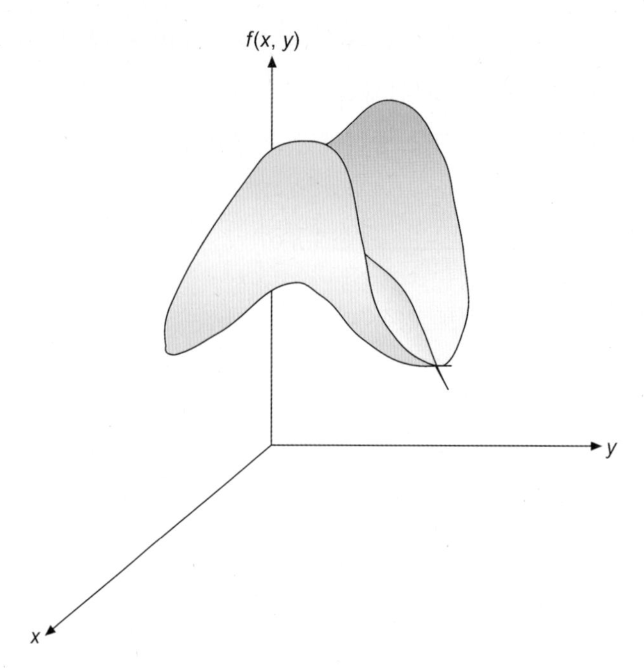

그림 1.16 최대도 아니고 최소도 아닌 정상점(안장점)

은 식 (1.143)으로 주어지는데, '방향'은 dx/ds, dy/ds 등의 값으로 정의된다.

n변수 x_1, ..., x_n의 함수 f의 최솟값을 구하는 것이 바람직할 때가 많은데,

$$\text{모든 방향의 } ds\text{에 대해 } \frac{df}{ds} = 0$$

은 그 점에 대한 필요조건이지만 충분조건은 아니다. 이것은

$$\frac{\partial f}{\partial x_i} = 0, \quad i = 1, \ ..., \ n \tag{1.145}$$

을 요구하는 것과 동등하다. 식 (1.145)를 만족하는 $\{x_i\}$ 공간의 모든 점을 **정상점**(stationary point)이라고 한다. f의 정상점이 최소가 되려면 2계 도함수 d^2f/ds^2가 s의 모든 방향에 대해 양수가 되어야 한다. 거꾸로 모든 방향의 2계 도함수가 음수이면 그 정상점은 최대다. 이들 조건 어느 것도 만족되지 않는다면 그 정상점은 최대도 최소도 아니며, 독립변수가 2개인 경우에 f의 표면의 모습(그림 1.16 참고) 때문에 그 점을 보통 **안장점**(saddle point)이라고 한다. 정상점이 최소인지 최대인지는 보통 명백하지만 그 쟁점에 대한 완벽한 논의는 자명하지 않다.

연습문제

1.9.1 이변수 함수의 매클로린 전개에 대한 다음 공식을 유도하시오.

$$\begin{aligned} f(x,\ y) &= f(0,\ 0) + x\frac{\partial f}{\partial x} + y\frac{\partial f}{\partial y} \\ &+ \frac{1}{2!}\left[\binom{2}{0}x^2\frac{\partial^2 f}{\partial x^2} + \binom{2}{1}xy\frac{\partial^2 f}{\partial x \partial y} + \binom{2}{2}y^2\frac{\partial^2 f}{\partial y^2}\right] \\ &+ \frac{1}{3!}\left[\binom{3}{0}x^3\frac{\partial^3 f}{\partial x^3} + \binom{3}{1}x^2 y\frac{\partial^3 f}{\partial x^2 \partial y} + \binom{3}{2}xy^2\frac{\partial^3 f}{\partial x \partial y^2} + \binom{3}{3}y^3\frac{\partial^3 f}{\partial y^3}\right] + \cdots \end{aligned}$$

여기서 모든 편미분 도함수의 값은 점 $(0,\ 0)$에서 계산한다.

1.9.2 연습문제 1.9.1의 결과를 독립변수가 더 많은 경우로 일반화할 수 있다. m변수 계에 대해 매클로린 전개를 기호 형식

$$f(x_1,\ \ldots,\ x_m) = \sum_{n=0}^{\infty} \frac{t^n}{n!}\left(\sum_{i=1}^{m} \alpha_i \frac{\partial}{\partial x_i}\right)^n f(0,\ \ldots,\ 0)$$

으로 쓸 수 있음을 증명하시오. 위 식의 우변에서 $x_j = \alpha_j t$를 대입했다.

1.10 적분의 계산

적분을 계산하는 능력은 경험, 유형 인식 솜씨, 약간의 기교에 달려 있다. 가장 익숙한 것에는 부분 적분 기술과 적분 변수를 바꾸는 전략이 있다. 여기에서 1차원 및 다차원에서 적분을 하는 몇 가지 방법을 살펴본다.

■ 부분 적분

부분 적분 기법은 모든 기초 미적분 과정에 나오지만 그 사용이 아주 빈번하고 도처에 등장하므로 그 기법을 여기에 포함한다. 그것은 변수가 x인 임의의 두 함수 u와 v에 대한 명백한 관계

$$d(uv) = u\,dv + v\,du$$

에 기반하고 있다. 이 식의 양변을 구간 $(a,\ b)$에 걸쳐 적분하면

$$uv|_a^b = \int_a^b u\,dv + \int_a^b v\,du$$

를 얻고, 이것을 보통 잘 알려진 형태로 재배열하면

$$\int_a^b u\,dv = uv|_a^b - \int_a^b v\,du \tag{1.146}$$

가 된다.

예제 1.10.1 부분 적분

적분 $\int_a^b x\sin x\,dx$를 고려하자. $u=x$와 $dv=\sin x\,dx$로 놓고, 각각 미분하고 적분하면 $du=dx$와 $v=-\cos x$를 얻으므로 식 (1.146)은 다음과 같다.

$$\int_a^b x\sin x\,dx = (x)(-\cos x)|_a^b - \int_a^b(-\cos x)dx = a\cos a - b\cos b + \sin b - \sin a \quad ■$$

이 기교를 효과적으로 사용하는 핵심은 적분될 함수를 u와 dv로 나누되, du와 v를 구하기 쉽고 $\int v\,du$도 적분하기 쉽도록 구성하는 방법을 알아보는 것이다.

■ 특수 함수

다수의 특수 함수가 자주 마주치는 상황에서 등장하므로 특수 함수는 물리학에서 중요해진다. 어떤 1차원(1D) 적분이 특수 함수를 낳는 적분인지 알아보는 것은 단도직입적인 계산만큼이나 훌륭하다. 부분적인 이유는 적분을 수행하기 위해 쏟았을 시간 낭비를 방지하기 때문이다. 그러나 아마도 가장 중요한 점은 그 적분을 특수 함수의 성질과 계산에 관한 총체적인 지식으로 연결해주기 때문이다. 모든 물리학자들이 알려진 특수 함수에 관한 모든 것을 알 필요는 없지만 특수 함수를 알아볼 정도의 개요를 가지는 것은 바람직하다. 그 경우에 필요하다면 그 함수를 좀 더 자세히 공부할 수 있을 것이다.

특수 함수를 적분이 수렴하는 범위에 대한 적분으로 정의하는 것이 일반적이지만, 그 정의를 해석적 연장(11장 참고)에 의해 복소평면으로 확장하거나 적절한 함수 관계를 확립하여 확장하기도 한다. 자주 나타나는 몇몇 함수의 가장 유용한 적분 표현이 표 1.2에 제시되어 있다. 좀 더 자세한 것은 다양한 온라인 자료와 이 장 끝의 더 읽을 거리에 열거한 자료를 참고하기 바란다. 특히 아브라모비츠(Abramowitz)와 스테건(Stegun), 그래드쉬타인(Gradshteyn)과 리직(Ryzhik)의 편찬이 자세하다.

표 1.2 물리학에서 중요한 특수 함수

감마 함수	$\Gamma(x) = \int_0^\infty t^{x-1} e^{-t} dt$	12장 참고
계승(n은 정수)	$n! = \int_0^\infty t^n e^{-t} dt$	$n! = \Gamma(n+1)$
리만 제타 함수	$\zeta(x) = \frac{1}{\Gamma(x)} \int_0^\infty \frac{t^{x-1} dt}{e^t - 1}$	1장 참고
지수 적분	$E_n(x) = \int_1^\infty t^{-n} e^{-t} dt$	$E_1(x) \equiv -\mathrm{Ei}(-x)$
사인 적분	$\mathrm{si}(x) = -\int_x^\infty \frac{\sin t}{t} dt$	
코사인 적분	$\mathrm{Ci}(x) = -\int_x^\infty \frac{\cos t}{t} dt$	
오차 함수	$\mathrm{erf}(x) = \frac{2}{\sqrt{\pi}} \int_0^x e^{-t^2} dt$	$\mathrm{erf}(\infty) = 1$
	$\mathrm{erfc}(x) = \frac{2}{\sqrt{\pi}} \int_x^\infty e^{-t^2} dt$	$\mathrm{erfc}(x) = 1 - \mathrm{erf}(x)$
다이로그 함수	$\mathrm{Li}_2(x) = -\int_0^x \frac{\ln(1-t)}{t} dt$	

표 1.2의 목록에서 방대한 베셀 함수 모임이 빠진 것이 두드러진다. 짧은 표로는 수많은 적분 표현을 충분히 개괄할 수 없다. 이 주제는 12장에 요약되어 있다. 변수가 둘 이상이거나 변수와 더불어 지표가 있는 다른 중요한 함수들도 표에서 빠져 있다.

■ 기타 방법

정적분을 계산하는 아주 강력한 방법은 복소평면의 경로(contour) 적분이다. 11장에 제시되어 있는 이 방법은 여기서는 논의하지 않는다.

매개변수를 미분하거나 적분하는 방법으로 적분을 계산할 수도 있다. 보통 그렇게 하면 알고 있는 적분과 값을 구하고자 하는 적분 사이의 관계를 얻게 된다.

예제 1.10.2 매개변수의 미분

다음 적분을 구하려고 한다.

$$I = \int_0^\infty \frac{e^{-x^2}}{x^2 + a^2} dx$$

조작을 용이하게 하기 위해 매개변수 t를 도입한 관련 적분

$$J(t)=\int_0^\infty \frac{e^{-t(x^2+a^2)}}{x^2+a^2}dx$$

를 고려한다. $I=e^{a^2}J(1)$임을 유의하자.

이제 $J(t)$를 t에 대해 미분하여 만들어진 적분은 식 (1.148)에서 축척을 바꾼 형태다.

$$\frac{dJ(t)}{dt}=-\int_0^\infty e^{-t(x^2+a^2)}dx=-e^{-ta^2}\int_0^\infty e^{-tx^2}dx=-\frac{1}{2}\sqrt{\frac{\pi}{t}}e^{-ta^2} \tag{1.147}$$

$J(t)$를 되찾기 위해 식 (1.147)을 t와 ∞ 사이에서 적분하고 $J(\infty)=0$임을 이용한다. 이 적분을 수행하기 위해 $u^2=a^2t$로 치환하면 편리하다. 그러면

$$J(t)=\frac{\sqrt{\pi}}{2}\int_t^\infty \frac{e^{-ta^2}}{t^{1/2}}dt=\frac{\sqrt{\pi}}{a}\int_{at^{1/2}}^\infty e^{-u^2}du$$

를 얻는다. 이제 $J(t)=(\pi/2a)\text{erfc}(at^{1/2})$임을 알 수 있다. 따라서 최종 결과는 다음과 같다.

$$I=\frac{\pi}{2a}e^{a^2}\text{erfc}(a)$$

■

먼저 적분을 무한급수로 바꾸고 나서 그 급수를 조작하여 마침내 그 급수를 계산하거나 특수 함수임을 인지하여 구할 수 있는 적분들이 많다.

예제 1.10.3 전개 후 적분

$I=\int_0^1 \frac{dx}{x}\ln\left(\frac{1+x}{1-x}\right)$를 고려하자. 로그에 대해 식 (1.120)을 사용하면

$$I=\int_0^1 dx\, 2\left[1+\frac{x^2}{3}+\frac{x^4}{5}+\cdots\right]=2\left[1+\frac{1}{3^2}+\frac{1}{5^2}+\cdots\right]$$

이 된다.

$$\frac{1}{2^2}\zeta(2)=\frac{1}{2^2}+\frac{1}{4^2}+\frac{1}{6^2}+\cdots$$

임을 주목하면

$$\zeta(2)-\frac{1}{4}\zeta(2)=1+\frac{1}{3^2}+\frac{1}{5^2}+\cdots$$

이 되므로 $I=\frac{3}{2}\zeta(2)$다.

■

일부 적분의 계산에서는 단순히 복소수를 사용하는 것이 도움이 된다. 예를 들어 기초적인 적분

$$I = \int \frac{dx}{1+x^2}$$

를 보자. $(1+x^2)^{-1}$을 부분 분수 분해한 후 적분하면

$$I = \int \frac{1}{2}\left[\frac{1}{1+ix} + \frac{1}{1-ix}\right] dx = \frac{i}{2}\left[\ln(1-ix) - \ln(1+ix)\right]$$

를 쉽게 얻을 수 있다. 식 (1.137)로부터 이것이 $\tan^{-1}(x)$임을 알 수 있다.

일부 적분을 계산할 때 삼각함수의 복소 지수 형태는 흥미로운 접근법을 제공한다. 여기 그 예가 있다.

예제 1.10.4 삼각함수 적분

$I = \int_0^\infty e^{-at} \cos bt \, dt$를 고려하자. 여기서 a와 b는 양의 실수다. $\cos bt = \Re\mathrm{e}\, e^{ibt}$이기 때문에

$$I = \Re\mathrm{e} \int_0^\infty e^{(-a+ib)t} dt$$

임을 주목하자. 이제 이 적분은 그저 지수함수 적분이고 쉽게 계산되므로

$$I = \Re\mathrm{e} \frac{1}{a-ib} = \Re\mathrm{e} \frac{a+ib}{a^2+b^2}$$

를 얻고, 이것은 $I = a/(a^2+b^2)$가 된다. 덤으로 똑같은 적분의 허수부는

$$\int_0^\infty e^{-at} \sin bt \, dt = \frac{b}{a^2+b^2}$$

를 준다. ■

반복 방법은 보통 연관 적분 모음에 대한 공식을 얻는 데 유용하다.

예제 1.10.5 반복

n이 양의 정수일 때

$$I_n = \int_0^1 t^n \sin \pi t \, dt$$

를 고려하자.

$u = t^n$과 $dv = \sin\pi t\, dt$로 택하여 I_n을 두 번 부분 적분하면

$$I_n = \frac{1}{\pi} - \frac{n(n-1)}{\pi^2} I_{n-2}$$

를 얻는다. 초깃값은 $I_0 = 2/\pi$와 $I_1 = 1/\pi$이다.

일반적이고 비반복적인 닫힌 공식을 얻을 수 있을 때조차 그런 공식을 적용하는 것보다 점화 관계를 반복적으로 적용하는 것이 더 효율적일 수 있으므로 보통 닫힌 공식을 구해야 할 실제적인 필요는 없다. ▪

▪ 중적분

두 변수(말하자면 x와 y)의 적분에 해당하는 표현은 두 적분 기호를 사용하여

$$\iint f(x,\ y)dxdy \quad \text{또는} \quad \int_{x_1}^{x_2} dx \int_{y_1(x)}^{y_2(x)} dy\, f(x,\ y)$$

처럼 나타낼 수 있다. 여기서 오른쪽 형식은 적분 구간에 대해 좀 더 구체적이고 y 적분을 먼저 해야 한다는 분명한 지시도 나타낸다. 또는 단일 적분 기호를 사용하여

$$\int_S f(x,\ y)dA$$

처럼 쓸 수 있다. 여기서 S(명시적으로 나타낸 경우)는 2차원 적분 영역이고 dA는 '면적' 요소다(데카르트 좌표계에서 $dxdy$와 같음). 이 형식에서는 적분을 계산하는 데 사용될 좌표계의 선택과 적분을 해야 하는 변수의 순서 둘 다 결정되어 있지 않다. 3차원에서 적분 기호 3개를 사용하거나 아직 정해지지 않은 좌표계의 3차원 '부피' 요소를 가리키는 기호 $d\tau$를 동반한 단일 적분을 사용할 수 있다.

중적분은 단일 변수의 적분에서 사용 가능한 기교 외에도 적분 순서와 적분에 사용되는 좌표계의 변화에 기반하여 계산할 기회가 더 있다. 때때로 단순히 적분 순서를 거꾸로 하는 것이 도움이 될 수 있다. 바꾸기 전에 안쪽 적분의 범위가 바깥쪽 적분 변수에 의존하다면 바꾼 후에 적분 범위를 결정할 때 주의해야 한다. 다이어그램을 그리면 적분 범위를 확인하는 데 도움이 될 수 있다.

예제 1.10.6 적분 순서 바꾸기

안쪽 적분을 지수함수 적분으로 볼 수 있는

$$\int_0^{\infty} e^{-r} dr \int_r^{\infty} \frac{e^{-s}}{s} ds$$

를 고려하자. 이 적분을 단순하게 순서대로 하는 경우에 어려움이 예상된다. 적분 순서를 거꾸로 진행한다고 해보자. 올바른 적분 범위를 확인하기 위해 그림 1.17에서처럼 (r, s) 평면에 영역 $s > r \geq 0$을 그린다. 이 영역은 원래 적분 순서대로 각각의 r에 대해 $s = r$에서 $s = \infty$까지 연장된 수직 띠들이 연속적으로 덮여 있다(그림의 왼쪽 칸 참고). 바깥쪽 적분을 r에서 s로 바꾸면 이 똑같은 영역은 각각의 s에 대해 $r = 0$에서 $r = s$까지 이어지는 수평선들로 덮여 있다(그림의 오른쪽 칸 참고). 그러면 변환된 이중 적분은

$$\int_0^{\infty} \frac{e^{-s}}{s} ds \int_0^{s} e^{-r} dr$$

형태가 된다. 여기서 r에 관한 안쪽 적분은 이제 기초적이므로 계산하면 $1 - e^{-s}$가 된다. 따라서 다음과 같이 1차원 적분만 남는다.

$$\int_0^{\infty} \frac{e^{-s}}{s} (1 - e^{-s}) ds$$

$1 - e^{-s}$에 대한 멱급수를 도입하면 이 적분은

$$\int_0^{\infty} \frac{e^{-s}}{s} \sum_{n=1}^{\infty} \frac{(-1)^{n-1} s^n}{n!} = \sum_{n=1}^{\infty} \frac{(-1)^{n-1}}{n!} \int_0^{\infty} s^{n-1} e^{-s} ds = \sum_{n=1}^{\infty} \frac{(-1)^{n-1}}{n!} (n-1)!$$

이 된다. 여기서 마지막 단계에서 s 적분을 $(n-1)!$로 확인했다(표 1.2 참고). $(n-1)!/n!$

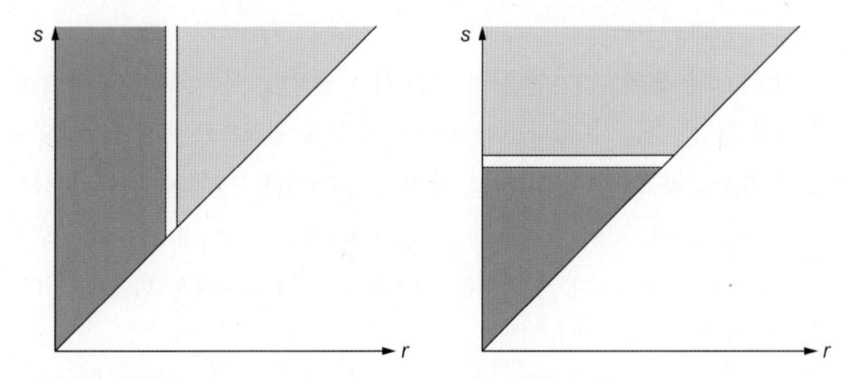

그림 1.17 예제 1.10.6의 2차원 적분 영역. 왼쪽 칸은 안쪽 적분이 s에 대한 것이고, 오른쪽 칸은 r에 대한 것이다.

$= 1/n$이고 합이 $\ln 2$임을 알 수 있으므로 계산을 끝낼 수 있다. 최종 결과는 다음과 같다.

$$\int_0^\infty e^{-r}\,dr \int_r^\infty \frac{e^{-s}}{s}ds = \ln 2 \qquad \blacksquare$$

가끔 데카르트 좌표계와 극 좌표계 사이의 교환으로 2차원 또는 3차원 적분의 형태에서 중요한 변화를 얻을 수 있다.

예제 1.10.7 극 좌표계에서 계산하기

많은 미적분 교재에서 $\int_0^\infty \exp(-x^2)dx$를 계산할 때 그것을 제곱하여 2차원 적분으로 먼저 변환한 후 극 좌표계에서 계산한다. $dxdy = rdrd\varphi$인 점을 사용하면

$$\int_0^\infty dx\, e^{-x^2}\int_0^\infty dy\, e^{-y^2} = \int_0^{\pi/2} d\varphi \int_0^\infty r\,dr\,e^{-r^2} = \frac{\pi}{2}\int_0^\infty \frac{1}{2}du\,e^{-u} = \frac{\pi}{4}$$

를 얻는다. 이것으로부터 유명한 결과

$$\int_0^\infty e^{-x^2}dx = \frac{1}{2}\sqrt{\pi} \tag{1.148}$$

가 나온다. ■

예제 1.10.8 원자 상호작용 적분

작은 원자와 전자기장의 상호작용을 연구하는 분야에서 가우스 형태의 궤도 함수를 사용하는 단순한 근사 취급에서 등장하는 적분은 (무차원 데카르트 좌표계에서)

$$I = \int d\tau \frac{z^2}{(x^2+y^2+z^2)^{3/2}} e^{-(x^2+y^2+z^2)}$$

인데, 적분 범위는 3차원 물리 공간($\mathbb{R}^3$) 전체다. 물론 구면 극 좌표계 $(r,\ \theta,\ \varphi)$에서 이 문제를 더 잘 다룰 수 있다. 여기서 r는 좌표계 원점으로부터 거리이고, θ는 극각(지구의 경우에 여위도라고 함)이고, φ는 방위각(경도)이다. 연관된 전환 공식은 $x^2+y^2+z^2 = r^2$과 $z/r = \cos\theta$다. 부피 요소는 $d\tau = r^2\sin\theta\, dr d\theta d\varphi$이고 새 좌표의 범위는 $0 \le r < \infty$, $0 \le \theta \le \pi$, $0 \le \varphi < 2\pi$다. 구하려는 적분은 구면 좌표계에서 다음과 같다.

$$I = \int d\tau \frac{\cos^2\theta}{r} e^{-r^2} = \int_0^\infty dr\, r e^{-r^2}\int_0^\pi d\theta \cos^2\theta \sin\theta \int_0^{2\pi} d\varphi$$

$$= \left(\frac{1}{2}\right)\left(\frac{2}{3}\right)(2\pi) = \frac{2\pi}{3}$$ ■

■ 주의: 적분 변수 바꾸기

1차원 적분에서 적분 변수를 x에서 $y = y(x)$로 바꿀 때 두 가지 조정이 수반된다. (1) 미분 dx를 $(dx/dy)dy$로 대체해야 하고, (2) 적분 한계를 x_1, x_2에서 $y(x_1)$, $y(x_2)$로 바꾸어야 한다. $y(x)$가 전 범위 (x_1, x_2)에 걸쳐 일가 함수가 아니면, 그 과정은 더 복잡하므로 이 시점에서는 더 이상 이것을 고려하지 않겠다.

중적분인 경우에 상황은 상당히 복잡해지고 일부 논의가 더 필요하다. 처음에 변수 x, y로 주어진 이중 적분을 변수 u, v로 된 적분으로 바꾼 경우를 예로 들면 미분 $dx\,dy$를 $J\,du\,dv$로 변환해야 한다. 여기서 변수들에 의존하는 J는 변환의 **야코비안**(Jacobian)이라고 하고, 때로는 기호로

$$J = \frac{\partial(x,\ y)}{\partial(u,\ v)}$$

로 표현하기도 하는데, 변수들에 의존할 수 있다. 예를 들어 2차원 데카르트 좌표 x, y에서 평면 극 좌표 r, θ로 전환할 때 수반되는 야코비안은

$$J = \frac{\partial(x,\ y)}{\partial(r,\ \theta)} = r, \quad \text{따라서} \quad dx\,dy = r\,dr\,d\theta$$

다. 일부 좌표 변환의 경우에 야코비안은 앞서의 예처럼 간단하고 잘 알려진 형태다. r, $r + dr$, 그리고 θ, $\theta + d\theta$의 경계로 둘러싸인 면적이(xy 공간에서) 길이가 dr인 두 변과 $r\,d\theta$인 두 변으로 된, 매우 작게 뒤틀린 직사각형임을 유의하면 J에 부여된 값이 옳다는 것을 확인할 수 있다(그림 1.18 참고). 다른 변환의 경우에는 야코비안을 얻는 일반적인 방법이 필요할 수도 있다. 야코비안의 계산은 4.4절에서 자세히 다룰 것이다.

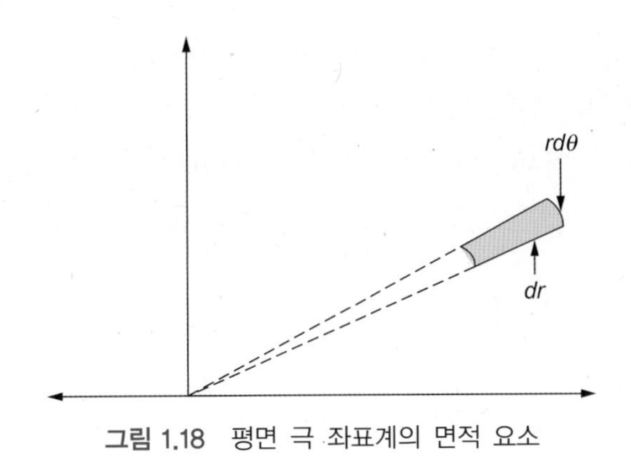

그림 1.18 평면 극 좌표계의 면적 요소

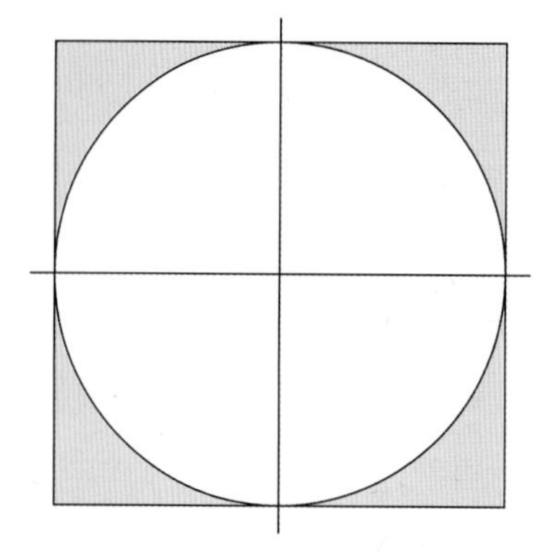

그림 1.19 데카르트 좌표계와 평면 극 좌표계에서 2차원 적분

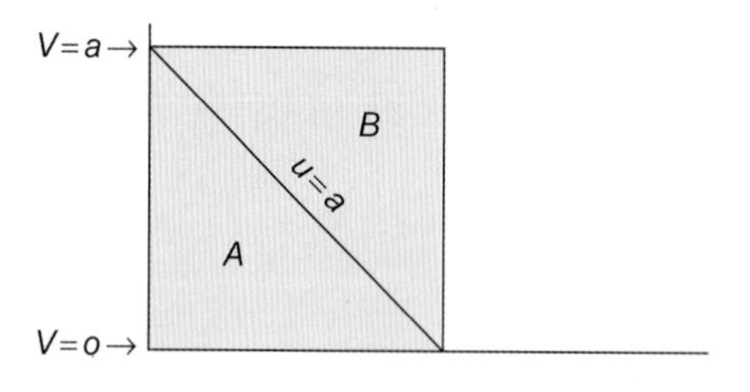

그림 1.20 변환된 좌표계에서 적분

여기서 흥미로운 것은 변환된 적분 영역을 결정하는 것이다. 원리적으로 이 사안은 명백하지만 오도하고 잠재적으로 올바르지 않는 논리가 제시되는 상황을 (다른 교재와 연구 논문에서) 너무나 자주 마주친다. 적어도 경계의 일부분이 무한히 멀리 있는 경우에 대개 혼란이 발생한다. 2차원 데카르트 좌표계에서 평면 극 좌표계로의 전환을 예로 택하자. 그림 1.19는 $0 \leq \theta < 2\pi$와 $0 \leq r < a$에 대해 적분하면 (변이 $2a$인) 사각형의 모퉁이가 포함되지 않는 것을 보여준다. 극한 $a \to \infty$에서 적분을 계산하는 경우에 이 모퉁이 영역의 공헌을 '무시한' 것에 대해 논의를 추진하는 것은 올바르지도 않고 의미도 없다. 왜냐하면 a가 증가하면서 이 모퉁이의 모든 점들이 포함되기 때문이다.

데카르트 좌표 $0 \leq x < \infty$와 $0 \leq y < \infty$에 걸친 적분을 좌표 $u = x + y$, $v = y$와 적분 영역 $0 \leq u < \infty$, $0 \leq v \leq u$의 적분으로 변환하는 경우에 비슷하지만 약간 덜 명백한 상황이 발생한다(그림 1.20 참고). 바깥쪽 삼각형(그림에서 B로 표시됨)을 '무시한' 것을 정당화하는 논리도 역시 올바르지 않고 의미가 없다. 여기에서 의미가 있는 관찰은 u의 값이 증가하면서 사분면의 모든 점이 적분될 영역에 포함된다는 것이다.

연습문제

1.10.1 반복 방법을 사용하여 모든 양의 정수 n에 대해 $\Gamma(n)=(n-1)!$임을 보이시오.

※ 연습문제 1.10.2부터 1.10.9까지의 적분을 계산하시오.

1.10.2 $\displaystyle\int_0^\infty \frac{\sin x}{x}dx$

[힌트] 적분될 함수에 e^{-ax}을 곱하고 극한 $a\to 0$을 취한다.

1.10.3 $\displaystyle\int_0^\infty \frac{dx}{\cosh x}$

[힌트] 연관된 모든 x에 대해 수렴되는 방식으로 분모를 전개한다.

1.10.4 $\displaystyle\int_0^\infty \frac{dx}{e^{ax}+1} \qquad (a>0)$

1.10.5 $\displaystyle\int_\pi^\infty \frac{\sin x}{x^2}dx$

1.10.6 $\displaystyle\int_0^\infty \frac{e^{-x}\sin x}{x}dx$

1.10.7 $\displaystyle\int_0^x \mathrm{erf}(t)dt$

결과는 표 1.2의 특수 함수의 항으로 표현될 수 있다.

1.10.8 $\displaystyle\int_1^x E_1(t)dt$

특수 함수가 E_1인 결과를 얻는다.

1.10.9 $\displaystyle\int_0^\infty \frac{e^{-x}}{x+1}dx$

1.10.10 $\displaystyle\int_0^\infty \left(\frac{\tan^{-1}x}{x}\right)^2 dx=\pi\ln 2$임을 보이시오.

[힌트] $\tan^{-1}$의 일차식이 되도록 부분 적분을 한다. 그 다음에 $\tan^{-1}x$를 $\tan^{-1}ax$로 대체하고 $a=1$인 경우에 대해 계산한다.

1.10.11 데카르트 좌표계에서 직접 적분하여 다음과 같이 정의된 타원의 면적을 구하시오.

$$\frac{x^2}{a^2}+\frac{y^2}{b^2}=1$$

1.10.12 단위원의 중심으로부터 가장 가까운 거리가 1/2 단위인 직선이 그 원을 두 부분으로 나누었다. 그렇게 형성된 작은 부분의 면적을 적절한 적분을 계산하여 구한 다음 간단한 기하학적 고려를 하여 그 답을 확인하시오.

1.11 디랙 델타 함수

한 점을 제외한 모든 곳에서 영이지만 그 점을 포함하는 어떠한 구간에 대해 적분하더라도 유한한 값을 주는 방식으로 그 점에서 무한대인 양을 묘사하는 문제를 자주 마주하게 된다. 이 목적을 위해 다음과 같은 성질을 가지도록 **정의된 디랙 델타 함수**(Dirac delta function)를 도입하는 것이 유용하다.

$$\delta(x) = 0, \quad x \neq 0 \tag{1.149}$$

$$f(0) = \int_a^b f(x)\delta(x)dx \tag{1.150}$$

여기서 $f(x)$는 잘 정의된 임의의 함수이고 적분은 원점을 포함한다. 식 (1.150)의 특수한 경우가

$$\int_{-\infty}^{\infty} \delta(x)dx = 1 \tag{1.151}$$

이다. 식 (1.150)으로부터 $\delta(x)$는 충격력이나 점전하의 전하 밀도의 묘사에서처럼 $x=0$에서 무한히 높고 가느다란 돌기여야 한다. 문제는 일반적인 함수의 의미에서 **그러한 함수가 존재하지 않는다**는 것이다. 그렇지만 식 (1.150)의 핵심적인 성질은 함수의 **수열**의 극한인 분포로 엄밀하게 전개될 수 있다. 예를 들어 델타 함수는 식 (1.152)에서 (1.155)까지의 함수 수열(그림 1.21과 1.22 참고) 중 어떤 것으로도 근사시킬 수 있다.

$$\delta_n(x) = \begin{cases} 0, & x < -\dfrac{1}{2n} \\ n, & -\dfrac{1}{2n} < x < \dfrac{1}{2n} \\ 0, & x > \dfrac{1}{2n} \end{cases} \tag{1.152}$$

$$\delta_n(x) = \frac{n}{\sqrt{\pi}} \exp(-n^2 x^2) \tag{1.153}$$

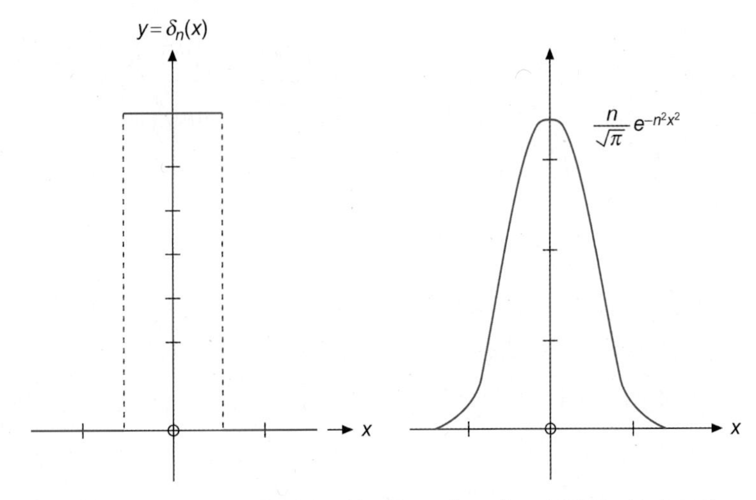

그림 1.21 델타-수열 함수. 왼쪽은 식 (1.152), 오른쪽은 식 (1.153)

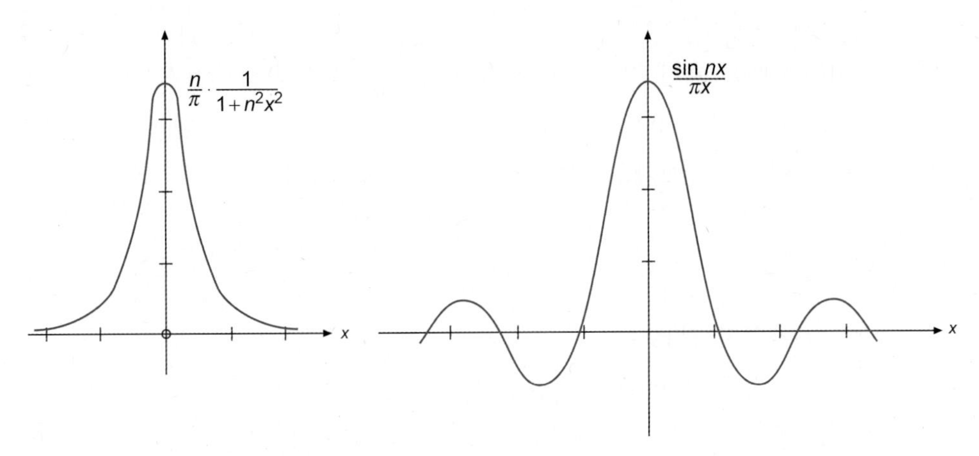

그림 1.22 델타-수열 함수. 왼쪽은 식 (1.154), 오른쪽은 식 (1.155)

$$\delta_n(x) = \frac{n}{\pi}\frac{1}{1+n^2x^2} \tag{1.154}$$

$$\delta_n(x) = \frac{\sin nx}{\pi x} = \frac{1}{2\pi}\int_{-n}^{n} e^{ixt}\,dt \tag{1.155}$$

이 수열들이 전부 (그리고 다른 수열들이) $\delta(x)$가 똑같은 성질을 가지게 하지만 그것들은 다양한 목적을 위한 사용의 편리성에서 어느 정도 서로 다르다. 식 (1.152)는 식 (1.150)의 적분 성질을 간단하게 유도하는 데 유용하고, 식 (1.153)은 미분하는 데 편리하며 그 도함수들은 에르미트 다항식(Hermite polynomial)으로 이어진다. 식 (1.155)는 푸리에 분석(Fourier analysis)과 양자역학에 대한 응용에서 특별히 유용하다. 푸리에 급수의 이론에서 식 (1.155)는 흔히 **디리클레 커널**(Dirichlet kernel)

$$\delta_n(x) = \frac{1}{2\pi} \frac{\sin\left[\left(n+\frac{1}{2}\right)x\right]}{\sin\left(\frac{1}{2}x\right)} \tag{1.156}$$

로 (수정되어) 나타난다. 식 (1.150)과 다른 곳에서 이런 근사를 사용할 때 $f(x)$는 잘 정의되어 있다고, 즉 큰 x에서 아무런 문제가 없다고 가정한다.

식 (1.152)에서 (1.155)까지 주어진 $\delta_n(x)$의 형식은 모두 명백하게 n이 큰 경우에 $x=0$에서 날카롭게 뾰족해진다. 또한 그것들은 식 (1.151)과 일치되도록 축척되어야 한다. 식 (1.152)와 (1.154)의 형태에 대한 축척을 증명하는 것이 연습문제 1.11.1과 1.11.2의 주제다. 식 (1.153)과 (1.155)의 축척을 확인하기 위해서는 다음 적분의 값이 필요하다.

$$\int_{-\infty}^{\infty} e^{-n^2x^2}dx = \sqrt{\frac{\pi}{n}} \quad \text{그리고} \quad \int_{-\infty}^{\infty} \frac{\sin nx}{x}dx = \pi$$

이 결과들은 각각 식 (1.148)과 (11.107)의 뻔한 확장이다(후자는 나중에 유도한다).

대부분의 물리학적 목적에서 델타 함수를 기술하는 이 형태들은 아주 적절하다. 하지만 수학적 견지에서 상황은 여전히 만족스럽지 않다. 극한

$$\lim_{n\to\infty} \delta_n(x)$$

은 **존재하지 않는다**.

이 곤경을 빠져나오는 방법은 분포 이론을 사용하는 것이다. 식 (1.150)이 근본적인 성질임을 인식하여 $\delta(x)$ 그 자체보다는 그 식에 초점을 맞춘다. $n=1, 2, 3, \ldots$일 때 식 (1.152)에서 (1.155)까지를 정규화된 함수의 **수열**로 해석할 수 있고, 일관성 있게

$$\int_{-\infty}^{\infty} \delta(x)f(x)dx \equiv \lim_{n\to\infty} \int \delta_n(x)f(x)dx \tag{1.157}$$

로 쓸 수 있다. 따라서 $\delta(x)$를 (함수가 아니라) **분포**(distribution)로 분류하고, 식 (1.157)에 의해 정의되는 것으로 간주한다. 식 (1.157)의 좌변의 적분이 리만 적분이 아님을 강조한다.[8]

■ $\delta(x)$의 성질

- 식 (1.152)에서 (1.155)까지 어느 것으로부터든 디랙 델타 함수는 x에 대해 우함수여야

[8] 원한다면 이것을 스틸체스 적분(Stieltjes' integral)으로 간주할 수 있다. $\delta(x)dx$가 $du(x)$로 대체되는데, $u(x)$는 헤비사이드 계단 함수(Heaviside step function)다(연습문제 1.11.9 참고).

한다. 즉 $\delta(-x)=\delta(x)$다.

- $a>0$이면

$$\delta(ax)=\frac{1}{a}\delta(x) \tag{1.158}$$

이다. 식 (1.158)은 다음과 같이 $x=y/a$로 대체하여 증명할 수 있다.

$$\int_{-\infty}^{\infty} f(x)\delta(ax)dx=\frac{1}{a}\int_{-\infty}^{\infty} f(y/a)\delta(y)dy=\frac{1}{a}f(0)$$

$a<0$인 경우에는 식 (1.158)이 $\delta(ax)=\delta(x)/|a|$가 된다.

- 원점을 이동하면

$$\int_{-\infty}^{\infty} \delta(x-x_0)f(x)dx=f(x_0) \tag{1.159}$$

이 되는데, 이것은 $y=x-x_0$으로 대체하고 $y=0$일 때 $x=x_0$임을 유의하여 증명할 수 있다.

- $\delta(x)$의 인자가 실수축 위의 점들 a_i에서 단순 영점을 갖는 함수 $g(x)$이면(따라서 $g'(a_i)\neq 0$),

$$\delta(g(x))=\sum_i \frac{\delta(x-a_i)}{|g'(a_i)|} \tag{1.160}$$

이다. 식 (1.160)을 증명하기 위해

$$\int_{-\infty}^{\infty} f(x)\delta(g(x))dx=\sum_i \int_{a_i-\varepsilon}^{a_i+\varepsilon} f(x)\delta((x-a_i)g'(a_i))\,dx$$

로 쓰자. 여기서 원 적분을 $g(x)$의 영점을 포함하는 작은 구간들에 대한 적분의 합으로 분해했다. 이 구간들에서 $g(x)$를 그 테일러 급수의 앞선 항으로 대체했다. 식 (1.158)과 (1.159)를 합의 각 항에 적용하면 식 (1.160)을 얻는다.

- 델타 함수의 도함수는

$$\int_{-\infty}^{\infty} f(x)\delta'(x-x_0)dx=-\int_{-\infty}^{\infty} f'(x)\delta(x-x_0)dx=-f'(x_0) \tag{1.161}$$

이다. 식 (1.161)을 도함수 $\delta'(x)$를 **정의하는** 것으로 받아들일 수도 있다. 델타 함수를 정의하는 수열을 부분 적분하여 그 값을 구한다.

- 3차원에서 델타 함수 $\delta(\mathbf{r})$는 $\delta(x)\delta(y)\delta(z)$로 해석된다. $\delta(\mathbf{r})$는 사용하는 좌표계와 무관하게 단위 적분 무게를 갖고 원점에 국소화된 함수를 기술한다. 따라서 구면 극 좌표계에서는 다음과 같다.

$$\iiint f(\mathbf{r}_2)\delta(\mathbf{r}_2-\mathbf{r}_1)r_2^2 dr_2 \sin\theta_2 d\theta_2 d\phi_2 = f(\mathbf{r}_1) \tag{1.162}$$

- 식 (1.155)는 극한에서

$$\delta(t-x) = \frac{1}{2\pi}\int_{-\infty}^{\infty} \exp(i\omega(t-x))d\omega \tag{1.163}$$

에 대응하는데, 이것은 적분 기호 속에서만 의미를 가진다는 것을 양해해야 한다. 그런 맥락에서 이것은 푸리에 적분(15장)을 단순화하는 데 아주 유용하다.
- $\delta(x)$의 전개는 5장에서 다룬다(예제 5.1.7 참고).

■ 크로네커 델타

때때로 디랙 델타 함수의 이산형, 즉 이산 변수가 어떤 값을 가지면 1이고, 그렇지 않으면 0인 기호가 있으면 유용하다. 이런 성질을 가진 양을 **크로네커 델타**(Kronecker delta)라고 하고 지표 i와 j에 대해

$$\delta_{ij} = \begin{cases} 1, & i=j \\ 0, & i \neq j \end{cases} \tag{1.164}$$

로 정의된다. 합에서 특별한 항을 선택하거나 영이 아닌 모든 지표에 대해 한 함수 형식을 가지지만 그 지표가 영일 때는 다른 형식을 가지는 경우에 이 기호를 자주 사용한다. 다음과 같은 예가 있다.

$$\sum_{ij} f_{ij}\delta_{ij} = \sum_i f_{ii}, \quad C_n = \frac{1}{1+\delta_{n0}}\frac{2\pi}{L}$$

연습문제

1.11.1

$$\delta_n(x) = \begin{cases} 0, & x < -\dfrac{1}{2n} \\ n, & -\dfrac{1}{2n} < x < \dfrac{1}{2n} \\ 0, & \dfrac{1}{2n} < x \end{cases}$$

에 대해, $f(x)$가 $x=0$에서 연속이라고 가정하고 다음을 보이시오.

$$\lim_{n\to\infty}\int_{-\infty}^{\infty} f(x)\delta_n(x)dx = f(0)$$

1.11.2 $\delta_n(x)=\frac{n}{\pi}\frac{1}{1+n^2x^2}$에 대해 아래 결과를 보이시오.

$$\int_{-\infty}^{\infty}\delta_n(x)dx = 1$$

1.11.3 급수를 더하는 페예르(Fejer) 방법은 함수

$$\delta_n(t)=\frac{1}{2\pi n}\left[\frac{\sin(nt/2)}{\sin(t/2)}\right]^2$$

과 관련이 있다. $\delta_n(t)$가

$$\lim_{n\to\infty}\frac{1}{2\pi n}\int_{-\infty}^{\infty} f(t)\left[\frac{\sin(nt/2)}{\sin(t/2)}\right]^2 dt = f(0)$$

이 되는 의미에서 델타 분포임을 보이시오.

1.11.4 다음 식을 증명하시오.

$$\delta[a(x-x_1)]=\frac{1}{a}\delta(x-x_1)$$

[참고] $\delta[a(x-x_1)]$을 x_1에 대하여 우함수로 간주하면 이 관계는 음수의 a에 대해서도 유효하고 $1/a$는 $1/|a|$로 대체해야 한다.

1.11.5 다음 관계를 보이시오.

$$\delta[(x-x_1)(x-x_2)]=[\delta(x-x_1)+\delta(x-x_2)]/|x_1-x_2|$$

[힌트] 연습문제 1.11.4를 사용해보라.

1.11.6 가우스 오차 곡선 델타 수열 $\delta_n=\frac{n}{\sqrt{\pi}}e^{-n^2x^2}$을 사용하고, $\delta(x)$와 그 도함수를 식 (1.157)에서처럼 취급하여 다음 관계를 보이시오.

$$x\frac{d}{dx}(\delta x)=-\delta(x)$$

1.11.7 $f'(x)$가 $x=0$에서 연속일 때 다음 관계를 보이시오.

$$\int_{-\infty}^{\infty} \delta'(x) f(x) dx = -f'(0)$$

1.11.8 x_0이 $f(x_0)=0$이 되는 점일 때 다음 관계를 증명하시오.

$$\delta(f(x)) = \left| \frac{df(x)}{dx} \right|_{x=x_0}^{-1} \delta(x-x_0)$$

[힌트] $\delta(f)df = \delta(x)dx$임을 유의하라.

1.11.9 (a) 수열 $\delta_n(x) = n/(2\cosh^2 nx)$를 정의하면, 다음 관계가 n과 무관하게 성립함을 보이시오.

$$\int_{-\infty}^{\infty} \delta_n(x) dx = 1$$

(b) 이 분석을 계속하여

$$\int_{-\infty}^{x} \delta_n(x) dx = \frac{1}{2}[1+\tanh nx] \equiv u_n(x)$$

그리고

$$\lim_{n\to\infty} u_n(x) = \begin{cases} 0, & x<0 \\ 1, & x>0 \end{cases}$$

임을 보이시오.[9] 이것이 헤비사이드 단위 계단 함수다(그림 1.23).

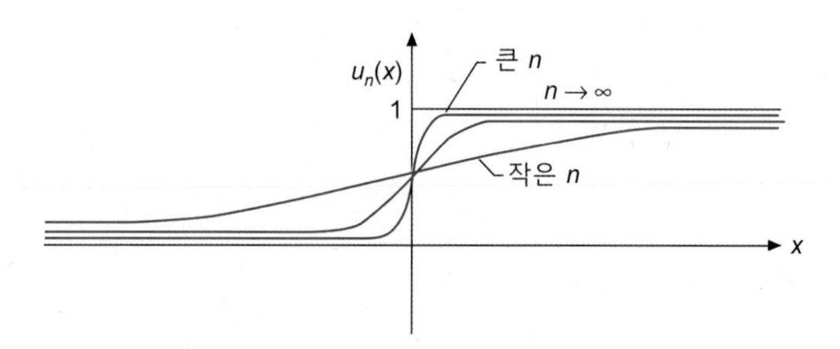

그림 1.23 헤비사이드 단위 계단 함수

---

9 이 함수에 대한 다른 많은 기호가 사용되고 있다. 이것은 AMS-55 표기(더 읽을 거리의 아브라모비츠와 스테건 참고)이고, u는 단위를 뜻한다.

❖ 더 읽을 거리

Abramowitz, M., and I. A. Stegun, eds., *Handbook of Mathematical Functions with Formulas, Graphs, and Mathematical Tables* (AMS-55). Washington, DC: National Bureau of Standards (1972), reprinted, Dover (1974). Contains a wealth of information about a large number of special functions.

Bender, C. M., and S. Orszag, *Advanced Mathematical Methods for Scientists and Engineers*. New York: McGraw-Hill (1978). Particularly recommended for methods of accelerating convergence.

Byron, F. W., Jr., and R. W. Fuller, *Mathematics of Classical and Quantum Physics*. Reading, MA: Addison-Wesley (1969), reprinted, Dover (1992). This is an advanced text that presupposes moderate knowledge of mathematical physics.

Courant, R., and D. Hilbert, *Methods of Mathematical Physics*, Vol. 1 (1st English ed.). New York: Wiley (Interscience) (1953). As a reference book for mathematical physics, it is particularly valuable for existence theorems and discussion of areas such as eigenvalue problems, integral equations, and calculus of variations.

Galambos, J., *Representations of Real Numbers by Infinite Series*. Berlin: Springer (1976).

Gradshteyn, I. S., and I. M. Ryzhik, *Table of Integrals, Series, and Products*. Corrected and enlarged 7th ed., edited by A. Jeffrey and D. Zwillinger. New York: Academic Press (2007).

Hansen, E., *A Table of Series and Products*. Englewood Cliffs, NJ: Prentice-Hall (1975). A tremendous compilation of series and products.

Hardy, G. H., *Divergent Series*. Oxford: Clarendon Press (1956), 2nd ed., Chelsea (1992). The standard, comprehensive work on methods of treating divergent series. Hardy includes instructive accounts of the gradual development of the concepts of convergence and divergence.

Jeffrey, A., *Handbook of Mathematical Formulas and Integrals*. San Diego: Academic Press (1995).

Jeffreys, H. S., and B. S. Jeffreys, *Methods of Mathematical Physics*, 3rd ed. Cambridge, UK: Cambridge University Press (1972). This is a scholarly treatment of a wide range of mathematical analysis, in which considerable attention is paid to mathematical rigor. Applications are to classical physics and geophysics.

Knopp, K., *Theory and Application of Infinite Series*. London: Blackie and Son, 2nd ed. New York: Hafner(1971), reprinted A. K. Peters Classics (1997). This is a thorough, comprehensive, and authoritative work that covers infinite series and products. Proofs of almost all the statements about series not proved in this chapter will be found in this book.

Mangulis, V., *Handbook of Series for Scientists and Engineers.* New York: Academic Press (1965). A most convenient and useful collection of series. Includes algebraic functions, Fourier series, and series of the special functions: Bessel, Legendre, and others.

Morse, P. M., and H. Feshbach, *Methods of Theoretical Physics*, 2 vols. New York: McGraw-Hill (1953). This work presents the mathematics of much of theoretical physics in detail but at a rather advanced level. It is recommended as the outstanding source of information for supplementary reading and advanced study.

Rainville, E. D., *Infinite Series.* New York: Macmillan (1967). A readable and useful account of series constants and functions.

Sokolnikoff, I. S., and R. M. Redheffer, *Mathematics of Physics and Modern Engineering*, 2nd ed. New York: McGraw-Hill (1966). A long chapter 2 (101 pages) presents infinite series in a thorough but very read-able form. Extensions to the solutions of differential equations, to complex series, and to Fourier series are included.

Spiegel, M. R., *Complex Variables, in Schaum's Outline Series.* New York: McGraw-Hill (1964, reprinted 1995). Clear, to the point, and with very large numbers of examples, many solved step by step. Answers are provided for all others. Highly recommended.

Whittaker, E. T., and G. N. Watson, *A Course of Modern Analysis*, 4th ed. Cambridge, UK: Cambridge University Press (1962), paperback. Although this is the oldest of the general references (original edition 1902), it still is the classic reference. It leans strongly towards pure mathematics, as of 1902, with full mathematical rigor.

CHAPTER 2

행렬식과 행렬

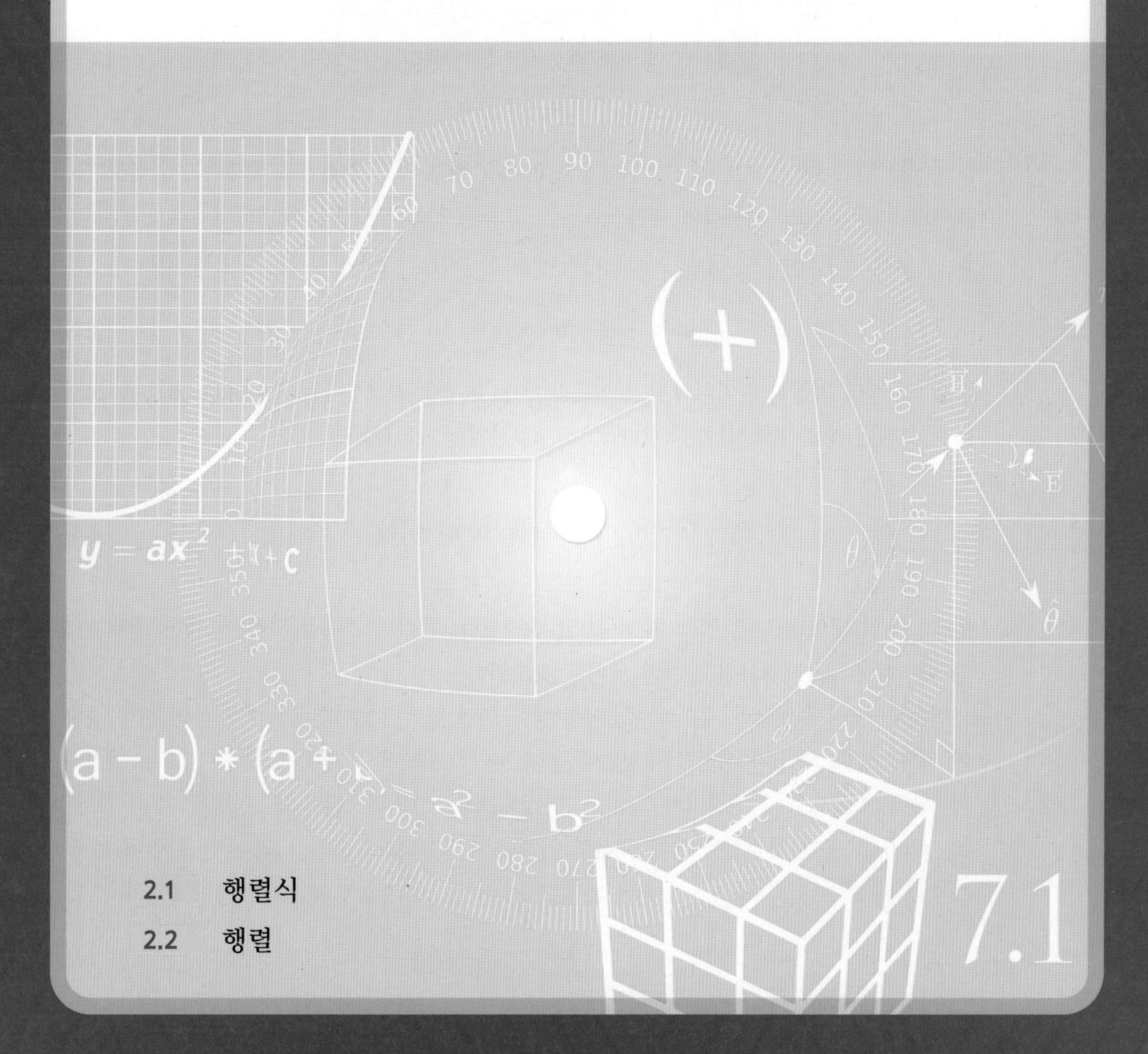

2.1 행렬식

행렬식과 행렬로 이어주는 선형 방정식을 푸는 것으로 행렬의 공부를 시작한다. **행렬식**(determinant)의 개념과 표기는 유명한 독일 수학자이자 철학자인 라이프니츠(Gottfried Wilhelm Leibniz)가 도입하였다.

■ 동차 선형 방정식

행렬식의 주요한 응용은 동차 선형 대수 방정식들에 대한 안뻔한 해의 존재에 대한 조건을 확립하는 것이다. 세 미지수 x_1, x_2, x_3(또는 미지수가 n개인 방정식 n개)이 있다고 하자.

$$\begin{aligned} a_1x_1 + a_2x_2 + a_3x_3 &= 0 \\ b_1x_1 + b_2x_2 + b_3x_3 &= 0 \\ c_1x_1 + c_2x_2 + c_3x_3 &= 0 \end{aligned} \tag{2.1}$$

문제는 뻔한 해 $x_1 = 0$, $x_2 = 0$, $x_3 = 0$ 이외의 해가 어떤 조건에서 존재하는지 결정하는 것이다. 벡터 표기를 사용하여 해를 $\mathbf{x} = (x_1,\ x_2,\ x_3)$으로, 계수들을 행벡터 $\mathbf{a} = (a_1,\ a_2,\ a_3)$, $\mathbf{b} = (b_1,\ b_2,\ b_3)$, $\mathbf{c} = (c_1,\ c_2,\ c_3)$으로 나타내면 식 (2.1)의 세 방정식은 다음과 같다.

$$\mathbf{a}\cdot\mathbf{x} = 0, \quad \mathbf{b}\cdot\mathbf{x} = 0, \quad \mathbf{c}\cdot\mathbf{x} = 0 \tag{2.2}$$

이 세 벡터 방정식의 **기하학적** 해석은 $\mathbf{x}$가 $\mathbf{a}$, $\mathbf{b}$, $\mathbf{c}$에 직교한다는 것이다. $\mathbf{a}$, $\mathbf{b}$, $\mathbf{c}$가 생성하는 부피는 행렬식[즉 삼중 스칼라곱으로 3.2절의 식 (3.12) 참고]

$$D_3 = (\mathbf{a}\times\mathbf{b})\cdot\mathbf{c} = \det(\mathbf{a},\ \mathbf{b},\ \mathbf{c}) = \begin{vmatrix} a_1 & b_2 & a_3 \\ b_1 & b_2 & b_3 \\ c_1 & c_2 & c_3 \end{vmatrix} \tag{2.3}$$

인데, D_3이 영이 아니면 뻔한 해 $\mathbf{x} = 0$만 존재한다. 벡터의 가위곱(외적)에 대한 소개는 3장 벡터해석, 3.2절 3차원 공간의 벡터를 참고한다.

반대로, 앞에서 언급한 계수의 행렬식이 영이 되면 행벡터 중 하나가 다른 둘의 선형 결합이 된다. $\mathbf{c}$가 $\mathbf{a}$와 $\mathbf{b}$가 생성하는 평면에 놓여 있다고, 즉 세 번째 방정식이 처음 두 방정식의 선형 결합으로 독립적이지 않다고 가정해보자. 그러면 $\mathbf{x}$는 그 평면에 수직이므로 $\mathbf{x} \sim \mathbf{a}\times\mathbf{b}$다. 동차 방정식에 어떤 수라도 곱해줄 수 있으므로 오직 x_i의 비만 관련이 있다. 그 경우에 $x_3 \sim a_1b_2 - a_2b_1 \neq 0$이면 가위곱 $\mathbf{a}\times\mathbf{b}$의 성분으로부터 2×2 행렬식의 비

$$\frac{x_1}{x_3}=\frac{a_2b_3-a_3b_2}{a_1b_2-a_2b_1}, \quad \frac{x_2}{x_3}=-\frac{a_1b_3-a_3b_1}{a_1b_2-a_2b_1} \tag{2.4}$$

을 얻는다. 이것이 세 동차 선형 방정식에 대한 **크래머 법칙**(Cramer's rule)이다.

■ 비동차 선형 방정식

미지수가 2개인 가장 간단한 두 방정식

$$a_1x_1+a_2x_2=a_3, \quad b_1x_1+b_2x_2=b_3 \tag{2.5}$$

은 이전 경우에서 해 벡터 $\mathbf{x}=(x_1, x_2, -1)$과 행벡터 $\mathbf{a}=(a_1, a_2, a_3)$, $\mathbf{b}=(b_1, b_2, b_3)$에 해당하므로 두 방정식을 3차원(3D) 공간에 내재시킬 수 있다. 앞에서처럼 벡터 표기로 $\mathbf{a}\cdot\mathbf{x}=0$과 $\mathbf{b}\cdot\mathbf{x}=0$인 식 (2.5)는 $\mathbf{x}\sim\mathbf{a}\times\mathbf{b}$임을 의미하므로 식 (2.4)와 유사한 식이 성립한다. 이것이 적용되려면 $\mathbf{a}\times\mathbf{b}$의 세 번째 성분이 영이 되지 않아야 한다. 즉 $\mathbf{x}$의 세 번째 성분이 $-1\neq 0$이므로 $a_1b_2-a_2b_1\neq 0$이다. 따라서 x_i는

$$x_1=\frac{a_3b_2-b_3a_2}{a_1b_2-a_2b_1}=\frac{\begin{vmatrix} a_3 & a_2 \\ b_3 & b_2 \end{vmatrix}}{\begin{vmatrix} a_1 & a_2 \\ b_1 & b_2 \end{vmatrix}} \tag{2.6}$$

$$x_2=\frac{a_1b_3-a_3b_1}{a_1b_2-a_2b_1}=\frac{\begin{vmatrix} a_1 & a_3 \\ b_1 & b_3 \end{vmatrix}}{\begin{vmatrix} a_1 & a_2 \\ b_1 & b_2 \end{vmatrix}} \tag{2.7}$$

이 된다. $x_1(x_2)$의 분자의 행렬식은 계수의 행렬식 $\begin{vmatrix} a_1 & a_2 \\ b_1 & b_2 \end{vmatrix}$에서 첫(두) 번째 열벡터를 식 (2.5)의 비동차 변의 벡터 $\begin{pmatrix} a_3 \\ b_3 \end{pmatrix}$으로 대체한 것이다. 이것이 미지수가 둘인 비동차 선형 방정식 2개에 대한 **크래머 법칙**이다.

위에 제시한 것을 완전히 이해하려면 행렬식의 형식적 정의를 도입하고 이것이 앞서 말한 것과 어떻게 연관되는지 보일 필요가 있다.

■ 정의

행렬식을 정의하기 전에 일부 연관된 개념과 정의를 도입할 필요가 있다.

• 항의 2차원(2D) 배열을 쓸 때 n번째 수평 행과 m번째 수직 열의 항을 지표 모음 n, m

으로 구별한다. 행 지표를 관례적으로 먼저 쓰는 것에 유의하자.

- 어떤 기준 순서로 된 대상 n개의 모음(예를 들어 숫자 수열 1, 2, 3, ..., n)으로부터 다른 순서로 그것들의 **순열**(permutation)을 만들 수 있다. 서로 다른 가능한 순열의 총수는 $n!$(첫 대상을 n가지 방법으로 뽑은 다음에 두 번째는 $n-1$가지 방법으로 뽑고, 등등)이다.
- 대상 n개의 모든 순열은 기준 순서로부터 연속적인 짝 교환에 의해 도달할 수 있다(예를 들어 $1234 \to 4132$는 연속적인 단계 $1234 \to 1432 \to 4132$에 의해 도달할 수 있다). 주어진 순열에 필요한 짝 교환의 수는 경로에 의존하지만(위의 예를 $1234 \to 1243 \to 1423 \to 4123 \to 4132$와 비교해보라), 주어진 순열에 대해 교환 수는 항상 **짝수**(even)거나 **홀수**(odd)다. 따라서 순열을 짝수 또는 홀수 **패리티**(parity)를 가진 것으로 분간할 수 있다.
- 대상 n개의 계에 대해 **레비-치비타 기호**(Levi-Civita symbol) $\varepsilon_{ij\dots}$를 도입하는 것이 편리하다. ε에는 아래 첨자가 n개 있는데, 각 첨자는 대상 중 하나를 나타낸다. $ij\dots$가 기준 순서로부터 대상의 짝수 순열이면 이 레비-치비타 기호는 $+1$로 정의되고, $ij\dots$가 홀수 순열이면 -1로 정의되고, $ij\dots$가 대상의 순열이 아니면(즉 중복 성분이 있으면) 영이다. 이것은 중요한 정의이므로 눈에 잘 들어오는 형태로 배치하면 다음과 같다.

$$\begin{aligned} \varepsilon_{ij\dots} &= +1, \; ij\dots\text{가 짝수 순열인 경우} \\ &= -1, \; ij\dots\text{가 홀수 순열인 경우} \\ &= \;\; 0, \; ij\dots\text{가 순열이 아닌 경우} \end{aligned} \tag{2.8}$$

이제 **차수**(order) n인 행렬식을

$$D_n = \begin{vmatrix} a_{11} & a_{12} & \cdots & a_{1n} \\ a_{21} & a_{22} & \cdots & a_{2n} \\ a_{31} & a_{32} & \cdots & a_{3n} \\ \cdots & \cdots & \cdots & \cdots \\ a_{n1} & a_{n2} & \cdots & a_{nn} \end{vmatrix} \tag{2.9}$$

과 같이 관례적으로 세로줄(괄호나 중괄호 또는 기타 유형의 괄호가 아님) 안에 쓰여 있는 $n \times n$ 정사각형 숫자(또는 함수) 배열로 정의한다. 행렬식 D_n의 값은 다음과 같이 정해진다.

1. 각 열에서 오직 원소 하나씩만 나오도록 각 행마다 원소 하나씩 선택하여 형성할 수 있는 모든 곱 $n!$개를 만든다.
2. 각 곱마다 열이 사용된 순서의 패리티에 해당하는 부호를 부여한다(행은 오름차순으로

사용되었다고 가정함).

3. 곱들을 (부여된 부호와 함께) 더한다.

좀 더 형식적으로는 식 (2.9)의 행렬식의 값을

$$D_n = \sum_{ij\ldots} \varepsilon_{ij\ldots} a_{1i} a_{2j} \cdots \tag{2.10}$$

으로 정의한다. 식 (2.10)의 합을 순열로 제한할 필요는 없고 1에서 n까지 독립적으로 변한다고 가정할 수 있다. 레비-치비타 기호의 존재가 순열에 해당하는 지표 조합만 실재로 합에 기여하게 만든다.

예제 2.1.1 2차와 3차 행렬식

먼저 2차 행렬식을 예로 들어서 정의를 좀 더 구체적으로 살펴보자. 이 행렬식에 필요한 레비-치비타 기호는 $\varepsilon_{12} = +1$과 $\varepsilon_{21} = -1$이고($\varepsilon_{11} = \varepsilon_{22} = 0$임을 유의하자), 결과적으로

$$D_2 = \begin{vmatrix} a_{11} & a_{12} \\ a_{21} & a_{22} \end{vmatrix} = \varepsilon_{12} a_{11} a_{22} + \varepsilon_{21} a_{12} a_{21} = a_{11} a_{22} - a_{12} a_{21}$$

이 된다. 이 행렬식이 $2! = 2$항으로 전개됨을 볼 수 있다. 2차 행렬식의 구체적인 예는

$$\begin{vmatrix} a_1 & a_2 \\ b_1 & b_2 \end{vmatrix} = a_1 b_2 - b_1 a_2$$

이다.

3차 행렬식은 $3! = 6$항으로 전개된다. 연관된 레비-치비타 기호는 $\varepsilon_{123} = \varepsilon_{231} = \varepsilon_{312} = +1$, $\varepsilon_{213} = \varepsilon_{321} = \varepsilon_{132} = -1$이고, 모든 다른 지표 조합은 $\varepsilon_{ijk} = 0$이다. 그러므로

$$\begin{aligned} D_3 = \begin{vmatrix} a_{11} & a_{12} & a_{13} \\ a_{21} & a_{22} & a_{23} \\ a_{31} & a_{32} & a_{33} \end{vmatrix} &= \sum_{ijk} \varepsilon_{ijk} a_{1i} a_{2j} a_{3k} \\ &= a_{11}a_{22}a_{33} - a_{11}a_{23}a_{32} - a_{13}a_{22}a_{31} - a_{12}a_{21}a_{33} + a_{12}a_{23}a_{31} + a_{13}a_{21}a_{32} \end{aligned}$$

가 된다. 식 (2.3)의 표현은 3차 행렬식으로 다음과 같다.

$$\begin{vmatrix} a_1 & a_2 & a_3 \\ b_1 & b_2 & b_3 \\ c_1 & c_2 & c_3 \end{vmatrix} = a_1 b_2 c_3 - a_1 b_3 c_2 - a_2 b_1 c_3 + a_2 b_3 c_1 + a_3 b_1 c_2 - a_3 b_2 c_1$$

행렬식의 전개에서 항의 절반은 음의 부호를 동반하고 있음을 주목하라. 많은 원소의 행렬

식이 아주 작은 값을 가지는 것도 전적으로 가능하다. 여기 한 예가 있다.

$$\begin{vmatrix} 8 & 11 & 7 \\ 9 & 11 & 5 \\ 8 & 12 & 9 \end{vmatrix} = 1$$

■

■ 행렬식의 성질

레비-치비타 기호의 대칭적 성질은 행렬식이 보이는 많은 대칭성으로 전환된다. 간단하게 3차 행렬식을 살펴보자. 행렬식의 두 열을 교환하면 전개의 각 항에 곱해지는 레비-치비타 기호의 부호가 바뀌고, 두 행을 교환해도 마찬가지다. 더구나 행과 열의 역할은 교환될 수 있다. 원소가 a_{ij}인 행렬식이 원소가 $b_{ij} = a_{ji}$인 행렬식으로 대체되면 b_{ij} 행렬식을 a_{ij} 행렬식의 **전치**(transpose)라고 한다. 이 두 행렬식은 똑같은 값을 가진다. 요약하면 다음과 같다.

> 두 행(또는 두 열)을 교환하면 행렬식의 값의 부호가 바뀐다. 전치는 그 값을 바꾸지 않는다.

따라서

$$\begin{vmatrix} a_{11} & a_{12} & a_{13} \\ a_{21} & a_{22} & a_{23} \\ a_{31} & a_{32} & a_{33} \end{vmatrix} = - \begin{vmatrix} a_{12} & a_{11} & a_{13} \\ a_{22} & a_{21} & a_{23} \\ a_{32} & a_{31} & a_{33} \end{vmatrix} = \begin{vmatrix} a_{11} & a_{21} & a_{31} \\ a_{12} & a_{22} & a_{32} \\ a_{13} & a_{23} & a_{33} \end{vmatrix} \tag{2.11}$$

이 성립한다. 식 (2.10)의 정의로부터 나오는 추가적인 결론은 다음과 같다.

(1) 한 열(또는 한 행)의 모든 원소에 상수 k를 곱하면 행렬식의 값이 k만큼 곱해진다.
(2) 한 열(또는 행)의 원소들이 두 양의 합이면 행렬식은 두 행렬식의 합으로 분해될 수 있다.

따라서 다음 관계가 성립한다.

$$k\begin{vmatrix} a_{11} & a_{12} & a_{13} \\ a_{21} & a_{22} & a_{23} \\ a_{31} & a_{32} & a_{33} \end{vmatrix} = \begin{vmatrix} ka_{11} & a_{12} & a_{13} \\ ka_{21} & a_{22} & a_{23} \\ ka_{31} & a_{32} & a_{33} \end{vmatrix} = \begin{vmatrix} ka_{11} & ka_{12} & ka_{13} \\ a_{21} & a_{22} & a_{23} \\ a_{31} & a_{32} & a_{33} \end{vmatrix} \tag{2.12}$$

$$\begin{vmatrix} a_{11}+b_1 & a_{12} & a_{13} \\ a_{21}+b_2 & a_{22} & a_{23} \\ a_{31}+b_3 & a_{32} & a_{33} \end{vmatrix} = \begin{vmatrix} a_{11} & a_{12} & a_{13} \\ a_{21} & a_{22} & a_{23} \\ a_{31} & a_{32} & a_{33} \end{vmatrix} + \begin{vmatrix} b_1 & a_{12} & a_{13} \\ b_2 & a_{22} & a_{23} \\ b_3 & a_{32} & a_{33} \end{vmatrix} \tag{2.13}$$

이러한 기본적인 성질 및 정의가 의미하는 바는 다음과 같다.

- 두 행이 같거나 두 열이 같은 어떠한 행렬식의 값도 영이다. 이것을 증명하기 위해 동일한 행 또는 열을 교환하자. 그러면 행렬식이 둘 다 변하지 않지만 값은 부호가 바뀐다. 따라서 그 값은 영이 틀림없다.
- 위 관계를 확장하면 두 행(또는 열)이 서로 비례할 경우에 행렬식은 영이 된다.
- 한 행의 배수를 다른 행에 (열끼리) 더하거나, 한 열의 배수를 다른 열에 (행끼리) 더하더라도 행렬식의 값은 변하지 않는다. 식 (2.13)을 적용하면 덧셈은 행렬식의 값에 기여하지 않는다.
- 한 행의 각 원소 또는 한 열의 각 원소가 영이면 행렬식의 값은 영이다.

■ 라플라스의 소행렬식 전개

n차 행렬식이 $n!$개의 항으로 전개된다는 사실은 행렬식을 계산하는 효율적인 수단을 발견하는 것이 중요함을 의미한다. 한 가지 방법은 **소행렬식**(minor)의 항으로 전개하는 것이다. a_{ij}에 해당하는 소행렬식을 M_{ij}로 표기하거나 M이 a_{ij}로부터 나온 것임을 밝힐 필요가 있을 때는 $M_{ij}(a)$로 표기하는데, 이것은 원래 행렬식의 i행과 j열을 지워서 만들어진 행렬식(차수 $n-1$)이다. 소행렬식으로 전개할 때 사용하게 되는 양은 (ij) 원소들의 **여인수**(cofactor)인 $(-1)^{i+j}M_{ij}$다. 전개는 원래 행렬식의 임의의 행이나 열에 대해 할 수 있다. 예를 들어 i행을 사용하여 식 (2.9)를 전개하면

$$D_n = \sum_{j=1}^{n} a_{ij}(-1)^{i+j}M_{ij} \tag{2.14}$$

를 얻는다. 전개하기 위해 선택된 행이나 열이 영을 포함하고 있으면 해당 소행렬식을 계산할 필요가 없으므로 계산할 양이 줄어든다.

예제 2.1.2 소행렬식 전개

다음과 같은 (디랙의 상대론적 전자 이론에 나타나는) 행렬식을 고려하자.

$$D \equiv \begin{vmatrix} a_{11} & a_{12} & a_{13} & a_{14} \\ a_{21} & a_{22} & a_{23} & a_{24} \\ a_{31} & a_{32} & a_{33} & a_{34} \\ a_{41} & a_{42} & a_{43} & a_{44} \end{vmatrix} = \begin{vmatrix} 0 & 1 & 0 & 0 \\ -1 & 0 & 0 & 0 \\ 0 & 0 & 0 & 1 \\ 0 & 0 & -1 & 0 \end{vmatrix}$$

꼭대기 행을 가로질러서 전개하면 오직 3×3 행렬 하나만 살아남는다.

$$D = (-1)^{1+2} a_{12} M_{12}(a) = (-1) \cdot (1) \begin{vmatrix} -1 & 0 & 0 \\ 0 & 0 & 1 \\ 0 & -1 & 0 \end{vmatrix} \equiv (-1) \begin{vmatrix} b_{11} & b_{12} & b_{13} \\ b_{21} & b_{22} & b_{23} \\ b_{31} & b_{32} & b_{33} \end{vmatrix}$$

이제 두 번째 행을 가로질러서 전개하면

$$D = (-1)(-1)^{2+3} b_{23} M_{23}(b) = \begin{vmatrix} -1 & 0 \\ 0 & -1 \end{vmatrix} = 1$$

을 얻는다. 마침내 2×2 행렬식에 도달하면, 이것은 간단해서 더 이상 전개 없이도 계산할 수 있다. ■

■ 연립 선형 방정식

이제 행렬식의 지식을 연립 선형 방정식의 해에 적용할 준비가 되었다. 연립 방정식

$$\begin{aligned} a_1 x_1 + a_2 x_2 + a_3 x_3 &= h_1 \\ b_1 x_1 + b_2 x_2 + b_3 x_3 &= h_2 \\ c_1 x_1 + c_2 x_2 + c_3 x_3 &= h_3 \end{aligned} \tag{2.15}$$

이 있다고 가정해보자. 이 연립 방정식의 풀이에 사용하기 위해 행렬식

$$D = \begin{vmatrix} a_1 & a_2 & a_3 \\ b_1 & b_2 & b_3 \\ c_1 & c_2 & c_3 \end{vmatrix} \tag{2.16}$$

을 정의한다. $x_1 D$로부터 출발하여 (1) x_1을 이동하여 D의 첫 번째 열의 성분들에 곱한 다음, (2) x_2 곱하기 두 번째 열, 그리고 x_3 곱하기 세 번째 열을 첫 번째 열에 더한다(이러한 연산은 그 값을 바꾸지 않는다). 그러면 식 (2.15)의 우변을 대입하여 식 (2.17)의 두 번째 줄에 도달한다. 이러한 연산을 여기에 나타냈다.

$$\begin{aligned} x_1 D &= \begin{vmatrix} a_1 x_1 & a_2 & a_3 \\ b_1 x_1 & b_2 & b_3 \\ c_1 x_1 & c_2 & c_3 \end{vmatrix} = \begin{vmatrix} a_1 x_1 + a_2 x_2 + a_3 x_3 & a_2 & a_3 \\ b_1 x_1 + b_2 x_2 + b_3 x_3 & b_2 & b_3 \\ c_1 x_1 + c_2 x_2 + c_3 x_3 & c_2 & c_3 \end{vmatrix} \\ &= \begin{vmatrix} h_1 & a_2 & a_3 \\ h_2 & b_2 & b_3 \\ h_3 & c_2 & c_3 \end{vmatrix} \end{aligned} \tag{2.17}$$

$D \neq 0$이면 식 (2.17)을 x_1에 대해 풀 수 있다.

$$x_1 = \frac{1}{D}\begin{vmatrix} h_1 & a_2 & a_3 \\ h_2 & b_2 & b_3 \\ h_3 & c_2 & c_3 \end{vmatrix} \tag{2.18}$$

x_2D와 x_3D로부터 출발하여 비슷한 과정을 거치면 유사한 결과

$$x_2 = \frac{1}{D}\begin{vmatrix} a_1 & h_1 & a_3 \\ b_1 & h_2 & b_3 \\ c_1 & h_3 & c_3 \end{vmatrix}, \quad x_3 = \frac{1}{D}\begin{vmatrix} a_1 & a_2 & h_1 \\ b_1 & b_2 & h_2 \\ c_1 & c_2 & h_3 \end{vmatrix}$$

을 얻는다. x_i에 대한 해는 D의 i번째 열을 우변 계수들로 대체하여 얻은 분자와 $1/D$의 곱이고, 이 결과는 임의의 수 n개의 연립 방정식으로 일반화할 수 있다. 연립 선형 방정식의 해를 구하는 이 방식을 **크래머 법칙**이라고 한다.

D가 영이 아니면 위의 x_i 구성은 명확하고 유일하므로 연립 방정식은 정확히 한 해를 가진다. $D \neq 0$이고 방정식들이 동차이면(즉 모든 h_i가 영이면), 모든 x_i가 영이 되는 것이 유일한 해다.

■ 행렬식과 선형 종속

이전 소절은 선형 종속에 대한 행렬식의 역할을 밝히는 데 크게 이바지했다. 식 (2.15)에서처럼 변수가 n개인 선형 방정식 n개의 계수들이 영이 아닌 행렬식을 형성한다면 변수들은 유일하게 결정되고, 식의 좌변을 구성하는 형태가 실제로 선형 독립이어야 한다는 뜻이 된다. 그렇지만 여전히 이 장의 도입부에 예시된 성질을 증명하고 싶다. 다시 말해, 형식 모음이 선형 종속이면 그 계수들의 행렬식은 영이 된다. 그러나 이 결과는 거의 자명하다. 선형 종속이 있다는 것은 한 방정식의 계수가 다른 방정식들의 계수들의 선형 결합이 된다는 뜻이고, 그 사실을 사용하여 그 방정식에 해당하는 행렬식의 행을 영으로 줄일 수 있다.

요약하자면, 다음과 같이 중요한 결과를 확립했다.

> 변수가 n개인 선형 형식 n개의 계수들이 영이 아닌 행렬식을 형성하면 그 형식들은 선형 독립이고, 계수들의 행렬식이 영이면 그 형식들은 선형 종속을 나타낸다.

■ 선형 종속 방정식

선형 형식 모음이 선형 종속이면 이들 형식에 기반한 연립 방정식을 고려할 때 세 가지 서로 다른 상황을 구별할 수 있다. 첫 번째, 그리고 물리학에서 가장 중요한 경우가 모든 방정식이 **동차**(homogeneous), 즉 식 (2.15) 형태의 방정식에서 우변 양 h_i가 모두 영인 경우다.

그러면 모음에서 하나 이상의 방정식이 다른 방정식의 선형 결합과 대등하여 변수 n개의 방정식 수가 n보다 작다. 그러면 한 (또는 어떤 경우에는 하나 이상의) 변수에 임의의 값을 지정하여 다른 변수들을 지정된 변수들의 함수로 얻을 수 있다. 그래서 연립 방정식에 대한 해의 **다양체**(manifold), 즉 매개변수 집합을 얻는다.

위의 분석을 동차 선형 방정식의 행렬식이 영이 되지 않으면 모든 x_i가 영인 유일한 해를 가진다는 이전의 관찰과 결합하면 다음과 같은 중요한 결과를 얻는다.

> 미지수가 n개인 동차 선형 방정식 n개로 구성된 계는 그 계수들의 행렬식이 영이 될 때만 동일하게 영 아닌 해를 가진다. 그 행렬식이 영이 되면 동일하게 영은 아니지만 축척에 대해서 임의성이 있는 해가 하나 이상 존재한다.

두 번째 경우는 두 방정식들이 (또는 방정식들을 결합한 결과가) 똑같은 선형 형식을 갖지만 우변 양 h_i가 서로 다른 경우다. 그 경우에 두 방정식들은 서로 모순이 되고 그 연립 방정식에는 해가 없다.

세 번째 연관된 경우는 중복된 선형 형식과 공통의 h_i 값을 가진 경우다. 이것은 또한 해 다양체로 이어진다.

예제 2.1.3 선형 종속 동차 방정식

방정식 모음

$$x_1 + x_2 + x_3 = 0$$
$$x_1 + 3x_2 + 5x_3 = 0$$
$$x_1 + 2x_2 + 3x_3 = 0$$

을 고려하자. 여기서

$$D = \begin{vmatrix} 1 & 1 & 1 \\ 1 & 3 & 5 \\ 1 & 2 & 3 \end{vmatrix} = 1(3)(3) - 1(5)(2) - 1(3)(1) - 1(1)(3) + 1(5)(1) + 1(1)(2) = 0$$

이다. 세 번째 방정식은 다른 두 방정식의 합의 절반이므로 이것을 뺀다. 그러면

$$\text{두 번째 식 빼기 첫 번째 식: } 2x_2 + 4x_3 = 0 \rightarrow x_2 = -2x_3$$
$$(3\times\text{첫 번째 식) 빼기 두 번째 식: } 2x_1 - 2x_3 = 0 \rightarrow x_1 = x_3$$

이 된다. x_3은 아무 값이나 가질 수 있기 때문에 모두 $(x_1,\ x_2,\ x_3) = \text{상수} \times (1,\ -2,\ 1)$의 형식으로 된 무한히 많은 해가 존재한다.

이 해는 동차 선형 방정식의 중요한 성질, 즉 해의 어떠한 배수도 해가 된다는 성질을 보여준다. 축척 조건을 부과해도 그 해의 임의성이 다만 줄어들 뿐이다. 예를 들어 현재의 경우에 x_i의 제곱을 더해서 1이 되도록 요구할 수 있다. 그렇다 해도 해는 전반적인 부호에 대해서는 여전히 임의성을 가진다. ■

■ 수치 계산

행렬식 계산에 관한 방대한 문헌이 존재한다. 컴퓨터 코드와 많은 참고 문헌이 예를 들면 프레스(Press) 외의 책[1]에 담겨 있다. 여기에서 가우스에 의한 간단한 방법을 제시한다. 그것은 모든 현대 계산 방법에 포함되는 원리를 보여준다. **가우스 소거법**(Gauss elimination)은 행렬식을 계산하고, 연립 선형 방정식을 풀고, (나중에 보겠지만) 심지어 역행렬을 구할 때조차 사용할 수 있는 다목적 방법이다.

예제 2.1.4 가우스 소거법

예로 사용된 3×3 연립 선형 방정식을 다른 방법으로 쉽게 풀 수 있지만 여기서는 가우스 소거법을 이해하기 위해 사용한다. 연립 방정식

$$\begin{aligned} 3x+2y+z&=11\\ 2x+3y+z&=13\\ x+y+4z&=12 \end{aligned} \tag{2.19}$$

를 풀고 싶다. 편의상 그리고 최적 수치 정확도를 위해 방정식을 재배열하여 가능한 한 가장 큰 계수가 주대각선(좌상에서 우하로)을 따라 놓여 있다.

가우스 기법은 첫 번째 식을 사용하여 첫 번째 미지수 x를 나머지 식에서 소거하는 것이다. 다음으로 (새로운) 두 번째 식을 사용하여 마지막 식에서 y를 소거한다. 일반적으로 연립 방정식을 따라 차례로 작업해 내려간 다음에 미지수 하나가 결정되면 거꾸로 작업해 올라가면서 다른 미지수를 차례로 구한다.

각 행을 그 첫 계수로 나누는 것으로 시작하는 것이 편리하다. 그러면 식 (2.19)는

$$\begin{aligned} x+\frac{2}{3}y+\frac{1}{3}z&=\frac{11}{3}\\ x+\frac{3}{2}y+\frac{1}{2}z&=\frac{13}{2}\\ x+y+4z&=12 \end{aligned} \tag{2.20}$$

---

[1] W. H. Press, B. P. Flannery, S. A. Teukolsky, and W. T. Vetterling, *Numerical Recipes*, 2nd ed. Cambridge, UK: Cambridge University Press (1992), Chapter 2.

가 된다. 이제, 첫 번째 식을 사용하여 두 번째와 세 번째 식에서 x를 소거한다. 첫 번째 식을 나머지 식 각각에서 빼주면

$$\begin{aligned} x+\frac{2}{3}y+\frac{1}{3}z&=\frac{11}{3}\\ \frac{5}{6}y+\frac{1}{6}z&=\frac{17}{6}\\ \frac{1}{3}y+\frac{11}{3}z&=\frac{25}{3} \end{aligned} \tag{2.21}$$

가 된다. 다음으로 두 번째 행과 세 번째 행을 각각의 첫 번째 계수로 나누면 다음과 같다.

$$\begin{aligned} x+\frac{2}{3}y+\frac{1}{3}z&=\frac{11}{3}\\ y+\frac{1}{5}z&=\frac{17}{5}\\ y+11z&=25 \end{aligned} \tag{2.22}$$

이 기법을 반복하여 새로운 두 번째 식을 사용해 새로운 세 번째 식에서 y를 소거한 후 그것을 z에 대해 풀면

$$\begin{aligned} x+\frac{2}{3}y+\frac{1}{3}z&=\frac{11}{3}\\ y+\frac{1}{5}z&=\frac{17}{5}\\ \frac{54}{5}z&=\frac{108}{5} \ \rightarrow\ z=2 \end{aligned} \tag{2.23}$$

를 얻는다. 이제 z가 결정되었으므로 두 번째 식으로 돌아가서

$$y+\frac{1}{5}\times 2=\frac{17}{5} \quad\rightarrow\quad y=3$$

을 얻고, 마지막으로 첫 번째 식까지 계속하여

$$x+\frac{2}{3}\times 3+\frac{1}{3}\times 2=\frac{11}{3} \quad\rightarrow\quad x=1$$

을 얻는다. 이 기법은 크래머 법칙을 사용하는 것만큼 우아하게 보이지 않지만 컴퓨터에 잘 적용할 수 있고 행렬식에 소요되는 시간보다 훨씬 빠르다.

연립 방정식의 우변을 간직하지 않는다면 가우스 소거법 과정은 원래 행렬식을 삼각꼴로 만든다(그러나 선행 계수를 1로 만드는 과정은 행렬식의 값을 바꾼다는 점을 유의하자). 현

문제에서 원래 행렬식

$$D=\begin{vmatrix}3 & 2 & 1\\ 2 & 3 & 1\\ 1 & 1 & 4\end{vmatrix}$$

를 식 (2.19)에서 (2.20)까지 가면서 3으로 나누고 2로 나눈 후 식 (2.21)에서 (2.22)까지 가면서 6/5를 곱하고 3을 곱했다. 그러므로 D와 식 (2.23)의 좌변으로 표현되는 행렬식은

$$D=(3)(2)\left(\frac{5}{6}\right)\left(\frac{1}{3}\right)\begin{vmatrix}1 & \frac{2}{3} & \frac{1}{3}\\ 0 & 1 & \frac{1}{5}\\ 0 & 0 & \frac{54}{5}\end{vmatrix}=\frac{5}{3}\frac{54}{5}=18 \tag{2.24}$$

과 연관된다. 식 (2.24)에 명시적으로 보이는 행렬식의 아래 삼각꼴에 있는 모든 성분들이 영이므로 행렬식에 기여하는 유일한 항은 대각선 원소들의 곱이다. 영이 아닌 항을 얻기 위해 첫 번째 행의 첫 번째 원소를 사용해야 하고 다음으로 두 번째 행의 두 번째 원소를 사용해야 하고, 기타 등등이다. 식 (2.24)에서 얻은 최종 결과가 D의 원래 형식을 계산한 결과와 일치한다는 것은 쉽게 증명된다. ■

연습문제

2.1.1 다음 행렬식을 계산하시오.

(a) $\begin{vmatrix}1 & 0 & 1\\ 0 & 1 & 0\\ 1 & 0 & 0\end{vmatrix}$ (b) $\begin{vmatrix}1 & 2 & 0\\ 3 & 1 & 2\\ 0 & 3 & 1\end{vmatrix}$

(c) $\dfrac{1}{\sqrt{2}}\begin{vmatrix}0 & \sqrt{3} & 0 & 0\\ \sqrt{3} & 0 & 2 & 0\\ 0 & 2 & 0 & \sqrt{3}\\ 0 & 0 & \sqrt{3} & 0\end{vmatrix}$

2.1.2 다음 동차 연립 선형 방정식을 조사하여 안뻔한 해가 존재하는지 알아보시오.

$$x+3y+3z=0,\quad x-y+z=0,\quad 2x+y+3z=0$$

어떠한 경우든 이 연립 방정식의 해를 구하시오.

2.1.3 다음과 같이 한 쌍의 방정식이 있다.

$$x+2y=3, \quad 2x+4y=6$$

(a) 이 계수들의 행렬식이 영이 됨을 보이시오.

(b) 분자 행렬식[식 (2.18) 참고]도 영이 됨을 보이시오.

(c) 최소한 두 가지 해를 구하시오.

2.1.4 C_{ij}가 원소 a_{ij}의 여인수, 즉 i번째 행과 j번째 열을 지워서 형성한 소행렬식에 부호 $(-1)^{i+j}$를 곱한 양일 때, 다음을 보이시오.

(a) $\sum_i a_{ij}C_{ij} = \sum_i a_{ji}C_{ji} = |A|$다. 여기서 $|A|$는 원소 a_{ij}들의 행렬식이다.

(b) $\sum_i a_{ij}C_{ik} = \sum_i a_{ji}C_{ki} = 0, \ j \neq k$

2.1.5 모든 원소의 크기 정도가 1인 행렬식은 예상외로 작을 수 있다. 힐베르트 행렬식 $H_{ij} = (i+j-1)^{-1}$ $(i, j=1, 2, \ldots, n)$은 그 작은 값으로 유명하다.

(a) $n=1, 2, 3$인 경우에 차수 n의 힐베르트 행렬식의 값을 계산하시오.

(b) 적절한 서브루틴을 이용할 수 있다면, $n=4, 5, 6$인 경우에 차수 n의 힐베르트 행렬식을 구하시오.

답.

n	$\mathrm{Det}(H_n)$
1	1.
2	8.33333×10^{-2}
3	4.62963×10^{-4}
4	1.65344×10^{-7}
5	3.74930×10^{-12}
6	5.36730×10^{-18}

2.1.6 선형 종속인 형식 모음의 계수들로 이루어진 행렬식의 값이 영임을 증명하시오.

2.1.7 다음 연립 선형 방정식의 해를 소수점 다섯 자리까지 구하시오.

$$\begin{aligned}
1.0x_1+0.9x_2+0.8x_3+0.4x_4+0.1x_5 &= 1.0\\
0.9x_1+1.0x_2+0.8x_3+0.5x_4+0.2x_5+0.1x_6 &= 0.9\\
0.8x_1+0.8x_2+1.0x_3+0.7x_4+0.4x_5+0.2x_6 &= 0.8\\
0.4x_1+0.5x_2+0.7x_3+1.0x_4+0.6x_5+0.3x_6 &= 0.7\\
0.1x_1+0.2x_2+0.4x_3+0.6x_4+1.0x_5+0.5x_6 &= 0.6\\
0.1x_2+0.2x_3+0.3x_4+0.5x_5+1.0x_6 &= 0.5
\end{aligned}$$

[참고] 이 식들을 2.2절에 논의된 것처럼 역행렬을 사용해 풀 수도 있다.

2.1.8 3차원 공간에서 다음을 보이시오.

(a) $\sum_{i}\delta_{ii} = 3$

(b) $\sum_{ij}\delta_{ij}\varepsilon_{ijk} = 0$

(c) $\sum_{pq}\varepsilon_{ipq}\varepsilon_{jpq} = 2\delta_{ij}$

(d) $\sum_{ijk}\varepsilon_{ijk}\varepsilon_{ijk} = 6$

[참고] 기호 δ_{ij}는 식 (1.164)에 정의된 크로네커 델타이고 ε_{ijk}는 식 (2.8)의 레비-치비타 기호다.

2.1.9 3차원 공간에서 다음을 보이시오.

$$\sum_{k}\varepsilon_{ijk}\varepsilon_{pqk} = \delta_{ip}\delta_{jq} - \delta_{iq}\delta_{jp}$$

[참고] δ_{ij}와 ε_{ijk}의 정의는 연습문제 2.1.8을 참고하라.

2.2 행렬

행렬은 **행렬 대수**(matrix algebra)를 정의하는 법칙을 따르는 수 또는 함수의 2차원 배열이다. 행렬이 좌표계 바꾸기와 같은 선형 변환의 묘사를 용이하게 하고, 양자역학의 유용한 공식을 제공하고, 고전 및 상대론적 역학, 입자물리학, 그리고 여러 분야의 다양한 분석을 용이하게 하므로 이 주제는 물리학에서 중요하다. 또한 2차원 순서 배열의 수학을 전개하는 것은 숫자(복소수)나 일반 벡터(1차원 배열)에 관련된 개념의 자연스럽고 논리적인 확장임을 유의하자.

행렬 대수의 가장 두드러진 특징은 행렬의 곱셈에 대한 규칙이다. 나중에 자세히 살펴보겠지만, 이 대수는

$$a_1x_1 + a_2x_2 = h_1$$
$$b_1x_1 + b_2x_2 = h_2$$

와 같은 연립 선형 방정식을

$$\begin{pmatrix} a_1 & a_2 \\ b_1 & b_2 \end{pmatrix}\begin{pmatrix} x_1 \\ x_2 \end{pmatrix} = \begin{pmatrix} h_1 \\ h_2 \end{pmatrix}$$

형식의 단일한 행렬 방정식으로 쓸 수 있도록 정의된다. 이 식이 유효하려면 두 행렬을 좌변에 서로 인접하게 써서 나타낸 곱이

$$\begin{pmatrix} a_1x_1 + a_2x_2 \\ b_1x_1 + b_2x_2 \end{pmatrix}$$

의 결과를 만들어야 하고, 방정식의 등호는 좌변과 우변이 원소별로 일치해야 함을 의미한다. 이제 행렬 대수를 좀 더 형식적이고 정확하게 기술해보자.

■ 기본 정의

행렬은 2차원 정사각형이나 직사각형 배열을 이루는 수나 함수 모음이다. 행이나 열의 수에 대한 본질적 제한은 없다. (수평) 행 m개와 (수직) 열 n개의 행렬을 $m \times n$ 행렬이라고 하고, i행과 j열에 있는 행렬 A의 원소를 그 행렬의 i, j 원소라고 하고 보통 a_{ij}로 나타낸다. 행렬식을 도입할 때 이미 보았듯이, 행과 열 지표 또는 차원을 함께 언급할 때는 행 지표를 먼저 쓰는 것이 관례다. 또한 순서가 중요함을 유의하자. 일반적으로 행렬의 i, j 원소와 j, i 원소는 서로 다르고 ($m \neq n$이면) $n \times m$ 행렬과 $m \times n$ 행렬은 모양조차 서로 다르다. $n = m$인 행렬을 **정사각**(square) 행렬이라고 한다. 단일한 열로 된 행렬($m \times 1$ 행렬)은 보통 **열벡터**(column vector)라고 하고, 오직 한 행만 있는 행렬(그러므로 $1 \times n$ 행렬)은 **행벡터**(row vector)라고 한다. 이러한 행렬을 벡터로 간주하는 것이 1.7절의 벡터에 대해 밝혀진 성질과 일관성이 있음을 알게 될 것이다.

행렬을 구성하는 배열은 관례적으로 괄호(행렬식을 가리키는 수직선이나 꺾쇠괄호가 아니다)로 감싼다. 몇몇 행렬의 예가 그림 2.1에 나타나 있다. 대개 행렬을 가리키는 기호는 유클리드체의 대문자로 하고(A를 도입할 때 사용했다), 행렬이 열벡터인 것이 알려지면 그것을 로만체의 획이 굵은 소문자로 나타낸다(예, $\mathbf{x}$).

아마도 주목해야 할 가장 중요한 점은 행렬의 원소들이 서로 결합되지 않는다는 것이다. 행렬은 행렬식이 아니다. 행렬은 단일한 숫자가 아니라 숫자의 순서 배열이다. 원소들이 정사각 행렬 A의 원소들인 행렬식(더 간단히 말하면 'A의 행렬식')을 언급하기 위해 $\det(\mathrm{A})$라고 쓴다.

아직까지는 그저 숫자의 배열인 행렬은 우리가 부여할 성질을 가지게 된다. 이 성질들을 정해야 행렬 대수의 정의가 완성된다.

$$\begin{pmatrix} u_1 \\ u_2 \\ u_3 \\ u_4 \end{pmatrix} \quad \begin{pmatrix} 4 & 2 \\ -1 & 3 \\ 0 & 1 \end{pmatrix} \quad \begin{pmatrix} 6 & 7 & 0 \\ 1 & 4 & 3 \end{pmatrix} \quad \begin{pmatrix} 0 & 1 \\ 1 & 0 \end{pmatrix} \quad \begin{pmatrix} a_{11} & a_{12} \end{pmatrix}$$

그림 2.1 왼쪽에서 오른쪽 순으로 차원 4×1 행렬(열벡터), 3×2 행렬, 2×3 행렬, 2×2 행렬(정사각 행렬), 1×2 행렬(행벡터)

■ 상등

A와 B가 행렬이면 모든 i와 j 값에 대해 $a_{ij}=b_{ij}$일 때만 A = B다. 상등에 대한 충분조건은 아니지만 필요조건은 두 행렬이 똑같은 차원을 가진다는 것이다.

■ 덧셈, 뺄셈

덧셈과 뺄셈은 똑같은 차원의 행렬 A와 B에 대해서만 정의된다. 그 경우에 $\mathrm{A}\pm\mathrm{B}=\mathrm{C}$이고, 모든 i와 j 값에 대해 $c_{ij}=a_{ij}\pm b_{ij}$로 정의되므로 모든 원소들이 일반적인 대수 법칙(또는 원소들이 단순 숫자이면 산술 법칙)에 따라 결합된다. 이것은 C가 차원이 A 및 B의 차원과 똑같은 행렬임을 의미한다. 더구나 덧셈은 $\mathrm{A}+\mathrm{B}=\mathrm{B}+\mathrm{A}$로 **교환 가능하다**(commutative). 또한 덧셈은 **결합 가능하다**(associative). 즉 $(\mathrm{A}+\mathrm{B})+\mathrm{C}=\mathrm{A}+(\mathrm{B}+\mathrm{C})$다. 모든 원소가 영인 행렬을 **영행렬**(null matrix 또는 zero matrix)이라고 하고, O이나 단순 영으로 쓸 수 있는데, 이 행렬의 특성과 차원은 맥락으로부터 결정된다. 따라서 모든 A에 대해 다음이 성립한다.

$$\mathrm{A}+0=0+\mathrm{A}=\mathrm{A} \tag{2.25}$$

■ 곱셈(스칼라에 의한)

여기에서 스칼라가 의미하는 것은 보통 숫자나 함수다(또 다른 행렬이 아니다). 행렬 A에 스칼라 α를 곱하면 $\mathrm{B}=\alpha\mathrm{A}$이고, 모든 i와 j 값에 대해 $b_{ij}=\alpha a_{ij}$가 된다. 이 연산은 $\alpha\mathrm{A}=\mathrm{A}\alpha$로 교환 가능하다.

스칼라에 의한 곱의 정의는 행렬 A의 **각각의** 원소에 스칼라 인자가 곱해지도록 한다. 이것은 행렬식의 행동과 놀라운 대조가 된다. 행렬식에서 $\alpha\det(\mathrm{A})$는 인자 α가 $\det(\mathrm{A})$의 한 열이나 한 행에만 곱해지고 행렬식 전체의 모든 원소에 곱해지지 않는다. A가 $n\times n$ 정사각 행렬이면

$$\det(\alpha\mathrm{A})=\alpha^n\det(\mathrm{A})$$

이다.

■ 행렬 곱셈(내적)

행렬 곱셈(matrix multiplication)은 덧셈이나 스칼라에 의한 곱셈과 같은 원소별 연산이 아니다. 대신에 그것은 곱의 각 원소가 첫 번째 피연산자의 한 행의 원소들과 두 번째 피연산자의 한 열의 대응하는 원소들을 결합하여 형성되는 좀 더 복잡한 연산이다. 이 결합 방식이 많은 목적에 필요하다는 것이 밝혀졌고, 행렬 대수가 중요한 문제를 푸는 데 그 강력함을 발휘하도록 한다. 행렬 A와 B의 **내적**(inner product)을

$$\mathrm{AB} = \mathrm{C} \quad \text{그리고} \quad c_{ij} = \sum_k a_{ik} b_{kj} \tag{2.26}$$

로 정의한다. 이 정의는 A의 i번째 행 전체와 B의 j번째 열 전체로부터 C의 ij 원소를 형성시킨다. 분명히 이 정의는 A의 열 개수(n)와 B의 행 개수가 같도록 요구한다. 그 곱은 A와 똑같은 행의 개수를 갖고, B와 똑같은 열의 개수를 가질 것이다. 행렬 곱셈은 이 조건들이 충족될 때만 정의된다. 식 (2.26)의 합은 k의 범위가 1부터 n까지고, 좀 더 명확하게

$$c_{ij} = a_{i1} b_{1j} + a_{i2} b_{2j} + \cdots + a_{1n} b_{nj}$$

에 해당한다. 이러한 결합 규칙은 벡터 $(a_{i1},\ a_{i2},\ \ldots,\ a_{in})$과 $(b_{1j},\ b_{2j},\ \ldots,\ b_{nj})$의 내적의 규칙과 유사한 형식이다. 행렬 곱셈에서 두 피연산자의 역할이 다르므로(첫 번째 피연산자는 행으로 진행되고, 두 번째 피연산자는 열로 진행된다) 이 연산은 일반적으로 교환 가능하지 않다. 즉 $\mathrm{AB} \neq \mathrm{BA}$다. 사실 AB와 BA의 모양조차 다를 수 있다. A와 B가 정사각 행렬이면 A와 B의 **교환자**(commutator)

$$[\mathrm{A},\ \mathrm{B}] = \mathrm{AB} - \mathrm{BA} \tag{2.27}$$

를 정의하는 것이 유용하다. 위에서 말했듯이 이것은 많은 경우에 영이 아니다.

행렬 곱셈은 **결합 가능하다**. 즉 $(\mathrm{AB})\mathrm{C} = \mathrm{A}(\mathrm{BC})$다. 이것의 증명이 연습문제 2.2.26의 주제다.

예제 2.2.1 곱셈과 파울리 행렬

파울리(Pauli)가 양자역학 초기에 도입한 2×2 행렬 3개는 물리학 상황에 자주 등장하므로 그것들과 익숙해질 것을 권한다. 그것들은

$$\sigma_1 = \begin{pmatrix} 0 & 1 \\ 1 & 0 \end{pmatrix}, \quad \sigma_2 = \begin{pmatrix} 0 & -i \\ i & 0 \end{pmatrix}, \quad \sigma_3 = \begin{pmatrix} 1 & 0 \\ 0 & -1 \end{pmatrix} \tag{2.28}$$

이다. $\sigma_1 \sigma_2$를 형성해보자. 곱의 1, 1 원소는 σ_1의 첫 번째 **행**과 σ_2의 첫 번째 **열**에 관련된다. 이것들을 음영으로 표시하였고 이어지는 계산이 나타나 있다.

$$\begin{pmatrix} 0 & 1 \\ 1 & 0 \end{pmatrix}\begin{pmatrix} 0 & -i \\ i & 0 \end{pmatrix} \quad \rightarrow \quad 0(0)+1(i)=i$$

계속하여 다음 결과를 얻는다.

$$\sigma_1\sigma_2 = \begin{pmatrix} 0(0)+1(i) & 0(-i)+1(0) \\ 1(0)+0(i) & 1(-i)+0(0) \end{pmatrix} = \begin{pmatrix} i & 0 \\ 0 & -i \end{pmatrix} \tag{2.29}$$

비슷한 방식으로

$$\sigma_2\sigma_1 = \begin{pmatrix} 0 & -i \\ i & 0 \end{pmatrix}\begin{pmatrix} 0 & 1 \\ 1 & 0 \end{pmatrix} = \begin{pmatrix} -i & 0 \\ 0 & i \end{pmatrix} \tag{2.30}$$

를 계산할 수 있다. σ_1과 σ_2가 교환되지 않는 것은 명확하다. 둘의 교환자를 구성하면

$$\begin{aligned}[][\sigma_1, \sigma_2] = \sigma_1\sigma_2 - \sigma_2\sigma_1 &= \begin{pmatrix} i & 0 \\ 0 & -i \end{pmatrix} - \begin{pmatrix} -i & 0 \\ 0 & i \end{pmatrix} \\ &= 2i\begin{pmatrix} 1 & 0 \\ 0 & -1 \end{pmatrix} = 2i\sigma_3 \end{aligned} \tag{2.31}$$

이 된다. σ_1과 σ_2가 교환되지 않는 것을 증명했을 뿐만 아니라 둘의 교환자를 계산했고 단순화한 것을 유의하자. ■

예제 2.2.2 곱셈 그리고 행행렬 및 열행렬

두 번째 예로

$$\mathrm{A} = \begin{pmatrix} 1 \\ 2 \\ 3 \end{pmatrix}, \quad \mathrm{B} = (4 \quad 5 \quad 6)$$

을 고려하자. AB와 BA를 형성하면

$$\mathrm{AB} = \begin{pmatrix} 4 & 5 & 6 \\ 8 & 10 & 12 \\ 12 & 15 & 18 \end{pmatrix}, \quad \mathrm{BA} = (4\times1+5\times2+6\times3) = (32)$$

이다. 그 결과는 다른 설명이 필요 없다. 행렬 연산이 1×1 행렬을 낳으면 괄호를 생략하고 그 결과는 일반 수나 함수로 취급된다. ■

■ 단위행렬

주대각선(principal diagonal), 즉 $i=j$인 원소 (i, j)의 값이 1이고 다른 모든 곳은 영인 정사각 행렬을 다른 어떤 행렬에 곱해도 그 행렬이 변하지 않는다는 것을 직접 행렬 곱셈을

하여 확인할 수 있다. 예를 들어 3×3 단위행렬은

$$\begin{pmatrix} 1 & 0 & 0 \\ 0 & 1 & 0 \\ 0 & 0 & 1 \end{pmatrix}$$

이고, 이것은 모든 원소가 1인 행렬이 **아닌** 것에 유의하자. 그러한 행렬을 1이라 명명하면,

$$1A = A1 = A \tag{2.32}$$

가 된다. 이 식을 해석할 때 단위행렬은 정사각 행렬이므로 차원이 $n \times n$이고, 모든 n에 대해 존재함을 명심해야 한다. 식 (2.32)에 사용되는 n값은 적용할 수 있는 A의 차원과 일치해야 한다. 그러므로 A가 $m \times n$ 차원이면 1A의 단위행렬 차원은 $m \times m$이어야 하고, A1의 단위행렬 차원은 $n \times n$이 되어야 한다.

앞에서 도입한 영행렬은 오직 영 원소만 가지고 있으므로 모든 A에 대해 다음이 성립함은 명백하다.

$$OA = AO = O \tag{2.33}$$

■ 대각선 행렬

행렬 D가 $i = j$인 경우에만 영이 아닌 원소 d_{ij}를 가지면 이것을 **대각선**(diagonal) **행렬**이라고 한다. 3×3 예는

$$D = \begin{pmatrix} 1 & 0 & 0 \\ 0 & 2 & 0 \\ 0 & 0 & 3 \end{pmatrix}$$

이다. 행렬 곱셈의 규칙 때문에 모든 대각선 행렬(똑같은 크기)은 서로 교환 가능하다. 그렇지만 단위행렬에 비례하지 않는 한, 대각선 행렬은 임의의 원소를 포함하는 비대각선 행렬과 교환 불가능할 것이다.

■ 역행렬

정사각 행렬 A에 대해 $AB = BA = 1$이 되는 정사각 행렬 B가 존재하는 경우가 흔하다. 이런 성질을 가진 행렬 B를 A의 **역**(inverse)이라 하고 A^{-1}로 명명한다. A^{-1}이 존재하면 그것은 유일해야 한다. 이 진술의 증명은 간단하다. B와 C가 둘 다 A의 역이면

$$AB = BA = AC = CA = 1$$

이 된다. 이제

$$CAB = (CA)B = B$$

이지만 또한

$$CAB = C(AB) = C$$

이기도 하다. 이것은 $B = C$임을 보여준다.

영이 아닌 모든 실수(또는 복소수) α는 영이 아닌 곱셈의 역을 가지며 흔히 $1/\alpha$로 쓴다. 그러나 그런 성질은 행렬에 대해 유효하지 않다. 역을 가지지 않는 영이 아닌 행렬이 존재한다. 이것을 입증하기 위해 다음을 고려하자.

$$A = \begin{pmatrix} 1 & 1 \\ 0 & 0 \end{pmatrix}, \quad B = \begin{pmatrix} 1 & 0 \\ -1 & 0 \end{pmatrix}, \quad \text{그러므로} \quad AB = \begin{pmatrix} 0 & 0 \\ 0 & 0 \end{pmatrix}\text{이다.}$$

A의 역이 있다면 식 $AB = O$의 **왼쪽 편에** A^{-1}을 곱할 수 있다. 따라서

$$AB = O \rightarrow A^{-1}AB = A^{-1}O \rightarrow B = O$$

을 얻는다. 행렬 B가 영이 아닌 것으로 시작했기 때문에 이것은 모순이고, A^{-1}이 존재하지 않는다는 결론을 내릴 수밖에 없다. 역이 없는 행렬을 **특이**(singular) 행렬이라 하므로 결론적으로 A는 특이 행렬이다. 유도 과정에서 $AB = O$의 두 변을 왼쪽으로부터 곱하도록 주의해야 한다. 왜냐하면 곱셈은 교환 불가능하기 때문이다. 한편, B^{-1}이 존재한다고 가정하면 이 식에 B^{-1}을 **오른쪽으로** 곱할 수 있으므로

$$AB = O \rightarrow ABB^{-1} = OB^{-1} \rightarrow A = O$$

을 얻는다. 이것은 영이 아닌 A라고 시작했던 것과 모순이므로 B도 특이 행렬이라는 결론을 내릴 수 있다. 요약하자면, 역이 없는 영이 아닌 행렬들이 존재하고, 그것을 특이 행렬로 취급한다.

실수와 복소수의 대수적 성질(영이 아닌 모든 수의 역이 존재하는 것을 포함)은 수학자들이 **체**(field)라고 하는 것을 정의한다. 행렬에 대해 밝혀진 성질은 다르다. 이것들은 **환**(ring)을 형성한다.

행렬의 수치적 역은 많은 관심을 끌어온 또 하나의 주제이고, 행렬 역변환에 대한 컴퓨터 프로그램은 널리 이용 가능하다. 역행렬에 대한 거추장스럽지만 닫힌 공식이 존재한다. 이것은 A^{-1}의 원소를 $\det(A)$의 소행렬식들의 항으로 표현한다. 소행렬식이 식 (2.14) 직전의 문단에 정의되었음을 기억하자. 그 공식은

$$(A^{-1})_{ij} = \frac{(-1)^{i+j} M_{ji}}{\det(A)} \tag{2.34}$$

인데, 그에 관한 유도는 더 읽을 거리의 여러 문헌에 있다. 여기서 계산하기에는 식 (2.34)보다 더 효율적인 방법, 즉 유명한 가우스-조르당 절차(Gauss-Jordan procedure)를 설명한다.

예제 2.2.3 **가우스-조르당 행렬 역변환**

가우스-조르당 방법은 임의의 행렬 A가 다음 세 가지 외에는 곱 $M_L A$와 같게 유지되는 행렬 M_L이 존재한다는 점에 기반한다.

(a) 한 행이 상수만큼 곱해진다.
(b) 한 행이 원래 행 빼기 다른 행의 배수로 대체된다.
(c) 두 행이 교환된다.

이런 변환을 수행하는 실제 M_L을 구하는 것이 연습문제 2.2.21의 주제다.

이러한 변환을 사용하여 행렬식의 원소들을 바꿀 수 있는 것과 똑같은 방식으로 어떤 행렬의 행들을 (행렬 곱셈으로) 수정할 수 있다. 그러므로 가우스 소거법으로 행렬식을 축소할 때 이용한 것과 유사한 방법으로 진행할 수 있다. A가 정칙(비특이) 행렬이면 M_L을 연속적으로 적용하여, 즉 $M = (\ldots M_L'' M_L' M_L)$을 적용하여 A를 단위행렬로 줄일 수 있다.

$$MA = 1, \qquad 즉 \qquad M = A^{-1}$$

따라서 해야 할 일은 A가 1로 줄어들 때까지 A에 연속적인 변환을 적용하면서 이 변환들의 곱을 기억하는 것이다. 한 가지 기억 방법은 단위행렬에 변환들을 계속 적용하는 것이다.

여기에 구체적인 예가 있다. 역변환을 하고 싶은 행렬은 다음과 같다.

$$A = \begin{pmatrix} 3 & 2 & 1 \\ 2 & 3 & 1 \\ 1 & 1 & 4 \end{pmatrix}$$

우리 전략은 행렬 A와 같은 크기의 단위행렬을 나란히 적고, A가 단위행렬로 바뀔 때까지 둘에 똑같은 연산을 행하는 것이다. 그러면 단위행렬이 A^{-1}로 바뀌게 된다는 것을 의미한다. 행렬

$$\begin{pmatrix} 3 & 2 & 1 \\ 2 & 3 & 1 \\ 1 & 1 & 4 \end{pmatrix} \quad 및 \quad \begin{pmatrix} 1 & 0 & 0 \\ 0 & 1 & 0 \\ 0 & 0 & 1 \end{pmatrix}$$

로 시작해보자. 왼쪽 행렬의 첫 번째 열의 모든 원소가 1이 되도록 행들을 필요한 만큼 곱한다.

$$\begin{pmatrix} 1 & \frac{2}{3} & \frac{1}{3} \\ 1 & \frac{3}{2} & \frac{1}{2} \\ 1 & 1 & 4 \end{pmatrix} \quad 및 \quad \begin{pmatrix} \frac{1}{3} & 0 & 0 \\ 0 & \frac{1}{2} & 0 \\ 0 & 0 & 1 \end{pmatrix}$$

두 번째 행과 세 번째 행에서 각각 첫 번째 행을 빼면

$$\begin{pmatrix} 1 & \frac{2}{3} & \frac{1}{3} \\ 0 & \frac{5}{6} & \frac{1}{6} \\ 0 & \frac{1}{3} & \frac{11}{3} \end{pmatrix} \quad 및 \quad \begin{pmatrix} \frac{1}{3} & 0 & 0 \\ -\frac{1}{3} & \frac{1}{2} & 0 \\ -\frac{1}{3} & 0 & 1 \end{pmatrix}$$

을 얻는다. 다음으로 (두 행렬 **모두**) 두 번째 행을 $\frac{5}{6}$로 나누고, 첫 번째 행에서 그것(새로운 두 번째 행) 곱하기 $\frac{2}{3}$를 빼주고, 세 번째 행에서 그것 곱하기 $\frac{1}{3}$을 빼준다. 두 행렬에 대한 결과는

$$\begin{pmatrix} 1 & 0 & \frac{1}{5} \\ 0 & 1 & \frac{1}{5} \\ 0 & 0 & \frac{18}{5} \end{pmatrix} \quad 및 \quad \begin{pmatrix} \frac{3}{5} & -\frac{2}{5} & 0 \\ -\frac{2}{5} & \frac{3}{5} & 0 \\ -\frac{1}{5} & -\frac{1}{5} & 1 \end{pmatrix}$$

이다. (두 행렬 **모두**) 세 번째 행을 $\frac{18}{5}$로 나눈다. 다음에 마지막 단계로 (두 행렬 **모두**) 처음 두 행 각각에서 (새로운) 세 번째 행 곱하기 $\frac{1}{5}$을 뺀다. 마지막 쌍은 다음과 같다.

$$\begin{pmatrix} 1 & 0 & 0 \\ 0 & 1 & 0 \\ 0 & 0 & 1 \end{pmatrix} \quad 및 \quad \mathrm{A}^{-1} = \begin{pmatrix} \frac{11}{18} & -\frac{7}{18} & -\frac{1}{18} \\ -\frac{7}{18} & \frac{11}{18} & -\frac{1}{18} \\ -\frac{1}{18} & -\frac{1}{18} & \frac{5}{18} \end{pmatrix}$$

원래 A에 계산한 A^{-1}을 곱하여 단위행렬 **1**을 정말 얻게 되는지 알아보면 한 일을 점검할 수 있다. ■

■ 행렬식의 도함수

행렬의 역을 소행렬식의 항으로 표현하는 공식은 행렬 A의 원소들이 어떤 변수 x에 의존할 때 행렬식 det(A)의 도함수에 대한 간결한 공식을 쓸 수 있게 해준다. 원소 a_{ij}의 x 종속에 대한 미분을 수행하기 위해 det(A)를 식 (2.14)에서처럼 i행의 원소에 대한 소행렬식 M_{ij}로 전개한다. 또한 식 (2.34)를 이용하면

$$\frac{\partial \det(\mathrm{A})}{\partial a_{ij}} = (-1)^{i+j} M_{ij} = (\mathrm{A}^{-1})_{ji} \det(\mathrm{A})$$

를 얻는다. 이제 연쇄 법칙을 적용하여 A의 모든 원소의 x 종속을 고려하면 다음 결과를 얻는다.

$$\frac{d \det(\mathrm{A})}{dx} = \det(\mathrm{A}) \sum_{ij} (\mathrm{A}^{-1})_{ji} \frac{da_{ij}}{dx} \qquad (2.35)$$

■ 연립 선형 방정식

역행렬을 사용하여 연립 선형 방정식에 대한 형식적 해를 쓸 수 있다. 우선 A가 $n \times n$ 정사각 행렬이고 $\mathbf{x}$와 $\mathbf{h}$가 $n \times 1$ 열벡터이면 행렬 방정식 $\mathrm{A}\mathbf{x} = \mathbf{h}$는 행렬 곱셈의 규칙에 따라

$$\mathrm{A}\mathbf{x} = \begin{pmatrix} a_{11}x_1 + a_{12}x_2 + \cdots + a_{1n}x_n \\ a_{21}x_1 + a_{22}x_2 + \cdots + a_{2n}x_n \\ \cdots\cdots\cdots\cdots \\ a_{n1}x_1 + a_{n2}x_2 + \cdots + a_{nn}x_n \end{pmatrix} = \mathbf{h} = \begin{pmatrix} h_1 \\ h_2 \\ \cdots \\ h_n \end{pmatrix}$$

이고, 이것은 A의 원소들을 계수로 갖는 연립 선형 방정식과 완전히 동일하다. A가 정칙 행렬이면 $\mathrm{A}\mathbf{x} = \mathbf{h}$에 A^{-1}을 왼쪽으로 곱해서 $\mathbf{x} = \mathrm{A}^{-1}\mathbf{h}$의 결과를 얻을 수 있다.

이 결과는 두 가지를 알려준다. (1) A^{-1}을 계산할 수 있으면 해 $\mathbf{x}$를 계산할 수 있다. (2) A^{-1}의 존재는 이 연립 방정식의 해가 유일하다는 것을 의미한다. 행렬식을 공부할 때 연립 선형 방정식의 해가 유일할 필요충분조건은 그 계수들의 행렬식이 영이 아니라는 것을 알았다. 따라서 A^{-1}이 존재한다는, 즉 A가 정칙 행렬이라는 조건은 A의 행렬식 det(A)가 영이 아니라는 조건과 똑같다. 이 결과는 아주 중요해서 다음과 같이 다시 강조한다.

정사각 행렬 A가 특이 행렬일 필요충분조건은 $\det(\mathrm{A}) = 0$이다. (2.36)

■ 행렬식 곱 정리

행렬과 행렬식 사이의 연관성은 **곱 정리**(product theorem)의 확립으로 더 깊어질 수 있다. 곱 정리는 $n \times n$ 행렬 A와 B의 곱의 행렬식이 개별 행렬의 행렬식의 곱과 같다는 것이다.

$$\det(\mathrm{AB}) = \det(\mathrm{A})\det(\mathrm{B}) \tag{2.37}$$

이 정리를 증명하는 첫 번째 단계로 행렬곱의 원소로 완전히 쓴 det(AB)를 살펴보자.

$$\det(\mathrm{AB}) = \begin{vmatrix} a_{11}b_{11}+a_{12}b_{21}+\cdots+a_{1n}b_{n1} & a_{11}b_{12}+a_{12}b_{22}+\cdots+a_{1n}b_{n2} & \cdots \\ a_{21}b_{11}+a_{22}b_{21}+\cdots+a_{2n}b_{n1} & a_{21}b_{12}+a_{22}b_{22}+\cdots+a_{2n}b_{n2} & \cdots \\ \cdots & \cdots & \cdots \\ \cdots & \cdots & \cdots \\ a_{n1}b_{11}+a_{n2}b_{21}+\cdots+a_{nn}b_{n1} & a_{n1}b_{12}+a_{n2}b_{22}+\cdots+a_{nn}b_{n2} & \cdots \end{vmatrix}$$

표기

$$\mathbf{a}_j = \begin{pmatrix} a_{1j} \\ a_{2j} \\ \cdots \\ a_{nj} \end{pmatrix}$$

를 도입하면 행렬식은

$$\det(\mathrm{AB}) = \left| \sum_{j_1} \mathbf{a}_{j_1} b_{j_1,1} \quad \sum_{j_2} \mathbf{a}_{j_2} b_{j_2,2} \quad \cdots \right|$$

가 된다. 여기서 j_1, j_2, ..., j_n에 대한 합은 독립적으로 1부터 n까지 이어진다. 이제 식 (2.12)와 (2.13)을 활용하면 합과 인자 b를 행렬식 바깥으로 이동시킬 수 있어서

$$\det(\mathrm{AB}) = \sum_{j_1}\sum_{j_2}\cdots\sum_{j_n} b_{j_{1,1}} b_{j_{2,2}} \cdots b_{j_{n,n}} \det(\mathbf{a}_{j_1}\mathbf{a}_{j_2}\cdots\mathbf{a}_{j_n}) \tag{2.38}$$

에 도달한다. 지표 j_μ의 어떤 것이라도 같으면 식 (2.38) 우변의 행렬식은 영이 된다. 모두 다르면 행렬식은 $\pm\det(\mathrm{A})$인데, 부호는 $\mathbf{a}_j$를 번호순으로 놓는 데 필요한 열 순열의 패리티에 해당한다. 이 두 조건은 $\det(\mathbf{a}_{j_1}\mathbf{a}_{j_2}\cdots\mathbf{a}_{j_n}) = \varepsilon_{j_1 j_2 \cdots j_n}\det(\mathrm{A})$로 쓰면 충족된다. 여기서 ε은 식 (2.8)에 정의된 레비-치비타 기호다. 위의 조작으로

$$\det(\mathrm{AB}) = \det(\mathrm{A}) \sum_{j_1 \cdots j_n} \varepsilon_{j_1 \cdots j_n} b_{j_{1,1}} b_{j_{2,2}} \cdots b_{j_{n,n}} = \det(\mathrm{A})\det(\mathrm{B})$$

를 얻는데, 마지막 단계에서 행렬식의 정의, 식 (2.10)을 이용했다. 이 결과가 행렬식 곱 정리를 증명한다.

행렬식 곱 정리로부터 특이 행렬에 대한 추가적인 통찰을 얻을 수 있다. 먼저 이 정리의 특별한 경우인

$$\det(\mathrm{AA}^{-1}) = \det(\mathbf{1}) = 1 = \det(\mathrm{A})\det(\mathrm{A}^{-1})$$

에 주목하면

$$\det(\mathrm{A}^{-1}) = \frac{1}{\det(\mathrm{A})} \tag{2.39}$$

임을 알 수 있다. 이제 $\det(\mathrm{A}) = 0$이면 $\det(\mathrm{A}^{-1})$이 존재할 수 없고, 따라서 A^{-1}도 존재할 수 없다는 것이 명백하다. 이것은 행렬이 특이 행렬일 필요충분조건은 그 행렬식이 영이라는 직접적인 증명이다.

■ 행렬의 순위

행렬의 **순위**(rank) 개념을 도입하면 행렬 특이성의 개념이 정교해질 수 있다. 식 (2.1)과 그것을 n변수로 확장한 것에서처럼 행렬의 원소들을 연립 선형 형식의 계수들로 본다면 정사각 행렬에 그 원소가 기술하는 선형 독립 형식의 개수와 같은 순위를 지정할 수 있다. 따라서 $n \times n$ 정칙 행렬의 순위는 n이고, $n \times n$ 특이 행렬의 순위 r는 n보다 작다. 순위는 특이성의 정도에 대한 측도를 제공한다. $r = n-1$이면 그 행렬은 한 선형 형식이 다른 선형 형식들에 의존하는 것을 기술한다. $r = n-2$는 두 형식이 다른 형식들에 선형 종속하는 상황을 기술한다. 6장에서 행렬의 순위를 체계적으로 결정하는 방법을 거론할 것이다.

■ 전치, 수반, 대각합

이미 논의한 연산자 외에도 행렬이 배열이라는 점에 의존하는 연산이 더 있다. 그러한 연산 하나는 자리바꿈이다. 행렬의 **전치**(transpose)는 행과 열의 지표들을 서로 교환하여 생겨난 행렬이다. 이 연산은 배열을 주대각선에 대해 반사시킨 것에 해당한다. 행렬이 정사각형 모양이 아니면 그 전치는 원래 행렬과 같은 모양조차 되지 않을 것이다. A의 전치를 $\widetilde{\mathrm{A}}$ 또는 A^T로 나타내고 그 원소는

$$(\widetilde{\mathrm{A}})_{ij} = a_{ji} \tag{2.40}$$

가 된다. 전치는 열벡터를 행벡터로 바꾸는 것에 유의하자. 그러므로

$$\mathbf{x} = \begin{pmatrix} x_1 \\ x_2 \\ \cdots \\ x_n \end{pmatrix} \text{이면} \qquad \tilde{\mathbf{x}} = (x_1 \ x_2 \ \dots \ x_n) \text{이다.}$$

전치에 의해 바뀌지 않는 행렬(즉 $\tilde{\mathrm{A}} = \mathrm{A}$)을 **대칭**(symmetric) 행렬이라고 한다.

복소수 원소를 가질 수도 있는 행렬의 경우에 행렬의 **켤레 복소수**(complex conjugate)는 원래 행렬의 모든 원소를 켤레 복소수하여 생겨난 행렬로 정의한다. 이것은 모양을 바꾸지도, 원소를 다른 위치로 이동시키지도 않는다는 것을 유의하자. A의 켤레 복소수에 대한 표기는 A^*다.

행렬 A의 **수반**(adjoint)은 $\mathrm{A}^\dagger$로 표기하는데, A를 전치하고 켤레 복소수도 하여 얻어진다(이 연산들을 반대 순서로 해도 똑같은 결과가 얻어진다). 따라서 다음과 같다.

$$(\mathrm{A}^\dagger)_{ij} = a_{ji}^* \tag{2.41}$$

정사각 행렬에 대해 정의되는 양인 **대각합**(trace)은 주대각선에 있는 원소들의 합이다. 따라서 $n \times n$ 행렬 A에 대해

$$\mathrm{trace}(\mathrm{A}) = \sum_{i=1}^{n} a_{ii} \tag{2.42}$$

가 된다. 행렬 덧셈의 규칙으로부터 다음 결과는 명백하다.

$$\mathrm{trace}(\mathrm{A}+\mathrm{B}) = \mathrm{trace}(\mathrm{A}) + \mathrm{trace}(\mathrm{B}) \tag{2.43}$$

대각합의 또 다른 성질은 두 행렬 A와 B의 곱에 대한 대각합의 값은 곱셈 순서와 무관하다는 것이다.

$$\begin{aligned} \mathrm{trace}(\mathrm{AB}) &= \sum_i (\mathrm{AB})_{ii} = \sum_i \sum_j a_{ij} b_{ji} = \sum_j \sum_i b_{ji} a_{ij} \\ &= \sum_j (\mathrm{BA})_{jj} = \mathrm{trace}(\mathrm{BA}) \end{aligned} \tag{2.44}$$

이것은 심지어 $\mathrm{AB} \neq \mathrm{BA}$인 경우에도 성립한다. 식 (2.44)는 임의의 교환자 $[\mathrm{A}, \mathrm{B}] = \mathrm{AB} - \mathrm{BA}$의 대각합이 영임을 의미한다. 이제 행렬곱 ABC의 대각합을 고려하자. 인자들을 $\mathrm{A}(\mathrm{BC})$처럼 모으면

$$\mathrm{trace}(\mathrm{ABC}) = \mathrm{trace}(\mathrm{BCA})$$

임을 쉽게 알 수 있다. 이 과정을 반복하면 $\mathrm{trace}(\mathrm{ABC}) = \mathrm{trace}(\mathrm{CAB})$임도 알 수 있다. 그렇지만 이 양들 어떤 것도 $\mathrm{trace}(\mathrm{CBA})$, 또는 이 행렬들의 순환 순열이 아닌 것의 대각

합과 같아지게 할 수 없다는 것을 유의하자.

■ 행렬곱의 연산

A와 B가 교환 가능하든 아니든 간에 행렬식과 대각합은

$$\det(AB) = \det(A)\det(B) = \det(BA), \quad \text{trace}(AB) = \text{trace}(BA)$$

의 관계를 만족한다는 것을 이미 살펴보았다. 또한 $\text{trace}(A+B) = \text{trace}(A) + \text{trace}(B)$임을 알았고 $\text{trace}(\alpha A) = \alpha\,\text{trace}(A)$임도 쉽게 보일 수 있으므로 대각합은 (5장에 정의된 것처럼) 선형 연산자임이 확립된다. 비슷한 관계가 행렬식에 대해서는 존재하지 않으므로 행렬식은 선형 연산자가 **아니다**.

이제 행렬곱에 대한 다른 연산의 효과를 생각해보자. 곱의 전치, $(AB)^T$가

$$(AB)^T = \tilde{B}\tilde{A} \tag{2.45}$$

를 만족함을 보일 수 있다. 이것은 곱의 인자들의 전치를 역순서로 택하면 곱이 전치된다는 것을 보여준다. A와 B의 각 차원이 AB가 정의되는 크기이면 역시 $\tilde{B}\tilde{A}$가 정의되는 것도 참이다.

곱의 켤레 복소수가 단순히 각 인자의 켤레가 되므로 행렬곱의 수반에 대한 공식은 식 (2.45)와 유사한 규칙을 따른다.

$$(AB)^\dagger = B^\dagger A^\dagger \tag{2.46}$$

마지막으로 $(AB)^{-1}$을 고려하자. AB가 정칙 행렬이 되기 위해서는 A도 B도 특이 행렬이 되면 안 된다(이것을 알려면 그것들의 행렬식을 생각해보라). 이러한 정칙성을 가정하면

$$(AB)^{-1} = B^{-1}A^{-1} \tag{2.47}$$

을 얻는다. 식 (2.47)을 자명한 식 $(AB)(AB)^{-1} = 1$에 대입해보면 그 타당성을 입증할 수 있다.

■ 벡터의 행렬 표현

여러분은 벡터(1.7절 참고) 그리고 열벡터라고 부르는 행렬에 대해 덧셈과 스칼라에 의한 곱의 연산이 동일한 방식으로 정의된 것을 이미 주목했을 것이다. 또한 행렬 형식을 사용하여 스칼라곱을 생성할 수 있지만 그렇게 하려면 열벡터 하나를 행벡터로 전환해야 한다. 자리바꿈 연산이 이것을 하는 방법을 제공한다. 그러므로 **a**와 **b**가 $\mathbb{R}^3$에 있는 벡터를 나타낸다면

$$\mathbf{a}\cdot\mathbf{b} \rightarrow (a_1 \;\; a_2 \;\; a_3)\begin{pmatrix} b_1 \\ b_2 \\ b_3 \end{pmatrix} = a_1b_1 + a_2b_2 + a_3b_3$$

이다. 행렬 입장에서 $\mathbf{a}$와 $\mathbf{b}$를 열벡터로 간주하면 위의 방정식은

$$\mathbf{a}\cdot\mathbf{b} \quad \rightarrow \quad \mathbf{a}^T\mathbf{b} \tag{2.48}$$

형식을 취한다. 행렬을 다룰 때는 **열벡터**를 나타내기 위해 획이 굵은 소문자 기호를 사용한다는 것을 유념한다면 이 표기가 현저한 모호성을 야기하지 않는다. $\mathbf{a}^T\mathbf{b}$가 1×1 행렬이기 때문에 이것은 그 전치인 $\mathbf{b}^T\mathbf{a}$와 같다. 행렬 표기는 점곱(내적)의 대칭성을 유지한다. 1.7절에서처럼 $\mathbf{a}$에 해당하는 벡터 크기의 제곱은 $\mathbf{a}^T\mathbf{a}$가 된다.

열벡터 $\mathbf{a}$와 $\mathbf{b}$의 원소가 실수이면 $\mathbf{a}^T\mathbf{b}$를 쓰는 또 하나의 방법은 $\mathbf{a}^\dagger\mathbf{b}$다. 그러나 벡터의 원소가 복소수이면 이 양들은 같지 않다. 그런 경우는 열벡터가 물리적 공간의 변위를 나타내지 않는 상황에서 발생할 수 있다. 그런 경우에는 칼표(dagger) 표기가 더 유용하다. 왜냐하면 그런 경우에 $\mathbf{a}^\dagger\mathbf{a}$는 실수이고 크기 제곱의 역할을 할 수 있기 때문이다.

■ 직교 행렬

실수 행렬(원소가 실수인 행렬)의 전치와 역이 같으면 그 행렬을 **직교**(orthogonal) 행렬이라고 한다. 그러므로 S가 직교 행렬이면

$$\mathrm{S}^{-1} = \mathrm{S}^T \quad \text{또는} \quad \mathrm{SS}^T = 1 \quad (\text{S는 직교 행렬}) \tag{2.49}$$

로 쓸 수 있다. S가 직교 행렬이면 $\det(\mathrm{SS}^T) = \det(\mathrm{S})\det(\mathrm{S}^T) = [\det(\mathrm{S})]^2 = 1$이므로

$$\det(\mathrm{S}) = \pm 1 \quad (\text{S는 직교 행렬}) \tag{2.50}$$

임을 알 수 있다. S와 S′이 각각 직교 행렬이면 SS′와 S′S도 직교 행렬이 되는 것을 쉽게 증명할 수 있다.

■ 유니터리 행렬

또 다른 중요한 종류의 행렬은 $\mathrm{U}^\dagger = \mathrm{U}^{-1}$, 즉 행렬의 수반이 또한 역이 되는 성질을 가진 행렬 U다. 그러한 행렬을 **유니터리**(unitary) 행렬이라고 한다. 이 관계를 표현하는 한 방법은

$$\mathrm{UU}^\dagger = \mathrm{U}^\dagger\mathrm{U} = 1 \quad (\text{U는 유니터리 행렬}) \tag{2.51}$$

이다. 유니터리 행렬의 모든 원소가 실수이면 그 행렬은 또한 직교 행렬이다.

임의의 행렬에 대해 $\det(\mathrm{A}^T) = \det(A)$이고 따라서 $\det(\mathrm{A}^\dagger) = \det(A)^*$이므로 행렬식 곱 정리를 유니터리 행렬 U에 적용하면

$$\det(\mathrm{U})\det(\mathrm{U}^\dagger) = |\det(\mathrm{U})|^2 = 1 \tag{2.52}$$

을 얻는데, 이것은 $\det(\mathrm{U})$가 크기가 1인 복소수인 것을 보여준다. 그런 수를 θ가 실수인 $\exp(i\theta)$ 형식으로 쓸 수 있으므로 U와 $\mathrm{U}^\dagger$의 행렬식은 어떤 θ에 대해

$$\det(\mathrm{U}) = e^{i\theta}, \quad \det(\mathrm{U}^\dagger) = e^{-i\theta}$$

을 만족한다. 부분적으로 용어 **유니터리**의 중요성은 그 행렬식의 크기가 1이라는 점과 연관이 있다. 이 관계의 특별한 경우를 이전에 관찰했는데, 그것은 U가 실수이고, 따라서 또한 직교 행렬이면 그 행렬식은 +1 또는 −1이 되어야 한다는 것이다.

마지막으로 U와 V가 둘 다 유니터리 행렬이면 UV와 VU도 마찬가지로 유니터리 행렬임을 알 수 있다. 이것은 직교하는 두 행렬의 행렬곱도 직교 행렬이라는 이전 결과의 일반화다.

■ 에르미트 행렬

유용한 특성을 보이는 또 한 종류의 행렬이 있다. 행렬이 그 수반과 같으면 그 행렬을 **에르미트**(Hermitian) 행렬 또는 **자체 수반**(self-adjoint) 행렬이라고 한다. 자체 수반이 되기 위해서는 행렬 H는 반드시 정사각 꼴이고, 또한 그 원소들은 다음 조건을 만족해야 한다.

$$(\mathrm{H}^\dagger)_{ij} = (\mathrm{H})_{ij} \quad \rightarrow \quad h_{ji}^* = h_{ij} \qquad (\mathrm{H}\text{는 에르미트 행렬}) \tag{2.53}$$

이 조건은 자체 수반 행렬의 원소들의 배열이 주대각선에 대해 반사 대칭을 나타내고, 반사로 연결되는 위치의 원소들은 켤레 복소수가 되어야 한다는 것을 의미한다. 이 관찰의 따름정리로서, 식 (2.53)을 직접 참고하면 자체 수반 행렬의 대각선 원소는 실수가 되어야 함을 알 수 있다.

자체 수반 행렬의 모든 원소가 실수이면 자체 수반의 조건은 그 행렬이 또한 대칭이 되도록 하므로 모든 실수 대칭 행렬은 자체 수반(에르미트) 행렬이다.

두 행렬 A와 B가 에르미트 행렬일 때 AB나 BA가 반드시 에르미트 행렬이 되는 것은 아니지만 영이 아닌 AB+BA는 에르미트 행렬이 되고, 영이 아닌 AB−BA는 **반에르미트**(anti-Hermitian) 행렬, 즉 $(\mathrm{AB}-\mathrm{BA})^\dagger = -(\mathrm{AB}-\mathrm{BA})$가 되는 행렬이다.

■ 행과 열의 추출

$(i, 1)$ 원소는 1이고, 그 외는 모두 영인 열벡터 $\hat{\mathbf{e}}_i$를 도입하는 것이 유용하다. 다음은 그 예들이다.

$$\hat{\mathbf{e}}_1 = \begin{pmatrix} 1 \\ 0 \\ 0 \\ \cdots \\ 0 \end{pmatrix}, \quad \hat{\mathbf{e}}_2 = \begin{pmatrix} 0 \\ 1 \\ 0 \\ \cdots \\ 0 \end{pmatrix}, \qquad \text{등등} \tag{2.54}$$

이들 벡터를 활용하는 한 가지 방법은 행렬에서 한 열만 뽑아내는 것이다. 예를 들어 A가 3×3 행렬이면

$$\mathrm{A}\hat{\mathbf{e}}_2 = \begin{pmatrix} a_{11} & a_{12} & a_{13} \\ a_{21} & a_{22} & a_{23} \\ a_{31} & a_{32} & a_{33} \end{pmatrix} \begin{pmatrix} 0 \\ 1 \\ 0 \end{pmatrix} = \begin{pmatrix} a_{12} \\ a_{22} \\ a_{32} \end{pmatrix}$$

가 된다. 행벡터 $\hat{\mathbf{e}}_i^T$를 비슷하게 사용하면

$$\hat{\mathbf{e}}_i^T \mathrm{A} = (a_{i1} \; a_{i2} \; a_{i3})$$

처럼 임의의 행렬에서 한 행을 뽑아낼 수 있다.

■ 직접 곱

행렬을 조작하는 두 번째 과정은 **직접**(direct) 텐서 또는 크로네커 **곱**(product)이라고 하는데, $m \times n$ 행렬 A와 $m' \times n'$ 행렬 B를 결합하여 차원이 $mm' \times nn'$이고 원소가

$$C_{\alpha\beta} = A_{ij} B_{kl} \tag{2.55}$$

인 직접 곱 행렬 $\mathrm{C} = \mathrm{A} \otimes \mathrm{B}$를 만드는 것이다. 여기서 $\alpha = m'(i-1) + k$, $\beta = n'(j-1) + l$이다. 직접 곱 행렬은 첫 번째 인자의 지표를 주요 지표로, 두 번째 인자의 지표를 보조 지표로 사용한다. 그러므로 직접 곱은 교환 불가능한 과정이다. 그렇지만 그것은 결합 가능하다.

예제 2.2.4 직접 곱

구체적인 예를 들어보자. A와 B가 둘 다 2×2 행렬인 경우에 먼저 기호로 쓰고 나서 완전히 전개된 형식으로 다음과 같이 쓸 수 있다.

$$A \otimes B = \begin{pmatrix} a_{11}B & a_{12}B \\ a_{21}B & a_{22}B \end{pmatrix} = \begin{pmatrix} a_{11}b_{11} & a_{11}b_{12} & a_{12}b_{11} & a_{12}b_{12} \\ a_{11}b_{21} & a_{11}b_{22} & a_{12}b_{21} & a_{12}b_{22} \\ a_{21}b_{11} & a_{21}b_{12} & a_{22}b_{11} & a_{22}b_{12} \\ a_{21}b_{21} & a_{21}b_{22} & a_{22}b_{21} & a_{22}b_{22} \end{pmatrix}$$

또 다른 예는 이원소 열벡터 $\mathbf{x}$와 $\mathbf{y}$의 직접 곱이다. 역시 먼저 기호로 쓴 다음에 전개된 형식으로 쓰면 다음과 같다.

$$\begin{pmatrix} x_1 \\ x_2 \end{pmatrix} \otimes \begin{pmatrix} y_1 \\ y_2 \end{pmatrix} = \begin{pmatrix} x_1\mathbf{y} \\ x_2\mathbf{y} \end{pmatrix} = \begin{pmatrix} x_1y_1 \\ x_1y_2 \\ x_2y_1 \\ x_2y_2 \end{pmatrix}$$

세 번째 예는 예제 2.2.2의 행렬 AB다. 이것은 직접 곱과 내적이 일치하는 특별한 경우(열벡터 곱하기 행벡터)의 예다($AB = A \otimes B$). ■

C와 C′이 각각

$$C = A \otimes B \quad 및 \quad C' = A' \otimes B' \tag{2.56}$$

형식의 직접 곱이고 이 행렬들의 차원이 행렬 내적 AA′과 BB′이 정의되는 것이면

$$CC' = (AA') \otimes (BB') \tag{2.57}$$

이다. 더구나 행렬 A와 B의 차원이 같으면 다음과 같다.

$$C \otimes (A + B) = C \otimes A + C \otimes B \quad 및 \quad (A + B) \otimes C = A \otimes C + B \otimes C \tag{2.58}$$

예제 2.2.5 디랙 행렬

비상대론적 양자역학의 초기 형식화에서 전자계에 대한 이론과 실험을 일치시키기 위해 전자 스핀(고유 각운동량)의 개념을 도입할 필요가 있었는데, 가능한 상태의 수가 두 배가 되었고, 전자 자기 모멘트에 관련된 현상을 설명할 수 있었다. 그 개념은 상대적으로 **임시변통** 방식으로 도입되었다. 전자에 스핀 양자수 1/2를 줄 필요가 있었는데, 파울리 행렬을 사용하여 스핀에 연관된 성질을 기술하는 이성분 파동 함수를 전자에 부여함으로써 그렇게 할 수 있었다. 예제 2.2.1에서 소개했던 파울리 행렬은 다음과 같다.

$$\sigma_1 = \begin{pmatrix} 0 & 1 \\ 1 & 0 \end{pmatrix}, \quad \sigma_2 = \begin{pmatrix} 0 & -i \\ i & 0 \end{pmatrix}, \quad \sigma_3 = \begin{pmatrix} 1 & 0 \\ 0 & -1 \end{pmatrix}$$

이 행렬들이 반교환 가능하고 그 제곱은 단위행렬이 되는 점이 여기에 관련이 있다.

$$\sigma_i^2 = \mathbf{1}_2 \quad \text{및} \quad \sigma_i\sigma_j + \sigma_j\sigma_i = 0, \quad i \neq j \tag{2.59}$$

1927년에 디랙(P. A. M. Dirac)은 스핀-1/2 입자에 적용하는 상대론적 양자역학의 형식화를 전개했다. 그렇게 하기 위해 공간 변수와 시간 변수를 동등한 위치에 놓을 필요가 있었고, 디랙은 운동 에너지에 대한 상대론적 표현을 에너지와 운동량(상대론적 역학에서 유사한 양들) 둘 다에 일차인 표현으로 바꾸어서 진행했다. 그는 자유 입자의 에너지에 대한 상대론적 표현

$$E^2 = (p_1^2 + p_2^2 + p_3^2)c^2 + m^2c^4 = \mathbf{p}^2c^2 + m^2c^4 \tag{2.60}$$

으로부터 시작했는데, 여기서 p_i는 좌표 방향의 운동량 성분이고, m은 입자 질량, c는 광속이다. 양자역학으로 옮겨가면서 양 p_i는 미분 연산자 $-i\hbar\partial/\partial x_i$로 대체되어야 하고 전체 식이 파동 함수에 적용된다.

비상대론적 극한에서 이성분 파동 함수를 낳는 형식화가 바람직하므로 σ_i가 포함되는 것을 예상할 수 있다. 디랙은 그 문제 해결의 열쇠는 파울리 행렬을 합쳐 만든 벡터

$$\boldsymbol{\sigma} = \sigma_1\hat{\mathbf{e}}_1 + \sigma_2\hat{\mathbf{e}}_2 + \sigma_3\hat{\mathbf{e}}_3 \tag{2.61}$$

가 벡터 $\mathbf{p}$와 결합하여 항등식

$$(\boldsymbol{\sigma} \cdot \mathbf{p})^2 = \mathbf{p}^2\mathbf{1}_2 \tag{2.62}$$

를 낳는 데 있다는 것을 알아차렸다. 여기서 $\mathbf{1}_2$는 2×2 단위행렬을 나타낸다. 식 (2.62)의 중요성은 2×2 행렬로 간 대가로 식 (2.60)에 등장하는 E와 $\mathbf{p}$를 다음과 같이 선형화할 수 있다는 데 있다. 먼저

$$E^2\mathbf{1}_2 - c^2(\boldsymbol{\sigma} \cdot \mathbf{p})^2 = m^2c^4\mathbf{1}_2 \tag{2.63}$$

를 쓴 다음에 식 (2.63)의 좌변을 인수분해한 식(2×2 행렬 방정식이다)의 양변을 다음과 같이 이성분 파동 함수 ψ_1에 적용한다.

$$(E\mathbf{1}_2 + c\boldsymbol{\sigma} \cdot \mathbf{p})(E\mathbf{1}_2 - c\boldsymbol{\sigma} \cdot \mathbf{p})\psi_1 = m^2c^4\psi_1 \tag{2.64}$$

이 방정식의 의미는 추가적인 정의

$$(E\mathbf{1}_2 - c\boldsymbol{\sigma} \cdot \mathbf{p})\psi_1 = mc^2\psi_2 \tag{2.65}$$

를 도입하면 명확해진다. 식 (2.65)를 식 (2.64)에 대입하면 수정된 식 (2.64)와 (바뀌지 않은) 식 (2.65)를 연립 방정식

$$
\begin{aligned}
(E\mathbf{1}_2 + c\boldsymbol{\sigma} \cdot \mathbf{p})\psi_2 &= mc^2\psi_1 \\
(E\mathbf{1}_2 - c\boldsymbol{\sigma} \cdot \mathbf{p})\psi_1 &= mc^2\psi_2
\end{aligned} \tag{2.66}
$$

로 쓸 수 있다. 두 방정식 모두 동시에 만족될 필요가 있다.

식 (2.66)을 디랙이 실제로 사용한 형식으로 가져오기 위해서 이제 $\psi_1 = \psi_A + \psi_B$, $\psi_2 = \psi_A - \psi_B$로 대체하고 두 식을 서로 더하고 빼면 ψ_A와 ψ_B에 관한 연립 방정식

$$
\begin{aligned}
E\psi_A - c\boldsymbol{\sigma} \cdot \mathbf{p}\,\psi_B &= mc^2\psi_A \\
c\boldsymbol{\sigma} \cdot \mathbf{p}\,\psi_A - E\psi_B &= mc^2\psi_B
\end{aligned}
$$

를 얻는다. 다음에 할 것을 예상하여 이 식들을 다음과 같이 행렬 형식으로 쓴다.

$$
\left[\begin{pmatrix} E\mathbf{1}_2 & 0 \\ 0 & -E\mathbf{1}_2 \end{pmatrix} - \begin{pmatrix} 0 & c\boldsymbol{\sigma} \cdot \mathbf{p} \\ -c\boldsymbol{\sigma} \cdot \mathbf{p} & 0 \end{pmatrix}\right]\begin{pmatrix} \psi_A \\ \psi_B \end{pmatrix} = mc^2\begin{pmatrix} \psi_A \\ \psi_B \end{pmatrix} \tag{2.67}
$$

이제 직접 곱 표기를 사용하여 식 (2.67)을 더 간단한 형식

$$
[(\sigma_3 \otimes \mathbf{1}_2)E - \gamma \otimes c(\boldsymbol{\sigma} \cdot \mathbf{p})]\Psi = mc^2\Psi \tag{2.68}
$$

로 압축할 수 있다. 여기서 Ψ는 이성분 파동 함수로부터 만들어진 **사성분**(four-component) 파동 함수

$$
\Psi = \begin{pmatrix} \psi_A \\ \psi_B \end{pmatrix}
$$

이고, 좌변의 항들은 바람직한 구조를 가지고 있다. 왜냐하면

$$
\sigma_3 = \begin{pmatrix} 1 & 0 \\ 0 & -1 \end{pmatrix}
$$

이고,

$$
\gamma = \begin{pmatrix} 0 & 1 \\ -1 & 0 \end{pmatrix} \tag{2.69}
$$

으로 정의하기 때문이다. 식 (2.68)에 있는 행렬들을 γ^μ로 놓는 것은 관례가 되었고, 그것들을

$$
\gamma^0 = \sigma_3 \otimes \mathbf{1}_2 = \begin{pmatrix} \mathbf{1}_2 & 0 \\ 0 & -\mathbf{1}_2 \end{pmatrix} = \begin{pmatrix} 1 & 0 & 0 & 0 \\ 0 & 1 & 0 & 0 \\ 0 & 0 & -1 & 0 \\ 0 & 0 & 0 & -1 \end{pmatrix} \tag{2.70}
$$

과 함께 **디랙 행렬**(Dirac matrices)이라고 한다. 식 (2.68)에 있는 $\boldsymbol{\sigma}$의 개별 성분으로부터 유래하는 행렬은 ($i=1,\ 2,\ 3$에 대해)

$$\gamma^i = \gamma \otimes \sigma_i = \begin{pmatrix} 0 & \sigma_i \\ -\sigma_i & 0 \end{pmatrix} \tag{2.71}$$

이다. 식 (2.71)을 전개하면 다음과 같다.

$$\gamma^1 = \begin{pmatrix} 0 & 0 & 0 & 1 \\ 0 & 0 & 1 & 0 \\ 0 & -1 & 0 & 0 \\ -1 & 0 & 0 & 0 \end{pmatrix}, \quad \gamma^2 = \begin{pmatrix} 0 & 0 & 0 & -i \\ 0 & 0 & i & 0 \\ 0 & i & 0 & 0 \\ -i & 0 & 0 & 0 \end{pmatrix},$$

$$\gamma^3 = \begin{pmatrix} 0 & 0 & 1 & 0 \\ 0 & 0 & 0 & -1 \\ -1 & 0 & 0 & 0 \\ 0 & 1 & 0 & 0 \end{pmatrix} \tag{2.72}$$

이제 γ^μ를 정의했으므로 식 (2.68)을 다시 써서 $\boldsymbol{\sigma}\cdot\mathbf{p}$를 성분으로 전개하면

$$\left[\gamma^0 E - c(\gamma^1 p_1 + \gamma^2 p_2 + \gamma^3 p_3)\right]\Psi = mc^2 \Psi$$

가 된다. 이 행렬 방정식을 **디랙 방정식**(Dirac equation)이라고 알려진 특정한 형식으로 정리하기 위해 그 양변에 γ^0을 (왼쪽에서) 곱한다. $(\gamma^0)^2 = 1$임을 유의하고 $\gamma^0\gamma^i$에 새 이름 α_i를 주면

$$\left[\gamma^0 mc^2 + c(\alpha_1 p_1 + \alpha_2 p_2 + \alpha_3 p_3)\right]\Psi = E\Psi \tag{2.73}$$

를 얻는다. 여기서 γ^0이라고 한 행렬로 디랙이 β를 사용했던 것 외에는 식 (2.73)은 그가 사용했던 표기로 되어 있다.

디랙 감마 행렬의 대수는 파울리 행렬의 대수를 일반화한 것이다. 파울리 행렬은 $\sigma_i^2 = 1$ 그리고 $i \neq j$이면 σ_i와 σ_j가 반교환하는 것을 보여준다. 분석을 더 하든지 아니면 직접 계산을 하면 $\mu = 0,\ 1,\ 2,\ 3$과 $i=1,\ 2,\ 3$에 대해 다음 성질을 보일 수 있다.

$$(\gamma^0)^2 = 1, \quad (\gamma^i)^2 = -1 \tag{2.74}$$

$$\gamma^\mu \gamma^i + \gamma^i \gamma^\mu = 0, \quad \mu \neq i \tag{2.75}$$

비상대론적 극한에서 전자에 대한 사성분 디랙 방정식은 각 성분이 슈뢰딩거 방정식을 만족하는 이성분 방정식으로 줄어들고, 파울리 행렬과 디랙 행렬은 완전히 사라진다(연습문제 2.2.48 참고). 이 극한에서 전자의 고유 자기 모멘트에서 유래하는 추가적인 항을 슈뢰딩거 방정식에 더해주면 파울리 행렬이 다시 나타난다. 비상대론적인 극한으로의 이동은 겉보기에

제멋대로인 이성분 파동 함수의 도입과 스핀 각운동량의 논의에서 파울리 행렬의 사용을 정당화해준다.

파울리 행렬(그리고 단위행렬 $\mathbf{1}_2$)은 식 (2.59)에 보이는 성질을 가진 **클리포드 대수**(Clifford algebra)[2]라고 하는 것을 형성한다. 이 대수는 2×2 행렬에 기반을 두므로 네 가지 원소(선형 독립인 그러한 행렬의 수)만 가질 수 있고 차원은 4가 된다. 디랙 행렬은 차원 16인 클리포드 대수의 원소이다. 편리한 로런츠 변환 성질을 가진 이 클리포드 대수의 완전 기저는 다음과 같은 16가지 행렬로 이루어져 있다.

$$\mathbf{1}_4,\quad \gamma^5 = i\gamma^0\gamma^1\gamma^2\gamma^3 = \begin{pmatrix} 0 & \mathbf{1}_2 \\ \mathbf{1}_2 & 0 \end{pmatrix},\quad \gamma^\mu \quad (\mu = 0,\ 1,\ 2,\ 3),$$

$$\gamma^5\gamma^4 \quad (\mu = 0,\ 1,\ 2,\ 3),\quad \sigma^{\mu\nu} = i\gamma^\mu\gamma^\nu \quad (0 \le \mu < \nu \le 3) \tag{2.76}$$

■

■ 행렬 함수

하나 이상의 행렬 인수를 가진 다항식은 잘 정의되고 자주 등장한다. 행렬의 멱급수가 각 행렬 원소에 대해 수렴한다면 그것도 또한 정의될 수 있다. 예를 들어 A가 임의의 $n\times n$ 행렬이면 멱급수

$$\exp(\mathrm{A}) = \sum_{j=0}^{\infty} \frac{1}{j!}\mathrm{A}^j \tag{2.77}$$

$$\sin(\mathrm{A}) = \sum_{j=0}^{\infty} \frac{(-1)^j}{(2j+1)!}\mathrm{A}^{2j+1} \tag{2.78}$$

$$\cos(\mathrm{A}) = \sum_{j=0}^{\infty} \frac{(-1)^j}{(2j)!}\mathrm{A}^{2j} \tag{2.79}$$

은 잘 정의된 $n\times n$ 행렬들이다. 파울리 행렬 σ_k에 대해 θ가 실수이고 $k = 1,\ 2,\ 3$인 경우에 **오일러 항등식**(Euler identity)

$$\exp(i\sigma_k\theta) = \mathbf{1}_2\cos\theta + i\sigma_k\sin\theta \tag{2.80}$$

는 θ의 모든 홀거듭제곱과 짝거듭제곱을 개별적인 급수로 모으고 $\sigma_k^2 = 1$을 사용하면 입증된다. 식 (2.76)에 정의된 4×4 디랙 행렬 $\sigma^{\mu\nu}$에 대해 $1 \le \mu < \nu \le 3$인 경우에

$$\exp(i\sigma^{\mu\nu}\theta) = \mathbf{1}_4\cos\theta + i\sigma^{\mu\nu}\sin\theta \tag{2.81}$$

---

2 D. Hestenes, *Am. J. Phys.* **39**: 1013 (1971); and *J. Math. Phys.* **16**: 556 (1975).

가 되지만

$$\exp(i\sigma^{0k}\zeta) = \mathbf{1}_4 \cosh\zeta + 1\sigma^{0k}\sinh\zeta \tag{2.82}$$

는 모든 실수 ζ에 대해 성립한다. 왜냐하면 $k = 1, 2, 3$인 경우에 $(i\sigma^{0k})^2 = 1$이기 때문이다.

에르미트 행렬과 유니터리 행렬은 서로 연관되어 있다. 왜냐하면 H가 에르미트 행렬이면

$$\mathrm{U} = \exp(i\mathrm{H}) \tag{2.83}$$

로 주어진 U는 유니터리 행렬이기 때문이다. 이것을 알려면 그저 수반을 취해보면 된다. 즉 $\mathrm{U}^\dagger = \exp(-i\mathrm{H}^\dagger) = \exp(-i\mathrm{H}) = [\exp(i\mathrm{H})]^{-1} = \mathrm{U}^{-1}$이다.

여기에서 밝혀야 할 중요한 또 다른 결과는 모든 에르미트 행렬 H가 **대각합 공식**(trace formula)이라고 알려진 관계

$$\det(\exp(\mathrm{H})) = \exp(\mathrm{trace}(\mathrm{H})) \tag{2.84}$$

를 만족한다는 것이다. 이 공식은 식 (6.27)에 유도되어 있다.

마지막으로 두 대각선 행렬의 곱셈도 역시 대각선 행렬이 되는데, 그 원소는 곱하는 행렬들의 대응하는 원소들의 곱이다. 이 결과는 대각선 행렬의 모든 함수도 대각선 행렬이 되고 그 대각선 원소는 원래 행렬의 대각선 원소의 함수인 것을 의미한다.

예제 2.2.6 **대각선 행렬의 지수함수**

A가 대각선 행렬이면 그것의 n거듭제곱도 역시 대각선 행렬이고 원래 대각선 행렬의 원소가 n거듭제곱으로 올라간다. 예를 들어

$$\sigma_3 = \begin{pmatrix} 1 & 0 \\ 0 & -1 \end{pmatrix}$$

이면

$$(\sigma_3)^n = \begin{pmatrix} 1 & 0 \\ 0 & (-1)^n \end{pmatrix}$$

이 된다. 이제 다음과 같이 계산할 수 있다.

$$e^{\sigma_3} = \begin{pmatrix} \sum_{n=0}^{\infty} \frac{1}{n!} & 0 \\ 0 & \sum_{n=0}^{\infty} \frac{(-1)^n}{n!} \end{pmatrix} = \begin{pmatrix} e & 0 \\ 0 & e^{-1} \end{pmatrix}$$

■

마지막으로 중요한 결과는 **베이커-하우스도르프 공식**(Baker-Hausdorff formula)

$$\exp(-T)A\exp(T) = A + [A, T] + \frac{1}{2!}[[A, T], T] + \frac{1}{3!}[[[A, T], T], T] + \cdots \quad (2.85)$$

인데, 이것을 결합-클러스터(coupled-cluster) 전개에 사용하여 원자와 분자의 전자 구조를 아주 정확히 계산한다.[3]

연습문제

2.2.1 행렬 곱셈이 결합 가능하다는, 즉 $(AB)C = A(BC)$인 것을 보이시오.

2.2.2 A와 B가 교환 가능할, 즉

$$(A+B)(A-B) = A^2 - B^2$$

일 필요충분조건은

$$[A, B] = 0$$

임을 보이시오.

2.2.3 (a) a와 b가 실수인 복소수 $a+ib$를 2×2 행렬로 나타낼 수 있다(또는 복소수가 그러한 행렬과 동형이다). 즉

$$a+ib \quad \leftrightarrow \quad \begin{pmatrix} a & b \\ -b & a \end{pmatrix}$$

이다. 이 행렬 표현이 (i) 덧셈과 (ii) 곱셈에 대해 유효함을 보이시오.

(b) $(a+ib)^{-1}$에 해당하는 행렬을 구하시오.

2.2.4 A가 $n\times n$ 행렬일 때 다음을 보이시오.

$$\det(-A) = (-1)^n \det A$$

2.2.5 (a) 행렬 방정식 $A^2 = 0$이 반드시 $A = 0$인 것을 의미하는 것은 아니다. 제곱이 영이 되는 가장 일반적인 2×2 행렬을

[3] F. E. Harris, H. J. Monkhorst, and D. L. Freeman, *Algebraic and Diagrammatic Methods in Many-Fermion Theory*. New York: Oxford University Press (1992).

$$\begin{pmatrix} ab & b^2 \\ -a^2 & -ab \end{pmatrix}$$

로 쓸 수 있음을 보이시오. 여기서 a와 b는 실수이거나 복소수다.

(b) $C = A + B$일 때, 일반적으로

$$\det C \neq \det A + \det B$$

다. 이 부등식을 보여주는 구체적인 수치적 예를 구성하시오.

2.2.6 행렬 K가

$$K = \begin{pmatrix} 0 & 0 & i \\ -i & 0 & 0 \\ 0 & -1 & 0 \end{pmatrix}$$

일 때, ($n \neq 0$인 n을 적절하게 선택하여) 다음을 보이시오.

$$K^n = KKK \cdots (n \text{ 인자}) = 1$$

2.2.7 다음 **야코비 항등식**(Jacobi identity)을 증명하시오.

$$[A, [B, C]] = [B, [A, C]] - [C, [A, B]]$$

2.2.8 행렬

$$A = \begin{pmatrix} 0 & 1 & 0 \\ 0 & 0 & 0 \\ 0 & 0 & 0 \end{pmatrix}, \quad B = \begin{pmatrix} 0 & 0 & 0 \\ 0 & 0 & 1 \\ 0 & 0 & 0 \end{pmatrix}, \quad C = \begin{pmatrix} 0 & 0 & 1 \\ 0 & 0 & 0 \\ 0 & 0 & 0 \end{pmatrix}$$

이 다음 교환 관계를 만족하는 것을 보이시오.

$$[A, B] = C, \quad [A, C] = 0, \quad [B, C] = 0$$

2.2.9 행렬 $\mathbf{i}, \mathbf{j}, \mathbf{k}$가

$$\mathbf{i} = \begin{pmatrix} 0 & 1 & 0 & 0 \\ -1 & 0 & 0 & 0 \\ 0 & 0 & 0 & 1 \\ 0 & 0 & -1 & 0 \end{pmatrix}, \quad \mathbf{j} = \begin{pmatrix} 0 & 0 & 0 & -1 \\ 0 & 0 & -1 & 0 \\ 0 & 1 & 0 & 0 \\ 1 & 0 & 0 & 0 \end{pmatrix}, \quad \mathbf{k} = \begin{pmatrix} 0 & 0 & -1 & 0 \\ 0 & 0 & 0 & 1 \\ 1 & 0 & 0 & 0 \\ 0 & -1 & 0 & 0 \end{pmatrix}$$

일 때, 다음을 보이시오.

(a) $\mathbf{i}^2 = \mathbf{j}^2 = \mathbf{k}^2 = -\mathbf{1}$이다. 여기서 $\mathbf{1}$은 단위행렬이다.

(b) $\mathbf{ij} = -\mathbf{ji} = \mathbf{k}$

$\mathbf{jk} = -\mathbf{kj} = \mathbf{i}$

$\mathbf{ki} = -\mathbf{ik} = \mathbf{j}$

이 세 행렬(**i**, **j**, **k**)과 단위행렬 **1**은 **사원수**(quaternions)의 기저를 형성한다. 다른 기저로 2×2 행렬 $i\sigma_1$, $i\sigma_2$, $-i\sigma_3$, **1**이 있다. 여기서 σ_i는 예제 2.2.1의 파울리 행렬이다.

2.2.10 $j<i$인 경우에 원소가 $a_{ij}=0$인 행렬을 우상 삼각 행렬이라고 한다. 좌하(주대각선의 왼쪽 및 아래)의 원소는 영이다. 두 우상 삼각 행렬의 곱은 우상 삼각 행렬이 됨을 보이시오.

2.2.11 파울리 행렬 세 가지는 다음과 같다.

$$\sigma_1=\begin{pmatrix}0 & 1\\ 1 & 0\end{pmatrix},\quad \sigma_2=\begin{pmatrix}0 & -i\\ i & 0\end{pmatrix},\quad \text{그리고}\quad \sigma_3=\begin{pmatrix}1 & 0\\ 0 & -1\end{pmatrix}$$

다음을 보이시오.

(a) $(\sigma_i)^2=\mathbf{1}_2$

(b) $\sigma_i\sigma_j=i\sigma_k,\ (i,\ j,\ k)=(1,\ 2,\ 3)$ 또는 그것의 순환 순열

(c) $\sigma_i\sigma_j+\sigma_j\sigma_i=2\delta_{ij}\mathbf{1}_2$이고, $\mathbf{1}_2$는 2×2 단위행렬이다.

2.2.12 스핀-1 입자의 한 묘사는 행렬

$$\mathrm{M}_x=\frac{1}{\sqrt{2}}\begin{pmatrix}0 & 1 & 0\\ 1 & 0 & 1\\ 0 & 1 & 0\end{pmatrix},\quad \mathrm{M}_y=\frac{1}{\sqrt{2}}\begin{pmatrix}0 & -i & 0\\ i & 0 & -i\\ 0 & i & 0\end{pmatrix},\quad \mathrm{M}_z=\begin{pmatrix}1 & 0 & 0\\ 0 & 0 & 0\\ 0 & 0 & -1\end{pmatrix}$$

을 사용한다. 다음을 보이시오.

(a) $[\mathrm{M}_x,\ \mathrm{M}_y]=i\mathrm{M}_z$ 등등(지표는 순환 순열). 레비-치비타 기호를 사용하여 다음과 같이 쓸 수 있음을 보이시오.

$$[\mathrm{M}_i,\ \mathrm{M}_j]=i\sum_k\varepsilon_{ijk}\mathrm{M}_k$$

(b) $\mathrm{M}^2\equiv\mathrm{M}_x^2+\mathrm{M}_y^2+\mathrm{M}_z^2=2\,\mathbf{1}_3$이고 $\mathbf{1}_3$은 3×3 단위행렬이다.

(c) $[\mathrm{M}^2,\ \mathrm{M}_i]=0$

$[\mathrm{M}_z,\ \mathrm{L}^+]=\mathrm{L}^+$

$[\mathrm{L}^+,\ \mathrm{L}^-]=2\mathrm{M}_z$

여기서 $\mathrm{L}^+\equiv\mathrm{M}_x+i\mathrm{M}_y$, $\mathrm{L}^-\equiv\mathrm{M}_x-i\mathrm{M}_y$다.

2.2.13 스핀 3/2에 대한 다음 행렬들을 사용하여 연습문제 2.2.12를 반복하시오.

$$\mathrm{M}_x=\frac{1}{2}\begin{pmatrix}0 & \sqrt{3} & 0 & 0\\ \sqrt{3} & 0 & 2 & 0\\ 0 & 2 & 0 & \sqrt{3}\\ 0 & 0 & \sqrt{3} & 0\end{pmatrix},\quad \mathrm{M}_y=\frac{i}{2}\begin{pmatrix}0 & -\sqrt{3} & 0 & 0\\ \sqrt{3} & 0 & -2 & 0\\ 0 & 2 & 0 & -\sqrt{3}\\ 0 & 0 & \sqrt{3} & 0\end{pmatrix},$$

$$M_z = \frac{1}{2}\begin{pmatrix} 3 & 0 & 0 & 0 \\ 0 & 1 & 0 & 0 \\ 0 & 0 & -1 & 0 \\ 0 & 0 & 0 & -3 \end{pmatrix}$$

2.2.14 대각선 행렬 A의 모든 대각선 원소들이 서로 다르고, A와 B가 교환 가능하면 B가 대각선 행렬임을 보이시오.

2.2.15 A와 B가 대각선 행렬이면 A와 B가 교환 가능함을 보이시오.

2.2.16 세 행렬 중에서 임의의 두 행렬이 교환 가능하면 trace(ABC) = trace(CBA)임을 보이시오.

2.2.17 각운동량 행렬은 교환 관계식

$$[M_j, M_k] = iM_l, \qquad j,\ k,\ l\text{은 순환꼴}$$

을 만족한다. 각운동량 행렬 각각의 대각합은 영이 됨을 보이시오.

2.2.18 A와 B가 반교환 가능하다. 즉 AB = − BA다. 또한 $A^2 = 1$, $B^2 = 1$이다. trace(A) = trace(B) = 0임을 보이시오.

[참고] 파울리 행렬과 디랙 행렬이 구체적인 예들이다.

2.2.19 (a) 두 정칙 행렬이 반교환 가능하면 각 행렬의 대각합은 영임을 보이시오. (정칙 행렬은 그 행렬의 행렬식이 영이 아닌 것을 의미한다.)

(b) 문항 (a)의 조건이 성립하려면 A와 B가 n이 **짝수**인 $n \times n$ 행렬이어야 한다. n이 **홀수**이면 모순이 발생함을 보이시오.

2.2.20 A^{-1}의 원소가

$$(A^{-1})_{ij} = a_{ij}^{(-1)} = \frac{C_{ji}}{|A|}$$

이고, C_{ji}는 $|A|$의 ji번째 여인수이면

$$A^{-1}A = 1$$

임을 보이시오. 그러므로 A^{-1}는 ($|A| \neq 0$이면) A의 역이다.

2.2.21 다음 사항 외에는 곱 $M_L A$가 A와 같게 되는 행렬 M_L을 구하시오.

(a) 상수 k가 i번째 행에 곱해진다($a_{ij} \to ka_{ij}$, $j = 1, 2, 3, \ldots$).

(b) i번째 행이 원래 i번째 행 빼기 m번째 행의 배수로 대체된다($a_{ij} \to a_{ij} - Ka_{mj}$, $j = 1, 2, 3, \ldots$).

(c) i번째와 m번째 행들이 교환된다($a_{ij} \to a_{mj}$, $a_{mj} \to a_{ij}$, $j = 1, 2, 3, \ldots$).

2.2.22 다음 사항 외에는 곱 AM_R가 A와 같게 되는 행렬 M_R를 구하시오.

(a) 상수 k가 i번째 열에 곱해진다($a_{ji} \to ka_{ji}$, $j = 1, 2, 3, \ldots$).

(b) i번째 열이 원래 i번째 열 빼기 m번째 열의 배수로 대체된다($a_{ji} \to a_{ji} - Ka_{jm}$, $j = 1, 2, 3, \ldots$).

(c) i번째와 m번째 열들이 교환된다($a_{ji} \to a_{jm}$, $a_{jm} \to a_{ji}$, $j = 1, 2, 3, \ldots$).

2.2.23 다음 행렬의 역을 구하시오.

$$\mathrm{A} = \begin{pmatrix} 3 & 2 & 1 \\ 2 & 2 & 1 \\ 1 & 1 & 4 \end{pmatrix}$$

2.2.24 행렬은 물리학자만의 자산으로 남기에는 너무도 유용하다. 행렬은 선형 관계가 있는 곳이면 어디에나 등장한다. 예를 들어, 인구 이동의 연구에서 n개의 구역(또는 산업이나 종교 등등) 각각에서 고정된 인구의 처음 비율은 n성분 열벡터 $\mathbf{P}$로 표현된다. 주어진 시간 동안 한 구역에서 다른 구역으로의 인구 이동은 $n \times n$ (확률) 행렬 T로 묘사된다. 여기서 T_{ij}는 j번째 구역에서 i번째 구역으로 이동한 인구 비율이다. (이동하지 않는 비율은 $i = j$에 포함된다.) 처음 인구 분포가 $\mathbf{P}$로 기술되면, 마지막 인구 분포는 행렬 방정식 $\mathrm{T}\mathbf{P} = \mathbf{Q}$로 주어진다. 그 정의로부터 $\sum_{i=1}^{n} P_i = 1$이다.

(a) 인구의 보존은 다음 조건을 요구함을 보이시오.

$$\sum_{i=1}^{n} T_{ij} = 1, \quad j = 1, 2, \ldots, n$$

(b) 다음 조건이 성립하면 인구가 계속 보존됨을 증명하시오.

$$\sum_{i=1}^{n} Q_i = 1$$

2.2.25 원소가 $a_{ij} = 0.5^{|i-j|}$($i, j = 0, 1, 2, \ldots, 5$)인 6×6 행렬 A에 대하여 A^{-1}을 구하시오.

답. $$\mathrm{A}^{-1} = \frac{1}{3}\begin{pmatrix} 4 & -2 & 0 & 0 & 0 & 0 \\ -2 & 5 & -2 & 0 & 0 & 0 \\ 0 & -2 & 5 & -2 & 0 & 0 \\ 0 & 0 & -2 & 5 & -2 & 0 \\ 0 & 0 & 0 & -2 & 5 & -2 \\ 0 & 0 & 0 & 0 & -2 & 4 \end{pmatrix}$$

2.2.26 두 직교 행렬의 곱은 직교 행렬이 됨을 보이시오.

2.2.27 A가 직교 행렬이면 그 행렬식은 ± 1임을 보이시오.

2.2.28 대칭 행렬과 반대칭 행렬의 곱의 대각합은 영이 됨을 보이시오.

2.2.29 A는 2×2 직교 행렬이다.

$$\mathrm{A} = \begin{pmatrix} a & b \\ c & d \end{pmatrix}$$

의 가장 일반적인 형식을 구하시오.

2.2.30 다음을 보이시오.

$$\det(\mathrm{A}^*) = (\det \mathrm{A})^* = \det(\mathrm{A}^\dagger)$$

2.2.31 세 각운동량 행렬은 기본적인 교환 관계, $[\mathrm{J}_x, \mathrm{J}_y] = i\mathrm{J}_z$을 만족한다(그리고 지표의 순환 순열에 대해서도 마찬가지다). 행렬 중에서 2개가 실수 원소를 가진다면 세 번째 행렬의 원소는 순허수가 되어야 함을 보이시오.

2.2.32 $(\mathrm{AB})^\dagger = \mathrm{B}^\dagger \mathrm{A}^\dagger$임을 보이시오.

2.2.33 S가 영행렬이 아니면 행렬 $\mathrm{C} = \mathrm{S}^\dagger \mathrm{S}$의 대각합은 양의 값만 갖는 것을 보이시오. S가 영행렬인 경우에는 $\mathrm{trace}(\mathrm{C}) = 0$이다.

2.2.34 A와 B가 에르미트 행렬이면 $(\mathrm{AB} + \mathrm{BA})$와 $i(\mathrm{AB} - \mathrm{BA})$도 에르미트 행렬임을 보이시오.

2.2.35 행렬 C는 에르미트 행렬이 **아니다**. 그러면 $\mathrm{C} + \mathrm{C}^\dagger$와 $i(\mathrm{C} - \mathrm{C}^\dagger)$가 에르미트 행렬임을 보이시오. 이것은 에르미트가 아닌 행렬을 두 에르미트 부분

$$\mathrm{C} = \frac{1}{2}(\mathrm{C} + \mathrm{C}^\dagger) + \frac{1}{2i} i(\mathrm{C} - \mathrm{C}^\dagger)$$

로 분해할 수 있다는 것을 의미한다. 행렬을 두 에르미트 행렬 부분으로 분해하는 것은 복소수 z를 $x + iy$로 분해하는 것과 비슷하다. 여기서 $x = (z + z^*)/2$, $y = (z - z^*)/2i$다.

2.2.36 A와 B가 교환 불가능한 에르미트 행렬로

$$\mathrm{AB} - \mathrm{BA} = i\mathrm{C}$$

이다. C가 에르미트 행렬임을 보이시오.

2.2.37 A와 B가 각각 에르미트 행렬이다. 둘의 곱 AB가 에르미트 행렬이 되는 필요충분조건을 구하시오.

답. $[\mathrm{A}, \mathrm{B}] = 0$

2.2.38 유니터리 행렬의 상반(즉, 역)이 유니터리 행렬임을 보이시오.

2.2.39 두 유니터리 행렬의 직접 곱이 유니터리 행렬임을 증명하시오.

2.2.40 식 (2.61)에 주어진 것처럼 벡터 $\boldsymbol{\sigma}$의 성분이 σ_i이고, $\mathbf{p}$가 보통 벡터이면

$$(\boldsymbol{\sigma} \cdot \mathbf{p})^2 = \mathbf{p}^2 \mathbf{1}_2$$

임을 보이시오. 여기서 $\mathbf{1}_2$는 2×2 단위행렬이다.

2.2.41 직접 곱의 성질에 대한 식 (2.57)과 (2.58)을 사용하여 네 가지 행렬 $\gamma^\mu (\mu = 0,\ 1,\ 2,\ 3)$은 식 (2.74)와 (2.75)에 나열한 조건을 만족함을 보이시오.

2.2.42 식 (2.76)의 γ^5는 네 행렬 γ^μ 모두와 반교환되는 것을 보이시오.

2.2.43 이 문제에서 합은 $\mu = 0,\ 1,\ 2,\ 3$에 걸쳐 있다. $g_{\mu\nu} = g^{\mu\nu}$를

$$g_{00} = 1, \quad g_{kk} = -1\ (k = 1,\ 2,\ 3), \quad g_{\mu\nu} = 0\ (\mu \neq \nu)$$

의 관계로 정의하고 $\gamma_\nu = \sum g_{\nu\mu} \gamma^\mu$로 정의한다. 이 정의들을 사용하여 다음을 보이시오.

(a) $\sum \gamma_\mu \gamma^\alpha \gamma^\mu = -2\gamma^\alpha$

(b) $\sum \gamma_\mu \gamma^\alpha \gamma^\beta \gamma^\mu = 4g^{\alpha\beta}$

(c) $\sum \gamma_\mu \gamma^\alpha \gamma^\beta \gamma^\nu \gamma^\mu = -2\gamma^\nu \gamma^\beta \gamma^\alpha$

2.2.44 $\mathrm{M} = \frac{1}{2}(1 + \gamma^5)$이고 γ^5는 식 (2.76)으로 주어졌다면

$$\mathrm{M}^2 = \mathrm{M}$$

임을 보이시오. γ를 식 (2.76)에 나열한 다른 디랙 행렬로 대체해도 이 식은 여전히 만족된다.

2.2.45 16개의 디랙 행렬이 선형 독립 모음을 형성한다는 것을 증명하시오.

2.2.46 4×4 행렬 A(원소들이 상수임)를 16개의 디랙 행렬(여기에서 Γ_i로 나타냄)의 선형 결합

$$\mathrm{A} = \sum_{i=1}^{16} c_i \Gamma_i$$

로 쓸 수 있다면, 다음을 보이시오.

$$c_i \sim \mathrm{trace}(\mathrm{A}\Gamma_i)$$

2.2.47 행렬 $C = i\gamma^2\gamma^0$은 때때로 전하 켤레짓기 행렬이라고 한다. $C\gamma^\mu C^{-1} = -(\gamma^\mu)^T$임을 보이시오.

2.2.48 (a) 식 (2.70)과 (2.72)의 γ^μ 행렬의 정의를 대입하여 식 (2.73)의 디랙 방정식을 2×2 블록(ψ_L과 ψ_S는 차원 2의 열벡터)으로 쓰면 다음 형태가 됨을 보이시오. 여기서 L과 S는 비상대론적 극한에서 상대적인 크기 때문에 각각 "크다"와 "작다"를 나타낸다.

$$\begin{pmatrix} mc^2 - E & c(\sigma_1 p_1 + \sigma_2 p_2 + \sigma_3 p_3) \\ -c(\sigma_1 p_1 + \sigma_2 p_2 + \sigma_3 p_3) & -mc^2 - E \end{pmatrix} \begin{pmatrix} \psi_L \\ \psi_S \end{pmatrix} = 0$$

(b) 비상대론적 극한에 도달하기 위해 $E = mc^2 + \varepsilon$을 대입하고 $-2mc^2 - \varepsilon$을 $-2mc^2$으로 근사한다. 그 다음에 행렬 방정식을 2개의 연립 이성분 방정식으로 쓰고, 그것들을 재배열하여

$$\frac{1}{2m}(p_1^2 + p_2^2 + p_3^2)\psi_L = \varepsilon\psi_L$$

이 됨을 보이시오. 이 식이 바로 자유 입자에 대한 슈뢰딩거 방정식이다.

(c) ψ_L과 ψ_S를 "크다"와 "작다"로 부르는 것이 왜 합리적인지 설명하시오.

2.2.49 디랙 감마 행렬을 (2×2 블록 형식으로)

$$\gamma^0 = \begin{pmatrix} 0 & \mathbf{1}_2 \\ \mathbf{1}_2 & 0 \end{pmatrix}, \quad \gamma^i = \begin{pmatrix} 0 & \sigma_i \\ -\sigma_i & 0 \end{pmatrix} \quad (i = 1,\ 2,\ 3)$$

으로 택하는 것은 그것들이 만족해야 하는 요구 조건과 모순되지 않음을 보이시오. 이렇게 선택한 감마 행렬을 **바일 표현**(Weyl representation)이라고 한다.

2.2.50 질량 m이 영으로 접근하는 극한에서 바일 표현(연습문제 2.2.49 참고)의 디랙 방정식이 독립된 2×2 블록으로 분리된다는 것을 보이시오. 이 사실은 정지 질량이 중요하지 않는 초상대론적 영역이나 질량을 무시할 수 있는 입자(예: 뉴트리노)인 경우에 중요하다.

2.2.51 (a) U가 유니터리 행렬이고 $\mathbf{r}$가 복소 원소를 가진 (열)벡터일 때, $\mathbf{r}$의 크기는 연산 $\mathbf{r}' = \mathrm{U}\mathbf{r}$에 대해 불변임을 보이시오.

(b) 행렬 U는 복소 원소를 가진 열벡터 $\mathbf{r}$를 $\mathbf{r}'$로 변환하면서 크기는 변화시키지 않는다. 즉 $\mathbf{r}^\dagger\mathbf{r} = \mathbf{r}'^\dagger\mathbf{r}'$이다. U가 유니터리 행렬임을 보이시오.

❖ 더 읽을 거리

Aitken, A. C., *Determinants and Matrices.* New York: Interscience (1956), reprinted, Greenwood (1983). A readable introduction to determinants and matrices.

Barnett, S., Matrices: *Methods and Applications.* Oxford: Clarendon Press (1990).

Bickley, W. G., and R. S. H. G. Thompson, *Matrices-Their Meaning and Manipulation.* Princeton, NJ: Van Nostrand (1964). A comprehensive account of matrices in physical problems, their analytic properties, and numerical techniques.

Brown, W. C., *Matrices and Vector Spaces.* New York: Dekker (1991).

Gilbert, J., and L. Gilbert, *Linear Algebra and Matrix Theory.* San Diego: Academic Press (1995).

Golub, G. H., and C. F. Van Loan, *Matrix Computations*, 3rd ed. Baltimore: JHU Press (1996). Detailed mathematical background and algorithms for the production of numerical software, including methods for parallel computation. A classic computer science text.

Heading, J., *Matrix Theory for Physicists.* London: Longmans, Green and Co. (1958). A readable introduction to determinants and matrices, with applications to mechanics, electromagnetism, special relativity, and quantum mechanics.

Vein, R., and P. Dale, *Determinants and Their Applications in Mathematical Physics.* Berlin: Springer (1998).

Watkins, D.S., *Fundamentals of Matrix Computations.* New York: Wiley (1991).

CHAPTER 3

벡터해석

벡터(vector)를 소개하는 1.7절에서는 다른 차원의 공간에서도 비슷한 방식으로 나타난다는 뜻에서 보편적인 몇 가지 기본 성질을 확인하였다. 이러한 성질은 다음과 같이 요약된다. (1) 벡터는 덧셈(addition) 및 스칼라(scalar)와 곱(multiplication)을 포함하는 연산(operation)을 할 수 있는 선형 형태(linear form)로 나타낼 수 있다. (2) 두 벡터를 스칼라에 대응시키면서 두 벡터의 상대적인 방향에 의존하고 좌표계와 무관한 내적(dot product) 연산이 있고 내적 연산에서는 교환법칙과 배분법칙이 성립한다. (3) 벡터는 좌표 방향으로 사영(projection)을 성분(component)으로 분해될 수 있다. 2.2절에서 벡터의 성분은 **열벡터**(column vector)의 원소와 같다고 할 수 있다는 것과 두 벡터의 스칼라곱은 벡터 하나를 전치(transpose)와 다른 열벡터의 행렬곱에 대응한다는 것을 알았다. [열벡터의 전치는 **행벡터**(row vector)이다.]

이 장에서는 이러한 아이디어를 기반으로 주로 3차원 물리 공간에 특정하여 다음과 같이 확장시킨다. (1) **벡터 외적**(vector cross product)이라 불리는 양을 도입하여 벡터를 이용하여 회전 현상과 3차원 공간에서 부피를 나타내고, (2) 벡터를 기술하는 데 사용되는 좌표계를 회전시키거나 반사 연산에서 벡터의 변환 성질을 공부하고, (3) 공간 영역에서 정의된 벡터[벡터**장**(vector fields)]를 다루는 수학적인 방법을 벡터 미분 연산자와 벡터량의 적분을 포함하는 벡터장의 공간적 변화에 의존하는 양에 특별한 주의를 기울이며 전개해 나가고, 마지막으로 (4) 벡터 개념을 학습하는 문제의 대칭성에 대응되는 곡선 좌표계(curvilinear coordinate systems)에 확장시킨다. [예로서 구면 대칭성을 가지고 있는 계에 대한 구면 극좌표계(spherical polar coordinates)를 들 수 있다.]

이 장의 본질적인 아이디어는 어떤 양이 **벡터**가 되기 위해서는 좌표를 변환해도 본질적인 특징은 보존되는 변환 성질을 가져야만 한다는 것이다. 방향과 크기가 있는 양이 적절하게 변환되지 않아서 벡터가 될 수 없는 경우가 있다. 변환 성질을 학습하면 다음 장에서는 궁극적으로 텐서와 같은 관련된 양으로 일반화할 수 있는 능력을 갖추게 된다.

마지막으로, 이 장에서 전개해 나가는 방법은 전자기 이론과 역학에 직접 응용되고 이러한 관계는 예제의 학습을 통해 탐구된다.

3.1 기본 성질 복습

1.7절에서 벡터의 다음 성질을 확립하였다.

1. 벡터는 공간에서 화살표로 나타낼 수 있는 연속된 변위에 해당하는 덧셈법칙을 만족한다. 벡터의 덧셈에서는 교환법칙과 결합법칙이 성립한다.

$$\mathbf{A}+\mathbf{B} = \mathbf{B}+\mathbf{A} \text{와 } (\mathbf{A}+\mathbf{B})+\mathbf{C} = \mathbf{A}+(\mathbf{B}+\mathbf{C})$$

2. 벡터 $\mathbf{A}$는 스칼라 k와 곱해질 수 있다. 만일 $k>0$이면 그 결과는 $\mathbf{A}$와 같은 방향을 가지고 길이에는 k가 곱해진다. 만일 $k<0$이면 그 결과는 $\mathbf{A}$와 반대 방향을 가지고 길이에는 $|k|$가 곱해진다.
3. 벡터 $\mathbf{A}-\mathbf{B}$는 $\mathbf{A}+(-1)\mathbf{B}$로 해석된다. 따라서 $\mathbf{A}-2\mathbf{B}+3\mathbf{C}$와 같은 벡터 다항식도 잘 정의된다.
4. 특정한 좌표 x_i 방향으로 단위길이를 갖는 벡터를 $\hat{\mathbf{e}}_i$로 표시한다. 임의의 벡터 $\mathbf{A}$는 다음과 같이 좌표 방향 벡터의 합으로 쓸 수 있다.

$$\mathbf{A}= A_1\hat{\mathbf{e}}_1 + A_2\hat{\mathbf{e}}_2 + \cdots$$

A_i를 $\mathbf{A}$의 성분이라 부르고 성질 1부터 3까지의 연산은 다음 성분 공식에 대응된다.

$$\mathbf{G}= \mathbf{A}-2\mathbf{B}+3\mathbf{C} \Rightarrow G_i = A_i - 2B_i + 3C_i$$

5. 벡터 $\mathbf{A}$의 크기 또는 길이를 $|\mathbf{A}|$ 또는 A로 표시하고 성분으로는 다음과 같이 주어진다.

$$|\mathbf{A}| = (A_1^2 + A_2^2 + \cdots)^{1/2}$$

6. 두 벡터의 내적은 다음 공식으로 주어진다.

$$\mathbf{A}\cdot\mathbf{B} = A_1B_1 + A_2B_2 + \cdots$$

그 결과 θ가 $\mathbf{A}$와 $\mathbf{B}$ 사이의 각도일 때 다음이 성립한다.

$$|\mathbf{A}|^2 = \mathbf{A}\cdot\mathbf{A}, \quad \mathbf{A}\cdot\mathbf{B} = |\mathbf{A}||\mathbf{B}|\cos\theta$$

7. 두 벡터가 서로 수직일 때 그 내적은 0이 되고 두 벡터는 **직교**(orthogonal)한다고 한다. 데카르트 좌표계(Cartesian coordinate system)의 단위벡터는 직교한다.

$$\hat{\mathbf{e}}_i \cdot \hat{\mathbf{e}}_j = \delta_{ij} \tag{3.1}$$

여기서 δ_{ij}는 식 (1.64)의 크로네커 델타(Kronecker delta)이다.
8. 어떤 방향으로 벡터의 사영은 그 방향의 단위벡터와의 내적에 의해 주어지는 대수적 크기를 갖는다. 특히, $\mathbf{A}$의 $\hat{\mathbf{e}}_i$ 방향으로의 사영은 $A_i\hat{\mathbf{e}}_i$이고 다음과 같은 관계가 있다.

$$A_i = \hat{\mathbf{e}}_i \cdot \mathbf{A}$$

9. $\mathbb{R}^3$에 있는 **A**의 성분은 그 방향의 방향 코사인(direction cosines, **A**가 좌표축과 이루는 각도의 코사인)과 다음 식과 같은 관계를 가지고 있다.

$$A_x = A\cos\alpha, \quad A_y = A\cos\beta, \quad A_z = A\cos\gamma, \quad \cos^2\alpha + \cos^2\beta + \cos^2\gamma = 1$$

2.2절에서는 단일 열로 이루어진 행렬이 벡터를 나타내는 데 사용될 수 있다는 것을 알았다. 특히, 3차원 공간 $\mathbb{R}^3$에 대해 설명한 다음 성질을 알았다.

10. 벡터 **A**는 단일 열로 이루어진 행렬 **a**로 나타낼 수 있고 다음과 같이 **a**의 원소는 **A**의 성분이다.

$$\mathbf{A} \quad \Rightarrow \quad \mathbf{a} = \begin{pmatrix} A_1 \\ A_2 \\ A_3 \end{pmatrix}$$

   a의 행(즉 각 원소 A_i)은 **A**를 나타내기 위해 쓰인 **기저**(basis)의 개별 구성원의 계수이고, 따라서 원소 A_i는 기저의 단위벡터 $\hat{\mathbf{e}}_i$와 연관되어 있다.

11. 벡터 연산인 덧셈과 스칼라곱은 벡터를 나타내는 단일 열로 이루어진 행렬에 적용되는 같은 이름의 연산에 다음에 설명한 바와 같이 정확하게 대응된다.

$$\mathbf{G} = \mathbf{A} - 2\mathbf{B} + 3\mathbf{C} \quad \Rightarrow \quad \begin{pmatrix} G_1 \\ G_2 \\ G_3 \end{pmatrix} = \begin{pmatrix} A_1 \\ A_2 \\ A_3 \end{pmatrix} - 2\begin{pmatrix} B_1 \\ B_2 \\ B_3 \end{pmatrix} + 3\begin{pmatrix} C_1 \\ C_2 \\ C_3 \end{pmatrix}$$

$$= \begin{pmatrix} A_1 - 2B_1 + 3C_1 \\ A_2 - 2B_2 + 3C_2 \\ A_3 - 2B_3 + 3C_3 \end{pmatrix} \text{ 또는 } \mathbf{g} = \mathbf{a} - 2\mathbf{b} + 3\mathbf{c}$$

   그러므로 이러한 단일 열로 이루어진 행렬을 **열벡터**라 부르는 것은 적절하다.

12. 벡터 **A**를 나타내는 행렬의 전치는 단일 행으로 이루어진 행렬이고, **행벡터**라 부른다.

$$\mathbf{a}^T = (A_1 \;\; A_2 \;\; A_3)$$

   성질 11에서 설명된 연산은 행벡터에도 적용된다.

13. 내적 **A** · **B**는 $\mathbf{a}^T\mathbf{b}$로 계산될 수 있다. **a**와 **b**가 실벡터이므로 다른 표현으로 $\mathbf{a}^\dagger\mathbf{b}$로 나타낼 수 있다. 또한 $\mathbf{a}^T\mathbf{b} = \mathbf{b}^T\mathbf{a}$이다.

$$\mathbf{A} \cdot \mathbf{B} = \mathbf{a}^T\mathbf{b} = (A_1 \;\; A_2 \;\; A_3)\begin{pmatrix} B_1 \\ B_2 \\ B_3 \end{pmatrix} = A_1B_1 + A_2B_2 + A_3B_3$$

3.2 3차원 공간의 벡터

우리는 거의 3차원 공간의 벡터에서만 적용 가능한 벡터의 추가 성질을 전개해 나갈 것이다.

■ 벡터곱 또는 외적

물리에서 많은 양이 각운동과 관계되거나 각가속도에 필수적인 돌림힘(torque)과 관계된다. 예를 들어, 한 점에 대한 **각운동량**(angular momentum)은 그 점으로부터의 거리 r와 $\mathbf{r}$에 수직한 선형 운동량 $\mathbf{p}$의 성분을 곱한 것과 같은 크기를 갖는다. 그림 3.1에 나타난 것과 같이 이 성분이 각운동을 일으키는 $\mathbf{p}$의 성분이 된다. 각운동량의 방향은 $\mathbf{r}$과 $\mathbf{p}$에 모두 수직이고 각운동이 일어나는 축에 대응된다. 각운동량을 기술하는 데 필요한 수학적인 구조는 다음과 같이 정의되는 **외적**(cross product)이다.

$$\mathbf{C} = \mathbf{A} \times \mathbf{B} = (AB \sin\theta)\,\hat{\mathbf{e}}_c \tag{3.2}$$

$\mathbf{C}$는 외적의 결과이고 크기가 $\mathbf{A}$, $\mathbf{B}$의 크기와 $\mathbf{A}$와 $\mathbf{B}$ 사이의 각도 $\theta \le \pi$의 사인(sine)의 곱인 벡터로 명시되어 있다. $\mathbf{C}$의 방향, 즉 $\hat{\mathbf{e}}_c$의 방향은 $\mathbf{A}$와 $\mathbf{B}$의 평면에 수직하고 $\mathbf{A}$, $\mathbf{B}$, $\mathbf{C}$는 오른손 계를 이룬다.[1] 이렇게 하면 $\mathbf{C}$는 회전축과 나란하고 부호는 회전하는 방향을 가리킨다.

그림 3.2로부터 $\mathbf{A}\times\mathbf{B}$의 크기는 $\mathbf{A}$와 $\mathbf{B}$가 이루는 평행사변형의 면적과 같고 방향은 평행사변형에 **수직**(normal)임을 알 수 있다.

다음 식을 포함한 다른 곳에서도 외적을 만날 수 있다.

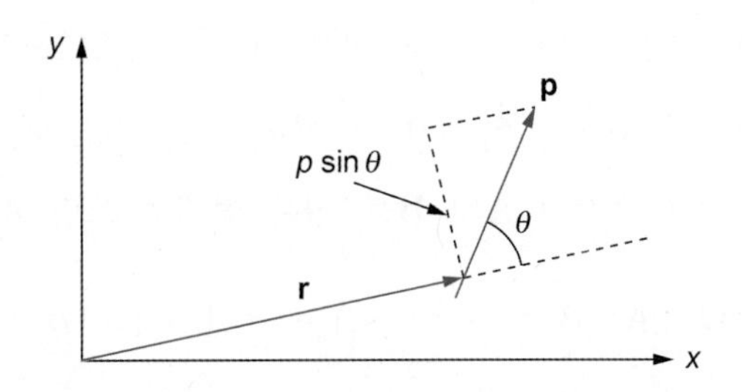

그림 3.1 원점에 대한 각운동량 $\mathbf{L}=\mathbf{r}\times\mathbf{p}$. $\mathbf{L}$의 크기는 $rp\sin\theta$이고 방향은 지면으로 나오는 방향이다.

[1] 이 문장에 고유한 모호성은 의인화된 방식을 따라 해결된다. 오른손을 $\mathbf{A}$ 방향을 향하게 하고 손가락을 $\mathbf{B}$ 방향의 둘 중 작은 각도를 통과하게 굽힌다. 이때 엄지손가락이 향하는 방향이 $\mathbf{C}$의 방향이다.

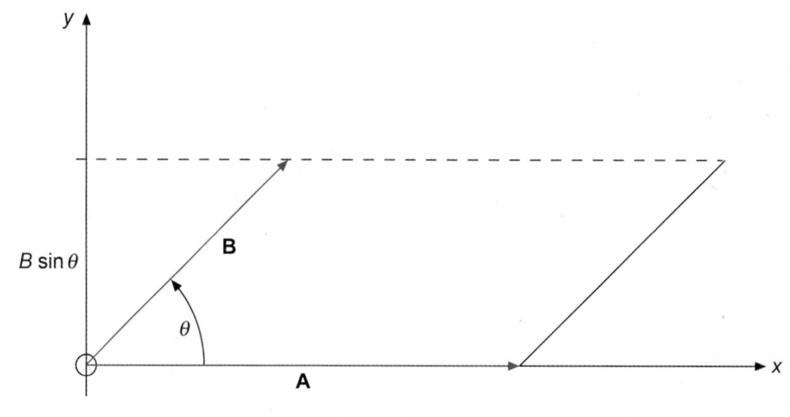

그림 3.2 A×B의 평행사변형

$$\mathbf{v} = \boldsymbol{\omega} \times \mathbf{r} \quad \text{그리고} \quad \mathbf{F}_M = q\mathbf{v} \times \mathbf{B}$$

이 식의 첫 번째는 선형 속도 $\mathbf{v}$와 각속도 ω 사이의 관계이고 두 번째 식은 자기장 $\mathbf{B}$에 있는 전하가 q인 입자에 작용하는 힘 $\mathbf{F}_M$의 식이다(SI 단위).

외적의 몇 가지 대수적 성질을 엮어서 분석하면 오른손 방법을 얻을 수 있다. $\mathbf{A}$와 $\mathbf{B}$를 바꾸면 외적은 부호가 바뀌어서 다음이 성립한다.

$$\mathbf{B} \times \mathbf{A} = -\mathbf{A} \times \mathbf{B} \text{ [반대 바꿈(anticommutation)]} \tag{3.3}$$

이 외적은 배분법칙을 따른다.

$$\mathbf{A} \times (\mathbf{B} + \mathbf{C}) = \mathbf{A} \times \mathbf{B} + \mathbf{A} \times \mathbf{C}, \quad k(\mathbf{A} \times \mathbf{B}) = (k\mathbf{A}) \times \mathbf{B} \tag{3.4}$$

좌표 방향의 단위벡터에 적용하면 다음을 얻는다.

$$\hat{\mathbf{e}}_i \times \hat{\mathbf{e}}_j = \sum_k \varepsilon_{ijk} \hat{\mathbf{e}}_k \tag{3.5}$$

여기서 ε_{ijk}는 식 (2.8)에 정의된 레비-치비타 기호(Levi-Civita symbol)이다. 식 (3.5)는 그러므로 예를 들면 $\hat{\mathbf{e}}_x \times \hat{\mathbf{e}}_x = 0$, $\hat{\mathbf{e}}_x \times \hat{\mathbf{e}}_y = \hat{\mathbf{e}}_z$, $\hat{\mathbf{e}}_y \times \hat{\mathbf{e}}_x = -\hat{\mathbf{e}}_z$를 나타낸다.

식 (3.5)를 이용하여 $\mathbf{A}$와 $\mathbf{B}$를 성분 형태로 쓰면 $\mathbf{A} \times \mathbf{B}$를 전개하여 다음을 얻는다.

$$\begin{aligned}
\mathbf{C} = \mathbf{A} \times \mathbf{B} &= (A_x \hat{\mathbf{e}}_x + A_y \hat{\mathbf{e}}_y + A_z \hat{\mathbf{e}}_z) \times (B_x \hat{\mathbf{e}}_x + B_y \hat{\mathbf{e}}_y + B_z \hat{\mathbf{e}}_z) \\
&= (A_x B_y - A_y B_x)(\hat{\mathbf{e}}_x \times \hat{\mathbf{e}}_y) + (A_x B_z - A_z B_x)(\hat{\mathbf{e}}_x \times \hat{\mathbf{e}}_z) \\
&\quad + (A_y B_z - A_z B_y)(\hat{\mathbf{e}}_y \times \hat{\mathbf{e}}_z) \\
&= (A_x B_y - A_y B_x)\hat{\mathbf{e}}_z + (A_x B_z - A_z B_x)(-\hat{\mathbf{e}}_y) + (A_y B_z - A_z B_y)\hat{\mathbf{e}}_x
\end{aligned} \tag{3.6}$$

$\mathbf{C}$의 성분은 중요하므로 따로 쓴다.

$$C_x = A_y B_z - A_z B_y, \quad C_y = A_z B_x - A_x B_z, \quad C_z = A_x B_y - A_y B_x \tag{3.7}$$

똑같이 다음과 같이 쓸 수 있다.

$$C_i = \sum_{jk} \varepsilon_{ijk} A_j B_k \tag{3.8}$$

외적을 표현하는 다른 방식은 행렬식으로 쓰는 것이다. 다음 행렬식으로부터 행렬식의 맨 위 행의 소행렬식으로 전개하면 식 (3.7)이 나오는 것은 바로 증명할 수 있다.

$$\mathbf{C} = \begin{vmatrix} \hat{\mathbf{e}}_x & \hat{\mathbf{e}}_y & \hat{\mathbf{e}}_z \\ A_x & A_y & A_z \\ B_x & B_y & B_z \end{vmatrix} \tag{3.9}$$

외적의 반대 바꿈은 $\mathbf{A}$와 $\mathbf{B}$의 성분으로 이루어진 행을 서로 바꾸면 분명하게 알 수 있다.

식 (3.2)에서의 외적의 기하학적 형태와 식 (3.6)에서의 대수적 형태를 일치시킬 필요가 있다. $\mathbf{A}\times\mathbf{B}$의 크기는 $\mathbf{C}$의 성분 형태로부터 계산하면 다음을 확인할 수 있다.

$$\begin{aligned}(\mathbf{A}\times\mathbf{B})\cdot(\mathbf{A}\times\mathbf{B}) &= A^2B^2 - (\mathbf{A}\cdot\mathbf{B})^2 = A^2B^2 - A^2B^2\cos^2\theta \\ &= A^2B^2\sin^2\theta \end{aligned} \tag{3.10}$$

식 (3.10)의 첫 번째 단계는 성분 형태에서 좌변을 전개하고 결과를 식의 첫째 줄의 중간을 구성하는 항으로 모으면 증명할 수 있다.

$\mathbf{C}=\mathbf{A}\times\mathbf{B}$의 방향을 확인하기 위해 $\mathbf{A}\cdot\mathbf{C}=\mathbf{B}\cdot\mathbf{C}=0$을 계산해서 성분 형태의 $\mathbf{C}$가 $\mathbf{A}$와 $\mathbf{B}$ 양쪽에 수직하다는 것을 보일 수 있다.

$$\mathbf{A}\cdot\mathbf{C} = A_x(A_yB_z - A_zB_y) + A_y(A_zB_x - A_xB_z) + A_z(A_xB_y - A_yB_x) = 0 \tag{3.11}$$

$\mathbf{C}$의 부호를 증명하기 위해 특별한 경우를 확인하는 것으로 충분하다. (예를 들어 $\mathbf{A}=\hat{\mathbf{e}}_x$, $\mathbf{B}=\hat{\mathbf{e}}_y$, 또는 $A_x = B_y = 1$이고 모든 다른 성분은 0이다.)

다음으로 식 (3.2)로부터 주어진 좌표계에서 $\mathbf{C}=\mathbf{A}\times\mathbf{B}$이면, 이 식은 좌표를 회전시킬 때 모든 세 벡터의 개별적인 성분은 따라서 변함에도 불구하고 여전히 만족됨이 분명하다는 것을 보았다. 다시 말하면, 외적은 내적과 같이 회전 불변 관계를 가진다.

끝으로 외적은 3차원 공간에 대해 특정하여 정의되는 양이라는 것을 기억하자. 다른 차원에서 유사한 정의가 가능하지만 $\mathbb{R}^3$의 외적의 해석과 유용성을 공유하지는 않는다.

■ 삼중 스칼라곱

여러 벡터 연산이 많은 방식으로 조합될 수 있지만 세 연산자를 포함한 두 조합이 특별히 중요하다. 첫 번째로 $\mathbf{A}\cdot(\mathbf{B}\times\mathbf{C})$ 형태를 **삼중 스칼라곱**(scalar triple product)이라고 부른다. 식 (3.9)의 행렬식 형태로 $\mathbf{B}\times\mathbf{C}$를 쓰고 $\mathbf{A}$와 내적을 취하면 단위벡터 $\hat{\mathbf{e}}_x$를 A_x로 바꾸고 $\hat{\mathbf{e}}_y$와 $\hat{\mathbf{e}}_z$도 대응하여 바꾸게 된다. 그 결과는 다음과 같다.

$$\mathbf{A}\cdot(\mathbf{B}\times\mathbf{C})=\begin{vmatrix} A_x & A_y & A_z \\ B_x & B_y & B_z \\ C_x & C_y & C_z \end{vmatrix} \tag{3.12}$$

이와 같이 대칭적인 행렬식 형태로부터 많은 결론을 이끌어 낼 수 있다. 우선 행렬식은 벡터량을 포함하고 있지 않다는 것을 알 수 있고 따라서 보통의 수로 계산되어야 한다. 식 (3.12)의 좌변은 회전 불변량이므로 행렬식이 나타내는 수 또한 회전 불변량이 되어야 하고 따라서 스칼라이어야 한다. 기치환에 대해서는 부호를 바꾸고 우치환에 대해서는 부호를 바꾸지 않으면서 행렬식의 행끼리 치환하면 벡터 $\mathbf{A}$, $\mathbf{B}$, $\mathbf{C}$를 치환하여 다음을 얻는다.

$$\mathbf{A}\cdot\mathbf{B}\times\mathbf{C}=\mathbf{B}\cdot\mathbf{C}\times\mathbf{A}=\mathbf{C}\cdot\mathbf{A}\times\mathbf{B}=-\mathbf{A}\cdot\mathbf{C}\times\mathbf{B},\quad \text{등등} \tag{3.13}$$

여기서 이러한 표현이 의미를 갖기 위해서는 괄호가 제자리에 있어야 한다는 점을 이해한다는 것을 전제로 보통의 관례에 따라 외적을 둘러싸는 괄호를 생략하였다. 끝으로 $\mathbf{B}\times\mathbf{C}$는 BC 평행사변형의 면적과 같은 크기를 갖고 방향은 BC 평행사변형에 수직하다는 것과 A

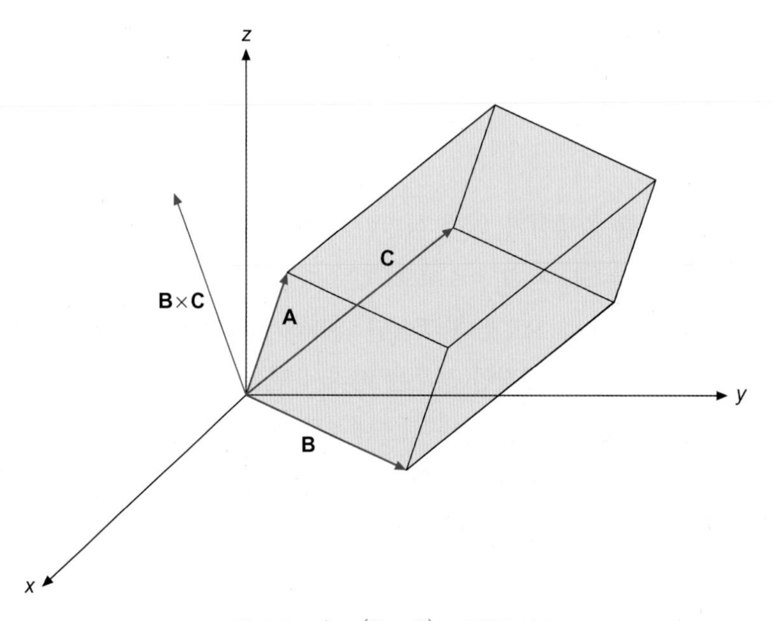

그림 3.3 $\mathbf{A}\cdot(\mathbf{B}\times\mathbf{C})$ 평행육면체

와 내적은 그 면적과 $\mathbf{A}$의 $\mathbf{B}\times\mathbf{C}$로의 사영을 곱한 것임을 주목한다. 이로부터 삼중 스칼라 곱은 $\mathbf{A}$, $\mathbf{B}$, $\mathbf{C}$로 정의되는 평행육면체의 $(\pm)$부피임을 알 수 있다. 그림 3.3을 참조하라.

예제 3.2.1 반비례 격자

서로 수직일 필요가 없는 $\mathbf{a}$, $\mathbf{b}$, $\mathbf{c}$가 결정 격자를 정의하는 벡터를 나타낸다. 한 격자점에서부터 다른 격자점까지 변위는 다음과 같이 쓸 수 있다.

$$\mathbf{R} = n_a\mathbf{a} + n_b\mathbf{b} + n_c\mathbf{c} \tag{3.14}$$

여기에서 n_a, n_b, n_c는 정수인 값을 갖는다. 고체의 띠이론[2]에서 **반비례 격자**(reciprocal lattice) $\mathbf{a}'$, $\mathbf{b}'$, $\mathbf{c}'$이라 부르고 다음이 성립한다.

$$\mathbf{a}\cdot\mathbf{a}' = \mathbf{b}\cdot\mathbf{b}' = \mathbf{c}\cdot\mathbf{c}' = 1 \tag{3.15}$$

$$\mathbf{a}\cdot\mathbf{b}' = \mathbf{a}\cdot\mathbf{c}' = \mathbf{b}\cdot\mathbf{a}' = \mathbf{b}\cdot\mathbf{c}' = \mathbf{c}\cdot\mathbf{a}' = \mathbf{c}\cdot\mathbf{b}' = 0 \tag{3.16}$$

반비례 격자 벡터는 어떤 벡터 $\mathbf{u}$와 $\mathbf{v}$에 대해 $\mathbf{u}\times\mathbf{v}$는 $\mathbf{u}$와 $\mathbf{v}$에 수직인 사실을 기억하면 쉽게 구할 수 있다.

$$\mathbf{a}' = \frac{\mathbf{b}\times\mathbf{c}}{\mathbf{a}\cdot\mathbf{b}\times\mathbf{c}},\quad \mathbf{b}' = \frac{\mathbf{c}\times\mathbf{a}}{\mathbf{a}\cdot\mathbf{b}\times\mathbf{c}},\quad \mathbf{c}' = \frac{\mathbf{a}\times\mathbf{b}}{\mathbf{a}\cdot\mathbf{b}\times\mathbf{c}} \tag{3.17}$$

삼중 스칼라곱으로부터 축척 조건인 식 (3.15)가 만족됨을 알 수 있다. ■

■ 삼중 벡터곱

다른 중요한 삼중 곱은 $\mathbf{A}\times(\mathbf{B}\times\mathbf{C})$ 형태의 **삼중 벡터곱**(vector triple product)이다. 여기에서는 괄호가 중요하다. 예를 들어 $(\hat{\mathbf{e}}_x\times\hat{\mathbf{e}}_x)\times\hat{\mathbf{e}}_y = 0$이지만 $\hat{\mathbf{e}}_x\times(\hat{\mathbf{e}}_x\times\hat{\mathbf{e}}_y) = \hat{\mathbf{e}}_x\times\hat{\mathbf{e}}_z = -\hat{\mathbf{e}}_y$이다. 이러한 삼중 곱을 단순한 형태로 간단하게 만들 수 있다. 찾는 결과는 다음 식이다.

$$\mathbf{A}\times(\mathbf{B}\times\mathbf{C}) = \mathbf{B}(\mathbf{A}\cdot\mathbf{C}) - \mathbf{C}(\mathbf{A}\cdot\mathbf{B}) \tag{3.18}$$

식 (3.18)은 때로는 편의상 BAC-CAB 규칙이라고 부르기도 하는데, 모든 벡터의 성분을

---

[2] 때때로 $\mathbf{a}\cdot\mathbf{a}'$ 등이 1보다는 2π가 되도록 정할 수 있다. 어떤 결정에서 $\mathbf{k}$로 분류된 블로흐(Bloch) 상태는 세포 $\mathbf{R}$에서의 구성 원자의 파동 함수에 계수 $\exp(i\mathbf{k}\cdot\mathbf{R})$로 쓸 수 있다. 만일 $\mathbf{k}$가 반비례 격자 간격만큼 (예를 들어 $\mathbf{a}'$ 방향으로) 바뀌면 계수는 $\exp(i[\mathbf{k}+\mathbf{a}']\cdot\mathbf{R})$이 되고 이는 $\exp(2\pi i n_a)\exp(i\mathbf{k}\cdot\mathbf{R})$와 같은데 $\exp(2\pi i n_a) = 1$이므로 계수는 원래 값과 같게 된다. 그러므로 반비례 격자는 $\mathbf{k}$의 주기성을 나타낸다. 반비례 격자의 단위세포를 **브릴루앙 영역**(Brillouin zone)이라 한다.

끼워 넣고 모든 곱을 계산하여 증명할 수 있지만 더 간편한 방식으로 계산하는 것이 유익하다. 외적을 레비-치비타 기호로 쓴 공식인 식 (3.8)에 따르면 다음과 같이 쓸 수 있다.

$$\begin{aligned} \mathbf{A}\times(\mathbf{B}\times\mathbf{C}) &= \sum_i \hat{\mathbf{e}}_i \sum_{jk} \varepsilon_{ijk} A_j \left(\sum_{pq} \varepsilon_{kpq} B_p C_q\right) \\ &= \sum_{ij}\sum_{pq} \hat{\mathbf{e}}_i A_j B_p C_q \sum_k \varepsilon_{ijk}\varepsilon_{kpq} \end{aligned} \tag{3.19}$$

레비-치비타 기호끼리의 곱을 k에 대해 합하면 연습문제 2.1.9에서 보인 바와 같이 $\delta_{ip}\delta_{jq}-\delta_{iq}\delta_{jp}$로 쓸 수 있다. 따라서 정리하면 다음 식을 얻을 수 있다.

$$\mathbf{A}\times(\mathbf{B}\times\mathbf{C}) = \sum_{ij} \hat{\mathbf{e}}_i A_j (B_i C_j - B_j C_i) = \sum_i \hat{\mathbf{e}}_i \left(B_i \sum_j A_j C_j - C_i \sum_j A_j B_j\right)$$

이 식은 식 (3.18)과 동등하다.

연습문제

3.2.1 만일 $\mathbf{P} = \hat{\mathbf{e}}_x P_x + \hat{\mathbf{e}}_y P_y$와 $\mathbf{Q} = \hat{\mathbf{e}}_x Q_x + \hat{\mathbf{e}}_y Q_y$가 xy평면에 놓인 평행하지 않고 반평행하지도 않은 벡터이면 $\mathbf{P}\times\mathbf{Q}$의 방향이 z축 방향임을 보이시오.

3.2.2 $(\mathbf{A}\times\mathbf{B})\cdot(\mathbf{A}\times\mathbf{B}) = (AB)^2 - (\mathbf{A}\cdot\mathbf{B})^2$을 증명하시오.

3.2.3 다음 벡터

$$\begin{aligned} \mathbf{P} &= \hat{\mathbf{e}}_x \cos\theta + \hat{\mathbf{e}}_y \sin\theta \\ \mathbf{Q} &= \hat{\mathbf{e}}_x \cos\varphi + \hat{\mathbf{e}}_y \sin\varphi \\ \mathbf{R} &= \hat{\mathbf{e}}_x \cos\varphi + \hat{\mathbf{e}}_y \sin\varphi \end{aligned}$$

를 이용하여 흔히 볼 수 있는 삼각함수의 항등식을 증명하시오.

$$\begin{aligned} \sin(\theta+\varphi) &= \sin\theta\cos\varphi + \cos\theta\sin\varphi \\ \cos(\theta+\varphi) &= \cos\theta\cos\varphi - \sin\theta\sin\varphi \end{aligned}$$

3.2.4 (a) 다음 벡터에 수직인 벡터 $\mathbf{A}$를 구하시오.

$$\begin{aligned} \mathbf{U} &= 2\hat{\mathbf{e}}_x + \hat{\mathbf{e}}_y - \hat{\mathbf{e}}_z \\ \mathbf{V} &= \hat{\mathbf{e}}_x - \hat{\mathbf{e}}_y + \hat{\mathbf{e}}_z \end{aligned}$$

(b) 이러한 조건과 함께 크기가 1인 조건을 더할 때 벡터 $\mathbf{A}$를 구하시오.

3.2.5 네 벡터 $\mathbf{a}$, $\mathbf{b}$, $\mathbf{c}$, $\mathbf{d}$가 모두 한 평면에 있을 때 다음을 보이시오.

$$(\mathbf{a}\times\mathbf{b})\times(\mathbf{c}\times\mathbf{d}) = 0$$

[힌트] 벡터의 외적의 방향을 고려하라.

3.2.6 사인 법칙을 유도하시오(그림 3.4 참고).

$$\frac{\sin\alpha}{|\mathbf{A}|} = \frac{\sin\beta}{|\mathbf{B}|} = \frac{\sin\gamma}{|\mathbf{C}|}$$

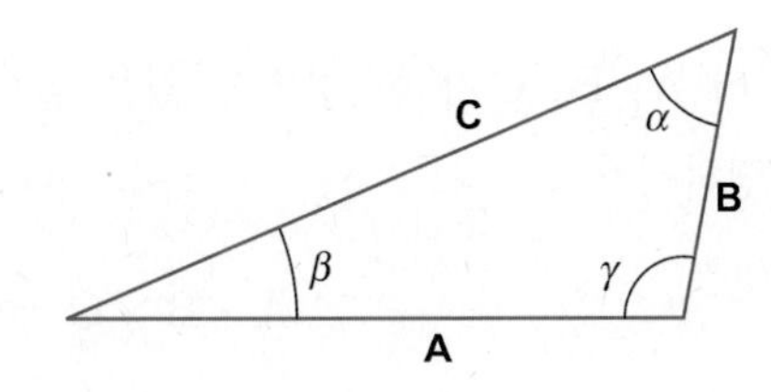

그림 3.4 평면 삼각형

3.2.7 자기장 $\mathbf{B}$는 로런츠 힘(Lorentz force) 식에 의해 **정의**된다.

$$\mathbf{F} = q(\mathbf{v}\times\mathbf{B})$$

세 실험을 수행하여 다음을 구하였다.

$$\mathbf{v} = \hat{\mathbf{e}}_x,\quad \frac{\mathbf{F}}{q} = 2\hat{\mathbf{e}}_z - 4\hat{\mathbf{e}}_y$$

$$\mathbf{v} = \hat{\mathbf{e}}_y,\quad \frac{\mathbf{F}}{q} = 4\hat{\mathbf{e}}_x - \hat{\mathbf{e}}_z$$

$$\mathbf{v} = \hat{\mathbf{e}}_z,\quad \frac{\mathbf{F}}{q} = \hat{\mathbf{e}}_y - 2\hat{\mathbf{e}}_x$$

세 실험 결과로부터 자기장 $\mathbf{B}$를 계산하시오.

3.2.8 세 벡터 $\mathbf{A}$, $\mathbf{B}$, $\mathbf{C}$가 다음과 같이 주어져 있다.

$$\mathbf{A} = \hat{\mathbf{e}}_x + \hat{\mathbf{e}}_y$$

$$\mathbf{B} = \hat{\mathbf{e}}_y + \hat{\mathbf{e}}_z$$

$$\mathbf{C} = \hat{\mathbf{e}}_x - \hat{\mathbf{e}}_z$$

(a) 삼중 스칼라곱 $\mathbf{A}\cdot(\mathbf{B}\times\mathbf{C})$를 계산하시오. $\mathbf{A}=\mathbf{B}+\mathbf{C}$를 이용하여 삼중 스칼라곱 결과를

기하학적으로 해석하시오.

(b) $\mathbf{A}\times(\mathbf{B}\times\mathbf{C})$를 계산하시오.

3.2.9 벡터곱에 대한 다음 야코비 항등식(Jacobi's identity)을 증명하시오.

$$\mathbf{a}\times(\mathbf{b}\times\mathbf{c})+\mathbf{b}\times(\mathbf{c}\times\mathbf{a})+\mathbf{c}\times(\mathbf{a}\times\mathbf{b})=0$$

3.2.10 벡터 $\mathbf{A}$는 지름 방향 벡터 $\mathbf{A}_r$와 접선 방향 벡터 $\mathbf{A}_t$로 분해할 수 있다. 지름 방향의 단위벡터가 $\hat{\mathbf{r}}$일 때 다음을 보이시오.

(a) $\mathbf{A}_r=\hat{\mathbf{r}}(\mathbf{A}\cdot\hat{\mathbf{r}})$

(b) $\mathbf{A}_t=-\hat{\mathbf{r}}\times(\hat{\mathbf{r}}\times\mathbf{A})$

3.2.11 영이 아닌 세 벡터 $\mathbf{A}$, $\mathbf{B}$, $\mathbf{C}$가 한 평면에 있을 필요충분조건은 다음 삼중 스칼라곱이 영이 되는 것임을 증명하시오.

$$\mathbf{A}\cdot\mathbf{B}\times\mathbf{C}=0$$

3.2.12 세 벡터 $\mathbf{A}$, $\mathbf{B}$, $\mathbf{C}$가 다음과 같이 주어져 있다.

$$\mathbf{A}=3\hat{\mathbf{e}}_x-2\hat{\mathbf{e}}_y+2\hat{\mathbf{z}}$$
$$\mathbf{B}=6\hat{\mathbf{e}}_x+4\hat{\mathbf{e}}_y-2\hat{\mathbf{z}}$$
$$\mathbf{C}=-3\hat{\mathbf{e}}_x-2\hat{\mathbf{e}}_y-4\hat{\mathbf{z}}$$

$\mathbf{A}\cdot\mathbf{B}\times\mathbf{C}$, $\mathbf{A}\times(\mathbf{B}\times\mathbf{C})$, $\mathbf{C}\times(\mathbf{A}\times\mathbf{B})$, $\mathbf{B}\times(\mathbf{C}\times\mathbf{A})$를 계산하시오.

3.2.13 다음을 보이시오.

$$(\mathbf{A}\times\mathbf{B})\cdot(\mathbf{C}\times\mathbf{D})=(\mathbf{A}\cdot\mathbf{C})(\mathbf{B}\cdot\mathbf{D})-(\mathbf{A}\cdot\mathbf{D})(\mathbf{B}\cdot\mathbf{C})$$

3.2.14 다음을 보이시오.

$$(\mathbf{A}\times\mathbf{B})\times(\mathbf{C}\times\mathbf{D})=(\mathbf{A}\cdot\mathbf{B}\times\mathbf{D})\mathbf{C}-(\mathbf{A}\cdot\mathbf{B}\times\mathbf{C})\mathbf{D}$$

3.2.15 속도 $\mathbf{v}_1$인 전하 q_1이 발생시키는 자기장 $\mathbf{B}$가 다음과 같다.

$$\mathbf{B}=\frac{\mu_0}{4\pi}q_1\frac{\mathbf{v}_1\times\hat{\mathbf{r}}}{r^2}\quad(\text{mks 단위})$$

$\hat{\mathbf{r}}$은 q_1으로부터 $\mathbf{B}$가 측정되는 지점을 가리키는 단위벡터이다[비오-사바르 법칙(Biot-Savart law)].

(a) q_1이 속도 $\mathbf{v}_2$인 두 번째 전하 q_2에 작용하는 자기력이 다음 삼중 벡터곱으로 주어짐을

보이시오.

$$\mathbf{F}_2 = \frac{\mu_0}{4\pi}\frac{q_1 q_2}{r^2}\mathbf{v}_2 \times (\mathbf{v}_1 \times \hat{\mathbf{r}})$$

(b) 대응하는 q_2가 q_1에 작용하는 자기력 $\mathbf{F}_1$을 쓰시오. 지름 방향 단위벡터를 정의하시오. $\mathbf{F}_1$과 $\mathbf{F}_2$는 어떻게 비교되는가?

(c) q_1과 q_2가 나란히 평행한 궤적을 따라 움직이는 경우 $\mathbf{F}_1$과 $\mathbf{F}_2$를 계산하시오.

답. (b) $\mathbf{F}_1 = -\frac{\mu_0}{4\pi}\frac{q_1 q_2}{r^2}\mathbf{v}_1 \times (\mathbf{v}_2 \times \hat{\mathbf{r}})$.

일반적으로 $\mathbf{F}_1$과 $\mathbf{F}_2$ 사이에 성립하는 간단한 식은 없다. 특히 뉴턴의 제3법칙 $\mathbf{F}_1 = -\mathbf{F}_2$가 성립하지 않는다.

(c) $\mathbf{F}_1 = \frac{\mu_0}{4\pi}\frac{q_1 q_2}{r^2}v^2\hat{\mathbf{r}} = -\mathbf{F}_2$.

상호 인력.

3.3 좌표 변환

3장 도입부에서 가리키는 것과 같이 벡터라 분류되는 대상은 좌표계가 회전할 때 특정한 변환 성질을 가져야만 한다. 특히 벡터의 성분은 회전된 계에서 같은 대상을 기술하는 방식으로 변환되어야 한다.

■ 회전

먼저 $\mathbb{R}^2$에서 그림 3.5와 같이 좌표축의 회전을 고려할 때 좌표축을 회전시키지 않은 계에서 벡터 $\mathbf{A}$의 성분 A_x, A_y가 좌표축을 회전한 좌표계에서 성분 A_x', A_y'와 어떤 관계에 있는지 알아내고자 한다. 아마도 가장 쉬운 답은 첫째로 단위벡터 $\hat{\mathbf{e}}_x$와 $\hat{\mathbf{e}}_y$가 새로운 좌표로 어떻게 나타내지는지 찾고 그 후에 벡터합을 수행하여 $A_x\hat{\mathbf{e}}_x$와 $A_y\hat{\mathbf{e}}_y$가 어떻게 바뀌는지 알아내는 것이다.

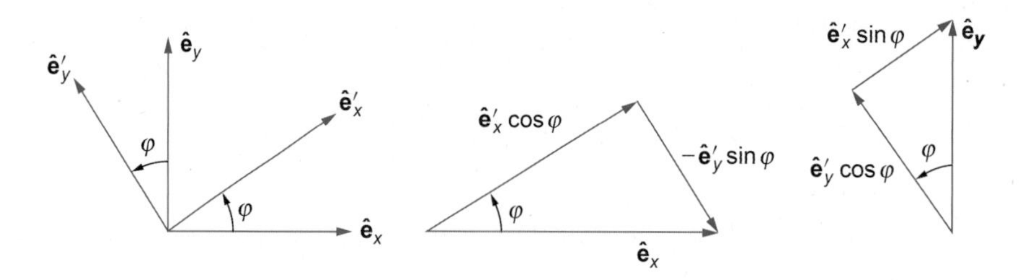

그림 3.5 왼쪽: 2차원 좌표축을 각 φ만큼 회전한 것. 가운데와 오른쪽: $\hat{e}_x$와 $\hat{e}_y$를 회전시킨 계에서 그 성분으로 분해한 것

그림 3.5의 오른쪽 부분으로부터 다음을 알 수 있다.

$$\hat{e}_x = \cos\varphi\,\hat{e}_x{}' - \sin\varphi\,\hat{e}_y{}' \quad \text{그리고} \quad \hat{e}_y = \sin\varphi\,\hat{e}_x{}' + \cos\varphi\,\hat{e}_y{}' \tag{3.20}$$

그러므로 **바뀌지 않은** 벡터 A는 이제 **바뀐** 형태를 취한다.

$$\begin{aligned} \mathrm{A} &= A_x\hat{e}_x + A_y\hat{e}_y = A_x(\cos\varphi\,\hat{e}_x{}' - \sin\varphi\,\hat{e}_y{}') + A_y(\cos\varphi\,\hat{e}_x{}' + \cos\varphi\,\hat{e}_y{}') \\ &= (A_x\cos\varphi + A_y\sin\varphi)\hat{e}_x{}' + (-A_x\sin\varphi + A_y\cos\varphi)\hat{e}_y{}' \end{aligned} \tag{3.21}$$

벡터 **A**를 회전시킨[프라임(′)을 붙인] 좌표계에서

$$\mathbf{A} = A_x{}'\hat{e}_x{}' + A_y{}'\hat{e}_y{}'$$

와 같이 쓰면 다음을 얻는다.

$$A_x{}' = A_x\cos\varphi + A_y\sin\varphi, \quad A_y{}' = -A_x\sin\varphi + A_y\cos\varphi \tag{3.22}$$

이것은 다음의 행렬로 표현한 식과 동등하다.

$$\mathrm{A}' = \begin{pmatrix} A_x{}' \\ A_y{}' \end{pmatrix} = \begin{pmatrix} \cos\varphi & \sin\varphi \\ -\sin\varphi & \cos\varphi \end{pmatrix}\begin{pmatrix} A_x \\ A_y \end{pmatrix} \tag{3.23}$$

이제 **A**가 회전시킨 계의 성분인 $(A_x{}', A_y{}')$으로 주어지고 좌표계를 거꾸로 회전시켜 원래의 방향이 되었다고 가정하자. 이는 $-\varphi$만큼 회전을 수반하게 되고 다음 행렬의 식에 대응한다.

$$\begin{pmatrix} A_x \\ A_y \end{pmatrix} = \begin{pmatrix} \cos(-\varphi) & \sin(-\varphi) \\ -\sin(-\varphi) & \cos(-\varphi) \end{pmatrix}\begin{pmatrix} A_x{}' \\ A_y{}' \end{pmatrix} = \begin{pmatrix} \cos\varphi & -\sin\varphi \\ \sin\varphi & \cos\varphi \end{pmatrix}\begin{pmatrix} A_x{}' \\ A_y{}' \end{pmatrix} \tag{3.24}$$

식 (3.23)과 (3.24)를 다음의 2×2 행렬 S와 S′으로 쓰면 $\mathbf{A}' = \mathrm{S}\mathbf{A}$이고 $\mathbf{A} = \mathrm{S}'\mathbf{A}'$이다.

$$\mathrm{S} = \begin{pmatrix} \cos\varphi & \sin\varphi \\ -\sin\varphi & \cos\varphi \end{pmatrix} \quad \text{그리고} \quad \mathrm{S}' = \begin{pmatrix} \cos\varphi & -\sin\varphi \\ \sin\varphi & \cos\varphi \end{pmatrix} \tag{3.25}$$

이제 S를 **A**에 적용하고 S′을 S**A**에 적용하자. (이것은 먼저 좌표계를 $+\varphi$만큼 회전하고 다음에 $-\varphi$만큼 회전하는 것에 대응한다.) 그 결과는 **A**가 된다.

$$\mathbf{A} = \mathrm{S}'\mathrm{S}\mathbf{A}$$

이 결과는 어떤 **A**에 대해서도 성립해야 하므로 $\mathrm{S}' = \mathrm{S}^{-1}$인 결론을 얻는다. 또한 $\mathrm{S}' = \mathrm{S}^{T}$임을 알 수 있다. $\mathrm{SS}' = \mathbf{1}$인 것은 행렬곱으로 확인할 수 있다.

$$\mathrm{SS}' = \begin{pmatrix} \cos\varphi & \sin\varphi \\ -\sin\varphi & \cos\varphi \end{pmatrix}\begin{pmatrix} \cos\varphi & -\sin\varphi \\ \sin\varphi & \cos\varphi \end{pmatrix} = \begin{pmatrix} 1 & 0 \\ 0 & 1 \end{pmatrix}$$

S의 원소는 실수이므로 $\mathrm{S}^{-1} = \mathrm{S}^{T}$가 뜻하는 것은 **직교**(orthogonal) 행렬인 것이다. 요약하면 **A**와 **A**′(같은 벡터지만 회전시킨 좌표계에서 나타낸 벡터)을 연결하는 변환은 S가 직교 행렬일 때 다음과 같다.

$$\mathbf{A}' = \mathrm{S}\mathbf{A} \tag{3.26}$$

■ 직교 변환

변환을 초래하는 행렬이 직교 행렬일 때 이 변환을 직교 변환이라 하는데 $\mathbb{R}^2$에서 회전을 기술하는 변환이 **직교 변환**인 것은 우연이 아니다.

변환 S를 식으로 쓰는 유용한 방식은 식 (3.20)으로 돌아가서 식을 다음과 같이 다시 쓰는 것이다.

$$\hat{\mathrm{e}}_x = (\hat{\mathrm{e}}_x{}' \cdot \hat{\mathrm{e}}_x)\hat{\mathrm{e}}_x{}' + (\hat{\mathrm{e}}_y{}' \cdot \hat{\mathrm{e}}_x)\hat{\mathrm{e}}_y{}', \quad \hat{\mathrm{e}}_y = (\hat{\mathrm{e}}_x{}' \cdot \hat{\mathrm{e}}_y)\hat{\mathrm{e}}_x{}' + (\hat{\mathrm{e}}_y{}' \cdot \hat{\mathrm{e}}_y)\hat{\mathrm{e}}_y{}' \tag{3.27}$$

이것은 $\hat{\mathrm{e}}_x$와 $\hat{\mathrm{e}}_y$를 직교 벡터 $\hat{\mathrm{e}}_x{}'$와 $\hat{\mathrm{e}}_y{}'$으로의 사영의 합에 해당한다. 이제 S를 다음과 같이 다시 쓸 수 있다.

$$\mathrm{S} = \begin{pmatrix} \hat{\mathrm{e}}_x{}' \cdot \hat{\mathrm{e}}_x & \hat{\mathrm{e}}_x{}' \cdot \hat{\mathrm{e}}_y \\ \hat{\mathrm{e}}_y{}' \cdot \hat{\mathrm{e}}_x & \hat{\mathrm{e}}_y{}' \cdot \hat{\mathrm{e}}_y \end{pmatrix} \tag{3.28}$$

이것은 S의 각 행의 원소는 단위벡터($\hat{\mathrm{e}}_x{}'$나 $\hat{\mathrm{e}}_y{}'$)의 (프라임을 붙이지 않은 좌표에서) 성분인데 다른 행에 대응하는 벡터와 직교한다. 결국 이것은 다른 행벡터 사이의 내적은 0이고 (단위벡터이므로) 어떤 행벡터의 자기 자신과의 내적은 1임을 의미한다. 그러한 점이 **직교** 행렬 S의 더 깊은 중요성이다. SS^{T}의 $\mu\nu$ 원소는 S의 μ번째 행과 (S의 ν번째 행과 같은)

S^T의 ν번째 열로 이루어지는 내적이다. 행벡터끼리는 직교하므로 $\mu \neq \nu$이면 0이고 단위벡터이므로 $\mu = \nu$이면 1이다. 다시 말하면 SS^T는 단위행렬이다.

식 (3.28)에 대한 논의를 끝내기 전에 그 열이 또한 간단히 해석됨을 주목한다. 각 열의 원소는 프라임을 붙이지 않은 세트의 단위벡터 중 하나의 (프라임을 붙인 좌표에서) 성분이다. 따라서 S의 2개의 다른 **열**로 이루어진 내적은 0이 되고 어떤 열의 자기 자신과의 내적은 1이다. 이것은 직교 행렬에 대해서는 $S^T S = 1$이라는 사실에 대응한다.

여기까지를 요약하면 다음과 같다.

한 직교 데카르트 좌표계로부터 다른 데카르트 좌표계로의 변환은 **직교** 행렬로 기술된다.

2장에서 직교 행렬은 크기가 1이고 실수인, 즉 ± 1인 행렬식을 가져야만 한다는 것을 알았다. 그렇지만 보통의 공간에서의 회전에 대해 행렬식은 항상 $+1$이다. 이것을 이해하는 한 방법은 어떤 회전도 많은 수의 작은 회전으로 이루어지게 할 수 있고 행렬식은 회전의 양이 변함에 따라 연속적으로 변해야만 한다는 사실을 고려하는 것이다. 항등 회전(identity rotation), 즉 전혀 회전하지 않는 경우 행렬식은 $+1$이다. $+1$ 이외에는 $+1$ 근처의 값인 행렬식이 허용되지 않으므로 회전은 행렬식의 값을 변화시킬 수 없다.

■ 반사

좌표계를 변화시키는 다른 가능성은 반사 연산을 통하는 것이다. 간단하게 모든 좌표의 부호가 반대가 되는 **반전**(inversion) 연산을 고려해보자. $\mathbb{R}^3$에서 변환 행렬 S는 식 (3.28)과 비슷하게 3×3 행렬로 쓸 수 있고 지금 논의하고 있는 변환은 $\mu = x,\ y,\ z$일 때 $\hat{\mathbf{e}}_\mu{}' = -\hat{\mathbf{e}}_\mu$로 놓는 것이다. 이것을 행렬의 식으로 쓰면 다음과 같다.

$$S = \begin{pmatrix} -1 & 0 & 0 \\ 0 & -1 & 0 \\ 0 & 0 & -1 \end{pmatrix}$$

여기에서는 분명하게 $\det S = -1$인 결과를 얻는다. 행렬식의 부호가 변하는 것은 오른손 좌표계에서 왼손 좌표계로 바뀌는 것에 대응하는데 당연히 회전에 의해서는 이러한 일이 발생하지 않는다. (평면 거울에 의해 맺히는 상에서와 같은) 평면에 대한 반사도 행렬식의 부호와 좌표계의 손지기(handedness)를 변화시킨다. 예를 들어 xy평면에서 반사는 $\hat{\mathbf{e}}_z$의 부호를 변화시키고 다른 두 단위벡터는 그대로 둔다. 이러한 변환에 대한 변환 행렬 S는 다음과 같다.

$$\mathrm{S}=\begin{pmatrix}1 & 0 & 0\\ 0 & 1 & 0\\ 0 & 0 & -1\end{pmatrix}$$

이 행렬의 행렬식도 -1이다.

벡터 덧셈, 스칼라곱, 내적에 대한 공식은 좌표의 반사 변환에 의해 영향을 받지 않는다. 그러나 외적에 대해서는 같은 주장이 성립하지 않는다. 이것을 보기 위해 $\mathbf{A}\times\mathbf{B}$의 어떤 한 성분에 대한 공식과 그것이 반전에서 어떻게 변화하는지 살펴보자. (물리 공간에서 똑같은, 변화하기 전의 벡터는 이제 모든 성분에서 부호 변화가 있다.)

$$C_x:\ A_yB_z-A_zB_y \quad\rightarrow\quad (-A_y)(-B_z)-(-A_z)(-B_y)=A_yB_z-A_zB_y$$

공식에서는 C_x의 부호가 변하지 않아야 한다. 그러나 바뀌지 않은 물리 상황을 기술하기 위해서는 부호가 변해야 한다. 결론적으로 지금까지 찾은 변환 법칙은 외적 연산의 결과에서는 문제가 있다. 그러나 만일 $\mathbf{B}\times\mathbf{C}$를 $\mathbf{B}$와 $\mathbf{C}$와는 다른 유형의 양이라고 분류하면 수학을 살릴 수 있다. 많은 벡터해석 문헌에서는 좌표 반사에서 성분의 부호가 변하는 벡터를 **극벡터**(plolar vector)라고 부르고 성분의 부호가 변하지 않는 벡터를 **축벡터**(axial vector)라고 부른다. **축**(axial)이라는 용어는 의심의 여지없이 외적이 흔히 축에 대한 회전과 관련된 현상을 기술한다는 사실로부터 나왔다. 요즘은 **극벡터**를 그냥 **벡터**라고 부르는 것이 일반적인데 벡터라는 용어가 모든 S에 대해 다음의 변환 법칙을 따르는 대상을 기술하기를 원하기 때문이다.

$$\mathbf{A}'=\mathrm{S}\mathbf{A}\quad(\text{벡터})\tag{3.29}$$

식 (3.29)는 특정하게 S의 행렬식이 $+1$이라는 제한이 없이 성립한다. 축벡터는 좌표 반사에 대해 벡터 변환 법칙이 성립하지 않기 때문에 **유사 벡터**(pseudovector)라고 부르고 그 변환 법칙은 좀 더 복잡한 형태로 나타낼 수 있다.

$$\mathbf{C}'=\det(\mathrm{S})\mathrm{S}\mathbf{C}\quad(\text{유사 벡터})\tag{3.30}$$

반전 연산이 좌표계와 벡터와 유사 벡터에 미치는 영향을 그림 3.6에서 볼 수 있다.

벡터와 유사 벡터가 다른 변환 법칙을 가지고 있기 때문에 일반적으로는 벡터와 유사 벡터를 더하는 것은 물리적 의미가 없다.[3] 보통은 다른 변환 성질을 가지는 양을 등식으로 쓰는 것은 무의미하다. $\mathbf{A}=\mathbf{B}$에서 두 양이 모두 벡터이거나 모두 유사 벡터이어야 한다.

---

[3] 이에 대한 큰 예외는 베타-붕괴(beta-decay) 약한 상호작용에 있다. 여기서 우주는 오른손 계와 왼손 계를 구별하고 극벡터와 축벡터 상호작용을 더한다.

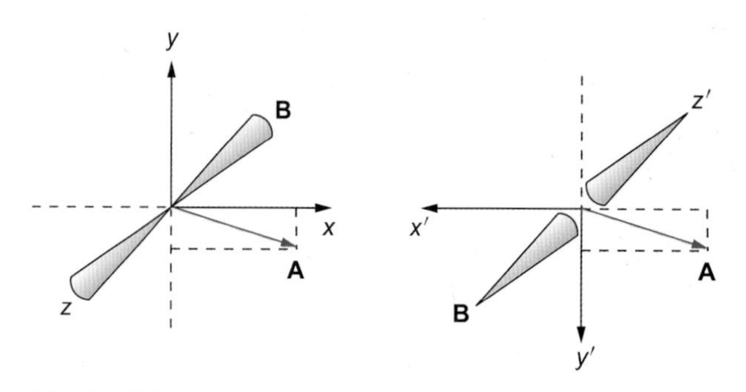

그림 3.6 원래 좌표(왼쪽)의 반전(오른쪽)과 벡터 A와 유사 벡터 B에 미치는 영향

유사 벡터는 물론 더 복잡한 표현에도 들어가는데, 예를 들면 삼중 스칼라곱 $\mathbf{A}\cdot\mathbf{B}\times\mathbf{C}$이 있다. 좌표 반사를 거치면 $\mathbf{B}\times\mathbf{C}$의 성분은 (앞에서 본 바와 같이) 변하지 않지만 $\mathbf{A}$의 성분은 부호가 변하게 되어 결과는 $\mathbf{A}\cdot\mathbf{B}\times\mathbf{C}$의 부호가 변하는 것이다. 그러므로 이것을 **유사 스칼라**(pseudoscalar)로 재분류할 필요가 있다. 한편 삼중 벡터곱 $\mathbf{A}\times(\mathbf{B}\times\mathbf{C})$는 두 외적을 포함하고 있고 식 (3.18)에 보인 것과 같이 적당한 스칼라와 (극)벡터만을 포함하는 식으로 계산된다. 따라서 $\mathbf{A}\times(\mathbf{B}\times\mathbf{C})$는 벡터임이 분명하다. 이러한 경우는 유사 양(pseudo quantity)을 홀수 번 곱하면 유사 양이지만 짝수 번 곱하면 그렇지 않다는 일반적인 원칙의 예이다.

■ 계속된 연산

관련된 직교 변환을 적용함으로써 계속된 좌표 회전 및 반사를 수행할 수 있다. 사실은 이미 $\mathbb{R}^2$에 대한 도입부 논의에서 회전과 반전을 적용하면서 이것을 해보았다. 일반적으로 R과 R'이 그러한 연산을 가리키는 것이라면 $\mathbf{A}$에 R을 적용하고 이어서 R'을 적용하는 것은 다음에 대응한다.

$$\mathbf{A}' = \mathsf{S}(R')\mathsf{S}(R)\mathbf{A} \tag{3.31}$$

두 변환의 전체 결과는 행렬 $\mathsf{S}(R'R)$이 행렬곱 $\mathsf{S}(R')\mathsf{S}(R)$인 하나의 변환과 같다.

두 가지를 주목할 필요가 있다.

1. 연산은 오른쪽에서 왼쪽으로 일어난다. 가장 오른쪽의 연산자가 원래의 $\mathbf{A}$에 적용된다. 그 왼쪽에 있는 연산자가 첫 번째 연산의 결과에 적용된다. 이와 같이 계속된다.
2. 결합된 연산 $R'R$은 두 직교좌표계 사이의 변환이고 따라서 직교 행렬로 기술될 수 있다. 두 직교 행렬의 곱은 직교 행렬이다.

연습문제

3.3.1 z축을 중심으로 $\varphi_1+\varphi_2$ 회전은 φ_1 회전과 φ_2 회전이 계속된 회전으로 수행한다. 회전의 행렬 표현을 이용하여 다음 삼각함수의 항등식을 유도하시오.

$$\cos(\varphi_1+\varphi_2)=\cos\varphi_1\cos\varphi_2-\sin\varphi_1\sin\varphi_2$$
$$\sin(\varphi_1+\varphi_2)=\sin\varphi_1\cos\varphi_2+\cos\varphi_1\sin\varphi_2$$

3.3.2 모퉁이 반사경(corner reflector)은 3개의 서로 수직인 반사 표면으로 이루어진다. 모퉁이 반사경의 (모든 세 표면에 이르는) 입사광의 광선이 입사선(line of incidence)에 평행한 선을 따라 반사됨을 보이시오.

[힌트] 반사가 광선의 방향을 기술하는 벡터의 성분에 미치는 영향을 고려하라.

3.3.3 $\mathbf{x}$와 $\mathbf{y}$가 열벡터이다. 직교 변환 S에서 $\mathbf{x}'=\mathrm{S}\mathbf{x}$와 $\mathbf{y}'=\mathrm{S}\mathbf{y}$이다. $(\mathbf{x}')^T\mathbf{y}'=\mathbf{x}^T\mathbf{y}$를 보이시오. 이 결과는 내적이 회전 변환에 대해 불변인 것과 동등하다.

3.3.4 직교 행렬 S와 벡터 $\mathbf{a}$와 $\mathbf{b}$가 주어져 있다.

$$\mathrm{S}=\begin{pmatrix} 0.80 & 0.60 & 0.00 \\ -0.48 & 0.64 & 0.60 \\ 0.36 & -0.48 & 0.80 \end{pmatrix},\quad \mathbf{a}=\begin{pmatrix}1\\0\\1\end{pmatrix},\quad \mathbf{b}=\begin{pmatrix}0\\2\\-1\end{pmatrix}$$

(a) 행렬식 $\det(\mathrm{S})$을 계산하시오.

(b) $\mathbf{a}\cdot\mathbf{b}$는 S를 $\mathbf{a}$와 $\mathbf{b}$에 적용해도 불변임을 증명하시오.

(c) S를 $\mathbf{a}$와 $\mathbf{b}$에 적용할 때 $\mathbf{a}\times\mathbf{b}$는 어떻게 되는지 결정하시오. 이것은 예상된 것인가?

3.3.5 $\mathbf{a}$와 $\mathbf{b}$가 연습문제 3.3.4에 정의된 바와 같고 다음이 주어져 있다.

$$\mathrm{S}=\begin{pmatrix} 0.60 & 0.00 & 0.80 \\ -0.64 & -0.60 & 0.48 \\ -0.48 & 0.80 & 0.36 \end{pmatrix}\quad \text{그리고}\quad \mathbf{c}=\begin{pmatrix}2\\1\\3\end{pmatrix}$$

(a) 행렬식 $\det(\mathrm{S})$을 계산하시오.

S를 $\mathbf{a}$, $\mathbf{b}$, $\mathbf{c}$에 적용할 때 다음은 어떻게 되는가?

(b) $\mathbf{a}\times\mathbf{b}$

(c) $(\mathbf{a}\times\mathbf{b})\cdot\mathbf{c}$

(d) $\mathbf{a}\times(\mathbf{b}\times\mathbf{c})$

(e) (b)에서 (d)까지 식을 스칼라, 벡터, 유사 벡터, 유사 스칼라로 분류하시오.

3.4 $\mathbb{R}^3$에서의 회전

실제 문제에서 중요하기 때문에 $\mathbb{R}^3$에서의 회전을 다루면서 세부적인 부분 몇 개를 논의하겠다. 조금 자세하게 다룰 것이다. 분명한 시작 지점은 지금까지 $\mathbb{R}^2$에서의 경험에 따르면 식 (3.28)의 3×3 행렬 S를 쓰고 행이 회전한 (프라임을 붙인) 단위벡터의 세트를 원래의 (프라임을 붙이지 않은) 단위벡터로 기술하는 것이다.

$$\mathrm{S} = \begin{pmatrix} \hat{\mathbf{e}}_1{}' \cdot \hat{\mathbf{e}}_1 & \hat{\mathbf{e}}_1{}' \cdot \hat{\mathbf{e}}_2 & \hat{\mathbf{e}}_1{}' \cdot \hat{\mathbf{e}}_3 \\ \hat{\mathbf{e}}_2{}' \cdot \hat{\mathbf{e}}_1 & \hat{\mathbf{e}}_2{}' \cdot \hat{\mathbf{e}}_2 & \hat{\mathbf{e}}_2{}' \cdot \hat{\mathbf{e}}_3 \\ \hat{\mathbf{e}}_3{}' \cdot \hat{\mathbf{e}}_1 & \hat{\mathbf{e}}_3{}' \cdot \hat{\mathbf{e}}_2 & \hat{\mathbf{e}}_3{}' \cdot \hat{\mathbf{e}}_3 \end{pmatrix} \tag{3.32}$$

식 (3.32)를 쓰는 공식의 편의를 위해 좌표의 이름(label)을 x, y, z에서 1, 2, 3으로 바꾸었다. $s_{\mu\nu} = \hat{\mathbf{e}}_\mu{}' \cdot \hat{\mathbf{e}}_\nu$인 S의 원소에 대해 살펴보는 것이 유용하다. 이 내적은 $\hat{\mathbf{e}}_\mu{}'$의 $\hat{\mathbf{e}}_\nu$ 방향으로의 사영이고, 따라서 $x_\mu{}'$의 단위 변화에 의해 만들어지는 x_ν의 변화이다. 좌표 사이의 관계는 선형이므로 $\hat{\mathbf{e}}_\mu{}' \cdot \hat{\mathbf{e}}_\nu$는 $\partial x_\nu / \partial x_\mu{}'$와 같고 따라서 변환 행렬 S는 다음과 같이 다른 형태로 쓸 수 있다.

$$\mathrm{S} = \begin{pmatrix} \partial x_1/\partial x_1{}' & \partial x_2/\partial x_1{}' & \partial x_3/\partial x_1{}' \\ \partial x_1/\partial x_2{}' & \partial x_2/\partial x_2{}' & \partial x_3/\partial x_2{}' \\ \partial x_1/\partial x_3{}' & \partial x_2/\partial x_3{}' & \partial x_3/\partial x_3{}' \end{pmatrix} \tag{3.33}$$

$\hat{\mathbf{e}}_\mu{}' \cdot \hat{\mathbf{e}}_\nu$를 계산하면서 논증한 것은 두 단위벡터의 역할이 바뀌어도 쉽게 할 수 있으므로 $\partial x_\nu / \partial x_\mu{}'$ 대신 $\partial x_\mu{}' / \partial x_\nu$이 구해진다. 처음에는 놀라울 법한 결과를 얻게 된다.

$$\frac{\partial x_\nu}{\partial x_\mu{}'} = \frac{\partial x_\mu{}'}{\partial x_\nu} \tag{3.34}$$

이 식을 피상적으로 보면 양변이 역수임을 의미한다. 문제는 우리가 표기법에서 모호성을 피하기에 충분할 정도로 주의를 기울이지는 않았다는 것이다. 좌변의 도함수는 다른 x' 좌표가 고정되어 있을 때 취하는 것이고 우변은 다른 프라임을 붙이지 않은 좌표가 고정되어 있을 때 취하는 것이다. 사실은 식 (3.34)의 등식은 S를 직교 행렬로 만들기 위해 필요하다.

좌표가 선형으로 관계되어 있다는 것을 살펴보는 김에 이 논의는 데카르트 좌표계에 한정된 것이라는 것을 주목한다. 곡선 좌표계(curvilinear coordinate system)는 나중에 다룬다.

식 (3.32)나 (3.33)은 S의 모든 원소 사이의 관계를 지을 가능성이 있는지 분명하지 않다.

$\mathbb{R}^2$에서는 S의 모든 원소가 회전 각도라는 한 변수에 의존하였다. $\mathbb{R}^3$에서는 일반적인 회전을 지정하는 독립 변수가 3개다. (보통 각도인) 두 매개변수(parameter)가 $\hat{\mathbf{e}}_3{}'$의 방향을 지정하기 위해 필요하고 다른 변수는 $\hat{\mathbf{e}}_3{}'$에 수직인 평면에서 $\hat{\mathbf{e}}_1{}'$의 방향을 정하기 위해 필요하다. 이렇게 하면 $\hat{\mathbf{e}}_2{}'$의 방향은 완전히 결정된다. 그러므로 S의 아홉 원소는 사실은 3개만이 독립이다. $\mathbb{R}^3$ 회전을 지정하기 위해 사용되는 보통의 매개변수는 **오일러 각**(Euler angles)[4]이다. S를 명시적으로 오일러 각으로 주어지는 것이 유용한데 역학의 라그랑지안(Lagrangian) 수식화에는 **독립** 변수의 세트를 사용하는 것이 요구되기 때문이다.

오일러 각은 세 단계로 $\mathbb{R}^3$ 회전을 기술한다. 첫 두 단계는 새로운 $\hat{\mathbf{e}}_3$축의 방향[구면 좌표계의 극 방향(polar direction)]을 고정시키는 효과가 있고 세 번째 오일러 각은 그 축에 대한 후속 회전의 양을 가리킨다. 첫 두 단계에서는 새로운 극 방향을 알아내는 것보다 더 많은 일을 한다. 재배치를 일으키는 회전을 기술하는 것이다. 그 결과로 이 회전의 (그리고 세 번째 회전의) 행렬 표현을 얻을 수 있게 된다. 순차적으로 이를 적용하면 (즉 행렬곱으로써) 회전의 전체 효과를 구하게 된다.

좌표축의 회전을 기술하는 세 단계는 다음과 같다. (그림 3.7에도 예를 들어 설명되어 있다.)

1. 좌표는 $\hat{\mathbf{e}}_3$축을 중심으로 (양의 $\hat{\mathbf{e}}_3$ 방향으로부터 볼 때) $0 \le \alpha < 2\pi$ 범위에 있는 각도 α만큼 반시계 방향으로 회전하여 좌표축은 새롭게 $\hat{\mathbf{e}}_1{}'$, $\hat{\mathbf{e}}_2{}'$, $\hat{\mathbf{e}}_3{}'$이 된다. (극 방향은 변하지 않는다. $\hat{\mathbf{e}}_3$와 $\hat{\mathbf{e}}_3{}'$은 일치한다.)
2. 좌표는 $\hat{\mathbf{e}}_2{}'$축을 중심으로 (양의 $\hat{\mathbf{e}}_2{}'$ 방향으로부터 볼 때) $0 \le \beta \le \pi$ 범위에 있는 각도 β만큼 반시계 방향으로 회전하여 좌표축은 새롭게 $\hat{\mathbf{e}}_1{}''$, $\hat{\mathbf{e}}_2{}''$, $\hat{\mathbf{e}}_3{}''$이 된다. (이 경사는 $\hat{\mathbf{e}}_1{}'$ 방향을 향한 극 방향이고 $\hat{\mathbf{e}}_2{}'$은 변하지 않는다.)
3. 이제 좌표는 $\hat{\mathbf{e}}_3{}''$축을 중심으로 (양의 $\hat{\mathbf{e}}_3{}''$ 방향으로부터 볼 때) $0 \le \gamma < 2\pi$ 범위에 있는 각도 γ만큼 반시계 방향으로 회전하여 좌표축은 최종적으로 $\hat{\mathbf{e}}_1{}'''$, $\hat{\mathbf{e}}_2{}'''$, $\hat{\mathbf{e}}_3{}'''$이 된다. (이 회전은 극 방향 $\hat{\mathbf{e}}_3{}''$을 바꾸지 않는다.)

보통의 구면 극 좌표계 (r, θ, φ)로 쓸 때 최종 극축은 $\theta = \beta$, $\varphi = \alpha$ 방향에 있다. 다른 축의 최종 방향은 모든 세 오일러 각에 의존한다.

---

4 저자에 따라 오일러 각의 정의가 다를 수 있다. 여기서는 군이론와 각운동량의 양자 이론 영역 분야의 연구자들이 보통 선택하는 정의를 따랐다.

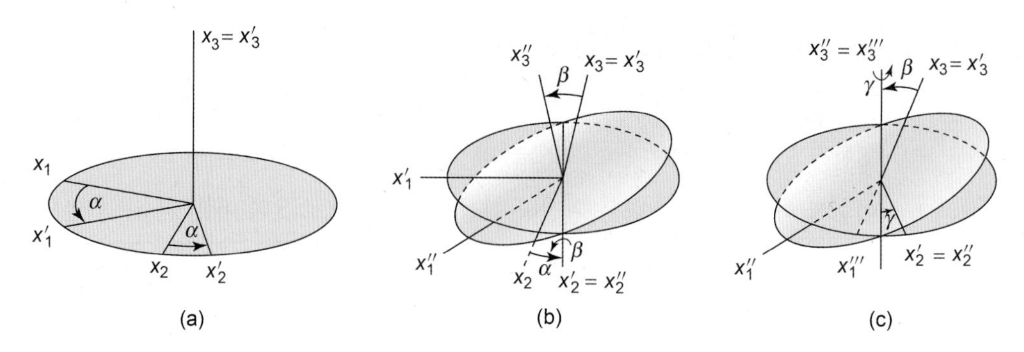

그림 3.7 오일러 각 회전: (a) $\hat{e}_3$ 중심으로 각 α만큼, (b) $\hat{e}_2'$ 중심으로 각 β만큼, (c) $\hat{e}_3''$ 중심으로 각 γ만큼

이제 변환 행렬이 필요하다. 첫 번째 회전은 $\hat{e}_1'$과 $\hat{e}_2'$을 xy평면에 남아 있게 하고 첫 번째 두 행과 열은 식 (3.25)에서 S와 정확하게 같은 형태를 갖는다.

$$S_1(\alpha) = \begin{pmatrix} \cos\alpha & \sin\alpha & 0 \\ -\sin\alpha & \cos\alpha & 0 \\ 0 & 0 & 1 \end{pmatrix} \tag{3.35}$$

S_1의 세 번째 행과 열은 회전이 작용하는 모든 벡터의 $\hat{e}_3$ 성분은 변하지 않는다는 것을 가리킨다. (첫 번째 회전 **후** 존재하는 좌표계에 적용되는) 두 번째 회전은 $\hat{e}_3'\hat{e}_1'$평면에 있다. $\sin\beta$의 부호는 축 번호 매기기의 순환 순열(cyclic permutation)과 모순되지 않는다.

$$S_2(\beta) = \begin{pmatrix} \cos\beta & 0 & -\sin\beta \\ 0 & 1 & 0 \\ \sin\beta & 0 & \cos\beta \end{pmatrix}$$

세 번째 회전은 첫 번째와 비슷하지만 회전량이 γ이다.

$$S_3(\gamma) = \begin{pmatrix} \cos\gamma & \sin\gamma & 0 \\ -\sin\gamma & \cos\gamma & 0 \\ 0 & 0 & 1 \end{pmatrix}$$

전체 회전은 삼중 행렬곱으로 기술된다.

$$S(\alpha,\ \beta,\ \gamma) = S_3(\gamma)S_2(\beta)S_1(\alpha) \tag{3.36}$$

순서에 주의하라. $S_1(\alpha)$가 첫 번째로, 다음에 $S_2(\beta)$가, 최종적으로 $S_3(\gamma)$가 작용한다. 직접 계산하면 다음을 얻는다.

$$\mathrm{S}(\alpha,\ \beta,\ \gamma)=$$

$$\begin{pmatrix} \cos\gamma\cos\beta\cos\alpha-\sin\gamma\sin\alpha & \cos\gamma\cos\beta\sin\alpha+\sin\gamma\cos\alpha & -\cos\gamma\sin\beta \\ -\sin\gamma\cos\beta\cos\alpha-\cos\gamma\sin\alpha & -\sin\gamma\cos\beta\sin\alpha+\cos\gamma\cos\alpha & \sin\gamma\sin\beta \\ \sin\beta\cos\alpha & \sin\beta\sin\alpha & \cos\beta \end{pmatrix} \quad (3.37)$$

식 (3.37)의 원소들을 구할 경우 원소 s_{ij}는 내적 $\hat{\mathbf{e}}_i''' \cdot \hat{\mathbf{e}}_j$의 명시적인 형태(따라서 편미분 도함수 $\partial x_i / \partial x_j'''$의 형태)임에 주의하라.

각 S_1, S_2, S_3는 직교 행렬이며 행렬식은 $+1$이고, 따라서 전체 S도 직교 행렬이고 행렬식은 $+1$임에 주의하라.

예제 3.4.1 $\mathbb{R}^3$ **회전**

원래 성분이 $(2,\ -1,\ 3)$인 벡터를 고려하자. 오일러 각이 $\alpha=\beta=\gamma=\pi/2$로 회전한 좌표계에서 벡터의 성분을 구하고자 한다. $\mathrm{S}(\alpha,\ \beta,\ \gamma)$를 계산하면 다음과 같다.

$$\mathrm{S}(\alpha,\ \beta,\ \gamma)=\begin{pmatrix} -1 & 0 & 0 \\ 0 & 0 & 1 \\ 0 & 1 & 0 \end{pmatrix}$$

$\det(\mathrm{S})=+1$을 검증하여 S의 원소 값이 맞는지 일부 확인할 수 있다.

그러면 새로운 좌표에서 벡터는 다음과 같은 성분을 갖는다.

$$\begin{pmatrix} -1 & 0 & 0 \\ 0 & 0 & 1 \\ 0 & 1 & 0 \end{pmatrix}\begin{pmatrix} 2 \\ -1 \\ 3 \end{pmatrix}=\begin{pmatrix} -2 \\ 3 \\ -1 \end{pmatrix}$$

관계된 회전을 시각화하여 이 결과를 확인해야 한다. ■

연습문제

3.4.1 보통 쓰이는 다른 세트의 오일러 회전은 다음과 같다.

(1) x_3축을 중심으로 반시계 방향으로 각 φ만큼 회전

(2) x_1'축을 중심으로 반시계 방향으로 각 θ만큼 회전

(3) x_3''축을 중심으로 반시계 방향으로 각 ψ만큼 회전

만일

$$\begin{matrix} \alpha=\varphi-\pi/2 \\ \beta=\theta \\ \gamma=\psi+\pi/2 \end{matrix} \quad \text{이거나} \quad \begin{matrix} \varphi=\alpha+\pi/2 \\ \theta=\beta \\ \psi=\gamma-\pi/2 \end{matrix} \quad \text{이면}$$

최종 좌표계는 원래 좌표계와 같음을 보이시오.

3.4.2 지구가 움직여서(회전하여) 북극이 (원래의 위도와 경도에서) 북위 30°, 서경 20°가 되고 서경 10° 경선에 (원래 계의) 정남을 향한다.

(a) 이 회전을 기술하는 오일러 각은 무엇인가?

(b) 대응하는 방향 코사인을 찾으시오.

답. (b) $S = \begin{pmatrix} 0.9551 & -0.2552 & -0.1504 \\ 0.0052 & 0.5221 & -0.8529 \\ 0.2962 & 0.8138 & 0.5000 \end{pmatrix}$

3.4.3 식 (3.37)의 오일러 각 회전 행렬이 다음 변환에 불변임을 증명하시오.

$$\alpha \to \alpha + \pi, \quad \beta \to -\beta, \quad \gamma \to \gamma - \pi$$

3.4.4 오일러 각 회전 행렬 $S(\alpha, \beta, \gamma)$가 다음 관계를 만족함을 보이시오.

(a) $S^{-1}(\alpha, \beta, \gamma) = \tilde{S}(\alpha, \beta, \gamma)$

(b) $S^{-1}(\alpha, \beta, \gamma) = S(-\gamma, -\beta, -\alpha)$

3.4.5 좌표계 (x, y, z)가 각 Φ만큼 반시계 방향으로 단위벡터 $\hat{\mathbf{n}}$에 의해 정의된 축을 중심으로 회전하여 계 (x', y', z')이 되었다. 새 좌표계로 지름 방향 벡터를 쓰면 다음과 같다.

$$\mathbf{r}' = \mathbf{r}\cos\Phi + \mathbf{r}\times\mathbf{n}\sin\Phi + \hat{\mathbf{n}}(\hat{\mathbf{n}}\cdot\mathbf{r})(1-\cos\Phi)$$

(a) 기하학적 측면에서 이 식을 유도하시오.

(b) $\hat{\mathbf{n}} = \hat{\mathbf{e}}_z$에 대해 이 식이 기대한 식으로 간단히 됨을 보이시오. 답은 행렬의 형태로 식 (3.35)에 나온다.

(c) $r'^2 = r^2$임을 증명하시오.

3.5 미분 벡터 연산자

이제 공간의 각 점과 연관되어 있는 벡터가 있고 따라서 값(성분의 세트)이 위치를 지정하는 좌표에 의존하는 중요한 상황으로 진전한다. 전형적인 물리 예는 전기장 $\mathbf{E}(x, y, z)$가 단위 '시험 전하'가 x, y, z에 있을 때 전기력의 방향과 크기를 기술하는 것이다. **장**(field)이라는 용어는 어떤 영역의 모든 점에서 값을 가지는 양을 가리킨다. 만일 그 양이 벡터이면 그 분포는 **벡터장**(vector field)으로 기술된다. 우리는 이미 공간적 영역의 모든 점에서 값을 할당하는 대수적 양의 표준적인 이름을 가지고 있다. [**함수**(function)라 부른다.] 물리 맥락에서는 **스칼라장**(scalar field)으로 불릴 수도 있다.

물리학자들은 벡터값이 (그리고 또한 스칼라값의) 공간에 대한 변화율의 특성을 나타낼 필요가 있고, 이것은 미분 벡터 연산자 개념을 도입함으로써 가장 효과적으로 수행할 수 있다. 결국 이러한 미분 연산자 사이에는 많은 수의 관계가 있고 그러한 관계를 알아내고 어떻게 사용하는지 배우는 것이 현재 목표이다.

■ 그래디언트, ∇

첫 번째 미분 연산자는 **그래디언트**라고 알려져 있고 스칼라량 φ의 공간에 대한 변화의 특성을 나타낸다. $\mathbb{R}^3$에서 계산할 때에는 좌표를 x_1, x_2, x_3로 쓰고, 점 $\mathbf{r}=x_1\hat{\mathbf{e}}_1+x_2\hat{\mathbf{e}}_2+x_3\hat{\mathbf{e}}_3$에서 φ의 값을 $\varphi(\mathbf{r})$로 쓰며, x_1, x_2, x_3에서 각각의 작은 변화 dx_1, dx_2, dx_3의 효과를 고려한다. 이 상황은 1.9절에서 **편미분 도함수**(partial derivative)를 도입하여 여러 변수(1.9절에서는 x, y, z)의 함수에 대하여 이러한 변수가 각각의 양 dx, dy, dz만큼 변할 때 함수는 어떻게 변하는지 논의한 것에 대응한다. 이 과정을 지배하는 식이 식 (1.141)이다.

미소한 차이 dx_i의 일차에서 현재 문제의 φ는 다음 양만큼 변한다.

$$d\varphi=\left(\frac{\partial\varphi}{\partial x_1}\right)dx_1+\left(\frac{\partial\varphi}{\partial x_2}\right)dx_2+\left(\frac{\partial\varphi}{\partial x_3}\right)dx_3 \tag{3.38}$$

이는 다음과 같이 내적에 대응하는 형태로 쓸 수 있다.

$$\nabla\varphi=\begin{pmatrix}\partial\varphi/\partial x_1\\ \partial\varphi/\partial x_2\\ \partial\varphi/\partial x_3\end{pmatrix} \quad \text{그리고} \quad d\mathbf{r}=\begin{pmatrix}dx_1\\ dx_2\\ dx_3\end{pmatrix}$$

이 양은 다음과 같이 쓸 수도 있다.

$$\nabla\varphi=\left(\frac{\partial\varphi}{\partial x_1}\right)\hat{\mathbf{e}}_1+\left(\frac{\partial\varphi}{\partial x_2}\right)\hat{\mathbf{e}}_2+\left(\frac{\partial\varphi}{\partial x_3}\right)\hat{\mathbf{e}}_3 \tag{3.39}$$

$$d\mathbf{r}=dx_1\hat{\mathbf{e}}_1+dx_2\hat{\mathbf{e}}_2+dx_3\hat{\mathbf{e}}_3 \tag{3.40}$$

이 양으로 쓰면 다음이 성립한다.

$$d\varphi=(\nabla\varphi)\cdot d\mathbf{r} \tag{3.41}$$

도함수의 3×1 행렬에 $\nabla\varphi$로 이름 붙인다. (종종 읽을 때 '델 파이' 또는 '그래드 파이'로 발음한다.) 위치의 미소한 차이의 관례적인 이름은 $d\mathbf{r}$이다.

식 (3.39)와 (3.41)의 표기법은 $\nabla\varphi$가 실제로 벡터인 경우에만 적절하다. 왜냐하면 현재의 접근 방법의 유용성은 임의의 방향을 기술하는 좌표계에서 사용할 수 있는 능력에 의존하기 때문이다. $\nabla\varphi$가 벡터임을 증명하기 위해 좌표계가 회전할 때 다음과 같이 변환됨을 보여야 한다.

$$(\nabla\varphi)' = \mathrm{S}(\nabla\varphi) \tag{3.42}$$

S를 식 (3.33)에 주어진 형태로 쓰고 $\mathrm{S}(\nabla\varphi)$를 살펴본다. 다음을 얻는다.

$$\mathrm{S}(\nabla\varphi) = \begin{pmatrix} \partial x_1/\partial x_1' & \partial x_2/\partial x_1' & \partial x_3/\partial x_1' \\ \partial x_1/\partial x_2' & \partial x_2/\partial x_2' & \partial x_3/\partial x_2' \\ \partial x_1/\partial x_3' & \partial x_2/\partial x_3' & \partial x_3/\partial x_3' \end{pmatrix} \begin{pmatrix} \partial\varphi/\partial x_1 \\ \partial\varphi/\partial x_2 \\ \partial\varphi/\partial x_3 \end{pmatrix}$$

$$= \begin{pmatrix} \displaystyle\sum_{\nu=1}^{3} \frac{\partial x_\nu}{\partial x_1'} \frac{\partial\varphi}{\partial x_\nu} \\ \displaystyle\sum_{\nu=1}^{3} \frac{\partial x_\nu}{\partial x_2'} \frac{\partial\varphi}{\partial x_\nu} \\ \displaystyle\sum_{\nu=1}^{3} \frac{\partial x_\nu}{\partial x_3'} \frac{\partial\varphi}{\partial x_\nu} \end{pmatrix} \tag{3.43}$$

식 (3.43)의 마지막 식에서 각각의 원소는 $\partial\varphi/\partial x_\mu{}'(\mu = 1,\ 2,\ 3)$의 연쇄 법칙 표현으로 변환은 $(\nabla\varphi)'$을 $\nabla\varphi$의 회전된 좌표에서 표현으로 만들어준다.

이제 $\nabla\varphi$ 형태가 적당함을 확립했으므로 더 진행하여 ∇에 자체의 생명을 불어넣어 보자.

$$\nabla = \hat{\mathbf{e}}_x \frac{\partial}{\partial x} + \hat{\mathbf{e}}_y \frac{\partial}{\partial y} + \hat{\mathbf{e}}_z \frac{\partial}{\partial z} \tag{3.44}$$

∇가 **미분 벡터 연산자**(differential vector operator)이고 (φ와 같은) 스칼라에 작용하여 연산의 결과 벡터를 만들어줌에 주의하라. 미분 연산자는 그 오른쪽에만 작용하기 때문에 ∇가 포함된 식에서는 맞는 순서를 유지하기 위해 주의를 기울여야 하고 미분되는 것에 관한 모호성을 피하기 위해 필요하면 괄호를 사용해야 한다.

스칼라의 그래디언트는 물리와 공학에서 지극히 중요하다. 중요한 예로서 $\mathbf{r}$에 놓인 물체가 받는 힘의 장 $\mathbf{F}(\mathbf{r})$과 퍼텐셜 $V(\mathbf{r})$의 관계는 다음과 같다.

$$\mathbf{F}(\mathbf{r}) = -\nabla V(\mathbf{r}) \tag{3.45}$$

식 (3.45)의 음의 부호는 중요해서 장에 의해 가해지는 힘이 그 퍼텐셜을 낮추는 방향을 향하게 한다. 주어진 힘에 대응하는 퍼텐셜이 존재할 때 만족시켜야 하는 조건에 대해서는 나중에 (3.9절에서) 고려할 것이다.

그래디언트는 간단한 기하학적 해석이 있다. 식 (3.41)로부터 알 수 있는 것은 $d\mathbf{r}$이 고정된 크기를 가지고 있으면 $d\varphi$를 최대화하는 $d\mathbf{r}$의 방향은 $\nabla\varphi$와 $d\mathbf{r}$가 동일선상에 있는 것이다. 그러므로 φ의 가장 가파른 증가 방향은 그래디언트 방향이고 그래디언트의 크기는 φ의 그래디언트 방향의 방향도 함수(directional derivative)이다. 이제 식 (3.45)의 $-\nabla V$의 방향이 V의 가장 가파른 **감소** 방향이고 퍼텐셜 V와 관련된 힘의 방향임을 알 수 있다.

예제 3.5.1 r^n**의 그래디언트**

∇r^n 계산을 향한 첫 번째 단계로 훨씬 간단한 ∇r을 살펴보자. 우선 $r=(x^2+y^2+z^2)^{1/2}$로 쓰면 다음을 얻는다.

$$\frac{\partial r}{\partial x}=\frac{x}{(x^2+y^2+z^2)^{1/2}}=\frac{x}{r},\quad \frac{\partial r}{\partial y}=\frac{y}{r},\quad \frac{\partial r}{\partial z}=\frac{z}{r} \tag{3.46}$$

이러한 공식으로부터 다음을 쓸 수 있다.

$$\nabla r=\frac{x}{r}\hat{\mathbf{e}}_x+\frac{y}{r}\hat{\mathbf{e}}_y+\frac{z}{r}\hat{\mathbf{e}}_z=\frac{1}{r}(x\hat{\mathbf{e}}_x+y\hat{\mathbf{e}}_y+z\hat{\mathbf{e}}_z)=\frac{\mathbf{r}}{r} \tag{3.47}$$

이 결과의 단위벡터는 $\mathbf{r}$을 향하고 $\hat{\mathbf{r}}$으로 쓴다. 나중에 쓰기 위해 다음도 적어 둔다.

$$\hat{\mathbf{r}}=\frac{x}{r}\hat{\mathbf{e}}_x+\frac{y}{r}\hat{\mathbf{e}}_y+\frac{z}{r}\hat{\mathbf{e}}_z \tag{3.48}$$

그리고 식 (3.47)은 다음 형태를 갖는다.

$$\nabla r=\hat{\mathbf{r}} \tag{3.49}$$

$\mathbf{r}$과 $\hat{\mathbf{r}}$의 기하학적 구조는 그림 3.8에 예를 들어 설명되어 있다.

이제 ∇r^n로 계속하면 다음을 얻는다.

$$\frac{\partial r^n}{\partial x}=nr^{n-1}\frac{\partial r}{\partial x}$$

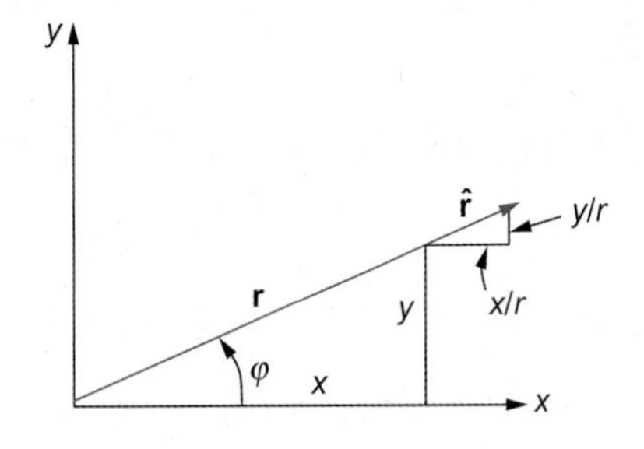

그림 3.8 (xy평면에서) 단위벡터 $\hat{\mathbf{r}}$

y와 z 도함수에 대한 결과와 함께 쓰면 결과는 다음과 같다.

$$\nabla r^n = nr^{n-1}\nabla r = nr^{n-1}\hat{\mathbf{r}} \tag{3.50}$$

■

예제 3.5.2 쿨롱 법칙

정전기학에서 점전하가 발생시키는 퍼텐셜은 $1/r$에 비례한다. 여기서 r는 전하로부터의 거리이다. 이것이 쿨롱 힘 법칙과 일치하는데, 확인하기 위해 다음을 계산한다.

$$\mathbf{F} = -\nabla\left(\frac{1}{r}\right)$$

이는 식 (3.50)의 $n = -1$인 경우이고, 예상된 결과를 얻는다.

$$\mathbf{F} = \frac{1}{r^2}\hat{\mathbf{r}}$$

■

예제 3.5.3 일반적인 지름 방향 퍼텐셜

자주 나타나는 다른 상황은 퍼텐셜이 원점으로부터 지름 방향 거리만의 함수인 경우이다. 즉 $\varphi = f(r)$인 경우이고 다음을 계산할 수 있다.

$$\frac{\partial\varphi}{\partial x} = \frac{df(r)}{dr}\frac{\partial r}{\partial x}, \quad \text{등등}$$

식 (3.49)를 불러오면 다음이 된다.

$$\nabla\varphi = \frac{df(r)}{dr}\nabla \mathbf{r} = \frac{df(r)}{dr}\hat{\mathbf{r}} \tag{3.51}$$

이 결과는 직관과 잘 맞는다. φ의 증가를 최대화하는 방향은 지름 방향이어야 하는데, 계산 결과는 $d\varphi/dr$이다.

■

■ 다이버전스, $\nabla\cdot$

벡터 $\mathbf{A}$의 **다이버전스**(divergence)는 다음 연산으로 정의된다.

$$\nabla\cdot\mathbf{A} = \frac{\partial A_x}{\partial x} + \frac{\partial A_y}{\partial y} + \frac{\partial A_z}{\partial z} \tag{3.52}$$

위 공식은 정확하게 ∇가 벡터와 미분 연산자 특성을 양쪽 다 가지고 있을 때 예상되는 결과이다.

다이버전스 계산의 몇 가지 예를 살펴보고 물리적 중요성에 대해 논의할 것이다.

예제 3.5.4 좌표 벡터의 다이버전스

$\nabla \cdot \mathbf{r}$를 계산한다.

$$\begin{aligned}\nabla \cdot \mathbf{r} &= \left(\hat{\mathbf{e}}_x \frac{\partial}{\partial x} + \hat{\mathbf{e}}_y \frac{\partial}{\partial y} + \hat{\mathbf{e}}_z \frac{\partial}{\partial z}\right) \cdot (\hat{\mathbf{e}}_x x + \hat{\mathbf{e}}_y y + \hat{\mathbf{e}}_z z) \\ &= \frac{\partial x}{\partial x} + \frac{\partial y}{\partial y} + \frac{\partial z}{\partial z}\end{aligned}$$

이것은 $\nabla \cdot \mathbf{r} = 3$으로 간단하게 된다. ■

예제 3.5.5 중심력장의 다이버전스

다음으로 $\nabla \cdot f(r)\hat{\mathbf{r}}$를 고려하자. 식 (3.48)을 이용하여 다음을 쓴다.

$$\begin{aligned}\nabla \cdot f(r)\hat{\mathbf{r}} &= \left(\hat{\mathbf{e}}_x \frac{\partial}{\partial x} + \hat{\mathbf{e}}_y \frac{\partial}{\partial y} + \hat{\mathbf{e}}_z \frac{\partial}{\partial z}\right) \cdot \left(\frac{xf(r)}{r}\hat{\mathbf{e}}_x + \frac{yf(r)}{r}\hat{\mathbf{e}}_y + \frac{zf(r)}{r}\hat{\mathbf{e}}_z\right) \\ &= \frac{\partial}{\partial x}\left(\frac{xf(r)}{r}\right) + \frac{\partial}{\partial y}\left(\frac{yf(r)}{r}\right) + \frac{\partial}{\partial z}\left(\frac{zf(r)}{r}\right)\end{aligned}$$

다음과 y와 z 도함수에 대해 대응하는 공식을 이용한다.

$$\frac{\partial}{\partial x}\left(\frac{xf(r)}{r}\right) = \frac{f(r)}{r} - \frac{xf(r)}{r^2}\frac{\partial r}{\partial x} + \frac{x}{r}\frac{df(r)}{dr}\frac{\partial r}{\partial x} = f(r)\left[\frac{1}{r} - \frac{x^2}{r^3}\right] + \frac{x^2}{r^2}\frac{df(r)}{dr}$$

간단히 하면 다음을 얻는다.

$$\nabla \cdot f(r)\hat{\mathbf{r}} = 2\frac{f(r)}{r} + \frac{df(r)}{dr} \tag{3.53}$$

$f(r) = r^n$인 특별한 경우 식 (3.53)은 다음과 같이 간단하게 된다.

$$\nabla \cdot r^n\hat{\mathbf{r}} = (n+2)r^{n-1} \tag{3.54}$$

$n = 1$에 대해 이 식은 예제 3.5.4의 결과로 간단하게 된다. $n = -2$인 경우 쿨롱 힘에 대응하고 다이버전스는 수행하는 도함수가 정의되지 않는 $r = 0$을 제외하고 0이 된다. ■

벡터장이 공간에 분포되어 있는 어떤 양의 흐름을 나타낸다면 그 다이버전스는 다이버전스가 계산되는 지점에서 그 양의 축적이나 고갈에 대한 정보를 제공한다. 이 개념을 더 분명

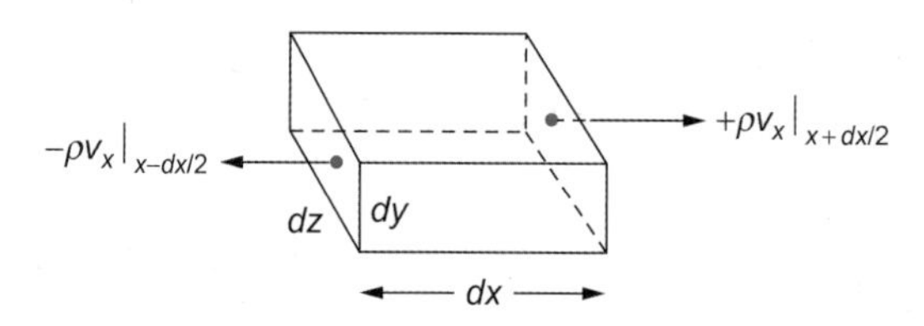

그림 3.9 $\pm x$ 방향으로 부피 요소로부터 $\rho\mathbf{v}$의 외부로 향하는 흐름. 이러한 양 $\pm\rho v_x$는 $x\pm(dx/2)$에 위치한 경계 표면을 통과하는 전체 선속을 나타내기 위해 $dydz$를 곱해야 한다.

히 묘사하자면 벡터장 $\mathbf{v}(\mathbf{r})$가 공간의 점 $\mathbf{r}$에서의 유체의 속도를 나타내고[5] $\rho(\mathbf{r})$가 $\mathbf{r}$와 주어진 시간 t에서의 유체 밀도를 나타낸다고 가정하자. 그러면 어떤 지점에서 흐름률(flow rate)의 방향과 크기는 그 곱 $\rho(\mathbf{r})\mathbf{v}(\mathbf{r})$에 의해 주어질 것이다.

우리의 목표는 점 $\mathbf{r}$에 있는 부피 요소에서의 유체 밀도의 알짜 변화율을 계산하는 것이다. 이 계산을 위해 점 $\mathbf{r}$를 중심으로 하고 변의 크기가 dx, dy, dz이고 변은 xy, yz, xz평면에 평행한 평행육면체를 설정하자(그림 3.9 참고). 일차까지 (무한소 $d\mathbf{r}$와 dt에서) 단위시간당 $x-(dx/2)$에 위치한 yz면을 통해 평행육면체를 빠져나가는 유체의 밀도는 다음과 같다.

$$x-\frac{dx}{2}:\quad -(\rho v_x)\big|_{(x-dx/2,\ y,\ z)}dydz$$

여기에서는 속도 성분 v_x만 관계가 있다는 점에 주의하라. $\mathbf{v}$의 다른 성분은 평행육면체의 yz면을 통과하는 운동을 일으키지 않는다. 또한 다음에도 주의하라. $dydz$는 yz면의 면적이고, 그림 3.9에 나타낸 바와 같이 일차까지 ρv_x의 면에 대한 평균은 $(x-dx/2,\ y,\ z)$에서의 값이며, 단위시간당 빠져나가는 유체의 양은 기둥의 면적 $dydz$와 높이 v_x에 있는 유체의 양과 같다. 최종적으로 **외부로 향하는**(outward) 흐름은 $-x$ 방향의 흐름에 대응함에 주의하라. 이것은 음의 부호의 존재를 설명한다.

다음으로 $x+dx/2$에 위치한 평평한 yz면에서 외부로 향하는 흐름을 계산하자. 이 결과는 다음과 같다.

$$x+\frac{dx}{2}:\quad +(\rho v_x)\big|_{(x+dx/2,\ y,\ z)}dydz$$

이 결과를 합하면 양쪽 yz면에서 다음을 얻는다.

---

[5] 때때로 유체를 분자를 모아 놓은 것이라고 생각하는 것이 편리하다. 그러면 어떤 지점에서 단위부피당 개수(밀도)가 그 지점에서 부피 요소 안으로 들어오고 외부로 빠져나가는 흐름에 의해 영향을 받는다.

$$(-(\rho v_x)|_{x-dx/2}+(\rho v_x)|_{x+dx/2})dydz=\left(\frac{\partial(\rho v_x)}{\partial x}\right)dx\,dy\,dz$$

$x-dx/2$와 $x+dx/2$에서 항을 합할 때 편미분 도함수 표기법을 사용하였다. 여기에 등장하는 항이 y와 z의 함수이기도 하기 때문이다. 최종적으로 평행육면체의 다른 네 면의 대응하는 기여를 더하면 다음에 이른다.

$$\begin{aligned}\text{단위시간당 알짜 흐름 출력} &= \left[\frac{\partial}{\partial x}(\rho v_x)+\frac{\partial}{\partial y}(\rho v_y)+\frac{\partial}{\partial z}(\rho v_z)\right]dxdydz \\ &= \nabla\cdot(\rho\mathbf{v})dxdydz \end{aligned} \tag{3.55}$$

다이버전스라는 이름은 적절하게 선택되었다는 것을 알 수 있다. 식 (3.55)에 보인 바와 같이 벡터 $\rho\mathbf{v}$의 다이버전스가 나타내는 것은 단위시간당, 단위부피당 알짜 유출량(outflow)이다. 만일 물리 문제에서 유체(분자)가 만들어지거나 없어지지 않는다면 다음과 같은 형태의 **연속 방정식**(equation of continuity)을 얻는다.

$$\frac{\partial\rho}{\partial t}+\nabla\cdot(\rho\mathbf{v})=0 \tag{3.56}$$

이 식은 부피 요소로부터 양의 알짜 유출량이 있으면 그 부피 내부에서 밀도가 작아진다는 분명한 진술을 정량화하고 있다.

공간 영역에서 벡터량의 다이버전스가 없으면(다이버전스가 0이면) 이를 (벡터장이 움직이는 물질을 나타내지 않는 경우에 대해서도) 그 영역에서 정상 상태(steady-state) '유체-보존(fluid-conserving)' 흐름[**선속**(flux)]을 기술한다고 해석할 수 있다. 이것은 물리에서 자주 발생하는 상황이다. 자기장에 대해 일반적으로 적용되고, 전하가 없는 영역에 대해, 또한 전기장에 대해서도 적용된다. 흐름의 경로를 따라가는 선으로 다이어그램을 그리면 선은 (맥락에 따라) **흐름선**(stream lines) 또는 **역선**(lines of force)이라 부를 수 있다. 다이버전스가 0인 영역 내에서 이러한 선은 어떤 부피 요소로 들어가면 반드시 나와야만 한다. 선이 끝날 수는 없는 것이다. 하지만 선은 양의 다이버전스의 점(소스)에서 시작하고 음의 다이버전스인 점(싱크)에서 끝난다. 벡터장의 가능한 형태를 그림 3.10에 보였다.

벡터장의 다이버전스가 어디에서나 0이면 역선은 그림 3.10(b)와 같이 모두 닫힌 고리로 이루어질 것이다. 그러한 벡터장을 **솔레노이드형**(solenoidal)이라고 한다. 강조하기 위해 다음과 같이 쓴다.

$$\nabla\cdot\mathbf{B}=0 \text{ 어디에서나} \quad\rightarrow\quad \mathbf{B}\text{는 솔레노이드형} \tag{3.57}$$

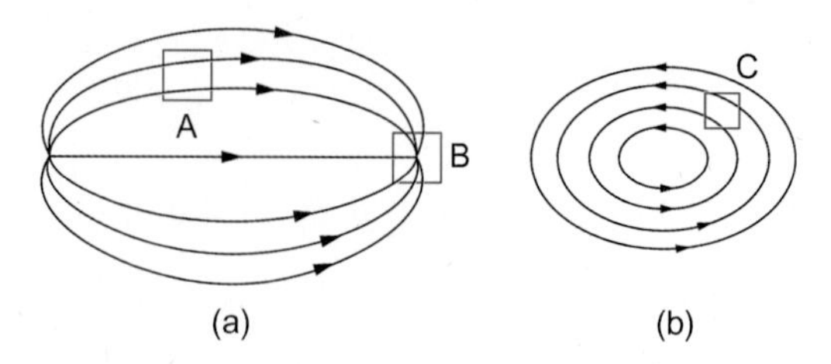

그림 3.10 흐름 다이어그램: (a) 소스와 싱크가 있는 경우, (b) 솔레노이드형. 다이버전스는 부피 요소 A와 C에서는 0이지만 B에서는 음의 값을 갖는다.

■ 컬 $\nabla\times$

벡터 연산자 ∇을 가지고 할 수 있는 다른 가능한 연산은 벡터와 외적을 취하는 것이다. 외적에 대해 잘 정립된 공식을 이용하고 작용하는 벡터의 왼쪽에 도함수를 쓰도록 주의하면 다음을 얻는다.

$$\begin{aligned}\nabla\times\mathbf{V} &= \hat{\mathbf{e}}_x\left(\frac{\partial}{\partial y}V_z - \frac{\partial}{\partial z}V_y\right) + \hat{\mathbf{e}}_y\left(\frac{\partial}{\partial z}V_x - \frac{\partial}{\partial x}V_z\right) + \hat{\mathbf{e}}_z\left(\frac{\partial}{\partial x}V_y - \frac{\partial}{\partial y}V_x\right) \\ &= \begin{vmatrix}\hat{\mathbf{e}}_x & \hat{\mathbf{e}}_y & \hat{\mathbf{e}}_z \\ \partial/\partial x & \partial/\partial y & \partial/\partial z \\ V_x & V_y & V_z\end{vmatrix}\end{aligned} \tag{3.58}$$

이 벡터 연산을 $\mathbf{V}$의 **컬**(curl)이라고 부른다. 식 (3.58)의 행렬식이 계산될 때 두 번째 행의 도함수는 세 번째 행의 함수에 적용되고 맨 위의 행의 어디에도 적용되지 않는다는 점에 주의하라. 이러한 상황을 반복적으로 마주칠텐데 계산은 **위에서 아래로** 수행됨을 확인할 것이다.

예제 3.5.6 중심력장의 컬

$\nabla\times[f(r)\hat{\mathbf{r}}]$을 계산하시오. 다음을 쓴다.

$$\hat{\mathbf{r}} = \frac{x}{r}\hat{\mathbf{e}}_x + \frac{y}{r}\hat{\mathbf{e}}_y + \frac{z}{r}\hat{\mathbf{e}}_z$$

또한 $\partial r/\partial y = y/r$과 $\partial r/\partial z = z/r$임을 기억하면 결과의 x 성분은 다음과 같이 찾아진다.

$$\begin{aligned}\left[\nabla\times[f(r)\hat{\mathbf{r}}]\right]_x &= \frac{\partial}{\partial y}\frac{zf(r)}{r} - \frac{\partial}{\partial z}\frac{yf(r)}{r} \\ &= z\left(\frac{d}{dr}\frac{f(r)}{r}\right)\frac{\partial r}{\partial y} - y\left(\frac{d}{dr}\frac{f(r)}{r}\right)\frac{\partial r}{\partial z} \\ &= z\left(\frac{d}{dr}\frac{f(r)}{r}\right)\frac{y}{r} - y\left(\frac{d}{dr}\frac{f(r)}{r}\right)\frac{z}{r} = 0\end{aligned}$$

대칭성에 의해서 다른 성분도 0이 되고 최종 결과는 다음이 된다.

$$\nabla \times [f(r)\hat{\mathbf{r}}] = 0 \tag{3.59}$$

■

예제 3.5.7 0이 아닌 컬

$\mathbf{F} = \nabla \times (-y\hat{\mathbf{e}}_x + x\hat{\mathbf{e}}_y)$을 계산하시오. 컬은 $\nabla \times \mathbf{b}$ 형태이고 $b_x = -y$, $b_y = x$, $b_z = 0$이며 다음을 얻는다.

$$F_x = \frac{\partial b_z}{\partial y} - \frac{\partial b_y}{\partial z} = 0, \quad F_y = \frac{\partial b_x}{\partial z} - \frac{\partial v_z}{\partial x} = 0, \quad F_z = \frac{\partial b_y}{\partial x} - \frac{\partial b_x}{\partial y} = 2$$

그러므로 $\mathbf{F} = 2\hat{\mathbf{e}}_z$ 이다. ■

이 두 예제의 결과는 컬 연산자의 기하학적 해석으로부터 더 잘 이해될 수 있다. 다음과 같이 진전시킨다. 벡터장 $\mathbf{B}$가 주어졌을 때 작은 닫힌 경로에 대한 선적분 $\oint \mathbf{B} \cdot d\mathbf{s}$을 고려하자. 적분 기호에 걸쳐 있는 원은 경로가 닫혀 있다는 것을 나타낸다. 계산을 간단히 하기 위해 그림 3.11과 같이 중심에 (x_0, y_0)에 있고 크기가 $\Delta x \times \Delta y$인 xy평면의 직사각형 경로를 취한다. 이 경로를 따라 반시계 방향으로 그림에서 1에서 4까지 분류된 네 선분을 통과하여 한 바퀴 돌 것이다. 이 논의의 어디에서나 $z = 0$이므로 명시적으로 z 좌표를 쓰지는 않을 것이다.

경로의 선분 1이 적분에 기여하는 양은 다음과 같다.

$$\text{경로의 선분 } 1 = \int_{x_0 - \Delta x/2}^{x_0 + \Delta x/2} B_x(x, y_0 - \Delta y/2)dx \approx B_x(x_0, y_0 - \Delta y/2)\Delta x$$

여기에서 일차까지 정확한 B_x를 선분의 중앙에서 값으로 바꾸는 근사를 쓴다. 비슷한 방식으로 다음을 얻는다.

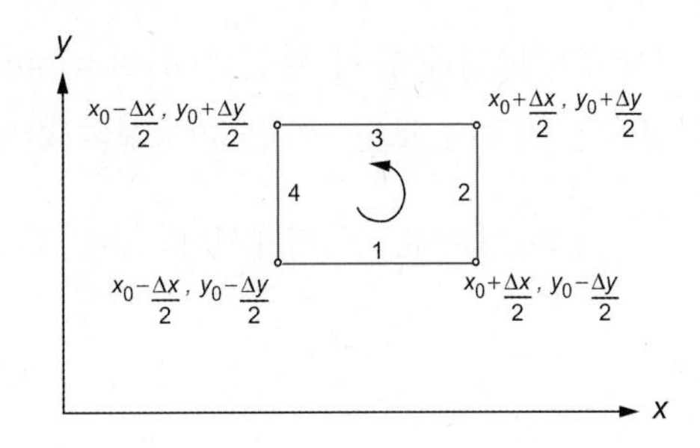

그림 3.11 (x_0, y_0)에서 순환을 계산하기 위한 경로

$$경로의\ 선분\ 2 = \int_{y_0-\triangle y/2}^{y_0+\triangle y/2} B_y(x_0+\triangle x/2,\ y)dy \approx B_y(x_0+\triangle x/2,\ y_0)\triangle y$$

$$경로의\ 선분\ 3 = \int_{x_0+\triangle x/2}^{x_0-\triangle x/2} B_x(x,\ y_0+\triangle y/2)dx \approx - B_x(x_0,\ y_0+\triangle y/2)\triangle x$$

$$경로의\ 선분\ 4 = \int_{y_0+\triangle y/2}^{y_0-\triangle y/2} B_y(x_0-\triangle x/2,\ y)dy \approx - B_y(x_0-\triangle x/2,\ y_0)\triangle y$$

선분 3과 4의 경로는 적분 변수가 줄어드는 방향이기 때문에 이 선분의 기여에서는 음의 부호를 얻는 데 주의하라. 선분 1과 3의 기여를 합하고 선분 2와 4의 기여를 합하면 다음을 얻는다.

$$경로의\ 선분\ 1+3 = (B_x(x_0,\ y_0-\triangle y/2) - B_x(x_0,\ y_0+\triangle y/2))\triangle x \approx -\frac{\partial B_x}{\partial y}\triangle y\triangle x$$

$$경로의\ 선분\ 2+4 = (B_y(x_0+\triangle x/2,\ y_0) - B_y(x_0-\triangle x/2,\ y_0))\triangle y \approx +\frac{\partial B_y}{\partial x}\triangle x\triangle y$$

전체 선적분의 값을 얻기 위해 이 기여를 합하면 다음을 얻는다.

$$\oint \mathbf{B} \cdot d\mathbf{s} \approx \left(\frac{\partial B_y}{\partial x} - \frac{\partial B_x}{\partial y}\right)\triangle x\triangle y \approx [\nabla \times \mathbf{B}]_z \triangle x\triangle y \tag{3.60}$$

주목할 것은 $\mathbf{B}$의 0이 아닌 닫힌 고리의 선적분은 고리에 수직인 $\nabla \times \mathbf{B}$의 성분의 0이 아닌 값에 대응된다는 점이다. 작은 고리 극한에서 선적분은 고리 면적에 비례하는 값을 가질 것이다. 단위면적당 선적분의 값을 **순환**(circulation)이라 부른다. [유체역학에서는 **와도**(vorticity)로 알려져 있다.] 0이 아닌 순환은 닫힌 고리를 이루는 흐름선의 형태에 대응한다. 분명히 닫힌 고리를 이루기 위해서는 흐름선은 맴돌아야(curl) 한다. 그래서 $\nabla \times$ 연산자의 이름이 컬이다.

이제 예제 3.5.6으로 돌아와서 역선이 완전히 지름 방향이어야 한다면 닫힌 고리를 이룰 가능성이 없다. 그러나 다음으로 예제 3.5.7을 살펴보면 $-y\hat{\mathbf{e}}_x + x\hat{\mathbf{e}}_y$의 흐름선이 원점을 중심으로 반시계 방향의 원을 이루는 상황이 있고 컬은 0이 아니다.

컬이 어디에서나 0인 벡터를 **돌지 않는다**(irrotational)고 부른다는 점을 주의하면서 논의를 마친다. 이 성질은 어떻게 보면 솔레노이드형의 반대이고 비슷한 정도로 강조할 만하다.

$$\nabla \times \mathbf{B} = 0 \quad 어디에서나 \quad \rightarrow \quad \mathbf{B}는\ 돌지\ 않는다. \tag{3.61}$$

연습문제

3.5.1 만일 $S(x, y, z) = (x^2 + y^2 + z^2)^{-3/2}$이라면 다음을 찾으시오.

(1) 점 (1, 2, 3)에서 ∇S

(2) (1, 2, 3)에서 S의 그래디언트의 크기 $|\nabla S|$

(3) (1, 2, 3)에서 ∇S의 방향 코사인

3.5.2 (a) 점 (1, 1, 1)에서 다음 표면에 수직인 단위벡터를 찾으시오.

$$x^2 + y^2 + z^2 = 3$$

(b) 점 (1, 1, 1)에서 앞의 표면에 접하는 평면의 식을 유도하시오.

답. (a) $(\hat{\mathbf{e}}_x + \hat{\mathbf{e}}_y + \hat{\mathbf{e}}_z)/\sqrt{3}$, (b) $x + y + z = 3$

3.5.3 벡터 $\mathbf{r}_{12} = \hat{\mathbf{e}}_x(x_1 - x_2) + \hat{\mathbf{e}}_y(y_1 - y_2) + \hat{\mathbf{e}}_z(z_1 - z_2)$가 주어졌을 때 $\nabla_1 r_{12}$(크기 r_{12}의 x_1, y_1, z_1에 대한 그래디언트)가 $\mathbf{r}_{12}$ 방향의 단위벡터임을 보이시오.

3.5.4 벡터 함수 $\mathbf{F}$가 공간 좌표 (x, y, z)와 시간 t 양쪽에 다 의존할 때 다음을 보이시오.

$$d\mathbf{F} = (d\mathbf{r} \cdot \nabla)\mathbf{F} + \frac{\partial \mathbf{F}}{\partial t} dt$$

3.5.5 u와 v가 x, y, z에 대해 미분 가능한 스칼라 함수일 때 $\nabla(uv) = v\nabla u + u\nabla v$임을 보이시오.

3.5.6 원형 궤도 $\mathbf{r} = \hat{\mathbf{e}}_x r\cos\omega t + \hat{\mathbf{e}}_y r\sin\omega t$에서 움직이는 입자에 대해

(a) $\dot{\mathbf{r}} = d\mathbf{r}/dt = \mathbf{v}$일 때 $\mathbf{r} \times \dot{\mathbf{r}}$를 계산하시오.

(b) $\ddot{\mathbf{r}} = d\mathbf{v}/dt$일 때 $\ddot{\mathbf{r}} + \omega^2 \mathbf{r} = 0$을 보이시오.

[힌트] 반지름 r와 각속도 ω는 상수이다.

답. (a) $\hat{\mathbf{e}}_z \omega r^2$

3.5.7 벡터 $\mathbf{A}$가 벡터 변환 법칙, 식 (3.26)을 만족시킨다. 그 시간 도함수 $d\mathbf{A}/dt$ 또한 식 (3.26)을 만족하고 그러므로 벡터임을 보이시오.

3.5.8 성분을 미분함으로써 다음을 보이시오.

(a) $\dfrac{d}{dt}(\mathbf{A} \cdot \mathbf{B}) = \dfrac{d\mathbf{A}}{dt} \cdot \mathbf{B} + \mathbf{A} \cdot \dfrac{d\mathbf{B}}{dt}$

(b) $\dfrac{d}{dt}(\mathbf{A} \times \mathbf{B}) = \dfrac{d\mathbf{A}}{dt} \times \mathbf{B} + \mathbf{A} \times \dfrac{d\mathbf{B}}{dt}$

두 대수함수의 곱의 도함수와 비슷하다.

3.5.9 $\nabla \cdot (\mathbf{a} \times \mathbf{b}) = \mathbf{b} \cdot (\nabla \times \mathbf{a}) - \mathbf{a} \cdot (\nabla \times \mathbf{b})$를 증명하시오.

[힌트] 삼중 스칼라곱으로 취급하라.

3.5.10 고전적으로 궤도 각운동량은 $\mathbf{L} = \mathbf{r} \times \mathbf{p}$로 주어진다. 여기에서 $\mathbf{p}$는 선운동량이다. 고전역학에서 양자역학으로 가려면 ($\hbar = 1$인 단위에서) $\mathbf{p}$는 연산자 $-i\nabla$로 교체된다. 양자역학의 각운동량 연산자는 다음 데카르트 성분을 가짐을 보이시오.

$$L_x = -i\left(y\frac{\partial}{\partial z} - z\frac{\partial}{\partial y}\right)$$

$$L_y = -i\left(z\frac{\partial}{\partial x} - x\frac{\partial}{\partial z}\right)$$

$$L_z = -i\left(x\frac{\partial}{\partial y} - y\frac{\partial}{\partial x}\right)$$

3.5.11 앞에서 주어진 각운동량 연산자를 이용하여 각운동량 연산자가 다음의 교환 관계(commutation relation)를 만족시킴을 보이시오.

$$[L_x, L_y] \equiv L_x L_y - L_y L_x = iL_z$$

따라서 다음이 성립한다.

$$\mathbf{L} \times \mathbf{L} = i\mathbf{L}$$

이 교환 관계는 나중에 각운동량 연산자의 관계를 정의하는 데 취해진다.

3.5.12 연습문제 3.5.11의 결과의 도움으로 두 벡터 $\mathbf{a}$와 $\mathbf{b}$가 서로 가환(commute)이고 $\mathbf{L}$과 가환이면, 즉 $[\mathbf{a}, \mathbf{b}] = [\mathbf{a}, \mathbf{L}] = [\mathbf{b}, \mathbf{L}] = 0$이면 다음을 보이시오.

$$[\mathbf{a} \cdot \mathbf{L}, \mathbf{b} \cdot \mathbf{L}] = i(\mathbf{a} \times \mathbf{b}) \cdot \mathbf{L}$$

3.5.13 예제 3.5.7에서 $\mathbf{b}$의 흐름선이 반시계 방향의 원임을 증명하시오.

3.6 미분 벡터 연산자: 더 많은 성질

■ 계속된 ∇의 적용

이미 도입한 미분 벡터 연산자 형태에 ∇를 적용할 때 재미있는 결과가 얻어진다. 가능한 결과는 다음을 포함한다.

(a) $\nabla \cdot \nabla\varphi$ (b) $\nabla \times \nabla\varphi$ (c) $\nabla(\nabla \cdot \nabla)$

(d) $\nabla \cdot (\nabla \times \mathbf{V})$ (e) $\nabla \times (\nabla \times \mathbf{V})$

이 식 5개 모두는 2계 도함수를 포함하고 있고 모든 5개의 식은 특히 전자기 이론에서 수리물리학의 2계 미분 방정식에 등장한다.

■ 라플라시안

이 식의 첫 번째는 $\nabla \cdot \nabla\varphi$로 그래디언트의 다이버전스이고 φ의 라플라시안(Laplacian)이라고 부른다. 다음이 성립한다.

$$\nabla \cdot \nabla\varphi = \left(\hat{\mathbf{e}}_x \frac{\partial}{\partial x} + \hat{\mathbf{e}}_y \frac{\partial}{\partial y} + \hat{\mathbf{e}}_z \frac{\partial}{\partial z}\right) \cdot \left(\hat{\mathbf{e}}_x \frac{\partial\varphi}{\partial x} + \hat{\mathbf{e}}_y \frac{\partial\varphi}{\partial y} + \hat{\mathbf{e}}_z \frac{\partial\varphi}{\partial z}\right)$$

$$= \frac{\partial^2\varphi}{\partial x^2} + \frac{\partial^2\varphi}{\partial y^2} + \frac{\partial^2\varphi}{\partial z^2} \tag{3.62}$$

φ가 정전기 퍼텐셜일 때 전하 밀도가 0이 되는 점에서는 정전기학의 라플라스 방정식(Laplace's equation)인 다음을 얻는다.

$$\nabla \cdot \nabla\varphi = 0 \tag{3.63}$$

종종 $\nabla \cdot \nabla$는 ∇^2 또는 오래된 유럽 문헌에서는 Δ로 쓴다.

예제 3.6.1 중심력 퍼텐셜의 라플라시안

$\nabla^2\varphi(r)$를 계산하시오. 식 (3.51)을 이용하여 $\nabla\varphi$를 계산하고 식 (3.53)을 이용하여 다이버전스를 계산하여 다음을 얻는다.

$$\nabla^2\varphi(r) = \nabla \cdot \nabla\varphi(r) = \nabla \cdot \frac{d\varphi(r)}{dr}\hat{\mathbf{e}}_r = \frac{2}{r}\frac{d\varphi(r)}{dr} + \frac{d^2\varphi(r)}{dr^2}$$

$\hat{\mathbf{e}}_r$가 $\mathbf{r}$에 의존하는 방향이 있으므로 $d^2\varphi/dr^2$ 이외의 항이 있다.

$\varphi(r)=r^n$인 특별한 경우 식이 다음과 같이 간단해진다.

$$\nabla^2 r^n = n(n+1)r^{n-2}$$

이 식은 $n=0$(φ=상수)과 $n=-1$(쿨롱 퍼텐셜)인 경우 0이 된다. 이러한 유도 과정은 도함수가 정의되지 않는 $\mathbf{r}=0$에서는 성립하지 않는다. ■

■ 돌지 않는 솔레노이드형 벡터장

2개의 ∇ 연산자를 포함하고 있는 5개의 형태 중에서 두 번째인 식 (b)는 다음 행렬식으로 쓸 수 있다.

$$\nabla\times\nabla\varphi = \begin{vmatrix} \hat{\mathbf{e}}_x & \hat{\mathbf{e}}_y & \hat{\mathbf{e}}_z \\ \partial/\partial x & \partial/\partial y & \partial/\partial z \\ \partial\varphi/\partial x & \partial\varphi/\partial y & \partial\varphi/\partial z \end{vmatrix} = \begin{vmatrix} \hat{\mathbf{e}}_x & \hat{\mathbf{e}}_y & \hat{\mathbf{e}}_z \\ \partial/\partial x & \partial/\partial y & \partial/\partial z \\ \partial/\partial x & \partial/\partial y & \partial/\partial z \end{vmatrix}\varphi = 0$$

행렬식은 위에서 아래로 계산되므로 φ를 바깥으로 옮겨서 오른쪽에 쓰면 행렬식의 두 같은 행이 있으므로 행렬식은 이미 적혀 있는 0이 된다. 실제로 편미분 도함수의 순서를 바꾸어도 된다고 가정하는데, φ의 2계 도함수가 연속이면 편미분 도함수의 순서를 바꾸어도 된다.

식 (d)는 삼중 스칼라곱은 다음과 같이 쓸 수 있다.

$$\nabla\cdot(\nabla\times\mathbf{V}) = \begin{vmatrix} \partial/\partial x & \partial/\partial y & \partial/\partial z \\ \partial/\partial x & \partial/\partial y & \partial/\partial z \\ V_x & V_y & V_z \end{vmatrix} = 0$$

이 행렬식도 또한 2개의 같은 행을 가지고 있어서 $\mathbf{V}$에 충분한 연속성이 있으면 0이 된다.

이 두 0이 되는 결과는 어떤 그래디언트도 컬이 0이고 따라서 **돌지 않는다**는 것과 어떤 컬도 다이버전스가 0이고 따라서 **솔레노이드형**이라는 것을 알려준다. 이러한 성질은 중요해서 여기에서 번호를 붙여서 식으로 따로 쓴다.

$$\nabla\times\nabla\varphi = 0,\ \text{모든}\ \varphi \tag{3.64}$$

$$\nabla\cdot(\nabla\times\mathbf{V}) = 0,\ \text{모든}\ \mathbf{V} \tag{3.65}$$

■ 맥스웰 방정식

전기 현상과 자기 현상의 통합은 미분벡터 연산자를 사용하는 훌륭한 예인 맥스웰 방정식(Maxwell's equation)으로 요약된다.

$$\nabla\cdot\mathbf{B} = 0 \tag{3.66}$$

$$\nabla \cdot \mathbf{E} = \frac{\rho}{\varepsilon_0} \tag{3.67}$$

$$\nabla \times \mathbf{B} = \varepsilon_0 \mu_0 \frac{\partial \mathbf{E}}{\partial t} + \mu_0 \mathbf{J} \tag{3.68}$$

$$\nabla \times \mathbf{E} = -\frac{\partial \mathbf{B}}{\partial t} \tag{3.69}$$

여기에서 $\mathbf{E}$는 전기장(electric field), $\mathbf{B}$는 자기장(magnetic induction field), ρ는 전하 밀도(charge density), $\mathbf{J}$는 전류 밀도(current density), ε_0는 유전율(electric permittivity), μ_0는 자기 투자율(magnetic permeability)이다. 따라서 c가 빛의 속도일 때 $\varepsilon_0\mu_0 = 1/c^2$이다.

■ 벡터 라플라시안

이 절을 시작할 때 제시한 식 (c)와 (e)는 다음 관계를 만족시킨다.

$$\nabla \times (\nabla \times \mathbf{V}) = \nabla(\nabla \cdot \mathbf{V}) - \nabla \cdot \nabla \mathbf{V} \tag{3.70}$$

$\nabla \cdot \nabla \mathbf{V}$는 **벡터 라플라시안**(vector Laplacian)이라 불리며 때때로 $\nabla^2 \mathbf{V}$로 쓰는데 이전에 정의되지 않았던 식이다. 식 (3.70)을 $\nabla^2 \mathbf{V}$에 대하여 푸는 것이 정의가 될 수 있다. 데카르트 좌표계에서 $\nabla^2 \mathbf{V}$는 i 성분이 $\nabla^2 V_i$인 벡터이고 이 사실은 직접 성분을 전개하거나 BAC-CAB 규칙인 식 (3.18)을 항상 $\mathbf{V}$를 미분 연산자가 작용하는 곳에 놓도록 조심하면서 적용하여 확인할 수 있다. 식 (3.70)이 일반적이지만 데카르트 좌표계의 경우에만 $\nabla^2 \mathbf{V}$가 $\mathbf{V}$의 성분의 라플라시안으로 분리된다.

예제 3.6.2 전자기 파동 방정식

진공에서도 맥스웰 방정식은 전자기파(electromagnetic wave)를 기술할 수 있다. 전자기 파동 방정식(electromagnetic wave equation)을 유도하기 위해 우선 식 (3.68)의 시간 도함수를 $\mathbf{J} = 0$에 대해 취하고 식 (3.69)의 컬을 취하면 다음을 얻는다.

$$\frac{\partial}{\partial t} \nabla \times \mathbf{B} = \varepsilon_0 \mu_0 \frac{\partial^2 \mathbf{E}}{\partial t^2}$$

$$\nabla \times (\nabla \times \mathbf{E}) = -\frac{\partial}{\partial t} \nabla \times \mathbf{B} = -\varepsilon_0 \mu_0 \frac{\partial^2 \mathbf{E}}{\partial t^2}$$

이제 $\mathbf{E}$만을 포함한 식을 얻게 된다. 식 (3.70)을 적용하고 식의 오른쪽 첫째 항은 진공에서 $\nabla \cdot \mathbf{E} = 0$이기 때문에 없애면 더 편리한 형태로 만들 수 있다. 결과는 $\mathbf{E}$에 대한 벡터 전자기 파동 방정식이다.

$$\nabla^2 \mathbf{E} = \varepsilon_0 \mu_0 \frac{\partial^2 \mathbf{E}}{\partial t^2} = \frac{1}{c^2} \frac{\partial^2 \mathbf{E}}{\partial t^2} \tag{3.71}$$

식 (3.71)은 세 스칼라 파동 방정식으로 분리되고 각각은 (스칼라) 라플라시안을 포함하고 있다. $\mathbf{E}$의 각 데카르트 성분에 대해 별개의 방정식이 있다. ■

■ 여러 가지 벡터 항등식

미분 벡터 연산자를 도입한 것은 이제 정식으로 끝났지만 이러한 연산자 사이의 관계를 잘 처리하여 유용한 벡터 항등식을 얻는 것을 설명하기 위해 두 예제를 더 소개한다.

예제 3.6.3 곱의 다이버전스와 컬

우선 $\nabla \cdot (f\mathbf{V})$를 간단히 한다. f와 $\mathbf{V}$는 각각 스칼라와 벡터 함수이다. 각 성분에 대해서 쓰면 다음과 같다.

$$\begin{aligned}\nabla \cdot (f\mathbf{V}) &= \frac{\partial}{\partial x}(fV_x) + \frac{\partial}{\partial y}(fV_y) + \frac{\partial}{\partial z}(fV_z) \\ &= \frac{\partial f}{\partial x}V_x + f\frac{\partial V_x}{\partial x} + \frac{\partial f}{\partial y}V_y + f\frac{\partial V_y}{\partial y} + \frac{\partial f}{\partial z}V_z + f\frac{\partial V_z}{\partial z} \\ &= (\nabla f)\cdot \mathbf{V} + f\nabla \cdot \mathbf{V}\end{aligned} \tag{3.72}$$

이제 $\nabla \times (f\mathbf{V})$를 간단히 한다. x 성분을 고려하면 다음과 같다.

$$\frac{\partial}{\partial y}(fV_z) - \frac{\partial}{\partial z}(fV_y) = f\left[\frac{\partial V_z}{\partial y} - \frac{\partial V_y}{\partial z}\right] + \left[\frac{\partial f}{\partial y}V_z - \frac{\partial f}{\partial z}V_y\right]$$

이것은 $f(\nabla \times \mathbf{V}) + (\nabla f) \times \mathbf{V}$의 x 성분이므로 다음을 얻는다.

$$\nabla \times (f\mathbf{V}) = f(\nabla \times \mathbf{V}) + (\nabla f) \times \mathbf{V} \tag{3.73}$$

■

예제 3.6.4 내적의 그래디언트

다음을 증명하시오.

$$\nabla(\mathbf{A}\cdot\mathbf{B}) = (\mathbf{B}\cdot\nabla)\mathbf{A} + (\mathbf{A}\cdot\nabla)\mathbf{B} + \mathbf{B}\times(\nabla\times\mathbf{A}) + \mathbf{A}\times(\nabla\times\mathbf{B}) \tag{3.74}$$

이 문제는 $\nabla(\mathbf{A}\cdot\mathbf{B})$가 삼중 벡터곱의 BAC-CAB 전개인 식 (3.18)에 나오는 항의 형태임

을 인지하면 더 쉽게 풀 수 있고 다음을 얻는다.

$$\mathbf{A}\times(\nabla\times\mathbf{B})=\nabla_{\mathbf{B}}(\mathbf{A}\cdot\mathbf{B})-(\mathbf{A}\cdot\nabla)\mathbf{B}$$

여기에서 $\mathbf{B}$를 마지막 항의 끝에 두었는데 그 이유는 ∇가 작용해야 하기 때문이다. $\nabla_{\mathbf{B}}$로 쓴 것은 지금까지 사용된 표기법이 정말로 다룰 수 없는 연산을 나타내기 위함이다. 이 경우는 $\mathbf{A}$가 좌변의 왼쪽에 나오기 때문에 ∇는 $\mathbf{B}$에만 작용한다. $\mathbf{A}$와 $\mathbf{B}$의 역할을 바꾸면 다음도 또한 얻는다.

$$\mathbf{B}\times(\nabla\times\mathbf{A})=\nabla_{\mathbf{A}}(\mathbf{A}\cdot\mathbf{B})-(\mathbf{B}\cdot\nabla)\mathbf{A}$$

여기에서 $\nabla_{\mathbf{A}}$는 $\mathbf{A}$에만 작용한다. 이 두 식을 같이 더하면 $\nabla_{\mathbf{B}}+\nabla_{\mathbf{A}}$가 단순히 제한이 없는 ∇임을 주의하면 식 (3.74)를 얻는다. ■

연습문제

3.6.1 만일 $\mathbf{u}$와 $\mathbf{v}$가 돌지 않으면 $\mathbf{u}\times\mathbf{v}$는 솔레노이드형임을 보이시오.

3.6.2 만일 $\mathbf{A}$가 돌지 않으면 $\mathbf{A}\times\mathbf{r}$는 솔레노이드형임을 보이시오.

3.6.3 강체가 각속도 ω로 회전한다. 선속도(linear velocity) $\mathbf{v}$가 솔레노이드형임을 보이시오.

3.6.4 벡터 함수 $\mathbf{V}(x, y, z)$가 돌지 않는다. $g\mathbf{V}$가 돌지 않는 스칼라 함수 $g(x, y\ z)$가 존재하면 다음이 성립함을 보이시오.

$$\mathbf{V}\cdot\nabla\times\mathbf{V}=0$$

3.6.5 다음 벡터 항등식을 증명하시오.

$$\nabla\times(\mathbf{A}\times\mathbf{B})=(\mathbf{B}\cdot\nabla)\mathbf{A}-(\mathbf{A}\cdot\nabla)\mathbf{B}-\mathbf{B}(\nabla\cdot\mathbf{A})+\mathbf{A}(\nabla\cdot\mathbf{B})$$

3.6.6 예제 3.6.4의 벡터 항등식의 다른 형태로 다음을 보이시오.

$$\nabla(\mathbf{A}\cdot\mathbf{B})=(\mathbf{A}\times\nabla)\times\mathbf{B}+(\mathbf{B}\times\nabla)\times\mathbf{A}+\mathbf{A}(\nabla\cdot\mathbf{B})+\mathbf{B}(\nabla\cdot\mathbf{A})$$

3.6.7 다음 항등식을 증명하시오.

$$\mathbf{A}\times(\nabla\times\mathbf{A})=\frac{1}{2}\nabla(A^2)-(\mathbf{A}\cdot\nabla)\mathbf{A}$$

3.6.8 만일 $\mathbf{A}$와 $\mathbf{B}$가 상수 벡터라면 다음을 보이시오.

$$\nabla(\mathbf{A}\cdot\mathbf{B}\times\mathbf{r}) = \mathbf{A}\times\mathbf{B}$$

3.6.9 다음 식 (3.70)을 데카르트 좌표계에서 직접 전개하여 증명하시오.

$$\nabla\times(\nabla\times\mathbf{V}) = \nabla(\nabla\cdot\mathbf{V}) - \nabla\cdot\nabla\mathbf{V}$$

3.6.10 $\nabla\times(\varphi\nabla\varphi) = 0$을 증명하시오.

3.6.11 $\mathbf{F}$의 컬과 $\mathbf{G}$의 컬이 같다고 주어져 있다. $\mathbf{F}$와 $\mathbf{G}$는 다음 만큼 다를 수 있음을 증명하시오. (a) 상수와 (b) 스칼라 함수의 그래디언트.

3.6.12 유체역학의 나비어-스토크스 방정식(Navier-Stokes equation)은 $(\mathbf{v}\cdot\nabla)\mathbf{v}$ 형태의 비선형 항을 포함하고 있다. 이 항의 컬을 $-\nabla\times[\mathbf{v}\times(\nabla\times\mathbf{v})]$로 쓸 수 있음을 보이시오.

3.6.13 u와 v가 미분 가능한 스칼라 함수일 때 $(\nabla u)\times(\nabla v)$가 솔레노이드형임을 증명하시오.

3.6.14 φ가 라플라스 방정식 $\nabla^2\varphi = 0$을 만족시키는 스칼라이다. $\nabla\varphi$가 솔레노이드형이고 돌지 않음을 보이시오.

3.6.15 다음 식

$$\nabla\times(\nabla\times\mathbf{A}) - k^2\mathbf{A} = 0$$

의 해는 자동으로 다음 벡터 헬름홀츠 방정식

$$\nabla^2\mathbf{A} + k^2\mathbf{A} = 0$$

을 만족시킴을 보이고 다음 솔레노이드형 조건

$$\nabla\cdot\mathbf{A} = 0$$

을 만족시킴을 보이시오.

[힌트] $\nabla\cdot$을 첫 번째 식에 작용하시오.

3.6.16 열전도 이론에서 다음 식에 이른다.

$$\nabla^2\Psi = k|\nabla\Phi|^2$$

여기에서 Φ는 라플라스 방정식 $\nabla^2\Phi = 0$을 만족하는 퍼텐셜이다. 이 식의 해는 $\Psi = k\Phi^2/2$임을 보이시오.

3.6.17 세 행렬이 주어져 있다.

$$\mathrm{M}_x = \begin{pmatrix} 0 & 0 & 0 \\ 0 & 0 & -i \\ 0 & i & 0 \end{pmatrix}, \quad \mathrm{M}_y = \begin{pmatrix} 0 & 0 & i \\ 0 & 0 & 0 \\ -i & 0 & 0 \end{pmatrix}, \quad \mathrm{M}_z = \begin{pmatrix} 0 & -i & 0 \\ i & 0 & 0 \\ 0 & 0 & 0 \end{pmatrix}$$

다음 행렬-벡터 식으로부터 진공에서 맥스웰 방정식이 나오는 것을 보이시오.

$$\left(\mathrm{M} \cdot \nabla + \mathbf{1}_3 \frac{1}{c} \frac{\partial}{\partial t}\right) \boldsymbol{\Psi} = 0$$

여기에서 $\boldsymbol{\Psi}$는 성분이 $\Psi_j = B_j - iE_j/c \ (j = x,\ y,\ z)$인 열벡터이다. $\varepsilon_0 \mu_0 = 1/c^2$이고 $\mathbf{1}_3$은 3×3 단위행렬임에 주의하라.

3.6.18 식 (2.28)의 파울리 행렬 σ_i을 이용하여 다음을 보이시오.

$$(\boldsymbol{\sigma} \cdot \mathbf{a})(\boldsymbol{\sigma} \cdot \mathbf{b}) = (\mathbf{a} \cdot \mathbf{b}) 1_2 + i \boldsymbol{\sigma} \cdot (\mathbf{a} \times \mathbf{b})$$

여기서

$$\boldsymbol{\sigma} \equiv \hat{\mathrm{e}}_x \sigma_1 + \hat{\mathrm{e}}_y \sigma_2 + \hat{\mathrm{e}}_z \sigma_3$$

이다. $\mathbf{a}$와 $\mathbf{b}$는 보통 벡터이고 1_2은 2×2 단위행렬이다.

3.7 벡터 적분

물리에서 벡터는 선, 표면, 부피 적분으로 나타난다. 적어도 원리적으로는 이 적분이 벡터 성분을 포함하는 스칼라 적분으로 분해될 수 있다. 이 시점에서 몇 가지 유용하고 일반적인 관찰을 할 것이다.

■ 선적분

선적분의 가능한 형태는 다음을 포함한다.

$$\int_C \varphi d\mathbf{r}, \quad \int_C \mathbf{F} \cdot d\mathbf{r}, \quad \int_C \mathbf{V} \times d\mathbf{r} \tag{3.75}$$

이 각각의 적분은 어떤 경로 C에 대한 적분인데 이 경로는 (시작점과 끝점이 다른) 열린 경로일 수도 있고 (고리를 이루는) 닫힌 경로일 수도 있다. $d\mathbf{r}$의 형태를 끼워 넣으면 첫 번째 적분은 다음과 같이 간단하게 된다.

$$\int_C \varphi d\mathbf{r} = \hat{\mathbf{e}}_x \int_C \varphi(x, y, z)dx + \hat{\mathbf{e}}_y \int_C \varphi(x, y, z)dy + \hat{\mathbf{e}}_z \int_C \varphi(x, y, z)dz \qquad (3.76)$$

단위벡터는 크기와 방향이 변하지 않으므로 적분 안에 있을 필요가 없다.

식 (3.76)의 적분은 1차원 스칼라 적분이다. 하지만 x에 대한 적분은 y와 z가 x에 대해 알려져 있지 않으면 계산할 수 없다. 이것은 경로 C가 명시되어 있어야 한다는 것을 의미한다. φ가 특별한 성질을 가지고 있지 않으면 적분값은 경로에 의존한다.

식 (3.75)의 다른 적분도 비슷하게 다룰 수 있다. 경로 C를 따른 변위와 관련된 일을 계산하는 데 자주 등장하는 두 번째 적분에 대해서는 다음을 얻는다.

$$W = \int_C \mathbf{F} \cdot d\mathbf{r} = \int_C F_x(x, y, z)dx + \int_C F_y(x, y, z)dy + \int_C F_z(x, y, z)dz \qquad (3.77)$$

예제 3.7.1 선적분

2차원 공간에서 두 적분을 고려한다.

$$I_C = \int_C \varphi(x, y)d\mathbf{r}, \quad \varphi(x, y) = 1$$

$$J_C = \int_C \mathbf{F}(x, y) \cdot d\mathbf{r}, \quad \mathbf{F}(x, y) = -y\hat{\mathbf{e}}_x + x\hat{\mathbf{e}}_y$$

xy평면에서 (0, 0)부터 (1, 1)까지 적분을 그림 3.12에 보인 두 다른 경로에서 적분을 수행한다.

경로 C_1은 $(0, 0) \to (1, 0) \to (1, 1)$이다.

경로 C_2는 일직선 $(0, 0) \to (1, 1)$이다.

C_1의 첫 번째 선분에 대해서는 x의 범위가 0부터 1까지이고 y는 0에 고정되어 있다. 두

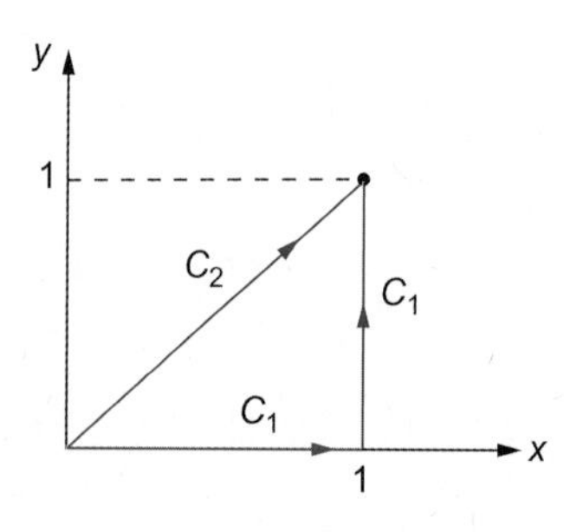

그림 3.12 선적분 경로

번째 선분에 대해서는 y의 범위가 0부터 1까지이고 $x = 1$이다. 따라서 다음이 된다.

$$I_{C_1} = \hat{\mathbf{e}}_x \int_0^1 dx \varphi(x, 0) + \hat{\mathbf{e}}_y \int_0^1 dy \varphi(1, y) = \hat{\mathbf{e}}_x \int_0^1 dx + \hat{\mathbf{e}}_y \int_0^1 dy = \hat{\mathbf{e}}_x + \hat{\mathbf{e}}_y$$

$$J_{C_1} = \int_0^1 dx\, F_x(x, 0) + \int_0^1 dy\, F_y(1, y) = \int_0^1 dx(0) + \int_0^1 dy(1) = 1$$

경로 C_2에서 dx와 dy의 범위가 모두 0부터 1까지이고 경로의 모든 점에서 $x = y$이다. 따라서 다음이 된다.

$$I_{C_2} = \hat{\mathbf{e}}_x \int_0^1 dx \varphi(x, x) + \hat{\mathbf{e}}_y \int_0^1 dy \varphi(y, y) = \hat{\mathbf{e}}_x + \hat{\mathbf{e}}_y$$

$$J_{C_2} = \int_0^1 dx F_x(x, x) + \int_0^1 dy F_y(y, y) = \int_0^1 dx(-x) + \int_0^1 dy(y) = -\frac{1}{2} + \frac{1}{2} = 0$$

적분 I는 (0, 0)부터 (1, 1)까지 경로에 무관함을 알 수 있는데 거의 뻔한 특별한 경우이다. 적분 J는 경로에 의존한다. ■

■ 면적분

면적분은 선적분과 같은 형태로 등장한다.

$$\int \varphi d\boldsymbol{\sigma}, \quad \int \mathbf{V} \cdot d\boldsymbol{\sigma}, \quad \int \mathbf{V} \times d\boldsymbol{\sigma}$$

면적 요소는 벡터 $d\boldsymbol{\sigma}$이고 표면에 수직하다. 양의 방향을 선택하는 두 관례가 있다. 첫 번째로 표면이 닫혀 있다(경계가 없다)면 외부로 향하는 법선 방향을 양의 방향으로 택한다. 두 번째로 열린 표면에서는 양의 법선 방향은 둘레를 지나가는 방향에 의존한다. 둘레에 있는 임의의 한 점에서 출발하여 벡터 $\mathbf{u}$를 둘레를 따라 움직이는 방향으로 정의하고, 두 번째 벡터 $\mathbf{v}$를 앞에서 택한 둘레의 점에서 표면에 접하고 표면에 위치하도록 정의한다. 이제 $\mathbf{u} \times \mathbf{v}$를 양의 법선 방향으로 택한다. 이것은 오른손 규칙에 해당하고 그림 3.13에 설명되어 있다. 그림 3.13의 오른쪽 그림과 같은 경우를 다루기 위해서는 방향을 정의할 때 주의를 기울일 필요가 있다.

내적의 형태는 주어진 표면을 통과하는 흐름 또는 선속에 해당하므로 훨씬 더 자주 만나는 면적분이다.

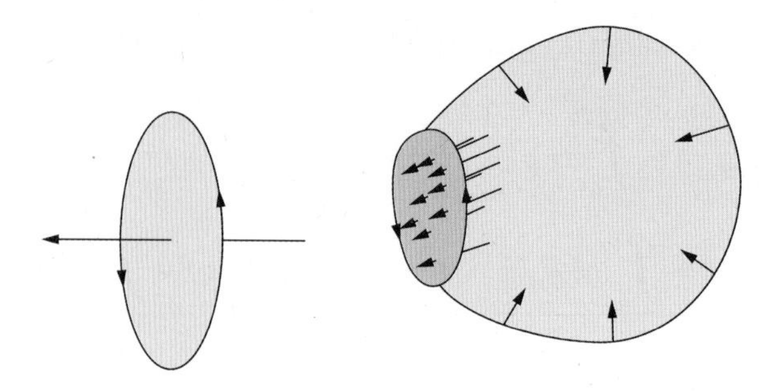

그림 3.13 양의 법선 방향. 왼쪽: 원판, 오른쪽: 구멍이 뚫린 구면

예제 3.7.2 면적분

$\mathbf{B}=(x+1)\hat{\mathbf{e}}_x+y\hat{\mathbf{e}}_y-z\hat{\mathbf{e}}_z$일 때 꼭짓점이 원점과 $(1, 0, 0)$, $(0, 1, 0)$, $(0, 0, 1)$에 있는 사면체의 표면에 대해 $I=\int_S \mathbf{B}\cdot d\boldsymbol{\sigma}$인 면적분을 고려한다(그림 3.14 참고).

이 표면은 네 삼각형으로 이루어져 있다. 각 면에 대한 기여를 다음과 같이 계산한다.

1. xy평면에서($z=0$) 꼭짓점은 $(x, y)=(0, 0)$, $(1, 0)$, $(0, 1)$이다. 외부로 향하는 법선 방향은 $-\hat{\mathbf{e}}_z$이고, 따라서 $d\boldsymbol{\sigma}=-\hat{\mathbf{e}}_z dA$이다($dA=$이 삼각형의 면적 요소). 여기에서 $\mathbf{B}=(x+1)\hat{\mathbf{e}}_x+y\hat{\mathbf{e}}_y$이고 $\mathbf{B}\cdot d\boldsymbol{\sigma}=0$이다. 그러므로 I에 기여하는 것이 없다.
2. xz평면에서($y=0$) 꼭짓점은 $(x, z)=(0, 0)$, $(1, 0)$, $(0, 1)$이다. 외부로 향하는 법선 방향은 $-\hat{\mathbf{e}}_y$이고, 따라서 $d\boldsymbol{\sigma}=-\hat{\mathbf{e}}_y dA$이다. 이 삼각형에서 $\mathbf{B}=(x+1)\hat{\mathbf{e}}_x-z\hat{\mathbf{e}}_z$이고 다시 $\mathbf{B}\cdot d\boldsymbol{\sigma}=0$이다. I에 기여하는 것이 없다.
3. yz평면에서($x=0$) 꼭짓점은 $(y, z)=(0, 0)$, $(1, 0)$, $(0, 1)$이다. 외부로 향하는 법선 방향은 $-\hat{\mathbf{e}}_x$이고, 따라서 $d\boldsymbol{\sigma}=-\hat{\mathbf{e}}_x dA$이다. 여기에서 $\mathbf{B}=\hat{\mathbf{e}}_x+y\hat{\mathbf{e}}_y-z\hat{\mathbf{e}}_z$이고 $\mathbf{B}\cdot d\boldsymbol{\sigma}=(-1)dA$이다. I에 대한 기여는 -1에 삼각형의 면적($=1/2$)을 곱하면 되므로 $I_3=-1/2$이다.

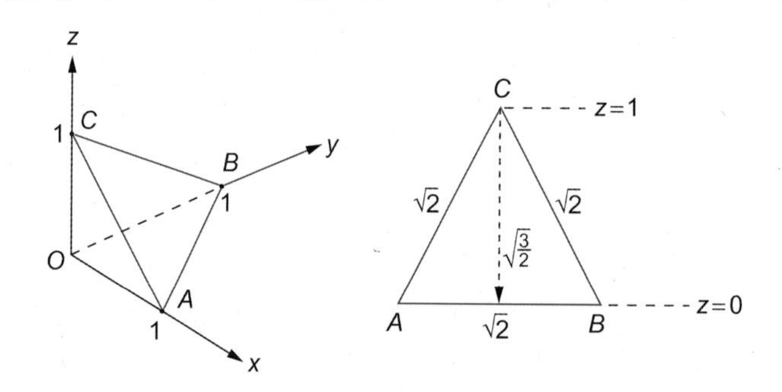

그림 3.14 사면체와 기울어진 면의 세부사항

4. 기울어진 면의 꼭짓점은 $(x, y, z) = (1, 0, 0)$, $(0, 1, 0)$, $(0, 0, 1)$이다. 외부로 향하는 법선 방향은 $\hat{\mathbf{n}} = (\hat{\mathbf{e}}_x + \hat{\mathbf{e}}_y + \hat{\mathbf{e}}_z)/\sqrt{3}$이고 $d\sigma = \hat{\mathbf{n}}dA$이다. $\mathbf{B} = (x+1)\hat{\mathbf{e}}_x + y\hat{\mathbf{e}}_y - z\hat{\mathbf{e}}_z$를 이용하면 I에 대한 기여는 다음과 같다.

$$I_4 = \int_{\triangle 4} \frac{x+1+y-z}{\sqrt{3}} dA = \int_{\triangle 4} \frac{2(1-z)}{\sqrt{3}} dA$$

여기에서 이 삼각형에서 $x+y+z=1$이 성립한다는 사실을 이용하였다.

계산을 완결하기 위해 삼각형의 기하학적 구조가 그림 3.14에 보인 바와 같다는 것을 주의하면 삼각형의 폭은 높이 z에서 $\sqrt{2}(1-z)$이고 z의 변화 dz는 삼각형에서는 $\sqrt{3/2}\,dz$의 변위가 됨을 알 수 있다. 따라서 I_4는 다음과 같이 쓸 수 있다.

$$I_4 = \int_0^1 2(1-z)^2 dz = \frac{2}{3}$$

0이 아닌 기여 I_3와 I_4를 합하면 다음의 최종 결과를 얻는다.

$$I = -\frac{1}{2} + \frac{2}{3} = \frac{1}{6}$$ ■

■ 부피 적분

부피 요소 $d\tau$가 스칼라량이기 때문에 부피 적분은 다소 간단하다. 때때로 $d\tau$는 d^3r 또는 좌표를 (x_1, x_2, x_3)로 나타낼 때에는 d^3x로 쓰기도 한다. 문헌에서는 $d\mathbf{r}$ 형태를 흔히 만나게 되는데 문맥에 따라서는 벡터량이 아니고 $d\tau$를 달리 쓴 경우가 있다. 여기에서 고려하는 부피 적분은 다음 형태가 있다.

$$\int \mathbf{V} d\tau = \hat{\mathbf{e}}_x \int V_x d\tau + \hat{\mathbf{e}}_y \int V_y d\tau + \hat{\mathbf{e}}_z \int V_z d\tau$$

이 적분은 스칼라 적분의 벡터합으로 간단하게 된다.

어떤 부피 적분에서는 벡터량이 결합되어 실제로는 스칼라를 적분한다. 종종 이러한 경우는 부분 적분하기와 같은 기법을 적용하여 다시 정리할 수 있다.

예제 3.7.3 부분 적분하기

전 공간에 대한 $\int \mathbf{A}(\mathbf{r}) \nabla \cdot f(\mathbf{r}) d^3r$ 형태의 적분을 고려한다. 종종 나오는 특별한 경우는 f 또는 $\mathbf{A}$가 무한대로 가는 극한에서 충분히 빨리 0으로 수렴하는 경우이다. 적분을 성분으로 전개하면 다음과 같다.

$$\int \mathbf{A}(\mathbf{r}) \cdot \nabla f(\mathbf{r}) d^3r = \iint dy\, dz \left[A_x f |_{x=-\infty}^{\infty} - \int f \frac{\partial A_x}{\partial x} dx \right] + \cdots$$
$$= -\iiint f \frac{\partial A_x}{\partial x} dx\, dy\, dz - \iiint f \frac{\partial A_y}{\partial y} dx\, dy\, dz - \iiint f \frac{\partial A_z}{\partial z} dx\, dy\, dz$$
$$= -\int f(r) \nabla \cdot \mathbf{A}(\mathbf{r}) d^3r \tag{3.78}$$

예를 들어 $\mathbf{A} = e^{ikz}\hat{\mathbf{p}}$가 $\hat{\mathbf{p}}$ 방향으로 상수인 편광 벡터를 가지는 광자를 기술하고 $\psi(\mathbf{r})$가 속박 상태 파동 함수이면 다음과 같다. [따라서 $\psi(\mathbf{r})$는 무한대에서 0이 된다.]

$$\int e^{ikz}\hat{\mathbf{p}} \cdot \nabla \psi(\mathbf{r}) d^3r = -(\hat{\mathbf{p}} \cdot \hat{\mathbf{e}}_z) \int \psi(\mathbf{r}) \frac{de^{ikz}}{dz} d^3r = -ik(\hat{\mathbf{p}} \cdot \hat{\mathbf{e}}_z) \int \psi(\mathbf{r}) e^{ikz} d^3r$$

그래디언트의 z 성분만 적분에 기여한다.

(적분된 항이 무한대에서 0이 된다고 가정하고) 비슷하게 다시 정리하면 다음을 얻을 수 있다.

$$\int f(\mathbf{r}) \nabla \cdot \mathbf{A}(\mathbf{r}) d^3r = -\int \mathbf{A}(\mathbf{r}) \cdot \nabla f(\mathbf{r}) d^3r \tag{3.79}$$

$$\int \mathbf{C}(\mathbf{r}) \cdot (\nabla \times \mathbf{A}(\mathbf{r})) d^3r = \int \mathbf{A}(\mathbf{r}) \cdot (\nabla \times \mathbf{C}(\mathbf{r})) d^3r \tag{3.80}$$

외적의 예에서 부호가 바뀌는 것은 부분 적분하기와 외적의 부호의 형태가 합해서 나온 것이다. ■

연습문제

3.7.1 원점과 (모두 원점에서 시작하는) 세 벡터 **A**, **B**, **C**가 사면체를 정의한다. 외부로 향하는 방향을 양의 방향으로 택하고 네 사면체 표면의 전체 벡터 면적을 계산하시오.

3.7.2 xy평면에 있는 단위원에서 움직이며 다음과 같이 주어진 힘의 장에 **대항하여** 한 일 $\oint \mathbf{F} \cdot d\mathbf{r}$를 구하시오.

$$\mathbf{F} = \frac{-\hat{\mathbf{e}}_x y}{x^2 + y^2} + \frac{\hat{\mathbf{e}}_y x}{x^2 + y^2}$$

(a) 0에서 π까지 반시계 방향
(b) 0에서 $-\pi$까지 시계 방향
한 일은 경로에 의존함에 주의하라.

3.7.3 점 (1, 1)에서 점 (3, 3)까지 가면서 한 일을 계산하시오. **가해준** 힘은 다음과 같이 주어진다.

$$\mathbf{F} = \hat{\mathbf{e}}_x(x-y) + \hat{\mathbf{e}}_y(x+y)$$

선택한 경로를 분명하게 표시하시오. 이 힘의 장은 보존장이 아님에 주의하라.

3.7.4 닫힌 경로를 선택하여 $\oint \mathbf{r} \cdot d\mathbf{r}$를 계산하시오.

3.7.5 점 (0, 0, 0)과 양의 x, y, z축 위의 단위 절편으로 정의되는 단위 정육면체에 대해 다음을 계산하시오.

$$\frac{1}{3}\int_S \mathbf{r} \cdot d\boldsymbol{\sigma}$$

$\mathbf{r} \cdot d\boldsymbol{\sigma}$는 3개의 표면에 대해서는 0이고 나머지 3개의 표면의 기여는 적분에 같은 기여를 함에 주의하라.

3.8 적분 정리

이 절의 공식은 부피 적분을 그 경계에 대한 면적분과 관계를 짓거나[가우스 정리(Gauss' theorem)], 면적분을 그 둘레를 정의하는 선과 관계를 짓는다[스토크스 정리(Stokes' theorem)]. 이 공식은 벡터해석에서 중요한 도구이며 특히 관련된 함수가 경계 표면이나 둘레에서 0이 되는 것이 알려졌을 때 중요하다.

■ 가우스 정리

여기에서는 벡터의 면적분과 그 다이버전스의 부피 적분 사이의 유용한 관계를 유도한다. 벡터 $\mathbf{A}$와 그 1계 도함수가 $\mathbb{R}^3$의 **단순 연결**(simply connected) 영역에서 연속이라고 가정하자. (도넛처럼 구멍을 포함한 영역은 단순 연결 영역이 아니다.) 가우스 정리는 다음과 같다.

$$\oint_{\partial V} \mathbf{A} \cdot d\boldsymbol{\sigma} = \int_V \nabla \cdot \mathbf{A}\, d\tau \tag{3.81}$$

여기에서 V와 ∂V는 관심이 있는 부피와 그 부피를 둘러싸는 닫힌 표면이다. 면적분의 원은 그 표면이 닫혀 있다는 것을 나타낸다.

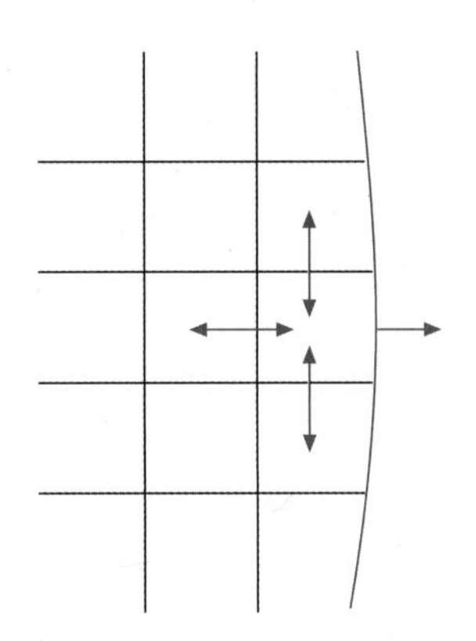

그림 3.15 가우스 정리의 작게 나누기

이 정리를 증명하기 위해 부피 V를 임의의 많는 수의 작은 (미분) 평행육면체로 나누고 각각의 $\nabla \cdot \mathbf{A}$의 거동을 살펴본다(그림 3.15 참고). 어떤 주어진 평행육면체에 대해서도 이 양은 ($\mathbf{A}$가 무엇을 기술하든지) 그 경계를 통과하여 외부로 향하는 알짜 흐름이다. 그 경계가 내부에 있으면(즉 다른 평행육면체와 공유하고 있으면) 한 평행육면체로부터의 유출량은 그 이웃으로의 유입량(inflow)이다. 모든 유출량을 더할 때 내부 경계에서의 모든 기여는 상쇄된다. 그러므로 부피 내의 모든 유출량의 합은 외부 경계를 통과하는 유출량의 합이다. 무한히 많은 나눈 극한에서는 이 합은 적분이 된다. 식 (3.81)의 좌변은 외부로의 전체 유출량이고 우변은 미분 요소(평행육면체)의 유출량의 합이다.

가우스 정리에 대한 간단한 다른 설명은 부피 적분은 부피의 모든 요소로부터의 유출량 $\nabla \cdot \mathbf{A}$를 합하고, 면적분은 같은 것을 경계의 모든 요소를 통과하는 흐름을 직접 합하여 계산한다는 것이다.

관심이 있는 영역이 완전한 $\mathbb{R}^3$이고 면적분이 0으로 수렴한다면 식 (3.81)의 부피 적분은 0이 되어야 하고 다음의 유용한 결과를 준다.

$$\int \nabla \cdot \mathbf{A}\, d\tau = 0, \quad \mathbb{R}^3\text{에 대한 적분은 수렴한다.} \tag{3.82}$$

예제 3.8.1 사면체

가우스 정리를 벡터 $\mathbf{B} = (x+1)\hat{\mathbf{e}}_x + y\hat{\mathbf{e}}_y - z\hat{\mathbf{e}}_z$에 대해 확인한다. 다음을 비교한다.

$$\int_V \nabla \cdot \mathbf{B} d\tau \quad \text{vs.} \quad \int_{\partial V} \mathbf{B} \cdot d\boldsymbol{\sigma}$$

여기에서 V는 예제 3.7.2의 사면체이다. 예제 3.7.2에서 여기에서 필요한 면적분을 계산하여 1/6인 값을 얻었다. 부피 V에 대한 적분에 대해 다이버전스를 취하면 $\nabla \cdot \mathbf{B} = 1$을 얻는다. 따라서 이 적분은 사면체의 부피가 된다. 밑면의 면적이 1/2이고 높이가 1이므로 부피는

$1/3\times 1/2\times 1=1/6$이다. 이 경우에 가우스 정리가 확인되었다. ■

■ 그린 정리

때때로 유용한 가우스 정리의 따름정리는 그린 정리(Green's theorem)로 알려진 관계이다. u와 v가 두 스칼라 함수이면 다음 항등식을 얻는다.

$$\nabla\cdot(u\nabla v)=u\nabla^2 v+(\nabla u)\cdot(\nabla v) \tag{3.83}$$

$$\nabla\cdot(v\nabla u)=v\nabla^2 u+(\nabla v)\cdot(\nabla u) \tag{3.84}$$

u와 v가 그 미분은 V에서 연속일 때 식 (3.83)으로부터 식 (3.84)를 빼고 부피 V에 대해 적분하고 가우스 정리 식 (3.81)을 적용하면 다음을 얻는다.

$$\int_V (u\nabla^2 v-v\nabla^2 u)d\tau=\oint_{\partial V}(u\nabla v-v\nabla u)\cdot d\boldsymbol{\sigma} \tag{3.85}$$

이것이 그린 정리이다. 다른 형태의 그린 정리는 식 (3.83) 단독으로 얻어지고 다음과 같다.

$$\oint_{\partial V} u\nabla v\cdot d\boldsymbol{\sigma}=\int_V u\nabla^2 v d\tau+\int_V \nabla_u\cdot\nabla v d\tau \tag{3.86}$$

이 결과가 훨씬 더 중요한 형태의 가우스 정리이지만 그래디언트나 컬을 포함한 부피 적분이 또한 등장할 수 있다. 이것을 유도하기 위해 다음 형태의 벡터를 고려한다.

$$\mathbf{B}(x,\ y,\ z)=B(x,\ y,\ z)\mathbf{a} \tag{3.87}$$

여기에서 $\mathbf{a}$는 크기가 변하지 않고 방향이 임의의 방향이지만 변하지 않는다. 식 (3.81)에 식 (3.72)를 적용하면 다음과 같다.

$$\mathbf{a}\cdot\oint_{\partial V} B d\boldsymbol{\sigma}=\int_V \nabla\cdot(B\mathbf{a})d\tau=\mathbf{a}\int_V \nabla B d\tau$$

이는 다음과 같이 쓸 수 있다.

$$\mathbf{a}\cdot\left[\oint_{\partial V} B d\boldsymbol{\sigma}-\int_V \nabla B d\tau\right]=0 \tag{3.88}$$

$\mathbf{a}$의 방향이 임의라서 식 (3.88)은 대괄호 안의 양이 0이 되지 않으면 항상 만족될 수 없다.[6] 그 결과는 다음과 같다.

---

6 이 문제의 일부의 **임의의** 성질을 이용하는 것은 가치가 있고 널리 사용되는 기법이다.

$$\oint_{\partial V} B d\boldsymbol{\sigma} = \int_V \nabla B d\tau \tag{3.89}$$

비슷한 방식으로 $\mathbf{a}$가 상수 벡터일 때 $\mathbf{B} = \mathbf{a} \times \mathbf{P}$를 이용하면 다음을 보일 수 있다.

$$\oint_{\partial V} d\boldsymbol{\sigma} \times \mathbf{P} = \int_V \nabla \times \mathbf{P} d\tau \tag{3.90}$$

이 마지막 두 형태의 가우스 정리는 키르히호프의 회절이론의 벡터 형태로 쓰인다.

■ 스토크스 정리

스토크스 정리는 함수의 도함수의 면적분을 그 함수의 표면의 경계가 되는 둘레를 적분 경로로 하는 선적분에 관계를 짓는 가우스 정리와 유사한 정리이다.

표면을 임의로 작은 직사각형의 그물망으로 잘게 나눈다. 식 (3.60)에서 벡터 $\mathbf{B}$의 (xy평면의) 그러한 미분 직사각형에 대한 순환이 $\nabla \times \mathbf{B}|_z \hat{\mathbf{e}}_z dx\, dy$이다. $dx\, dy \hat{\mathbf{e}}_z$가 면적 요소 $d\boldsymbol{\sigma}$이므로 식 (3.60)은 다음과 같이 일반화된다.

$$\sum_{\text{four sides}} \mathbf{B} \cdot d\mathbf{r} = \nabla \times \mathbf{B} \cdot d\boldsymbol{\sigma} \tag{3.91}$$

이제 모든 작은 직사각형에 대해 합한다. 식 (3.91)의 우변으로부터 표면 기여가 함께 더해진다. 모든 **내부** 선분의 선적분(좌변)은 똑같이 상쇄된다(그림 3.16 참고). 둘레의 선적분만 살아남는다. 직사각형의 수가 무한대가 되는 극한을 취하면 다음을 얻는다.

$$\oint_{\partial S} \mathbf{B} \cdot d\mathbf{r} = \int_S \nabla \times \mathbf{B} \cdot d\boldsymbol{\sigma} \tag{3.92}$$

여기에서 ∂S는 S의 둘레이다. 이것이 스토크스 정리이다. 선적분의 부호와 $d\boldsymbol{\sigma}$의 방향은 모두 둘레를 따라 움직이는 방향에 의존하고 따라서 일관된 결과가 얻어짐에 주의하라. 그림 3.16에 보인 면적과 선적분 방향에 대해서는 음영 처리된 직사각형에 대한 $\boldsymbol{\sigma}$의 방향은 지면에서 **나오는** 방향이다.

마지막으로 스토크스 정리를 닫힌 표면에 적용하면 어떻게 될지 고려한다. 둘레가 없으므로 선적분은 0이 된다. 그러므로 다음이 성립한다.

$$\text{닫힌 표면 } S\text{에 대해,} \quad \int_S \nabla \times \mathbf{B} \cdot d\boldsymbol{\sigma} = 0 \tag{3.93}$$

가우스 정리에서와 같이 면적분과 그 둘레의 선적분을 연결하는 관계식을 더 유도할 수 있다. 식 (3.89)와 (3.90)에 이르게 한 벡터 기법을 이용하면 다음을 얻는다.

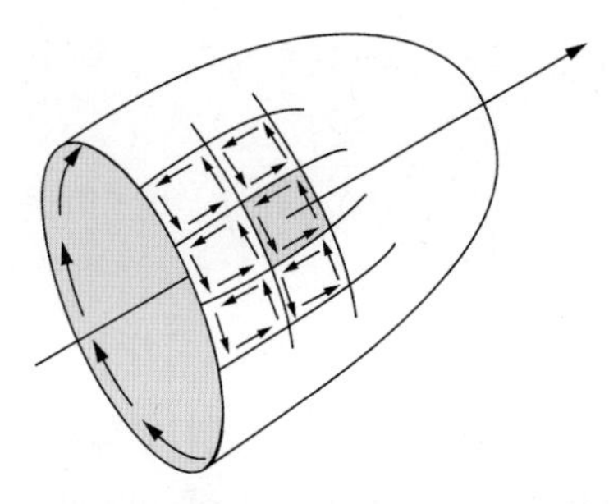

그림 3.16 표면의 둘레를 따라 움직이는 방향이 그림에서 가리키는 방향일 때 음영 처리된 직사각형의 법선 방향

$$\int_S d\boldsymbol{\sigma} \times \nabla\varphi = \oint_{\partial S} \varphi d\mathbf{r} \tag{3.94}$$

$$\int_S (d\boldsymbol{\sigma} \times \nabla) \times \mathbf{P} = \oint_{\partial S} d\mathbf{r} \times \mathbf{P} \tag{3.95}$$

예제 3.8.2 외르스테드 법칙과 패러데이 법칙

시간에 무관한 전류 I가 흐르고 있는 긴 도선에 의해 발생되는 자기장을 고려하자. 여기에서 $\partial\mathbf{E}/\partial t = \partial\mathbf{B}/\partial t = 0$이 성립한다. 관계된 맥스웰 방정식, 식 (3.68)은 $\nabla \times \mathbf{B} = \mu_0\mathbf{J}$ 형태를 가진다. 이 식을 도선에 수직이면서 도선을 감싸는 원판 S에 대해 적분하면(그림 3.17 참고) 다음을 얻는다.

$$I = \int_S \mathbf{J} \cdot d\boldsymbol{\sigma} = \frac{1}{\mu_0}\int_S (\nabla \times \mathbf{B}) \cdot d\boldsymbol{\sigma}$$

이제 스토크스 정리를 적용하면 외르스테드 법칙(Oersted's law)인 결과 $I = (1/\mu_0)\oint_{\partial S} \mathbf{B} \cdot d\mathbf{r}$를 얻는다.

비슷하게 $\nabla \times \mathbf{E}$에 대한 맥스웰 방정식, 식 (3.69)를 적분할 수 있다. 자기장 $\mathbf{B}$가 통과하는 (면적이 S인) 닫힌 고리(∂S) 형태의 도선을 생각하면 다음을 얻는다.

$$\int_S (\nabla \times \mathbf{E}) \cdot d\boldsymbol{\sigma} = -\frac{d}{dt}\int_S \mathbf{B} \cdot d\boldsymbol{\sigma} = -\frac{d\Phi}{dt}$$

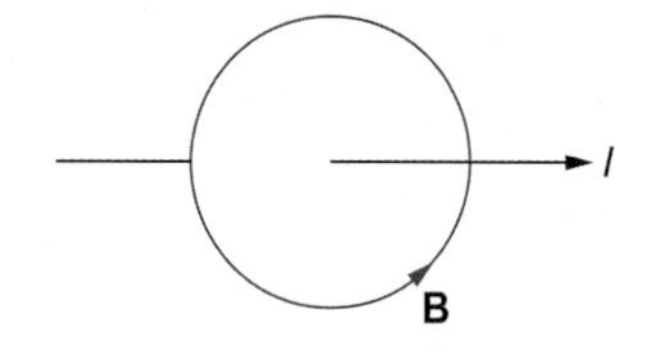

그림 3.17 외르스테드 법칙에 주어진 B의 방향

여기에서 Φ는 면적 S를 통과하는 자기 선속이다. 스토크스 정리에 의해 다음을 얻는다.

$$\int_{\partial S} \mathbf{E} \cdot d\mathbf{r} = -\frac{d\Phi}{dt}$$

이것이 패러데이 법칙(Faraday's law)이다. 선적분은 도선 고리에 유도된 전압을 나타내고 그 크기는 고리를 통과하는 자기 선속의 변화율의 크기와 같다. 부호의 모호성은 없다. 만일 ∂S의 방향이 바뀌면 $d\boldsymbol{\sigma}$와 따라서 Φ의 방향도 바뀐다. ■

연습문제

3.8.1 가우스 정리를 이용하여 $S = \partial V$가 닫힌 표면일 때 다음을 증명하시오.

$$\oint_S d\boldsymbol{\sigma} = 0$$

3.8.2 V가 닫힌 표면 $S = \partial V$에 의해 둘러싸인 부피일 때 다음을 보이시오.

$$\frac{1}{3}\oint_S \mathbf{r} \cdot d\boldsymbol{\sigma} = V$$

[참고] 이것은 연습문제 3.7.5의 일반화이다.

3.8.3 $\mathbf{B} = \nabla \times \mathbf{A}$일 때 어떤 닫힌 표면 S에 대해서도 다음이 성립함을 보이시오.

$$\oint_S \mathbf{B} \cdot d\boldsymbol{\sigma} = 0$$

3.8.4 식 (3.72)로부터 $\mathbf{V}$를 전기장 $\mathbf{E}$로, f를 정전기 퍼텐셜 φ로 놓을 때 전 공간에 대한 적분에 대해 다음을 보이시오.

$$\int \rho\varphi d\tau = \varepsilon_0 \int E^2 d\tau$$

이것은 3차원 부분 적분하기에 해당한다.

[힌트] $\mathbf{E} = -\nabla\varphi$, $\nabla \cdot \mathbf{E} = \rho/\varepsilon_0$. φ가 큰 r에서는 적어도 r^{-1}만큼 빨리 0으로 수렴한다고 가정해도 된다.

3.8.5 특정한 정상 상태 전류 분포가 공간에 국소화되어 있다. 경계 표면을 충분히 멀리 선택하여 표면 어디에서나 전류 밀도 $\mathbf{J}$가 0일 때 다음을 보이시오.

$$\int \mathbf{J}\, d\tau = 0$$

[힌트] 한 번에 $\mathbf{J}$의 성분 하나를 택한다. $\nabla \cdot \mathbf{J} = 0$을 이용하여 $\mathbf{J}_i = \nabla \cdot (x_i \mathbf{J})$를 보이고 가우스 정리를 적용한다.

3.8.6 벡터 $\mathbf{t} = -\hat{\mathbf{e}}_x y + \hat{\mathbf{e}}_y x$가 주어졌을 때 스토크스 정리의 도움을 받아 xy평면에 있는 연속이고 닫힌 곡선을 따라 $\mathbf{t}$에 대해 적분하면 다음을 만족함을 보이시오.

$$\frac{1}{2}\oint \mathbf{t} \cdot d\boldsymbol{\lambda} = \frac{1}{2}\oint (x\,dy - y\,dx) = A$$

A는 곡선에 둘러싸인 면적이다.

3.8.7 전류 고리의 자기 모멘트 계산은 다음 선적분이 된다.

$$\oint \mathbf{r} \times d\mathbf{r}$$

(a) (xy평면에 있는) 전류 고리의 둘레를 따라 적분하고 이 선적분의 스칼라 크기는 둘러싸인 표면의 면적의 두 배임을 보이시오.

(b) 타원의 둘레는 $\mathbf{r} = \hat{\mathbf{e}}_x a\cos\theta + \hat{\mathbf{e}}_y b\sin\theta$에 의해 기술된다. 문항 (a)로부터 타원의 면적이 πab임을 보이시오.

3.8.8 식 (3.95)에 주어진 스토크스 정리의 다른 형태를 이용하여 $\oint \mathbf{r} \times d\mathbf{r}$를 계산하시오.

$$\int_S (d\boldsymbol{\sigma} \times \nabla) \times \mathbf{P} = \oint d\boldsymbol{\lambda} \times \mathbf{P}$$

전체가 xy평면에 있는 고리를 택하시오.

3.8.9 다음을 증명하시오.

$$\oint u \nabla v \cdot d\boldsymbol{\lambda} = -\oint v \nabla u \cdot d\boldsymbol{\lambda}$$

3.8.10 다음을 증명하시오.

$$\oint u \nabla v \cdot d\boldsymbol{\lambda} = \int_S (\nabla u) \times (\nabla v) \cdot d\boldsymbol{\sigma}$$

3.8.11 다음을 증명하시오.

$$\oint_{\partial V} d\boldsymbol{\sigma} \times \mathbf{P} = \int_V \nabla \times \mathbf{P}\, d\tau$$

3.8.12 다음을 증명하시오.

$$\int_S d\boldsymbol{\sigma} \times \nabla\varphi = \oint_{\partial S} \varphi d\mathbf{r}$$

3.8.13 다음을 증명하시오.

$$\int_S (d\boldsymbol{\sigma} \times \nabla) \times \mathbf{P} = \oint_{\partial S} d\mathbf{r} \times \mathbf{P}$$

3.9 퍼텐셜 이론

물리의 많은 부분 특히 전자기 이론은 힘이 유도될 수 있는 **퍼텐셜**(potential)을 도입하면 더욱 간단히 다룰 수 있다. 이 절에서는 그러한 퍼텐셜의 정의와 이용을 다룬다.

▪ 스칼라 퍼텐셜

(구멍이 없는) 공간의 단순 연결 영역이 주어졌다면 힘은 스칼라 함수 φ의 음의 그래디언트로 표현될 수 있다.

$$\mathbf{F} = -\nabla\varphi \tag{3.96}$$

φ를 **스칼라 퍼텐셜**(scalar potential)이라고 부르고 힘이 3개 대신 1개의 함수로 기술될 수 있는 특징으로부터 이익을 얻는다. 힘이 스칼라 퍼텐셜의 도함수이므로 퍼텐셜은 상수가 더해질 수 있다는 것까지만 결정될 수 있어서 그 상수를 무한대에서 또는 어떤 다른 기준점에서의 값을 (보통 0으로) 조정하는 데 쓰일 수 있다. 스칼라 퍼텐셜이 존재하기 위해 $\mathbf{F}$가 만족해야 하는 조건이 무엇인지 알고자 한다.

우선 힘을 받고 있는 물체를 점 A에서 점 B까지 $-\nabla\varphi$로 주어지는 힘에 대항하여 한 일을 계산한 결과를 고려해보자. 이것은 다음 형태의 선적분이다.

$$-\int_A^B \mathbf{F} \cdot d\mathbf{r} = \int_A^B \nabla\varphi \cdot d\mathbf{r} \tag{3.97}$$

하지만 식 (3.41)에서 지적한 바와 같이 $\nabla\varphi \cdot d\mathbf{r} = d\varphi$이므로 적분은 사실 끝점 A와 B에만 의존하고 경로에 무관하다. 따라서 다음을 얻는다.

$$-\int_A^B \mathbf{F} \cdot d\mathbf{r} = \varphi(\mathbf{r}_B) - \varphi(\mathbf{r}_A) \tag{3.98}$$

이것은 또한 A와 B가 같은 점이면 닫힌 고리를 이루어 다음이 성립함을 의미한다.

$$\oint \mathbf{F} \cdot d\mathbf{r} = 0 \tag{3.99}$$

(물체가 받는) 힘이 스칼라 퍼텐셜에 의해 기술되는 것을 **보존력**(conservative force)이라고 한다. 이것은 물체를 어떤 두 점 사이에서 옮길 때 필요한 일은 택한 경로에 무관하다는 뜻이고 $\varphi(\mathbf{r})$가 퍼텐셜의 값이 0으로 할당된 기준점으로부터 점 $\mathbf{r}$까지 옮기는 데 필요한 일이라는 뜻이다.

스칼라 퍼텐셜에 의해 주어지는 힘의 다른 성질은 식 (3.64)에 나온 바와 같이 다음과 같다.

$$\nabla \times \mathbf{F} = -\nabla \times \nabla\varphi = 0 \tag{3.100}$$

이것은 보존력 $\mathbf{F}$의 역선은 닫힌 고리를 형성할 수 없다는 개념과 일치한다.

세 조건 식 (3.96), (3.99), (3.100)은 모두 동등하다. 만일 미분 고리에 식 (3.99)를 택하면 좌변은 식 (3.100)의 좌변과 스토크스 정리에 의해 같아야만 한다. 이 식이 식 (3.96)에 따른다는 것을 이미 보였다. 완전한 동등성의 확립을 완성하기 위해 식 (3.96)을 식 (3.99)로부터 유도하기만 하면 된다. 식 (3.97)로 돌아가서 이 식을 다음과 같이 다시 쓴다.

$$\int_A^B (\mathbf{F} + \nabla\varphi) \cdot d\mathbf{r} = 0$$

이 식은 모든 A와 B에 대해 만족되어야 한다. 이것은 그 피적분 함수가 항상 0이어야 한다는 뜻이라서 식 (3.96)을 얻게 된다.

예제 3.9.1 중력 퍼텐셜

이전에 예제 3.5.2에서 스칼라 퍼텐셜로부터 힘을 발생시키는 것을 설명했다. 그 반대 과정을 수행하기 위해서는 적분해야 한다. 지름 방향으로 **내부를 향한**(inward) 중력에 대한 스칼라 퍼텐셜을 찾자.

$$\mathbf{F}_G = -\frac{Gm_1m_2\hat{\mathbf{r}}}{r^2} = -\frac{k\hat{\mathbf{r}}}{r^2}$$

스칼라 퍼텐셜의 0을 무한대로 정하면 무한대로부터 위치 $\mathbf{r}$까지 (지름 방향으로) 적분에 의해 다음을 얻는다.

$$\varphi_G(r) - \varphi_G(\infty) = -\int_{\infty}^{r} \mathbf{F}_G \cdot d\mathbf{r} = +\int_{r}^{\infty} \mathbf{F}_G \cdot d\mathbf{r}$$

이 식의 가운데 항의 음의 부호는 중력에 **대항하여**(against) 하는 일을 계산하기 때문에 붙여준다. 적분을 계산하면 다음을 얻는다.

$$\varphi_G(r) = -\int_{r}^{\infty} \frac{kdr}{r^2} = -\frac{k}{r} = -\frac{Gm_1m_2}{r}$$

마지막의 음의 부호는 중력이 인력이라는 사실에 대응한다. ■

■ 벡터 퍼텐셜

어떤 물리의 분야에서는 특히 전기역학에서는 **벡터 퍼텐셜**(vector potential) $\mathbf{A}$를 도입하여 (힘의) 장 $\mathbf{B}$가 다음과 같이 주어지게 하는 것이 편리하다.

$$\mathbf{B} = \nabla \times \mathbf{A} \tag{3.101}$$

$\mathbf{A}$를 도입하는 자명한 이유는 $\mathbf{B}$를 솔레노이드형이 되게 하기 때문이다. 만일 $\mathbf{B}$가 자기장이면 이 성질은 맥스웰 방정식에 의해 요구되는 것이다. 여기서 그 반대로 전개하고자 한다. 다시 말하면 $\mathbf{B}$가 솔레노이드형이면 벡터 퍼텐셜 $\mathbf{A}$가 존재하는 것이다. $\mathbf{A}$의 존재를 실제로 다음을 써서 보인다.

그 구조는 다음과 같다.

$$\mathbf{A} = \hat{\mathbf{e}}_y \int_{x_0}^{x} B_z(x, y, z)dx + \hat{\mathbf{e}}_z \left[\int_{y_0}^{y} B_x(x_0, y, z)dy - \int_{x_0}^{x} B_y(x, y, z)dx \right] \tag{3.102}$$

$\nabla \times \mathbf{A}$의 y와 z 성분을 먼저 확인해보면 $A_x = 0$이므로 다음과 같다.

$$(\nabla \times \mathbf{A})_y = -\frac{\partial A_z}{\partial x} = +\frac{\partial}{\partial x} \int_{x_0}^{x} B_y(x, y, z)dx = B_y$$

$$(\nabla \times \mathbf{A})_z = +\frac{\partial A_y}{\partial x} = +\frac{\partial}{\partial x} \int_{x_0}^{x} B_z(x, y, z)dx = B_z$$

$\nabla \times \mathbf{A}$의 x 성분은 조금 더 복잡하여 다음을 얻는다.

$$\begin{aligned}(\nabla \times \mathbf{A})_x &= \frac{\partial A_z}{\partial y} - \frac{\partial A_y}{\partial z} \\ &= \frac{\partial}{\partial y} \left[\int_{y_0}^{y} B_x(x_0, y, z)dy - \int_{x_0}^{x} B_y(x, y, z)dx \right] - \frac{\partial}{\partial z} \int_{x_0}^{x} B_z(x, y, z)dx\end{aligned}$$

$$= B_x(x_0, y, z) - \int_{x_0}^{x} \left[\frac{\partial B_y(x, y, z)}{\partial y} + \frac{\partial B_y(x, y, z)}{\partial z} \right] dx$$

더 진행하기 위해 **B**가 솔레노이드형이라는 사실과 그로부터 $\nabla \cdot \mathbf{B} = 0$임을 이용해야 한다. 그러므로 다음의 대체를 한다.

$$\frac{\partial B_y(x, y, z)}{\partial y} + \frac{\partial B_z(x, y, z)}{\partial z} = -\frac{\partial B_x(x, y, z)}{\partial x}$$

그 후 적분은 뻔해져서 다음을 얻는다.

$$+\int_{x_0}^{x} \frac{\partial B_x(x, y, z)}{\partial x} dx = B_x(x, y, z) - B_x(x_0, y, z)$$

이 식에서 원하는 마지막 결과인 $(\nabla \times \mathbf{A})_x = B_x$에 이른다.

B가 솔레노이드형인 조건이 만족되면 $\nabla \times \mathbf{A} = \mathbf{B}$인 벡터 퍼텐셜 **A**가 존재한다는 것을 보였지만 **A**가 유일하다는 것을 확립할 수는 없다. 사실은 **A**가 전혀 유일하지 않다. **A**에 임의의 상수를 더해도, **어떤** 스칼라 함수의 그래디언트 $\nabla\varphi$를 더해도 **B**에는 전혀 영향을 주지 않는다. 게다가 **A**를 확인할 때에는 x_0와 y_0의 값에도 무관하다. 그러므로 이러한 값이 **B**에 영향을 주지 않고 임의로 지정될 수 있다. 또한 **A**의 다른 형태로 x와 y의 역할을 바꾸어서 유도할 수 있다.

$$\mathbf{A} = -\hat{\mathbf{e}}_x \int_{y_0}^{y} B_z(x, y, z)dy - \hat{\mathbf{e}}_z \left[\int_{x_0}^{x} B_y(x, y_0, z)dx - \int_{y_0}^{y} B_x(x, y, z)dy \right] \quad (3.103)$$

예제 3.9.2 **자기 벡터 퍼텐셜**

일정한 자기장에 대한 벡터 퍼텐셜을 구하는 것을 고려한다.

$$\mathbf{B} = B_z \hat{\mathbf{e}}_z \quad (3.104)$$

식 (3.102)를 이용하여 (임의의 값 x_0을 0으로 선택하고) 다음을 얻는다.

$$\mathbf{A} = \hat{\mathbf{e}}_y \int_{0}^{x} B_z dx = \hat{\mathbf{e}}_y x B_z \quad (3.105)$$

다른 방식으로 **A**에 대한 식 (3.103)을 이용하면 다음에 이른다.

$$\mathbf{A}' = -\hat{\mathbf{e}}_x y B_z \quad (3.106)$$

$\mathbf{A}$에 대한 이러한 형태는 많은 교재에 나오지 않는다. 교재에 나오는 형태는 식 (3.104)를 이용한 다음 식이다.

$$\mathbf{A}'' = \frac{1}{2}(\mathbf{B}\times\mathbf{r}) = \frac{B_z}{2}(x\hat{\mathbf{e}}_y - y\hat{\mathbf{e}}_x) \tag{3.107}$$

이러한 차이는 $\mathbf{A}$에 $\nabla\varphi$의 어떤 형태를 더해도 되는 자유성을 이용하면 일치시킬 수 있다. $\varphi = Cxy$를 택하면 $\mathbf{A}$에 더해도 되는 양은 다음과 같다.

$$\nabla\varphi = C(y\hat{\mathbf{e}}_x + x\hat{\mathbf{e}}_y)$$

이제 다음을 알 수 있다.

$$\mathbf{A} - \frac{B_z}{2}(y\hat{\mathbf{e}}_x + x\hat{\mathbf{e}}_y) = \mathbf{A}' + \frac{B_z}{2}(y\hat{\mathbf{e}}_x + x\hat{\mathbf{e}}_y) = \mathbf{A}''$$

이러한 모든 공식은 같은 그 $\mathbf{B}$를 알려준다. ■

예제 3.9.3 전자기학에서의 퍼텐셜

잘 정의된 스칼라 φ와 벡터 퍼텐셜 $\mathbf{A}$를 맥스웰 방정식에 도입하면 이러한 퍼텐셜을 전자기장의 소스 항으로(전하와 전류로) 쓸 수 있다. $\mathbf{B} = \nabla\times\mathbf{A}$에서 시작하면 맥스웰 방정식 $\nabla\cdot\mathbf{B} = 0$을 만족시키는 것을 확실하게 한다. 이 식을 $\nabla\times\mathbf{E}$에 대한 식에 대입하면 다음을 얻는다.

$$\nabla\times\mathbf{E} = -\nabla\times\frac{\partial\mathbf{A}}{\partial t} \quad\rightarrow\quad \nabla\times\left(\mathbf{E} + \frac{\partial\mathbf{A}}{\partial t}\right) = 0$$

여기에서 $\mathbf{E} + \partial\mathbf{A}/\partial t$는 그래디언트이고 $-\nabla\varphi$ 형태로 쓸 수 있으므로 이런 방식으로 φ를 정의한다. 이것은 시간 의존성이 없을 때 정전기 퍼텐셜의 개념을 그대로 두고 $\mathbf{A}$와 φ가 이제 정의되어 다음 결과를 주게 됨을 의미한다.

$$\mathbf{B} = \nabla\times\mathbf{A}, \quad \mathbf{E} = -\nabla\varphi - \frac{\partial\mathbf{A}}{\partial t} \tag{3.108}$$

이 지점에서 $\mathbf{A}$는 여전히 어떤 그래디언트를 더하는 정도까지는 임의이고 이것은 $\nabla\cdot\mathbf{A}$를 임의로 선택하는 것과 동등하다. 요구할 수 있는 편리한 선택 하나는 다음과 같다.

$$\frac{1}{c^2}\frac{\partial\varphi}{\partial t} + \nabla\cdot\mathbf{A} = 0 \tag{3.109}$$

이 **게이지 조건**(guage condition)은 **로런츠 게이지**(Lorentz guage)라 하고 이 조건이나

다른 적당한 게이지 조건을 만족하는 $\mathbf{A}$와 φ의 변환을 **게이지 변환**(guage transformation)이라 한다. 게이지 변환에 대한 전자기 이론의 불변성은 기본 물리 이론에서 현대적인 방향으로의 중요한 전조이다.

$\nabla \cdot \mathbf{E}$에 대한 맥스웰 방정식과 로런츠 게이지 조건으로부터 다음을 얻는다.

$$\frac{\mathbf{A}}{\varepsilon_0} = \nabla \cdot \mathbf{E} = -\nabla^2 \mathbf{E} - \frac{\partial}{\partial t} \nabla \cdot \mathbf{A} = -\nabla^2 \varphi + \frac{1}{c^2} \frac{\partial^2 \varphi}{\partial t^2} \tag{3.110}$$

이것은 로런츠 게이지가 $\mathbf{A}$와 φ를 전하 밀도 ρ의 항으로만 이루어진 φ에 대한 식을 갖는다는 정도까지 분리하는 것을 가능하게 한다는 것을 보여준다. 이 식에는 $\mathbf{A}$도 전류 밀도 $\mathbf{J}$도 들어가지 않는다.

마지막으로 $\nabla \times \mathbf{B}$에 대한 식으로부터 다음을 얻는다.

$$\frac{1}{c^2} \frac{\partial^2 \mathbf{A}}{\partial t^2} - \nabla^2 \mathbf{A} = \mu_0 \mathbf{J} \tag{3.111}$$

이 공식의 증명은 연습문제 3.9.11의 주제이다. ■

■ 가우스 법칙

좌표계의 원점에 놓인 점전하 q를 고려한다. 이 전하는 다음과 같이 주어지는 전기장 $\mathbf{E}$를 발생시킨다.

$$\mathbf{E} = \frac{q\hat{\mathbf{r}}}{4\pi\varepsilon_0 r^2} \tag{3.112}$$

가우스 법칙은 임의의 부피 V에 대해 다음을 말한다.

$$\oint_{\partial V} \mathbf{E} \cdot d\boldsymbol{\sigma} = \begin{cases} \dfrac{q}{\varepsilon_0}, & \partial V\text{가 } q\text{를 둘러쌀 때} \\ 0, & \partial V\text{가 } q\text{를 둘러싸지 않을 때} \end{cases} \tag{3.113}$$

∂V가 q를 둘러싸지 않을 경우는 쉽게 다룰 수 있다. 식 (3.54)로부터 r^{-2} 중심력 $\mathbf{E}$가 $r=0$을 제외한 어디에서도 다이버전스가 0이므로 이 경우는 전체 부피 V 전역에서 다이버전스가 0이다. 그러므로 가우스 정리, 식 (3.81)을 쓰면 다음이 성립한다.

$$\int_V \nabla \cdot \mathbf{E}\, d\tau = 0 \quad \rightarrow \quad \oint_{\partial V} \mathbf{E} \cdot d\boldsymbol{\sigma} = 0$$

만일 q가 부피 V 내에 있으면 더 멀리 돌아가야 한다. (반지름이 δ인) 작은 구형 구멍으로

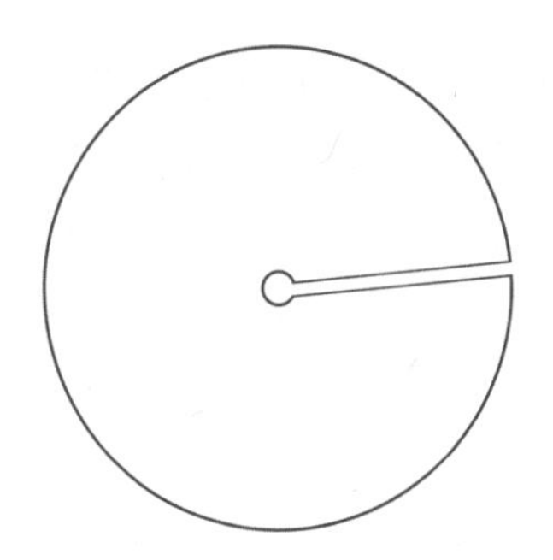

그림 3.18 다중 연결 영역을 단순 연결로 만들기

$\mathbf{r}=0$을 둘러싸고 이 표면을 S'이라 지정하고, 구멍을 V의 경계와 작은 관으로 연결하여 단순 연결 영역 V'을 만들고 여기에 가우스 정리를 적용할 것이다(그림 3.18 참고). 이제 이 변형된 부피의 표면에서 $\oint \mathbf{E}\cdot d\boldsymbol{\sigma}$를 고려한다. 연결하는 관으로부터의 기여는 단면의 면적이 0을 향하여 줄어드는 극한에서 무시할 수 있게 되는데, $\mathbf{E}$가 관의 표면 어디에서도 유한하기 때문이다. 변형된 ∂V에 대한 적분은 그러므로 원래의 ∂V(S로 지정하는 바깥 경계)에 대한 안쪽의 구면(S')에 대한 적분의 합이다. 그러나 S'에 대한 '외부로 향하는' 방향은 r가 작아지는 방향이고, 따라서 $d\boldsymbol{\sigma}'=-\hat{\mathbf{r}}\,dA$이다. 이 변형된 부피에는 전하가 없기 때문에 다음을 얻는다.

$$\oint_{\partial V'} \mathbf{E}\cdot d\boldsymbol{\sigma}=\oint_S \mathbf{E}\cdot d\boldsymbol{\sigma}+\frac{q}{4\pi\varepsilon_0}\oint_{S'}\frac{\hat{\mathbf{r}}\cdot d\boldsymbol{\sigma}'}{\delta^2}=0 \tag{3.114}$$

여기에서 $\mathbf{E}$의 명시적인 형태를 S' 적분에 집어넣었다. S'은 반지름이 δ인 구면이기 때문에 이 적분은 계산이 가능하다. $d\Omega$를 입체각의 요소로 쓰면 $dA=\delta^2 d\Omega$라서 δ와 무관하게 다음과 같다.

$$\oint_{S'}\frac{\hat{\mathbf{r}}\cdot d\boldsymbol{\sigma}'}{\delta^2}=\int\frac{\hat{\mathbf{r}}}{\delta^2}\cdot\left(-\hat{\mathbf{r}}\delta^2 d\Omega\right)=-\int d\Omega=-4\pi$$

식 (3.114)로 돌아가면 다음과 같이 다시 정리할 수 있다.

$$\oint_S \mathbf{E}\cdot d\boldsymbol{\sigma}=-\frac{q}{4\pi\varepsilon_0}(-4\pi)=+\frac{q}{\varepsilon_0}$$

이 결과는 가우스 법칙, 식 (3.113)의 두 번째 경우를 확인하기 위해 필요하다.

정전기학의 방정식은 선형이기 때문에 가우스 법칙은 전하의 모임에 대해 확장할 수 있고 연속적인 전하 분포에까지 확장할 수 있다. 그 경우 q는 $\int_V \rho\, d\tau$로 바뀔 수 있고 가우스 법칙은 다음이 된다.

$$\int_{\partial V} \mathbf{E} \cdot d\boldsymbol{\sigma} = \int_V \frac{\rho}{\varepsilon_0} d\tau \qquad (3.115)$$

가우스 정리를 식 (3.115)의 좌변에 적용하면 다음을 얻는다.

$$\int_V \nabla \cdot \mathbf{E} d\tau = \int_V \frac{\rho}{\varepsilon_0} d\tau$$

부피는 완전히 임의이므로 식의 피적분 함수는 같아야 하고 따라서 다음이 성립한다.

$$\nabla \cdot \mathbf{E} = \frac{\rho}{\varepsilon_0} \qquad (3.116)$$

따라서 가우스 법칙은 맥스웰 방정식의 하나의 적분 형태임을 알 수 있다.

■ 푸아송 방정식

식 (3.116)으로 돌아가서 시간에 무관한 상황을 가정하고 $\mathbf{E} = -\nabla\varphi$로 쓰면

$$\nabla^2 \varphi = -\frac{\rho}{\varepsilon_0} \qquad (3.117)$$

을 얻는다. 푸아송 방정식(Poisson's equation)이라 하는 이 식은 정전기학에 적용될 수 있다.[7] $\rho = 0$이면 더 유명한 식인 라플라스 방정식을 얻는다.

$$\nabla^2 \varphi = 0 \qquad (3.118)$$

푸아송 방정식을 점전하 q에 적용하기 위해 ρ를 한 점에 국소화되고 합이 ρ가 되는 전하의 농도로 바꿀 필요가 있다. 디랙 델타 함수(Dirac delta function)가 이러한 목적에 필요한 것이다. 따라서 점전하 q에 대하여 다음과 같이 쓴다.

$$\nabla^2 \varphi = -\frac{q}{\varepsilon_0} \delta(\mathbf{r}) \qquad (\text{전하 } q\text{는 } \mathbf{r} = 0\text{에 있다.}) \qquad (3.119)$$

φ 대신 점전하 퍼텐셜을 끼워 넣고 이 식을 다시 쓰면 다음을 얻는다.

$$\frac{q}{4\pi\varepsilon_0} \nabla^2 \left(\frac{1}{r}\right) = -\frac{q}{\varepsilon_0} \delta(\mathbf{r})$$

이것은 다음과 같이 간단해진다.

7 일반적인 시간 의존성에 대해서는 식 (3.110)을 보라.

$$\nabla^2\left(\frac{1}{r}\right) = -4\pi\delta(\mathbf{r}) \tag{3.120}$$

이 식은 $1/r$의 도함수가 $\mathbf{r}=0$에서 존재하지 않는 문제를 비켜가고 점전하를 포함한 계에 대해 적절하고 맞는 결과를 준다. 델타 함수의 정의처럼 식 (3.120)은 적분에 끼워 넣을 때에만 의미가 있다. 이는 물리에서 반복해서 사용되는 중요한 결과이고 종종 다음과 같은 형태로 쓴다.

$$\nabla_1^2\left(\frac{1}{r_{12}}\right) = -4\pi\delta(\mathbf{r}_1 - \mathbf{r}_2) \tag{3.121}$$

여기에서 $r_{12} = |\mathbf{r}_1 - \mathbf{r}_2|$이고 ∇_1은 도함수가 $\mathbf{r}_1$에 적용된다는 것을 나타낸다.

■ 헬름홀츠 정리

이제 전자기 이론에서 시간에 무관한 문제의 해의 존재성과 유일성의 조건을 확립한다는 점에서 형식적으로 매우 중요한 두 정리를 다룬다.

> 벡터장은 단순 연결 영역 내부에서의 다이버전스와 컬 및 경계에서의 수직 성분이 주어지면 유일하게 결정된다.

이 정리와 다음[헬름홀츠 정리(Helmholtz's theorem)]에 대해서 둘 다 주의할 것이 있다. 단순 연결 영역에서 다이버전스와 컬이 델타 함수로 정의되는 점이 있다고 해서 이 점을 영역에서 제거하지는 않는다.

$\mathbf{P}$가 다음 조건을 만족시키는 벡터장이다.

$$\nabla \cdot \mathbf{P} = s, \qquad \nabla \times \mathbf{P} = \mathbf{c} \tag{3.122}$$

여기에서 s는 주어진 소스(전하) 밀도, $\mathbf{c}$는 주어진 순환(전류) 밀도로 해석할 수 있다. 경계에서 수직 성분 P_n이 주어졌다고 가정하고 $\mathbf{P}$가 유일함을 보이고자 한다.

식 (3.122)를 만족시키고 P_n도 같은 두 번째 벡터 $\mathbf{P}'$의 존재한다고 가정하고 진행한다. $\mathbf{Q} = \mathbf{P} - \mathbf{P}'$를 쓰면 $\nabla \cdot \mathbf{Q}$, $\nabla \times \mathbf{Q}$, Q_n 모두 똑같이 0이다. $\mathbf{Q}$는 돌지 않으므로 $\mathbf{Q} = -\nabla\varphi$를 만족하는 퍼텐셜 φ가 존재해야 하고 $\nabla \cdot \mathbf{Q} = 0$이므로 다음을 얻는다.

$$\nabla^2\varphi = 0$$

이제 그린 정리를 식 (3.86)에 주어진 형태로 쓰고 u와 v가 각각 φ와 같다고 한다. 경계에서 $Q_n = 0$이므로 그린 정리는 다음과 같이 간단하게 된다.

$$\int_V (\nabla\varphi)\cdot(\nabla\varphi)d\tau = \int_V \mathbf{Q}\cdot\mathbf{Q}d\tau = 0$$

이 식은 $\mathbf{Q}$가 똑같이 0이 되어야 만족되는 식으로 $\mathbf{P}' = \mathbf{P}$임을 보여주고, 따라서 정리를 증명한다.

두 번째 정리인 헬름홀츠 정리를 증명할 것이다.

> 소스와 순환 밀도가 모두 무한대에서 0이 되는 벡터 $\mathbf{P}$는 돌지 않는 부분과 솔레노이드형 부분의 합으로 쓸 수 있다.

헬름홀츠 정리는 $\mathbf{P}$가 다음 형태로 쓸 수 있으면 $-\nabla\varphi$는 돌지 않고 $\nabla\times\mathbf{A}$는 솔레노이드형이라서 분명하게 만족된다.

$$\mathbf{P} = -\nabla\varphi + \nabla\times\mathbf{A} \tag{3.123}$$

$\mathbf{P}$가 알려져 있기 때문에 s와 $\mathbf{c}$도 다음과 같이 정의되어 알려져 있다.

$$s = \nabla\cdot\mathbf{P}, \qquad \mathbf{c} = \nabla\times\mathbf{P}$$

φ와 $\mathbf{A}$에 대한 표현이 s와 $\mathbf{c}$를 복원하게 할 수 있다는 것을 보이는 것으로 진행한다. 지금 다루는 영역이 단순 연결 영역이고 관련된 벡터는 무한대에서 0이 되므로(따라서 앞의 첫 번째 정리가 적용되므로) 맞는 s와 $\mathbf{c}$를 얻는 것은 적절하게 $\mathbf{P}$가 나오는 것을 보증한다.

φ와 $\mathbf{A}$에 대해 제안된 공식은 공간 변수 $\mathbf{r}_1$으로 쓰였으며 다음과 같다.

$$\varphi(\mathbf{r}_1) = \frac{1}{4\pi}\int \frac{s(\mathbf{r}_2)}{r_{12}} d\tau_2 \tag{3.124}$$

$$\mathbf{A}(\mathbf{r}_1) = \frac{1}{4\pi}\int \frac{c(\mathbf{r}_2)}{r_{12}} d\tau_2 \tag{3.125}$$

여기에서 $r_{12} = |\mathbf{r}_1 - \mathbf{r}_2|$이다.

식 (3.123)이 제안된 φ와 $\mathbf{A}$의 값으로 만족되기 위해서는 다음이 필요하다.

$$\nabla\cdot\mathbf{P} = -\nabla\cdot\nabla\varphi + \nabla\cdot(\nabla\times\mathbf{A}) = -\nabla^2\varphi = s$$
$$\nabla\times\mathbf{P} = -\nabla\times\nabla\varphi + \nabla\times(\nabla\times\mathbf{A}) = \nabla\times(\nabla\times\mathbf{A}) = \mathbf{c}$$

$-\nabla^2\varphi = s$를 확인하기 위해 다음을 살펴본다.

$$-\nabla_1^2\varphi(\mathbf{r}_1) = -\frac{1}{4\pi}\int \nabla_1^2\left(\frac{1}{r_{12}}\right)s(\mathbf{r}_2)d\tau_2$$

$$=-\frac{1}{4\pi}\int[-4\pi\delta(\mathbf{r}_1-\mathbf{r}_2)]s(\mathbf{r}_2)d\tau_2=s(\mathbf{r}_1) \tag{3.126}$$

∇_1을 써서 $\mathbf{r}_2$가 아닌 $\mathbf{r}_1$에 작용하는 것을 분명하게 했고 식 (3.121)에 주어진 델타 함수 성질을 이용하였다. 따라서 s가 복원되었다.

이제 $\nabla\times(\nabla\times\mathbf{A})=\mathbf{c}$를 확인한다. 식 (3.70)을 이용하여 이 조건을 더 쉽게 이용할 수 있는 형태로 바꾼다.

$$\nabla\times(\nabla\times\mathbf{A})=\nabla(\nabla\cdot\mathbf{A})-\nabla^2\mathbf{A}=\mathbf{c}$$

$\mathbf{r}_1$을 자유 변수로 하여 먼저 다음을 살펴본다.

$$\begin{aligned}\nabla_1(\nabla_1\cdot\mathbf{A}(\mathbf{r}_1))&=\frac{1}{4\pi}\nabla_1\int\nabla_1\cdot\left(\frac{\mathbf{c}(\mathbf{r}_2)}{r_{12}}\right)d\tau_2\\&=\frac{1}{4\pi}\nabla_1\int\mathbf{c}(\mathbf{r}_2)\cdot\nabla_1\left(\frac{1}{r_{12}}\right)d\tau_2\\&=\frac{1}{4\pi}\nabla_1\int\mathbf{c}(\mathbf{r}_2)\cdot\left[-\nabla_2\left(\frac{1}{r_{12}}\right)\right]d\tau_2\end{aligned}$$

이 식의 둘째 줄에 이르기 위해 식 (3.72)를 그 식의 벡터가 변수의 함수가 아닌 특별한 경우에 대해 적용하였다. 그러면 셋째 줄을 얻기 위해 적분 안의 ∇_1이 $\mathbf{r}_1-\mathbf{r}_2$의 함수에 작용함에 주의하여 ∇_1을 ∇_2로 바꾸고 부호를 바꿀 수 있다.

이제 예제 3.7.3에서와 같이 부분 적분하면 다음에 이른다.

$$\nabla_1[\nabla_1\cdot\mathbf{A}(\mathbf{r}_1)]=\frac{1}{4\pi}\nabla_1\int(\nabla_2\cdot\mathbf{c}(\mathbf{r}_2))\left(\frac{1}{r_{12}}\right)d\tau_2$$

마침내 필요한 결과를 얻었다. $\mathbf{c}$가 컬이기 때문에 $\nabla_2\cdot\mathbf{c}(\mathbf{r}_2)$는 0이 되고, 따라서 전체 $\nabla(\nabla\cdot\mathbf{A})$ 항은 0이고 없애도 된다. 이것은 확인하고 있는 조건인 $-\nabla^2\mathbf{A}=\mathbf{c}$로 간단하게 된다.

$-\nabla^2\mathbf{A}$는 벡터 라플라시안이고 그 데카르트 성분을 각각 계산할 수 있다. j 성분에 대해서는 다음과 같다.

$$\begin{aligned}-\nabla_1^2A_j(\mathbf{r}_1)&=-\frac{1}{4\pi}\int c_j(\mathbf{r}_2)\nabla_1^2\left(\frac{1}{r_{12}}\right)d\tau_2\\&=-\frac{1}{4\pi}\int c_j(\mathbf{r}_2)[-4\pi\delta(\mathbf{r}_1-\mathbf{r}_2)]d\tau_2=c_j(\mathbf{r}_1)\end{aligned}$$

이것으로 헬름홀츠 정리의 증명이 완결되었다.

헬름홀츠 정리는 전자기 이론에 나오는 양을 돌지 않는 벡터장 $\mathbf{E}$와 솔레노이드형 벡터장 $\mathbf{B}$로 나누고 각각을 스칼라와 벡터 퍼텐셜을 이용하여 나타내는 것이 맞도록 만든다. 수많은 예제에서 보아왔듯이 소스 s는 전하 밀도(나누기 ε_0)이고 순환 $\mathbf{c}$는 전류 밀도(곱하기 μ_0)이다.

연습문제

3.9.1 힘 $\mathbf{F}$가 다음과 같이 주어져 있을 때

$$\mathbf{F} = (x^2 + y^2 + z^2)^n (\hat{\mathbf{e}}_x x + \hat{\mathbf{e}}_y y + \hat{\mathbf{e}}_z z)$$

다음을 찾으시오.

(a) $\nabla \cdot \mathbf{F}$

(b) $\nabla \times \mathbf{F}$

(c) $\mathbf{F} = -\nabla\varphi$인 스칼라 퍼텐셜 $\varphi(x, y, z)$

(d) 어떤 지수 n에 대해 스칼라 퍼텐셜이 원점과 무한대에서 모두 발산하는가?

답. (a) $(2n+3)r^{2n}$ (b) 0

(c) $-r^{2n+2}/(2n+2),\ n \neq -1$ (d) $n = -1,\ \varphi = -\ln r$

3.9.2 반지름이 a인 구의 전하 분포가 균일하다. $0 \le r < \infty$에서 정전기 퍼텐셜 $\varphi(r)$를 구하시오.

3.9.3 데카르트 좌표계의 원점이 지구의 중심에 있다. 달이 z축에 있고 중심 사이의 거리가 R만큼 떨어져 있다. 달이 지구 표면의 점 (x, y, z)에 있는 입자에 미치는 조석힘이 다음과 같다.

$$R_x = -GMm\frac{x}{R^3}, \qquad F_y = -GMm\frac{y}{R^3}, \qquad F_z = +2GMm\frac{z}{R^3}$$

이 조석힘을 주는 퍼텐셜을 찾으시오.

답. $-\dfrac{GMm}{R^3}\left(z^2 - \dfrac{1}{2}x^2 - \dfrac{1}{2}y^2\right)$

3.9.4 길고 곧은 도선에 전류 I가 흐르고 있고 이 도선 주위의 자기장 $\mathbf{B}$의 성분이 다음과 같다.

$$\mathbf{B} = \frac{\mu_0 I}{2\pi}\left(-\frac{y}{x^2+y^2},\ \frac{x}{x^2+y^2},\ 0\right)$$

자기 벡터 퍼텐셜을 찾으시오.

답. $\mathbf{A} = -\hat{\mathbf{z}}(\mu_0 I/4\pi)\ln(x^2+y^2)$ (이 해는 유일하지 않다.)

3.9.5 만일 자기장이 다음과 같다면

$$\mathrm{B}=\frac{\hat{\mathrm{r}}}{r^2}=\left(\frac{x}{r^3},\ \frac{y}{r^3},\ \frac{z}{r^3}\right)$$

$\nabla\times\mathbf{A}=\mathbf{B}$인 벡터 $\mathbf{A}$를 찾으시오.

답. 하나의 가능한 해 $\mathbf{A}=\dfrac{\hat{\mathbf{e}}_x yz}{r(x^2+y^2)}-\dfrac{\hat{\mathbf{e}}_y xz}{r(x^2+y^2)}$

3.9.6 다음 두 식이 어떤 일정한 자기장 B에 대해서도 만족됨을 보이시오.

$$\mathrm{A}=\frac{1}{2}(\mathrm{B}\times\mathbf{r}),\qquad \mathrm{B}=\nabla\times\mathbf{A}$$

3.9.7 벡터 B가 두 그래디언트의 곱에 의해 만들어진다.

$$\mathrm{B}=(\nabla u)\times(\nabla v)$$

u와 v는 스칼라 함수이다.

(a) B가 솔레노이드형임을 보이시오.

(b) 다음 식이 $\mathrm{B}=\nabla\times\mathbf{A}$라는 점에서 B에 대한 벡터 퍼텐셜임을 보이시오.

$$\mathrm{A}=\frac{1}{2}(u\nabla v-v\nabla u)$$

3.9.8 자기장 B가 자기 벡터 퍼텐셜 $\mathbf{A}$와 $\mathrm{B}=\nabla\times\mathbf{A}$로 관계되어 있다. 다음 스토크스 정리에 의해

$$\int \mathrm{B}\cdot d\sigma=\oint \mathrm{A}\cdot d\mathbf{r}$$

이다. 식의 각 변이 **게이지 변환** $\mathrm{A}\to\mathrm{A}+\nabla\varphi$에 대해 불변임을 보이시오.

[참고] 함수 φ는 일가이다.

3.9.9 어떠한 점 P에서의 정전기 퍼텐셜 φ의 값도 P를 중심으로 하는 어떠한 구에 대한 퍼텐셜의 평균과 같음을 보이시오. 단, 구 표면이나 내부에 전하가 없다.

[힌트] $u=r^{-1}$ (r는 P로부터의 거리), $v=\varphi$일 때 그린 정리, 식 (3.85)를 쓴다. 식 (3.120)도 유용할 것이다.

3.9.10 맥스웰 방정식을 이용하여 [정상 전류(steady current)] 계에 대해 자기 벡터 퍼텐셜 $\mathbf{A}$가 다음의 벡터 푸아송 방정식을 만족시킴을 보이시오.

$$\nabla^2 \mathbf{A} = -\mu \mathbf{J}$$

단, $\nabla \cdot \mathbf{A} = 0$이다.

3.9.11 로런츠 게이지 식 (3.109)를 가정하고 다음을 유도하시오.

$$\frac{1}{c^2}\frac{\partial^2 \mathbf{A}}{\partial t^2} - \nabla^2 \mathbf{A} = \mu_0 \mathbf{J}$$

[힌트] 식 (3.70)이 도움이 될 것이다.

3.9.12 임의의 솔레노이드형 벡터 $\mathbf{B}$가 다음 식을 이용하여 $\mathbf{B} = \nabla \times \mathbf{A}$로 기술될 수 있음을 증명하시오.

$$\mathbf{A} = -\hat{\mathbf{e}}_x \int_{y_0}^{y} B_z(x,\ y,\ z)dy - \hat{\mathbf{e}}_z \left[\int_{x_0}^{x} B_y(x,\ y_0,\ z)dx - \int_{y_0}^{y} B_x(x,\ y,\ z)dy\right]$$

3.10 곡선 좌표계

여기까지 본질적으로 전부 데카르트 좌표계에서 벡터를 다루었다. $|\mathbf{r}|$이나 $|\mathbf{r}|$의 함수를 만나면 $|\mathbf{r}|$를 $\sqrt{x^2+y^2+z^2}$ 으로 써서 데카르트 좌표계를 계속해서 쓸 수 있게 했다. 그러한 접근 방식은 문제의 대칭성에 적합한 좌표계를 쓴다면 초래될 수 있는 단순화를 무시한 것이다. 중심력 문제는 종종 구면 극 좌표계에서 다루는 것이 제일 쉽다. 직선 도선과 같이 기하학적 요소를 포함한 문제는 원통형 좌표계(cylindrical coordinates)에서 가장 잘 취급될 수도 있다. 하지만 (여기에서 기술하기에는 잘 쓰이지 않는) 다른 좌표계가 다른 문제에 대해서 적합할 수 있다.

자연스럽게 데카르트가 아닌 좌표계를 쓰는 데에는 치러야 할 대가가 있다. 벡터 연산자의 형태가 달라지고 그 특정한 형태가 위치에 의존할 수 있다. 여기에서는 이러한 문제를 검토하고 필요한 공식을 유도한다.

■ $\mathbb{R}^3$에서의 직교좌표계

데카르트 좌표계에서 점 $(x_0,\ y_0,\ z_0)$은 세 평면 (1) $x = x_0$평면(x가 상수인 표면), (2) $y = y_0$평면(y 상수), (3) $z = z_0$평면(z 상수)의 교집합과 같다고 할 수 있다. x에서 변화는

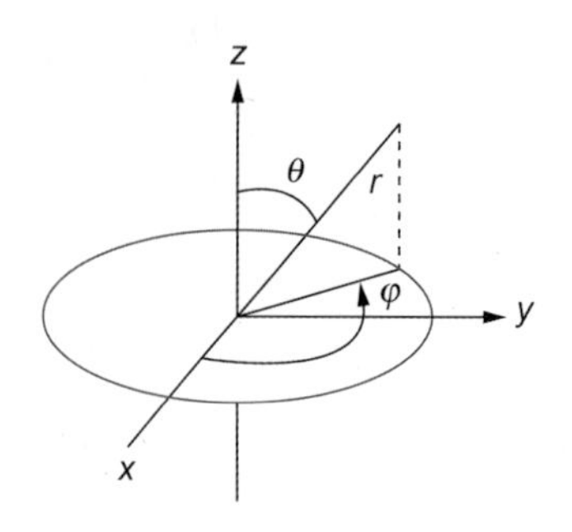

그림 3.19 구면 극 좌표계

x가 상수인 표면에 **수직**(normal)인 변위에 해당한다. 비슷하게 y나 z에도 적용될 수 있다. 상수 좌표값의 평면은 서로 수직이고, 어떤 주어진 평면 하나의 법선은 평면의 어디에서 작도해도 같은 방향인 분명한 특징이 있다. (상수 x의 평면은 물론 어디에서도 $\hat{\mathbf{e}}_x$ 방향인 법선을 가지고 있다.)

이제 곡선 좌표계의 예로 구면 극 좌표계를 고려하자(그림 3.19 참고). 점 $\mathbf{r}$는 r(원점으로부터의 거리), θ($\mathbf{r}$가 관례적으로 z 방향인 극축과 이루는 각도), φ(zx평면과 $\hat{\mathbf{e}}_z$와 $\mathbf{r}$가 있는 평면 사이의 이면각)에 의해 알아낸다. 점 $\mathbf{r}$는 그러므로 (1) 반지름이 r인 구, (2) 개각(opening angle)이 θ인 원뿔, (3) 적도 각 φ로 관통하는 반평면이 만나는 점에 있다. 이 예에서 몇 가지를 살펴볼 수 있다. (1) 일반적인 좌표는 길이일 필요가 없고, (2) 상수 좌표값을 갖는 표면에서는 법선이 위치에 의존하는 방향을 가질 수 있고, (3) 다른 상수 좌표값을 갖는 평면이 평행할 필요가 없으며, 따라서 (4) 좌표값의 변화는 $\mathbf{r}$를 움직이는 양과 방향 모두 위치에 의존하면서 움직일 수 있다.

각각 상수 r, θ, φ인 평면에 수직인 방향의 단위벡터 $\hat{\mathbf{e}}_r$, $\hat{\mathbf{e}}_\theta$, $\hat{\mathbf{e}}_\varphi$를 정의하는 것이 편리하다. 구면 극 좌표계는 이러한 단위벡터가 서로 수직한 특징이 있는데, 예를 들면 $\hat{\mathbf{e}}_\theta$는 상수 r와 상수 φ 평면 모두에 접해서 $\hat{\mathbf{e}}_\theta$ 방향의 작은 변위는 r 또는 φ 좌표 어느 것도 변하지 않는다는 뜻이다. '작은' 변위라는 제한의 이유는 법선 방향이 위치에 의존해서 $\hat{\mathbf{e}}_\theta$ 방향의 '큰' 변위는 r를 변화시키는 것이다(그림 3.20 참고). 만일 좌표 단위벡터가 서로 수직이면 좌표계는 **직교**(orthogonal)한다고 한다.

만일 벡터장 $\mathbf{V}$가 있어서 $\mathbb{R}^3$의 영역의 각 점에서 $\mathbf{V}$의 값이 정해졌으면, $\mathbf{V}(\mathbf{r})$를 점 $\mathbf{r}$에

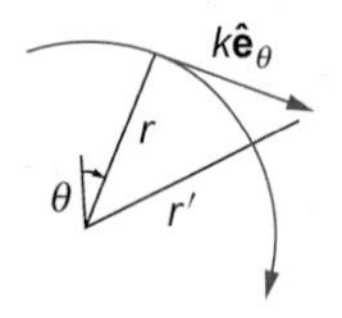

그림 3.20 $\hat{\mathbf{e}}_\theta$ 방향으로 '큰' 변위의 효과. $r' \neq r$이다.

대해 정의된 직교하는 단위벡터의 세트로 쓸 수 있고 상징적으로 그 결과는 다음과 같다.

$$\mathbf{V}(\mathbf{r}) = V_r \hat{\mathbf{e}}_r + V_\theta \hat{\mathbf{e}}_\theta + V_\varphi \hat{\mathbf{e}}_\varphi$$

단위벡터 $\hat{\mathbf{e}}_i$는 $\mathbf{r}$의 값에 의존하는 방향을 갖는다는 것을 아는 것이 중요하다. **같은** 점 $\mathbf{r}$에 대해 다른 벡터장 $\mathbf{W}(\mathbf{r})$가 있으면 $\mathbf{V}$와 $\mathbf{W}$에서 데카르트 좌표계에 대한 같은 규칙에 의해 **대수적**(algebraic) 과정[8]을 수행할 수 있다. 예를 들어 **같은 점 $\mathbf{r}$에서**

$$\mathbf{V} \cdot \mathbf{W} = V_r W_r + V_\theta W_\theta + V_\varphi W_\varphi$$

이다. 그렇지만 만일 $\mathbf{V}$와 $\mathbf{W}$가 같은 점 $\mathbf{r}$에 관련되어 있지 않으면 그러한 연산을 수행할 수 없고, 다음을 아는 것이 중요하다.

$$\mathbf{r} \neq r\hat{\mathbf{e}}_r + \theta\hat{\mathbf{e}}_\theta + \varphi\hat{\mathbf{e}}_\varphi$$

요약하면 다음과 같다. $\mathbf{V}$와 $\mathbf{W}$에 대한 성분 공식은 벡터가 지정된 점에 적용할 수 있는 성분 분해를 기술한다. $\mathbf{r}$를 위에 예시로 든 바와 같이 분해하려는 시도는 부정확한데, 그 이유는 적용할 수 없는 고정된 단위벡터 방향을 사용하기 때문이다.

우선 (q_1, q_2, q_3)로 표지된 좌표를 갖는 임의의 곡선 좌표계를 다룰 때 q_i의 변화가 데카르트 좌표계에서 변화에 어떻게 관계되는지 고려한다. x는 q_i의 함수 $x(q_1, q_2, q_3)$로 생각할 수 있으므로 다음을 얻는다.

$$dx = \frac{\partial x}{\partial q_1} dq_1 + \frac{\partial x}{\partial q_2} dq_2 + \frac{\partial x}{\partial q_3} dq_3 \tag{3.127}$$

dy와 dz에 대해서도 비슷한 공식이 있다.

다음으로 dq_i의 변화와 관련된 미분 변위 $d\mathbf{r}$를 측정한다. 실제로 다음을 살펴본다.

$$(dr)^2 = (dx)^2 + (dy)^2 + (dz)^2$$

식 (3.127)의 제곱을 취하면 다음을 얻는다.

$$(dx)^2 = \sum_{ij} \frac{\partial x}{\partial q_i} \frac{\partial x}{\partial q_j} dq_i dq_j$$

$(dy)^2$과 $(dz)^2$에 대해서도 비슷한 식이 있다. 이를 합하고 같은 $dq_i dq_j$ 항을 모으면 다음 결과를 얻는다.

---

8 덧셈, 스칼라곱, 내적과 외적(그러나 미분 또는 적분 연산의 적용은 아니다).

$$(dr)^2 = \sum_{ij} g_{ij}\, dq_i\, dq_j \tag{3.128}$$

여기에서

$$g_{ij}(q_1, q_2, q_3) = \frac{\partial x}{\partial q_i}\frac{\partial x}{\partial q_j} + \frac{\partial y}{\partial q_i}\frac{\partial y}{\partial q_j} + \frac{\partial z}{\partial q_i}\frac{\partial z}{\partial q_j} \tag{3.129}$$

이다. 식 (3.128)에 의해 주어진 거리의 측도를 가진 공간을 **길이**(metric) 또는 **리만**(Riemannian) 공간이라 부른다.

식 (3.129)는 dq_i 방향이고 성분이 $(\partial x/\partial q_i, \partial y/\partial q_i, \partial z/\partial q_i)$인 벡터와 dq_j 방향의 유사한 벡터와의 내적으로 해석할 수 있다. 만일 q_i 좌표가 수직이면 계수 g_{ij}는 $i \neq j$일 때 0이 될 것이다.

직교좌표계에 대해 논의하는 것이 목표이므로 식 (3.128)과 (3.129)의 특별한 경우를 고려한다.

$$(dr)^2 = (h_1 dq_1)^2 + (h_2 dq_2)^2 + (h_3 dq_3)^2 \tag{3.130}$$

$$h_i^2 = \left(\frac{\partial x}{\partial q_i}\right)^2 + \left(\frac{\partial y}{\partial q_i}\right)^2 + \left(\frac{\partial y}{\partial q_i}\right)^2 \tag{3.131}$$

만일 $dq_2 = dq_3 = 0$인 경우에 대해 식 (3.130)을 고려하면 q_1 방향으로 변위의 요소가 $h_1 dq_1$이라는 의미에서 $h_1 dq_1$이 dr_1이라 할 수 있다. 따라서 일반적으로

$$dr_i = h_i dq_i \quad \text{또는} \quad \frac{\partial \mathbf{r}}{\partial q_i} = h_i \hat{\mathbf{e}}_i \tag{3.132}$$

이다. 여기에서 $\hat{\mathbf{e}}_i$는 q_i 방향으로의 단위벡터이고 전체적으로 $d\mathbf{r}$는 다음 형태를 가진다.

$$d\mathbf{r} = h_1 dq_1 \hat{\mathbf{e}}_1 + h_2 dq_2 \hat{\mathbf{e}}_2 + h_3 dq_3 \hat{\mathbf{e}}_3 \tag{3.133}$$

h_i는 위치에 의존할 수 있고 $h_i dq_i$가 길이이기 위해 필요한 차원을 가져야 한다.

■ 곡선 좌표계에서의 적분

한 세트의 좌표에 대해 축척인자 h_i가 주어지면 축척인자가 표로 주어지거나 식 (3.131)을 통해 계산하기 때문에 곡선 좌표계에서 적분 공식을 제시하기 위해 축척인자를 이용할 수 있다. 선적분은 다음 형태를 가진다.

$$\int_C \mathbf{V} \cdot d\mathbf{r} = \sum_i \int_C V_i h_i dq_i \tag{3.134}$$

면적분은 $dx\,dy$와 같은 표현 대신 $(h_1 dq_1)(h_2 dq_2) = h_1 h_2 dq_1 dq_2$ 등을 쓴다는 것을 제외하면 데카르트 좌표계와 같은 형태를 가진다. 이것은 다음을 의미한다.

$$\int_S \mathbf{V} \cdot d\sigma = \int_S V_1 h_2 h_3 dq_2 dq_3 + \int_S V_2 h_3 h_1 dq_3 dq_1 + \int_S V_3 h_1 h_2 dq_1 dq_2 \tag{3.135}$$

직교 곡선 좌표계에서 부피 요소는 다음과 같다.

$$d\tau = h_1 h_2 h_3 dq_1 dq_2 dq_3 \tag{3.136}$$

따라서 부피 적분은 다음과 같은 형태를 갖는다.

$$\int_V \varphi(q_1,\ q_2,\ q_3) h_1 h_2 h_3 dq_1 dq_2 dq_3 \tag{3.137}$$

또는 φ를 벡터 $\mathbf{V}(q_1,\ q_2,\ q_3)$로 바꾼 비슷한 표현이다.

■ 곡선 좌표계에서의 미분 연산자

직교좌표계에 제한하여 논의를 계속한다.

그래디언트: 우리가 다루는 곡선 좌표계가 직교좌표계이므로 그래디언트는 미분 변위 $dr_i = h_i dq_i$를 공식에 사용하면 데카르트 좌표계의 형태와 같은 형태를 가진다. 따라서 다음을 얻는다.

$$\nabla\varphi(q_1,\ q_2,\ q_3) = \hat{\mathbf{e}}_1 \frac{1}{h_1}\frac{\partial\varphi}{\partial q_1} + \hat{\mathbf{e}}_2 \frac{1}{h_2}\frac{\partial\varphi}{\partial q_2} + \hat{\mathbf{e}}_3 \frac{1}{h_3}\frac{\partial\varphi}{\partial q_3} \tag{3.138}$$

이것은 ∇를 다음과 같이 쓰는 것에 해당한다.

$$\nabla = \hat{\mathbf{e}}_1 \frac{1}{h_1}\frac{\partial}{\partial q_1} + \hat{\mathbf{e}}_2 \frac{1}{h_2}\frac{\partial}{\partial q_2} + \hat{\mathbf{e}}_3 \frac{1}{h_3}\frac{\partial}{\partial q_3} \tag{3.139}$$

다이버전스: 이 연산자는 데카르트 좌표계에서와 같은 의미를 가져야 한다. 그러므로 $\nabla \cdot \mathbf{V}$는 계산하는 점에서 단위부피당 $\mathbf{V}$의 알짜 유출 선속이어야 한다. 데카르트 경우와 주요하게 다른 점은 부피 요소가 더 이상 평행육면체가 아니고 축척인자 h_i가 일반적으로 위치의 함수인 것이다(그림 3.21 참고). $(q_1,\ q_2,\ q_3)$를 중심으로 하고 $dq_1,\ dq_2,\ dq_3$에 의해 정의되는 부피 요소로부터 q_1 방향으로의 $\mathbf{V}$의 알짜 유출량을 계산하기 위해서 다음을 세운다.

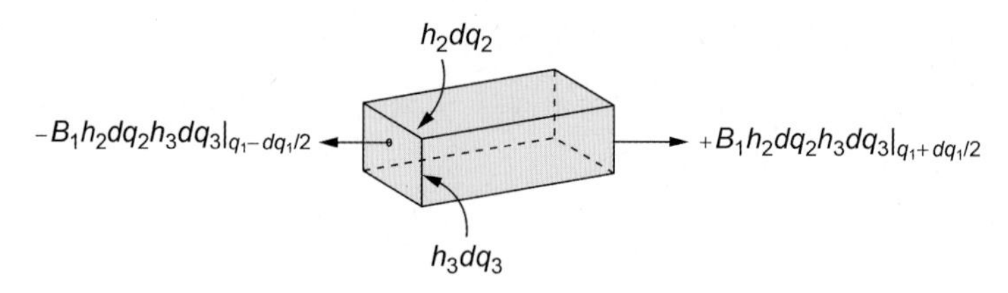

그림 3.21 곡선 부피 요소로부터 B_1의 q_1 방향으로의 유출량

$$q_1 \text{ 알짜 유출량} = - V_1h_2h_3dq_2dq_3\Big|_{q_1 - dq_1/2,\, q_2,\, q_3} + V_1h_2h_3dq_2dq_3\Big|_{q_1 + dq_1/2,\, q_2,\, q_3} \tag{3.140}$$

q_1의 옮겨진 값에서 V_1뿐만 아니라 h_2h_3도 계산되어야 한다. 이 값은 $q_1 + dq_1/2$와 $q_1 - dq_1/2$에서 다를 수 있다. 식 (3.140)을 q_1에 대한 도함수로 다시 쓰면 다음을 얻는다.

$$q_1 \text{ 알짜 유출량} = \frac{\partial}{\partial q_1}(V_1h_2h_3)dq_1dq_2dq_3$$

이것을 q_2와 q_3 유출량과 합하고 미분 부피 $h_1h_2h_3dq_1dq_2dq_3$로 나누면 다음을 얻는다.

$$\nabla \cdot \mathbf{V}(q_1, q_2, q_3) = \frac{1}{h_1h_2h_3}\left[\frac{\partial}{\partial q_1}(V_1h_2h_3) + \frac{\partial}{\partial q_2}(V_2h_3h_1) + \frac{\partial}{\partial q_3}(V_3h_1h_2)\right] \tag{3.141}$$

라플라시안: 그래디언트와 다이버전스에 대한 공식으로부터 곡선 좌표계에서 라플라시안을 얻을 수 있다.

$$\begin{aligned}\nabla^2\varphi(q_1, q_2, q_3) &= \nabla \cdot \nabla\varphi \\ &= \frac{1}{h_1h_2h_3}\left[\frac{\partial}{\partial q_1}\left(\frac{h_2h_3}{h_1}\frac{\partial\varphi}{\partial q_1}\right) + \frac{\partial}{\partial q_2}\left(\frac{h_3h_1}{h_2}\frac{\partial\varphi}{\partial q_2}\right) + \frac{\partial}{\partial q_3}\left(\frac{h_1h_2}{h_3}\frac{\partial\varphi}{\partial q_3}\right)\right]\end{aligned} \tag{3.142}$$

라플라시안에는 $\partial^2/\partial q_1\partial q_2$와 같은 교차 도함수를 포함하지 않는다. 교차 도함수는 좌교계가 직교좌표계이기 때문에 나타나지 않는다.

컬: 다이버전스를 다룰 때와 같은 정신으로 q_1q_2평면의 면적 요소 주위의 순환을 계산하고, 따라서 q_3 방향에 있는 벡터와 연관시킨다. 그림 3.22를 참조하면 선적분 $\oint \mathbf{B} \cdot d\mathbf{r}$는 네 선분의 기여로 구성되어 있고, 일차까지는 다음과 같다.

$$\text{선분 } 1 = (h_1B_1)\Big|_{q_1, q_2 - dq_2/2, q_3} dq_1$$

$$\text{선분 } 2 = (h_2B_2)\Big|_{q_1 + dq_1/2, q_2, q_3} dq_2$$

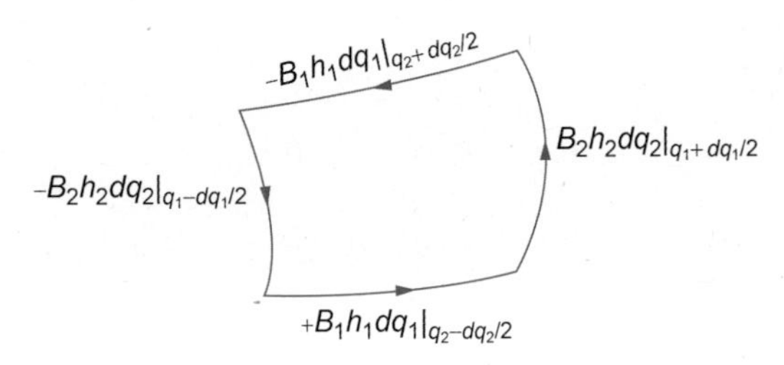

그림 3.22 상수 q_3 표면에 있는 곡선 면적 요소 주위의 순환 $\oint \mathbf{B}\cdot d\mathbf{r}$

$$선분\ 3 = -(h_1B_1)\big|_{q_1,\, q_2+dq_2/2,\, q_3} dq_1$$

$$선분\ 4 = -(h_2B_2)\big|_{q_1-dq_1/2,\, q_2,\, q_3} dq_2$$

h_i가 위치의 함수인 것과 고리의 면적이 $h_1h_2dq_1dq_2$인 것을 염두에 두면 이 기여는 합쳐서 다음의 단위면적당 순환이 된다.

$$(\nabla\times\mathbf{B})_3 = \frac{1}{h_1h_2}\left[-\frac{\partial}{\partial q_2}(h_1B_1) + \frac{\partial}{\partial q_1}(h_2B_2)\right]$$

이 결과를 순환 고리의 임의의 방향에 일반화하면 다음 행렬식 형태가 된다.

$$\nabla\times\mathbf{B} = \frac{1}{h_1h_2h_3}\begin{vmatrix} \hat{\mathbf{e}}_1h_1 & \hat{\mathbf{e}}_2h_2 & \hat{\mathbf{e}}_3h_3 \\ \dfrac{\partial}{\partial q_1} & \dfrac{\partial}{\partial q_2} & \dfrac{\partial}{\partial q_3} \\ h_1B_1 & h_2B_2 & h_3B_3 \end{vmatrix} \tag{3.143}$$

데카르트 좌표계에서처럼 이 행렬식은 도함수가 그 아래 행에 작용하도록 위에서 아래로 계산된다.

■ 원통형 좌표계

물리 문제를 푸는 데 사용되기에 적합한 좌표계가 적어도 11개가 있지만 컴퓨터와 효율적인 프로그래밍 기술의 발전은 이러한 좌표계의 대부분에 대한 필요성을 줄였고 그 결과 이 책에서는 세 좌표계 (1) 데카르트 좌표계, (2) (다음 소절에서 다룰) 구면 극 좌표계, (3) 여기에서 논의되는 원통형 좌표계만 다룬다. 다른 좌표계의 명세와 세부사항은 이 책의 처음 두 판과 이 장의 끝에 소개한 더 읽을 거리[모스와 페쉬바흐(Morse and Feshbach), 마지노와 머피(Margenau and Murphy)]에 나와 있다.

원통형 좌표계에서는 세 곡선 좌표가 $(\rho,\ \varphi,\ z)$로 되어 있다. r는 원점으로부터의 거리를 위해 남겨두고 ρ는 z축으로부터의 수직 거리를 나타낸다. ρ, φ 그리고 z의 범위는 다음과 같다.

$$0 \leq \rho < \infty, \qquad 0 \leq \varphi < 2\pi, \qquad -\infty < z < \infty$$

$\rho = 0$에 대해서는 φ가 잘 정의되지 않는다. 좌표 표면은 그림 3.23에 보였고 다음과 같다.

1. z축을 공통의 축으로 갖는 원기둥

$$\rho = (x^2 + y^2)^{1/2} = \text{상수}$$

2. x 방향으로부터 측정한 각도가 φ이고 z축을 관통하는 반평면

$$\varphi = \tan^{-1}\left(\frac{y}{x}\right) = \text{상수}$$

   아크탄젠트($\tan^{-1}$)는 φ의 범위에서 값이 2개인데 φ의 맞는 값은 x와 y의 각각의 부호에 의해 결정된다.

3. 데카르트 좌표계에서처럼 xy평면에 평행한 평면

$$z = \text{상수}$$

   앞의 식을 반대로 하면 다음을 얻는다.

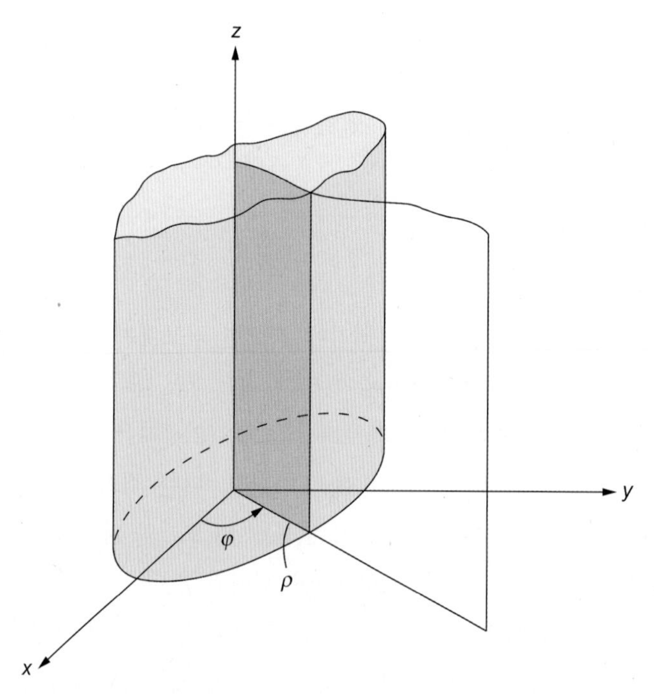

그림 3.23 원통형 좌표 ρ, φ, z

$$x = \rho \cos \varphi, \quad y = \rho \sin \varphi, \quad z = z \tag{3.144}$$

이것은 본질적으로 2차원 곡선 좌표계에 데카르트 z축을 더해서 3차원 좌표계를 만든 것이다.

좌표 벡터 $\mathbf{r}$와 일반적인 벡터 $\mathbf{V}$는 다음과 같이 쓸 수 있다.

$$\mathbf{r} = \rho \hat{\mathbf{e}}_\rho + z \hat{\mathbf{e}}_z, \quad \mathbf{V} = V_\rho \hat{\mathbf{e}}_\rho + V_\varphi \hat{\mathbf{e}}_\varphi + V_z \hat{\mathbf{e}}_z$$

식 (3.131)로부터 이 좌표에 대한 축척인자는 다음과 같다.

$$h_\rho = 1, \quad h_\varphi = \rho, \quad h_z = 1 \tag{3.145}$$

따라서 변위 요소, 면적 요소, 그리고 부피 요소는 다음과 같다.

$$\begin{aligned} d\mathbf{r} &= \hat{\mathbf{e}}_\rho d\rho + \rho \hat{\mathbf{e}}_\varphi d\varphi + \hat{\mathbf{e}}_z dz \\ d\boldsymbol{\sigma} &= \rho \hat{\mathbf{e}}_\rho d\varphi dz + \hat{\mathbf{e}}_\varphi d\rho dz + \rho \hat{\mathbf{e}}_z d\rho d\varphi \\ d\tau &= \rho d\rho d\varphi dz \end{aligned} \tag{3.146}$$

어쩌면 단위벡터 $\hat{\mathbf{e}}_\rho$와 $\hat{\mathbf{e}}_\varphi$가 φ에 따라 변하는 방향을 가진다는 것은 강조할 가치가 있다. 만일 이러한 단위벡터를 포함한 벡터가 φ에 대해 미분된다면 이러한 단위벡터의 도함수도 계산에 포함되어야 한다.

예제 3.10.1 **행성 운동에 대한 케플러 면적 법칙**

케플러 법칙 중 하나는 태양을 원점으로 하는 행성의 반지름 벡터가 같은 시간에 같은 면적을 쓸고 지나간다는 것을 말한다. 이 관계를 원통형 좌표계를 이용하여 유도하는 것이 교육적이다. 간단하게 행성의 질량이 단위질량이고 $z=0$인 평면에서 운동하는 것을 고려한다.

중력 $\mathbf{F}$는 $f(r)\hat{\mathbf{e}}_r$ 형태를 가지므로 원점에 대한 돌림힘 $\mathbf{r} \times \mathbf{F}$는 0이 되며, 따라서 각운동량 $\mathbf{L} = \mathbf{r} \times d\mathbf{r}/dt$는 보존된다. $d\mathbf{r}/dt$를 계산하기 위해 식 (3.146)에 주어진 $d\mathbf{r}$로부터 시작하여 다음과 같이 쓴다.

$$\frac{d\mathbf{r}}{dt} = \hat{\mathbf{e}}_\rho \dot{\rho} + \hat{\mathbf{e}}_\varphi \rho \dot{\varphi}$$

여기에서 시간 도함수를 가리키기 위해 (뉴턴이 발명한) 점 표기법을 사용하였다. 이제 다음 형태를 구한다.

$$\mathbf{L} = \rho\hat{\mathbf{e}}_\rho \times (\hat{\mathbf{e}}_\rho \dot{\rho} + \hat{\mathbf{e}}_\varphi \rho \dot{\varphi}) = \rho^2 \dot{\varphi} \hat{\mathbf{e}}_z$$

$\rho^2 \dot{\varphi}$가 상수라는 결론이 나온다. A가 쓸고 지나간 면적일 때, $\rho^2 \dot{\varphi} = 2dA/dt$를 인지하면 케플러 법칙이 확인된다. ■

이제 벡터 미분 연산자로 계속한다. 식 (3.138), (3.141), (3.142), 그리고 (3.143)을 이용하면 다음을 얻는다.

$$\nabla \psi(\rho,\ \varphi,\ z) = \hat{\mathbf{e}}_\rho \frac{\partial \psi}{\partial b\rho} + \hat{\mathbf{e}}_\varphi \frac{1}{\rho}\frac{\partial \psi}{\partial \varphi} + \hat{\mathbf{e}}_z \frac{\partial \psi}{\partial z} \tag{3.147}$$

$$\nabla \cdot \mathbf{V} = \frac{1}{\rho}\frac{\partial}{\partial \rho}(\rho \mathrm{V}_\rho) + \frac{1}{\rho}\frac{\partial \mathrm{V}_\varphi}{\partial \varphi} + \frac{\partial V_z}{\partial z} \tag{3.148}$$

$$\nabla^2 \psi = \frac{1}{\rho}\frac{\partial}{\partial \rho}\left(\rho \frac{\partial \psi}{\partial \rho}\right) + \frac{1}{\rho^2}\frac{\partial^2 \psi}{\partial \varphi^2} + \frac{\partial^2 \psi}{\partial z^2} \tag{3.149}$$

$$\nabla \times V = \frac{1}{\rho}\begin{vmatrix} \hat{\mathbf{e}}_\rho & \rho\hat{\mathbf{e}}_\varphi & \hat{\mathbf{e}}_z \\ \dfrac{\partial}{\partial \rho} & \dfrac{\partial}{\partial \varphi} & \dfrac{\partial}{\partial z} \\ V_\rho & \rho V_\varphi & V_z \end{vmatrix} \tag{3.150}$$

마지막으로 원형 파동 가이드와 원통형 공동 공진기와 같은 문제에 대해 벡터 라플라시안 $\nabla^2 \mathbf{V}$가 필요하다. 식 (3.70)으로부터 원통형 좌표계에서 성분은 다음과 같음을 보일 수 있다.

$$\begin{aligned} \nabla^2 \mathbf{V}\big|_\rho &= \nabla^2 V_\rho - \frac{1}{\rho^2} V_\rho - \frac{2}{\rho^2}\frac{\partial V_\varphi}{\partial \varphi} \\ \nabla^2 \mathbf{V}\big|_\varphi &= \nabla^2 V_\varphi - \frac{1}{\rho^2} V_\varphi + \frac{2}{\rho^2}\frac{\partial V_\rho}{\partial \varphi} \\ \nabla^2 \mathbf{V}\big|_z &= \nabla^2 V_z \end{aligned} \tag{3.151}$$

예제 3.10.2 나비어-스토크스 항

유체역학의 나비어-스토크스 방정식은 비선형 항을 포함한다.

$$\nabla \times [\mathbf{v} \times (\nabla \times \mathbf{v})]$$

여기에서 $\mathbf{v}$는 유체 속도이다. z 방향으로 원통형 관을 통과하여 흐르는 유체에 대해 다음과 같다.

$$\mathbf{v} = \hat{\mathbf{e}}_z v(\rho)$$

식 (3.150)으로부터 다음을 얻는다.

$$\nabla \times \mathbf{v} = \frac{1}{\rho}\begin{vmatrix} \hat{\mathbf{e}}_\rho & \rho\hat{\mathbf{e}}_\varphi & \hat{\mathbf{e}}_z \\ \frac{\partial}{\partial\rho} & \frac{\partial}{\partial\varphi} & \frac{\partial}{\partial z} \\ 0 & 0 & v(\rho) \end{vmatrix} = -\hat{\mathbf{e}}_\varphi \frac{\partial v}{\partial \rho}$$

$$\mathbf{v}\times(\nabla \times \mathbf{v}) = \begin{vmatrix} \hat{\mathbf{e}}_\rho & \hat{\mathbf{e}}_\varphi & \hat{\mathbf{e}}_z \\ 0 & 0 & v \\ 0 & -\frac{\partial v}{\partial\rho} & 0 \end{vmatrix} = \hat{\mathbf{e}}_\rho v(\rho)\frac{\partial v}{\partial \rho}$$

마지막으로 다음을 얻는다.

$$\nabla \times (\mathbf{v}\times(\nabla\times\mathbf{v})) = \frac{1}{\rho}\begin{vmatrix} \hat{\mathbf{e}}_\rho & \rho\hat{\mathbf{e}}_\varphi & \hat{\mathbf{e}}_z \\ \frac{\partial}{\partial\rho} & \frac{\partial}{\partial\varphi} & \frac{\partial}{\partial \mathrm{z}} \\ v\frac{\partial v}{\partial\rho} & 0 & 0 \end{vmatrix} = 0$$

이 특별한 경우 비선형 항은 0이 된다. ■

■ 구면 극 좌표계

구면 극 좌표계는 곡선 좌표계의 첫 번째 예로 도입되었고 그림 3.19에 설명되어 있다. 다시 쓰면 좌표는 (r, θ, φ)이다. 좌표의 범위는 다음과 같다.

$$0 \le r < \infty, \quad 0 \le \theta \le \pi, \quad 0 \le \varphi < 2\pi$$

$r=0$에 대해서는 θ도 φ도 잘 정의되지 않는다. 또한 φ는 $\theta=0$과 $\theta=\pi$에 대해서 불분명하다. 좌표 표면은 다음과 같다.

1. 원점에 중심이 있는 동심인 구

$$r = \left(x^2+y^2+z^2\right)^{1/2} = \text{상수}$$

2. z(극)축을 중심으로 하고 원점을 꼭짓점으로 하는 원뿔

$$\theta = \arccos\frac{z}{r} = \text{상수}$$

3. x 방향으로부터 측정한 각도가 φ이고 z(극)축을 관통하는 반평면

$$\varphi = \arctan\frac{y}{x} = \text{상수}$$

아크탄젠트(arctan)는 φ의 범위에서 값이 2개인데 φ의 맞는 값은 x와 y의 각각의 부호에 의해 결정된다.

앞의 식을 반대로 하면 다음을 얻는다.

$$x = r\sin\theta\cos\varphi, \quad y = r\sin\theta\sin\varphi, \quad z = r\cos\theta \tag{3.152}$$

좌표 벡터 $\mathbf{r}$와 일반적인 벡터 $\mathbf{V}$는 다음과 같이 쓸 수 있다.

$$\mathbf{r} = r\hat{\mathbf{e}}_r, \quad \mathbf{V} = V_r\hat{\mathbf{e}}_r + V_\theta\hat{\mathbf{e}}_\theta + V_\varphi\hat{\mathbf{e}}_\varphi$$

식 (3.131)로부터 이 좌표에 대한 축척인자는 다음과 같다.

$$h_r = 1, \quad h_\theta = r, \quad h_\varphi = r\sin\theta \tag{3.153}$$

따라서 변위 요소, 면적 요소, 그리고 부피 요소는 다음과 같다.

$$\begin{aligned} d\mathbf{r} &= \hat{\mathbf{e}}_r dr + r\hat{\mathbf{e}}_\theta d\theta + r\sin\theta\hat{\mathbf{e}}_\varphi d\varphi \\ d\boldsymbol{\sigma} &= r^2\sin\theta\hat{\mathbf{e}}_r d\theta\, d\varphi + r\sin\theta\hat{\mathbf{e}}_\theta\, dr\, d\varphi + r\hat{\mathbf{e}}_\varphi dr\, d\theta \\ d\tau &= r^2\sin\theta d\rho\, d\theta\, d\varphi \end{aligned} \tag{3.154}$$

종종 각도에 대한 면적분을 수행할 필요가 있는데, 이 경우에 $d\boldsymbol{\sigma}$의 각도 의존성은 다음이 된다.

$$d\Omega = \sin\theta\, d\theta\, d\varphi \tag{3.155}$$

여기에서 $d\Omega$는 입체각의 요소라 부르고 모든 각도에 대한 적분이 다음 값이 되는 성질이 있다.

$$\int d\Omega = 4\pi$$

구면 극 좌표계에 대해서는 모든 세 단위벡터가 위치에 의존하는 방향을 가지고, 단위벡터를 포함한 식이 미분될 때 이 사실을 고려해야 한다.

벡터 미분 연산자는 식 (3.138), (3.141), (3.142), 그리고 (3.143)을 이용하면 이제 계산할 수 있다.

$$\nabla\psi(r,\ \theta,\ \varphi) = \hat{\mathbf{e}}_r\frac{\partial\psi}{\partial r} + \hat{\mathbf{e}}_\theta\frac{1}{r}\frac{\partial\psi}{\partial\theta} + \hat{\mathbf{e}}_\varphi\frac{1}{r\sin\theta}\frac{\partial\psi}{\partial\varphi} \tag{3.156}$$

$$\nabla\cdot\mathbf{V} = \frac{1}{r^2\sin\theta}\left[\sin\theta\frac{\partial}{\partial r}(r^2V_r) + r\frac{\partial}{\partial\theta}(\sin\theta\, V_\theta) + r\frac{\partial V_\varphi}{\partial\varphi}\right] \tag{3.157}$$

$$\nabla^2\psi = \frac{1}{r^2\sin\theta}\left[\sin\theta\frac{\partial}{\partial r}\left(r^2\frac{\partial\psi}{\partial r}\right)+\frac{\partial}{\partial\theta}\left(\sin\theta\frac{\partial\psi}{\partial\theta}\right)+\frac{1}{\sin\theta}\frac{\partial^2\psi}{\partial\varphi^2}\right] \tag{3.158}$$

$$\nabla\times V = \frac{1}{r^2\sin\theta}\begin{vmatrix}\hat{\mathbf{e}}_r & r\hat{\mathbf{e}}_\theta & r\sin\theta\,\hat{\mathbf{e}}_\varphi \\ \frac{\partial}{\partial r} & \frac{\partial}{\partial\theta} & \frac{\partial}{\partial\varphi} \\ V_r & rV_\theta & r\sin\theta\, V_\varphi\end{vmatrix} \tag{3.159}$$

마지막으로 다시 식 (3.70)을 이용하여 벡터 라플라시안 $\nabla^2\mathbf{V}$의 성분을 구면 극 좌표계에서 다음과 같음을 보일 수 있다.

$$\begin{aligned}
\nabla^2\mathbf{V}\big|_r &= \nabla^2 V_r - \frac{2}{r^2}V_r - \frac{2}{r^2}\cot\theta\, V_\theta - \frac{2}{r^2}\frac{\partial V_\theta}{\partial\theta} - \frac{2}{r^2\sin\theta}\frac{\partial V_\varphi}{\partial\varphi} \\
\nabla^2\mathbf{V}\big|_\theta &= \nabla^2 V_\theta - \frac{1}{r^2\sin^2\theta}V_\theta + \frac{2}{r^2}\frac{\partial V_r}{\partial\theta} - \frac{2\cos\theta}{r^2\sin^2\theta}\frac{\partial V_\varphi}{\partial\varphi} \\
\nabla^2\mathbf{V}\big|_\varphi &= \nabla^2 V_\varphi - \frac{1}{r^2\sin^2\theta}V_\varphi + \frac{2}{r^2\sin\theta}\frac{\partial V_r}{\partial\varphi} + \frac{2\cos\theta}{r^2\sin^2\theta}\frac{\partial V_\theta}{\partial\varphi}
\end{aligned} \tag{3.160}$$

예제 3.10.3 중심력에 대한 ∇, $\nabla\cdot$, $\nabla\times$

이제 앞에서 데카르트 좌표계에서 더 힘들게 구한 결과 몇 가지를 쉽게 유도할 수 있다.

식 (3.156)으로부터 다음을 얻는다.

$$\nabla f(r) = \hat{\mathbf{e}}_r\frac{df}{dr}, \quad \nabla r^n = \hat{\mathbf{e}}_r n r^{n-1} \tag{3.161}$$

원점에 있는 점전하의 쿨롱 퍼텐셜 $V = Ze/(4\pi\varepsilon_0 r)$에 특화해서 전기장은 예상한 값 $\mathbf{E} = -\nabla V = (Ze/4\pi\varepsilon_0 r^2)\hat{\mathbf{e}}_r$을 갖는다.

다음으로 지름 함수의 다이버전스는 식 (3.157)로부터 다음을 얻는다.

$$\nabla\cdot(\hat{\mathbf{e}}_r f(r)) = \frac{2}{r}f(r) + \frac{df}{dr}, \quad \nabla\cdot(\hat{\mathbf{e}}_r r^n) = (n+2)r^{n-1} \tag{3.162}$$

위의 쿨롱 힘($n=-2$)에 특화해서 ($r=0$을 제외하고) $\nabla\cdot(\hat{\mathbf{e}}_r r^{-2}) = 0$을 얻고, 이것은 가우스 법칙과 일치한다.

이제 라플라시안으로 계속한다. 식 (3.158)로부터 r^n의 보통의 2계 도함수가 $n-1$을 포함하고 있는 것과는 대조적으로 다음을 얻는다.

$$\nabla^2 f(r) = \frac{2}{r}\frac{df}{dr} + \frac{d^2 f}{dr^2}, \quad \nabla^2 r^n = n(n+1)r^{n-2} \tag{3.163}$$

마지막으로 식 (3.159)로부터 다음을 얻는다.

$$\nabla \times (\hat{\mathbf{e}}_r f(r)) = 0 \tag{3.164}$$

이는 중심력이 돌지 않는다는 것을 확인해준다. ■

예제 3.10.4 **자기 벡터 퍼텐셜**

xy평면에 있는 전류 고리 하나의 벡터 퍼텐셜 $\mathbf{A}$가 r과 θ만의 함수이고 전부 $\hat{\mathbf{e}}_\varphi$ 방향인 경우 그 벡터 퍼텐셜은 전류 밀도 $\mathbf{J}$와 다음 관계에 있다.

$$\mu_0 \mathbf{J} = \nabla \times \mathbf{B} = \nabla \times \left[\nabla \times \hat{\mathbf{e}}_\varphi A_\varphi(r,\ \theta)\right]$$

구면 극 좌표계에서 이것은 다음과 같이 간단해진다.

$$\begin{aligned}\mu_0 \mathbf{J} &= \nabla \times \frac{1}{r^2 \sin\theta} \begin{vmatrix} \hat{\mathbf{e}}_r & r\hat{\mathbf{e}}_\theta & r\sin\theta\, \hat{\mathbf{e}}_\varphi \\ \dfrac{\partial}{\partial r} & \dfrac{\partial}{\partial \theta} & \dfrac{\partial}{\partial \varphi} \\ 0 & 0 & r\sin\theta A_\varphi \end{vmatrix} \\ &= \nabla \times \frac{1}{r^2 \sin\theta}\left[\hat{\mathbf{e}}_r \frac{\partial}{\partial\theta}(r\sin\theta\, A_\varphi) - r\hat{\mathbf{e}}_\theta \frac{\partial}{\partial r}(r\sin\theta\, A_\varphi)\right]\end{aligned}$$

컬을 두 번 취하면 다음을 얻는다.

$$\mu_0 \mathbf{J} = \frac{1}{r^2 \sin\theta} \begin{vmatrix} \hat{\mathbf{e}}_r & r\hat{\mathbf{e}}_\theta & r\sin\theta\, \hat{\mathbf{e}}_\varphi \\ \dfrac{\partial}{\partial r} & \dfrac{\partial}{\partial \theta} & \dfrac{\partial}{\partial \varphi} \\ \dfrac{1}{r\sin\theta}\dfrac{\partial}{\partial\theta}(\sin\theta\, A_\varphi) & -\dfrac{1}{r}\dfrac{\partial}{\partial r}(rA_\varphi) & 0 \end{vmatrix}$$

이 행렬식을 위에서 아래로 전개하면 다음에 이른다.

$$\mu_0 \mathbf{J} = -\hat{\mathbf{e}}_\varphi \left[\frac{\partial^2 A_\varphi}{\partial r^2} + \frac{2}{r}\frac{\partial A_\varphi}{\partial r} + \frac{1}{r^2 \sin\theta}\frac{\partial}{\partial\theta}\left(\sin\theta \frac{\partial A_\varphi}{\partial\theta}\right) - \frac{1}{r^2 \sin^2\theta} A_\varphi\right] \tag{3.165}$$

$\nabla^2 A_\varphi$ 이외에도 $-A_\varphi/r^2 \sin^2\theta$ 항을 하나 더 얻는다. ■

예제 3.10.5 **스토크스 정리**

마지막 예제로 닫힌 고리에 대해 $\oint \mathbf{B} \cdot d\mathbf{r}$를 계산하고 그 결과와 같은 둘레를 가지는 두 다른 표면에 대해 $\int (\nabla \times \mathbf{B}) \cdot d\sigma$ 적분을 계산하여 비교한다. 구면 극 좌표계를 사용하고

$\mathbf{B}=e^{-r}\hat{\mathbf{e}}_\varphi$로 놓는다.

고리는 xy평면에 있는 원점을 중심으로 한 단위원이다. 이 고리의 선적분은 양의 z로부터 보았을 때 반시계 방향으로 정해서 고리가 둘러싼 표면의 법선은 양의 z 방향으로 xy평면을 통과한다. 고려하는 표면은 (1) 고리로 둘러싸인 원판, (2) 표면이 $z<0$ 영역에 있는 고리로 둘러싸인 반구이다(그림 3.24 참고).

선적분에 대해 $d\mathbf{r}=r\sin\theta\hat{\mathbf{e}}_\varphi d\varphi$는 $d\mathbf{r}=\hat{\mathbf{e}}_\varphi d\varphi$로 간단해지는데, 모든 고리에서 $\theta=\pi/2$이고 $r=1$이기 때문이다. 그러면 다음을 얻는다.

$$\oint \mathbf{B}\cdot d\mathbf{r}=\int_{\varphi=0}^{2\pi} e^{-1}\hat{\mathbf{e}}_\varphi\cdot\hat{\mathbf{e}}_\varphi\, d\varphi=\frac{2\pi}{e}$$

면적분에 대해서는 $\nabla\times\mathbf{B}$가 필요하다.

$$\begin{aligned}\nabla\times\mathbf{B}&=\frac{1}{r^2\sin\theta}\left[\frac{\partial}{\partial\theta}(r\sin\theta e^{-r})\hat{\mathbf{e}}_r-r\frac{\partial}{\partial r}(r\sin\theta e^{-r})\hat{\mathbf{e}}_\theta\right]\\&=\frac{e^{-r}\cos\theta}{r\sin\theta}\hat{\mathbf{e}}_r-(1-r)e^{-r}\hat{\mathbf{e}}_\theta\end{aligned}$$

첫 번째로 원판을 취하면 모든 점에서 $\theta=\pi/2$이고, 적분 범위는 $0\le r\le 1$, $0\le\varphi<2\pi$이며, $d\boldsymbol{\sigma}=-\hat{\mathbf{e}}_\theta r\sin\theta\, dr\, d\varphi=-\hat{\mathbf{e}}_\theta r dr\, d\varphi$이다. 음의 부호는 양의 법선 방향이 θ가 **감소하는** 방향이기 때문이다. 그러면 다음을 얻는다.

$$\int_{S_1}-(\nabla\times\mathbf{B})\cdot\hat{\mathbf{e}}_\theta\, r\,dr\,d\varphi=\int_0^{2\pi}d\varphi\int_0^1 dr(1-r)e^{-r}=\frac{2\pi}{e}$$

반구에 대해서는 $r=1$, $\pi/2\le\theta<\pi$, $0\le\varphi<2\pi$로 정의되고, $d\boldsymbol{\sigma}=-\hat{\mathbf{e}}_r r^2\sin\theta\, d\theta\, d\varphi=-\hat{\mathbf{e}}_r\sin\theta\, d\theta\, d\varphi$이다(법선은 r이 감소하는 방향에 있다). 그리고 다음과 같다.

$$\int_{S_2}-(\nabla\times\mathbf{B})\cdot\hat{\mathbf{e}}_r\sin\theta\,d\theta\,d\varphi=-\int_{\pi/2}^{\pi}d\theta e^{-1}\cos\theta\int_0^{2\pi}d\varphi=\frac{2\pi}{e}$$

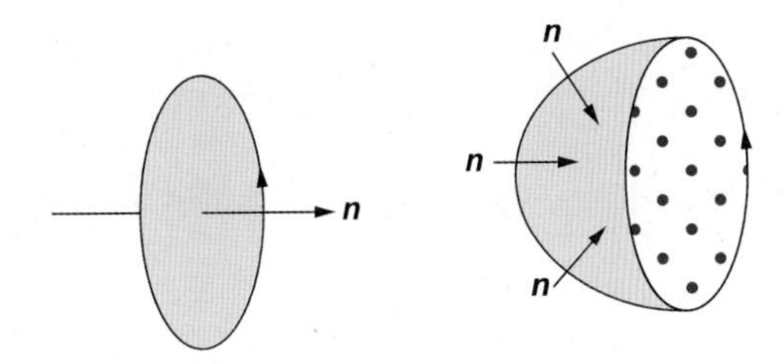

그림 3.24 예제 3.10.5의 표면. 왼쪽: S_1, 원판, 오른쪽: S_2, 반구

두 표면에 대한 결과는 공동의 둘레의 선적분 결과와 잘 맞는다. $\nabla \times \mathbf{B}$가 솔레노이드형이기 때문에 xy평면에 있는 원판을 통과하는 모든 선속은 반구형 표면을 통과하여 이어져야 하고, 이 문제에 있어서는 같은 둘레를 가지는 **어떠한** 표면을 통과하는 경우에도 성립한다. 이러한 이유로 스토크스 정리는 둘레 이외에는 표면의 어떤 특징과도 무관한 것이다. ■

■ 구면 좌표계에서의 회전과 반사

곡선 좌표계에서 회전 좌표 변환이 적용될 필요가 있는 경우는 흔하지 않고, 그러한 경우는 보통 좌표계의 대칭성과 양립할 수 있을 때에만 생긴다. 여기에서는 구면 극 좌표계에서 회전과 반사에 대해서만 논의한다.

회전: 오일러 각 (α, β, γ)로 표지되는 좌표 회전이 한 점의 좌표를 (r, θ, φ)에서 (r, θ', φ')으로 변환한다고 가정한다. r가 원래의 값을 유지하는 것은 분명하다. 두 가지 질문이 생긴다. (1) θ'과 φ'은 θ와 φ에 어떻게 관련이 있을까? 그리고 (2) 벡터 $\mathbf{A}$의 성분, 즉 $(A_r, A_\theta, A_\varphi)$는 어떻게 변환될까?

데카르트 좌표계에 대해서와 같이 오일러 각이 의미하는 세 이어진 회전을 분석함으로써 진행하는 것이 가장 간단하다. z축에 대한 각도 α만큼의 첫 번째 회전은 θ는 변하지 않도록 두고 φ를 $\varphi-\alpha$로 변환시킨다. 하지만 이것은 $\mathbf{A}$의 어떤 성분도 변화시키지 않는다.

두 번째 회전은 극 방향을 각도 β만큼 (새로운) x축 방향으로 기울이고, θ와 φ를 둘 다 변화시키며, 또한 $\hat{\mathbf{e}}_\theta$와 $\hat{\mathbf{e}}_\varphi$의 방향을 변화시킨다. 그림 3.25를 참조하면 두 단위벡터는 상수 r의 구에 접하는 평면에서 회전 χ를 거치게 되고, 그러므로 그 결과로 다음과 같은 새로운 단위벡터 $\hat{\mathbf{e}}_\theta'$과 $\hat{\mathbf{e}}_\varphi'$이 된다.

$$\hat{\mathbf{e}}_\theta = \cos\chi\,\hat{\mathbf{e}}_\theta' - \sin\chi\,\hat{\mathbf{e}}_\varphi', \quad \hat{\mathbf{e}}_\varphi = \sin\chi\,\hat{\mathbf{e}}_\theta' + \cos\chi\,\hat{\mathbf{e}}_\varphi'$$

이 변환은 다음에 대응된다.

$$S_2 = \begin{pmatrix} \cos\chi & \sin\chi \\ -\sin\chi & \cos\chi \end{pmatrix}$$

그림 3.25에 대응되는 구면 삼각법을 수행하면 다음의 새로운 좌표를 얻는다.

$$\cos\theta' = \cos\beta\cos\theta + \sin\beta\sin\theta\cos(\varphi-\alpha), \quad \cos\varphi' = \frac{\cos\beta\cos\theta' - \cos\theta}{\sin\beta\sin\theta'} \tag{3.166}$$

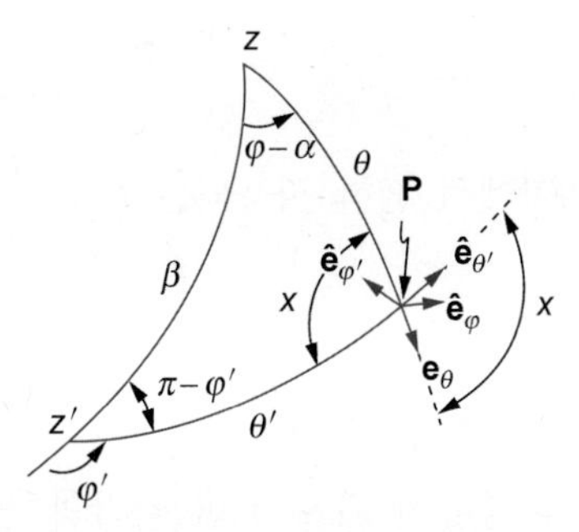

그림 3.25 반지름 r의 구 위에서 보이는 구면 극 좌표계에서 단위벡터의 회전. 원래 극 방향은 z로 표시되었다가 오일러 각 β에 의해 주어진 경사로 z' 방향으로 움직인다. 그러므로 점 P에서 단위벡터 $\hat{\mathbf{e}}_\theta$와 $\hat{\mathbf{e}}_\varphi$는 각도 χ를 통과하여 회전한다.

$$\cos\chi = \frac{\cos\beta - \cos\theta\cos\theta'}{\sin\beta\sin\theta'} \tag{3.167}$$

새로운 z축에 대한 각도 γ만큼의 세 번째 회전은 $\mathbf{A}$의 성분은 변화시키지 않지만 φ'을 $\varphi' - \gamma$로 바꾸는 것을 요구한다.

요약하면 다음과 같다.

$$\begin{pmatrix} A'_r \\ A'_\theta \\ A'_\varphi \end{pmatrix} = \begin{pmatrix} 1 & 0 & 0 \\ 0 & \cos\chi & \sin\chi \\ 0 & -\sin\chi & \cos\chi \end{pmatrix} \begin{pmatrix} A_r \\ A_\theta \\ A_\varphi \end{pmatrix} \tag{3.168}$$

이 식은 점 $(r,\ \theta',\ \varphi' - \gamma)$에서 회전된 좌표계에서의 $\mathbf{A}$의 성분을 같은 물리적 점 $(r,\ \theta,\ \varphi)$에서 원래 성분으로 정한다.

반사: 좌표계의 반전은 각 데카르트 좌표의 부호를 반대로 만든다. 각 φ를 새로운 $+x$좌표를 새로운 $+y$좌표를 향해 움직이는 방향으로 잡으면 (원래의 오른손 좌표계에서) 이제 왼손 좌표계가 된다. (고정된) 점의 좌표 $(r,\ \theta,\ \varphi)$는 새로운 좌표계에서는 $(r,\ \pi - \theta,\ \pi + \varphi)$가 된다. 단위벡터 $\hat{\mathbf{e}}_r$과 $\hat{\mathbf{e}}_\varphi$는 반전에서 불변이지만 $\hat{\mathbf{e}}_\theta$는 부호가 바뀐다. 그러므로 다음이 성립한다.

$$\begin{pmatrix} A'_r \\ A'_\theta \\ A'_\varphi \end{pmatrix} = \begin{pmatrix} A_r \\ -A_\theta \\ A_\varphi \end{pmatrix}, \qquad \text{좌표 반전} \tag{3.169}$$

연습문제

3.10.1 정전기학과 유체역학에서 흔히 사용되는 u, v, z좌표계는 다음과 같이 정의된다.

$$xy = u, \quad x^2 - y^2 = v, \quad z = z$$

u, v, z좌표계는 직교좌표계이다.

(a) 말로 간단히 세 종류의 좌표 표면 각각의 성질에 대해 기술하시오.

(b) 상수 u 표면과 상수 v 표면과 xy평면이 만나는 점을 xy평면에 그려서 보이시오.

(c) 모든 네 사분면에서 단위벡터 $\hat{\mathbf{e}}_u$과 $\hat{\mathbf{e}}_v$의 방향을 가리키시오.

(d) 마지막으로 u, v, z좌표계는 오른손 좌표계($\hat{\mathbf{e}}_u \times \hat{\mathbf{e}}_v = +\hat{\mathbf{e}}_z$)인가 또는 왼손 좌표계 ($\hat{\mathbf{e}}_u \times \hat{\mathbf{e}}_v = -\hat{\mathbf{e}}_z$)인가?

3.10.2 타원 원통형 좌표계는 세 종류의 표면으로 이루어져 있다.

$$(1)\ \frac{x^2}{a^2\cosh^2 u} + \frac{y^2}{a^2\sinh^2 u} = 1, \qquad (2)\ \frac{x^2}{a^2\cos^2 v} - \frac{y^2}{a^2\sin^2 v} = 1, \qquad (3)\ z = z$$

좌표 표면 $u =$상수와 $v =$상수의 교선이 xy평면의 제1사분면과 만날 때를 그리시오. 단위벡터 $\hat{\mathbf{e}}_u$과 $\hat{\mathbf{e}}_v$를 보이시오. u의 범위는 $0 \le u < \infty$이다. v의 범위는 $0 \le v \le 2\pi$이다.

3.10.3 $\mathbb{R}^3$의 직교 곡선 좌표계에서 (∇를 포함하지 않는) 내적과 외적은 **축척인자를 포함하지 않은** 데카르트 좌표계에서와 같음을 논증하시오.

3.10.4 q_1이 증가하는 방향의 단위벡터를 $\hat{\mathbf{e}}_1$이라 할 때 다음을 보이시오.

(a) $\nabla \cdot \hat{\mathbf{e}}_1 = \dfrac{1}{h_1 h_2 h_3} \dfrac{\partial(h_2 h_3)}{\partial q_1}$

(b) $\nabla \times \hat{\mathbf{e}}_1 = \dfrac{1}{h_1}\left[\hat{\mathbf{e}}_2 \dfrac{1}{h_3}\dfrac{\partial h_1}{\partial q_3} - \hat{\mathbf{e}}_3 \dfrac{1}{h_2}\dfrac{\partial h_1}{\partial q_2}\right]$

$\hat{\mathbf{e}}_1$이 단위벡터이지만 그 다이버전스와 컬은 **꼭 0인 것은 아님**에 주의하라.

3.10.5 직교하는 단위벡터 $\hat{\mathbf{e}}_i$의 세트가 다음과 같이 정의될 수 있음을 보이시오.

$$\hat{\mathbf{e}}_i = \frac{1}{h_i}\frac{\partial \mathbf{r}}{\partial q_i}$$

특히 $\hat{\mathbf{e}}_i \cdot \hat{\mathbf{e}}_i = 1$이 식 (3.131)과 일치하는 h_i에 대한 식에 이름을 보이시오.

위의 $\hat{\mathbf{e}}_i$에 대한 식은 다음을 유도하는 시작 지점이 될 수 있다.

$$\frac{\partial \hat{\mathbf{e}}_i}{\partial q_j} = \hat{\mathbf{e}}_j \frac{1}{h_i} \frac{\partial h_j}{\partial q_i}, \quad i \neq j$$

$$\frac{\partial \hat{\mathbf{e}}_i}{\partial q_i} = -\sum_{j \neq i} \hat{\mathbf{e}}_j \frac{1}{h_j} \frac{\partial h_i}{\partial q_j}$$

3.10.6 원통형 좌표계의 단위벡터를 데카르트 성분으로 분해하시오(그림 3.23 참고).

답. $\hat{\mathbf{e}}_\rho = \hat{\mathbf{e}}_x \cos\varphi + \hat{\mathbf{e}}_y \sin\varphi$

$\hat{\mathbf{e}}_\varphi = -\hat{\mathbf{e}}_x \sin\varphi + \hat{\mathbf{e}}_y \cos\varphi$

$\hat{\mathbf{e}}_z = \hat{\mathbf{e}}_z$

3.10.7 데카르트 좌표계의 단위벡터를 원통형 성분으로 분해하시오(그림 3.23 참고).

답. $\hat{\mathbf{e}}_x = \hat{\mathbf{e}}_\rho \cos\varphi - \hat{\mathbf{e}}_\varphi \sin\varphi$

$\hat{\mathbf{e}}_y = \hat{\mathbf{e}}_\rho \sin\varphi - \hat{\mathbf{e}}_\varphi \cos\varphi$

$\hat{\mathbf{e}}_z = \hat{\mathbf{e}}_z$

3.10.8 연습문제 3.10.6의 결과로부터 다음을 보이시오.

$$\frac{\partial \hat{\mathbf{e}}_\rho}{\partial \varphi} = \hat{\mathbf{e}}_\varphi, \qquad \frac{\partial \hat{\mathbf{e}}_\varphi}{\partial \varphi} = -\hat{\mathbf{e}}_\rho$$

그리고 원통형 좌표계에 대한 원통형 단위벡터의 다른 모든 1계 도함수도 0이 됨을 보이시오.

3.10.9 다음 연산자를 $\mathbf{V}$에 적용한 결과와 식 (3.148)의 원통형 좌표계에 대한 $\nabla \cdot \mathbf{V}$를 비교하시오.

$$\nabla = \hat{\mathbf{e}}_\rho \frac{\partial}{\partial \rho} + \hat{\mathbf{e}}_\varphi \frac{1}{\rho} \frac{\partial}{\partial \varphi} + \hat{\mathbf{e}}_z \frac{\partial}{\partial z}$$

∇이 단위벡터와 $\mathbf{V}$의 성분에 모두 작용함에 주의하라.

3.10.10 (a) $\mathbf{r} = \hat{\mathbf{e}}_\rho \rho + \hat{\mathbf{e}}_z z$를 보이시오.

(b) 완전히 원통형 좌표계에서만 계산하여 다음을 보이시오.

$$\nabla \cdot \mathbf{r} = 3 \quad \text{그리고} \quad \nabla \times \mathbf{r} = 0$$

3.10.11 (a) 점 (ρ, φ, z)에 **고정된** x, y, z축에 대한 반전성 연산자(원점을 통한 반사) 작용은 다음 변환으로 이루어짐을 보이시오.

$$\rho \to \rho, \qquad \varphi \to \varphi \pm \pi, \qquad z \to -z$$

(b) $\hat{\mathbf{e}}_\rho$와 $\hat{\mathbf{e}}_\varphi$는 홀수 패리티(방향의 역전)를 가지고 $\hat{\mathbf{e}}_z$는 짝수 패리티를 가짐을 보이시오.

[참고] 데카르트 단위벡터 $\hat{\mathbf{e}}_x$, $\hat{\mathbf{e}}_y$, 그리고 $\hat{\mathbf{e}}_z$는 변하지 않는다.

3.10.12 강체가 고정된 축을 중심으로 일정한 각속도 ω를 가지고 회전하고 있다. ω가 z축 방향에 있다. 위치 벡터 $\mathbf{r}$를 원통형 좌표계에서 나타내고 원통형 좌표계를 이용하여 다음을 계산하시오.

(a) $\mathbf{v} = \boldsymbol{\omega} \times \mathbf{r}$

(b) $\nabla \times \mathbf{v}$

답. (a) $\mathbf{v} = \hat{\mathbf{e}}_\varphi \omega \rho$

(b) $\nabla \times \mathbf{v} = 2\boldsymbol{\omega}$

3.10.13 움직이는 입자의 속도와 가속도의 원통형 좌표계에서의 성분을 찾으시오.

$$v_\rho = \dot{\rho}, \qquad a_\rho = \ddot{\rho} - \rho\dot{\varphi}^2$$
$$v_\varphi = \rho\dot{\varphi}, \qquad a_\varphi = \rho\ddot{\varphi} + 2\dot{\rho}\dot{\varphi}$$
$$v_z = \dot{z}, \qquad a_z = \ddot{z}$$

[힌트] $\mathbf{r}(t) = \hat{\mathbf{e}}_\rho(t)\rho(t) + \hat{\mathbf{e}}_z z(t)$

$$= [\hat{\mathbf{e}}_x \cos\varphi(t) + \hat{\mathbf{e}}_y \sin\varphi(t)]\rho(t) + \hat{\mathbf{e}}_z z(t)$$

[참고] $\dot{\rho} = d\rho/dt$, $\ddot{\rho} = d^2\rho/dt^2$ 등이다.

3.10.14 원통형 좌표계에서 특정한 벡터 함수가 다음과 같이 주어져 있다.

$$\mathbf{V}(\rho,\ \varphi) = \hat{\mathbf{e}}_\rho V_\rho(\rho,\ \varphi) + \hat{\mathbf{e}}_\varphi V_\varphi(\rho,\ \varphi)$$

$\nabla \times \mathbf{V}$가 z 성분만을 가짐을 보이시오. 이 결과는 $h_1 V_1$과 $h_2 V_2$가 각각 q_3와 무관하기만 하면 $q_3 = 0$에 갇힌 어떤 벡터에서도 성립한다.

3.10.15 z축 방향의 도선에 흐르는 전류가 I이면 자기 벡터 퍼텐셜이 다음과 같다.

$$\mathbf{A} = \hat{\mathbf{e}}_z \frac{\mu I}{2\pi} \ln\left(\frac{1}{\rho}\right)$$

자기장 $\mathbf{B}$가 다음과 같음을 보이시오.

$$\mathbf{B} = \hat{\mathbf{e}}_\varphi \frac{\mu I}{2\pi\rho}$$

3.10.16 힘이 다음과 같이 기술된다.

$$\mathbf{F} = -\hat{\mathbf{e}}_x \frac{y}{x^2+y^2} + \hat{\mathbf{e}}_y \frac{x}{x^2+y^2}$$

(a) 원통형 좌표계에서 $\mathbf{F}$의 식을 구하시오.

완전히 원통형 좌표계에서 다음 (b)와 (c)를 계산하시오.

(b) $\mathbf{F}$의 컬

(c) 단위원을 반시계 방향으로 한 번 회전할 때 $\mathbf{F}$가 한 일

(d) 문항 (b)와 (c)의 결과가 어떻게 같이 성립할 수 있는가?

3.10.17 자기 유체역학적 조임 효과(pinch effect) 계산에는 $(\mathbf{B} \cdot \nabla)\mathbf{B}$가 포함된다. 자기장 $\mathbf{B}$가 $\mathbf{B} = \hat{\mathbf{e}}_\varphi B_\varphi(\rho)$ 형태일 때 다음을 보이시오.

$$(\mathbf{B} \cdot \nabla)\mathbf{B} = -\hat{\mathbf{e}}_\rho B_\varphi^2/\rho$$

3.10.18 구면 극 좌표계의 단위벡터를 데카르트 좌표계의 단위벡터로 나타내시오.

답. $\hat{\mathbf{e}}_r = \hat{\mathbf{e}}_x \sin\theta\cos\varphi + \hat{\mathbf{e}}_y \sin\theta\sin\varphi + \hat{\mathbf{e}}_z\cos\theta$

$\hat{\mathbf{e}}_\theta = \hat{\mathbf{e}}_x \cos\theta\cos\varphi + \hat{\mathbf{e}}_y \cos\theta\sin\varphi - \hat{\mathbf{e}}_z\sin\theta$

$\hat{\mathbf{e}}_\varphi = -\hat{\mathbf{e}}_x \sin\varphi + \hat{\mathbf{e}}_y \cos\varphi$

3.10.19 데카르트 좌표계의 단위벡터를 구면 극 성분으로 분해하시오.

$$\hat{\mathbf{e}}_x = \hat{\mathbf{e}}_r \sin\theta\cos\varphi + \hat{\mathbf{e}}_\theta \cos\theta\cos\varphi - \hat{\mathbf{e}}_\varphi \sin\varphi$$

$$\hat{\mathbf{e}}_y = \hat{\mathbf{e}}_r \sin\theta\sin\varphi + \hat{\mathbf{e}}_\theta \cos\theta\sin\varphi + \hat{\mathbf{e}}_\varphi \cos\varphi$$

$$\hat{\mathbf{e}}_z = \hat{\mathbf{e}}_r \cos\theta - \hat{\mathbf{e}}_\theta \sin\theta$$

3.10.20 (a) (성분이 x, y, z인) 열벡터 $\mathbf{r}$와 (성분이 r, θ, φ인) 다른 열벡터 $\mathbf{r}'$을 $\mathbf{r}' = \mathrm{B}\mathbf{r}$의 형태인 행렬의 식으로 나타낼 수 없음을 보이시오.

(b) 벡터의 데카르트 성분과 구면 극 좌표계의 성분의 관계를 행렬의 식으로 쓸 수 있다. 변환 행렬을 찾고 변환 행렬이 직교 행렬인지 판단하시오.

3.10.21 구면 극 좌표계의 벡터의 성분을 원통형 좌표계의 성분으로 변환하는 변환 행렬을 찾으시오. 그리고 그 역변환의 행렬을 찾으시오.

3.10.22 (a) 연습문제 3.10.18의 결과로부터 $\hat{\mathbf{e}}_r$, $\hat{\mathbf{e}}_\theta$, $\hat{\mathbf{e}}_\varphi$의 r, θ, φ에 대한 편미분 도함수를 계산하

시오.

(b) ∇가 다음과 같이 주어져 있다. (최대의 공간 변화율)

$$\hat{\mathbf{e}}_r \frac{\partial}{\partial r} + \hat{\mathbf{e}}_\theta \frac{1}{r} \frac{\partial}{\partial \theta} + \hat{\mathbf{e}}_\varphi \frac{1}{r \sin\theta} \frac{\partial}{\partial \varphi}$$

문항 (a)의 결과를 이용하여 $\nabla \cdot \nabla \psi$를 계산하시오. 이것은 라플라시안의 다른 유도 과정이다.

[참고] 왼쪽의 ∇는 내적을 계산하기 **전**에 오른쪽 ∇의 단위벡터에 작용함에 주의하라.

3.10.23 강체가 고정된 축을 중심으로 일정한 각속도 ω를 가지고 회전하고 있다. ω가 z축 방향에 있다. 구면 극 좌표를 이용하여 다음을 계산하시오.

(a) $\mathbf{v} = \boldsymbol{\omega} \times \mathbf{r}$

(b) $\nabla \times \mathbf{v}$

답. (a) $\mathbf{v} = \hat{\mathbf{e}}_\varphi \omega r \sin\theta$

(b) $\nabla \times \mathbf{v} = 2\boldsymbol{\omega}$

3.10.24 어떤 벡터 $\mathbf{V}$가 지름 방향 성분을 가지고 있지 않다. $\mathbf{V}$의 컬에는 접선 방향의 성분이 없다. 이것은 $\mathbf{V}$의 접선 방향 성분의 지름 방향 의존성에 대해 무엇을 의미하는가?

3.10.25 현대 물리는 (좌표계를 반전시킬 때 어떤 양이 불변인지 또는 부호를 바꾸는지) 패리티를 매우 중요하게 여긴다. 데카르트 좌표계에서는 반전은 $x \to -x$, $y \to -y$, 그리고 $z \to -z$을 의미한다.

(a) 점 (r, θ, φ)의 **고정된** x, y, z축에 대한 반전(원점을 통한 반사)은 다음 변환으로 이루어짐을 보이시오.

$$r \to r, \quad \theta \to \pi - \theta, \quad \varphi \to \varphi \pm \pi$$

(b) $\hat{\mathbf{e}}_r$과 $\hat{\mathbf{e}}_\varphi$는 홀수 패리티를 가지고 $\hat{\mathbf{e}}_\theta$는 짝수 패리티를 가짐을 보이시오.

3.10.26 $\mathbf{A}$가 어떤 벡터라도 다음이 성립한다.

$$\mathbf{A} \cdot \nabla \mathbf{r} = \mathbf{A}$$

(a) 이 결과를 데카르트 좌표계에서 증명하시오.

(b) 이 결과를 구면 극 좌표를 이용하여 증명하시오. 식 (3.156)에 ∇의 식이 있다.

3.10.27 움직이는 입자의 속도와 가속도의 구면 좌표 성분을 찾으시오.

$$v_r = \dot{r}, \qquad a_r = \ddot{r} - r\dot{\theta}^2 - r\sin^2\theta\dot{\varphi}^2$$

$$v_\theta = r\dot{\theta}, \qquad a_\theta = r\ddot{\theta} + 2\dot{r}\dot{\theta} - r\sin\theta\cos\theta\dot{\varphi}^2$$

$$v_\varphi = r\sin\theta\dot{\varphi}, \quad a_\varphi = r\sin\theta\ddot{\varphi} + 2\dot{r}\sin\theta\dot{\varphi} + 2r\cos\theta\dot{\theta}\dot{\varphi}$$

[힌트] $\mathbf{r}(t) = \hat{\mathbf{e}}_r(t)r(t)$

$$= [\hat{\mathbf{e}}_x \sin\theta(t)\cos\varphi(t) + \hat{\mathbf{e}}_y \sin\theta(t)\sin\varphi(t) + \hat{\mathbf{e}}_z \cos\theta(t)]r(t)$$

[참고] $\dot{r}$, $\dot{\theta}$, $\dot{\varphi}$의 점은 시간 도함수를 의미한다. $\dot{r} = dr/dt$, $\dot{\theta} = d\theta/dt$, $\dot{\varphi} = d\varphi/dt$

3.10.28 구면 극 좌표계에서 $\partial/\partial x$, $\partial/\partial y$, $\partial/\partial z$을 나타내시오.

답.
$$\frac{\partial}{\partial x} = \sin\theta\cos\varphi\frac{\partial}{\partial r} + \cos\theta\cos\varphi\frac{1}{r}\frac{\partial}{\partial\theta} - \frac{\sin\varphi}{r\sin\theta}\frac{\partial}{\partial\varphi}$$

$$\frac{\partial}{\partial y} = \sin\theta\sin\varphi\frac{\partial}{\partial r} + \cos\theta\sin\varphi\frac{1}{r}\frac{\partial}{\partial\theta} + \frac{\cos\varphi}{r\sin\theta}\frac{\partial}{\partial\varphi}$$

$$\frac{\partial}{\partial z} = \cos\theta\frac{\partial}{\partial r} - \sin\theta\frac{1}{r}\frac{\partial}{\partial\theta}$$

[힌트] ∇_{xyz}와 $\nabla_{r\theta\varphi}$이 같다.

3.10.29 연습문제 3.10.28의 결과를 이용하여 다음을 보이시오.

$$-i\left(x\frac{\partial}{\partial y} - y\frac{\partial}{\partial x}\right) = -i\frac{\partial}{\partial\varphi}$$

이것은 오비탈 각운동량의 z 성분에 대응하는 양자역학 연산자이다.

3.10.30 양자역학에서 오비탈 각운동량 연산자는 $\mathbf{L} = -i(\mathbf{r}\times\nabla)$로 정의된다. 다음을 보이시오.

(a) $L_x + iL_y = e^{i\varphi}\left(\dfrac{\partial}{\partial\theta} + i\cot\theta\dfrac{\partial}{\partial\varphi}\right)$

(b) $L_x - iL_y = -e^{-i\varphi}\left(\dfrac{\partial}{\partial\theta} - i\cot\theta\dfrac{\partial}{\partial\varphi}\right)$

3.10.31 구면 극 좌표계에서 $\mathbf{L}\times\mathbf{L} = i\mathbf{L}$을 증명하시오. $\mathbf{L} = -i(\mathbf{r}\times\nabla)$는 양자역학에서 오비탈 각운동량 연산자이다. 성분 형태로 쓰면 이 관계는 다음과 같다.

$$L_yL_z - L_zL_y = iL_x, \quad L_zL_x - L_xL_z = -L_y, \quad L_xL_y - L_yL_x = iL_z$$

교환자 표기법 $[A, B] = AB - BA$와 레비-치비타 기호 ε_{ijk}의 정의를 이용하여 위의 식을 또한 다음과 같이 쓸 수 있음을 보이시오.

$$[L_i, L_j] = i\,\varepsilon_{ijk}L_k$$

여기에서 i, j, k는 순서와 무관하게 x, y, z이다.

[힌트] $\mathbf{L}$에 대해 구면 극 좌표계를 쓰지만 외적에 대해서는 데카르트 성분을 쓰라.

3.10.32 (a) 식 (3.156)을 이용하여 다음을 보이시오.

$$\mathbf{L} = -i(\mathbf{r} \times \nabla) = i\left(\hat{\mathbf{e}}_\theta \frac{1}{\sin\theta}\frac{\partial}{\partial\varphi} - \hat{\mathbf{e}}_\varphi \frac{\partial}{\partial\theta}\right)$$

(b) $\hat{\mathbf{e}}_\theta$와 $\hat{\mathbf{e}}_\varphi$를 데카르트 성분으로 분해하여 L_x, L_y, L_z를 θ, φ, 그리고 그 도함수로 결정하시오.

(c) $L^2 = L_x^2 + L_y^2 + L_z^2$으로부터 다음을 보이시오.

$$\begin{aligned}\mathbf{L}^2 &= -\frac{1}{\sin\theta}\frac{\partial}{\partial\theta}\left(\sin\theta\frac{\partial}{\partial\theta}\right) - \frac{1}{\sin^2\theta}\frac{\partial^2}{\partial\varphi^2} \\ &= -r^2\nabla^2 + \frac{\partial}{\partial r}\left(r^2\frac{\partial}{\partial r}\right)\end{aligned}$$

3.10.33 $\mathbf{L} = -i\mathbf{r} \times \nabla$을 써서 다음 연산자 항등식을 증명하시오.

(a) $\nabla = \hat{\mathbf{e}}_r \frac{\partial}{\partial r} - i\frac{\mathbf{r}\times\mathbf{L}}{r^2}$

(b) $\mathbf{r}\nabla^2 - \nabla\left(1 + r\frac{\partial}{\partial r}\right) = i\nabla \times \mathbf{L}$

3.10.34 $\nabla^2\psi(r)$의 다음 세 형태(구면 좌표)가 같음을 보이시오.

(a) $\frac{1}{r^2}\frac{d}{dr}\left[r^2\frac{d\psi(r)}{dr}\right]$, (b) $\frac{1}{r}\frac{d^2}{dr^2}[r\psi(r)]$, (c) $\frac{d^2\psi(r)}{dr^2} + \frac{2}{r}\frac{d\psi(r)}{dr}$

두 번째 형태는 문제를 구면 극과 데카르트로 기술할 때 둘 사이의 대응을 설정할 때 특별히 편리하다.

3.10.35 어떤 힘의 장이 구면 극 좌표계에서 다음과 같이 주어져 있다.

$$\mathbf{F} = \hat{\mathbf{e}}_r \frac{2P\cos\theta}{r^3} + \hat{\mathbf{e}}_\theta \frac{P}{r^3}\sin\theta, \qquad r \geq P/2$$

(a) $\nabla \times \mathbf{F}$를 조사하여 퍼텐셜이 존재하는지 알아내시오.

(b) $\theta = \pi/2$인 평면에 있는 단위원에 대해 $\oint \mathbf{F} \cdot d\mathbf{r}$를 계산하시오. 힘이 보존력인지 비보존력인지에 대해 이 결과가 가리키는 것은 무엇인가?

(c) 만일 $\mathbf{F}$가 $\mathbf{F} = -\nabla\psi$로 기술될 수 있다고 믿는다면 ψ를 찾으시오. 그렇지 않다면 간단히 받아들일 수 있는 퍼텐셜이 존재하지 않는다고 쓰시오.

3.10.36 (a) $\mathbf{A} = -\hat{\mathbf{e}}_\varphi \cot\theta / r$는 $\nabla \times \mathbf{A} = \hat{\mathbf{e}}_r / r^2$의 해임을 보이시오.

(b) 구면 극 좌표계의 해는 연습문제 3.9.5에서 주어진 해와 일치함을 보이시오.

$$\mathbf{A} = \hat{\mathbf{e}}_x \frac{yz}{r(x^2+y^2)} - \hat{\mathbf{e}}_y \frac{xz}{r(x^2+y^2)}$$

해는 x, $y = 0$에 대응하는 $\theta = 0$, π에 대해 발산함에 주의하라.

(c) 마지막으로 $\mathbf{A} = -\hat{\mathbf{e}}_\theta \varphi \sin\theta / r$가 해임을 보이시오. 이 해가 $r \neq 0$에서 발산하지는 않지만 모든 가능한 방위각에서 더 이상 일가가 아님에 주의하라.

3.10.37 전기 쌍극자 모멘트 $\mathbf{p}$가 원점에 위치해 있다. $\mathbf{r}$에서 쌍극자가 만드는 전기 퍼텐셜이 다음과 같이 주어진다.

$$\psi(\mathbf{r}) = \frac{\mathbf{p} \cdot \mathbf{r}}{4\pi\varepsilon_0 r^3}$$

$\mathbf{r}$에서 전기장 $\mathbf{E} = -\nabla\psi$를 찾으시오.

❖ 더 읽을 거리

Borisenko, A. I., and I. E. Tarpov, *Vector and Tensor Analysis with Applications.* Englewood Cliffs, NJ: Prentice-Hall (1968), reprinting, Dover (1980).

Davis, H. F., and A. D. Snider, *Introduction to Vector Analysis*, 7th ed. Boston: Allyn & Bacon (1995).

Kellogg, O. D., *Foundations of Potential Theory.* Berlin: Springer (1929), reprinted, Dover (1953). The classic text on potential theory.

Lewis, P. E., and J. P. Ward, *Vector Analysis for Engineers and Scientists.* Reading, MA: Addison-Wesley (1989).

Margenau, H., and G. M. Murphy, *The Mathematics of Physics and Chemistry*, 2nd ed. Princeton NJ: Van Nostrand (1956). Chapter 5 covers curvilinear coordinates and 13 specific coordinate systems.

Marion, J. B., *Principles of Vector Analysis.* New York: Academic Press (1965). A moderately advanced presentation of vector analysis oriented toward tensor analysis. Rotations and other transformations are described with the appropriate matrices.

Morse, P. M., and H. Feshbach, *Methods of Theoretical Physics.* New York: McGraw-Hill (1953). Chapter 5 includes a description of several different coordinate systems. Note that Morse and Feshbach are not above using left-handed coordinate systems even for Cartesian coordinates. Elsewhere in this excellent (and difficult) book there are many examples of the use of the various coordinate systems in solving physical problems. Eleven additional fascinating but seldom-encountered orthogonal coordinate systems are discussed in the second (1970) edition of *Mathematical Methods for Physicists.*

Spiegel, M. R., *Vector Analysis.* New York: McGraw-Hill (1989).

Tai, C.-T., *Generalized Vector and Dyadic Analysis.* Oxford: Oxford University Press (1966).

Wrede, R. C., *Introduction to Vector and Tensor Analysis.* New York: Wiley (1963), reprinting, Dover (1972). Fine historical introduction. Excellent discussion of differentiation of vectors and applications to mechanics.

CHAPTER 4

텐서와 미분 형식

4.1 텐서 해석

■ 도입부, 성질

텐서는 일반 상대성과 전기역학과 같은 주제로부터 변형력(시료에 가해지는 힘의 모양)과 변형(힘에 대한 반응), 또는 관성 모멘트(물체에 가해지는 비틀림 힘과 결과적인 각 가속도 사이의 관계)에 이르는 많은 물리 분야에서 중요하다. 텐서는 앞에서 도입한 스칼라와 벡터를 일반화한 것이다. **스칼라**(scalar)는 좌표계의 회전에 대해 불변으로 남아 있는 양이다. **벡터**(vector)는 실제 성분의 수가 좌표계의 차원과 같고 각 성분은 좌표계가 회전할 때 고정된 점의 좌표처럼 변환하는 양이다. 스칼라를 **순위 0 텐서**(tensors of rank 0)라 부르고, 벡터를 **순위 1 텐서**(tensors of rank 1)라 부르며, d차원 공간의 순위 n 텐서는 다음 성질을 가지고 있는 텐서이다.

- n개의 지표로 표지된 성분을 가지고 있고, 각 지표에는 1부터 d까지의 값이 할당되며, 그러므로 총 d^n개의 성분을 가지고 있다.
- 성분은 좌표 변환에서 특정한 방식으로 변환한다.

좌표 변환에서의 거동이 텐서 해석에서 본질적이고 수학자들이 선형 공간에서 정의하는 방식과 물리학자들이 물리적인 관측가능량이 좌표계의 선택에 의존해서는 안 된다는 개념을 모두 따른다.

■ 공변 텐서와 반변 텐서

3장에서 벡터 $\mathbf{A} = A_1\hat{\mathbf{e}}_1 + A_2\hat{\mathbf{e}}_2 + A_3\hat{\mathbf{e}}_3$가 있을 때 $\hat{\mathbf{e}}_i(i = 1,\ 2,\ 3)$으로 정의된 데카르트 좌표계로부터 $\hat{\mathbf{e}}_i'$으로 정의된 회전된 좌표계로 회전 변환을 거치면 같은 벡터 $\mathbf{A}$가 $\mathbf{A}' = A_1'\hat{\mathbf{e}}_1' + A_2'\hat{\mathbf{e}}_2' + A_3'\hat{\mathbf{e}}_3'$으로 표현되는 것을 고려했다. $\mathbf{A}$와 $\mathbf{A}'$의 성분 사이에는 다음 식의 관계가 있다.

$$A_i' = \sum_j (\hat{\mathbf{e}}_i' \cdot \hat{\mathbf{e}}_j) A_j \tag{4.1}$$

여기에서 계수 $(\hat{\mathbf{e}}_i' \cdot \hat{\mathbf{e}}_j)$는 $\hat{\mathbf{e}}_i'$의 $\hat{\mathbf{e}}_j$ 방향으로의 사영이다. $\hat{\mathbf{e}}_i'$과 $\hat{\mathbf{e}}_j$는 선형 관계에 있으므로 다음과 같이 쓸 수 있다.

$$A_i' = \sum_j \frac{\partial x_i'}{\partial x_j} A_j \tag{4.2}$$

식 (4.2)의 공식은 세트 A_j를 세트 A_i'으로 변환하기 위해 연쇄 법칙을 적용한 것에 해당하고, 임의의 크기의 A_j와 A_i'에 대해서도 성립하는데 그 이유는 두 벡터가 모두 그 성분에 선형인 관계에 있기 때문이다.

또한 전에 보았듯이 스칼라 φ의 그래디언트는 회전하지 않은 데카르트 좌표계에서 성분이 $(\nabla\varphi)_j = (\partial\varphi/\partial x_j)\hat{\mathbf{e}}_j$이고, 회전한 좌표계에서는 다음과 같음을 의미한다.

$$(\nabla\varphi)_i' \equiv \frac{\partial\varphi}{\partial x_i'} = \sum_j \frac{\partial x_j}{\partial x_i'} \frac{\partial\varphi}{\partial x_j} \tag{4.3}$$

이것은 $\partial x_i'/\partial x_j$가 $\partial x_j/\partial x_i'$으로 바뀌었다는 점에서 그래디언트가 식 (4.2)의 변환 법칙과 다른 변환 법칙을 가진다는 것을 보여준다. 두 표현을 구체적으로 쓰면 각각 $(\partial x_i'/\partial x_j)_{x_k}$와 $(\partial x_j/\partial x_i')_{x_k'}$에 대응되고, 여기에서 k는 이미 분모에 있는 지표와 다른 지표값 전부이며, 또한 (데카르트 좌표계에서는) 이것은 같은 양(이러한 단위벡터를 다른 단위벡터에 사영한 크기와 부호)을 계산하는 두 다른 방법임에 주의하면 3장에서처럼 $\mathbf{A}$와 $\nabla\varphi$는 모두 **벡터**로 보는 것이 합당함을 알 수 있다.

그러나 주의깊은 독자는 '데카르트'라는 말의 반복된 삽입으로부터 알아챈 바와 같이, 식 (4.2)와 (4.3)의 편미분 도함수는 데카르트 좌표계에서만 같다고 보장된다. 때때로 데카르트 좌표계가 아닌 좌표계를 쓸 필요가 있으므로 이러한 두 다른 변환 규칙을 구별할 필요가 있다. 식 (4.2)를 따라 변환하는 양을 **반변**(contravariant) 벡터라 부르고, 식 (4.3)에 따라 변환하는 양을 **공변**(covariant) 벡터라고 이름을 붙인다. 데카르트 좌표계가 아닌 좌표계를 쓸 경우에는 따라서 반변 벡터의 지표를 위 첨자로 쓰고 공변 벡터의 지표를 아래 첨자로 써서 이러한 변환 성질을 구별하는 것이 관례이다. 이것은 우선적으로 위치 벡터 $\mathbf{r}$가 반변이기 때문에 성분을 $(x^1,\ x^2,\ x^3)$으로 써야 한다는 것을 의미한다. 따라서 정리하면 다음과 같다.

$$(A')^i = \sum_j \frac{\partial (x')^i}{\partial x^j} A^j \qquad \mathbf{A}\text{는 반변 벡터} \tag{4.4}$$

$$A_i' = \sum_j \frac{\partial x^j}{\partial (x')^i} A_j \qquad \mathbf{A}\text{는 공변 벡터} \tag{4.5}$$

아래 첨자와 위 첨자가 나타나는 것이 체계적임을 주의하는 것이 유용하다. 만일 분모의 위 첨자 지표를 아래 첨자 지표와 동등하다고 해석하면, **자유**(free, 즉 합해지지 않은) 지표 i는 식 (4.4)의 양변에서는 위 첨자로 나타나지만, 식 (4.5)의 양변에서는 아래 첨자로 나타난다. (다시 분모의 위 첨자 지표를 아래 첨자 지표로 취급하여) 합해지는 지표는 한 번은 위 첨자 지표로, 한 번은 아래 첨자 지표로 나타난다. 흔히 사용되는 약칭인 **아인슈타인 규약**(Einstein convention)은 식 (4.4)와 (4.5)와 같은 공식에서 합 기호를 생략하고 같은 기호가 같은 식에서 위 첨자와 아래 첨자 지표로 두 번 나오면 그 기호는 합해지는 것으로 이해하는 것이다. 이 책에서는 단계적으로 아인슈타인 규약 사용으로 돌아갈 예정이고, 그렇게 하기 시작할 때 주의를 줄 것이다.

■ 순위 2 텐서

이제 **순위 2 반변 텐서**(contravariant tensor of rank 2), **순위 2 섞인 텐서**(mixed tensor of rank 2), **순위 2 공변 텐서**(covariant tensor of rank 2)를 좌표 변환할 때 성분에 대한 다음 식에 의해 정의한다.

$$\begin{aligned}
(A')^{ij} &= \sum_{kl} \frac{\partial (x')^i}{\partial x^k} \frac{\partial (x')^j}{\partial x^l} A^{kl} \\
(B')^i_j &= \sum_{kl} \frac{\partial (x')^i}{\partial x^k} \frac{\partial x^l}{\partial (x')^j} B^k_l \\
(C')_{ij} &= \sum_{kl} \frac{\partial x^k}{\partial (x')^i} \frac{\partial x^l}{\partial (x')^j} C_{kl}
\end{aligned} \tag{4.6}$$

분명히 순위는 정의에서 편미분 도함수(또는 방향 코사인)의 개수와 같이 간다(스칼라에 대해서는 0, 벡터에 대해서는 1, 순위 2 텐서에 대해서는 2 등). 각 지표(위 첨자, 아래 첨자)는 공간의 차원의 개수의 범위에 있다. (텐서의 순위와 같은) 지표의 개수는 공간의 차원에 의해 제한되지 않는다. A^{kl}은 두 지표에 대해 반변이고 C_{kl}은 두 지표에 대해 공변이며, B^k_l은 지표 k에 대해서는 반변으로 변환하지만 지표 l에 대해서는 공변으로 변환한다. 다시 한 번, 만일 데카르트 좌표계를 쓰면 모든 세 형태의 순위 2 텐서는 공변 텐서, 섞인 텐서, 반변 텐서 모두 같다.

벡터의 성분에서와 같이 텐서의 성분에 대한 변환 법칙, 식 (4.6)은 물리적으로 관련된 성질을 기준틀의 선택에 무관하게 한다. 이것은 텐서 해석이 물리에서 중요하게 만드는 것이다. 기준틀에 대한 독립은 보편적인 물리 법칙을 표현하고 탐구하는 데 이상적이다.

(성분이 A^{kl}인) 순위 2 텐서 A는 그 성분을 (3차원 공간에서는 3×3) 정사각형 배열로 써서 편리하게 표현할 수 있다.

$$\mathrm{A} = \begin{pmatrix} A^{11} & A^{12} & A^{13} \\ A^{21} & A^{22} & A^{23} \\ A^{31} & A^{32} & A^{33} \end{pmatrix} \tag{4.7}$$

이것은 어떤 수 또는 함수의 정사각형 배열이 모두 텐서인 것을 의미하는 것은 아니다. 본질적인 조건은 성분의 변환이 식 (4.6)을 따라야 한다는 것이다.

식 (4.6)의 각각을 행렬의 식으로 볼 수 있다. A에 대해서는 다음 형태를 가진다.

$$(A')^{ij} = \sum_{kl} S_{ik} A^{kl} (S^T)_{lj} \quad \text{또는} \quad \mathrm{A}' = \mathrm{SAS}^{\mathrm{T}} \tag{4.8}$$

이러한 구조는 **닮음 변환**(similarity transformation)이라고 알려져 있고 5.6절에서 논의한다.

요약하면, 텐서는 1개 또는 그 이상의 지표에 의해 구성된 성분의 계이고 한 세트의 변환에서 특정한 규칙에 따라 변환한다. 지표의 개수는 텐서의 순위라 부른다.

■ 텐서의 덧셈과 뺄셈

텐서의 덧셈과 뺄셈은 벡터와 같이 개별 원소로 정의된다. 다음을 가정하고,

$$\mathrm{A} + \mathrm{B} = \mathrm{C} \tag{4.9}$$

예를 들어 A, B, 그리고 C를 순위 2 반변 텐서로 보면 다음이 성립한다.

$$A^{ij} + B^{ij} = C^{ij} \tag{4.10}$$

일반적으로, 물론 A와 B는 같은 순위의 (모두 공변과 반변의 성질이 같은) 텐서이어야 한다.

■ 요약

텐서를 기술할 때 지표가 나타나는 순서는 중요하다. 일반적으로 A^{nm}과 A^{mn}은 독립이지만 특별히 흥미로운 경우가 있다. 만일, 모든 n과 m에서 다음이 성립하면

$$A^{nm} = A^{mn}, \ \textbf{A는 대칭} \tag{4.11}$$

이고, 만일 다음이 성립하면

$$A^{nm} = -A^{mn}, \ \textbf{A는 반대칭} \tag{4.12}$$

이다. 분명히 모든 (순위 2) 텐서는 다음 항등식에 의해 대칭 부분과 반대칭 부분으로 분해될 수 있다.

$$A^{mn} = \frac{1}{2}(A^{mn} + A^{nm}) + \frac{1}{2}(A^{mn} - A^{nm}) \tag{4.13}$$

우변의 첫 번째 항은 대칭 텐서이고 두 번째 항은 반대칭 텐서이다.

■ 등방 텐서

텐서 해석의 몇 가지 기법을 설명하기 위해 이제 익숙한 크로네커 델타 δ_{kl}이 실제로는 순위 2 섞인 텐서 δ^k_l임을 보인다.[1] 문제는 다음과 같다. δ^k_l이 식 (4.6)에 따라 변환하는가? 이것이 텐서라고 부르는 기준이다. 만일 δ^k_l이 이 기호법에 해당하는 섞인 텐서이면 (지표 k와 l이 더해지는 합규약을 이용하여) 다음을 만족시켜야 한다.

$$(\delta')^i_j = \frac{\partial(x')^i}{\partial x^k}\frac{\partial x^l}{\partial(x')^j}\delta^k_l = \frac{\partial(x')^i}{\partial x^k}\frac{\partial x^k}{\partial(x')^j}$$

여기에서 l 합을 수행하였고 크로네커 델타의 정의를 사용하였다. 다음으로

$$\frac{\partial(x')^i}{\partial x^k}\frac{\partial x^k}{\partial(x')^j} = \frac{\partial(x')^i}{\partial(x')^j}$$

에서 좌변의 k 합은 미분에 대한 연쇄 법칙의 예로 안다. 하지만 $(x')^i$와 $(x')^j$는 독립인 좌표이고, 따라서 한 좌표의 다른 좌표에 대한 변화는 두 좌표가 다르다면 0이고 같으면 1이다.

$$\frac{\partial(x')^i}{\partial(x')^j} = (\delta')^i_j \tag{4.14}$$

따라서 다음이 성립한다.

$$(\delta')^i_j = \frac{\partial(x')^i}{\partial x^k}\frac{\partial x^l}{\partial(x')^j}\delta^k_l \tag{4.15}$$

δ^k_l이 정말로 순위 2 섞인 텐서의 성분임을 보여준다. 이 결과는 공간의 차원의 개수에 무관하다.

크로네커 델타는 하나 더 흥미로운 성질이 있다. 모든 회전된 좌표계의 성분이 모두 같고 따라서 **등방이다**(isotropic). 4.2절과 연습문제 4.2.4에서 순위 3 등방 텐서와 3개의 순위 4 등방 텐서를 만날 것이다. 순위 1 텐서(벡터)는 등방일 수 없다.

---

[1] 텐서 A를 A_{ij}와 같이 전형적인 성분을 지정하여 가리켜서 공변과 반변의 성질에 대한 정보를 전달하는 것이 보통이다. A= A_{ij}와 같은 무의미하게 쓰지 않으면 해롭지 않다.

■ 축약

벡터를 다룰 때 대응하는 성분의 곱을 합해서 스칼라곱을 만들어낸다.

$$\mathbf{A}\cdot\mathbf{B}=\sum_i A_i B_i$$

텐서 해석에서 이 표현을 일반화한 것이 **축약**(contraction)이라고 알려진 과정이다. 1개는 공변이고 다른 1개는 반변인 2개의 지표를 서로 같게 놓으면 (합규약이 의미하는 바와 같이) 이 반복된 지표에 대해 합한다. 예를 들어, 순위 2 섞인 텐서 B_j^i가 있을 때 j를 i로 놓아서 i에 대해 합하여 B_j^i를 축약한다. 어떤 일이 생기는지 보기 위해 B를 B′으로 변환하는 변환 공식을 살펴본다. 합규약을 이용하면 다음과 같다.

$$(B')_i^i=\frac{\partial(x')^i}{\partial x^k}\frac{\partial x^l}{\partial(x')^i}B_l^k=\frac{\partial x^l}{\partial x^k}B_l^k$$

여기에서 i 합을 미분의 연쇄 법칙의 예로 안다. 그러면 x^i는 독립이기 때문에 식 (4.14)를 써서 다음에 이른다.

$$(B')_i^i=\delta_k^l B_l^k=B_k^k \tag{4.16}$$

반복된 지표(i 또는 k)가 합해짐을 기억하면 축약된 B는 변환에 불변이고 따라서 스칼라이다.[2] 일반적으로 축약 연산은 텐서의 순위를 2만큼 줄인다.

■ 직접 곱

(어떤 순위의 공변/반변 성질을 갖는) 두 텐서의 성분은 성분별로 곱해져서 두 인자의 모든 지표를 가지는 것이 되게 할 수 있다. 그 새로운 양을 두 텐서의 **직접 곱**(direct product)이라 하고 순위가 인자의 순위의 합이고 공변/반변 성질이 인자의 공변/반변 성질의 합임을 보일 수 있다. 예를 들면 다음과 같다.

$$C_{klm}^{ij}=A_k^i B_{lm}^j\,,\qquad F_{kl}^{ij}=A^j B_{lk}^i$$

직접 곱의 지표 순서는 원하는 대로 정의될 수 있지만 인자의 공변성/반변성은 직접 곱에서 유지되어야 한다.

2 행렬 해석에서 이 스칼라는 원소가 B_j^i인 행렬의 **대각합**(trace)이다.

예제 4.1.1 두 벡터의 직접 곱

공변 벡터 a_i(순위 1 텐서)와 반변 벡터 b^j(순위 1 텐서)의 직접 곱을 만들어서 성분이 $C_i^j = a_i b^j$인 순위 2 섞인 텐서를 만들어본다. C_i^j가 텐서임을 증명하기 위해 변환에서 어떤 일이 생기는지 고려한다.

$$(C')_i^j = (a')_i (b')^j = \frac{\partial x^k}{\partial (x')_i} a_k \frac{\partial (x')^j}{\partial x^l} b_l = \frac{\partial x^k}{\partial (x')_i} \frac{\partial (x')^j}{\partial x^l} C_k^l \tag{4.17}$$

이것은 C_i^j가 그 기호법이 가리키는 바와 같이 섞인 텐서임을 확인시켜준다.

만일 C_i^i를 만들면(i가 합해짐을 기억한다), 스칼라곱 $a_i b^i$를 얻는다. 식 (4.17)로부터 $a_i b^i = (a')_i (b')^i$을 아는 것은 쉽다. 스칼라곱에 요구되는 불변성을 나타내는 것이다. ■

직접 곱 개념은 벡터해석의 구조에서는 정의되지 않았던 $\nabla \mathbf{E}$과 같은 양에 의미를 부여한다. 하지만 이것과 다른 미분 연산자를 포함한 텐서와 유사한 양은 주의해서 사용되어야 한다. 그 이유는 변환 규칙이 데카르트 좌표계에서만 간단하기 때문이다. 데카르트 좌표계가 아닌 좌표계에서는 연산자 $\partial/\partial x^i$가 변환 표현의 편미분 도함수에도 또한 작용하고 텐서 변환 규칙을 바꾼다.

직접 곱의 핵심 아이디어를 요약한다.

직접 곱은 새로운 높은 순위 텐서를 만드는 기법이다.

■ 역변환

만일 반변 벡터 A^i가 있으면 (합규약을 사용하여) 변환 규칙이 있어야 한다.

$$(A')^j = \frac{\partial (x')^j}{\partial x^i} A^i$$

역변환(inverse transformation)은 단순히 프라이밍을 붙인 양과 프라이밍을 붙이지 않은 양의 역할을 바꾸어서 얻어지고 다음과 같다.

$$A^i = \frac{\partial x^i}{\partial (x')^j} (A')^j \tag{4.18}$$

이것은 $\partial (x')^k / \partial x^i$을 A^i에 적용하고 (i를 합해서) 식 (4.18)에 주어진 바와 같이 증명할 수 있다.

$$\frac{\partial(x')^k}{\partial x^i}A^i = \frac{\partial(x')^k}{\partial x^i}\frac{\partial x^i}{\partial(x')^j}(A')^j = \delta_j^k(A')^j = (A')^k \tag{4.19}$$

여기에서 $(A')^k$가 얻어지는 것을 안다. 부수적으로 다음을 얻는다.

$$\frac{\partial x^i}{\partial(x')^j} \neq \left[\frac{\partial(x')^j}{\partial x^i}\right]^{-1}$$

앞에서 지적한 바와 같이 이러한 도함수는 고정되는 다른 변수가 다르다. 식 (4.19)의 약분은 도함수의 곱이 합해지기 때문에 생길 뿐이다. 데카르트 좌표계에서는 다음이 성립한다.

$$\frac{\partial x^i}{\partial(x')^j} = \frac{\partial(x')^j}{\partial x^i}$$

둘 다 x^i와 $(x')^j$축을 연결하는 방향 코사인과 같지만 이 등식은 데카르트 좌표계가 아닌 좌표계에까지 확장되지 않는다.

■ 비율 규칙

만일, 예를 들어 A_{ij}와 B_{kl}이 텐서이면 벌써 그 직접 곱 $A_{ij}B_{kl}$이 또한 텐서임을 보았다. 여기에서는 다음과 같은 식에서 예시된 바와 같이 그 반대 문제에 관심이 있다.

$$\begin{aligned} K_iA^i &= B \\ K_i^jA_j &= B_i \\ K_i^jA_{jk} &= B_{ik} \\ K_{ijkl}A^{ij} &= B_{kl} \\ K^{ij}A^k &= B^{ijk} \end{aligned} \tag{4.20}$$

이 각각의 표현에서 A와 B는 지표의 수가 가리키는 순위의 텐서로 알려져 있고 A는 임의이며 합규약을 쓴다. 각각의 경우에 K는 알려지지 않은 양이다. K의 변환 성질을 확립하고자 한다. **비율 규칙**(quotient rule)은 다음을 주장한다.

> 관심이 있는 식이 모든 변환된 좌표계에서 성립하면 K는 가리키는 순위와 공변/반변 성질을 가지는 텐서이다.

물리 이론에서 이 규칙의 중요성의 일부는 이것이 양의 텐서 성격을 확립할 수 있다는 것이다. 예를 들어 비등방성 매질에서 전기장 **E**에 의해 유도된 쌍극자 모멘트 **m**은 다음과 같다.

$$m_i = P_{ij}E^j$$

아마도 **m**과 **E**가 벡터인 것을 알고 있을 것이므로 이 식의 일반적인 타당성은 **극성 행렬**(polarization matrix) P가 순위 2 텐서임을 알려준다.

식 (4.20)의 두 번째를 선택하여 전형적인 경우에 대해서 비율 규칙을 증명한다. 만일 변환을 식에 적용하면 다음을 얻는다.

$$K_i^j A_j = B_i \to (K')_i^j A_j' = B_i' \tag{4.21}$$

이제 B_i'을 계산하여 A_j를 A′의 성분으로 변환하기 위한 식 (4.18)을 이용하여 아래 식의 마지막 구성원에 이른다(이것은 프라임이 붙은 양에 대한 **역변환**이다).

$$B_i' = \frac{\partial x^m}{\partial (x')^i} B_m = \frac{\partial x^m}{\partial (x')^i} K_m^j A_j = \frac{\partial x^m}{\partial (x')^i} K_m^j \frac{\partial (x')^n}{\partial x^j} A_n' \tag{4.22}$$

식 (4.22)의 더미 지표의 이름을 바꾸는 것이 덜 헷갈릴 것이다. 그러므로 n과 j를 맞바꾸면 다음과 같다.

$$B_i' = \frac{\partial x^m}{\partial (x')^i} \frac{\partial (x')^j}{\partial x^n} K_m^n A_j' \tag{4.23}$$

이제 식 (4.21)의 B_i'에 대한 표현으로부터 식 (4.23)의 B_i'에 대한 표현을 빼면 다음을 얻는 것이 분명하다.

$$\left[(K')_i^j - \frac{\partial x^m}{\partial (x')^i} \frac{\partial (x')^j}{\partial x^n} K_m^n \right] A_j' = 0 \tag{4.24}$$

A′이 임의이므로 식 (4.24)의 A_j'의 계수는 0이 되어야 한다. 이것은 K가 그 지표 배열에 해당하는 텐서의 변환 성질을 갖는다는 것을 보여준다.

다른 경우도 비슷하게 다룰 수 있다. 경미한 함정 하나를 말하자면 비율 규칙은 B가 0이면 반드시 적용되는 것은 아니라는 것이다. 0의 변환 성질은 불결정이다.

예제 4.1.2 운동 방정식과 장 방정식

고전역학에서 뉴턴의 운동 방정식 $m\dot{\mathbf{v}} = \mathbf{F}$는 비율 규칙에 기반을 두어 질량이 스칼라이고 힘이 벡터이면 가속도 $\mathbf{a} \equiv \dot{\mathbf{v}}$는 벡터임을 말해준다. 다르게 말하면 힘의 벡터 성질은 축척인자 m이 스칼라이면 가속도의 벡터 성질을 강제한다.

전기역학의 파동 방정식은 다음과 같이 상대론적 4차원 벡터로 쓸 수 있다.

$$\left[\frac{1}{c^2}\frac{\partial^2}{\partial t^2} - \nabla^2\right] A^{\mu} = J^{\mu}$$

여기에서 J^{μ}는 외부의 전하/전류 밀도(4차원 벡터)이고 A^{μ}는 4차원 벡터 퍼텐셜이다. 대괄호 안의 2계 도함수 표현은 스칼라임을 보일 수 있다. 비율 규칙으로부터 A^{μ}는 순위 1 텐서이어야 함을 추론할 수 있다. 즉 4차원 벡터이다. ■

비율 규칙은 텐서의 규칙에 없는 나누기에 대한 대용품이다.

■ 스피너

한때는 스칼라, 벡터, (순위 2) 텐서 등이 기준틀의 선택에 독립적인 물리를 기술하는 데 적당한 완전한 수학적인 계를 이루는 것으로 생각되었다. 그러나 우주와 수리물리학은 그렇게 단순하지 않다. 기본 입자의 영역을 예로 들면 스핀 0 입자[3](π 중간자, α 입자)는 스칼라로 기술할 수 있고, 스핀 1 입자(중양성자)는 벡터로 기술할 수 있으며, 스핀 2 입자(중력자)는 텐서로 기술할 수 있다. 이 목록은 가장 흔한 입자인 전자, 광자, 그리고 중성자를 생략하고 있는데 모두 스핀 $\frac{1}{2}$ 입자들이다. 이 입자들은 **스피너**(spinor)로 기술한다. 스피너는 스칼라, 벡터, 또는 어떤 순위의 텐서와 일치하는 회전에서의 성질을 가지지 않는다.

연습문제

4.1.1 만일 어떤 순위의 어떤 텐서의 모든 성분이 한 특별한 좌표계에서 0이면 모든 좌표계에서 0임을 보이시오.

[참고] 이 점은 일반 상대성의 4차원 휜공간에서 특별한 중요성을 갖는다. 한 양이 텐서로 표현되고 한 좌표계에서 존재하면 모든 좌표계에서 존재하고, (뉴턴 역학에서 원심력과 코리올리 힘과 같이) 단지 좌표계의 **선택**에 의한 결과인 것은 아니다.

4.1.2 위 첨자 0으로 표시한 특별한 좌표계에서 텐서 A의 성분이 대응하는 텐서 B의 성분과 같다. 즉 다음이 성립한다.

---

[3] 입자의 스핀은 ($\hbar$ 단위의) 고유 각운동량이다. 입자의 운동으로부터 발생하는 고전적[흔히 **오비탈**(orbital)이라 부르는] 각운동량과는 별개이다.

$$A_{ij}^0 = B_{ij}^0$$

모든 좌표계에서 텐서 A는 텐서 B와 같음을, 즉 $A_{ij} = B_{ij}$임을 보이시오.

4.1.3 한 4차원 벡터는 두 기준틀 각각에서 마지막 세 성분이 0이 된다. 만일 두 번째 기준틀이 단지 첫 번째 기준틀의 x_0축에 대한 회전에 불과한 것이 아니라면, 즉 적어도 하나의 계수 $\partial(x')^i/\partial x^0\ (i=1,\ 2,\ 3)$가 0이 아니라면, 모든 기준틀에서 영 번째 성분이 0이 됨을 보이시오. 상대론적 역학으로 옮기면, 이것은 만일 운동량이 두 로런츠 좌표계에서 보존되면 에너지도 모든 로런츠 좌표계에서 보존되어야 함을 의미한다.

4.1.4 일반적인 순위 2 텐서의 좌표축에 대한 90°와 180° 회전에서의 거동의 해석으로부터 3차원 공간에서 순위 2 등방 텐서는 δ_j^i의 배수가 되어야 함을 보이시오.

4.1.5 일반 상대성의 4차원 순위 4 리만-크리스토펠 곡률 텐서(Riemann-Christoffel curvature tensor) R_{iklm}은 다음 대칭성 관계를 만족시킨다.

$$R_{iklm} = -R_{ikml} = -R_{kilm}$$

지표가 0부터 3까지일 때 독립인 성분의 개수는 256개로부터 36개로 줄어들고 다음 조건은

$$R_{iklm} = R_{lmik}$$

독립인 성분의 개수를 더 줄여서 21개가 된다. 마지막으로, 만일 성분이 항등식 $R_{iklm} + R_{ilmk} + R_{imkl} = 0$을 만족하면 독립인 성분의 개수는 20으로 줄어듦을 보이시오.
[참고] 마지막 세 항 항등식은 모든 네 지표가 다를 때에만 새로운 정보를 준다.

4.1.6 T_{iklm}이 모든 쌍의 지표에 대해 반대칭이다. (3차원 공간에서) 독립인 성분의 개수는 몇 개인가?

4.1.7 만일 $T_{\dots i}$가 순위 n 텐서이면 $\partial T_{\dots i}/\partial x^j$는 순위 $n+1$ 텐서임을 보이시오(데카르트 좌표계).
[참고] 데카르트 좌표계가 아닌 좌표계에서는 계수 a_{ij}가 일반적으로 좌표의 함수이고 순위 n 텐서의 성분의 도함수는 특별한 경우인 $n=0$을 제외하고는 텐서를 이루지 않는다. $n=0$의 경우 도함수는 공변 벡터가 된다(순위 1 텐서).

4.1.8 만일 $T_{ijk\dots}$가 순위 n 텐서이면 $\sum_j \partial T_{ijk\dots}/\partial x^j$는 순위 $n-1$ 텐서임을 보이시오(데카르트 좌표계).

4.1.9 다음 연산자는

$$\nabla^2 - \frac{1}{c^2}\frac{\partial^2}{\partial t^2}$$

$x_4 = ict$를 이용하여 다음과 같이 쓸 수 있다.

$$\sum_{i=1}^{4}\frac{\partial^2}{\partial x_i^2}$$

이것이 4차원 라플라시안이고 때때로 달랑베르시안(d'Alembertian)이라고 부르며 $\square^2$으로 표시한다. 4차원 라플라시안이 **스칼라** 연산자임을 보이시오. 즉 로런츠 변환, 다시 말하면 (x^1, x^2, x^3, x^4) 벡터공간의 회전에 대해 불변임을 보이시오.

4.1.10 이중 합 $K_{ij}A^iB^j$는 어떤 두 벡터 A^i와 B^j에 대해서도 불변이다. K_{ij}가 순위 2 텐서임을 증명하시오.

[참고] ds^2(불변) $= g_{ij}dx^i dx^j$인 형태에서 이 결과는 행렬 g_{ij}가 텐서임을 보인 것이다.

4.1.11 식 $K_{ij}A^{jk} = B_i^k$이 좌표계의 모든 방향에 대해 성립한다. 만일 A와 B가 임의의 순위 2 텐서이면 **K**도 순위 2 텐서임을 보이시오.

4.2 유사 텐서, 쌍대 텐서

이 절의 주제는 실질적인 이유에서 데카르트 좌표계에 제한해서 다룬다. 이 제한은 개념적으로 필요하지 않지만 논의를 간단하게 하고 본질적인 점을 알아내기 쉽게 만든다.

■ 유사 텐서

지금까지 이 장에서 좌표 변환은 벡터와 텐서를 고정된 방향으로 유지하고 좌표계를 회전시키는 것을 의미하는 **수동적 회전**(passive rotation)에 제한되어 있다. 이제 좌표계의 반사나 반전의 효과를 고려한다[때때로 **부적당 회전**(improper rotation)이라고 부른다].

3.3절에서는 데카르트 좌표계의 직교좌표계로 제한하고 고정된 벡터의 좌표 회전의 효과가 다음 공식에 따른 성분의 변환에 의해 기술될 수 있음을 알았다.

$$A' = SA \tag{4.25}$$

여기에서 S는 행렬식 $+1$을 갖는 직교 행렬이다. 좌표 변환이 반사(또는 반전)을 포함한다면 변환 행렬은 여전히 직교 행렬이지만 행렬식 -1을 갖는다. 식 (4.25)의 변환 규칙이 공간의 위치나 속도와 같은 양을 기술하는 벡터에 의해 지켜지지만 각속도, 돌림힘, 그리고 각운동량을 기술하는 벡터가 부적당 회전을 하면 틀린 부호를 만든다. 이러한 양을 **축벡터**(axial vector) 또는 요즘은 **유사 벡터**(pseudovector)라고 하고, 다음 변환 규칙을 따른다.

$$A' = \det(S)SA \quad (\text{유사 벡터}) \tag{4.26}$$

이 개념을 텐서로 확장하는 것은 복잡하지 않다. **텐서**로 지정하는 것은 식 (4.6)과 임의의 순위로 일반화한 것에서와 같이 변환하는 것을 가리키지만, 변환이 임의의 순위에서 부적당 회전과 관련된 효과에 맞추어 추가되는 부호 인자가 있을 가능성을 수용한다. 이러한 것을 **유사 텐서**(pseudotensor)라고 하고, 이미 유사 스칼라와 유사 벡터에서 알아낸 것을 일반화한 것이다.

만일 텐서 또는 유사 텐서를 직접 곱으로 만들거나 또는 비율 규칙을 통해 텐서 또는 유사 텐서를 알아내면 그 가상 지위를 부호 규칙에 상당하는 것에 의해 결정할 수 있다. T를 텐서, P를 유사 텐서라 하고 기호로 나타내면 다음과 같다.

$$T \otimes T = P \otimes P = T, \qquad T \otimes P = P \otimes T = P \tag{4.27}$$

예제 4.2.1 레비-치비타 기호

식 (2.8)에 도입된 세 지표 형태의 레비-치비타 기호는 다음과 같은 값을 가지고 있다.

$$\begin{gathered} \varepsilon_{123} = \varepsilon_{231} = \varepsilon_{312} = +1 \\ \varepsilon_{132} = \varepsilon_{213} = \varepsilon_{321} = -1 \\ \text{다른 모든 } \varepsilon_{ijk} = 0 \end{gathered} \tag{4.28}$$

이제 순위 3 유사 텐서 η_{ijk}가 특별한 데카르트 좌표계에서 ε_{ijk}과 같다고 가정한다. 그러면 A가 $\mathbb{R}^3$에서의 직교 변환의 계수의 행렬을 나타낸다고 하면 변환된 좌표계에서 유사 텐서의 정의에 의해 다음을 얻는다.

$$\eta'_{ijk} = \det(A)\sum_{pqr} a_{ip}a_{jq}a_{kr}\varepsilon_{pqr} \tag{4.29}$$

pqr 합의 모든 항은 pqr이 123의 순열인 경우를 제외하면 모두 0이고, pqr이 그러한 순열이면 합은 행이 123에서 ijk로 변경된 것을 제외하고는 A의 행렬식에 해당한다. 이것은

pqr 합이 값 $\varepsilon_{ijk}\det(\mathrm{A})$을 갖고 다음이 성립함을 의미한다.

$$\eta'_{ijk} = \varepsilon_{ijk}[\det(\mathrm{A})]^2 = \varepsilon_{ijk} \tag{4.30}$$

여기에서 마지막 결과는 $|\det(\mathrm{A})| = 1$이라는 사실에 의존한다. 위의 해석이 확실해 보이지 않으면 결과를 0이 아닌 값의 η'_{ijk}에 대응하는 6개의 순열의 기여를 열거하여 확인할 수 있다.

식 (4.30)은 ε이 순위 3 유사 텐서임을 보일 뿐 아니라 등방 텐서임을 보인다. 다른 말로 하면 모든 회전된 데카르트 좌표계에서는 같은 성분을 갖고, 부적당 회전에 의해 도달하는 모든 데카르트 좌표계에서는 그러한 성분 값에 -1을 곱한 값을 갖는다는 것이다. ■

■ 쌍대 텐서

(3차원 공간에서) **반대칭**(antisymmetric) 순위 2 텐서 C는 성분이 다음과 같이 정의되는 유사 벡터 **C**와 연관지을 수 있다.

$$C_i = \frac{1}{2}\varepsilon_{ijk}C^{jk} \tag{4.31}$$

행렬 형태에서 반대칭 C는 다음과 같이 쓸 수 있다.

$$\mathrm{C} = \begin{pmatrix} 0 & C^{12} & -C^{31} \\ -C^{12} & 0 & C^{23} \\ C^{31} & -C^{23} & 0 \end{pmatrix} \tag{4.32}$$

C_i는 이중 축약 $\varepsilon_{ijk}C^{jk}$로부터 얻었기 때문에 회전에 대해 벡터와 같이 변환해야만 하지만 ε_{ijk}의 가상 성질 때문에 실제로 유사 벡터라는 것을 안다. 구체적으로 **C**의 성분은 다음과 같이 주어진다.

$$(C_1,\ C_2,\ C_3) = (C^{23},\ C^{31},\ C^{12}) \tag{4.33}$$

지표의 순환 순서는 ε_{ijk}의 성분의 순환 순서로부터 나온다.

식 (4.33)의 유사 벡터와 식 (4.32)의 반대칭 텐서는 **쌍대 텐서**(dual tensor)이다. 둘은 같은 정보를 다르게 표현한 것이다. 쌍대 중에서 어떤 것을 선택하여 사용할지는 편의의 문제이다.

쌍대성(duality)의 다른 예가 있다. 만일 세 벡터 **A**, **B**, 그리고 **C**를 취하면 직접 곱을 정의할 수 있다.

$$V^{ijk} = A^i B^j C^k \tag{4.34}$$

V^{ijk}는 분명히 순위 3 텐서이다. 그 **쌍대**(dual) 양은 분명히 유사 스칼라이다.

$$V = \varepsilon_{ijk} V^{ijk} \tag{4.35}$$

전개하면 잘 알고 있는 삼중 스칼라곱임을 안다.

$$V = \begin{vmatrix} A^1 & B^1 & C^1 \\ A^2 & B^2 & C^2 \\ A^3 & B^3 & C^3 \end{vmatrix} \tag{4.36}$$

연습문제

4.2.1 반대칭 정사각형 배열이 다음과 같이 주어져 있다.

$$\begin{pmatrix} 0 & C_3 & -C_2 \\ -C_3 & 0 & C_1 \\ C_2 & -C_1 & 0 \end{pmatrix} = \begin{pmatrix} 0 & C^{12} & C^{13} \\ -C^{12} & 0 & C^{23} \\ -C^{13} & -C^{23} & 0 \end{pmatrix}$$

여기에서 $(C_1,\ C_2,\ C_3)$는 유사 벡터이다. 다음과 같이 관계가 모든 좌표계에서 성립한다고 가정한다.

$$C_i = \frac{1}{2!}\varepsilon_{ijk} C^{jk}$$

C^{jk}가 텐서임을 증명하시오. (이것은 다른 형태의 비율 규칙이다.)

4.2.2 벡터곱이 3차원 공간에 유일함을, 즉 3차원에서만 (순위 2) 반대칭 텐서의 성분과 벡터의 성분 사이에 일대일 대응을 확립할 수 있음을 보이시오.

4.2.3 $\nabla \cdot \nabla \times \mathbf{A}$와 $\nabla \times \nabla \varphi$를 각 표현이 0이 됨이 분명하도록 $\mathbb{R}^3$에서의 텐서 (지표) 기호법으로 쓰시오.

답. $\nabla \cdot \nabla \times \mathbf{A} = \varepsilon_{ijk} \dfrac{\partial}{\partial x^i} \dfrac{\partial}{\partial x^j} A^k$

$(\nabla \times \nabla \varphi)_i = \varepsilon_{ijk} \dfrac{\partial}{\partial x^j} \dfrac{\partial}{\partial x^k} \varphi$

4.2.4 다음 순위 4 텐서 각각이 좌표계의 회전에 독립인 같은 형태를 가지는 등방 텐서임을 증명하시오.

(a) $A^{ik}_{jl} = \delta^i_j \delta^k_l$

(b) $B^{ij}_{kl} = \delta^i_k \delta^j_l + \delta^i_l \delta^j_k$

(c) $C^{ij}_{kl} = \delta^i_k \delta^j_l - \delta^i_l \delta^j_k$

4.2.5 레비-치비타 기호 ε_{ij}는 (2차원 공간에서) 순위 2 유사 텐서이다. 이것은 δ^i_j의 유일성(연습문제 4.1.4)과 모순되는가?

4.2.6 ε_{ij}를 2×2 행렬로 표현하고 식 (3.23)의 2×2 회전 행렬을 이용하여 ε_{ij}이 직교 닮음 변환에 대해 불변임을 보이시오.

4.2.7 $A_k = \frac{1}{2}\varepsilon_{ijk}B^{ij}$가 주어지고 $B^{ij} = -B^{ji}$로 반대칭일 때 다음을 보이시오.

$$B^{mn} = \varepsilon^{mnk}A_k$$

4.3 일반적인 좌표계에서의 텐서

■ 메트릭 텐서

반변과 공변 변환 사이의 구별은 4.1절에서 확립되었고, 4.1절에서는 또한 데카르트 좌표계가 아닌 좌표계에서만 그러한 구별이 의미가 있다는 것을 살펴보았다. 이제 더 일반적인 **메트릭 공간**(metric space)[또는 **리만 공간**(Riemannian space)이라 부른다]의 사용을 체계적으로 만드는 관계를 검토한다. 처음 설명은 3차원 공간에 대한 것이다.

q^i가 일반적인 좌표계에서 좌표를 가리키고, 지표를 위 첨자로 써서 좌표 변환이 공변인 사실을 반영하며, 다른 q^j를 상수로 두고 q^i의 단위변화당[**유클리드 공간**(Euclidean space)에서] 변위를 기술하는 **공변 기저 벡터**(covariant basis vector) $\boldsymbol{\varepsilon}_i$를 정의한다. 여기에서 관심이 있는 상황에 대해서는 $\boldsymbol{\varepsilon}_i$의 크기와 방향 둘 다 위치의 함수일 수 있고, 따라서 도함수로 정의된다.

$$\boldsymbol{\varepsilon}_i = \frac{\partial x}{\partial q^i}\hat{\mathbf{e}}_x + \frac{\partial y}{\partial q^i}\hat{\mathbf{e}}_y + \frac{\partial z}{\partial q^i}\hat{\mathbf{e}}_z \qquad (4.37)$$

임의의 벡터 $\mathbf{A}$는 이제 기저 벡터에 계수를 곱한 것을 더한 선형 결합으로 만들 수 있다.

$$\mathbf{A} = A^1\boldsymbol{\varepsilon}_1 + A^2\boldsymbol{\varepsilon}_2 + A^3\boldsymbol{\varepsilon}_3 \tag{4.38}$$

여기에서 언어 모호성이 있다. $\mathbf{A}$는 다양한 좌표계에서 기술할 수 있는 고정된 대상이다(보통 벡터라 부른다). 그러나 이미 $\boldsymbol{\varepsilon}_i$를 공변 기저 벡터라고 부르면서도 계수 A^i의 모음을 벡터라고 부르는 것도 관행이다(더 구체적으로는, **반변 벡터**이다). 여기에서 지킬 중요한 점은 $\mathbf{A}$는 고정된 대상이라서 변환에 의해 변하지 않는 반면 그 표현(A^i)과 표현하기 위해 사용되는 기저($\boldsymbol{\varepsilon}_i$)는 (좌표계가 변함에 따라) 서로 반대 방식으로 변해서 $\mathbf{A}$는 계속해서 고정된다는 것이다.

기저 벡터가 주어지면 q^j의 변화와 관련된 변위(위치의 변화)를 계산할 수 있다. 기저 벡터가 위치에 의존하기 때문에 계산은 작은 (미소) 변위 ds에 대한 것일 필요가 있고 다음과 같다.

$$(ds)^2 = \sum_{ij}(\boldsymbol{\varepsilon}_i dq^i) \cdot (\boldsymbol{\varepsilon}_j dq^j)$$

이것은 합규약을 이용하면 다음과 같이 쓸 수 있다.

$$(ds)^2 = g_{ij}dq^i dq^j \tag{4.39}$$

여기에서 다음과 같다.

$$g_{ij} = \boldsymbol{\varepsilon}_i \cdot \boldsymbol{\varepsilon}_j \tag{4.40}$$

$(ds)^2$이 회전 (그리고 반사) 변환에 대해 불변이므로 스칼라이고 비율 규칙을 적용하면 g_{ij}가 공변 텐서임을 안다. 변위를 정의하는 역할 때문에 g_{ij}를 **공변 메트릭 텐서**(covariant metric tensor)라 부른다.

기저 벡터가 데카르트 성분에 의해 정의될 수 있지만 일반적으로는 단위벡터도 아니고 서로 직교하지도 않는다. 기저 벡터가 종종 단위벡터가 **아니기** 때문에 기저 벡터를 기호 $\hat{\mathbf{e}}$가 아닌 기호 $\boldsymbol{\varepsilon}$로 쓴다. 정규화와 직교성 요구 조건이 둘 다 없다는 것은 g_{ij}가 명백히 대칭임에도 불구하고 대각화되어 있는 것이 요구되지도 않고 그 원소는 (대각선에 있는 원소를 포함해서) 모든 부호를 가질 수 있다.

반변 메트릭 텐서(contravariant metric tensor)는 다음을 만족하는 텐서로 정의하는 것이 편리하다.

$$g^{ik}g_{kj} = g_{jk}g^{ki} = \delta^i_j \tag{4.41}$$

따라서 반변 메트릭 텐서는 공변 메트릭 텐서의 역이다. g_{ij}와 g^{ij}는 반변 벡터와 공변 벡터 사이의 변환에 쓰이고 이러한 반변 벡터와 공변 벡터는 관계된다고 간주한다. 따라서 다음을 쓴다.

$$g_{ij}F^j = F_i \quad \text{그리고} \quad g^{ij}F_j = F^i \tag{4.42}$$

식 (4.38)로 돌아가면 식을 잘 써서 다음을 알 수 있다.

$$\mathbf{A} = A^i \boldsymbol{\varepsilon}_i = A^i \delta_i^k \boldsymbol{\varepsilon}_k = \left(A^i g_{ij}\right)\left(g^{jk} \boldsymbol{\varepsilon}_k\right) = A_j \boldsymbol{\varepsilon}^j \tag{4.43}$$

같은 벡터를 식 (4.42)의 변환에 의해 관계된 두 세트의 성분을 써서 반변 또는 공변 성분으로 표현할 수 있다.

■ 공변과 반변 기저

이제 **반변 기저 벡터**(contravariant basis vector)를 정의한다.

$$\boldsymbol{\varepsilon}^i = \frac{\partial q^i}{\partial x}\hat{\mathbf{e}}_x + \frac{\partial q^i}{\partial y}\hat{\mathbf{e}}_y + \frac{\partial q^i}{\partial z}\hat{\mathbf{e}}_z \tag{4.44}$$

이 이름은 $\boldsymbol{\varepsilon}_i$의 반변 형태임을 증명할 수 있을 것이라는 기대를 하고 이름을 붙인다. 이러한 방향의 첫 번째 단계는 다음을 증명하는 것이다.

$$\boldsymbol{\varepsilon}^i \cdot \boldsymbol{\varepsilon}_j = \frac{\partial q^i}{\partial x}\frac{\partial x}{\partial q^j} + \frac{\partial q^i}{\partial y}\frac{\partial y}{\partial q^j} + \frac{\partial q^i}{\partial z}\frac{\partial z}{\partial q^j} = \delta_j^i \tag{4.45}$$

이것은 연쇄 법칙과 q^i와 q^j는 독립변수라는 사실의 결과이다.

다음 단계로 다음 식을 쓴다.

$$(\boldsymbol{\varepsilon}^i \cdot \boldsymbol{\varepsilon}^j)(\boldsymbol{\varepsilon}_j \cdot \boldsymbol{\varepsilon}_k) = \delta_k^i \tag{4.46}$$

이것 또한 연쇄 법칙으로 증명된다. 항의 모임이 식 (4.45)의 항등식에 대응하도록 항을 모을 수 있다. 식 (4.46)은 다음을 보인다.

$$g^{ij} = \boldsymbol{\varepsilon}^i \cdot \boldsymbol{\varepsilon}^j \tag{4.47}$$

식 (4.47)의 양변의 오른쪽에 $\boldsymbol{\varepsilon}_j$를 곱하고 합을 수행하면 식의 좌변은 $g^{ij}\boldsymbol{\varepsilon}_j$이라서 $\boldsymbol{\varepsilon}^i$의 식이 되고, 우변은 식 (4.44)로 간단해지므로 그 식의 반변 벡터는 적절하게 이름이 붙었다는 것을 증명한다.

이제 몇 가지 메트릭 텐서와 공변 기저 벡터와 반변 기저 벡터의 예를 든다.

예제 4.3.1 몇 가지 메트릭 텐서

구면 극 좌표계에서는 $(q^1, q^2, q^3) \equiv (r, \theta, \varphi)$이고 $x = r\sin\theta\cos\varphi$, $y = r\sin\theta\sin\varphi$, $z = r\cos\theta$이다. 공변 기저 벡터는 다음과 같다.

$$\boldsymbol{\varepsilon}_r = \sin\theta\cos\varphi\,\hat{\mathbf{e}}_x + \sin\theta\sin\varphi\,\hat{\mathbf{e}}_y + \cos\theta\,\hat{\mathbf{e}}_z$$

$$\boldsymbol{\varepsilon}_\theta = r\cos\theta\cos\varphi\,\hat{\mathbf{e}}_x + r\cos\theta\sin\varphi\,\hat{\mathbf{e}}_y - r\sin\theta\,\hat{\mathbf{e}}_z$$

$$\boldsymbol{\varepsilon}_\varphi = -r\sin\theta\sin\varphi\,\hat{\mathbf{e}}_x + r\sin\theta\cos\varphi\,\hat{\mathbf{e}}_y$$

반변 기저 벡터는 많은 방법으로 구할 수 있다. 그 중의 하나는 $r^2 = x^2 + y^2 + z^2$, $\cos\theta = z/r$, $\tan\varphi = y/x$에서 시작하여 다음을 얻는 것이다.

$$\boldsymbol{\varepsilon}^r = \sin\theta\cos\varphi\,\hat{\mathbf{e}}_x + \sin\theta\sin\varphi\,\hat{\mathbf{e}}_y + \cos\theta\,\hat{\mathbf{e}}_z$$

$$\boldsymbol{\varepsilon}^\theta = r^{-1}\cos\theta\cos\varphi\,\hat{\mathbf{e}}_x + r^{-1}\cos\theta\sin\varphi\,\hat{\mathbf{e}}_y - r^{-1}\sin\theta\,\hat{\mathbf{e}}_z$$

$$\boldsymbol{\varepsilon}^\varphi = -\frac{\sin\varphi}{r\sin\theta}\hat{\mathbf{e}}_x + \frac{\cos\varphi}{r\sin\theta}\hat{\mathbf{e}}_y$$

이로부터 다음에 이른다.

$$g_{11} = \boldsymbol{\varepsilon}_r \cdot \boldsymbol{\varepsilon}_r = 1$$

$$g_{22} = \boldsymbol{\varepsilon}_\theta \cdot \boldsymbol{\varepsilon}_\theta = r^2$$

$$g_{33} = \boldsymbol{\varepsilon}_\varphi \cdot \boldsymbol{\varepsilon}_\varphi = r^2\sin^2\theta$$

다른 모든 g_{ij}는 0이다. 이것을 결합하여 g_{ij}를 얻고 g^{ij}을 얻기 위하여 역을 취하면 다음을 얻는다.

$$(g_{ij}) = \begin{pmatrix} 1 & 0 & 0 \\ 0 & r^2 & 0 \\ 0 & 0 & r^2\sin^2\theta \end{pmatrix}, \qquad (g^{ij}) = \begin{pmatrix} 1 & 0 & 0 \\ 0 & r^{-2} & 0 \\ 0 & 0 & (r\sin\theta)^{-2} \end{pmatrix}$$

g_{ij}의 역이 정확히 구해졌는지는 g^{ij}의 식을 $\boldsymbol{\varepsilon}^i \cdot \boldsymbol{\varepsilon}^j$로부터 직접 구한 g^{ij}와 비교하여 확인할 수 있다. 이것을 확인하는 것은 독자에게 맡긴다.

특수 상대성의 **민코프스키 길이**(Minkowski metric)는 다음 형태를 갖는다.

$$(g_{ij}) = (g^{ij}) = \begin{pmatrix} 1 & 0 & 0 & 0 \\ 0 & -1 & 0 & 0 \\ 0 & 0 & -1 & 0 \\ 0 & 0 & 0 & -1 \end{pmatrix}$$

이 예제에 이를 포함시키는 동기는 물리에서 중요한 어떤 길이(metric)에 대해서는 거리

ds^2이 양이 될 필요가 없다는 것이다(ds는 허수가 될 수 있다는 것을 의미한다). ■

공변 기저 벡터와 반변 기저 벡터는 벡터 사이의 관계를 쓸 때 유용하다. **A**와 **B**가 반변 표현 (A^i)와 (B^i)를 가지는 벡터라고 하자. **B**의 표현을 변환하여 $B_i = g_{ij}B^j$를 얻고 스칼라곱 **A** · **B**는 다음 형태를 갖는다.

$$\mathbf{A} \cdot \mathbf{B} = (A^i \boldsymbol{\varepsilon}_i) \cdot (B_j \boldsymbol{\varepsilon}^j) = A^i B_j (\boldsymbol{\varepsilon}_i \cdot \boldsymbol{\varepsilon}^j) = A^i B_i \tag{4.48}$$

다른 한 응용은 일반적인 좌표계에서 그래디언트를 쓰는 것이다. 만일 함수 ψ가 일반적인 좌표계 (q^i)에서 주어지면 그래디언트 $\nabla\Psi$는 다음의 데카르트 성분을 갖는 벡터이다.

$$(\nabla\psi)_j = \frac{\partial\psi}{\partial q^i}\frac{\partial q^i}{\partial x^j} \tag{4.49}$$

벡터 기호법에서 식 (4.49)는 다음이 된다.

$$\nabla\psi = \frac{\partial\psi}{\partial q^i}\boldsymbol{\varepsilon}^i \tag{4.50}$$

이것은 $\nabla\psi$의 공변 표현이 도함수 $\partial\psi/\partial q^i$의 세트라는 것을 보여준다. 만일 그래디언트의 반변 표현을 사용할 이유가 있으면 식 (4.42)를 이용해서 그 성분을 변환할 수 있다.

■ 공변 도함수

벡터의 도함수로 가면 기저 벡터 $\boldsymbol{\varepsilon}_i$가 일반적으로 상수가 아니고 도함수는 벡터 성분의 도함수가 성분인 텐서가 아니기 때문에 상황이 훨씬 더 복잡하다는 것을 알 수 있다.

다음의 반변 벡터에 대한 변환 규칙에서 시작한다.

$$(V')^i = \frac{\partial x^i}{\partial q_k}V^k$$

q^i에 대해 미분하면 (각 i에 대해) 다음을 얻는다.

$$\frac{\partial(V')^i}{\partial q^j} = \frac{\partial x^i}{\partial q_k}\frac{\partial V^k}{\partial q^j} + \frac{\partial^2 x^i}{\partial q^j \partial q^k}V^k \tag{4.51}$$

2계 도함수를 포함하고 있기 때문에 이것은 순위 2 텐서에 대한 변환 법칙과 달라 보인다.

다음에 무엇을 할지 알아보기 위해 식 (4.51)을 데카르트 좌표인 x_i 좌표에 대한 단일한 벡터 식으로 쓴다. 그 결과는 다음과 같다.

$$\frac{\partial \mathbf{V}'}{\partial q^j} = \frac{\partial V^k}{\partial q^j}\boldsymbol{\varepsilon}_k + V^k \frac{\partial \boldsymbol{\varepsilon}_k}{\partial q^j} \tag{4.52}$$

이제 $\partial \boldsymbol{\varepsilon}_k / \partial q^j$가 모든 $\boldsymbol{\varepsilon}_i$의 세트로 생성된 공간의 어떤 벡터이어야 한다는 것을 인지하고 다음과 같이 쓴다.

$$\frac{\partial \boldsymbol{\varepsilon}_k}{\partial q^j} = \Gamma^{\mu}_{jk} \boldsymbol{\varepsilon}_{\mu} \tag{4.53}$$

Γ^{μ}_{jk}는 **제이종 크리스토펠 기호**(Christoffel symbols of the second kind)로 알려져 있고 제일종은 곧 나올 것이다. $\boldsymbol{\varepsilon}$의 직교성, 식 (4.45)를 이용하면 식 (4.53)을 $\boldsymbol{\varepsilon}^m$과의 내적을 취해 다음에 이른다.

$$\Gamma^{m}_{jk} = \boldsymbol{\varepsilon}^m \cdot \frac{\partial \boldsymbol{\varepsilon}_k}{\partial q^j} \tag{4.54}$$

게다가 $\partial \boldsymbol{\varepsilon}_k / \partial q^j$의 성분을 써서 $\Gamma^{m}_{kj} = \Gamma^{m}_{jk}$을 보일 수 있다.

이제 식 (4.52)로 돌아가서 식 (4.53)을 끼워 넣으면 우선 다음을 얻는다.

$$\frac{\partial \mathbf{V}'}{\partial q^j} = \frac{\partial V^k}{\partial q^j}\boldsymbol{\varepsilon}_k + V^k \Gamma^{\mu}_{jk} \boldsymbol{\varepsilon}_{\mu} \tag{4.55}$$

식 (4.55)의 마지막 항의 더미 지표 k와 μ를 맞바꾸면 마지막 결과를 얻는다.

$$\frac{\partial \mathbf{V}'}{\partial q^j} = \left(\frac{\partial V^k}{\partial q^j} + V^{\mu} \Gamma^{k}_{j\mu} \right) \boldsymbol{\varepsilon}_k \tag{4.56}$$

식 (4.56)의 괄호 안에 있는 양은 V의 **공변 도함수**(covariant derivative)로 알려져 있고 다음의 어색한 기호법에 의해 알아내는 것이 표준이 되었다.

$$V^k_{;j} = \frac{\partial V^k}{\partial q^j} + V^{\mu} \Gamma^{k}_{j\mu}, \quad \text{따라서} \quad \frac{\partial \mathbf{V}'}{\partial q^j} = V^k_{;j} \boldsymbol{\varepsilon}_k \tag{4.57}$$

식 (4.56)을

$$d\mathbf{V}' = \left[V^k_{;j}\, dq^j \right] \boldsymbol{\varepsilon}_k$$

형태로 쓰고 dq^j가 반변 벡터이고 $\boldsymbol{\varepsilon}_k$가 공변 벡터임에 유의하면 공변 도함수 $V^k_{;j}$이 순위 2 섞인 텐서임을 안다.[4] 하지만 비록 지표가 있음에도 불구하고 $\partial V^k / \partial q^j$도 $\Gamma^{k}_{j\nu}$도 개별적으로 텐서가 되기 위한 맞는 변환 성질을 가지지 **않는다**는 것을 깨닫는 것이 중요하다. 식 (4.57)

의 조합만이 필수 변환 속성을 갖는 것이다.

공변 벡터의 공변 도함수는 다음과 같음을 보일 수 있다(연습문제 4.3.6 참고).

$$V_{i;j} = \frac{\partial V_i}{\partial q^j} - V_k \Gamma^k_{ij} \tag{4.58}$$

$V^i_{;j}$ 처럼 $V_{i;j}$도 순위 2 텐서이다.

공변 도함수의 물리적 중요성은 공변 도함수가 일반적인 dq^i를 따라서 기저 벡터의 변화를 포함한다는 것이고, 따라서 기저 벡터를 곱하는 계수의 변화만을 고려하는 수식화보다 공변 도함수가 물리 현상을 기술하는 데 더 적합하다.

■ 크리스토펠 기호 계산

크리스토펠 기호를 메트릭 텐서와 관계시켜 계산하는 것이 단순히 식 (4.54)를 사용하는 것보다 더 편리할 수 있다. 이러한 방향의 시작 단계로 **제일종 크리스토펠 기호**(Christoffel symbol of the first kind) $[ij, k]$를 다음 식에 의해 정의한다.

$$[ij,\ k] \equiv g_{mk} \Gamma^m_{ij} \tag{4.59}$$

이 식에서 $[j,\ k] = [ji,\ k]$가 나온다. 다시 이 $[ij,\ k]$는 순위 3 텐서가 아니다. 식 (4.54)를 끼워 넣고 지표 내림 변환, 식 (4.42)를 적용하면 다음을 얻는다.

$$\begin{aligned} [ij,\ k] &= g_{mk} \boldsymbol{\varepsilon}^m \cdot \frac{\partial \boldsymbol{\varepsilon}_i}{\partial q^j} \\ &= \boldsymbol{\varepsilon}_k \cdot \frac{\partial \boldsymbol{\varepsilon}_i}{\partial q^j} \end{aligned} \tag{4.60}$$

다음으로 식 (4.40)에서와 같이 $g_{ij} = \boldsymbol{\varepsilon}_i \cdot \boldsymbol{\varepsilon}_j$로 쓰고 미분하면 그 결과는 식 (4.60)의 도움으로 다음이 된다.

$$\begin{aligned} \frac{\partial g_{ij}}{\partial q^k} &= \frac{\partial \boldsymbol{\varepsilon}_i}{\partial q^k} \cdot \boldsymbol{\varepsilon}_j + \boldsymbol{\varepsilon}_i \cdot \frac{\partial \boldsymbol{\varepsilon}_j}{\partial q^k} \\ &= [ik,\ j] + [jk,\ i] \end{aligned}$$

그러면 다른 지표 세트의 도함수 3개를 합하여 다음과 같이 간단해지는 결과를 얻을 수 있다.

[4] $\mathbf{V}'$은 $\boldsymbol{\varepsilon}_k$의 경우와 마찬가지로 묵시적인 지표가 데카르트 좌표를 표지하므로 식의 공변/반변 성질에 기여하지 않는다.

$$\frac{1}{2}\left[\frac{\partial g_{ik}}{\partial q^j}+\frac{\partial g_{jk}}{\partial q^i}-\frac{\partial g_{ij}}{\partial q^k}\right]=[ij,\ k] \tag{4.61}$$

이제 식 (4.59)로 돌아가서, 양변에 g^{nk}를 곱하여 Γ_{ij}^{m}에 대해 풀고, k에 대해 합하고, $(g_{\mu\nu})$와 $(g^{\mu\nu})$가 서로 역의 관계에 있음을 이용한다[식 (4.41) 참고].

$$\Gamma_{ij}^{n}=\sum_k g^{nk}[ij,\ k] \tag{4.62}$$

마지막으로 식 (4.61)로부터 $[ij,\ k]$를 치환하고, 다시 한번 합규약을 이용하면 다음을 얻는다.

$$\Gamma_{ij}^{n}=g^{nk}[ij,\ k]=\frac{1}{2}g^{nk}\left[\frac{\partial g_{ik}}{\partial q^j}+\frac{\partial g_{jk}}{\partial q^i}-\frac{\partial g_{ij}}{\partial q^k}\right] \tag{4.63}$$

여기에서의 기구는 데카르트 좌표계에서는 기저 벡터의 도함수가 0이기 때문에 불필요하고 공변 도함수와 보통의 편미분 도함수는 일치한다.

■ 텐서 도함수 연산자

공변 도함수가 이용 가능하게 되었으므로 일반적인 텐서 형태에서 벡터 미분 연산자를 유도할 준비가 되었다.

그래디언트: 이미 논의한 바와 같이 식 (4.50)으로부터 얻은 결과이다.

$$\nabla\psi=\frac{\partial\psi}{\partial q^i}\boldsymbol{\varepsilon}^i \tag{4.64}$$

다이버전스: 반변 표현이 $V^i\boldsymbol{\varepsilon}_i$인 벡터 $\mathbf{V}$는 다음 다이버전스를 갖는다.

$$\nabla\cdot\mathbf{V}=\boldsymbol{\varepsilon}^j\cdot\frac{\partial(V^i\boldsymbol{\varepsilon}_i)}{\partial q^j}=\boldsymbol{\varepsilon}^j\cdot\left(\frac{\partial V^i}{\partial q^j}+V^k\Gamma_{jk}^{i}\right)\boldsymbol{\varepsilon}_i=\frac{\partial V^i}{\partial q^i}+V^k\Gamma_{ik}^{i} \tag{4.65}$$

여기에 공변 도함수가 등장한다. 식 (4.63)에 의해 Γ_{ik}^{i}를 나타내면 다음을 얻는다.

$$\Gamma_{ik}^{i}=\frac{1}{2}g^{im}\left[\frac{\partial g_{im}}{\partial q^k}+\frac{\partial g_{km}}{\partial q^i}-\frac{\partial g_{ik}}{\partial q^m}\right]=\frac{1}{2}g^{im}\frac{\partial g_{im}}{\partial q^k} \tag{4.66}$$

여기에서 괄호 안의 마지막 두 항이 더미 지표의 이름을 바꾸면 부호만 다르고 같은 항이라서 상쇄됨을 인지한다.

(g^{im})은 (g_{im})의 역행렬이므로 식 (4.66)의 우변의 행렬 원소의 조합은 행렬식의 도함수인 식 (2.35)와 유사함에 유의한다. 또한 g는 대칭이라서 $g^{im} = g^{mi}$이다. 현재의 기호법에서는 관련된 공식이 다음과 같다.

$$\frac{d\det(g)}{dq^k} = \det(g) g^{im} \frac{\partial g_{im}}{\partial q^k} \tag{4.67}$$

여기에서 $\det(g)$는 **공변** 메트릭 텐서 $(g_{\mu\nu})$의 행렬식이다. 식 (4.67), (4.66)을 이용하면 다음이 된다.

$$\Gamma^i_{ik} = \frac{1}{2\det(g)} \frac{d\det(g)}{dq^k} = \frac{1}{[\det(g)]^{1/2}} \frac{\partial [\det(g)]^{1/2}}{\partial q^k} \tag{4.68}$$

식 (4.68)의 결과와 식 (4.65)를 합하면 반변 벡터 $\mathbf{V}$의 다이버전스에 대해 최대한으로 간결한 다음 공식을 얻는다.

$$\nabla \cdot \mathbf{V} = V^i_{;i} = \frac{1}{[\det(g)]^{1/2}} \frac{\partial}{\partial q^k} \left([\det(g)]^{1/2} V^k \right) \tag{4.69}$$

이 결과는 직교좌표계에 대한 결과 식 (3.141)와 비교된다. $\det(g) = (h_1 h_2 h_3)^2$이고 식 (3.141)에서 $\mathbf{V}$로 표현된 벡터의 k 성분은 현재의 기호법에서는 $V^k |\boldsymbol{\varepsilon}_k| = h_k V^k$이다(합하지 않는다).

라플라시안: 라플라시안 $\nabla^2 \psi$ 식을 그래디언트 $\nabla \psi$에 대한 표현을 다이버전스에 대한 식 (4.69)에 끼워 넣어서 세울 수 있다. 하지만 식은 반변 계수 V^k을 사용하므로 그래디언트를 반변 표현으로 기술해야 한다. 식 (4.64)에서 그래디언트의 공변 계수가 $\partial \psi / \partial q^i$임을 보였으므로 반변 계수는 다음이 되어야 한다.

$$g^{ki} \frac{\partial \psi}{\partial q^i}$$

식 (4.69)에 끼워 넣으면 다음을 얻는다.

$$\nabla^2 \psi = \frac{1}{[\det(g)]^{1/2}} \frac{\partial}{\partial q^k} \left([\det(g)]^{1/2} g^{ki} \frac{\partial \psi}{\partial q^i} \right) \tag{4.70}$$

직교좌표계에서는 메트릭 텐서가 대각화되어 있고 반변 $g^{ii} = (h_i)^{-2}$이다(합하지 않는다). 그러면 식 (4.70)은 다음과 같이 간단해진다.

$$\nabla \cdot \nabla \psi = \frac{1}{h_1 h_2 h_3} \frac{\partial}{\partial q^i} \left(\frac{h_1 h_2 h_3}{h_i^2} \frac{\partial \psi}{\partial q^i} \right)$$

이것은 식 (3.142)와 일치한다.

컬: 컬에 등장하는 도함수의 차이는 다음과 같은 성분을 갖는다.

$$\frac{\partial V_i}{\partial q^j} - \frac{\partial V_j}{\partial q^i} = \frac{\partial V_i}{\partial q^j} - V_k \Gamma_{ij}^k - \frac{\partial V_j}{\partial q^i} + V_k \Gamma_{ji}^k = V_{i;j} - V_{j;i} \tag{4.71}$$

여기에서 크리스토펠 기호의 대칭성을 이용하여 상쇄시켰다. 식 (4.71)과 같이 쓰는 이유는 텐서 형태의 우변의 모든 항을 불러오기 위함이다. 식 (4.71)을 쓸 때에는 양 V_i가 단위크기가 아닐 수 있는 $\boldsymbol{\varepsilon}^i$의 계수이고 따라서 직교 정규화된 기저 $\hat{\mathbf{e}}_i$에서 $\mathbf{V}$의 성분이 **아니라는** 것을 기억할 필요가 있다.

연습문제

4.3.1 3차원의 특별한 경우($\boldsymbol{\varepsilon}_1$, $\boldsymbol{\varepsilon}_2$, $\boldsymbol{\varepsilon}_3$가 오른손 좌표계를 정의하지만 반드시 직교좌표계일 필요는 없는 경우) 다음을 보이시오.

$$\boldsymbol{\varepsilon}^i = \frac{\boldsymbol{\varepsilon}_j \times \boldsymbol{\varepsilon}_k}{\boldsymbol{\varepsilon}_j \times \boldsymbol{\varepsilon}_k \cdot \boldsymbol{\varepsilon}_i}, \qquad i,\ j,\ k = 1,\ 2,\ 3\text{과 순환 순서}$$

[참고] 이 반변 기저 벡터 $\boldsymbol{\varepsilon}^i$는 연습문제 3.2.1의 반비례 격자 공간을 정의한다.

4.3.2 만일 공변 벡터 $\boldsymbol{\varepsilon}_i$가 직교하면 다음을 보이시오.

(a) g_{ij}는 대각화되어 있다.

(b) $g^{ii} = 1/g_{ii}$이다(합하지 않는다).

(c) $|\boldsymbol{\varepsilon}^i| = 1/|\boldsymbol{\varepsilon}_i|$

4.3.3 $(\boldsymbol{\varepsilon}^i \cdot \boldsymbol{\varepsilon}^j)(\boldsymbol{\varepsilon}_j \cdot \boldsymbol{\varepsilon}_k) = \delta_k^i$을 증명하시오.

4.3.4 $\Gamma_{jk}^m = \Gamma_{kj}^m$을 보이시오.

4.3.5 원통형 좌표계에서 공변 메트릭 텐서와 반변 메트릭 텐서를 유도하시오.

4.3.6 공변 벡터의 공변 도함수는 다음과 같이 주어짐을 보이시오.

$$V_{i;j} \equiv \frac{\partial V_i}{\partial q^j} - V_k \Gamma_{ij}^k$$

[힌트] 다음 식을 미분하라.

$$\boldsymbol{\varepsilon}^i \cdot \boldsymbol{\varepsilon}_j = \delta_j^i$$

4.3.7 다음을 보임으로써 $V_{i;j} = g_{ik} V^k_{;j}$을 증명하시오.

$$\frac{\partial V_i}{\partial q^j} - V_k \Gamma_{ij}^k = g_{ik}\left[\frac{\partial V^k}{\partial q^j} + V^m \Gamma_{mj}^k\right]$$

4.3.8 원통형 메트릭 텐서 g_{ij}로부터 원통형 좌표계에서 Γ_{ij}^k를 계산하시오.

[참고] 3개의 Γ만 0이 아니다.

4.3.9 연습문제 4.3.8의 Γ_{ij}^k를 이용하여 원통형 좌표계의 벡터 $\mathbf{V}$의 공변 도함수 $V^i_{;j}$를 계산하시오.

4.3.10 메트릭 텐서에 대해 $g_{ij;k} = g^{ij}_{;k} = 0$을 보이시오.

4.3.11 텐서 기호법에서 다이버전스 식 (4.70)에서 시작하여 구면 극 좌표계에서의 벡터의 다이버전스 식 (3.157)을 구하시오.

4.3.12 공변 벡터 A_i가 스칼라의 그래디언트이다. 공변 도함수의 차이 $A_{i;j} - A_{j;i}$가 0이 됨을 보이시오.

4.4 야코비안

앞 장에서는 곡선 좌표계를 사용하는 것을 고려하였지만, 좌표계 사이의 변환, 특히 좌표계가 바뀔 때 다차원 적분이 변환하는 방식에 대해서는 초점을 많이 맞추지는 않았다. 임의의 차원의 공간에서 직교하지 않는 좌표계를 포함한 변환에서 유용한 공식을 얻기 위해서는 이제 1장에서 소개하였지만 충분히 전개되지 않은 **야코비안**(Jacobian)의 개념으로 돌아간다.

1장에서 이미 언급된 바와 같이, 다변수 적분의 변수의 변화, 이를테면 x_1, x_2, ...에서 u_1, u_2, ...로의 변화는 미분 $dx_1 dx_2 \cdots$을 $J du_1 du_2 \cdots$로 바꾸는 것이 필요하고, 여기에서 야코비안이라 불리는 J는 이러한 표현이 서로 일관되게 만들기 위해 필요한 (보통 변수에 의존하는) 양이다. 더 구체적으로는 $d\tau = Jdu_1 du_2 \cdots$를 u_1의 폭이 du_1, u_2의 폭이 du_2, ... 인 영역의 '부피'로 알아낸다. 여기에서 '부피'는 데카르트 좌표계로 취급되는 x_1, x_2, ... 공간에서 계산된다.

J에 대한 공식을 얻기 위해서는 각 변수 u_i의 변화에 대응하는 (x_i에 의해 정의되는 데카르트 좌표계에서) 변위를 알아내면서 시작한다. $d\mathbf{s}(u_i)$를 그러한 변위라고 놓으면(벡터이다), 그것을 데카르트 성분으로 다음과 같이 분해할 수 있다.

$$\begin{aligned} d\mathbf{s}(u_1) &= \left[\left(\frac{\partial x_1}{\partial u_1}\right)\hat{\mathbf{e}}_1 + \left(\frac{\partial x_2}{\partial u_1}\right)\hat{\mathbf{e}}_2 + \cdots\right] du_1 \\ d\mathbf{s}(u_2) &= \left[\left(\frac{\partial x_1}{\partial u_2}\right)\hat{\mathbf{e}}_1 + \left(\frac{\partial x_2}{\partial u_2}\right)\hat{\mathbf{e}}_2 + \cdots\right] du_2 \\ d\mathbf{s}(u_3) &= \left[\left(\frac{\partial x_1}{\partial u_3}\right)\hat{\mathbf{e}}_1 + \left(\frac{\partial x_2}{\partial u_3}\right)\hat{\mathbf{e}}_2 + \cdots\right] du_3 \\ \cdots\cdots &= \qquad \cdots\cdots\cdots \end{aligned} \tag{4.72}$$

식 (4.72)의 편미분 도함수 $(\partial x_i/\partial u_j)$는 다른 u_k를 일정하게 유지하고 계산하는 것으로 이해되어야 한다. 이것을 명시적으로 가리키면 공식이 지나치게 어지럽혀질 것이다.

만일 두 변수 u_1과 u_2뿐이라면 미분 면적은 단순히 $|d\mathbf{s}(u_1)|$에 $d\mathbf{s}(u_1)$에 수직인 $d\mathbf{s}(u_2)$의 성분을 곱한 것이다. 만일 세 번째 변수 u_3가 있으면 $d\mathbf{s}(u_1)$과 $d\mathbf{s}(u_2)$에 모두 수직인 $d\mathbf{s}(u_3)$의 성분을 더 곱한다. 임의의 차원에 확장하는 것은 분명하다.

덜 분명한 것은 임의의 차원에 대한 '부피'에 대한 명시적인 공식이다. 식 (4.72)를 행렬 형태로 써서 시작한다.

$$\begin{pmatrix} \dfrac{d\mathbf{s}(u_1)}{du_1} \\ \dfrac{d\mathbf{s}(u_2)}{du_2} \\ \dfrac{d\mathbf{s}(u_3)}{du_3} \\ \cdots \end{pmatrix} = \begin{pmatrix} \dfrac{\partial x_1}{\partial u_1} & \dfrac{\partial x_2}{\partial u_1} & \dfrac{\partial x_3}{\partial u_1} & \cdots \\ \dfrac{\partial x_1}{\partial u_2} & \dfrac{\partial x_2}{\partial u_2} & \dfrac{\partial x_3}{\partial u_2} & \cdots \\ \dfrac{\partial x_1}{\partial u_3} & \dfrac{\partial x_2}{\partial u_3} & \dfrac{\partial x_3}{\partial u_3} & \cdots \\ \cdots & \cdots & \cdots & \cdots \end{pmatrix} \begin{pmatrix} \hat{\mathbf{e}}_1 \\ \hat{\mathbf{e}}_2 \\ \hat{\mathbf{e}}_3 \\ \cdots \end{pmatrix} \tag{4.73}$$

이제 식 (4.73)의 정사각 행렬의 두 번째와 이어지는 행을 $d\mathbf{s}(u_i)/du_i$ 관계를 깰 수는 있어도 '부피'는 그대로 두는 방식으로 변화시킨다. 특히, 도함수 행렬의 두 번째 행으로부터 첫 번째 행의 배수를 빼서 변형된 두 번째 행의 첫 번째 원소가 0이 되도록 한다. 이것은 '부피'를 변하게 하지 않는데, 그 이유는 이것이 $d\mathbf{s}(u_2)/du_2$를 $d\mathbf{s}(u_1)/du_1$ 방향의 벡터를 더하거나 빼서 변형시켜 $d\mathbf{s}(u_1)/du_1$에 수직인 $d\mathbf{s}(u_2)/du_2$ 성분에는 영향을 주지 않기 때문이다

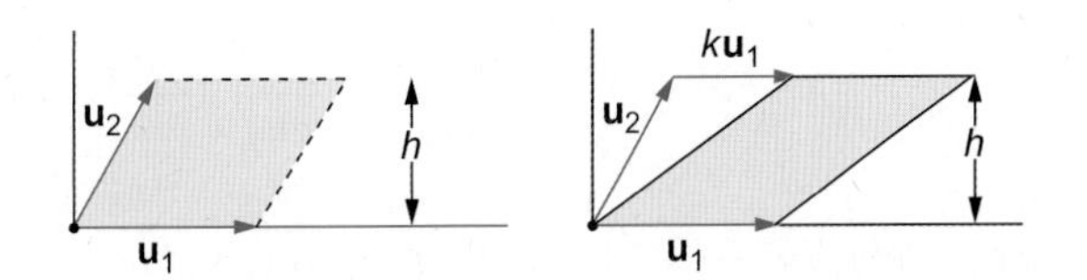

그림 4.1 $\mathbf{u}_1$에 비례하는 벡터가 $\mathbf{u}_2$에 더해질 때 면적은 변하지 않는다.

(그림 4.1 참고).

행렬의 두 번째 행의 이러한 변형은 행렬식을 계산할 때 사용된 연산이고 그 경우에도 행렬식의 값을 변화시키지 않았기 때문에 정당화되었다. 여기에서도 비슷한 상황이다. 그 연산은 미분 '부피'의 값을 변화시키지 않는데, 그 이유는 $d\mathbf{s}(u_1)/du_1$ 방향에 있는 $d\mathbf{s}(u_2)/du_2$ 성분만을 변화시키기 때문이다. 비슷한 방식으로 주대각선 아래 원소가 모두 0인 행렬이 되도록 하는 같은 종류의 연산을 더 수행할 수 있다. 이 지점에서의 상황은 4차원 공간에 대해 첫 번째 행렬에서 두 번째 행렬로 바뀌는 그림 4.2에 도식적으로 표시되어 있다. 이렇게 변형된 $d\mathbf{s}(u_i)/du_i$는 원래의 $d\mathbf{s}(u_i)/du_i$와 같은 미분 부피에 이른다. 이렇게 변형된 행렬은 더 이상 u_i 공간의 미분 영역의 충실한 표현을 제공하고 있지 않지만 이 점은 미분 '부피'를 계산하려는 목적과는 관련이 없다.

다음으로 변형된 행렬의 마지막 (n번째) 행을 취한다. 마지막 행은 마지막 원소를 제외하고는 0이다. 마지막 행의 적당한 배수를 모든 다른 행으로부터 빼서 주대각선 위의 모든 마지막 원소가 0이 되게 한다. 이러한 연산은 다른 $d\mathbf{s}(u_i)/du_i$의 $d\mathbf{s}(u_n)$ 성분만을 변형시키는 변화에 해당하고, 따라서 미분 '부피'를 변화시키지 않는다. 그러면, 마지막 다음 행(이제는 대각선 원소만 있다)을 이용하여 비슷한 방식으로 그 전의 행에서 마지막 다음 원소가 0이 되게 할 수 있다. 이러한 과정을 계속하면, 궁극적으로 그림 4.2의 마지막 행렬에서 보인 구조를 가지는 변형된 $d\mathbf{s}(u_i)/du_i$ 세트를 가지게 된다. 변형된 행렬이 0이 아닌 원소가 하나의 다른 $\hat{\mathbf{e}}_i$과 관련된 대각선 행렬이므로 '부피'는 그렇다면 대각선 원소의 곱으로 쉽게 계산된다. 대각선 행렬의 대각선 원소의 이 곱이 그 행렬식의 계산이다.

복습하면, 미분 '부피'를 원래 도함수 세트의 행렬식과 같은 양으로 알게 되었다. 이것은 그래야만 하는데, 마지막 결과를 얻기까지 각 연산은 행렬식을 변화시키지는 않기 때문이다. 마지막 결과는 잘 알려진 야코비안에 대한 공식으로 표현된다.

$$\begin{pmatrix} a_{11} & a_{12} & a_{13} & a_{14} \\ a_{21} & a_{22} & a_{23} & a_{24} \\ a_{31} & a_{32} & a_{33} & a_{34} \\ a_{41} & a_{42} & a_{43} & a_{44} \end{pmatrix} \to \begin{pmatrix} a_{11} & a_{12} & a_{13} & a_{14} \\ 0 & b_{22} & b_{23} & b_{24} \\ 0 & 0 & b_{33} & b_{34} \\ 0 & 0 & 0 & b_{44} \end{pmatrix} \to \begin{pmatrix} a_{11} & 0 & 0 & 0 \\ 0 & b_{22} & 0 & 0 \\ 0 & 0 & b_{33} & 0 \\ 0 & 0 & 0 & b_{44} \end{pmatrix}$$

그림 4.2 야코비안 행렬의 조작. 여기에서 $a_{ij} = (\partial x_j / \partial u_i)$이고 b_{ij}는 행을 결합하여 만든다.

$$d\tau = J\,du_1 du_2 \cdots, \qquad J = \begin{vmatrix} \dfrac{\partial x_1}{\partial u_1} & \dfrac{\partial x_2}{\partial u_1} & \dfrac{\partial x_3}{\partial u_1} & \cdots \\ \dfrac{\partial x_1}{\partial u_2} & \dfrac{\partial x_2}{\partial u_2} & \dfrac{\partial x_3}{\partial u_2} & \cdots \\ \dfrac{\partial x_1}{\partial u_3} & \dfrac{\partial x_2}{\partial u_3} & \dfrac{\partial x_3}{\partial u_3} & \cdots \\ \cdots & \cdots & \cdots & \cdots \end{vmatrix} \equiv \frac{\partial(x_1,\ x_2,\ \cdots)}{\partial(u_1,\ u_2,\ \cdots)} \tag{4.74}$$

식 (4.74)의 마지막에 보인 야코비안에 대한 표준 기호법은 편미분 도함수가 그 안에 등장하는 방식을 편리하게 상기시킨다. J에 대한 표준 기호법을 $d\tau$ 식에 끼워 넣으면 전체적인 식은 $du_1 du_2 \cdots$을 분자에 가지고 $\partial(u_1,\ u_2,\ ...)$이 분모에 등장한다. 이러한 특징은 사용자가 야코비안을 바로 인지하도록 만든다.

몇 가지 명명법에 대한 내용이다. 식 (4.73)의 행렬은 때때로 **야코비안 행렬**(Jacobian matrix)이라고 불리고 식 (4.74)의 행렬식은 **야코비안 행렬식**(Jacobian determinant)으로 불러서 구별한다. 논의에서 이러한 두 양이 나타나고 구별하여 알 필요가 있는 경우를 제외하고는 대부분의 저자는 식 (4.74)의 행렬식 J를 단순히 야코비안이라 부른다. 그러한 사용법을 이 책에서도 따른다.

마지막 하나를 살펴보고 맺는다. J는 행렬식이므로 u_i와 x_i가 지정되는 순서에 의존하는 부호를 가진다. 이러한 모호성은 왼손 또는 오른손 좌표계를 선택하는 자유에 해당한다. 야코비안을 포함한 전형적인 응용에서는 절댓값을 취하고 개별적인 u_i 적분의 범위를 전체 적분에 대한 맞는 부호를 주는 방식으로 선택하는 것이 보통이다.

예제 4.4.1 2차원과 3차원 야코비안

데카르트 좌표가 x, y이고 변환된 좌표가 u, v인 2차원에서 면적 요소 dA는 식 (4.74)에 따라 다음과 같다.

$$dA = du\,dv\left[\left(\frac{\partial x}{\partial u}\right)\left(\frac{\partial y}{\partial v}\right) - \left(\frac{\partial x}{\partial v}\right)\left(\frac{\partial y}{\partial u}\right)\right]$$

이것은 예상된 결과인데 대괄호 안의 양이 다음 두 벡터의 외적의 z 성분에 대한 공식이고,

$$\left(\frac{\partial x}{\partial u}\right)\hat{\mathbf{e}}_x + \left(\frac{\partial y}{\partial u}\right)\hat{\mathbf{e}}_y \quad \text{그리고} \quad \left(\frac{\partial x}{\partial v}\right)\hat{\mathbf{e}}_x + \left(\frac{\partial y}{\partial v}\right)\hat{\mathbf{e}}_y$$

두 벡터의 외적의 크기는 변이 두 벡터로 이루어진 평행사변형의 면적과 같다는 것이 잘 알려져 있기 때문이다.

3차원에서, 야코비안 행렬식은 정확히 삼중 스칼라곱에 대한 공식인 식 (3.12)에 해당한

다. 식의 A_x, A_y, A_z가 $(\partial x/\partial u)$, $(\partial y/\partial u)$, $(\partial z/\partial u)$를 가리키고 B와 C의 성분에 대해서도 비슷하게 v와 w에 대한 도함수에 관계지으면 세 벡터로 정의된 평행육면체 내부의 면적에 대한 공식이 된다. ■

■ 야코비안의 역

x_i와 u_i가 임의의 좌표의 세트이므로 u_i를 기본적인 좌표계로 보고 x_i를 변수의 변화에 의해 도달하는 좌표로 보면서 앞의 모든 분석을 수행할 수도 있었다. 그 경우 야코비안은 (J^{-1}로 표지하기로 선택하였다) 다음과 같다.

$$J^{-1} = \frac{\partial(u_1,\ u_2,\ \cdots)}{\partial(x_1,\ x_2,\ \cdots)} \tag{4.75}$$

만일 $dx_1 dx_2 \cdots = J du_1 du_2 \cdots$이면, $du_1 du_2 \cdots = (1/J) dx_1 dx_2 \cdots$이 또한 성립해야 한다. J^{-1}으로 부른 양이 사실은 $1/J$임을 증명한다.

두 관련된 야코비안 **행렬**을 다음과 같이 나타낸다.

$$\mathrm{A} = \begin{pmatrix} \frac{\partial x_1}{\partial u_1} & \frac{\partial x_2}{\partial u_1} & \frac{\partial x_3}{\partial u_1} & \cdots \\ \frac{\partial x_1}{\partial u_2} & \frac{\partial x_2}{\partial u_2} & \frac{\partial x_3}{\partial u_2} & \cdots \\ \frac{\partial x_1}{\partial u_3} & \frac{\partial x_2}{\partial u_3} & \frac{\partial x_3}{\partial u_3} & \cdots \\ \cdots & \cdots & \cdots & \cdots \end{pmatrix}, \qquad \mathrm{B} = \begin{pmatrix} \frac{\partial u_1}{\partial x_1} & \frac{\partial u_2}{\partial x_1} & \frac{\partial u_3}{\partial x_1} & \cdots \\ \frac{\partial u_1}{\partial x_2} & \frac{\partial u_2}{\partial x_2} & \frac{\partial u_3}{\partial x_2} & \cdots \\ \frac{\partial u_1}{\partial x_3} & \frac{\partial u_2}{\partial x_3} & \frac{\partial u_3}{\partial x_3} & \cdots \\ \cdots & \cdots & \cdots & \cdots \end{pmatrix}$$

그러면 $J = \det(\mathrm{A})$이고 $J^{-1} = \det(\mathrm{B})$이다. $JJ^{-1} = \det(\mathrm{A})\det(\mathrm{B}) = 1$을 보이고자 한다. 이 증명은 행렬식 곱 정리를 이용하면 꽤 단순하다. 따라서 다음과 같이 쓴다.

$$\det(\mathrm{A})\det(\mathrm{B}) = \det(\mathrm{AB})$$

이제 보일 것은 행렬곱 AB가 단위행렬인 것이다. 행렬곱을 수행하면 연쇄 법칙의 결과 다음을 안다.

$$(\mathrm{AB})_{ij} = \sum_k \left(\frac{\partial x_k}{\partial u_i}\right)\left(\frac{\partial u_j}{\partial x_k}\right) = \left(\frac{\partial u_j}{\partial u_i}\right) = \delta_{ij} \tag{4.76}$$

AB가 정말로 단위행렬인 것을 보였다.

야코비안과 그 역 사이의 관계에는 실질적인 관심이 있다. 도함수 $\partial u_i/\partial x_j$를 계산하는 것이 $\partial x_i/\partial u_j$를 계산하는 것보다 쉬워서 우선 J^{-1}에 대한 행렬식을 세우고 계산하여 J를 얻는 것이 편리한 것으로 밝혀질 수도 있다.

예제 4.4.2 야코비안 직접 구하기와 역 구하기

x, y, z가 데카르트 좌표이고 r, θ, φ가 구면 극 좌표일 때 야코비안 $\dfrac{\partial(r, \theta, \varphi)}{\partial(x, y, z)}$가 필요하다고 가정한다. 식 (4.74)와 다음 관계를 이용하면

$$r = \sqrt{x^2 + y^2 + z^2}, \quad \theta = \cos^{-1}\left(\frac{z}{\sqrt{x^2 + y^2 + z^2}}\right), \quad \varphi = \tan^{-1}\left(\frac{y}{x}\right)$$

많은 노력을 기울인 후 다음을 얻는다($\rho^2 = x^2 + y^2$으로 놓는다).

$$J = \frac{\partial(r, \theta, \varphi)}{\partial(x, y, z)} = \begin{vmatrix} \dfrac{x}{r} & \dfrac{y}{r} & \dfrac{z}{r} \\ \dfrac{xz}{r^2\rho} & \dfrac{yz}{r^2\rho} & -\dfrac{\rho}{r^2} \\ -\dfrac{y}{\rho^2} & \dfrac{x}{\rho^2} & 0 \end{vmatrix} = \frac{1}{r\rho} = \frac{1}{r^2 \sin\theta}$$

다음 관계를 이용하는 것이 훨씬 적은 노력이 든다.

$$x = r\sin\theta\cos\varphi, \qquad y = r\sin\theta\sin\varphi, \qquad z = r\cos\theta$$

그리고 (쉽게) 계산한다.

$$J^{-1} = \frac{\partial(x, y, z)}{\partial(r, \theta, \varphi)} = \begin{vmatrix} \sin\theta\cos\varphi & \sin\theta\sin\varphi & \cos\theta \\ r\cos\theta\cos\varphi & r\cos\theta\sin\varphi & -r\sin\theta \\ -r\sin\theta\sin\varphi & r\sin\theta\cos\varphi & 0 \end{vmatrix} = r^2\sin\theta$$

$J = 1/J^{-1} = 1/r^2\sin\theta$로 쓰면서 끝낸다. ■

연습문제

4.4.1 u와 v가 미분 가능하다고 가정하고,

(a) $u(x, y, z)$와 $v(x, y, z)$가 어떤 함수 $f(u, v) = 0$에 의해 관계될 필요충분조건은 $(\nabla u) \times (\nabla v) = 0$임을 보이시오.

(b) 만일 $u = u(x, y)$이고 $v = v(x, y)$이면 조건 $(\nabla u) \times (\nabla v) = 0$는 다음 2차원 야코비안이 다음과 같음을 보이시오.

$$J = \frac{\partial(u,\ v)}{\partial(x,\ y)} = \begin{vmatrix} \frac{\partial u}{\partial x} & \frac{\partial u}{\partial y} \\ \frac{\partial v}{\partial x} & \frac{\partial v}{\partial y} \end{vmatrix} = 0$$

4.4.2 2차원 직교좌표계가 좌표 q_1와 q_2로 기술된다. 야코비안 J가 다음 식을 만족시키는 것을 보이시오.

$$J \equiv \frac{\partial(x,\ y)}{\partial(q_1,\ q_2)} \equiv \frac{\partial x}{\partial q_1}\frac{\partial y}{\partial q_2} - \frac{\partial x}{\partial q_2}\frac{\partial y}{\partial q_1} = h_1 h_2$$

[힌트] 이 식의 각 변의 제곱을 이용하는 것이 더 쉽다.

4.4.3 $x \geq 0$과 $y \geq 0$인 영역에서 변환 $u = x + y,\ v = x/y$에 대해 야코비안 $\frac{\partial(x,\ y)}{\partial(u,\ v)}$을 구하시오.

(a) 직접 계산에 의해

(b) 먼저 J^{-1}을 계산함에 의해

4.5 미분 형식

텐서를 공부하면서 데카르트 좌표계를 떠나면 구면 극 좌표계나 원통형 좌표계와 같은 전통적인 맥락에서도 상당한 복잡함을 알았다. 어려움의 많은 부분이 (좌표계에서 표현된) 길이(metric)가 위치에 의존하고 일정한 좌표값의 표면이 곡면인 데에서 발생한다. 대부분의 성가신 문제의 많은 부분은 미소 변위를 다루는 기하학적 구조에서는 피할 수 있는데, 그 이유는 물리에서 가장 중요한 상황은 국소적으로 데카르트 좌표계에 기반을 두고 있는 더 단순하고 잘 알고 있는 조건과 유사하기 때문이다.

미분 형식의 연산은 엘리 카르탕(Elie Cartan)에 의해 선도적으로 개발되었고, 곡선 좌표계를 다룰 때, 고전적인 경우나 현대의 휜시공간의 연구에서 모두 자연스럽고 강력한 도구로 알려져 있다. 카르탕의 연산으로 벡터해석의 개념과 정리의 주목할 만한 통합에 이르게 되어 배울 가치가 있으며 결과적으로 미분기하와 이론물리에서 미분 형식이 널리 사용된다.

미분 형식은 물리에서 기하학적 구조가 역할로 들어가는 중요한 길과 논의되는 공간의 연결성[기술적으로는 **위상**(topology)으로 부른다]을 제공한다. 예시는 이미 원에서 정의된 좌표는 일가이면서 모든 각도에서 연속일 수 없다는 사실과 같이 간단한 상황으로 주어져 있다. 물리에서 위상의 더 복잡한 결과는 이 책의 범위를 훨씬 벗어나는데, 게이지 변환, 선속

양자화, 봄-아로노프 효과, 기본 입자의 새로운 이론, 일반 상대성의 현상이 있다.

■ 도입부

간편함을 위해 미분 형식의 논의를 보통의 3차원 공간에 적합한 기호법에서 시작한다. 그렇게 해도 학습하는 방법의 진짜 힘은 이 방법이 공간의 차원이나 길이(metric) 성질에 의해 제약을 받지 않는다는 점이다(그리고 따라서 또한 일반 상대성의 휜시공간에 관련이 있다). 고려하는 기본적인 양은 **미분**(differential) dx, dy, dz이고(공간에서 선형 독립인 방향이다), 그것의 선형 결합이며, 이로부터 금방 자세하게 논의할 결합 규칙에 의해 훨씬 더 복잡한 양이 만들어진다. 예를 들어 dx를 취할 때, 지금의 맥락에서는 그냥 x좌표의 변화를 기술하는 미소 수가 아니라, 어떤 연산적 성질(솔직히 결국에는 선, 면, 부피 적분의 계산과 같은 맥락에서 사용될 수 있는)을 가지고 있는 수학적 대상으로 본다. dx와 관계된 양이 잘 쓰여지는 규칙이 설계되어 **1-폼**(1-form)이라 하는 다음과 같은 식이 선적분의 피적분 함수로 나타나는 양과 관계가 있도록 허용하고,

$$\omega = A(x,\ y,\ z)dx + B(x,\ y,\ z)dy + C(x,\ y,\ z)dz \tag{4.77}$$

2-폼(2-form)이라 하는 다음 유형의 식이 면적분의 피적분 함수와 관계가 있도록 허용하고,

$$\omega = F(x,\ y,\ z)dx \wedge dy + G(x,\ y,\ z)dx \wedge dz + H(x,\ y,\ z)dy \wedge dz \tag{4.78}$$

3-폼(3-form)이라 알려진 다음과 같은 식이 부피 적분의 피적분 함수와 관계가 있도록 허용한다.

$$\omega = K(x,\ y,\ z)dx \wedge dy \wedge dz \tag{4.79}$$

$\wedge$ 기호는[**웨지**(wedge)라 한다] 개별적인 미분이 **외부 대수**(exterior algebra)의 규칙을 이용하여 결합되어 더 복잡한 대상을 만든다는 것을 가리킨다. 외부 대수는 때때로 **그라스만 대수**(Grassmann algebra)라고 한다. 그러므로 식 (4.77)에서 (4.79)까지가 의미하는 것은 다양한 종류의 적분에 대한 관례적인 기호법에 등장할 수 있는 다소 유사한 공식보다 더 많다. 미분 형식의 다른 표시와 밀접함을 유지하기 위해 어떤 저자는 웨지 기호를 생략하고 독자가 미분이 외부 대수의 규칙에 따라 결합되는 것을 아는 것을 가정하기도 한다는 것에 주의한다. 잠재적인 혼돈을 최소화하기 위해 미분의 이러한 결합에 대해 웨지 기호를 계속해서 쓸 것이다(이러한 결합을 **외부 곱** 또는 **웨지 곱**이라고 한다).

미분 형식을 공간의 차원을 전제하지 않는 방식으로 쓰기 위해, 때때로 미분을 dx_i라고 쓰고, p개의 dx_i 인자를 포함하고 있으면 **p-폼**(p-form)이라고 지정한다. 보통의 함수는 (dx_i를 포함하지 않고) **0-폼**(0-form)이라고 알 수 있다.

미분 형식의 수학은 미적분학을 **미분 가능한 다양체**(differentiable manifold)에 체계적으로 적용하려는 목적으로 개발되었다. 미분 가능한 다양체는 국소적으로 '매끈하게'(해석을 위해 필요한 만큼 미분 가능한 것을 의미한다) 변하는 좌표로 알 수 있는 점의 집합으로 느슨하게 정의된다.[5] 지금은 폼에 등장하는 미분에 초점을 맞추고 있는데, 계수의 거동 또한 고려할 수 있다. 예를 들어, 1-폼을

$$\omega = A_x dx + A_y dy + A_z dz$$

와 같이 쓸 때에는 A_x, A_y, A_z는 좌표 변환에서 벡터의 성분과 같이 거동할 것이고, 오래된 미분 형식 문헌에서는 미분과 그 계수를 반변과 공변 벡터 성분으로 가리킨다. 이것은 두 세트의 양이 회전에서 서로 역이 되는 방식으로 변환하기 때문이다. 이 지점에서 이 절의 논의와 관련이 있는 것은 미분 형식에 대해 전개한 관계식을 그 벡터 계수와 관련된 관계식으로 옮길 수 있다는 것과 여러 잘 알려진 벡터해석의 공식뿐 아니라 이를 더 높은 차원의 공간에 어떻게 일반화할 수 있는지 보여준다는 것이다.

■ 외부 대수

외부 대수의 중심 아이디어는 연산이 순열 반대칭(permutational antisymmetry)을 만들도록 설계되었다는 것이다. 기저 1-폼이 dx_i이고, ω_j가 임의의 p-폼이며(각각 순서 p_j를 가지는), a와 b가 보통의 수나 함수이면, 웨지 곱은 다음 성질을 가지는 것으로 정의된다.

$$\begin{gathered}
(a\omega_1 + b\omega_2) \wedge \omega_3 = a\,\omega_1 \wedge \omega_3 + b\,\omega_2 \wedge \omega_3 \qquad (p_1 = p_2) \\
(\omega_1 \wedge \omega_2) \wedge \omega_3 = \omega_1 \wedge (\omega_2 \wedge \omega_3), \quad a(\omega_1 \wedge \omega_2) = (a\omega_1) \wedge \omega_2 \\
dx_i \wedge dx_j = -\, dx_j \wedge dx_i
\end{gathered} \tag{4.80}$$

따라서 보통의 결합법칙과 배분법칙이 성립하고, 임의의 미분 형식의 각 항은 계수에 dx_i 1개를 곱하거나 다음 일반적인 형태의 웨지 곱을 곱한 것으로 간단해질 수 있다.

$$dx_i \wedge dx_j \wedge \cdots \wedge dx_p$$

게다가 식 (4.80)의 성질은 모든 계수 함수를 모아서 폼의 시작에 둘 수 있다. 예를 들면 다음과 같다.

$$a\,dx_1 \wedge b\,dx_2 = -\,a(b\,dx_2 \wedge dx_1) = -\,ab(dx_2 \wedge dx_1) = ab(dx_1 \wedge dx_2)$$

---

5 원이나 구에서 정의된 다양체는 전역적으로 매끈할 수 없다(보통의 좌표계에서는 어디에선가 2π만큼 뛸 것이다). 이것과 관련된 쟁점은 위상과 물리를 연결하고, 대부분 이 책의 범위를 넘어선다.

따라서 일반적으로 곱이 계산되는 순서를 가리키는 괄호가 필요하지 않다.

식 (4.80)의 마지막을 이용하여 지표 세트를 어떤 원하는 순서에도 이르게 할 수 있다. 만일 어떤 두 dx_i가 같으면, $dx_i \wedge dx_i = - dx_i \wedge dx_i = 0$이기 때문에 식은 0이 될 것이다. 그렇지 않으면, 정렬된 지표 폼은 그 순열을 얻기 위하여 필요한 지표 순열의 **패리티**에 의해서 결정되는 부호를 가질 것이다. 이것이 행렬식의 조건에 대한 부호 규칙인 것은 우연이 **아니다**. 식 (2.10)과 비교하라. ε_P가 오름차순 지표 순서에 대한 순열의 레비-치비타 기호를 나타낸다고 하고, dx_i의 임의의 웨지 곱은, 예를 들면 다음 폼에 이르게 할 수 있다.

$$\varepsilon_P dx_{h_1} \wedge dx_{h_2} \wedge \cdots \wedge dx_{h_p}, \qquad 1 \le h_1 < h_2 < \cdots < h_p$$

만일 미분 형식에 있는 dx_i 하나라도 다른 것에 선형 종속이면, 그것을 선형 독립 항으로 전개하면 중복된 dx_j를 만들어내므로 폼이 0이 되게 한다. 선형 독립인 dx_j의 개수는 공간의 차원보다 클 수 없으므로 차원이 d인 공간에서는 $p \le d$인 p-폼만을 고려할 필요가 있다. 따라서 3차원에서는 3-폼까지만 관련이 있고 민코프스키 공간 $(ct,\ x,\ y,\ z)$에서는 4-폼을 가지게 될 것이다.

예제 4.5.1 미분 형식을 간단하게 하기

다음 웨지 곱을 고려한다.

$$\omega = (3dx + 4dy - dz) \wedge (dx - dy + 2dz) = 3dx \wedge dx - 3dx \wedge dy + 6dx \wedge dz$$
$$+ 4dy \wedge dx - 4dy \wedge dy + 8dy \wedge dz - dz \wedge dx + dz \wedge dy - 2dz \wedge dz$$

중복된 미분을 가지고 있는 항은, 예를 들어 $dx \wedge dx$는 0이 되고, 1-폼의 순서만 다른 곱은 인자를 서로 교환할 때 곱의 부호만 바뀌면서 결합된다. 다음을 얻는다.

$$\omega = - 7dx \wedge dy + 7dx \wedge dz + 7dy \wedge dz = 7(dy \wedge dz - dz \wedge dx - dx \wedge dy)$$

3차원의 경우에는 웨지 곱에서 1-폼을 (오름차순이나 내림차순보다) 순환 순서로 이끄는 것의 장점을 곧 알게 될 것이고, 마지막으로 ω를 단순화할 때 그렇게 했다. ■

외부 대수에 내장되어 있는 반대칭은 중요한 목적이 있다. 이것은 p-폼이 길이, 면적, 그리고 부피 요소의 기술에 대해 (3차원에서) 적합한 방식으로 미분에 의존하게 한다. 그 이유는 부분적으로는 $dx_i \wedge dx_i = 0$이 중복된 미분이 나타나는 것을 방지하기 때문이다. 특히, 1-폼은 길이 요소와, 2-폼은 면적과, 3-폼은 부피와 관련지을 수 있다. 이러한 특징은 임의의 차원의 공간으로 이월될 수 있고, 이로부터 이러한 특징이 없다면 사례별로 다루어야 하는 잠재적으로 어려운 문제를 해결한다. 사실은 미분 형식 접근법의 장점 중 하나는 텐서 해석으로부터는 거의 완벽하게 없는 상당한 양의 일반적인 수학적 결과가 이제는 존재한다는 것이다. 예를 들면, 금방 외부 대수에서 p-폼의 도함수가 $(p+1)$-폼이 되게 하는 미분에 대한 규칙을 알게 될 것이다. 이로부터 텐서 연산에서 발생하는 다음 함정을 피한다. 변환 계수가 위치에 의존하는 때에는, 단순히 순위 p 텐서를 표현하는 계수를 미분한 것이 다른 텐서가 되지는 않는다. 이미 보았듯이, 이 딜레마가 텐서 해석에서는 **공변 도함수**의 개념을 도입함으로써 해결된다. 반대칭의 다른 결과는 길이, 면적, 부피, 그리고 (더 높은 차원에서) **초부피**(hypervolume)는 **방향이 있다**(oriented)는 것이고(이를 정의하는 p-폼을 쓴 방식에 의존하는 부호를 갖는다는 뜻이다), 미분 형식에 기반을 두고 계산할 때에는 **방향**(orientation)을 고려해야 한다.

■ 상보 미분 형식

각 미분 형식과 관계된 것으로 **상보**(complementary)[또는 **쌍대**(dual)] 폼이 있는데 이것은 원래 폼에 포함되지 **않은** 미분을 포함한다. 따라서 차원이 d인 공간에서는 p-폼에 대해 쌍대인 폼은 $(d-p)$-폼이다. 3차원에서는 1-폼에 대한 상보는 2-폼이고(그 역도 성립한다), 한편 3-폼에 대한 상보는 0-폼(스칼라)이다. 이러한 상보 폼을 이용하는 것이 유용하고, 이것은 **호지 연산자**(Hodge operator)로 알려진 연산자를 도입함으로써 이루어진다. 호지 연산자는 보통 기호로 별표를 쓰고(위 첨자가 아니고, 적용되는 양에 앞선다), 따라서 **호지 스타 연산자**(Hodge star operator) 또는 간단히 **스타 연산자**(star operator)로 부른다. 정식으로는, 그 정의는 길이(metric)와 **방향**의 선택(1-폼 기저를 이루는 미분의 표준적인 순서를 지정함으로써 선택되는)을 요구하고, 만일 1-폼 기저가 직교하지 않으면 여기에서 논의하지 않을 복잡함이 결과로서 생긴다. 직교하는 기저에 대해서는, 쌍대 폼이 인자의 지표 위치와 메트릭 텐서에 의존한다.[6]

ω가 p-폼일 때, $*\omega$를 찾기 위해서 ω에 표현되지 않은 1-폼 기저의 모든 구성원의 웨지곱 ω'을 씀으로써 시작한다. 이때 다음 지표 세트를 표준적인 순서로 이끄는 데 필요한 순열에 대응하는 부호를 함께 쓴다.

(ω의 지표) 다음에 (ω'의 지표)를 이어서 쓴 지표

그러면 $*\omega$는 ω'(바로 지금 찾은 부호가 포함된)에 $(-1)^{\mu}$를 곱한 양이다. 여기에서 μ는 ω'

6 이 논의에서는, 유클리드와 민코프스키 길이에 제한하여, 메트릭 텐서가 대각화되어 있고, 대각선 원소는 ± 1이고, 관련된 양이 대각선 원소의 부호이다.

에서 메트릭 텐서 대각선 원소가 -1인 미분의 개수이다. 보통의 3차원 공간 $\mathbb{R}^3$에 대해서는, 메트릭 텐서가 단위행렬이고, 따라서 이 마지막 곱이 생략될 수 있지만, 여기에서 관심이 있는 다른 경우인 민코프스키 길이에서는 관련이 있게 된다.

유클리드 3차원 공간에서는 다음을 얻는다.

$$\begin{gathered} *1 = dx_1 \wedge dx_2 \wedge dx_3 \\ *dx_1 = dx_2 \wedge dx_3, \qquad *dx_2 = dx_3 \wedge dx_1, \qquad *dx_3 = dx_1 \wedge dx_2 \\ *(dx_1 \wedge dx_2) = dx_3, \qquad *(dx_3 \wedge dx_1) = dx_2, \qquad *(dx_2 \wedge dx_3) = dx_1 \\ *(dx_1 \wedge dx_2 \wedge dx_3) = 1 \end{gathered} \tag{4.81}$$

위에 보이지 않은 경우는 보인 양에 선형 종속이어서 결과로서 생기는 부호를 고려하면 위의 공식에서 미분의 순열에 의해 얻어질 수 있다.

이 지점에서, 두 가지 관찰을 하게 된다. 첫째로, 지표를 1, 2, 3의 순환 순서로 쓰는 것에 의해 모든 스타가 붙은 양이 양의 부호를 가지게 하였다. 이 선택은 대칭성을 더욱 분명하게 만든다. 둘째로, 식 (4.81)의 모든 공식은 $*(*\omega) = \omega$와 일치한다. 그렇지만 이것이 보편적으로 맞는 것은 아니다. 다음에 고려하는 예제에 있는 민코프스키 공간에 대한 공식과 비교하라. 또한 연습문제 4.5.1을 보라.

예제 4.5.2 민코프스키 공간에서 호지 연산자

방향이 있는 1-폼 기저 $(dt,\ dx_1,\ dx_2,\ dx_3)$와 다음 메트릭 텐서를 취한다.

$$\begin{pmatrix} 1 & 0 & 0 & 0 \\ 0 & -1 & 0 & 0 \\ 0 & 0 & -1 & 0 \\ 0 & 0 & 0 & -1 \end{pmatrix}$$

호지 연산자가 여러 가능한 미분 형식에 미치는 영향을 결정한다. 처음으로 $*1$을 고려하면 상보 폼이 $dt \wedge dx_1 \wedge dx_2 \wedge dx_3$을 포함하고 있다. 이러한 미분을 기저의 순서로 취하고 있으므로 여기에 대해서는 양의 부호가 할당된다. $\omega = 1$은 미분을 포함하고 있지 않으므로, 음의 메트릭 텐서 대각선 원소의 수 μ는 0이다. 따라서 $(-1)^\mu = (-1)^0 = 1$이고 길이(metric)로부터 생기는 부호의 변화는 없다. 그러므로 다음이 성립한다.

$$*1 = dt \wedge dx_1 \wedge dx_2 \wedge dx_3$$

다음으로 $*(dt \wedge dx_1 \wedge dx_2 \wedge dx_3)$를 취한다. 상보 형식은 단순히 1이고, 미분이 이미 표준적인 순서를 가지고 있으므로 지표 순서에 의한 부호 변화는 없다. 그렇지만 이번에는 스타가 붙은 양에서 음의 메트릭 텐서 대각선 원소가 3개다. 이것은 $(-1)^3=-1$을 만든다. 따라서 다음이 성립한다.

$$*(dt\wedge dx_1\wedge dx_2\wedge dx_3)=-1$$

다음으로 $*dx_1$로 옮긴다. 상보 폼은 $dt\wedge dx_2\wedge dx_3$이고 지표 순서(dx_1, dt, dx_2, dx_3에 기반을 둔)는 표준적인 순서에 이르기 위해 한 쌍의 서로 바꿈을 요구한다(이에 따라 음의 부호를 얻는다). 그러나 스타가 붙은 양은 음의 부호를 생성하는 1개의 미분, 즉 dx_1을 포함하고 있으므로 다음을 얻는다.

$$*dx_1=dt\wedge dx_2\wedge dx_3$$

명시적으로 1개의 경우를 더 살펴본다. $*(dt\wedge dx_1)$을 고려하면 상보 폼은 $dx_2\wedge dx_3$이다. 이번에는 지표가 표준적인 순서에 있지만 dx_1에 스타가 붙기 때문에 음의 부호를 생성한다. 따라서 다음이 성립한다.

$$*(dt\wedge dx_1)=-dx_2\wedge dx_3$$

남아 있는 가능성에 대한 전개는 연습문제 4.5.1에 남긴다. 결과는 아래에 요약되었다. i, j, k는 1, 2, 3의 순환 순열을 가리킨다.

$$\begin{aligned}
&*1=dt\wedge dx_1\wedge dx_2\wedge dx_3\\
&*dx_i=dt\wedge dx_j\wedge dx_k, \qquad *dt=dx_1\wedge dx_2\wedge dx_3\\
&*(dx_j\wedge dx_k)=dt\wedge dx_i, \qquad *(dt\wedge dx_i)=-dx_j\wedge dx_k\\
&*(dx_1\wedge dx_2\wedge dx_3)=dt, \qquad *(dt\wedge dx_i\wedge dx_j)=dx_k\\
&*(dt\wedge dx_1\wedge dx_2\wedge dx_3)=-1
\end{aligned}\tag{4.82}$$

식 (4.82)에서 모든 스타가 붙은 짝수 개의 미분을 포함한 폼은 $*(*\omega)=-\omega$인 성질을 가지고 있다. 이것은 앞에서 말한 상보를 두 번 적용한다고 원래 부호를 가진 원래 폼이 되리라는 보장이 없다는 것을 확인시켜준다. ■

이제 스타 연산자의 유용성을 설명하는 예제를 몇 개 고려한다.

예제 4.5.3 여러 가지 미분 형식

유클리드 공간 $\mathbb{R}^3$에서, 두 1-폼 $A = A_x dx + A_y dy + A_z dz$와 $B = B_x dx + B_y dy + B_z dz$의 웨지 곱 $A \wedge B$을 고려한다. 외부 대수의 규칙을 이용하여 간단하게 하면 다음이 성립한다.

$$A \wedge B = (A_y B_z - A_z B_y) dy \wedge dz + (A_z B_x - A_x B_z) dz \wedge dx + (A_x B_y - A_y B_x) dx \wedge dy$$

이제 스타 연산자를 적용하고 식 (4.81)을 이용하면 다음을 얻는다.

$$*(A \wedge B) = (A_y B_z - A_z B_y) dx + (A_z B_x - A_x B_z) dy + (A_x B_y - A_y B_x) dz$$

이것은 $\mathbb{R}^3$에서 $*(A \wedge B)$가 벡터 $A_x \hat{\mathbf{e}}_x + A_y \hat{\mathbf{e}}_y + A_z \hat{\mathbf{e}}_z$와 $B_x \hat{\mathbf{e}}_x + B_y \hat{\mathbf{e}}_y + B_z \hat{\mathbf{e}}_z$의 외적 $\mathbf{A} \times \mathbf{B}$와 비슷한 표현을 이루는 것을 보여준다. 사실은 다음과 같이 쓸 수 있다.

$$*(A \wedge B) = (\mathbf{A} \times \mathbf{B})_x dx + (\mathbf{A} \times \mathbf{B})_y dy + (\mathbf{A} \times \mathbf{B})_z dz \tag{4.83}$$

$*(A \wedge B)$의 부호는 기저 미분의 표준적인 순서가 $(dx,\ dy,\ dz)$인 묵시적 선택에 의해 결정된다.

다음으로 외부 곱 $A \wedge B \wedge C$을 고려한다. 여기에서 C는 1-폼이고 계수는 C_x, C_y, C_z이다. 계산 규칙을 적용하면, 곱의 모든 0이 아닌 항이 $dx \wedge dy \wedge dz$에 비례함을 알고 다음을 얻는다.

$$\begin{aligned} A \wedge B \wedge C = (&A_x B_y C_z - A_x B_z C_y - A_y B_x C_z \\ &+ A_y B_z C_x + A_z B_x C_y - A_z B_y C_x) dx \wedge dy \wedge dz \end{aligned}$$

여기에서 알아낸 것을 다음 형태로 쓸 수 있다.

$$A \wedge B \wedge C = \begin{vmatrix} A_x & A_y & A_z \\ B_x & B_y & B_z \\ C_x & C_y & C_z \end{vmatrix} dx \wedge dy \wedge dz$$

이제 스타 연산자를 적용하면 다음에 이른다.

$$*(A \wedge B \wedge C) = \begin{vmatrix} A_x & A_y & A_z \\ B_x & B_y & B_z \\ C_x & C_y & C_z \end{vmatrix} = \mathbf{A} \cdot (\mathbf{B} \times \mathbf{C}) \tag{4.84}$$

식 (4.83)과 (4.84)의 결과가 쉽게 얻어졌을 뿐만 아니라 임의의 차원의 공간과 길이(metric)에 잘 일반화된다. 반면, 벡터 외적을 사용하는 전통적인 벡터 기호법은 $\mathbb{R}^3$에만 적용할 수 있다. ■

4.5.1 호지 스타 연산자의 응용에 대한 규칙을 이용하여 민코프스키 공간의 모든 선형 독립인 미분 형식에 대해 적용하는 것에 대해 식 (4.82)에 주어진 결과를 증명하시오.

4.5.2 만일 힘의 장이 일정하고 입자를 원점으로부터 (3, 0, 0)까지 움직일 때 a 단위의 일이 필요하고, $(-1,\ -1,\ 0)$으로부터 $(-1,\ 1,\ 0)$까지 움직일 때 b 단위의 일이 필요하고, (0, 0, 4)로부터 (0, 0, 5)까지 움직일 때 c 단위의 일이 필요하다면, 일의 1-폼을 구하시오.

4.6 폼 미분하기

■ 외부 도함수

미분 형식과 외부 대수를 도입했으므로, 다음으로 미분에서 그 성질을 전개한다. 이것을 성취하기 위해 **외부 도함수**(exterior derivative)를 정의한다. 이것은 전통적인 기호 d에 의해 **연산자**로 고려한다. 사실은 이미 dx_i를 쓸 때 단순한 x_i의 작은 변화가 아닌 특정한 성질을 가진 수학적 대상으로 dx_i를 해석하려는 의도가 있다고 말하면서 그 연산자를 도입하였다. 이제 그 이야기를 개량해서 dx_i를 연산자 d를 양 x_i에 적용한 결과로 해석한다. 연산자 d의 정의를 ω가 p-폼, ω'이 p'-폼, f가 보통의 함수(0-폼)일 때, 다음 성질을 요구하는 것으로 완성한다.

$$\begin{aligned} d(\omega+\omega') &= d\omega + d\omega' \qquad (p=p') \\ d(f\omega) &= (df)\wedge\omega + f\,d\omega \\ d(\omega\wedge\omega') &= d\omega\wedge\omega' + (-1)^p\omega\wedge d\omega' \\ d(d\omega) &= 0 \\ df &= \sum_j \frac{\partial f}{\partial x_j}dx_j \end{aligned} \tag{4.85}$$

여기에서 j에 대한 합은 공간을 생성한다. 웨지 곱의 도함수에 대한 공식은 때때로 수학자들에 의해 antiderivation으로 불리기도 한다. Antiderivation을 직역하면 부정적분 구하기이지만 여기에서는 오른쪽 인자에 적용될 때 반대칭에 기인한 음의 부호가 나타나는 것을 가리키는 것이다.

예제 4.6.1 외부 도함수

식 (4.85)는 **공리**(axiom)이고, 따라서 모순이 없음이 **요구되지만**, 증명의 대상은 아니다. 웨지 곱의 두 번째 항의 도함수의 부호를 증명하는 것에는 관심이 있다. ω와 ω'을 단항식으로 취하고, 첫 번째로 그 계수를 왼쪽으로 이끌고 미분 연산자를 적용한다(그러면 부호의 선택과 상관없이 미분에 미분 연산자를 적용하면 0이 된다). 따라서 다음과 같다.

$$\begin{aligned} d(\omega \wedge \omega') &= d(AB)\left[dx_1 \wedge \cdots \wedge dx_p\right] \wedge \left[dx_1 \wedge \cdots \wedge dx_{p'}\right] \\ &= \sum_\mu \left[\frac{\partial A}{\partial x_\mu} B + A\frac{\partial B}{\partial x_\mu}\right] dx_\mu \wedge \left[dx_1 \wedge \cdots \wedge dx_p\right] \wedge \left[dx_1 \wedge \cdots \wedge dx_{p'}\right] \end{aligned}$$

합을 전개하면, 첫 번째 항은 분명히 $d\omega \wedge \omega'$이다. 두 번째 항을 $\omega \wedge d\omega'$처럼 보이게 하기 위해서는 ω에 있는 열은 p개의 미분을 통과하도록 dx_μ의 순서를 바꿀 필요가 있고, 이때 부호 인자 $(-1)^p$가 발생한다. 일반적인 다항식 폼에 일반화하는 것은 진부하다.

어쩌면 때때로 **푸앵카레 보조정리**(Poincaré's lemma)로 불리는 식 (4.85)의 네 번째 공리 $d(d\omega) = 0$이 필요한지 또는 다른 공리와 모순이 없는지 의문을 제기할 수 있다. 첫 번째로, 이것은 다른 방법으로는 $d(dx_i)$를 간단히 할 수 없기 때문에 새로운 정보를 제공한다. 다음으로는, 왜 이 공리 세트가 모순이 없는지 보기 위해 ($\mathbb{R}^2$에서) 다음을 살펴봄으로써 설명한다.

$$df = \frac{\partial f}{\partial x}dx + \frac{\partial f}{\partial y}dy$$

이로부터 다음을 세운다.

$$\begin{aligned} d(df) &= \frac{\partial}{\partial x}\left(\frac{\partial f}{\partial x}\right)dx \wedge dx + \frac{\partial}{\partial y}\left(\frac{\partial f}{\partial x}\right)dy \wedge dx \\ &\quad + \frac{\partial}{\partial x}\left(\frac{\partial f}{\partial y}\right)dx \wedge dy + \frac{\partial}{\partial y}\left(\frac{\partial f}{\partial y}\right)dy \wedge dy = 0 \end{aligned}$$

웨지 곱의 반대칭 때문에 그리고 섞인 2계 도함수가 같기 때문에 0인 결과를 얻는다. 푸앵카레 보조정리의 타당성에 대한 중심적인 이유는 충분히 미분 가능한 함수의 섞인 도함수는 미분이 수행되는 순서에 대해 불변이기 때문이다. ■

보통의 3차원 공간에서 d 연산자의 모든 가능성의 목록을 만들기 위해 첫 번째로 보통 함수의 도함수(0-폼)가 다음과 같음을 적어 둔다.

$$df = \frac{\partial f}{\partial x}dx + \frac{\partial f}{\partial y}dy + \frac{\partial f}{\partial z}dz = (\nabla f)_x dx + (\nabla f)_y dy + (\nabla f)_z dz \tag{4.86}$$

다음으로 1-폼 $\omega = A_x dx + A_y dy + A_z dz$를 미분한다. 간단히 하면 다음과 같다.

$$d\omega = \left[\frac{\partial A_z}{\partial y} - \frac{\partial A_y}{\partial z}\right] dy \wedge dz + \left[\frac{\partial A_x}{\partial z} - \frac{\partial A_z}{\partial x}\right] dz \wedge dx + \left[\frac{\partial A_y}{\partial x} - \frac{\partial A_x}{\partial y}\right] dx \wedge dy$$

이것을 다음과 같이 안다.

$$\begin{aligned} &d(A_x dx + A_y dy + A_z dz) \\ &\qquad = (\nabla \times \mathbf{A})_x dy \wedge dz + (\nabla \times \mathbf{A})_y dz \wedge dx + (\nabla \times \mathbf{A})_z dx \wedge dy \end{aligned} \tag{4.87}$$

이것은 다음과 동등하다.

$$*d(A_x dx + A_y dy + A_z dz) = (\nabla \times \mathbf{A})_x dx + (\nabla \times \mathbf{A})_y dy + (\nabla \times \mathbf{A})_z dz \tag{4.88}$$

마지막으로 2-폼 $B_x dy \wedge dz + B_y dz \wedge dx + B_z dx \wedge dy$를 미분하면 다음의 3-폼을 얻는다.

$$d(B_x dy \wedge dz + B_y dz \wedge dx + B_z dx \wedge dy) = \left[\frac{\partial B_x}{\partial x} + \frac{\partial B_y}{\partial y} + \frac{\partial B_z}{\partial z}\right] dx \wedge dy \wedge dz$$

이것은 다음과 동등하다.

$$d(B_x dy \wedge dz + B_y dz \wedge dx + B_z dx \wedge dy) = (\nabla \cdot \mathbf{B}) dx \wedge dy \wedge dz \tag{4.89}$$

그리고

$$*d(B_x dy \wedge dz + B_y dz \wedge dx + B_z dx \wedge dy) = \nabla \cdot \mathbf{B} \tag{4.90}$$

d 연산자를 적용하여 전통적인 벡터해석의 모든 미분 연산자를 직접 생성하는 것을 안다.

이제 식 (4.87)로 돌아가서 $\mathbf{A} = \nabla \mathbf{f}$가 되도록 왼쪽의 1-폼을 df로 취하면, 식 (4.86)을 끼워 넣어서 다음을 얻는다.

$$d(df) = (\nabla \times (\nabla f))_x dy \wedge dz + (\nabla \times (\nabla f))_y dz \wedge dx + (\nabla \times (\nabla f))_z dx \wedge dy = 0 \tag{4.91}$$

푸앵카레 보조정리로부터 이 식을 0으로 놓았다. 이 결과는 잘 알려진 항등식 $\nabla \times (\nabla f) = 0$과 동등하다.

식 (4.89)에서 출발하고 그 왼쪽의 2-폼을 $d(A_x dx + A_y dy + A_z dz)$으로 취하면 얻어지는 항등식이 있다. 식 (4.88)의 도움을 받으면 다음을 얻는다.

$$d(d(A_x dx + A_y dy + A_z dz)) = \nabla \cdot (\nabla \times \mathbf{A}) dx \wedge dy \wedge dz = 0 \tag{4.92}$$

여기서 다시 한번 0인 결과가 푸앵카레 보조정리로부터 나오고 잘 알려진 공식 $\nabla \cdot (\nabla \times \mathbf{A})$

$=0$을 입증한다. 이러한 공식을 미분 형식 방법으로 유도하는 것의 중요성의 일부는 이것이 더 높은 차원과 다른 길이(metric) 성질을 가지고 있는 공간에서 유도될 수 있는 항등식의 계층 구조의 단지 첫 번째 구성원이라는 것이다.

예제 4.6.2 맥스웰 방정식

전자기 이론의 맥스웰 방정식은 미분 형식의 기호법을 사용하면 극히 간결하고 우아하게 쓸 수 있다. 이 기호법에서는, 전자기장 텐서(electromagnetic field tensor)의 독립인 원소는 민코프스키 공간에서 2-폼의 계수이고 방향이 있는 기저 $(dt,\ dx,\ dy,\ dz)$에서 다음과 같다.

$$\begin{aligned} F =& -E_x dt\wedge dx - E_y dt\wedge dy - E_z dt\wedge dz \\ &+ B_x dy\wedge dz + B_y dz\wedge dx + B_z dx\wedge dy \end{aligned} \tag{4.93}$$

여기에서 $\mathbf{E}$와 $\mathbf{B}$는 각각 전기장과 자기장이다. 장의 소스, 즉 전하 밀도 ρ와 전류 밀도 $\mathbf{J}$는 3-폼의 계수가 된다.

$$J = \rho\, dx\wedge dy\wedge dz - J_x\, dt\wedge dy\wedge dz - J_y\, dt\wedge dz\wedge dx - J_z\, dt\wedge dx\wedge dy \tag{4.94}$$

간편함을 위해 유전율, 자기 투자율, 빛의 속도를 모두 1로 놓는다($\varepsilon=\mu=c=1$). 전하와 전류 밀도가 3-폼에 나타나는 것이 자연스럽다. 이것이 모두 함께 4차원 벡터를 구성하기 위해 필요한 수를 가지고 있음에도 불구하고, 이것의 차원은 부피의 역수이다. 이 예제의 공식에서 어떤 부호는 길이(metric)의 세부사항에 의존하고, 예제 4.5.2에서 주어진 민코프스키 길이에 대해 맞도록 선택되었다. 이러한 민코프스키 길이는 **부호**(signature) (1,3)을 가지고, 1개의 양수와 3개의 음수 대각선 원소를 가진다는 뜻이다. 어떤 연구자는 민코프스키 길이가 부호 (3,1)을 가지도록 정의해서 모든 부호를 바꾸어 놓는다. 어떤 선택도 일관되게 이용된다면 물리 문제에서 맞는 결과를 준다. 불편은 일관되지 않은 출처의 자료가 결합될 때에만 발생한다.

두 동차 맥스웰 방정식은 간단한 공식 $dF=0$으로부터 얻어진다. 이 식은 F에 대한 수학적인 요구 사항은 아니다. 이것은 전기장과 자기장의 물리적 성질에 대한 이야기이다. 새로운 공식을 보통의 벡터 식과 관련시키기 위해 단순히 d 연산자를 F에 적용한다.

$$\begin{aligned} dF =& -\left[\frac{\partial E_x}{\partial y}dy + \frac{\partial E_x}{\partial z}dz\right]\wedge dt\wedge dx - \left[\frac{\partial E_y}{\partial x}dx + \frac{\partial E_y}{\partial z}dz\right]\wedge dt\wedge dy \\ &- \left[\frac{\partial E_z}{\partial x}dx + \frac{\partial E_z}{\partial y}dy\right]\wedge dt\wedge dz + \left[\frac{\partial B_x}{\partial t}dt + \frac{\partial B_x}{\partial x}dx\right]\wedge dy\wedge dz \\ &+ \left[\frac{\partial B_y}{\partial t}dt + \frac{\partial B_y}{\partial y}dy\right]\wedge dz\wedge dx + \left[\frac{\partial B_z}{\partial t}dt + \frac{\partial B_z}{\partial z}dz\right]\wedge dx\wedge dy = 0 \end{aligned} \tag{4.95}$$

식 (4.95)는 쉽게 간단하게 되어 다음이 된다.

$$dF = \left[\frac{\partial E_z}{\partial y} - \frac{\partial E_y}{\partial z} + \frac{\partial B_x}{\partial t}\right] dt \wedge dy \wedge dz + \left[\frac{\partial E_x}{\partial z} - \frac{\partial E_z}{\partial x} + \frac{\partial B_y}{\partial t}\right] dt \wedge dz \wedge dx$$
$$+ \left[\frac{\partial E_y}{\partial x} - \frac{\partial E_x}{\partial y} + \frac{\partial B_z}{\partial t}\right] dt \wedge dx \wedge dy + \left[\frac{\partial B_x}{\partial x} + \frac{\partial B_y}{\partial y} + \frac{\partial B_z}{\partial z}\right] dx \wedge dy \wedge dz = 0 \quad (4.96)$$

각각의 3-폼 단항식의 계수는 개별적으로 0이 되어야 하므로, 식 (4.96)으로부터 벡터 식을 얻는다.

$$\nabla \times \mathbf{E} + \frac{\partial \mathbf{B}}{\partial t} = 0 \quad \text{그리고} \quad \nabla \cdot \mathbf{B} = 0$$

이제 두 비동차 맥스웰 방정식을 거의 똑같이 간단한 공식 $d(*F) = J$로부터 얻기 위해 나아간다. 이것을 증명하기 위해, 첫 번째로 $*F$를 세우고, 스타가 붙은 양을 식 (4.82)에 있는 공식을 이용하여 계산한다.

$$*F = E_x\, dy \wedge dz + E_y\, dz \wedge dx + E_z\, dx \wedge dy + B_x\, dt \wedge dx + B_y\, dt \wedge dy + B_z\, dt \wedge dz$$

이제 d 연산자를 적용하여 식 (4.96)을 얻을 때 밟은 단계와 비슷한 단계 후 다음에 이른다.

$$d(*F) = \nabla \cdot \mathbf{E}\, dx \wedge dy \wedge dz + \left[\frac{\partial E_x}{\partial t} - (\nabla \times \mathbf{B}_x)\right] dt \wedge dy \wedge dz$$
$$+ \left[\frac{\partial E_y}{\partial t} - (\nabla \times \mathbf{B}_y)\right] dt \wedge dz \wedge dx + \left[\frac{\partial E_z}{\partial t} - (\nabla \times \mathbf{B}_z)\right] dt \wedge dx \wedge dy \qquad (4.97)$$

식 (4.97)로부터 구한 $d(*F)$가 식 (4.94)에 주어진 J와 같다고 놓으면 다음의 남은 맥스웰 방정식을 얻는다.

$$\nabla \cdot \mathbf{E} = \rho \quad \text{그리고} \quad \nabla \times \mathbf{B} - \frac{\partial \mathbf{E}}{\partial t} = \mathbf{J}$$

d 연산자를 J에 적용함으로써 이 예제를 마무리한다. 결과는 $dJ = d(d(*F))$가 0이 되어야 한다. 식 (4.94)로부터 출발하여 다음을 얻는다.

$$dJ = \left[\frac{\partial \rho}{\partial t} + \frac{\partial J_x}{\partial x} + \frac{\partial J_y}{\partial y} + \frac{\partial J_z}{\partial z}\right] dt \wedge dx \wedge dy \wedge dz = 0$$

이로부터 다음이 성립한다.

$$\frac{\partial \rho}{\partial t} + \nabla \cdot \mathbf{J} = 0 \qquad (4.98)$$

요약하면, 미분 형식 접근법은 맥스웰 방정식을 다음 두 간단한 공식으로 간단하게 한다.

$$dF = 0 \quad \text{그리고} \quad d(*F) = J \tag{4.99}$$

그리고 J는 연속 방정식을 만족시켜야 함을 또한 보였다. ■

연습문제

4.6.1 2개의 1-폼 $\omega_1 = xdy + ydx$, $\omega_2 = xdy - ydx$가 주어졌을 때 다음을 계산하시오.

(a) $d\omega_1$

(b) $d\omega_2$

(c) (a) 또는 (b)의 답이 0이 아닌 경우에 대하여, d 연산자를 두 번째 적용하면 $d(d\omega_i) = 0$이 됨을 증명하시오.

4.6.2 d 연산자를 $\omega_3 = xydz + xzdy - yzdx$에 두 번 적용하시오. d를 두 번째 적용한 결과는 0이 됨을 증명하시오.

4.6.3 ω_2와 ω_3가 연습문제 4.6.1과 4.6.2에서 이름 붙인 1-폼일 때 $d(\omega_2 \wedge \omega_3)$을 계산하시오.

(a) 외부 곱을 수행하고 미분하여 계산하시오.

(b) 두 폼의 곱을 미분하는 공식을 이용하시오.

두 접근법이 같은 결과를 주는 것을 증명하시오.

4.7 폼 적분하기

미분 형식의 적분을 보통 적분의 개념을 보존하는 방식으로 정의하는 것이 자연스럽다. 관련 있는 적분은 미분 형식이 정의된 다양체 영역에 대한 적분이다. 이러한 사실과 웨지 곱의 반대칭이 적분의 정의와 성질을 전개할 때 고려될 필요가 있다. 편의를 위해, 2차원과 3차원에서 설명한다. 개념은 임의의 차원의 공간으로 확장된다.

첫 번째로 2차원 공간에서 1-폼 ω의 적분을 고려한다. 시작점 P로부터 끝점 Q까지 곡선 C에 대해 적분하면 다음과 같다.

$$\int_C \omega = \int_C [A_x dx + A_y dy]$$

이 적분을 관례적인 선적분으로 해석한다. 곡선이 매개변수를 이용하여 $x(t)$, $y(t)$에 의해 기술된다고 가정한다. t가 t_P로부터 t_Q까지 단조 증가한다. 적분은 다음 기본 형태를 취한다.

$$\int_C \omega = \int_{t_P}^{t_Q} \left[A_x(t) \frac{dx}{dt} + A_y(t) \frac{dy}{dt} \right] dt$$

그리고 (적어도 원리적으로) 적분은 보통 방법에 의해 계산될 수 있다.

때때로 적분은 P로부터 Q까지 경로에 무관한 값을 가진다. 물리에서 이러한 상황은 계수 $\mathbf{A} = (A_x, A_y)$를 가지고 있는 1-폼이 **보존력**(conservative force)으로 알려진 것을 기술할 때 나타난다. 보존력은 퍼텐셜의 그래디언트로 쓸 수 있다. 현재의 언어로는, ω가 **완전**(exact)이라고 한다. 이것은 다음과 같은 어떤 함수 f가 점 P, Q, 그리고 경로가 지나는 다른 모든 점을 포함하는 영역에 대해 존재한다는 것을 의미한다.

$$\omega = df(x, y) \tag{4.100}$$

식 (4.100)이 중요함을 확인하기 위해 그것이 다음을 의미함을 쓴다.

$$\omega = \frac{\partial f}{\partial x} dx + \frac{\partial f}{\partial y} dy$$

이 식은 ω가 f의 그래디언트의 성분을 계수로 가진다는 것을 보여준다. 식 (4.100)이 주어지면, 또한 다음을 안다.

$$\omega = df \text{이면,} \qquad \int_P^Q \omega = f(Q) - f(P) \tag{4.101}$$

이것은 당연히 공간의 차원에 무관하다는 자명한 결과이고, 이 절의 나머지 부분에서도 중요하다.

다음으로 2-폼을 살펴보면 (2차원 공간에서) 다음과 같은 적분이 있다.

$$\int_S \omega = \int_S B(x, y) dx \wedge dy \tag{4.102}$$

$dx \wedge dy$를 서로 직교하는 방향으로의 변위 dx와 dy에 대응하는 면적 요소로 해석하고, 그러므로 보통 적분 계산의 개념에서 $dxdy$로 쓴다.

이제 웨지 곱 개념으로 돌아와서 변수를 x, y로부터 u, v로 $x = au + bv$, $y = eu + fv$인 조건을 만족시키면서 바꾸면 어떻게 되는지 고려한다. 그러면 $dx = adu + bdv$, $y = edu + fdv$이고 다음이 성립한다.

$$dx \wedge dy = (a\,du + b\,dv) \wedge (e\,du + f\,dv) = (af - be)du \wedge dv \tag{4.103}$$

$du \wedge dv$의 계수는 단순히 x, y로부터 u, v로 변환의 야코비안이고, $a = \partial x / \partial u$ 등으로 쓰고 다음 식을 얻으면 명확해진다.

$$af - be = \begin{vmatrix} \dfrac{\partial x}{\partial u} & \dfrac{\partial x}{\partial v} \\ \dfrac{\partial y}{\partial u} & \dfrac{\partial y}{\partial v} \end{vmatrix} = \begin{vmatrix} a & b \\ e & f \end{vmatrix} \tag{4.104}$$

이제 왜 웨지 곱을 도입했는지 기본 이유를 안다. 웨지 곱은 다른 좌표계에서 면적(또는 더 높은 차원에서는 그와 유사한 것) 요소 사이의 관계를 자연스러운 방식으로 생성하는 데 필요한 대수적 성질을 가지고 있다. 이러한 관찰을 강조하기 위해 야코비안이 변환의 자연스러운 결과로 나타나는 것임에 유의한다. 그 변환을 끼워 넣기 위한 추가적인 단계를 밟을 필요는 없었고, 단순히 관련된 미분 형식을 계산함으로써 생성되었다. 또 현재의 수식화는 새로운 특징이 있다. $dx \wedge dy$와 $dy \wedge dx$가 부호가 반대이기 때문에 면적에 대수적 부호가 할당되어야 하고, 변수를 바꾼다면 야코비안의 부호를 유지해야 한다. 그러므로 $dx \wedge dy$에 대응하는 면적 요소로 보통의 곱 $\pm dxdy$를 취하고, 부호의 선택은 면적 **방향**(orientation)으로 알려져 있다. 그러면 식 (4.102)는 다음이 된다.

$$\int_S \omega = \int_S B(x,\ y)(\pm\, dxdy) \tag{4.105}$$

만일 같은 계산의 다른 곳에서 $dy \wedge dx$를 가지면 $dx \wedge dy$에 대해 이용된 부호와 반대인 부호를 이용하여 $dxdy$로 변환해야 한다.

$p > 2$인 p-폼에 대해 대응하는 분석이 적용된다. 만일 $(x,\ y,\ \ldots)$로부터 $(u,\ v,\ \ldots)$로 변환하면, 웨지 곱 $dx \wedge dy \wedge \cdots$은 $J du \wedge dv \wedge \cdots$이 된다. 여기에서 J는 변환의 (부호가 있는) 야코비안이다. p공간 부피가 **방향이 있으므로**, 야코비안의 부호는 문제에 관련이 있고 유지되어야 한다. 연습문제 4.7.1에서 3-폼 $dx \wedge dy \wedge dz$으로부터 $du \wedge dv \wedge dw$으로 변수를 바꿀 때 변환의 (부호가 있는) 야코비안인 행렬식이 나오는 것을 보인다.

■ 스토크스 정리

미분 형식의 적분에 관한 핵심 결과는 **스토크스 정리**(Stokes' theorem)로 알려진 공식이고, 3장에서 벡터해석을 학습할 때 제한된 형태로 마주친 적이 있다. 스토크스 정리는 가장 간단한 형태로는 다음을 말한다. 만일

- R가 n차원 공간에 있는 p차원 미분 가능한 다양체의 단순 연결 영역(즉, 구멍이 없는 영역)이고($n \geq p$),
- R가 차원이 $p-1$인 경계 ∂R를 갖고,
- ω가 R와 그 경계에서 정의된 $(p-1)$-폼이고 미분이 $d\omega$이면,

다음이 성립한다.

$$\int_R d\omega = \int_{\partial R} \omega \tag{4.106}$$

이것이 식 (4.101)을 p차원에 일반화한 것이다. $d\omega$가 d 연산자를 ω에 적용하여 만들어졌기 때문에 $d\omega$의 미분은 모두 같은 순서인 ω에 있는 미분으로 구성되지만 미분에 의해 만들어지는 것이 선행된다. 이 관찰은 적분과 관계된 부호를 아는 데 관련된다.

스토크스 정리를 엄밀하게 증명하는 것은 좀 복잡하나, 그것의 유효성를 가리키는 것은 그렇게 복잡하지 않다. ω가 다음과 같이 단항식인 경우를 고려하는 것으로 충분하다.

$$\omega = A(x_1, \ ..., \ x_p)dx_2 \wedge \cdots \ dx_p, \qquad d\omega = \frac{\partial A}{\partial x_1} dx_1 \wedge dx_2 \cdots \ dx_p \tag{4.107}$$

경계에 인접한 R의 부분을 작은 p차원 평행육면체의 세트로 근사함으로써 시작한다. 평행육면체의 x_1 방향의 두께는 δ이고, δ는 각 평행육면체에 대해 $x_1 \rightarrow x_1 - \delta$가 R의 내부에 있게 만드는 부호를 가지고 있다. 각각의 그러한 평행육면체(기호로 Δ로 표시하고, 상수 x_1의 면을 $\partial \Delta$로 표시한다)에 대해, $d\omega$를 x_1에서 $x_1 - \delta$로부터 x_1까지 적분하고 다른 x_i에 대해서는 전체 범위에 대해 적분하면 다음과 같다.

$$\begin{aligned}\int_\Delta d\omega &= \int_{\partial \Delta} \int_{x_1 - \delta}^{x_1} \left(\frac{\partial A}{\partial x_1} \right) dx_1 \wedge dx_2 \wedge \cdots \ dx_p \\ &= \int_{\partial \Delta} A(x_1, \ x_2, \ ...)dx_2 \wedge \cdots \ dx_p - \int_{\partial \Delta} A(x_1 - \delta, \ x_2, \ ...)dx_2 \wedge \cdots \ dx_p \end{aligned} \tag{4.108}$$

식 (4.108)은 외부 경계가 ∂R인 얇은 판을 이루는 영역에 대해 스토크스 정리의 유효성을 가리킨다. 만일 같은 과정을 반복하면 영역의 내부 경계를 부피가 0인 영역으로 줄일 수 있고, 이에 따라 식 (4.106)에 이른다.

스토크스 정리는 다양체의 차원과 상관없이 적용된다. 이 하나의 정리가 2차원과 3차원에서 원래 다른 정리로 알았던 결과가 된다. 예제 몇 개가 따른다.

예제 4.7.1 평면에서의 그린 정리

2차원 공간에서 1-폼 ω와 그 도함수를 고려한다.

$$\omega = P(x,\ y)dx + Q(x,\ y)dy \tag{4.109}$$

$$d\omega = \frac{\partial P}{\partial y}dy \wedge dx + \frac{\partial Q}{\partial x}dx \wedge dy = \left[\frac{\partial Q}{\partial x} - \frac{\partial P}{\partial y}\right]dx \wedge dy \tag{4.110}$$

여기에서 언급하지 않고 $dx \wedge dx$나 $dy \wedge dy$를 포함한 항은 버렸다.

스토크스 정리를 이 ω에 대해 경계가 C인 영역 S에 적용하면 다음 결과를 얻는다.

$$\int_S \left[\frac{\partial Q}{\partial x} - \frac{\partial P}{\partial y}\right]dx \wedge dy = \int_C (Pdx + Qdy)$$

방향이 $dx \wedge dy = dS$(보통의 면적 요소)일 때, **평면에서 그린 정리**로 보통 아는 다음 공식을 얻는다.

$$\int_C (Pdx + Qdy) = \int_S \left[\frac{\partial Q}{\partial x} - \frac{\partial P}{\partial y}\right]dS \tag{4.111}$$

이 정리의 어떤 경우, $P=0$, $Q=x$를 취하면 잘 알려진 공식을 얻는다.

$$\int_C x\,dy = \int_S dS = A$$

여기에서 A는 C로 둘러싸인 면적이고 선적분은 수학적으로 양인 방향(반시계 방향)으로 계산한다.

만일 $P=y$, $Q=0$을 취하면 다른 잘 아는 공식을 얻는다.

$$\int_C y\,dx = \int_S (-1)dS = -A$$

■

예제 4.7.1을 풀 때, (언급하지 않고) 닫힌 곡선 C가 반시계 방향으로 움직여 가는 경우에 대하여 계산하였고, 또한 면적을 $dx \wedge dy$로부터 $+dxdy$로 전환하여 관련지었다. 이것은 미분 형식의 이론에 규정되어 있지 않은 선택이지만 결과가 보통 좌표계인 평면 데카르트 좌표계에서 계산에 해당하는 결과를 만들어내기 위한 의도에 의한 선택이다. 확실히 맞는 것은 미분 형식의 연산이 ydx의 적분에 대해 주는 부호가 xdy의 적분에 대해 주었던 부호와 다르다는 것이다. 결과가 유의미하다고 주장하는 상황에 대해 상응하는 정의를 만들 책임이 미적분학을 쓰는 사람에게 있다.

예제 4.7.2 스토크스 정리 (보통의 3차원의 경우)

벡터 퍼텐셜 $\mathbf{A}$가 다음의 미분 형식 ω에 의해 도함수 형식으로 표현된다고 하고, $d\omega$를 계산하면 다음과 같다.

$$\omega = A_x\, dx + A_y\, dy + A_z\, dz \tag{4.112}$$

$$\begin{aligned} d\omega &= \left[\frac{\partial A_z}{\partial y} - \frac{\partial A_y}{\partial z}\right] dy \wedge dz + \left[\frac{\partial A_x}{\partial z} - \frac{\partial A_z}{\partial x}\right] dz \wedge dx + \left[\frac{\partial A_y}{\partial x} - \frac{\partial A_x}{\partial y}\right] dx \wedge dy \\ &= (\nabla \times \mathbf{A})_x\, dy \wedge dz + (\nabla \times \mathbf{A})_y\, dz \wedge dx + (\nabla \times \mathbf{A})_z\, dx \wedge dy \end{aligned} \tag{4.113}$$

스토크스 정리를 경계가 C인 영역 S에 적용하고, 이때 미분의 방향을 정하는 표준적인 순서가 dx, dy, dz이면, $dy \wedge dz \to d\boldsymbol{\sigma}_x$, $dz \wedge dx \to d\boldsymbol{\sigma}_y$, $dx \wedge dy \to d\boldsymbol{\sigma}_z$이고, 스토크스 정리는 잘 알고 있는 형태를 가진다.

$$\int_C (A_x\, dx + A_y\, dy + A_z\, dz) = \int_C \mathbf{A} \cdot d\mathbf{r} = \int_S (\nabla \times \mathbf{A}) \cdot d\sigma \tag{4.114}$$

■

다시 한번 결과의 해석은 포함된 양을 정의하는 선택을 어떻게 하는가에 의존한다. 미분 형식 연산은 오른손 좌표계를 쓸 의도가 있는지 모르고, 그 선택은 묵시적으로 면적 요소 $d\sigma_j$를 인지하는 데 있다. 사실은, 수학은 우리가 $\nabla \times \mathbf{A}$의 성분으로 알아낸 양이 가리키는 방향의 물리량에 실제로 대응하는지 알려주지 않는다. 그러므로 다시 한번 미분 형식의 수학은 적용하는 물리에 적합한 구조를 제공하지만 물리학자들이 기여하는 것의 일부는 수학적 대상과 표현하는 물리량 사이의 상관관계라는 것을 강조한다.

예제 4.7.3 가우스 정리

마지막 예제로, 경계가 ∂V인 3차원 영역 V를 고려한다. ∂V에서 전기장이 다음의 2-폼 ω로 주어지고, $d\omega$를 계산하면 다음과 같다.

$$\omega = E_x\, dy \wedge dz + E_y\, dz \wedge dz + E_z\, dx \wedge dy \tag{4.115}$$

$$d\omega = \left[\frac{\partial E_x}{\partial x} + \frac{\partial E_y}{\partial y} + \frac{\partial E_z}{\partial z}\right] dx \wedge dy \wedge dz = (\nabla \cdot \mathbf{E}) dx \wedge dy \wedge dz \tag{4.116}$$

이 경우에, 스토크스 정리는 다음과 같다.

$$\int_V d\omega = \int_V (\nabla \cdot \mathbf{E}) dx \wedge dy \wedge dz = \int_V (\nabla \cdot \mathbf{E}) d\tau = \int_{\partial V} \mathbf{E} \cdot d\boldsymbol{\sigma} \tag{4.117}$$

여기에서 $dx\wedge dy\wedge dz \to d\tau$이고, 예제 4.7.2에서와 같이, $dy\wedge dz\to d\boldsymbol{\sigma}_x$ 등이다. 가우스 정리를 얻었다. ■

연습문제

4.7.1 미분 형식 관계를 이용하여 u, v, w가 x, y, z의 선형 변환일 때 적분 $A(x, y, z)dx\wedge dy\wedge dz$를 $du\wedge dv\wedge dw$에서의 동등한 식으로 변환하고, 이로부터 변환의 야코비안으로 알아낼 수 있는 행렬식을 찾으시오.

4.7.2 다음 외르스테드 법칙을 미분 형식 기호법으로 쓰시오.

$$\int_{\partial S}\mathbf{H}\cdot d\mathbf{r} = \int_S \nabla\times\mathbf{H}\cdot d\mathbf{a} \sim I$$

4.7.3 1-폼 $Adx + Bdy$는 만일 $\dfrac{\partial A}{\partial y} = \dfrac{\partial B}{\partial x}$이면 **닫혀 있다**고 정의한다. 만일 $\dfrac{\partial f}{\partial x} = A$와 $\dfrac{\partial f}{\partial y} = B$인 함수 f가 있으면 **완전**이라고 부른다. 다음 1-폼 중 어느 것이 닫혀 있거나 완전인지 결정하고, 완전인 것에 대해 해당되는 함수 f를 찾으시오.

$$ydx + xdy, \qquad \frac{ydx + xdy}{x^2+y^2}, \qquad [\ln(xy)+1]dx + \frac{x}{y}dy$$

$$-\frac{ydx}{x^2+y^2} + \frac{xdy}{x^2+y^2}, \qquad f(z)dz\ (z = x+iy)$$

❖ 더 읽을 거리

Dirac, P. A. M., *General Theory of Relativity*. Princeton, NJ: Princeton University Press (1996).

Edwards, H. M., *Advanced Calculus: A Differential Forms Approach*. Boston, MA: Birkhäuser (1994).

Flanders, H., *Differential Forms with Applications to the Physical Sciences*. New York: Dover (1989).

Hartle, J. B., *Gravity*. San Francisco: Addison-Wesley (2003). This text uses a minimum of tensor analysis.

Hassani, S., *Foundations of Mathematical Physics*. Boston, MA: Allyn and Bacon

(1991).

Jeffreys, H., *Cartesian Tensors.* Cambridge: Cambridge University Press (1952). This is an excellent discussion of Cartesian tensors and their application to a wide variety of fields of classical physics.

Lawden, D. F., *An Introduction to Tensor Calculus, Relativity and Cosmology*, 3rd ed. New York: Wiley (1982).

Margenau, H., and G. M. Murphy, *The Mathematics of Physics and Chemistry*, 2nd ed. Princeton, NJ: Van Nostrand (1956). Chapter 5 covers curvilinear coordinates and 13 specific coordinate systems.

Misner, C. W., K. S. Thorne, and J. A. Wheeler, *Gravitation.* San Francisco: W. H. Freeman (1973). A leading text on general relativity and cosmology.

Moller, C., *The Theory of Relativity.* Oxford: Oxford University Press (1955), reprinting, (1972). Most texts on general relativity include a discussion of tensor analysis. Chapter 4 develops tensor calculus, including the topic of dual tensors. The extension to non-Cartesian systems, as required by general relativity, is presented in Chapter 9.

Morse, P. M., and H. Feshbach, *Methods of Theoretical Physics.* New York: McGraw-Hill (1953). Chapter 5 includes a description of several different coordinate systems. Note that Morse and Feshbach are not above using left-handed coordinate systems even for Cartesian coordinates. Elsewhere in this excellent (and difficult) book there are many examples of the use of the various coordinate systems in solving physical problems. Eleven additional fascinating but seldom encountered orthogonal coordinate systems are discussed in the second (1970) edition of *Mathematical Methods for Physicists.*

Ohanian, H. C., and R. Ruffini, *Gravitation and Spacetime*, 2nd ed. New York: Norton & Co. (1994). A wellwritten introduction to Riemannian geometry.

Sokolnikoff, I. S., *Tensor Analysis—Theory and Applications*, 2nd ed. New York: Wiley (1964). Particularly useful for its extension of tensor analysis to non-Euclidean geometries.

Weinberg, S., *Gravitation and Cosmology. Principles and Applications of the General Theory of Relativity.* New York: Wiley (1972). This book and the one by Misner, Thorne, and Wheeler are the two leading texts on general relativity and cosmology (with tensors in non-Cartesian space).

Young, E. C., *Vector and Tensor Analysis*, 2nd ed. New York: Dekker (1993).

CHAPTER 5

벡터공간

물리 이론의 상당한 부분은 벡터공간(vector spaces)이라는 수학적 틀에서 다루어질 수 있다. 벡터공간은 통상적인 공간에서의 벡터보다 훨씬 더 일반적이며, 초심자에게는 이러한 비유가 다소 불편해보일 수도 있다. 기본적으로, 이 주제는 일련의 함수들로 확장하여 표현될 수 있는 양들을 다루며, 그러한 확장들이 다양한 목적으로 생성되고 사용되는 방법들을 포함한다. 이 주제의 핵심적인 측면은 다소 임의적인 어떤 **함수**가 그러한 확장으로 표현될 수 있고, 그 확장에서의 계수들이 통상적인 공간에서 벡터 성분들이 보였던 것과 유사한 변환 특성을 가진다는 개념이다. 또한 어떤 함수에 대한 다양한 연산들의 적용을 기술하기 위해 **연산자**를 도입할 수 있으며, 이것은 함수(그리고 함수를 정의하는 계수들)를 주어진 벡터공간에서의 다른 함수들로 전환한다. 이 장에서 제시된 개념들은 양자역학에 대한 이해, 진동을 포함하고 있는 고전적인 계, 물질이나 에너지 수송에서뿐만 아니라, 근본 입자 이론에 있어서도 중요한 개념들이다. 진정으로, 벡터공간이 물리 이론에서 가장 근본적인 수학적 구조 중 하나라고 주장해도 전혀 지나치지 않다.

5.1 함수공간에서의 벡터

이제 (3장에서 다루어진) 고전 벡터해석의 개념들을 좀 더 일반적인 상황으로 확장해보도록 하자. 2개의 좌표가 a_1과 a_2로 부를 실수들(또는 가장 일반적인 경우에는 복소수)이며, 각각 2개의 함수 $\varphi_1(s)$와 $\varphi_2(s)$에 연관되어 있는 2차원 공간이 있다고 하자. 처음에 우선 이 2차원 공간이 물리적인 xy 공간과는 아무런 관계가 없다는 것을 이해하는 것이 중요하다. 그 공간은 좌표 $(a_1,\ a_2)$가 함수

$$f(s) = a_1\varphi_1(s) + a_2\varphi_2(s) \tag{5.1}$$

에 해당하는 공간이다. 벡터가 $\mathbf{A} = A_1\hat{\mathbf{e}}_1 + A_2\hat{\mathbf{e}}_2$로 표현되는 물리적인 2차원 벡터공간과의 유사성은 $\varphi_i(s)$가 $\hat{\mathbf{e}}_i$에 해당하고, $a_i \leftrightarrow A_i$, 그리고 $f(s) \leftrightarrow \mathbf{A}$라는 것이다. 즉, 좌표값들은 $\varphi_i(s)$들의 **계수들**이고, 그 공간에서 각 점들은 서로 다른 함수 $f(s)$를 나타낸다. 위에서 f와 φ 둘 다 s로 부르고 있는 독립변수에 의존하는 것으로 나타내었다. 독립변수를 s로 나타낸 것은 그러한 수식화(formulation)가 공간변수 x, y, z로 제한되는 것이 아니라 주어진 문제에 필요한 어떤 변수라도 가능하다는 것을 강조하기 위해서이다. 더욱 주목할 것은 변수 s가 통상적인 벡터공간의 불연속적 변수들 x_i에 대한 연속적 유사물이 아니라는 것이다. 그

것은 우리의 벡터공간의 차원들에 해당하는 φ_i가 대개 단순히 숫자가 아니라, 하나 또는 그 이상의 변수들을 가진 함수라는 것을 상기시키는 매개변수이다. s로 표현된 변수(들)는 때때로 물리적 변위들에 해당할 수도 있으나 항상 그런 것은 아니다. 분명한 것은 s가 우리의 벡터공간의 좌표(이것은 a_i의 역할이다)와는 아무 상관이 없다는 것이다.

식 (5.1)은 φ_1과 φ_2라는 **기저**로부터 만들어낼 수 있는 한 집합의 함수들(하나의 **함수공간**)을 정의한다. 이 공간을 **선형벡터공간**(linear vector space)이라고 부르는데, 이 벡터공간을 이루는 구성원들이 기저 함수들의 선형조합들이며, 구성원들 간의 합이 각 구성원의 성분(계수)들끼리의 합에 해당하기 때문이다. 만일 $f(s)$가 식 (5.1)에 의해 주어지고, $g(s)$가 **동일한** 기저 함수들의 또 다른 선형조합으로 주어진다면,

$$g(s) = b_1\varphi_1(s) + b_2\varphi_2(s)$$

이다. 여기서 b_1과 b_2는 $g(s)$를 정의하는 계수들이고, 그러면

$$h(s) = f(s) + g(s) = (a_1 + b_1)\varphi_1(s) + (a_2 + b_2)\varphi_2(s) \tag{5.2}$$

는 이 공간의 구성원(즉, 하나의 함수)이고, 구성원 $f(s)$와 $g(s)$의 합인 $h(s)$를 정의한다. 이 벡터공간을 유용하게 만들기 위해서, 오직 이 공간의 임의의 두 구성원의 합이 이 공간의 또 다른 구성원이 되는 공간만을 고려한다.

이에 더해 선형성의 개념은, 만일 $f(s)$가 벡터공간의 구성원이면, 실수 또는 복소수인 k에 대하여 $u(s) = kf(s)$ 또한 구성원이며,

$$u(s) = kf(s) = ka_1\varphi_1(s) + ka_2\varphi_2(s) \tag{5.3}$$

와 같이 쓸 수 있다는 요건을 포함한다. 어떤 벡터공간은, 두 구성원의 합이나 하나의 구성원에 스칼라를 곱한 것이 항상 또 다른 구성원이 될 때, 그러한 연산들에 대해 **닫혀 있다**고 한다.

지금까지 찾아낸 것을 다음과 같이 정리할 수 있다. 우리 벡터공간의 두 구성원의 합은 식 (5.2)에 있는 합 $h(s)$의 계수들이 합해지는 함수들, 말하자면 $f(s)$와 $g(s)$의 계수들의 합이 되도록 한다. $f(s)$에 보통의 숫자 k(보통의 벡터에 비유하여 **스칼라**라고 부른다)를 곱하는 것은 계수들에 k를 곱한 것이 된다. 이것은 정확하게 보통의 두 벡터의 합 $\mathbf{A}+\mathbf{B}$, 또는 $k\mathbf{A}$에서처럼 벡터에 스칼라를 곱할 때 수행하는 연산들이다. 하지만 여기서 우리는 a_i와 b_i라는 계수들을 가지고 있고, 이들은 벡터의 합과 스칼라곱의 연산에 대해서 보통의 벡터 성분 A_i와 B_i를 묶는 것과 정확하게 똑같은 방식으로 묶인다.

벡터공간의 기저를 형성하는 함수들은 보통의 함수들일 수 있고, s의 멱수들처럼 간단할 수도 있으며, 또는 예를 들어 $\varphi_1 = (1+3s+3s^2)e^s$, $\varphi_2 = (1-3s+3s^2)e^{-s}$, 파울리 행렬

들 σ_i와 같은 복합량(compound quantities), 심지어 단지 가지고 있는 어떤 특성에 의해서만 정의되는 완전히 추상적인 양과 같이 더욱 복잡할 것일 수도 있다. 기저 함수들의 개수(즉, 기저의 **차원**)는 2 또는 3과 같이 작은 수일 수도 있고, 크지만 유한한 정수, 또는 심지어 (끊어내지 않은 멱급수의 경우처럼) 셀 수는 있지만 무한할 수도 있다. 기저의 형태에 대한 주요한 보편적 제약사항은 기저의 구성원들이 선형적으로 독립적이어서 벡터공간의 임의의 함수(구성원)가 기저 함수들의 고유한 선형 결합으로 기술되어야 한다는 것이다. 몇몇 간단한 예들로 그러한 가능성들을 설명하겠다.

예제 5.1.1 몇몇 벡터공간들

1. 먼저, 3개의 함수 $P_0(s)=1$, $P_1(s)=s$, $P_2(s)=\frac{3}{2}s^2-\frac{1}{2}$에 의해 **모두 기술될 수 있는**(그 함수들로 구성된 기저를 가진다는 것을 의미하는) 3차원 벡터공간을 고려한다. 이 벡터공간의 어떤 구성원들은 함수

$$s+3=3P_0(s)+P_1(s), \quad s^2=\frac{1}{3}P_0(s)+\frac{2}{3}P_2(s), \quad 4-3s=4P_0(s)-3P_1(s)$$

를 포함한다. 사실 1, s, 그리고 s^2를 기저 함수들로 나타낼 수 있기 때문에, s의 **임의의** 2차식의 형태도 이 벡터공간의 구성원이 될 것이며, 이 공간은 $c_0+c_1s+c_2s^2$의 형태로 표현될 수 있는 s의 함수들만을 포함한다는 것을 알 수 있다.

이 벡터공간에서의 연산들을 예시하기 위해

$$\begin{aligned} s^2-2(s+3) &= \left[\frac{1}{3}P_0(s)+\frac{2}{3}P_2(s)\right]-2\left[3P_0(s)+P_1(s)\right] \\ &= \left(\frac{1}{3}-6\right)P_0(s)-2P_1(s)+\frac{2}{3}P_2(s) \end{aligned}$$

를 구성할 수 있다. 이 계산에는 오직 계수들 사이의 연산만이 관여한다. 계산을 하기 위해 P_n의 정의를 언급할 필요가 없다.

그 구성원들이 선형적으로 독립적인 한, 기저를 우리가 원하는 어떤 방식으로든 정의할 수 있다는 것에 주목하라. 우리는 동일한 벡터공간에 대한 기저로써 $\varphi_0=1$, $\varphi_1=s$, $\varphi_2=s^2$를 선택할 수 있었으나, 그렇게 하지 않기로 했다.

2. 함수 $\varphi_n(s)=s^n (n=0, 1, 2, \ldots)$의 집합은 그 구성원들이 매클로린 급수에 의해 표현될 수 있는 함수들로 구성된 벡터공간의 기저이다. 이러한 무한 차원 기저로 인해 생길 수 있는 어려움을 피하기 위해, 대개 매클로린 급수가 수렴하게 되는 함수들과 s의 구간으로 관심을 제한할 필요가 있다. 수렴성, 그리고 관련된 사안들은 순수 수학에서 대단히 흥미를 끌고 있는 주제이다. 물리 문제에서는 대개 수렴성이 보장된 방식들 안에서 문제를 해

결해 나간다.

이 벡터공간의 구성원들은

$$f(s) = a_0 + a_1 s + a_2 s^2 + \cdots = \sum_{n=0}^{\infty} a_n s^n$$

의 표현을 가질 것이며, (최소한 원리적으로는) 주어진 $f(s)$에 대응하는 계수들을 찾기 위해 멱급수 전개를 만드는 규칙들을 사용할 수 있다.

3. 전자 하나의 스핀 공간은 선형 독립적인 가능한 스핀 상태들의 한 집합으로 구성된 기저에 의해 기술된다. 하나의 전자가 2개의 선형 독립적인 스핀 상태들을 가질 수 있다는 것은 잘 알려져 있으며, 그들은 종종 기호 $\boldsymbol{\alpha}$와 β로 표현된다. 하나의 스핀 상태는 $f = a_1\boldsymbol{\alpha} + a_2\boldsymbol{\beta}$이고, 다른 하나는 $g = b_1\boldsymbol{\alpha} + b_2\boldsymbol{\beta}$이다. 이들 함수들에 의해 기술되는 2차원 벡터공간을 논의하기 위해 $\boldsymbol{\alpha}$와 β가 실제로 무엇을 나타내는지조차 알 필요가 없고, 예를 들면 s와 같은 어떤 매개변수의 역할이 무엇인지조차 알 필요가 없다. 하지만 $f + ig$에 해당하는 특정한 스핀 상태가

$$f + ig = (a_1 + ib_1)\boldsymbol{\alpha} + (a_2 + ib_2)\boldsymbol{\beta}$$

와 같은 형태를 가져야 한다는 것을 말할 수 있다. ■

■ 스칼라곱

벡터공간의 개념을 유용하게 하고, 통상적인 공간에서의 벡터 대수에 대한 것과 동등하게 하기 위해, 함수공간에 스칼라곱의 개념을 도입할 필요가 있다. 이 벡터공간의 두 구성원 f와 g 사이의 스칼라곱을 $\langle f|g\rangle$로 쓸 것이다. 이것은 물리학에서 거의 보편적으로 사용되고 있는 표기법이다. 수학 관련 문헌에서는 다양한 다른 표기법을 찾을 수 있다. $[f, g]$와 (f, g)와 같은 예들이 포함된다.

스칼라곱은 두 가지 주요한 특징이 있는데, 이들의 온전한 의미는 논의가 더 진행되어야만 분명해질 것이다. 그 특징들은 다음과 같다.

1. 어떤 구성원의 자기 자신과의 스칼라곱, 예를 들면 $\langle f|f\rangle$는 (함수가 아닌) 하나의 수치를 주어야 하는데, 이 수치는 그 구성원의 크기의 제곱에 해당하는 역할을 하며, 이는 보통 벡터의 자기 자신과의 내적에 해당한다.
2. 스칼라곱은 곱을 이루는 두 구성원 각각에 대해 선형적이어야 한다.[1]

---

[1] 만일 벡터공간의 구성원들이 복소수라면, 이 문장은 수정될 필요가 있다. 다음 소절의 수식적 정의를 보라.

이와 같은 기준이 만족되도록 스칼라곱을 정의하는 방법에는 극히 다양한 가능성들이 존재한다. 물리학에서 가장 자주 등장하는 상황은 벡터공간의 구성원들이 (예제 5.1.1의 첫 번째 벡터공간에서처럼) 변수 s의 보통 함수들이고, $f(s)$와 $g(s)$ 두 구성원들의 스칼라곱이

$$\langle f|g\rangle = \int_a^b f^*(s)g(s)w(s)ds \tag{5.4}$$

형태의 적분으로 주어지며, 이때 a, b, 그리고 $w(s)$의 선택은 스칼라곱에 대한 우리가 원하는 특정한 정의에 의존하는 경우이다. $\langle f|f\rangle$와 같은 특별한 경우에, 스칼라곱은 '길이'의 제곱으로 해석되어야 하며, 그러므로 이 스칼라곱은 0과 동일하지 않은 임의의 함수 f에 대해서 양수이어야 한다. 그러면 스칼라곱에서 피적분 함수는 $f^*(s)f(s)w(s)$이고 [$f(s)$가 복소수일지라도] 모든 s에 대하여 $f^*(s)f(s) \geq 0$이기 때문에, $w(s)$는 고립된 점들에서 0이 될 수도 있지만 그 외에는 $[a,\ b]$ 전 구간에서 양수이어야 한다.

식 (5.4)의 몇 가지 함의들을 살펴보자. 이 식을, 벡터 성분을 표시하는 하나의 지표에 대한 연속적인 극한으로써 변수 s를 가진, 보통의 내적에 대한 연속적인 유사물로 해석하는 것은 적절하지 않다. 이 적분은 사실 '길이의 제곱'을, 매개변수 s의 값의 영역에 걸친, 하나의 가중 평균(weighted average)으로 계산하려고 결정한 것에 따른 것이다. 물리학에서 종종 발생하며 예제 5.1.1의 세 번째 벡터공간에 의해 예시된 다른 상황을 고려함으로써 이러한 점을 설명할 수 있다. 여기서 개별 $\boldsymbol{\alpha}$와 $\boldsymbol{\beta}$의 스칼라곱이

$$\langle \boldsymbol{\alpha}|\boldsymbol{\alpha}\rangle = \langle \boldsymbol{\beta}|\boldsymbol{\beta}\rangle = 1, \qquad \langle \boldsymbol{\alpha}|\boldsymbol{\beta}\rangle = \langle \boldsymbol{\beta}|\boldsymbol{\alpha}\rangle = 0$$

의 값을 갖도록 간단히 **정의한다**. 그러고 나서 간단한 단일 전자 함수

$$f = a_1\boldsymbol{\alpha} + f = a_2\boldsymbol{\beta}, \qquad g = b_1\boldsymbol{\alpha} + b_2\boldsymbol{\beta}$$

를 택하고, a_i와 b_i가 실수라고 가정하여, $\langle f|g\rangle$를 (선형성을 이용하여)

$$\langle f|g\rangle = a_1b_1\langle \boldsymbol{\alpha}|\boldsymbol{\alpha}\rangle + a_1b_2\langle \boldsymbol{\alpha}|\boldsymbol{\beta}\rangle + a_2b_1\langle \boldsymbol{\beta}|\boldsymbol{\alpha}\rangle + a_2b_2\langle \boldsymbol{\beta}|\boldsymbol{\beta}\rangle = a_1b_1 + a_2b_2 \tag{5.5}$$

가 되도록 전개한다. 이 방정식들은 적분을 도입하는 것이 스칼라곱을 일반화하는 데 있어 꼭 필요한 단계는 아니라는 것을 보여준다. 이들은 또한 보통의 벡터 대수와 **유사한** 식 (5.5)의 마지막 식이 두 구성원 $\boldsymbol{\alpha}$와 $\boldsymbol{\beta}$가 직교하는(즉, 스칼라곱이 0인) 기저 안에서 $\langle f|g\rangle$를 전개할 때 나타난다는 것을 보여준다. 이와 같이 보통의 벡터 대수와의 유사성은 이 스핀계의 '단위벡터들'이 하나의 직교하는 '좌표계'를 정의한다는 것과 그러면 '내적'이 예상되는 형태를 가지게 된다는 것이다.

덧셈과 스칼라에 의한 곱에 대해 닫혀 있고, 그 구성원들 사이의 모든 쌍에 대해 해당하는

스칼라곱을 가지는 벡터공간은 **힐베르트 공간**(Hilbert spaces)으로 불린다. 이들은 물리학에서 제일 중요한 벡터공간이다.

■ 힐베르트 공간

이제 (여전히 완전히 엄밀한 것은 아니지만) 좀 더 수식적으로 나아가면서, 함수공간이 둘보다 더 많은 기저 함수들을 요구할 수 있다는 가능성을 포함하여, 힐베르트 공간 $\mathcal{H}$를 다음의 특성을 가지는 것으로 취급한다.

- $\mathcal{H}$의 원소(구성원) f, g 또는 h에는 두 가지 연산, **덧셈**과 **하나의 스칼라**(여기서 k, k_1, 또는 k_2)**에 의한 곱**이 가해질 수 있다. 이 연산들은 여전히 그 공간의 구성원들인 양들을 내놓는다.
- 덧셈은 교환 가능하고 결합 가능하다.

$$f(s)+g(s)=g(s)+f(s), \qquad [f(s)+g(s)]+h(s)=f(s)+[g(s)+h(s)]$$

- 하나의 스칼라에 의한 곱은 교환 가능하고, 결합 가능하며, 분배 가능하다.

$$kf(s)=f(s)k, \qquad k[f(s)+g(s)]=kf(s)+kg(s),$$
$$(k_1+k_2)f(s)=k_1f(s)+k_2f(s), \qquad k_1[k_2f(s)]=k_1k_2f(s)$$

- $\mathcal{H}$는 한 집합의 기저 함수 φ_i에 의해 **기술될** 수 있는데, 이 책의 목적상 그런 기저 함수들의 수(i의 범위)는 유한할 수도 있고, (양의 정수들처럼) 셀 수 있지만 무한할 수도 있다. 이것은 $\mathcal{H}$ 안의 모든 함수들은 선형 형태 $f(s)=\sum_n a_n\varphi_n(s)$로 표현될 수 있다는 것을 의미한다. 이러한 특성은 **완전성**(completeness)으로 알려져 있다. 기저 함수들이 선형 독립적이어서 그 공간의 각 함수가 기저 함수들의 유일한 선형 결합이 되는 것을 요구한다.
- $\mathcal{H}$ 안의 모든 함수 $f(s)$와 $g(s)$에 대해, $\langle f|g\rangle$로 표시되는 스칼라곱이 존재하는데, 이것은 유한한 실수 또는 복소수(즉, s를 포함하지 않는) 값을 산출하고, 다음의 특성들을 가진다.

  1. $\langle f|f\rangle \geq 0$, 여기서 등호는 오직 f가 0과 동일할 때 성립한다.[2] $\langle f|f\rangle^{1/2}$라는 양은

---

[2] 엄밀하게 하기 위해서, '0과 동일한'이라는 문구는 '측도가 0인 곳 이외에 0인'으로 바꿀 필요가 있고, 다른 조건들은 더 엄격하게 구체적으로 기술될 필요가 있다. 이들은 수학을 정확하게 수식화하는 데 있어서 중요한 정밀함들이지만, 이를 활용하는 물리학자들에게는 종종 실제적인 중요성을 가지지는 않는다. 하지만 푸리에 급수의 활용에서, 불연속적인 함수들이 14장에서 논의되는 결과를 가지고 나타난다는 것에 주목하자.

f의 **노름**(norm)이라 불리며 $\|f\|$와 같이 쓴다.

2. $\langle g|f\rangle^* = \langle f|g\rangle$, $\langle f|g+h\rangle = \langle f|g\rangle + \langle f|h\rangle$, 그리고 $\langle f|kg\rangle = k\langle f|g\rangle$

이러한 특성들은 $\langle f|k_1 g + k_2 h\rangle = k_1\langle f|g\rangle + k_2\langle f|h\rangle$이지만 $\langle kf|g\rangle = k^*\langle f|g\rangle$이고 $\langle k_1 f + k_2 g|h\rangle = k_1^*\langle f|h\rangle + k_2^*\langle g|h\rangle$라는 것으로 귀결된다.

예제 5.1.2 몇몇 스칼라곱들

계속해서 예제 5.1.1의 첫 번째 벡터공간에서, 임의의 두 함수 $f(s)$와 $g(s)$의 스칼라곱이

$$\langle f|g\rangle = \int_{-1}^{1} f^*(s)g(s)ds \tag{5.6}$$

의 형태, 즉 식 (5.4)에서 $a=-1$, $b=1$, 그리고 $w(s)=1$을 택한 것과 같은 식을 가진다고 가정하자. 이 벡터공간의 모든 구성원들이 2차식의 형태이고 식 (5.6)의 적분이 -1부터 $+1$까지의 유한한 구간에 대한 것이기 때문에, 이 스칼라곱은 항상 존재하고, 세 가지 기저 함수들은 진정으로 하나의 힐베르트 공간을 정의한다. 몇몇 표본적인 계산을 해보기 전에 식 (5.6)의 좌변에 있는 홑화살괄호가 스칼라곱의 자세한 형태를 보여주지 않고 있으며, 그 때문에 적분의 양끝에 대한 정보, 변수의 개수(여기서는 오직 s 하나만 있다), 관련된 공간의 성질, 가중인자 $w(s)$의 존재 또는 부재, 그리고 심지어 그 곱을 만드는 연산의 정확한 형태에 대한 정보를 숨기고 있다는 것에 주목하자. 모든 이러한 특징들은 문맥으로부터 혹은 미리 제공된 정의에 의해 추론되어야 한다.

이제 두 가지 스칼라곱을 계산해보자.

$$\langle P_0|s^2\rangle = \int_{-1}^{1} P_0^*(s)s^2 ds = \int_{-1}^{1}(1)(s^2)dx = \left[\frac{s^3}{3}\right]_{-1}^{1} = \frac{2}{3}$$
$$\langle P_0|P_2\rangle = \int_{-1}^{1}(1)\left[\frac{3}{2}s^2 - \frac{1}{2}\right]ds = \left[\frac{3}{2}\frac{s^3}{3} - \frac{1}{2}s\right]_{-1}^{1} = 0 \tag{5.7}$$

위 예의 스칼라곱에 대한 정의를 좀 더 들여다보면, 이것이 (1) $\langle f|f\rangle$가 음수가 아닌 피적분 함수의 적분이 되도록 구성되며, 모든 0이 아닌 f에 대해 양수가 된다는 것과, (2) 켤레복소수 별표의 배치가 $\langle g|f\rangle^* = \langle f|g\rangle$라는 것을 자명하게 만든다는 것과 같은, 스칼라곱에 대한 일반적인 요구사항들과 모순 없이 일관된다는 것을 알게 된다. ■

■ 슈바르츠 부등식

힐베르트 공간의 조건들과 부합하는 임의의 스칼라곱은 **슈바르츠 부등식**(Schwarz inequality)을 만족시키는데, 이는

$$|\langle f|g\rangle|^2 \leq \langle f|f\rangle\langle g|g\rangle \tag{5.8}$$

와 같이 표현될 수 있다. 여기서 오직 f와 g가 비례할 때에만 등호가 성립한다. 보통의 벡터 공간에서, 동등한 결과로는, 식 (1.113)을 참조해보면,

$$(\mathbf{A}\cdot\mathbf{B})^2 = |\mathbf{A}|^2|\mathbf{B}|^2\cos^2\theta \leq |\mathbf{A}^2||\mathbf{B}|^2 \tag{5.9}$$

인데, 여기서 θ는 **A**와 **B**의 방향 사이의 각도이다. 앞서 나타난 것처럼 등호는 오직 **A**와 **B**가 동일 선상에 놓일 수 있을 때에만 성립한다. 이에 더하여 만일 **A**가 단위길이를 가지도록 요구하면, 동일 선상에 있지 않은 **A** 위로의 **B**의 사영은 **B**의 크기보다는 작은 크기를 가지게 된다는 직관적으로 자명한 결과를 얻는다. 슈바르츠 부등식은 이러한 특성을 함수들로까지 확장시킨다. 함수들의 노름은 자명하지 않은 사영을 하면 줄어든다.

슈바르츠 부등식은

$$I = \langle f-\lambda g|f-\lambda g\rangle \geq 0 \tag{5.10}$$

을 이용하여 증명될 수 있는데, 여기서 λ는 아직 결정되지 않은 상수이다. λ와 λ^*를 선형 독립적인 것으로 취급하면서,[3] I를 λ^*(곱의 왼편에 있는 것은 켤레 복소수임을 기억하라)에 대해 미분하고, I가 최소가 되는 λ를 찾기 위해, 그 결과를 0으로 놓는다.

$$-\langle g|f-\lambda g\rangle = 0 \quad\Rightarrow\quad \lambda = \frac{\langle g|f\rangle}{\langle g|g\rangle}$$

이렇게 얻은 λ를 식 (5.10)에 대입하여 (스칼라곱의 특성을 사용하여)

$$\langle f|f\rangle - \frac{\langle f|g\rangle\langle g|f\rangle}{\langle g|g\rangle} \geq 0$$

을 얻는다. $\langle g|g\rangle$가 양수이어야 하는 것에 주목하고, $\langle g|f\rangle$를 $\langle f|g\rangle^*$로 다시 쓰면, 슈바르츠 부등식, 식 (5.8)을 확인하게 된다.

---

[3] 이렇게 할 수 있는지는 명확하지 않으나, μ와 ν가 실수라 하고 $\lambda=\mu+i\nu$, $\lambda^*=\mu-i\nu$를 생각해보라. 그러면 $\frac{1}{2}[\partial/\partial\mu + i\partial/\partial\nu]$는 λ를 상수로 여기면서 $\partial/\partial\lambda^*$를 취하는 것과 동등하다.

■ 직교 전개

이제 바르게 행동하는 스칼라곱을 가지고, 두 함수 f와 g가 $\langle f|g\rangle = 0$이면 **직교**한다는 정의를 만들 수 있는데, 이는 $\langle g|f\rangle$ 또한 0이 된다는 것을 의미한다. 스칼라곱에 대한 이러한 적용 가능한 정의 하에 직교하는 두 함수의 예는 $P_0(s)$와 $P_2(s)$인데, 여기서 스칼라곱은 식 (5.6)에서 정의된 것이고, P_0와 P_2는 예제 5.1.1에 나오는 함수이다. 직교성은 식 (5.7)에 의해 나타난다. 이에 더하여, 만약 스칼라곱 $\langle f|f\rangle = 1$이면 함수 f를 **정규화된** 것으로 정의한다. 이것은 함수공간에서의 단위벡터에 해당한다. 만일 함수공간에 대한 기저 함수들이 정규화되고 서로 직교하면 대단히 편리하다는 것을 알게 될 것인데, 이는 직교 단위 벡터들을 기저로 하는 2차원 또는 3차원의 물리적 벡터공간을 기술하는 것에 해당한다. 하나의 정규화되고 서로 직교하는 함수들의 집합을 **직교 정규**(orthonormal) 집합이라고 한다. 만일 어떤 직교 집합의 구성원 f가 정규화되어 있지 않다면, 직교성을 깨뜨리지 않고 정규화할 수 있다. 단지 f를 $\overline{f} = f/\langle f|f\rangle^{1/2}$로 크기를 재조정하면 되기 때문에, 임의의 직교 집합은 필요할 때 쉽게 직교 정규화된 집합으로 만들 수 있다.

만일 기저가 직교 정규화되어 있다면, 그 기저 안에서 어떤 임의의 함수를 전개했을 때의 계수들은 간단한 형태를 띤다. 2차원 예로 돌아가서, φ_i들이 직교 정규화되어 있다고 가정하고, 식 (5.1)에서 주어진 것처럼 $f(s)$의 $\varphi_1(s)$와의 스칼라곱을 취한 결과를 살펴보자.

$$\langle \varphi_1|f\rangle = \langle \varphi_1|(a_1\varphi_1 + a_2\varphi_2)\rangle = a_1\langle \varphi_1|\varphi_1\rangle + a_2\langle \varphi_1|\varphi_2\rangle \tag{5.11}$$

φ의 직교 정규성이 이제 역할을 하기 시작한다. a_1이 곱해져 있는 스칼라곱은 1인데, a_2가 곱해져 있는 것은 0이다. 그래서 간단하고 유용한 결과 $\langle \varphi_1|f\rangle = a_1$을 얻게 된다. 이렇게 해서, f의 성분들을 찾아내는 다소 기계적인 방법을 가지게 된다. 식 (5.11)에 해당하는 일반적인 결과는 다음과 같다.

$$\text{만약 } \langle \varphi_i|\varphi_j\rangle = \delta_{ij}, \quad \text{그리고} \quad f = \sum_{i=1}^{n} a_i\varphi_1 \text{이면,} \quad a_i = \langle \varphi_i|f\rangle \text{이다.} \tag{5.12}$$

여기서 **크로네커 델타** δ_{ij}는 만일 $i = j$이면 1이고, 그렇지 않으면 0이다. 다시 식 (5.11)을 보면서, 만일 φ_i가 직교하지만 정규화되어 있지 않으면 무슨 일이 벌어지는지 살펴보자. 그러면 식 (5.12) 대신에

$$\text{만약 } \varphi_i\text{들이 직교하고 } f = \sum_{i=1}^{n} a_i\varphi_i \text{이면, } a_i = \frac{\langle \varphi_i|f\rangle}{\langle \varphi_i|\varphi_i\rangle} \text{이다.} \tag{5.13}$$

의 결과를 얻게 될 것이다. 이러한 전개 형태는 기저의 정규화가 불편한 인자들을 유발할 때

편리할 것이다.

예제 5.1.3 **직교 정규화된 함수들로의 전개**

함수 집합 $\chi_n(x) = \sin nx$를 살펴보자. 여기서 $n = 1, 2, \ldots$이며, x의 구간은 $0 \le x \le \pi$이고 스칼라곱

$$\langle f | g \rangle = \int_0^{\pi} f^*(x) g(x) dx \tag{5.14}$$

를 가진다. 이 함수들을 함수 $x^2(\pi - x)$를 전개하는 데 사용하기를 원한다.

먼저 그 함수들이 직교하는지 확인한다.

$$S_{nm} = \int_0^{\pi} \chi_n^*(x) \chi_m(x) dx = \int_0^{\pi} \sin nx \sin mx \, dx$$

$n \neq m$인 경우에 이 적분은 0이 된다는 것을 대칭성을 통해서 또는 적분표를 참조하여 보일 수 있다. 정규화를 결정하기 위해서는 S_{nn}이 필요하다. 대칭성을 살펴보면, 피적분 함수 $\sin^2 nx = \frac{1}{2}(1 - \cos 2nx)$는 $(0, \pi)$ 범위에서 평균값 1/2를 가지며, 이는 모든 정수 n에 대하여 $S_{nn} = \pi/2$를 준다는 것을 알 수 있다. 이것은 χ_n이 정규화되어 있지 않지만, 만일 $\sqrt{2/\pi}$를 곱하면 정규화될 수 있다는 것을 의미한다. 그래서 직교 정규화 기저는

$$\varphi_n(x) = \left(\frac{2}{\pi}\right)^{1/2} \sin nx, \qquad n = 1, 2, 3, \ldots \tag{5.15}$$

가 될 것이다. $x^2(\pi - x)$를 전개하기 위하여 식 (5.2)를 적용하며, 이는

$$a_n = \langle \varphi_n | x^2(\pi - x) \rangle = \left(\frac{2}{\pi}\right)^{1/2} \int_0^{\pi} (\sin nx) x^2 (\pi - x) dx \tag{5.16}$$

의 계산을 필요로 하는데,

$$x^2(\pi - x) = \left(\frac{2}{\pi}\right)^{1/2} \sum_{n=0}^{\infty} a_n \sin nx \tag{5.17}$$

와 같이 전개하는 데 사용된다. 식 (5.16)의 경우들을 손으로 또는 기호계산법으로 컴퓨터를 사용하여 계산함으로써 첫 번째 몇 개의 a_n($a_1 = 5.0132$, $a_2 = -1.8300$, $a_3 = 0.1857$, $a_4 = -0.2350$)을 얻는다. 이 전개의 수렴성이 아주 빠르지는 않다. ■

예제 5.1.4 스핀 공간

삼중 상태에 있는 4개의 스핀-$\frac{1}{2}$ 입자들로 이루어진 계는 다음 세 가지의 선형 독립적인 스핀 함수들을 가진다.

$$\chi_1 = \alpha\beta\alpha\alpha - \beta\alpha\alpha\alpha, \quad \chi_2 = \alpha\alpha\alpha\beta - \alpha\alpha\beta\alpha, \quad \chi_3 = \alpha\alpha\alpha\beta + \alpha\alpha\beta\alpha - \alpha\beta\alpha\alpha - \beta\alpha\alpha\alpha$$

이들 표현의 각 항에 있는 네 가지 기호들은 번호 순서대로 네 입자들에 부여된 스핀들을 나타낸다.

스핀 공간에서의 스칼라곱은 단항식에 대하여

$$\langle abcd | wxyz \rangle = \delta_{aw}\delta_{bx}\delta_{cy}\delta_{dz}$$

의 형태를 가지며, 이것은 이 스칼라곱이 두 단항식이 동일하면 1이고 그렇지 않으면 0이라는 것을 의미한다. 다항식이 있는 스칼라곱들은 그들을 단항식의 곱들의 합으로 전개하여 계산할 수 있다. 이러한 정의가 유효한 스칼라곱이 되기 위한 요구사항에 부합한다는 것은 쉽게 확인할 수 있다.

우리의 임무는 (1) χ_i가 직교한다는 것을 확증하고, (2) 필요하다면 스핀 공간을 위한 직교 정규화된 기저를 만들기 위하여 그들을 정규화된 형태로 바꾸며, (3) 다음의 삼중 스핀 함수를 직교 정규화된 스핀 기저 함수들의 선형조합으로 전개하는 것이 될 것이다.

$$\chi_0 = \alpha\alpha\beta\alpha - \alpha\beta\alpha\alpha$$

함수 χ_1과 χ_2는 공통의 항이 없기 때문에 직교한다. χ_1과 χ_3가 2개의 항을 공통으로 가지고 있지만, 스칼라곱이 0이 되는 부호조합을 가지고 있다. 동일한 내용이 $\langle \chi_2 | \chi_3 \rangle$에도 적용된다. 하지만 어떤 χ_i도 정규화되어 있지 않다. $\langle \chi_1 | \chi_1 \rangle = \langle \chi_2 | \chi_2 \rangle = 2$, $\langle \chi_3 | \chi_3 \rangle = 4$이고, 따라서 가능한 하나의 직교 정규화된 기저는 다음과 같다.

$$\varphi_1 = 2^{-1/2}\chi_1, \qquad \varphi_2 = 2^{-1/2}\chi_2, \qquad \varphi_3 = \frac{1}{2}\chi_3$$

마지막으로, $a_1 = \langle \varphi_1 | \chi_0 \rangle = -1/\sqrt{2}$, $a_2 = \langle \varphi_2 | \chi_0 \rangle = -1/\sqrt{2}$, 그리고 $a_3 = \langle \varphi_3 | \chi_0 \rangle = 1$을 구성함으로써 χ_0를 전개했을 때의 계수들을 얻는다. 그러므로 바라던 전개는

$$\chi_0 = -\frac{1}{\sqrt{2}}\varphi_1 - \frac{1}{\sqrt{2}}\varphi_2 + \varphi_3$$

이다. ■

■ 전개와 스칼라곱

만일 어떤 두 함수가

$$f = \sum_{\mu} a_{\mu}\varphi_{\mu} \quad \text{그리고} \quad g = \sum_{\nu} b_{\nu}\varphi_{\nu}$$

와 같이 전개된다면, 이 두 함수의 스칼라곱은 다음과 같이 쓸 수 있다

$$\langle f|g\rangle = \sum_{\mu\nu} a_{\mu}^{*} b_{\nu} \langle \varphi_{\mu}|\varphi_{\nu}\rangle$$

만일 φ의 집합이 직교 정규이면 위 식은 다음과 같이 간단해진다.

$$\langle f|g\rangle = \sum_{\mu} a_{\mu}^{*} b_{\mu} \tag{5.18}$$

$g = f$인 특별한 경우에는

$$\langle f|f\rangle = \sum_{\mu} |a_{\mu}|^2 \tag{5.19}$$

와 같이 간단해지며, 이는 $\langle f|f\rangle \geq 0$이라는 조건과 부합하는데, 여기서 등호는 오직 f가 '거의 모든 곳에서' 0일 때 성립한다.

만일 전개 계수 a_{μ}의 집합을 f를 나타내는 열벡터 $\mathbf{a}$의 성분으로 생각하고, 비슷하게 열벡터 $\mathbf{b}$가 g를 나타낸다면, 식 (5.18)과 (5.19)는 다음과 같은 행렬 방정식에 해당한다.

$$\langle f|g\rangle = \mathbf{a}^{\dagger}\mathbf{b}, \qquad \langle f|f\rangle = \mathbf{a}^{\dagger}\mathbf{a} \tag{5.20}$$

$\mathbf{a}$의 수반 행렬을 취하면서, 켤레 복소수로 만들고 이를 다시 행벡터로 바꾸면 식 (5.20)에 나오는 행렬곱이 요구되는 바와 같이 스칼라가 된다는 것에 주목하라.

예제 5.1.5 **계수 벡터**

구간 $0 \leq x \leq \pi$에서 직교 정규인 함수들의 집합이 다음과 같다.

$$\varphi_n(x) = \sqrt{\frac{2-\delta_n 0}{\pi}} \cos nx, \qquad n = 0,\ 1,\ 2,\ \ldots$$

첫째, 다음 두 함수

$$\psi_1 = \cos^3 x + \sin^2 x + \cos x + 1 \quad \text{그리고} \quad \psi_2 = \cos^2 x - \cos x$$

를 위 기저 함수들로 전개해보자. 이 전개를 성분 $n = 0,\ \ldots,\ 3$을 가지는 벡터 $\mathbf{a}_1$과 $\mathbf{a}_2$로 나

타낸다.

$$\mathbf{a}_1 = \begin{pmatrix} \langle \varphi_0 | \psi_1 \rangle \\ \langle \varphi_1 | \psi_1 \rangle \\ \langle \varphi_2 | \psi_1 \rangle \\ \langle \varphi_3 | \psi_1 \rangle \end{pmatrix}, \qquad \mathbf{a}_2 = \begin{pmatrix} \langle \varphi_0 | \psi_2 \rangle \\ \langle \varphi_1 | \psi_2 \rangle \\ \langle \varphi_2 | \psi_2 \rangle \\ \langle \varphi_3 | \psi_2 \rangle \end{pmatrix}$$

$n=4$ 이상의 모든 성분은 0이며 나타낼 필요가 없다. 이들의 스칼라곱을 계산하는 것은 간단하다. 위와 같이 하는 대신에, 삼각함수의 항등식을 이용하여 ψ_i를 다음과 같이 다시 쓸 수 있다.

$$\psi_1 = \frac{\cos 3x}{4} - \frac{\cos 2x}{2} + \frac{7}{4}\cos x + \frac{3}{2}, \qquad \psi_2 = \frac{\cos 2x}{2} - \cos x + \frac{1}{2}$$

이제 이 표현이 다음 식

$$\psi_1 = \sqrt{\frac{\pi}{2}}\left(\frac{\varphi_3}{4} - \frac{\varphi_2}{2} + \frac{7\varphi_1}{4} + \frac{3\sqrt{2}\,\varphi_0}{2}\right), \qquad \psi_2 = \sqrt{\frac{\pi}{2}}\left(\frac{\varphi_2}{2} - \varphi_1 + \frac{\sqrt{2}\,\varphi_0}{2}\right)$$

와 동등하며, 그래서

$$\mathbf{a}_1 = \sqrt{\frac{\pi}{2}}\begin{pmatrix} 3\sqrt{2}/2 \\ 7/4 \\ -1/2 \\ 1/4 \end{pmatrix}, \qquad \mathbf{a}_2 = \sqrt{\frac{\pi}{2}}\begin{pmatrix} \sqrt{2}/2 \\ -1 \\ 1/2 \\ 0 \end{pmatrix}$$

와 같이 된다는 것을 쉽게 알 수 있다. 이상으로부터, 식 (5.12)과 같은 직교 정규 전개에서 계수들을 찾는 일반적인 공식은 가끔 다른 방식으로 하던 것을 체계적으로 수행하는 방법이라는 것을 알게 된다.

이제 스칼라곱 $\langle \psi_i | \psi_j \rangle$를 계산할 수 있다. 우선 이들을 행렬곱으로 판별하고 다음과 같이 계산한다.

$$\langle \psi_1 | \psi_1 \rangle = \mathbf{a}_1^\dagger \mathbf{a}_1 = \frac{63\pi}{16}, \qquad \langle \psi_1 | \psi_2 \rangle = \mathbf{a}_1^\dagger \mathbf{a}_2 = -\frac{\pi}{4}, \qquad \langle \psi_2 | \psi_2 \rangle = \mathbf{a}_2^\dagger \mathbf{a}_2 = \frac{7\pi}{8} \quad ■$$

■ 베셀 부등식

기저 함수들의 집합과 공간에 대한 정의가 주어졌을 때, 그 기저 함수들이 그 공간을 모두 기술하는 것(가끔 **완전성**이라 언급되는 특성)이 반드시 보장되는 것은 아니다. 예를 들어, 기저 함수들은 그들의 함수적 형태가 주어짐으로써 명시되지만, 공간은 어떤 주어진 정의에 의한 스칼라곱을 가지는 모든 함수들을 포함하는 것으로 정의된 것일 수 있다. 이 사안은 약

간 중요한데, 어떤 주어진 기저에서 어떤 함수를 전개하려는 시도가 정확한 결과에 수렴하는 것이 보장될 수 있는지를 알 필요가 있기 때문이다. 활용할 수 있는 완전히 일반적인 판단기준은 없지만, 만일 전개되는 함수가 최악의 경우에 유한한 수의 유한한 불연속성을 가지는 경우 유용한 결과들이 얻어졌고, 단지 고립된 점들에서만 정확한 값으로부터의 차이가 생길 경우 결과들은 '정확한' 것으로 수용된다. 멱급수와 삼각함수 급수들은 제곱 적분 가능한 함수 f[식 (5.7)에서 정의된 것과 같은 $\langle f|f\rangle$가 존재하는 함수들, 수학자들은 그러한 공간들을 $\mathcal{L}^2$로 표기한다]의 전개에 대하여 완전하다는 것이 증명되었다. 또한 에르미트 고윳값 문제들에 대한 해들로써 나타나는 함수들의 직교 정규 집합들은 완전하다는 것이 증명된다.[4]

아주 실용적이지는 않지만, 완전성은 **베셀 부등식**(Bessel's inequality)으로 검사할 수 있는데, 이는 만일 어떤 함수 f가 어떤 직교 정규화된 기저 안에서 $\sum_n a_n\varphi_n$처럼 전개되었다고 할 때,

$$\langle f|f\rangle \geq \sum_n |a_n|^2 \tag{5.21}$$

이라는 것으로, 여기서 부등식은 f의 전개가 불완전할 때 생긴다. 완전성 검사로써 이 부등식이 비실용적인 것은 이 부등식이 공간의 완전성을 주장하기 위해 사용되기 이전에 모든 f에 적용되어야 한다는 것이다.

다음과 같이

$$I = \left\langle f - \sum_i a_i\varphi_i \,\middle|\, f - \sum_j a_j\varphi_j \right\rangle \geq 0 \tag{5.22}$$

을 살펴봄으로써 베셀 부등식을 수립할 수 있는데, 여기서 $I=0$은 **평균의 수렴**(convergence in the mean)이라는 용어로 불리는 것을 나타내는데, 이는 피적분 함수가 몇몇 고립된 점에서 0과 달라도 된다는 것을 허용하는 기준이다. 스칼라곱을 전개하고, φ가 직교 정규이기 때문에 0이 되는 항들을 제거하면, 식 (5.21)을 얻게 되며, 등식은 전개가 f에 수렴할 때에만 성립한다. 평균의 수렴이 **균등 수렴**(uniform convergence)보다는 덜 엄격한 요구사항이지만, 기저 집합을 이용한 전개의 거의 모든 물리적 활용에 있어서 충분하다는 것에 주목하자.

---

4 R. Courant and D. Hilbert, *Methods of Mathematical Physics* (English translation), Vol. 1, New York: Interscience (1953), reprinting, Wiley (1989), chapter 6, section 3을 보라.

예제 5.1.6 불연속적인 함수의 전개

함수 $\cos nx$ $(n=0,\ 1,\ 2,\ \ldots)$와 $\sin nx$ $(n=1,\ 2,\ \ldots)$는 구간 $-\pi < x < \pi$에서 (합쳐서) 하나의 완전한 집합을 구성한다는 것이 확인되었다. 이는 평균의 수렴이라는 조건 아래서 얻어진 것이기 때문에 몇몇 고립된 점들에서 성립하지 않으나, 이로 인해 고립된 점들에서 불연속성을 가지는 함수들을 기술하는 것이 허용될 가능성이 있다. 다음과 같은 네모파(square-wave) 함수를 예시로 살펴보자.

$$f(x)=\begin{cases} \dfrac{h}{2}, & 0 < x < \pi \\ -\dfrac{h}{2}, & -\pi < x < 0 \end{cases} \tag{5.23}$$

함수 $\cos nx$와 $\sin nx$는 (스칼라곱에서 단위 가중치를 가지는) 전개 구간에서 직교하며, $f(x)$의 전개는 다음과 같은 형태를 취한다.

$$f(x)=a_0+\sum_{n=1}^{\infty}(a_n\cos nx+b_n\sin nx)$$

$f(x)$가 x의 기함수이기 때문에 모든 a_n은 0이며, 단지

$$b_n=\frac{1}{\pi}\int_{-\pi}^{\pi}f(t)\sin nt\,dt$$

만 계산하면 된다. 적분 앞의 $1/\pi$ 인자는 전개 함수가 정규화되어 있지 않기 때문에 나타난 것이다.

$f(t)$에 $\pm h/2$를 대입하면 다음 식을 얻게 된다.

$$b_n=\frac{h}{n\pi}(1-\cos n\pi)=\begin{cases} 0, & n\text{은 짝수} \\ \dfrac{2h}{n\pi}, & n\text{은 홀수} \end{cases}$$

따라서 네모파의 전개는 다음과 같다.

$$f(x)=\frac{2h}{\pi}\sum_{n=0}^{\infty}\frac{\sin(2n+1)x}{2n+1} \tag{5.24}$$

식 (5.24)의 급수가 수렴하는 비율을 보여주기 위해, 이 급수의 몇몇 부분합들을 그림 5.1에 나타내었다. ■

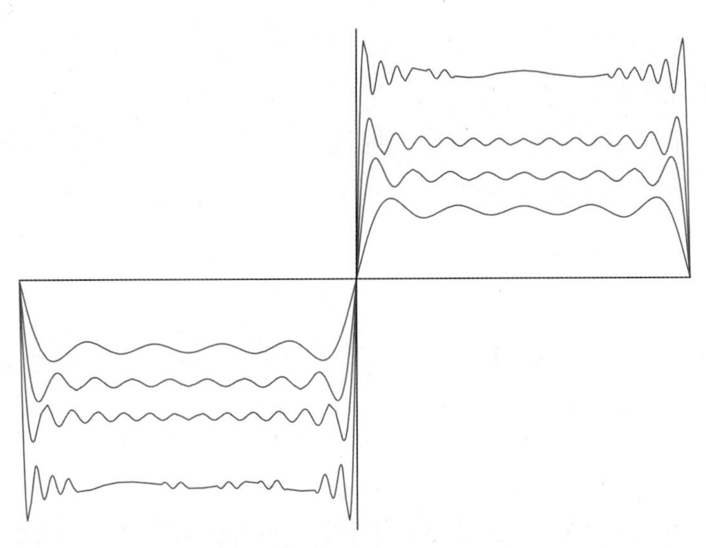

그림 5.1 네모파의 전개. 식 (5.24)를 이용하여 계산되었으며, 항이 $n=4,\ 8,\ 12$, 그리고 20까지만 더해진 경우들이다. 곡선들의 가시성을 높이기 위해 서로 다른 수직눈금이 사용되었다.

■ 디랙 델타 함수의 전개들

직교 전개는 디랙 델타 함수에 대한 추가적인 표현들을 개발할 기회를 제공한다. 사실 그런 표현은 함수 $\varphi_n(x)$로 구성된 임의의 완전한 집합으로부터 구축될 수 있다. 논의를 간단히 하기 위해 $\varphi_n(x)$가 단위 가중치를 가지는 구간 $(a,\ b)$에서 직교 정규화되어 있다고 하고, 다음과 같은 전개를 살펴보자.

$$\delta(x-t)=\sum_{n=0}^{\infty}c_n(t)\varphi_n(x) \tag{5.25}$$

여기서 지시된 바와 같이, 계수들은 t의 함수들이어야 한다. 계수를 결정하는 규칙으로부터, 역시 구간 $(a,\ b)$에 있는 t에 대하여 다음과 같은 식을 얻는다.

$$c_n(t)=\int_a^b\varphi_n^*(x)\delta(x-t)dx=\varphi_n^*(t) \tag{5.26}$$

여기서 델타 함수를 정의하는 특성들이 계산에 이용되었다. 이 결과를 다시 식 (5.25)에 대입하면

$$\delta(x-t)=\sum_{n=0}^{\infty}\varphi_n^*(t)\varphi_n(x) \tag{5.27}$$

를 얻게 된다. 이 결과는 분명히 $x=t$에서 균등 수렴하지 않는다. 하지만 위 식은 자체로 사용되는 것이 아니라 단지 피적분 함수의 일부분으로 나타날 때 의미를 가진다는 것을 기

억해야 한다. 또한 식 (5.27)이 단지 x와 t가 $(a,\ b)$ 범위 안에 있을 때에만 유효하다는 것에 주목하라.

식 (5.27)은 $[\varphi_n(x)$ 함수들에 있어서] 디랙 델타 함수에 대한 **닫힘** 관계라 하고, 명백히 φ 집합의 완전성에 의존한다. 만일 식 (5.27)을 $F(t)=\sum_p c_p\varphi_p(t)$로 전개된다고 가정한 임의의 함수 $F(t)$에 적용하면,

$$\begin{aligned}\int_a^b F(t)\delta(x-t)dt &= \int_a^b dt\sum_{p=0}^{\infty}c_p\varphi_p(t)\sum_{n=0}^{\infty}\varphi_n^*(t)\varphi_n(x)\\ &=\sum_{p=0}^{\infty}c_p\varphi_p(x)=F(x)\end{aligned} \tag{5.28}$$

를 얻게 되는데, 이는 예상한 결과이다. 하지만 만일 적분 한계를 $(a,\ b)$에서 $(t_1,\ t_1)$로 바꾸면, $\delta(x-t)$에 대한 우리의 표현이 $x\approx t$일 때를 제외하면 무시될 수 있다는 사실을 보여주는 좀 더 일반적인 결과를 얻게 된다.

$$\int_{t_1}^{t_2}F(t)\delta(x-t)dt=\begin{cases}F(x), & t_1<x<t_2\\ 0, & x<t_1 \text{ 또는 } x>t_2\end{cases} \tag{5.29}$$

예제 5.1.7 델타 함수 표현

디랙 델타 함수를 직교 정규화된 기저에서 전개한 것을 예시하기 위해, $x=(0,\ 1)$에서 서로 직교 정규이고 완전한 함수들 $\varphi_n(x)=\sqrt{2}\sin n\pi x\ (n=1,\ 2,\ \ldots)$를 택해보자. 그러면 디랙

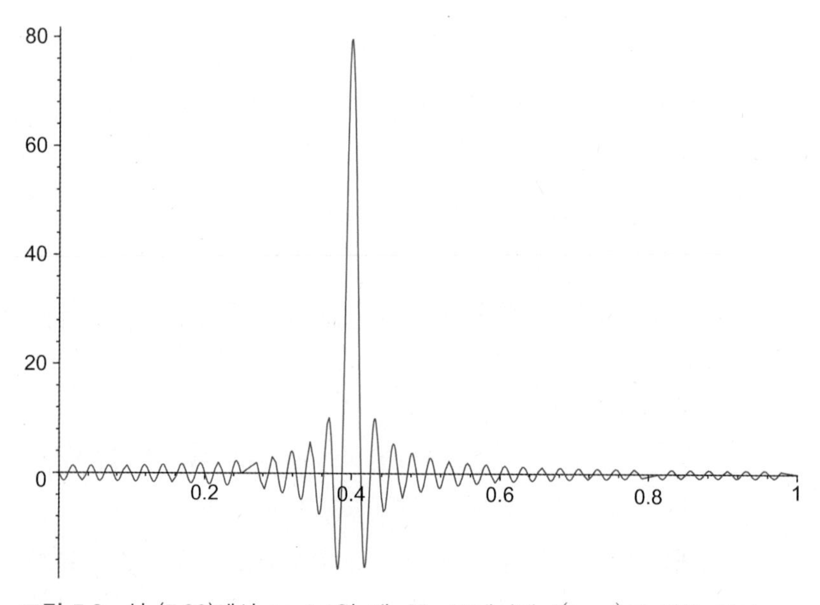

그림 5.2 식 (5.30)에서 $t=0.4$일 때 $N=80$에서의 $\delta(t-x)$에 대한 근사

델타 함수는 $0 < x < 1$, $0 < t < 1$에서 유효한 다음과 같은 표현을 가진다.

$$\delta(x-t) = \lim_{N \to \infty} \sum_{n=1}^{N} 2 \sin n\pi t \sin n\pi x \tag{5.30}$$

이 함수를 $t = 0.4$ 그리고 $0 < x < 1$일 때 $N = 80$에 대해서 그려보면 그림 5.2에 보인 바와 같은 결과를 얻게 된다. ■

■ 디랙 표기법

지금까지 논의한 것들 중 많은 것들이 좀 더 명백하고 디랙에 의해 발명된 표기장치(notational device)를 이용하여 추가적인 분석을 할 수 있는 가능성을 보여주는 형태로 표현될 수 있다. 디랙은 어떤 함수를 그냥 f로 쓰는 대신에, 그가 **켓**(ket)이라 이름 붙인, 각-괄호 쌍의 오른쪽 반 안에 쓰는 것을 제안하였다. 예를 들면, $f \to |f\rangle$, $\varphi_i \to |\varphi_i\rangle$ 등이다. 그런 다음 그는 함수의 켤레 복소수를 그가 **브라**(bra)라 이름 붙인 각-괄호의 왼쪽 반 안에 쓰는 것을 제안하였다. 브라의 한 가지 예는 $\varphi_i^* \to \langle\varphi_i|$이다. 마지막으로, 그는 브라 다음에 켓이 나오는 배열[브라+켓~브라켓(bracket)]이 나타나면, 그 쌍은 (인접한 2개의 세로줄 중에서 하나는 제거하고) 하나의 스칼라곱으로 해석되어야 한다고 제안하였다. 이 표기법을 사용한 최초의 예로써, 식 (5.12)는 이제 다음과 같이 쓸 수 있다.

$$|f\rangle = \sum_j a_j |\varphi_j\rangle = \sum_j |\varphi_j\rangle\langle\varphi_j|f\rangle = \left(\sum_j |\varphi_j\rangle\langle\varphi_j|\right)|f\rangle \tag{5.31}$$

이와 같은 표기상의 재배치는 φ 기저에서의 전개를 합하면 아무런 영향을 주지 않는 방식으로, 한 집합의 기저 함수들을 삽입한 것으로 볼 수 있다는 것을 보여준다. 만일, 그 합이 φ_i들의 하나의 완전한 집합에 대한 것이라면, 식 (5.31)의 켓-브라 합은 그 공간에서 어떤 켓 앞에 삽입되든지 간에 아무런 영향을 주지 않을 것이고, 그러므로 그 합은 **1의 분해**(resolution of the identity)로 볼 수 있다. 이를 강조하기 위해 다음과 같이 쓸 수 있다.

$$1 = \sum_j |\varphi_j\rangle\langle\varphi_j| \tag{5.32}$$

직교 정규 집합들 안에서의 전개를 수반하는 많은 표현들이 1의 분해를 삽입함으로써 유도될 수 있다.

또한 디랙 표기법은 벡터와 행렬들을 다루는 표현들에 적용될 수 있는데, 여기서 디랙 표기법은 우리가 공부하고 있는 함수공간들과 물리적 벡터공간들 사이의 대응관계를 명확하게 보여준다. 만일 $\mathbf{a}$와 $\mathbf{b}$가 열벡터이고 M이 행렬이라면, $|\mathbf{b}\rangle$를 $\mathbf{b}$의 별칭으로 쓸 수 있고,

⟨a|가 $\mathbf{a}^\dagger$를 뜻하는 것으로 쓸 수 있으며, 그러면 ⟨a|b⟩는 $\mathbf{a}^\dagger\mathbf{b}$와 동등한 것으로 해석되며, 이는 (벡터들이 실수일 때) (스칼라) 내적 $\mathbf{a}\cdot\mathbf{b}$의 행렬 표기법이다. 다른 예들은 다음과 같은 표현들이다.

$$\mathbf{a}=\mathsf{M}\mathbf{b} \leftrightarrow |\mathbf{a}\rangle = |\mathsf{M}\mathbf{b}\rangle = \mathsf{M}|\mathbf{b}\rangle \quad \text{또는} \quad \mathbf{a}^\dagger\mathsf{M}\mathbf{b} = (\mathsf{M}^\dagger\mathbf{a})^\dagger\mathbf{b} \leftrightarrow \langle\mathbf{a}|\mathsf{M}\mathbf{b}\rangle = \langle\mathsf{M}^\dagger\mathbf{a}|\mathbf{b}\rangle$$

연습문제

5.1.1 어떤 함수 $f(x)$가 일련의 직교 정규 함수들로 다음과 같이 전개된다.

$$f(x)=\sum_{n=0}^{\infty} a_n\varphi_n(x)$$

주어진 $\varphi_n(x)$의 집합에 대하여 이 전개가 유일함을 보이시오. 여기서 함수 $\varphi_n(x)$는 어떤 무한 차원의 힐베르트 공간 안에서의 **기저** 벡터들이다.

5.1.2 어떤 함수 $f(x)$가 유한개의 기저 함수 $\varphi_i(x)$로 다음과 같이 표현된다.

$$f(x)=\sum_{i=1}^{N} c_i\varphi_i(x)$$

성분 c_i가 유일하게 결정된다는 것, 즉 다른 c_i'이 존재하지 않는다는 것을 보이시오.

[참고] 기저 함수들은 자동적으로 선형 독립적이다. 그러나 반드시 직교하는 것은 아니다.

5.1.3 어떤 함수 $f(x)$가 구간 $[0,1]$에서 멱급수 전개 $\sum_{i=0}^{n-1} c_i x^i$로 근사된다. 제곱평균오차를 최소화하면 다음과 같은 한 무리의 선형 방정식들에 이르게 된다는 것을 보이시오.

$$\mathsf{A}\mathbf{c}=\mathbf{b}$$

여기서

$$A_{ij}=\int_0^1 x^{i+j}dx=\frac{1}{i+j+1}, \qquad i,\ j=0,\ 1,\ 2,\ \ldots,\ n-1$$

이고

$$b_i=\int_0^1 x^i f(x)dx, \qquad i=0,\ 1,\ 2,\ \ldots,\ n-1$$

이다.

[참고] A_{ij}는 차수가 n인 힐베르트 행렬의 성분들이다. 이 힐베르트 행렬의 행렬식은 급격히 감소하는 n의 함수이다. $n=5$인 경우, $\det \mathrm{A} = 3.7\times 10^{-12}$이며 한 무리의 방정식 $\mathrm{A}\boldsymbol{c} = \mathbf{b}$는 조건이 좋지 않게 되고 불안정해진다.

5.1.4 함수 $F(x)$의 전개가 다음과 같이 주어진다.

$$F(x) = \sum_{n=0}^{\infty} a_n \varphi_n(x)$$

여기서

$$a_n = \int_a^b F(x)\varphi_n(x)w(x)dx$$

이다. 여기에서 **유한** 급수 근사

$$F(x) \approx \sum_{n=0}^{m} c_n \varphi_n(x)$$

를 취하시오. 이때, 제곱평균오차

$$\int_a^b \left[F(x) - \sum_{n=0}^{m} c_n \varphi_n(x)\right]^2 w(x)dx$$

가 $c_n = a_n$일 때 최소화된다는 것을 보이시오.

[참고] 계수들의 값은 유한 급수에서 항의 수와는 무관하다. 이와 같은 독립성은 직교성의 결과이며 x의 거듭제곱들을 사용하는 최소 제곱법의 경우에는 성립하지 않을 것이다.

5.1.5 예제 5.1.6으로부터

$$f(x) = \left\{\begin{array}{ll} \dfrac{h}{2}, & 0 < x < \pi \\ -\dfrac{h}{2}, & -\pi < x < 0 \end{array}\right\} = \frac{2h}{\pi}\sum_{n=0}^{\infty}\frac{\sin(2n+1)x}{2n+1}$$

이다.

(a) 다음을 보이시오.

$$\int_{-\pi}^{\pi}[f(x)]^2 dx = \frac{\pi}{2}h^2 = \frac{4h^2}{\pi}\sum_{n=0}^{\infty}(2n+1)^{-2}$$

상한이 유한한 경우, 위 식은 베셀 부등식이 될 것이다. 상한이 무한대인 경우, 위 식은 파세발의 항등식이다.

(b) 급수를 계산하여 다음 식을 증명하시오.

$$\frac{\pi}{2}h^2 = \frac{4h^2}{\pi}\sum_{n=0}^{\infty}(2n+1)^{-2}$$

[힌트] 이 급수는 리만 제타 함수 $\zeta(2)=\pi^2/6$을 이용하여 표현될 수 있다.

5.1.6 항등식

$$\left[\int_a^b f(x)g(x)dx\right]^2 = \int_a^b [f(x)]^2 dx \int_a^b [g(x)]^2 dx - \frac{1}{2}\int_a^b dx \int_a^b dy [f(x)g(y)-f(y)g(x)]^2$$

으로부터 슈바르츠 부등식을 유도하시오.

5.1.7 $I=\left\langle f-\sum_i a_i\varphi_i \middle| f-\sum_j a_j\varphi_j\right\rangle \geq 0$으로부터 베셀 부등식 $\langle f|f\rangle \geq \sum_n |a_n|^2$을 유도하시오.

5.1.8 스칼라곱이

$$\langle f|g\rangle = \int_0^1 f^*(x)g(x)dx$$

와 같이 정의될 때, 구간 $0 \leq x \leq 1$에서 직교하는 (그러나 정규화되어 있지는 않은) 일련의 기저 함수 φ_i로 함수 $\sin\pi x$를 전개하시오. 이 전개의 처음 4개 항들을 택하시오. 처음 4개의 φ_i는 다음과 같다.

$$\varphi_0 = 1,\ \varphi_1 = 2x-1,\ \varphi_2 = 6x^2-6x+1,\ \varphi_3 = 20x^3-30x^2+12x-1$$

[참고] 필요한 적분은 예제 1.10.5에 나온다.

5.1.9 라게르 다항식 $L_n(x)$로 함수 e^{-x}를 전개하시오. 라게르 다항식은 구간 $0 \leq x < \infty$에서 스칼라곱

$$\langle f|g\rangle = \int_0^\infty f^*(x)g(x)e^{-x}dx$$

에 대하여 직교 정규이다. 이 전개의 처음 4개 항들을 택하시오. 처음 4개의 $L_n(x)$는

$$L_0 = 1, \qquad L_1 = 1 - x, \qquad L_2 = \frac{2 - 4x + x^2}{2}, \qquad L_3 = \frac{6 - 18x + 9x^2 - x^3}{6}$$

이다.

5.1.10 어떤 함수 f의 양함수 형태는 알려져 있지 않지만, 직교 정규화 집합 φ_n 안에서 전개했을 때의 계수들 a_n이 주어져 있다. φ_n과 또 다른 직교 정규화 집합의 원소들 χ_n이 주어진다고 가정하고, 함수 f의 χ_n 집합에서의 전개에 대한 계수들을 구하기 위한 공식을 디랙 표기법을 이용하여 구하시오.

5.1.11 통상적인 벡터 표기법을 사용하여 $\sum_j |\hat{\mathbf{e}}_j\rangle\langle\hat{\mathbf{e}}_j|\mathbf{a}\rangle$를 계산하시오. 여기서 $\mathbf{a}$는 $\hat{\mathbf{e}}_j$에 의해 기술되는 공간에서의 임의의 벡터이다.

5.1.12 $\mathbf{a} = a_1\hat{\mathbf{e}}_1 + a_2\hat{\mathbf{e}}_2$ 그리고 $\mathbf{b} = b_1\hat{\mathbf{e}}_1 + b_2\hat{\mathbf{e}}_2$라 하면, 만일 있을 경우, 어떤 k값에 대하여

$$\langle\mathbf{a}|\mathbf{b}\rangle = a_1b_1 - a_1b_2 - a_2b_1 + ka_2b_2$$

가 유효한 스칼라곱의 정의가 되는가?

5.2 그람-슈미트 직교화

지금 논의하고 있는 전개나 변환을 수행하는 데 있어서 핵심적인 것은 유용한 직교 정규인 함수들의 집합들이 이용 가능하냐는 것이다. 따라서 어떤 절차에 대해 기술하려고 하는데, 이 절차를 통해 직교하지도 않고 정규화되어 있지도 않은 함수들의 어떤 집합이 동일한 함수공간을 기술하는 직교 정규 집합을 구축하는 데 사용될 수 있다. 이러한 작업을 수행하는 데는 많은 방법이 있다. 여기서는 **그람-슈미트**(Gram-Schmidt) 직교화 과정이라고 하는 방법을 보인다.

그람-슈미트 과정은 어떤 함수들 χ_μ의 집합을 이용할 수 있다는 것과 근사적으로 정의된 스칼라곱 $\langle f|g\rangle$를 가정한다. 직교 정규 함수 φ_ν를 만들어내기 위해 순차적으로 직교 정규화를 수행할 것인데, 이는 χ_0로부터 첫 번째 직교 정규 함수 φ_0를, χ_0와 χ_1으로부터 그 다음 함수 φ_1을 만드는 등의 방식을 의미한다. 만일, 예를 들어, χ_μ들이 x^μ와 같은 거듭제곱들이라면, 직교 정규 함수 φ_ν는 x에 대한 차수가 ν인 다항식이 될 것이다. 그람-슈미트 과정이 자주 거듭제곱들에 대해 적용되기 때문에, χ와 φ를 나열하는 데 있어서 (1부터 시작

하지 않고) 0부터 시작하는 것을 택하였다.

그리하여, 첫 번째 직교 정규 함수는 단순히 χ_0를 정규화한 것이 될 것이다. 구체적으로

$$\varphi_0 = \frac{\chi_0}{\langle \chi_0 | \chi_0 \rangle^{1/2}} \tag{5.33}$$

이다. 식 (5.33)이 정확한지는 다음과 같이 확인할 수 있다.

$$\langle \varphi_0 | \varphi_0 \rangle = \left\langle \frac{\chi_0}{\langle \chi_0 | \chi_0 \rangle^{1/2}} \middle| \frac{\chi_0}{\langle \chi_0 | \chi_0 \rangle^{1/2}} \right\rangle = 1$$

다음으로, φ_0와 χ_1으로부터 시작하여, φ_0에 직교하는 함수를 찾는다. 나중 단계에서 할 것과의 일관성을 위해 χ_0보다는 φ_0를 사용한다. 이에 따라 다음과 같이 쓴다.

$$\psi_1 = \chi_1 - a_{1,0}\varphi_0 \tag{5.34}$$

여기서 할 것은 χ_1으로부터 φ_0로의 사영 성분을 제거하고 φ_0에 직교하는 나머지만 남기는 것이다. φ_0가 ('단위길이'로) 정규화되어 있다는 것을 생각하면, φ_0로의 사영은 $\langle \varphi_0 | \chi_1 \rangle \varphi_0$으로 주어지며, 따라서

$$a_{1,0} = \langle \varphi_0 | \chi_1 \rangle \tag{5.35}$$

이다. 식 (5.35)가 직관적으로 명백하지 않을 경우, ψ_1이 φ_0에 직교해야 한다는 조건을 사용하여 식 (5.35)를 확인할 수 있다.

$$\langle \varphi_0 | \psi_1 \rangle = \langle \varphi_0 | (\chi_1 - a_{1,0}\varphi_0) \rangle = \langle \varphi_0 | \chi_1 \rangle - a_{1,0} \langle \varphi_0 | \varphi_0 \rangle = 0$$

이 식은, φ_0가 정규화되어 있기 때문에, 식 (5.35)로 귀결된다. 함수 ψ_1은 일반적으로 정규화되어 있지 않다. 이를 정규화하여 다음과 같이 φ_1을 얻는다.

$$\varphi_1 = \frac{\psi_1}{\langle \psi_1 | \psi_1 \rangle^{1/2}} \tag{5.36}$$

계속하려면, φ_0, φ_1, 그리고 χ_2로부터 φ_0과 φ_1 모두에 대해 직교하는 함수를 만들어야 한다. 그 함수는 다음과 같은 형태를 가질 것이다.

$$\psi_2 = \chi_2 - a_{0,2}\varphi_0 - a_{1,2}\varphi_1 \tag{5.37}$$

식 (5.37)의 마지막 두 항들은 각각 χ_2로부터 φ_0와 φ_1으로의 사영 성분들을 제거한다. 이 사영 성분들은 φ_0와 φ_1이 서로 직교하기 때문에 서로 독립적이다. 따라서 사영 성분들에 대

해 이미 알고 있는 바로부터 또는 스칼라곱 $\langle\varphi_i|\psi_2\rangle(i=0$과 $1)$을 0으로 놓음으로써 다음과 같은 식을 얻게 된다.

$$a_{0,2}=\langle\varphi_0|\chi_2\rangle,\qquad a_{1,2}=\langle\varphi_1|\chi_2\rangle \tag{5.38}$$

이제 마지막으로, φ_2는 $\varphi_2=\psi_2/\langle\psi_2|\psi_2\rangle^{1/2}$와 같이 주어지게 된다.

위 식들이 처음 몇 개의 항들로 주어지도록 일반화를 하면, $i=0,\ \ldots,\ n-1$에 대하여 φ_i가 이미 구성되어 있다고 할 때, 직교 정규화된 함수 φ_n은 χ_n으로부터 다음의 두 단계에 의해 주어진다.

$$\psi_n=\chi_n-\sum_{\mu=0}^{n-1}\langle\varphi_\mu|\chi_n\rangle\varphi_\mu$$

$$\varphi_n=\frac{\psi_n}{\langle\psi_n|\psi_n\rangle^{1/2}} \tag{5.39}$$

위 과정을 복습해보면, 만일 같은 집합에서 다른 순서로 χ_i를 사용했다면 다른 결과를 얻었을 것임을 알게 된다. 예를 들어, 만일 χ_3로부터 시작했다면, 구축한 집합이 $\chi_\mu\,(\mu=0,\ 1,\ 2,\ 3)$의 선형조합으로 φ_3를 주는 반면, 직교 정규화된 함수들 중의 하나는 단지 χ_3에 대한 곱으로 주어졌을 것이다.

예제 5.2.1 르장드르 다항식

직교 정규화 집합을 구성하는데 χ_μ를 x^μ로 택하고, 다음과 같은 정의를 사용해보자.

$$\langle f|g\rangle=\int_{-1}^{1}f^*(x)g(x)dx \tag{5.40}$$

이러한 스칼라곱 정의는 집합의 원소들이 구간 $(-1,\ 1)$에서 단위 가중치를 가지고 서로 직교하게 할 것이다. 더욱이 χ_μ가 실수이기 때문에, 켤레 복소수를 표현하는 별표(asterisk)는 여기서 아무런 작용을 하지 않는다.

첫 번째 직교 정규화 함수 φ_0는

$$\varphi_0(x)=\frac{1}{\langle 1|1\rangle^{1/2}}=\frac{1}{\left[\int_{-1}^{1}dx\right]^{1/2}}=\frac{1}{\sqrt{2}}$$

이다. φ_1을 얻기 위해 먼저 다음과 같은 계산을 하여 ψ_1을 얻는다.

$$\psi_1(x) = x - \langle \varphi_0 | x \rangle \varphi_0(x) = x$$

여기서 스칼라곱은 0이 되는데, 이는 φ_0가 x의 우함수이지만 x가 기함수이고 적분 구간이 대칭적이기 때문이다. 그러면 다음 식을 얻는다.

$$\varphi_1(x) = \frac{x}{\left[\int_{-1}^{1} x^2 dx\right]^{1/2}} = \sqrt{\frac{3}{2}}\, x$$

다음 단계는 간단하지 않다. ψ_2를 다음과 같이 구성한다.

$$\psi_2(x) = x^2 - \langle \varphi_0 | x^2 \rangle \varphi_0(x) - \langle \varphi_1 | x^2 \rangle \varphi_1(x) = x^2 - \left\langle \frac{1}{\sqrt{2}} \middle| x^2 \right\rangle \left(\frac{1}{\sqrt{2}}\right) = x^2 - \frac{1}{3}$$

여기서 $\langle \varphi_1 | x^2 \rangle$를 0으로 놓기 위해 대칭성을 사용하였고 다음의 스칼라곱을 계산하였다.

$$\left\langle \frac{1}{\sqrt{2}} \middle| x^2 \right\rangle = \frac{1}{\sqrt{2}} \int_{-1}^{1} x^2 dx = \frac{\sqrt{2}}{3}$$

그러면

$$\varphi_2(x) = \frac{x^2 - \frac{1}{3}}{\left[\int_{-1}^{1} \left(x^2 - \frac{1}{3}\right)^2 dx\right]^{1/2}} = \sqrt{\frac{5}{2}} \left(\frac{3}{2}x^2 - \frac{1}{2}\right)$$

이다. 직교 정규 함수를 하나 더 얻기 위해 계속하면 다음을 얻는다.

$$\varphi_3(x) = \sqrt{\frac{7}{2}} \left(\frac{5}{2}x^3 - \frac{3}{2}x\right)$$

12장에서,

$$\varphi_n(x) = \sqrt{\frac{2n+1}{2}}\, P_n(x) \tag{5.41}$$

을 보여주고 있는데, 여기서 $P_n(x)$는 n차의 르장드르 다항식(Legendre polynomial)이다. 그람-슈미트 과정은 르장드르 다항식을 만들어내는 가능하지만 매우 다루기 어려운 방법을 제공한다. 더 효율적인 다른 접근방법이 존재한다. ■

표 5.1 그람-슈미트 방법으로 $u_n(x) = x^n (n=0, 1, 2, \ldots)$을 직교 정규화하여 얻은 직교 다항식들

다항식	스칼라곱	표
르장드르	$\int_{-1}^{1} P_n(x) P_m(x) dx = 2\delta_{mn}/(2n+1)$	표 12.4
편이(shifted) 르장드르	$\int_{0}^{1} P_n^*(x) P_m^*(x) dx = \delta_{mn}/(2n+1)$	
Ⅰ형 체비셰프(Chebyshev)	$\int_{-1}^{1} T_n(x) T_m(x)(1-x^2)^{-1/2} dx = \delta_{mn}\pi/(2-\delta_{n0})$	표 13.4
편이 Ⅰ형 체비셰프	$\int_{0}^{1} T_n^*(x) T_m^*(x)[x(1-x)]^{-1/2} dx = \delta_{mn}\pi/(2-\delta_{n0})$	표 13.5
Ⅱ형 체비셰프	$\int_{-1}^{1} U_n(x) U_m(x)(1-x^2)^{1/2} dx = \delta_{mn}\pi/2$	표 13.4
라게르(Laguerre)	$\int_{0}^{\infty} L_n(x) L_m(x) e^{-x} dx = \delta_{mn}$	표 13.2
연관(associated) 라게르	$\int_{0}^{\infty} L_n^k(x) L_m^k(x) e^{-x} dx = \delta_{mn}(n+k)!/n!$	표 13.3
에르미트	$\int_{-\infty}^{\infty} H_n(x) H_m(x) e^{-x^2} dx = 2^n \delta_{mn} \pi^{1/2} n!$	표 13.1

구간, 가중치, 그리고 통상적인 정규화는 스칼라곱의 형태로부터 유도될 수 있다. 각 종류의 첫 몇 개의 다항식들에 대해 명시적 형태로 표현된 수식들에 대한 표들은 이 책의 12장과 13장에 나오는 지시된 표들에 포함되어 있다.

르장드르 다항식은, 부호와 크기를 제외하면, 그람-슈미트 과정, 연속된 x의 거듭제곱들의 사용, 그리고 스칼라곱을 위해 채택된 정의에 의해 유일하게 정의된다. 스칼라곱에 대한 정의를 바꿈(다른 가중치 또는 구간의 사용)으로써, 다른 유용한 직교 다항식들의 집합들을 생성할 수 있다. 이들 중 몇 가지가 표 5.1에 제시되어 있다. 여러 가지의 이유로 대부분의 이들 다항식들은 1로 정규화되어 있지 않다. 표에서 스칼라곱의 수식들은 통상적인 정규화들이고, 참조된 표에 나오는 명시적 형태로 표현된 수식들이다.

■ 물리적 벡터 직교 정규화하기

그람-슈미트 과정은 단순히 성분들에 의해 주어지는 보통의 벡터들에 대해서도 동작하며, 스칼라곱은 단지 보통의 내적으로 이해한다.

예제 5.2.2 2차원 다양체 직교 정규화하기

3차원 공간에서 어떤 2차원 다양체(부분 공간)는 두 벡터 $\mathbf{a}_1 = \hat{\mathrm{e}}_1 + \hat{\mathrm{e}}_2 - 2\hat{\mathrm{e}}_3$와 $\mathbf{a}_2 = \hat{\mathrm{e}}_1 + 2\hat{\mathrm{e}}_2 - 3\hat{\mathrm{e}}_3$에 의해 정의된다. 디랙 표기법에서 (열행렬으로 쓰인) 이 벡터들은

$$|\mathbf{a}_1\rangle = \begin{pmatrix} 1 \\ 1 \\ -2 \end{pmatrix}, \qquad |\mathbf{a}_2\rangle = \begin{pmatrix} 1 \\ 2 \\ -3 \end{pmatrix}$$

이다. 우리의 일은 이 다양체를 직교 정규화된 기저로 기술하는 것이다.

함수들에 대해 했던 것과 정확하게 같은 방식으로 진행할 것이다. $\mathbf{b}_1$으로 부를 첫 번째 직교 정규화된 기저 벡터는 $\mathbf{a}_1$을 정규화한 것이 될 것이고, 따라서 다음과 같은 형태가 된다.

$$|\mathbf{b}_1\rangle = \frac{\mathbf{a}_1}{\langle \mathbf{a}_1|\mathbf{a}_1\rangle^{1/2}} = \frac{1}{6^{1/2}}|\mathbf{a}_1> = \frac{1}{6^{1/2}}\begin{pmatrix} 1 \\ 1 \\ -2 \end{pmatrix}$$

두 번째 직교 정규화된 함수의 비정규화판은 다음과 같은 형태를 가지게 될 것이다.

$$|\mathbf{b}_1'\rangle = |\mathbf{a}_2\rangle - \langle \mathbf{b}_1|\mathbf{a}_2\rangle|\mathbf{b}_1\rangle = |\mathbf{a}_2\rangle - \frac{9}{6^{1/2}}|\mathbf{b}_1\rangle = \begin{pmatrix} -1/2 \\ 1/2 \\ 0 \end{pmatrix}$$

정규화를 하면 다음을 얻게 된다.

$$|\mathbf{b}_2\rangle = \frac{\mathbf{b}_2'}{\langle \mathbf{b}_2'|\mathbf{b}_2'\rangle^{1/2}} = \frac{1}{\sqrt{2}}\begin{pmatrix} -1 \\ 1 \\ 0 \end{pmatrix}$$

■

연습문제

※ 연습문제 5.2.1부터 5.2.6까지에서의 그람-슈미트 구축에 있어서, 명시된 구간과 가중치로 식 (5.7)에 주어진 형태의 스칼라곱을 사용하시오.

5.2.1 그람-슈미트 과정을 따라 집합 $[1, x, x^2, \ldots]$으로부터 구간 $[0, 1]$ 안에서 (단위 가중인자를 가지는) 직교화된 다항식들 $P_n^*(x)$의 집합을 구축하시오. 크기를 조정하여 $P_n^*(1) = 1$이 되게 하시오.

답. $P_n^*(x) = 1$

$P_1^*(x) = 2x - 1$

$P_2^*(x) = 6x^2 - 6x + 1$

$P_3^*(x) = 20x^3 - 30x^2 + 12x - 1$

이들은 **편이** 르장드르 다항식의 첫 번째 4개 항들이다.

[참고] '*'는 '편이'($[-1,1]$ 대신에 $[0,1]$)에 대한 표준 표기법이며, 켤레 복소수를 의미하는 것이 **아니다.**

5.2.2 첫 3개의 라게르 다항식을 구축하기 위해 그람-슈미트 과정을 활용하시오.

$$u_n(x) = x^n, \qquad n = 0,\ 1,\ 2,\ \ldots, \qquad 0 \le x\infty, \qquad w(x) = e^{-x}$$

통상적인 정규화는 다음과 같다.

$$\int_0^\infty L_m(x) L_n(x) e^{-x} dx = \delta_{mn}$$

답. $L_0 = 1,\quad L_1 = (1-x),\quad L_2 = \dfrac{2-4x+x^2}{2}$

5.2.3 다음과 같은 사항이 주어져 있다.

(a) 함수 $u_n(x) = x^n,\ n = 0,\ 1,\ 2,\ \ldots$의 집합

(b) 구간 $(0,\ \infty)$

(c) 가중함수 $w(x) = x e^{-x}$

그람-슈미트 과정을 사용하여, 주어진 함수 $u_n(x)$의 집합, 구간, 그리고 가중함수로부터 첫 3개의 직교 정규 함수들을 구축하시오.

답. $\varphi_0(x) = 1,\quad \varphi_1(x) = (x-2)/\sqrt{2},\quad \varphi_2(x) = (x^2-6x+6)/2\sqrt{3}$

5.2.4 그람-슈미트 직교화 과정을 사용하여 가장 차수가 낮은 3개의 에르미트 다항식을 구축하시오.

$$u_n(x) = x^n, \quad n = 0,\ 1,\ 2,\ \ldots, \quad -\infty < x < \infty, \quad w(x) = e^{-x^2}$$

이 다항식들에 대하여 보통의 정규화는 다음과 같다.

$$\int_{-\infty}^\infty H_m(x) H_n(x) w(x) dx = \delta_{mn} 2^m m! \pi^{1/2}$$

답. $H_0 = 1,\quad H_1 = 2x,\quad H_2 = 4x^2 - 2$

5.2.5 그람-슈미트 직교화 방법을 사용하여 첫 3개의 체비셰프 다항식(형태 I)을 구축하시오.

$$u_n(x) = x^n, \quad n = 0,\ 1,\ 2,\ \ldots, \quad -1 \le x \le 1, \quad w(x) = (1-x^2)^{-1/2}$$

다음과 같은 정규화를 사용하라.

$$\int_{-1}^1 T_m(x) T_n(x) w(x) dx = \delta_{mn} \begin{cases} \pi, & m = n = 0 \\ \dfrac{\pi}{2}, & m = n \ge 1 \end{cases}$$

답. $T_0 = 1$, $T_1 = x$, $T_2 = 2x^2 - 1$, $(T_3 = 4x^3 - 3x)$

5.2.6 그람-슈미트 직교화 방법을 사용하여 첫 3개의 체비셰프 다항식(형태 II)을 구축하시오.

$$u_n(x) = x^n, \quad n = 0,\ 1,\ 2,\ \ldots, \quad -1 \le x \le 1, \quad w(x) = (1 - x^2)^{+1/2}$$

다음과 같은 정규화를 사용하라.

$$\int_{-1}^{1} U_m(x) U_n(x) w(x) dx = \delta_{mn} \frac{\pi}{2}$$

[힌트]

$$\int_{-1}^{1} (1 - x^2)^{1/2} x^{2n} dx = \frac{\pi}{2} \times \frac{1 \cdot 3 \cdot 5 \cdots (2n-1)}{4 \cdot 6 \cdot 8 \cdots (2n+2)}, \qquad n = 1,\ 2,\ 3,\ \ldots$$

$$= \frac{\pi}{2}, \qquad n = 0$$

답. $U_0 = 1$, $U_1 = 2x$, $U_2 = 4x^2 - 1$

5.2.7 연습문제 5.2.5의 변형으로써, 집합 $u_n(x) = x^n$ $(n = 0,\ 1,\ 2,\ \ldots,\ 0 \le x < \infty)$에 대하여 그람-슈미트 직교화 과정을 적용하시오. $w(x)$는 $\exp(-x^2)$를 택하시오. 첫 2개의 0이 아닌 다항식들을 찾으시오. x의 차수가 가장 높은 항의 계수가 1이 되도록 정규화하시오. 연습문제 5.2.5에서 구간을 $(-\infty,\ \infty)$로 택하면 에르미트 다항식으로 귀결된다. 여기서 찾은 함수들은 확실히 에르미트 다항식은 아니다.

답. $\varphi_0 = 1$, $\varphi_1 = x - \pi^{-1/2}$

5.2.8 다음과 같이 주어진 벡터들을 순서대로 사용하여 그람-슈미트 과정을 통해 3개의 직교 정규화된 벡터들로 이루어진 집합을 구성하시오.

$$\mathbf{c}_1 = \begin{pmatrix} 1 \\ 1 \\ 1 \end{pmatrix}, \qquad \mathbf{c}_2 = \begin{pmatrix} 1 \\ 1 \\ 2 \end{pmatrix}, \qquad \mathbf{c}_3 = \begin{pmatrix} 1 \\ 0 \\ 2 \end{pmatrix}$$

5.3 연산자

연산자는 (그것이 적용될 수 있는) **정의역**(domain) 안에 있는 함수들과 (그것이 생성할 수 있는) **치역**(range) 안에 있는 함수들 사이의 사상이다. 정의역과 치역은 같은 공간일 필요가 없지만, 여기서의 관심사는 정의역과 치역이 모두 동일한 힐베르트 공간의 전체 또는 일부인 연산자들에 대한 것이다. 더 구체적인 논의를 위한, 몇 가지 연산자들에 대한 예가 여기 있다.

- 2를 곱하기: f를 $2f$로 변환한다.
- 변수 x의 대수함수를 포함하는 공간에서 d/dx: $f(x)$를 df/dx로 바꾼다.
- $Af(x) = \int G(x, x')f(x')dx'$에 의해 정의된 적분 연산자 A: 이 예의 특별한 경우는 사영 연산자 $|\varphi_i\rangle\langle\varphi_i|$이며, 이는 f를 $\langle\varphi_i|f\rangle\varphi_i$로 변환한다.

또한 정의역과 치역에 대해 위에서 언급한 제한에 더하여, 현재 목적을 위해 **선형** 연산자로 관심을 제한하는데, 선형이라는 것은 만일 A와 B가 선형 연산자이고, f와 g는 함수, 그리고 k가 상수라면,

$$(A+B)f = Af + Bf, \quad A(f+g) = Af + Ag, \quad Ak = kA$$

라는 것을 의미한다.

전자기 이론과 양자역학 모두에 대해서, 중요한 종류의 연산자는 **미분 연산자**(differential operator)이며, 이들이 적용되는 함수의 미분을 포함한다. 이 연산자는 미분 방정식이 연산자 형태로 쓰여졌을 때 나타난다. 예를 들어, 연산자

$$\mathcal{L}(x) = (1-x^2)\frac{d^2}{dx^2} - 2x\frac{d}{dx}$$

는 르장드르 미분 방정식

$$(1-x^2)\frac{d^2y}{dx^2} - 2x\frac{dy}{dx} + \lambda y = 0$$

을 $\mathcal{L}(y)y = -\lambda y$ 형태로 쓸 수 있게 한다. 혼동이 없는 경우, 이는 $\mathcal{L}y = -\lambda y$로 줄여 쓸 수 있다.

■ 연산자 교환

미분 연산자는 자신의 오른쪽에 놓인 함수(들)에 작용하기 때문에, 동일한 독립변수를 가지고 있는 다른 연산자들과 순서를 바꾸어 놓는 것이 항상 성립하는 것은 아니다. 이러한 사실 때문에 연산자 A와 B의 교환자(commutator)

$$[A,\ B] = AB - BA \tag{5.42}$$

를 고려하는 것이 유용하다. 종종 $AB - BA$를 더 간단한 연산자 표현으로 줄일 수 있다. 연산자 방정식을 쓸 때, 그 의미는 방정식의 좌변에 있는 연산자는 정의역에서 모든 함수들에 대해 동일한 효과를 만드는데, 이는 우변에 있는 연산자에 의해 생성되는 바와 같다. 이러한 부분을 교환자 $[x,\ p]$를 계산함으로써 예시해보겠다. 여기서 $p = -id/dx$이다. 허수 단위 i와 p라 명명하는 것은 이 연산자가 양자역학에서($\hbar = h/2\pi = 1$인 단위계에서) 운동량에 해당한다는 데서 나온다. 연산자 x는 x를 곱한다는 의미이다.

계산을 수행하기 위해, $[x,\ p]$를 어떤 임의의 함수 $f(x)$에 적용한다. p에 대한 직접적(explicit) 표현을 대입하면 다음과 같은 결과를 얻게 된다.

$$\begin{aligned}[x,\ p]f(x) &= (xp - px)f(x) = -ix\frac{df(x)}{dx} - \left(-i\frac{d}{dx}\right)(xf(x)) \\ &= -ixf'(x) + i(f(x) + xf'(x)) = if(x)\end{aligned}$$

이는 다음과 같은 관계를 의미한다.

$$[x,\ p] = i \tag{5.43}$$

이전에 지적한 바와 같이, 이는 모든 f에 대하여 $[x,\ p]f(x) = if(x)$를 의미한다.

교환자를 다양하게 대수적으로 다룰 수 있다. 일반적으로, 만일 A, B, C가 연산자이고 k가 상수라면 다음과 같다.

$$[A,\ B] = -[B,\ A],\quad [A,\ B+C] = [A,\ B] + [A,\ C],\quad k[A,\ B] = [kA,\ B] = [A,\ kB] \tag{5.44}$$

예제 5.3.1 연산자 다루기

주어진 $[x,\ p]$에 대하여 교환자 $[x,\ p^2]$를 단순화할 수 있다. 연산자의 순서에 주의하면서 식 (5.43)을 사용하여 다음과 같이 쓸 수 있다.

$$[x,\ p^2] = xp^2 - pxp + pxp - p^2x = [x,\ p]p + p[x,\ p] = 2ip \tag{5.45}$$

이는 또한 다음 식으로부터 얻을 수 있다.

$$x\left(-\frac{d^2}{dx^2}\right)f(x)-\left(-\frac{d^2}{dx^2}\right)xf(x)=2f'(x)=2i\left(-i\frac{d}{dx}\right)f(x)$$

하지만 식 (5.45)가 오로지 식 (5.43)의 유효성으로부터 나오며, 보통의 함수와 그들의 도함수와 함께 연산을 하든 그렇지 않든 관계없이 그 교환관계를 만족하는 x와 p의 어떤 양에도 적용된다는 것에 주목해야 한다. 다른 식으로 표현하자면, 만일 x와 p가 어떤 추상적인 힐베르트 공간에서 작용하는 연산자들이고 우리가 아는 모든 것이 식 (5.43)이라고 할 때, 우리는 여전히 식 (5.45) 또한 유효하다고 결론을 내리게 될 것이다. ■

■ 항등, 역, 수반

일반적으로 사용할 수 있는 연산자는 **항등 연산자**(identity operator)인데, 이는 함수를 변화시키지 않고 그대로 두는 연산자이다. 다루는 내용에 따라, 이 연산자는 I 또는 간단히 1로 표시될 것이다. 전부는 아니지만 몇몇 연산자는 역(inverse)을 가지는데, 이는 주어진 연산자의 효과를 '되돌리는' 연산자이다. A의 역을 A^{-1}로 표기할 때, 만일 A^{-1}가 존재한다면, 그것은 다음과 같은 특성을 가지게 될 것이다.

$$A^{-1}A=AA^{-1}=1 \tag{5.46}$$

많은 연산자들과 연관된 다른 연산자가 있는데, 주어진 연산자의 **수반**(adjoint)이라 하고 $A^\dagger$로 표기하며, 이는 힐베르트 공간의 모든 함수 f와 g에 대하여 다음과 같이 작용한다.

$$\langle f|Ag\rangle=\langle A^\dagger f|g\rangle \tag{5.47}$$

따라서 $A^\dagger$를 **임의의** 스칼라곱의 왼쪽 성분에 적용되었을 때 A가 동일한 스칼라곱의 오른쪽 성분에 적용되었을 때 얻게 되는 것과 똑같은 결과를 주는 연산자로 이해한다. 식 (5.47)은 본질적으로 $A^\dagger$를 정의하는 방정식이다.

특정한 연산자 A, 그리고 사용하는 힐베르트 공간과 스칼라곱에 대한 정의에 따라, $A^\dagger$는 A와 같을 수도 있고 아닐 수도 있다. 만일 $A=A^\dagger$이면, A는 **자체 수반**(self-adjoint) 또는 동등하게 **에르미트**(Hermitian)라 한다. 만일 $A^\dagger=-A$이면, A는 **반에르미트**(anti-Hermitian)라 한다. 이와 같은 정의는 강조할 필요가 있다.

$$\text{만일 } H^\dagger=H\text{이면, } H\text{는 에르미트이다.} \tag{5.48}$$

자주 발생하는 또 다른 상황은 어떤 연산자의 수반이 그 연산자의 역과 같을 때인데, 이 경우 그 연산자는 **유니터리**(unitary)라 한다. 그러므로 어떤 유니터리 연산자 U는 다음과 같이 정의된다.

$$\text{만일 } U^{\dagger} = U^{-1} \text{이면, } U\text{는 유니터리이다.} \tag{5.49}$$

U가 실수이면서 유니터리인 특별한 경우에는 **직교**(orthogonal)라 한다.

아마도 독자는 연산자들에 대한 명명법이 이전에 소개된 행렬들에 대한 것과 비슷하다는 것을 알아차렸을 것이다. 이와 같은 명명법은 우연이 아니다. 곧 연산자와 행렬 표현들 사이의 대응관계를 찾아내게 될 것이다.

예제 5.3.2 **수반 연산자 찾기**

그 정의역이 힐베르트 공간이고, 그 안에서 원소 f가, 스칼라곱이

$$\langle f|g\rangle = \int_{-\infty}^{\infty} f^*(x)g(x)dx$$

와 같이 정의될 때, 유한한 값의 $\langle f|f\rangle$를 가지는 어떤 연산자 $A = x(d/dx)$를 생각해보자. 이러한 공간은 종종 $(-\infty, \infty)$에서의 $\mathcal{L}^2$로 언급된다. $\langle f|Ag\rangle$로부터 시작하여, 이 연산자를 스칼라곱의 오른쪽 반 밖으로 이동시키기 위해 필요한 부분 적분을 한다. f와 g가 $\pm\infty$에서 0이 되어야 하기 때문에 적분된 항들은 0이 되고, 다음을 얻게 된다.

$$\begin{aligned}\langle f|Ag\rangle &= \int_{-\infty}^{\infty} f^* x\frac{dg}{dx}dx = \int_{-\infty}^{\infty}(xf^*)\frac{dg}{dx}dx = -\int_{-\infty}^{\infty}\frac{d(xf^*)}{dx}g\,dx \\ &= \left\langle -\left(\frac{d}{dx}\right)xf \middle| g\right\rangle\end{aligned}$$

위로부터 $A^{\dagger} = -(d/dx)x$임을 알 수 있고, 이로부터 $A^{\dagger} = -A - 1$을 찾을 수 있다. 이러한 A는 분명히 스칼라곱의 특정된 정의에 대해 에르미트도 아니고 유니터리도 아니다. ■

예제 5.3.3 **수반 연산자는 스칼라곱에 의존한다.**

예제 5.3.2에 나온 힐베르트 공간과 스칼라곱에 대해, 부분 적분은 쉽게 연산자 $A = -i(d/dx)$가 자체 수반, 즉 $A^{\dagger} = A$이라는 것을 보여준다. 그러나 이제 동일한 연산자 A를 고려하되 $\mathcal{L}^2$ 공간을 $-1 \le x \le 1$에서 (형태는 똑같지만 적분 한계가 ± 1로 주어지는 스칼라곱과 함께) 생각해보자. 이 공간에서는 부분 적분을 했을 때 적분된 항들이 0이 되지는 않지만, 델타 함수 항들을 더함으로써 스칼라곱의 왼쪽 반쪽에 놓이는 연산자에 이들을 포함시킬 수 있다.

$$\left\langle f\left|-i\frac{d}{dx}\right|g\right\rangle = -if^*g\Big|_{-1}^{1} + \int_{-1}^{1}\left(-i\frac{df}{dx}\right)^* g\,dx$$

$$= \int_{-1}^{1} \left(\left[i\delta(x-1) - i\delta(x+1) - i\frac{d}{dx} \right] f(x) \right)^* g(x)dx$$

이러한 잘려진 공간에서 연산자 A는 자체 수반이 **아니다.** ■

■ 연산자의 기저 전개

우리는 오로지 선형 연산자들만 다루고 있기 때문에, 만일 힐베르트 공간을 기술하는 어떤 기저의 모든 원소들에 대한 주어진 연산자의 작용의 결과를 알고 있다면 임의의 함수에 대한 그 연산자의 효과를 기술할 수 있다. 특히, 어떤 직교 정규 기저의 원소 φ_μ에 대한 연산자 A의 작용이 동일한 기저에서 다음과 같이 전개되는 결과를 가진다고 가정해보자.

$$A\varphi_\mu = \sum_\nu a_{\nu\mu}\varphi_\nu \tag{5.50}$$

연산자 A의 작용의 결과를 이러한 형태로 가정하는 것은 주요한 제한사항은 아니다. 그것은 결과가 힐베르트 공간 안에 있다는 것을 말하는 것이 전부이다. 수식적으로, 계수 $a_{\nu\mu}$는 스칼라곱을 취하여 얻을 수 있다.

$$a_{\nu\mu} = \langle \varphi_\nu | A\varphi_\mu \rangle = \langle \varphi_\nu | A | \varphi_\mu \rangle \tag{5.51}$$

통상적인 사용법을 따라, A와 φ_μ 사이에 임의로 (연산에는 영향을 주지 않는) 수직선을 삽입하였다. 이러한 표기법은 스칼라곱에 들어가는 2개의 함수로부터 연산자를 분리하는 심미적 효과가 있고, 또한 스칼라곱을 쓰여진 대로 계산하는 대신 값을 바꾸지 않고 A의 수반 연산자를 사용하여 $\langle A^\dagger \varphi_\nu | \varphi_\mu \rangle$로 계산할 수 있다는 가능성을 강조하고 있다.

이제 식 (5.50)을 φ 기저에서 다음과 같이 전개되는 함수 ψ에 적용한다.

$$\psi = \sum_\mu c_\mu \varphi_\mu, \qquad c_\mu = \langle \varphi_\mu | \psi \rangle \tag{5.52}$$

결과는 다음과 같다.

$$A\psi = \sum_\mu c_\mu A\varphi_\mu = \sum_\mu c_\mu \sum_\nu a_{\nu\mu}\varphi_\nu = \sum_\nu \left(\sum_\mu a_{\nu\mu} c_\mu \right) \varphi_\nu \tag{5.53}$$

만일 $A\psi$를 힐베르트 공간에서

$$\chi = \sum_\nu b_\nu \varphi_\nu \tag{5.54}$$

와 같이 전개되는 어떤 함수 χ로 생각한다면, 식 (5.53)으로부터 계수 b_ν는 행렬 연산에 해당하는 방식으로 c_μ 그리고 $a_{\nu\mu}$와 관계된다는 것을 알 수 있다. 좀 더 구체적으로 말하자면,

- 함수 ψ를 나타내는 c_i를 그 성분으로 가지는 열벡터로 $\mathbf{c}$를 정의한다.
- 함수 χ를 나타내는 b_i를 그 성분으로 가지는 열벡터로 $\mathbf{b}$를 정의한다.
- 연산자 A를 나타내는 성분 a_{ij}를 그 성분으로 하는 행렬 A를 정의한다.
- 그러면 연산자 방정식 $\chi = A\psi$는 행렬 방정식 $\mathbf{b} = \mathsf{A}\mathbf{c}$에 해당한다.

다른 말로 하자면, 임의의 함수 ψ에 연산자 A를 적용한 결과의 전개는 A와 ψ의 전개로부터 (행렬 연산에 의해) 계산될 수 있다. 사실상, 이는 ψ와 $\chi = A\psi$는 그들의 계수들에 의해 완전히 결정될 때, 연산자 A가 그것의 **행렬 원소**(matrix element)에 의해 완전히 정의되는 것으로 생각할 수 있다는 것을 의미한다.

식 (5.53)에 들어가는 모든 양들에 대해 디랙 표기법을 도입하면 흥미로운 표현을 얻게 된다. 그러면 φ_ν를 나타내는 켓을 왼쪽으로 옮겨서

$$A\psi = \sum_{\nu\mu} |\varphi_\nu\rangle \langle\varphi_\nu|A|\varphi_\mu\rangle \langle\varphi_\mu|\psi\rangle \tag{5.55}$$

를 얻게 되는데, 이는 A를

$$A = \sum_{\nu\mu} |\varphi_\nu\rangle \langle\varphi_\nu|A|\varphi_\mu\rangle \langle\varphi_\mu| \tag{5.56}$$

와 같이 취급할 수 있게 하는데, 이것은 다름이 아니라 연산자 A의 양쪽에 식 (5.32)에서 주어진 형태로 1을 분해한 것을 곱한 것일 뿐이다.

또 다른 재미있는 측면은 식 (5.56)에 계수 $a_{\nu\mu}$를 재도입하면 나타나는데, 이는 다음과 같은 결과를 준다.

$$A = \sum_{\nu\mu} |\varphi_\nu\rangle a_{\nu\mu} \langle\varphi_\mu| \tag{5.57}$$

여기서 연산자 A에 대한 일반적인 형태를 얻었는데, 그것의 특정한 양상은 계수들 $a_{\nu\mu}$의 집합에 의해 완전히 결정된다. $A = 1$인 특별한 경우는 식 (5.57)의 형태로써 $a_{\nu\mu} = \delta_{\nu\mu}$이어야 한다는 것은 이미 보였다.

예제 5.3.4 연산자의 행렬 원소

함수 $\varphi_n(x) = C_n H_n(x) e^{-x^2/2}$ $(n = 0,\ 1,\ \ldots)$로 구성된 어떤 기저에서 연산자 x의 전개를 생각해보자. 여기서 H_n은 에르미트 다항식이며 스칼라곱은 다음과 같이 주어진다.

$$\langle f|g\rangle = \int_{-\infty}^{\infty} f^*(x)g(x)dx$$

표 5.1로부터 φ_n들이 서로 직교하고, 또한 만일 $C_n = (2^n n! \sqrt{\pi})^{-1/2}$라면 정규화된다는 것을 알 수 있다. $x_{\nu\mu}$로 표기한 x의 행렬 원소들은 전체적으로는 x로 표기한 하나의 행렬로 쓸 수 있고, 다음과 같이 주어진다.

$$x_{\nu\mu} = \langle \varphi_\nu | x | \varphi_\mu \rangle = C_\nu C_\mu \int_{-\infty}^{\infty} H_\nu(x) x H_\mu(x) e^{-x^2} dx$$

$x_{\nu\mu}$로 귀결되는 적분은 일반적으로 에르미트 다항식의 특성을 이용하여 계산될 수 있으나, 현재 목적은 간단한 개별적 계산을 통해 충분히 이룰 수 있다. 표 13.1의 에르미트 다항식에 대한 표로부터,

$$H_0 = 1, \qquad H_1 = 2x, \qquad H_2 = 4x^2 - 2, \qquad H_3 = 8x^3 - 12x, \qquad \cdots$$

을 찾고, 적분식

$$I_n = \int_{-\infty}^{\infty} x^{2n} e^{-x^2} dx = \frac{(2n-1)!!\sqrt{\pi}}{2^n}$$

을 활용한다. H_n의 패리티(짝/홀 대칭성)와 행렬 x가 대칭적이라는 사실을 이용하면, 많은 행렬 원소들이 0이거나 다른 원소들과 같다는 것을 알게 된다. 행렬 원소 x_{12}를 직접 계산함으로써 예시해보겠다.

$$\begin{aligned} x_{12} &= C_1 C_2 \int_{-\infty}^{\infty} (2x)x(4x^2-2)e^{-x^2} dx = C_1 C_2 \int_{-\infty}^{\infty} (8x^4 - 4x^2)e^{-x^2} dx \\ &= C_1 C_2 [8I_2 - 4I_1] = 1 \end{aligned}$$

행렬의 다른 원소들을 계산함으로써, 연산자 x의 행렬 x가 다음과 같은 형태를 가진다는 것을 알 수 있다.

$$\mathrm{x} = \begin{pmatrix} 0 & \sqrt{2}/2 & 0 & 0 & \cdots \\ \sqrt{2}/2 & 0 & 1 & 0 & \cdots \\ 0 & 1 & 0 & \sqrt{6}/2 & \cdots \\ 0 & 0 & \sqrt{6}/2 & 0 & \cdots \\ \cdots & \cdots & \cdots & \cdots & \cdots \end{pmatrix} \tag{5.58}$$

■

■ 수반 연산자의 기저 전개

이제 연산자 A의 수반 연산자를 동일한 기저에서 전개된 것으로 생각하고 살펴보자. 시작점은 수반 연산자의 정의이다. 임의의 함수 ψ와 χ에 대해

$$\langle \psi | A | \chi \rangle = \langle A^\dagger \psi | \chi \rangle = \langle \chi | A^\dagger | \psi \rangle^*$$

이고, 여기서 방정식의 마지막 부분은 스칼라곱의 켤레 복소수 특성을 사용하여 얻었다. 이는

$$\begin{aligned}\langle \chi | A^\dagger | \psi \rangle = \langle \psi | A | \chi \rangle^* &= \left[\langle \psi | \left(\sum_{\nu\mu} |\varphi_\nu\rangle a_{\nu\mu} \langle \varphi_\mu | \right) | \chi \rangle \right]^* \\ &= \sum_{\nu\mu} \langle \psi | \varphi_\nu \rangle^* a_{\nu\mu}^* \langle \varphi_\mu | \chi \rangle^* \\ &= \sum_{\nu\mu} \langle \chi | \varphi_\mu \rangle a_{\nu\mu}^* \langle \varphi_\nu | \psi \rangle \end{aligned} \tag{5.59}$$

와 동등한데, 여기서 마지막 줄에 스칼라곱의 켤레 복소수 특성을 다시 사용하였고 합에서 인자들을 재배치하였다.

이제 식 (5.59)가

$$A^\dagger = \sum_{\nu\mu} |\varphi_\nu\rangle a_{\mu\nu}^* \langle \varphi_\mu | \tag{5.60}$$

에 해당한다는 것을 알아차리게 된다. 식 (5.60)을 적는 데 있어서 식을 식 (5.57)과 가능한 한 비슷하게 보이도록 지표들을 바꾸어 적었다. 여기에서 차이를 아는 것이 중요하다. 식 (5.57)의 계수 $a_{\nu\mu}$는 $a_{\mu\nu}^*$로 바뀌었고, 그래서 지표의 순서가 바뀌었고 켤레 복소수가 취해졌음을 알게 된다. 이것은 어떤 연산자의 수반 연산자를 기저 전개할 때 사용하는 일반적인 방법이다. A와 $A^\dagger$의 행렬 원소들 사이의 관계는 정확하게 행렬 A와 수반 행렬 $\mathsf{A}^\dagger$를 연관짓는 그것이며, 명명법의 유사성이 의도적인 것임을 보여준다. 이렇게 해서, 중요하고도 일반적인 결과를 얻는다.

- 만일 A가 어떤 연산자 A를 나타내는 행렬이라면, A의 수반 연산자 $A^\dagger$는 행렬 $\mathsf{A}^\dagger$에 의해 표현된다.

예제 5.3.5 스핀 연산자의 수반 연산자

α와 β라 하는 함수에 의해 기술되며, 방정식 $\langle \alpha | \alpha \rangle = \langle \beta | \beta \rangle = 1$, $\langle \alpha | \beta \rangle = 0$에 의하여 스칼라곱이 완전히 정의되는 어떤 스핀 공간이 있다고 하자. 연산자 B는 다음과 같이 작용한다.

$$B\alpha = 0, \qquad B\beta = \alpha$$

모든 가능한 선형 독립적인 스칼라곱들을 취해보면, 이것은

$$\langle \alpha | B\alpha \rangle = 0, \qquad \langle \beta | B\alpha \rangle = 0, \qquad \langle \alpha | B\beta \rangle = 1, \qquad \langle \beta | B\beta \rangle = 0$$

을 의미한다. 그러므로 당연히

$$\langle B^{*}\alpha | \alpha \rangle = 0, \qquad \langle B^{*}\beta | \alpha \rangle = 0, \qquad \langle B^{\dagger}\alpha | \beta \rangle = 1, \qquad \langle B^{\dagger}\beta | \beta \rangle = 0$$

인데, 이는 $B^{\dagger}$가 다음과 같이 작용하는 연산자라는 것을 의미한다.

$$B^{\dagger}\alpha = \beta, \qquad B^{\dagger}\beta = 0$$

위 방정식은 다음과 같은 행렬에 해당한다.

$$\mathrm{B} = \begin{pmatrix} 0 & 1 \\ 0 & 0 \end{pmatrix}, \qquad \mathrm{B}^{\dagger} = \begin{pmatrix} 0 & 0 \\ 1 & 0 \end{pmatrix}$$

이로부터, 요구되는 바와 같이 $\mathrm{B}^{\dagger}$가 B의 수반 행렬이라는 것을 알 수 있다. ■

■ 연산자 함수

연산자를 행렬로 나타낼 수 있는 능력은 또한 행렬 함수들에 관하여 3장에서 살펴본 바가 선형 연산자들에 대해서도 적용된다는 것을 의미한다. 따라서 $\exp(A)$, $\sin(A)$, 또는 $\cos(A)$와 같은 양들이 일정한 의미를 가지며, 또한 행렬 교환자와 관련된 여러 항등식들을 연산자들에 대해서도 적용할 수 있다. 중요한 예들로써, 야코비 항등식(연습문제 2.2.7)과 베이커-하우스도르프 공식, 식 (2.85)가 있다.

연습문제

5.3.1 (행렬 표현을 도입하지 말고) 어떤 연산자의 수반의 수반이 본래의 연산자가 된다는 것, 즉 $(A^{\dagger})^{\dagger} = A$을 보이시오.

5.3.2 U와 V가 임의의 두 연산자이다. 이 연산자들에 대한 행렬 표현을 도입하지 말고,

$$(UV)^{\dagger} = V^{\dagger}U^{\dagger}$$

임을 보이시오. 수반 행렬과의 닮음에 주목하라.

5.3.3 세 함수 $\varphi_1 = x_1$, $\varphi_2 = x_2$, $\varphi_3 = x_3$와 $\langle x_\nu | x_\mu \rangle = \delta_{\nu\mu}$에 의해 정의된 스칼라곱에 의해 기술되는 어떤 힐베르트 공간을 생각해보자.

(a) 다음 각각의 연산자들에 대한 3×3 행렬을 구하시오.

$$A_1 = \sum_{i=1}^{3} x_i \left(\frac{\partial}{\partial x_i} \right), \qquad A_2 = x_1 \left(\frac{\partial}{\partial x_2} \right) - x_2 \left(\frac{\partial}{\partial x_1} \right)$$

(b) $\psi = x_1 - 2x_2 + 3x_3$를 나타내는 열벡터를 구하시오.

(c) $\chi = (A_1 - A_2)\psi$에 대응하는 행렬 방정식을 구하고, 이 방정식이 $A_1 - A_2$를 직접 ψ에 적용했을 때 얻게 되는 결과를 재현한다는 것을 증명하시오.

5.3.4 (a) 르장드르 다항식의 기저에서 P_3항까지 취하여, $A = x\,(d/dx)$에 대한 행렬 표현을 구하시오. 연습문제 5.2.1에 주어진 이 다항식의 직교 정규화된 형태와 거기에서 정의된 스칼라곱을 사용하라.

(b) x^3를 직교 정규 르장드르 다항식의 기저에서 전개하시오.

(c) Ax^3가 그것의 행렬 표현에 의해 정확하게 주어진다는 것을 증명하시오.

5.4 자체 수반 연산자

자체 수반(에르미트)인 연산자는 양자역학에서 특히 중요한데, 관측 가능한 양들이 에르미트 연산자들과 연관되어 있기 때문이다. 특히, 임의의 정규화된 파동 함수 ψ에 의해 기술되는 양자역학적 상태에 대해서 어떤 관측량 A의 평균값은

$$\langle A \rangle = \langle \psi | A | \psi \rangle \tag{5.61}$$

과 같이 정의된 A의 **기댓값**(expectation value)에 의해 주어진다. 물론 이것은 ψ 그리고/또는 A가 복소수일지라도 $\langle A \rangle$가 실수라는 것이 보장될 때에만 성립한다. A가 에르미트라고 가정한다는 사실을 이용하여 $\langle A \rangle$의 켤레 복소수를 취한다.

$$\langle A \rangle^* = \langle \psi | A | \psi \rangle^* = \langle A\psi | \psi \rangle$$

이것은 $\langle A \rangle$로 귀결되는데, A가 자체 수반 연산자이기 때문이다.

이미 A와 $A^\dagger$가 어떤 기저에서 전개된다면 행렬 $\mathsf{A}^\dagger$는 행렬 A의 수반 행렬이어야 한다는

것을 보았다. 이것은 전개되었을 때의 계수들이

$$a_{\nu\mu} = a_{\mu\nu}^* \quad (A\text{의 자체 수반 연산자의 계수들}) \tag{5.62}$$

을 만족시켜야 한다는 것을 의미한다. 이에 따라, 거의 자명한 결과를 얻는다. 에르미트 연산자를 표현하는 행렬은 에르미트 행렬이다. 식 (5.62)로부터 (기저 함수들에 대한 기댓값들인) 에르미트 행렬의 대각선 원소들이 실수라는 것 또한 분명하다.

기저 전개로부터 $\langle A \rangle$가 실수이어야 한다는 것을 쉽게 증명할 수 있다. $a_{\nu\mu}$가 A의 행렬 원소가 되는 기저에서, $\mathbf{c}$가 ψ를 전개했을 때의 계수들로 이루어진 벡터라고 하면,

$$\begin{aligned}\langle A \rangle = \langle \psi | A | \psi \rangle &= \left\langle \sum_\nu c_\nu \varphi_\nu | A | \sum_\mu c_\mu \varphi_\mu \right\rangle = \sum_{\nu\mu} c_\nu^* \langle \varphi_\nu | A | \varphi_\mu \rangle c_\mu \\ &= \sum_{\nu\mu} c_\nu^* a_{\nu\mu} c_\mu = \mathbf{c}^\dagger \mathrm{A} \mathbf{c}\end{aligned}$$

이며, 이것은 당연히 그래야 하는 바와 같이 스칼라가 된다. A가 자체 수반 행렬이기 때문에, $\mathbf{c}^\dagger \mathrm{A} \mathbf{c}$가 자체 수반 1×1 행렬, 즉 **실수** 스칼라라는 것은 쉽게 알 수 있다[$(\mathrm{BAC})^\dagger = \mathrm{C}^\dagger \mathrm{A}^\dagger \mathrm{B}^\dagger$이고 $\mathrm{A}^\dagger = \mathrm{A}$라는 사실을 이용한다].

예제 5.4.1 몇몇 자체 수반 연산자들

앞서 소개되었던 연산자 x와 p를 다음과 같이 정의된 스칼라곱과 함께 살펴보자.

$$\langle f | g \rangle = \int_{-\infty}^{\infty} f^*(x) g(x) dx \tag{5.63}$$

여기서 힐베르트 공간은 $\langle f | f \rangle$가 존재하는(즉, $\langle f | f \rangle$가 유한한) 모든 함수들 f의 집합이다. 이는 구간 $(-\infty, \infty)$에서의 $\mathcal{L}^2$ 공간이다. x가 자체 수반인지 확인하기 위해, $\langle f | xg \rangle$와 $\langle xf | g \rangle$를 비교한다. 이들을 적분으로 써서 다음 식을 살펴본다.

$$\int_{-\infty}^{\infty} f^*(x) x\, g(x) dx \quad \text{대} \quad \int_{-\infty}^{\infty} [x f(x)]^* g(x) dx$$

x를 포함하는 보통의 함수들의 순서는 적분값에 영향을 주지 않으면서 바꿀 수 있기 때문에, 그리고 x가 본질적으로 실수이기 때문에, 이들 두 표현은 동일한 것이고 x는 자체 수반이다.

$p = -i(d/dx)$로 넘어가서, 비교할 것은

$$\int_{-\infty}^{\infty} f^*(x)\left[-i\frac{dg(x)}{dx}\right]dx \quad \text{대} \quad \int_{-\infty}^{\infty}\left[-i\frac{df(x)}{dx}\right]^* g(x)dx \tag{5.64}$$

이다. 만일 첫 번째 식을, $f^*(x)$를 미분하고 $dg(x)/dx$를 적분하여, 부분 적분을 하면 이 표현들을 더 나은 대응관계를 보이도록 나타낼 수 있다. 그렇게 하면, 위의 첫 번째 표현은 다음과 같이 된다.

$$\int_{-\infty}^{\infty} f^*(x)\left[-i\frac{dg(x)}{dx}\right]dx = -if^*(x)g(x)\Big|_{-\infty}^{\infty} - \int_{-\infty}^{\infty}\left[\frac{df(x)}{dx}\right]^*[-ig(x)]dx$$

$\pm\infty$에서 계산되어야 하는 경계항들은 0이 되어야 하는데, 이것은 $\langle f|f\rangle$와 $\langle g|g\rangle$가 유한하기 때문이며, 이는 또한 (슈바르츠 부등식으로부터) $\langle f|g\rangle$ 역시 유한하다는 것을 보장한다. 나머지 적분에서 i를 켤레 복소수 안으로 옮기면, 식 (5.64)의 두 번째 식과 일치한다는 것을 증명할 수 있다. 이렇게 해서, x와 p 둘 다 자체 수반이다. 만일 p가 인자 i를 가지고 있지 않았다면, p는 자체 수반이 **아니었을** 것인데, 이것은 i가 켤레 복소수 방식으로 옮겨졌을 때 필요한 부호의 변화를 얻기 때문이다. ■

예제 5.4.2 p의 기댓값

에르미트이긴 하지만 p 또한 허수이기 때문에, $\psi(x) = e^{i\theta}f(x)$ 형태를 가진 파동 함수에 대한 p의 기댓값을 계산할 때 무슨 일이 벌어지는지를 살펴보자. 여기서 $f(x)$는 실수 $\mathcal{L}^2$ 파동 함수이고 θ는 실수 위상각이다. 식 (5.63)에서 정의된 바와 같이 스칼라곱을 사용하고, $p = -i(d/dx)$라는 것을 상기하여, 다음을 얻는다.

$$\langle p\rangle = -i\int_{-\infty}^{\infty} f(x)\frac{df(x)}{dx}dx = -\frac{i}{2}\int_{-\infty}^{\infty}\frac{d}{dx}[f(x)]^2 dx$$
$$= -\frac{i}{2}\left[f(+\infty)^2 - f(-\infty)^2\right] = 0$$

보여진 바와 같이 이 적분은 0이 되는데, $\pm\infty$에서 $f(x) = 0$이기 때문이다(이는 다행스러운 것인데 기댓값은 실수이어야 하기 때문이다). 이러한 결과는 시간에 의존하는 현상(0이 아닌 운동량)을 기술하는 파동 함수는 실수 또는 상수(복소수) 위상 인자를 제외한 실수가 될 수 없다는 잘 알려진 특성에 해당한다. ■

연산자와 수반 연산자 사이의 관계는 연산자를 재배치할 수 있는 기회를 제공하는데, 이는 계산을 용이하게 할 수 있다. 다음은 몇 가지 예들이다.

예제 5.4.3 연산자 표현들

(a) $\langle (x^2+p^2)\psi|\varphi\rangle$를 계산하려고 하는데, ψ는 (p^2를 적용하기 위해 요구되는 바와 같이) 미분하기에는 안 좋은 복잡한 함수 형태지만, 반면에 φ는 간단하다고 하자. x가 자체 수반이기 때문에, x^2 또한 그렇다.

$$\langle x^2\psi|\varphi\rangle = \langle x\psi|x\varphi\rangle = \langle \psi|x^2\varphi\rangle$$

동일하게 p^2에 대해서도 그러하기 때문에, $\langle (x^2+p^2)\psi|\varphi\rangle = \langle \psi|(x^2+p^2)\varphi\rangle$이다.

(b) 다음으로 $\langle (x+ip)\psi|(x+ip)\psi\rangle$를 살펴보자. 이것은 $(x+ip)\psi$의 노름을 원할 때 계산되어야 할 표현이다. $x+ip$는 자체 수반은 **아니지만** 수반 연산자 $x-ip$를 가진다는 것에 주목하자. 노름은 다음과 같이 재배치된다.

$$\begin{aligned}\langle (x+ip)\psi|(x+ip)\psi\rangle &= \langle \psi|(x-ip)(x+ip)|\psi\rangle \\ &= \langle \psi|x^2+p^2+i(xp-px)|\psi\rangle \\ &= \langle \psi|x^2+p^2+i(i)|\psi\rangle \\ &= \langle \psi|x^2+p^2-1|\psi\rangle\end{aligned}$$

위 식의 마지막 줄에 도달하기 위해, 식 (5.43)에서 구해진 바와 같이 교환자 $[x, p]=i$를 이용하였다.

(c) A와 B가 자체 수반이라고 하자. AB의 자체 수반성에 대해 무엇을 말할 수 있을까? 다음의 식을 살펴보자.

$$\langle \psi|AB|\varphi\rangle = \langle A\psi|B|\varphi\rangle = \langle BA\psi|\varphi\rangle$$

먼저 A를 (자체 수반이기 때문에 dagger를 사용할 필요 없이) 왼쪽으로 옮겼기 때문에, 이어서 옮겨진 B가 작용해야 하는 것의 일부라는 것에 주목하자. 그래서 AB의 수반이 BA라는 것을 알게 된다. AB가 오직 A와 B가 서로 교환 가능할 때(즉, $BA=AB$) 자체 수반이 된다고 결론짓는다. 만일 A와 B가 개별적으로 각각 자체 수반이 아니라면, 그들이 교환 가능하다는 것만으로는 AB를 자체 수반으로 만들기에 충분하지 않다는 것에 주목하자. ■

연습문제

5.4.1 (a) A는 에르미트 연산자가 아니다. 연산자 $A+A^\dagger$와 $i(A-A^\dagger)$가 에르미트임을 보이시오.

(b) 앞의 결과를 이용하여, 모든 에르미트가 아닌 연산자들을 두 가지 에르미트 연산자들의

선형 결합으로 쓸 수 있다는 것을 보이시오.

5.4.2 두 에르미트 연산자의 곱이 오로지 두 연산자가 서로 교환 가능할 때에만 에르미트라는 것을 증명하시오.

5.4.3 A와 B는 서로 교환 가능하지 않은 양자역학적 연산자들이고, C는 다음 식에 의해 주어진다.

$$AB - BA = iC$$

C가 에르미트임을 보이시오. 적절한 경계조건이 만족된다고 가정하라.

5.4.4 연산자 $\mathcal{L}$은 에르미트이다. $\langle \mathcal{L}^2 \rangle \geq 0$임을 보이시오. 이는 $\mathcal{L}$이 정의된 공간에서 모든 ψ에 대해 $\langle \psi | \mathcal{L}^2 | \psi \rangle \geq 0$임을 의미한다.

5.4.5 반지름이 1인 구의 표면에서 정의된 함수들을 원소로 하는 어떤 힐베르트 공간을 생각해보자. 여기서 스칼라곱은 다음과 같은 형태를 가진다.

$$\langle f | g \rangle = \int d\Omega f^* g$$

여기서 $d\Omega$은 입체각 요소이다. 구의 전체 입체각이 4π라는 것에 주목하자. 여기서 세 함수 $\varphi_1 = Cx/r$, $\varphi_2 = Cy/r$, $\varphi_3 = Cz/r$를 가지고 계산하는데, C는 φ_i를 정규화하는 값을 가진다.

(a) C를 구하고, φ_i가 서로 직교함을 보이시오.

(b) 각운동량 연산자

$$L_x = -i\left(y\frac{\partial}{\partial z} - z\frac{\partial}{\partial y}\right), \qquad L_y = -i\left(z\frac{\partial}{\partial x} - x\frac{\partial}{\partial z}\right),$$
$$L_z = -i\left(x\frac{\partial}{\partial y} - y\frac{\partial}{\partial x}\right)$$

의 3×3 행렬을 찾으시오.

(c) $\mathbf{L}$의 성분들에 대한 행렬 표현이 각운동량 교환자 $[L_x,\ L_y] = iL_z$를 만족한다는 것을 증명하시오.

5.5 유니터리 연산자

물리학에서 유니터리 연산자가 중요한 이유 중 한 가지는 이들이 직교 정규 기저들 사이의 변환들을 기술하는 데 사용될 수 있다는 것이다. 이 특성은 3장에서 분석했던 보통의 (물리적인) 벡터들에 대한 회전 변환을 복소수 정의역으로 일반화한 것이다.

■ 유니터리 변환

직교 정규 기저 φ에 대해 전개된 함수 ψ가 있다고 하자.

$$\psi = \sum_{\mu} c_{\mu}\varphi_{\mu} = \left(\sum_{\mu} |\varphi_{\mu}\rangle\langle\varphi_{\mu}|\right)|\psi\rangle \tag{5.65}$$

이제 이 전개를 함수 φ_{ν}'으로 구성된 다른 직교 정규 기저에서의 전개로 바꾸려고 한다. 가능한 시작점은 각각의 원래 기저 함수들을 프라임 기호로 표시된 기저에서 전개할 수 있다는 것을 아는 것이다. 프라임 기저에서 1의 분해를 삽입함으로써 그러한 전개를 얻을 수 있다.

$$\varphi_{\mu} = \sum_{\nu} u_{\nu\mu}\varphi_{\nu}' = \left(\sum_{\nu} |\varphi_{\nu}'\rangle\langle\varphi_{\nu}'|\right)|\varphi_{\mu}\rangle = \sum_{\nu}\langle\varphi_{\nu}'|\varphi_{\mu}\rangle\varphi_{\nu}' \tag{5.66}$$

위 등식의 두 번째와 네 번째 식을 비교하여, $u_{\nu\mu}$를 행렬 U의 원소와 같은 것으로 취급한다.

$$u_{\nu\mu} = \langle\varphi_{\nu}'|\varphi_{\mu}\rangle \tag{5.67}$$

어떻게 1의 분해가 이 식들을 명백하게 만들고, 식 (5.65)로부터 (5.67)에 이르는 것이 오로지 φ_{μ}와 φ_{ν}'이 완전한 직교 정규 집합들이라는 것 때문에 성립한다는 것에 주목하자.

식 (5.66)에서 얻어진 φ_{μ}의 전개를 식 (5.65)에 대입하면 다음 식에 도달한다.

$$\psi = \sum_{\mu} c_{\mu}\sum_{\nu} u_{\nu\mu}\varphi_{\nu}' = \sum_{\nu}\left(\sum_{\mu} u_{\nu\mu}c_{\mu}\right)\varphi_{\nu}' = c_{\nu}'\varphi_{\nu}' \tag{5.68}$$

여기서 프라임 기저에서의 전개 계수 c_{ν}'은 열벡터 $\mathbf{c}'$을 형성하는데, 이것은 식 (5.67)에 주어진 바와 같은 원소를 가지는 행렬 U를 사용하는 행렬 방정식

$$\mathbf{c}' = \mathsf{U}\mathbf{c} \tag{5.69}$$

에 의해 프라임이 없는 기저에서의 계수 벡터 $\mathbf{c}$와 연관되어 있다.

만일 이제 **프라임 기저에서의 전개로부터 프라임이 없는 기저에서의 전개로** 역변환을

하고자 한다면,

$$\varphi_\mu' = \sum_\nu v_{\nu\mu}\varphi_\nu = \sum_\nu \langle \varphi_\nu | \varphi_\mu' \rangle \varphi_\nu \tag{5.70}$$

으로부터 출발하여, U에 대해 역인 변환 행렬 V가 다음과 같은 원소를 가진다는 것을 알게 된다.

$$v_{\nu\mu} = \langle \varphi_\nu | \varphi_\mu' \rangle = (\mathrm{U}^*)_{\mu\nu} = (\mathrm{U}^\dagger)_{\nu\mu} \tag{5.71}$$

다시 말해서,

$$\mathrm{V} = \mathrm{U}^\dagger \tag{5.72}$$

이다. 이제 만일 프라임이 없는 기저에서 계수 벡터 $\mathbf{c}$에 의해 주어진 ψ의 전개를 먼저 프라임 기저로 변환한 다음 원래의 프라임이 없는 기저로 역변환을 한다면, 계수는

$$\mathbf{c} = \mathrm{V}\mathrm{U}\,\mathbf{c} = \mathrm{U}^\dagger \mathrm{U}\mathbf{c} \tag{5.73}$$

에 따라, 먼저 $\mathbf{c}'$으로 변환했다가 $\mathbf{c}$로 역변환한다. 식 (5.73)이 모순이 없으려면, $\mathrm{U}^\dagger\mathrm{U}$가 단위행렬이 되어야 하는데, 이는 U가 **유니터리**이어야 한다는 것을 의미한다. 이렇게 해서 중요한 다음과 같은 결과를 얻는다.

어떤 직교 정규 기저 $\{\varphi_\mu\}$에서의 전개를 나타내는 벡터 $\mathbf{c}$를 임의의 다른 직교 정규 기저 $\{\varphi_\nu'\}$에서의 전개 $\mathbf{c}'$으로 바꾸는 변환은 행렬 방정식 $\mathbf{c}' = \mathrm{U}\mathbf{c}$에 의해 기술되는데, 여기서 변환 행렬 U는 **유니터리**이고 원소 $u_{\nu\mu} = \langle \varphi_\nu' | \varphi_\mu \rangle$를 가진다. 직교 정규 기저들 사이의 변환은 **유니터리 변환**이라 한다.

식 (5.69)는 식 (3.26)

$$\mathbf{A}' = \mathrm{S}\mathbf{A}$$

와 같은 보통의 2차원 벡터 회전 변환 방정식을 그대로 일반화한 것이다. 좀 더 강조하기 위해, 여기서 도입한 변환 행렬 U(아래 식의 오른쪽)를 식 (3.28)에 나오는 보통의 2차원 공간에서의 회전을 위한 행렬 S(아래 식의 왼쪽)와 비교해보자.

$$\mathrm{S} = \begin{pmatrix} \hat{\mathbf{e}}_1' \cdot \hat{\mathbf{e}}_1 & \hat{\mathbf{e}}_1' \cdot \hat{\mathbf{e}}_2 \\ \hat{\mathbf{e}}_2' \cdot \hat{\mathbf{e}}_1 & \hat{\mathbf{e}}_2' \cdot \hat{\mathbf{e}}_2 \end{pmatrix}, \qquad \mathrm{U} = \begin{pmatrix} \langle \varphi_1' | \varphi_1 \rangle & \langle \varphi_1' | \varphi_2 \rangle & \cdots \\ \langle \varphi_2' | \varphi_1 \rangle & \langle \varphi_2' | \varphi_2 \rangle & \cdots \\ \cdots & \cdots & \cdots \end{pmatrix}$$

디랙 표기법에서 $\hat{\mathrm{e}}_i{}' \cdot \hat{\mathrm{e}}_j$가 $\langle \hat{\mathrm{e}}_i{}' | \hat{\mathrm{e}}_j \rangle$ 형태를 가정한다는 것을 알아차린다면, 앞에서 논의한 유사성은 더욱 놀랍다.

(여기서 다루는 양이 복소수라는 것을 제외하고) 보통의 벡터에 대해서처럼, U의 i번째 행은 프라임이 없는 기저에서 $\varphi_i{}'$의 (켤레 복소수) 성분(다른 말로 계수)을 포함하고 있다. 프라임이 있는 φ의 직교 정규성은 $\mathrm{UU}^\dagger$가 단위행렬이라는 사실과 부합한다. U의 열은 프라임 기저에서 φ_j의 성분을 포함하고 있다. 이 또한 앞서 살펴본 바와 유사하다. 행렬 S는 직교이다. U는 유니터리인데, 이것은 직교 조건을 복소공간으로 일반화한 것이다.

요약하자면, 유니터리 변환은 벡터공간에서 보통의 공간에서의 회전(또는 반전)을 기술하는 직교 변환과 유사하다는 것이다.

예제 5.5.1 유니터리 변환

어떤 힐베르트 공간이 반지름이 1인 구의 표면에서 정의되고 구면 극 좌표계에서 다음과 같이 표현되는 5개의 함수에 의해 기술된다.

$$\chi_1 = \sqrt{\frac{15}{4\pi}} \sin\theta \cos\theta \cos\varphi, \qquad \chi_2 = \sqrt{\frac{15}{4\pi}} \sin\theta \cos\theta \sin\varphi,$$

$$\chi_3 = \sqrt{\frac{15}{4\pi}} \sin^2\theta \sin\varphi \cos\varphi, \qquad \chi_4 = \sqrt{\frac{15}{16\pi}} \sin^2\theta \,(\cos^2\varphi - \sin^2\varphi),$$

$$\chi_5 = \sqrt{\frac{5}{16\pi}} (3\cos^2\theta - 1)$$

이 함수들은 스칼라곱이 다음과 같이 정의될 때 서로 직교 정규이다.

$$\langle f | g \rangle = \int_0^\pi \sin\theta \, d\theta \int_0^{2\pi} d\varphi \, f^*(\theta,\ \varphi) g(\theta,\ \varphi)$$

이러한 힐베르트 공간은 대신에 직교 정규 함수의 집합

$$\chi_1{}' = -\sqrt{\frac{15}{8\pi}} \sin\theta \cos\theta \, e^{i\varphi}, \qquad \chi_2{}' = \sqrt{\frac{15}{8\pi}} \sin\theta \cos\theta \, e^{-i\varphi},$$

$$\chi_3{}' = \sqrt{\frac{15}{32\pi}} \sin^2\theta \, e^{2i\varphi}, \qquad \chi_4{}' = \sqrt{\frac{15}{32\pi}} \sin^2\theta \, e^{-2i\varphi},$$

$$\chi_5{}' = \chi_5$$

에 의해 기술될 수 있다. 프라임이 없는 기저로부터 프라임 기저로의 변환을 기술하는 행렬 U는 원소로 $u_{\nu\mu} = \langle \chi_\nu{}' | \chi_\mu \rangle$를 가진다. 대표로 행렬 원소 하나를 계산해보면 다음과 같다.

$$u_{22} = \langle \chi_2' | \chi_2 \rangle = \frac{15}{4\pi\sqrt{2}} \int_0^{\pi} \sin\theta\, d\theta \int_0^{2\pi} d\varphi \sin^2\theta \cos^2\theta\, e^{+i\varphi} \sin\varphi$$

$$= \frac{15}{4\pi\sqrt{2}} \int_0^{\pi} \sin^3\theta \cos^2\theta\, d\theta \int_0^{2\pi} d\varphi e^{+i\varphi} \frac{e^{i\varphi} - e^{-i\varphi}}{2i}$$

$$= \frac{15}{4\pi\sqrt{2}} \left(\frac{4}{15}\right) \frac{-2\pi}{2i} = \frac{i}{\sqrt{2}}$$

이 결과는 공식 $\int_0^{2\pi} e^{ni\varphi} d\varphi = 2\pi\,\delta_{n0}$을 사용하고 θ 적분에 대한 표에서 값을 찾아 얻었다. 행렬 원소를 하나 더 직접 계산해보자.

$$u_{21} = \langle \chi_2' | \chi_1 \rangle = \frac{15}{4\pi\sqrt{2}} \int_0^{\pi} \sin^3\theta \cos^2\theta\, d\theta \int_0^{2\pi} d\varphi e^{+i\varphi} \frac{e^{i\varphi} + e^{-i\varphi}}{2}$$

$$= \frac{15}{4\pi\sqrt{2}} \left(\frac{4}{15}\right) \frac{2\pi}{2} = \frac{1}{\sqrt{2}}$$

행렬 U의 나머지 원소들을 계산하면 다음 결과를 얻게 된다.

$$\mathrm{U} = \begin{pmatrix} -1/\sqrt{2} & -i/\sqrt{2} & 0 & 0 & 0 \\ 1/\sqrt{2} & -i/\sqrt{2} & 0 & 0 & 0 \\ 0 & 0 & i/\sqrt{2} & 1/\sqrt{2} & 0 \\ 0 & 0 & -i/\sqrt{2} & 1/\sqrt{2} & 0 \\ 0 & 0 & 0 & 0 & 1 \end{pmatrix}$$

위 결과에 대한 검사로써, U의 i번째 열이 프라임 기저에서 χ_i의 성분들을 주어야 한다는 것에 주목하자. 첫 번째 열에 대해,

$$\sqrt{\frac{15}{4\pi}} \sin\theta\cos\theta\cos\varphi = -\frac{1}{\sqrt{2}}\left(-\sqrt{\frac{15}{8\pi}} \sin\theta\cos\theta\, e^{i\varphi}\right) + \frac{1}{\sqrt{2}}\left(\sqrt{\frac{15}{8\pi}} \sin\theta\cos\theta\, e^{-i\varphi}\right)$$

을 얻게 되는데, 이는 쉽게 1로 단순화된다. 그 외의 열에 대한 검사는 연습문제 5.5.1로 남겨둔다. ■

■ 연속 변환

둘 또는 그 이상의 연속적인 유니터리 변환도 가능한데, 각각의 변환은 어떤 입력 직교 정규 기저를 역시 직교 정규인 출력 기저로 바꾼다. 보통의 벡터에서처럼, 연속적인 변환은 오른쪽에서 왼쪽 순서로 적용되며, 그와 같은 변환들의 곱은 결과적으로 생기는 하나의 유니터리 변환으로 볼 수 있다.

연습문제

5.5.1 예제 5.5.1의 행렬 U가 벡터 $f(\theta, \varphi)=3\chi_1+2i\chi_2-\chi_3+\chi_5$를 $\{\chi_i'\}$ 기저로 정확하게 변환한다는 것을 다음의 과정을 통해 보이시오.

(a) (1) $\{\chi_i\}$ 기저에서 $f(\theta, \varphi)$를 나타내는 열벡터 $\mathbf{c}$를 찾아서,

(2) $\mathbf{c}'=\mathrm{U}\mathbf{c}$를 구하고,

(3) $\sum_i c_i'\chi_i'(\theta, \varphi)$로 전개한 것을 $f(\theta, \varphi)$와 비교하시오.

(b) U가 유니터리임을 증명하시오.

5.5.2 (a) ($\mathbb{R}^3$에서) 기저가 $\varphi_1=x$, $\varphi_2=y$, $\varphi_3=z$로 주어질 때, 기저 변환 $x\to z$, $y\to y$, $z\to -x$을 생각해보자. 이 변환에 대한 3×3 행렬 U를 찾으시오.

(b) 이러한 변환은 좌표축의 회전에 해당한다. 어떤 회전인지를 찾아서 변환 행렬을 식 (3.37)에 나온 형태를 가진 적당한 행렬 $S(\alpha, \beta, \gamma)$와 일치시켜보시오.

(c) (원래의 기저에서) $f=2x-3y+z$를 나타내는 열벡터 $\mathbf{c}$를 구하고, U를 $\mathbf{c}$에 적용한 결과를 찾은 후, 이것이 문항 (a)에 나온 기저 변환과 부합함을 보이시오.

[참고] 이 연습문제를 다루기 위해 스칼라곱을 만들 수 있어야 하는 것은 아니다. 본래와 변환된 함수들 사이의 선형적인 관계에 대한 지식이면 충분하다.

5.5.3 연습문제 5.5.2에 나온 변환에 대한 역변환을 나타내는 행렬을 구성하고, 이 행렬과 연습문제 5.5.2의 변환 행렬이 서로의 역행렬임을 보이시오.

5.5.4 직교 정규 기저 $\{\varphi_i\}$를 기저 $\{\varphi_i'\}$로 바꾸는 유니터리 변환 U와 기저 $\{\varphi_i'\}$을 기저 $\{\chi_i\}$로 바꾸는 유니터리 변환 V가 다음과 같이 행렬로 표현된다.

$$\mathrm{U}=\begin{pmatrix} i\sin\theta & \cos\theta & 0 \\ -\cos\theta & i\sin\theta & 0 \\ 0 & 0 & 1 \end{pmatrix}, \qquad \mathrm{V}=\begin{pmatrix} 1 & 0 & 0 \\ 0 & \cos\theta & i\sin\theta \\ 0 & \cos\theta & -i\sin\theta \end{pmatrix}$$

함수 $f(x)=3\varphi_1(x)-\varphi_2(x)-2\varphi_3(x)$가 주어질 때,

(a) U를 적용하여, $\{\varphi_i'\}$ 기저에서 $f(x)$를 나타내는 벡터를 구성하고, 다음으로 V를 적용하여 기저 $\{\chi_i\}$에서 $f(x)$를 나타내는 벡터를 구성하시오. 이 결과를 이용하여 $f(x)$를 χ_i의 선형 결합으로 나타내시오.

(b) 행렬곱 UV와 VU를 구하고 각각을 $\{\varphi_i\}$ 기저에서 $f(x)$를 나타내는 벡터에 적용하시오. 이 계산의 결과가 서로 다르고, 오직 그 중에 하나만이 문항 (a)에 해당하는 결과를 준다는 것을 밝히시오.

5.5.5 구간 $-1 \le x \le 1$에서 가중치가 1이고 직교하는 세 함수 $P_0 = 1$, $P_1 = x$, $P_2 = \frac{3}{2}x^2 - \frac{1}{2}$이 있다. 동일한 공간을 기술하는 또 다른 직교 정규 함수 집합 $F_0 = x^2$, $F_1 = x$, $F_2 = 5x^2 - 3$이 있다. 이 연습문제의 상당부분이 잘 살펴보는 것(inspection)만으로도 될 수 있지만, 스칼라곱으로 주어지는 결과의 모든 적분을 쓰고 계산하시오.

(a) 각각의 P_i와 F_i를 정규화하시오.

(b) 정규화된 P_i 기저를 정규화된 F_i 기저로 변환하는 유니터리 행렬 U를 찾으시오.

(c) 정규화된 F_i 기저를 정규화된 P_i 기저로 변환하는 유니터리 행렬 V를 찾으시오.

(d) U와 V가 유니터리이고 $\mathrm{V} = \mathrm{U}^{-1}$임을 보이시오.

(e) $f(x) = 5x^2 - 3x + 1$을 **정규화된** 두 기저에서 전개하고, 변환 행렬 U가 $f(x)$의 P 기저에서의 전개를 F 기저에서의 전개로 바꾼다는 것을 밝히시오.

5.6 연산자의 변환

어떻게 유니터리 변환이 어떤 함수의 전개를 하나의 직교 정규 기저로부터 또 다른 기저로 변환하는 데 사용될 수 있는지를 살펴보았다. 이제 연산자에 대해서 대응하는 변환을 살펴보자. φ 기저에서

$$A = \sum_{\mu\nu} |\varphi_\mu\rangle a_{\mu\nu} \langle\varphi_\nu|$$

의 형태로 전개되는 어떤 연산자 A가 있을 때, 위 식 우변의 양쪽에 (프라임 기저로 쓰인) 1의 분해를 삽입하는 간단한 방법으로 연산자 A를 φ' 기저에서의 표현으로 바꾼다. 이것은 디랙 표기법의 사용이 주는 이점을 보여주는 아주 좋은 예이다. 이렇게 하는 것이 (표현되는 모습은 바꾸지만) A를 바꾸는 것이 아니라는 것을 상기하며,

$$A = \sum_{\mu\nu\sigma\tau} |\varphi_\sigma'\rangle\langle\varphi_\sigma'|\varphi_\mu\rangle a_{\mu\nu} \langle\varphi_\nu|\varphi_\tau'\rangle\langle\varphi_\tau'|$$

을 얻게 되는데, 이는 식 (5.67)에서 정의된 바와 같이 $\langle\varphi_\sigma'|\varphi_\mu\rangle = u_{\sigma\mu}$, 그리고 $\langle\varphi_\nu|\varphi_\tau'\rangle = u_{\tau\nu}^*$로 놓음으로써 단순화할 수 있다. 이렇게 해서 다음을 얻는다.

$$A = \sum_{\mu\nu\sigma\tau} |\varphi_\sigma'\rangle u_{\sigma\mu} a_{\mu\nu} u_{\tau\nu}^* \langle\varphi_\tau'| = \sum_{\sigma\tau} |\varphi_\sigma'\rangle a_{\sigma\tau}' \langle\varphi_\tau'| \qquad (5.74)$$

여기서 $a_{\sigma\tau}{}'$은 프라임 기저에서 A의 $\sigma\tau$ 행렬 원소이고,

$$a_{\sigma\tau}{}' = \sum_{\mu\nu} u_{\sigma\mu} a_{\mu\nu} u_{\tau\nu}^{*} \tag{5.75}$$

에 의해 프라임이 없는 기저에서의 값과 관련되어 있다. 이제 $u_{\tau\nu}^{*} = (\mathrm{U}^{\dagger})_{\nu\tau}$로부터, 식 (5.75)를 행렬 방정식

$$\mathrm{A}' = \mathrm{UAU}^{\dagger} = \mathrm{UAU}^{-1} \tag{5.76}$$

으로 쓸 수 있다. 위 식의 마지막 표현에서 U가 유니터리라는 사실을 이용하였다.

식 (5.76)에 도달하는 또 다른 방법은 연산자 방정식 $A\psi = \chi$을 이용하는 것인데, 여기서 처음에 A, ψ, 그리고 χ는 모두 직교 정규 집합 φ 안에서 전개되며, A는 행렬 원소 $a_{\mu\nu}$를, ψ와 χ는 각각 $\psi = \sum_{\nu} c_{\mu}\varphi_{\mu}$와 $\chi = \sum_{\nu} b_{\nu}\varphi_{\nu}$의 형태를 가지는 것으로 생각한다. 이와 같이 놓는 것은 행렬 방정식

$$\mathrm{Ac} = \mathrm{b}$$

에 해당한다. 이제 위 식의 A와 **c** 사이에 단순히 $\mathrm{U}^{-1}\mathrm{U}$를 삽입하고, 양변의 왼쪽에 U를 곱한다. 그 결과는

$$(\mathrm{UAU}^{-1})(\mathrm{Uc}) = \mathrm{Ub} \quad \rightarrow \quad \mathrm{Ac}' = \mathrm{b}' \tag{5.77}$$

이며, 이는 함수가 U에 의해 변환되고 연산자는 식 (5.76)에 따라 변환될 때 연산자가 함수와 제대로 된 관계를 가지게 된다는 것을 보이고 있다. 이러한 관계가 **c**와 U를 어떻게 선택하더라도 성립하기 때문에, 이는 A에 대한 변환 방정식을 확증한다.

■ 비유니터리 변환

식 (5.77)에 예시된 것과 비슷하지만, 특이성은 없으나(nonsingular) 유니터리일 필요가 없는 변환 행렬 G를 이용한 변환을 생각해보는 것도 가능하다. 그러한 더 일반적인 변환은 때때로 물리적 상황에 적용할 때 나타나며, **닮음 변환**이라 하고, 언뜻 보기에 식 (5.77)과 비슷한 방정식을 준다.

$$(\mathrm{GAG}^{-1})(\mathrm{Gc}) = \mathrm{Gb} \tag{5.78}$$

여기에는 한 가지 중요한 차이가 있다. 일반적인 닮음 변환이 본래의 연산자 방정식을 유지하기는 하지만, 대응하는 부분들은 다른 기저에서의 동일한 양을 나타내는 것이 아니다. 대신에, 그들은 변환에 의해 체계적으로 (그러나 일관되게) 바뀐 양을 나타낸다.

종종 닮음 변환조차 아닌 변환이 필요할 때가 있다. 예를 들어, 행렬 원소가 직교하지 않는 기저에서 주어지는 연산자를 가지고, 그람-슈미트 과정을 이용하여 만들어진 직교 정규 기저로의 변환을 하려는 경우이다.

예제 5.6.1 **그람-슈미트 변환**

그람-슈미트 과정은 주어진 함수 집합 χ_i를

$$\varphi_\mu = \sum_{i=1}^{\mu} t_{i\mu}\chi_i, \qquad \mu = 1,\ 2,\ \ldots$$

의 형태가 되는 방정식을 따라 직교 정규 집합 φ_μ로 바꾸는 변환을 기술한다. 그람-슈미트 과정이 단지 $i \le \mu$일 때의 계수 $t_{i\mu}$만을 생성하기 때문에, 변환 행렬 T는 **우상단 삼각**(upper triangular) 행렬, 즉 0이 아닌 원소 $t_{i\mu}$가 오직 주대각선상이나 그 위에만 있는 정사각 행렬로 기술될 수 있다. S를 원소 $s_{ij} = \langle \chi_i | \chi_j \rangle$를 가지는[종종 **겹침**(overlap) 행렬이라 하는] 행렬로 정의하면, φ_μ의 직교 정규성은 다음 방정식에 의해 입증된다.

$$\langle \varphi_\mu | \varphi_\nu \rangle = \sum_{ij} \langle t_{i\mu}\chi_i | t_{j\nu}\chi_j \rangle = \sum_{ij} t_{i\mu}^* \langle \chi_i | \chi_j \rangle t_{j\nu} = (\mathrm{T}^\dagger \mathrm{S}\mathrm{T})_{\mu\nu} = \delta_{\mu\nu} \tag{5.79}$$

T가 우상단 삼각 행렬이기 때문에, $\mathrm{T}^\dagger$는 **좌하단 삼각**(lower triangular) 행렬이어야 한다. 식 (5.79)를 쓰는 데 있어서 i와 j를 제한할 필요가 없었는데, 이는 i와 j가 값을 가지는 범위 밖에도 계수들이 존재하지만, 그 계수들을 0으로 놓았기 때문이다.

식 (5.79)로부터 다음과 같은 S의 표현을 얻을 수 있다.

$$\mathrm{S} = (\mathrm{T}^\dagger)^{-1}\mathrm{T}^{-1} = (\mathrm{T}\mathrm{T}^\dagger)^{-1} \tag{5.80}$$

더욱이, 식 (5.79)에서 S를 (χ_i 기저에서의) 일반적인 연산자에 대한 행렬 A로 대치하면, 직교 정규화된 φ 기저에서의 표현 A′이

$$\mathrm{A}' = \mathrm{T}^\dagger \mathrm{A}\mathrm{T} \tag{5.81}$$

과 같이 된다는 것을 찾게 된다. 일반적으로, $\mathrm{T}^\dagger$는 T^{-1}와는 같지 않고, 그래서 위 식은 어떤 닮음 변환을 정의하는 것이 아니다. ■

연습문제

5.6.1 (a) 직교 정규 기저를 이루는 두 스핀 함수 $\varphi_1 = \alpha$와 $\varphi_2 = \beta$(즉, $\langle \alpha | \alpha \rangle = \langle \beta | \beta \rangle = 1$, $\langle \alpha | \beta \rangle = 0$)와 관계식

$$S_x\alpha = \frac{1}{2}\beta, \quad S_x\beta = \frac{1}{2}\alpha, \quad S_y\alpha = \frac{1}{2}i\beta, \quad S_y\beta = -\frac{1}{2}i\alpha, \quad S_z\alpha = \frac{1}{2}\alpha, \quad S_z\beta = -\frac{1}{2}\beta$$

을 이용하여, 2×2 행렬 S_x, S_y, 그리고 S_z를 구하시오.

(b) 이제 기저 $\varphi_1' = C(\alpha+\beta)$, $\varphi_2' = C(\alpha-\beta)$를 택하여,

(i) φ_1'과 φ_2'이 서로 직교함을 밝히시오.

(ii) φ_1'과 φ_2'이 정규화되게 만드는 C의 값을 구하시오.

(iii) 변환 $\{\varphi_i\} \to \{\varphi_i'\}$에 대한 유니터리 행렬을 찾으시오.

(c) $\{\varphi_i'\}$ 기저에서 행렬 S_x, S_y, 그리고 S_z를 찾으시오.

5.6.2 함수 $\varphi_1 = Cxe^{-r^2}$, $\varphi_2 = Cye^{-r^2}$, $\varphi_3 = Cze^{-r^2}$들로 주어지는 기저가 있다. 여기서 $r^2 = x^2 + y^2 + z^2$이고, 스칼라곱은 $\mathbb{R}^3$에서 가중인자가 없는 적분으로 정의되며, C는 φ_i가 정규화되는 값을 가진다.

(a) $L_x = -i\left(y\frac{\partial}{\partial z} - z\frac{\partial}{\partial y}\right)$의 3×3 행렬을 찾으시오.

(b) 변환 행렬 $\mathrm{U} = \begin{pmatrix} 1 & 0 & 0 \\ 0 & 1/\sqrt{2} & -i/\sqrt{2} \\ 0 & 1/\sqrt{2} & i/\sqrt{2} \end{pmatrix}$를 이용하여 L_x의 변환 행렬을 찾으시오.

(c) U에 의해 정의되는 새로운 기저 함수들 φ_i'을 찾고, $L_x\varphi_i'$ $(i = 1, 2, 3)$의 함수 형태를 (x, y, 그리고 z에 대하여) 명시적 형태로 쓰시오.

[힌트] $\int e^{-r^2} d^3r = \pi^{3/2}$, $\int x^2 e^{-r^2} d^3r = \frac{1}{2}\pi^{3/2}$를 이용하라. 여기서 적분 공간은 $\mathbb{R}^3$이다.

5.6.3 임의의 기저 χ_ν를 직교 정규 집합 φ_ν로 바꿔주는 그람-슈미트 과정이 $-\langle \varphi_\mu | \chi_\nu \rangle$의 계수를 도입하는 방식으로 5.2절에 기술되어 있다. 3개의 함수로 구성된 기저에 대하여, 수식들을 φ_ν가 전적으로 χ_μ에 의해 표현되도록 바꾸고, 이로부터 식 (5.81)에 나오는 우상단 삼각 행렬 T에 대한 표현을 구하시오.

5.7 불변량

좌표계의 회전이 물리적 벡터의 본질적 특성을 바꾸지 않는 것처럼, 유니터리 변환이 벡터 공간의 본질적 특징을 보존할 것으로 기대할 수 있다. 이러한 불변성은 연산자와 함수의 기저 집합 전개에서 가장 직접적으로 관측된다.

먼저, $\mathrm{b} = \mathrm{Ac}$ 형태의 행렬 방정식을 살펴보자. 여기서 모든 양들은 특정한 직교 정규 기저 φ_i에서 계산되었다. 이제 어떤 기저 χ_i를 사용하기를 원한다고 하자. 여기서 χ_i는

$$\mathrm{c}' = \mathrm{Uc} \quad \text{그리고} \quad \mathrm{b}' = \mathrm{Ub}$$

와 같이 원래 기저에 유니터리 변환을 적용하여 얻어질 수 있다. 이 새로운 기저에서 행렬 A는 $\mathrm{A}' = \mathrm{UAU}^{-1}$가 되고, 구하려는 불변성은 $\mathrm{b}' = \mathrm{A}'\mathrm{c}'$에 해당한다. 다른 말로 하면, 모든 양들은 일관되게 변해서 그들 사이의 관계가 변하지 않아야 한다. 이것이 바로 그러한 경우임을 밝히는 것은 어렵지 않다. 모든 프라임이 붙은 양들에 대해 위 관계식들을 대입하면,

$$\mathrm{Ub} = (\mathrm{UAU}^{-1})(\mathrm{Uc}) \quad \rightarrow \quad \mathrm{Ub} = \mathrm{UAc}$$

이며, 양변의 왼쪽에 U^{-1}을 곱하면 다시 $\mathrm{b} = \mathrm{Ac}$를 얻을 수 있다.

스칼라량은 유니터리 변환에 대해 불변해야 한다. 여기서 가장 좋은 예는 스칼라곱이다. 만일 f와 g가 어떤 직교 정규 기저에서 각각 $\mathbf{a}$와 b로 나타내진다면, 그들의 스칼라곱은 $\mathbf{a}^\dagger \mathrm{b}$로 주어진다. 행렬 표현이 U인 유니터리 변환에 대해서, $\mathbf{a}$는 $\mathbf{a}^\dagger = \mathrm{U}\mathbf{a}$가 되고 b는 $\mathrm{b}' = \mathrm{Ub}$가 되며,

$$\langle f|g\rangle = (\mathbf{a}')^\dagger \mathrm{b}' = (\mathrm{U}\mathbf{a})^\dagger (\mathrm{Ub}) = (\mathbf{a}^\dagger \mathrm{U}^\dagger)(\mathrm{Ub}) = \mathbf{a}^\dagger \mathrm{b} \tag{5.82}$$

가 된다. $\mathrm{U}^\dagger = \mathrm{U}^{-1}$이라는 사실로부터 불변성을 확인할 수 있다.

기저 변환에 대해 불변해야 하는 또 다른 스칼라는 연산자의 기댓값이다.

예제 5.7.1 변환된 기저에서의 기댓값

$\psi = \sum_i c_i \varphi_i$이고, 이 ψ에 대해서 연산자 A의 기댓값을 계산한다고 하자. 여기서 A는 연산자 A에 해당하는 행렬이며, 원소 $a_{\nu\mu} = \langle \varphi_\nu | A | \varphi_\mu \rangle$를 가진다.

$$\langle A \rangle = \langle \psi | A | \psi \rangle \quad \rightarrow \quad \mathrm{c}^\dagger \mathrm{A}\mathrm{c}$$

을 가진다. 이제 만일 유니터리 변환 U에 의해 φ_i로부터 얻어진 기저를 사용하기로 한다면, $\langle A \rangle$에 대한 표현은 다음과 같이 된다.

$$(\mathrm{U}\mathbf{c})^\dagger(\mathrm{UAU}^{-1})(\mathrm{U}\mathbf{c})=\mathbf{c}^\dagger\mathrm{U}^\dagger\mathrm{UAU}^{-1}\mathrm{U}\mathbf{c}$$

여기서 U가 유니터리라서 $\mathrm{U}^\dagger=\mathrm{U}^{-1}$이기 때문에 당연히 그렇게 되어야 하듯이, 위 식은 $\langle A\rangle$의 이전에 얻어진 값으로 귀결된다. ■

벡터공간은 유용한 추가적인 행렬 불변량들을 가진다. 행렬의 **대각합**(trace)은 유니터리 변환에 대해 불변이다. 만일 $\mathrm{A}'=\mathrm{UAU}^{-1}$이면,

$$\begin{aligned}\mathrm{trace}(\mathrm{A}')&=\sum_\nu(\mathrm{UAU}^{-1})_{\nu\nu}=\sum_{\nu\mu\tau}u_{\nu\mu}a_{\mu\tau}(\mathrm{U}^{-1})_{\tau\nu}=\sum_{\mu\tau}\left(\sum_\nu(\mathrm{U}^{-1})_{\tau\nu}u_{\nu\mu}\right)a_{\mu\tau}\\&=\sum_{\mu\tau}\delta_{\mu\tau}a_{\mu\tau}=\sum_\mu a_{\mu\mu}=\mathrm{trace}(\mathrm{A})\end{aligned}\tag{5.83}$$

이다. 여기서 간단히 $\mathrm{U}^{-1}\mathrm{U}=1$이라는 성질을 이용하였다.

또 다른 행렬 불변량은 행렬식이다. 행렬식의 곱 정리로부터 $\det(\mathrm{UAU}^{-1})=\det(\mathrm{U}^{-1}\mathrm{UA})=\det(\mathrm{A})$이다. 이외의 불변량들은 6장에서 행렬 고윳값 문제를 공부할 때 다룰 것이다.

연습문제

5.7.1 유니터리 변환의 형식적 특성을 이용하여 교환자 $[x,\ p]=i$가 x와 p를 나타내는 행렬의 유니터리 변환에 대해 불변임을 보이시오.

5.7.2 파울리의 행렬

$$\boldsymbol{\sigma}_1=\begin{pmatrix}0&1\\1&0\end{pmatrix},\qquad\boldsymbol{\sigma}_2=\begin{pmatrix}0&-i\\i&0\end{pmatrix},\qquad\boldsymbol{\sigma}_3=\begin{pmatrix}1&0\\0&-1\end{pmatrix}$$

은 교환자 $[\boldsymbol{\sigma}_1,\ \boldsymbol{\sigma}_2]=2i\boldsymbol{\sigma}_3$를 가진다. 이 관계가 이들 행렬들이

$$\mathrm{U}=\begin{pmatrix}\cos\theta&\sin\theta\\-\sin\theta&\cos\theta\end{pmatrix}$$

에 의해 변환되어도 여전히 성립한다는 것을 보이시오.

5.7.3 (a) 연산자 L_x는 다음과 같이 정의된다.

$$L_x=-i\left(y\frac{\partial}{\partial z}-z\frac{\partial}{\partial y}\right)$$

$r^2 = x^2 + y^2 + z^2$일 때, 기저 $\varphi_1 = Cxe^{-r^2}$, $\varphi_2 = Cye^{-r^2}$, $\varphi_3 = Cze^{-r^2}$가 L_x의 연산에 대해 닫힌 집합을 구성한다는 것을 보이시오. 이것은 L_x가 기저를 이루고 있는 어떤 함수에 적용되든지 간에 그 결과는 여전히 그 기저 공간에 있는 함수가 된다는 것을 의미한다. 또한 L_x를 각각의 기저 함수에 적용하여 얻은 결과로부터 이 기저에서 L_x의 3×3 행렬을 구하시오.

(b) $L_x\left[(x+iy)e^{-r^2}\right] = -ze^{-r^2}$임을 밝히고, $\{\varphi_i\}$ 기저를 이용하여 이 결과가 $L_x(\varphi_1 + i\varphi_2) = -\varphi_3$와 같이 쓰일 수 있음을 확인하시오.

(c) 문항 (b)에 나온 방정식을 행렬 형태로 표현하고, 각각의 양들이 변환 행렬

$$\mathrm{U} = \begin{pmatrix} 1 & 0 & 0 \\ 0 & 1/\sqrt{2} & -i/\sqrt{2} \\ 0 & 1/\sqrt{2} & i/\sqrt{2} \end{pmatrix}$$

에 의해 변환될 때 얻게 되는 행렬 방정식을 쓰시오.

(d) 변환 U를 새로운 기저 $\{\varphi_i'\}$를 만들어내는 것으로 생각하고, φ_i'의 (x, y, z로 표현된) 형태를 찾으시오.

(e) L_x의 연산자 형태와 φ_i'의 형태를 이용하여 문항 (c)에서 찾은 변환된 방정식이 성립한다는 것을 밝히시오.

[힌트] 연습문제 5.6.2의 결과가 유용할 것이다.

5.8 요약–벡터공간 표기법

이 장에서 찾은 몇 가지 관계식들을 정리해 두면 유용한데, 이는 벡터와 벡터공간에서의 기저 전개 사이에 존재하는 본질적으로 완전한 수학적 대응관계를 확연히 드러낸다. 필요한 곳에서는 디랙 표기법을 써서 여기에 정리해 둔다.

1. **스칼라곱:**

$$\langle\varphi|\psi\rangle = \int_a^b \varphi^*(t)\psi(t)w(t)dt \quad \Leftrightarrow \quad \langle\mathbf{u}|\mathbf{v}\rangle = \mathbf{u}^*\mathbf{v} = \mathbf{u}^* \cdot \mathbf{v} \tag{5.84}$$

스칼라곱 연산의 결과는 스칼라(즉, 하나의 실수 또는 복소수)이다. 여기서 $\mathbf{u}^\dagger\mathbf{v}$는 하

나의 행벡터와 열벡터의 곱을 나타낸다. 이것은 함께 보인 내적 표기법과 같은 것이다.

2. **기댓값:**

$$\langle\varphi|A|\varphi\rangle=\int_a^b\varphi^*(t)A\varphi(t)w(t)dt \quad\Leftrightarrow\quad \langle\mathbf{u}|\mathrm{A}|\mathbf{u}\rangle=\mathbf{u}^\dagger\mathrm{A}\,\mathbf{u} \tag{5.85}$$

3. **수반:**

$$\langle\varphi|A|\psi\rangle=\langle A^\dagger\varphi|\psi\rangle \quad\Leftrightarrow\quad \langle\mathbf{u}|\mathrm{A}|\mathbf{v}\rangle=\langle\mathrm{A}^\dagger\mathbf{u}|\mathbf{v}\rangle=[\mathrm{A}^\dagger\mathbf{u}]^\dagger\mathbf{v}=\mathbf{u}^\dagger\mathrm{A}\,\mathbf{v} \tag{5.86}$$

$[\mathrm{A}^\dagger\mathbf{u}]^\dagger\mathbf{v}$를 간단히 하면, 행렬 $\mathrm{A}^\dagger$가 수반 연산자가 가질 것으로 예상되는 성질을 가진다는 것이 드러난다는 것에 주목하자.

4. **유니터리 변환:**

$$\psi=A\varphi\rightarrow U\psi=(UAU^{-1})(U\varphi) \quad\Leftrightarrow\quad \mathbf{w}=\mathrm{A}\mathbf{v}\rightarrow\mathrm{U}\mathbf{w}=(\mathrm{UAU}^{-1})(\mathrm{U}\mathbf{v}) \tag{5.87}$$

5. **1의 분해:**

$$1=\sum_i|\varphi_i\rangle\langle\varphi_i| \quad\Leftrightarrow\quad 1=\sum_i|\hat{\mathbf{e}}_i\rangle\langle\hat{\mathbf{e}}_i| \tag{5.88}$$

여기서 φ_i는 직교 정규이고 $\hat{\mathbf{e}}_i$는 직교 단위벡터이다. 식 (5.88)을 어떤 함수(또는 벡터)에 적용하면 다음과 같다.

$$\psi=\sum_i|\varphi_i\rangle\langle\varphi_i|\psi\rangle=\sum_i a_i\varphi_i \quad\Leftrightarrow\quad \mathbf{w}=\sum_i|\hat{\mathbf{e}}_i\rangle\langle\hat{\mathbf{e}}_i|\mathbf{w}\rangle=\sum_i w_i\hat{\mathbf{e}}_i \tag{5.89}$$

여기서 $a_i=\langle\varphi_i|\psi\rangle$이고 $w_i=\langle\hat{\mathbf{e}}_i|\mathbf{w}\rangle=\hat{\mathbf{e}}_i\cdot\mathbf{w}$이다.

❖ 더 읽을 거리

Brown, W. A., *Matrices and Vector Spaces.* New York: M. Dekker (1991).

Byron, F. W., Jr., and R. W. Fuller, *Mathematics of Classical and Quantum Physics.* Reading, MA: Addison-Wesley (1969), reprinting, Dover (1992).

Dennery, P., and A. Krzywicki, *Mathematics for Physicists.* New York: Harper & Row, reprinting, Dover (1996).

Halmos, P. R., *Finite-Dimensional Vector Spaces*, 2nd ed. Princeton, NJ: Van Nostrand (1958), reprinting, Springer (1993).

Jain, M. C., *Vector Spaces and Matrices in Physics*, 2nd ed. Oxford: Alpha Science International (2007).

Kreyszig, E., *Advanced Engineering Mathematics*, 6th ed. New York: Wiley (1988).

Lang, S., *Linear Algebra.* Berlin: Springer (1987).

Roman, S., *Advanced Linear Algebra*, Graduate Texts in Mathematics 135, 2nd ed. Berlin: Springer (2005).

CHAPTER 6

고윳값 문제

6.1 고윳값 방정식

물리학의 많은 문제는 다음과 같은 형태를 갖는 방정식으로 계산된다.

$$A\psi = \lambda\psi \tag{6.1}$$

여기에서 A는 힐베르트 공간상에서 정의되는 선형 연산자이며, ψ는 그 공간상에서 어떤 함수이고, λ는 상수이다. 선형 연산자 A는 주어진 것이지만, ψ와 λ는 미지의 것들로써 식 (6.1)을 풀어서 얻어진다. 이러한 형식의 방정식을 풀면 해답으로 함수 ψ가 나오는데 이것은 연산자에 의해 변화되지 않는다. 다만, 축척인자(scale factor) λ의 곱에 의해서만 값이 달라진다. 식 (6.1)과 같은 모양의 방정식을 **고윳값 방정식**(eigenvalue equation)이라고 하는데, 여기에서 **고유**(eigen)란 독일어의 "그 자체"를 말한다. 고윳값 방정식을 풀 때 나타나는 함수 ψ는 **고유함수**(eigenfunction)라고 하며, 고유함수에 대응되는 값 λ를 **고윳값**(eigenvalue)이라고 한다.

고윳값 방정식의 형식적인 정의만 가지고는 완전히 명확한 필수적인 내용을 보여주지는 못할 수도 있다. 연산자 A가 ψ를 단지 축척인자 정도로만 바꾸고 그 이외는 바꾸지 않는다는 제약이 가해진다. 식 (6.1)의 해답은 많은 경우 직관적으로 명확하지는 않다.

왜 고윳값 방정식이 물리학에서 자주 등장하는지 보기 위해서 아래의 몇 가지 예를 들어보자.

1. 진동하는 끈의 공명 정상파(standing wave)는 ($A\psi$로 표현되는) 끈의 각 요소에 작용하는 복원력이 평형 상태로부터의 변위 ψ에 비례하는 것이 될 것이다.
2. 강체(rigid body)의 각운동량 $\mathbf{L}$과 각속도 ω는 3차원 벡터로써 다음과 같은 관계식을 갖는다.

$$\mathbf{L} = \mathbf{I}\omega$$

여기에서 $\mathbf{I}$는 3×3 관성 모멘트 텐서(행렬)이다. ω의 방향은 회전축의 방향으로 정의되며, $\mathbf{L}$의 방향은 각운동량이 발생하는 축의 방향이 된다. 각운동량과 각속도의 방향이 같은 조건이 되면 **주축**(principal axis)으로 알려진 방향에 대해 $\mathbf{L} = \lambda\omega$가 되며, 여기에서 λ는 비례상수이다. $\mathbf{L}$의 식과 결합하면 다음과 같은 식이 얻어지는데,

$$\mathbf{I}\omega = \lambda\omega$$

그렇게 되면 연산자가 행렬 $\mathbf{I}$이며 (고유벡터라고 하는) 고유함수는 벡터 ω가 된다.

3. 양자역학에서 시간에 무관한 슈뢰딩거 방정식은 고윳값 방정식이며, A는 해밀턴 연산

자 H에 대응되고, ψ는 파동 함수, $\lambda = E$로써 ψ로 표현되는 상태에서의 에너지가 된다.

■ 기본 확장

고윳값 문제를 푸는 데 강력한 접근방법은 φ_i로 표시되는 직교 기저(orthogonal basis)를 5장에서 사용한 공식을 이용하여 표현하는 것이다. 연산자 A와 함수 ψ는 행렬 A와 벡터 $\mathbf{c}$에 의해 표현되는데, 각각의 성분들은 식 (5.51)과 식 (5.52)에 따라 스칼라곱에 의해 나타낼 수 있다.

$$a_{ij} = \langle \varphi_i | A | \varphi_j \rangle, \qquad c_i = \langle \varphi_i | \psi \rangle$$

그러면 우리의 원래 고윳값 방정식은 다음과 같이 행렬 방정식으로 변환된다.

$$\mathrm{A}\mathbf{c} = \lambda \mathbf{c} \tag{6.2}$$

고윳값 방정식이 이와 같은 형태로 나타낼 때, 우리는 이것을 **행렬 고윳값 방정식**이라고 부르며 벡터 $\mathbf{c}$를 **고유벡터**(eigenvector)라고 한다. 이 장의 후반부에 보이겠지만, 이 행렬 고윳값 방정식의 해를 구하는 기술은 잘 개발되어 있어서 고윳값 방정식을 풀기 위해서 행렬 형식으로 변환시키면 항상 해를 구할 수 있게 된다. 한번 행렬 고윳값 문제를 풀면, 우리는 원래 문제의 고유함수를 다음과 같은 형식으로 되돌리면 된다.

$$\psi = \sum_i c_i \varphi_i$$

때때로 위에서 언급한 관성 모멘트를 구할 때, 고윳값 문제는 행렬 문제로 나오게 된다. 그러면 당연히 그것의 해를 구할 때 기저를 도입하고 행렬 형식으로 변환시켜 푸는 것부터 시작하지 않아도 되고, 우리의 해는 기저의 확장으로 해석할 필요가 없는 벡터로 주어지게 된다.

■ 연산자와 행렬 형식의 동등성

우리가 고윳값 방정식을 다룰 때 연산자는 선형성을 포함하고 있으며, 연산자의 각 요소들은 힐베르트 공간에서 작동하고 있는 사실이 중요하다. 이러한 조건들이 맞는다면 연산자와 함수는 항상 기저로 확장될 수 있고, 행렬 고윳값 방정식은 완전히 우리의 원래 문제와 동일하게 이끌 수 있다. 이것은, 고윳값 문제에서 기저 집합의 확장으로부터 만들어진 고유벡터 또는 고윳값의 특성에 대한 정리가 반드시 원래 문제에 적용되어야 한다고 할 수 있으며, 행렬 고윳값 방정식의 해가 또한 원래 문제의 해와 동등하는 것을 의미한다. 행렬 고윳값 문제를 어떻게 푸는지 우리가 알고 있는 실질적인 것들과 함께, 이러한 사실들은 행렬 문제의 자세한 연구는 우리가 해결하고자 하는 문제와 동등함을 강력히 시사하는 것이다.

우리가 행렬 고윳값 문제를 탐구할 때, 행렬의 어떠한 특성들은 해의 근본적 성질에 영향을 주게 되고, 특히 에르미트 행렬일 때 고윳값 문제를 매우 단순화시킬 수 있음을 발견할 수 있다. 물리에서 관심을 갖는 많은 고윳값 방정식들은 미분 연산자를 포함하고 있고, 그것은 이러한 연산자들이 (어떠한 조건에서) 에르미트인지 아닌지 이해하는 것은 매우 중요하다. 이 문제들은 8장에서 다루어질 것이다.

마침내, 기저 집합의 전개는 고윳값 방정식을 푸는 유일한 방법이 아님에 주목해야 한다. 미분 연산자를 갖는 고윳값 방정식은 미분 방정식을 푸는 일반적인 방법으로 접근할 수 있다. 그 논의도 또한 8장에서 이루어질 것이다.

6.2 행렬 고윳값 문제

원칙적으로 고윳값 문제는 잘 정의된데 반해서, 이 절에서는 이러한 문제들이 어떻게 정의되고 풀리는지 명확히 이해하는 데 도움이 되도록 간단한 예제를 들어 설명하도록 하겠다.

■ 선행 예제

어떤 입자가 타원형의 양동이 같은 면에서 마찰 없이 미끄러지는 간단한 2차원 운동을 고려해보자(그림 6.1 참고). 처음에는 정지하고 있던 그 입자를 양동이의 임의의 점에서 놓으면, (음으로) 기울어진 방향에 따라 아래로 움직이게 되는데, 이때 일반적으로 양동이의 바닥에 있는 퍼텐셜 최소점을 향해 바로 내려가지는 않는다. 그 입자의 전체적인 궤적은 매우 복잡한 경로를 가지게 될 것인데, 이를 그림 6.1의 아래 패널에 스케치했다. 우리의 목적은 그 위치를 찾는 것이며, 퍼텐셜 최소점을 향하는 어떠한 그 경로로부터 그 궤적은 간단한 1차원 진동 운동으로 나타낼 수 있을 것이다.

이 문제는 큰 어려움 없이 쉽게 분석할 수 있는 초보적인 것이다. 이것의 퍼텐셜을 다음과 같이 쓸 수 있다.

$$V(x,\ y) = ax^2 + bxy + cy^2$$

여기에서 매개변수 $a,\ b,\ c$는 $x = y = 0$에서 V가 최소로 되는 타원형 양동이를 기술하는 영역에 있다. 어떤 $(x,\ y)$에서 그 입자에 가해지는 힘의 x와 y성분은 다음과 같이 계산할 수 있다.

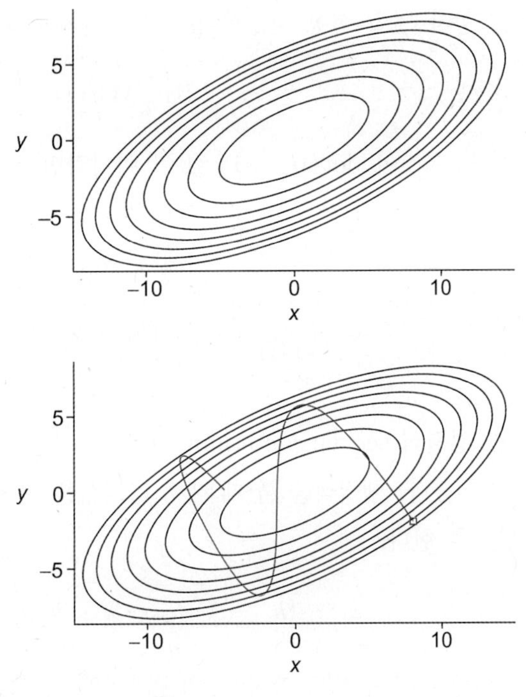

그림 6.1 위: 양동이 퍼텐셜 $V = x^2 - \sqrt{5}xy + 3y^2$의 등고선, 아래: 점 (8.0, −1.92)에서 정지한 단위질량을 갖는 입체가 운동을 시작했을 때의 운동궤적

$$F_x = -\frac{\partial V}{\partial x} = -2ax - by, \qquad F_y = -\frac{\partial V}{\partial y} = -bx - 2cy$$

이것은 매우 명확한데, 많은 x와 y의 값들에 대해, $F_x/F_y \neq x/y$이며, 따라서 그 힘은 $x = y = 0$에서 최소점을 향해 가해지지는 않는다.

$x = y = 0$를 향해 가해지는 힘의 방향을 찾기 위하여, 우리는 행렬 형태의 힘에 대한 방정식으로 다음과 같이 쓸 수 있으며,

$$\begin{pmatrix} F_x \\ F_y \end{pmatrix} = \begin{pmatrix} -2a & -b \\ -b & -2c \end{pmatrix} \begin{pmatrix} x \\ y \end{pmatrix}, \qquad \mathbf{f} = \mathrm{H}\mathbf{r}$$

여기에서 $\mathbf{f}$, H와 $\mathbf{r}$는 표시한 바와 같이 정의되었다. 여기에서 $F_x/F_y = x/y$ 조건은 $\mathbf{f}$ 와 $\mathbf{r}$가 서로 비례한다는 조건과 동일하며, 따라서 다음과 같이 쓸 수 있다.

$$\mathrm{H}\mathbf{r} = \lambda\mathbf{r} \tag{6.3}$$

이미 제시되었듯이, 여기에서 H는 주어진 행렬이며, λ와 $\mathbf{r}$는 찾아야 하는 것들이다. 이것은 고윳값 방정식이며, 그것의 해인 열벡터 $\mathbf{r}$는 이것의 고유벡터이고, 대응되는 값인 λ는 그것의 고윳값이다.

식 (6.3)은 동차 연립 선형 방정식이며, 만약에 다음과 같이 쓰면 더 명확히 알 수 있다.

$$(\mathrm{H}-\lambda\mathbf{1})\mathbf{r}=0 \tag{6.4}$$

그리고 2장에서 이것이 $\det(\mathrm{H}-\lambda\mathbf{1})=0$이 아니라면 $\mathbf{r}=0$에서 유일한 해를 가져야 한다는 것을 배웠다. 그러나 λ의 값은 우리가 정해야 하는 값이며, 행렬식이 0이 되게 하는 λ를 찾아야 한다. 수식으로 쓰면 λ를 찾기 위해서 다음의 계산식을 사용한다.

$$\det(\mathrm{H}-\lambda\mathbf{1})=\begin{vmatrix} h_{11}-\lambda & h_{12} \\ h_{21} & h_{22}-\lambda \end{vmatrix}=0$$

때로 **고유 행렬식**(secular determinant)이라고 불리는(secular라는 이름은 행성역학의 응용에서부터 나왔다) 행렬식을 풀 때 대수 방정식을 얻게 되는데, 이를 **고유 방정식**(secular equation)이라고 한다.

$$(h_{11}-\lambda)(h_{22}-\lambda)-h_{12}h_{21}=0 \tag{6.5}$$

이것으로부터 λ를 풀 수 있다. 식 (6.5)의 왼쪽 항은 (λ에서) H의 **특성 다항식**(characteristic polynomial)이라고 하며, 식 (6.5)는 이러한 이유에서 H의 **특성 방정식**(characteristic equation)이라고 한다.

식 (6.5)를 풀어서 얻은 값 λ를 알면, 식 (6.4)의 동차 연립 방정식으로 돌아가서 벡터 $\mathbf{r}$를 푼다. 모든 λ에 대해 특성 방정식의 해를 구하는 같은 방법을 반복해서 관련된 고유벡터와 고윳값의 집합을 얻어내면 된다.

예제 6.2.1 2차원 타원형 양동이

다시 타원형 양동이 예제에 대한 논의를 계속해보자. 여기에서 특정 매개변수값을 $a=1$, $b=-\sqrt{5}$, $c=3$이라고 하자. 그러면 행렬 H를 다음과 같은 모양으로 쓸 수 있다.

$$\mathrm{H}=\begin{pmatrix} -2 & \sqrt{5} \\ \sqrt{5} & -6 \end{pmatrix}$$

그리고 특성 방정식은 다음과 같은 형식으로 계산된다.

$$\det(\mathrm{H}-\lambda\mathbf{1})=\begin{vmatrix} -2-\lambda & \sqrt{5} \\ \sqrt{5} & -6-\lambda \end{vmatrix}=\lambda^2+8\lambda+7=0$$

$\lambda^2+8\lambda+7=(\lambda+1)(\lambda+7)$이므로, 특성 방정식의 해로써 $\lambda=-1$과 $\lambda=-7$을 얻을 수 있다.

$\lambda=-1$에 대응되는 고유벡터를 얻기 위해서, 식 (6.4)로 돌아가서 다음과 같이 자세히 쓸 수 있다.

$$(\mathrm{H}-\lambda\mathbf{1})\mathbf{r}=\begin{pmatrix}-2-(-1) & \sqrt{5}\\ \sqrt{5} & -6-(-1)\end{pmatrix}\begin{pmatrix}x\\ y\end{pmatrix}=\begin{pmatrix}-1 & \sqrt{5}\\ \sqrt{5} & -5\end{pmatrix}\begin{pmatrix}x\\ y\end{pmatrix}=0$$

이 식으로부터 다음과 같이 한 쌍의 선형 방정식을 얻게 된다.

$$-x+\sqrt{5}\,y=0$$
$$\sqrt{5}\,x-5y=0$$

물론 이것은 특성 방정식과 연관된 것이며, 만약이 이 방정식들이 선형적으로 독립이라면 그들은 $x=y=0$의 해만 가져야 한다. 위의 방정식들로부터 $x=\sqrt{5}\,y$를 얻을 수 있으며, 따라서 고윳값과 고유벡터의 짝을 다음과 같이 얻게 된다.

$$\lambda_1=-1,\quad \mathbf{r}_1=C\begin{pmatrix}\sqrt{5}\\ 1\end{pmatrix}$$

여기에서 C는 어떤 값을 가정한 상수이다. 즉, 2차원 공간에서 **방향**을 정의하는 x, y의 쌍은 무한히 많으며, 방향을 갖는 변위의 크기도 임의적이다. 연립 방정식은 동차이며, 동차 선형 방정식의 해에 어떤 스칼라곱도 해가 된다는 것으로부터 그 스케일의 임의성은 자연스러운 결과이다. 이 고유벡터는 그 입자가 $\mathbf{r}_1$으로 정의되는 그 선 안에 있는 임의의 위치에서 출발한 경로에 대응된다. 이렇게 운동궤적을 그림 6.2의 윗면에 그렸다.

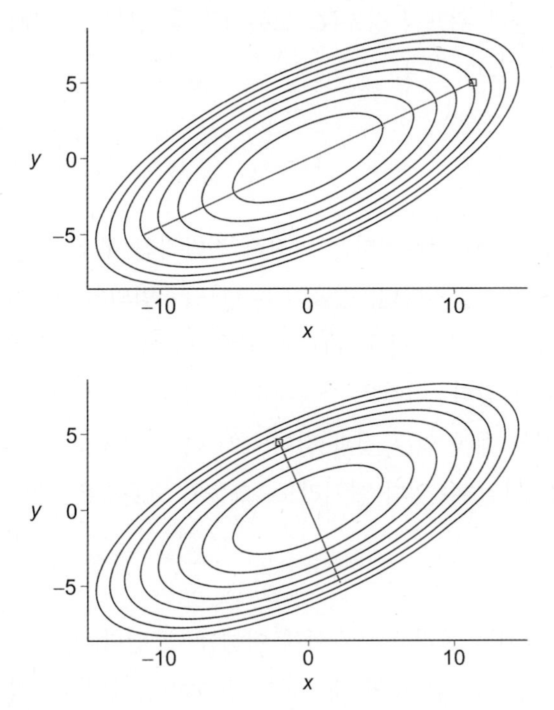

그림 6.2 정지한 곳에서 출발한 입자의 궤적. 위: $x=\sqrt{5}\,y$의 선상에 있는 점, 아래: $y=-\sqrt{5}\,x$의 선상에 있는 점

아직 $\lambda=-7$인 경우는 고려하지 않았다. 그것에 대해 다른 고유벡터를 다음과 같은 계산을 통해 얻을 수 있는데,

$$(\mathrm{H}-\lambda\mathbf{1})\mathbf{r}=\begin{pmatrix}-2+7 & \sqrt{5}\\ \sqrt{5} & -6+7\end{pmatrix}\begin{pmatrix}x\\ y\end{pmatrix}=\begin{pmatrix}5 & \sqrt{5}\\ \sqrt{5} & 1\end{pmatrix}\begin{pmatrix}x\\ y\end{pmatrix}=0$$

그것은 $y=-\sqrt{5}x$에 해당한다. 이것으로부터 고윳값/고유벡터의 쌍을 다음과 같이 얻을 수 있다.

$$\lambda_2=-7,\quad \mathbf{r}_2=C'\begin{pmatrix}-1\\ \sqrt{5}\end{pmatrix}$$

이것에 해당하는 입자의 궤적은 그림 6.2의 아랫면에 그렸다.

따라서 힘이 최소점을 향하는 것과 서로 수직인 것 두 방향을 얻게 되었는데, 첫 번째 방향은 $dy/dx=1/\sqrt{5}$이며, 두 번째 것은 $dy/dx=-\sqrt{5}$이다.

고유벡터와 고윳값은 다음과 같이 쉽게 점검해볼 수 있다. λ_1과 $\mathbf{r}_1$에 대해서,

$$\mathrm{H}\mathbf{r}_1=\begin{pmatrix}-2 & \sqrt{5}\\ \sqrt{5} & -6\end{pmatrix}\begin{pmatrix}C\sqrt{5}\\ C\end{pmatrix}=C\begin{pmatrix}-\sqrt{5}\\ -1\end{pmatrix}=(-1)\begin{pmatrix}C\sqrt{5}\\ C\end{pmatrix}=\lambda_1\mathbf{r}_1.$$

이것은 때때로 고유벡터를 **정규화**(normalize)하는 것이 유용한데, 이것은 벡터 $\mathbf{r}$의 크기를 1로 만들기 위해서 상수(C 또는 C')를 선택하는 것으로 얻어진다. 지금 문제에서 예를 들어보면 다음과 같다.

$$\mathbf{r}_1=\begin{pmatrix}\sqrt{5/6}\\ \sqrt{1/6}\end{pmatrix},\qquad \mathbf{r}_2=\begin{pmatrix}-\sqrt{1/6}\\ \sqrt{5/6}\end{pmatrix}\tag{6.6}$$

각각의 정규화된 고유벡터는 여전히 전반적인 부호에 있어서는 임의적이다(또는 만약 복소수 계수를 받아들인다면, 값을 1로 만드는 임의의 복소수 인자를 고려할 수도 있다).

이 예제를 마치기 전에, 다음과 같은 세 가지를 관찰할 수 있다. (1) 고윳값의 수는 행렬 H의 차원과 같다. 이것은 선형대수의 근본적인 정리에 의한 결과인데, 방정식의 차수가 n이면, n개의 해를 얻는 것과 같다. (2) 특성 방정식이 이계(degree 2)이고 2차 방정식이 복소수 근을 가질 수 있다 할지라도, 그들의 고윳값은 실수이다. (3) 두 고유벡터는 서로 직교한다. ■

2차원 예제는 물리적으로 쉽게 이해할 수 있다. 변위와 힘이 동일 직선상에 있을 때의 방향은 타원형 퍼텐셜 장의 대칭적인 방향이라고 할 수 있으며, 그것들은 (위치와 힘 사이에 상수관계로써) 서로 다른 고윳값에 대응된다. 왜냐하면 타원체는 다른 길이를 갖는 축들로

구성되기 때문이다. 사실, 타원체 양동이의 대칭적인 축을 **주축**으로 명명한다. 예제 6.2.1에서 쓰인 매개변수들을 사용하면, 퍼텐셜은 (정규화된 고유벡터를 이용해서) 다음과 같이 쓸 수 있다.

$$V=\frac{1}{2}\left(\frac{\sqrt{5}\,x+y}{\sqrt{6}}\right)^2+\frac{7}{2}\left(\frac{x-\sqrt{5}\,y}{\sqrt{6}}\right)^2=\frac{1}{2}(x')^2+\frac{7}{2}(y')^2$$

여기에서 V는 2개의 2차 항들로 구성되게 되고, 각각은 고유벡터의 하나에 비례하는 (새로운 좌표계에서) 괄호로 묶인 양에 대응되게 된다. 새로운 좌표계는 원래의 좌표계 x, y에 대해 유니터리 변환(unitary transformation) U에 의한 회전과 관계되어 있다.

$$\mathrm{U}\mathbf{r}=\begin{pmatrix}\sqrt{5/6} & \sqrt{1/6}\\ \sqrt{1/6} & -\sqrt{5/6}\end{pmatrix}\begin{pmatrix}x\\ y\end{pmatrix}=\begin{pmatrix}(\sqrt{5}\,x+y)/\sqrt{6}\\ (x-\sqrt{5}\,y)/\sqrt{6}\end{pmatrix}=\begin{pmatrix}x'\\ y'\end{pmatrix}$$

마침내, 프라임 좌표계에서 힘을 계산하면 다음을 얻게 된다.

$$F_{x'}=-x', \qquad F_{y'}=-7y'$$

이것은 우리가 발견한 고윳값과 대응된다.

■ 다른 고윳값 문제

예제 6.2.1은 행렬 고윳값 문제의 전체적인 것을 보여주기에는 복잡하지 않은 문제이다. 다음의 예제를 고려해보자.

예제 6.2.2 블록-대각화(block diagonal) 행렬

다음의 고윳값과 고유벡터를 구하시오.

$$\mathrm{H}=\begin{pmatrix}0 & 1 & 0\\ 1 & 0 & 0\\ 0 & 0 & 2\end{pmatrix} \tag{6.7}$$

특성 방정식을 쓰고 3행을 이용해 마이너(minor)를 전개하면 다음과 같이 된다.

$$\begin{vmatrix}-\lambda & 1 & 0\\ 1 & -\lambda & 0\\ 0 & 0 & 2-\lambda\end{vmatrix}=(2-\lambda)\begin{vmatrix}-\lambda & 1\\ 1 & -\lambda\end{vmatrix}=(2-\lambda)(\lambda^2-1)=0 \tag{6.8}$$

여기에서 고윳값은 2, +1, 그리고 −1을 얻게 된다.

$\lambda=2$에 대한 고유벡터를 얻기 위해서 방정식 $[\mathrm{H}-2(1)]\mathrm{c}=0$을 계산해봐야 한다.

$$-2c_1 + c_2 = 0$$
$$c_1 - 2c_2 = 0$$
$$0 = 0$$

위의 처음 2개 방정식은 $c_1 = c_2 = 0$을 주게 된다. 셋째 방정식은 명확하게 어떠한 정보도 주지 않는데, 이것은 c_3를 임의로 잡아도 된다는 것을 의미한다. 즉, 다음과 같이 쓸 수 있다.

$$\lambda_1 = 2, \qquad \mathbf{c}_1 = \begin{pmatrix} 0 \\ 0 \\ C \end{pmatrix} \tag{6.9}$$

다음에 $\lambda = +1$을 선택하면, 행렬 방정식은 $[\mathrm{H} - 1(\mathbf{1})]\mathbf{c} = 0$이 되며, 다음과 같은 방정식을 얻게 된다.

$$-c_1 + c_2 = 0$$
$$c_1 - c_2 = 0$$
$$c_3 = 0$$

명확하게 $c_1 = c_2$이며, $c_3 = 0$임을 알 수 있다. 그래서

$$\lambda_2 = +1, \qquad \mathbf{c}_2 = \begin{pmatrix} C \\ C \\ 0 \end{pmatrix} \tag{6.10}$$

이 된다. 비슷하게 $\lambda = -1$에 대해서도 다음과 같이 얻게 된다.

$$\lambda_3 = -1, \qquad \mathbf{c}_3 = \begin{pmatrix} C \\ -C \\ 0 \end{pmatrix} \tag{6.11}$$

이 결과들을 모아서 고유벡터를 정규화하면(때때로는 필요하나 일반적으로 그렇게 하지 않아도 되지만) 다음과 같이 된다.

$$\lambda_1 = 2, \quad \mathbf{c}_1 = \begin{pmatrix} 0 \\ 0 \\ 1 \end{pmatrix}, \quad \lambda_2 = 1, \quad \mathbf{c}_2 = \begin{pmatrix} 2^{-1/2} \\ 2^{-1/2} \\ 0 \end{pmatrix}, \quad \lambda_3 = -1, \quad \mathbf{c}_3 = \begin{pmatrix} 2^{-1/2} \\ -2^{-1/2} \\ 0 \end{pmatrix}$$

행렬 H가 왼쪽 위로는 2×2, 아래쪽으로는 1×1 블록으로 블록-대각화되어 있고, 특성방정식은 2개의 블록에 대해서 행렬식의 곱으로 분리되어 있다. 그리고 그것의 해는 다른 블록들에 대해 0의 계수를 갖는 개별 블록들의 해에 대응된다. 즉, $\lambda = 2$는 3행 3열의 1×1

블록에 대한 해이며, 그것의 고유벡터는 계수 c_3와 관계되어 있다. ± 1값을 갖는 λ는 1과 2 행/열에 있는 2×2 블록으로부터 나오는 고윳값인데, 그것의 고유벡터는 계수 c_1과 c_2에 대응된다. ■

i열/행에 있는 1×1 블록의 경우에 대해서, $i=3$인 경우에 예제 6.2.2에서 보았고, 그것은 각 요소가 고윳값이었으며, 그에 대응되는 고유벡터는 $\hat{\mathbf{e}}_i$(0이 아닌 요소를 갖는 단위벡터는 $c_i=1$)에 비례한다. 이것에 대한 일반화는 만약 행렬 H가 대각선 행렬이면, 그것의 대각선 원소 h_{ii}는 고윳값 λ_i가 되며, 그것의 고유벡터 $\mathbf{c}_i$는 단위벡터 $\hat{\mathbf{e}}_i$가 될 것이다.

■ 축퇴

만약 특성 방정식이 여러 해를 가질 때, 그 고유계는 **축퇴**(degenerate) 또는 **축퇴상태**(degeneracy)에 있다고 한다. 여기에 예제가 있다.

예제 6.2.3 축퇴 고유문제

다음의 고윳값과 고유벡터를 찾아보자.

$$\mathrm{H}=\begin{pmatrix} 0 & 0 & 1 \\ 0 & 1 & 0 \\ 1 & 0 & 0 \end{pmatrix} \tag{6.12}$$

이 문제의 특성 방정식은 다음과 같다.

$$\begin{vmatrix} -\lambda & 0 & 1 \\ 0 & 1-\lambda & 0 \\ 1 & 0 & -\lambda \end{vmatrix} = \lambda^2(1-\lambda)-(1-\lambda)=(\lambda^2-1)(1-\lambda)=0 \tag{6.13}$$

여기에서 세 근은 +1, +1, 그리고 -1이다. $\lambda=-1$인 경우를 먼저 고려하자. 그러면 다음과 같이 된다.

$$c_1+c_3=0$$
$$2c_2=0$$
$$c_1+c_3=0$$

즉,

$$\lambda_1=-1, \quad \mathbf{c}_1=C\begin{pmatrix} 1 \\ 0 \\ -1 \end{pmatrix}. \tag{6.14}$$

근이 2개인 $\lambda=+1$에 대해서는 다음과 같다.

$$\begin{aligned} -c_1+c_3&=0 \\ 0&=0 \\ c_1-c_3&=0 \end{aligned}$$

3개의 방정식을 살펴보면, 단지 1개만 선형적으로 독립이며, 2개의 해에 대해서는 2개가 선형적으로 의존해 있다. 그리고 어떠한 c_1과 c_2에 대해서도 $c_3=c_1$이라는 조건만 맞으면 그 **어떤 것도** 해를 가질 수 있다. 이때 $\lambda=+1$의 고유벡터는, 축퇴되지 않은 해의 사소한 1차원 다양체 특성과는 다르게, 2차원 **다양체**(manifold)에 걸쳐 있게 된다. 이때 고유벡터의 일반적인 모양은 다음과 같다.

$$\lambda=+1,\quad \mathbf{c}=\begin{pmatrix} C \\ C' \\ C \end{pmatrix} \tag{6.15}$$

$\lambda=+1$의 축퇴된 고유공간을 기술하는 것은 2개의 서로 다른 직교 벡터로 표현하는 것이 편리하다. 첫 번째 벡터는 C와 C'을 임의의 값으로 택하여 취할 수 있다(명확하게 C'을 0이라고 놓자). 그러면 그람-슈미트 과정을 사용하여(또는 이 경우에 간단한 조사에 의하여), 첫 번째 것과 서로 직교로 있는 두 번째 고유벡터를 찾을 수 있으며, 그것은 다음과 같이 나타난다.

$$\lambda_2=\lambda_3=+1,\quad \mathbf{c}_2=C\begin{pmatrix} 1 \\ 0 \\ 1 \end{pmatrix},\quad \mathbf{c}_3=C'\begin{pmatrix} 0 \\ 1 \\ 0 \end{pmatrix} \tag{6.16}$$

위의 고유벡터를 정규화하면 고윳값과 고유벡터는 아래와 같다.

$$\lambda_1=-1,\quad \mathbf{c}_1=\begin{pmatrix} 2^{-1/2} \\ 0 \\ -2^{-1/2} \end{pmatrix},\quad \lambda_2=\lambda_3=1,\quad \mathbf{c}_2=\begin{pmatrix} 2^{-1/2} \\ 0 \\ 2^{-1/2} \end{pmatrix},\quad \mathbf{c}_3=\begin{pmatrix} 0 \\ 1 \\ 0 \end{pmatrix}$$

■

예제로 사용한 고윳값 문제들은 모두 간단한 해를 갖는 특성 방정식에서 도출되었다. 실제로 응용할 때는 높은 차원과 높은 차수를 갖는 특성 방정식을 갖는 행렬이 나타낼 때가 많다. 행렬 고윳값 문제의 해를 구하는 것은 수치해석 분야의 다양한 분야에서 쓰이고 있으며 그 문제를 해결하기 위해서 매우 정교한 컴퓨터 프로그램을 이용해서 해결할 수 있다. 그러한 프로그램을 자세히 설명하는 것은 이 책의 영역을 넘어가는 것이지만 그러한 프로그램을 사용하는 능력은 실제 물리학자들에게는 필요한 기술 중 하나이다.

연습문제

※ 연습문제 6.2.1부터 6.2.14까지에 있는 행렬들의 고윳값과 대응되는 정규화된 고유벡터를 찾으시오. 축퇴된 고유벡터들에 대해서는 직교화하시오.

6.2.1 $A=\begin{pmatrix}1&0&1\\0&1&0\\1&0&1\end{pmatrix}$

답. $\lambda=0,\ 1,\ 2$

6.2.2 $A=\begin{pmatrix}1&\sqrt{2}&0\\\sqrt{2}&0&0\\0&0&0\end{pmatrix}$

답. $\lambda=-1,\ 0,\ 2$

6.2.3 $A=\begin{pmatrix}1&1&0\\1&0&1\\0&1&1\end{pmatrix}$

답. $\lambda=-1,\ 1,\ 2$

6.2.4 $A=\begin{pmatrix}1&\sqrt{8}&0\\\sqrt{8}&1&\sqrt{8}\\0&\sqrt{8}&1\end{pmatrix}$

답. $\lambda=-3,\ 1,\ 5$

6.2.5 $A=\begin{pmatrix}1&0&0\\0&1&1\\0&1&1\end{pmatrix}$

답. $\lambda=0,\ 1,\ 2$

6.2.6 $A=\begin{pmatrix}1&0&0\\0&1&\sqrt{2}\\0&\sqrt{2}&0\end{pmatrix}$

답. $\lambda=-1,\ 1,\ 2$

6.2.7 $A=\begin{pmatrix}0&1&0\\1&0&1\\0&1&0\end{pmatrix}$

답. $\lambda=-\sqrt{2},\ 0,\ \sqrt{2}$

6.2.8 $A=\begin{pmatrix}2&0&0\\0&1&1\\0&1&1\end{pmatrix}$

답. $\lambda=0,\ 2,\ 2$

6.2.9 $A = \begin{pmatrix} 0 & 1 & 1 \\ 1 & 0 & 1 \\ 1 & 1 & 0 \end{pmatrix}$

답. $\lambda = -1, -1, 2$

6.2.10 $A = \begin{pmatrix} 1 & -1 & -1 \\ -1 & 1 & -1 \\ -1 & -1 & 1 \end{pmatrix}$

답. $\lambda = -1, 2, 2$

6.2.11 $A = \begin{pmatrix} 1 & 1 & 1 \\ 1 & 1 & 1 \\ 1 & 1 & 1 \end{pmatrix}$

답. $\lambda = 0, 0, 3$

6.2.12 $A = \begin{pmatrix} 5 & 0 & 2 \\ 0 & 1 & 0 \\ 2 & 0 & 2 \end{pmatrix}$

답. $\lambda = 1, 1, 6$

6.2.13 $A = \begin{pmatrix} 1 & 1 & 0 \\ 1 & 1 & 0 \\ 0 & 0 & 0 \end{pmatrix}$

답. $\lambda = 0, 0, 2$

6.2.14 $A = \begin{pmatrix} 5 & 0 & \sqrt{3} \\ 0 & 3 & 0 \\ \sqrt{3} & 0 & 3 \end{pmatrix}$

답. $\lambda = 2, 3, 6$

6.2.15 다음의 식으로 나타내는 평면의 특징을 기술하시오.

$$x^2 + 2xy + 2y^2 + 2yz + z^2 = 1$$

이것이 3차원에서 어떻게 기울어져 있는가? 그것은 원뿔의 단면인가? 만약 그렇다면 어떠한 종류의 것인가?

6.3 에르미트 고윳값 문제

지금까지 제시된 모든 문제들은 실수의 고윳값을 갖는 것으로 판명되었다. 이것은 6.2절의 끝에 이르는 연습문제까지 모두 그러했다. 확인하기 힘들긴 하지만 고유벡터들은 다른 고윳값에 대응되면서 서로 간에 직교하는 것을 알고 있다. 이 절의 목적은 이러한 특징들이 우리가 고려하는 모든 고윳값 문제들은 에르미트 행렬이기 때문이라는 것을 밝히는 데에 있다.

어떤 행렬이 에르미트인지를 체크하는 것은 간단하다. H가 그것의 수반형 $H^\dagger$와 동등함을 증명하면 된다. 만약 행렬이 실수라면, 이 조건은 단순히 대칭 행렬이 된다. 우리가 언급한 모든 행렬들은 명확하게 에르미트이었다.

이제 에르미트 행렬의 고윳값과 고유벡터의 특징을 알아보자. H를 에르미트 행렬이라고 하고, 이때 2개의 고유벡터는 각각 $\mathbf{c}_i$와 $\mathbf{c}_j$이며, 그에 대응되는 고윳값은 λ_i와 λ_j라고 하자. 그러면 디랙 기호를 사용하여 다음과 같이 쓸 수 있다.

$$\mathrm{H}|\mathbf{c}_i\rangle = \lambda_i|\mathbf{c}_i\rangle, \qquad \mathrm{H}|\mathbf{c}_j\rangle = \lambda_j|\mathbf{c}_j\rangle \tag{6.17}$$

왼쪽 첫 번째 식에 $\mathbf{c}_j^\dagger$로 곱하는 것을 디랙 기호로는 $\langle\mathbf{c}_j|$로 표시하며, $\langle\mathbf{c}_i|$로 두 번째 식에 곱하면

$$\langle\mathbf{c}_j|\mathrm{H}|\mathbf{c}_i\rangle = \lambda_i\langle\mathbf{c}_j|\mathbf{c}_i\rangle, \qquad \langle\mathbf{c}_i|\mathrm{H}|\mathbf{c}_j\rangle = \lambda_j\langle\mathbf{c}_i|\mathbf{c}_j\rangle \tag{6.18}$$

가 된다. 위 방정식의 두 번째에 켤레 복소수를 취하면, $\langle\mathbf{c}_i|\mathbf{c}_j\rangle^* = \langle\mathbf{c}_j|\mathbf{c}_i\rangle$가 되므로, 그렇게 나온 λ_j의 켤레 복소수를 취해야 한다. 그렇게 되면 다음과 같이 된다.

$$\langle\mathbf{c}_i|\mathrm{H}|\mathbf{c}_j\rangle^* = \langle\mathrm{H}\mathbf{c}_j|\mathbf{c}_i\rangle = \langle\mathbf{c}_j|\mathrm{H}|\mathbf{c}_i\rangle \tag{6.19}$$

식 (6.19)의 첫 번째 구성은 $\mathrm{H}\mathbf{c}_j$에 스칼라 $\mathbf{c}_i$가 곱해진 것을 포함하고 있다. 이 스칼라곱에 켤레 복소수를 취하는 것으로 이 방정식의 두 번째 구성을 만들게 된다. 이 방정식의 최종 구성은 H가 에르미트이기 때문에 위의 맨 오른쪽과 같이 잘 표현될 수 있다.

그러므로 식 (6.18)에 켤레 복소수를 취하는 것으로 다음과 같이 변환할 수 있다.

$$\langle\mathbf{c}_j|\mathrm{H}|\mathbf{c}_i\rangle = \lambda_i\langle\mathbf{c}_j|\mathbf{c}_i\rangle, \quad \langle\mathbf{c}_j|\mathrm{H}|\mathbf{c}_i\rangle = \lambda_j^*\langle\mathbf{c}_j|\mathbf{c}_i\rangle \tag{6.20}$$

식 (6.20)은 다음의 두 가지 중요한 결과를 가져다 준다. 첫째, 만약 $i=j$라면, 스칼라곱 $\langle\mathbf{c}_j|\mathbf{c}_i\rangle$는 본래 양의 값을 가지게 되며 $\langle\mathbf{c}_i|\mathbf{c}_i\rangle$가 된다. 이것은 두 방정식이 $\lambda_i = \lambda_i^*$일 때만

옳다는 것을 의미하며, 이는 λ_i가 실수여야만 한다는 것을 의미한다. 즉,

에르미트 행렬의 고윳값은 실수이다.

다음으로, 만약 $i \neq j$라면 식 (6.20)의 두 방정식을 결합하여 λ_i가 실수라는 것을 생각하면

$$(\lambda_i - \lambda_j)\langle \mathbf{c}_j | \mathbf{c}_i \rangle = 0 \tag{6.21}$$

이 된다. 따라서 $\lambda_i = \lambda_j$이거나 $\langle \mathbf{c}_j | \mathbf{c}_i \rangle = 0$이 된다. 이것은 다음을 말해주고 있다.

다른 고윳값에 대응되는 에르미트 행렬의 고유벡터는 직교한다.

만약 i와 j가 2개의 축퇴된 고유벡터를 지칭하는 것일 때 $\lambda_i = \lambda_j$라면, 그들의 직교성에 대해서는 아무것도 알지 못한다. 사실, 예제 6.2.3에서 축퇴된 고유벡터의 쌍을 조사했는데, 그들은 2차원 다양체에 퍼져 있었고 서로 직교하지 않아도 되었었다. 그러나 그러한 관점에서 서로 직교할 수 있게끔 벡터를 **선택**하였다. (예제 6.2.3과 같이) 때때로 어떻게 축퇴된 직교 좌표계를 취할 것인지는 명확하다. 만약 그것이 명확하지 않을 때는, 선형 독립인 축퇴된 고유벡터의 집합에서부터 출발하여 그람-슈미트 과정에 의해 그들을 직교화하면 된다.

에르미트 행렬의 고유벡터들의 총 숫자는 그것의 차원과 같기 때문에, 그리고 (그들이 축퇴되었든 되지 않았든 간에) 고유벡터의 직교 정규화된 집합을 만들 수가 있기 때문에, 다음과 같은 중요한 결과를 얻게 된다.

행렬 기저의 공간에 퍼져 있는 직교 정규화된 집합의 형태로 에르미트 행렬의 고유벡터를 선택할 수 있다. 이러한 것은 때때로 다음과 같은 말로 표현될 수 있는데, "에르미트 행렬의 고유벡터는 **완전집합**(complete set)의 형태로 나타난다." 이 말은 만약 행렬의 차수가 n이면, 차원 n인 어떤 벡터는 직교 확장의 규칙에 의해 결정되는 계수를 갖는 직교 고유벡터의 선형 결합으로 표현할 수 있다는 것을 의미한다.

에르미트 고윳값 방정식의 임의의 기저 집합의 확장에 대해 형성된 정리들이 고윳값 방정식 그 자체의 모양으로 적용될 수 있다는 것을 상기시키면서 이 장을 마무리지으려 한다. 그러므로 이 절에서는 다음을 보일 수 있다.

만약 H가 임의의 힐베르트 공간 상에 있는 선형적인 에르미트 연산자라면,

1. H의 고윳값은 실수이다.
2. H의 다른 고윳값에 대응되는 고유벡터는 서로 직교한다.
3. H의 고유함수들은 그들이 힐베르트 공간에 대해 직교 정규화된 기저를 형성하도록 선택될 수 있다. 일반적으로, 어떤 에르미트 연산자의 고유함수들은 완전집합을 형성한다 (다른 말로, 힐베르트 공간에 대해 완전집합).

6.4 에르미트 행렬 대각화

6.2절에서 만약에 어떤 행렬이 대각선 행렬이면 대각선 원소는 그들의 고윳값이라는 것을 보였다. 이러한 발견은 행렬 고윳값 문제에 대해 다른 접근방법을 열어주었다. 행렬 고윳값 방정식이 다음과 같이 주어졌을 때,

$$\mathrm{H}\mathbf{c} = \lambda \mathbf{c} \tag{6.22}$$

여기에서 H는 에르미트 행렬이고, 다음과 같이 유니터리 행렬 U를 H와 $\mathbf{c}$ 사이에 1이 되게 끼워 넣는다면, U에 의해 나타나는 다음과 같은 방정식을 얻게 된다.

$$\mathrm{H}\mathrm{U}^{-1}\mathrm{U}\mathbf{c} = \lambda \mathbf{c} \;\rightarrow\; \mathrm{U}\mathrm{H}\mathrm{U}^{-1}(\mathrm{U}\mathbf{c}) = \lambda(\mathrm{U}\mathbf{c}) \tag{6.23}$$

식 (6.23)은 원래의 고윳값 방정식이 U로 표시되는 유니터리 변환에 치환되고 고유벡터 $\mathbf{c}$ 또한 U에 의해 변환되어서 표시할 수 있다는 것을 보여주고 있다. 그렇지만 λ는 유니터리 변환에 대해서도 변하지 않고 있다. 따라서 다음과 같이 중요한 결과로 정리할 수 있다.

어떤 행렬의 고윳값은 그 행렬이 유니터리 변환을 해도 변하지 않는다.

다음으로, UHU^{-1}가 고유벡터 기저가 되도록 변환시키는 U를 선택한다고 해보자. 이 U를 어떻게 구성해야 할지는 알지 못하지만, 이러한 유니터리 행렬은 존재한다는 것을 알고 있다. 왜냐하면 고유벡터는 완전한 직교화를 형성하기 때문이고, 정규화될 수 있기 때문이다. U를 선택하여 변환을 한다면, 행렬 UHU^{-1}은 대각선 원소가 고윳값이 되도록 대각화될 것이다. 더욱이, 고윳값 $\lambda_i = (\mathrm{UHU}^{-1})_{ii}$에 대응되는 UHU^{-1}의 고유벡터 $\mathrm{U}\mathbf{c}$는 $\hat{\mathbf{e}}_i$이다 (i번째 행만 1이고 모든 성분은 0인 벡터). 식 (6.22)의 고유벡터 $\mathbf{c}_i$는 $\mathrm{U}\mathbf{c}_i = \hat{\mathbf{e}}_i$를 풀어서 얻어지는데, 그러면 $\mathbf{c}_i = \mathrm{U}^{-1}\hat{\mathbf{e}}_i$를 얻을 수 있다.

이러한 결과는 다음의 내용과 대응되는데,

> 어떠한 에르미트 행렬 H에 대해서, UHU^{-1}로 대각화될 수 있으며, 이때 H의 대각선 원소가 고윳값으로 구성되게 된다.

이것은 매우 중요한 결과이다. 이것을 다른 말로 쓰면,

> 어떤 에르미트 행렬은 유니터리 변환에 의해 대각화될 수 있으며, 그 행렬의 대각선 원소는 그것의 고윳값이 된다.

다음으로 i번째 고유벡터 $U^{-1}\hat{e}_i$를 살펴보면 다음을 얻을 수 있다.

$$\begin{pmatrix} (U^{-1})_{11} & \cdots & (U^{-1})_{1i} & \cdots & (U^{-1})_{1n} \\ (U^{-1})_{21} & \cdots & (U^{-1})_{2i} & \cdots & (U^{-1})_{2n} \\ \cdots & \cdots & \cdots & \cdots & \cdots \\ \cdots & \cdots & \cdots & \cdots & \cdots \\ (U^{-1})_{n1} & \cdots & (U^{-1})_{ni} & \cdots & (U^{-1})_{nn} \end{pmatrix} \begin{pmatrix} 0 \\ \cdots \\ 1 \\ \cdots \\ 0 \end{pmatrix} = \begin{pmatrix} (U^{-1})_{1i} \\ (U^{-1})_{2i} \\ \cdots \\ \cdots \\ (U^{-1})_{ni} \end{pmatrix} \tag{6.24}$$

U^{-1}의 열은 H의 고유벡터이며, U^{-1}이 유니터리 행렬이므로 각각은 정규화되어 있음을 볼 수 있다. 식 (6.24)로부터 U^{-1}이 완전히 유일하지 않음은 자명하다. 만약에 그것의 열이 순환적으로 회전한다면, 고유벡터의 모든 순서들이 변하게 될 것이며, 대각선 행렬 UHU^{-1}의 대각선 원소가 그 순환의 순서에 맞게 바뀌게 된다. 요약하면,

> 만약 어떠한 에르미트 행렬 H에 대해서 유니터리 행렬 U에 의해 UHU^{-1}가 대각화되면, H의 고윳값 $(UHU^{-1})_{ii}$에 대응되는 정규화된 고유벡터는 U^{-1}의 i번째 열이 될 것이다.

만약 H가 축퇴되지 않았다면, U^{-1}(또한 U)는 U^{-1}의 열이 순환적으로 회전되는 경우만 (그리고 U의 행을 순차적으로 회전시키는 것에 대응하는 것을) 제외하고 유일할 것이다. 그렇지만 만약 H가 축퇴되었다면(반복된 고윳값을 갖는다면), 같은 고윳값에 대응되는 U^{-1}의 열은 그들끼리 변환될 수 있으며, 따라서 U와 U^{-1}에 대해 추가적인 유연성을 주게 된다.

마침내, 행렬이 유니터리 변환에 의해 변환될 때 (5.7절에서 보였듯이) 행렬식과 행렬의 대각합(trace) 모두 변하지 않는다는 사실로부터, 어떤 에르미트 행렬의 행렬식은 그들의 고윳값의 곱으로 표시할 수 있고, 그들의 대각합은 그 고윳값들의 합임을 볼 수 있다. 그들 각

각의 고윳값들과는 별개로, 이것은 유니터리 변환에 대해 행렬이 갖는 불변량의 가장 유용한 것이다.

이 장에서 지금까지 소개된 논의를 바탕으로 다음의 예제를 살펴보자.

예제 6.4.1 행렬의 대각화 변환

예제 6.2.2의 행렬 H로 돌아가 보자.

$$H = \begin{pmatrix} 0 & 1 & 0 \\ 1 & 0 & 0 \\ 0 & 0 & 2 \end{pmatrix}$$

이것은 에르미트임을 알 수 있고, 따라서 이것을 대각화할 수 있는 유니터리 변환 U가 존재한다. 이미 H의 고유벡터를 알고 있기 때문에, 그것들을 이용해서 U를 구성할 수 있다. **정규화된** 고유벡터가 필요하기 때문에 식 (6.9)와 (6.11)을 이용해서 다음과 같이 얻을 수 있다.

$$\lambda = 2, \quad \begin{pmatrix} 0 \\ 0 \\ 1 \end{pmatrix}; \qquad \lambda = 1, \quad \begin{pmatrix} 1/\sqrt{2} \\ 1/\sqrt{2} \\ 0 \end{pmatrix}; \qquad \lambda = -1, \quad \begin{pmatrix} 1/\sqrt{2} \\ -1/\sqrt{2} \\ 0 \end{pmatrix}$$

이 고유벡터를 이용해서 U^{-1}을 구성하면

$$U^{-1} = \begin{pmatrix} 0 & 1/\sqrt{2} & 1/\sqrt{2} \\ 0 & 1/\sqrt{2} & -1/\sqrt{2} \\ 1 & 0 & 0 \end{pmatrix}.$$

$U = (U^{-1})^{\dagger}$이기 때문에 다음과 같이 쉽게 얻을 수 있다.

$$U = \begin{pmatrix} 0 & 0 & 1 \\ 1/\sqrt{2} & 1/\sqrt{2} & 0 \\ 1/\sqrt{2} & -1/\sqrt{2} & 0 \end{pmatrix} \text{ 과 } UHU^{-1} = \begin{pmatrix} 2 & 0 & 0 \\ 0 & 1 & 0 \\ 0 & 0 & -1 \end{pmatrix}$$

H의 대각합은 2이며, 이것은 고윳값들의 합에 해당한다. $\det(H)$가 -2이고, 이것은 $2 \times 1 \times (-1)$과 같다. ■

■ 대각화 변환의 발견

예제 6.4.1에서 보인 바와 같이, 에르미트 행렬 H의 고유벡터를 아는 것은 H를 대각화 변환할 수 있는 유니터리 행렬 U를 직접 구성할 수 있게 해준다. 그러나 우리는 그들의 고유벡터와 고윳값을 **발견하는** 것을 목적으로 하는 대각선 행렬에 관심이 있고, 예제 6.4.1에 보인 방법으로는 현재 우리가 원하는 것을 만족시킬 수 없다. 오랜 시간 동안 응용수학자들(심지어 이론 화학자들도!)은 특성 방정식의 정확한 해를 직접적으로 구하는 것이 불가능할 정도로 큰 행렬을 대각화시키는 수치적인 방법을 찾는 데 노력을 기울여왔고, 이러한 방법을 수행하기 위해서 컴퓨터 프로그램들은 매우 높은 정밀도와 효율성에 도달하였다. 다른 방법으로, 그러한 프로그램들은 계속되는 근사를 통한 방법으로 대각화시키는 방법을 취하고 있다. 예상할 수 있듯이, 높은 정도의 대수 방정식(물론 특성 방정식도 포함해서)의 해를 구하는 분명한 공식은 존재하지 않는다. 행렬 대각화 기술에 도달할 수 있을 정도의 감각을 독자들이 갖기 위해서 차원이 10^9이 넘는 행렬의 고윳값과 고유벡터를 결정할 수 있는 계산방법[1]을 보일 수 있다.

행렬을 대각화하기 위한 오래된 방법을 개발한 사람으로는 야코비가 있다. 지금은 다른 많은 효과적이고 (그렇지만 투명성은 떨어지는) 방법들로 대체가 되었는데, 그렇지만 여기에서 그 아이디어가 어떤 것인지를 간단히 논의하기로 한다. 야코비 방법의 핵심은 만약 에르미트 행렬 H가 일부 0이 아닌 비대각선(off-diagonal) 요소 h_{ij}(또는 h_{ji})를 갖고 있다고 하면, 행과 열 i와 j만 변형되는 유니터리 변환은 h_{ij}와 h_{ji}를 0으로 만들 수 있다는 것이다. 이러한 변환이 이전에 0이었던 성분을 0이 아닌 성분으로 바꿀 수 있는 반면에, 결과적으로 얻어진 행렬은 좀 더 대각선 행렬에 가깝게 된다(이것은 비대각선 원소를 제곱한 것의 합이 좀 더 작아지는 것을 말한다). 그러므로 이러한 야코비 형의 변환을 계속 반복하면 비대각선 원소 각각이 0으로 가깝게 작아지고, 받아들일 수 있는 허용오차보다 큰 비대각선 원소가 사라질 때까지 반복한다. 어떤 사람이 각각의 변환의 곱으로 유니터리 행렬을 구성하면, 전체적인 대각화 변환을 수행할 수 있다. 다른 방법으로써, 이전에 보인 방법으로 고유벡터를 얻은 후에, 고윳값을 복구하기 위해서 야코비 방법을 사용할 수도 있다.

■ 동시 대각화(simultaneous diagonalization)

2개의 에르미트 행렬 A와 B가 공통적인 고유벡터의 집합을 갖는지를 아는 것은 흥미롭다. 이것은 필요충분조건으로 그들이 교환 가능할 때만 가능한 것으로 판명되었다. 만약 A나 B의 고유벡터가 축퇴되지 않았다면 그것의 증명은 쉽다.

$\mathbf{c}_i$가 고윳값 a_i와 b_i를 각각 갖는 행렬 A와 B의 고유벡터 집합이라고 가정하자. 그러면 어떠한 i에 대해서 다음과 같은 모양이 되는데,

$$\mathrm{BA}\mathbf{c}_i = \mathrm{B}a_i\mathbf{c}_i = b_i a_i \mathbf{c}_i$$

$$\mathrm{AB}\mathbf{c}_i = \mathrm{A}b_i\mathbf{c}_i = a_i b_i \mathbf{c}_i$$

[1] J. Olsen, P. Jørgensen, and J. Simons, Passing the one-billion limit in full configuration-interaction calculation, *Chem. Phys. Lett.* **169**: 463 (190).

이 방정식들은 모든 $\mathbf{c}_i$에 대해서 $\mathrm{BA}\mathbf{c}_i = \mathrm{AB}\mathbf{c}_i$임을 알 수 있다. 어떤 벡터 $\mathbf{v}$도 $\mathbf{c}_i$의 선형 결합으로 나타낼 수 있기 때문에 모든 $\mathbf{v}$에 대해서 $(\mathrm{BA}-\mathrm{AB})\mathbf{v} = 0$임을 발견할 수 있는데, 이것은 $\mathrm{BA} = \mathrm{AB}$임을 의미한다. 반대로 증명하는 것이 남아 있는데, 즉 교환법칙이 성립하면 공통적인 고유벡터를 구성할 수 있다는 것을 의미한다.

반대 경우에 대해서, A와 B가 교환 가능하다고 가정하면, $\mathbf{c}_i$는 고윳값 a_i를 갖는 A의 고유벡터이며, A의 이 고유벡터는 축퇴되지 않는다. 그러면 다음과 같이 나타낼 수 있다.

$$\mathrm{AB}\mathbf{c}_i = \mathrm{BA}\mathbf{c}_i = \mathrm{B}a_i\mathbf{c}_i, \quad \mathrm{A}(\mathrm{B}\mathbf{c}_i) = a_i(\mathrm{B}\mathbf{c}_i)$$

이 방정식은 $\mathrm{B}\mathbf{c}_i$가 고윳값 a_i를 갖는 A의 고유벡터라는 것을 보여준다. A의 고유벡터가 축퇴되지 않았다고 가정하였기 때문에, $\mathrm{B}\mathbf{c}_i$는 $\mathbf{c}_i$와 비례해야만 하며, 이는 $\mathbf{c}_i$가 B의 고유벡터임을 의미한다. 따라서 만약 A와 B가 교환 가능하다면 그들은 공통의 고유벡터를 갖는다는 것을 완벽히 증명하였다.

이 정리의 증명은 모든 연산자가 축퇴된 고유벡터를 갖는 경우를 포함하여 확장될 수 있다. 그러한 확장을 포함하여, 일반적으로 다음과 같이 정리할 수 있다.

에르미트 행렬은 그들이 서로 교환 가능할 때만 공통적으로 고유벡터의 완전집합을 갖는다.

3개의 행렬 A, B와 C가 있고, $[\mathrm{A}, \mathrm{B}] = 0$이고, $[\mathrm{A}, \mathrm{C}] = 0$이지만 $[\mathrm{B}, \mathrm{C}] \neq 0$일 수 있다. 이 경우는 사실 원자물리학에서 자주 나타나는 모양인데, 다음과 같이 선택할 수 있다. A와 B에 대해 동시에 고유벡터가 되는 $\mathbf{c}_i$의 집합을 유지할 수 있는데, 이 경우에는 모든 $\mathbf{c}_i$는 C의 고유벡터가 아닐 수 있으며, 또는 A와 C에 대해서는 공통의 고유벡터를 가질 수 있지만 B에 대해서는 그렇지 않은 것을 선택할 수 있다. 이러한 선택은 원자물리학에서 전형적으로 다른 각운동량이 특정한 값을 가져야만 하는 경우를 기술하는 것에 해당한다.

■ 스펙트럼 분해

한번 에르미트 행렬 H의 고윳값과 고유벡터가 발견되면, H를 이러한 양들로 표현할 수 있다. 수학자들은 H의 고윳값들의 집합을 그것의 **스펙트럼**(spectrum)이라고 부르기 때문에, 이제부터 H에 대해 그러한 것들을 유도하는 것을 **스펙트럼 분해**(spectral decomposition)라고 부르기로 한다.

이전에 주목한 바와 같이, 직교 정규화된 고유벡터의 기저에서 행렬 H는 대각화된다. 그러면 연산자의 기저 확장에 대한 일반적인 형태 대신에, H는 다음의 대각화된 형태를 갖게 된다.

$$\mathrm{H}=\sum_{\mu}|\mathbf{c}_{\mu}\rangle\lambda_{\mu}\langle\mathbf{c}_{\mu}|,\quad \text{각 } \mathbf{c}_{\mu}\text{는 } \mathrm{H}\mathbf{c}_{\mu}=\lambda_{\mu}\mathbf{c}_{\mu}\text{와 } \langle\mathbf{c}_{\mu}|\mathbf{c}_{\mu}\rangle=1\text{을 만족} \tag{6.25}$$

H의 **스펙트럼 분해**를 수행한 이 결과는 임의의 고유벡터 $\mathbf{c}_{\nu}$에 작용함으로써 쉽게 점검해 볼 수 있다.

H의 스펙트럼 분해와 관련된 다른 결과는 만약 $\mathrm{H}\mathbf{c}_{\mu}=\lambda_{\mu}\mathbf{c}_{\mu}$에서 양변 모두에 H를 왼쪽에 작용시키면 다음을 얻을 수 있게 되는데,

$$\mathrm{H}^2\mathbf{c}_{\mu}=(\lambda_{\mu})^2\mathbf{c}_{\mu}$$

H를 계속적으로 작용시키면 H의 양의 지수를 갖는 모든 것들은 H와 같은 고유벡터를 갖게 되고, 그러므로 만약 $f(\mathrm{H})$가 무한급수 전개를 갖는 H의 어떤 함수라면 그것의 스펙트럼 분해는 다음과 같이 표현된다.

$$f(\mathrm{H})=\sum_{\mu}|\mathbf{c}_{\mu}\rangle f(\lambda_{\mu})\langle\mathbf{c}_{\mu}| \tag{6.26}$$

만약 H가 특이점이 없다면 식 (6.26)은 음의 지수를 포함하여 전개시킬 수 있으며, 그러기 위해서 $\mathrm{H}\mathbf{c}_{\mu}=\lambda_{\mu}\mathbf{c}_{\mu}$ 양변에 H^{-1}을 가하면 다음을 얻게 된다.

$$\mathrm{H}^{-1}\mathbf{c}_{\mu}=\frac{1}{\lambda_{\mu}}\mathbf{c}_{\mu}$$

여기에서 H의 음의 지수는 또한 H와 같은 고유벡터를 갖게 된다.

마침내, 식 (2.84)의 대각합 공식을 쉽게 증명할 수 있다. 고유벡터 기저를 이용하면

$$\det(\exp(\mathrm{A}))=\prod_{\mu}e^{\lambda_{\mu}}=\exp\left(\sum_{\mu}\lambda_{\mu}\right)=\exp(\mathrm{trace}(\mathrm{A})). \tag{6.27}$$

행렬식과 대각합은 기저에 무관하기 때문에 이것은 대각합 공식을 증명한 것이 된다.

■ 기댓값

정규화된 함수 ψ와 관련된 에르미트 연산자 H의 기댓값(expectation value)은 식 (5.61)과 같이 정의된다.

$$\langle H\rangle=\langle\psi|H|\psi\rangle \tag{6.28}$$

여기에서 만약 직교 정규화된 기저를 도입했다면, 행렬 H에 의해 표현된 H와 벡터 $\mathbf{a}$로 표현된 ψ로 나타낼 수 있음을 보였다. 이 기댓값은 다음의 형태를 갖는 것을 가정하였다.

$$\langle H \rangle = \mathbf{a}^{\dagger}\mathrm{H}\mathbf{a} = \langle \mathbf{a}|\mathrm{H}|\mathbf{a} \rangle = \sum_{\nu\mu} a_{\nu}^{*} h_{\nu\mu} a_{\mu} \tag{6.29}$$

만약 이러한 양들이 직교 정규화된 고유벡터 기저들로 표현된다면 식 (6.29)는 다음과 같이 된다.

$$\langle H \rangle = \sum_{\mu} a_{\mu}^{*} \lambda_{\mu} a_{\mu} = \sum_{\mu} |a_{\mu}|^{2} \lambda_{\mu} \tag{6.30}$$

여기에서 a_{μ}는 ψ의 확장으로써 고유벡터 $\mathbf{c}_{\mu}$의 (고윳값 λ_{μ}를 갖는) 계수이다. 그 기댓값은 음이 아닌 무게 값으로 무게를 둔(weighted) 고윳값들의 합이며 더하여 1이 된다.

$$\langle \mathbf{a}|\mathbf{a} \rangle = \sum_{\mu} a_{\mu}^{*} a_{\mu} = \sum_{\mu} |a_{\mu}|^{2} = 1 \tag{6.31}$$

식 (6.30)이 내포하고 있는 명백한 의미는 기댓값 $\langle H \rangle$는 가장 작은 고윳값보다 작을 수 없고, 가장 큰 고윳값보다 클 수 없다는 것이다. 이러한 관측의 양자역학적 해석은 만약 H가 어떤 물리량과 대응된다면, 그 물리량의 측정은 $|a_{\mu}|^{2}$으로 주어지는 상대적인 확률로 λ_{μ}를 산출할 것이고, 그 무게를 둔 합에 대응되는 평균값을 갖게 되는데, 그것이 기댓값이다.

물리 문제에서 나타나는 에르미트 연산자는 이따금 가장 작은 일정한 고윳값들을 갖게 된다. 이것은 연산자와 관련된 물리량의 기댓값은 한정된 아래 경계(lower bound)를 갖는다는 것을 의미한다. 그러므로 다음과 같은 관계로 표현하곤 한다.

> 만약 대수적으로 H의 가장 작은 고윳값이 일정하다면, **어떠한** ψ에 대해서 $\langle \psi|H|\psi \rangle$는 이 고윳값과 같거나 클 것이며, ψ가 가장 작은 고윳값에 대응되는 고유함수일 때만 등호가 성립된다.

■ 양의 값과 특이한 연산자

만약 연산자 A의 모든 고윳값들이 양수라면, 이것을 **양의 값**(positive definite)이라고 한다. A가 양의 값일 때만 어떤 0이 아닌 ψ에 대해 그것의 기댓값 $\langle \psi|A|\psi \rangle$이 항상 양이 될 것이며, ($\psi$가 정규화될 때) 이것은 가장 작은 고윳값보다 같거나 크게 된다.

예제 6.4.2 덮인 행렬

S를 $s_{\nu\mu} = \langle \chi_{\nu}|\chi_{\mu} \rangle$ 요소를 갖는 **덮인 행렬**(overlap matrix)이라고 하자. 여기에서 χ_{ν}는 선형 독립이지만 직교하지 않는 기저를 갖고 있다. 만약 0이 아닌 임의의 함수 ψ가 χ_{ν}로 전개될 수 있다고 가정하면, $\psi = \sum_{\nu} b_{\nu}\chi_{\nu}$에 따라 스칼라곱 $\langle \psi|\psi \rangle$은 다음과 같이 주어진다.

$$\langle\psi|\psi\rangle = \sum_{\nu\mu} b_\nu^* s_{\nu\mu} b_\mu$$

이것은 행렬 S에 대한 기댓값의 형태로 되어 있다. $\langle\psi|\psi\rangle$가 내재적으로 양의 값이기 때문에, S가 양의 값이라고 결론지을 수 있다. ■

반면에, 만약 그 정사각 행렬의 열(또는 행)이 기저 집합의 전개에 대한 계수 또는 변수의 집합에서 선형적인 결합의 계수 모두의 경우에 대해 선형적으로 의존하는 형태로 표현된다면, 그 행렬은 특이하게(singular)될 것이며, 그 사실은 0인 고윳값이 존재한다는 것을 의미한다. 0인 고윳값의 개수는 선형 종속을 의미하며, 만약 $n \times n$ 행렬이 m개의 0인 고윳값을 갖는다면 그것의 계수(rank)는 $n - m$이 될 것이다.

연습문제

6.4.1 행렬의 고윳값들은 행렬이 닮음 변환에 의해 변환될 때 변화하지 않는다는 것을 보이시오. 닮음 변환이란 유니터리할 필요는 없으나 그 형태는 식 (5.78)에 의해 주어진다.

이러한 성질은 대칭이나 에르미트 행렬에만 제한되지는 않는다. 이것은 $\mathbf{Ax} = \lambda\mathbf{x}$의 형태로 주어지는 고윳값 방정식을 만족하는 어떤 행렬에 대해서 유효하다. 이 행렬이 닮음 변환에 의해 대각화된 형태로 나올 수 있다면 2개의 즉각적인 결론에 도달할 수 있다.

1. 대각합(고윳값들의 합)은 닮음 변환에 대해 불변이다.
2. 행렬식(고윳값들의 곱)은 닮음 변환에 대해 불변이다.

[참고] 대각합과 행렬식의 불변성은 케일리-해밀턴(Cayley-Hamilton) 정리를 이용하여 증명할 수 있는데, 그것은 어떤 행렬이 그들 자신의 특성 방정식을 만족한다는 것을 말한다.

6.4.2 에르미트 행렬이 실수의 고윳값을 갖고, 특정한 고윳값에 대응되는 고유벡터가 직교한다는 정리의 결과로써, 다음의 경우를 증명하시오.

(a) 어떤 행렬의 고윳값들은 실수이며

(b) 그 고유벡터는 $\mathbf{x}_i^\dagger \mathbf{x}_j = \delta_{ij}$이면

그 행렬은 에르미트이다.

6.4.3 비대칭의 실수 행렬은 직교 또는 유니터리 변환에 의해 대각화되지 않음을 증명하시오.
[힌트] 비대칭의 실수 행렬이 대각화될 수 있다고 가정하고 그것이 모순됨을 보여라.

6.4.4　각운동량의 항들인 L_x, L_y, L_z로 표현되는 행렬은 모두 에르미트이다. $\mathbf{L}^2$의 고윳값은 모두 실수이며 음의 값이 아님을 보이시오. 여기에서 $\mathbf{L}^2 = L_x^2 + L_y^2 + L_z^2$이다.

6.4.5　A가 고윳값 λ_i를 갖고, 대응되는 고유벡터는 $|\mathbf{x}_i\rangle$이다. A^{-1}가 같은 고유벡터를 갖지만 고윳값은 λ_i^{-1}임을 보이시오.

6.4.6　영(0)의 행렬식을 갖는 정사각 행렬은 **특이**하다.

(a) 만약 A가 특이하면, $\mathrm{A}|\mathbf{v}\rangle = 0$인 적어도 1개의 0이 아닌 열벡터 $\mathbf{v}$가 존재함을 보이시오.

(b) $\mathrm{A}|\mathbf{v}\rangle = 0$에 대해 만약 0이 아닌 벡터 $|\mathbf{v}\rangle$가 존재할 때 A가 특이 행렬임을 보이시오. 이것은 만약에 어떤 행렬(또는 연산자)이 0인 고윳값을 갖는다면, 그 행렬(또는 연산자)은 역행렬이 없고 그것의 행렬식은 0임을 의미한다.

6.4.7　2개의 에르미트 행렬 A와 B는 같은 고윳값을 갖는다. A와 B가 유니터리 변환에 의해 관련되어 있음을 보이시오.

6.4.8　연습문제 2.2.12의 각 행렬들에 대해서 고윳값과 고유벡터의 직교 정규화 집합을 구하시오.

6.4.9　야코비 방법이라고 알려진 반복적인 행렬 대각화 과정의 단위 과정은 $a_{ij} = a_{ji} = 0$을 만들기 위해 실수 대칭 행렬 A의 행/열 i와 j에 작용하는 유니터리 변환이다. 만약 이러한 변환이 (기저 함수 φ_i와 φ_j부터 φ_i'와 φ_j'까지) 다음과 같이 쓰인다면,

$$\varphi_i' = \varphi_i \cos\theta - \varphi_j \sin\theta, \quad \varphi_j' = \varphi_i \sin\theta + \varphi_j \cos\theta$$

(a) $\tan 2\theta = \dfrac{2a_{ij}}{a_{jj} - a_{ii}}$라면 a_{ij}는 0으로 변환됨을 보이시오.

(b) μ와 ν가 모두 i와 j가 아니라면 $a_{\mu\nu}$는 불변임을 보이시오.

(c) a_{ii}'와 a_{jj}'를 찾고 A의 대각합은 그 변환에 대해 변하지 않음을 보이시오.

(d) $a_{i\mu}'$와 $a_{j\mu}'$를 찾고(여기에서 μ는 i도 j도 아니다) A의 비대각선 원소의 제곱의 합은 $2a_{ij}^2$로 줄어드는 것을 보이시오.

6.5 정규 행렬

지금까지의 논의는 에르미트 고윳값 문제에 집중해서 다루어졌는데, 이것은 실수의 고윳값과 직교 정규화된 고유벡터를 가지며, 따라서 유니터리 변환에 의해서 대각화될 수 있었다. 그러나 에르미트 행렬을 비롯해서 유니터리 변환 조건에 의해 대각화될 수 있는 행렬의 종류는, 모든 다른 행렬들과 그들의 수반에 대해 교환 가능하다. 이것은 어떤 행렬 A가 다음의 성질을 갖는다는 것을 말하는데,

$$[\mathrm{A},\ \mathrm{A}^{\dagger}]=0$$

이것을 **정규**(normal)[2]라고 한다. 명백하게 에르미트 행렬들은 정규 행렬이며, $\mathrm{H}^{\dagger}=\mathrm{H}$이다. 유니터리 행렬도 정규 행렬이며 U는 그것의 역과 교환 가능하다. 반에르미트 행렬($\mathrm{A}^{\dagger}=-\mathrm{A}$)도 정규 행렬이다. 그런데 이러한 범주에 속하지 않는 정규 행렬도 존재한다.

정규 행렬이 유니터리 변환에 의해 대각화될 수 있다는 것을 보이기 위해, 그들의 고유벡터가 직교 정규화된 집합의 형태가 된다는 것을 증명하는 것으로 충분한데, 이것은 다른 고윳값들의 고유벡터가 직교한다는 조건으로 축약된다. 그 증명은 두 과정으로 나누어 진행할 수 있는데, 첫 번째 과정은 정규 행렬 A와 그것의 수반이 같은 고유벡터를 갖는다는 것을 보이는 것이다.

$|\mathbf{x}\rangle$가 고윳값 λ를 갖는 A의 고유벡터라고 가정하면, 다음과 같은 방정식을 쓸 수 있다.

$$(\mathrm{A}-\lambda\mathbf{1})|\mathbf{x}\rangle=0$$

이 식의 왼쪽에 $\langle\mathbf{x}|(\mathrm{A}^{\dagger}-\lambda^{*}\mathbf{1})$을 곱하면

$$\langle\mathbf{x}|(\mathrm{A}^{\dagger}-\lambda^{*}\mathbf{1})(\mathrm{A}-\lambda\mathbf{1})|\mathbf{x}\rangle=0$$

과 같이 얻어지는데, 2개의 괄호로 묶인 양을 교환하기 위해 정규 특성을 이용하면 다음을 얻을 수 있다.

$$\langle\mathbf{x}|(\mathrm{A}-\lambda\mathbf{1})(\mathrm{A}^{\dagger}-\lambda^{*}\mathbf{1})|\mathbf{x}\rangle=0$$

첫 번째 괄호로 묶인 양을 왼쪽 절반-브라켓(half-bracket)에 넣어서 옮기면 다음을 얻을 수 있고,

[2] 정규 행렬은 유니터리 변환에 의해 대각화할 수 있는 가장 큰 행렬 등급이다. 일반 행렬의 광범위한 논의는 P. A. Macklin, Normal matrices for physicists, *Am. J. Phys.* **52**: 513 (1984)을 참조하라.

$$\langle (\mathrm{A}^\dagger - \lambda^* \mathbf{1})\mathbf{x} | (\mathrm{A}^\dagger - \lambda^* \mathbf{1})\mathbf{x} \rangle = 0$$

이것은 $\langle f | f \rangle$의 모양을 갖고 있는 스칼라곱임을 알 수 있다. 이 스칼라곱이 사라지게 되는 유일한 방법은

$$(\mathrm{A}^\dagger - \lambda^* \mathbf{1}) | \mathbf{x} \rangle = 0$$

이며, 이것은 $|\mathbf{x}\rangle$가 A의 고유벡터 중 하나가 됨과 동시에 $\mathrm{A}^\dagger$의 고유벡터도 된다는 것을 보여준다. 그러나 A와 $\mathrm{A}^\dagger$의 고윳값들은 켤레 복소수이며, 일반적인 정규 행렬에 대해 λ가 실수일 필요는 없다.

고유벡터들이 서로 직교하는 것은 그것들이 에르미트 행렬이기 때문이다. $|\mathbf{x}_i\rangle$와 $|\mathbf{x}_j\rangle$를 (A와 $\mathrm{A}^\dagger$ 모두의) 2개의 고유벡터라고 하면, 다음을 얻을 수 있다.

$$\langle \mathbf{x}_j | \mathrm{A} | \mathbf{x}_i \rangle = \lambda_i \langle \mathbf{x}_j | \mathbf{x}_i \rangle, \quad \langle \mathbf{x}_j | \mathrm{A}^\dagger | \mathbf{x}_j \rangle = \lambda_j^* \langle \mathbf{x}_i | \mathbf{x}_j \rangle \tag{6.32}$$

$\langle \mathbf{x}_i | \mathbf{x}_j \rangle^* = \langle \mathbf{x}_j | \mathbf{x}_i \rangle$의 특성을 이용해 이 방정식들의 두 번째에 켤레 복소수를 취했다. $\langle \mathbf{x}_i | \mathrm{A}^\dagger | \mathbf{x}_j \rangle$의 켤레 복소수를 얻기 위해서 첫 번째 것을 $\langle \mathrm{A}\mathbf{x}_i | \mathbf{x}_j \rangle$로 변환시켰으며 두 번째 절반-브라켓을 교환하였다. 그러면 식 (6.32)는 다음과 같이 된다.

$$\langle \mathbf{x}_j | \mathrm{A} | \mathbf{x}_i \rangle = \lambda_i \langle \mathbf{x}_j | \mathbf{x}_i \rangle, \quad \langle \mathbf{x}_j | \mathrm{A} | \mathbf{x}_i \rangle = \lambda_j \langle \mathbf{x}_j | \mathbf{x}_i \rangle \tag{6.33}$$

이 방정식들은 $\lambda_i \neq \lambda_j$라면, $\langle \mathbf{x}_j | \mathbf{x}_i \rangle = 0$이어야만 하며, 이것은 직교함을 보이는 것이다.

정규 행렬 $\mathrm{A}^\dagger$의 고윳값들이 A의 고윳값들의 켤레 복소수라는 사실로부터 다음과 같은 결론을 얻을 수 있다.

- 반에르미트 행렬의 고윳값들은 순수한 허수이며($\mathrm{A}^\dagger = -\mathrm{A}$이고 $\lambda^* = -\lambda$이므로)
- 유니터리 행렬의 고윳값들은 ($\lambda^* = 1/\lambda$, 동일하게 $\lambda^* \lambda = 1$이기 때문에) 1이 된다.

예제 6.5.1 정규 고유계

다음과 같은 유니터리 행렬을 생각해보자.

$$\mathrm{U} = \begin{pmatrix} 0 & 0 & 1 \\ 1 & 0 & 0 \\ 0 & 1 & 0 \end{pmatrix}$$

이 행렬은 $z \to x$, $x \to y$, $y \to z$로 바꾸는 회전 변환을 나타낸다. 이것은 유니터리하기 때문에 정규 행렬이며, 이것의 특성 방정식을 이용해서 고윳값들을 찾을 수 있다.

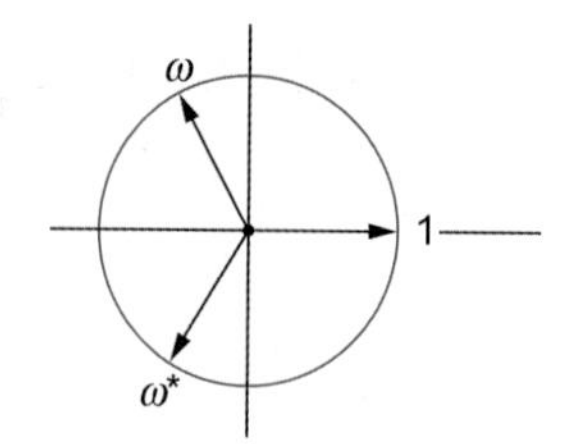

그림 6.3 행렬 U의 고윳값들, 예제 6.5.1

$$\det(\mathrm{U}-\lambda\mathbf{1}) = \begin{vmatrix} -\lambda & 0 & 1 \\ 1 & -\lambda & 0 \\ 0 & 1 & -\lambda \end{vmatrix} = -\lambda^3 + 1 = 0$$

이로부터 해를 구하면 $\lambda = 1,\ \omega,\ \omega^*$를 갖게 되며, $\omega = e^{2\pi i/3}$이다. (여기에서 $\omega^3 = 1$이며, 따라서 $\omega^* = 1/\omega = \omega^2$이다.) U가 실수이고, 유니터리이며, 회전을 기술하는 행렬이기 때문에, 그것의 고윳값들은 단위원 안에 있어야만 하며, 그들의 합(대각합)은 반드시 실수여야 하고, 그들의 곱(행렬식)은 +1이 되어야 한다. 이것은 고윳값들의 하나가 반드시 +1이 된다는 것을 의미하며, 다른 2개는 (모두 $+1$이거나 모두 -1인) 실수이거나 켤레 복소수 쌍으로 형성된다. 우리가 발견한 고윳값들은 이러한 기준들을 만족한다. U의 대각합은 0이며, 각각의 합은 $1+\omega+\omega^*$이다(이것은 그림 6.3에서 그림으로 증명할 수 있다).

고유벡터를 얻기 위해서 아래 식

$$(\mathrm{U}-\lambda\mathbf{1})\mathbf{c} = 0$$

에 대입하면 다음을 얻을 수 있다(정규화되지 않은 형태로).

$$\lambda_1 = 1, \qquad \mathbf{c}_1 = \begin{pmatrix} 1 \\ 1 \\ 1 \end{pmatrix}, \qquad \lambda_2 = \omega, \qquad \mathbf{c}_2 = \begin{pmatrix} 1 \\ \omega^* \\ \omega \end{pmatrix} \qquad \lambda_3 = \omega^2, \qquad \mathbf{c}_3 = \begin{pmatrix} 1 \\ \omega \\ \omega^* \end{pmatrix}$$

이 결과의 해석은 매우 흥미롭다. 고유벡터 $\mathbf{c}_1$은 U에 의해 불변이며, 이것은 U에 의해 기술되는 회전축의 방향 위에 있어야 한다. 2개의 다른 고유벡터들은 '방향'에 대해 불변인 좌표의 복소 선형 결합이지만, U의 적용에 대해 상(phase)이 같지는 않다. 고유벡터에서 복소 계수는 물리적 공간에서의 방향을 지시하지 않기 때문에 여기에서 '방향'에 따옴표를 붙였다. 그럼에도 불구하고, 그것들은 고윳값으로 곱하는 것을 제외하고 불변인 값을 갖는다(그것을 위상이라고 하는데, 그 크기는 1이다). ω의 복소수 인수인 $2\pi/3$은 $\mathbf{c}_1$에 대해 회전의 정도를 나타낸다. 물리적 실제로 돌아와서, U가 (1, 1, 1) 방향의 축에 대해서 $2\pi/3$만큼 회전에 대응된다는 것에 주의해야 하며, 독자들은 이것이 x를 y로, y를 z로, z를 x로 바꾸는 것이라는 것을 증명할 수 있다.

U는 정규 행렬이기 때문에, 그것의 고유벡터는 대각화되어야만 한다. 복소수를 다루기 때문에, 이것을 확인하기 위해서 $\mathbf{a}^\dagger\mathbf{b}$로부터 두 벡터 $\mathbf{a}$와 $\mathbf{b}$의 스칼라곱을 계산해야 한다. 고유벡터들은 이 검사를 통과한다.

마지막으로, U와 $U^\dagger$가 같은 고유벡터를 갖는다는 것을 증명하고 대응되는 고윳값들은 켤레 복소수라는 것을 증명하자. U의 수반을 취하면 다음과 같이 된다.

$$U^\dagger = \begin{pmatrix} 0 & 1 & 0 \\ 0 & 0 & 1 \\ 1 & 0 & 0 \end{pmatrix}$$

이미 발견한 모양인 $U^\dagger \mathbf{c}_i$의 고유벡터들을 이용하여, 그 증명은 쉽게 이루어질 수 있다. $\mathbf{c}_2$에 대해서 쓰면 다음과 같이 얻어진다.

$$\begin{pmatrix} 0 & 1 & 0 \\ 0 & 0 & 1 \\ 1 & 0 & 0 \end{pmatrix} \begin{pmatrix} 1 \\ \omega^* \\ \omega \end{pmatrix} = \begin{pmatrix} \omega^* \\ \omega \\ 1 \end{pmatrix} = \omega^* \begin{pmatrix} 1 \\ \omega^* \\ \omega \end{pmatrix}$$ ■

■ 비정규 행렬(nonnormal matrix)

정규 행렬이 아닌 행렬들도 물리학에서 중요한 문제로 취급된다. 어떤 행렬 A가 $A^\dagger$의 고윳값들이 A의 고윳값의 켤레 복소수인 특성을 갖는다면, $\det(A^\dagger) = [\det(A)]^*$이기 때문에 같은 λ에 대해서 다음과 같이 된다.

$$\det(A - \lambda\mathbf{1}) = 0 \quad \rightarrow \quad \det(A^\dagger - \lambda^*\mathbf{1}) = 0$$

그러나 이때 고유벡터들이 직교하거나 A와 $A^\dagger$가 같은 고유벡터를 공유하는 것은 더 이상 사실이 아니다.

기계적 계에서 진동의 해석이 한 예가 될 수 있다. CO_2 분자의 고전적인 진동 모델을 생각해보자. 그 모델이 고전적이기는 하지만, 원자핵이 주변 전자 분포에 의해 발생되는 퍼텐셜에 의해 훅의 법칙에 따라 미소 진동(oscillation)한다고 간주하면, 사실 양자역학의 좋은 표현이 될 수 있다. 이 문제는 행렬 문제로 출발하지 않는 어떤 문제를 행렬을 적용해서 푸는 한 예이다. 그것은 또한 반대칭인 실수 행렬의 고윳값과 고유벡터를 구하는 좋은 예가 될 수 있다.

예제 6.5.2 **정규 모드**

그림 6.4에서 보이듯이 용수철에 연결되어 있어서 x축으로 진동하는 세 질점을 생각해보자. 용수철의 힘은 평형점으로부터 (작은 변위에 대해 훅의 법칙에 따라) 이동되었을 때 선형적이라고 가정하고, 질점들은 x축 상에 제한되어 있다고 가정하자.

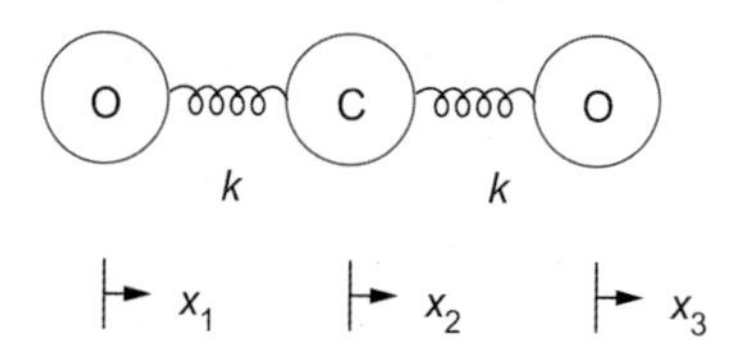

그림 6.4 CO_2 분자를 표현하는 용수철로 연결된 3개의 질점

그것들의 평형점으로부터 각 질점들의 변위에 대해 다른 좌표를 사용하면, 뉴턴의 제2법칙으로부터 다음과 같은 방정식을 얻을 수 있다.

$$\begin{aligned} \ddot{x}_1 &= -\frac{k}{M}(x_1 - x_2) \\ \ddot{x}_2 &= -\frac{k}{M}(x_2 - x_1) - \frac{k}{m}(x_2 - x_3) \\ \ddot{x}_3 &= -\frac{k}{M}(x_3 - x_2) \end{aligned} \tag{6.34}$$

여기에서 $\ddot{x}$는 d^2x/dt^2을 나타낸다. 우리는 모든 질점들이 같은 주파수로 진동하는 주파수 ω를 찾아야 한다. 이것을 진동의 **정규** 모드[3]라고 부르고, 식 (6.34)의 해로 얻어진다.

$$x_i(t) = x_i \sin \omega t, \quad i = 1,\ 2,\ 3$$

이 해를 식 (6.34)에 대입하면 이 방정식들은 공통의 인자 $\sin\omega t$를 없앤 후, 다음과 같은 행렬 방정식과 같아진다.

$$\mathbf{Ax} \equiv \begin{pmatrix} \frac{k}{M} & -\frac{k}{M} & 0 \\ -\frac{k}{m} & \frac{2k}{m} & -\frac{k}{m} \\ 0 & -\frac{k}{M} & \frac{k}{M} \end{pmatrix} \begin{pmatrix} x_1 \\ x_2 \\ x_3 \end{pmatrix} = +\omega^2 \begin{pmatrix} x_1 \\ x_2 \\ x_3 \end{pmatrix} \tag{6.35}$$

다음의 특성 방정식을 풀면 A의 고윳값들을 찾을 수 있는데,

$$\begin{vmatrix} \frac{k}{M} - \omega^2 & -\frac{k}{M} & 0 \\ -\frac{k}{m} & \frac{2k}{m} - \omega^2 & -\frac{k}{m} \\ 0 & -\frac{k}{M} & \frac{k}{M} - \omega^2 \end{vmatrix} = 0 \tag{6.36}$$

[3] 정상 진동 모드에 대한 자세한 설명은 E. B. Wilson, Jr., J. C. Decius, and P. C. Cross, *Molecular Vibrations-The Theory of Infrared and Raman Vibrational Spectra*. New York: Dover (1980)을 참조하라.

이것은 다음으로 전개된다.

$$\omega^2\left(\frac{k}{M}-\omega^2\right)\left(\omega^2-\frac{2k}{m}-\frac{k}{M}\right)=0$$

이 고윳값들은 다음과 같다.

$$\omega^2=0, \quad \frac{k}{M}, \quad \frac{k}{M}+\frac{2k}{m}$$

$\omega^2=0$에 대해 식 (6.35)로 다시 치환하면

$$x_1-x_2=0, \quad -x_1+2x_2-x_3=0, \quad -x_2+x_3=0$$

이 얻어지는데, 이것은 $x_1=x_2=x_3$에 해당한다. 이것은 질점들의 상대적인 운동과 진동이 없는 순전한 이동을 기술하는 것이다.

$\omega^2=k/M$에 대해 식 (6.35)는

$$x_1=-x_3, \quad x_2=0$$

과 같이 된다. 바깥쪽에 있는 2개의 질점은 서로 반대 방향으로 움직인다. 중앙에 있는 질점은 정지해 있다. CO_2에서 이것을 **대칭 뻗기**(symmetric stretching) 모드라고 한다.

마지막으로, $\omega^2=k/M+2k/m$에 대해 고유벡터 성분들은

$$x_1=x_3, \quad x_2=-\frac{2M}{m}x_1$$

이다. 이 **반대칭 뻗기**(antisymmetric stretching) 모드에서, 바깥쪽 2개의 질점은 움직이지만 중앙의 질점에 대해 서로 반대 방향으로 움직이며, 따라서 CO 결합은 잡아당겨지고 다른 것들은 같은 크기로 압축된다. 이 두 가지 뻗기 모드에서 모두, 운동의 총 운동량은 0이다.

x축 상으로 세 질점의 어떠한 변위는 세 가지 유형의 운동의 선형적인 조합으로 기술될 수 있는데, 병진 운동과 두 유형의 진동 운동이다.

식 (6.35)의 행렬 A는 **정규** 행렬이 아니며, 독자들은 $AA^\dagger \neq A^\dagger A$임을 확인할 수 있다. 결과적으로 우리가 발견한 고유벡터들은 직교하지 않으며, 비정규화된 고유벡터로 명확히 나타낼 수 있다.

$$\omega^2=0, \quad \mathbf{x}=\begin{pmatrix}1\\1\\1\end{pmatrix}, \quad \omega^2=\frac{k}{M}, \quad \mathbf{x}=\begin{pmatrix}1\\0\\-1\end{pmatrix}, \quad \omega^2=\frac{k}{M}+\frac{2k}{m}, \quad \mathbf{x}=\begin{pmatrix}1\\-2M/m\\1\end{pmatrix}$$

같은 λ값을 사용해서 동시에 다음의 방정식을 풀 수 있다.

$$(\mathrm{A}^{\dagger} - \lambda^{*}\mathbf{1})\mathbf{y} = 0$$

고유벡터들의 결과는

$$\omega^2 = 0, \quad \mathbf{x} = \begin{pmatrix} 1 \\ m/M \\ 1 \end{pmatrix}, \quad \omega^2 = \frac{k}{M}, \quad \mathbf{x} = \begin{pmatrix} 1 \\ 0 \\ 1 \end{pmatrix}, \quad \omega^2 = \frac{k}{M} + \frac{2k}{m}, \quad \mathbf{x} = \begin{pmatrix} 1 \\ -2 \\ 1 \end{pmatrix}$$

과 같이 얻어진다. 이 벡터들은 서로 직교하지도 않고 A의 고유벡터와 같지도 않다. ■

■ 불완전 행렬

만약 어떤 행렬이 정규 행렬이 아니라면, 그것은 심지어 고유벡터들을 모두 보완하지 못할 수도 있다. 이러한 행렬을 **불완전 행렬**(defective matrix)이라고 부른다. 선형대수의 기본적인 정리에 의하여, N차원의 행렬은 (그들의 중첩도를 포함해서) N개의 고윳값을 가질 것이다. 이것은 어떤 행렬이 적어도 1개의 고유벡터는 각각 그것의 명확한 고윳값들에 대응된다는 것을 보일 수 있다. 그러나 이것은 중첩도 $k > 1$의 고윳값은 k개의 고유벡터를 갖는다는 것은 항상 사실이 **아니다**. $\lambda = 1$로 중첩도가 2인 어떤 간단한 행렬의 예를 통해 알아보자.

$$\begin{pmatrix} 1 & 1 \\ 0 & 1 \end{pmatrix} \text{은 단지 하나의 고유벡터 } \begin{pmatrix} 1 \\ 0 \end{pmatrix} \text{만 갖는다.}$$

연습문제

6.5.1 고윳값과 대응되는 고유벡터를 구하시오.

$$\begin{pmatrix} 2 & 4 \\ 1 & 2 \end{pmatrix}$$

고유벡터들은 직교화되지 **않음**에 주의하라.

답. $\lambda_1 = 0,\ \mathbf{c}_1 = (2,\ -1)$
$\lambda_2 = 4,\ \mathbf{c}_2 = (2,\ 1)$

6.5.2 만약 A가 2×2 행렬이라면, 그것의 고윳값 λ는 다음의 특성 방정식을 만족함을 보이시오.

$$\lambda^2 - \lambda\,\mathrm{trace}(\mathrm{A}) + \det(\mathrm{A}) = 0$$

6.5.3 어떤 유니터리 행렬 U가 고윳값 방정식 $\mathrm{U}\mathbf{c} = \lambda\mathbf{c}$를 만족한다고 가정할 때, 유니터리 행렬의 고윳값들은 크기가 1임을 보이시오. 이와 같은 결과는 실수의 직교 행렬에도 적용된다.

6.5.4 3차원의 실공간에서 회전을 기술하는 직교 행렬은 유니터리 행렬의 특별한 경우이기 때문에, 그러한 직교 행렬은 유니터리 변환에 의해 대각화될 수 있다.

(a) 세 고윳값들의 합이 $1+2\cos\varphi$임을 보이시오. 여기에서 φ는 고정된 어떤 좌표축에 대한 알짜 회전각이다.

(b) 고윳값이 1이라고 주어졌을 때, 다른 2개의 고윳값들은 $e^{i\varphi}$와 $e^{-i\varphi}$임을 보이시오.

실수 성분을 갖는 이 직교 회전 행렬은 복소수 고윳값을 갖는다.

6.5.5 A는 직교 고유벡터 $|\mathbf{x}_i\rangle$와 실 고윳값 $\lambda_1 \le \lambda_2 \le \lambda_3 \le \cdots \le \lambda_n$을 갖는 n차 에르미트 행렬이다. 어떤 단위벡터 $|\mathbf{y}\rangle$에 대해서 다음을 보이시오.

$$\lambda_1 \le \langle \mathbf{y} | \mathrm{A} | \mathbf{y} \rangle \le \lambda_n$$

6.5.6 어떤 특정한 행렬이 에르미트이기도 하고 유니터리이기도 하다. 그것의 고윳값들이 모두 ± 1임을 보이시오.

[참고] 파울리와 디랙 행렬들이 특별한 예제이다.

6.5.7 상대론적인 전자 이론에 대해서 디랙은 **4개의** 반교환(anticommuting) 행렬들의 집합이 필요하다. 이러한 행렬들이 에르미트와 유니터리하다고 가정하자. 이들이 $n\times n$ 행렬일 때, n은 짝수임을 보이시오. 2×2 행렬에 대해서는 불충분한데(왜?), 이것은 에르미트이고 유니터리하면서 4개의 반교환 집합을 형성하는 가능한 가장 작은 행렬은 4×4이기 때문이다.

6.5.8 A가 고윳값 λ_n과 직교 정규화된 고유벡터 $|\mathbf{x}_n\rangle$을 갖고 있는 정규 행렬이다. A를 다음과 같이 쓸 수 있음을 보이시오.

$$\mathrm{A} = \sum_n \lambda_n |\mathbf{x}_n\rangle\langle\mathbf{x}_n|$$

[힌트] A의 고유벡터의 모양과 원래의 A 모두가 임의의 벡터 $|\mathbf{y}\rangle$를 작용하면 같은 값을 줌을 보여라.

6.5.9 A가 1과 -1의 고윳값을 갖고 대응되는 고유벡터가 $\begin{pmatrix}1\\0\end{pmatrix}$과 $\begin{pmatrix}0\\1\end{pmatrix}$이다. A를 구하시오.

답. $\mathrm{A} = \begin{pmatrix}1 & 0\\0 & -1\end{pmatrix}$

6.5.10 어떤 에르미트가 아닌 행렬 A가 고윳값 λ_i를 갖고 있고 대응되는 고유벡터는 $|\mathbf{u}_i\rangle$이다. 수반 행렬 $A^\dagger$가 고윳값들의 같은 집합을 갖고 있지만 대응되는 고유벡터들은 $|\mathbf{v}_i\rangle$로 **다르다**. 그 고유벡터들이 다음과 같은 조건에서 **이중 직교**(biorthogonal) 집합을 형성함을 보이시오.

$$\langle \mathbf{v}_i | \mathbf{u}_j \rangle = 0 \qquad (\lambda_i^* \neq \lambda_j)$$

6.5.11 다음의 방정식 짝이 주어져 있다.

$$A|\mathbf{f}_n\rangle = \lambda_n |\mathbf{g}_n\rangle$$
$$\widetilde{A}|\mathbf{g}_n\rangle = \lambda_n |\mathbf{f}_n\rangle \qquad (\text{A는 실수})$$

(a) $|\mathbf{f}_n\rangle$이 고윳값 λ_n^2을 갖고 있는 $(\widetilde{A}A)$의 고유벡터임을 증명하시오.

(b) $|\mathbf{g}_n\rangle$이 고윳값 λ_n^2을 갖고 있는 $(A\widetilde{A})$의 고유벡터임을 증명하시오.

(c) 어떻게 다음을 알았는지 서술하시오.

(1) $|\mathbf{f}_n\rangle$이 직교 집합을 형성한다.

(2) $|\mathbf{g}_n\rangle$이 직교 집합을 형성한다.

(3) λ_n^2이 실수이다.

6.5.12 이전 연습문제에서의 A를 다음과 같이 쓸 수 있음을 증명하시오.

$$A = \sum_n \lambda_n |\mathbf{g}_n\rangle\langle \mathbf{f}_n|$$

여기에서 $|\mathbf{g}_n\rangle$과 $|\mathbf{f}_n\rangle$은 1로 정규화되었다.

[힌트] 어떤 임의의 벡터를 $|\mathbf{f}_n\rangle$의 선형 결합 벡터로 전개하라.

6.5.13 다음의 주어진 행렬에 대해서,

$$A = \frac{1}{\sqrt{5}}\begin{pmatrix} 2 & 2 \\ 1 & -4 \end{pmatrix}$$

(a) 전치 행렬 $\widetilde{A}$를 구하고 이를 이용해 $\widetilde{A}A$와 $A\widetilde{A}$를 구하시오.

(b) $A\widetilde{A}|\mathbf{g}_n\rangle = \lambda_n^2|\mathbf{g}_n\rangle$으로부터, λ_n과 $|\mathbf{g}_n\rangle$을 구하고 $|\mathbf{g}_n\rangle$을 정규화하시오.

(c) $\widetilde{A}A|\mathbf{f}_n\rangle = \lambda_n^2|\mathbf{g}_n\rangle$으로부터, [(b)와 같이] λ_n과 $|\mathbf{f}_n\rangle$을 구하고 $|\mathbf{f}_n\rangle$을 정규화하시오.

(d) $A|\mathbf{f}_n\rangle = \lambda_n|\mathbf{g}_n\rangle$과 $\widetilde{A}|\mathbf{g}_n\rangle = \lambda_n|\mathbf{f}_n\rangle$을 증명하시오.

(e) $A = \sum_n \lambda_n |\mathbf{g}_n\rangle\langle \mathbf{f}_n|$임을 증명하시오.

6.5.14 주어진 고윳값 $\lambda_1 = 1$, $\lambda_2 = -1$과 대응되는 고유벡터가 아래와 같이 주어졌을 때,

$$|\mathbf{f}_1\rangle = \begin{pmatrix} 1 \\ 0 \end{pmatrix}, \quad |\mathbf{g}_1\rangle = \frac{1}{\sqrt{2}}\begin{pmatrix} 1 \\ 1 \end{pmatrix}, \quad |\mathbf{f}_2\rangle = \begin{pmatrix} 0 \\ 1 \end{pmatrix}, \quad |\mathbf{g}_2\rangle = \frac{1}{\sqrt{2}}\begin{pmatrix} 1 \\ -1 \end{pmatrix}$$

(a) A를 구성하시오.

(b) $\mathrm{A}|\mathbf{f}_n\rangle = \lambda_n|\mathbf{g}_n\rangle$임을 증명하시오.

(c) $\widetilde{\mathrm{A}}|\mathbf{g}_n\rangle = \lambda_n|\mathbf{f}_n\rangle$임을 증명하시오.

답. $\mathrm{A} = \frac{1}{\sqrt{2}}\begin{pmatrix} 1 & -1 \\ 1 & 1 \end{pmatrix}$

6.5.15 2개의 행렬 U와 H가 다음과 같이 연관되어 있다.

$$\mathrm{U} = e^{ia\mathrm{H}}$$

여기에서 a는 실수이다.

(a) H가 에르미트라면 U는 유니터리임을 보이시오.

(b) U가 유니터리라면, H가 에르미트임을 보이시오. (H는 a와는 무관하다.)

(c) 대각합이 H=0이라면, detU=+1임을 보이시오.

(d) detU=+1이라면 H의 대각합은 0임을 보이시오.

[힌트] H는 닮음 변환에 의해 대각화될 수 있다. 그러면 U는 또한 대각화된다. 대응되는 고윳값들은 $u_j = \exp(iah_j)$로 주어진다.

6.5.16 $n \times n$ 행렬 A가 n개의 고윳값 A_i를 갖고 있다. $\mathrm{B} = e^A$라면, B가 $B_i = \exp(A_i)$로 주어지는 고윳값에 해당하는 고유벡터를 A와 공통적으로 갖게 된다는 것을 보이시오.

6.5.17 어떤 행렬 P가 다음의 조건을 만족하는 사영 연산자이다.

$$\mathrm{P}^2 = \mathrm{P}$$

대응되는 고윳값들은 $(\rho^2)_\lambda$이며, ρ_λ는 다음을 만족시키는 것을 보이시오.

$$(\rho^2)_\lambda = (\rho_\lambda)^2 = \rho_\lambda$$

이것은 P의 고윳값들이 0과 1이라는 것을 의미한다.

6.5.18 다음과 같이 고유벡터-고윳값 방정식을 갖는 **행렬**

$$\mathrm{A}|\mathbf{x}_i\rangle = \lambda_i|\mathbf{x}_i\rangle$$

에서, A는 $n\times n$ 에르미트 행렬이다. 단순화하기 위해서, 그것의 n개의 실 고윳값들은 명확하다고 가정하면, λ_1은 가장 큰 값이다. 만약 $|\mathbf{x}\rangle$가 $|\mathbf{x}_1\rangle$으로 다음과 같이 근사적으로 나타난다면,

$$|\mathbf{x}\rangle = |\mathbf{x}_1\rangle + \sum_{i=2}^{n}\delta_i|\mathbf{x}_i\rangle$$

다음을 보이시오.

$$\frac{\langle\mathbf{x}|\mathrm{A}|\mathbf{x}\rangle}{\langle\mathbf{x}|\mathbf{x}\rangle} \le \lambda_1$$

여기에서 λ_1에서 오차는 $|\delta_i|^2$ 정도를 가지며, $|\delta_i| \ll 1$이라고 하였다.

[힌트] n개의 벡터 $|\mathbf{x}_i\rangle$는 **완전** 직교 집합의 형태로 n차원 (복소) 공간에서 전개될 수 있다.

6.5.19 같은 질량을 갖는 물체가 서로 용수철로 연결되어 있고 그림 6.5와 같이 양쪽 벽에 용수철로 연결되어 있다. 그 물체들은 수평선상에 구속되어 정지하고 있다.

(a) 각 물체에 대해서 뉴턴의 가속 방정식을 구성하시오.

(b) 고유벡터들을 구하기 위해 특성 방정식을 푸시오.

(c) 고유벡터들을 구하고 운동의 정규 모드를 결정하시오.

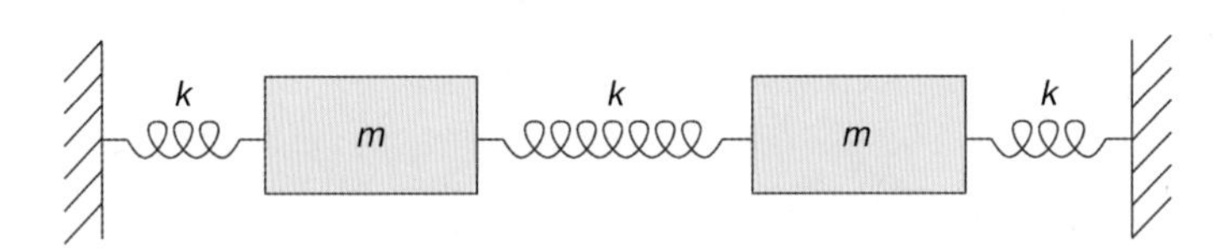

그림 6.5 3개의 용수철이 연결된 진동자

6.5.20 고윳값 λ_j를 갖고 있는 정규 행렬 A가 주어졌을 때, $\mathrm{A}^\dagger$가 고윳값 λ_j^*를 갖고, 그것의 실수부 $(\mathrm{A}+\mathrm{A}^\dagger)/2$는 고윳값 $\Re e(\lambda_j)$, 허수부 $(\mathrm{A}-\mathrm{A}^\dagger)/2i$는 고윳값 $\Im m(\lambda_j)$를 갖는 것을 보이시오.

6.5.21 오일러 각 $\alpha=\pi/4$, $\beta=\pi/2$, $\gamma=5\pi/4$로 주어진 회전을 생각해보자.

(a) 식 (3.37)을 이용해서 이 회전을 나타내는 행렬 U를 구하시오.

(b) U의 고윳값과 고유벡터를 구하고, 이 회전을 기술하는 단일 회전축과 그 축에 대한 회전각을 구하시오.

[참고] 이 방법은 오일러 각과 다른 방법으로 회전을 기술하게 해준다.

❖ 더 읽을 거리

Bickley, W. G., and R. S. H. G. Thompson, *Matrices-Their Meaning and Manipulation.* Princeton, NJ: Van Nostrand (1964). A comprehensive account of matrices in physical problems, and their analytic properties and numerical techniques.

Byron, F. W., Jr., and R. W. Fuller, *Mathematics of Classical and Quantum Physics.* Reading, MA: Addison-Wesley (1969), reprinting, Dover (1992).

Gilbert, J. and L. Gilbert, *Linear Algebra and Matrix Theory.* San Diego: Academic Press (1995).

Golub, G. H., and C. F. Van Loan, *Matrix Computations*, 3rd ed. Baltimore: JHU Press (1996). Detailed mathe-matical background and algorithms for the production of numerical software, including methods for parallel computation. A classic computer science text.

Halmos, P. R., *Finite-Dimensional Vector Spaces*, 2nd ed. Princeton, NJ: Van Nostrand (1958), reprinting, Springer (1993).

Hirsch, M., *Differential Equations, Dynamical Systems, and Linear Algebra.* San Diego: Academic Press (1974).

Heading, J., *Matrix Theory for Physicists.* London: Longmans, Green and Co. (1958). A readable introduction to determinants and matrices, with applications to mechanics, electromagnetism, special relativity, and quantum mechanics.

Jain, M. C., *Vector Spaces and Matrices in Physics*, 2nd ed. Oxford: Alpha Science International (2007).

Watkins, D. S., *Fundamentals of Matrix Computations.* New York: Wiley (1991).

Wilkinson, J. H., *The Algebraic Eigenvalue Problem.* London: Oxford University Press (1965), reprinting (2004). Classic treatise on numerical computation of eigenvalue problems. Perhaps the most widely read book in the field of numerical analysis.

CHAPTER 7

상미분 방정식

이론물리학의 많은 것들은 3차원 물리공간(때로는 시간까지도)에서 미분 방정식으로 기술된다. 그러한 변수들(x, y, z, t)은 일반적으로 **독립변수**(independent variable)로 불리는데, 미분되는 함수나 함수들은 **종속변수**(dependent variable)라고 한다. 1개 이상의 독립변수를 포함하고 있는 미분 방정식을 **편미분 방정식**(partial differential equation)이라고 부르고 약자로 PDE라고 쓴다. 이 장에서는 좀 더 간단한 문제를 고려하는데, 단일 변수의 방정식으로써 **상미분 방정식**(ordinary differential equation)이라고 하고, 약자로 ODE라고 한다. 이후의 장에서 보이겠지만, 편미분 방정식을 푸는 가장 일반적인 방법은 상미분 방정식의 해를 구하는 표현을 포함하고 있으며, 따라서 상미분 방정식을 공부하는 것으로 시작함이 올바를 것이다.

7.1 서론

시작하기에 앞서, 도함수 연산자는 **선형 연산자**(linear operator)임을 알아두어야 하며, 그것은 다음과 같이 표현됨을 의미하고, 도함수 연산자는 선형 연산자 $\mathcal{L}= d/dx$로 정의한다.

$$\frac{d}{dx}(a\varphi(x)+b\psi(x))=a\frac{d\varphi}{dx}+b\frac{d\psi}{dx}$$

고계 도함수도 또한 선형 연산자로써, 예를 들면 다음과 같다.

$$\frac{d^2}{dx^2}(a\varphi(x)+b\psi(x))=a\frac{d^2\varphi}{dx^2}+b\frac{d^2\psi}{dx^2}$$

지금 논의하고 있는 선형성은 **연산자**의 선형성임을 주의해야 한다. 예를 들어, 다음과 같이 정의하면

$$\mathcal{L}=p(x)\frac{d}{dx}+q(x)$$

이것은 **선형**이라는 것을 알 수 있는데, 왜냐하면

$$\begin{aligned}\mathcal{L}(a\varphi(x)+b\psi(x))&=a\left(p(x)\frac{d\varphi}{dx}+q(x)\varphi\right)+b\left(p(x)\frac{d\psi}{dx}+q(x)\psi\right)\\&=a\mathcal{L}\varphi+b\mathcal{L}\psi\end{aligned}$$

이기 때문이다. $\mathcal{L}$의 선형성은 $p(x)$와 $q(x)$가 모두 x의 선형 함수임을 의미하지는 않는다는

것을 보일 수 있다. 따라서 선형 미분 연산자는 다음과 같은 정의를 포함하게 되며,

$$\mathcal{L} \equiv \sum_{\nu=0}^{n} p_\nu(x)\left(\frac{d^\nu}{dx^\nu}\right)$$

여기에서 $p_\nu(x)$는 임의의 함수이다.

어떤 상미분 방정식에서 종속변수(여기에서는 φ)가 모든 항에서 같은 차수를 갖는다면 **동차**(homogeneous)라고 하며, 그렇지 않을 경우 **비동차**(inhomogeneous)라고 한다. 만약에 다음과 같이 쓸 수 있다면 **선형적**(linear)이라고 한다.

$$\mathcal{L}\varphi(x) = F(x) \tag{7.1}$$

여기에서 $\mathcal{L}$은 선형 미분 연산자이며 $F(x)$는 x의 대수함수이다(이것은 미분 연산자가 아니다). 상미분 방정식의 중요한 종류는 선형적이고 동시에 동차인 것인데, 그것은 $\mathcal{L}\varphi = 0$ 모양으로 주어진다.

상미분 방정식의 해는 일반적으로 유일하지 않은데, 만약 많은 해가 존재하면 그것들이 선형 독립인지를 확인하는 것이 필요하다(**선형 종속**은 2.1절에서 논의한다). 동차 선형 상미분 방정식은 어떤 해의 상수 곱도 또한 해이며, 만약 여러 개의 선형 독립의 해를 갖고 있다면, 그 해들의 선형 결합도 상미분 방정식의 해가 되는 일반적인 특징을 갖고 있다. 이것은 만약 $\mathcal{L}$이 선형 연산자라면 모든 a와 b에 대해서 다음과 동등하다는 것과 같다.

$$\mathcal{L}\varphi = 0, \quad \mathcal{L}\psi = 0 \quad \rightarrow \quad \mathcal{L}(a\varphi + b\psi) = 0$$

양자역학에서 슈뢰딩거 방정식은 동차 선형 상미분 방정식이며(또는 1차원보다 큰 차원에 대해서는 동차 선형 편미분 방정식), 그 해들의 선형 결합도 역시 해가 되는 특성은 전기역학, 파동 광학, 양자론 등에서 잘 알려진 **중첩 원리**(superposition principle)의 기반이 된다.

변수 x와 y를 각각 독립변수, 종속변수로 쓰고 일반적인 선형 상미분 방정식을 $\mathcal{L}y = F(x)$와 같은 모양으로 표시하는 것이 편리하다. 통상적으로 도함수를 프라임으로 나타낸다 ($y' \equiv dy/dx$). 이러한 개념으로, 동차 선형 상미분 방정식의 해 y_1과 y_2의 중첩 특성은 상미분 방정식의 c_1y_1, c_2y_2, 그리고 $c_1y_1 + c_2y_2$도 임의의 상수 c_i에 대해서도 해를 갖는다.

몇 가지 물리적으로 중요한 문제들(특히 유체역학과 혼돈 이론에서) 비선형 미분 방정식이 나온다. 잘 알려진 예는 베르누이 방정식으로써

$$y' = p(x)y + q(x)y^n, \qquad n \neq 0,\ 1$$

와 같이 주어지며, 이것은 y의 선형 연산자로 쓰일 수 없다.

상미분 방정식의 다른 용어로써 **계수**(order, 방정식에서 나타나는 최고계의 도함수의 계

수), **차수**(degree, 최고계의 도함수의 지수)가 있다. **선형성**의 개념은 **차수**보다 응용에 더 관련이 있다.

7.2 1계 방정식

물리에서는 1계 미분 방정식으로 표현되는 것들이 있다. 간단하게 해서 일반적으로 다음과 같이 쓸 수 있다.

$$\frac{dy}{dx} = f(x,\ y) = -\frac{P(x,\ y)}{Q(x,\ y)} \tag{7.2}$$

가장 일반적으로 1계 상미분 방정식을 푸는 체계적인 방법은 없는데 반해서, 이 문제를 푸는 여러 다양하고 유용한 풀이 방법이 있다. 그러한 방법들을 몇 가지 익힌 후에, 1계 선형 상미분 방정식을 취급하는 좀 더 체계적인 방법들에 대해서 논의하겠다.

■ 변수 분리법

때때로 식 (7.2)는 다음과 같은 특별한 모양을 가질 수 있다.

$$\frac{dy}{dx} = -\frac{P(x)}{Q(y)} \tag{7.3}$$

그러면 이것은 다음과 같이 쓸 수 있는데,

$$P(x)dx + Q(y)dy = 0$$

$(x_0,\ y_0)$부터 $(x,\ y)$까지 적분하면

$$\int_{x_0}^{x} P(x)dx + \int_{y_0}^{y} Q(y)dy = 0$$

와 같이 된다. 하한(lower limit)이 x_0와 y_0가 상수이기 때문에, 그것들은 간단히 적분상수로 취급될 수 있다. 이러한 변수 분리 방법은 미분 방정식이 꼭 선형일 필요는 **없다**.

예제 7.2.1 낙하산 병사

낙하산을 탄 병사가 떨어질 때 시간에 따른 속도와 특히 최종 도달 속도 v_0를 알고자 한다. 여기에서 공기 저항은 속도에 제곱 $-bv^2$이라고 하고, 중력 mg의 반대 방향으로 작용한다. 중력이 양의 값이 되도록 아래쪽 방향을 양의 방향이라고 좌표계를 잡도록 하자. 간단하게 낙하산을 탄 병사가 낙하산을 펼치는 순간을 $t=0$라고 하고, 초기 속도 $v(t=0)=0$이다. 낙하산을 탄 병사에 적용되는 뉴턴의 법칙은

$$m\dot{v}=mg-bv^2 \tag{7.4}$$

와 같이 되며, m은 낙하산 병사의 질량이다.

종단 속도(terminal velocity)는 운동 방정식에서 $t\to\infty$를 취해서 얻어낼 수 있는데, 이때 가속도는 없기 때문에 $\dot{v}=0$이며

$$bv_0^2=mg \quad \text{또는} \quad v_0=\sqrt{\frac{mg}{b}}$$

이다. 식 (7.4)를 다시 간단하게 쓰면

$$\frac{m}{b}\dot{v}=v_0^2-v^2$$

와 같이 된다. 이 방정식은 변수 분리가 가능하여서 다음과 같이 쓸 수 있다.

$$\frac{dv}{v_0^2-v^2}=\frac{b}{m}dt \tag{7.5}$$

분수를 아래와 같이 고쳐 쓰면,

$$\frac{1}{v_0^2-v^2}=\frac{1}{2v_0}\left(\frac{1}{v+v_0}-\frac{1}{v-v_0}\right)$$

식 (7.5) 양변을 직접 적분을 할 수 있고(왼쪽 항은 $v=0$에서부터 v, 오른쪽 항은 $t=0$에서부터 t까지), 결과적으로

$$\frac{1}{2v_0}\ln\frac{v_0+v}{v_0-v}=\frac{b}{m}t$$

와 같이 된다. 속도에 대해서 풀면

$$v=\frac{e^{2t/T}-1}{e^{2t/T}+1}v_0=v_0\frac{\sinh(t/T)}{\cosh(t/T)}=v_0\tanh\frac{t}{T}$$

와 같이 나타내며, 여기에서 $T=\sqrt{m/gb}$는 속도가 최종적으로 v_0에 점근적으로 도달하는 데 걸리는 시간 상수이다.

숫자를 넣어 계산하면, $g=9.8\ \mathrm{m/s^2}$, $b=700\ \mathrm{kg/m}$, $m=70\ \mathrm{kg}$, $v_0=\sqrt{9.8/10}\approx 1\ \mathrm{m/s}\approx 3.6\ \mathrm{km/h}\approx 2.234\ \mathrm{mi/h}$가 되며, 이것은 보도에서 길을 걷는 속도 정도가 되고, $T=\sqrt{m/gb}=1/\sqrt{10\cdot 9.8}\approx 0.1\ \mathrm{s}$이다. 즉, 일정한 속도 v_0는 몇 초 정도에 도달하게 된다. 마침내, **항상 해를 확인하는 것은 중요하기 때문에**, 이 해가 다음의 원래의 미분 방정식을 만족하는지 확인해보면

$$\dot{v}=\frac{\cosh(t/T)}{\cosh(t/T)}\frac{v_0}{T}-\frac{\sinh^2(t/T)}{\cosh^2(t/T)}\frac{v_0}{T}=\frac{v_0}{T}-\frac{v^2}{Tv_0}=g-\frac{b}{m}v^2$$

와 같이 된다. 낙하산을 탄 병사가 낙하산을 펼칠 때 초기 속도가 $v(0)>0$으로, 좀 더 현실적인 경우의 예제는 연습문제 7.2.16에 있다. ■

■ 완전 미분

식 (7.2)를 다시 쓰면 다음과 같다.

$$P(x,\ y)dx+Q(x,\ y)dy=0 \tag{7.6}$$

만약 이 방정식의 왼쪽 항이 $d\varphi$와 같은 모양이 된다면 이 방정식을 **완전**(exact) 미분 방정식이라고 한다.

$$d\varphi=\frac{\partial\varphi}{\partial x}dx+\frac{\partial\varphi}{\partial y}dy=0 \tag{7.7}$$

완전이라고 하는 것은 $\varphi(x,\ y)$가 다음과 같이 주어진다는 것을 의미한다.

$$\frac{\partial\varphi}{\partial x}=P(x,\ y),\qquad \frac{\partial\varphi}{\partial y}=Q(x,\ y) \tag{7.8}$$

이 상미분 방정식은 식 (7.7)에 대응되기 때문에 그것의 해는 $\varphi(x,\ y)=$상수가 될 것이다.

φ가 식 (7.8)을 만족하는지 찾기에 앞서, 그러한 함수가 존재하는지를 결정하는 것이 좋다. 식 (7.8)로부터 2개의 식이 얻어지는데, 첫 번째 것을 y로 미분하고 두 번째 것을 x로 미분하면,

$$\frac{\partial^2\varphi}{\partial y\partial x}=\frac{\partial P(x,\ y)}{\partial y},\qquad \frac{\partial^2\varphi}{\partial x\partial y}=\frac{\partial Q(x,\ y)}{\partial x}$$

이 되며, 이것은 다음과 동치이다.

$$\frac{\partial P(x,\ y)}{\partial y} = \frac{\partial Q(x,\ y)}{\partial x} \tag{7.9}$$

그러므로 식 (7.9)를 만족하면 식 (7.6)이 존재한다고 결론지을 수 있다. 이렇게 완전성이 검증되면, 식 (7.8)을 적분하여 φ를 얻고 상미분 방정식의 해를 구할 수 있다.

그 해는 다음과 같이 구한다.

$$\varphi(x,\ y) = \int_{x_0}^{x} P(x,\ y)dx + \int_{y_0}^{y} Q(x_0,\ y)dy = \text{상수} \tag{7.10}$$

식 (7.10)의 증명은 연습문제 7.2.7에 남겨두었다.

우리는 변수 분리와 완전성이 서로 독립적인 속성임을 알았다. 모든 변수 분리가 가능한 상미분 방정식은 자동적으로 완전이지만 모든 완전 상미분 방정식이 변수 분리가 가능하지는 않다.

예제 7.2.2 **변수 분리가 가능하지 않은 완전 상미분 방정식**

다음의 상미분 방정식을 생각하자.

$$y' + \left(1 + \frac{y}{x}\right) = 0$$

양변에 xdx를 곱하면 이 상미분 방정식은

$$(x+y)dx + x\,dy = 0$$

이 되는데, 이것은 다음의 모양을 하고 있다.

$$P(x,\ y)dx + Q(x,\ y)dy = 0$$

여기에서 $P(x,\ y) = x + y$이며, $Q(x,\ y) = x$이다. 이 방정식은 변수 분리가 가능하지 않다. 이것이 완전성인지 확인하기 위하여 다음을 계산하자.

$$\frac{\partial P}{\partial y} = \frac{\partial (x+y)}{\partial y} = 1, \qquad \frac{\partial Q}{\partial x} = \frac{\partial x}{\partial x} = 1$$

이것들의 편미분 도함수는 서로 같으며, 이 방정식이 완전하고 다음의 식으로 쓸 수 있다.

$$d\varphi = P\,dx + Q\,dy = 0$$

이 상미분 방정식의 해는 $\varphi = C$와 같이 될 것이고, φ는 식 (7.10)에 따라 계산할 수 있다.

$$\varphi = \int_{x_0}^{x} (x+y)dx + \int_{y_0}^{y} x_0 dy = \left(\frac{x^2}{2} + xy - \frac{x_0^2}{2} - x_0 y\right) + (x_0 y - x_0 y_0)$$

$$= \frac{x^2}{2} + xy + \text{상수항}$$

그러면 해는

$$\frac{x^2}{2} + xy = C$$

이고, 필요하면 y를 x의 함수로 정리할 수 있다. 또한 이 해가 상미분 방정식을 만족하는 해인지 확인할 수 있다. ■

식 (7.6)이 완전하지 않고 식 (7.9)를 만족하지 않는 것은 쉽게 판명될 수 있다. 그러나 미분 방정식을 아래와 같이 양변에 곱하여 그것을 완전하게 만드는 적어도 하나이거나 무수히 많은 **적분 인자**(integrating factor) $\alpha(x, y)$가 있다.

$$\alpha(x, y)P(x, y)dx + \alpha(x, y)Q(x, y)dy = 0$$

불행히도, 적분 인자는 쉽게 찾을 수 없거나 항상 명확히 알 수는 없다. 적분 인자를 찾는 체계적인 방법은 1계 상미분 방정식이 선형일 때만 가능한 것으로 알려졌다. 이것은 1계 선형 상미분 방정식을 다룰 때 논의될 것이다.

■ x와 y에서 동차인 방정식

어떤 상미분 방정식이 식 (7.6)과 같이 쓰일 때 $P(x, y)$와 $Q(x, y)$의 모든 항에 x와 y의 모든 지수에 n을 더하면, 그 상미분 방정식은 x와 y에 대해 (n계의) 동차 방정식이라고 한다. 여기에서 '동차(homogeneous)'라고 하는 것은 식 (7.1)에서 $F(x)$가 0으로 주어지는 선형 상미분 방정식을 기술할 때 쓰였던 동차와는 다른 의미임에 주의해야 한다. 왜냐하면 지금은 x와 y의 모든 지수에 적용되는 것이기 때문이다.

1계 상미분 방정식이 n계 동차이면(선형일 필요는 없고) $y = xv$로 치환하면 ($dy = xdv + vdx$) 변수 분리가 가능하게 할 수 있다. 이러한 치환은 dv를 포함하고 있는 방정식의 모든 항들의 x 의존성을 x^{n+1}로 만들며, dx의 모든 항들은 x 의존성이 x^n으로 된다. 그러면 변수 x와 v는 변수 분리된다.

예제 7.2.3 x와 y에서 동차 상미분 방정식

다음의 상미분 방정식을 고려하자.

$$(2x+y)dx+x\,dy=0$$

이것은 x와 y에 대해 동차이다. $y=xv$, $dy=xdv+vdx$로 치환하면 방정식은

$$(2v+2)dx+x\,dv=0$$

이 되는데, 이것은 변수 분리가 가능하여, 해는 $\ln x+\frac{1}{2}\ln(v+1)=C$가 되고, 이것은 $x^2(v+1)=C$와 같다. $y=xv$이므로, 이 해를 다시 쓰면

$$y=\frac{C}{x}-x$$

가 된다. ■

■ 등압(isobaric) 방정식

이전 소절을 일반화하는 것은 x와 y에 서로 다른 차수를 부여하여 동차식의 정의를 변형하는 것이다. (그렇다면 해당하는 차수는 dx와 dy에도 또한 부여되어야 한다.) 만약 x 또는 dx가 나올 때마다 단위 차수를 부여하고, y나 dy가 나올 때마다 m의 차수를 부여하는 것이 상미분 방정식을 여기에서 정의한 것과 같이 만든다면, $y=x^m v$로 치환하면 방정식을 변수 분리할 수 있게 한다. 예를 들어 설명한다.

예제 7.2.4 등압 상미분 방정식

여기에 등압 상미분 방정식이 있다.

$$(x^2-y)dx+xdy=0$$

x에 차수 1을 부여하고 y에 차수 m을 부여하면, x^2dx는 x에 대해 3의 차수이다. 다른 두 항은 $1+m$의 차수이다. $3=1+m$으로 놓으면, $m=2$라고 하면 모든 항들이 같은 차수가 된다. 이것은 $y=x^2v$의 치환을 해야 한다는 것을 의미한다. 그렇게 하면

$$(1-v)dx+xdv=0$$

을 얻고, 이는

$$\frac{dx}{x}+\frac{dv}{v+1}=0 \quad \longrightarrow \quad \ln x+\ln(v+1)=\ln C \quad \text{또는} \quad x(v+1)=C$$

으로 변수 분리된다. 이로부터, $v = \frac{C}{x} - 1$을 얻는다. $y = x^2 v$이므로, 상미분 방정식은 $y = Cx - x^2$의 해를 갖는다. ■

■ 1계 선형 상미분 방정식

1계 비선형 상미분 방정식은 때때로(항상 그렇지는 않지만) 이미 제시한 방법으로 풀릴 수 있는 반면에, 선형 1계 상미분 방정식은 일반적인 풀이 방식이 있다. 1계 미분 방정식의 일반형은 다음과 같다.

$$\frac{dy}{dx} + p(x)y = q(x) \tag{7.11}$$

만약 이 1계 선형 상미분 방정식이 완전형이라면, 그것의 해는 직접적으로 구할 수 있다. 만약 이것이 완전형이 아니라면, 적분 인자 $\alpha(x)$를 도입하여 완전형으로 만들어야 하며, 상미분 방정식은 다음과 같이 된다.

$$\alpha(x)\frac{dy}{dx} + \alpha(x)p(x)y = \alpha(x)q(x) \tag{7.12}$$

적분 인자 $\alpha(x)$를 곱하는 이유는 식 (7.12)의 왼쪽 항을 완전 미분 형태로 바꾸기 위한 것이므로, 다음과 같이 고쳐쓸 수 있다.

$$\frac{d}{dx}[\alpha(x)y] = \alpha(x)\frac{dy}{dx} + \alpha(x)p(x)y \tag{7.13}$$

식 (7.13)의 왼쪽 항을 풀어서 쓰면 다음과 같이 되고,

$$\alpha(x)\frac{dy}{dx} + \frac{d\alpha}{dx}y = \alpha(x)\frac{dy}{dx} + \alpha(x)p(x)y$$

α는 다음을 만족한다.

$$\frac{d\alpha}{dx} = \alpha(x)p(x) \tag{7.14}$$

그러면 이 방정식은 **변수 분리가 가능**하여서 풀 수 있게 된다. 변수 분리를 하여 적분하면 다음을 얻게 된다.

$$\int^{\alpha} \frac{d\alpha}{\alpha} = \int^{x} p(x)dx$$

이 적분의 하한을 고려할 필요는 없는데, 왜냐하면 그것이 적분 인자에 영향을 미치지 않는

상수를 주게 되고 그 상수는 0으로 놓을 수 있기 때문이다. 이것을 계산하면 다음을 얻게 된다.

$$\alpha(x) = \exp\left[\int^x p(x)dx\right] \tag{7.15}$$

α를 얻었으므로 식 (7.12)를 적분하면 되는데, 식 (7.13)을 다음과 같이 가정하였기 때문에,

$$\frac{d}{dx}[\alpha(x)y(x)] = \alpha(x)q(x)$$

이것을 적분하여 (그리고 α로 나누어) 얻으면

$$y(x) = \frac{1}{\alpha(x)}\left[\int^x \alpha(x)q(x)dx + C\right] \equiv y_2(x) + y_1(x) \tag{7.16}$$

가 된다.

식 (7.16)의 2개의 항은 흥미로운 해석이 가능하다. $y_1 = C/\alpha(x)$ 항은 $q(x)$를 0으로 놓아 얻어진 동차 방정식의 일반해이다. 이것을 알아보기 위해 동차 방정식을 쓰면

$$\frac{dy}{y} = -p(x)dx$$

이고, 이것을 적분하여

$$\ln y = -\int^x p(x)dx + C = -\ln\alpha + C$$

를 얻는다. 양변에 지수함수를 택하고 e^C를 C로 놓으면, $y = C/\alpha(x)$를 얻게 된다. 식 (7.16)의 다른 항은

$$y_2 = \frac{1}{\alpha(x)}\int^x \alpha(x)q(x)dx \tag{7.17}$$

인데, 이것은 오른쪽 항(**소스 항**) $q(x)$에 대응되고, 이것은 원래의 비동차 방정식의 해(C를 0으로 놓을 수 있기 때문에 명확히)이다. 즉, 비동차 방정식의 일반해는 **특수해**(particular solution)와 대응되는 동차 방정식의 일반해의 합이다.

위와 같은 발견은 다음의 정리로 기술될 수 있다.

> 1계 선형 상미분 방정식의 해는 대응되는 동차 상미분 방정식의 해의 임의의 곱 외에는 유일하다.

이것을 보이기 위해, y_1과 y_2가 식 (7.11)의 비동차 상미분 방정식의 해라고 가정한다. 그러면 y_1에 대한 방정식에서 y_2에 대한 방정식을 빼면 다음과 같이 된다.

$$y'_1 - y'_2 + p(x)(y_1 - y_2) = 0$$

이것은 $y_1 - y_2$가 (어떠한 스케일에서) 동차 상미분 방정식의 해라는 것을 말한다. 이 동차 상미분 방정식의 어떠한 해에 임의의 상수를 곱했을 때도 역시 해라는 것을 기억하자.

그러면 다음의 정리를 얻을 수 있다.

1계 동차 선형 상미분 방정식은 단지 하나의 선형적인 독립해를 갖는다.

두 해 $y_1(x)$와 $y_2(x)$는 $ay_1 + by_2 = 0$이 되게 하는 영이 아닌 두 상수 a와 b가 존재하면 서로 선형 종속이다. 이 같은 경우, 이것은 y_1과 y_2가 서로 비례 관계에 있다면 선형 종속이라는 말과 동일하다.

이 정리를 증명하기 위하여, 동차 상미분 방정식이 선형 독립인 해 y_1과 y_2를 갖는다고 가정하자. 그러면 동차 상미분 방정식으로부터 다음을 얻는다.

$$\frac{y'_1}{y_1} = -p(x) = \frac{y'_2}{y_2}$$

이 방정식의 첫 번째와 마지막 부분을 적분하면 다음을 얻게 되고,

$$\ln y_1 = \ln y_2 + C, \qquad y_1 = Cy_2$$

이것은 y_1과 y_2가 서로 선형 독립이라는 처음의 가정과 모순된다.

예제 7.2.5 RL **회로**

어떤 저항과 인덕턴스로 구성된 회로에 대해, 키르히호프의 법칙을 적용하면

$$L\frac{dI(t)}{dt} + RI(t) = V(t)$$

가 되는데, 여기에서 $I(t)$는 전류이며, L과 R는 각각 상수의 값을 갖는 인덕턴스와 저항이고, $V(t)$는 시간에 의존하는 입력 전압이다.

식 (7.15)로부터, 여기에 적분 인자 $\alpha(t)$를 구하면

$$\alpha(t) = \exp\int^t \frac{R}{L}dt = e^{Rt/L}$$

이다. 식 (7.16)에 의하여

$$I(t) = e^{-Rt/L}\left[\int^t e^{Rt/L}\frac{V(t)}{L}dt + C\right]$$

가 되고, 상수 C는 초기 조건에 의해 결정된다.

$V(t) = V_0$로 상수인 특별한 경우에 대해,

$$I(t) = e^{-Rt/L}\left[\frac{V_0}{L}\cdot\frac{L}{R}e^{Rt/L} + C\right] = \frac{V_0}{R} + Ce^{-Rt/L}$$

이다. 만약 초기 조건이 $I(0) = 0$이면, $C = -V_0/R$이고

$$I(t) = \frac{V_0}{R}\left[1 - e^{-Rt/L}\right]$$

이 된다. ■

1계 비동차 선형 상미분 방정식은 **상수 변환**(variation of the constant)으로 불리는 방법에 의해 풀거나, 다르게는 **매개변수 변환**(variation of parameter)이라는 다음의 방법에 의해 풀 수 있다는 것을 소개하면서 이 절을 마치고자 한다. 첫째로, 동차 상미분 방정식 $y' + py = 0$을 이전에 소개한대로 변수 분리 방법으로 풀면

$$\frac{y'}{y} = -p, \qquad \ln y = -\int^x p(X)dX + \ln C, \qquad y(x) = C\exp\left(-\int^x p(X)dX\right)$$

으로 구할 수 있다. 다음에 x에 의존하는 적분상수를 고려하자[$C \to C(x)$]. 이것은 '상수 변환'이라는 방법을 위한 것이다. 이 비동차 상미분 방정식의 치환을 준비하기 위하여 y'을 계산하면

$$y' = \exp\left(-\int^x p(X)dX\right)\left[-pC(x) + C'(x)\right] = -py(x) + C'(x)\exp\left(-\int^x p(X)dX\right)$$

이다. 비동차 상미분 방정식 $y' + py = q$에 y'을 대입하여 약간의 약분을 하면 다음을 얻을 수 있는데,

$$C'(x)\exp\left(-\int^x p(X)dX\right) = q$$

이것은 다음과 같이 적분으로 얻을 수 있는 $C(x)$에 대한 변수 분리가 가능한 상미분 방정식이다.

$$C(x) = \int^{x} \exp\left(\int^{X} p(Y)dY\right) q(X)dX, \qquad y = C(x)\exp\left(-\int^{x} p(X)dX\right)$$

이 비동차 상미분 방정식의 특수해는 식 (7.17)에서 y_2에 해당한다.

연습문제

7.2.1 키르히호프의 법칙으로부터, RC(저항-커패시터) 회로(그림 7.1)에서 전류 I는 다음의 방정식을 따른다.

$$R\frac{dI}{dt} + \frac{1}{C}I = 0$$

(a) $I(t)$를 구하시오.

(b) 10,000 μF의 커패시터에 100 V의 전압으로 대전되어서 1 MΩ의 저항으로 방전된다고 할 때, $t=0$과 $t=100$초일 때 전류 I를 구하시오.

[참고] 초기 전압은 $I_0 R$ 또는 Q/C이고, $Q = \int_0^{\infty} I(t)dt$이다.

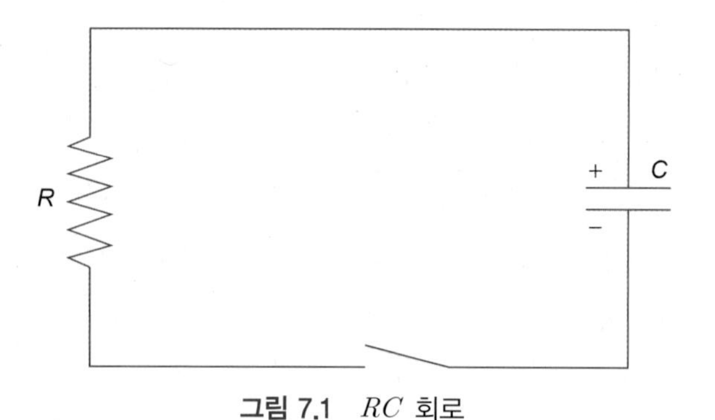

그림 7.1 RC 회로

7.2.2 $n=0$의 베셀 방정식의 라플라스 변환은 다음을 얻게 된다.

$$(s^2+1)f'(s) + sf(s) = 0$$

$f(s)$를 푸시오.

7.2.3 이체(two-body) 충돌에 의해 파괴되는 개체 수의 감소가 다음과 같이 주어진다고 할 때

$$\frac{dN}{dt} = -kN^2$$

이것은 1계 **비선형**(nonlinear) 미분 방정식이다. 이 해가 다음과 같음을 구하시오.

$$N(t) = N_0\left(1 + \frac{t}{\tau_0}\right)^{-1}$$

여기에서 $\tau_0 = (kN_0)^{-1}$이다. 이것은 $t = -\tau_0$에서 무한대의 수가 됨을 의미한다.

7.2.4 어떤 특별한 화학반응 $A + B \to C$의 비율은 각각 반응물 A와 B의 양에 비례한다.

$$\frac{dC(t)}{dt} = \alpha[A(0) - C(t)][B(0) - C(t)]$$

(a) $A(0) \neq B(0)$에 대해 $C(t)$를 구하시오.

(b) $A(0) = B(0)$에 대해 $C(t)$를 구하시오.

초기 조건은 $C(0) = 0$이다.

7.2.5 물에 떠가는 배는 v^n에 비례하는 저항력을 받으며, v는 배의 순간 속도이다. 뉴턴의 제2법칙에 의해

$$m\frac{dv}{dt} = -kv^n$$

와 같이 주어지는데, $v(t=0) = v_0$, $x(t=0) = 0$이다. 적분으로 시간의 함수로 v를 구하고 거리의 함수로 v를 구하시오.

7.2.6 1계 미분 방정식 $dy/dx = f(x, y)$에서, $f(x, y)$는 y/x의 함수로 다음과 같이 주어진다고 할 때,

$$\frac{dy}{dx} = g(y/x)$$

$u = y/x$로 치환하면 u와 x로 변수 분리가 되는 방정식이 됨을 보이시오.

7.2.7 미분 방정식

$$P(x, y)dx + Q(x, y)dy = 0$$

은 **완전** 미분형이다. 이것의 해가 다음과 같음을 보이시오.

$$\varphi(x, y) = \int_{x_0}^{x} P(x, y)dx + \int_{y_0}^{y} Q(x_0, y)dy = \text{상수}$$

7.2.8 미분 방정식

$$P(x,\ y)dx + Q(x,\ y)dy = 0$$

은 **완전** 미분 방정식이다. 만약

$$\varphi(x,\ y) = \int_{x_0}^{x} P(x,\ y)dx + \int_{y_0}^{y} Q(x_0,\ y)dy$$

라면, 다음을 보이시오.

$$\frac{\partial \varphi}{\partial x} = P(x,\ y), \qquad \frac{\partial \varphi}{\partial y} = Q(x,\ y)$$

그러므로 $\varphi(x,\ y) =$상수가 원래의 미분 방정식의 해이다.

7.2.9 식 (7.12)가 식 (7.9)의 관점으로 완전 미분 방정식임을 증명하시오. 이때 $\alpha(x)$는 식 (7.14)를 만족한다.

7.2.10 어떤 미분 방정식이 다음과 같은 형을 갖고 있을 때,

$$f(x)dx + g(x)h(y)dy = 0$$

$f(x),\ g(x),\ h(y)$는 모두 0이 아니다. 이 방정식이 완전형이 되는 필요충분조건은 $g(x) =$ 상수임을 보이시오.

7.2.11 주어진 $y(x)$가

$$y(x) = \exp\left[-\int^{x} p(t)dt\right]\left\{\int^{x} \exp\left[\int^{s} p(t)dt\right] q(s)ds + C\right\}$$

다음의 방정식의 해임을 $y(x)$를 미분하고 미분 방정식에 대입하여 보이시오.

$$\frac{dy}{dx} + p(x)y(x) = q(x)$$

7.2.12 정지하고 있는 매질 내에서 떨어지고 있는 물체의 운동은 저항력이 속도 v에 비례할 때 다음과 같이 기술될 수 있다.

$$m\frac{dv}{dt} = mg - bv$$

이때, 속도를 구하시오. 초기 조건 $v(0) = 0$을 이용해서 적분상수를 구하시오.

7.2.13 방사능 원소는 다음과 같은 법칙에 따라 붕괴되는데,

$$\frac{dN}{dt} = -\lambda N$$

N은 주어진 방사능 원소의 개수이며, λ는 붕괴 상수이다. $N_1(t)$와 $N_2(t)$의 수를 갖는 2개의 다른 핵종이 연쇄적으로 방사능 붕괴를 일으킬 때 다음과 같이 주어진다.

$$\frac{dN_1}{dt} = -\lambda_1 N_1$$

$$\frac{dN_2}{dt} = \lambda_1 N_1 - \lambda_2 N_2$$

$N_1(0) = N_0$와 $N_2(0) = 0$으로 초기 조건이 주어졌을 때, $N_2(t)$를 구하시오.

7.2.14 일정한 밀도를 갖는 액체의 구형 방울이 증발되는 속도는 그것의 표면적과 비례한다. 이것이 질량 손실로만 나타난다고 가정할 때, 그 액체 방울의 반지름을 시간의 함수로 구하시오.

7.2.15 다음의 동차 선형 미분 방정식에서

$$\frac{dv}{dt} = -av$$

변수는 분리 가능하다. 변수를 분리시켰을 때, 이 방정식은 완전형이다. 다음의 방법에 따라 $v(0) = v_0$에 대해 이 미분 방정식을 푸시오.

(a) 변수를 분리시켜 적분하시오.

(b) 변수 분리 방정식이 완전형임을 이용하시오.

(c) 동차 선형 미분 방정식의 결과를 이용하시오.

답. $v(t) = v_0 e^{-at}$

7.2.16 (a) 예제 7.2.1에서 낙하산을 탄 병사의 속도가 $v_i = 60$ mi/h에 도달했을 때(이때를 $t = 0$으로 생각하자) 낙하산을 펼친다고 할 때, $v(t)$를 구하시오.

(b) 질량이 $m = 70$ kg인 스카이다이버가 마찰 계수 $b = 0.25$ kg/m로 자유낙하한다고 할 때, 제한된 속도는 얼마인가?

7.2.17 다음의 상미분 방정식을 푸시오.

$$(xy^2 - y)dx + x\,dy = 0$$

7.2.18 다음의 상미분 방정식을 푸시오.

$$(x^2 - y^2 e^{y/x})dx + (x^2 + xy)e^{y/x}dy = 0$$

[힌트] 지수에서 y/x는 차원이 없으며 동차의 결정에는 영향을 미치지 않는다.

7.3 상수 계수를 갖는 상미분 방정식

2계 상미분 방정식을 시작하기에 앞서, 이 장의 주요 내용은 좀 더 특별한 주제에 맞추고자 하는데, 상미분 방정식에서 자주 나타나는 동차항이 상수 계수를 갖는 선형 미분 방정식을 다루고자 한다. 그것의 일반적인 형은

$$\frac{d^n y}{dx^n} + a_{n-1}\frac{d^{n-1}y}{dx^{n-1}} + \cdots + a_1\frac{dy}{dx} + a_0 y = F(x) \tag{7.18}$$

과 같다. 동차 방정식 식 (7.18)을 만족하는 해는 $y = e^{mx}$형을 갖게 되며, 여기에서 m은 다음의 대수 방정식의 해이다.

$$m^n + a_{n-1}m^{n-1} + \cdots + a_1 m + a_0 = 0$$

위 식은 해를 미분 방정식에 대입하면 얻어진다.

m이 여러 개의 근을 갖는 경우에, 위의 방정식은 원래의 n계 상미분 방정식에 대해 n개의 선형 독립적인 해 모두를 주지는 않는다. 2개의 근이 서로 접근하는 극한의 과정을 생각한다면, 만약 e^{mx}가 해라면 $de^{mx}/dm = xe^{mx}$임을 보일 수 있다. 3개의 근은 e^{mx}, xe^{mx}, $x^2 e^{mx}$ 등으로 주어진다.

예제 7.3.1 용수철에서 훅의 법칙

질량 M이 훅의 법칙을 따라 (용수철 상수가 k인) 용수철에 매달려 있을 때 그 운동은 진동운동이 된다. y를 평형점으로부터 질점이 떨어진 위치라고 한다면, 뉴턴의 법칙으로부터

$$M\frac{d^2y}{dt^2} = -ky$$

로 쓸 수 있고, 이것은 $a_0 = k/M$인 $y'' + a_0 y = 0$인 상미분 방정식이다. 이 방정식의 일반해

는 $C_1 e^{m_1 t} + C_2 e^{m_2 t}$로 주어지며, 여기에서 m_1과 m_2는 대수 방정식 $m^2 + a_0 = 0$의 해이다. m_1과 m_2의 값은 $\pm i\omega$이며, 여기에서 $\omega = \sqrt{k/M}$으로써, 상미분 방정식의 해는

$$y(t) = C_1 e^{+i\omega t} + C_2 e^{-i\omega t}$$

이다. 상미분 방정식이 동차이기 때문에, 그것의 일반해는 두 해의 임의의 선형 결합으로 나타낼 수 있다. 아래와 같은 관계에 따라

$$\frac{e^{i\omega t} + e^{-i\omega t}}{2} = \cos\omega t, \qquad \frac{e^{i\omega t} - e^{-i\omega t}}{2i} = \sin\omega t$$

다른 표현으로는

$$y(t) = C_1 \cos\omega t + C_2 \sin\omega t$$

와 같이 나타낼 수 있다. 특정한 진동 문제의 해는 $y(0)$, $y'(0)$와 같이 초기 조건에 의해 계수 C_1과 C_2를 결정할 수 있다. ■

연습문제

※ 다음의 상미분 방정식의 일반해를 구하시오. 모든 해는 실수 형태로 표현하시오(허수의 양을 포함하지 않게).

7.3.1 $y''' - 2y'' - y' + 2y = 0$

7.3.2 $y''' - 2y'' + y' - 2y = 0$

7.3.3 $y''' - 3y' + 2y = 0$

7.3.4 $y'' + 2y' + 2y = 0$

7.4 2계 선형 상미분 방정식

이 장의 주요 주제인 2계 선형 상미분 방정식으로 돌아와보자. 이것은 특별히 중요한데, 왜냐하면 양자역학이나 전자기학 등 물리학의 여러 분야에서 나타나는 편미분 방정식을 풀 때 자주 나오는 방식을 사용하기 때문이다. 1계 선형 상미분 방정식과는 달리, 완전한 식을

갖는 일반적인 풀이방법은 없고, 대개의 경우 멱급수의 형태로 나타나는 것이 일반적이다. 급수해를 이용한 방법은 상미분 방정식에 적용하는 특이해를 다루면서 시작하도록 하겠다.

■ 특이점

상미분 방정식의 특이해 개념은 다음의 두 가지 이유로 중요하다. (1) 이것은 상미분 방정식을 특정짓는 데 유용하고, 그것을 통상적인 형태로 변환시키는 데에도 중요하다(이 소절의 후반부에서 다룬다). 그리고 (2) 상미분 방정식의 급수해를 갖는지 가능성을 알아볼 수 있다. 그 가능성은 푸흐의 정리(Fuchs' theorem)를 다루면서 간단히 설명할 것이다.

2계 선형 상미분 방정식의 일반형은

$$y'' + P(x)y' + Q(x)y = 0 \tag{7.19}$$

이며, x_0에서 $P(x)$와 $Q(x)$가 유한하면 이것을 상미분 방정식의 **보통점**(ordinary points)이라고 한다. 그러나 $x \to x_0$에서 $P(x)$와 $Q(x)$가 발산하면 x_0를 **특이점**(singular point)이라고 한다. 특이점은 다음에 각각 **정상**(regular)과 **비정상**(irregular)으로 구분 지을 것이다 [비정상은 때때로 **본질적인 특이점**(essential singularity)이라고 부르기도 한다].

- $P(x)$와 $Q(x)$가 발산하지만 $(x-x_0)P(x)$와 $(x-x_0)^2Q(x)$가 유한하면, 특이점 x_0를 **정상**이라고 한다.
- $x \to x_0$에 대해 $P(x)$가 $1/(x-x_0)$보다 더 빨리 발산해서 $(x-x_0)P(x)$가 발산하거나, $Q(x)$가 $1/(x-x_0)^2$보다 더 빨리 발산해서 $(x-x_0)^2Q(x)$가 발산하면 특이점 x_0를 **비정상**이라고 한다.

이러한 정의는 모든 유한한 x_0에 대해 성립한다. $x \to \infty$에서 어떻게 되는지 분석하기 위해서 $x = 1/z$로 놓고 미분 방정식에 대입을 하여 $z \to 0$의 극한에서 어떻게 되는지 분석해보자. 종속변수 $y(x)$를 기술하는 상미분 방정식은 이제 $w(z) = y(z^{-1})$로 정의되는 $w(z)$로 표현된다. 도함수 연산자는 다음과 같이 변환되는데,

$$y' = \frac{dy(x)}{dx} = \frac{dy(z^{-1})}{dz}\frac{dz}{dx} = \frac{dw(z)}{dz}\left(-\frac{1}{x^2}\right) = -z^2w' \tag{7.20}$$

$$y'' = \frac{dy'}{dz}\frac{dz}{dx} = (-z^2)\frac{d}{dz}[-z^2w'] = z^4w'' + 2z^3w' \tag{7.21}$$

식 (7.20)과 (7.21)을 이용하면 식 (7.19)는 다음과 같이 변환된다.

$$z^4 w'' + [2z^3 - z^2 P(z^{-1})]w' + Q(z^{-1})w = 0 \tag{7.22}$$

상미분 방정식의 표준형으로 고치기 위해서 양변을 z^4으로 나누면 다음과 같은 항에 의하여 $z=0$에서 특이점이 발생되는 것을 볼 수 있다.

$$\frac{2z - P(z^{-1})}{z^2}, \qquad \frac{Q(z^{-1})}{z^4}$$

$z=0$에서 이 항이 유한하다면 $x=\infty$는 보통점이다. 만약 이 항들이 $1/z$와 $1/z^2$보다 더 빨리 발산한다면, $x=\infty$는 정상 특이점이다. 그렇지 않으면 이것은 비정상 특이점(또는 본질적인 특이점)이다.

예제 7.4.1 **베셀 방정식**

베셀 방정식은

$$x^2 y'' + xy' + (x^2 - n^2)y = 0$$

이다. 이것을 식 (7.19)와 비교하면

$$P(x) = \frac{1}{x}, \qquad Q(x) = 1 - \frac{n^2}{x^2}$$

으로 나타낼 수 있고, 이것은 $x=0$이 정상 특이점이라는 것을 볼 수 있다. 이것은 유한한 영역에서 다른 특이점이 없다는 것을 확인할 수 있다. $x \to \infty$ $(z \to 0)$에 따라 식 (7.22)는 다음 계수를 갖는다.

$$\frac{2z - z}{z^2}, \qquad \frac{1 - n^2 z^2}{z^4}$$

후자의 표현은 $1/z^4$으로 발산하기 때문에 $x=\infty$는 비정상 또는 본질적인 특이점이다. ■

표 7.1은 물리학에서 중요한 여러 상미분 방정식의 특이점을 정리한 것이다. 표 7.1에서 처음 3개의 방정식은 초기하(hypergeometric) 방정식, 르장드르(Legendre) 방정식, 체비셰프(Chebyshev) 방정식인데, 모두 3개의 정상 특이점을 갖고 있다. 0, 1과 무한대에서 정상 특이점을 갖고 있는 초기하 방정식은 정준형(canonical form)인 표준형을 취하고 있다. 다른 2개의 방정식의 해는 초기하 함수의 해로 표현할 수 있다. 이는 13장에서 논의할 것이다.

같은 방식으로, 합류 초기하(confluent hypergeometric) 방정식은 1개의 정상점과 1개의 비정상 특이점을 갖는 2계 선형 미분 방정식의 정준형으로 취할 수 있다.

표 7.1 중요한 상미분 방정식의 특이점

방정식	정상 특이점 $x=$	비정상 특이점 $x=$
1. 초기하 $x(x-1)y''+[(1+a+b)x+c]y'+aby=0$	$0, 1, \infty$	$\cdots$
2. 르장드르[a] $(1-x^2)y''-2xy'+l(l+1)y=0$	$-1, 1, \infty$	$\cdots$
3. 체비셰프 $(1-x^2)y''-xy'+n^2y=0$	$-1, 1, \infty$	$\cdots$
4. 합류 초기하 $xy''+(c-x)y'-ay=0$	0	∞
5. 베셀 $x^2y''+xy'+(x^2-n^2)y=0$	0	∞
6. 라게르[a] $xy''+(1-x)y'+ay=0$	0	∞
7. 단순 조화 진동자 $y''+\omega^2y=0$	$\cdots$	∞
8. 에르미트 $y''-2xy'+2\alpha y=0$	$\cdots$	∞

[a] 관련 방정식은 동일한 특이점을 가지고 있다.

연습문제

7.4.1 르장드르 방정식은 $x=-1, 1, \infty$에서 정상 특이점을 가짐을 보이시오.

7.4.2 르장드르 방정식은 베셀 방정식과 같이 $x=0$에서 정상 특이점을 갖고, $x=\infty$에서 비정상 특이점을 갖는다는 것을 보이시오.

7.4.3 체비셰프 방정식은 르장드르 방정식과 같이 $x=-1, 1, \infty$에서 정상 특이점을 갖는다는 것을 보이시오.

7.4.4 에르미트 방정식은 $x=\infty$에서 비정상 특이점을 갖고 그 외에는 특이점을 갖지 않음을 보이시오.

7.4.5 다음의 치환을 통해

$$x \to \frac{1-x}{2}, \qquad a=-l, \qquad b=l+1, \qquad c=1$$

초기하 방정식을 르장드르 방정식으로 변환하시오.

7.5 급수해-프로베니우스 방법

이 절에서는 2계 동차 선형 상미분 방정식의 해를 얻는 방법을 소개한다. 그것은 기계적인 방법인데, 몇 가지 예를 통해 살펴본 후에, 급수해가 존재하는 조건에 대해 논의하는 것으로 돌아올 것이다.

다음의 2계 동차 선형 상미분 방정식을 고려하자.

$$\frac{d^2y}{dx^2}+P(x)\frac{dy}{dx}+Q(x)y=0 \tag{7.23}$$

이 절에서는 $x=0$ 근방에서 전개함으로써 식 (7.23)을 만족하는 해가 적어도 하나 존재함을 밝힐 것이다. 다음 절에서 **두 번째 해는 독립해이며, 독립적인 세 번째 해는 존재하지 않음**을 밝힐 것이다. 식 (7.23)의 **가장 일반적인 해**는 다음의 2개의 독립해로 나타낼 수 있다.

$$y(x)=c_1y_1(x)+c_2y_2(x) \tag{7.24}$$

물리적인 문제로써 2계 **비동차** 선형 상미분 방정식이 나올 수 있다.

$$\frac{d^2y}{dx^2}+P(x)\frac{dy}{dx}+Q(x)y=F(x) \tag{7.25}$$

오른쪽 항인 함수 $F(x)$는 일반적으로 (정전하와 같은) 원천(source)이거나 (진동자와 같이) 외부에서 가하는 힘이다. 이러한 비동차 상미분 방정식을 푸는 방법에 대해 15장의 라플라스 변환이란 방법을 도입하여 이 장의 뒤에 논의할 것이다. 1개의 **특이 적분**(particular integral)을 가정하여, 비동차 상미분 방정식을 만족하는 특수해 y_p를 얻고 그것을 식 (7.23)의 동차 미분 방정식의 해와 합하여 식 (7.25)의 **가장 일반적인 해**를 얻을 수 있다.

$$y(x)=c_1y_1(x)+c_2y_2(x)+y_p(x) \tag{7.26}$$

많은 문제에서 상수 c_1과 c_2는 경계조건에 의해 결정될 수 있다.

지금은 $F(x)=0$이라고 가정하여, 미분 방정식은 동차이다. 2계 동차 선형 미분 방정식 식 (7.23)의 해를 미정계수를 갖는 멱급수로 치환하여 얻을 수 있다. 또한 매개변수로써 급수의 0이 아닌 가장 낮은 차수의 지수 항에 대한 식을 얻을 수 있다. 이것을 알기 위해서 다음의 두 중요한 미분 방정식에 적용시켜보자.

■ 첫 번째 예-선형 진동자

다음의 (고전적인) 선형 진동자 방정식을 생각하자.

$$\frac{d^2y}{dx^2}+\omega^2 y=0 \tag{7.27}$$

예제 7.3.1에서 이것을 다른 방법으로 풀어서 이미 해를 알고 있다. 그 해는 $y=\sin\omega x$와 $\cos\omega x$이다.

여기에서 이 해가 다음과 같은 급수해를 갖는다고 가정하고,

$$\begin{aligned} y(x) &= x^x(a_0+a_1x+a_2x^2+a_3x^3+\cdots) \\ &= \sum_{j=0}^{\infty} a_j x^{s+j}, \qquad a_0 \neq 0 \end{aligned} \tag{7.28}$$

지수 s와 모든 계수 a_j는 정해지지 않았다. s는 반드시 정수여야만 하는 것이 아님에 주의하자. 이것을 두 번 미분함으로써 다음을 얻을 수 있으며,

$$\frac{dy}{dx}=\sum_{j=0}^{\infty} a_j(s+j)x^{s+j-1}$$

$$\frac{d^2y}{dx^2}=\sum_{j=0}^{\infty} a_j(s+j)(s+j-1)x^{s+j-2}$$

이것을 식 (7.27)에 대입하면 다음을 얻을 수 있다.

$$\sum_{j=0}^{\infty} a_j(s+j)(s+j-1)x^{s+j-2}+\omega^2\sum_{j=0}^{\infty} a_j x^{s+j}=0 \tag{7.29}$$

(1장에서) 멱급수의 유일성에 대한 분석으로부터, 식 (7.29)의 왼쪽 항에 있는 x의 각 지수의 계수는 각각 0이 되어야 하며, x^s는 전체에 곱해진 인자가 된다.

식 (7.29)에서 나타난 x의 가장 낮은 차수는 x^{s-2}인데, 이것은 첫 번째 합에서 $j=0$일 때만 나타난다. 이러한 계수가 사라져야 한다는 조건으로 다음을 얻을 수 있다.

$$a_0 s(s-1)=0$$

여기에서 식 (7.28)에서 0이 아닌 가장 낮은 차수의 계수 a_0는 정의에 의해 $a_0\neq 0$임을 생각하자. 그러면 다음을 얻을 수 있고,

$$s(s-1)=0 \tag{7.30}$$

이 방정식은 x의 가장 낮은 차수의 계수로부터 나온 것이고 이것을 **지표 방정식**(indicial equation)이라 한다. 이 지표 방정식과 그것의 근은 분석에서 특히 중요하다. 명확하게, 이 예에서 $s=0$이든지 $s=1$이라는 것을 알 수 있고, 급수해는 x^0이나 x^1항으로 시작해야만 한다.

식 (7.29)를 살펴보면, x의 그 다음으로 낮은 차수는 x^{s-1}이며, 이것은 ($j=1$ 첫 번째 합에 대해) 유일하다. x^{s-1}의 계수가 0이라는 것으로부터

$$a_1(s+1)s=0$$

이다. $s=1$이라면 $a_1=0$이어야만 한다. 그러나 만약 $s=0$이라면, 이 방정식은 계수의 집합에 대해 어떠한 제약조건도 없게 된다.

s에 대한 두 가능성에 대해 고려하기 전에, 식 (7.29)로 다시 돌아와서 남아 있는 계수가 0이라는 조건을 적용한다. x^{s+j}의 계수에 대한 기여는 ($j \geq 0$) 첫 번째 합에서 a_{j+2}를 포함한 항에서 왔으며, 두 번째 합에서는 a_j를 포함한 항으로부터 오게 된다. 첫 번째 합에서 $j=0$과 $j=1$을 이미 다루었기 때문에, $j \geq 0$을 사용할 때 두 급수의 모든 항을 사용하였다. 각 j값에 대해서, x^{s+j}의 모든 계수는 0이라는 것으로부터

$$a_{j+2}(s+j+2)(s+j+1)+\omega^2 a_j=0$$

을 얻을 수 있고, 이것은

$$a_{j+2}=-a_j\frac{\omega^2}{(s+j+2)(s+j+1)} \tag{7.31}$$

로 얻을 수 있다. 이것을 **점화 관계**(recurrence relation)[1]라고 한다. 지금의 문제에서 a_j가 주어지면 식 (7.31)의 관계로 a_{j+2}를 계산할 수 있고, 마찬가지로 a_{j+4}, a_{j+6}, ...을 계속적으로 계산할 수 있다. 즉, a_0에서부터 시작하면 짝수 계수 a_2, a_4, ...을 얻을 수 있지만, 홀수 계수 a_1, a_3, ...에 대해서는 정보가 없다. 그러나 $s=0$이라면 a_1은 임의의 수이고, $s=1$이라면 필요조건으로 0이 되기 때문에, 이것을 0으로 놓으면 식 (7.31)에 의해

$$a_3=a_5=a_7=\cdots=0$$

이 된다. 이 결과는 모든 홀수 계수는 0이 되는 결과를 보여준다.

식 (7.30)으로 돌아와서, 지표 방정식은 $s=0$에 대한 해로 시작한다. 점화 관계식, 식 (7.31)은

---

[1] 일부 문제에서, 점화 관계는 두 가지 이상의 항을 포함할 수 있다. 정확한 형태는 상미분 방정식의 함수 $P(x)$와 $Q(x)$에 따라 달라진다.

$$a_{j+2} = -a_j \frac{\omega^2}{(j+2)(j+1)} \tag{7.32}$$

가 되며, 이로부터 다음을 얻을 수 있다.

$$a_2 = -a_0 \frac{\omega^2}{1 \cdot 2} = -\frac{\omega^2}{2!} a_0$$

$$a_4 = -a_2 \frac{\omega^2}{3 \cdot 4} = +\frac{\omega^4}{4!} a_0$$

$$a_6 = -a_4 \frac{\omega^2}{5 \cdot 6} = -\frac{\omega^6}{6!} a_0$$

$$\cdots$$

수학적 귀납법으로(1.4절 참고)

$$a_{2n} = (-1)^n \frac{\omega^{2n}}{(2n)!} a_0 \tag{7.33}$$

으로 표현할 수 있으며, 그러면 해는

$$y(x)_{s=0} = a_0 \left[1 - \frac{(\omega x)^2}{2!} + \frac{(\omega x)^4}{4!} - \frac{(\omega x)^6}{6!} + \cdots \right] = a_0 \cos \omega x \tag{7.34}$$

가 된다. 식 (7.30)으로부터 지표 방정식의 해 $s = 1$을 택하면, 식 (7.31)의 점화 관계식은

$$a_{j+2} = -a_j \frac{\omega^2}{(j+3)(j+2)} \tag{7.35}$$

가 된다. $j = 0, 2, 4, \ldots$에 대해서 연속적으로 다음을 얻을 수 있다.

$$a_2 = -a_0 \frac{\omega^2}{2 \cdot 3} = -\frac{\omega^2}{3!} a_0$$

$$a_4 = -a_2 \frac{\omega^2}{4 \cdot 5} = +\frac{\omega^4}{5!} a_0$$

$$a_6 = -a_4 \frac{\omega^2}{6 \cdot 7} = -\frac{\omega^6}{7!} a_0$$

$$\cdots$$

다시 수학적 귀납법으로 정리하면

$$a_{2n} = (-1)^n \frac{\omega^{2n}}{(2n+1)!} a_0 \tag{7.36}$$

이 된다. $s=1$을 선택하면 다음을 얻게 된다.

$$\begin{aligned} y(x)_{s=1} &= a_0 x\left[1-\frac{(\omega x)^2}{3!}+\frac{(\omega x)^4}{5!}-\frac{(\omega x)^6}{7!}+\cdots\right] \\ &= \frac{a_0}{\omega}\left[(\omega x)-\frac{(\omega x)^3}{3!}+\frac{(\omega x)^5}{5!}-\frac{(\omega x)^7}{7!}+\cdots\right] \\ &= \frac{a_0}{\omega}\sin\omega x \end{aligned} \tag{7.37}$$

참고로, $s=0$에 대한 지표 방정식의 해로부터 상미분 방정식의 해는 x의 짝수 급수로만 구성되고, $s=1$일 때는 지표 방정식의 해는 홀수 급수로 이루어진다는 점을 주목해야 한다.

> 이러한 방식을 정리하자면, 그림 7.2에서 대략적으로 보이는 것과 같이 먼저 식 (7.29)를 쓴다. 1.2절에서 본 바와 같이 멱급수의 유일성으로부터, x의 각 지수의 모든 계수는 모두 그 자체로 0이 된다. 첫 번째 계수가 0이 된다는 조건으로부터(I) 지표 방정식, 식 (7.30)을 유도할 수 있다. 두 번째 계수는 $a_1=0$으로 놓고 다룰 수 있다(II). x^s(와 더 높은 급수)의 계수가 0이 되는 것은 식 (7.31), (III), (IV)의 점화 관계를 사용하여 확인할 수 있다.

이 멱급수의 전개는 프로베니우스(Frobenius) 방법이라고 알려져 있으며, 선형 진동 방정식의 2개의 급수해를 주게 된다. 그러나 이러한 멱급수 해에 대해 다음과 같이 두 가지 점을 특히 중요하게 다루어야 한다.

1. 급수해는, 그것이 산술적으로나 논리적인 실수가 없는지 올바른 것인지 알기 위해서 원래의 미분 방정식에 다시 치환되어야 한다. 대입하여 방정식이 옳게 나오면 그것은 그 해이다.
2. 급수해를 받아들이는 것은 그것의 (점근적 수렴과 같은) 수렴성으로 판단해야 한다. 프로베니우스 방법에서 주어진 멱급수 해는 원래 미분 방정식에 대입하여 만족하더라도 우리의 관심 영역에서 수렴하지 **않는** 것이 있을 수 있다. (예로 8.3절에서) 르장드르 미분 방정식은 그러한 것을 잘 보여준다.

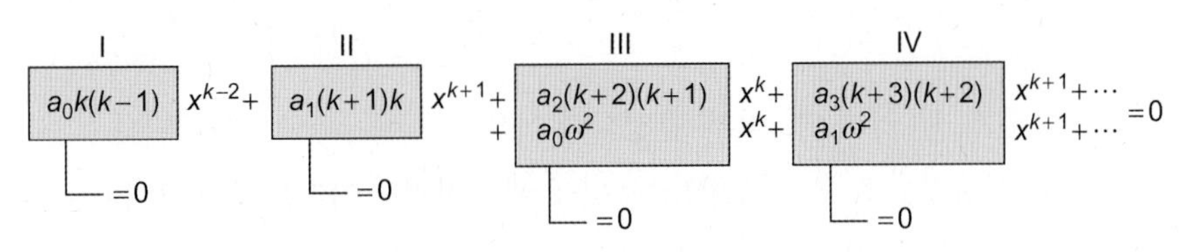

그림 7.2 급수해의 개략도

■ x_0 근방에서의 전개

식 (7.28)은 $x_0 = 0$ 근처에서 전개한 것이다. 식 (7.28)은 아래의 식으로 완전히 대체될 수 있다.

$$y(x) = \sum_{j=0}^{\infty} a_j (x - x_0)^{s+j}, \qquad a_0 \neq 0 \tag{7.38}$$

사실 르장드르, 체비셰프, 그리고 초기하 방정식에 대해서 $x_0 = 1$은 몇 가지 장점이 있다. x_0점은 본질적인 특이점에서 선택될 수 없다. 본질적인 특이점에서 프로베니우스 방법은 적용할 수 없기 때문이다. (x_0가 보통점이거나 정상 특이점일 때) 결과적으로 도출되는 급수는 그것이 수렴하는 부근에서만 의미가 있다. $|x - x_0| = |z_1 - x_0|$일 때 어떤 종류의 발산을 예측할 수 있는데, 여기에서 z_1은 (복소평면) 상미분 방정식의 특이점 x_0에 가장 가까운 점이다.

■ 해의 대칭성

고전적인 진동자 문제에서 짝수 대칭성을 갖고 있는 해를 얻었다고 하면 $y_1(x) = y_1(-x)$이고, 홀수 대칭성을 가졌다면 $y_2(x) = -y_2(-x)$이다. 이것은 우연히 그런 것이 아니고 상미분 방정식의 형태에서 직접적인 결과이다. 일반적인 동차 상미분 방정식을 다음과 같이 쓰면

$$\mathcal{L}(x) y(x) = 0 \tag{7.39}$$

여기에서 $\mathcal{L}(x)$는 식 (7.27)의 선형 진동자 방정식에서 볼 수 있는 미분 연산자로써, 패리티 작용에 대해 짝수 연산자이다. 즉

$$\mathcal{L}(x) = \mathcal{L}(-x)$$

이다.

미분 연산자가 특정한 패리티나 대칭성을 가질 때마다 그것은 짝수이거나 홀수이며, 그것을 $+x$와 $-x$로 바꾸어 사용할 것이고, 식 (7.39)는 다음과 같이 된다.

$$\pm \mathcal{L}(x) y(-x) = 0$$

명확하게, $y(x)$가 그 미분 방정식의 해라면, $y(-x)$도 해가 된다. 그러면 $y(x)$와 $y(-x)$는 서로 선형적으로 종속이며(또는 비례 관계이며), 이것은 y가 짝수이든지 홀수이든지 둘 중에 하나이거나, 그것들의 결합이 서로 선형 독립이어서 짝수이든지 홀수이든지를 형성한다는 것

을 의미한다.

$$y_{\text{even}} = y(x) + y(-x), \qquad y_{\text{odd}} = y(x) - y(-x)$$

고전적인 진동자 문제에 대해 두 가지 해를 얻었는데, 하나는 짝수이고 다른 하나는 홀수인 해를 얻었다.

7.4절을 상기해보면, 르장드르, 체비셰프, 베셀, 단순 조화 진동자와 에르미트 방정식들은 짝수 패리티를 갖는 미분 연산자에 기초하고 있음을 볼 수 있다. 즉 식 (7.19)에서 그들의 $P(x)$는 홀수이며, $Q(x)$는 짝수이다. 그들의 모든 해는 x의 짝수 지수의 급수로 표현되거나 x의 홀수 지수의 개별 급수로 표현될 수 있다. 라게르 미분 연산자는 짝수이거나 홀수인 대칭성을 갖고 있지 않다. 그러므로 그것의 해도 짝수이거나 홀수 패리티를 갖지는 않을 것으로 예상할 수 있다. 패리티의 중요성은 양자역학에서 주로 알 수 있다. 많은 문제에서 파동 함수는 짝수이거나 홀수이며, 그것은 그들이 결정적인 패리티를 갖는다는 것을 의미한다. 대부분의 상호작용(베타 붕괴는 크게 예외이지만)은 짝수 또는 홀수 패리티를 갖고, 결과적으로 패리티는 보존된다.

■ 두 번째 예–베셀 방정식

선형 진동자에 대한 문제는 다소 쉬울 수 있다. 식 (7.28)의 멱급수를 미분 방정식, 식 (7.27)에 치환함으로써, 더 이상 문제되지 않는 2개의 독립적인 해를 얻었다.

일어날 수 있는 다른 것들을 생각해보기 위해 베셀 방정식을 푸는 것으로 시작해보자.

$$x^2 y'' + xy' + (x^2 - n^2)y = 0 \tag{7.40}$$

이 방정식의 해를 다음과 같이 가정함으로써,

$$y(x) = \sum_{j=0}^{\infty} a_j x^{s+j}$$

그것을 미분하고 식 (7.40)에 대입하면 결과적으로 다음을 얻게 된다.

$$\sum_{j=0}^{\infty} a_j (s+j)(s+j-1) x^{s+j} + \sum_{j=0}^{\infty} a_j (s+j) x^{s+j} + \sum_{j=0}^{\infty} a_j x^{s+j+2} - \sum_{j=0}^{\infty} a_j n^2 x^{s+j} = 0 \tag{7.41}$$

$j=0$으로 놓으면 x^s의 계수를 얻게 되고, x의 가장 낮은 차수는 왼쪽 식으로부터

$$a_0[s(s-1)+s-n^2]=0 \tag{7.42}$$

이 되는데, 다시 정의에 의해 $a_0 \neq 0$이므로, 식 (7.42)는 지표 방정식

$$s^2-n^2=0 \tag{7.43}$$

을 얻게 되며, 이때 해는 $s=\pm n$이 된다.

x^{s+1}의 계수를 또한 조사할 필요가 있다. 여기에서 다음을 얻게 된다.

$$a_1[(s+1)s+s+1-n^2]=0$$

또는

$$a_1(s+1-n)(s+1+n)=0 \tag{7.44}$$

$s=\pm n$에 대해 $s+1-n$도 $s+1+n$도 0이 아니므로 $a_1=0$**이어야만** 한다.

$s=n$에 대해 x^{s+j}의 계수에 대해서도 계속 진행하면, 그것은 식 (7.41)의 첫째, 둘째, 넷째 항에서 a_j를 포함하지만, 셋째 항에서는 a_{j-2}를 포함하고 있다. x^{s+j}의 모든 계수가 0이 된다는 조건으로부터 다음을 얻게 된다.

$$a_j[(n+j)(n+j-1)+(n+j)-n^2]+a_{j-2}=0$$

j를 $j+2$로 치환할 때, $j \geq 0$에 대해 다시 쓰면

$$a_{j+2}=-a_j\frac{1}{(j+2)(2n+j+2)} \tag{7.45}$$

과 같이 되는데, 이것으로 원하는 점화 관계가 형성된다. 이 점화 관계를 계속적으로 반복하면 다음을 얻을 수 있으며,

$$\begin{aligned}
a_2 &= -a_0\frac{1}{2(2n+2)}=-\frac{a_0 n!}{2^2 1!(n+1)!} \\
a_4 &= -a_2\frac{1}{4(2n+4)}=-\frac{a_0 n!}{2^4 2!(n+2)!} \\
a_6 &= -a_4\frac{1}{6(2n+6)}=-\frac{a_0 n!}{2^6 3!(n+3)!} \\
&\cdots
\end{aligned}$$

일반적으로는

$$a_{2p} = (-1)^p \frac{a_0 n!}{2^{2p} p!(n+p)!} \tag{7.46}$$

로 쓸 수 있다. 이것을 가정한 급수해에 대입하면 다음을 얻게 된다.

$$y(x) = a_0 x^n \left[1 - \frac{n! x^2}{2^2 1!(n+1)!} + \frac{n! x^4}{2^4 2!(n+2)!} - \cdots \right] \tag{7.47}$$

합의 형태로 쓰면 다음과 같다.

$$\begin{aligned} y(x) &= a_0 \sum_{j=0}^{\infty} (-1)^j \frac{n! x^{n+2j}}{2^{2j} j!(n+j)!} \\ &= a_0 2^n n! \sum_{j=0}^{\infty} (-1)^j \frac{1}{j!(n+j)!} \left(\frac{x}{2} \right)^{n+2j} \end{aligned} \tag{7.48}$$

12장에서 ($a_0 = 1/2^n n!$을 갖는) 최종적인 합은 베셀 함수 $J_n(x)$로 나타낸다.

$$J_n(x) = \sum_{j=0}^{\infty} (-1)^j \frac{1}{j!(n+j)!} \left(\frac{x}{2} \right)^{n+2j} \tag{7.49}$$

이 해 $J_n(x)$는 베셀 방정식의 형태로부터 예측할 수 있듯이, 짝수이거나 홀수 대칭성[2]을 갖고 있다는 점을 주의하라.

$s = -n$과 n이 정수가 아닐 때, 두 번째 명확한 해를 얻게 되고, 그것을 $J_{-n}(x)$로 표시한다. 그러나 $-n$이 음의 정수일 때, 문제는 시작된다. 계수 a_j에 대한 점화 관계는 여전히 식 (7.45)에서 주어졌지만, $2n$은 $-2n$으로 대치된다. 그러면 $j+2 = 2n$이거나 $j = 2(n-1)$일 때, 계수 a_{j+2}는 계속적으로 커지고 프로베니우스 방법은 그 급수가 x^{-n}으로 시작된다는 가정과 부합하는 해를 주지 않게 된다.

무한급수에 대입함으로써, 선형 진동자 방정식과 하나의 베셀 방정식(n이 정수가 아니라면 2개의)에 대한 2개의 해를 얻을 수 있다. "이것을 항상 할 수 있을까? 이러한 방법이 항상 적용 가능한가?" 하는 질문에 대한 대답은 "아니, 항상 그럴 수 없다. 이 급수해의 방법은 항상 작동하지는 않는다."이다.

■ 정상과 비정상 특이점

급수 치환법의 성공 여부는 지표 방정식의 해와 미분 방정식에서 계수의 특이점에 달려

2 n이 짝수라면 $J_n(x)$는 우함수이고, n이 홀수라면 $J_n(x)$는 기함수이다. 정수가 아닌 n에 대해서, J_n은 그렇게 간단한 대칭성을 갖지 않는다.

있다. 단순한 급수 치환 방법에서 방정식의 계수들의 역할을 더 잘 이해하기 위해서, 다음 4개의 간단한 방정식을 고려하자.

$$y'' - \frac{6}{x^2} y = 0 \tag{7.50}$$

$$y'' - \frac{6}{x^3} y = 0 \tag{7.51}$$

$$y'' + \frac{1}{x} y' - \frac{b^2}{x^2} y = 0 \tag{7.52}$$

$$y'' + \frac{1}{x^2} y' - \frac{b^2}{x^2} y = 0 \tag{7.53}$$

독자는 식 (7.50)에 대해 지표 방정식이 다음과 같음을 쉽게 보일 수 있다.

$$s^2 - s - 6 = 0$$

여기에서 $s = 3$과 $s = -2$이다. 이 방정식은 x에 대해 동차이므로(d^2/dx^2을 x^{-2}차로 고려하여서), 점화 관계는 없다. 그러나 2개의 완벽한 해 x^3과 x^{-2}를 얻을 수 있다.

식 (7.51)은 식 (7.50)과 x의 한 차수가 다른데, 이것으로부터 지표 방정식은 다음과 같이 주어지며

$$-6a_0 = 0$$

$a_0 \neq 0$에 대해서 해는 더 이상 없게 된다. 식 (7.50)에서는 급수 치환이 작동하는데, 그것은 정상 특이점을 갖고 있다. 그러나 식 (7.51)은 급수 치환이 작동하지 않으며 원점에서 비정상 특이점을 갖고 있다.

식 (7.52)를 보면 y'/x항을 추가하였다. 이 식의 지표 방정식은

$$s^2 - b^2 = 0$$

이며, 다시 점화 관계는 없는 것을 알 수 있다. 이 해는 $y = x^b$와 x^{-b}이며, 모두 완벽히 1개의 항으로 구성된다.

식 (7.53)으로부터 y'의 계수에서 x의 차수를 -1부터 -2까지 변화시키면, 해에 큰 변화가 생긴다. 그 (단지 y'항이 기여하는) 지표 방정식은 다음과 같이 된다.

$$s = 0$$

그러면 점화 관계식은

$$a_{j+1} = + a_j \frac{b^2 - j(j-1)}{j+1}$$

과 같다. 매개변수 b를 급수가 끝나게 만들도록 선택되지 않는다면 다음을 얻게 된다.

$$\lim_{j \to \infty} \left| \frac{a_{j+1}}{a_j} \right| = \lim_{j \to \infty} \frac{j(j+1)}{j+1}$$

$$= \lim_{j \to \infty} \frac{j^2}{j} = \infty$$

그러므로 급수해는 $x \neq 0$인 모든 x에 대해 발산한다. 또다시, 이 방법은 식 (7.52)에 적용할 수 있으며, 이것은 정상 특이점을 갖는다. 그러나 식 (7.53)의 비정상 특이점을 가질 때는 이 방법을 적용할 수 없다.

■ 푸흐의 정리

급수 대입 방법이 적용될 수 있기 위한 기본적인 질문들에 대한 답은 푸흐의 정리(Fuch's theorem)로 주어지는데, 이것은 적어도 1개의 멱급수 해를 가질 수 있으며, 그 해는 보통점이나 최악의 경우에는 정상 특이점 근처에서 전개되는 해를 준다는 것을 말해준다.

비정상 특이점이나 본질적인 특이점에서 전개를 한다면, 우리의 방법은 식 (7.51)과 (7.53)에 대해서는 실패할 것이다. 다행히, 수리물리학의 좀 더 중요한 방정식들은 7.4절에 있는 것과 같이 한정된 평면에서 비정상 특이점을 갖지 않는다. 푸흐의 정리에 대해서는 7.6절에서 더 자세히 다루게 된다.

7.4절의 표 7.1로부터, 무한대는 고려하는 모든 방정식들에 대해 특이점에서 나타난다. 푸흐의 정리로 논의할 것이지만, (정상 특이점으로 무한대를 갖는) 르장드르 방정식은 음의 지수를 갖는 수렴하는 급수해를 갖는다. 반면, (무한대에서 비정상 특이점을 갖는) 베셀 방정식은 점근적인 해를 갖는다(12.9절). 비록 그것이 점근적이라고 하더라도, 그 해들은 의심의 여지 없이 매우 유용하다.

■ 요약

만약 보통점이나 최악의 경우에 정상 특이점에서 전개가 가능하다고 하면, 급수 대입 방법은 (푸흐의 정리에 의해) 적어도 1개의 해를 주게 된다.

1개나 2개의 명확한 해를 갖는 것은 지표 방정식의 근에 의존하게 된다.

1. 지표 방정식의 2개의 근이 서로 같다면, 이 급수 대입 방법에 의해 단지 1개의 해를 얻

을 수 있다.

2. 2개의 근이 정수가 아닌 수만큼 다르다면, 2개의 독립적인 해를 얻을 수 있다.
3. 2개의 해가 정수만큼 다르다면, 2개의 해 중에서 더 큰 것이 해이며, 작은 해는 해일 수도 있고 해가 아닐 수도 있으며, 그것은 계수에 의해 결정된다.

수치 해석적인 방법에 의한 급수해의 유용성은 급수의 수렴이 얼마나 빠르냐 하는 것과 계수의 유효성에 의해 결정된다. 많은 상미분 방정식은 간단한 계수의 점화 관계로 주어지지는 않는다. 일반적으로, 유효한 급수는 매우 작은 $|x|$(또는 $|x-x_0|$)에 대해 유용하다. 추가적인 급수의 계수를 결정하는 데는 매스매티카[3]나 메이플[4] 등의 컴퓨터 소프트웨어를 사용할 수 있다. 때때로 수치적 적분방법으로 수치 해석적인 방법이 더 선호될 때가 있다.

연습문제

7.5.1 유일성 정리. 함수 $y(x)$가 2계 동차 선형 미분 방정식을 만족한다. $x=x_0$, $y(x)=y_0$, $dy/dx=y'_0$에서, $y(x)$가 기울기 y'_0를 가지며 $(x_0,\ y_0)$를 지나는 미분 방정식이 유일하다는 것을 증명하시오.

[힌트] 이런 조건을 만족하는 두 번째 해가 존재한다고 가정하고 테일러 급수 전개와 비교하라.

7.5.2 식 (7.23)의 급수해를 적용하여 $x = x_0$ 근처에서 전개하시오. 만약 x_0가 보통점이라면, 그것의 지표 방정식의 근은 $s=0,\ 1$임을 보이시오.

7.5.3 단순 조화 진동자 방정식의 급수해를 구할 때, 두 번째 급수의 계수 a_1은 그것을 0으로 놓는 것을 제외하고는 무시하였다. 다음으로 x의 낮은 차수인 x^{s-1}의 계수로부터, 두 번째 지표 형태 방정식을 만들 수 있다.

(a) ($s=0$에 대한 단순 조화 진동자 방정식에서) a_1이 (0을 제외하고) 유한한 값으로 결정됨을 보이시오.

(b) ($s=1$에 대한 단순 조화 진동자 방정식에서) a_1이 0이어야 한다는 것을 보이시오.

7.5.4 a_1이 돌이킬 수 없을 정도로 잃지 않으면서 0으로 **설정할 수 있을** 때와 a_1을 0으로 **놓아야만 할** 때에 대해 다음의 미분 방정식의 급수해를 분석하시오.

---

3 S. Wolfram, *Mathematica: A System for Doing Mathematics by Computer*. Reading, MA. Addison Wesley (1991).

4 A. Heck, *Introduction to Maple*. New York: Springer (1993).

(a) 르장드르 (b) 체비셰프

(c) 베셀 (d) 에르미트

답. (a) 르장드르, (b) 체비셰프, (d) 에르미트 : $s=0$에 대해 a_1은 0으로 **놓을 수 있고** $s=1$에 대해서 a_1은 0으로 **놓아야만 한다.**

(c) 베셀 : a_1은 0이 **되어야만 한다**($s=\pm n=-1/2$인 경우는 제외).

7.5.5 초기하 방정식에 대해 급수해를 구하시오.

$$x(x-1)y''+[(1+a+b)x-c]y'+aby=0$$

이 해가 수렴하는지 검증하시오.

7.5.6 합류 초기하 방정식의 두 급수해를 구하시오.

$$xy''+(c-x)y'-ay=0$$

이 해들이 수렴하는지 검증하시오.

7.5.7 슈타르크 효과(Stark effect)의 양자역학적 분석은 (포물선 좌표에서) 다음의 미분 방정식이 됨을 보이시오.

$$\frac{d}{d\xi}\left(\xi\frac{du}{d\xi}\right)+\left(\frac{1}{2}E\xi+\alpha-\frac{m^2}{4\xi}-\frac{1}{4}F\xi^2\right)u=0$$

여기에서 α는 상수이며, E는 총에너지, F_z가 어떤 전기장의 도입에 의해 계에 추가되는 퍼텐셜 에너지일 때, F는 어떤 상수이다.

지표 방정식의 더 큰 해를 이용해서, $\xi=0$에 대해 멱급수 해를 구하시오. 처음 3개 항의 계수를 a_0로 표현하시오.

답. 지표 방정식 $s^2-\dfrac{m^2}{4}=0$

$$u(\xi)=a_0\xi^{m/2}\left\{1-\frac{\alpha}{m+1}\xi+\left[\frac{\alpha^2}{2(m+1)(m+2)}-\frac{E}{4(m+2)}\right]\xi^2+\cdots\right\}$$

섭동항 F는 a_3를 포함할 때까지 나타나지 않음에 주의하라.

7.5.8 방위각의 의존성이 없는 특별한 경우에 대해, 수소 분자 이온의 양자역학적 해석으로부터 다음의 방정식을 유도할 수 있다.

$$\frac{d}{d\eta}\left[(1-\eta^2)\frac{du}{d\eta}\right]+\alpha u+\beta\eta^2u=0$$

$u(\eta)$에 대해 멱급수 해를 구하시오. 처음 3개의 0이 아닌 계수를 갖는 항을 a_0로 표현하시오.

답. 지표 방정식 $s(s-1)=0$

$$u_{k=1} = a_0\eta\left\{1 + \frac{2-\alpha}{6}\eta^2 + \left[\frac{(2-\alpha)(12-\alpha)}{120} - \frac{\beta}{20}\right]\eta^4 + \cdots\right\}$$

7.5.9 좋은 근사를 위해, 2개 핵자들의 상호작용은 다음과 같은 중간자 퍼텐셜(mesonic potential)로 기술될 수 있다.

$$V = \frac{Ae^{-ax}}{x}$$

여기에서 A가 음수이면 인력으로 작용한다. 이를 이용하여 슈뢰딩거 파동 방정식

$$\frac{\hbar^2}{2m}\frac{d^2\psi}{dx^2} + (E-V)\psi = 0$$

의 해를 구하면 처음 3개의 0이 아닌 계수를 사용하여 다음과 같은 급수해를 얻을 수 있다.

$$\psi = a_0\left\{x + \frac{1}{2}A'x^2 + \frac{1}{6}\left[\frac{1}{2}A'^2 - E' - aA'\right]x^3 + \cdots\right\}$$

여기에서 프라임은 $2m/\hbar^2$을 곱한 것을 의미한다.

7.5.10 식 (7.53)에서 매개변수 b^2이 2이면 식 (7.53)은 다음과 같이 됨을 보이시오.

$$y'' + \frac{1}{x^2}y' - \frac{2}{x^2}y = 0$$

지표 방정식과 점화 관계식으로부터, 해 $y = 1 + 2x + 2x^2$를 **유도**하시오. 이것을 원래의 미분 방정식에 대입하여 이것이 해임을 증명하시오.

7.5.11 수정된 베셀 함수 $I_0(x)$가 다음의 미분 방정식을 만족한다.

$$x^2\frac{d^2}{dx^2}I_0(x) + x\frac{d}{dx}I_0(x) - x^2I_0(x) = 0$$

점근적 전개로 주된 항은 다음과 같이 알려져 있으며,

$$I_0(x) \sim \frac{e^x}{\sqrt{2\pi x}}$$

이것은 다음의 급수해로 가정할 수 있다.

$$I_0(x) \sim \frac{e^x}{\sqrt{2\pi x}}\{1 + b_1 x^{-1} + b_2 x^{-2} + \cdots\}$$

계수 b_1과 b_2를 구하시오.

답. $b_1 = 1/8$, $b_2 = 9/128$

7.5.12 르장드르 방정식의 짝수 급수해는 연습문제 8.3.1과 같이 주어진다. $a_0 = 1$이라고 하고 n은 짝수가 아닌 값을 취하여 $n = 0.5$라고 하자. $x = 0.95(0.01)1.00$에 대해 x^{200}, x^{400}, x^{600}, ..., x^{2000}에 이르는 급수의 부분합을 계산하시오. 또한 이 급수의 각각에 대응되는 개별항을 쓰시오.

[참고] 이 계산은 $x = 0.99$에서 수렴하거나 $x = 1.00$에서 발산하는 것을 증명하는 것이 **아니다**. 그러나 이 2개의 다른 x값에 대해 부분합의 순서의 경향성에 대한 차이를 볼 수 있을 것이다.

7.5.13 (a) 에르미트 방정식의 홀수 급수 해는 연습문제 8.3.3과 같이 주어진다. $a_0 = 1$로 하였다. $\alpha = 0$, $x = 1, 2, 3$에 대해 급수를 계산하시오. 마지막으로 계산된 항이 최고차 항보다 10^6이나 그 이상의 인자 이하로 떨어질 때 계산을 중단하시오. 무한급수에서 위경계(upper bound)를 두어서 오차 안에 들어오면 나머지 항은 무시하시오.

(b) 문항 (a)의 계산에 대한 점검으로, 에르미트 급수 $y_{\text{odd}}(\alpha = 0)$는 $\int_0^x \exp(x^2)dx$에 대응함을 보이시오.

(c) $x = 1, 2, 3$에 대해 이 적분을 계산하시오.

7.6 다른 해들

7.5절에서 2계 동차 상미분 방정식의 해를 멱급수의 대입에 의해 구했다. 푸흐의 정리에 의하면 이것은 가능하며, 멱급수가 보통점 또는 비정상 특이점에서 전개될 수 있음을 보였다.[5] 이러한 방법은 2계 선형 상미분 방정식에서 기대하는 2개의 독립적인 해를 줄는지를 보장하지는 않는다. 사실 이러한 상미분 방정식은 기껏해야 2개의 선형적으로 독립인 해를 갖

5 이 때문에 7.4절의 특이점 분류가 매우 중요하다.

는다는 것을 보일 것이다. 실제로 그 기술은 베셀 방정식(n은 정수)에 대해 단지 1개의 해를 준다. 이 절에서 독립적인 두 번째 해를 얻는 두 가지 방법을 소개하고자 한다. 1개는 적분 방법과 다른 1개는 로그항을 포함하고 있는 멱급수를 이용한 방법이다. 첫째로, 이 함수들의 집합이 서로 독립인지에 대한 것을 고려하고자 한다.

■ 선형적으로 독립인 해들

2장에서 $a_1x_1 + a_2x_2 + \cdots$의 형태를 갖는 선형 종속의 개념을 도입했고, 그 형태를 갖는 어떠한 것이 다른 것들의 선형 결합으로 쓸 수 있다면 그 형태의 집합은 선형 종속임을 알았다. 그 개념을 어떤 함수들 φ_λ의 집합으로 확장할 필요가 있다. 어떤 변수 x에 대한 함수의 집합이 선형 종속임을 아는 기준은 다음과 같은 관계가 존재하는지를 아는 것이다.

$$\sum_\lambda k_\lambda \varphi_\lambda(x) = 0 \tag{7.54}$$

여기에서 모든 계수 k_λ는 0이 아니다. 식 (7.54)가 갖고 있는 의미는 모든 관련된 변수 x에 대해 위 식이 만족하면 선형 종속임을 의미한다. 여기에서 식 (7.54)의 고립된 점이나 만족할 만큼 충분한 영역에서는 선형 종속임을 말하기에는 부족하다. 여기에서 말하고자 하는 핵심적인 아이디어는 만약 선형 종속이 있다면, $\varphi_\lambda(x)$에 의해 걸쳐진 함수공간은 그들의 모든 것들보다는 적게 사용해서 펼칠 수 있다. 반면, 만약 식 (7.54)의 전체적인 해(global solution)가 모든 λ에 대해 $k_\lambda = 0$이면, 함수 $\varphi_\lambda(x)$의 집합을 선형 **독립**이라고 한다.

함수들의 집합의 부분이 서로 직교한다면, 자동적으로 그들은 선형 독립이다. 이것을 구체화하기 위해서 어떤 직교 정규화된 φ_λ의 집합에 대해서 임의의 계수 k_λ를 갖는 다음의 식을 고려하자.

$$S = \left\langle \sum_\lambda k_\lambda \varphi_\lambda \,\middle|\, \sum_\mu k_\mu \varphi_\mu \right\rangle$$

직교 정규화의 특성 때문에, S는 $\sum_\lambda |k_\lambda|^2$으로 계산되며, 이것은 모든 k_λ가 0이 아니라면 0이 아니다($\sum_\lambda k_\lambda \varphi_\lambda \neq 0$).

이제 상미분 방정식의 해의 선형 종속에 대한 다른 분류를 이어가고자 한다. 그러한 목적을 위해서 함수 $\varphi_\lambda(x)$가 미분 가능하다고 가정하는 것이 타당하다. 그러면 모든 x에 대해서 식 (7.54)를 연속적으로 미분 가능하다고 가정하여, 다음 방정식을 얻을 수 있다.

$$\sum_\lambda k_\lambda \varphi'_\lambda(x) = 0$$

$$\sum_\lambda k_\lambda \varphi''_\lambda(x) = 0$$

이러한 것을 반복해서 λ값의 숫자만큼 많은 방정식을 만든다. 그러면 이것은 k_λ를 미지수로 하는 동차 선형 방정식의 집합을 얻게 된다. 2.1절에 의해서 k_λ의 계수의 행렬식이 0이 되어야만 $k_\lambda = 0$이 아닌 해를 얻게 된다. 이것은 식 (7.54)를 받아들인다고 가정하면 다음과 같이 됨을 의미한다.

$$\begin{vmatrix} \varphi_1 & \varphi_2 & \cdots & \varphi_n \\ \varphi'_1 & \varphi'_2 & \cdots & \varphi'_n \\ \cdots & \cdots & \cdots & \cdots \\ \varphi_1^{(n-1)} & \varphi_2^{(n-1)} & \cdots & \varphi_n^{(n-1)} \end{vmatrix} = 0 \tag{7.55}$$

이 행렬식을 **론스키안**(Wronskian)이라고 하며, 식 (7.55)에 대한 분석으로부터 다음을 보일 수 있다.

1. 만약 론스키안이 0이 아니라면, 식 (7.54)는 $k_\lambda = 0$이 아닌 해를 갖지 않는다. 함수 φ_λ의 집합은 그러므로 선형 독립이다.
2. 만약 우리가 논의하는 특정 영역에서 론스키안이 0이라면, 선형 종속을 증명하지는 않는다. 그러나 만약 론스키안이 변수에 대한 모든 영역에서 0이라면 함수 φ_λ는 그 영역 내에서 선형 종속이다.[6]

예제 7.6.1 선형 독립

선형 진동자 방정식의 해, 식 (7.27)은 $\varphi_1 = \sin\omega x$, $\varphi_2 = \cos\omega x$이다. 론스키안은 다음과 같이 된다.

$$\begin{vmatrix} \sin\omega x & \cos\omega x \\ \omega\cos\omega x & -\omega\sin\omega x \end{vmatrix} = -\omega \neq 0$$

그러므로 이 해들 φ_1과 φ_2는 선형 독립이다. 이것은 단지 두 함수에 대해서 한 함수는 다른 함수의 곱으로 표현되지 않는다는 것을 의미하며, 여기에서 명확히 알 수 있다.

우연히, 다음과 같이 알고 있는데,

$$\sin\omega x = \pm(1-\cos^2\omega x)^{1/2}$$

그러나 이것은 식 (7.54) 형태의 **선형적인 관계식은 아니다**. ■

---

6 H. Lass, *Elements of Pure and Applied Mathematics*, New York: McGraw-Hill (1957), p. 187을 비교하여 이 주장을 입증한다. 그 함수는 연속인 도함수를 가지며 (라플라스 전개인) 식 (7.55)의 아래쪽 행의 마이너(minor)의 적어도 하나는 고려하는 영역인 $[a, b]$에서 0이 되지 않는다고 가정한다.

예제 7.6.2 선형 종속

선형 종속을 설명하기 위해서, 다음과 같은 상미분 방정식을 고려하자.

$$\frac{d^2\varphi(x)}{dx^2} = \varphi(x)$$

이 방정식의 해는 $\varphi_1 = e^x$와 $\varphi_2 = e^{-x}$이며, 여기에 $\varphi_3 = \cosh x$를 더한 것이 또한 해가 된다. 론스키안은 다음과 같다.

$$\begin{vmatrix} e^x & e^{-x} & \cosh x \\ e^x & -e^{-x} & \sinh x \\ e^x & e^{-x} & \cosh x \end{vmatrix} = 0$$

이 행렬식은 첫째와 셋째 행이 동일하기 때문에 0이 된다. 그러므로 e^x, e^{-x}, $\cosh x$는 서로 선형 종속이며, 다음과 같이 식 (7.54)와 같은 관계식을 얻게 된다.

$$e^x + e^{-x} - 2\cosh x = 0, \qquad k_\lambda \neq 0$$

■

■ 해의 개수

이제 2계 동차 상미분 방정식이 선형 독립인 2개의 해를 갖는다는 것을 증명할 차례이다.

식 (7.23)의 동차 미분 방정식에 3개의 해 y_1, y_2, y_3가 있다고 가정하자. 그러면 그들의 어떤 짝 y_j, y_k의 론스키안은 $W_{jk} = y_j y_k' - y_j' y_k$이고, 또한 이것을 미분하면

$$\begin{aligned} W_{jk}' &= (y_j' y_k' + y_j y_k'') - (y_j'' y_k + y_j' y_k') \\ &= y_j y_k'' - y_j'' y_k \end{aligned} \tag{7.56}$$

이 된다. 다음에 y로 정리해서 나머지는 오른쪽 항에 $Q(x)$로 옮기면 해 y_j와 y_k에 대해서 다음과 같이 쓸 수 있다.

$$\frac{y_j''}{y_j} + P(x)\frac{y_j'}{y_j} = -Q(x) = \frac{y_k''}{y_k} + P(x)\frac{y_k'}{y_k}$$

이 방정식의 첫째와 셋째 식에 $y_j y_k$를 곱해서 다시 정리하면

$$(y_j y_k'' - y_j'' y_k) + P(x)(y_j y_k' - y_j' y_k) = 0$$

이고, 이것은 어떤 해의 짝에 대해서 다음과 같이 간단히 쓸 수 있다.

$$W_{jk}' = -P(x) W_{jk} \tag{7.57}$$

마침내, 모든 3개의 해에 대한 론스키안을 계산하면, 둘째 행을 따라 마이너로 전개하고 W_{ij}'을 갖는 각 항으로 표시하면 식 (7.56)은 아래와 같이 쓸 수 있다.

$$W = \begin{vmatrix} y_1 & y_2 & y_3 \\ y_1' & y_2' & y_3' \\ y_1'' & y_2'' & y_3'' \end{vmatrix} = -y_1' W_{23}' + y_2' W_{13}' - y_3' W_{12}'$$

이제 식 (7.57)을 사용해서 W_{ij}'를 $-P(x)W_{ij}$로 바꾸면 마이너는 3×3 행렬식과 같이 되며, 이것은 2개의 행이 서로 같기 때문에 0이 된다.

$$W = P(x)(y_1' W_{23} - y_2' W_{13} + y_3' W_{12}) = -P(x) \begin{vmatrix} y_1 & y_2 & y_3 \\ y_1' & y_2' & y_3' \\ y_1' & y_2' & y_3' \end{vmatrix} = 0$$

$W = 0$이기 때문에 해 y_j는 서로 선형 종속 조건임을 알 수 있다. 즉, 다음과 같이 정리할 수 있다.

> 2계 동차 선형 상미분 방정식은 최대 2개의 서로 선형 독립인 해를 갖는다. 일반화하여, n계 동차 선형 상미분 방정식은 최대 n개의 선형 독립인 해 y_j를 갖고, 일반해는 $y(x) = \sum_{j=1}^{n} c_j y_j(x)$로 나타낸다.

■ 두 번째 해 찾기

2계 동차 선형 상미분 방정식의 일반형

$$y'' + P(x)y' + Q(x)y = 0 \tag{7.58}$$

으로 돌아와서 y_1과 y_2를 서로 독립인 해라고 하자. 그러면 정의에 의해 론스키안은

$$W = y_1 y_2' - y_1' y_2 \tag{7.59}$$

가 되며, 론스키안을 미분하여 이미 알려진 식 (7.57)과 같이 쓸 수 있다.

$$W' = -P(x)W \tag{7.60}$$

$P(x) = 0$인 특별한 조건에서

$$y'' + Q(x)y = 0 \tag{7.61}$$

이며, 론스키안은

$$W = y_1 y'_2 - y'_1 y_2 = \text{상수} \tag{7.62}$$

이다. 원래의 미분 방정식이 동차이기 때문에, 해 y_1과 y_2에 우리가 원하는 어떠한 상수로 곱할 수 있고 그것을 정리하여 론스키안이 1(또는 -1)이 되게 할 수 있다. $P(x)=0$인 경우는 우리가 예상하는 것보다 더 자주 등장한다. 구면 극 좌표계에서 $\nabla^2(\psi/r)$은 첫 번째 지름에 대한 도함수는 포함하고 있지 않고 있다는 것을 상기하자. 마침내, 모든 2계 선형 미분 방정식은 식 (7.61)과 같은 형태의 방정식으로 변형될 수 있다(연습문제 7.6.12와 비교).

일반적인 경우에, 식 (7.58)의 한 해가 급수해라고 (또는 추측하여) 가정하자. $W \neq 0$이라는 조건으로부터 이제 두 번째 해를 계산하자. 식 (7.60)을 다시 쓰면

$$\frac{dW}{W} = -Pdx$$

와 같고, 변수 x에 대해서는 a부터 x까지 적분하면

$$\ln\frac{W(x)}{W(a)} = -\int_a^x P(x_1)dx_1$$

또는[7]

$$W(x) = W(a)\exp\left[-\int_a^x P(x_1)dx_1\right] \tag{7.63}$$

이 된다. 이것은

$$W(x) = y_1 y'_2 - y'_1 y_2 = y_1^2 \frac{d}{dx}\left(\frac{y_2}{y_1}\right) \tag{7.64}$$

로 계산되며, 식 (7.63)과 (7.64)를 결합하면

$$\frac{d}{dx}\left(\frac{y_2}{y_1}\right) = W(a)\frac{\exp\left[-\int_a^x P(x_1)dx_1\right]}{y_1^2} \tag{7.65}$$

가 된다. 마침내, 식 (7.65)를 $x_2 = b$에서 $x_2 = x$까지 적분하면 다음을 얻게 된다.

---

[7] $P(x)$가 우리가 관심 갖는 영역에서 유한하면, $W(a)=0$이 아니라면 $W(x) \neq 0$이다. 즉, 2개의 해의 론스키안은 0으로 같거나 0이 아니다. 그러나 만약 $P(x)$가 우리의 관심 영역에서 유한하지 않다면 $W(x)$는 그 영역 안에서 0으로 고립될 수 있으며 $W(a) \neq 0$이 되도록 a를 잘 선택해야만 한다.

$$y_2(x) = y_1(x)\,W(a)\int_b^x \frac{\exp\left[-\int_a^{x_2} P(x_1)dx_1\right]}{[y_1(x_2)]^2}dx_2 \tag{7.66}$$

여기에서 a와 b는 임의의 상수이며 $y_1(x)y_2(b)/y_1(b)$는 이전에 발견된 해 y_1의 상수 곱이므로 삭제되었다. $x=a$에서의 론스키안인 $W(a)$가 상수이며 동차 미분 방정식에 대한 해는 임의의 정규화 인자를 포함하고 있기 때문에, $W(a)=1$로 놓고 다시 쓰면

$$y_2(x) = y_1(x)\int^x \frac{\exp\left[-\int^{x_2} P(x_1)dx_1\right]}{[y_1(x_2)]^2}dx_2 \tag{7.67}$$

이 된다. 하한 $x_1 = a$와 $x_2 = b$는 생략되었다. 만약 그들이 유지된다면, 알려진 첫 번째 해 $y_1(x)$에 단지 상수를 곱한 것이기 때문에 새로운 것이 없다. 식 (7.67)에서 $P(x)=0$인 특별하고 중요한 조건인 경우에

$$y_2(x) = y_1(x)\int^x \frac{dx_2}{[y_1(x_2)]^2} \tag{7.68}$$

로 간략하게 된다. 이것은 식 (7.67)이나 식 (7.68)을 사용해서 1개의 해를 알고 있으면 그것을 적분하여 서로 독립인 식 (7.58)의 해를 얻을 수 있다는 것을 의미한다.

예제 7.6.3 선형 진동자 방정식의 두 번째 해

$P(x)=0$인 $d^2y/dx^2 + y = 0$에서 1개의 해를 $y_1 = \sin x$라고 하자. 식 (7.68)을 사용해서 두 번째 해를 얻으면

$$y_2(x) = \sin x\int^x \frac{dx_2}{\sin^2 x_2} = \sin x(-\cot x) = -\cos x$$

이고, 이것은 명확히 $\sin x$의 (선형 곱이 아닌) 독립인 해이다. ■

■ 두 번째 해의 급수형

미분 방정식의 두 번째 해는 다음과 같은 과정을 통해 그 특성을 알아볼 수 있다.

1. 식 (7.58)에서 $P(x)$와 $Q(x)$를 다음과 같이 쓴다.

$$P(x) = \sum_{i=-1}^{\infty} p_i x^i, \qquad Q(x) = \sum_{j=-2}^{\infty} q_j x^j \tag{7.69}$$

이 합을 이끄는 항은 (원점에서) 가능한 가장 큰 **정상** 특이점이 있도록 선택된다. 이러한 조건은 푸흐의 정리를 만족하는 것이며 그 정리를 더 잘 이해할 수 있게 해준다.

2. 7.5절에서와 마찬가지로 멱급수 해의 몇 항을 전개한다.
3. 알려진 해 y_1을 이용하여 식 (7.67)로부터 두 번째 해 y_2를 급수해로 얻고 그것을 적분한다.

1번 과정을 진행하면

$$y'' + (p_{-1}x^{-1} + p_0 + p_1 x + \cdots)y' + (q_{-2}x^{-2} + q_{-1}x^{-1} + \cdots)y = 0 \tag{7.70}$$

이 되며, 여기에서 $x=0$은 가장 좋지 않은 정상 특이점이다. $p_{-1} = q_{-1} = q_{-2} = 0$이라면, 보통점이 된다. 2번 과정과 같이

$$y = \sum_{\lambda=0}^{\infty} a_\lambda x^{s+\lambda}$$

을 대입하면

$$\sum_{\lambda=0}^{\infty} (s+\lambda)(s+\lambda-1)a_\lambda x^{s+\lambda-2} + \sum_{i=-1}^{\infty} p_i x^i \sum_{\lambda=0}^{\infty} (s+\lambda)a_\lambda x^{s+\lambda-1}$$
$$+ \sum_{j=-2}^{\infty} q_j x^j \sum_{\lambda=0}^{\infty} a_\lambda x^{s+\lambda} = 0 \tag{7.71}$$

을 얻을 수 있다. $p_{-1} \neq 0$이라고 가정하면 지표 방정식은

$$s(s-1) + p_{-1}k + q_{-2} = 0$$

이 되는데, x^{s-2}의 모든 계수는 0으로 놓는다. 그러면 이것은

$$s^2 + (p_{-1} - 1)s + q_{-2} = 0 \tag{7.72}$$

와 같이 간략하게 된다. 이 지표 방정식의 두 근은 $s=\alpha$와 $s=\alpha-n$으로 한다. 여기에서 n은 0이거나 양의 정수이다. (만약 n이 양의 정수가 아니라면, 7.5절의 방법에 의해 2개의 독립해를 예상할 수 있다.) 그러면

$$(s-\alpha)(s-\alpha+n) = 0 \tag{7.73}$$

또는

$$s^2+(n-2\alpha)s+\alpha(\alpha-n)=0$$

이고 식 (7.72)와 (7.73)에서 s의 계수를 계산하면

$$p_{-1}-1=n-2\alpha \tag{7.74}$$

를 얻게 된다. 가장 큰 해 $s=\alpha$에 대응되는 알려진 급수해는

$$y_1=x^\alpha\sum_{\lambda=0}^{\infty}a_\lambda x^\lambda$$

과 같이 쓸 수 있다. 이 급수해를 (3번 과정으로) 식 (7.67)에 대입하면

$$y_2(x)=y_1(x)\int^x\left(\frac{\exp\left(-\int_a^{x_2}\sum_{i=-1}^{\infty}p_ix_1^idx_1\right)}{x_2^{2\alpha}\left(\sum_{\lambda=0}^{\infty}a_\lambda x_2^\lambda\right)^2}\right)dx_2 \tag{7.75}$$

를 얻게 되며, 여기에서 해 y_1과 y_2는 론스키안 $W(a)=1$이 되도록 정규화되었다. 지수 인자를 먼저 살펴보면,

$$\int_a^{x_2}\sum_{i=-1}^{\infty}p_ix_1^idx_1=p_{-1}\ln x_2+\sum_{k=0}^{\infty}\frac{p_k}{k+1}x_2^{k+1}+f(a) \tag{7.76}$$

를 얻게 되는데, $f(a)$는 a에 의존하는 적분상수이다. 즉

$$\begin{aligned}\exp\left(-\int_a^{x_2}\sum_i p_ix_1^idx_1\right)&=\exp[-f(a)]x_2^{-p_{-1}}\exp\left(-\sum_{k=0}^{\infty}\frac{p_k}{k+1}x_2^{k+1}\right)\\&=\exp[-f(a)]x_2^{-p_{-1}}\left[1-\sum_{k=0}^{\infty}\frac{p_k}{k+1}x_2^{k+1}+\frac{1}{2!}\left(-\sum_{k=0}^{\infty}\frac{p_k}{k+1}x_2^{k+1}\right)^2+\cdots\right]\end{aligned} \tag{7.77}$$

이 된다. 지수의 최종 급수 전개는 계수 $P(x)$의 원래 전개가 균일하게 수렴한다면 명확히 수렴하게 된다.

식 (7.75)에서 분모는 다음과 같이 쓸 수 있다.

$$\left[x_2^{2\alpha}\left(\sum_{\lambda=0}^{\infty}a_\lambda x_2^\lambda\right)^2\right]^{-1}=x_2^{-2\alpha}\left(\sum_{\lambda=0}^{\infty}a_\lambda x_2^\lambda\right)^{-2}=x_2^{-2\alpha}\sum_{\lambda=0}^{\infty}b_\lambda x_2^\lambda \tag{7.78}$$

$W(a)=1$인 조건에 의해 임의로 선택되는 상수 인자를 무시하면 다음을 얻을 수 있다.

$$y_2(x) = y_1(x) \int^x x_2^{-p_{-1}-2\alpha} \left(\sum_{\lambda=0}^{\infty} c_\lambda x_2^\lambda \right) dx_2 \tag{7.79}$$

식 (7.74)를 적용하면

$$x_2^{-p_{-1}-2\alpha} = x_2^{-n-1} \tag{7.80}$$

이 되고, n은 정수라고 가정하였다. 이 결과를 식 (7.79)에 대입하면 다음을 얻게 된다.

$$y_2(x) = y_1(x) \int^x \left(c_0 x_2^{-n-1} + c_1 x_2^{-n} + c_2 x_2^{-n+1} + \cdots + c_n x_2^{-1} + \cdots \right) dx_2 \tag{7.81}$$

식 (7.81)에서 적분은 다음 2개 부분을 갖는 $y_1(x)$의 계수를 이끌게 된다.

1. x^{-n}으로 시작하는 멱급수
2. ($\lambda = n$일 때) x^{-1}의 적분으로부터 로그항이 있으며, 이 항은 n이 정수일 때 c_n이 우연히 0이 **아니라면** 항상 나타나게 된다.[8]

만약 y_1을 결합하도록 x^{-n}으로 시작되는 멱급수를 선택한다면, 두 번째 해는 다음과 같은 형태를 가정할 수 있다.

$$y_2(x) = y_1(x) \ln|x| + \sum_{j=-n}^{\infty} d_j x^{j+\alpha} \tag{7.82}$$

예제 7.6.4 베셀 함수의 두 번째 해

베셀 방정식으로부터, 식 (7.40)을 x^2으로 나누면 식 (7.59)와 같게 되며,

$$P(x) = x^{-1}, \qquad Q(x) = 1 \qquad (n = 0\text{에 대해})$$

을 얻을 수 있다. $p_{-1} = 1$, $q_0 = 1$이므로 모든 다른 p_i와 q_j는 사라진다. 식 (7.43)의 베셀 지표 방정식은 $n = 0$에 대해

$$s^2 = 0$$

이다. n과 α를 0으로 하여 식 (7.72)부터 (7.74)까지 증명했다.

첫 번째 해는 식 (7.49)로부터 다음과 같이 얻었다.[9]

---

8 패리티 조건에 의해 $\ln x$는 우함수 $\ln|x|$로 취한다.

9 대문자 O는 x의 차수보다 큰 크기 정도를 나타내는 것으로써, 여기에서는 x^6보다 큰 항을 의미한다.

$$y_1(x) = J_0(x) = 1 - \frac{x^2}{4} + \frac{x^4}{64} - O(x^6) \tag{7.83}$$

이제 이것 모두를 식 (7.67)에 대입하면 식 (7.75)에 해당하는 특별한 경우를 얻게 된다.

$$y_2(x) = J_0(x) \int^x \left(\frac{\exp\left[- \int^{x^2} x_1^{-1} dx_1 \right]}{\left[1 - \frac{x_2^2}{4} + \frac{x_2^4}{64} - \cdots \right]^2} \right) dx_2 \tag{7.84}$$

적분대상의 분자항은

$$\exp\left[- \int^{x_2} \frac{dx_1}{x_1} \right] = \exp[-\ln x_2] = \frac{1}{x^2}$$

이다. 이것은 식 (7.77)에서 x_2^{-p-1}에 해당한다. 적분대상의 분모는 다음의 이항전개를 사용하면

$$\left[1 - \frac{x_2^2}{4} + \frac{x_2^4}{64} \right]^{-2} = 1 + \frac{x_2^2}{2} + \frac{5x_2^4}{32} + \cdots$$

이다. 식 (7.79)에 대응하여

$$\begin{aligned} y_2(x) &= J_0(x) \int^x \frac{1}{x_2} \left[1 + \frac{x_2^2}{2} + \frac{5x_2^4}{32} + \cdots \right] dx_2 \\ &= J_0(x) \left\{ \ln x + \frac{x^2}{4} + \frac{5x^4}{128} + \cdots \right\} \end{aligned} \tag{7.85}$$

를 얻게 된다.

이제 이 결과를 점검해보자. 두 번째 해의 표준형을 주는 식 (12.62)로부터, Y_0로 표시되는 **노이만 함수**(Neumann function)는

$$Y_0(x) = \frac{2}{\pi}[\ln x - \ln 2 + \gamma] J_0(x) + \frac{2}{\pi} \left\{ \frac{x^2}{4} - \frac{3x^4}{128} + \cdots \right\} \tag{7.86}$$

이다. 여기에서 두 가지 중요한 점이 생긴다. (1) 베셀 방정식은 동차이기 때문에, $y_2(x)$에는 임의의 상수를 곱할 수 있다. $Y_0(x)$와 맞추기 위해서, $y_2(x)$에 $2/\pi$를 곱했다. (2) 두 번째 해 $(2/\pi)y_2(x)$를 얻기 위해서, 첫 번째 해에 어떤 임의의 상수 곱을 더할 수 있다. 다시 $Y_0(x)$와 맞추기 위해

$$\frac{2}{\pi}[-\ln 2+\gamma]J_0(x)$$

을 더한다. 여기에서 γ는 식 (1.13)에서 정의된 오일러-마스케로니 상수이다.[10] 새롭게 변형된 두 번째 해는

$$y_2(x)=\frac{2}{\pi}[\ln x-\ln 2+\gamma]J_0(x)+\frac{2}{\pi}J_0(x)\left\{\frac{x^2}{4}+\frac{5x^4}{128}+\cdots\right\} \tag{7.87}$$

이다. 이제 $Y_0(x)$와 비교하는 것은 식 (7.83)으로부터 $J_0(x)$ 급수의 간단한 곱에 의해서만 나타나며 식 (7.87)의 중괄호로 표시된 부분이 그것이다. x^2에서 x^4에 걸친 곱의 점검은 모두 수행되었다. 식 (7.67)과 (7.75)로부터 두 번째 해는 두 번째 표준해 노이만 함수 $Y_0(x)$와 일치한다. ■

식 (7.58)의 두 번째 해가 식 (7.82)의 형태를 갖게 하기 위한 분석은 식 (7.82)를 원래의 미분 방정식에 대입하고 계수 d_j를 결정하는 가능성을 제시해준다. 그러나 그 과정은 7.5절의 것과 어떤 면에서는 다른데, 다음의 예제를 통해 이해할 수 있다.

예제 7.6.5 다른 노이만 함수들

여기에서는 $n>0$인 정수 차수를 갖는 베셀 상미분 방정식의 두 번째 해를 식 (7.82)로 주어진 전개를 이용하여 고려해본다. 식 (7.82)에서 지표 방정식의 두 근의 분리인 n은 현재 상황에서는 $2n$인 반면에, 식 (7.49)에서 보였고 J_n으로 표시하는 첫 번째 해는 지표 방정식에서 $\alpha=n$으로부터 얻어진다. 즉, 식 (7.82)는 다음과 같이 취할 수 있다.

$$y_2(x)=J_n(x)\ln|x|+\sum_{j=-2n}^{\infty}d_jx^{j+n} \tag{7.88}$$

여기에서 J_n의 가능한 곱으로부터 떨어진 y_2는 베셀 방정식의 두 번째 해 Y_n이어야만 한다. 베셀 방정식에 이 해를 대입하여 미분하고 $J_n(x)$가 상미분 방정식의 해라는 사실을 이용하여, 비슷한 항들을 조합하여 다음을 얻을 수 있다.

$$\begin{aligned}&x^2y_2''+xy_2'+(x^2-n^2)y_2=\\&\quad 2xJ_n'(x)+\sum_{j\ge -2n}j(j+2n)d_jx^{j+n}+\sum_{j\ge -2n}d_jx^{j+n+2}=0\end{aligned} \tag{7.89}$$

[10] 노이만 함수 Y_0는 편리한 점근적 특성을 갖도록 정의된다(12.6절과 12.9절 참고).

다음으로 멱급수 전개를 넣으면

$$2xJ_n{}'(x) = \sum_{j \geq 0} a_j x^{j+n} \tag{7.90}$$

이 된다. 여기에서 계수는 J_n의 전개의 미분으로 얻을 수 있으며, 식 (7.49)로부터 그 값들은 ($j \geq 0$에 대하여)

$$\begin{aligned} a_{2j} &= \frac{(-1)^j (n+2j)}{j!(n+j)!2^{n+2j-1}} \\ a_{2j+1} &= 0 \end{aligned} \tag{7.91}$$

이 된다. 이것과 마지막 항에 있는 지표 j의 재정의에 의해 식 (7.89)는 다음과 같이 된다.

$$\sum_{j \geq 0} a_j x^{j+n} + \sum_{j \geq -2n} j(j+2n) d_j x^{j+n} + \sum_{j \geq -2n+2} d_{j-2} x^{j+n} = 0 \tag{7.92}$$

($j=-2n+1$에 대응하는) x^{-n+1}의 첫 번째 계수를 고려하여, 그것이 사라지려면 d_{-2n+1}이 사라져야 하는데, 그것은 중간의 합에서만 기여하고 있다. 홀수 j의 모든 a_j는 0이기 때문에, d_{-2n+1}이 0이라는 것은 홀수 j의 다른 모든 d_j가 사라져야만 한다는 것을 의미하고 있다. 그러므로 앞으로 짝수 j에 대해서만 고려하면 된다.

다음으로 계수 d_0가 임의의 수이며, 일반성을 잃지 않는 한 이것은 0으로 놓을 수 있다는 것을 주목하자. 이것은 x^n의 주요 항으로 전개할 수 있는 해 J_n에 적당한 수로 곱하여 y_2에 더함으로써 d_0를 임의의 수로 만들 수 있기 때문에 사실이다. 이제 j_2를 결정하는데, 그것의 비율(scale)은 그것의 로그항을 임의로 선택함으로써 결정할 수 있다.

이제 ($j=0$항에서) $d_0=0$임을 생각하면서 x^n의 계수를 취하면 다음을 얻게 되고,

$$d_{-2} = -a_0$$

2번 과정의 **아래쪽으로** 되돌아가서 x^{n-2}, x^{n-4}, ...의 계수에 대한 공식을 사용하면 다음을 얻게 된다.

$$d_{j-2} = -j(2n+j)d_j, \qquad j=-2,\ -4,\ \ldots,\ -2n+2$$

양의 j를 갖는 d_j를 얻기 위해서 위쪽으로 되돌아가서 x^{n+j}의 계수를 얻으면

$$d_j = \frac{-a_j - d_{j-2}}{j(2n+j)}, \qquad j=2,\ 4,\ \ldots,$$

이 되고, 다시 $d_0=0$임을 확인할 수 있다.

특별한 예로써 $n=1$일 때 계속 해보면, 식 (7.91)은 $a_0=1$, $a_2=-3/8$, $a_4=5/192$여서

$$d_{-2}=-1, \qquad d_2=-\frac{a_2}{8}=\frac{3}{64}, \qquad d_4=\frac{-a_4-d_2}{24}=-\frac{7}{2304}$$

이고,

$$y_2(x)=J_1(x)\ln|x|-\frac{1}{x}+\frac{3}{64}x^3-\frac{7}{2304}x^5+\cdots$$

이 된다. 이것은 노이만 함수 Y_1의 표준형과 일치한다(J_1에 어떤 상수를 곱한 것만 빼고).

$$Y_1(x)=\frac{2}{\pi}\left[\ln\left|\frac{x}{2}\right|+\gamma-\frac{1}{2}\right]J_1(x)+\frac{2}{\pi}\left[-\frac{1}{x}+\frac{3}{64}x^3-\frac{7}{2304}x^5+\cdots\right] \tag{7.93}$$

■

이 예제에서 본 바와 같이, 두 번째 해는 그것의 로그항과 급수에서 x의 음의 지수 때문에 원점에서는 일반적으로 발산한다. 이러한 이유에서 $y_2(x)$를 때때로 **비정상 해**(irregular solution)라고 부른다. 일반적으로 원점에서 수렴하는 첫 번째 급수해 $y_1(x)$는 **정상 해**(regular solution)라고 부른다. 원점에서 이러한 것의 문제는 12장에서 더 자세히 다룰 예정인데, 그때 베셀 함수, 수정된 베셀 함수, 르장드르 함수들을 다룰 것이다.

■ 요약

두 절에서 (연습문제와 함께 다루어졌던) 두 해는 2계 동차 선형 상미분 방정식의 **완전해**(complete solution)를 주고, 이때 전개되는 점은 정상 특이점보다 나쁘지는 않다. 적어도 1개의 해는 급수 대입법에 의해(7.5절) 항상 얻어질 수 있다. **두 번째 선형 독립인 해**는 식 (7.67)의 **론스키안** 이중 적분에 의해 얻을 수 있다. 이것은 **선형 독립인 세 번째 항이 존재하지 않는다**는 것을 말한다(연습문제 7.6.10과 비교).

2계 **비동차** 선형 상미분 방정식은 대응되는 동차 상미분 방정식의 일반해는 완전한 비동차 방정식에 **특수해**를 추가함으로써 일반해를 얻을 수 있다. 선형이지만 비동차 상미분 방정식의 특수해를 찾는 방법은 다음 절의 주제로 다루도록 한다.

7.6.1 세 단위벡터 $\hat{\mathbf{e}}_x$, $\hat{\mathbf{e}}_y$, $\hat{\mathbf{e}}_z$가 서로 수직임을 알고 있다. $\hat{\mathbf{e}}_x$, $\hat{\mathbf{e}}_y$, $\hat{\mathbf{e}}_z$가 선형 독립임을 보이시오. 특별히, 식 (7.54)의 형태로 $\hat{\mathbf{e}}_x$, $\hat{\mathbf{e}}_y$, $\hat{\mathbf{e}}_z$가 존재하지 않음을 보이시오.

7.6.2 세 벡터 **A**, **B**, **C**가 선형 **독립**인 조건은 식 (7.54)와 유사하게 다음 방정식을 만족해야 하며,

$$a\mathbf{A}+b\mathbf{B}+c\mathbf{C}=0$$

평범하게 $a=b=c=0$ 외에는 해가 존재하지 않는다. 각 요소 $\mathbf{A}=(A_1,\ A_2,\ A_3)$ 등을 이용하여 a, b, c를 계수로 하는 평범하지 않은 해가 존재하는지 또는 존재하지 않는지 판단하는 근거를 만드시오. 그 준거가 스칼라 삼중 곱 $\mathbf{A}\cdot\mathbf{B}\times\mathbf{C}\neq 0$과 동등함을 보이시오.

7.6.3 론스키안 행렬식을 사용하여 다음의 함수의 집합이 선형 독립임을 보이시오.

$$\left\{1,\ \frac{x^n}{n!}(n=1,\ 2,\ \ldots,\ N)\right\}$$

7.6.4 두 함수 y_1과 y_2의 론스키안이 0이라고 하면 직접적인 적분을 통해 다음을 보이시오.

$$y_1=cy_2$$

이것은 y_1과 y_2가 선형 종속임을 말하는 것이다. 그 함수들이 연속적인 도함수를 가지고 그 함수들의 적어도 하나는 우리가 고려하는 영역에서 0이 되지 않는다고 가정하시오.

7.6.5 두 함수의 론스키안이 임의의 작은 $\varepsilon>0$에 대해 $-\varepsilon\le x\le x_0+\varepsilon$에서 0이 되었다. 모든 x에 대해 론스키안이 0이 됨을 보이고 그 함수들은 선형 종속임을 보이시오.

7.6.6 세 함수 $\sin x$, e^x, e^{-x}가 서로 선형 독립이다. 이것은 어떠한 함수도 다른 2개의 선형 결합으로 나타낼 수 없음을 말한다. $\sin x$, e^x, e^{-x}의 론스키안이 어떤 특정한 영역 외에는 0이 됨을 보이시오.

답. $W=4\sin x$, $W=0$[$x=\pm n\pi$에 대해($n=0,\ 1,\ 2,\ \ldots$)]

7.6.7 두 함수 $\varphi_1=x$와 $\varphi_2=|x|$를 고려하자. $\varphi'_1=1$, $\varphi'_2=x/|x|$이므로, $[-1,\ +1]$을 포함하는 어떤 영역에서 $W(\varphi_1,\ \varphi_2)=0$이다. $[-1,\ +1]$에서 론스키안을 0으로 하는 φ_1과 φ_2는 선형 종속인가? 명확하게 그것은 아니다. 무엇이 잘못되었는가?

7.6.8 **선형 독립**이 어떠한 종속성도 없음을 의미하지 않음을 설명하시오. 그 논리를 $\cosh x$와 e^x를 이용하여 설명하시오.

7.6.9 르장드르 미분 방정식

$$(1-x^2)y'' - 2xy' + n(n+1)y = 0$$

이 정상 해 $P_n(x)$와 비정상 해 $Q_n(x)$를 갖고 있다. P_n과 Q_n의 론스키안이 다음과 같이 주어짐을 보이시오.

$$P_n(x)Q_n{}'(x) - P_n{}'(x)Q_n(x) = \frac{A_n}{1-x^2}$$

여기에서 A_n은 x에 **무관**하다.

7.6.10 론스키안을 이용해서 2계 동차 선형 상미분 방정식의 일반형

$$y''(x) + P(x)y'(x) + Q(x)y(x) = 0$$

이 **3개의 독립해를 가질 수 없음**을 보이시오.

[힌트] 세 번째 항을 가정하고 모든 x에 대해 론스키안이 0이 됨을 보여라.

7.6.11 2계 선형 미분 방정식 $py'' + qy' + ry = 0$이 자기수반형(self-adjoint form)을 가졌을 때 다음을 보이시오.

(a) 론스키안은 상수를 p로 나눈 것과 같다.

$$W(x) = \frac{C}{p(x)}$$

(b) 두 번째 해 $y_2(x)$는 첫 번째 해 $y_1(x)$로부터 다음과 같은 식으로 얻을 수 있다.

$$y_2(x) = Cy_1(x)\int^x \frac{dt}{p(t)[y_1(t)]^2}$$

7.6.12 2계 선형 상미분 방정식

$$y'' + P(x)y' + Q(x)y = 0$$

에 다음을 대입하여 변형시키고,

$$y = z\exp\left[-\frac{1}{2}\int^x P(t)dt\right]$$

그 결과 z에 대한 미분 방정식이 다음과 같음을 보이시오.

$$z'' + q(x)z = 0$$

여기에서

$$q(x) = Q(x) - \frac{1}{2}P'(x) - \frac{1}{4}P^2(x)$$

이다.

[참고] 이 대입 방법은 연습문제 7.6.25의 방법에서 나왔다.

7.6.13 연습문제 7.6.12의 결과를 이용해서 $\varphi(r)$을 $r\varphi(r)$로 치환시키면 구면 극 좌표계에서 라플라시안의 1계 도함수를 제거할 수 있음을 보이시오(연습문제 3.10.34 참고).

7.6.14 직접적인 미분과 대입에 의하여 다음의 y_2

$$y_2(x) = y_1(x)\int^x \frac{\exp\left[-\int^s P(t)dt\right]}{[y_1(s)]^2}ds$$

가 y_1과 마찬가지로 상미분 방정식

$$y_2''(x) + P(x)y_2'(x) + Q(x)y_2(x) = 0$$

을 만족시킴을 보이시오.

[참고] 적분의 도함수에 대한 라이프니츠 공식은 다음과 같다.

$$\frac{d}{d\alpha}\int_{g(\alpha)}^{h(\alpha)} f(x,\ \alpha)dx = \int_{g(\alpha)}^{h(\alpha)} \frac{\partial f(x,\ \alpha)}{\partial \alpha}dx + f[h(\alpha),\ \alpha]\frac{dh(\alpha)}{d\alpha} - f[g(\alpha),\ \alpha]\frac{dg(\alpha)}{d\alpha}$$

7.6.15

$$y_2(x) = y_1(x)\int^x \frac{\exp\left[-\int^s P(t)dt\right]}{[y_1(s)]^2}ds$$

에서 y_1이 아래의 미분 방정식을 만족한다.

$$y_1'' + P(x)y_1' + Q(x)y_1 = 0$$

함수 $y_2(x)$는 같은 방정식의 선형 **독립**인 두 번째 해이다. 두 적분에 하한을 넣는 것이 의미가 없음을 보이시오. 즉, 적분 하한을 넣는 것은 알려진 해 $y_1(x)$에 상수를 곱하고 상수 인자만 주게 됨을 보이시오.

7.6.16 다음 미분 방정식의 한 해는 $R = r^m$이다.

$$R'' + \frac{1}{r}R' - \frac{m^2}{r^2}R = 0$$

식 (7.67)을 통해 두 번째 해가 $R = r^{-m}$임을 보이시오.

7.6.17 선형 진동자 방정식의 해로써 다음을 이용하여,

$$y_1(x) = \sum_{n=0}^{\infty} \frac{(-1)^n}{(2n+1)!} x^{2n+1}$$

식 (7.81)을 따라 분석하고 그 방정식에서 두 번째 해는 로그항을 포함하지 않아서 $c_n = 0$임을 보이시오.

7.6.18 n이 베셀 상미분 방정식에서 정수가 **아닐** 때, 베셀 방정식의 두 번째 해인 식 (7.40)은 로그항을 포함하고 있지 **않은** 식 (7.67)로부터 얻을 수 있음을 보이시오.

7.6.19 (a) 다음의 에르미트 미분 방정식의 한 해는 $\alpha = 0$에 대해 $y_1(x) = 1$이다.

$$y'' - 2xy' + 2\alpha y = 0$$

식 (7.67)을 이용해서 두 번째 해 $y_2(x)$를 구하시오. 두 번째 해가 y_{odd}(연습문제 8.3.3)와 같음을 보이시오.

(b) $\alpha = 1$에 대해 $y_1(x) = x$일 때 식 (7.67)을 이용하여 두 번째 해를 구하시오. 두 번째 해가 y_{even}(연습문제 8.3.3)과 같음을 보이시오.

7.6.20 다음의 라게르 미분 방정식의 한 해가 $n = 0$에 대해서 $y_1(x) = 1$이다.

$$xy'' + (1-x)y' + ny = 0$$

식 (7.67)을 사용해서 선형 독립인 두 번째 해를 구하시오. 로그항을 명확히 보이시오.

7.6.21 $n = 0$에 대해 라게르 방정식의 한 해는

$$y_2(x) = \int^x \frac{e^s}{s} ds$$

와 같이 주어진다.

(a) $y_2(x)$를 로그와 멱급수로 표현하시오.

(b) 이전에 주어진 $y_2(x)$의 적분형은 미분 방정식에 직접적인 적분의 미분을 대입하여 얻어진 라게르 방정식($n = 0$)의 해임을 보이시오.

(c) 문항 (a)에서 $y_2(x)$의 급수형을 미분해서 라게르 방정식에 대입하여 해를 얻음을 보이시오.

7.6.22 다음의 체비셰프 방정식의 한 해는 $n = 0$에 대해서 $y_1(x) = 1$이다.

$$(1-x^2)y'' - xy' + n^2 y = 0$$

(a) 식 (7.67)을 사용해서 선형 독립인 두 번째 해를 구하시오.

(b) 체비셰프 방정식의 직접적인 적분을 통해서 두 번째 해를 구하시오.

[힌트] $v = y'$이라고 하고 적분하라. 13.4절에 있는 두 번째 해의 결과와 비교하라.

답. (a) $y_2 = \sin^{-1} x$

(b) 두 번째 해 $V_n(x)$는 $n=0$에 대해 정의되지 않는다.

7.6.23 다음의 체비셰프 방정식의 한 해는 $n=1$에 대해서 $y_1(x) = x$이다.

$$(1-x^2)y'' - xy' + n^2 y = 0$$

론스키안 이중 적분 해를 구하고 두 번째 해 $y_2(x)$를 유도하시오.

답. $y_2 = -(1-x^2)^{1/2}$

7.6.24 구대칭 퍼텐셜에 대해서 지름 성분의 슈뢰딩거 파동 방정식은 다음과 같이 쓸 수 있다.

$$\left[-\frac{\hbar^2}{2m}\frac{d^2}{dr^2} + l(l+1)\frac{\hbar^2}{2mr^2} + V(r)\right]y(r) = Ey(r)$$

퍼텐셜 에너지 $V(r)$가 원점에서 다음과 같이 전개될 수 있다.

$$V(r) = \frac{b_{-1}}{r} + b_0 + b_1 r + \cdots$$

(a) r^{l+1}으로 시작하는 하나의 (정상) 해 $y_1(r)$가 존재함을 보이시오.

(b) 식 (7.69)로부터, 비정상 해 $y_2(r)$는 r^{-l}에 따라 원점에서 발산함을 보이시오.

7.6.25 두 번째 해 y_2가 첫 번째 해 y_1과 $y_2(x) = y_1(x) f(x)$로 연관되어 있다고 가정할 때, 이것을 다음의 미분 방정식

$$y_2'' + P(x) y_2' + Q(x) y_2 = 0$$

에 대입하면 식 (7.67)과 동일한 다음이 유도됨을 보이시오.

$$f(x) = \int^x \frac{\exp\left[-\int^s P(t)dt\right]}{[y_1(s)]^2} ds$$

7.6.26 (a) 다음의 미분 방정식이

$$y'' + \frac{1-\alpha^2}{4x^2} y = 0$$

다음의 2개의 해를 가짐을 보이시오.

$$y_1(x) = a_0 x^{(1+\alpha)/2}$$
$$y_2(x) = a_0 x^{(1-\alpha)/2}$$

(b) $\alpha = 0$에 대해 문항 (a)에서 주어진 2개의 선형 독립인 해들은 $y_{1'} = a_0 x^{1/2}$로 간략하게 될 수 있다. 식 (7.68)을 이용해서 두 번째 해가

$$y_{2'}(x) = a_0 x^{1/2} \ln x$$

로 주어짐을 증명하시오.

(c) 문항 (b)에서 두 번째 해가 문항 (a)의 2개의 해로부터 다음의 극한인 경우로 얻어질 수 있음을 보이시오.

$$y_{2'}(x) = \lim_{\alpha \to 0} \left(\frac{y_1 - y_2}{\alpha} \right)$$

7.7 비동차 선형 상미분 방정식

지금까지 2계 상미분 방정식을 다루는 방법에 대해 논의했고, 이것은 더 높은 차수로 확장시킬 수 있다. 다음의 상미분 방정식의 일반형

$$y'' + P(x)y' + Q(x)y = F(x) \tag{7.94}$$

을 생각해보면 $F(x) = 0$일 때는 동차 미분 방정식에 대응된다. 동차 미분 방정식은 2개의 독립인 해 $y_1(x)$와 $y_2(x)$를 가지고 있다.

■ 매개변수의 변화

매개변수 변화법(상수 변화법)은 식 (7.94)의 비동차 상미분 방정식의 특수해를 다음과 같이 쓸 수 있다고 가정함으로부터 시작한다.

$$y(x) = u_1(x)y_1(x) + u_2(x)y_2(x) \tag{7.95}$$

여기에서 $u_1(x)$와 $u_2(x)$가 상수 계수가 **아닌** 독립변수를 갖는 함수임을 강조해야겠다. 이것은 물론 식 (7.95)에서 $y(x)$가 특정한 제한조건이 있다는 것을 의미하지는 않는다. 간단하고 명확하게 하기 위해서 앞으로 이 함수들은 u_1과 u_2로 쓰도록 하겠다.

식 (7.95)의 $y(x)$를 비동차 상미분 방정식에 대입하기 위해서 다음 도함수를 구하고,

$$y' = u_1y_1' + u_2y_2' + (y_1u_1' + y_2u_2')$$

식을 간단히 하기 위해서 모든 x에 대해 다음과 같이 되도록 u_1과 u_2를 선택하면

$$y_1u_1' + y_2u_2' = 0 \tag{7.96}$$

여기에서 식 (7.96)은 항등원이 되는 것으로 가정하였다. 다음에 식 (7.96)이 모순이 되지 않는다는 것을 간단히 밝히도록 하겠다.

식 (7.96)을 적용하면 y'과 그것의 도함수 y''이 다음과 같이 주어진다.

$$\begin{aligned} y' &= u_1y_1' + u_2y_2' \\ y'' &= u_1y_1'' + u_2y_2'' + u_1'y_1' + u_2'y_2' \end{aligned}$$

이것을 식 (7.94)에 대입하면

$$(u_1y_1'' + u_2y_2'' + u_1'y_1' + u_2'y_2') + P(x)(u_1y_1' + u_2y_2') + Q(x)(u_1y_1 + u_2y_2) = F(x)$$

가 되고, y_1과 y_2가 동차 방정식의 해이므로

$$u_1'y_1' + u_2'y_2' = F(x) \tag{7.97}$$

과 같이 된다. 식 (7.96)과 식 (7.97)은 x에 대해서 변수 u'_1과 u'_2를 갖는 2개의 연립 **대수** 방정식이 된다. 이 점을 강조하기 위해서 다시 쓰면

$$\begin{aligned} y_1u_1' + y_2u_2' &= 0 \\ y_1'u_1' + y_2'u_2' &= F(x) \end{aligned} \tag{7.98}$$

과 같다. 이 방정식의 계수의 행렬식은

$$\begin{vmatrix} y_1 & y_2 \\ y_1' & y_2' \end{vmatrix}$$

이며, 이것은 동차 방정식의 선형 독립해를 구하기 위한 론스키안이다. 이것은 이 행렬식이 0이 아님을 의미하고, 각 x에 대해 식 (7.98)에 유일한 해가 존재하고 이는 다른 말로 유일

한 함수 u'_1과 u'_2를 갖는다는 것을 의미한다. 식 (7.96)에 의한 제한조건은 성립한다고 결론지을 수 있다.

한번 u'_1과 u'_2가 결정되면, 각각을 적분해서 u_1과 u_2를 계산할 수 있으며 식 (7.95)를 이용해 비동차 상미분 방정식의 특수해를 구할 수 있다.

예제 7.7.1 비동차 상미분 방정식

다음의 상미분 방정식을 고려하자.

$$(1-x)y'' + xy' - y = (1-x)^2 \tag{7.99}$$

이 동차 상미분 방정식에 대응되는 해는 $y_1 = x$와 $y_2 = e^x$이다. 즉, $y'_1 = 1$, $y'_2 = e^x$이고, u'_1과 u'_2에 대한 연립 방정식은

$$\begin{aligned} x\,u_1' + e^x u_2' &= 0 \\ u_1' + e^x u_2' &= F(x) \end{aligned} \tag{7.100}$$

이다. 여기에서 $F(x)$는 상미분 방정식을 표준형 식 (7.94)로 쓸 때의 비동차 항이다. 이것은 $F(x) = 1-x$가 되면 (y''의 계수인) $1-x$에 대해 식 (7.99)가 2개의 방정식으로 나누어질 수 있다는 것을 의미한다.

$F(x)$의 선택에 대해 식 (7.100)을 풀면

$$u_1' = 1, \qquad u_2' = -xe^{-x}$$

을 얻고, 이것을 적분하면

$$u_1 = x, \qquad u_2 = (x+1)e^{-x}$$

이 된다. 이제 비동차 상미분 방정식의 특수해를 얻으면 다음과 같이 된다.

$$y_p(x) = u_1 y_1 + u_2 y_2 = x(x) + ((x+1)e^{-x})e^x = x^2 + x + 1$$

x가 동차 방정식의 해이기 때문에, 위 식에서 그것을 제거할 수 있다. 즉, 간단하게 특수해는 $y_p = x^2 + 1$이 된다.

상미분 방정식의 일반해는 다음과 같이 된다.

$$y(x) = C_1 x + C_2 e^x + x^2 + 1$$

■

연습문제

7.7.1 식 (7.94)의 형인 2계 비동차 선형 상미분 방정식의 **가장 일반적인 해**는

$$y(x) = y_1(x) + y_2(x) + y_p(x)$$

이고, 여기에서 y_1과 y_2는 동차 방정식의 독립해이다. 다음을 보이시오.

$$y_p(x) = y_2(x) \int^x \frac{y_1(s) F(s) ds}{W\{y_1(s),\ y_2(s)\}} - y_1(x) \int^x \frac{y_2(s) F(s) ds}{W\{y_1(s),\ y_2(s)\}}$$

여기에서 $W\{y_1(s),\ y_2(s)\}$는 $y_1(s)$와 $y_2(s)$의 론스키안이다.

※ 다음의 비동차 상미분 방정식의 일반해를 구하시오.

7.7.2 $y'' + y = 1$

7.7.3 $y'' + 4y = e^x$

7.7.4 $y'' - 3y' + 2y = \sin x$

7.7.5 $xy'' - (1+x)y' + y = x^2$

7.8 비선형 미분 방정식

물리학 이론의 많은 부분은 수학적 선형성에 의해 개발된 것들이 대부분이다. 결과적으로 (행렬 이론인) 선형대수와 선형 미분 방정식의 해를 구하는 방법이 수학적 도구로 잘 사용되었는데, 그러한 수학적 주제들은 이 책의 대부분을 차지하고 있다. 그러나 물리학의 어떤 문제는 비선형 미분 방정식(NDE, nonlinear differential equation)을 풀어야만 할 때가 있다. 점성을 갖는 유체나 압축 가능한 매질은 나비에-스토크(Navier-Stokes) 방정식에 의해 기술되는데, 이 방정식은 비선형이다. 비선형성으로써 난류와 같은 현상은 선형 방정식에 의해 기술되지 않는다. 비선형 방정식은 **혼돈**(chaotic)이라 알려져 있는 현상을 기술하는 핵심이며, 그 계의 운동은 초기 조건에 대단히 민감해서 예측 불가능하게 된다.

비선형 상미분 방정식의 수학은 매우 어려울 뿐만 아니라 선형 상미분 방정식에 비해서

덜 개발되어 있어서 여기에서는 간단한 소개만 하도록 하겠다. 이 분야의 최근의 많은 진전은 컴퓨터에 의한 계산으로 발전하였고, 그것은 이 책의 범위를 벗어난다.

이 장의 마지막 부분에서 특별한 비선형 미분 방정식인 고전적인 베르누이(Bernoulli) 방정식과 리카티(Riccati) 방정식을 간단히 기술할 것이다.

■ 베르누이 방정식과 리카티 방정식

베르누이 방정식은 다음의 꼴을 갖고 있는 비선형 방정식이다.

$$y'(x) = p(x)y(x) + q(x)[y(x)]^n \tag{7.101}$$

여기에서 p와 q는 실수 함수이고 $n \neq 0,\ 1$이어서 1계 선형 상미분 방정식이 아니다. 그러나 다음을 도입하여 대입하면,

$$u(x) = [y(x)]^{1-n}$$

식 (7.101)은 1계 선형 상미분 방정식이 된다.

$$u' = (1-n)y^{-n}y' = (1-n)[p(x)u(x) + q(x)] \tag{7.102}$$

이것은 7.2절에서 (적분 인자를 이용해서) 푸는 방법이 기술되어 있다.

리카티 방정식은 $y(x)$에 대해 2차 방정식인데

$$y' = p(x)y^2 + q(x)y + r(x) \tag{7.103}$$

이며, 여기에서 $p \neq 0$이어서 선형 상미분 방정식이 아니고 $r \neq 0$이어서 베르누이 방정식과 같지 않다. 이 리카티 방정식을 푸는 일반적인 방법은 알려져 있지 않다. 그러나 식 (7.103)의 특별한 해 $y_0(x)$가 어떤 추측이나 검사로 알려져 있다면 $y = y_0 + u$의 형태로 일반해를 쓸 수 있고, u는 베르누이 방정식을 만족해서

$$u' = pu^2 + (2py_0 + q)u \tag{7.104}$$

가 된다. $y = y_0 + u$를 식 (7.103)에 대입하면 결과적으로 $r(x)$를 제거할 수 있다.

대부분의 비선형 상미분 방정식의 정확한 해를 푸는 일반적인 방법은 없다. 이는 2차 항을 갖는 방정식을 푸는 방법이 더 중요하게 된다. 이 장의 7.5절에서 상미분 방정식의 본질적인 특이점에서만을 제외하면 상미분 방정식은 멱급수 해를 이용해서 풀 수 있음을 밝혔다. 멱급수의 전개에서 계수는 해의 점근적 행동을 기술한다. 비선형 미분 방정식의 해를 전개시켜서 선형적인 항만 남긴다면 전개 점의 근방에서 해의 정성적인 행동을 이해할 수 있게 된다.

■ 고정 특이점, 이동 특이점, 특수해

비선형 미분 방정식의 해를 구하는 첫 번째 단계는 그들의 특이점 형태를 파악하는 것이다. 비선형 미분 방정식의 해는 초기 조건 또는 경계조건에서 독립된 특이점을 갖고 있는데, 이것을 **고정 특이점**(fixed singularity)이라고 한다. 그러나 또한 그들은 **자발적**(spontaneous)이고 **이동**(movable)할 수 있는데, 그러면 특이점은 초기 조건 또는 경계조건에 따라 변화한다. 이것은 비선형 미분 방정식의 점근적 해석을 어렵게 한다.

예제 7.8.1 이동 특이점

다음의 선형 상미분 방정식

$$y' + \frac{y}{x-1} = 0$$

을(이것은 명확하게 $x=1$에서 정상 특이점을 갖고 있다.) 비선형 미분 방정식 $y' = y^2$과 비교하면, 둘은 모두 초기 조건 $y(0)=1$에서 같은 해인 $y(x) = 1/(1-x)$를 갖는다. 그러나 $y(0)=2$에 대해서는 선형 상미분 방정식은 $y = 1 + 1/(1-x)$를 갖는데 반해, 비선형 미분 방정식은 $y(x) = 2/(1-2x)$를 갖는다. 비선형 미분 방정식 해의 특이점은 $x = 1/2$로 이동했다. ■

2계 선형 상미분 방정식에 대해 2개의 선형 독립인 해를 안다면 그것의 해와 점근적 행동을 완벽히 기술할 수 있었다. 그러나 비선형 미분 방정식에 대해서는 2개의 독립해로부터 점근적 행동을 보이지 않는 **특수해**(special solution)를 얻을 수 있다. 이것은 비선형 미분 방정식의 또 다른 특별한 성질이며, 다음의 예제에서 그것을 보여준다.

예제 7.8.2 특수해

비선형 미분 방정식 $y'' = yy'/x$는 다음 2개의 매개변수로 정의되는 곡선에서 2개의 선형 독립인 해를 갖게 된다.

$$y(x) = 2c_1 \tan(c_1 \ln x + c_2) - 1 \tag{7.105}$$

여기에서 c_i는 적분상수이다. 그러나 이 비선형 미분 방정식은 특수해 $y = c_3 =$상수를 갖는데, 이것은 식 (7.105)에서 매개변수 c_1, c_2를 선택하여 얻어질 수 없다.

식 (7.105)에서 '일반해'는 $x = e^t$를 대입하여 얻어질 수 있고 $x(dy/dx) = dY/dt$가 되도록 $Y(t) \equiv y(e^t)$로 정의하면 상미분 방정식 $Y'' = Y'(Y+1)$을 얻을 수 있다. 이 상미분 방정식을 적분하면 $c = 2(c_1^2 + 1/4)$의 적분상수를 갖는 $Y' = \frac{1}{2}Y^2 + Y + c$를 얻을 수 있다.

Y'에 대한 방정식은 변수 분리가 가능하여서 적분하여 식 (7.105)를 얻을 수 있다. ■

연습문제

7.8.1 리카티 방정식 $y' = y^2 - y - 2$를 고려하자. 이 방정식의 특수해는 $y = 2$이다. 더 일반적인 해를 구하시오.

7.8.2 $y' = y^2/x^3 - y/x + 2x$의 특수해는 $y = x^2$이다. 더 일반적인 해를 구하시오.

7.8.3 베르누이 방정식 $y' + xy = xy^3$을 구하시오.

7.8.4 $y = xy' + f(y')$의 형태를 갖는 상미분 방정식을 클레로(Clairaut) 방정식이라고 한다. 이 방정식을 푸는 첫 번째 방법은 이것을 미분하여

$$y' = y' + xy'' + f'(y')y'' \quad \text{또는} \quad y''(x + f'(y')) = 0$$

을 얻는 것이다. 이 해는 $y'' = 0$과 $f'(y') = -x$로부터 모두 얻을 수 있다. 일반해는 $y'' = 0$에서 나온다.

$f(y') = (y')^2$에 대해서

(a) 일반해를 구하시오(이것은 단일 상수를 가지고 있음을 주목하라).

(b) $f'(y') = -x$로부터 특이해를 구하시오. 원래의 상미분 방정식에 다시 대입하여 이 특이해가 자기수반형 상수를 갖지 않음을 보이시오.

[참고] 특이해는 일반해에 포함되어 있다.

❖ 더 읽을 거리

Cohen, H., *Mathematics for Scientists and Engineers.* Englewood Cliffs, NJ: Prentice-Hall (1992).

Golomb, M., and M. Shanks, *Elements of Ordinary Differential Equations.* New York: McGraw-Hill (1965).

Hubbard, J., and B. H. West, *Differential Equations.* Berlin: Springer (1995).

Ince, E. L., *Ordinary Differential Equations.* New York: Dover (1956). The classic work in the theory of ordinary differential equations.

Jackson, E. A., *Perspectives of Nonlinear Dynamics.* Cambridge: Cambridge University Press (1989).

Jordan, D. W., and P. Smith, *Nonlinear Ordinary Differential Equations*, 2nd ed. Oxford: Oxford University Press (1987).

Margenau, H., and G. M. Murphy, *The Mathematics of Physics and Chemistry*, 2nd ed. Princeton, NJ: Van Nostrand (1956).

Miller, R. K., and A. N. Michel, *Ordinary Differential Equations.* New York: Academic Press (1982).

Murphy, G. M., *Ordinary Differential Equations and Their Solutions.* Princeton, NJ: Van Nostrand (1960). A thorough, relatively readable treatment of ordinary differential equations, both linear and nonlinear.

Ritger, P. D., and N. J. Rose, *Differential Equations with Applications.* New York: McGraw-Hill (1968).

Sachdev, P. L., *Nonlinear Differential Equations and their Applications.* New York: Marcel Dekker (1991).

Tenenbaum, M., and H. Pollard, *Ordinary Differential Equations.* New York: Dover (1985). Detailed and read-able (over 800 pages). This is a reprint of a work originally published in 1963, and stresses formal manipula-tions. Its references to numerical methods are somewhat dated.

CHAPTER 8

스텀-리우빌 이론

8.1 서론

7장에서는 상미분 방정식의 해를 구하는 방법에 대해 논의하였다. 이 장에서는 해가 특정 물리 문제에 적합해야만 한다는 일반적인 특성과 5장과 6장에서 논의했던 벡터공간의 개념과 고윳값 문제를 이용한 해에 대해 논의를 옮긴다.

상미분 방정식에 의해 기술되는 전형적인 물리 문제는 다음의 두 가지 중요한 특성이 있다. (1) 그것의 해는 **경계조건**(boundary condition)을 만족해야 하고, (2) 그것은 경계조건을 만족하는 값을 갖는 매개변수를 포함하고 있다. 벡터공간의 관점에서, 경계조건은 (연속 및 미분 가능 조건을 추가하여) 물리 문제의 힐베르트 공간을 정의하고, 그 매개변수는 상미분 방정식을 힐베르트 공간에서 고윳값 방정식으로 쓸 수 있게 한다.

이러한 아이디어는 다음의 구체적인 예를 통해 명확히 이해할 수 있다. 양쪽 끝이 고정되어 있는 진동하는 끈의 정상파는 다음의 상미분 방정식으로 기술된다.

$$\frac{d^2\psi}{dx^2}+k^2\psi=0 \tag{8.1}$$

여기에서 $\psi(x)$는 끈을 따라 x에서의 횡축 진동의 진폭이고, k는 매개변수이다. 이 상미분 방정식은 어떠한 k에 대해 해를 갖지만, 끈의 양쪽 끝에서 $\psi(x)=0$이어야 한다.

이 문제의 경계조건은 힐베르트 공간으로 정의되는 영역에서 해석될 수 있으며 힐베르트 공간에서 x의 경계값에서 0을 갖는 미분 가능한 함수이다. 상미분 방정식 자체는 다음과 같이 고윳값 방정식으로 쓸 수 있다.

$$\mathcal{L}\psi=k^2\psi, \qquad \mathcal{L}=-\frac{d^2}{dx^2} \tag{8.2}$$

특별한 이유로써, 고윳값을 k^2이라고 하자. 이것은 식 (8.2)에서 주어진 경계조건 하에서 $\psi(x)$를 얻기 위해 필요하다. 즉, 고윳값 방정식을 푸는 힐베르트 공간에서 $\psi(x)$의 해를 찾기 위해서 필요하다.

이제 5장에서와 같은 방식으로 풀 수 있는데, 즉 (1) 힐베르트 공간에 대해 기저를 선택하고 (x의 경계값에서 0을 갖는 어떤 함수의 집합), (2) 힐베르트 공간에 대해 스칼라곱을 정의하며, (3) 기저에 대해 $\mathcal{L}$과 ψ를 전개하고, (4) 주어진 행렬 방정식을 푼다. 그러나 이 방식은 지금의 상미분 방정식의 특별한 성질을 이용하지 않고, 특히 쉽게 풀릴 수 있는 것에 대해서는 덜 유용하다.

대신, 식 (8.1)에 의해 정의된 예제를 이용해서 상미분 방정식을 푸는 것을 이어가보자.

예제 8.1.1 정상파, 진동하는 끈

$x=0$과 $x=l$의 양쪽 끝이 고정되어 있고 횡으로 진동하는 끈을 생각해보자. 이미 언급했듯이, 이 정상파의 진폭 $\psi(x)$는 다음의 미분 방정식의 해이다.

$$\frac{d^2\psi(x)}{dx^2}+k^2\psi(x)=0 \tag{8.3}$$

여기에서 k는 초기에 알려지지 않은 값이고 $\psi(x)$는 $\psi(0)=\psi(l)=0$으로 양 끝단에서 고정되어 있는 경계조건을 갖고 있다. 이것은 식 (8.2)로 정의되는 고윳값 문제이다.

이 미분 방정식의 일반해는 $\psi(x)=A\sin kx+B\cos kx$이며, 경계조건 없이는 모든 k, A, B에 대해 해가 존재한다. 그러나 $x=0$에서의 경계조건은 $B=0$이 되게 하여서 $\psi(x)=A\sin kx$의 해를 주게 된다. $x=l$에서의 경계조건도 주어졌는데, $A=0$이라면 $\psi(x)=0$이라는 자명한 해만 갖기 때문에, A는 특정되지 않는 임의의 값으로 남겨둔다. 대신에, $\sin kl=0$이라면 $kl=n\pi$로 주어져서(n은 0이 아닌 정수) 경계조건을 만족할 수 있으며, 따라서 다음과 같은 해를 갖게 된다.

$$\psi_n(x)=A\sin\left(\frac{n\pi x}{l}\right), \qquad k^2=\frac{n^2\pi^2}{l^2}, \qquad n=1,\ 2,\ \ldots \tag{8.4}$$

식 (8.3)이 동차이기 때문에, 그것은 임의의 해를 갖게 될 것이고, 따라서 A는 임의의 값이 될 수 있다. 우리의 목적은 선형 독립인 해를 찾는 것에 있으므로, A의 부호나 크기가 다른 것은 제외한다. 진동하는 끈의 문제에서, 이 해는 정상파의 진폭과 위상을 조절한다. n의 부호를 바꾸는 것은 ψ의 부호를 바꾸게 되고, 식 (8.4)에서 $+n$과 $-n$은 여기에서 동일하다고 보기 때문에, n은 양의 값만 취급한다. 첫 번째 몇 개의 ψ_n의 해에 대해 그림 8.1에 나타내었다. n에 따라 마디의 수가 결정됨을 주목하라. ψ_n은 $n+1$개의 마디(끈의 양 끝단에서의 두 마디를 포함해서)를 가지고 있다.

우리의 문제가 어떤 k의 특정한 값만을 갖는 해를 갖는다는 사실은 고윳값 문제의 전형적인 특징이며, 우리 문제에서 특정 k만 갖는 것은 경계조건의 존재에 의해 결정되게 된다. 그림 8.2는 $x=0$에서의 경계조건을 갖는 모든 k에 대해 π/l의 크기로 k가 변할 때 어떻게 되는지를 보여준다. 고윳값(여기에서는 k^2)이 떨어진 지점에 있고, $k<\pi/l$에 대해서는 $x=l$에서의 경계조건을 만족할 수 없음은 명확하다. 더욱이, k가 π/l보다 큰 첫 번째 값은

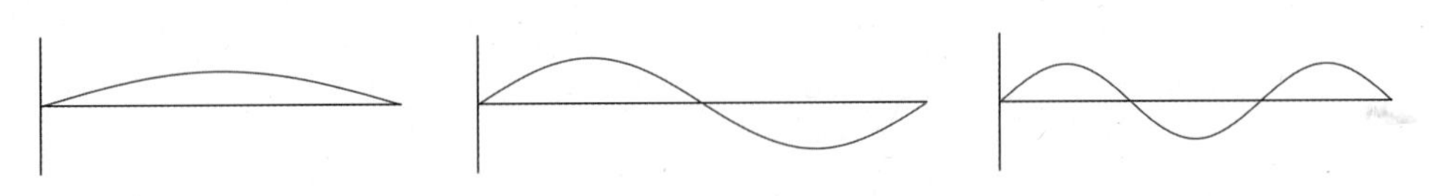

그림 8.1 진동하는 끈의 정상파 패턴

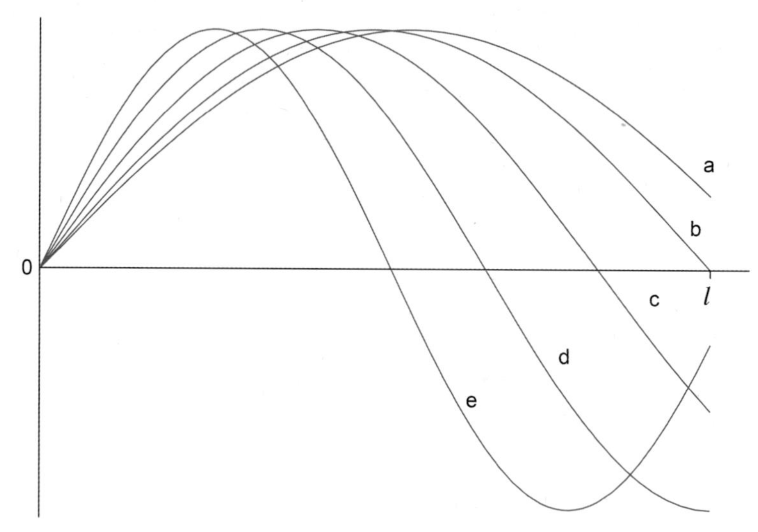

그림 8.2 $0 \le x \le l$ 영역에서 식 (8.3)의 해. (a) $k = 0.9\pi/l$, (b) $k = \pi/l$, (c) $k = 1.2\pi/l$, (d) $k = 1.5\pi/l$, (e) $k = 1.9\pi/l$

명확히 $1.9\pi/l$보다 크다(확실히 $2\pi/l$이다).

이미 보였듯이, 그 방정식이 (그것의 경계조건과 함께) 동차이기 때문에 이 고윳값 문제의 해는 이 범위 내에서 결정되지 않았다. 그러나 만약 다음과 같은 스칼라곱을 정의하면,

$$\langle f | g \rangle = \int_0^l f^*(x) g(x) dx \tag{8.5}$$

$\langle \psi_n | \psi_n \rangle = 1$을 만족하는 정규화된 해를 정의할 수 있으며, 임의의 부호를 갖는 다음과 같은 해를 얻을 수 있다.

$$\psi_n(x) = \sqrt{\frac{2}{l}} \sin\left(\frac{n\pi x}{l}\right) \tag{8.6}$$

식 (8.2)를 전개식에 의해 풀지 않았지만, 그 해들(고유함수들)은 여전히 연산자 $\mathcal{L}$이 에르미트인지에 따라 결정되는 특징을 가지고 있다. 5장에서 보았듯이, 에르미트 특성은 $\mathcal{L}$과 스칼라곱의 정의 모두에 의존하며, 이 장에서 논의해야 하는 주제는 연산자를 에르미트가 되게 하는 조건을 구성하는 것에 있다. 이 주제는 중요한데 왜냐하면 에르미트는 실 고윳값과 함께 고유함수의 직교성과 완전성을 주기 때문이다. ■

정리하면, 이 장에서의 관심사항은 다음을 포함하고 있다.

1. 어떤 상미분 방정식이 자기수반형 (에르미트) 연산자를 가지고 있는지에 대한 조건

2. 경계조건을 갖고 있는 상미분 방정식의 해를 구하는 방법
3. 상미분 방정식의 형태를 갖는 고윳값 방정식 해의 특성

8.2 에르미트 연산자

2계 미분 방정식으로부터 나오는 고윳값 문제의 일반적인 특징을 기술하는 것은 **스텀-리우빌 이론**(Sturm-Liouville theory)으로 알려져 있다. 이것은 다음과 같은 형태의 고윳값 문제를 기술한다.

$$\mathcal{L}\psi(x) = \lambda\psi(x) \tag{8.7}$$

여기에서 $\mathcal{L}$은 2계 선형 미분 연산자이며 일반형은

$$\mathcal{L}(x) = p_0(x)\frac{d^2}{dx^2} + p_1(x)\frac{d}{dx} + p_2(x) \tag{8.8}$$

이다. 여기에서의 중요한 이슈는 $\mathcal{L}$이 어떠한 조건에서 에르미트 연산자인지를 결정하는 것이다.

■ 자기수반형 상미분 방정식

$\mathcal{L}$이 미분 방정식 이론에서 다음을 만족하면 이것은 **자기수반형**이라고 한다.

$$p_0{}'(x) = p_1(x) \tag{8.9}$$

이것은 $\mathcal{L}(x)$를 다음과 같이 쓰게 하며,

$$\mathcal{L}(x) = \frac{d}{dx}\left[p_0(x)\frac{d}{dx}\right] + p_2(x) \tag{8.10}$$

연산자 $\mathcal{L}$이 함수 $u(x)$에 대해서

$$\mathcal{L}u = (p_0 u')' + p_2 u \tag{8.11}$$

과 같은 형을 갖게 된다. 식 (8.11)을 적분형 $\int_a^b v^*(x)\mathcal{L}u(x)dx$에 넣고, p_0항에 대해서 부분 적분을 시행하면(p_0가 실수라는 가정 하에)

$$\int_a^b v^*(x)\mathcal{L}u(x)dx = \int_a^b \left[v^*(p_0u')' + v^*p_2u\right]dx$$

$$= \left[v^*p_0u'\right]_a^b + \int_a^b \left[-(v^*)'p_0u' + v^*p_2u\right]dx$$

가 되고, 다시 한번 부분 적분을 수행하면

$$\int_a^b v^*(x)\mathcal{L}u(x)dx = \left[v^*p_0u' - (v^*)'p_0u\right]_a^b + \int_a^b \left[\left[p_0(v^*)'\right]'u + v^*p_2u\right]dx$$

$$= \left[v^*p_0u' - (v^*)'p_0u\right]_a^b + \int_a^b (\mathcal{L}v)^*u\,dx \tag{8.12}$$

가 된다. 식 (8.12)는 경계항 $[\cdots]_a^b$가 0이 되고, 스칼라곱이 a부터 b까지 무게가 가해지지 않은 적분이라면, 연산자 $\mathcal{L}$은 각 항이 연산자로 정의되는 자기수반형이다. 미분 방정식 이론에서 자기수반성에 대한 개념은 힐베르트 공간에서 연산자에 대응하는 개념보다는 약한데, 그것은 경계항에서 요구조건이 적기 때문이다. 여기에서 다시 강조할 것은 자기수반형의 힐베르트 공간의 정의는 $\mathcal{L}$의 형태뿐만 아니라 스칼라곱과 경계조건의 정의에 의존한다는 것이다.

경계항을 다시 자세히 보면, 그것은 만약 u와 v가 양 끝단 $x=a$와 $x=b$에서 모두 0이 된다면(**디리클레 경계조건**이라고 알려져 있는) 그것이 0이 된다는 것을 알 수 있다. 만약 u'과 v'이 양 끝단 $x=a$와 $x=b$에서 모두 0이 된다면(**노이만 경계조건**) 그 경계항 또한 0이 된다. 디리클레나 노이만 경계조건이 적용되지 않는다고 하더라도, (특히 결정 격자와 같이 규칙적인 계에서) 모든 u와 v에 대해서 $v^*p_0u'|_a = v^*p_0u'|_b$이기 때문에 경계항이 0이 될 수 있다.

식 (8.12)를 u와 v가 실 고윳값 λ_u와 λ_v에 대해서 $\mathcal{L}$의 고유함수인 경우로 제한하면, 그 방정식은

$$(\lambda_u - \lambda_v)\int_a^b v^*u\,dx = \left[p_0(v^*u' - (v^*)'u)\right]_a^b \tag{8.13}$$

과 같이 간략화된다. 이것은 경계항이 0이 되고 $\lambda_u \neq \lambda_v$라면 u와 v는 $(a,\ b)$ 구간에서 직교임이 명확하다. 이것은 힐베르트 공간에서 에르미트 연산자의 고유함수들에 대한 직교성 조건의 특별한 예에 해당된다 하겠다.

■ 자기수반형 상미분 방정식 만들기

물리학의 중요한 미분 방정식 몇 개 중에는 미분 방정식의 관점에서 자기수반형 연산자 $\mathcal{L}$을 포함하고 있으며, 그것이 자기수반형이면 식 (8.9)를 만족하고 자기수반형이 아니면 그렇지 않다는 것을 의미한다. 그러나 만약 어떤 연산자가 식 (8.9)를 만족하지 않는다면, 어떤 양을 곱하여 그것을 자기수반형으로 변환시키는 방법이 알려져 있다. 그러한 것을 $w(x)$라고 하고 연산자 양변에 곱하면, 식 (8.7)의 스텀-리우빌 고윳값 문제는 다음과 같이 되고,

$$w(x)\mathcal{L}(x)\psi(x) = w(x)\lambda\psi(x) \tag{8.14}$$

이것은 원래의 식 (8.7)에서 같은 고윳값 λ와 고유함수 $\psi(x)$를 갖는 방정식이다. 이제 $w(x)$를 다음과 같이 선택하면,

$$w(x) = p_0^{-1}\exp\left(\int \frac{p_1(x)}{p_0(x)}dx\right) \tag{8.15}$$

이것을 직접 계산하여 다음과 같이 되는데, 여기에서 p_0, p_1은 식 (8.8)에서 $\mathcal{L}$에 주어진 양이다.

$$w(x)\mathcal{L}(x) = \overline{p}_0\frac{d^2}{dx^2} + \overline{p}_1\frac{d}{dx} + w(x)p_2(x) \tag{8.16}$$

여기에서

$$\overline{p}_0 = \exp\left(\int \frac{p_1(x)}{p_0(x)}dx\right), \qquad \overline{p}_1 = \frac{p_1}{p_0}\exp\left(\int \frac{p_1(x)}{p_0(x)}dx\right) \tag{8.17}$$

이다. 이것은 직접적인 계산에 의해 $\overline{p}_0{}' = \overline{p}_1$을 보일 수 있고, $w\mathcal{L}$는 자기수반형 조건을 만족한다.

식 (8.12)로 표현되는 과정에 의해 $w\mathcal{L}$에 적용하면, 다음을 얻을 수 있다.

$$\int_a^b v^*(x)w(x)\mathcal{L}u(x)dx = \left[v^*\overline{p}_0u' - (v^*)'\overline{p}_0u\right]_a^b + \int_a^b w(x)(\mathcal{L}v)^*u\,dx \tag{8.18}$$

만약 경계항이 0이 된다면, 식 (8.18)은 스칼라곱이 다음과 같이 정의될 때 $\langle v|\mathcal{L}|u\rangle = \langle \mathcal{L}v|u\rangle$와 같다.

$$\langle v|u\rangle = \int_a^b v^*(x)u(x)w(x)dx \tag{8.19}$$

다시 u와 v가 대응되는 고윳값 λ_u와 λ_v에 대해서 $\mathcal{L}$의 고유함수인 경우를 고려하면, 식

(8.18)은 다음과 같이 정리되며,

$$(\lambda_u - \lambda_v)\int_a^b v^* u\, w\, dx = \left[wp_0(v^* u' - (v^*)' u)\right]_a^b \tag{8.20}$$

여기에서 p_0는 원래의 상미분 방정식에 있는 y''의 계수이다. 만약 식 (8.20)의 우변이 0이 된다면, $\lambda_u \neq \lambda_v$일 때 가중인자 w에 대해 구간 $(a,\ b)$에서 u와 v가 직교한다. 다른 말로, 스칼라곱의 정의와 경계조건을 잘 선택하면 $\mathcal{L}$을 힐베르트 공간에서 자기수반형 연산자로 만들 수 있으며, 따라서 직교성을 갖는 고유함수를 가질 수 있다는 것이다.

요약하면, 다음과 같이 유용하고 중요한 결론으로 정리할 수 있다.

> 만약 어떤 2계 미분 연산자 $\mathcal{L}$이 자기수반형 조건 식 (8.9)를 만족하는 계수 $p_0(x)$와 $p_1(x)$를 갖는다면, 이것은 (a) 균일한 무게를 가한 스칼라곱과 (b) 식 (8.12)의 양 끝단의 항을 제거하는 경계조건을 갖는 것으로 주어지는 에르미트이다.
>
> 식 (8.9)를 만족하지 않으면, (a) 식 (8.15)에서 가중인자를 포함하여 정의되는 스칼라곱과 (b) 식 (8.18)에서 양 끝단의 항을 제거하는 경계조건을 갖는다면 $\mathcal{L}$은 에르미트가 된다.

$\mathcal{L}$이 에르미트가 되도록 정의되는 문제를 주목하면, 에르미트 문제에 대해 증명된 일반적인 특성들이 적용되게 된다. 즉, 고윳값은 실수이며, (축퇴가 있을 수 있어도) **적절한 스칼라곱의 정의를 이용하면** 고유함수는 직교한다.

예제 8.2.1 라게르 함수

다음과 같은 $\mathcal{L}\psi = \lambda\psi$ 고윳값 문제를 생각해보자.

$$\mathcal{L} = x\frac{d^2}{dx^2} + (1-x)\frac{d}{dx} \tag{8.21}$$

이것은 (a) ψ가 $0 \le x < \infty$에서 특이하지 않고, (b) $\lim_{x\to\infty}\psi(x) = 0$이다. 조건 (a)는 $x=0$에서 정상인 미분 방정식의 해를 갖는 단순한 조건이며, 조건 (b)는 전형적인 디리클레 경계조건이다.

연산자 $\mathcal{L}$은 $p_0 = x$와 $p_1 = 1-x$를 갖는 자기수반형이 아니다. 그러나 다음의 가중인자를 고려하면 가능하다.

$$w(x) = \frac{1}{x}\exp\left(\int \frac{1-x}{x}dx\right) = \frac{1}{x}e^{\ln x - x} = e^{-x} \tag{8.22}$$

경계항은 임의의 고유함수 u와 v에 대해서 다음과 같은 형태를 가지며,

$$\left[xe^{-x}(v^*u' - (v^*)'u)\right]_0^\infty$$

$x = \infty$에서는 u와 v가 0으로 가기 때문에 0이 된다. 통상적인 인자 x는 $x = 0$에서 또한 0이 된다. 그러므로 이것은 다음과 같이 u와 v가 직교하고 다음과 같은 관계식으로 정의하여 다른 고윳값을 갖는 자기수반형 문제라고 할 수 있다.

$$\langle v|u\rangle = \int_0^\infty v^*(x)u(x)e^{-x}dx$$

이 예제의 고윳값 방정식은 그것의 해가 라게르 다항식을 갖게 되고, 여기에서 그들이 가중인자 e^{-x}에 대해 $(0,\ \infty)$ 구간에서 직교한다는 것을 보였다. ■

연습문제

8.2.1 표 7.1에 있는 라게르 상미분 방정식이 가중함수 $w(x) = e^{-x}$를 곱하여 자기수반형을 가질 수 있음을 보이시오.

8.2.2 표 7.1에 있는 에르미트 상미분 방정식이 적절한 가중함수 $w(x) = e^{-x^2}$을 곱하여 자기수반형으로 될 수 있음을 보이시오.

8.2.3 표 7.1에 있는 체비셰프 상미분 방정식이 적절한 가중함수 $w(x) = (1-x^2)^{-1/2}$를 곱하여 자기수반형으로 될 수 있음을 보이시오.

8.2.4 표 7.1에 주어진 르장드르, 체비셰프, 에르미트, 라게르 방정식이 다항식의 해를 갖는다. 에르미트 연산자 경계조건을 만족하는 적분 구간이 다음과 같음을 보이시오.

(a) 르장드르 $[-1,\ 1]$ (b) 체비셰프 $[-1,\ 1]$

(c) 에르미트 $(-\infty,\ \infty)$ (d) 라게르 $[0,\ \infty)$

8.2.5 함수 $u_1(x)$와 $u_2(x)$가 같은 에르미트 연산자의 고유함수들이지만 고윳값은 λ_1과 λ_2로 다르다. $u_1(x)$와 $u_2(x)$가 선형 독립임을 증명하시오.

8.2.6 다음과 같이 주어진 식

$$P_1(x) = x, \qquad Q_0(x) = \frac{1}{2}\ln\left(\frac{1+x}{1-x}\right)$$

은 대응되는 다른 고윳값을 갖는 르장드르 미분 방정식(표 7.1)의 해이다.

(a) 그들의 직교 적분을 구하시오.

$$\int_{-1}^{1} \frac{x}{2}\ln\left(\frac{1+x}{1-x}\right)dx$$

(b) 왜 이 두 함수가 직교가 아닌지, 즉 왜 직교성의 증명이 적용되지 않는지 설명하시오.

8.2.7 $T_0(x)=1$과 $V_1(x)=(1-x^2)^{1/2}$은 다른 고윳값을 갖는 체비셰프 미분 방정식의 해이다. 경계조건 하에서 연습문제 8.2.3에서 주어진 가중함수를 사용하여 왜 이 두 함수가 $(-1,\ 1)$ 구간에서 직교가 아닌지 설명하시오.

8.2.8 함수의 집합 $u_n(x)$가 스텀-리우빌 방정식을 만족한다.

$$\frac{d}{dx}\left[p(x)\frac{d}{dx}u_n(x)\right]+\lambda_n w(x)u_n(x)=0$$

$u_m(x)$와 $u_n(x)$는 직교성을 주는 경계조건을 만족한다. 대응되는 고윳값은 λ_m과 λ_n으로 명확하다. 적정한 경계조건에 대해 $u'_m(x)$와 $u'_n(x)$는 가중함수 $p(x)$에 대해 직교함을 증명하시오.

8.2.9 선형 연산자 A는 n개의 명확한 고윳값과 대응되는 고유함수들을 갖는다($A\psi_i=\lambda_i\psi_i$). n개의 고유함수들이 선형 독립임을 증명하시오. A가 에르미트라고 가정하지 않는다.

[힌트] 선형 종속을 가정하시오. 즉 $\psi_n=\sum_{i=1}^{n-1}a_i\psi_i$이다. 이 관계식을 이용해서 연산자-고유함수방정식을 순서대로 쓰고 그 반대로도 써서 사용하라. 그 결과가 모순임을 보여라.

8.2.10 초구형 다항식 $C_n^{(\alpha)}(x)$가 다음 미분 방정식의 해이다.

$$\left\{(1-x^2)\frac{d^2}{dx^2}-(2\alpha+1)x\frac{d}{dx}+n(n+2\alpha)\right\}C_n^{\alpha}(x)=0$$

(a) 이 미분 방정식을 자기수반형으로 변환하시오.

(b) α는 같고 n은 다른 $C_n^{(\alpha)}(x)$를 직교하게 만드는 가중인자와 적분 구간을 찾으시오.

[참고] 이 해가 다항식이라고 가정하라.

8.3 상미분 방정식 고윳값 문제

이제 2계 상미분 방정식의 고윳값 문제를 에르미트로 만드는 조건을 확인했는데, 이것과 관련되어 좀 더 이해를 돕고 그것의 해를 구하는 방법을 알아보기 위하여 몇 가지 예를 들어보자.

예제 8.3.1 르장드르 방정식

르장드르 방정식은

$$\mathcal{L}y(x) = -(1-x^2)y''(x) + 2xy'(x) = \lambda y(x) \tag{8.23}$$

과 같이 정의되며, ∇^2이 구면 극 좌표계로 기술될 때, θ가 좌표계의 극각(polar angle)이면, $x=\cos\theta$로 놓았을 때 나타난다. 여기에서 x의 범위는 $-1 \le x \le 1$이고, 일반적인 경우에 식 (8.23)은 x의 모든 범위에서 특이점을 갖지 않는다. 이것은 사실 자명하지 않은 것으로 밝혀지는데, 왜냐하면 르장드르 상미분 방정식에서 $x=\pm 1$은 특이점에 해당하기 때문이다. 경계조건으로써 $x=\pm 1$에서 y가 특이점을 갖지 않는다고 하면, 이러한 조건은 르장드르 연산자의 고유함수를 정의하기에 충분하다는 것을 알 수 있다.

식 (8.23)과 $x=\pm 1$에서 특이점을 갖지 않는다는 특성을 갖는 이 고윳값 문제는 프로베니우스 방법에 의하여 쉽게 취급될 수 있다. 르장드르 방정식의 해를 다음과 같이 가정하면,

$$y = \sum_{j=0}^{\infty} a_j x^{s+j} \tag{8.24}$$

여기에서 지표 방정식은 $s(s-1)=0$이 되어 지표 방정식의 해는 $s=0$과 $s=1$이 된다. $s=0$에 대해서, 다음과 같이 계수 a_j에 대한 점화 관계식을 얻을 수 있다.

$$a_{j+2} = \frac{j(j+1)-\lambda}{(j+1)(j+2)} a_j \tag{8.25}$$

$a_1 = 0$으로 놓으면, 홀수의 j에 대하여 a_j가 모두 0이 되고, ($s=0$에 대해) 이 급수는 x의 짝수 항만 살아남게 된다. 식 (8.24)는 $x=\pm 1$에서 몇 개의 항 이후에 종결되는 것을 제외하면 모든 λ에 대해 발산하기 때문에, 이 경계조건은 유효하다.

어떻게 발산이 되는지 보기 위해서, 큰 j와 $|x|=1$에 대해 연이은 급수항의 비는 다음과 같이 수렴한다.

$$\frac{a_j x^j}{a_{j+2} x^{j+2}} \rightarrow \frac{j(j+1)}{(j+1)(j+2)} \rightarrow 1$$

따라서 급수의 비 테스트(ratio test)에 의하면 이 급수는 부정형(indeterminate)이다. 그러나 가우스 테스트를 적용하면 이 급수는 발산하는 것을 알 수 있으며, 자세한 것은 예제 1.1.7에 나와 있다.

식 (8.24)의 급수는 $\lambda = l(l+1)$로 잡으면 몇 개의 짝수의 차수 l에 대해 a_l은 종결되도록 만들 수 있다. 즉 $a_{l+2} = 0$이다. 그러면 a_{l+4}, a_{l+6}, ...들은 역시 사라지게 되고, 해는 다항식이 되어서 모든 $|x| \leq 1$에 대해 명확하게 특이점을 갖지 않는다. 요약하면, **짝수 l에 대해서** l의 다항식을 갖는 해는 고유함수가 되며, 대응되는 고윳값들은 $l(l+1)$이 된다.

$s = 1$에 대해 $a_1 = 0$으로 놓아야만 하며, 그러면 점화 관계식은

$$a_{j+2} = \frac{(j+1)(j+2) - \lambda}{(j+2)(j+3)} a_j \tag{8.26}$$

이 되는데, 이것도 역시 $|x| = 1$에서 발산된다. 그러나 그 발산은 몇 개의 짝수 차수 l에 대해 $\lambda = (l+1)(l+2)$로 놓으면 피할 수 있는데, 그러면 a_{l+2}, a_{l+4}, ...는 0이 된다. 이 결과는 다항식의 차수가 $l+s$가 되게 하며, 다른 말로 홀수 차수는 $l+1$이 되게 한다. 이 해들은 동일하게 홀수 차수 l에 대해서도, $\lambda = l(l+1)$의 고윳값을 갖는 차수 l의 다항식에 대해서도 적용될 수 있으며, 고유함수의 모든 집합은 $l(l+1)$의 고윳값을 갖는 모든 정수 차수 l의 다항식으로 구성될 수 있다. 적당한 범위로 다항식이 표현되었을 때, 이것을 **르장드르 다항식**이라고 한다. 르장드르 방정식 해의 특성에 대한 증명은 연습문제 8.3.1에 남겨두었다.

르장드르 방정식에 대한 논의를 마무리짓기 전에, 이것의 상미분 방정식은 자기수반형임에 주목해야 하며, 르장드르 미분 방정식에서 d^2/dx^2 연산자의 계수는 $p_0 = -(1-x^2)$이며, 이것은 $x = \pm 1$에서 0이 됨을 기억하자. 식 (8.12)와 비교하여, p_0의 값은 $\mathcal{L}$의 수반형을 취하면 경계항은 0이 됨을 볼 수 있어서, $-1 \leq x \leq 1$ 범위에서 르장드르 연산자는 에르미트가 되고, 따라서 직교 고유함수를 갖는다. 다른 말로 하면, 르장드르 다항식은 $(-1, 1)$에서 단위 가중치에 대해 직교한다. ■

흥미로운 고윳값 문제를 보여주는 다른 하나의 상미분 방정식을 살펴보자.

예제 8.3.2 **에르미트 방정식**

아래의 에르미트 미분 방정식을 고려하여,

$$\mathcal{L}y = -y'' + 2xy' = \lambda y \tag{8.27}$$

$-\infty < x < \infty$ 범위에서 고윳값 문제를 고려하자. $\mathcal{L}$을 에르미트로 만들기 위해서 식 (8.15)로 주어지는 가중인자를 갖는 스칼라곱을 정의하고,

$$\langle f|g\rangle = \int_{-\infty}^{\infty} f^*(x)g(x)e^{-x^2}dx \tag{8.28}$$

(경계조건으로써) 이 고유함수들 y_n이 이 스칼라곱을 이용하여 유한한 노름을 갖는 것을 요구한다. 즉 $\langle y_n|y_n\rangle < \infty$이다.

다시 식 (8.24)에 의한 급수 형태의 프로베니우스 방법에 의해 해를 구하자. 지표 방정식은 $s(s-1)=0$으로써, $s=0$일 때, 다음의 점화 관계식을 만족하는 계수를 갖는 x의 짝수 차수를 갖는 급수를 만들 수 있다.

$$a_{j+2} = \frac{2j-\lambda}{(j+1)(j+2)}a_j \tag{8.29}$$

이 급수는 모든 x에 대해서 수렴하지만, (이것이 유한한 항에서 끝나지 않는다고 가정하면) 이것은 점근적으로 큰 $|x|$에 대해서 e^{x^2}에 따라 움직이면서 e^{-x^2}의 가중인자로 스칼라곱을 가하여도 유한한 노름을 갖는 함수로 기술되지 않는다. 즉, 이 급수해가 항상 수렴한다고 하더라도, 경계조건은 이 급수를 유한한 항 이후에는 종결될 수 있도록 하여, 다항식의 꼴을 갖는 해를 구하는 것이다. 식 (8.29)로부터 짝수 다항식 차수 j를 갖는 조건은 $\lambda = 2j$라는 것을 알 수 있다. 홀수 다항식 해는 지표 방정식 해 $s=1$을 이용해서 얻을 수 있다. 모든 해와 그 점근적 성질의 구체적인 예는 연습문제 8.3.3에 있다.

이것이 식 (8.28)로 정의되는 스칼라곱을 갖는 에르미트 고윳값 문제로 구성하였기 때문에, 이것의 해는 (**에르미트 다항식**이라고 불리는 일반적인 스케일에서) 스칼라곱을 이용하여 직교한다. ■

몇몇 상미분 방정식의 고윳값 문제들은 여러 방법으로 자연스럽게 취급되는 영역에 있는 공간을 나누어서 풀 수 있다. 다음 예제는 이 경우를 보여주는데, 유한한 영역에서만 0이 아니라고 가정한 퍼텐셜을 갖는 문제이다.

예제 8.3.3 **중수소 바닥상태**

중수소는 중성자와 양성자의 속박상태이다. 핵력은 짧은 거리에서만 작용하기 때문에, 중수소는 상호작용 퍼텐셜의 자세한 모양에 크게 의존하지는 않는다. 즉, 이 계의 퍼텐셜은 핵자가 서로 a만큼 이내로 떨어져 있으면 $V = V_0 < 0$이고 a보다 멀리 떨어져 있으면 $V=0$인 구대칭의 네모난 퍼텐셜 우물로 생각할 수 있다. 2개 핵자의 상대적 운동에 대한 슈뢰딩거

방정식은 다음과 같이 쓸 수 있으며,

$$-\frac{\hbar^2}{2\mu}\nabla^2\psi + V\psi = E\psi$$

여기에서 μ는 계의 환산질량이다(각 입자 질량의 절반 정도이다). 이 고윳값 방정식은 ψ가 $r=0$에서 유한하며 $r=\infty$에서 $\mathcal{L}^2$ 힐베르트 공간의 일원으로 충분히 빠르게 0으로 수렴하는 경계조건을 만족하도록 풀어야 한다. 고유함수 ψ는 또한 연속이어야 하며, $r=a$를 포함하여 모든 r에 대해 미분 가능해야 한다.

만약 이것이 속박상태에 있다면, E는 $V_0 < E < 0$에서 음의 값을 가져야 하며, (**바닥상태**인) 가장 낮은 상태는 구대칭인 (따라서 각운동량이 없는) 파동 함수 ψ에 의해 기술될 것이다. 즉, $\psi = \psi(r)$로 취하고 연습문제 3.10.34로부터의 결과를 사용하면

$$\nabla^2\psi = \frac{1}{r}\frac{d^2u}{dr^2}, \qquad u(r) = r\psi(r)$$

와 같이 쓸 수 있고, 슈뢰딩거 방정식은 $r<a$에 대해 다음과 같이 고쳐쓸 수 있다.

$$\frac{d^2u_1}{dr^2} + k_1^2u_1 = 0, \qquad k_1^2 = \frac{2\mu}{\hbar^2}(E - V_0) > 0$$

$r>a$에 대해서는

$$\frac{d^2u_2}{dr^2} - k_2^2u_2 = 0, \qquad k_2^2 = -\frac{2\mu E}{\hbar^2} > 0$$

이다. 이 2개의 영역에 대해 해는 부드럽게 이어져야 하기 때문에, u와 du/dr가 $r=a$를 거치면서 연속이어야 하고, 따라서 **맞춤조건**(matching conditions) $u_1(a) = u_2(a)$, $u'_1(a) = u'_2(a)$를 만족해야 한다. 또한 ψ가 $r=0$에서 유한하다는 조건은 $u_1(0)=0$임을 의미하고, $r=\infty$에서 경계조건은 $\lim\limits_{r\to\infty} u_2(r) = 0$를 요구한다.

$r<a$에 대해, 슈뢰딩거 방정식은 다음의 일반해를 갖는데,

$$u_1(r) = A\sin k_1r + C\cos k_1r$$

$r=0$에서의 경계조건은 $C=0$인 경우에만 만족시킬 수 있다. $r>a$에 대한 슈뢰딩거 방정식의 일반해는

$$u_2(r) = C'\exp(k_2r) + B\exp(-k_2r) \tag{8.30}$$

과 같으며, $r=\infty$에서 경계조건은 $C'=0$일 때만 만족한다. $r=a$에서 맞춤조건은 다음의 조건이 주게 된다.

$$A\sin k_1 a = B\exp(-k_2 a), \qquad Ak_1\cos k_1 a = -k_2 B\exp(-k_2 a)$$

두 방정식으로부터 첫 번째 식의 $B\exp(-k_2 a)$를 소거하면,

$$A\sin k_1 a = -A\frac{k_1}{k_2}\cos k_1 a \tag{8.31}$$

이 되고, 이 해의 범위는 임의의 영역에서 정의됨을 보일 수 있는데, 이것은 물론 슈뢰딩거 방정식이 동차인 사실에서 기인한다.

식 (8.31)을 다시 쓰고, k_1과 k_2값을 대입하면 맞춤조건에 의해

$$\tan k_1 a = -\frac{k_1}{k_2} \quad \text{또는} \quad \tan\left[\frac{2\mu a^2}{\hbar^2}(E-V_0)\right]^{1/2} = -\sqrt{\frac{E-V_0}{-E}} \tag{8.32}$$

를 얻을 수 있다. 이것은 명백히 E에 대해 내재적 방정식이며, 이것이 $V_0 < E < 0$ 영역에서 해 E를 갖는다면, 우리의 모델은 중수소의 속박상태를 예측하는 것이다.

식 (8.32)의 해를 찾는 한 가지 방법은 왼쪽과 오른쪽 항을 E에 대한 함수로 그림을 그려서, 서로 만나는 점에서 E값을 찾아낸다. $V_0 = -4.046\times10^{-12}$ J, $a=2.5$ fermi,[1] $\mu = 0.835\times10^{-27}$ kg, $\hbar = 1.05\times10^{-34}$ J-s라고 하면, 식 (8.32)의 양쪽 항을 속박상태가 가능한 E에 대해 그림 8.3에 그렸다. E값은 핵물리학에서 자주 사용하는 에너지 단위인 MeV 단위로 그렸다(1 MeV $\approx 1.6\times10^{-13}$ J). 그 곡선은 어느 한 점에서 만나고, 이 모델은 1개의 속박상태가 있음을 의미한다. 그 에너지는 대략 $E=-2.2$ MeV이다.

이것은 만약에 식 (8.32)를 풀든 풀지 않든지 간에 E값을 취하면 어떤 일이 일어나는지를 잘 보여주는데, $r<a$에 대해서는 ($r=0$에서의 경계조건을 만족하는) $u(r) = A\sin k_1 r$이지만 $r>a$에 대해서는 식 (8.30)으로 주어지는 $u(r)$를 사용하는데, 이때는 주어진 E값에 대해 맞춤조건을 만족하는 B와 C'계수를 결정해야 한다. E_-와 E_+를 각각 고윳값 E보다 작거나 큰 값이라고 한다면, $r=a$에서 부드럽게 이어지도록 하기 위해서 강제하면 고윳값에서를 제외하고 필요한 점근적 특성을 잃게 된다(그림 8.4 참고). ■

[1] 1 fermi$=10^{-15}$ m

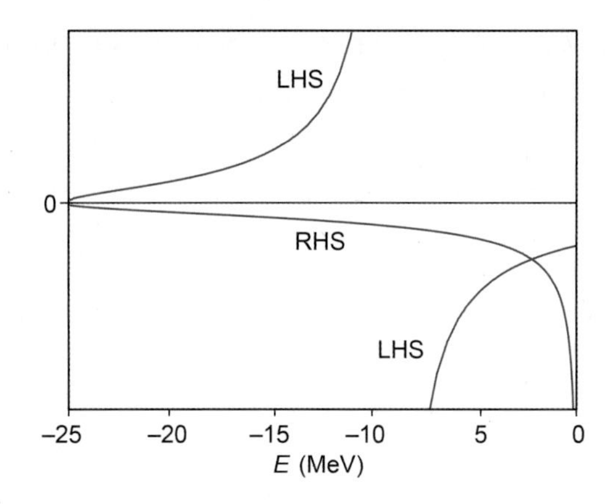

그림 8.3 모델에서 주어진 매개변수에 대하여 E의 함수로 그린 식 (8.32)의 왼쪽과 오른쪽 항

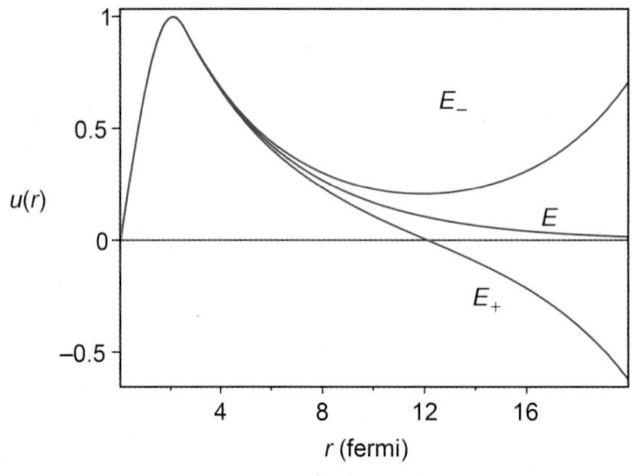

그림 8.4 에너지가 E보다 작거나($E_- < E$) E보다 큰 것을($E_+ > E$) 택하였을 때 중수소 문제에서 파동 함수

연습문제

8.3.1 직접적인 급수 대입법을 사용하여 다음의 르장드르 방정식을 푸시오.

$$(1-x^2)y'' - 2xy' + n(n+1)y = 0$$

(a) 지표 방정식이 다음과 같음을 증명하시오.

$$s(s-1) = 0$$

(b) $s = 0$이고 계수 $a_1 = 0$을 이용하여 x의 짝수 차수를 갖는 급수가 다음과 같음을 구하시오.

$$y_{\text{even}} = a_0 \left[1 - \frac{n(n+1)}{2!} x^2 + \frac{(n-2)n(n+1)(n+3)}{4!} x^4 + \cdots \right]$$

여기에서

$$a_{j+2} = \frac{j(j+1) - n(n+1)}{(j+1)(j+2)} a_j$$

이다.

(c) $s = 1$이고 계수 $a_1 = 0$이어야 함을 이용해서 x의 홀수 차수를 갖는 급수가 다음과 같음을 구하시오.

$$y_{\text{odd}} = a_0 \left[x - \frac{(n-1)(n+2)}{3!} x^3 + \frac{(n-3)(n-1)(n+2)(n+4)}{5!} x^5 + \cdots \right]$$

여기에서

$$a_{j+2} = \frac{(j+1)(j+2) - n(n+1)}{(j+2)(j+3)} a_j$$

이다.

(d) 2개의 해 y_{even}과 y_{odd}가 $x = \pm 1$에 대해 **급수해가 무한항까지 계속되면** 발산함을 보이시오(연습문제 1.2.5와 비교).

(e) 끝으로, 적당한 n을 선택하여 한 번에 한 급수는 다항식으로 변환할 수가 있어서, 무한대로 발산하는 것을 피할 수 있음을 보이시오. 양자역학에서 이렇게 제한하는 정수 n은 **각운동량의 양자화**에 해당한다.

8.3.2 가중인자 e^{-x^2}와 스칼라곱에 대해 $-\infty < x < \infty$ 구간에서, 에르미트 상미분 방정식 고윳값 문제는 에르미트임을 보이시오.

8.3.3 (a) 에르미트 미분 방정식에 대해 급수해를 구하시오.

$$y'' - 2xy' + 2\alpha y = 0$$

답. $s(s-1) = 0$, 지표 방정식

$s = 0$에 대해

$$a_{j+2} = 2a_j \frac{j - \alpha}{(j+1)(j+2)}, \quad (j\text{는 짝수})$$

$$y_{\text{even}} = a_0 \left[1 + \frac{2(-\alpha)x^2}{2!} + \frac{2^2(-\alpha)(2-\alpha)x^4}{4!} + \cdots \right]$$

$s=1$에 대해

$$a_{j+2}=2a_j\frac{j+1-\alpha}{(j+2)(j+3)},\quad (j\text{는 짝수})$$

$$y_{\text{odd}}=a_1\left[x+\frac{2(1-\alpha)x^3}{3!}+\frac{2^2(1-\alpha)(3-\alpha)x^5}{5!}+\cdots\right]$$

(b) 위의 2개의 급수해는 모든 x에 대해 수렴하고, 충분히 뒤쪽에 있는 항의 연속되는 계수의 비는 e^{x^2}의 전개에서 이웃한 항의 비와 같이 행동함을 보이시오.

(c) 적당하게 α를 택하여, 이 급수해들은 적당히 끊어서 유한한 다항식으로 변환됨을 보이시오(적당히 정규화된 이 다항식은 13.1절에 있는 에르미트 다항식이 된다.)

8.3.4 다음은 라게르 상미분 방정식이다.

$$xL_n''(x)+(1-x)L_n'(x)+nL_n(x)=0$$

이것의 급수해를 구하고 이 급수해가 다항식이 되게 하는 매개변수 n을 구하시오.

8.3.5 다음의 체비셰프 방정식을 급수 대입법으로 푸시오.

$$(1-x^2)T_n''-xT_n'+n^2T_n=0$$

$x=\pm 1$에서 급수해가 수렴하기 위해서 n에 어떤 제한조건이 가해져야 하는가?

답. 무한급수는 $x=\pm 1$에 대해 수렴하고 n의 제한조건은 없다(연습문제 1.2.6과 비교).

8.3.6 다음 방정식에서,

$$(1-x^2)U_n''(x)-3xU_n'(x)+n(n+2)U_n(x)=0$$

지표 방정식의 해가 x의 **홀수** 차수를 갖는 급수의 해를 갖도록 선택해서 푸시오. 그 급수는 $x=1$에서 발산하기 때문에, 그것이 다항식이 되도록 n을 선택하시오.

8.4 변분 방법

6장에서 정규화된 함수인 ψ에 대해 에르미트 연산자 H의 기댓값을 다음과 같이 쓸 수 있음을 보았다.

$$\langle H \rangle \equiv \langle \psi | H | \psi \rangle$$

그리고 H의 직교 정규화된 고유함수로 기저를 삼아 전개하면 식 (6.30)과 같은 식을 갖게 된다.

$$\langle H \rangle = \sum_{\mu} |a_{\mu}|^2 \lambda_{\mu}$$

여기에서 a_{μ}는 H의 μ번째 고유함수의 계수이며 λ_i는 그것에 대응되는 고윳값이다. 이 결과를 얻었을 때 한 가지 중요한 결과는 $\langle H \rangle$는 H의 고윳값에 무게를 주어 평균을 낸 것이고, 따라서 $\langle H \rangle$는 적어도 가장 작은 고윳값보다는 크며, ψ가 고윳값에 대응하는 고유함수인 경우에만 가장 작은 고윳값과 같게 된다.

앞으로 논의할 내용은 ψ를 전개하지 않고 H의 고윳값과 고유함수가 없거나 모른다고 하더라도 항상 참이다. $\langle H \rangle$가 H의 가장 작은 고윳값의 상한이라는 사실은 고윳값과 그것에 대응되는 고유함수를 근사하여 얻는 방법을 충분히 개발할 수 있도록 해준다. 이 고유함수는 H의 가장 작은 기댓값을 주는 우리의 문제에서 힐베르트 공간의 한 구성이며, 그것을 찾는 전략은 힐베르트 공간 하에서 $\langle H \rangle$의 최소를 찾는 것과 같다. 이것은 **변분 방법**(variation method)이라고 알려진 고윳값 문제의 근사해를 얻기 위한 핵심 아이디어이다.

많은 문제에서(양자역학에서 나타나는 대부분의 문제를 포함해서) 이것은 모든 힐베르트 공간의 구성요소에 대해서 $\langle H \rangle$를 계산하는 것은 현실적으로 어렵고, 실제적인 접근방법은 매개변수를 갖고 있는 ψ가 함수형(functional form)을 갖고 있다고 가정하여 힐베르트 공간에서 정의한 다음, 각 매개변수에 대해 $\langle H \rangle$를 최소화하는 것이다. 이것을 '변분 방법'의 근원이다. 이 방법의 성공은 선택된 함수형이 우리가 원하는 고유함수에(이것은 그것을 전개했을 때 계수가 상대적으로 크고, 다른 계수들은 매우 작은 것을 의미한다) '가까운' 함수를 표현할 수 있는지 여부에 달려 있다. 변분 방법의 가장 큰 장점은 정확한 고유함수를 알지 않아도 된다는 것이며 사실 그것을 전개하지도 않는다. 단지 적당한 함수형을 선택하여 $\langle H \rangle$를 최소화하면 된다.

양자역학과 관련된 양들이나 에너지의 고윳값 방정식은 일반적으로 유한한 값으로 가장 작은 고윳값(바닥 에너지 준위)을 갖기 때문에, 변분 방법은 때때로 유용하다. 이것은 사실 학술적 관점에서만 관심을 갖는 방법은 아니다. 이것은 복잡한 양자계에 대해 슈뢰딩거 고윳값 방정식을 푸는 가장 강력한 방법의 핵심이다.

예제 8.4.1 변분 방법

다음과 같이 주어진 (3차원 공간에서) 단일 전자의 파동 함수

$$\psi = \left(\frac{\zeta^3}{\pi}\right)^{1/2} e^{-\zeta r} \tag{8.33}$$

에서 인자 $(\zeta/\pi)^{3/2}$는 ψ를 정규화시키고, 전자질량, 전하, $\hbar$(플랑크 상수를 2π로 나눈 것)의 단위는 모두 1로 두었다[**하트리**(Hartree) **원자 단위**]. 양자역학적 운동 에너지 연산자는 $\langle \psi|T|\psi \rangle = \zeta^2/2$의 기댓값을 갖고 있고, 전자와 전하 $+Z$를 갖고 있는 고정된 원자핵과의 상호작용 퍼텐셜 에너지는 $\langle \psi|V|\psi \rangle = -Z\zeta$를 갖는다. $r=0$에서 $+Z$전하의 원자핵을 갖는 단전자 원자에 대해서 총에너지는 해밀토니안 $H = T + V$의 기댓값과 같거나 작아서 식 (8.33)의 주어진 ψ에 대해

$$\langle H \rangle \equiv \langle T \rangle + \langle V \rangle = \frac{\zeta^2}{2} - Z\zeta \tag{8.34}$$

가 된다. 의미가 분명할 때는 관습적으로, 꺾인 괄호 안에 있는 ψ는 이제 쓰지 않는다. 이제 ψ에 있는 매개변수 ζ에 대해 $\langle H \rangle$의 기댓값을 최소화함으로써 H의 가장 낮은 고윳값의 상한을 최적화할 수 있다. 그것을 하기 위해

$$\frac{d}{d\zeta}\left[\frac{\zeta^2}{2} - Z\zeta\right] = 0$$

을 계산하면 $\zeta - Z = 0$ 또는 $\zeta = Z$를 얻을 수 있다. 이것은 가장 작은 고윳값에 가까운 에너지를 주는 고유함수는 $\zeta = Z$일 때임을 말하고 있고, ζ의 이 값에 대한 에너지 기댓값은 $Z^2/2 - Z^2 = -Z^2/2$가 된다.

이 결과는 정확한데, 왜냐하면 적당한 지식을 사용하여 정확한 파동 함수를 포함한 함수형을 선택했기 때문이다. 그러나 전자가 2개인 원자에 대한 논의를 이어가면, 파동 함수는 $\Psi = \psi(1)\psi(2)$로 쓸 수 있으며, 이때 두 ψ는 모두 같은 ζ값을 갖는다. 이 2전자 원자에 대해서, 스칼라곱은 두 전자들의 좌표들에 대한 적분으로 정의할 수 있으며, 해밀토니안은 이제 $H = T(1) + T(2) + V(1) + V(2) + U(1,\ 2)$이 되는데, $T(i)$와 $V(i)$는 전자 i의 운동 에너지와 전자-원자핵 퍼텐셜 에너지이고, $U(1,\ 2)$는 전자-전자 반발력 에너지 연산자로써, 하트리 단위로는 $1/r_{12}$와 같은데 r_{12}는 두 전자들 사이의 거리이다. 여기에서 사용한 파동 함수에 대해, 전자-전자 반발력은 $\langle U \rangle = 5\zeta/8$의 기댓값을 갖고 $\langle H \rangle$의 기댓값은 (헬륨 원자에 대해 $Z=2$인 경우에는)

$$\langle H \rangle = \frac{\zeta^2}{2} + \frac{\zeta^2}{2} - Z\zeta - Z\zeta + \frac{5\zeta}{8} = \zeta^2 - \frac{27\zeta}{8}$$

이 된다. $\langle H \rangle$를 ζ에 대해 최소화하면, 최적화된 $\zeta = 27/16$를 얻게 되고, 이 값에 대해 $\langle H \rangle$

$= -(27/16)^2 = -2.8477$ hartree가 된다. 이것은 우리가 선택한 형태의 파동 함수를 이용하여 가장 좋은 근사이다. 2개의 상호작용하는 전자를 갖는 계가 2개의 단전자 함수의 곱이 되지 않기 때문에, 이것은 정확할 수 없다. 따라서 이 변분 방법에서 정확한 바닥상태 고유함수를 포함하고 있지는 않다. 이 문제에 대해 가장 작은 고윳값의 매우 정확한 값은 수치적인 방법으로 얻어질 수 있으며, 사실 수천 개의 매개변수를 갖는 시행 함수(trial function)를 갖는 변분 방법을 사용해서 얻을 수 있고 그 결과는 40개의 소수자리 정도로 정확한 값을 준다.[2] 간단한 방법으로 얻어진 값은 $-2.9037\cdots$ hartree로써, 정확한 값보다 2% 정도 크며 이 정도면 물리적으로 충분히 의미 있는 정보를 준다. 만약 2개의 전자가 서로 상호작용을 하지 않는다면, $\zeta = 2$로써 최적화된 파동 함수를 갖게 되며, 최적화된 ζ가 약간 작다는 것은 각각의 전자가 다른 전자들로부터 원자핵을 부분적으로 가리게 된다는 것을 의미한다.

여기에서 사용한 수학적인 방법의 관점으로부터, 시행 파동 함수와 고유함수의 정확한 값 사이의 어떠한 관계를 가정할 필요가 없다는 점을 주목해야 한다. 변분 최적화는 에너지적으로 최적화되도록 시행 함수를 조정한다. 이 과정의 최종 결과의 질(quality)은 시행 함수가 실제 고유함수에 매우 가까워서 우리가 요구하는 정도로 실제 고유함수와 시행 함수의 차가 내재적으로 얼마나 작으냐 하는 것에 달려 있다. ■

연습문제

8.4.1 $0 \le x < \infty$ 구간에서 정규화된 가중되지 않은 스칼라곱을 갖는 함수가 다음과 같다.

$$\psi = 2\alpha^{3/2} x e^{-\alpha x}$$

(a) 정규화를 증명하시오.

(b) 이 ψ에 대해 $\langle x^{-1} \rangle = \alpha$임을 증명하시오.

(c) 이 ψ에 대해 $\langle d^2/dx^2 \rangle = -\alpha^2$임을 증명하시오.

(d) α를 찾기 위해 변분 방법을 사용하여 다음을 최소화하고,

$$\left\langle \psi \left| -\frac{1}{2}\frac{d^2}{dx^2} - \frac{1}{x} \right| \psi \right\rangle$$

이 기댓값의 최솟값을 찾으시오.

---

2 C. Schwartz, Experiment and theory in computations of the He atom ground state, *Int. J. Mod. Phys. E: Nuclear Physics* **15**: 877 (2006).

8.5 요약, 고윳값 문제

힐베르트 공간에서 에르미트 연산자는 기저로 전개될 수 있고 따라서 수학적으로는 행렬과 동등하기 때문에, 행렬 고윳값 문제에 나오는 모든 특성들이 기저 집합의 전개가 실제로 되든지 안 되든지 상관없이 자동적으로 적용될 수 있다. 이 장에서 논의된 것들과 함께 그러한 결과들을 정리하는 것이 도움이 될 것이다.

1. 2계 미분 연산자는 미분 방정식에서 그것이 자기수반형이고 그것에 작용하는 함수가 적당한 경계조건을 만족하면 에르미트이다. 그것에서, 에르미트 특성과 일치하면 스칼라곱은 경계 사이의 영역에서 가중되지 않은(unweighted) 적분이다.
2. 만약 2계 미분 연산자가 미분 방정식에서 자기수반형이지 않다면, 그것이 적당한 경계조건을 만족하고 스칼라곱이 원래의 미분 방정식을 자기수반형으로 만드는 가중함수를 포함한다면 그 미분 연산자 또한 에르미트이다.
3. 힐베르트 공간에서 에르미트 연산자는 고유함수들의 완전집합이다. 즉, 그것들은 공간상에 미칠 수 있으며 전개를 하여 기저로 사용할 수 있다.
4. 에르미트 연산자의 고윳값들은 실수이다.
5. 다른 고윳값들에 대응되는 에르미트 연산자의 고유함수들은 적당한 스칼라곱을 사용하여 직교한다.
6. 에르미트 연산자의 축퇴된 고유함수들은 그람-슈미트 또는 다른 직교화 과정을 사용하여 직교화될 수 있다.
7. 고유함수들의 일반적인 집합을 갖는 2개의 연산자는 필요충분조건으로 교환 가능하다.
8. 연산자의 대수함수는 원래 연산자와 같이 같은 고유함수를 갖고 있고, 그것의 고윳값들은 원래 연산자 고윳값들의 대응되는 함수이다.
9. 미분 연산자를 갖고 있는 고윳값 문제는 어떠한 기저 하에서 문제를 재구성하여 행렬 문제를 풀거나 또는 미분 방정식과 관계있는 특성을 사용하는 방법으로 모두 풀 수 있다.
10. 에르미트 연산자의 행렬 표현은 유니터리 변환에 의해 대각화될 수 있다. 대각화 변환에서 대각선 원소들은 고윳값들이며, 고유벡터는 기저 함수이다. 직교 정규화된 고유벡터들은 에르미트 행렬 H가 대각선 행렬 UHU^{-1}로 변환될 때 유니터리 행렬 U^{-1}의 열이다.
11. 유한한 값의 가장 작은 고윳값을 갖는 에르미트 연산자 고윳값 문제는 변분 방법에 의해 근사해를 구할 수 있는데, 이것은 관련된 힐베르트 공간의 모든 구성에 대해, 연산자의 기댓값이 그것의 가장 작은 기댓값보다 크다는(또는 힐베르트 공간 요소가 정확히 대응되는 고유함수인 경우에는 같다는) 정리에 기초를 두고 있다.

❖ 더 읽을 거리

Byron, F. W., Jr., and R. W. Fuller, *Mathematics of Classical and Quantum Physics.* Reading, MA: Addison-Wesley (1969).

Dennery, P., and A. Krzywicki, *Mathematics for Physicists.* Reprinted. New York: Dover (1996).

Hirsch, M., *Differential Equations, Dynamical Systems, and Linear Algebra.* San Diego: Academic Press (1974).

Miller, K. S., *Linear Differential Equations in the Real Domain.* New York: Norton (1963).

Titchmarsh, E. C., *Eigenfunction Expansions Associated with Second-Order Differential Equations, Part 1.* 2nd ed. London: Oxford University Press (1962).

Titchmarsh, E. C., *Eigenfunction Expansions Associated with Second-Order Differential Equations. Part 2.* London: Oxford University Press (1958).

CHAPTER 9

편미분 방정식

9.1 서론

7장에서 언급했듯이, 편미분 방정식은 독립변수가 1개 이상인 도함수를 가지고 있다. 독립변수가 x와 y라면, 종속변수가 $\varphi(x, y)$인 편미분 방정식은 식 (1.141)에서 논의한 의미와 같은 **편미분 도함수**(partial derivatives)를 포함한다. 즉, $\partial\varphi/\partial x$는 y를 상수로 두고 x로 미분한다는 것을 의미하고, $\partial^2\varphi/\partial x^2$은 ($y$를 여전히 상수로 두고) x에 대해 두 번 미분하는 것이며, 다음과 같이 x와 y의 **혼합 미분**(mixed derivative)이 있을 수 있다.

$$\frac{\partial^2\varphi}{\partial x\partial y}=\frac{\partial}{\partial x}\left(\frac{\partial\varphi}{\partial y}\right)$$

상미분과 같이, (혼합 미분을 포함하여 어떤 차수에 대해서) 편미분 도함수는 다음과 같은 방정식을 만족하기 때문에 선형 연산자이다.

$$\frac{\partial[\varphi(x, y)+b\varphi(x, y)]}{\partial x}=a\frac{\partial\varphi(x, y)}{\partial x}+b\frac{\partial\varphi(x, y)}{\partial x}$$

상미분 방정식에 대한 해와 마찬가지로, 독립변수로 구성된 임의의 함수에 곱해진 일반적인 미분 연산자를 $\mathcal{L}$이라 나타내면(여기에서 이것은 단일 또는 혼합 미분이며 어떤 차수를 가져도 된다), 이것은 **선형** 연산자이고, 방정식은 다음과 같은 형태로써

$$\mathcal{L}\varphi(x, y)=F(x, y)$$

선형 편미분 방정식이다. 만약 **원천 항**(source term) $F(x, y)$가 사라지면 이 편미분 방정식은 **동차**(homogeneous)이며, $F(x, y)$가 0이 아니면 **비동차**(inhomogeneous)이다.

동차 편미분 방정식은, 이전에 다른 장에서 언급한 것과 같이, 해의 어떠한 선형 결합도 그 편미분 방정식의 해가 된다는 특성을 가지고 있다. 이것은 **중첩 원리**로써 전자기학과 양자역학에서 근본적이며, 또한 동차 편미분 방정식의 일반해를 구성하는 함수의 집합의 원소를 적절하게 선형 결합함으로써 특수해를 구성할 수 있도록 해준다.

예제 9.1.1 다양한 형태의 편미분 방정식

라플라스	$\nabla^2\psi=0,$	동차 선형
푸아송	$\nabla^2\psi=f(\mathbf{r}),$	비동차 선형
오일러(비점성 흐름)	$\frac{\partial\mathbf{u}}{\partial t}+\mathbf{u}\cdot\nabla\mathbf{u}=-\frac{\nabla P}{\rho},$	비동차 비선형

■

많은 물리계의 동역학은 2개의 도함수를 포함하고 있는데, 예를 들면 고전역학에서 가속도, 양자역학에서 운동 에너지 연산자($\sim \nabla^2$), 물리에서 자주 나타나는 2계 미분 방정식 등이 그것이다. 정의된 방정식이 1계 미분 방정식일지라도, 맥스웰 방정식과 같이 (전기장과 자기장) 2개의 미지의 벡터 함수를 포함할 수 있으며, 미지의 벡터 1개를 제거하는 것은 (예제 3.6.2와 비교하여) 다른 2계 편미분 방정식으로 만들 수 있다.

■ 편미분 방정식의 예

자주 나타나는 편미분 방정식 중에는 다음과 같은 것들이 있다.

1. 라플라스 방정식, $\nabla^2\psi = 0$.
   이것은 다음과 같은 연구에서 일반적이고 매우 중요하다.
   (a) 정전기, 유전체, 정상 전류, 정자기학을 포함한 전자기 현상
   (b) (회전하지 않는 완벽한 유체의 흐름과 표면파를 다루는) 유체역학
   (c) 열흐름
   (d) 중력
2. 푸아송 방정식, $\nabla^2\psi = -\rho/\varepsilon_0$.
   이 비동차 방정식은 원천 항 $-\rho/\varepsilon_0$를 갖는 정전기학을 기술한다.
3. 헬름홀츠와 시간에 무관한 확산 방정식, $\nabla^2\psi \pm k^2\psi = 0$.
   이 방정식은 다음의 다양한 현상에서 나타난다.
   (a) 진동하는 끈, 막대, 막을 포함하여 고체에서의 탄성파
   (b) 음향학(음향파)
   (c) 전자기파
   (d) 핵원자로
4. 시간에 의존하는 확산 방정식, $\nabla^2\psi = \dfrac{1}{a^2}\dfrac{\partial\psi}{\partial t}$.
5. 시간에 의존하는 고전 파동 방정식, $\dfrac{1}{c^2}\dfrac{\partial^2\psi}{\partial t^2} = \nabla^2\psi$.
6. 클라인-고든 방정식, $\partial^2\psi = -\mu^2\psi$, 스칼라 함수 ψ를 벡터 함수로 대체한 벡터 방정식. 일반적으로 더 복잡한 형태도 나타난다.
7. 시간에 의존하는 슈뢰딩거 파동 방정식,

$$-\frac{\hbar^2}{2m}\nabla^2\psi + V\psi = i\hbar\frac{\partial\psi}{\partial t}$$

과 시간에 무관한 형

$$-\frac{\hbar^2}{2m}\nabla^2\psi + V\psi = E\psi.$$

8. 탄성파, 점성 유체, 전송 방정식에 대한 방정식들.

9. 전기장과 자기장에 대한 맥스웰의 결합 편미분 방정식과 상대론적 전자 파동 함수에 대한 디랙 방정식.

1계 방정식을 고려함으로써 편미분 방정식을 공부하는 것으로 시작하자. 이것은 몇 개의 중요한 원리를 보여줄 것이다. 그 후 2계 편미분 방정식의 분류와 특성에 대해 이어질 것이고, 다른 종류의 표준 동차 방정식의 기초적인 논의를 진행하겠다. 마침내, **변수 분리 방법**이라 불리는 동차 편미분 방정식의 해를 구하는 매우 유용하고 강력한 방법을 소개할 것이다.

이 장은 동차 편미분 방정식의 일반적인 특성을 소개하겠다. 특별한 방정식의 자세한 사항은 특수 함수를 포함하는 논의를 다룬 장으로 미루겠다. [**원천 항**과 **구동 항**(driving term)을 포함하는 문제들의] 비동차 편미분 방정식으로 확장하면서 생기는 질문도 **그린 함수**와 적분 변환을 주로 다루는 장으로 또한 연기할 것이다.

때때로, 천천히 움직이는 점성 유체를 다루는 이론이나 탄성체의 이론에서 고차 방정식으로 표현되는 방정식을 만나게 된다.

$$(\nabla^2)^2\psi = 0$$

다행스럽게도 이러한 고계 미분 방정식은 상대적으로 드물고 여기에서는 다루지 않는다. 이따금씩 유체역학에서 비선형 편미분 방정식이 나오기도 한다.

9.2 1계 방정식

물리학에서 가장 중요한 편미분 방정식은 3개의 공간변수와 1개의 시간변수를 포함하는 2계 선형인데 반해서, (복소함수 이론의 코시-리만 방정식과 같이) 1계 편미분 방정식이 나오기도 한다. 좀 더 쉽게 풀리는 이러한 방정식을 공부하는 목적의 일부는 고계 미분 방정식 문제에 적용시키는 데 필요한 통찰력을 키우는 데 있다.

■ 특성

2개의 독립변수 x와 y를 갖고, 상수 계수는 a, b이며, 종속변수는 $\varphi(x,\ y)$인 1계 동차 선형 방정식을 고려하는 것으로 시작하자.

$$\mathcal{L}\varphi = a\frac{\partial\varphi}{\partial x} + b\frac{\partial\varphi}{\partial y} = 0 \tag{9.1}$$

이 방정식은 1개의 도함수만 포함하도록 재조정하면 풀기가 쉽다. 그렇게 할 수 있는 한 가지 방법은 새로운 좌표계 $(s,\ t)$를 도입하여 편미분 방정식을 다시 쓰는 것으로써, $(\partial/\partial s)_t$는 원래의 편미분 방정식의 연산자 $\partial/\partial x$와 $\partial/\partial y$의 선형 결합으로 나타낼 수 있으며, 다른 좌표계 t를 포함한 $(\partial/\partial t)_s$는 편미분 방정식에서 나타나지 않게 된다. 식 (9.1)의 편미분 방정식을 이 목적에 부합하도록 s와 t를 $s = ax + by$와 $t = bx - ay$와 같이 정의하면 쉽게 풀릴 수 있다. 이것을 확인하기 위해서 $\varphi(x,\ y) = \varphi(x(s,\ t),\ y(s,\ t)) = \varphi(s,\ t)$로 쓰면 다음을 증명할 수 있다.

$$\left(\frac{\partial\varphi}{\partial x}\right)_y = a\left(\frac{\partial\varphi}{\partial s}\right)_t + b\left(\frac{\partial\varphi}{\partial t}\right)_s, \qquad \left(\frac{\partial\varphi}{\partial y}\right)_x = b\left(\frac{\partial\varphi}{\partial s}\right)_t - a\left(\frac{\partial\varphi}{\partial t}\right)_s$$

그래서

$$a\frac{\partial\varphi}{\partial x} + b\frac{\partial\varphi}{\partial y} = (a^2 + b^2)\frac{\partial\hat{\varphi}}{\partial s}$$

이다. 이 편미분 방정식은 t에 대한 도함수는 포함하지 않게 되었다. 이 편미분 방정식은 이제 간단한 형태인

$$(a^2 + b^2)\frac{\partial\hat{\varphi}}{\partial s} = 0$$

으로 쓸 수 있고, 이것은

$$\hat{\varphi}(s,\ t) = f(t) \tag{9.2}$$

와 같이 명확한 해를 얻을 수 있다. 원래의 변수로는

$$\varphi(x,\ y) = f(bx - ay) \tag{9.3}$$

으로써, 여기에서 $f(t)$는 임의의 함수라는 점을 다시 한번 강조해야겠다.

이 점을 확인하기 위해서 다음을 고려하자.

$$\mathcal{L}\varphi = a\frac{\partial f(bx-ay)}{\partial x} + b\frac{\partial f(bx-ay)}{\partial y} = abf'(bx-ay) + b[-af'(bx-ay)] = 0$$

이 방정식은 함수 f의 성질에 의존하지 않기 때문에, 식 (9.3)에서 주어진 $\varphi(x,\ y)$는 **함수 f의 선택에는 상관없이** 이 편미분 방정식의 해라는 것을 증명할 수 있다. 사실 이것은 이 편미분 방정식의 일반해이다.

지금 이것의 중요성을 도식화하는 것은 유용하다. $t = bx - ay$는 여기에서 얻은 해 φ가 상수인 xy평면상에 있는 어떤 선이며 그 선상에 있는 개개의 점들은 $s = ax + by$의 다른 값들에 대응된다. 또한 s가 상수인 선들은 상수 t의 선분과 직교하며, s는 편미분 방정식에서 도함수와 같은 계수를 갖고 있다. 이 편미분 방정식의 일반해는 **임의의 t 의존성을 가지고 s에 독립인** 특성을 갖고 있다.

상수 t의 곡선을 **특성 곡선**이라고 부르며, 또는 편미분 방정식의 **특성**(characteristics)이라고 더 자주 부른다. 특성 곡선을 기술하는 더 직관적이고 다른 방법은 s의 흐름선을 관찰하는 것이다. 다른 방법은 t를 상수로 유지시키고 s를 변화시키면서 그 궤적을 선으로 그리는 것이다. 특성은 그것의 기울기에 의해 주어진다.

$$\frac{dy}{dx} = \frac{b}{a} \tag{9.4}$$

지금의 1계 편미분 방정식에 대해서, 각 특성을 따라서 해 φ는 상수이다. 좀 더 일반적인 편미분 방정식은 특성 선분에서 상미분 방정식을 푸는 방법을 사용할 수 있는데, 그 특성은 편미분 방정식의 해가 특성을 따라 **전파**(propagate)된다고 할 수 있으며, 어떠한 경우에 이것들은 흐름선(lines of flow)에 있다는 개념이 중요하다. 지금 문제에서 이것을 다른 말로 하면, 특성 위에 있는 어떤 한 점에서 φ를 알면, 특성 선분 전체에 대해 안다는 것이다.

특성은 다른 한 가지 중요한 추가적인 특성이 있다. 일반적으로, 편미분 방정식의 해 $\varphi(x,\ y)$가 어떤 곡선의 부분에서 특정되면(**경계조건**), 선분 위에 있지 않은 점 근처에 있는 해의 값을 유도할 수 있다. 곡선에 있는 어떤 점 $(x_0,\ y_0)$에서 (암묵적으로 전개가 되지 않는 특이점을 갖지 않는다고 가정하고) 테일러 전개를 도입하면, 어떤 점 $(x,\ y)$ 근처에서 φ의 값은 다음과 같이 주어진다.

$$\varphi(x,\ y) = \varphi(x_0,\ y_0) + \frac{\partial\varphi(x_0,\ y_0)}{\partial x}(x-x_0) + \frac{\partial\varphi(x_0,\ y_0)}{\partial y}(y-y_0) + \cdots \tag{9.5}$$

식 (9.5)를 사용하려면, φ의 미분값이 필요하다. 이 미분값들을 얻기 위해서는 다음과 같은 것에 주의해야 한다.

- $x(l)$, $y(l)$에 의해 기술되는 매개변수를 도입하여 주어진 곡선에서 φ의 특성은 dx/dl과 dy/dl인 선분의 방향을 의미하며, 이것은 다음과 같이 선분에 대한 φ의 도함수로 주어진다.

$$\frac{d\varphi}{dl} = \frac{\partial\varphi}{\partial x}\frac{dx}{dl} + \frac{\partial\varphi}{\partial y}\frac{dy}{dl} \tag{9.6}$$

식 (9.6)은 2개의 도함수 $\partial\varphi/\partial x$와 $\partial\varphi/\partial y$에 대해 만족하는 선형 방정식을 준다.

- 이 경우에 편미분 방정식은 두 번째 선형 방정식을 준다.

$$a\frac{\partial\varphi}{\partial x} + b\frac{\partial\varphi}{\partial y} = 0 \tag{9.7}$$

- 그들의 계수의 행렬식은 0이 아니며, 식 (9.6)과 (9.7)을 $(x_0,\ y_0)$에서 $\partial\varphi/\partial x$와 $\partial\varphi/\partial y$에 대해 풀 수 있고, 따라서 $\varphi(x,\ y)$에 대한 테일러 전개의 주요 항으로 계산할 수 있다.[1] 식 (9.6)과 (9.7)의 계수의 행렬식은 다음과 같다.

$$D = \begin{vmatrix} \dfrac{dx}{dl} & \dfrac{dy}{dl} \\ a & b \end{vmatrix} = b\frac{dx}{dl} - a\frac{dy}{dl}$$

이제 만약 φ가 ($t = bx - ay =$ 상수에 대해) 특성에 따라 나타난다면, 다음을 얻을 수 있으며

$$b\,dx - a\,dy = 0, \quad \text{또는} \quad b\frac{dx}{dl} - a\frac{dy}{dl} = 0$$

$D = 0$이고 φ의 도함수에 대해 풀 수 없다. 특성과 비교하여 좀 더 일반적인 방정식으로 확장시키면 다음과 같은 결론을 얻을 수 있다.

1. 식 (9.1)에 주어진 편미분 방정식의 종속변수 φ가 어떤 선분으로 특정된다면(φ가 **경계 선분** 위로 특정된 **경계조건**을 갖는다면), 이것은 경계 선분을 교차하는 각 특성들의 어떤 점과 그러한 각 특성들의 모든 점에서 φ의 값을 고정한다.
2. 경계 선분이 특성을 따라 있다면, 그 위에 있는 경계조건은 보통 모순을 이끌 것이고, 따라서 경계조건이 중복되지 않는다면(우연히 특성 위에 있는 어떤 임의의 점에서 φ의 값으로부터 구성되는 모든 해와 일치하면), 그 편미분 방정식은 해를 갖지 않는다.

---

1 선형 항은 필요한 모든 것이다. $(x_0,\ y_0)$에 충분히 가까운 x와 y를 택해서 이차항과 고차항은 상대적으로 무시할 수 있다.

3. 만약 경계 선분이 같은 특성으로 1개 이상의 교차점이 있다면, 그 편미분 방정식은 두 교차점에서 φ의 값이 동시에 모순되지 않는 해가 존재하지 않을 수 있어서 이것에는 일반적으로 모순이 생긴다.
4. 경계 선분이 특성이 **아닌** 경우에 대해서만 경계조건은 선분 위가 아닌 어떤 점에서 φ의 값을 고정할 수 있다. 편미분 방정식의 특성 위에서만 정의되는 φ의 값은 그 특성이 아닌 지점에서 φ에 대해서는 어떠한 정보도 제공하지 않는다.

위의 예에서, 임의의 함수 f의 인수 t는 x와 y의 선형 결합이었으며, 편미분 방정식에서 도함수의 계수는 상수였기 때문에 가능하였다. 만약 이 계수가 x와 y의 일반적인 함수라면, 앞으로 나올 해석의 형태는 여전히 수행될 수는 있어도 t의 형태는 다르게 될 것이다. 이것은 예제 9.2.5와 9.2.6에 보인 바와 같이 더 복잡하다.

■ 좀 더 일반적인 편미분 방정식들

이제 식 (9.1)보다 좀 더 일반적인 1계 편미분 방정식을 고려하자.

$$\mathcal{L}\varphi = a\frac{\partial \varphi}{\partial x} + b\frac{\partial \varphi}{\partial y} + q(x,\ y)\varphi = F(x,\ y) \tag{9.8}$$

이전과 같이 이것의 특성 곡선을 결정할 수 있는데, 새로운 변수 $s = ax + by,\ t = bx - ay$를 도입하여 변환하고, 이 편미분 방정식을 식 (9.5)와 비교하면,

$$(a^2 + b^2)\left(\frac{\partial \varphi}{\partial s}\right) + \hat{q}(s,\ t)\hat{\varphi} = \hat{F}(s,\ t) \tag{9.9}$$

와 같다. 여기에서 $\hat{q}(s,\ t)$는 $q(x,\ y)$를 새로운 좌표계로 변환시킨 것이고,

$$\hat{q}(s,\ t) = q\left(\frac{as + bt}{a^2 + b^2},\ \frac{bs - at}{a^2 + b^2}\right)$$

$\hat{F}$는 같은 방식으로 F를 변환한 것이다. 식 (9.9)는 (매개변수 t를 포함하고 있는) s에 대한 상미분 방정식이며, 이것의 일반해는 통상의 상미분 방정식을 푸는 것과 같은 방식으로 풀어 얻을 수 있다.

예제 9.2.1 다른 1계 편미분 방정식

다음의 편미분 방정식을 고려하자.

$$\frac{\partial \varphi}{\partial x} + \frac{\partial \varphi}{\partial y} + (x+y)\varphi = 0$$

특성 방향 $t = x - y$와 직교인 방향 $s = x + y$로 변환하여 적용하면, 이 편미분 방정식은

$$2\frac{\partial \varphi}{\partial s} + s\varphi = 0$$

과 같이 된다. 이 방정식은 다음과 같이 변수 분리되며,

$$2\frac{d\varphi}{\varphi} + s\,ds = 0$$

일반해는

$$\ln\varphi = -\frac{s^2}{4} + C(t), \quad \text{또는} \quad \varphi = e^{-s^2/4} f(t)$$

이다. 여기에서 $f(t)$는 원래 $\exp[C(t)]$로써, 완전한 임의의 함수이다. $s^2/4 = t^2/4 + xy$를 이용하면 이 결과는 다음과 같이 간단하게 될 수 있으며, 그러면 $\exp(-t^2/4)$는 $f(t)$에 흡수될 수 있어서 다음과 같이 (x와 y로) 깔끔하게 표현할 수 있다.

$$\varphi(x, y) = e^{-xy} f(x-y)$$ ■

■ 2개 이상의 독립변수를 갖는 경우

특성식의 개념이 2개 이상의 독립변수를 갖는 편미분 방정식에 어떻게 일반화될 수 있는지 보는 것은 유용하다. 다음과 같이 3차원 미분형이 주어졌다.

$$a\frac{\partial \varphi}{\partial x} + b\frac{\partial \varphi}{\partial y} + c\frac{\partial \varphi}{\partial z}$$

(s, t, u)로 직교좌표계를 형성하도록 α_i와 β_i를 갖는 $s = ax + by + cz$, $t = \alpha_1 x + \alpha_2 y + \alpha_3 z$, $u = \beta_1 x + \beta_2 y + \beta_3 z$의 새로운 변수로 편미분 방정식을 변환시키자. 그러면 이 3차원 미분형은 다음과 같이 되며

$$(a^2 + b^2 + c^2)\frac{\partial \varphi}{\partial s}$$

(t와 u를 상수로 두었을 때) s의 유선은 상미분 방정식을 풀어서 얻은 해 φ의 전개를 따라가는 특성식이다. 각각의 특성식은 고정된 t와 u값으로 얻어진다. 식 (9.1)의 3차원으로의 확장에 대해

$$a\frac{\partial\varphi}{\partial x}+b\frac{\partial\varphi}{\partial y}+c\frac{\partial\varphi}{\partial z}=0 \tag{9.10}$$

다음을 얻을 수 있고,

$$(a^2+b^2+c^2)\frac{\partial\varphi}{\partial s}=0$$

이 해는 $\varphi=f(t,\ u)$로써, f는 2개의 인자를 갖는 완전한 임의의 함수이다.

다음으로 3차원 편미분 방정식을 푸는 다른 시도로써 경계조건이 편미분 방정식의 해 φ의 면 위에 고정되어 있는 경우를 생각해보자. 만약 그 점을 가로지르는 특성이 **그 면 위에** 걸쳐 놓여 있다고 하면, 경계조건과 특성을 따라 전파되는 해 사이에 퍼텐셜 불일치를 갖게 된다. 그러면 그 면에 있는 데이터는 테일러 전개가 필요한 도함수 값을 주지 못하기 때문에 경계면으로부터 떨어진 지점에서 φ를 확장시키지 못한다. 이것을 보기 위해, 식 (9.10)과 아래 식을 동시에 풀어서 (l과 l' 매개변수들로 표시되는) 두 방향을 얻는다고 하면 도함수 $\partial\varphi/\partial x,\ \partial\varphi/\partial y,\ \partial\varphi/\partial z$를 결정할 수 있음에 주의하자.

$$\frac{\partial\varphi}{\partial l}=\frac{\partial\varphi}{\partial x}\frac{dx}{dl}+\frac{\partial\varphi}{\partial y}\frac{dy}{dl}+\frac{\partial\varphi}{\partial z}\frac{dz}{dl}$$
$$\frac{\partial\varphi}{\partial l'}=\frac{\partial\varphi}{\partial x}\frac{dx}{dl'}+\frac{\partial\varphi}{\partial y}\frac{dy}{dl'}+\frac{\partial\varphi}{\partial z}\frac{dz}{dl'}$$

다음의 행렬식이 0이 아닌 경우에 해가 얻어질 수 있다.

$$D=\begin{vmatrix}\frac{dx}{dl} & \frac{dy}{dl} & \frac{dz}{dl}\\ \frac{dx}{dl'} & \frac{dy}{dl'} & \frac{dz}{dl'}\\ a & b & c\end{vmatrix}\neq 0$$

만약 $dx/dl''=a,\ dy/dl''=b,\ dz/dl''=c$를 갖는 특성식이 2차원 평면 위에 놓여 있다고 하면, 선형적으로 독립적인 방향 l이 하나 더 존재할 것이고, D는 반드시 0이 된다.

정리하면, 이전에 보인 것을 3차원으로 확장하면,

> 경계조건은 경계에 특성이 없는 경우에만 1계 편미분 방정식에 대한 고유해를 결정하는 데 효과적이고, 특성이 경계를 두 번 이상 교차할 경우에 불일치가 발생한다.

연습문제

※ 연습문제 9.2.1에서 9.2.4까지 편미분 방정식의 일반해를 구하시오.

9.2.1 $\dfrac{\partial\psi}{\partial x}+2\dfrac{\partial\psi}{\partial y}+(2x-y)\psi=0$

9.2.2 $\dfrac{\partial\psi}{\partial x}-2\dfrac{\partial\psi}{\partial y}+x+y=0$

9.2.3 $\dfrac{\partial\psi}{\partial x}+\dfrac{\partial\psi}{\partial y}=\dfrac{\partial\psi}{\partial z}$

9.2.4 $\dfrac{\partial\psi}{\partial x}+\dfrac{\partial\psi}{\partial y}+\dfrac{\partial\psi}{\partial z}=x-y$

9.2.5 (a) 다음의 편미분 방정식

$$y\frac{\partial\psi}{\partial x}+x\frac{\partial\psi}{\partial y}=0$$

에 새로운 변수 $u=xy,\ v=x^2-y^2$를 도입하여 다시 써서 일반해를 구하시오.

(b) 특성식으로 이 결과를 논의하시오.

9.2.6 다음 편미분 방정식의 일반해를 구하시오.

$$x\frac{\partial\psi}{\partial x}-y\frac{\partial\psi}{\partial y}=0$$

[힌트] 연습문제 9.2.5에 대한 해가 풀이의 방법을 제시할 것이다.

9.3 2계 방정식

■ 편미분 방정식의 종류

여기에서는 특성의 개념을 2계 편미분 방정식으로 확장시켜보자. 이것은 때때로 유용한 방식으로 수행된다. 초보적인 예제로써, 다음의 2계 동차 방정식을 생각해보자.

$$a^2\frac{\partial^2\varphi(x,\ y)}{\partial x^2}-c^2\frac{\partial^2\varphi(x,\ y)}{\partial y^2}=0 \tag{9.11}$$

여기에서 a와 c는 실수라고 가정한다. 이 방정식은 다음과 같은 모양으로 쓸 수 있고,

$$\left[a\frac{\partial}{\partial x}+c\frac{\partial}{\partial y}\right]\left[a\frac{\partial}{\partial x}-c\frac{\partial}{\partial y}\right]\varphi=0 \tag{9.12}$$

2개의 인자 연산자는 교환 가능하기 때문에, 식 (9.12)는 φ가 다음의 1계 방정식의 해라면 만족한다.

$$a\frac{\partial\varphi}{\partial x}+c\frac{\partial\varphi}{\partial y}=0, \quad \text{또는} \quad a\frac{\partial\varphi}{\partial x}-c\frac{\partial\varphi}{\partial y}=0 \tag{9.13}$$

그러나 이러한 1계 방정식은 이전에 나온 소절에서 논의된 것인데, 일반해를 다음과 같이 각각 쓸 수 있고,

$$\varphi_1(x,\ y)=f(cx-ay), \qquad \varphi_2(x,\ y)=g(cx+ay) \tag{9.14}$$

여기에서 f와 g는 (완전히 연관성이 없는) 임의의 함수이다. 더욱이, $ax+cy$와 $ax-cy$의 유선을, 경계조건의 효과 및 가능한 일관성을 갖는 의미로써, 특성이라고 밝힐 수 있다. 식 (9.11)에 주어진 2계 도함수를 갖는 몇몇 편미분 방정식에 대해, 특성을 따라 전파되는 해에 적용하는 것은 유용하다.

표면적으로 비슷한 다음의 방정식을 보자.

$$a^2\frac{\partial^2\varphi(x,\ y)}{\partial x^2}+c^2\frac{\partial^2\varphi(x,\ y)}{\partial y^2}=0 \tag{9.15}$$

a와 c는 실수라고 다시 가정하자. 인자를 취하면 다음과 같다.

$$\left[a\frac{\partial}{\partial x}+ic\frac{\partial}{\partial y}\right]\left[a\frac{\partial}{\partial x}-ic\frac{\partial}{\partial y}\right]\varphi=0 \tag{9.16}$$

이 인수분해는 **복소수** 특성을 갖고 있기 때문에 경계조건과 명확한 연관성이 없어서 다소 실용성이 적다. 또한, 그러한 특성을 따라가는 전파는 물리적으로 의미 있는(예, 실수) 좌표값에 대한 편미분 방정식의 해를 주지는 못한다.

이것이 실숫값 a와 c를 갖는 식 (9.11)에 주어진 모양을 갖는다면(또는 변환될 수 있다면) 2계 편미분 방정식을 **쌍곡선형**으로 분류할 수 있다. 식 (9.15)로 주어지는(또는 변환되는) 편미분 방정식을 **타원형**이라고 부른다. 이 표기법은 유용한데 왜냐하면 이것이 실수 특성의 존재(또는 존재하지 않음)와 연관되어 있고, 따라서 경계조건에 대한 편미분 방정식의 행동과 관련 있으며, 편미분 방정식의 편리한 해법에 유용하기 때문이다. **타원형**이나 **쌍곡선**이라는 용어는 $a^2x^2+c^2y^2=d$가 타원 방정식이고, $a^2x^2-c^2y^2=d$가 쌍곡선 방정식이라

는 2차식과의 유사성에서 도입되었다.

좀 더 일반적인 편미분 방정식은 미분형의 2계 도함수로 표현된다.

$$\mathcal{L} = a\frac{\partial^2\varphi}{\partial x^2} + 2b\frac{\partial^2\varphi}{\partial x\partial y} + c\frac{\partial^2\varphi}{\partial y^2} \tag{9.17}$$

식 (9.17)의 형은 다음과 같이 인수분해할 수 있다.

$$\mathcal{L} = \left(\frac{b+\sqrt{b^2-ac}}{c^{1/2}}\frac{\partial}{\partial x} + c^{1/2}\frac{\partial}{\partial y}\right)\left(\frac{b-\sqrt{b^2-ac}}{c^{1/2}}\frac{\partial}{\partial x} + c^{1/2}\frac{\partial}{\partial y}\right) \tag{9.18}$$

식 (9.18)은 곱을 전개함으로써 쉽게 증명할 수 있다. 이 방정식은 식 (9.17)의 특성이 $b^2-ac \geq 0$일 때만 실수라는 것을 보일 수 있다. 이 양은 기초 대수학에서 2차식 $at^2+2bt+c$의 **판별식**으로 잘 알려져 있다. 만약 $b^2-ac>0$이라면, 식 (9.11)부터 (9.14)까지 논의되었던 쌍곡선 편미분 방정식의 기본형에 따라, 두 인자는 2개의 선형 독립인 실수의 특성이 된다. 만약 $b^2-ac<0$이라면 특성은 식 (9.15)와 (9.16)에서 타원형 편미분 방정식의 기본형에 대한 것이 되고, 켤레 복소수 쌍을 갖는다. 그러나 하나의 새로운 가능성이 있는데, $b^2-ac=0$이라면(2차식이 포물선형인 경우), 정확히 1개의 선형 독립인 특성을 갖는 편미분 방정식이 되고 그러한 편미분 방정식을 **포물선형**이라고 하며, 그것의 정준형은 다음과 같다.

$$a\frac{\partial\varphi}{\partial x} = \frac{\partial^2\varphi}{\partial y^2} \tag{9.19}$$

원래의 편미분 방정식에 $\partial/\partial x$항이 없다면, 이것은 x는 단지 매개변수로써 상미분 방정식은 y에 대해서만 영향이 있는 상미분 방정식이 되어서, 편미분 방정식의 방법을 고려하지 않아도 된다.

식 (9.17)에서 2계 형에 대한 논의를 마무리 짓기 위해서, 특성의 편미분 방정식에 대한 정준형으로 변환시킬 수 있음을 보일 필요가 있다. 이러한 목적을 위해서 새로운 변수 ξ, η를 도입하여 다음과 같이 정의한다.

$$\xi = c^{1/2}x - c^{-1/2}by, \qquad \eta = c^{-1/2}y \tag{9.20}$$

$\partial^2/\partial x^2$, $\partial^2/\partial x\partial y$, $\partial^2/\partial y^2$를 구하기 위해 연쇄 법칙을 적절하게 적용하면, 다음과 같이 변환된다.

$$\mathcal{L} = (ac-b^2)\frac{\partial^2\varphi}{\partial\xi^2} + \frac{\partial^2\varphi}{\partial\eta^2} \tag{9.21}$$

식 (9.21)의 증명은 연습문제 9.3.1에 나와 있다.

식 (9.21)은 편미분 방정식의 분류가 변환에 대해 불변임을 보여주는 것이어서, $b^2 - ac > 0$이면 쌍곡선, $b^2 - ac < 0$이면 타원형, 그리고 $b^2 - ac = 0$이면 포물선이다. 식 (9.18)에서 더 잘 보여주고 있는데, 특성의 유선은 다음과 같은 기울기를 갖는다.

$$\frac{dy}{dx} = \frac{c}{b \pm \sqrt{b^2 - ac}} \tag{9.22}$$

■ 2개 이상의 독립변수

우리가 모든 분석을 하지 않는데 반해, 물리학에서 많은 문제들은 2차원(때로는 3개의 공간차원 또는 몇 개의 공간차원과 시간) 이상의 것들을 포함하고 있음에 주목해야 한다. 때때로, 다차원 공간에서의 행동은 유사하여서, 다음과 같이 공간과 시간 도함수와 관련되어 있는 방식으로 **쌍곡선**, **타원**, **포물선**으로 적용한다. 즉, 이 방정식들은 다음과 같이 분류된다.

라플라스 방정식	$\nabla^2\psi = 0$	타원
푸아송 방정식	$\nabla^2\psi = -\rho/\varepsilon_0$	타원
파동 방정식	$\nabla^2\psi = \frac{1}{c^2}\frac{\partial^2\psi}{\partial t^2}$	쌍곡선
확산 방정식	$a\frac{\partial\psi}{\partial t} = \nabla^2\psi$	포물선

여기에서 언급한 특별한 방정식들은 물리학에서 매우 중요하며 이 장의 다음 절에서 더 논의한다. 이 예들은 물론 2계 편미분 방정식의 모든 것을 대표하는 것은 아니고 미분 연산자에서 계수가 좌표의 함수인 경우를 포함하지 않고 있다. 이러한 경우에, 쌍곡선, 타원, 포물선으로 분류하는 것은 협소하고, 이 분류는 좌표계가 변함에 따라 달라질 수 있다.

■ 경계조건

통상 어떠한 시간에 물리계를 알고 물리계를 움직이는 법칙을 알 때 그 이후의 인과관계를 통해 예측할 수 있다. 그러한 초깃값은 상미분 방정식과 편미분 방정식과 관련된 가장 일반적인 경계조건이다. 주어진 점, 선, 또는 면에 맞는 해를 찾는 것은 경계값 문제에 해당한다. 해는 주어진 (예를 들면 점근적인) 경계조건을 만족시켜야 한다. 이 경계조건은 보통 3개의 형태를 갖는다.

1. **코시(Cauchy) 경계조건**. 경계에서 주어진 함수와 정상 도함수의 값. 정전기학에서 퍼

텐셜 φ와 전기장의 수직 성분 E_n이 이에 해당한다.

2. **디리클레**(Dirichlet) **경계조건**. 경계에서 주어진 함수의 값. 정전기학에서 퍼텐셜 φ에 해당한다.
3. **노이만**(Neumann) **경계조건**. 경계에서 주어진 함수의 정상 도함수(정상 기울기). 정전기학에서 E_n과 표면 전하 밀도 σ에 해당한다.

2계 편미분 방정식의 세 종류는 각각 다른 특성을 갖기 때문에, 유일한 해로 명시되는 데 필요한 경계조건은 방정식의 종류에 의존한다. 경계조건 역할의 정확한 분석은 복잡하며 이 장을 넘어선다. 그러나 세 가지 2차원 편미분 방정식과 세 가지 경계조건과의 연관성은 표 9.1에 정리되어 있다. 편미분 방정식의 좀 더 확장된 논의에 대해서는 모스와 페쉬바흐(Morse and Feshbach)의 6장을 참고하면 된다.

표 9.1의 일부분은 내재적인 정합성과 상식의 문제이다. 예를 들면, 닫힌 곡면에서의 푸아송 방정식에 대해, 디리클레 조건은 유일하고 안정적인 해를 준다. 디리클레 조건과 무관하게 노이만 조건 역시 디리클레 해와 무관하게 유일하고 안정적인 해를 준다. 그러므로 코시 경계조건(디리클레와 노이만 경계조건의 합)은 모순을 줄 수 있다.

경계조건이란 단어는 **초기 조건**이라는 특별한 개념을 포함하고 있다. 예를 들어, 어떤 동

표 9.1 편미분 방정식과 경계조건과의 관계

경계조건	편미분 방정식의 종류		
	타원	쌍곡선	포물선
	$(x,\ y)$에서 라플라스, 푸아송	$(x,\ t)$에서 파동 방정식	$(x,\ t)$에서 확산 방정식
코시			
열린 면	물리적이지 않은 결과 (불안정성)	유일하고 안정적인 해	너무 제한적임
닫힌 면	너무 제한적임	너무 제한적임	너무 제한적임
디리클레			
열린 면	부족함	부족함	유일하고 안정적인 해
닫힌 면	유일하고 안정적인 해	유일하지 않은 해	너무 제한적임
노이만			
열린 면	부족함	부족함	유일하고 안정적인 해
닫힌 면	유일하고 안정적인 해	유일하지 않은 해	너무 제한적임

역학 문제에서 초기 위치 x_0와 초기 속도 v_0를 특정짓는 것은 코시 경계조건에 해당한다. 그러나 초기 조건은 허락된 시간 변수영역의 한 끝단에서만의 조건에 해당한다.

끝으로, 표 9.1은 많은 경우에 과다하게 단순화한 것이라는 것에 주목해야 한다. 예를 들면, 헬름홀츠 편미분 방정식

$$\nabla^2\psi \pm k^2\psi = 0$$

은 (그것의 공간부분에 대해 시간에 의존하는 포물선 방정식의 축소라고 생각할 수 있는) 매개변수 k의 어떤 값에 대해서만 닫힌 곡면에서 디리클레 조건을 만족하는 해를 갖는다. k값의 결정과 해의 특성은 고윳값 문제이며 물리학에서 중요하다.

■ 비선형 편미분 방정식

비선형 상미분 방정식과 편미분 방정식은 빠르게 성장하는 중요한 영역이다. 이전에 간단한 선형 파동 방정식을 다루었으며,

$$\frac{\partial\psi}{\partial t} + c\frac{\partial\psi}{\partial x} = 0$$

이것은 파동 방정식의 파면에 대한 1계 편미분 방정식이다. 가장 간단한 비선형 파동 방정식은

$$\frac{\partial\psi}{\partial t} + c(\psi)\frac{\partial\psi}{\partial x} = 0 \tag{9.23}$$

이며, 국소 전파속도 c가 상수는 아니지만 파동 ψ에는 의존한다. 비선형 방정식이 $\psi(x,\ t) = A\cos(kx - \omega t)$ 모양의 해를 가질 때, 여기에서 $\omega(k)$는 k에 대해 변화하여서 $\omega''(k) \neq 0$, 이것을 **분산성이 있다**(dispersive)고 한다. 아마도 가장 잘 알려진 비선형 분산 방정식은 **코르테베흐-더프리스 방정식**(Koerteweg-deVries equation)일 것이다.

$$\frac{\partial\psi}{\partial t} + \psi\frac{\partial\psi}{\partial x} + \frac{\partial^3\psi}{\partial x^3} = 0 \tag{9.24}$$

이 모델은 얕은 수면파의 손실 없는 전파 등의 현상을 기술한다. 이것은 **솔리톤**(solition) 해로 널리 알려져 있다. 솔리톤은 다른 솔리톤과 상호작용을 하면서 지속되는 특성을 갖는 진행파이다. 서로 통과하고 지나간 이후에, 같은 모양으로 다시 나타나고 위상차만 변하면서 같은 속도로 진행한다. $\psi(\xi = x - ct)$를 진행파라고 하자. 이것을 식 (9.24)에 대입하면 다음의 비선형 상미분 방정식을 얻을 수 있고

$$(\psi - c)\frac{d\psi}{d\xi} + \frac{d^3\psi}{d\xi^3} = 0 \tag{9.25}$$

이것을 적분하면

$$\frac{d^2\psi}{d\xi^2} = c\psi - \frac{\psi^2}{2} \tag{9.26}$$

이 된다. 이 해는 ξ가 커지면 $\psi \to 0$이 되어서 $d^2\psi/d\xi^2 \to 0$이 되어야 하기 때문에, 식 (9.26)에서는 추가적인 적분상수는 없다. 이것은 특성 $\xi = 0$ 또는 $x = ct$에서 ψ를 국소화되게 한다. 식 (9.26)에 $d\psi/d\xi$로 곱하고 다시 한번 적분하면

$$\left(\frac{d\psi}{d\xi}\right)^2 = c\psi^2 - \frac{\psi^3}{3} \tag{9.27}$$

이 되고 큰 ξ에서 $d\psi/d\xi \to 0$이 된다. 식 (9.27)의 근을 취하고 다시 적분하면 솔리톤 해

$$\psi(x - ct) = \frac{3c}{\cosh^2\left(\frac{1}{2}\sqrt{c}(x - ct)\right)} \tag{9.28}$$

를 얻는다.

연습문제

9.3.1 변수를 $\xi = c^{1/2}x - c^{-1/2}by$, $\eta = c^{-1/2}y$로 변환시켜서 식 (9.18)의 연산자 $\mathcal{L}$가 다음과 같이 됨을 보이시오.

$$\mathcal{L} = (ac - b^2)\frac{\partial^2}{\partial\xi^2} + \frac{\partial^2}{\partial\eta^2}$$

9.4 변수의 분리

9.1절에서도 제시되어 있는 편미분 방정식들에서 알 수 있듯이 편미분 방정식은 물리에서 아주 중요하다. 그리고 그 해법을 위한 발전과정 또한 동등하게 중요하다고 할 수 있을 것이

다. 특성의 대한 우리의 논의는 몇몇 문제에 대한 유용한 해법을 제시했다. 혹 다른 편미분 방정식을 풀기 위한 일반적인 기법들을 알기 위해서는 이 장 맨 마지막의 더 읽을 거리에 있는 베이트먼과 구스타프손(Bateman and Gustafson)의 책 등을 참조할 수 있을 것이다. 그러나 현재 부분에서 다루어지고 있는 방법은 가장 범용적으로 사용되고 있는 방법임을 알아두자.

이번 절에서 편미분 방정식을 풀기 위해 사용되는 방법은 n개의 변수들을 갖는 편미분 방정식을 n개의 상미분 방정식들로 쪼개는 것으로, 편미분 방정식의 전체 해는 각각의 상미분 방정식들의 해의 곱으로 이루어진다. 위의 방법을 적용할 수 있는 문제들에서 경계조건들은 적어도 개별적인 상미분 방정식에 적용될 수 있도록 분리되어 있다.

더 자세한 논의는 우리가 구하고자 하는 개개의 문제의 성질에 의존한다. 그래서 우리는 실제 물리에서 나타나는 편미분 방정식을 다음과 같이 두 종류로 나눈다.

- 경계조건을 갖는 유일한 해를 가질 것이라 기대되는 미지의 매개변수를 갖는 방정식 (전형적인 예로 경계조건이 주어진 정전기장의 퍼텐셜 에너지에 대한 라플라스 방정식)
- 설정된 어떤 값에 대한 것으로 경계조건을 갖고 있는 해의 고윳값 문제

두 경우 중 처음의 경우, 유일한 해는 최대한 해를 얻기 위해 분리된 상미분 방정식에 우선적으로 경계조건을 적용함으로써 얻어진다. 이 시점에서 해는 보통 유일하지 않으며 지금까지 적용된 경계조건들을 만족하는 무수히 많은 해(각 상미분 방정식의 해)의 곱을 얻게 된다. 그런 다음 이들의 해를 기저로 하여 나머지 경계조건을 만족시키는 급수 형태를 얻을 수 있게 된다. 이 절의 첫 번째와 네 번째에서 그에 대한 예를 들어 보여줄 것이다.

위에 해당하는 두 번째 경우에서 전형적으로 동차의 경계조건을 갖고(경계에서 0을 갖게 되는 해), 그리고 좀 더 나은 경우는 분리된 상미분 방정식에 위 경계조건을 강제함으로써 모든 경계조건을 만족시키는 경우이다. 이 시점에서 각각의 곱들은 고유함수와 고윳값을 얻을 수 있도록 매개변수의 다른 값으로 편미분 방정식을 풀게 된다. 이 과정은 현재 절의 두 번째와 세 번째 예제에서 구체적으로 설명한다.

변수 분리는 편미분 방정식을 각각의 조각으로 분리시켜 **분리상수**와 같다고 함으로써 진행된다. 만약 우리의 편미분 방정식이 n개의 독립변수를 갖고 있다면 거기에는 $n-1$개의 분리상수가 존재할 것이다(비록 우리는 종종 그들을 연결하는 방정식을 추가하여 n개의 분리상수를 갖는 더욱 대칭적인 공식을 선호하지만). 분리상수는 그에 해당하는 경계조건에 의해 제한된 값을 갖게 된다.

변수 분리 방법을 전체적으로 이해하기 위해 다양한 좌표계에서 그것이 어떻게 적용되는지 보는 것은 아주 유용한다. 여기서 우리는 직교좌표계, 원통형, 그리고 구면 극 좌표계에서 위 과정을 살펴볼 것이다. 또 다른 좌표계에 대해 적용하기 위해서 독자들은 이 책의 두 번째 편집본을 참조할 수 있다.

■ 직교좌표계

직교좌표계에서 라플라시안 연산자에 대해 식 (3.62)를 사용하면 헬름홀츠 방정식은 다음과 같이 된다.

$$\frac{\partial^2\psi}{\partial x^2}+\frac{\partial^2\psi}{\partial y^2}+\frac{\partial^2\psi}{\partial z^2}+k^2\psi=0 \tag{9.29}$$

여기서 k^2은 상수로 둔다. 이 절의 소개 글에서도 언급하였다시피, 우리의 전략은 식 (9.29)를 나누어 상미분 방정식의 집합으로 만드는 것이다. 그렇게 하기 위해

$$\psi(x,\ y,\ z)=X(x)Y(y)Z(z) \tag{9.30}$$

라고 놓고 이를 식 (9.29)에 대입해보자. 어떻게 식 (9.30)이 성립할 수 있는가? 다양한 변수들에 대한 미분 연산자가 편미분 방정식에 더해질 때, 즉 다른 변수들에 대한 미분 연산자의 곱으로 나타내지지 않을 때 이 분리방법은 성공할 수 있는 기회를 갖는다. 성공을 위해 보통은 적어도 몇몇의 경계조건은 분리된 부분에 각각 적용될 필요가 있다. 어쨌든 우리가 그것을 적용하고 그것이 잘 작동한다고 하면 식 (9.30)은 정당화될 것이다. 만약 그것이 실패한다면, 우리는 곧 그린 함수, 적분 변형, 아니면 무차별 대입(brute-force) 수치해석과 같은 다른 공략법을 찾아야 할 것이다. 식 (9.30)의 가정에 의한 ψ를 적용하면, 식 (9.29)는 다음과 같이 된다.

$$YZ\frac{d^2X}{dx^2}+XZ\frac{d^2Y}{dy^2}+XY\frac{d^2Z}{dz^2}+k^2XYZ=0 \tag{9.31}$$

$\psi=XYZ$로 나누어준 다음 항들을 재배열하면 아래와 같은 식을 얻을 수 있다.

$$\frac{1}{X}\frac{d^2X}{dx^2}=-k^2-\frac{1}{Y}\frac{d^2Y}{dy^2}-\frac{1}{Z}\frac{d^2Z}{dz^2} \tag{9.32}$$

식 (9.32)는 1개의 변수에 대한 분리를 보여준다. 왼쪽은 x 혼자만의 함수이다. 반면 오른쪽은 y와 z의 함수가 된다. 그러나 x, y, z는 각각 독립된 변수이다. 따라서 다른 변수들에 대해 양쪽 항이 같은 경우는 오직 양쪽 항이 같은 상수를 갖는 경우뿐이고 이를 분리상수라고 한다. 다음과 같이 놓아보면[2]

$$\frac{1}{X}\frac{d^2X}{dx^2}=-l^2, \tag{9.33}$$

2 분리상수에 대한 부호의 결정은 완벽히 임의적이고 그것은 특정한 경계조건을 만족시켜야 하는 것과 특별히 불필요한 복소수의 도입을 피하도록 정한다.

$$-k^2 - \frac{1}{Y}\frac{d^2Y}{dy^2} - \frac{1}{Z}\frac{d^2Z}{dz^2} = -l^2. \tag{9.34}$$

이제 식 (9.34)로 돌아가면, 다음과 같은 식을 얻을 수 있다.

$$\frac{1}{Y}\frac{d^2Y}{dy^2} = -k^2 + l^2 - \frac{1}{Z}\frac{d^2Z}{dz^2} \tag{9.35}$$

그리고 두 번째 분리가 이미 된 것을 확인할 수 있다. 여기서 우리는 y의 함수를 z의 한 함수와 갖게 놓았다. 전과 같이 다른 분리상수 $-m^2$을 써서 두 항이 같다고 놓으면

$$\frac{1}{Y}\frac{d^2Y}{dy^2} = -m^2 \tag{9.36}$$

$$-k^2 + l^2 - \frac{1}{Z}\frac{d^2Z}{dz^2} = -m^2 \tag{9.37}$$

을 얻는다. 분리는 지금 완성되었다. 그러나 더욱 대칭적으로 만들기 위해 다음과 같이 놓으면

$$\frac{1}{Z}\frac{d^2Z}{dz^2} = -n^2, \tag{9.38}$$

식 (9.37)과 일치하는 조건으로써

$$l^2 + m^2 + n^2 = k^2 \tag{9.39}$$

을 얻을 수 있다. 지금 식 (9.29)를 대치하는 식 (9.33), (9.36), (9.38) 3개의 상미분 방정식을 갖게 되었다. 처음의 가정에 따라 식 (9.30)은 성공적으로 편미분 방정식을 분리했다. 만약 경계조건을 만족시키는 데 위의 분리된 형태를 사용할 수 있다면, 편미분 방정식의 해답은 완벽하다고 할 수 있다.

아래와 같이 해에 l, m, n으로 표시하는 것이 편리할 것이다. 즉,

$$\psi_{lmn}(x,\ y,\ z) = X_l(x)Y_m(y)Z_n(z). \tag{9.40}$$

문제의 경계조건이 주어지고 $k^2 = l^2 + m^2 + n^2$의 조건이 있기에, 편의상 l, m, n으로 표시하였으며, 식 (9.40)은 여전히 식 (9.29)의 해이고, $X_l(x)$는 식 (9.33)의 해이다. 원래의 편미분 방정식은 동차이고 선형이기 때문에, 식 (9.29)의 **가장 일반적인 해**로 아래와 같이 ψ_{lmn}의 **선형 조합**을 취할 수 있다.

$$\Psi = \sum_{l,m} a_{lm} \psi_{lmn} \tag{9.41}$$

여기서 n은 식 (9.39)와 m과 l값들로부터 주어지게 된다.

마지막으로 상수 계수 a_{lm}은 Ψ가 문제의 경계조건을 만족시키도록 선택되어야 할 것이며, 따라서 그 값은 l과 m값들의 이산 집합의 형태로 주어질 것이다.

여기까지 한 것을 다시 보면 상미분 방정식으로의 분리는 만약 k^2이 개별 변수의 함수들의 합으로 주어지는 경우 가능할 수 있었다는 것을 알 수 있게 된다. 즉,

$$k^2 \rightarrow f(x) + g(y) + h(z).$$

현실적으로 중요한 경우의 하나로 $k^2 \rightarrow C(x^2 + y^2 + z^2)$으로 두는 경우로 이는 3차원 양자 조화 진동자에 해당하는 경우이다. 상수항 k^2을 분리할 수 있는 변수의 함수로 대체하는 것은 물론 분리 과정에서 우리가 얻은 상미분 방정식을 변화시키게 되고 경계조건과 상대적으로 밀접한 관계를 갖게 될 것이다.

예제 9.4.1 **평행육면체에 대한 라플라스 방정식**

좀 더 구체적인 예로 식 (9.29)에서 $k = 0$인 경우를 살펴보자. 이때 식 (9.29)는 라플라스 방정식이 되고 $z = L$을 제외한 모든 경계에서 $\psi = 0$이 되는 디리클레 경계조건을 갖는 평행육면체의 면 $x = 0$, $x = c$, $y = 0$, $y = c$, $z = 0$, $z = L$에서 해를 구하도록 하자. $z = L$에서 ψ는 상수 V로 주어진다. 그림 9.1을 참조하라.

우리는 식 (9.40)으로 주어지는 ψ_{lmn}을 갖고 식 (9.41)과 같은 일반적인 형태의 해를 기대한다. 좀 더 나아가기 위해, $X(x)$, $Y(y)$, 그리고 $Z(z)$의 실제적인 함수 형태를 얻을 필요가 있다. 상미분 방정식들의 해인 X, Y 함수들에 대한 전통적인 미분 방정식의

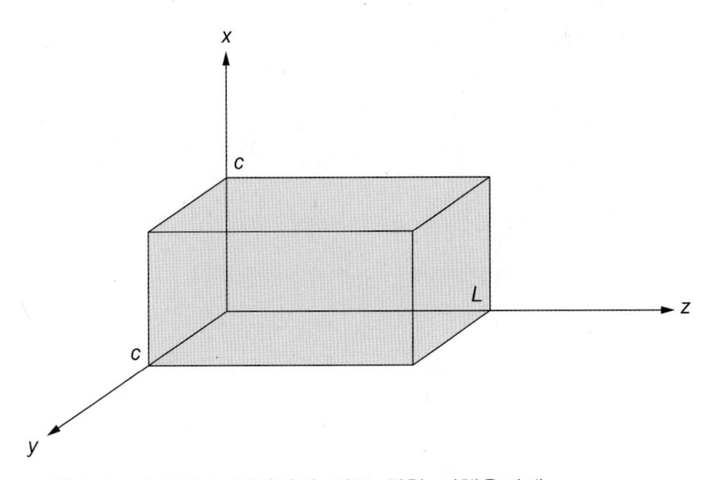

그림 9.1 라플라스 방정식의 해를 위한 평행육면체

형태는

$$X'' = -l^2 X, \qquad Y'' = -m^2 Y$$

이며 그에 해당하는 일반적인 해는 아래와 같이 주어진다.

$$X = A\sin lx + B\cos lx, \qquad Y = A'\sin my + B'\cos my$$

X와 Y는 복소 지수함수들로 씌여질 수 있다. 그러나 이러한 선택은 우리가 경계조건을 고려할 때 불편해질 수 있다. $x=0$에서 경계조건을 만족시키기 위해서 $X(0)=0$으로 놓자. 이 조건은 $B=0$으로 놓음으로써 만족된다. $x=c$에서 경계조건을 만족시키기 위해서 $X(c)=0$으로 놓으면 이는 l값이 $lc=\lambda\pi$를 만족하는 것을 의미한다. 이때 λ는 0 이외의 정수로 주어진다. 일반성의 훼손 없이 $-X$와 X는 선형적으로 상호의존하기 때문에 λ를 양의 정수로 제한할 수 있다. 게다가 $Z(z)$에 대한 해에서 어떤 임의의 축척인자를 포함할 수 있어서, $A=1$로 취할 수 있다. $Y(y)$에도 유사한 논의를 적용하면, 최종적으로 X와 Y에 대한 아래와 같은 형태의 해를 얻을 수 있다.

$$X_\lambda(x) = \sin\left(\frac{\lambda\pi x}{c}\right), \qquad Y_\mu(y) = \sin\left(\frac{\mu\pi y}{c}\right) \tag{9.42}$$

여기서 $\lambda = 1, 2, 3, \ldots$ 그리고 $\mu = 1, 2, 3, \ldots$로 주어진다.

다음으로 Z에 대한 상미분 방정식을 살펴보도록 하자. n^2은 $k=0$을 갖는 식 (9.39)로부터 다음과 같이 계산된다.

$$n^2 = -\frac{\pi^2}{c^2}(\lambda^2 + \mu^2)$$

이 방정식은 n이 허수가 되어야 함을 나타낸다. 그러나 그것은 여기서 중요한 것은 아니다. Z를 위한 상미분 방정식으로 돌아가면,

$$Z'' = +\frac{\pi^2}{c^2}(\lambda^2 + \mu^2)Z$$

와 같이 된다는 것을 알 수 있고 주어진 λ와 μ값에서 $Z(z)$의 일반해는 쉽게 아래와 같이 알아낼 수 있다.

$$Z_{\lambda\mu}(z) = Ae^{\rho_{\lambda\mu}z} + Be^{-\rho_{\lambda\mu}z}, \quad \text{이때} \quad \rho_{\lambda\mu} = \frac{\pi}{c}\sqrt{\lambda^2 + \mu^2} \tag{9.43}$$

그런 다음 식 (9.43)을 $Z_{\lambda\mu}(0)=0$과 $Z_{\lambda\mu}(L)=V$를 이용해서 구체화시킬 수 있다.

$\sinh(\rho_{\lambda\mu}z)$ 함수가 $e^{\rho_{\lambda\mu}z}$와 $e^{-\rho_{\lambda\mu}z}$의 선형 결합 함수임을 이용하여 다시

$$Z_{\lambda\mu}(z) = V\frac{\sinh(\rho_{\lambda\mu}z)}{\sinh(\rho_{\lambda\mu}L)} \tag{9.44}$$

을 얻을 수 있다.

지금까지 $z = L$을 제외한 모든 경계조건이 만족시킬 수 있도록 계수들을 선택했다. 그리고 지금 남아 있는 경계조건에 의해 요구되는 $a_{\lambda\mu}$를 결정하는 것만 남는다. 이에 대한 식을 적으면 아래와 같다.

$$\frac{1}{V}\Psi(x,\ y,\ L) = \sum_{\lambda\mu} a_{\lambda\mu}\sin\left(\frac{\lambda\pi x}{c}\right)\sin\left(\frac{\mu\pi y}{c}\right) = 1 \tag{9.45}$$

이 표현의 대칭성으로부터 $a_{\lambda\mu} = b_\lambda b_\mu$라고 놓을 수 있고 아래의 방정식으로부터 계수 b_λ를 찾을 수 있다.

$$\sum_\lambda b_\lambda \sin\left(\frac{\lambda\pi x}{c}\right) = 1 \tag{9.46}$$

식 (9.46) 안에 있는 사인 함수는 X에 대한 1차원 방정식의 고유함수(이것은 하나의 에르미트 고윳값 문제에 해당된다)이므로 그것들은 $(0,\ c)$ 구간에서 b_λ가 아래의 식에 의해 계산되도록 하나의 직교 집합을 형성한다.

$$b_\lambda = \frac{\left\langle \sin\left(\frac{\lambda\pi x}{c}\right) \middle| 1 \right\rangle}{\left\langle \sin\left(\frac{\lambda\pi x}{c}\right) \middle| \sin\left(\frac{\lambda\pi x}{c}\right) \right\rangle} = \frac{\int_0^c \sin(\lambda\pi x/c)dx}{\int_0^c \sin^2(\lambda\pi x/c)dx}$$

$$= \frac{4}{\lambda\pi}, \qquad \lambda\text{는 홀수}$$

$$= 0, \qquad \lambda\text{는 짝수}$$

그리고 평행육면체에서 퍼텐셜에 대한 완전한 해는

$$\Psi(x,\ y,\ z) = V\sum_{\lambda\mu} b_\lambda b_\mu \sin\left(\frac{\lambda\pi x}{c}\right)\sin\left(\frac{\mu\pi y}{c}\right)\frac{\sinh(\rho_{\lambda\mu}z)}{\sinh(\rho_{\lambda\mu}L)} \tag{9.47}$$

이 된다. ■

일찍이 간단히 언급했다시피, 편미분 방정식은 역시 고윳값 문제로 나타난다. 여기에 간단한 예제가 있다.

예제 9.4.2 상자 안의 양자 입자

질량 m인 한 입자가 $x=0$, $x=a$, $y=0$, $y=b$, $z=0$, $z=c$에 평면을 갖는 상자 안에 갇혀 있다고 하자. 이 계의 양자 정상 상태들은 슈뢰딩거 방정식의 고유함수들로 주어진다.

$$-\frac{1}{2}\nabla^2\psi(x,\ y,\ z) = E\psi(x,\ y,\ z) \tag{9.48}$$

위 편미분 방정식은 상자의 벽면에서 $\psi=0$인 디리클레 경계조건을 따른다. 여기서 $m=\hbar=1$인 단위계에서 E는 정상 상태의 에너지(고윳값)임을 알 수 있다. 이 방정식은 바로 E가 초기에 주어지지 않는 새로운 종류의 헬름홀츠 방정식에 해당한다. 이 편미분 방정식과 같은 경우의 경계조건은 E가 이산적인 값을 갖는 집합이라는 것 외에 어떠한 해도 갖지 않는다. 여기에서 이 값들과 그리고 그에 해당하는 고유함수들을 둘 다 찾아야 한다.

식 (9.30)의 해를 가정해서 식 (9.48)에서 변수를 분리하면, 편미분 방정식은

$$-\left(\frac{X''}{X}+\frac{Y''}{Y}+\frac{Z''}{Z}\right)=2E \tag{9.49}$$

가 된다. 그리고 분리 과정에서 다음의 식을 얻을 수 있다.

$$\frac{X''}{X}=-l^2, \quad \text{여기서 해는} \quad X=A\sin lx+B\cos lx$$

$x=0$과 $x=a$에서의 경계조건을 적용한 후 아래의 식을 얻는다. (여기서 $A=1$로 조절한다.)

$$X_\lambda=\sin\left(\frac{\lambda\pi x}{a}\right), \qquad \lambda=1,\ 2,\ 3,\ \ldots, \quad \text{따라서} \quad l=\lambda\pi/a \tag{9.50}$$

위의 방정식은 1차원 에르미트 고윳값 문제이기 때문에, 함수 $X_\lambda(x)$는 구간 $0\le x\le a$에서 직교한다.

Y와 Z에 대해서도 분리상수 $-m^2$과 $-n^2$을 도입한 다음 유사한 과정을 통하면

$$\begin{aligned} Y_\mu&=\sin\left(\frac{\mu\pi y}{b}\right), \qquad \mu=1,\ 2,\ 3,\ \ldots, \quad \text{따라서} \quad m=\mu\pi/b \\ Z_\nu&=\sin\left(\frac{\nu\pi z}{c}\right), \qquad \nu=1,\ 2,\ 3,\ \ldots, \quad \text{따라서} \quad n=\nu\pi/c \end{aligned} \tag{9.51}$$

와 같이 Y와 Z에 대한 해를 구할 수 있으며, 이는 단지 2개의 1차원 고윳값 문제들을 추가하는 것이 된다.

식 (9.49)에서 X''/X, Y''/Y, Z''/Z을 각각 $-l^2$, $-m^2$, $-n^2$으로 대체하고 식 (9.50)과 (9.51)로부터 그 양들을 계산하면

$$l^2+m^2+n^2=2E, \quad \text{또는} \quad E=\frac{\pi^2}{2}\left(\frac{\lambda^2}{a^2}+\frac{\mu^2}{b^2}+\frac{\nu^2}{c^2}\right) \tag{9.52}$$

을 얻는다. 여기서 λ, μ, ν는 양의 정수이다. 이 상황은 예제 9.4.1에서 라플라스 방정식의 해와는 상당히 다르다. 유일한 해 대신에, E가 포함하는 각각의 값들로써 양의 정수들 (λ, μ, ν)에 대응하는 무한히 많은 해를 갖게 된다. 왼쪽에 작용하는 미분 연산자가 주어진 경계조건에서 에르미트임을 확인하기 위해서는 그것의 고유함수들에 대한 완전 직교 집합을 찾아야 한다. 1차원 구간에서 각각 X_λ, Y_μ, Z_ν의 직교성을 확립할 수 있기 때문에 그 직교성은 명백하다. 사인 함수들의 모든 계수들을 1로 놓았기 때문에 우리의 전체적인 고유함수들은 정규화되지 않았다. 그러나 이것은 쉽게 정규화가 가능하다.

E의 값들은 λ, μ, ν **정숫값**을 갖는 식 (9.52)를 만족시켜야 하기 때문에, 이 경계조건 문제는 임의의 E값들을 갖지는 않을 것이라는 사실로 이 예제를 끝내고자 한다. 이것은 위 문제의 해에 해당하는 E값들이 이산적인 집합이어야 함을 의미한다. 이전 장에서 소개되었던 술어를 사용하면 우리의 경계값 문제는 **이산적인 스펙트럼**을 갖는다고 말할 수 있다. ■

■ 원통형 좌표계

곡면 좌표계는 변수 분리 과정이 약간 다르다. 다시 원통형 좌표계에서의 헬름홀츠 방정식을 고려하자. ρ, φ, z에 의존하는 미지의 ψ에 대해 식 (3.149)를 ∇^2에 대해 다시 쓰면

$$\nabla^2\psi(\rho,\ \varphi,\ z)+k^2\psi(\rho,\ \varphi,\ z)=0 \tag{9.53}$$

혹은

$$\frac{1}{\rho}\frac{\partial}{\partial\rho}\left(\rho\frac{\partial\psi}{\partial\rho}\right)+\frac{1}{\rho^2}\frac{\partial^2\psi}{\partial\varphi^2}+\frac{\partial^2\psi}{\partial z^2}+k^2\psi=0 \tag{9.54}$$

이다. 이전과 같이 여기서 ψ에 대해서 아래와 같이 분리된 형태를 가정한다.[3]

$$\psi(\rho,\ \varphi,\ z)=P(\rho)\Phi(\varphi)Z(z) \tag{9.55}$$

이를 식 (9.54)로 치환하면

$$\frac{\Phi Z}{\rho}\frac{d}{d\rho}\left(\rho\frac{dP}{d\rho}\right)+\frac{PZ}{\rho^2}\frac{d^2\Phi}{d\varphi^2}+P\Phi\frac{d^2Z}{dz^2}+k^2P\Phi Z=0 \tag{9.56}$$

[3] 그리스 알파벳이 익숙하지 않아서 P를 ρ의 대문자로 했다.

을 얻는다. 모든 편미분 도함수들이 상미분 도함수가 되었다. $P\Phi Z$로 나누어준 다음 z에 대한 도함수를 오른쪽 항으로 옮겨주면

$$\frac{1}{\rho P}\frac{d}{d\rho}\left(\rho\frac{dP}{d\rho}\right)+\frac{1}{\rho^2\Phi}\frac{d^2\Phi}{d\varphi^2}+k^2=-\frac{1}{Z}\frac{d^2Z}{dz^2} \tag{9.57}$$

을 얻는다.

다시 오른편의 z에 대한 함수가 왼편의 ρ와 φ의 함수에 의존하게 나타난다. 그런 다음 식 (9.57)의 양쪽을 같은 상수로 놓음으로써 이것을 풀 수 있다. 이 상수를 $-l^2$로 놓자.[4] 그러면

$$\frac{d^2Z}{dz^2}=l^2Z \tag{9.58}$$

이 된다. 그리고

$$\frac{1}{\rho P}\frac{d}{d\rho}\left(\rho\frac{dP}{d\rho}\right)+\frac{1}{\rho^2\Phi}\frac{d^2\Phi}{d\varphi^2}+k^2=-l^2 \tag{9.59}$$

이 된다. 다음과 같이 놓고

$$k^2+l^2=n^2 \tag{9.60}$$

ρ^2를 곱하고 항을 다시 재정렬하면

$$\frac{\rho}{P}\frac{d}{d\rho}\left(\rho\frac{dP}{d\rho}\right)+n^2\rho^2=-\frac{1}{\Phi}\frac{d^2\Phi}{d\varphi^2} \tag{9.61}$$

를 얻을 수 있다. 아래의 식을 만족하도록 오른편을 m^2으로 놓자.

$$\frac{d^2\Phi}{d\varphi^2}=-m^2\Phi \tag{9.62}$$

그리고 식 (9.61)의 왼쪽 항을 ρ에 대한 변분된 형태로 정리하면

$$\rho\frac{d}{d\rho}\left(\rho\frac{dP}{d\rho}\right)+(n^2\rho^2-m^2)P=0 \tag{9.63}$$

이 된다. 전형적으로 식 (9.62)는 Φ가 2π의 주기성을 갖는 경계조건을 따른다. 그러므로 그

4 분리상수의 부호 선택은 임의적이다. 그러나 z축에 대한 식 (9.58)에서부터 z의 지수함수적인 의존성을 예측한다면 음의 부호가 최선이다. 양의 부호는 식 (9.62)로부터 φ가 주기적인 의존성을 갖는다고 예상해서 선택되었다.

것의 해들은

$$e^{\pm im\varphi} \text{ 혹은 동등하게 } \sin m\varphi,\ \cos m\varphi,\ \text{이때 } m\text{은 정수}$$

로 주어지게 된다. ρ에 대한 방정식 식 (9.63)은 7장에서 이미 다루었던 (독립변수 $n\rho$에 대한) 베셀 미분 방정식이 된다. 여기서 (그리고 역시 물리와 연관되어 있는 많은 다른 곳에서) 이 방정식이 나타나기 때문에 이에 대한 것은 광범위하게 연구되어졌고, 이 책에서 12장의 논제이기도 하다. 포물선 좌표에서 라플라스 방정식의 변수 분리에서 역시 베셀 방정식이 나타난다. 베셀 방정식은 다양한 변형된 형태를 갖는 것으로 유명하다는 것을 알아두자. 가능한 형태에 대한 광범위한 목록에 대해 독자들은 얀케와 엠데(Jahnke and Emde)에 의해 작성된 《Tables of Functions》를 참고할 수 있을 것이다.[5]

요약하면, 3차원 편미분 방정식인 원래의 헬름홀츠 방정식이 식 (9.58), (9.62), (9.63)으로 표현된 3개의 상미분 방정식으로 대체될 수 있다는 것을 알아내었다. ρ에 대한 상미분 방정식이 z와 φ에 대한 방정식으로부터 분리상수들을 포함한다는 사실을 기억하면 우리가 얻은 헬름홀츠 방정식의 해는 다음과 같은 형태로 쓰인다.

$$\psi_{lm}(\rho,\ \varphi,\ z) = P_{lm}(\rho)\Phi_m(\varphi)Z_l(z) \tag{9.64}$$

여기서 P에 대한 식 (9.63)에서 n이 l의 함수로 주어진다는 것을 상기하자(구체적으로, $n^2 = l^2 + k^2$). 헬름홀츠 방정식의 가장 일반적인 해는 아래와 같이 각각의 변수에 대한 해의 곱에 대한 선형 결합으로 구성될 수 있다.

$$\Psi(\rho,\ \varphi,\ z) = \sum_{l,m} a_{lm} P_{lm}(\rho)\Phi_m(\varphi)Z_l(z) \tag{9.65}$$

지금까지의 과정을 다시 살펴보면, 변수 분리는 k^2이 다음과 같이 함수의 결합 형태에 의해 대체될 때 역시 가능하다는 것을 알아두자.

$$k^2 \to f(r) + \frac{g(\varphi)}{\rho^2} + h(z)$$

예제 9.4.3 **원통형 고윳값 문제**

이 예제에서 유한한 원통의 모든 경계에서 $\psi = 0$인 디리클레 경계조건을 갖는 고윳값 문제인 식 (9.53)을 고려해보자. 이때 k^2은 초기에 주어지지 않으며 앞으로 결정되어야 한다. 우리가 관심을 갖는 영역은 그림 9.2에서 보여주듯이 $\rho = R$과 $z = \pm L/2$로 주어지는 굽은 경

[5] E. Jahnke and F. Emde, *Tables of Functions*, 4th rev. ed., New York: Dover (1945), p. 146; also, E. Jahnke, F. Emde, and F. Lösch, *Tables of Higher Functions*, 6th ed., New York: McGraw-Hill (1960).

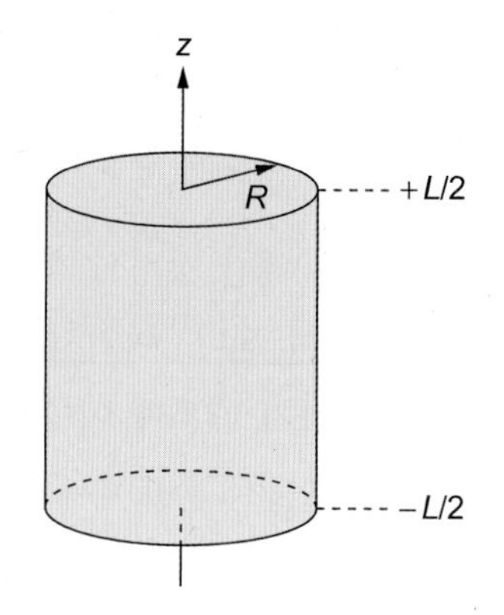

그림 9.2 헬름홀츠 방정식의 해를 위한 원통

계를 갖는 원통이 될 것이다. k^2이 고윳값에 해당한다는 것을 강조하기 위해 그것을 λ로 나타내면 이 고윳값 방정식은

$$-\nabla^2\psi = \lambda\psi \tag{9.66}$$

와 같고 여기서 경계조건은 $\rho = R$과 $z = \pm L/2$에서 $\psi = 0$으로 주어진다. 상수를 고려하지 않으면 이 방정식은 원통형 공동에서의 입자에 대한 시간에 무관한 슈뢰딩거 방정식에 해당된다. 이제 현재의 예제를 가장 작은 고윳값(**바닥상태**)을 정하는 경우로 제한해보자. 이것은 가장 작은 진동수를 갖는 편미분 방정식에 대한 해를 찾는 문제가 된다. 따라서 원통 내부에서 영점(**마디**)을 가지지 않는 해를 찾으면 될 것이다.

다시 식 (9.55)에서 주어진 변분된 형태의 해를 찾으면 Z와 Φ에 대한 상미분 방정식, 식 (9.58)과 (9.62)는 다음과 같이 간단한 형태를 갖는다.

$$Z'' = l^2 Z, \qquad \Phi'' = -m^2\Phi$$

여기서 각각의 일반해는

$$Z = Ae^{lz} + Be^{-lz}, \qquad \Phi = A'\sin m\varphi + B'\cos m\varphi$$

로 주어진다. 이제 경계조건을 만족시키기 위해 해들을 구체화할 필요가 있다. Φ에 대한 조건은 간단하게 그것이 2π의 주기를 갖는 것으로 주어진다. 이 결과는 m이 정수일 때 얻어진다(Φ=상수일 경우에 해당하는 $m=0$일 때를 포함). 여기서의 우리의 목표는 가장 작은 진동해를 얻는 것이기 때문에 Φ에 대해서 Φ=상수인 해를 취하자.

그런 다음 다시 Z에 대해서 살펴보면, 분리상수 l^2에 대한 부호를 임의로 결정하면 경계에서 요구되는 $Z=0$을 만족시키지 못한다는 것을 깨닫게 된다. 그러나 $l^2 = -\omega^2$, $l = i\omega$로 쓰면 Z는 $\sin\omega z$와 $\cos\omega z$가 선형 결합된 함수가 된다. $Z(\pm L/2) = 0$을 만족하는 가장 작은 진동해는 $Z=\cos(\pi z/L)$이 되며 경계조건을 만족시킨다. 또한 이때 $\omega=\pi/L$, 그리고 $l^2=-\pi^2/L^2$이 된다.

함수 $Z(z)$와 $\Phi(\varphi)$는 z와 φ에 대한 경계조건을 만족시키도록 찾아졌다. 이제 P에서 가장 작은 진동을 갖고 있으면서 $\rho=R$에서 $P=0$이 되도록 하는 $P(\rho)$를 결정하는 일이 남았다. P를 결정하는 방정식, 식 (9.63)은

$$\rho^2 P''+\rho P'+n^2\rho^2 P=0 \tag{9.67}$$

으로 주어진다. 이때 n은 $n^2=\lambda+l^2$(현재의 표기에서)을 만족시키도록 도입되었다. 식 (9.60)을 보라. 식 (9.67)로부터 이것이 $x=n\rho$로 놓았을 때 0차의 베셀 방정식과 동일함을 알 수 있다. 7장에서 이미 배웠듯이, 이 상미분 방정식은 2개의 선형 독립된 해를 가지며 그것의 지정된 J_0는 원점에서 비특이(nonsingular)하다. 지금 $0\le x\le nR$ 영역 전체에 걸쳐서 정상(regular)인 해가 필요하기 때문에 우리가 선택하는 해는 $J_0(n\rho)$가 되어야 할 것이다.

그러면 $\rho=R$에서 [$J_0(n\rho)$가 사라지는] 경계조건을 만족시키기 위한 필요조건은 무엇인지 살펴보자. 이것은 매개변수 n에 대한 조건에 해당한다. 우리가 원하는 것이 가장 작은 진동함수 P를 찾는 것임을 기억하다면 필요한 것은 J_0의 가장 작은 영점에 놓여 있는 nR값에 해당하는 n값을 찾는 것이다. 위의 점을 α라고 하면(이는 수치적 방법으로 어림하여 2.4048을 갖는 것을 알려져 있다), 우리의 경계조건에 의하면 $nR=\alpha$ 또는 $n=\alpha/R$로 놓을 수 있고 우리의 헬름홀츠 방정식에 대한 완전한 해는 아래와 같다.

$$\psi(\rho,\ \varphi,\ z)=J_0\left(\frac{\alpha\rho}{R}\right)\cos\left(\frac{\pi z}{L}\right) \tag{9.68}$$

이것을 완벽하게 하기 위해 $n=\alpha/R$를 어떻게 정렬해야 할지 이해해야 한다. $n,\ l,\ \lambda$에 대한 관계식을 다음과 같이 재정렬할 수 있기 때문에

$$\lambda=n^2-l^2 \tag{9.69}$$

n에 대한 조건은 λ의 조건으로 바뀔 수 있음을 알 수 있다. 여기의 편미분 방정식은 경계조건에 부합하는 유일한 기저 상태의 해를 가지며, 그것은 식 (9.69)로부터 계산할 수 있는 **고윳값**을 갖는 **고유함수**로써,

$$\lambda=\frac{\alpha^2}{R^2}+\frac{\pi^2}{L^2}$$

을 준다.

만약 우리가 (가장 작은 진동해를 선택하는 것으로) 바닥상태로 제한하지 않는다면, (원론적으로는) 각각 그 자신의 고윳값을 갖는 고유함수의 하나의 완전한 집합을 얻을 수 있었어야 할 것이다. ■

■ 구면 극 좌표

편미분 방정식의 변수 분리에서 마지막 연습문제로써 다시 k^2가 상수인 헬름홀츠 방정식을 분리하도록 하자. 식 (3.158)을 이용하면 그 편미분 방정식은

$$\frac{1}{r^2\sin\theta}\left[\sin\theta\frac{\partial}{\partial r}\left(r^2\frac{\partial\psi}{\partial r}\right)+\frac{\partial}{\partial\theta}\left(\sin\theta\frac{\partial\psi}{\partial\theta}\right)+\frac{1}{\sin\theta}\frac{\partial^2\psi}{\partial\varphi^2}\right]=-k^2\psi \tag{9.70}$$

가 된다. 이제 식 (9.30)과 유사한 과정을 통해

$$\psi(r,\ \theta,\ \varphi)=R(r)\Theta(\theta)\Phi(\varphi) \tag{9.71}$$

로 하여 이를 식 (9.70)에 대입하고 $R\Theta\Phi$로 나누어주면

$$\frac{1}{Rr^2}\frac{d}{dr}\left(r^2\frac{dR}{dr}\right)+\frac{1}{\Theta r^2\sin\theta}\frac{d}{d\theta}\left(\sin\theta\frac{d\Theta}{d\theta}\right)+\frac{1}{\Phi r^2\sin^2\theta}\frac{d^2\Phi}{d\varphi^2}=-k^2 \tag{9.72}$$

를 얻을 수 있다. 여기서 모든 미분 연산들은 편미분 연산이 아니라 상미분 연산임에 주의하라. $r^2\sin^2\theta$를 곱하고 아래의 식을 얻기 위해 $(1/\Phi)(d^2\Phi/d\varphi^2)$를 한쪽으로 정리하면

$$\frac{1}{\Phi}\frac{d^2\Phi}{d\varphi^2}=r^2\sin^2\theta\left[-k^2-\frac{1}{Rr^2}\frac{d}{dr}\left(r^2\frac{dR}{dr}\right)-\frac{1}{\Theta r^2\sin\theta}\frac{d}{d\theta}\left(\sin\theta\frac{d\Theta}{d\theta}\right)\right] \tag{9.73}$$

을 얻는다. 식 (9.73)은 φ의 함수는 r과 θ의 함수와 연관되어 있음을 나타낸다. r, θ, φ는 모두 독립변수이므로 식 (9.73)의 각각의 항(오른쪽과 왼쪽)은 상수가 되어야 한다. 거의 모든 물리적 문제에서 φ는 방위각으로 나타날 것이다. 이것은 지수적이지 않고 주기적인 해를 의미한다. 이것을 상기하면서 분리상수로써 정수의 제곱 형태인 $-m^2$을 사용해보자. 그러면

$$\frac{1}{\Phi}\frac{d^2\Phi(\varphi)}{d\varphi^2}=-m^2 \tag{9.74}$$

그리고

$$\frac{1}{Rr^2}\frac{d}{dr}\left(r^2\frac{dR}{dr}\right)+\frac{1}{\Theta r^2\sin\theta}\frac{d}{d\theta}\left(\sin\theta\frac{d\Theta}{d\theta}\right)-\frac{m^2}{r^2\sin^2\theta}=-k^2 \tag{9.75}$$

으로 된다. 식 (9.75)를 r^2으로 곱해준 다음 항들을 재배열하면 아래와 같은 식을 얻는다.

$$\frac{1}{R}\frac{d}{dr}\left(r^2\frac{dR}{dr}\right)+r^2k^2=-\frac{1}{\Theta\sin\theta}\frac{d}{d\theta}\left(\sin\theta\frac{d\Theta}{d\theta}\right)+\frac{m^2}{\sin^2\theta} \tag{9.76}$$

다시 나머지 두 변수들에 대해 나뉘어졌다. 다시 각각의 항을 상수 λ로 같게 놓으면 최종적으로

$$\frac{1}{\sin\theta}\frac{d}{d\theta}\left(\sin\theta\frac{d\Theta}{d\theta}\right)-\frac{m^2}{\sin^2\theta}\Theta+\lambda\Theta=0 \tag{9.77}$$

$$\frac{1}{r^2}\frac{d}{dr}\left(r^2\frac{dR}{dr}\right)+k^2R-\frac{\lambda R}{r^2}=0 \tag{9.78}$$

을 얻는다. 다시 한번 우리는 3개의 변수로 이루어진 3개의 상미분 방정식들로 편미분 방정식을 대체하게 되었다.

Φ에 대한 상미분 방정식은 원통형 좌표에서 다룬 것과 같은 형식으로 주어진다. 그것의 해는 $e^{\pm im\varphi}$ 혹은 $\sin m\varphi$, $\cos m\varphi$로 주어진다. Θ에 대한 상미분 방정식은 독립변수를 θ에서 $t(=\cos\theta)$로 바꿈으로써 덜 복잡하게 만들 수 있다. 이후 $\Theta(\theta)$에 대한 식 (9.77)을 $P(\cos\theta)=P(t)$로 다시 적으면

$$(1-t^2)P''(t)-2tP'(t)-\frac{m^2}{1-t^2}P(t)+\lambda P(t)=0 \tag{9.79}$$

이 된다. 이것은 **연관 르장드르 방정식**(associated Legendre equation)이 된다. ($m=0$인 경우 **르장드르 방정식**으로 불린다.) 그리고 이것에 대한 것은 12장에서 자세하게 다루어질 것이다. 정상적으로는 $P(t)$에 대한 해는 구면 극 좌표 θ의 범위에 속한 영역에서 특이성을 갖지 않아야 할 것으로 요구된다. (주로 그것은 $0\le\theta\le\pi$ 혹은 $-1\le t\le 1$의 전체 범위에 대하여 비특이적이다.) 이러한 조건들을 만족하는 해를 **연관 르장드르 함수**라고 부르며 전통적으로 P_l^m으로 표시하며 이때 l은 0보다 크거나 같은 정수로 주어진다. 8.3절에서 1차원 고윳값 문제로 르장드르 방정식을 다루었다. 또한 동시에 $t=\pm 1$에서 비특이적일 조건이 그것의 해가 잘 정의되는 충분조건이 됨을 알았다. 그것의 고유함수들은 **르장드르 다항식**이며 그것의 고윳값들은 (현재의 표식으로는 λ) $l(l+1)$로 주어지며 여기서 l은 정수이다. 연관 르장드르 방정식(0이 아닌 m값을 갖는)의 이러한 발견들에 대한 일반화는 λ가 $l(l+1)$로 주어진다는 것을 보여주며, 이때 $l\ge|m|$으로 제한된다. 자세한 과정은 12장으로 연기하기로 한다.

R에 대한 방정식, 식 (9.78)로 넘어가기 전에 Φ와 Θ에 대한 방정식을 유도하는 과정에서 k^2을 상수로 놓았다는 것을 알아두자. 그렇지 않고 만약 k^2이 상수가 아니라 아래와 같이 함수의 결합 형태가 되어도

$$k^2 \to f(r) + \frac{g(\theta)}{r^2} + \frac{h(\varphi)}{r^2 \sin^2\theta}$$

여전히 변수 분리를 할 수 있겠지만 우리가 익히 알고 있는 상대적으로 꽤 익숙한 Φ과 Θ에 대한 방정식들은 다른 형태로 변할 것이며 이들을 다루기가 상대적으로 더 어려워질 것이다. 그러나 만약 상수로부터 k^2의 변화가 $k^2 = k^2(r)$로 제한된다면, 분리과정에서 각도에 대한 부분은 여전히 식 (9.74)와 (9.79)로 표현될 것이고, 우리가 할 것은 오직 R에 대한 방정식을 더욱 일반적으로 푸는 일이 될 것이다.

$k^2 = k^2(r)$의 경우에 대해 구면 극 좌표계에서 변수 분리를 하는 문제는 아주 중요하다. 그것은 중력, 정전기장, 원자, 핵, 그리고 입자물리와 같은 방대한 양의 물리학 문제에서 나타난다. $k^2 = k^2(r)$의 문제는 **중심력 문제**로 특화될 수 있다. 그리고 구면 극 좌표계를 사용하는 것은 이러한 문제에서 당연하다. 실제적이고 이론적인 관점에서 각도 의존성이 식 (9.74)와 (9.77)에 국한되어 있다는 것과 또는 동일하게 식 (9.79)로 표현되는 방정식들이 모든 중심력 문제에서 같다는 것과 **그들을 정확하게 풀 수 있다는 것은** 중요한 사실이다.

이제 남아 있는 상미분 방정식인 R에 대한 방정식에 대해 살펴보기로 하자. 우리는 두 가지 특별한 경우들에 대해서 깊게 다루고 있다. (1) 라플라스 방정식에 해당하는 $k^2 = 0$인 경우와 (2) 헬름홀츠 방정식에 해당하는 k^2이 0이 아닌 상수인 경우이다. 양쪽 모두 Φ와 Θ의 방정식들이 이미 논의했던 것처럼 분리상수 λ가 $l(l+1)$을 갖고, 이때 $l \geq 0$이 되도록 하는 경계조건을 따른다고 가정한다. 계속해서 k^2이 상수라고 가정(아마도 $k^2 = 0$)하면, 식 (9.79)는 아래와 같이 전개된다.

$$r^2 R'' + 2r R' + \left[k^2 r^2 - l(l+1)\right] R = 0 \tag{9.80}$$

라플라스 방정식에 해당하는 $k^2 = 0$의 경우, 식 (9.80)은 풀기 쉽다. 해석적인 방법을 통하거나 혹은 프로베니우스의 급수 전개를 시도해봄으로써 (급수의 첫항인) $a_0 r^s$가 그 자체로 식 (9.80)의 해가 됨을 알 수 있다. 사실 가정된 해인 $R = r^s$를 식 (9.80)에 대입하면 방정식은 아래와 같고,

$$s(s-1)r^s + 2s\,r^s - l(l+1)r^s = 0$$

$s(s+1) = l(l+1)$이며, 따라서 $s = l$과 $s = -l-1$의 2개의 해를 갖는다는 것을 알 수 있다. 다시 말하면 Θ에 대한 방정식의 해를 선택함으로 인해 주어진 l값에서, (라플라스 방정식에 대한) R의 방정식은 r^l과 r^{-l-1}의 두 해를 갖고, 그것의 일반해는 다음과 같다.

$$R(r) = A r^l + B r^{-l-1} \tag{9.81}$$

분리된 상미분 방정식의 해와 결합시키고 모든 분리상수에 대해 합하면 다음과 같은 비특이 각 성분을 갖는 라플라스 방정식의 가장 일반적인 해를 얻을 수 있다.

$$\psi(r,\ \theta,\ \varphi)=\sum_{l,m}(A_{lm}r^{l}+B_{lm}r^{-l-1})P_{l}^{m}(\cos\theta)(A'_{lm}\sin m\varphi+B'_{lm}\cos m\varphi) \tag{9.82}$$

이제 이 문제가 구면 위에서(구 안이나 바깥쪽의 영역에 대해서도) 디리클레나 노이만 경계조건을 갖는다면, 경계조건을 만족하도록 식 (9.82)에서 계수를 (이후의 장에서 더 명확하게 설명하는 방법으로) 선택할 수 있다. 만약 라플라스 방정식을 푸는 영역이 $r=0$인 원점을 포함한다면, r^{l}항만 살아남고 B_{lm}은 0이 된다. 라플라스 방정식의 영역이 유한한 반지름을 갖는 구 바깥쪽이라면, 매우 큰 r에 대해 r^{l}이 발산하기 때문에 A_{lm}은 0이 되고 r^{-l-1}항만 남는다. 더 복잡한 경우로, 예를 들면 중심이 같고 반지름이 다른 2개의 구 사이 고리 모양의 영역에 대해서는 좀 더 어렵지만 일반적으로 A_{lm}과 B_{lm}이 모두 유지된다.

이제 0이 아닌 상수 k^2에 대해 논의를 이어가 보자. 식 (9.80)은 베셀 방정식과 상당히 비슷하지만, R'의 계수가 '2'이고 R의 계수에서 r^2을 곱한 k^2 인자를 갖고 있는 것이 다르다. 이러한 차이점에 의해 $R(r)$를 다시 쓰면

$$R(r)=\frac{Z(kr)}{(kr)^{1/2}} \tag{9.83}$$

가 되고, 이것은 Z에 대한 미분 방정식을 주게 된다. R'과 R''을 얻기 위해서 Z로 미분하고 독립변수를 r부터 $x=kr$로 바꾸면, 식 (9.83)은

$$x^2Z''+xZ'+\left[x^2-\left(l+\frac{1}{2}\right)^2\right]Z=0 \tag{9.84}$$

과 같이 되어서 Z는 $l+1/2$ 차수를 갖는 베셀 함수가 된다. 식 (9.83)으로 돌아와서, $R(r)$를 **구면 베셀 함수**(spherical Bessel function)라 부르며, $j_l(x)$는 다음과 같이 정의되는 $x=0$에서 정상인 구면 베셀 함수이다.

$$j_l(x)=\sqrt{\frac{\pi}{2x}}\,J_{l+1/2}(x)$$

동차 상미분 방정식의 해로써 $R(r)$의 상태는 $j_l(x)$의 정의에서 축척인자에 영향을 받지 않기 때문에, 식 (9.83)은 식 (9.80)이 $j_l(kr)$의 해를 갖는 사실과 동등하다. 식 (9.80)의 두 번째 해인 구면 베셀 함수는 y_l로 표시되어서 해는 $y_l(kr)$이고, 식 (9.80)의 일반해는 다음과 같다.

$$R(r) = Aj_l(kr) + By_l(kr) \tag{9.85}$$

구면 베셀 함수의 특성은 12장에 상세하게 기술되어 있다.

지름 성분의 상미분 방정식 해를 이용해서, 이제 구면 극 좌표에서 헬름홀츠 방정식의 일반해를 다음과 같이 쓸 수 있다.

$$\psi(r,\ \theta,\ \varphi) = \sum_{l,m}[A_{lm}j_l(kr) + B_{lm}y_l(kr)] \times P_l^m(\cos\theta)(A'_{lm}\sin m\varphi + B'_{lm}\cos m\varphi) \tag{9.86}$$

위 논의는 $k^2 > 0$임을 가정하고 있고, 음의 k^2(허수의 k)는 $(\nabla^2 + k^2)\psi = 0$의 다소 특별한 경우로써 $(\nabla^2 - k^2)\psi = 0$ 형태의 방정식에 간단하게 대응된다. 음의 k^2에 대해, 허수의 k를 갖는 $j_l(kr)$ 또는 $y_l(kr)$를 포함하는 해를 갖는 것을 볼 수 있다. 허수를 포함하는 불필요한 기호를 피하기 위해서, $j_l(ix)$에 비례하는 새로운 함수의 집합 $i_l(x)$를 정의하는 것이 일반적이고, 이것을 **변형** 구면 베셀 함수라고 부른다. $y_l(ix)$가 같은 식으로 수정된 해는 $k_l(x)$라고 쓴다. 이러한 함수들도 12장에서 논의된다.

지금까지 살펴봤던 경우들은 물론 모든 가능성을 제시하고 있는 것은 아니고, $k^2(r)$의 많은 다른 선택은 물리학의 중요한 문제들을 만들어낸다. 여기에서는 자세한 분석은 하지 않고 다음으로 간단하게 정리하겠다.

- ($r \to \infty$인 극한에서 ψ가 사라지는 경계조건에서) $k_2 = A/r + \lambda$를 취하면 수소 원자의 시간에 무관한 슈뢰딩거 방정식이 나온다. R의 방정식은 연관 라게르 미분 방정식이 되고, 13장에 논의되었다.
- ($r = \infty$에서 경계조건을 갖는) $k^2 = Ar^2 + \lambda$에서는 3차원 양자 조화 진동자의 방정식이 나오며, R의 방정식은 에르미트 상미분 방정식으로 축약되며, 13장에서 논의된다.

몇몇 다른 경계값 문제들은 잘 연구된 상미분 방정식에서 나온다. 그러나 때때로 실제 물리학자들은 7장에서 제시된 방법을 사용하여 지름 방정식을 풀어야만 할 때도 있거나, 그 모든 것이 실패한다면, 수치적인 방법으로 풀 수도 있다.

이 소절에서는 구면 좌표계에서 간단한 경계값 문제의 예제를 보이면서 마무리한다.

예제 9.4.4 경계조건을 갖는 구

이 예제에서 반지름 a를 갖는 구의 내부에서, 구의 중심부를 원점으로 두고 구면 극 좌표 $(r,\ \theta,\ \varphi)$를 사용해서, 정전기 퍼텐셜 $\psi(\mathbf{r})$에 대한 라플라스 방정식을 풀자. 이 문제는 구면

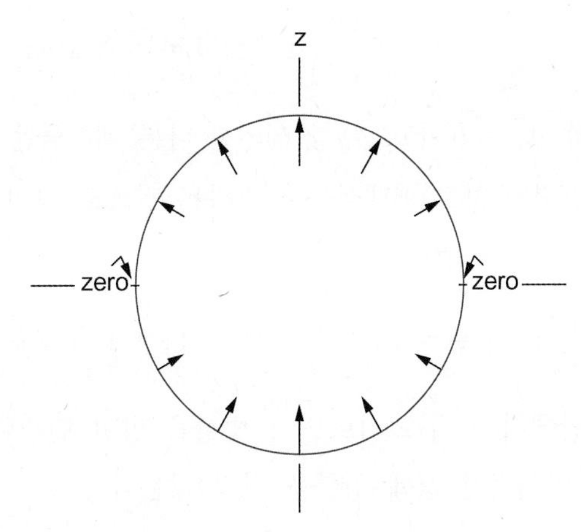

그림 9.3 화살표는 (예제 9.4.4의 경계조건을 갖는) 구면에서 정전기 퍼텐셜의 (안쪽으로) 수직 성분 도함수의 상대적 크기와 부호를 나타낸다.

에서 $d\psi/d\mathbf{n}=-V_0\cos\theta$로 주어지는 노이만 경계조건에 해당한다. 그림 9.3을 보라.

시작하기에 앞서, 가우스 법칙에 따르면 구면에서 수직 성분 도함수의 적분은 그 안에 있는 총 전하를 측정하는 것과 같은데, 완전히 임의적인 노이만 경계조건은 전하가 없는 구의 가정과 모순이다.지금의 예는 다음과 같으면 내부적으로 모순이 없다.

$$\int_S \cos\theta\, d\sigma = \int_0^\pi d\theta \int_0^{2\pi} d\varphi \cos\theta = 0$$

다음으로, 식 (9.82)에 주어진 바와 같이, 구 안에서 라플라스 방정식에 대한 일반해를 취할 필요가 있고, $r=a$에서 안쪽으로 수직 성분 도함수를 계산해야 한다. 수직 성분은 $-r$ 방향을 향하기 때문에, $r=a$에서 $-\partial\psi/\partial r$만 계산하면 된다. $B_{lm}=0$인 지금 문제를 살펴보면, 경계조건은 다음과 같다.

$$-V\cos\theta=-\sum_{l,m} l\,A_{lm}a^{l-1}P_l^m(\cos\theta)(A'_{lm}\sin m\varphi+B'_{lm}\cos m\varphi)$$

이 방정식의 왼쪽 항은 φ에 무관하고 이것의 오른쪽 항은 $\sin(0)=0$이기 때문에 B'_{l0}만 포함하는 항인 $m=0$에 대해서 0이 아닌 계수를 갖는다. 즉, 상수와 결합하여 경계조건은 다음과 같이 좀 더 간단하게 된다.

$$-V\cos\theta=-\sum_l l\,A_l a^{l-1}P_l(\cos\theta) \tag{9.87}$$

라게르 함수의 특성을 자세히 연구하지 않았기 때문에, 이 형태를 갖는 방정식의 해는 12장으로 논의를 늦춰야겠다. 그러나 이것은 $P_1(\cos\theta)=\cos\theta$(표 12.4에서의 르장드르 다항식)이기 때문에 쉽게 풀릴 수 있다. 즉, 식 (9.87)로부터

$$l A_l a^{l-1} = V\delta_{l1}$$

이고, 따라서 $A_1 = V$이고 A_0를 제외한 다른 계수들은 모두 사라진다. 계수 A_0는 경계조건에 의해 결정되지 않고 퍼텐셜을 추가하는 것으로 임의의 상수로 표시된다. 즉, 구 안에서의 퍼텐셜은 다음의 모양이 되며,

$$\psi = VrP_1(\cos\theta) + A_0 = Vr\cos\theta + A_0 = Vz + A_0$$

이것은 구 안에서 V의 크기로 $-z$ 방향을 향한 일정한 전기장에 대응된다. 전기장은 물론 상수 A_0의 임의적인 값에 영향을 받지 않는다. ■

■ 요약: 변수 분리 해

편리하게 참고하기 위해서, 구면 극 좌표에 대한 라플라스 방정식과 헬름홀츠 방정식의 해를 표 9.2에 정리하였다. 변수 분리 방법으로 얻은 상미분 방정식은 경계조건과는 상관없이 동일하지만, 사용될 상미분 방정식의 해와 분리상수는 경계에 의존한다. 구면 대칭보다 낮은 대칭을 갖는 경계는 정수가 아닌 m과 l이 필요하고, (일반적으로 Q_l^m으로 표시되는) 라게르 방정식의 두 번째 해의 사용을 필요로 할 수 있다. 공학적인 응용은 종종 낮은 대칭성의 영역에 대해 편미분 방정식의 해가 필요하지만 그러한 문제들은 요즘에는 거의 해석적인 방법보다는 수치적인 방법으로 접근하고 있다. 결과적으로, 표 9.2는 구면 경계의 안쪽과 바깥쪽에서의 문제나 중심을 공유하는 2개의 구면 경계 사이에 관련 있는 데이터들만 포함하고 있다. 구면 대칭에 대한 이러한 제약은 우리가 이미 주지하고 있는 고유한 해의 각 성분을 만든다.

유일한 각 성분 해와는 대조적으로, 지름 성분 상미분 방정식의 선형적으로 독립인 해들은 외형에 의존하는 해를 갖는다. 구 안에서의 해는 원점에서 정상인 지름 함수만을 가져야 한다(예: r^l, j_l, i_l). 구의 바깥쪽에서의 해는 r^{-l-1}, (큰 r에 대해서 지수적으로 0으로 감소하

표 9.2 구면 극 좌표계에 대한 편미분 방정식의 해[a]

$$\psi = \sum_{l,m} f_l(r) P_l^m(\cos\theta) \begin{Bmatrix} a_{lm}\cos m\varphi + b_{lm}\sin m\varphi \\ \text{or} \\ c_{lm}e^{im\varphi} \end{Bmatrix}$$

$\nabla^2\psi = 0$	$f_l(r) = r^l,\ r^{-l-1}$
$\nabla^2\psi + k^2\psi = 0$	$f_l(r) = j_l(kr),\ y_l(kr)$
$\nabla^2\psi - k^2\psi = 0$	$f_l(r) = i_l(kr),\ k_l(kr)$

[a] i_l, j_l, k_l, y_l, P_l^m에 대해서는 12장을 보라.

표 9.3 원통형 좌표계에서 편미분 방정식의 해[a]

$$\psi = \sum_{m,\alpha} f_{m\alpha}(\rho) g_\alpha(z) \begin{Bmatrix} a_{m\alpha}\cos m\varphi + b_{m\alpha}\sin m\varphi \\ \text{or} \\ c_{m\alpha}e^{im\varphi} \end{Bmatrix}$$

$\nabla^2\psi = 0$	$f_{m\alpha}(\rho) = J_m(\alpha\rho),\ Y_m(\alpha\rho)$	$g_\alpha(z) = e^{\alpha z},\ e^{-\alpha z}$
	or $f_{m\alpha}(\rho) = I_m(\alpha\rho),\ K_m(\alpha\rho)$	$g_\alpha(z) = \sin(\alpha z),\ \cos(\alpha z)$ or $e^{i\alpha z}$
	or $f_{m\alpha}(\rho) = \rho^m,\ \rho^{-m}$	$g_\alpha(z) = 1$
$\nabla^2\psi + \lambda\psi = 0$	$f_{m\alpha}(\rho) = J_m(\alpha\rho),\ Y_m(\alpha\rho)$	
	if $\beta^2 = \alpha^2 - \lambda > 0$,	$g_\alpha(z) = e^{\beta z},\ e^{-\beta z}$
	if $\beta^2 = \lambda - \alpha^2 > 0$,	$g_\alpha(z) = \sin(\beta z),\ \cos(\beta z)$ or $e^{i\beta z}$
	if $\lambda = \alpha^2$,	$g_\alpha(z) = 1$
	or $f_{m\alpha}(\rho) = I_m(\alpha\rho),\ K_m(\alpha\rho)$	
	if $\beta^2 = -\lambda - \alpha^2 > 0$,	$g_\alpha(z) = e^{\beta z},\ e^{-\beta z}$
	if $\beta^2 = \lambda + \alpha^2 > 0$,	$g_\alpha(z) = \sin(\beta z),\ \cos(\beta z)$ or $e^{i\beta z}$
	if $\lambda = -\alpha^2$,	$g_\alpha(z) = 1$
	or $f_{m\alpha}(\rho) = \rho^m,\ \rho^{-m}$	
	if $\beta^2 = -\lambda > 0$,	$g_\alpha(z) = e^{\beta z},\ e^{-\beta z}$
	if $\beta^2 = \lambda > 0$,	$g_\alpha(z) = \sin(\beta z),\ \cos(\beta z)$ or $e^{i\beta z}$

[a] 매개변수 α는 경계조건에 맞는 실숫값을 갖는다. I_m, J_m, K_m, Y_m에 대해서는 12장을 보라.

도록 정의되는) k_l, 또는 (모두 진동하고 $r^{-1/2}$로 감소하는) j_l과 y_l의 선형 결합의 해를 가져야 한다. 중심을 공유하는 구 사이의 해는 편미분 방정식에 적합한 지름 함수를 사용할 수 있다.

좌표계의 축방향에 대해 원형 대칭을 갖는 문제로 한정한다면, 원통형 좌표계에서 라플라스와 헬름홀츠 방정식의 해도 정리할 수 있다. 그러나 구면 좌표계에서는 단일 좌표 r만 갖는 반면에, 이 경우는 다양한 경계조건을 가질 수 있는 2개의 좌표(ρ와 z)가 필요하여 구면 좌표계에 대한 것보다 복잡하다. 구면 좌표계에서 지름 함수의 형태는 편미분 방정식에 의해 완전히 결정되고, 특별한 문제들은 2개의 선형독립인 지름 성분 해의 선택(또는 상대적인 무게를 준 것)에 대해서만 달라진다. 그러나 원통형 좌표계에서는 ρ와 z의 해는 그것의 계수와 함께 경계조건에 의해 결정되고, 헬름홀츠 방정식에서 상숫값에 의해 완전히 결정되지 않는다. ρ와 z의 해를 구하는 것은 그들이 서로 연관되어 있어도 상당히 다를 수 있다. 자세한 것은 표 9.3을 참고하라.

이 절의 최종 논의는 원통형 좌표계와 구면 좌표계에서 분리하는 과정에서 나타나는 함수를 다루었다. 이 논의의 목적은 경계조건을 갖는 연산자 방정식처럼 편미분 방정식을 생각하는 데 유용하다. 원통형 좌표계에서, 만약 매개변수 k^2이 φ에 무관한 (그리고 φ에 의존하지 않는 경계조건을 갖는) 편미분 방정식으로 제한한다면, 연산자 방정식이 원형 대칭을 갖도록 택할 수 있다. 더욱이, 물론 같은 해를 갖는 같은 Φ 방정식을 항상 갖게 된다. 이러한 상황에서, 그 해들은 모든 경계값 문제로부터 유도된 대칭 특성을 갖게 될 것이다.[6] Φ 함수는 연산자 방정식으로 생각할 수 있고, L_z가 각운동량의 z성분일 때, 연산자 $L_z^2 = -\partial^2/\partial\varphi^2$으로 표시할 수 있다. Φ 방정식의 해는 이 연산자의 고유함수이다. 그 편미분 방정식 해의 부분으로 그것들이 나타나는 이유는 L_z^2가 편미분 방정식으로 정의되는 연산자와 교환 가능하기 때문이다(명확하게, 그 편미분 방정식 연산자는 φ를 포함하지 않고 있다). 다른 말로, L_z^2와 편미분 방정식 연산자는 교환 가능하기 때문에 그들은 동시에 고유함수를 가질 것이고, 그 편미분 방정식의 전체 해들은 L_z^2 고유함수가 선택한 것으로 나타낼 수 있다.

이제 구면 극 좌표에서 이 상황을 살펴보면, 만약 k^2이 각도와 무관하다면, 즉 $k^2 = k^2(r)$이면 이 편미분 방정식은 항상 같은 각 성분 해 $\Theta_{lm}(\theta)\Phi_m(\varphi)$를 갖는다. 이 편미분 방정식의 각 성분 항을 더 살펴보면, 그것들은 연산자 L^2으로 나타낼 수 있고 그 편미분 방정식의 해도 같은 식으로 나타낸다. 이러한 대칭성은 매우 중요하다.

연습문제

9.4.1 연산자 $\nabla^2 + k^2$이 일반적인 함수 $a_1\psi_1(x, y, z) + a_2\psi_2(x, y, z)$에 작용한다고 할 때, 이것이 선형임을 보이시오. 즉 $(\nabla^2 + k^2)(a_1\psi_1 + a_2\psi_2) = a_1(\nabla^2 + k^2)\psi_1 + a_2(\nabla^2 + k^2)\psi_2$임을 보이시오.

9.4.2 다음의 헬름홀츠 방정식

$$\nabla^2\psi + k^2\psi = 0$$

에서 k^2이 $k^2 + f(\rho) + (1/\rho^2)g(\varphi) + h(z)$로 일반화된다면 원통형 좌표계에서 여전히 변수분리가 됨을 보이시오.

9.4.3 구면 극 좌표에서 헬름홀츠 방정식을 변수 분리시키시오. 지름 성분을 **먼저** 분리시키시오. 이 분리된 방정식이 식 (9.74), (9.77), (9.78)과 같은 형태를 가짐을 보이시오.

9.4.4 다음의 식이 (구면 극 좌표에서) 변수 분리됨을 증명하시오.

---

[6] 경계값 문제에 대한 해는 모두 대칭인(그룹이론의 방법으로 정교하게 정의되는 점) 문제일 필요는 없다. 명확한 예제로써, (지구의 궤도와 같은) 대부분의 친숙한 해는 평면인데 반해, 태양-지구 중력장 퍼텐셜은 구면 대칭이다. 그 딜레마는 구면 대칭 자체는 지구의 궤도가 모든 각 회전에 대해 존재할 수 있다는 것으로 해결할 수 있다.

$$\nabla^2\psi(r,\ \theta,\ \varphi)+\left[k^2+f(r)+\frac{1}{r^2}g(\theta)+\frac{1}{r^2\sin^2\theta}h(\varphi)\right]\psi(r,\ \theta,\ \varphi)=0$$

함수 f, g, h는 표시된 변수에 대한 함수이고, k^2은 상수이다.

9.4.5 (양자역학적) 원자가 면의 길이 a, b, c를 갖는 직사각형 상자 안에 갇혀 있다. 그 입자는 슈뢰딩거 파동 방정식을 만족하는 파동 함수 ψ로 기술된다.

$$-\frac{\hbar^2}{2m}\nabla^2\psi=E\psi$$

이 파동 함수는 상자의 각 면에서 사라져야 한다(그러나 완전히 0은 아니다). 이 조건은 분리상수에서 에너지 E에 대한 제약을 부여한다. 그러한 해를 얻을 때 가장 작은 E값은 얼마인가?

답. $E=\dfrac{\pi^2\hbar^2}{2m}\left(\dfrac{1}{a^2}+\dfrac{1}{b^2}+\dfrac{1}{c^2}\right)$

9.4.6 양자역학적 각운동량 연산자는 $\mathbf{L}=-i(\mathbf{r}\times\nabla)$로 주어진다. 다음의 식이 연관 르장드르 방정식을 발생시킴을 보이시오.

$$\mathbf{L}\cdot\mathbf{L}\psi=l(l+1)\psi$$

[힌트] 8.3절과 예제 8.3.1이 도움이 될 것이다.

9.4.7 퍼텐셜 장 $V=\dfrac{1}{2}kx^2$ 안에서 입자의 1차원 슈뢰딩거 파동 방정식은

$$-\frac{\hbar^2}{2m}\frac{d^2\psi}{dx^2}+\frac{1}{2}kx^2\psi=E\psi(x)$$

이다.

(a) 아래와 같이 정의하여

$$a=\left(\frac{mk}{\hbar^2}\right)^{1/4},\qquad \lambda=\frac{2E}{\hbar}\left(\frac{m}{k}\right)^{1/2}$$

$\xi=ax$라고 놓고 다음을 보이시오.

$$\frac{d^2\psi(\xi)}{d\xi^2}+(\lambda-\xi^2)\psi(\xi)=0$$

(b) 다음을 대입하여

$$\psi(\xi) = y(\xi)\, e^{-\xi^2/2}$$

$y(\xi)$가 에르미트 미분 방정식을 만족함을 보이시오.

9.5 라플라스와 푸아송 방정식

라플라스 방정식은 타원 편미분 방정식의 원형으로 생각할 수 있다. 이 점에서 몇 가지 사실을 더하여 변분방법에 대한 추가적인 논의를 하자. 정전기학에서 라플라스 방정식은 간단하고 대칭적인 경계조건부터 복잡하고 얽혀 있는 경계조건까지 다양한 방법의 해를 변분방법으로 풀이할 때 중요하다. 현대 공학문제는 컴퓨터를 이용한 계산에 매우 많이 의존하고 있다. 그러나 이 절에서는 라플라스 방정식과 그 해를 구하는 일반적인 성질에 대해 논할 것이다.

라플라스 방정식의 기본적인 특성은 표현하는 좌표계와 무관하다는 것이다. 예를 들어 직교좌표계를 사용한다고 가정하자. 그러면 편미분 방정식은 2계 도함수 $\partial^2\psi/\partial x_i^2$을 0으로 놓기 때문에 어떤 2계 도함수가 양의 값을 갖는다면 적어도 다른 항들은 음이 되어야 한다는 것은 자명하다. 이것은 예제 9.4.1에 도시되어 있으며, 여기에서 라플라스 방정식 해의 x와 y 의존성은 사인 함수였고, 결과적으로 z축에 대해서는 지수함수(2계 도함수에 대한 다른 부호에 대응되어야 하므로)가 되었다. 2계 도함수는 곡률의 측정이므로, ψ가 어떠한 좌표 방향에 대해 양의 곡률을 갖는다면, 다른 좌표 방향으로는 음의 곡률을 가져야만 한다고 결론지을 수 있다. 그러한 관찰은 모든 ψ의 **정상점**(stationary points)(모든 방향에 대해 1계 도함수가 0이 되는 지점)은 최대 또는 최소가 아닌 **안장점**(saddle points)이 되어야 한다는 것을 의미한다. 라플라스 방정식은 전하가 없는 공간에서 정전기 퍼텐셜을 기술하기 때문에, 퍼텐셜은 전하가 없는 어떤 지점에서 극값을 가질 수 없다. 이 사실로부터 전하가 없는 공간에서 정전기 퍼텐셜의 극값은 그 영역의 경계가 되어야 한다는 추론이 가능하다.

라플라스 방정식과 관련된 특성은 그것의 해가 그 영역을 둘러싸고 있는 닫힌 공간에 대한 디리클레 경계조건에 대해 유일하다는 것이다. 이 특성은 비동차인 푸아송 방정식으로 일반화할 수 있다. 이 증명은 쉽다. 같은 경계조건에 대해 2개의 명확히 다른 해 ψ_1과 ψ_2가 존재한다고 가정하자. 그러면 그 차인 $\psi = \psi_1 - \psi_2$는 (라플라스이든 푸아송 방정식이든 모두에 대해) 경계 위에서 $\psi = 0$을 갖는 라플라스 방정식에 대한 해가 될 것이다. ψ가 그 닫힌 공간으로 둘러싸인 영역에서 극값을 가질 수 없기 때문에 그것은 모든 공간에서 0이 되어야 하며, 그것은 $\psi_1 = \psi_2$임을 의미한다.

그 영역에서 전체적으로 닫힌 경계를 갖는 노이만 경계조건을 갖는 라플라스나 푸아송 방정식이 있다면, 두 해의 차 $\psi = \psi_1 - \psi_2$는 0의 노이만 경계조건을 갖는 라플라스 방정식의 해가 될 것이다. 이 상황을 분석하기 위해 식 (3.86)에서 제시되었던 그린 정리를 사용하여, 그 방정식의 u와 v를 ψ로 취하면, 식 (3.86)은 다음과 같이 된다.

$$\int_S \psi \frac{\partial \psi}{\partial \mathbf{n}} dS = \int_V \psi \nabla^2 \psi \, d\tau + \int_V \nabla \psi \cdot \nabla \psi \, d\tau \tag{9.88}$$

경계조건은 식 (9.88)의 왼쪽 항을 0으로 만들고, ψ가 라플라스 방정식의 해이기 때문에 오른쪽 항의 첫 번째 적분이 0이 되고, 따라서 오른쪽 항의 나머지 적분도 0이 되어야만 한다. 그러나 그 적분은 $\nabla\psi$가 모든 공간에서 0이 되어야만 사라지게 되며, 그것은 ψ가 상수일 때 가능하다. 즉, 노이만 경계조건을 갖는 라플라스 방정식의 해는 퍼텐셜의 상수항을 더하는 것을 제외하면 유일하다.

이 유일성 정리에서 자주 인용되는 응용은 상 투영(image)방법에 의한 정전기학 문제의 풀이인데, 그것은 경계가 없고 대신에 경계 근처에서 원하는 값을 갖는 퍼텐셜을 형성하기 위해 추가적인 전하를 놓는 것으로 경계조건을 대치하는 풀이방식이다. 예를 들면, 접지된 경계($\psi = 0$을 갖는)의 면 앞에 양의 전하는 경계 뒤쪽으로 거울상으로 음의 전하가 위치하고 있는 것으로 대치될 수 있다. 그러면 두 전하 계는 (경계를 무시하고) 경계 위치에서 0의 퍼텐셜을 주게 되고, 유일성 정리는 두 전하 계에 대한 퍼텐셜이 원래의 계와 (원래의 영역에서) 동일하게 된다는 것을 말해준다.

연습문제

9.5.1 아래의 해가 라플라스 방정식의 해임을 증명하시오.

(a) $\psi_1 = 1/r, \qquad r \neq 0$

(b) $\psi_2 = \dfrac{1}{2r} \ln \dfrac{r+z}{r-z}$

9.5.2 Ψ가 라플라스 방정식의 해라면, $\nabla^2 \Psi = 0$, $\partial\Psi/\partial z$도 해임을 보이시오.

9.5.3 식 (9.88)에 기초한 논의로부터 디리클레 경계조건을 갖는 라플라스와 푸아송 방정식이 유일한 해를 갖는다는 것을 증명할 수 있음을 보이시오.

9.6 파동 방정식

파동 방정식은 쌍곡선 편미분 방정식의 기본형이다. 이 장의 처음에서 보였듯이, 쌍곡선 편미분 방정식은 2개의 **특성**을 갖고, 다음의 방정식

$$\frac{1}{c^2}\frac{\partial^2\psi}{\partial t^2} = \frac{\partial^2\psi}{\partial x^2} \tag{9.89}$$

에 대해 특성은 상수 $x-ct$와 상수 $x+ct$를 선분으로 한다. 이것은 식 (9.89)의 일반해를 다음과 같이 취할 수 있음을 의미한다.

$$\psi(x,\ t) = f(x-ct) + g(x+ct) \tag{9.90}$$

여기에서 f와 g는 완전히 임의적이다.

x는 위치 변위이며 t는 시간이므로, $f(x-ct)$는 속도 c로 $+x$방향으로 움직이는 파동으로 해석할 수 있다. $t=0$에서 x의 함수로써 f의 전체적인 궤적은 $t=1$일 때 c만큼 일정하게 양의 x방향으로 이동된다(그림 9.4 참고). 마찬가지로 $g(x+ct)$는 $-x$방향으로 c의 속도를 갖고 움직이는 파동으로 기술된다. f와 g가 임의적이므로, 기술하는 **진행파**가 사인파이거나 규칙적일 필요는 없고, 완전히 불규칙할 수 있다. 더욱이 f와 g가 서로 관련이 있을 필요도 없다.

위에서 논의한 일반적인 상황에 대한 명확히 특수한 경우는 $f(x-ct)$를 사인파로 선택하여 $f=\sin(x-ct)$일 때이다. 간단하게 하기 위해 f가 단위 진폭을 갖고 파장은 2π라고 하자. $g(x+ct)$도 $g=\sin(x+ct)$로 취하여 f와 크기와 파장이 같고 진행 방향이 서로 반대라고 하자. 어떠한 지점 x에서 시간 t일 때 2개의 파는 결과적으로 합으로 나타낼 수 있다.

$$\psi(x,\ t) = \sin(x-ct) + \sin(x+ct)$$

여기에서 삼각함수의 공식을 이용하여 다음과 같이 재구성할 수 있다.

$$\psi(x,\ t) = (\sin x\cos ct - \cos x\sin ct) + (\sin x\cos ct + \cos x\sin ct) = 2\sin x\cos ct$$

ψ에 대한 이 모양은 **정상파**(standing wave)인데, 그것은 x에 대해 파동의 시간변화는 진

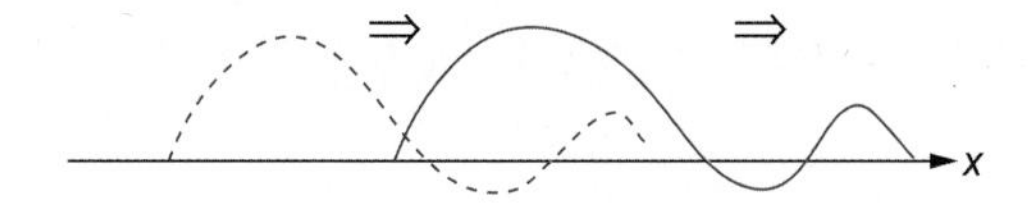

그림 9.4 진행파 $f(x-ct)$. 파선은 $t=0$에서의 모양이고 실선은 $t>0$에서의 모양이다.

폭이 진동하고, 파동의 모양은 어떠한 방향으로도 진행되지 않는 것을 말한다. 진행파와의 명백한 차이점은 진행파가 속도 $\pm c$를 갖고 진행하는 반면, 정상파는 ($\psi = 0$인 지점인) **마디**(nodes)가 있어서 시간에 따라 정상 상태가 된다는 것이다.

진행파와 정상파에 대한 우리의 관심은 변분방법으로 알아낼 수 있는 파동 방정식 해의 관계가 어떻게 되는가 하는 것이다. 그 방법은 확실히 정상파 해를 이끌어낼 수 있다. 그러나 변분방법으로부터 얻어내는 그 해의 모든 것은 진행파 해와 같은 내용을 갖는다. 예를 들면, $\sin x \cos ct$와 $\cos x \sin ct$는 변분방법으로 얻어낼 수 있는 해이며, 그것의 선형 결합은 $\sin(x \pm ct)$로 주어지게 된다.

■ 달랑베르 해

파동 방정식의 일반해를 구하는 모든 방식은 수학적으로 동등한 반면, 편의상 여러 가지 목적으로 다른 형태로 쓰일 수 있다. 예를 들기 위해서 다음과 같이 주어진 초기 조건으로 파동 방정식의 해를 어떻게 구성할 수 있는지 고려해보자. (1) $t = 0$에서 파동 진폭의 전체 공간에서의 분포, (2) 모든 공간분포에 대해 $t = 0$에서 파동 진폭의 시간적 변화. 이 문제의 해는 일반적으로 파동 방정식의 **달랑베르 해**(d'Alembert's solution)라고 부른다. 이것은 오일러에 의해 (약간 먼저) 발견되었다.

지금 미지의 함수 f와 g로 주어진 초기 조건으로 식 (9.90)으로부터 시작하자.

$$\psi(x,\ 0) = f(x) + g(x) \tag{9.91}$$

$$\left.\frac{\partial \psi(x,\ t)}{\partial t}\right|_{t=0} = -cf'(x) + cg'(x) \tag{9.92}$$

식 (9.92)를 $x - ct$에서부터 $x + ct$까지 적분하고(그 결과에 $2c$로 나누면), 다음을 얻을 수 있다.

$$\frac{1}{2c}\int_{x-ct}^{x+ct} \frac{\partial \psi(x,\ 0)}{\partial t}\,dx = \frac{1}{2}\left[-f(x+ct) + f(x-ct) + g(x+ct) - g(x-ct)\right] \tag{9.93}$$

식 (9.91)로부터 다음이 된다.

$$\frac{1}{2}\left[\psi(x+ct,\ 0) + \psi(x-ct,\ 0)\right] = \\ \frac{1}{2}\left[f(x+ct) + g(x+ct) + f(x-ct) + g(x-ct)\right] \tag{9.94}$$

식 (9.93)과 (9.94)를 모두 더하여, 반을 상쇄시키고 살아남은 항을 적으면 다음의 결과를 얻을 수 있다.

$$f(x-ct)+g(x+ct)\text{이고 이것은 } \psi(x,\ t)$$

이다. 그러므로 식 (9.93)과 (9.94)의 왼쪽 항으로부터 최종결과를 다음과 같이 얻는다.

$$\psi(x,\ t)=\frac{1}{2}[\psi(x+ct,\ 0)+\psi(x-ct,\ 0)]+\frac{1}{2c}\int_{x-ct}^{x+ct}\frac{\partial\psi(x,\ 0)}{\partial t}dx \tag{9.95}$$

이 방정식은 $t=0$에서 x지점으로부터 거리 ct 안쪽에 있는 $\psi(x,\ t)$를 준다. 이것은 합리적인 결과인데, 왜냐하면 ct는 이 문제에서 파동이 $t=0$과 $t=t$ 사이에서 움직일 때의 거리이기 때문이다. 더 구체적으로, 식 (9.95)는 x로부터 $\pm ct$만큼 떨어진 거리에서 $t=0$에서의 진폭의 반을 나타내는 항과(그 지점에서 출발한 파동의 요동이 양방향으로 모두 전파되기 때문에 반이 된다) 영향을 미치는 범위에 대한 초기 파동의 도함수의 효과를 누적한 적분을 더한 항을 포함하고 있다.

연습문제

※ 식 (9.89)의 파동 방정식을 다음의 조건에 대해 푸시오.

9.6.1 $t=0$에서 $\psi_0(x)=\sin x$와 $\partial\psi(x)/\partial t=\cos x$일 때 $\psi(x,\ t)$를 구하시오.

9.6.2 $t=0$에서 $\psi_0(x)=\delta(x)$(디랙 델타 함수)와 ψ의 초기시간 도함수가 0이 될 때 $\psi(x,\ t)$를 구하시오.

9.6.3 $t=0$에서 $\psi_0(x)$가 아래에 정의되는 단일 네모파이고, ψ의 초기시간 도함수가 0이 될 때 $\psi(x,\ t)$를 구하시오.

$$\psi_0(x)=0,\qquad |x|>a/2,\qquad \psi_0(x)=1/a,\qquad |x|<a/2$$

9.6.4 모든 x에 대해 $t=0$에서 $\psi_0(x)=0$이고, $\partial\psi/\partial t=\sin x$일 때, $\psi(x,\ t)$를 구하시오.

9.7 열유동 또는 확산 편미분 방정식

여기에서 매개변수를 도입한 경계조건에 대한 편미분 방정식의 특수해를 적용하는 방법으로 포물선 편미분 방정식을 푸는 것으로 돌아와 보자. 그 방법은 정말로 일반적이며 상수 계수를 갖는 다른 2계 편미분 방정식에도 적용할 수 있다. 어느 정도는, 체계적인 방법으로 해를 구하기 위해 사용했던 이전의 기본적인 변분방법에 대한 보조 개념이다.

등방의 매질에 대해 3차원 시간에 의존하는 확산 편미분 방정식을 고려해보자. 이것은 주어진 경계조건에 따라 흐르는 열유동을 기술하는 데 쓰일 수 있다. 사실 등방에 대한 가정은 아주 엄격하지는 않은데, 왜냐하면 방향이 다름에 따라 (일정한) 확산계수가 다른 경우에, 예를 들면 나무에서 열유동의 편미분 방정식은 비등방성의 주축에 따른 좌표축을 놓는다면 다음과 같이 쓸 수 있다.

$$\frac{\partial \psi}{\partial t} = a^2 \frac{\partial^2 \psi}{\partial x^2} + b^2 \frac{\partial^2 \psi}{\partial y^2} + c^2 \frac{\partial^2 \psi}{\partial z^2} \tag{9.96}$$

이제 $x = a\xi,\ y = b\eta,\ z = c\zeta$로 놓고 대입하여 좌표를 다시 쓰면 온도분포함수 $\Phi(\xi,\ \eta,\ \zeta,\ t) = \psi(x,\ y,\ z,\ t)$에 대해 식 (9.96)을 다음과 같이 등방적으로 간단하게 쓸 수 있다.

$$\frac{\partial \Phi}{\partial t} = \frac{\partial^2 \Phi}{\partial \xi^2} + \frac{\partial^2 \Phi}{\partial \eta^2} + \frac{\partial^2 \Phi}{\partial \zeta^2} \tag{9.97}$$

간단하게 하기 위해, 균일한 1차원 매질에 대해 시간에 의존하는 편미분 방정식을 먼저 풀어보자. 이것은 x방향으로 긴 금속에 해당되며, 편미분 방정식은

$$\frac{\partial \psi}{\partial t} = a^2 \frac{\partial^2 \psi}{\partial x^2} \tag{9.98}$$

와 같다. 여기에서 상수 a는 매질의 확산도 또는 열전도도를 측정한다. $\psi(x,\ t) = X(x)T(t)$로 놓고 변분방법에 의해 상수 계수를 갖는 선형 편미분 방정식의 해를 얻을 수 있고, 다음과 같이 각각의 방정식으로 나뉜다.

$$\frac{1}{T}\frac{dT}{dt} = \beta, \qquad \frac{1}{X}\frac{d^2X}{dx^2} = \frac{\beta}{a^2}$$

이 방정식들은 해 $T = e^{\beta t}$와 $X = e^{\pm \alpha x}$를 갖고, 0이 아닌 β에 대해 $\alpha^2 = \beta/a^2$이 된다. 여기에서 시간이 충분히 흐를 때 시간에 대해 감쇠하는 해를 찾아야 하고, 그것은 β가 음의 값을 갖는 경우여서 실수 ω에 대해 $\alpha = i\omega,\ a^2 = -\omega^2$이 되어서

$$\psi(x,\ t) = e^{i\omega x} e^{-\omega^2 a^2 t} = (\cos \omega x \pm i \sin \omega x) e^{-\omega^2 a^2 t} \tag{9.99}$$

와 같이 된다. $\beta = 0$일 때는

$$\psi(x,\ t) = C_0' x + C_0 \tag{9.100}$$

이 되고, 이것은 편미분 방정식의 해에 포함된다. 무한히 긴 막대에 대한 해에 대해서는 물리적으로 의미 없는 무한대를 피하기 위해서 $C'_0 = 0$이 되어야 한다. 어떤 경우에 C_0는 오랜 시간 후에 온도가 상수에 도달하는 값을 준다.

임의의 계수에 대해 $\sin\omega x$와 $\cos\omega x$를 선형 결합하고 $\beta = 0$으로 하여, 식 (9.99)를 임의의 A, B, ω, C'_0에 대해

$$\psi(x,\ t) = (A\cos\omega x + B\sin\omega x)e^{-\omega^2 a^2 t} + C_0' x + C_0 \tag{9.101}$$

와 같은 해를 얻는다. 이러한 매개변수를 갖는 다른 값들에 대한 해는 주어진 경계조건에 부합하는 전체 해로 결합시킬 수 있다.

문제에서 다루는 막대가 유한한 길이를 가졌다면, 경계조건은 ω가 ω_0의 0이 아닌 곱으로 불연속적으로 제한되어 만족할 수도 있다. 무한히 긴 막대에 대해서는 ω가 연속적인 값을 갖도록 하는 것이 낫고, 따라서 $\psi(x,\ t)$가 다음의 일반적인 모양을 갖게 된다.

$$\psi(x,\ t) = \int [A(\omega)\cos\omega x + B(\omega)\sin\omega x]e^{-a^2\omega^2 t}\, d\omega + C_0 \tag{9.102}$$

여기에서 다음의 특별한 사실에 주목하자.

- 합이나 매개변수로 적분하는 것에 의해 해를 선형 결합시키는 것은 경계조건에 적합하도록 특수 편미분 방정식의 해를 일반화시키기 위한 강력하고도 표준적인 방법이다.

예제 9.7.1 특별한 경계조건

1차원의 경우를 더 정확히 풀어보자. 여기에서 시간 $t = 0$에서 온도는 $x = +1$과 $x = -1$ 사이에서 $\psi_0(x) = 1 =$상수이며 $x > 1$과 $x < -1$에서 0이다. 양 끝단 $x = \pm 1$에서, 온도는 항상 0으로 놓는다. 이 초기 조건을 포함하는 문제는 짝수 패리티를 갖고 있어서 $\psi_0(x) = \psi_0(-x)$이고, $\psi(x,\ t)$는 짝수여야 한다.

식 (9.98)의 공간 해를 식 (9.101)로 주어진 모양으로 선택하였다. 그러나 (모든 공간 $-1 \le x \le 1$에 대해 $t \to \infty$ 극한에서 $\psi(x,\ t)$는 0이기 때문에) $C'_0 = C_0 = 0$과 홀수 l에 대해 $\cos(l\pi x/2)$로 제한된다. 왜냐하면 이 함수들은 $x = \pm 1$에서 $\psi = 0$의 경계조건을 만족하는 구간 $-1 \le x \le 1$에 대해 정규 직교화 좌표의 짝수 패리티를 구성하기 때문이다. 그러면 $t = 0$에서 해는 다음과 같이 되고

$$\psi(x,\ 0) = \sum_{l=1}^{\infty} a_l \cos\frac{\pi l x}{2}, \qquad -1 < x < 1$$

$\psi(x, 0) = 1$이 되도록 계수 a_l을 취하면 된다.

직교 정규화를 이용하면 다음과 같이 계산된다.

$$a_l = \int_{-1}^{1} 1 \cdot \cos\frac{\pi l x}{2} = \frac{2}{l\pi}\sin\frac{\pi l x}{2}\Big|_{x=-1}^{1}$$

$$= \frac{4}{\pi l}\sin\frac{l\pi}{2} = \frac{4(-1)^m}{(2m+1)\pi}, \qquad l = 2m+1$$

시간 의존성을 포함하면, 멱급수로 모든 해는 다음과 같이 주어지며,

$$\psi(x, t) = \frac{4}{\pi}\sum_{m=0}^{\infty}\frac{(-1)^m}{2m+1}\cos\left[(2m+1)\frac{\pi x}{2}\right]e^{-t((2m+1)\pi a/2)^2} \tag{9.103}$$

이것은 $t > 0$에 대해 절대적으로 수렴하지만 $x = \pm 1$에서 불연속이기 때문에 $t = 0$에서는 조건적으로만 수렴한다. ■

이제 3차원에서 확산 방정식을 고려할 준비가 되었다. 해를 $\psi = f(x, y, z)T(t)$라고 가정하고, 시간과 공간에 대한 변수를 분리하여 시작하자. 1차원의 경우와 마찬가지로, $T(t)$는 지수함수의 해를 갖게 될 것이고, 충분히 긴 시간 후에 지수함수로 감소하는 해를 선택할 수 있다. 시간 의존성이 $\exp(-k^2 t)$가 되도록 분리상수를 $-k^2$으로 놓으면, 공간 좌표에서 분리된 방정식은 다음과 같이 되고,

$$\frac{\partial^2 f}{\partial x^2} + \frac{\partial^2 f}{\partial y^2} + \frac{\partial^2 f}{\partial z^2} + k^2 f = 0 \tag{9.104}$$

이것을 **헬름홀츠 방정식**이라고 한다. 다른 변분방법이나 다른 방식으로 k^2의 다양한 값에 대해 이 방정식을 풀 수 있다고 가정하면, 경계조건을 만족하기 위해 필요한 개별 해의 적분 또는 합으로 표현할 수 있다.

■ 다른 해들

열유동 방정식을 푸는 다른 방법으로, 새로운 함수형 $\psi(x, t) = u(x/\sqrt{t})$의 해를 찾는 1차원 편미분 방정식, 식 (9.98)로 돌아가 보자. 이것은 실험 데이터와 차원의 고려에 의해 결정된다. $\xi = x/\sqrt{t}$로 놓고 다음을 이용하여 $u(\xi)$를 식 (9.98)에 대입하면

$$\frac{\partial \psi}{\partial x} = \frac{u'}{\sqrt{t}}, \qquad \frac{\partial^2 \psi}{\partial x^2} = \frac{u''}{t}, \qquad \frac{\partial \psi}{\partial t} = -\frac{x}{2\sqrt{t^3}}u' \tag{9.105}$$

이고, 여기에서 $u'(\xi) \equiv du/d\xi$이고, 이로부터 편미분 방정식은 다음의 상미분 방정식으로 환원된다.

$$2a^2 u''(\xi) + \xi u'(\xi) = 0 \tag{9.106}$$

이 상미분 방정식을 다음과 같이 쓰면

$$\frac{u''}{u'} = -\frac{\xi}{2a^2}$$

적분을 해서 $\ln u' = -\xi^2/4a^2 + \ln C_1$을 바로 얻을 수 있고, 여기에서 C_1은 적분상수이다. 지수를 취하고 다시 한 번 적분하면 다음의 일반해를 얻을 수 있으며,

$$u(\xi) = C_1 \int_0^{\xi} e^{-\xi^2/4a^2} d\xi + C_2 \tag{9.107}$$

여기에서 2개의 적분상수 C_i가 나타난다. $t=0$에서 $x>0$에 대해 온도를 $+1$, $x<0$에 대해 온도를 -1로 갖도록 해를 초기화하면, $u(\infty) = +1$과 $u(-\infty) = -1$에 대응된다. 다음을 고려하면,

$$\int_0^{\infty} e^{-\xi^2/4a^2} d\xi = a\sqrt{\pi}$$

식 (1.148)에서 적분을 계산하면, 다음을 얻게 되고

$$u(\infty) = a\sqrt{\pi}\, C_1 + C_2 = 1, \qquad u(-\infty) = -a\sqrt{\pi}\, C_1 + C_2 = -1$$

여기에서 상수는 $C_1 = 1/a\sqrt{\pi}$, $C_2 = 0$으로 고정된다. 따라서 다음과 같은 특수해를 갖게 되고,

$$\psi = \frac{1}{a\sqrt{\pi}} \int_0^{x/\sqrt{t}} e^{-\xi^2/4a^2} d\xi = \frac{2}{\sqrt{\pi}} \int_0^{x/2a\sqrt{t}} e^{-v^2} dv = \operatorname{erf}\left(\frac{x}{2a\sqrt{t}}\right) \tag{9.108}$$

여기에서 **erf**는 (표 1.2에 정리된 특수 함수 중 하나로) 일반적으로 가우스의 에러 함수라 부른다. 여기에서 경계조건에 적합하도록 특수해를 일반화시킬 필요가 있다.

이를 위해 식 (9.108)로 주어진 **특수해를 미분함으로써 상수 계수를 갖는 편미분 방정식의 새로운 해**를 얻을 수 있다. 다른 말로, 만약 $\psi(x, t)$의 편미분 방정식을 푼다면 $\partial\psi/\partial t$와 $\partial\psi/\partial x$에서도 풀 수 있는데, 이는 이 도함수와 편미분 방정식의 미분이 교환 가능하기 때문이다. 즉, 그들 연산의 순서는 상관없다. 이 방법은 만약 편미분 방정식의 어떠한 계수가 t 또는 x에 의존한다면 더 이상 성립하지 않음에 주의해야 한다. 그러나 물리에서는 상수

계수를 갖는 편미분 방정식이 대부분이다. 고전역학에서 뉴턴의 운동 방정식, 전기역학의 파동 방정식, 정전기학과 중력에서 푸아송 방정식과 라플라스 방정식이 그 예들이다. 심지어 일반 상대성 이론에서 아인슈타인의 비선형 장 방정식에서도 국소적인 측지선 좌표계에서 특수한 형태를 취할 때도 그렇다.

그러므로 식 (9.108)을 x에 대해 미분하여 더 간단하고 기본적인 해를 찾고,

$$\psi_1(x,\ t) = \frac{1}{a\sqrt{t\pi}}\, e^{-x^2/4a^2t} \tag{9.109}$$

이 과정을 반복하여 다른 해를 찾는다.

$$\psi_2(x,\ t) = \frac{x}{2a^3\sqrt{t^3\pi}}\, e^{-x^2/4a^2t} \tag{9.110}$$

다시 이 해들은 경계조건에 맞도록 일반화해야 한다. 그리고 상수 계수를 갖는 편미분 방정식의 새로운 해를 찾는 다른 방법이 또 있다. 주어진 해를 **병진이동**(translate)하는 것인데, 예를 들면 $\psi_1(x,\ t) \to \psi_1(x-\alpha,\ t)$로 하고 **병진매개변수 α에 대해 적분한다**. 그러므로

$$\psi(x,\ t) = \frac{1}{2a\sqrt{t\pi}} \int_{-\infty}^{\infty} C(\alpha) e^{-(x-\alpha)^2/4a^2t}\, d\alpha \tag{9.111}$$

은 다른 해이며, 이때 이것을 다음과 같이 대입하여 다시 쓰면

$$\xi = \frac{x-\alpha}{2a\sqrt{t}}, \qquad \alpha = x - 2a\xi\sqrt{t}, \qquad d\alpha = -2a\sqrt{t}\, d\xi \tag{9.112}$$

치환을 통해 다음을 얻을 수 있으며,

$$\psi(x,\ t) = \frac{1}{\sqrt{\pi}} \int_{-\infty}^{\infty} C(x - 2a\xi\sqrt{t}) e^{-\xi^2} d\xi \tag{9.113}$$

이것은 편미분 방정식의 해이다. 식 (9.113)으로부터 병진방법으로 표현한 가중함수 $C(x)$의 중요성을 이해할 수 있다. 그 방정식에서 $t=0$으로 놓으면, 피적분 함수 C는 ξ에 무관하게 되고, 적분은 다음과 같이 되어서

$$\int_{-\infty}^{\infty} e^{-\xi^2} d\xi = \sqrt{\pi}$$

잘 알려진 식 (1.148)과 동등한 결과가 된다. 그러면 식 (9.113)은 더 간단해져서

$$\psi(x,\ 0) = C(x) \quad \text{또는} \quad C(x) = \psi_0(x)$$

가 되는데, 여기에서 ψ_0는 ψ의 초기 공간분포이다. 이 표기법을 사용하여 편미분 방정식의 해를 다음과 같이 쓸 수 있으며,

$$\psi(x, t) = \frac{1}{\sqrt{\pi}} \int_{-\infty}^{\infty} \psi_0(x - 2a\xi\sqrt{t}) e^{-\xi^2} d\xi \tag{9.114}$$

이것은 경계(초기)조건의 역할을 잘 보여주는 형태이다. 식 (9.114)로부터 초기 온도분포 $\psi_0(x)$가 시간에 따라 퍼지면서 가우스 가중함수에 의해 소실되는 함수를 얻게 된다.

예제 9.7.2 **다시 특별한 경계조건**

이제 예제 9.7.1과 비슷한 문제를 생각하자. 그러나 $x = \pm 1$에서 모든 시간에 대해 $\psi = 0$으로 놓는 대신에, $\psi_0 = 1$인 $|x| < 1$을 제외한 모든 곳에서 $\psi_0 = 0$인 무한대의 길이를 갖는 계로 간주하자. 이 변화는 편미분 방정식이 모든 영역 $(-\infty, \infty)$에 적용 가능하기 때문에 식 (9.114)를 쓸모 있게 하고, 열은 $|x| = 1$을 넘어서는 지점에서 흐른다(일시적으로 온도를 증가시킨다).

$\psi_0(x)$ 영역은 $x - 2a\xi\sqrt{t} = \pm 1$로 되는 양 끝단을 갖는 ξ의 영역에 대응되고, 해는 다음과 같이 된다.

$$\psi(x, t) = \frac{1}{\sqrt{\pi}} \int_{(x-1)/2a\sqrt{t}}^{(x+1)/2a\sqrt{t}} e^{-\xi^2} d\xi$$

에러 함수로 이 해는 또한 다음과 같이 쓸 수 있다.

$$\psi(x, t) = \frac{1}{2}\left[\mathrm{erf}\left(\frac{x+1}{2a\sqrt{t}}\right) - \mathrm{erf}\left(\frac{x-1}{2a\sqrt{t}}\right)\right] \tag{9.115}$$

식 (9.115)는 $|x| > 1$을 포함하는 모든 x에 대해 적용된다. ■

이제 다음으로 원점을 중심으로 **구면 대칭**으로 퍼져 있는 매질에 대한 열유동의 문제를 생각해보면, 이때는 극 좌표계 r, θ, φ를 써야만 한다. 이 해는 $u(r, t)$의 형으로 될 것으로 예측된다. 라플라시안에 대한 식 (3.158)을 사용하여, 편미분 방정식은

$$\frac{\partial u}{\partial t} = a^2\left(\frac{\partial^2 u}{\partial r^2} + \frac{2}{r}\frac{\partial u}{\partial r}\right) \tag{9.116}$$

과 같이 되고, 여기에서 치환에 의해 1차원의 열유동 편미분 방정식으로 변환시킬 수 있다.

$$u = \frac{v(r,\ t)}{r}, \qquad \frac{\partial u}{\partial r} = \frac{1}{r}\frac{\partial v}{\partial r} - \frac{v}{r^2}, \qquad \frac{\partial u}{\partial t} = \frac{1}{r}\frac{\partial v}{\partial t},$$

$$\frac{\partial^2 u}{\partial r^2} = \frac{1}{r}\frac{\partial^2 v}{\partial r^2} - \frac{2}{r^2}\frac{\partial v}{\partial r} + \frac{2v}{r^3} \tag{9.117}$$

이것은 다음의 편미분 방정식을 준다.

$$\frac{\partial v}{\partial t} = a^2 \frac{\partial^2 v}{\partial r^2} \tag{9.118}$$

예제 9.7.3 **구면 대칭의 열유동**

보통의 일반적인 경계조건하에서 구면 대칭의 열유동에 대한 1차원 열유동 편미분 방정식을 적용해보자. 여기에서 x는 지름 변수로 대치시킬 수 있다. 초기에 모든 공간에서 온도는 0이다. 그러면 $t=0$ 시간에 원점에서 유한한 양의 열에너지 Q가 방출되고 모든 방향으로 균일하게 퍼져간다. 그러면 최종적으로 공간과 시간에 대한 온도분포는 어떻게 될 것인가?

식 (9.110)에서 특수해를 조사하면 $t \to 0$에 대해 온도는

$$\frac{v(r,\ t)}{r} = \frac{C}{\sqrt{t^3}} e^{-r^2/4a^2 t} \tag{9.119}$$

가 되고 $r \neq 0$인 모든 것에 대해 0으로 가서, 초기온도가 0이라는 것이 보장된다. $t \to \infty$에 대해 원점을 포함하여 모든 r에 대해 온도는 $v/r \to 0$이 되는데, 이것은 내재적으로 경계조건이다. 상수 C는 에너지 보존 법칙으로부터 결정될 수 있으며, (임의의 t에 대해) 제한조건

$$Q = \sigma\rho \int \frac{v}{r} d\tau = \frac{4\pi\sigma\rho C}{\sqrt{t^3}} \int_0^\infty r^2 e^{-r^2/4a^2 t} dr = 8\sqrt{\pi^3}\sigma\rho a^3 C \tag{9.120}$$

을 주고, 여기에서 ρ는 매질의 일정한 밀도이고 σ는 그것의 비열이다. 식 (9.120)에서 최종결과는 r부터 $\xi = r/2a\sqrt{t}$까지 변수를 바꿈으로써 얻어져서

$$\int_0^\infty e^{-r^2/4a^2 t} r^2 dr = (2a\sqrt{t})^3 \int_0^\infty e^{-\xi^2} \xi^2 d\xi$$

이 되고, 그러면 부분적분에 의해 ξ를 적분하여 얻으면

$$\int_0^\infty e^{-\xi^2} \xi^2 d\xi = -\frac{\xi}{2} e^{-\xi^2}\Big|_0^\infty + \frac{1}{2}\int_0^\infty e^{-\xi^2} d\xi = \frac{\sqrt{\pi}}{4}$$

이 된다. 임의의 점에서(고정된 t에서) 식 (9.119)에 의해 주어지는 온도는 그것의 폭이 $\sqrt{t}$

에 비례하기 때문에, 시간이 증가함에 따라 평평해지는 가우스 분포이다. 어떤 고정된 점에서 온도의 시간에 대한 함수는 $t^{-3/2}e^{-T/t}$에 비례하며, $T \equiv r^2/4a^2$이다. 이 함수 형은 온도가 0에서 최고점에 이르며 오랜 시간 후에는 다시 0으로 떨어지는 것을 보여준다. 최고점을 찾기 위해 다음을 계산하면

$$\frac{d}{dt}\left(t^{-3/2}e^{-T/t}\right) = t^{-5/2}e^{-T/t}\left(\frac{T}{t} - \frac{3}{2}\right) = 0 \tag{9.121}$$

$t_{\max} = 2T/3 = r^2/6a^2$이 된다. 최고온도는 시간이 지남에 따라 원점으로부터 좀 더 멀어지는 지점에 도달한다. ■

원통형 좌표인 경우에($z = 0$인 평면 극 좌표 $\rho = \sqrt{x^2 + y^2}$, φ를 사용한다), 온도분포는 상미분 방정식을 만족하는[확산 방정식에서 식 (2.35)를 사용하여] $\psi = u(\rho, t)$가 될 것이다.

$$\frac{\partial u}{\partial t} = a^2\left(\frac{\partial^2 u}{\partial \rho^2} + \frac{1}{\rho}\frac{\partial u}{\partial \rho}\right) \tag{9.122}$$

이것은 식 (9.118)의 평면형이다. 이 상미분 방정식은 또한 $\rho/\sqrt{t} \equiv r$ 함수 의존성을 갖는 해를 갖는다. 다음을 도입하여

$$u = v\left(\frac{\rho}{\sqrt{t}}\right), \qquad \frac{\partial u}{\partial t} = -\frac{\rho v'}{2t^{3/2}}, \qquad \frac{\partial u}{\partial \rho} = \frac{v'}{\sqrt{t}}, \qquad \frac{\partial^2 u}{\partial \rho^2} = \frac{v'}{t} \tag{9.123}$$

$v' \equiv dv/dr$이라 하고 식 (9.122)에 대입하면, 다음의 상미분 방정식을 얻는다.

$$a^2 v'' + \left(\frac{a^2}{r} + \frac{r}{2}\right)v' = 0 \tag{9.124}$$

이것은 v'에 대한 1계 상미분 방정식이며, v와 r을 변수 분리하여 적분하면

$$\frac{v''}{v'} = -\left(\frac{1}{r} + \frac{r}{2a^2}\right) \tag{9.125}$$

가 되고, 다음을 얻을 수 있다.

$$v(r) = \frac{C}{r}e^{-r^2/4a^2} = C\frac{\sqrt{t}}{\rho}e^{-\rho^2/4a^2 t} \tag{9.126}$$

이 원통형 대칭에 대한 특수해는 구면 대칭의 경우와 마찬가지로 일반화하여 경계조건에 적합하도록 할 수 있다. z는 평면 극 좌표의 지름 성분 ρ와 분리되기 때문에 마침내 z 의존성에 대한 인자를 넣으면 된다.

연습문제

9.7.1 열원을 갖지 않고, 상수 열확산도 K를 갖는 균일한 구에 대해 열전도 방정식은 다음과 같다.

$$\frac{\partial T(r,\ t)}{\partial T} = K\nabla^2 T(r,\ t)$$

이 해가 다음의 형태라 하고

$$T = R(r)T(t)$$

변수 분리된다고 가정하라. 지름 성분 방정식은 다음과 같은 전형적인 꼴이 됨을 보이고

$$r^2\frac{d^2R}{dr^2} + 2r\frac{dR}{dr} + \alpha^2 r^2 R = 0$$

$\sin\alpha r/r$과 $\cos\alpha r/r$이 이것의 해임을 보이시오.

9.7.2 원통형 좌표계에서 예제 9.7.1의 열확산 방정식에서 변수 분리하시오. 끝단 효과(end effects)를 무시하고 $T = T(\rho,\ t)$로 가정하라.

9.7.3 $t=0$에서 열 펄스가 $\psi_0(x) = A\delta(x)$로 발생된 ($+x$방향과 $-x$방향으로) 무한히 긴 막대에 대해 다음의 편미분 방정식을 풀어서 $\psi(x,\ t)$를 구하시오.

$$\frac{\partial\psi}{\partial t} = a^2\frac{\partial^2\psi}{\partial x^2}$$

9.7.4 막대의 길이가 L이고, 막대의 위치 변위가 x로 주어지고, $x=0$과 $x=L$의 양 끝단에서 각각 온도가 (모든 시간 t 동안) $T=1$과 $T=0$으로 유지되며, $0 < x \le L$에 대해 막대가 초기에 $T(x)=0$일 때 예제 9.7.3와 같은 편미분 방정식을 푸시오.

9.8 요약

이 장은 유일한 해를 정할 수 있거나 고윳값 문제를 정의할 수 있는 경계조건을 갖는 2계 동차 편미분 방정식을 강조하면서 1계와 2계 선형 편미분 방정식의 해를 구하는 방법을 살펴보았다. 일반적인 경계조건은 디리클레 형(경계에 의해 정해지는 해), 노이만 형(경계에서 특정되는 해의 정상 도함수), 또는 코시 형(해와 정상 도함수가 특정되는 경우)이 있다. 적용

가능한 경계조건은 편미분 방정식의 종류에 의존한다. 2계 편미분 방정식은 쌍곡선(예: 파동 방정식), 타원형(예: 라플라스 방정식), 또는 포물선(예: 열/확산 방정식)으로 분류된다.

편미분 방정식의 해를 구하는 데 광범위하게 이용되는 방법은 변수 분리 방법으로써, 편미분 방정식을 상미분 방정식으로 효과적으로 변환시켜 간단하게 해준다. 이 장은 이 방법으로 완전한 편미분 방정식의 해를 구하는 예를 몇 개만 제시하고 있다. 더 많은 예들은 다양한 상미분 방정식의 해인 특수 함수의 특성을 개발할 때만 가능하고, 결과적으로 편미분 방정식 해의 전체적인 그림은 특수 함수를 다루는 장에 가서 제시할 것이다. 특히 구면 대칭을 갖는 일반적인 편미분 방정식은 **구면 조화**(spherical harmonics)라는 모두 같은 각 성분 해를 갖는다. 이것과 이것으로 구성된(르장드르 다항식과 연관 르장드르 함수) 함수들은 12장에 관련된 문제들이다. 몇몇 구면 대칭 문제들은 **구면 베셀 함수**라고 명명된 지름 성분 해를 갖는다. 이것들은 베셀 함수 장(12장)에서 다룰 것이다.

베셀 함수를 통상적으로 포함하는 원통형 대칭을 갖는 편미분 방정식 문제는 이 장에서 제시된 예제들보다 보통 더 복잡하다. 더 자세한 것은 12장에서 다룬다.

이 장에서는 비동차 편미분 방정식의 해를 구하는 방법은 다루지 않는다. 그 주제는 독립된 장이 필요하며, 10장에서 다룰 것이다.

마침내, 이전의 것들을 반복하였다. 푸리에 전개(14장)와 적분 변환(15장)은 편미분 방정식의 해를 구하는 데 역할을 할 수 있고, 편미분 방정식에 대한 이러한 방법들의 적용은 이 책의 적절한 장에 포함되어 있다.

❖ 더 읽을 거리

Bateman, H., Partial *Differential Equations of Mathematical Physics.* New York: Dover (1944), 1st ed. (1932). A wealth of applications of various partial differential equations in classical physics. Excellent examples of the use of different coordinate systems, including ellipsoidal, paraboloidal, toroidal coordinates, and so on.

Cohen, H., *Mathematics for Scientists and Engineers.* Englewood Cliffs, NJ: Prentice-Hall (1992).

Folland, G. B., *Introduction to Partial Differential Equations*, 2nd ed. Princeton, NJ: Princeton University Press (1995).

Guckenheimer, J., P. Holmes, and F. John, *Nonlinear Oscillations, Dynamical Systems and Bifurcations of Vector Fields*, revised ed. New York: Springer-Verlag (1990).

Gustafson, K. E., *Partial Differential Equations and Hilbert Space Methods*, 2nd ed., New York: Wiley (1987), reprinting Dover (1998).

Margenau, H., and G. M. Murphy, *The Mathematics of Physics and Chemistry*, 2nd ed. Princeton, NJ: Van Nostrand (1956). Chapter 5 covers curvilinear coordinates and 13 specific coordinate systems.

Morse, P. M., and H. Feshbach, *Methods of Theoretical Physics*. New York: McGraw-Hill (1953). Chapter 5 includes a description of several different coordinate systems. Note that Morse and Feshbach are not above using left-handed coordinate systems even for Cartesian coordinates. Elsewhere in this excellent (and difficult) book are many examples of the use of the various coordinate systems in solving physical problems. Chapter 6 discusses characteristics in detail.

CHAPTER 10

그린 함수

미분 방정식으로 문제를 형식화할 때 이전까지 주 관심사였던 선형 미분 연산자와 달리 이제 특히 **그린 함수**로 알려진 적분 연산자에 관련된 방법으로 전환하고자 한다. 그린 함수 방법은 불균일 항을 포함하는 미분 방정식의 해법을 가능하게 한다(종종 **소스 항**으로 불린다). 소스를 포함하는 적분 연산자와 관련 있다. 기본적인 준비 예로 전하 밀도가 $\rho(\mathbf{r})$인 전하 분포에 의한 퍼텐셜 $\psi(\mathbf{r})$를 결정하는 문제를 생각하자. 푸아송 방정식으로부터 $\psi(\mathbf{r})$는 다음을 만족함을 알고 있다.

$$-\nabla^2\psi(\mathbf{r})=\frac{1}{\varepsilon_0}\rho(\mathbf{r}) \tag{10.1}$$

또한 각 전하 부피 요소 $\rho(\mathbf{r}_2)d^3r_2$에 의해 생성되고 전하 분포를 제외하고 공간이 비어 있다고 가정하면 $\mathbf{r}_1$에서 퍼텐셜은 다음과 같음을 알고 있다.

$$\psi(\mathbf{r}_1)=\frac{1}{4\pi\varepsilon_0}\int d^3r_2\frac{\rho(\mathbf{r}_2)}{|\mathbf{r}_1-\mathbf{r}_2|} \tag{10.2}$$

여기서 $\rho(\mathbf{r}_2)\neq 0$인 전 영역에 대하여 적분한다. 식 (10.2)의 우변을 ρ를 ψ로 변환하는 적분 연산자로 볼 수 있고, 적분 **핵**(이변수 함수이며 이 중 한 변수는 적분이 되어야 한다)을 이러한 문제에 대한 그린 함수로 간주한다. 따라서 다음과 같이 쓸 수 있다.

$$G(\mathbf{r}_1,\ \mathbf{r}_2)=\frac{1}{4\pi\varepsilon}\frac{1}{|\mathbf{r}_1-\mathbf{r}_2|} \tag{10.3}$$

$$\psi(\mathbf{r}_1)=\int d^3r_2G(\mathbf{r}_1,\ \mathbf{r}_2)\rho(\mathbf{r}_2) \tag{10.4}$$

여기서 그린 함수의 기호를 G('그린')로 한다.

이 예는 예비 수준인데 비동차 항에 응하는 더 일반적인 문제는 경계조건에 의존한다. 예를 들어, 정전기 문제는 ρ에 의존하고 또한 일반적인 $\mathbf{r}$에 퍼텐셜에 기여하는 전하 층을 가진 면의 도체를 포함할 수 있다. 그린 함수의 형태는 풀어야 할 미분 방정식에 의존하기 때문에 기초적이며 종종 단순하고 닫힌 형태의 그린 함수를 얻을 수 없다.

중요한 국면은 어떠한 그린 함수라도 임의의 소스 항(경계조건이 있는 경우)에 대한 응답을 기술하는 방법을 제공하여야 한다는 것이다. 예제는 $G(\mathbf{r}_1,\ \mathbf{r}_2)$가 $\mathbf{r}_2$의 단위 점원(델타 함수)이 생성한 $\mathbf{r}_1$에서 ψ의 기여를 준다는 것이다. 이는 우리가 고려하는 미분 방정식은 선형이고 소스의 각 요소의 기여를 더 할 수 있고 그 결과로 적분을 이용하여 어디에서나 ψ를 결정할 수 있다는 사실이다. 공간과 시간 좌표 모두에 의존하는 편미분 방정식(PDE)의 일반적 맥락에서 그린 함수는 주어진 위치와 시간에서 충격에 대한 PDE 해의 응답으로 나타난다.

이 장의 목적은 그린 함수에 대한 일반적인 특성을 파악하고, 그린 함수를 찾아내기 위한 조사 방법, 물리 문제를 기술하기 위한 미분 연산자와 적분 연산자 기법 간의 관계를 구성하는 것이다. 이제 1차원의 문제를 고려함으로써 시작해보자.

10.1 1차원 문제

비동차 2계 상미분 방정식(ODE)을 생각하자.

$$\mathcal{L}y \equiv \frac{d}{dx}\left(p(x)\frac{dy}{dx}\right)+q(x)y=f(x) \tag{10.5}$$

이 식은 $a \le x \le b$ 구간에서 만족하고, $x=a$, $x=b$에서 동차 경계조건에 구속되어서, $\mathcal{L}$이 에르미트 연산자가 된다.[1] 이 문제의 그린 함수는 경계조건을 만족하여야 하고 상미분 방정식은 다음과 같다.

$$\mathcal{L}G(x,\ t)=\delta(x-t) \tag{10.6}$$

따라서 $y(x)$는 경계조건을 가진 식 (10.5)의 해이며 다음과 같이 얻어진다.

$$y(x)=\int_a^b G(x,\ t)f(t)dt \tag{10.7}$$

식 (10.7)을 증명하기 위해 간단히 $\mathcal{L}$을 적용하여 다음을 얻는다.

$$\mathcal{L}y(x)=\int_a^b \mathcal{L}\,G(x,\ t)f(t)dt=\int_a^b \delta(x-t)f(t)dt=f(x)$$

■ 일반 성질

$G(x,\ t)$의 성질을 이해하기 위해서는 먼저 식 (10.6)을 $x=t$를 포함하는 x의 작은 구간에서 적분한 결과를 고려하여야 한다.

---

1 **동차** 경계조건은 그것을 만족하는 함수가 축척인자를 곱해도 계속 그 조건을 만족하는 조건이다. 우리가 만나는 대부분의 경계조건은 동차 경계조건이다. 예를 들면 $y=0$, $y'=0$, 심지어 $c_1y+c_2y'=0$도 그러하다. 그러나 $y=c$(c는 0이 아닌 상수)는 동차가 아니다.

$$\int_{t-\varepsilon}^{t+\varepsilon} \frac{d}{dx}\left[p(x)\frac{dG(x,\ t)}{dx}\right]dx + \int_{t-\varepsilon}^{t+\varepsilon} q(x)G(x,\ t)dx = \int_{t-\varepsilon}^{t+\varepsilon} \delta(t-x)dx$$

일부 적분은 다음과 같이 단순화시킬 수 있다.

$$p(x)\frac{dG(x,\ t)}{dx}\bigg|_{t-\varepsilon}^{t+\varepsilon} + \int_{t-\varepsilon}^{t+\varepsilon} q(x)G(x,\ t)dx = 1 \tag{10.8}$$

식 (10.8)은 $G(x,\ t)$와 $dG(x,\ t)/dx$ 모두 $x=t$에서 연속이면 작은 값 ε의 극한에서는 만족 될 수 없음이 명확하다. 하지만 $G(x,\ t)$는 연속이지만 $dG(x,\ t)/dx$가 $x=t$에서 불연속임을 받아들이면 방정식이 성립한다. 특히 G의 연속성은 $\varepsilon \to 0$의 극한에서 $q(x)$를 포함하는 적분이 0이 되게 하며 다음 요구조건을 얻는다.

$$\lim_{\varepsilon \to 0+}\left[\frac{dG(x,\ t)}{dx}\bigg|_{x=t+\varepsilon} - \frac{dG(x,\ t)}{dx}\bigg|_{x=t-\varepsilon}\right] = \frac{1}{p(t)} \tag{10.9}$$

따라서 $x=t$에서 불연속인 충격은 $G(x,\ t)$의 도함수 불연속성의 원인이다. 하지만 식 (10.7)의 적분 때문에 $dG(x,\ t)/dx$의 특이성은 $f(x)$가 연속인 보편적인 경우에서의 전체해 $y(x)$에서의 유사한 특이성으로 나타나지는 않음을 주목하라.

그린 함수의 성질을 이해하기 위한 다음 과정으로 기존에 잘 알려진 경계조건에 의존하는 연산자 $\mathcal{L}$의 고유함수로 $G(x,\ t)$를 전개하고자 한다. $\mathcal{L}$은 에르미트이므로 고유함수는 $(a,\ b)$에서 직교 정규화가 되도록 선택하는데

$$\mathcal{L}\varphi_n(x) = \lambda_n\varphi_n(x), \qquad \langle\varphi_n|\varphi_m\rangle = \delta_{nm} \tag{10.10}$$

이다. x와 t 모두에 의존하는 $G(x,\ t)$를 직교 정규 집합(t 전개는 φ_n의 켤레 복소수를 이용)으로 전개하여

$$G(x,\ t) = \sum_{nm} g_{nm}\varphi_n(x)\varphi_m^*(t) \tag{10.11}$$

를 얻는다. 또한 $\delta(x-t)$를 같은 직교 정규 집합으로 전개한다. 식 (5.27)에 의하면

$$\delta(x-t) = \sum_m \varphi_m(x)\varphi_m^*(t) \tag{10.12}$$

를 얻는다. 이 전개를 식 (10.6)에 대입하면 다음을 얻는다.

$$\mathcal{L} = \sum_{nm} g_{nm}\varphi_n(x)\varphi_m^*(t) = \sum_m \varphi_m(x)\varphi_m^*(t) \tag{10.13}$$

$\mathcal{L}$을 적용하면 $\varphi_n(x)$만 작용하여 식 (10.13)은 다음과 같이 단순해진다.

$$\sum_{nm}\lambda_n g_{nm}\varphi_n(x)\varphi_m^*(t)=\sum_m \varphi_m(x)\varphi_m^*(t)$$

x와 t의 정의역에서 스칼라곱을 구하면 $g_{nm}=\delta_{nm}/\lambda_n$을 얻는다 따라서 $G(x,\ t)$는 다음의 전개를 가져야 한다.

$$G(x,\ t)=\sum_n \frac{\varphi_n^*(t)\varphi_n(x)}{\lambda_n} \tag{10.14}$$

위의 해석은 λ_n이 0인 경우는 맞지 않는다. 하지만 이런 특별한 경우는 더 이상 고려하지 않겠다.

식 (10.14)의 중요점은 계산 방법으로 의심스러운 값에 있는 것이 아니라 다음의 G의 대칭성을 보여준다는 사실이다.

$$G(x,\ t)=G(t,\ x)^* \tag{10.15}$$

■ 그린 함수의 형태

에르미트 연산자 $\mathcal{L}$과 **경계조건**을 준다면 G에 대해 앞에서 밝힌 성질은 좀 더 완벽 규명에 충분하다. 우리는 각 끝점에서 하나의 동차 경계조건을 갖는 구간 $(a,\ b)$ 상의 문제로 연구를 진행할 수 있다.

t의 주어진 값에 대하여 $a\le x<t$의 치역에서 x에 대하여 $G(x,\ t)$는 동차 방정식 $\mathcal{L}=0$의 근인 x의 함수 $y_1(x)$를 가지며 이는 $x=a$에서 경계조건을 만족한다. 가장 일반적인 $G(x,\ t)$는 다음 조건들을 만족하는 형태를 가져야 한다.

$$G(x,\ t)=y_1(x)h_1(t), \qquad (x<t) \tag{10.16}$$

여기서 $h_1(t)$는 지금은 알려져 있지 않다. 역으로 $t<x\le b$의 치역에서 $G(x,\ t)$는 다음의 형태를 가져야 한다.

$$G(x,\ t)=y_2(x)h_2(t), \qquad (x>t) \tag{10.17}$$

여기서 y_2는 $x=b$에서 경계조건을 만족하는 $\mathcal{L}=0$의 해이다. 대칭 조건, 식 (10.15)는 $h_2^*=Ay_1$과 $h_1^*=Ay_2$이면 식 (10.16)과 (10.17)이 잘 일치하게 하며 A는 여전히 결정해야 할 상수이다. y_1와 y_2는 실수로 선택할 수 있다고 가정하면 다음 결론을 얻는다.

$$G(x,\ t)=\begin{cases}Ay_1(x)y_2(t), & x<t\\ Ay_2(x)y_1(t), & x>t\end{cases} \tag{10.18}$$

여기서 $\mathcal{L}y_i = 0$, y_1은 $x = a$에서 경계조건을 만족하고 y_2는 $x = b$에서 만족한다. 물론 식 (10.18)의 A값은 y_i가 명시된 척도에 의존하며, 식 (10.9)와 일치하는 값으로 설정되어야 한다. 여기 적용하면, 조건은 다음과 같다.

$$A\left[y_2{}'(t)y_1(t) - y_1{}'(t)y_2(t)\right] = \frac{1}{p(t)}$$

이 식은 다음과 동등하다.

$$A = \left(p(t)\left[y_2{}'(t)y_1(t) - y_1{}'(t)y_2(t)\right]\right)^{-1} \tag{10.19}$$

유사성에도 A는 t에 의존하지는 않는다. y_i에 관련된 표현은 이들의 론스키안(Wronskian)이며 $1/p(t)$에 비례하는 값을 갖는다(연습문제 7.6.11 참고).

식 (10.18)로 주어진 $G(x,\ t)$의 형태는 식 (10.7)이 상미분 방정식 $\mathcal{L}y = f$에 대하여 요구되는 해를 얻을 수 있게 한다. 끝으로 $y(x)$의 명백한 형태를 얻는다.

$$y(x) = Ay_2(x)\int_a^x y_1(t)f(t)dt + Ay_1(x)\int_x^b y_2(t)f(t)dt \tag{10.20}$$

식 (10.20)으로부터 $y(x)$의 경계조건이 만족함을 증명하기는 쉽다. $x = a$이면 두 적분 중 첫 적분은 0이 되고 둘째 적분은 y_1에 비례한다. 상응하는 조건은 $x = b$에서도 적용된다.

식 (10.20)이 $\mathcal{L}y = f$가 됨을 보이는 것이 남아 있다. x에 대하여 미분하여 먼저 다음을 얻는다.

$$\begin{aligned} y'(x) &= Ay_2{}'(x)\int_a^x y_1(t)f(t)dt + Ay_2(x)y_1(x)f(x) \\ &\quad + Ay_1{}'(x)\int_x^b y_2(t)f(t)dt - Ay_1(x)y_2(x)f(x) \\ &= Ay_2{}'(x)\int_a^x y_1(t)f(t)dt + Ay_1{}'(x)\int_x^b y_2(t)f(t)dt \end{aligned} \tag{10.21}$$

$(py')'$로 진행하여,

$$\begin{aligned} [p(x)y'(x)]' &= A\left[p(x)y_2{}'(x)\right]'\int_a^x y_1(t)f(t)dt + A\left[p(x)y_2{}'(x)\right]y_1(x)f(x) \\ &\quad + A\left[p(x)y_1{}'(x)\right]'\int_x^b y_2(t)f(t)dt - A\left[p(x)y_1{}'(x)\right]y_2(x)f(x) \end{aligned} \tag{10.22}$$

을 얻는다. 식 (10.22)와 $q(x)$에 식 (10.20)을 곱한 것을 결합하면 $\mathcal{L}y_1 = \mathcal{L}y_2 = 0$이기 때문에 여러 항들이 떨어져 나가고 남는 것은 다음과 같다.

$$\mathcal{L}y(x) = Ap(x)\left[y_2{}'(x)y_1(x) - y_1{}'(x)y_2(x)\right]f(x) = f(x) \tag{10.23}$$

여기서 식 (10.19)를 이용하여 최종적으로 간소화된다.

예제 10.1.1 단순 2계 상미분 방정식

경계조건 $y(0) = y(1) = 0$을 가진 다음 상미분 방정식을 고려하자.

$$-y'' = f(x)$$

방정식에 상응하는 동차 방정식 $-y'' = 0$은 일반해 $y_0 = c_0 + c_1 x$를 갖는다. 이로부터 $y_1(0) = 0$을 만족하는 $y_1 = x$와 $y_2(1) = 0$을 만족하는 $y_2 = 1 - x$를 구성할 수 있다. 이 상미분 방정식에서 계수 $p(x) = -1$, $y_1{}'(x) = 1$, $y'_2(x) = -1$과 그린 함수의 상수 A는 다음과 같다.

$$A = \left[(-1)[(-1)(x) - (1)(1-x)]\right]^{-1} = 1$$

따라서 그린 함수는

$$G(x,\ t) = \begin{cases} x(1-t), & 0 \le x < t \\ t(1-x), & t < x \le 1 \end{cases}$$

이다. 적분이 가능하다고 가정하면 이제 임의의 함수 $f(x)$에 대한 경계조건을 가진 상미분 방정식을 풀 수 있다. 예를 들어 $f(x) = \sin \pi x$이면 해는 다음과 같다.

$$y(x) = \int_0^1 G(x,\ t)\sin \pi t\, dt = (1-x)\int_0^x t\sin \pi t\, dt + x\int_x^1 (1-t)\sin \pi t\, dt$$
$$= \frac{1}{\pi^2}\sin \pi x$$

이 결과가 옳은지는 간단히 확인할 수 있다.

그린 함수 방법의 유용성은 함수 $f(x)$를 바꾸어도 해야 할 연구를 반복할 필요가 없다는 것이다. $f(x) = \cos\pi x$를 선택하면

$$y(x) = \frac{1}{\pi^2}(2x - 1 + \cos \pi x)$$

를 얻는다. 해는 경계조건을 충분히 고려하고 있음을 주목하라. ■

■ 다른 경계조건

종종 우리가 그동안 고려했던 에르미트 2계 상미분 방정식과 다른 문제와 마주친다. 우리

가 알아낸 그린 함수의 모든 것이 그러한 문제에 다 적용되는 것은 아니다.

먼저, 비동차 경계조건을 가질 수 있는 가능성을 고려하자. 예를 들어 $\mathcal{L}y = f$ 인데, $y(a) = c_1$, $y(b) = c_2$이고 c_i는 모두 0이 아니다. 이 문제는 종속변수 y를 바꿈으로써 동차 경계조건을 가진 문제로 변환할 수 있다.

$$u = y - \frac{c_1(b-x) + c_2(x-a)}{b-a}$$

예제 10.1.2 초깃값 문제

초기 조건 $y(0) = 0$, $y'(0) = 0$을 가진 다음 방정식을 고려하자.

$$\mathcal{L}y = \frac{d^2y}{dx^2} + y = f(x) \tag{10.24}$$

이 연산자 $\mathcal{L}$의 $p(x) = 1$이다.

동차 방정식 $\mathcal{L}y = 0$은 2개의 선형 독립해 $y_1 = \sin x$, $y_2 = \cos x$를 가진다는 사실을 기억하고 시작한다. 하지만 $x = 0$에서 경계조건을 만족하는 이 해들의 유일한 선형 결합은 자명해 $y = 0$이고, 따라서 $x < t$에 대한 그린 함수도 $G(x, t) = 0$이다. 한편 $x > t$의 영역에서 구속조건으로 작용할 경계조건은 없으며 이 영역에서는 다음과 같이 나타내어도 무방하다.

$$G(x, t) = C_1(t)y_1 + C_2(t)y_2 \text{ 또는 } G(x, t) = C_1(t)\sin x + C_2(t)\cos x, \quad x > t$$

이제 요구사항을 부여하자.

$$G(t_-, t) = G(t_+, t) \;\rightarrow\; 0 = C_1(t)\sin t + C_2(t)\cos t$$
$$\frac{\partial G}{\partial x}(t_+, t) - \frac{\partial G}{\partial x}(t_-, t) = \frac{1}{p(t)} = 1 \;\rightarrow\; C_1(t)\cos t - C_2(t)\sin t - (0) = 1$$

이 방정식들은 이제 풀릴 수 있으며 $C_1(t) = \cos t$, $C_2(t) = -\sin t$를 얻는다. $x > t$에 대해서는

$$G(x, t) = \cos t \sin x - \sin t \cos x = \sin(x - t)$$

이다. 따라서 $G(x, t)$의 최종 기술은 다음과 같다.

$$G(x, t) = \begin{cases} 0, & x < t \\ \sin(x-t), & x > t \end{cases} \tag{10.25}$$

스텀-리우빌 문제에 해당하는 것이 부재한 것은 그린 함수의 대칭성의 부재를 반영한다. 그런데도 불구하고 그린 함수는 식 (10.24)의 해로 이용할 수 있고 초기 조건에 따라

$$y(x) = \int_0^\infty G(x, t) f(t) dt$$
$$= \int_0^x \sin(x-t) f(t) dt \qquad (10.26)$$

이다. x를 시간 변수로 간주한다면 '시간' x에서 얻은 해는 x 이전 시간 t에서 온 소스의 기여에만 영향을 받음을 주의하라. 따라서 식 (10.24)는 인과율을 따른다.

식 (10.26)에 의해 주어진 $y(x)$가 문제에 대한 옳은 풀이임을 알아낸 것으로 이 예제를 마감한다. 세부사항은 연습문제 10.1.3으로 남긴다. ■

예제 10.1.3 **무한에서의 경계**

다음을 고려하자.

$$\left(\frac{d^2}{dx^2} + k^2\right)\psi(x) = g(x) \qquad (10.27)$$

방정식은 실질적으로 앞에서 몇 번 다루었던 것들과 유사하다. 그러나 이번에는 $e^{-i\omega t}$를 곱하여 나가는 파동에 해당하는 경계조건이다.

$g=0$인 식 (10.27)의 일반해는 두 함수로 구성된다.

$$y_1 = e^{-ikx}, \qquad y_2 = e^{+ikx}$$

나가는 파동 경계조건은 큰 양의 x에 대하여 해가 y_2이어야 하고 큰 음의 x에 대하여 해가 y_1이어야 한다. 이 정보는 이 문제의 그린 함수는 형태가 다음과 같아야 함 보이는 데 충분하다.

$$G(x, x') = \begin{cases} Ay_1(x')y_2(x), & x > x' \\ Ay_2(x')y_1(x), & x < x' \end{cases}$$

식 (10.19)로부터 계수 A를 구한다. 여기서 $p(x) = 1$이다.

$$A = \frac{1}{y_2{}'(x)y_1(x) - y_1{}'(x)y_2(x)} = \frac{1}{ik+ik} = -\frac{i}{2k}$$

이 결과들을 조합하면 다음에 도달하게 된다.

$$G(x, x') = -\frac{i}{2k}\exp(i|x-x'|) \qquad (10.28)$$

이 결과는 그린 함수가 경계조건뿐 아니라 미분 방정식에 의존함을 보이는 또 하나의 예이다.

그린 함수가 요청되는 문제의 해를 줄 수 있음을 증명하는 것이 연습문제 10.1.8의 주제이다. ■

■ 적분 방정식과의 관계

다음 형태의 고윳값 문제를 고려하자.

$$\mathcal{L}y(x) = \lambda y(x) \tag{10.29}$$

여기서 $\mathcal{L}$은 자기수반형 연산자이고 경계조건은 $y(a) = y(b) = 0$이라고 가정한다. 식 (10.29)를 우변이 $\lambda y(x)$인 비동차 방정식으로 취급함으로써 정식으로 풀어갈 수 있다. 이렇게 하려면 연산자 $\mathcal{L}$과 주어진 경계조건에 대한 그린 함수 $G(x,\ t)$를 구한 다음 식 (10.7)에서처럼 다다음과 같이 쓸 수 있다.

$$y(x) = \lambda \int_a^b G(x,\ t)y(t)dt \tag{10.30}$$

식 (10.30)은 미지 함수 $y(x)$가 양변에 있고 고윳값 λ의 가능한 값에 대하여 알려주지 않으므로 이는 주어진 고윳값 문제의 해가 아니다. 하지만 앞에서 완성한 과정들로 주어진 고윳값 상미분 방정식과 경계조건들을 고윳값 문제의 해의 대체 방법이라 할 수 있는 **적분 방정식**으로 변환한다.

식 (10.30)의 생성은 식 (10.29)에 암시되어 있음을 보여준다. 이 방정식들을 역순으로, 즉 식 (10.30)이 식 (10.29)를 암시함을 보일 수 있다면 이들이 같은 고윳값 문제의 동등 형식이라고 결론내릴 수 있다. $\mathcal{L}$을 식 (10.30)에 적용하고, t가 아니라 x에 작용하는 연산자임을 명확히 하고자 $\mathcal{L}_x$로 표시하면 다음과 같다.

$$\begin{aligned}\mathcal{L}_x y(x) &= \lambda \mathcal{L}_x \int_a^b G(x,\ t)y(t)dt \\ &= \lambda \int_a^b \mathcal{L}_x G(x,\ t)y(t)dt = \lambda \int_a^b \delta(x-t)y(t)dt \\ &= \lambda y(x)\end{aligned} \tag{10.31}$$

위의 해석은 다소 일반적인 상황에서 상미분 방정식을 기반으로 한 고윳값 방정식을 적분 방정식을 기반으로 한 완전히 동등한 고윳값으로 변환하는 것을 보여준다. 상미분 방정식의 고윳값을 완전히 지정하려면 수반되는 경계조건을 명확히 구별해야 한다. 한편 대응하는 적분 방정식은 완전히 자기충족적인 것처럼 보인다. 물론 경계조건 효과는 적분 방정식의 **핵**인 그린 함수를 구하는 데 영향을 미친다.

적분 방정식으로 변환은 두 가지 이유에서 유리하며 더 실질적인 것은 적분 방정식이 고윳값 문제의 해에 대한 다른 계산 과정을 제시한다. 또한 적분 방정식 형식이 선호되는 기본적 수학적 이유가 있다. 식 (10.30)과 같은 적분 연산자는 **유계** 연산자(유한 노름의 함수 y에 적용하면 y의 노름 또한 유한하다는 의미)이다. 한편 미분 연산자는 **무계**이다. 유한 노름의 함수에 적용하면 무계 노름을 얻는다. 유계 연산자에 대해 좀 더 강력한 정리를 개발할 수 있다.

이제 그린 함수가 동일 문제의 미분 연산자와 적분 연산자 형식 간의 연결을 제공한다는 명백한 관찰로 마무리하고자 한다.

예제 10.1.4 **미분 대 적분 형식**

이제 다양한 맥락에서 여러 번 취급했던 고윳값 문제로 돌아오자.

$$-y''(x) = \lambda y(x)$$

경계조건은 $y(0) = y(1) = 0$이다. 예제 10.1.1에서 이 문제의 그린 함수는 다음과 같았다.

$$G(x,\ t) = \begin{cases} x(1-t), & 0 \le x < t \\ t(1-x), & t < x \le 1 \end{cases}$$

그리고 식 (10.30)을 따라 우리의 고윳값 문제는 다음과 같이 쓸 수 있다.

$$y(x) = \lambda \int_0^1 G(x,\ t) y(t) dt \tag{10.32}$$

이 문제의 잘 알려진 해집합은 쉽게 증명할 수 있다.

$$y = \sin n\pi x, \qquad \lambda_n = n^2\pi^2, \qquad n = 1,\ 2,\ \ldots$$

이 식은 또한 식 (10.32)의 해이다. ■

연습문제

10.1.1 다음 함수

$$G(x,\ t) = \begin{cases} x, & 0 \le x < t \\ t, & t < x \le 1 \end{cases}$$

는 경계조건 $y(0) = 0,\ y'(1) = 0$인 연산자 $\mathcal{L} = -\dfrac{d^2}{dx^2}$의 그린 함수임을 보이시오.

10.1.2 그린 함수를 구하시오.

(a) $\mathcal{L}y(x)=\dfrac{d^2y(x)}{dx^2}+y(x),\ \begin{cases} y(0)=0 \\ y'(1)=0 \end{cases}$

(b) $\mathcal{L}y(x)=\dfrac{d^2y(x)}{dx^2}-y(x),\ y(x)$는 $-\infty<x<\infty$에 대하여 유한하다.

10.1.3 식 (10.26)에 의하여 정의된 함수 $y(x)$는 식 (10.24)로 정의된 초깃값 문제와 초기 조건 $y(0)=y'(0)=0$을 만족함을 보이시오.

10.1.4 다음 방정식의 그린 함수를 구하시오. 경계조건은 $y(0)=y(\pi)=0$이다.

$$-\frac{d^2y}{dx^2}-\frac{y}{4}=f(x)$$

답. $G(x,\ t)=\begin{cases} 2\sin(x/2)\cos(t/2), & 0\le x<t \\ 2\cos(x/2)\sin(t/2), & t<x\le t \end{cases}$

10.1.5 다음 방정식에 대하여 경계조건 $y(0)=0,\ y(1)=0$에 구속되는 그린 함수를 구성하시오.

$$x^2\frac{d^2y}{dx^2}+x\frac{dy}{dx}+(k^2x^2-1)y=0$$

10.1.6 다음에 주어진 식과 $G(\pm 1,\ t)$가 유한함을 써서 이 절에서 배운 방법으로는 그린 함수를 구성할 수 없음을 보이시오.

$$\mathcal{L}=(1-x^2)\frac{d^2}{dx^2}-2x\frac{d}{dx}$$

[참고] $x<t,\ x>t$의 영역에 $\mathcal{L}=0$의 해들은 선형 독립임을 기억하라.

10.1.7 다음 방정식의 그린 함수를 구하시오.

$$\frac{d^2\psi}{dt^2}+k\frac{d\psi}{dt}=f(t)$$

구속받는 초기 조건은 $\psi(0)=\psi'(0)=0$이고, $f(t)=\exp(-t)(t>0)$에 대하여 이 상미분 방정식을 푸시오.

10.1.8 그린 함수가 다음 상미분 방정식의 나가는 파동을 줌을 증명하시오.

$$G(x,\ x')=-\frac{i}{2k}\exp(ik|x-x'|)$$

$$\left(\frac{d^2}{dx^2}+k^2\right)\psi(x)=g(x)$$

[참고] 예제 10.1.3과 비교하라.

10.1.9 변형 헬름홀츠 방정식에 대한 1차원 그린 함수를 구성하시오.

$$\left(\frac{d^2}{dx^2}-k^2\right)\psi(x)=f(x)$$

경계조건은 그린 함수가 $x\to\infty$, $x\to-\infty$에 대하여 사라지는 것이다.

답. $G(x_1,\ x_2)=-\dfrac{1}{2k}\exp(-k|x_1-x_2|)$

10.1.10 그린 함수의 고유함수 전개로부터 다음을 보이시오.

(a) $\dfrac{2}{\pi^2}\displaystyle\sum_{n=1}^{\infty}\frac{\sin n\pi x\sin n\pi t}{n^2}=\begin{cases}x(1-t), & 0\le x<t\\ t(1-x), & t<x\le 1\end{cases}$

(b) $\dfrac{2}{\pi^2}\displaystyle\sum_{n=0}^{\infty}\frac{\sin\left(n+\frac{1}{2}\right)\pi x\,\sin\left(n+\frac{1}{2}\right)\pi t}{\left(n+\frac{1}{2}\right)^2}=\begin{cases}x, & 0\le x<t\\ t, & t<x\le 1\end{cases}$

10.1.11 다음에 해당하는 적분 방정식을 유도하시오.

$$y''(x)-y(x)=0,\qquad y(1)=1,\qquad y(-1)=1$$

(a) 적분 두 번 실시

(b) 그린 함수 구성

답. $y(x)=1-\displaystyle\int_{-1}^{1}K(x,\ t)y(t)dt$

$$K(x,\ t)=\begin{cases}\frac{1}{2}(1-x)(t+1), & x>t\\ \frac{1}{2}(1-t)(t+1), & x<t\end{cases}$$

10.1.12 상수 계수를 가진 일반적인 2계 선형 상미분 방정식은 다음과 같다.

$$y''(x)+a_1y'(x)+a_2y(x)=0$$

주어진 경계조건 $y(0)=y(1)=0$에 대해 적분을 두 번 실시하고 다음 적분 방정식을 구성하시오.

$$y(x) = \int_0^1 K(x,\ t)\, y(t) dt$$

$$K(x,\ t) = \begin{cases} a_2 t(1-x) + a_1(x-1), & t < x \\ a_2 x(1-t) + a_1 x, & x < t \end{cases}$$

$a_1 = 0$이면 $K(x,\ t)$는 대칭적이고 연속적임을 기억하라. 상미분 방정식의 자기수반형 작용과 어떻게 관련되는가?

10.1.13 다음 상미분 방정식을 변형하여 다음 적분 방정식 형태로 바꾸시오. 경계조건은 $y(0) = y(\infty) = 0$이다.

$$\frac{d^2 y(r)}{dr^2} - k^2 y(r) + V_0 \frac{e^{-r}}{r} y(r) = 0$$

$$y(r) = -V_0 \int_0^\infty G(r,\ t) \frac{e^{-t}}{t} y(t)\, dt$$

양 V_0, k^2은 상수이다. 상미분 방정식은 다음 중간자 퍼텐셜의 슈뢰딩거 파동 방정식으로부터 유도된다.

$$G(r,\ t) = \begin{cases} -\dfrac{1}{k} e^{-kt} \sinh kr, & 0 \le r < t \\ -\dfrac{1}{k} e^{-kr} \sinh kt, & t < r < \infty \end{cases}$$

10.2 2차원과 3차원 문제

■ 기본 특징

불행히도 1차원 그린 함수의 분석의 자세한 내용 모두는 아니지만, 더 높은 차원의 문제로 원리가 확장된다. 여기서는 $\mathcal{L}$이 2차원 또는 3차원에서 2계 선형 미분 방정식의 경우의 일반적으로 만족하는 성질들을 요약하고자 한다.

1. 동차 편미분 방정식 $\mathcal{L}\psi(r_1) = 0$과 **경계조건**은 **그린 함수** $G(\mathbf{r}_1,\ \mathbf{r}_2)$를 정의하며 **관련 경계조건에 종속되는** 다음 편미분 방정식의 해이다.

$$\mathcal{L}G(\mathbf{r}_1,\ \mathbf{r}_2) = \delta(\mathbf{r}_1 - \mathbf{r}_2)$$

2. 비동차 편미분 방정식 $\mathcal{L}\psi(\mathbf{r}) = f(\mathbf{r})$는 위 1항의 경계조건에 종속되는 해를 갖는다.

$$\psi(\mathbf{r}_1) = \int G(\mathbf{r}_1,\ \mathbf{r}_2) f(\mathbf{r}_2) d^3 r_2$$

   여기서 적분은 문제와 관련된 전 공간 적분이다.

3. $\mathcal{L}$과 경계조건이 고유함수가 $\varphi_n(\mathbf{r})$, 고윳값이 λ_n인 에르미트 고윳값 문제 $\mathcal{L}\psi = \lambda\psi$ 라면

   - $G(\mathbf{r}_1,\ \mathbf{r}_2)$는 대칭이며 이런 의미에서

$$G(\mathbf{r}_1,\ \mathbf{r}_2) = G^*(\mathbf{r}_2,\ \mathbf{r}_1)\text{이며}$$

   - $G(\mathbf{r}_1,\ \mathbf{r}_2)$는 고유함수 전개를 갖는다.

$$G(\mathbf{r}_1,\ \mathbf{r}_2) = \sum_n \frac{\varphi_n^*(\mathbf{r}_2)\varphi_n(\mathbf{r}_1)}{\lambda_n}$$

4. $G(\mathbf{r}_1,\ \mathbf{r}_2)$는 $\mathbf{r}_1 \neq \mathbf{r}_2$인 모든 점에서 연속적이고 미분할 수 있다. $\mathbf{r}_1 = \mathbf{r}_2$에서 엄격한 의미에서 연속성을 요구할 수 없다(그린 함수는 그곳에서 무한하게 될 수 있기 때문이다). 그러나 G가 $\mathbf{r}_1 = \mathbf{r}_2$는 포함하지는 않지만, 주변 영역에서 연속인 더 약한 조건을 가질 수도 있다. G는 1계 도함수에서 더 심각한 특이점을 포함할 수도 있어서 $\mathcal{L}$에서 2계 도함수는 델타 함수 특이점의 특성을 생성하고 이는 위 1항에 나타내었다.

1차원 경우에서 가져오지 않는 것은 여러 문제에 대한 그린 함수를 구성하는 데 직접 사용한 공식들이다.

■ 자기수반형 문제들

1차원 이상의 경우 다음의 형태를 가진 2계 미분 방정식은 자기수반적이다.

$$\mathcal{L}\psi(\mathbf{r}) = \nabla \cdot [p(\mathbf{r})\nabla\psi(\mathbf{r})] + q(\mathbf{r})\psi(\mathbf{r}) = f(\mathbf{r}) \tag{10.33}$$

여기서 $p(\mathbf{r})$와 $q(\mathbf{r})$는 실수이다. 이 연산자는 경계조건이 $\langle\varphi|\mathcal{L}\psi\rangle = \langle\mathcal{L}\varphi|\psi\rangle$인 에르미트이다(연습문제 10.2.2 참고).

에르미트 문제로 보고 다음 스칼라곱을 고려하자.

$$\langle G(\mathbf{r},\ \mathbf{r}_1) \mid \mathcal{L}\, G(\mathbf{r},\ \mathbf{r}_2) \rangle = \langle \mathcal{L} G(\mathbf{r},\ \mathbf{r}_1) \mid G(\mathbf{r},\ \mathbf{r}_2) \rangle \tag{10.34}$$

여기서 스칼라곱과 $\mathcal{L}$은 모두 변수 $\mathbf{r}$에 관하고 에르미트 성질은 등호에 관한다. $\mathbf{r}_1$과 $\mathbf{r}_2$는 임의의 점들이다. $\mathcal{L}G$는 델타 함수를 준다는 것을 기억하면 식 (10.34)의 좌변으로부터 다음을 얻는다.

$$\langle G(\mathbf{r},\ \mathbf{r}_1) \mid \mathcal{L}\, G(\mathbf{r},\ \mathbf{r}_2) \rangle = \langle G(\mathbf{r},\ \mathbf{r}_1) \mid \delta(\mathbf{r}-\mathbf{r}_2) \rangle = G^*(\mathbf{r}_2,\ \mathbf{r}_1) \tag{10.35}$$

하지만 식 (10.34)의 우변으로부터는

$$\langle \mathcal{L} G(\mathbf{r},\ \mathbf{r}_1) \mid G(\mathbf{r},\ \mathbf{r}_2) \rangle = \langle \delta(\mathbf{r}-\mathbf{r}_1) \mid G(\mathbf{r},\ \mathbf{r}_2) \rangle = G(\mathbf{r}_1,\ \mathbf{r}_2) \tag{10.36}$$

이다. 식 (10.35)와 (10.36)을 식 (10.34)에 대입하여 대칭 조건 $G(\mathbf{r}_1,\ \mathbf{r}_2) = G^*(\mathbf{r}_2,\ \mathbf{r}_1)$을 다시 얻는다.

■ 고유함수 전개

1차원 에르미트 문제에서 에르미트 그린 함수는 고유함수 전개로 쓸 수 있음을 보았다. 경계조건을 가진 $\mathcal{L}$이 정규화된 고유함수 $\varphi_n(\mathbf{r})$, 그리고 이에 대응하는 고윳값 λ_n을 가진다면 전개는 다음과 같은 형태를 갖는다.

$$G(\mathbf{r}_1,\ \mathbf{r}_2) = \sum_n \frac{\varphi_n^*(\mathbf{r}_2)\varphi_n(\mathbf{r}_1)}{\lambda_n} \tag{10.37}$$

좀 더 일반적인 방정식을 고려하는 것이 유용할 것이다.

$$\mathcal{L}\psi(\mathbf{r}_1) - \lambda\psi(\mathbf{r}_1) = \delta(\mathbf{r}_2 - \mathbf{r}_1) \tag{10.38}$$

여기서 λ는 ($\mathcal{L}$의 고윳값이 아닌) 매개변수다. 좀 더 일반적인 경우로 식 (10.38)의 좌변 전체의 그린 함수를 주는 φ_n을 이용한 전개는 다음 공식과 같다.

$$G(\mathbf{r}_1,\ \mathbf{r}_2) = \sum_n \frac{\varphi_n^*(\mathbf{r}_2)\varphi_n(\mathbf{r}_1)}{\lambda_n - \lambda} \tag{10.39}$$

식 (10.39)는 매개변수 λ가 어떤 $\mathcal{L}$의 고윳값과 같지 않다면 잘 정의된다.

■ 그린 함수의 형태

1차원 이상의 공간에서 고찰하고자 하는 영역을 두 구간으로 나눌 수 없는데 한 점 한 점(여기서는 $\mathbf{r}_2$로 지정)의 각 면에 하나씩, 각 구간에서 동차 방정식의 해를 그것의 바깥쪽 경계에 적절한 동차 방정식에 대한 해답이다. 훨씬 풍성한 접근방법으로 어떤 특히 편리한 경계조건에 종속된 연산자 $\mathcal{L}$의 그린 함수를 종종 얻을 수 있고, 후속으로 실제 고려 중인 경계조건에 적용할 필요가 있는 동차 방정식 $\mathcal{L}\psi(\mathbf{r})=0$의 어떤 해에도 더할 수 있다. 이 접근법은 동차 방정식에 대한 어떤 해의 추가가 그린 함수의 연속성(또는 비연속성) 성질에 영향을 미치지 않으므로 분명히 정당하다.

먼저 무한대에서 G가 0인 경계조건을 가진 3차원 라플라스 연산자를 고려한다. 따라서 다음 비동차 편미분 방정식의 해를 찾고자 한다.

$$\nabla_1^2 G(\mathbf{r}_1, \mathbf{r}_2)=\delta(\mathbf{r}_1-\mathbf{r}_2) \tag{10.40}$$

여기서 $\lim_{r_1\to\infty} G(\mathbf{r}_1, \mathbf{r}_2)=0$이다. ∇에 아래 첨자 '1'을 덧붙였는데 $\mathbf{r}_1$에 작용하지 $\mathbf{r}_2$에 작용하지 않는다. 경계조건은 구대칭이며 $\mathbf{r}_1$과 $\mathbf{r}_2$로부터 무한히 떨어진 거리에서 $G(\mathbf{r}_1, \mathbf{r}_2)$는 단지 $r_{12}=|\mathbf{r}_1-\mathbf{r}_2|$의 함수이다.

식 (10.40)을 푸는 첫 과정은 $\mathbf{r}_2$가 중심인 반지름 a인 구의 부피에 대하여 적분을 하는 것이다.

$$\int_{r_{12}<a} \nabla_1 \cdot \nabla_1 G(\mathbf{r}_1, \mathbf{r}_2) d^3r_1 = 1 \tag{10.41}$$

여기서 우변은 델타 함수의 성질을 이용하여 단순화시켰고 좌변은 가우스 정리를 적용하기 맞게 표현하였다. 이제 식 (10.41)의 좌변에 가우스 정리를 적용하면 다음에 도달한다.

$$\int_{r_{12}=a} \nabla_1 G(\mathbf{r}_1, \mathbf{r}_2)\cdot d\boldsymbol{\sigma}_1 = 4\pi a^2 \left.\frac{dG}{dr_{12}}\right|_{r_{12}=a} = 1 \tag{10.42}$$

식 (10.42)는 모든 값의 a에 대하여 만족해야 하며 다음이 필요하다.

$$\frac{d}{dr_{12}} G(\mathbf{r}_1, \mathbf{r}_2)=\frac{1}{4\pi r_{12}^2}$$

이 식을 적분하여 다음을 얻는다.

$$G(\mathbf{r}_1, \mathbf{r}_2)=-\frac{1}{4\pi}\frac{1}{|\mathbf{r}_1-\mathbf{r}_2|} \tag{10.43}$$

G가 무한대에서 0이기 때문에 적분 상수를 더할 필요가 없다.

이 시점에서 $G(\mathbf{r}_1, \mathbf{r}_2)$의 부호는 그린 함수의 미분 연산자와 관련된 부호에 의존한다는 점에 유의할 필요가 있다. 일부 교재(이 책의 이전 판 포함)는 G를 음의 델타 함수에 의해 생성된 것으로 정의했으므로 식 (10.43)은 $+\nabla^2$와 관련될 때 음의 부호가 필요하지 않다. 물론 G의 부호가 바뀌면 물리적 결과에 모호함이 없어야 한다. G의 부호의 변화는 미분 방정식의 비동차 항과 결합된 적분 부호의 변화를 수반하기 때문이다.

식 (10.43)의 그린 함수는 무한대에서 $G=0$인 무한계에만 적합할 것이다. 하지만 이미 언급했듯이, 동차 방정식에 적절한 해를 추가함으로써 다른 문제의 그린 함수로 변환될 수 있다(이 경우 라플라스 방정식). 이렇게 하는 것이 다양한 문제에 대한 합리적인 출발점이기 때문에, 식 (10.43)에서 주어진 형태는 때때로 라플라스의 방정식(3차원)의 **기본** 그린 함수라고도 한다.

무한한 영역의 2차원 라플라스 연산자에 대하여 해석을 원형 좌표 $\vec{\boldsymbol{\rho}}=(\rho, \varphi)$를 써서 반복해보자. 식 (10.41)의 적분은 곧 원의 영역이고 식 (10.42)의 2차원 형태는 다음과 같이 된다.

$$\int_{\rho_{12}=a} \nabla_1 G(\boldsymbol{\rho}_1, \boldsymbol{\rho}_2) \cdot d\boldsymbol{\sigma}_1 = 2\pi a \left.\frac{dG}{d\rho_{12}}\right|_{\rho_{12}=a} = 1$$

이 식은 다음이 되고

$$\frac{d}{d\rho_{12}} G(\boldsymbol{\rho}_1, \boldsymbol{\rho}_2) = \frac{1}{2\pi\rho_{12}},$$

이 식은 다음의 부정 적분이 된다.

$$G(\boldsymbol{\rho}_1, \boldsymbol{\rho}_2) = \frac{1}{2\pi} \ln|\boldsymbol{\rho}_1 - \boldsymbol{\rho}_2| \tag{10.44}$$

식 (10.44)의 형태는 무한대에서 발산한다. 하지만 그런데도 2차원 기본 그린 함수로 간주할 수 있다. 하지만 일반적으로 특정 문제에 맞는 형태를 얻기 위해 2차원 라플라스 방정식의 해에 적당한 해를 더할 수 있을지 주목해야 한다.

위의 해석은 2차원 라플라스 방정식에 대한 그린 함수는 3차원과 좀 다르다는 것을 보여준다. 이런 관찰은 평탄한 세상(2차원)의 물리학과 실제(3차원) 물리학 사이의 실질적 차이가 있다는 사실을 예시한다. 후자가 한 방향의 병진 대칭에 적용되는 문제인 경우조차 그러하다.

또한 그린 함수의 대칭성은 $\mathbf{r}_2$의 소스가 만들어낸 결과인 $\mathbf{r}_1$에서 퍼텐셜이 $\mathbf{r}_1$의 비슷한 소스가 $\mathbf{r}_2$에 만드는 퍼텐셜과 같다는 것에 해당한다는 것을 생각하기에 좋은 시점인 것 같다. 이 성질은 그 정의가 그린 함수를 에르미트 연산자로 만드는 한, 계속 성립한다.

이 방정식들은 자주 나타나기 때문에 2차원과 3차원 헬름홀츠, 변형 헬름홀츠 방정식의 그린 함수는 매우 유용하다(1차원 그린 함수는 예제 10.1.3과 연습문제 10.1.9에서 도입). 헬름홀츠 방정식은 나가는 파동에 해당하는 경계조건을 잡으면 편리한 기본형을 가지는데,

표 10.1 기본 그린 함수들[a]

	라플라스 ∇^2	헬름홀츠[b] ∇^2+k^2	변형 헬름홀츠[c] ∇^2-k^2
1차원	$\frac{1}{2}\lvert x_1-x_2\rvert$	$-\frac{i}{2k}\exp(ik\lvert x_1-x_2\rvert)$	$-\frac{1}{2k}\exp(-k\lvert x_1-x_2\rvert)$
2차원	$\frac{1}{2\pi}\ln\lvert\boldsymbol{\rho}_1-\boldsymbol{\rho}_2\rvert$	$-\frac{i}{4}H_0^{(1)}(k\lvert\boldsymbol{\rho}_1-\boldsymbol{\rho}_2\rvert)$	$-\frac{1}{2\pi}K_0(k\lvert\boldsymbol{\rho}_1-\boldsymbol{\rho}_2\rvert)$
3차원	$-\frac{1}{4\pi}\frac{1}{\lvert\mathbf{r}_1-\mathbf{r}_2\rvert}$	$-\frac{\exp(ik\lvert\mathbf{r}_1-\mathbf{r}_2\rvert)}{4\pi\lvert\mathbf{r}_1-\mathbf{r}_2\rvert}$	$-\frac{\exp(-k\lvert\mathbf{r}_1-\mathbf{r}_2\rvert)}{4\pi\lvert\mathbf{r}_1-\mathbf{r}_2\rvert}$

[a] 경계조건: 헬름홀츠 방정식, 나가는 파동; 변형 헬름홀츠 방정식과 3차원 라플라스 방정식, 무한대에서 $G\to 0$; 1차원과 2차원 라플라스 방정식, 임의적

[b] H_0^1은 한켈 함수, 12.7절.

[c] K_0은 변형 베셀 함수, 12.8절.

점근 r 의존성은 $\exp(+ikr)$ 형태를 가져야 함을 의미한다. 변형 헬름홀츠 방정식에서 가장 편리한 경계조건(1차원, 2차원, 3차원)은 큰 r에서 모든 방향으로 0으로 감소한다. 라플라스, 헬름홀츠, 변형 헬름홀츠 연산자에 대한 1, 2, 3차원 기본 그린 함수는 표 10.1에 정리되었다.

여기서 헬름홀츠 방정식의 그린 함수를 증명하지는 않겠다. 실제로 2차원에서는 베셀 함수가 관련되고 다음 장에서 자세히 다루어진다. 하지만 3차원에서 그린 함수는 상대적으로 간단한 형태이고 올바른 결과를 준다는 것을 증명하는 것이 연습문제 10.2.4의 주제이다. 1차원 라플라스 방정식의 기본 그린 함수는 10.1절에서 유도된 공식과 비교하여 즉각 인식하지 못할 수 있다. 하지만 앞의 해석과 일관적이며 이것이 예제 10.2.1의 주제이다.

때때로 여러 좌표계의 특수한 성질을 이용한 전개로 그린 함수를 표현하는 것이 유용하다. **구면 그린 함수**(spherical Green's function)라 하는 것은 구면 극 좌표계 전개의 반지름 부분이다. 여기서는 그린 함수가 2개의 영역을 가지고 있음을 보이고자 하는데, 도함수가 불연속인 편리한 표현이다.

$$-\frac{1}{4\pi}\frac{1}{|\mathbf{r}_1-\mathbf{r}_2|}=\sum_{l=0}^{\infty}\frac{2l+1}{4\pi}g(r_1,\ r_2)P_l(\cos\chi)$$

여기서 χ는 $\mathbf{r}_1$과 $\mathbf{r}_2$ 사이의 각이다. P_l은 르장드르 다항식이고, 구면 그린 함수 $g(r_1,\ r_2)$는 다음과 같다.

$$g_l(r_1,\ r_2)=\begin{cases}-\dfrac{1}{2l+1}\dfrac{r_1^l}{r_2^{l+1}}, & r_1<r_2\\[2ex] -\dfrac{1}{2l+1}\dfrac{r_2^l}{r_1^{l+1}}, & r_1>r_2\end{cases}$$

원통 좌표계 $(\rho,\ \varphi,\ z)$에서는 라플라스 연산자의 기본 그린 함수로 표시된 **축성 그린 함수**(axial Green's function) $g_m(\rho_1,\ \rho_2)$를 보게 되는데, 다음의 형태이다(k는 연속 매개변수).

$$G(\mathbf{r}_1,\ \mathbf{r}_2) = -\frac{1}{4\pi}\frac{1}{|\mathbf{r}_1 - \mathbf{r}_2|}$$

$$= \frac{1}{2\pi^2}\sum_{m=-\infty}^{\infty} e^{im(\varphi_1 - \varphi_2)}\int_0^{\infty} g_m(k\rho_1,\ k\rho_2)\cos k(z_1 - z_2)dk$$

여기서

$$g_m(k\rho_1,\ k\rho_2) = -I_m(k\rho_<)K_m(k\rho_>),$$

$\rho_<$와 $\rho_>$는 순서대로 ρ_1과 ρ_2의 더 작고 더 큰 값이다. 양 I_m과 K_m은 변형 베셀 함수이고 12장에 정의되어 있다. 여기서도 두 영역 특성이 있음을 주시하라.

예제 10.2.1 경계조건 공급

1차원 라플라스 방정식의 기본 그린 함수를 이용하자.

$$\frac{d^2\psi(x)}{dx^2} = 0,\quad 즉\quad G(x_1,\ x_2) = \frac{1}{2}|x_1 - x_2|$$

이 식은 특정 경계조건을 주기 위해 어떻게 방정식을 변형하는지를 예시하기 위함이다. 자주 사용되는 $x=0$와 $x=1$에서 $\psi=0$인 디리클레 조건을 가진 예로 돌아가자. 위의 G에 1차원 라플라스 방정식의 해인 $ax+b$ 형태의 f와 g로 만든 $f(x_1)g(x_2)$의 추가 항을 더하여도 G의 연속과 그것의 도함수의 불연속성은 영향을 받지 않는다.

특정한 경계조건에 대하여 그린 함수는 다음 형태가 요구된다.

$$G(x_1,\ x_2) = -\frac{1}{2}(x_1 + x_2) + x_1 x_2 + \frac{1}{2}|x_1 - x_2|$$

기본형에 더해진 연속이며 미분 가능한 항은 다음과 같은 결과를 준다.

$$G(x_1,\ x_2) = \begin{cases} -\frac{1}{2}(x_1 + x_2) + x_1 x_2 + \frac{1}{2}(x_2 - x_1) = -x_1(1 - x_2), & x_1 < x_2 \\ -\frac{1}{2}(x_1 + x_2) + x_1 x_2 + \frac{1}{2}(x_1 - x_2) = -x_2(1 - x_1), & x_2 < x_1 \end{cases}$$

이 결과는 예제 10.1.1에서 본 것과 잘 양립된다. ■

예제 10.2.2 양자역학적 산란: 보른 근사법

산란의 양자론은 그린 함수의 좋은 예시를 제공하고 그린 함수를 써서 적분 방정식을 얻을 수 있다. 산란의 물리적 상황은 다음과 같다. 입자 빔이 음의 z축을 따라 원점을 향해 운동한다. 작은 비율의 입자가 퍼텐셜 $V(\mathbf{r})$에 의하여 산란되고 외부로 나가는 구면파로 떠난다. 파동 함수 $\psi(\mathbf{r})$는 시간에 무관한 슈뢰딩거 방정식을 만족해야만 한다.

$$-\frac{\hbar^2}{2m}\nabla^2\psi(\mathbf{r})+V(\mathbf{r})\psi(\mathbf{r})=E\psi(\mathbf{r}) \tag{10.45}$$

또는

$$\nabla^2\psi(\mathbf{r})+k^2\psi(\mathbf{r})=\left[\frac{2m}{\hbar^2}V(\mathbf{r})\psi(\mathbf{r})\right], \qquad k^2=\frac{2mE}{\hbar^2} \tag{10.46}$$

위에서 보인 물리적 상황으로부터 다음 **점근** 형태의 해를 찾고자 한다.

$$\psi(\mathbf{r})\sim e^{i\mathbf{k}_0\cdot\mathbf{r}}+f_k(\theta,\ \varphi)\frac{e^{ikr}}{r} \tag{10.47}$$

여기서 파수 벡터가 $\mathbf{k}_0$인 $e^{i\mathbf{k}_0\cdot\mathbf{r}}$는 입사파이며[2] 아래 첨자 0은 $\theta=0$(z축) 방향임을 나타낸다. 항 e^{ikr}/r은 각운동량과 에너지에 의존하는 진폭 인자 $f_k(\theta,\ \varphi)$[3]를 가진 나가는 구면파이며 $1/r$은 지름 방향 의존성으로 r에 무관한 점근 총 선속을 준다. 이것은 산란 퍼텐셜 $V(\mathbf{r})$이 큰 r에서 무시할 수 있다는 사실의 결과이다.

식 (10.45)는 산란 중심의 내부 구조나 가능한 운동에 대한 것은 하나도 포함하지 않으므로 **탄성 산란**을 표시할 뿐이다. 따라서 입사파의 파수 벡터 $\mathbf{k}_0$는 산란파와 같은 진폭 k를 가져야 한다. 양자역학 교재에서 **산란 단면적**이라 하는 미분 산란 확률을 나타내며 $|f_k(\theta,\ \varphi)|^2$로 주어진다.

이제 식 (10.46)을 풀어 $\psi(r)$를 얻고 산란 단면적을 구하고자 한다. 접근방법은 식 (10.46)의 좌변의 연산자에 대한 그린 함수를 이용하여 해를 나타내는 것으로 시작하는데, 방정식은 $(2m/\hbar^2)V(\mathbf{r})\psi(\mathbf{r})$ 형태의 비동차 항을 가지고 있는 다음의 적분 방정식을 얻는다.

$$\psi(\mathbf{r}_1)=\int\frac{2m}{\hbar^2}V(\mathbf{r}_2)\psi(\mathbf{r}_2)G(\mathbf{r}_1,\ \mathbf{r}_2)d^3r_2 \tag{10.48}$$

---

2 간단히 하기 위해, 연속적인 입사빔을 가정한다. 더 복잡하고 더 실제적으로 다룬다면 식 (10.47)은 파동 묶음의 한 성분이 될 것이다.

3 만약 $V(\mathbf{r})$가 중심력을 대표한다면 f_k는 방위각 φ에 독립이고, θ만의 함수가 된다.

표 10.1의 헬름홀츠 방정식에 대한 그린 함수 기본형을 이용하고자 한다. 요구되는 점근 형태 $\exp(ikr)/r$ 부분을 다시 사용하고자 한다. 하지만 입사파 항은 없다. 따라서 중간 공식, 식 (10.48)의 우변에 $\exp(i\vec{\mathbf{k}}_0 \cdot \vec{\mathbf{r}})$를 더하여 변형하게 되는데, 이 양이 동차 헬름홀츠 방정식의 해이기 때문에 정당하다. 이 접근방법은 다음을 얻는다.

$$\psi(\mathbf{r}_1) = e^{i\mathbf{k}_0 \cdot \mathbf{r}_1} - \int \frac{2m}{\hbar^2} V(\mathbf{r}_2)\psi(\mathbf{r}_2) - \frac{e^{ik|\mathbf{r}_1 - \mathbf{r}_2|}}{4\pi|\mathbf{r}_1 - \mathbf{r}_2|} d^3 r_2 \tag{10.49}$$

원래의 슈뢰딩거 파동 방정식의 적분 방정식 형태는 **정확하다**. 이 식은 **리프먼-슈윙거 방정식**(Lippmann-Schwinger equation)이라 하며 양자역학적 산란 현상 연구에 중요한 출발점이다.

추후에 식 (10.49)와 같은 적분 방정식의 해법을 연구할 것이다. 하지만 산란하지 않은 진폭의 특수한 경우

$$\psi_0(\mathbf{r}_1) = e^{i\mathbf{k}_0 \cdot \mathbf{r}_1} \tag{10.50}$$

이며, 이는 우세한 해이다. 적분 기호 안의 $\psi(\mathbf{r}_2)$를 $\psi_0(\mathbf{r}_2)$로 바꾸는 것은 괜찮은 근사이며 다음을 얻는다.

$$\psi_1(\mathbf{r}_1) = e^{i\mathbf{k}_0 \cdot \mathbf{r}_1} - \int \frac{2m}{\hbar^2} V(\mathbf{r}_2) \frac{e^{ik|\mathbf{r}_1 - \mathbf{r}_2|}}{4\pi|\mathbf{r}_1 - \mathbf{r}_2|} e^{i\mathbf{k}_0 \cdot \mathbf{r}_2} d^3 r_2 \tag{10.51}$$

이 식은 유명한 **보른 근사**(Born approximation)이다. 약한 퍼텐셜, 높은 입사 에너지의 경우에 매우 정확하다. ■

연습문제

10.2.1 1차원 라플라스 방정식에 기본 그린 함수는 $|x_1 - x_2|/2$임을 보이시오. 예제 10.1.1에서 보인 형태와 일관적이다.

10.2.2 $\mathcal{L}\psi(\mathbf{r}) \equiv \nabla \cdot [p(\mathbf{r})\nabla\psi(\mathbf{r})] + q(\mathbf{r})\psi(\mathbf{r})$이면 $p(\mathbf{r})$, $q(\mathbf{r})$에 대해 $\mathcal{L}$은 에르미트임을 보이시오. 영역의 경계에서 디리클레 경계조건과 스칼라곱은 단위 가중치의 주어진 영역 위에서 적분이다.

10.2.3 헬름홀츠 연산자의 항 $+k^2$와 변형 헬름홀츠 연산자의 항 $-k^2$은 특이점 $\mathbf{r}_1 = \mathbf{r}_2$ 근방에서 $G(\mathbf{r}_1, \mathbf{r}_2)$의 거동에 영향을 미치지 않음을 보이시오. 구체적으로 다음을 보이시오.

$$\lim_{|\mathbf{r}_1 - \mathbf{r}_2| \to 0} \int k^2 G(\mathbf{r}_1, \mathbf{r}_2) d^3 r_2 = -1$$

10.2.4 다음 함수가 적당한 기준을 만족하고 따라서 헬름홀츠 방정식의 그린 함수임을 보이시오.

$$-\frac{\exp(ik|\mathbf{r}_1 - \mathbf{r}_2|)}{4\pi|\mathbf{r}_1 - \mathbf{r}_2|}$$

10.2.5 3차원 헬름홀츠 방정식에 대한 그린 함수를 구하시오. 파동이 정상파이면 연습문제 10.2.4의 경우이다.

10.2.6 표 10.1에 주어진 변형 헬름홀츠 방정식의 3차원 그린 함수 공식을 증명하시오. 이 식은 문제의 경계조건은 G가 0이 될 때 올바르다.

10.2.7 정전기 퍼텐셜(MKS 단위)은 다음과 같다.

$$\varphi(\mathbf{r}) = \frac{Z}{4\pi\varepsilon_0} \frac{e^{-ar}}{r}$$

이 퍼텐셜을 주는 전하 분포를 구성하시오. $\varphi(r)$가 큰 r에서는 지수함수적으로 사라지는 것을 주목하여 알짜 전하는 0이 됨을 보이시오.

답. $\rho(r) = Z\delta(r) - \frac{Za^2}{4\pi} \frac{e^{-ar}}{r}$

❖ 더 읽을 거리

Byron, F. W., Jr., and R. W. Fuller, *Mathematics of Classical and Quantum Physics*. Reading, MA: Addison-Wesley (1969), reprinting, Dover (1992). This book contains nearly 100 pages on Green's functions, starting with some good introductory material.

Courant, R., and D. Hilbert, *Methods of Mathematical Physics*, Vol. 1 (English edition). New York: Interscience (1953). This is one of the classic works of mathematical physics. Originally published in German in 1924, the revised English edition is an excellent reference for a rigorous treatment of integral equations, Green's functions, and a wide variety of other topics on mathematical physics.

Jackson, J. D., *Classical Electrodynamics*, 3rd ed. New York: Wiley (1999). Contains applications to electro-magnetic theory.

Morse, P. M., and H. Feshbach, *Methods of Theoretical Physics*, 2 vols. New York: McGraw-Hill (1953). Chapter 7 is a particularly detailed, complete discussion of

Green's functions from the point of view of mathematical physics. Note, however, that Morse and Feshbach frequently choose a source of $4\pi\delta(\mathbf{r}-\mathbf{r}')$ in place of our $\delta(\mathbf{r}-\mathbf{r}')$. Considerable attention is devoted to bounded regions.

Stakgold, I., *Green's Functions and Boundary Value Problems.* New York: Wiley (1979).

CHAPTER 11

복소 변수 이론

허수는 신의 영혼의 아름다운 투쟁이다. 이들은 실제와 비실제 간의 양서류에 가깝다.

—빌헬름 폰 라이프니츠, 1702

이제 복소 변수 이론을 공부해보자. 이 영역에서 해석의 모든 영역에서 가장 강력하고 폭넓게 유용한 방법을 발전시켜보자. 최소한 부분적으로 복소 변수가 중요한 이유를 보기 위해 몇 응용영역에 대하여 간략히 언급하고자 한다.

1. 2차원에서 라플라스 방정식의 해로서 전기 퍼텐셜은 복소수 함수의 실수(또는 허수) 부분으로 나타낼 수 있고 이런 인식은 복소 변수 이론의 다양한 면을 이용하도록(특히 등각 사상) 하여 정전기 문제의 넓고 다양한 형식적 해를 얻을 수 있다.
2. 양자역학의 시간 의존 슈뢰딩거 방정식은 허수 단위 i를 포함하며 따라서 해는 복소수이다.
3. 9장에서 물리학의 방정식은 2계 미분 방정식으로 급수해로 풀릴 수 있음을 보았다. 이러한 급수는 복소평면에서도 변수 x를 복소 변수 z로 치환하여 사용할 수 있다. 주어진 z_0에서 해 $f(z)$ 의존성은 다른 점에서의 해의 거동에 대한 많은 통찰력을 주고 해의 거동과 해가 유효한 영역으로 확장하는 도구(해석 접속)를 제공한다.
4. 매개변수 k를 실수에서 허수($k \to ik$)로 변환하여 헬름홀츠 방정식을 시간에 무관한 확산 방정식으로 변형할 수 있다. 이와 같은 변환은 구면 삼각함수와 쌍곡선 삼각함수를 연결하여 베셀 함수를 **변형** 베셀 함수로 바꾸어 피상적으로는 다른 함수 간의 비슷한 연결성을 제공한다.
5. 복소평면에서 적분은 매우 다양하고 유용하게 응용된다.

   - 정적분과 무한급수 계산
   - 멱급수의 역전
   - 무한곱의 형성
   - 변수의 값이 클 때 미분 방정식의 해 구하기(점근해)
   - 잠재적 진동계의 안전성 조사
   - 적분 변환의 역전

6. 원래 실수였던 많은 물리량이 단순한 물리적 이론이 더 일반적으로 된 것처럼 복소수화되었다. 빛의 실수 굴절률은 흡수가 포함되면 복소수가 된다. 에너지 준위의 실수 에너지도 에너지 준위의 유한한 수명이 고려되면 복소수가 된다.

11.1 복소 변수와 함수

(1장에서) 복소수 $z = x + iy$를 두 실수 x와 y의 순서쌍으로 정의하였음을 보았다. 그 장의 복소수의 산술 연산의 규칙을 복습하고 복소수 z의 **켤레 복소수** z^*를 확인하고 **아르강 다이어그램**(복소평면)을 그 목적을 위해 복소수의 직각좌표와 극 좌표 표현을 논의하였다. 극 좌표 표현 $z = re^{i\theta}$에서 r(복소수의 크기)는 **모듈러스**라고 하고 θ는 **편각**이라 한다. $e^{i\theta}$는 다음의 중요한 방정식을 만족함을 증명하였다.

$$e^{i\theta} = \cos\theta + i\sin\theta \tag{11.1}$$

방정식은 실수 θ에 대하여 $e^{i\theta}$는 단위크기이고, 따라서 단위원 상에 존재하고 실수축과 각도 θ를 이룬다.

이 장의 초점은 복소 변수와 해석적 성질에 관한 것이다. z가 실수이면 실수와 복소 정의가 일치되는 실함수 $f(x)$의 x 전개처럼 복소 함수 $f(z)$가 z의 급수해 전개되도록 정의하였음을 주목하였다. 또한 극 좌표 표현 $z = re^{i\theta}$을 이용하여 복소수 양의 멱과 근을 계산하는 방법이 명확해졌음을 보였다. 특히 양과 음의 정수 n에 대하여 $\exp(2n\pi i) = 1$인 사실에서 분수 멱의 근은 복소 정의역에서 **다가**(multivalued) 함수가 됨을 보았다. 따라서 $z^{1/2}$가 2개의 값을 가짐을 보았다(양의 실수 x에 대하여 $\pm\sqrt{x}$를 갖는 것은 놀랍지 않다). 하지만 $z^{1/m}$가 m개의 서로 다른 복소수 값을 가짐을 알았다. 복소수 값으로 확장하면 로그 또한 다음처럼 다가 함수가 된다.

$$\ln z = \ln(re^{i\theta}) = \ln r + i(\theta + 2n\pi) \tag{11.2}$$

여기서 n은 어떤 양 또는 음의 정수(0 포함)이다.

필요하면 1.8절을 다시 읽어서 언급한 주제를 복습해야 한다.

11.2 코시-리만 조건

복소 변수의 함수를 구성하였으니 이제 이들의 미분으로 가보자. z로 극한은 특정 접근과 **관계없다면** $f(z)$의 도함수는 실함수처럼 다음과 같이 정의된다.

$$\lim_{\delta z\to 0}\frac{f(z+\delta z)-f(z)}{(z+\delta z)-z}=\lim_{\delta z\to 0}\frac{\delta f(z)}{\delta z}=\frac{df}{dz}=f'(z) \tag{11.3}$$

실변수에 대해서 우극한(위로부터 $x \to x_0$)과 좌극한(아래로부터 $x \to x_0$)은 $x=x_0$에서 $df(x)/dx$와 같아야 한다. 이제 z(또는 z_0) 평면의 한 점에서 극한은 접근 방향과 무관하다는 요구조건은 매우 제약적이다.

변수 x와 y의 변화 δx와 δy를 차례로 생각하자. 이때

$$\delta z=\delta x+i\delta y \tag{11.4}$$

이다. 또한 $f=u+iv$라 쓰면

$$\delta f=\delta u+i\delta v \tag{11.5}$$

이다. 따라서

$$\frac{\delta f}{\delta z}=\frac{\delta u+i\delta v}{\delta x+i\delta y} \tag{11.6}$$

이다. 그림 11.1에서 나타낸 것처럼 식 (11.3)의 극한은 두 서로 다른 접근으로 잡을 수 있다. 먼저 $\delta y=0$, $\delta x \to 0$이라 하면 식 (11.3)은

$$\lim_{\delta z\to 0}\frac{\delta f}{\delta z}=\lim_{\delta x\to 0}\left(\frac{\delta u}{\delta x}+i\frac{\delta v}{\delta x}\right)=\frac{\partial u}{\partial x}+i\frac{\partial v}{\partial x} \tag{11.7}$$

이다. 여기서 편미분 도함수가 존재한다고 가정하였다. 두 번째 접근은 $\delta x=0$으로 놓고 $\delta y \to 0$이라 하면 다음과 같이 된다.

$$\lim_{\delta z\to 0}\frac{\delta f}{\delta z}=\lim_{\delta y\to 0}\left(-i\frac{\delta u}{\delta y}+\frac{\delta v}{\delta y}\right)=-i\frac{\partial u}{\partial y}+\frac{\partial v}{\partial y} \tag{11.8}$$

$df(z)/dz$를 가지려면 식 (11.7)과 (11.8)은 같아야 한다. 실수 부분은 실수 부분과 허수 부분은 허수 부분끼리 같게 놓으면(벡터의 성분들처럼) 다음을 얻는다.

$$\frac{\partial u}{\partial x}=\frac{\partial v}{\partial y}, \qquad \frac{\partial u}{\partial y}=-\frac{\partial v}{\partial x} \tag{11.9}$$

이것이 유명한 **코시-리만**(Cauchy-Riemann) 조건이다. 코시에 의하여 발견되고 리만이 자신의 복소 변수 이론으로 발전시키며 널리 사용되었다. 이 코시-리만 조건은 $f(z)$의 도함수 존재에 필요하다. 즉 $df(z)/dz$가 존재하려면 코시-리만 조건이 성립하여야 한다.

역으로 코시-리만 조건이 만족하고 $u(x, y)$와 $v(x, y)$의 편미분 도함수가 연속이려면 $df(z)/dz$가 존재해야 한다. 이를 보이기 위해 다음과 같이 쓴다.

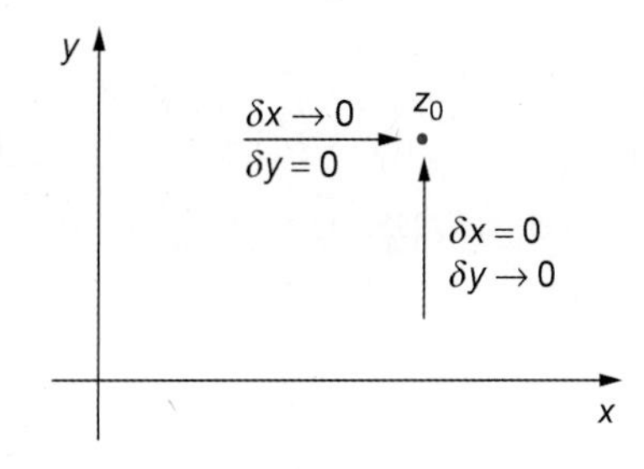

그림 11.1 서로 다른 z_0에로 접근

$$\delta f = \left(\frac{\partial u}{\partial x} + i\frac{\partial v}{\partial x}\right)\delta x + \left(\frac{\partial u}{\partial y} + i\frac{\partial v}{\partial y}\right)\delta y \tag{11.10}$$

여기서 이 표현의 정당성은 u와 v의 편미분 도함수의 연속성에 의존한다. 코시-리만 방정식, 식 (11.9)를 이용하면 식 (11.10)은 다음과 같은 형태로 변형된다.

$$\delta f = \left(\frac{\partial u}{\partial x} + i\frac{\partial v}{\partial x}\right)\delta x + \left(-\frac{\partial v}{\partial x} + i\frac{\partial u}{\partial x}\right)\delta y = \left(\frac{\partial u}{\partial x} + i\frac{\partial v}{\partial x}\right)(\delta x + i\delta y) \tag{11.11}$$

$\delta x + i\delta y$를 δz로 치환하고 식 (11.11)의 좌변으로 나누면 다음을 얻는다.

$$\frac{\delta f}{\delta z} = \frac{\partial u}{\partial x} + i\frac{\partial v}{\partial x} \tag{11.12}$$

이 방정식의 우변은 δz의 방향(즉 δx와 δy의 상대적 값)에 무관하다. 방향에 의존하지 않는 것은 $df(z)/dz$의 존재 조건이다.

■ 해석 함수

$f(z)$가 미분 가능하고 복소평면의 어떤 영역에서 일가라면 그 영역에서 이 함수는 **해석적**이라고 한다.[1] 다가 함수들은 또한 특별한 영역에서 일가를 갖도록 하는 특별한 제약하에서는 해석적이 될 수 있다. 이런 경우가 매우 중요한데 11.6절에서 자세히 다룬다. $f(z)$가 유한한 복소평면 어디에서나 해석적이면 **전해석 함수**(entire function)라 한다. 복소 변수 이론은 코시-리만 조건의 중요성을 지적하는 복소 변수의 해석 함수 중 하나이다. 고급 현대 물리 이론 속의 해석 개념은 (기본 입자의) 분산 이론에 중요한 역할을 한다. $f'(z)$가 $z = z_0$에서 존재하지 않으면 z_0는 **특이점**이라 하고 이것의 의미는 곧 논의될 것이다.

코시-리만 조건을 예시하기 위하여 다음의 간단한 두 가지 예제를 보자.

1 어떤 저자들은 **홀로몰픽** 또는 **정칙**이란 용어를 쓴다.

예제 11.2.1 z^2는 해석적

$f(z)=z^2$이라 하자. $(x-iy)(x+iy)=x^2-y^2+2ixy$를 곱하고 z^2의 실수 부분과 같게 두면 $u(x, y)=x^2-y^2$이고 허수 부분은 $v(x, y)=2xy$이다. 식 (11.9)를 따르면

$$\frac{\partial u}{\partial x}=2x=\frac{\partial v}{\partial y}, \qquad \frac{\partial u}{\partial y}=-2y=-\frac{\partial v}{\partial x}$$

이다. 위에서 $f(z)=z^2$가 복소평면에서 코시-리만 조건을 따름을 본다. 편미분 도함수는 명백히 연속이므로 $f(z)=z^2$는 해석적이고 정함수이다. ■

예제 11.2.2 z^*는 해석적이지 않다.

z의 켤레 복소수 $f(z)=z^*$라 하자. 이제 $u=x$, $v=-y$이다. 코시-리만 조건을 적용하면 다음을 얻는다.

$$\frac{\partial u}{\partial x}=1\neq\frac{\partial v}{\partial y}=-1$$

코시-리만 조건은 x 또는 y의 어떤 값에서도 만족하지 않으며 $f(z)=z^*$는 어디에서도 z의 해석 함수가 아니다. $f(z)=z^*$는 연속이며 복소평면 어디에서도 미분 가능하지 않은 예가 된다. ■

실변수의 실함수의 도함수는 실질적으로 국소적 특성이며, 이 국소 근방에서만 함수에 대한 정보(예로 절단된 테일러 전개)를 제공한다. 복소 변수 함수의 도함수의 존재는 좀 더 지대한 영향을 미치며 이 중 하나는 해석 함수의 실수와 허수 부분이 각각 2차원 라플라스 방정식을 만족해야 한다는 것이다. 즉

$$\frac{\partial^2\psi}{\partial x^2}+\frac{\partial^2\psi}{\partial y^2}=0$$

이다. 위의 식을 증명하려면 먼저 식 (11.9)에서 코시-리만 방정식을 x에 대하여 미분하고 그 다음 y에 대하여 미분하여 다음을 얻는다.

$$\frac{\partial^2 u}{\partial x^2}=\frac{\partial^2 v}{\partial x\,\partial y}, \qquad \frac{\partial^2 u}{\partial y^2}=-\frac{\partial^2 v}{\partial y\,\partial x}$$

이 두 식을 결합하여 간단히 다음을 얻는다.

$$\frac{\partial^2 u}{\partial x^2}+\frac{\partial^2 u}{\partial y^2}=0 \tag{11.13}$$

식에서 $u(x, y)$는 미분 가능한 복소 함수의 실수 부분이며 라플라스 방정식을 만족함이 확실하다. $f(z)$가 미분 가능하여, 즉 $-if(z) = v(x, y) - iu(x, y)$이거나 식 (11.13)에 이르는 비슷한 과정을 인지하면 $v(x, y)$ 또한 2차원 라플라스 방정식을 만족함을 확인할 수 있다. 때때로 u와 v는 **조화함수**(harmonic function)라고 한다[중심력 문제의 각도 해로서 다음에 보게 될 **구면 조화함수**(spherical harmonic function)와 혼동하면 안 된다].

해 $u(x, y)$와 $v(x, y)$는 $u(x, y)$가 상수인 곡선과 $v(x, y)$가 상수인 곡선 간의 직교 교차의 입장에서 상보적이다. 이를 확인하고자 (x_0, y_0)가 곡선 $u(x, y) = c$ 상에 있고, 다음을 만족하면 $x_0 + dx,\ y_0 + dy$ 또한 이 곡선상에 있다.

$$\frac{\partial u}{\partial x}dx + \frac{\partial u}{\partial y}dy = 0$$

이것은 (x_0, y_0)에서 상수 u인 곡선의 기울기가 다음과 같다는 것이다.

$$\left(\frac{dy}{dx}\right)_u = \frac{-\partial u/\partial x}{\partial u/\partial y} \tag{11.14}$$

여기서 도함수는 (x_0, y_0)에서 계산된다. 비슷하게 (x_0, y_0)의 상수 v인 곡선의 기울기도 구할 수 있다.

$$\left(\frac{dy}{dx}\right)_v = \frac{-\partial v/\partial x}{\partial v/\partial y} = \frac{\partial u/\partial y}{\partial u/\partial x} \tag{11.15}$$

여기서 식 (11.15)의 마지막 부분은 코시-리만 방정식을 써야 얻을 수 있다. 식 (11.14)와 (11.15)를 비교하면 같은 점에서 식이 기술하는 기울기가 직교함을 알 수 있다(확인하려면 $dx_u dx_v + dy_u dy_v = 0$을 증명하면 된다).

방금 검토한 특성은 2차원 정전기 문제의 풀이에 중요하다(라플라스 방정식에 의해 지배). (이 책의 범위를 벗어나는 방법으로) 적절한 해석 함수임을 결정하면, 상수 u는 정전기 등전기 퍼텐셜을 기술하고, 반면 상수 v는 전기장의 유선이 될 것이다.

마지막으로 해석 함수의 전역적 성격은 1계 도함수뿐만 아니라 모든 고계 도함수와 실변수의 함수와 공유되지 않는 성질을 가진다. 이 속성은 11.4절에서 보일 것이다.

■ 해석 함수의 도함수

해석 함수 $f(z)$를 도함수하는 방법이 함수의 실수와 허수 부분에 대하여 계산하는 것도 한 방법이다. 식 (11.12)를 이용한 방법이 그 예이다. 하지만 보통 복소 미분은 실변수의 미분법과 같은 규칙을 따른다는 사실을 이용하는 것이 더 간단하다. 이런 상응한 규칙을 구성

하는 첫 순서로 $f(z)$**가 해석적이라면**, 식 (11.12)로부터

$$f'(z) = \frac{\partial f}{\partial x}$$

이며, 그리고

$$[f(z)g(z)]' = \left(\frac{d}{dz}\right)[f(z)g(z)] = \left(\frac{\partial}{\partial x}\right)[f(z)g(z)]$$
$$= \left(\frac{\partial f}{\partial x}\right)g(z) + f(z)\left(\frac{\partial g}{\partial x}\right) = f'(z)g(z) + f(z)g'(z)$$

으로 곱의 미분에 대한 유사한 규칙이다. 또한 다음이 주어지고

$$\frac{dz}{dz} = \frac{\partial z}{\partial x} = 1$$

간단히 다음을 얻는다.

$$\frac{dz^2}{dz} = 2z, \qquad \frac{dz^n}{dz} = nz^{n-1}$$

멱급수로 정의된 함수는 실수 정의역과 같은 미분 규칙을 가지게 된다. 멱급수로 정의되지 않은 함수 또한 미분 규칙을 가지나 때에 따라 보일 필요가 있을 것이다. 여기서 도함수 공식을 구성하는 예제를 예시한다.

예제 11.2.3 로그의 도함수

$d\ln z/dz = 1/z$를 증명하고 싶다. 식 (1.138)처럼 쓰자.

$$\ln z = \ln r + i\theta + 2n\pi i$$

$\ln z = u + iv$로 쓰면 $u = \ln r$, $v = \theta + 2n\pi$이다. $\ln z$가 코시-리만 방정식을 만족하는지 확인하기 위해 다음을 계산한다.

$$\frac{\partial u}{\partial x} = \frac{1}{r}\frac{\partial r}{\partial x} = \frac{x}{r^2}, \qquad \frac{\partial u}{\partial y} = \frac{1}{r}\frac{\partial r}{\partial y} = \frac{y}{r^2}$$
$$\frac{\partial v}{\partial x} = \frac{\partial \theta}{\partial x} = \frac{-y}{r^2}, \qquad \frac{\partial v}{\partial y} = \frac{\partial \theta}{\partial y} = \frac{x}{r^2}$$

x와 y에 대한 r과 θ의 도함수는 직각좌표와 극 좌표 간의 관계식으로부터 얻을 수 있다. 도함수가 정의되지 않는 $r = 0$ 외에서는 코시-리만 방정식을 확인할 수 있다.

따라서 도함수를 얻기 위해 간단히 식 (11.12)를 적용하여 다음을 얻는다.

$$\frac{d\ln z}{dz} = \frac{\partial u}{\partial x} + i\frac{\partial v}{\partial x} = \frac{x - iy}{r^2} = \frac{1}{x + iy} = \frac{1}{z}$$

$\ln z$는 다가이므로 어떤 특정 영역에서 일가가 되는 제한조건으로는 해석적이지 않을 것이다. 이 주제는 11.6절에서 다룰 것이다. ■

■ 무한대에서의 점

복소 변수 이론에서 무한대는 단일 점으로 간주하고 근방의 거동은 z를 $w = 1/z$로 치환한 후 논의할 것이다. 이 변환은 예를 들어 큰 R인 $z = -R$가 w평면에서는 $z = +R$에 가까워지고 도함수에 대해 계산된 값에 영향을 미치는 다른 것들이 있다. 기본적 결과는 z 또는 e^z와 같은 정함수는 $z = \infty$에서 특이점을 갖는다. 자명한 예로 무한대에서 z의 거동은 $w \to 0$에서 $1/w$의 거동과 같으며 무한대에서 z가 특이점이란 결론에 도달한다.

연습문제

11.2.1 다음 함수가 해석적인지 아닌지 보이시오.

$$f(z) = \Re(z) = x$$

11.2.2 해석 함수 $w(z)$의 실수 부분 $u(x, y)$와 허수 부분 $v(x, y)$가 각각 라플라스 방정식을 만족함을 보였는데 $u(x, y)$도 $v(x, y)$도 $w(z)$가 해석적인 어떠한 영역의 내부에서 **최대와 최솟값을 가질 수 없음**을 보이시오. (이 함수들은 안장점만 가진다.)

11.2.3 해석 함수를 구하시오.

$$w(z) = u(x, y) + iv(x, y)$$

(a) $u(x, y) = x^3 - 3xy^2$일 때 (b) $v(x, y) = e^{-y}\sin x$일 때

11.2.4 어떤 영역에서 $w_1 = u(x, y) + iv(x, y)$와 $w_2 = w_1^* = u(x, y) - iv(x, y)$ 모두가 해석적이면 $u(x, y)$와 $v(x, y)$ 모두 상수임을 증명하시오.

11.2.5 $f(z) = 1/(x + iy)$로부터 시작하여 $z = 0$을 제외한 유한한 z평면 전체 $1/z$가 해석적임을 보이시오. 이 과정은 음의 정수 n제곱에 대한 z^n의 해석성의 논의를 확장한다.

11.2.6 코시-리만 방정식이 주어졌을 때 도함수 $f'(z)$가 $dz = adx + ibdy$에 대해(a와 b 모두 0이 아님) $dz = dx$일 때처럼 같은 값을 가짐을 보이시오.

11.2.7 $R(r, \theta)$, $\Theta(r, \theta)$는 r, θ의 미분 가능한 실함수이며 $f(re^{i\theta}) = R(r, \theta)e^{i\Theta(r, \theta)}$이다. 극 좌표에서 코시-리만 조건은 다음과 같이 됨을 보이시오.

(a) $\dfrac{\partial R}{\partial r} = \dfrac{R}{r}\dfrac{\partial \Theta}{\partial \theta}$ (b) $\dfrac{1}{r}\dfrac{\partial R}{\partial \theta} = -R\dfrac{\partial \Theta}{\partial r}$

[힌트] 먼저 지름 방향 δz에 대한 도함수를 구성한 후 접선 방향 δz를 구성하라.

11.2.8 연습문제 11.2.7의 확장으로 $\Theta(r, \theta)$는 극 좌표에서 2차원 라플라스 방정식을 만족함을 보이시오.

$$\frac{\partial^2 \Theta}{\partial r^2} + \frac{1}{r}\frac{\partial \Theta}{\partial r} + \frac{1}{r^2}\frac{\partial^2 \Theta}{\partial \theta^2} = 0$$

11.2.9 다음 함수 $f(z)$ 각각에 대하여 $f'(z)$를 구하고 $f(z)$가 해석적인 최대 영역을 찾으시오.

(a) $f(z) = \dfrac{\sin z}{z}$ (b) $f(z) = \dfrac{1}{z^2+1}$

(c) $f(z) = \dfrac{1}{z(z+1)}$ (d) $f(z) = e^{-1/z}$

(e) $f(z) = z^2 - 3z + 2$ (f) $f(z) = \tan(z)$

(g) $f(z) = \tanh(z)$

11.2.10 어떤 복소수 값에서 다음 $f(z)$가 도함수를 가지는가?

(a) $f(z) = z^{3/2}$ (b) $f(z) = z^{-3/2}$

(c) $f(z) = \tan^{-1}(z)$ (d) $f(z) = \tanh^{-1}(z)$

11.2.11 2차원 비회전 유체 흐름은 복소 퍼텐셜 $f(z) = u(x, y) + iv(x, y)$에 의하여 간편해진다. 실수 부분을 $u(x, y)$로 표시하고 속도 퍼텐셜로 허수 부분 $v(x, y)$를 흐름 함수로 표시한다. 유체 속도 $\mathbf{V}$는 $\mathbf{V} = \nabla u$로 주어진다. $f(z)$가 해석적이면

(a) $df/dz = V_x - iV_y$를 보이시오.

(b) $\nabla \cdot \mathbf{V} = 0$임을 보이시오(소스 또는 침투가 없다).

(c) $\nabla \times \mathbf{V} = 0$임을 보이시오(비회전, 비난류).

11.2.12 $f(z)$가 해석적이다. $f(z)$가 상수가 아니라면 z^*에 대한 $f(z)$의 도함수는 존재하지 않음을 보이시오.

[힌트] 연쇄 법칙과 $x = (z + z^*)/2$, $y = (z - z^*)/2i$를 이용하라.

[참고] 이 결과는 해석 함수 $f(z)$가 단지 두 실변수 x와 y의 함수가 아니라는 것을 강조한다. 그것은 복소 변수 $x + iy$의 함수이다.

11.3 코시 적분 정리

■ 경로 적분

미분을 잘 관리하였으니 이제 적분으로 가보자. 복소평면의 한 경로 위에 있는 복소 변수의 적분은 실수 x축을 따라 적분된 실함수의 (리만) 적분과 매우 유사하다.

z_0로부터 z'_0까지 C로 표시된 경로를 $n-1$개의 중간점들 z_1, z_2, ...을 선택하여 n개의 구간으로 나눈다(그림 11.2). 다음의 합을 생각하자.

$$S_n = \sum_{j=1}^{n} f(\zeta_j)(z_j - z_{j-1})$$

여기서 ζ_j는 곡선상 z_j와 z_{j-1} 사이의 점이다. 이제 $n \to \infty$이라 하고 모든 j에 대하여

$$|z_j - z_{j-1}| \to 0$$

이다. $\lim\limits_{n\to\infty} S_n$이 존재한다면

$$\lim_{n\to\infty} \sum_{j=1}^{n} f(\zeta_j)(z_j - z_{j-1}) = \int_{z_0}^{z_0'} f(z)dz = \int_C f(z)dz \tag{11.16}$$

이다. 식 (11.16)의 우변을 $f(z)$의 경로 적분이라 한다(z_0로부터 z'_0까지 특정 경로 C를 따른다).

위의 대체 방법으로는 경로 적분을 다음과 같이 정의할 수 있다.

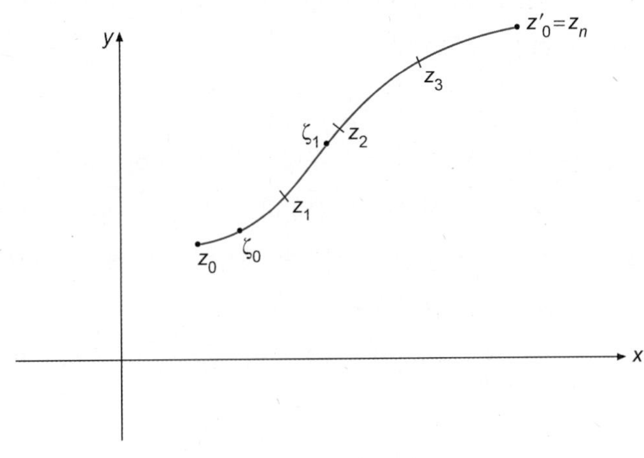

그림 11.2 적분 경로

$$\int_{z_1}^{z_2} f(z)dz = \int_{x_1, y_1}^{x_2, y_2} [u(x, y) + iv(x, y)] [dx + idy]$$

$$= \int_{x_1, y_1}^{x_2, y_2} [u(x, y)dx - v(x, y)dy] + i\int_{x_1, y_1}^{x_2, y_2} [v(x, y)dx + u(x, y)dy] \quad (11.17)$$

경로는 (x_1, y_1)과 (x_2, y_2)를 연결한다. 이 적분은 실수 적분의 복소수 합이 복소 적분으로 정리된다. 이는 스칼라 적분의 벡터합이 벡터 적분으로 대체되는 것과 유사하다.

종종 **닫힌** 경로에 관심이 있다. 즉, 경로의 시작과 끝이 같은 지점에 있으므로 경로는 닫힌 고리를 형성한다. 경로에 둘러싸인 영역은 경로가 표시된 방향으로 지나갈 때 왼쪽에 놓여 있는 것으로 정의된다. 따라서 유한 영역을 둘러싸도록 의도된 경로는 일반적으로 반시계 방향으로 지나가는 것으로 간주한다. 극 좌표계의 원점이 경로 내에 있으면 이 규칙에 따라 정상 방향은 극각 θ가 증가하는 방향이다.

■ 정리의 설명

코시 적분 정리는 다음과 같이 말할 수 있다.

> $f(z)$가 복소평면에서 단순 연결 영역의 모든 점에서 해석 함수이고 C가 그 영역 내에서 닫힌 경로라면

$$\oint_C f(z)dz = 0. \quad (11.18)$$

위의 내용을 명확하기 위해 다음의 정의가 필요하다.

- **모든 닫힌 곡선**: 모든 닫힌 곡선이 연속적으로 영역 내에 있는 한 점으로 줄어들 수 있으면 **단순 연결** 영역이다.

일상적 언어로 단순 연결 영역은 구멍이 없다. 또한 이제부터 기호 $\oint$이 닫힌 경로 위의 적분임을 나타내기 위해 사용함을 설명하고자 한다. 아래 첨자(C와 같은 것)는 경로에 대한 추가 명시에 필요할 때 붙인다. 정리를 적용하려면 경로는 해석 영역 '안'이어야만 함을 기억하라. 이것은 영역의 경계 위에서는 안 된다.

코시 적분 정리를 증명하기 전에 이런 조건을 만족하는 몇 예제를 보자.

예제 11.3.1 원 경로상의 z^n

C가 원점 $z=0$ 주변의 반지름 $r>0$인 원일 때 경로 적분 $\oint_C z^n dz$를 조사해보자. 극 좌표에서[식 (11.25)와 비교] 원을 $z=re^{i\theta}$와 $dz=ire^{i\theta}d\theta$로 매개변수 변환하면 $n\neq-1$인 정수일 때 다음을 얻는다.

$$\oint_C z^n dz = ir^{n+1}\int_0^{2\pi}\exp[i(n+1)\theta]d\theta$$

$$= ir^{n+1}\left[\frac{e^{i(n+1)\theta}}{i(n+1)}\right]_0^{2\pi} = 0 \tag{11.19}$$

2π는 $e^{i(n+1)\theta}$의 주기이기 때문이다. 하지만 $n=-1$이면

$$\oint_C \frac{dz}{z} = i\int_0^{2\pi} d\theta = 2\pi i \tag{11.20}$$

이고, 이는 r에 무관하며 0이 아니다.

식 (11.19)는 $n\geq 0$인 모든 정수에 대하여 만족한다는 사실은 코시 정리에 의하여 요구된다. 왜냐하면 n값들에 대하여 모든 유한한 z에 대하여 z^n는 해석적이며 확실히 반지름 r인 원 안의 모든 점에 대하여 해석적이다. 코시 정리는 음의 정수 n에 적용할 수 없는데 이 값들에 대해서 z^n는 $z=0$에서 특이점이다. 따라서 정리는 음의 n의 적분에 대한 특정 값을 규정하지 않는다. 적분값이 $n=-1$에서 0이 아니고 다른 값($n\neq-1$)에서는 0이 됨을 보았다. ■

예제 11.3.2 정사각형 경로상의 z^n

다음은 다른 경로, 즉 꼭짓점이 $\pm\frac{1}{2}\pm\frac{1}{2}i$인 정사각형 경로에 대하여 z^n의 적분을 조사한다. 일반 정수 n에 대해서 적분을 수행하는 것은 약간 지루하다. 그래서 $n=2$와 $n=-1$에 대해 보이겠다.

$n=2$의 경우 $z^2=x^2-y^2+2ixy$를 얻는다. 그림 11.3을 참고하면 경로가 4개의 구획으

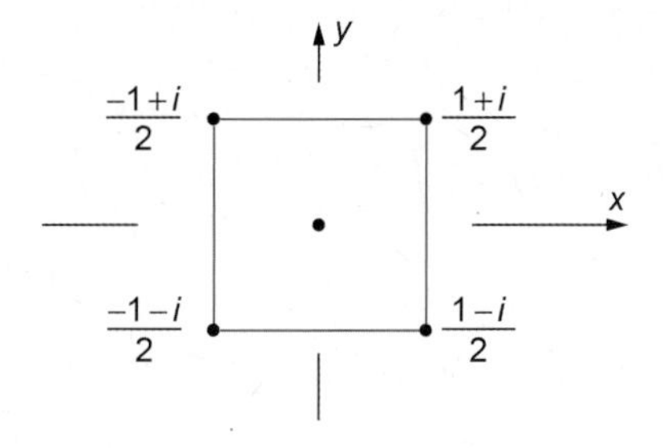

그림 11.3 정사각형 적분 경로

로 구성된다. 구획 1에서 $dz = dx\,(y = -\frac{1}{2}$과 $dy = 0)$, 구획 2에서 $dz = idy,\ x = \frac{1}{2},\ dx = 0$, 구획 3에서 $dz = dx,\ y = \frac{1}{2},\ dy = 0$, 구획 4에서 $dz = idy,\ x = -\frac{1}{2},\ dx = 0$이다. 구획 3, 4에서 적분은 적분 변수가 감소하는 방향으로 적분하고, 이 구획에서 적분은 다음과 같다.

$$\text{구획 1: } \int_{-\frac{1}{2}}^{\frac{1}{2}} dx\left(x^2 - \frac{1}{4} - ix\right) = \frac{1}{3}\left[\frac{1}{8} - \left(-\frac{1}{8}\right)\right] - \frac{1}{4} - \frac{i}{2}(0) = -\frac{1}{6}$$

$$\text{구획 2: } \int_{-\frac{1}{2}}^{\frac{1}{2}} idy\left(\frac{1}{4} - y^2 + iy\right) = \frac{i}{4} - \frac{i}{3}\left[\frac{1}{8} - \left(-\frac{1}{8}\right)\right] - \frac{1}{2}(0) = \frac{i}{6}$$

$$\text{구획 3: } \int_{\frac{1}{2}}^{-\frac{1}{2}} (dx)\left(x^2 - \frac{1}{4} + ix\right) = -\frac{1}{3}\left[\frac{1}{8} - \left(-\frac{1}{8}\right)\right] + \frac{1}{4} - \frac{i}{2}(0) = \frac{1}{6}$$

$$\text{구획 4: } \int_{\frac{1}{2}}^{-\frac{1}{2}} (idy)\left(\frac{1}{4} - y^2 - iy\right) = -\frac{i}{4} + \frac{i}{3}\left[\frac{1}{8} - \left(-\frac{1}{8}\right)\right] - \frac{1}{2}(0) = -\frac{i}{6}$$

정사각형 경로의 z^2 적분은 원 경로에서처럼 0이다. 이것은 코시 정리에 의하여 요구되는 것이다.

$n = -1$에 대해 직각좌표에서 다음을 얻는다.

$$z^{-1} = \frac{x - iy}{x^2 + y^2}$$

그리고 정사각형 경로의 4개의 구획에서 적분은 다음과 같은 형태를 보인다.

$$\int_{-\frac{1}{2}}^{\frac{1}{2}} \frac{x + i/2}{x^2 + \frac{1}{4}} dx + \int_{-\frac{1}{2}}^{\frac{1}{2}} \frac{\frac{1}{2} - iy}{y^2 + \frac{1}{4}} (idy) + \int_{\frac{1}{2}}^{-\frac{1}{2}} \frac{x - i/2}{x^2 + \frac{1}{4}} dx + \int_{\frac{1}{2}}^{-\frac{1}{2}} \frac{\frac{1}{2} + iy}{y^2 + \frac{1}{4}} (idy)$$

몇 항들은 적분들이 균등 구간에서 기함수 적분을 포함하기 때문에 0이 되고 다른 항들은 단순히 0이다. 남아 있는 항은 다음과 같다.

$$\int_{\square} z^{-1} dz = i \int_{-\frac{1}{2}}^{\frac{1}{2}} \frac{dx}{x^2 + \frac{1}{4}} = 2i \int_{-1}^{1} \frac{du}{u^2 + 1} = 2i\left[\frac{\pi}{2} - \left(-\frac{\pi}{2}\right)\right] = 2\pi i$$

이 결과는 어떠한 반지름의 원 주변의 z^{-1} 적분에 대하여 얻은 결과와 같다. 코시 정리는 여기서 적용하지 않았고 0이 아닌 결과는 문제가 없다. ■

■ 코시 정리: 증명

이제 코시 적분 정리의 증명으로 나아가자. 제시하는 증명은 코시가 받아들인 원래의 제약 조건에 제약되지만 추후 구르사(Goursat)에 의하여 필요 없음이 보였다. 보여야 할 것은 다음과 같다.

$$\oint_C f(z)dz = 0$$

단순 연결 영역 R 내부에서 C가 닫힌 곡선이라는 요건에 따라 이 영역에서 $f(z)$는 해석적이다(그림 11.4 참고). 코시의 증명(그리고 현재의 증명)에 필요한 제약은 $f(z)=u(x,\ y)+iv(x,\ y)$이면 u와 v의 편미분 방정식이 연속이라는 것이다.

이 정리를 스토크스 정리(3.8절)를 직접 응용하여 증명하고자 한다. $dz=dx+idy$로 표시하고

$$\begin{aligned}\oint_C f(z)dz &= \oint_C (u+iv)(dx+idy)\\ &= \oint_C (u\,dx - v\,dy) + i\oint_C (v\,dx + u\,dy)\end{aligned} \tag{11.21}$$

이다. 이 두 선적분은 스토크스 정리에 의하여 면적분으로 변환할 수 있으며, C로 둘러싸인 영역 내에서 편미분 방정식이 연속적이라 가정하기 때문에 과정은 옳다. 스토크스 정리를 적용하여 식 (11.21)의 최종의 두 적분은 실수이다.

계속 진행하기 위해 관계된 모든 적분은 다음 형태의 적분 함수 형태 $(V_x\hat{\mathbf{e}}_x + V_y\hat{\mathbf{e}}_y)\cdot d\mathbf{r}$이고 xy평면에서 닫힌 곡선 주변의 적분이며 적분값은 그 영역에서 $\nabla\times(V_x\hat{\mathbf{e}}_x + V_y\hat{\mathbf{e}}_y)$의 z성분인 면적분과 같음을 보게 된다. 따라서 스토크스 정리는 다음과 같다.

$$\oint_C (V_x dx + V_y dy) = \int_A \left(\frac{\partial V_y}{\partial x} - \frac{\partial V_x}{\partial y}\right) dx\,dy \tag{11.22}$$

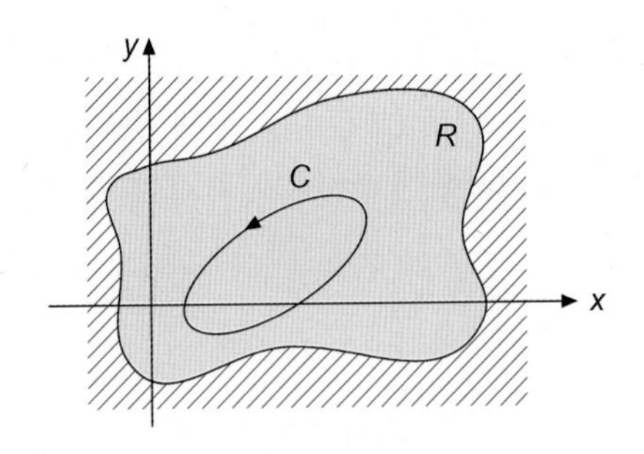

그림 11.4 단순 연결 영역 R 내부의 닫힌 경로 C

여기서 A는 C로 둘러싸인 2차원 영역이다.

식 (11.21)의 둘째 줄의 첫 번째 적분에서 $u = V_x$와 $v =- V_y$라 하자.[2] 그러면

$$\oint_C (u\,dx - v\,dy) = \oint_C (V_x dx + V_y dy)$$

$$= \int_A \left(\frac{\partial V_y}{\partial x} - \frac{\partial V_x}{\partial y} \right) dx\,dy = - \int_A \left(\frac{\partial v}{\partial x} + \frac{\partial u}{\partial y} \right) dx\,dy \qquad (11.23)$$

이다. 식 (11.21)의 우변의 두 번째 적분은 $u = V_y$와 $v = V_x$로 하자. 스토크스 정리를 다시 이용하면 다음을 얻는다.

$$\oint_C (v\,dx + u\,dy) = \int_A \left(\frac{\partial u}{\partial x} - \frac{\partial v}{\partial y} \right) dx\,dy \qquad (11.24)$$

식 (11.23)과 (11.24)를 식 (11.21)에 대입하여 이제 다음을 얻는다.

$$\oint_C f(z)dz = - \int_A \left(\frac{\partial v}{\partial x} + \frac{\partial u}{\partial y} \right) dx\,dy + i \int_A \left(\frac{\partial u}{\partial x} - \frac{\partial v}{\partial y} \right) dx\,dy = 0 \qquad (11.25)$$

$f(z)$가 해석적임을 가정하였음을 기억하면 식 (11.25)의 두 면적분은 0이다. 왜냐하면 코시-리만 방정식의 적용이 이들 적분을 사라지게 하기 때문이다. 이것으로 정리가 성립된다.

■ 다중 연결 영역

코시 적분 정리는 원래 단순 연결 영역의 해석성을 필요로 하는 것이다. 이 제약 조건은 해석적이라고 알려진 영역이 제외되도록 작은 영역에 울타리를 만들어 놓아 완화될 수 있다. 이 울타리는 다중 연결 영역 내에 이 영역에서 한 점으로 축소시킬 수 있는 곡선이라 할 수 있고 이 영역은 단순 연결된 작은 소구역을 구성한 것이다.

그림 11.5의 $f(z)$가 R의 음영이 없는 영역에서만 해석적인 다중 연결 영역을 고려하자. 코시 적분 정리는 그림에서 보인 것처럼 경로 C에서 성립하지 않는다. 하지만 이 정리가 성립하는 경로 C'를 구성할 수 있다. 그림 11.6처럼 금지된 영역 R'이 R 울타리의 안쪽이 되도록 새로운 경로 C'를 그린다.

새로운 경로 C'는 $ABDEFGA$를 통해 울타리를 절대로 통과하지 않고 R를 단순 연결 영역으로 변형한다. 우연히 3.9절에서 사용된 유사한 기법의 3차원 형은 가우스 법칙을 증명한다. $f(z)$가 사실은 DE와 GA를 나누는 울타리를 교차하여 연속적이며 DE와 GA의 구

---

2 스토크스 정리에서 V_x와 V_y는 연속 편미분 도함수를 가진 두 함수이며, 복소 변수 이론에 기반한 관계식과 연결될 필요는 없다.

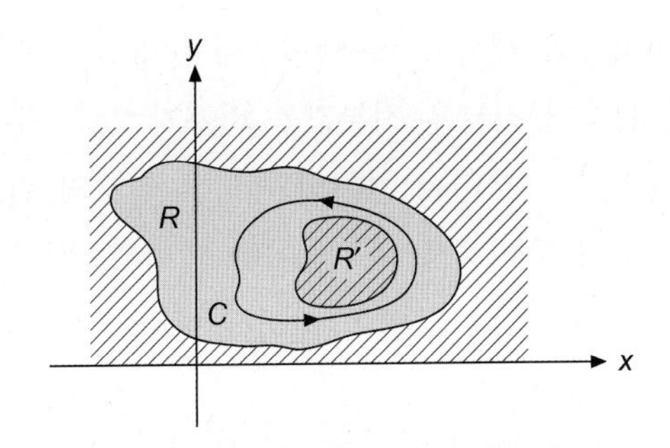

그림 11.5 다중 연결 영역 속의 닫힌 경로 C

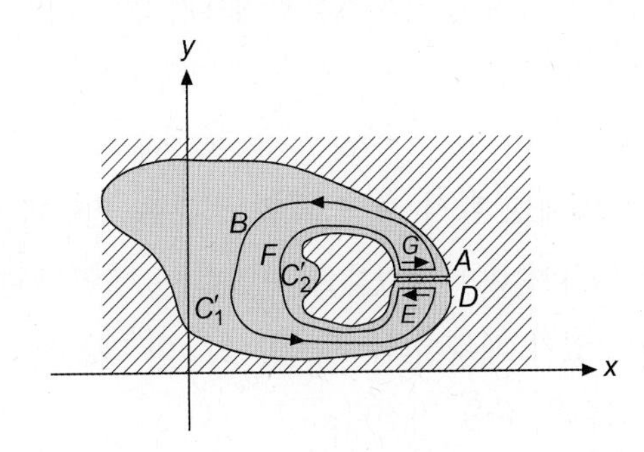

그림 11.6 다중 연결 영역의 단순 연결 영역에로의 변환

획선은 임의로 서로 가깝게 할 수 있으므로 다음을 얻는다.

$$\int_G^A f(z)dz = -\int_E^D f(z)dz \tag{11.26}$$

따라서 코시 적분 정리를 끌어들이면 경로는 이제 단순 연결 영역이 되고 식 (11.26)을 쓰면 울타리를 따라 구획선의 기여가 없어져서 다음을 얻는다.

$$\oint_{C'} f(z)dz = -\int_{ABD} f(z)dz + \int_{EFG} f(z)dz = 0 \tag{11.27}$$

이제 식 (11.27)을 구성하였으므로 A와 D는 오직 매우 미세하게 떨어져 있고 $f(z)$는 울타리를 교차하여 실질적으로 연속적임을 안다. 따라서 경로 ABD 상의 적분은 완전 닫힌 곡선 $ABDA$ 같은 결과를 준다. 비슷하게 경로 EFG에 적용하고, 이는 $EFGE$로 바꿀 수 있음을 주시하라. 남아 있는 $ABDA$를 C_1'로, $EFGE$를 $-C_2'$로 하면 다음과 같은 간단한 결과를 얻는다.

$$\oint_{C_1'} f(z)dz = -\oint_{C_2'} f(z)dz \tag{11.28}$$

여기서 C_1'와 C_2'는 모두 같은 방향으로 진행한다(반시계 방향, 이것이 양의 방향이다).

이 결과는 약간의 해석이 요구된다. 우리가 보였던 것은 비해석적인 '섬' 주변의 닫힌 경로상의 해석 함수의 적분은 적분값을 바꾸지 않고 해석적 영역 내에서 어떠한 연속 변환에 종속된다는 것이다. 이 **연속 변형**의 개념은 경로의 변화는 작은 과정을 연속하여 진행될 수 있으며 작은 과정은 비해석적인 점이나 영역을 '뛰어넘는' 과정은 포함하지 않는다는 것이다. 단순 연결 영역의 경로 위의 해석적 함수의 적분은 0의 값을 가지므로 좀 더 일반적인 표현을 하고자 한다.

닫힌 경로상의 해석 함수의 적분은 해석적 영역 내의 경로의 가능한 모든 연속 변형에 따라 변하지 않는다.

이 절의 두 예제를 다시 보면 z^2의 적분은 원형과 정사각형 경로에서 해석 함수의 코시 적분 정리에 의하여 0이 되었음을 보았다. z^{-1}의 적분은 0이 되지 않으며 이는 경로 내에 비해석적 점이 있기 때문이다. 하지만 z^{-1}의 적분은 서로 연속 변형으로 같아질 수 있으므로 두 적분은 같은 값을 가진다.

이 절을 극히 중요한 관찰과 더불어 마치려고 한다. 예제 11.3.1의 자명한 확장과 해석적 영역의 닫힌 경로는 적분값을 바꾸지 않고 연속적으로 변형할 수 있어서 다음의 귀하고 유용한 결과를 얻는다.

z_0를 포함하는 닫힌 경로 C의 반시계 방향의 $(z-z_0)^n$의 적분은 어떤 정수 n에 대하여 다음 값을 갖는다.

$$\oint_C (z-z_0)^n dz = \begin{cases} 0, & n \neq -1 \\ 2\pi i, & n = -1 \end{cases} \tag{11.29}$$

연습문제

11.3.1 다음을 보이시오.

$$\int_{z_1}^{z_2} f(z)dz = -\int_{z_2}^{z_1} f(z)dz$$

11.3.2 다음을 증명하시오.

$$\left| \int_C f(z) dz \right| \le |f|_{\max} \cdot L$$

여기서 $|f|_{\max}$는 경로 C 상에서 $|f(z)|$의 최댓값이고 L은 경로 길이다.

11.3.3 다음 적분이 두 경로상에서 같은 값을 가짐을 보이시오.

$$\int_{3+4i}^{4-3i} (4z^2 - 3iz) dz$$

(a) 적분 한계를 연결하는 직선

(b) 원 $|z| = 5$의 호

11.3.4 $F(z) = \int_{\pi(1+i)}^{z} \cos 2\zeta d\zeta$라 하자. $F(z)$는 적분 한계를 연결하는 경로에 무관함을 보이고 $F(\pi i)$를 계산하시오.

11.3.5 $\oint_C (x^2 - iy^2) dz$를 (a) 단위원 주변의 시계 방향, (b) 꼭짓점이 $\pm 1 \pm i$인 정사각형을 따라 적분하시오. (a)와 (b)의 결과가 같지 않은 이유를 설명하시오.

11.3.6 그림 11.7에 보인 두 경로에 대한 적분을 계산하여

$$\int_0^{1+i} z^* dz$$

가 경로에 의존하는지 증명하시오. $f(z) = z^*$는 z의 해석 함수가 아니며, 따라서 코시 적분 정리가 적용되지 않음을 기억하라.

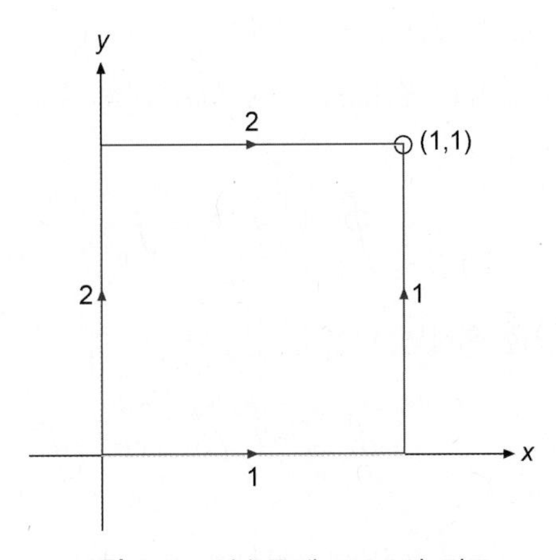

그림 11.7 연습문제 11.3.6의 경로

11.3.7 경로 C는 $|z| = R > 1$로 정의된 원이다. 다음을 보이시오.

$$\oint_C \frac{dz}{z^2 + z} = 0$$

[힌트] 코시 적분 정리로 직접 하는 것은 안 된다. 적분은 부분 분수로 전개하고 항을 각각 개별로 취급하여 계산한다. 이렇게 하여 $R > 1$에서 0, $R < 1$에서 $2\pi i$를 얻는다.

11.4 코시 적분 공식

앞 절처럼 함수 $f(z)$는 닫힌 경로 C 상과 C로 둘러싸인 내부 영역과 해석적이다. 이것은 경로 C는 **반시계 방향**으로 나아간다는 것을 의미한다. **코시 적분 공식**이라 불리는 다음의 결과를 증명하고자 한다.

$$\frac{1}{2\pi i} \oint_C \frac{f(z)}{z - z_0} dz = f(z_0) \tag{11.30}$$

여기서 z_0는 C로 둘러싸인 내부 영역 안의 어떤 점이다. z는 경로 C 상에 있지만 z_0는 내부에 있고 $z - z_0 \neq 0$이고 적분 식 (11.30)은 잘 정의되어 있다. 비록 $f(z)$는 해석적으로 가정하였지만 피적분 함수 $f(z)/(z - z_0)$는 $z = z_0$에서 $f(z_0) = 0$이 아니라면 해석적이지 않다. 이제 경로를 변형하여 $z = z_0$에 대하여 반지름이 r인 작은 원으로 만들고 원래 경로처럼 반시계 방향으로 진행한다. 앞 절에서 보인 것처럼 이 조작으로 적분값이 바뀌지 않는다. 따라서 $z = z_0 + re^{i\theta}$라 쓰면 $dz = ire^{i\theta} d\theta$, 적분 구간은 $\theta = 0$에서 $\theta = 2\pi$이다.

$$\oint_C \frac{f(z)}{z - z_0} dz = \int_0^{2\pi} \frac{f(z_0 + re^{i\theta})}{re^{i\theta}} ire^{i\theta} d\theta$$

$r \to 0$의 극한을 취하면 다음을 얻는다.

$$\oint_C \frac{f(z)}{z - z_0} dz = if(z_0) \int_0^{2\pi} d\theta = 2\pi i f(z_0) \tag{11.31}$$

여기서 $f(z)$를 $z = z_0$에서 해석적이고 연속이기 때문에 극한값 $f(z_0)$로 치환하였다. 이것으로 코시 적분 공식이 증명된다.

이것은 놀라운 결과이다. 해석 함수 $f(z)$의 값은 경계 C 상에서 값이 정해지면 임의의 내부점 $z=z_0$에 의하여 주어진다.

그동안 z_0는 내부점이었음을 강조해 왔다. z_0가 C의 외부라면 어떤 것이 생길까? 이 경우 전체 피적분 함수는 C 내부와 C 상에서 해석적이다. 11.3절의 코시 적분 정리가 적용되면 적분은 0이 된다. 정리하면 다음과 같다.

$$\frac{1}{2\pi i}\oint_C \frac{f(z)dz}{z-z_0} = \begin{cases} f(z), & \text{경로 안 } z_0 \\ 0, & \text{경로 밖 } z_0 \end{cases}$$

예제 11.4.1 **적분**

다음을 고려하자.

$$I=\oint_C \frac{dz}{z(z+2)}$$

여기서 적분은 단위원 위에서 반시계 방향이다. 인자 $1/(z+2)$는 경로에 둘러싸인 영역 내에서 해석적이며, 따라서 코시 적분 공식, 식 (11.30)의 경우로 $f(z)=1/(z+2)$와 $z_0=0$이다. 이 결과는 곧 얻어진다.

$$I=2\pi i\left[\frac{1}{z+2}\right]_{z=0}=\pi i$$ ■

예제 11.4.2 **두 발산 인자를 가진 적분**

이제 다음을 고려하자.

$$I=\oint_C \frac{dz}{4z^2-1}$$

이번에도 단위원 위에서 반시계 방향으로 적분한다. 분모는 $4\left(z-\frac{1}{2}\right)\left(z+\frac{1}{2}\right)$로 인수분해되고, 적분 영역에서 두 발산 인자를 가짐이 명백하다. 하지만 부분 분수 전개를 이용하면 여전히 코시 적분 공식을 사용할 수 있다.

$$\frac{1}{4z^2-1}=\frac{1}{4}\left(\frac{1}{z-\frac{1}{2}}-\frac{1}{z+\frac{1}{2}}\right)$$

두 적분을 각각 수행한 후에 다음을 얻는다.

$$I = \frac{1}{4}\left[\oint_C \frac{dz}{z-\frac{1}{2}} - \oint_C \frac{dz}{z+\frac{1}{2}}\right]$$

각 적분은 $f(z)=1$인 코시 적분 공식의 경우이며 두 적분에 대하여 점 $z_0 = \pm\frac{1}{2}$은 모두 경로 안에 있어서 각 값은 $2\pi i$이며 합은 0이다. 따라서 $I=0$이다. ■

■ 도함수

코시 적분 공식은 $f(z)$의 도함수 표현을 얻는 데도 사용할 수 있다. 식 (11.30)을 z_0에 대하여 미분하고 미분 순서를 바꾸고 적분[3]하면 다음을 얻는다.

$$f'(z_0) = \frac{1}{2\pi i}\oint \frac{f(z)}{(z-z_0)^2}dz \tag{11.32}$$

다시 한 번 미분하면

$$f''(z_0) = \frac{2}{2\pi i}\oint \frac{f(z)dz}{(z-z_0)^3}$$

이고, 계속하여 다음을 얻는다.[4]

$$f^{(n)}(z_0) = \frac{n!}{2\pi i}\oint \frac{f(z)dz}{(z-z_0)^{n+1}} \tag{11.33}$$

이 식은 $f(z)$의 해석적인 요구는 1계 도함수뿐 아니라 **모든** 차수의 도함수를 보장한다는 것이다. $f(z)$의 도함수는 자동으로 해석적이다. 각주에 나타낸 것처럼 이 언급은 코시 적분 정리의 구르사 해석을 가정한다. 이것이 구르사의 공헌이 복소 변수 이론의 발전에 아주 중요한 이유이다.

예제 11.4.3 도함수 공식의 이용

다음을 고려하자.

$$I = \oint_C \frac{\sin^2 z\, dz}{(z-a)^4}$$

---

[3] 미분 순서의 교환은 옳다는 것은 증명될 수 있지만, 코시 적분 정리가 필요한 증명은 코시의 원래 증명의 연속 도함수의 제약 조건에 구속받지 않는다. 따라서 적분 정리의 구르사의 증명에 의존한다.

[4] 이 표현은 **분수 차수**의 도함수 정의의 출발점이 되는 표현이다[A. Erdelyi, ed., *Tables of Integral Transforms*, Vol. 2. New York: McGraw-Hill (1954) 참고]. 수리 해석에 대한 가장 최신의 응용[T. J. Osler, An integral analogue of Taylor's series and its use in computing Fourier transforms, *Math. Comput.* **26**: 449 (1972) 참고]과 그 안의 참고문헌을 보라.

여기서 적분은 $z=a$ 점 주위의 경로 위에서 반시계 방향이다. 식 (11.33)의 경우이며 $n=3$과 $f(z)=\sin^2 z$이다. 따라서 다음과 같다.

$$I=\frac{2\pi i}{3!}\left[\frac{d^3}{dz^3}\sin^2 z\right]_{z=a}=\frac{\pi i}{3}[-8\sin z\cos z]_{z=a}=-\frac{8\pi i}{3}\sin a\cos a$$ ■

■ 모레라의 정리

코시 적분 공식의 추가 응용은 **모레라 정리**의 증명이며 이는 코시 적분 정리의 역이다. 정리는 다음과 같다.

> 함수 $f(z)$가 단순 연결 영역 R과 R 속의 모든 닫힌 곡선 C에 대하여 $\oint_C f(z)dz=0$에서 연속이라면 $f(z)$는 R에서 해석적이다.

이 정리를 증명하려면 $f(z)$를 z_1에서 z_2까지 적분한다. 모든 $f(z)$의 닫힌 경로 적분은 0이므로 이 적분은 경로에 무관하고 끝점에만 의존한다. 따라서 다음과 같이 쓴다.

$$F(z_2)-F(z_1)=\int_{z_1}^{z_2} f(z)dz \tag{11.34}$$

여기서 $F(z)$는 현재는 알려지지 않았고 $f(z)$의 부정 적분이라 한다. 따라서 다음의 등식을 구성하자.

$$\frac{F(z_2)-F(z_1)}{z_2-z_1}-f(z_1)=\frac{1}{z_2-z_1}\int_{z_1}^{z_2}[f(t)-f(z_1)]\,dt \tag{11.35}$$

여기서 또 다른 복소 변수 t를 도입하였다. 다음 $f(t)$가 연속이며 $t-z_1$의 1차항까지 고려하면 다음과 같다.

$$f(t)-f(z_1)=f'(z_1)(t-z_1)+\cdots$$

이 식은 다음을 의미한다.

$$\int_{z_1}^{z_2}[f(t)-f(z_1)]\,dt=\int_{z_1}^{z_2}[f'(z_1)(t-z_1)+\cdots]\,dt=\frac{f'(z_1)}{2}(z_2-z_1)^2+\cdots$$

따라서 식 (11.35)의 우변은 $z_2\to z_1$의 극한에서 0에 접근함이 명확하다. 따라서

$$f(z_1) = \lim_{z_2 \to z_1} \frac{F(z_2) - F(z_1)}{z_2 - z_1} = F'(z_1) \tag{11.36}$$

이다. 식 (11.36)은 $F(z)$는 일가의 구성 때문에 연속의 모든 점에서 도함수를 가지고, 따라서 이 영역에서 해석적이다. $F(z)$가 해석적이므로 $f(z)$는 해석적이어야 하고 이로써 모레라의 정리가 증명된다.

이 시점에서 한 가지 설명할 것이 있다. 단순 연결 영역에서 $F(z)$의 해석성을 성립시키는 모레라의 정리는 울타리를 도입하여 다중 연결 영역까지 $f(z)$뿐만 아니라 $F(z)$의 해석성을 증명하는 데까지 확장될 수는 없다. $F(z)$가 울타리의 양쪽에서 같은 값을 가지는 것은 가능하지도 않고 사실 항상 그런 성질을 가지고 있지도 않다. 따라서 다중 연결 영역으로 확장된다면 $F(z)$는 해석성의 요구 사항 중 하나인 일가 성질을 갖지 못할 수도 있다. 부연하면 다중 연결 영역에서 해석인 함수는 그 영역에서 모든 차수의 해석 도함수를 가지게 되지만 이 적분은 다중 연결 영역의 전 영역에서 해석 함수가 되는 것을 보장받지 못한다. 이러한 문제는 11.6절에서 상세히 다룰 것이다.

모레라 정리의 증명은 약간 추가적인 내용을 알려주는데, 즉 $f(z)$의 부정 적분은 역미분이란 것을 보인다.

복소 함수의 적분 법칙은 실함수와 같다.

■ 추가 응용

코시 적분 공식의 중요한 응용은 다음 **코시 부등식**(Cauchy inequality)이다. $f(z) = \sum a_n z^n$가 해석적이고 유계라면 원점이 중심인 반지름 r인 원 위에서 $|f(z)| \le M$이다. 따라서 다음과 같다.

$$|a_n| r^n \le M \text{ (코시 부등식)} \tag{11.37}$$

이 식은 테일러 전개의 계수들에 대한 상한을 준다. 식 (11.37)을 증명하기 위해 $M(r) = \max_{|z|=r} |f(z)|$를 정의하고 $a_n = f^{(n)}(z)/n!$에 대하여 코시 적분을 이용한다.

$$|a_n| = \frac{1}{2}\left| \oint_{|z|=r} \frac{f(z)}{z^{n+1}} dz \right| \le M(r) \frac{2\pi r}{2\pi r^{n+1}}$$

부등식, 식 (11.37)의 직접적인 결과는 **리우빌의 정리**(Liouville's theorem)이다. $f(z)$가 전 복소평면에서 해석적이고 유계라면 이 함수는 상수이다. 모든 z에 대하여 $|f(z)| \le M$이면 코시 부등식, 식 (11.37)이 $|z| = r$에 대하여 $|a_n| \le Mr^{-n}$이다. 이제 r가 ∞에 접근하도록

하면 모든 $n>0$에 대하여 $|a_n|=0$이다. 따라서 $f(z)=a_0$이다.

역으로 상숫값으로부터 해석 함수의 근소한 변화는 무한 복소평면 어딘가에 최소한 하나의 특이점이 있어야 함을 의미한다. 자명한 상수 함수와 별개로 특이성은 함께 피할 수 없이 같이 살아야 할 삶의 현실이다. 무한에서 점 개념을 도입할 때 지적한 것처럼 $f(z)=z$와 같은 재미없는 함수조차 무한대에서는 특이성을 가지며, 이것이 상수가 아닌 모든 함수의 성질임을 안다. 하지만 특이점의 존재를 용인하는 것보다 더 많은 것을 하게 될 것이다. 다음 절에서 특이점에서 로랑 급수로 함수를 전개하는 법을 보일 것이고, 이 장의 후반 절에서 특이점을 이용하여 강력하고 유용한 레지듀 해석으로 진행하고자 한다.

리우빌 정리의 대표적인 응용은 **대수의 기본 정리**를 얻는 것이다(가우스에 의한다). 이는 $n>0$과 $a_n \neq 0$에 대하여 어떠한 다항식 $P(z)=\sum_{\nu=0}^{n} a_\nu z^\nu$가 n개의 근을 갖는다는 것이다. 이를 증명하기 위해 $P(z)$가 0이 아니라고 하자. 그러면 $1/P(z)$은 해석적이며 $|z|\to\infty$에 유계이며, 리우빌의 정리 때문에 $P(z)$는 상수이어야 한다. 이 모순을 해결하려면 $P(z)$는 나누어 $n-1$차인 다항식 $P(z)/(z-\lambda)$를 형성하는 최소한 1개의 근 λ를 가져야 한다. 이 과정을 다항식이 영차 식이 될 때까지 반복하여 n개의 근을 구한다.

연습문제

※ 명백히 그렇지 않다고 언급하지 않으면 이 연습문제들의 닫힌 경로는 수학적으로 양의 방향(반시계 방향)으로 진행한다.

11.4.1 다음 적분이

$$\frac{1}{2\pi i}\oint z^{m-n-1}dz, \qquad m,\ n\text{은 정수}$$

(원점을 한 번 회전하는 경로) 크로네커 δ_{mn}의 표현임을 보이시오.

11.4.2 C가 $|z-1|=1$인 원일 때 다음을 계산하시오.

$$\oint_C \frac{dz}{z^2-1}$$

11.4.3 닫힌 경로 C 위와 내부에서 $f(z)$가 해석적이며 점 z_0가 C 내부라고 가정하고 다음을 보이시오.

$$\oint_C \frac{f'(z)}{z-z_0}dz = \oint_C \frac{f(z)}{(z-z_0)^2}dz$$

11.4.4 $f(z)$가 닫힌 경로 닫힌 C 위와 내부에서 해석적임을 안다고 하자. 다음과 같이 주어진 n계 도함수 $f^{(n)}(z_0)$ 식이 의심스럽다.

$$f^n(z_0) = \frac{n!}{2\pi i}\oint_C \frac{f(z)}{(z-z_0)^{n+1}}dz$$

수학적 귀납법(1.4절)을 써서 위의 표현이 옳음을 증명하시오.

11.4.5 (a) 함수 $f(z)$가 닫힌 경로 C 내부에서 해석적이다. (또한 C 위에서 연속이다.) C 내부에서 $f(z) \neq 0$이고 C 위에서 $|f(z)| \leq M$일 때 C 내부의 모든 점에 대해 다음을 보이시오.

$$|f(z)| \leq M$$

[힌트] $w(z) = 1/z$를 고려하라.

(b) 경로 C 내부에서 $f(z) = 0$이면 앞의 결과는 성립하지 않고 내부의 한 점 이상의 점에서 $|f(z)| = 0$이고 전체 경계 너머에서 $|f(z)| > 0$가 가능하다. 이런 거동을 하는 해석함수의 예를 들으시오.

11.4.6 중심이 $z = 0$에 있고 변의 길이가 $a > 1$인 정사각형 경로에 대하여 다음을 계산하시오.

$$\oint_C \frac{e^{iz}}{z^3}dz$$

11.4.7 점 $z = 0$을 둘러싼 경로에 대하여 다음을 계산하시오.

$$\oint_C \frac{\sin^2 z - z^2}{(z-a)^3}dz$$

11.4.8 단위원 경로에 대하여 다음을 계산하시오.

$$\oint_C \frac{dz}{z(2z+1)}$$

11.4.9 단위원 경로에 대하여 다음을 계산하시오.

$$\oint_C \frac{f(z)}{z(2z+1)^2}dz$$

[힌트] 부분 분수 전개를 하라.

11.5 로랑 전개

■ 테일러 전개

앞 절의 코시 적분 공식은 테일러 급수(1.2절)의 또 다른 유도 방법을 개설한다. 하지만 이번에는 복소 변수의 함수에 관한 것이다. $z=z_0$에 대한 $f(z)$가 해석적이지 아닌 아르강 다이어그램 상에 가장 가까운 점 $z=z_1$에 대하여 $f(z)$를 전개하고자 한다고 하자. $z=z_0$가 중심인 반지름이 $|z_1-z_0|$ 이하인 원 C를 구성한다(그림 11.8). $z=z_1$은 $f(z)$가 해석적이지 않은 최근접 점이라고 가정하였으므로 $f(z)$는 C의 위와 내부에서 필요적으로 해석적이다.

코시 적분 공식으로부터 식 (11.30)은 다음과 같이 된다.

$$\begin{aligned} f(z) &= \frac{1}{2\pi i}\oint_C \frac{f(z')dz'}{z'-z} \\ &= \frac{1}{2\pi i}\oint_C \frac{f(z')dz'}{(z'-z_0)-(z-z_0)} \\ &= \frac{1}{2\pi i}\oint_C \frac{f(z')dz'}{(z'-z_0)[1-(z-z_0)/(z'-z_0)]} \end{aligned} \tag{11.38}$$

z'은 경로 C 위의 점이고 z는 C 내부의 어떤 점이다. 식 (11.38)의 피적분 함수의 분모를 이항 정리를 써서 전개하는 것이 아직 규칙 위반은 아니다. 왜냐하면 아직 복소 변수의 이항 정리를 증명한 것이 아니기 때문이다. 이항 정리 대신 다음의 등식을 주목한다.

$$\frac{1}{1-t} = 1+t+t^2+t^3+\cdots = \sum_{n=0}^{\infty} t^n \tag{11.39}$$

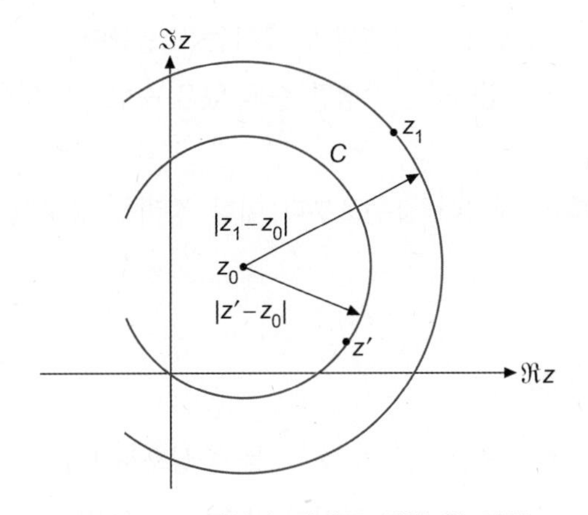

그림 11.8 테일러 전개를 위한 원 영역

이 식은 양변에 $1-t$를 곱하여 쉽게 증명할 수 있다. 1.2절의 방법을 따라 무한급수는 $|t|<1$이면 수렴한다.

이제 C의 내부점 z에 대하여 $|z-z_0|<|z'-z_0|$, 그리고 식 (11.39), 식 (11.38)은 다음과 같이 된다.

$$f(z)=\frac{1}{2\pi i}\oint_C \sum_{n=0}^{\infty}\frac{(z-z_0)^n f(z')dz'}{(z'-z_0)^{n+1}} \tag{11.40}$$

식 (11.39)가 $|t|<1-\varepsilon(0<\varepsilon<1)$에 대하여 균등 수렴하기 때문에 적분과 합의 순서를 서로 교환하는 것이 가능하다. 다음을 얻는다.

$$f(z)=\frac{1}{2\pi i}\sum_{n=0}^{\infty}(z-z_0)^n\oint_C \frac{f(z')dz'}{(z'-z_0)^{n+1}} \tag{11.41}$$

식 (11.33)을 참고하여 다음을 얻는다.

$$f(z)=\sum_{n=0}^{\infty}\frac{f^n(z_0)}{n!}(z-z_0)^n \tag{11.42}$$

이 식이 원하던 테일러 전개이다.

위 식의 유도는 식 (11.41)에 주어진 전개를 줄 뿐 아니라 $|z-z_0|<|z_1-z_0|$일 때 이 전개가 수렴함을 주목하는 것이 중요하다. 이러한 이유로 $|z-z_0|=|z_1-z_0|$인 원은 테일러 급수의 **수렴원**이라고 한다. 달리 말해서 거리 $|z_1-z_0|$는 때로 테일러 급수의 **수렴 반지름**이라고 하기도 한다. 이전의 z_1의 정의로 볼 때, 다음을 말할 수 있다.

> $f(z)$가 해석적인 영역의 내부점 z_0 근처를 중심으로 $f(z)$를 테일러 전개한 것은 z_0부터 가장 가까운 $f(z)$의 특이점까지의 거리를 수렴 반지름으로 갖는 **유일한 전개**이다. 이것은 테일러 급수가 이 수렴원 **안에서는** 수렴한다는 것을 의미한다. 테일러 급수는 수렴선 **위의** 각각의 점에서는 수렴할 수도 있고 수렴하지 않을 수도 있다.

$f(z)$에 대한 테일러 급수로부터 이항 정리를 유도할 수 있다. 이것은 연습문제 11.5.2로 남긴다.

■ 로랑 급수

그림 11.9에서 보인 것처럼 점 z_0를 중심으로 바깥 반지름이 R, 안쪽 반지름이 r인 원 사이의 고리 모양 영역에서 해석적인 함수를 자주 접한다. z는 고리 모양 영역의 통상적 한 점

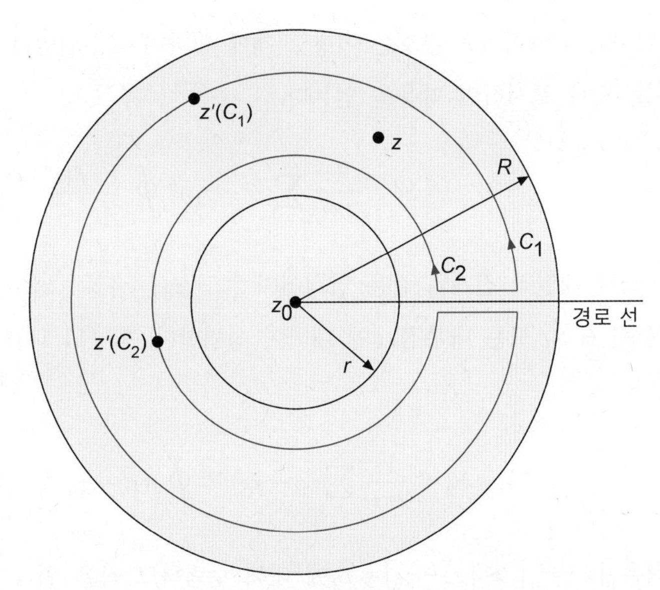

그림 11.9 로랑 급수를 위한 고리 모양 영역.
$|z'-z_0|C_1 > |z-z_0|$, $|z'-z_0|C_2 < |z-z_0|$

으로 함수 $f(z)$를 해석 함수라고 가정한다. 가상적 울타리를 그려 이 영역을 단순 연결 영역으로 변환하며, 그림에 보인 경로를 이용한 코시 적분 공식 적용으로 $f(z)$를 계산한다. 이 경로는 z_0에 중심을 두고 각각 C_1, C_2로 나타낸 두 원과 값이 상쇄되는 울타리의 반대 구획(울타리가 가짜이므로 닫힌 것으로 간주할 수 있다)이다. C_2와 C_1에 반지름 r_2와 r_1을 차례로 할당한다. 여기서 $r < r_2 < r_1 < R$이다. 따라서 코시 적분 공식으로부터

$$f(z) = \frac{1}{2\pi i}\oint_{C_1}\frac{f(z')dz'}{z'-z} - \frac{1}{2\pi i}\oint_{C_2}\frac{f(z')dz'}{z'-z} \tag{11.43}$$

이다. 식 (11.43)에서 마이너스 부호는 (C_1처럼) 경로 C_2가 양(반시계)의 방향으로 진행한다. 식 (11.43)의 취급은 테일러 급수의 개발의 식 (11.38)처럼 똑같이 진행할 수 있다. 각 분모는 $(z'-z_0)-(z-z_0)$로 쓸 수 있고 이항 정리로 전개할 수 있으며 증명된 것으로 간주한다(연습문제 11.5.2 참고).

C_1에 대하여 $|z'-z_0| > |z-z_0|$, 반면 C_2에 대하여 $|z'-z_0| < |z-z_0|$임을 주목하면 다음을 구할 수 있다.

$$f(z) = \frac{1}{2\pi i}\sum_{n=0}^{\infty}(z-z_0)^n\oint_{C_1}\frac{f(z')dz'}{(z'-z_0)^{n+1}} + \frac{1}{2\pi i}\sum_{n=1}^{\infty}(z-z_0)^{-n}\oint_{C_2}(z'-z_0)^{n-1}f(z')dz' \tag{11.44}$$

식 (11.43)의 마이너스 부호는 이항 전개에 의하여 흡수되었다. 첫 번째 급수를 S_1, 두 번째 급수를 S_2로 표시하면 다음을 얻는다.

$$S_1 = \frac{1}{2\pi i} \sum_{n=0}^{\infty} (z-z_0)^n \oint_{C_1} \frac{f(z')dz'}{(z'-z_0)^{n+1}} \tag{11.45}$$

식은 정칙 테일러 전개와 같은 양식이며 $|z-z_0| < |z'-z_0| = r_1$에 대하여 수렴하는데, 이는 큰 원 C_1의 모든 **내부점** z에 대하여 성립한다. 식 (11.44)의 두 번째 급수에서는 다음을 얻는다.

$$S_2 = \frac{1}{2\pi i} \sum_{n=1}^{\infty} (z-z_0)^{-n} \oint_{C_2} (z'-z_0)^{n-1} f(z')dz' \tag{11.46}$$

이 식은 $|z-z_0| > |z'-z_0| = r_2$에 대해 수렴하고 작은 원 C_2의 모든 **외부점** z에 대하여 성립한다. C_2는 반시계 방향으로 진행함을 기억하라.

이 두 급수를 결합하여 하나의 급수를 만들면[5] **로랑 급수**(Laurent series)로 알려진 다음 형태가 된다.

$$f(z) = \sum_{n=-\infty}^{\infty} a_n (z-z_0)^n \tag{11.47}$$

여기서

$$a_n = \frac{1}{2\pi i} \oint_C \frac{f(z')dz'}{(z'-z_0)^{n+1}} \tag{11.48}$$

이다. 이항 전개의 수렴은 식 (11.48)의 계산과 관련이 없으므로 이 식에서 C는 고리 모양 영역 $r < |z-z_0| < R$ 내의 z_0를 한 번 반시계 방향으로 둘러싸는 어떠한 경로도 될 수 있다. 이러한 해석적 고리 모양 영역이 존재한다면 식 (11.47)은 로랑 급수 또는 $f(z)$의 로랑 전개이다.

로랑 급수는 $(z-z_0)$의 음의 멱의 특성 때문에 테일러 급수와는 다르다. 이러한 이유로 로랑 급수는 최소한 $z=z_0$ 근방과 거리 r의 어느 정도 값까지 항상 발산한다. 추가로 로랑 급수의 계수는 경로 적분으로부터 올 필요가 없다는 점을 주목하라. 일반 급수 전개와 같은 다른 방법은 계수의 값을 준다.

---

5 S_2에서 n을 $-n$으로 치환하고 더한다.

많은 로랑 급수의 예는 다음에 나온다. 여기서 식 (11.47)의 응용을 예시하는 간단한 예제로 제한하고자 한다.

예제 11.5.1 로랑 전개

$f(z)=[z(z-1)]^{-1}$라 하자. 로랑 전개를 $z_0=0$에 한다고 하면 $r>0$, $R<1$이다. 이런 제약은 $f(z)$가 $z=0$과 $z=1$ 모두에서 발산하기 때문이다. 부분 분수 전개 후 $(1-z)^{-1}$의 이항 전개를 하면 다음의 로랑 전개를 얻는다.

$$\frac{1}{z(z-1)}=-\frac{1}{1-z}-\frac{1}{z}=-\frac{1}{z}-1-z-z^2-z^3-\cdots=-\sum_{n=-1}^{\infty}z^n \tag{11.49}$$

그러면 식 (11.49), (11.47)과 (11.48)로부터 다음을 얻는다.

$$a_n=\frac{1}{2\pi i}\oint\frac{dz'}{(z')^{n+2}(z'-1)}=\begin{cases}-1, & n\geq -1\\ 0, & n<-1\end{cases} \tag{11.50}$$

여기서 식 (11.50)의 경로는 $z'=0$과 $|z'|=1$ 사이의 고리 모양 영역에서 반시계 방향이다.

식 (11.50)의 적분은 $(1-z')^{-1}$의 기하급수 전개를 적분 속에 대입하여 직접 계산할 수도 있다.

$$a_n=\frac{-1}{2\pi i}\oint\sum_{m=0}^{\infty}(z')^m\frac{dz'}{(z')^{n+2}} \tag{11.51}$$

합과 적분의 순서를 바꾸어(급수가 균등 수렴하기 때문에 허용된다) 다음을 얻는다.

$$a_n=-\frac{1}{2\pi i}\sum_{m=0}^{\infty}\oint(z')^{m-n-2}dz' \tag{11.52}$$

식 (11.52)의 적분(초기 인자 $1/2\pi i$를 포함하나 음의 부호는 포함하지 않는다)을 연습문제 11.4.1에 보였고, 이는 크로네커 델타의 적분 표현이 되므로, 따라서 $\delta_{m,n+1}$이 된다. a_n에 대한 표현은 다음처럼 간소화된다.

$$a_n=-\sum_{m=0}^{\infty}\delta_{m,\,n+1}=\begin{cases}-1, & n\geq -1\\ 0, & n<-1\end{cases}$$

이 식은 식 (11.50)과 일치한다. ■

연습문제

11.5.1 $\ln(1+z)$의 테일러 전개를 하시오.

답. $\sum_{n=1}^{\infty}(-1)^{n-1}\frac{z^n}{n}$

11.5.2 이항 전개식을 유도하시오.

$$(1+z)^m = 1 + mz + \frac{m(m-1)}{1 \cdot 2}z^2 + \cdots = \sum_{n=0}^{\infty}\binom{m}{n}z^n$$

여기서 m은 어떤 실수이다. 이 전개는 $|z|<1$에 대하여 수렴한다. 왜 그럴까?

11.5.3 함수 $f(z)$가 단위원 위와 내부에서 해석적이다. 또한 $|z| \le 1$에 대하여 $|f(z)|<1$, $f(0)=0$이다. $|z| \le 1$에 대하여 $|f(z)|<|z|$임을 보이시오.

[힌트] 하나의 접근 방법은 $f(z)/z$가 해석적임을 보이고 나서 코시 적분 공식으로 $[f(z_0)/z_0]^n$을 표현한다. 최종적으로 절댓값과 n번째 근을 고려한다. 이 연습문제는 때때로 슈바르츠 정리라고 한다.

11.5.4 $f(z)$가 복소 변수 $z=x+iy$의 실함수라면, 즉 $f(x)=f^*(x)$와 원점에 대한 로랑 전개 $f(z)=\sum a_n z^n$는 $n<-N$에 대하여 $a_n=0$이다. 모든 계수 a_n가 실수임을 보이시오.

[힌트] 11.4절의 모레라 정리를 통해 $z^N f(z)$가 해석적임을 보여라.

11.5.5 주어진 한 점에 대하여 주어진 함수의 로랑 전개는 유일함을 증명하시오. 이것은 만약

$$f(z) = \sum_{n=-N}^{\infty} a_n(z-z_0)^n = \sum_{n=-N}^{\infty} b_n(z-z_0)^n$$

일 때 모든 n에 대하여 $a_n=b_n$임을 보이는 것이다.

[힌트] 코시 적분 공식을 이용하라.

11.5.6 $z=0$에 대하여 e^z/z^2의 로랑 전개를 구하시오.

11.5.7 $z=1$에 대하여 $ze^z/(z-1)$의 로랑 전개를 구하시오.

11.5.8 $z=0$에 대하여 $(z-1)e^{1/z}$의 로랑 전개를 구하시오.

11.6 특이점

■ 극점

$f(z)$가 $z=z_0$에서 해석적이지 않고 근방 점들에서 해석적이라면 점 z_0를 함수 $f(z)$의 **고립된**(isolated) 특이점으로 정의한다. 따라서 고립된 특이점에 대한 로랑 전개가 존재할 것이며 다음 조건들이 참일 것이다.

1. $f(z)$의 로랑 전개에서 $z-z_0$의 가장 높은 음의 멱은 어떤 유한한 멱 $(z-z_0)^{-n}$(여기서 n은 정수)이거나
2. $z-z_0$에 대한 $f(z)$의 로랑 전개는 음의 무한 멱으로 계속 진행할 것이다.

첫 번째 경우에서 **극점**(pole)이라 하는 특이성, 좀 더 구체적으로 **위수**(order) n의 극점이다. 위수 1의 극점은 **단순 극점**이라 한다. 두 번째 경우는 '무한 위수의 극점'이라 하지 않고 **본질적 특이성**이라고 한다.

로랑 전개를 얻을 수 없는 경우 $f(z)$의 극점을 규명하는 한 방법은 다양한 정수 n에 대하여 다음을 조사하는 것이다.

$$\lim_{z\to z_0}(z-z_0)^n f(z_0)$$

극한값이 존재하는, 즉 유한한 가장 작은 정수 n은 $z=z_0$에서 극점의 위수를 준다. 이 규칙은 로랑 전개의 형태에서 바로 온 것이다.

본질적 특이성은 자주 로랑 전개로부터 규명된다. 예를 들어

$$\begin{aligned} e^{1/z} &= 1+\frac{1}{z}+\frac{1}{2i}\left(\frac{1}{z}\right)^2+\cdots \\ &= \sum_{n=0}^{\infty}\frac{1}{n!}\left(\frac{1}{z}\right)^n \end{aligned}$$

은 명백히 본질적 특이성을 $z=0$에서 가진다. 본질적 특이성은 많은 병적인 양상을 가진다. 예를 들어 $f(z)$의 본질적 특이성의 작은 근방에서 $f(z)$는 어떠한(즉 모든) 미리 선택된 복소수 w_0에 임의로 가깝게 갈 수 있다.[6] 여기서 모든 w평면은 f에 의하여 점 z_0 근방으로

6 이 정리는 피카드에 의한다. 증명은 E. C. Titchmarsh, *The Theory of Functions*, 2nd ed. New York: Oxford University Press (1939)에 주어졌다.

사상된다.

$z \to \infty$에 따라 $f(z)$의 거동은 $t \to 0$의 $f(1/t)$의 거동으로 정의된다. 다음을 보자.

$$\sin z = \sum_{n=0}^{\infty} \frac{(-1)^n z^{2n+1}}{(2n+1)!} \tag{11.53}$$

$z \to \infty$에 따라 z를 $1/t$로 치환하여 다음을 얻는다.

$$\sin\left(\frac{1}{t}\right) = \sum_{n=0}^{\infty} \frac{(-1)^n}{(2n+1)!t^{2n+1}} \tag{11.54}$$

$\sin(1/t)$는 본질적 특이성을 $t=0$에서 가짐이 명백하며, 여기서 $\sin z$는 $z=\infty$에서 본질적 특이성을 가진다는 결론을 얻는다. 모든 실수 x에 대하여 $\sin x$의 절댓값이 1 이하지만 $\sin iy = i\sinh y$의 절댓값은 y가 증가하면 한계 없이 지수함수적으로 증가한다.

고립된 극점을 제외한 유한한 복소평면에서 해석적인 함수를 **유리형**(meromorphic)이라 한다. 예로는 두 다항식의 비율, $\tan z$, $\cot z$ 등이다. 앞에서 언급한 것처럼 유한 복소평면에서 특이성이 없는 함수는 **전해석** 함수라 한다. 예로는 $\exp z$, $\sin z$, $\cos z$이다.

■ 가지점

고립된 특이성을 극점과 본질적 특이성 외에 다가 함수와 관련된 유일한 특이성이 있다. 다가 함수는 함숫값에 대한 최대 가능 모호성을 제거하는 방법으로 가지점과 관련지어 유용하게 쓸 수 있다. 따라서 점 z_0에서[여기서 $f(z)$가 도함수를 갖는다] 다가 함수 $f(z)$의 특정값을 선택한다면 $f(z)$가 연속적이도록 하는 근방점에 적당한 값을 할당할 수 있다. 경로를 정의하는 거리가 0인 공간의 극한으로 긴밀하게 배열된 연속점들을 생각한다면 현재 관찰은 주어진 $f(z_0)$ 값은 경로의 각 점에 할당된 $f(z)$ 값의 유일한 정의에 이르게 된다. 이 묘책은 경로가 완전히 **열려 있는 한** 모호하지 않으며 경로는 먼저 교차한 그 어떤 점으로도 돌아오지 않는다. 하지만 경로가 z_0로 돌아온다면, 즉 **닫힌 곡선**을 구성하면, 우리의 방법은 출발선으로 돌아오자마자 $f(z_0)$의 다가 중 처음과 다른 값으로 가게 할 것이다.

예제 11.6.1 닫힌 곡선 위의 $z^{1/2}$ 값

$z=+1$에서 시작하여 끝나는, 단위원 주변을 반시계 방향으로 통과하는 경로상에서 $f(z) = z^{1/2}$를 생각하자. 출발점에서 $z^{1/2}$는 $+1$과 -1의 값을 갖는데 $f(z)=+1$로 선택하자(그림 11.10 참고). $f(z)=e^{i\theta/2}$로 놓고, $\theta=0$에서 이 형태는 $f(z)$의 요구되는 시작값 $+1$이다. 그림에서 시작점은 A로 표시하였다. 다음은 단위원 위에서 반시계 방향 경로는 θ가 증가하는 것에 해당하여 그림에서 B, C와 D로 표시된 점들의 각각의 θ 값은 $\pi/2$, π, $3\pi/2$이다.

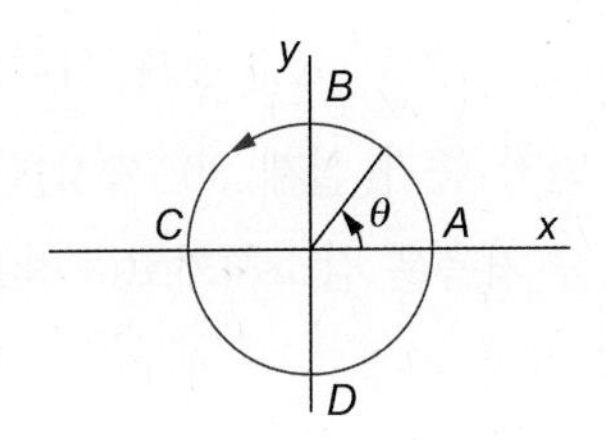

그림 11.10 $z^{1/2}$를 구하기 위한 $z=0$을 둘러싼 경로

우리가 선택한 경로 때문에 점 C에 θ 값 $-\pi$를 할당할 수 없고 또는 D점에 $-\pi/2$를 θ 값을 할당할 수 없다. 경로를 따라 계속 가면, 점 A에 돌아오면 θ 값은 2π가 된다(0이 아니다).

이제 θ의 거동을 알았으므로 $f(z)$에 무슨 일이 일어나는지 조사해보자. 점 B, C 그리고 D에서 다음을 얻는다.

$$f(z_B) = e^{i\theta_B/2} = e^{i\pi/4} = \frac{1+i}{\sqrt{2}}$$

$$f(z_C) = e^{i\pi/2} = +i$$

$$f(z_D) = e^{3i\pi/4} = \frac{-1+i}{\sqrt{2}}$$

점 A로 돌아오면 $f(+1) = e^{i\pi} = -1$을 가지며 다가 함수 $z^{1/2}$의 다른 값이다.

만약 단위원의 반시계 방향으로 두 번째 바퀴를 돌면, θ의 값은 계속 증가하여, 2π에서 4π가 된다(두 번째 바퀴에 A에 도달하면). 이제 $f(+1) = e^{(4\pi i)/2} = e^{2\pi i} = 1$이 되고, 따라서 두 번째 바퀴는 함수를 원래 값으로 돌아오게 했다. 같은 z에 대해서 $z^{1/2}$은 2개의 다른 값을 갖는 것이 명백해졌다. ■

예제 11.6.2 다른 닫힌 곡선

이제 중심이 $z=+2$인 단위원 주위를 반시계 방향으로 $z=+3$에서 시작하여 끝내는 경로에 대하여 함수 $z^{1/2}$가 어떻게 될지 보도록 하자(그림 11.11 참고). $z=3$에서 $f(z)$의 값들은

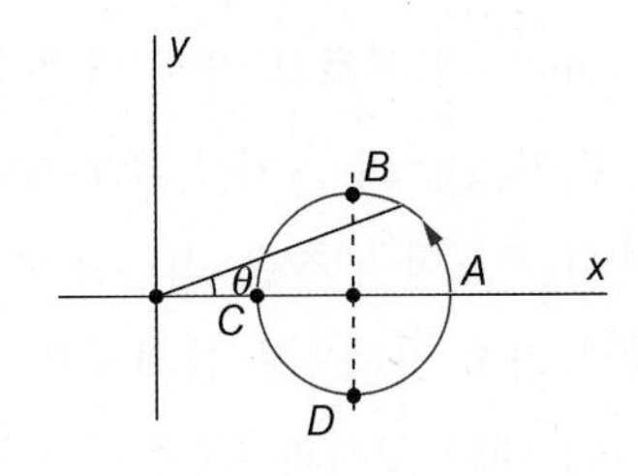

그림 11.11 $z^{1/2}$를 구하기 위한 $z=0$을 둘러싸지 않은 경로

$+\sqrt{3}$, $-\sqrt{3}$이다. $f(z_A)=+\sqrt{3}$에서 시작한다. 점 A로부터 B를 통해 C로 움직일 때 그림에서 θ의 값이 먼저 증가(실제 30°까지)한 후 감소하여 0이 된다. C로부터 D로, 다시 A로 가는 경로는 θ를 처음은 감소시키고($-30°$까지), 그러고 난 후 A에서 0이 된다. 이 예제에서 닫힌 곡선은 다가 함수 $z^{1/2}$의 다른 값을 주지 않는다. ■

두 예제의 실질적 차이는 첫째 예제에서는 $z=0$을 둘러싼 경로이지만 둘째 예제에서는 그렇지 않다는 것이다. $z=0$을 특별하게 만드는 것은 (복소 변수 관점에서 본) 이 함수가 특이하다는 것이다. 함수 $z^{1/2}$는 이 점에서 도함수를 갖지 않는다. 잘 정의된 도함수의 부재는 함숫값의 모호성이 특이점의 주변 원 경로에 기인한다. 이러한 점을 **가지점**(branch point)이라 한다. 가지점의 **위수**는 관련된 함수가 원래 값으로 돌아오는 데 필요한 경로 숫자로 정의한다. $z^{1/2}$의 경우 $z=0$은 위수 2의 가지점이다.

이제 다가 함수를 복소평면의 일부분에서 일가를 가지도록 제약하기 위해 해야 할 일을 볼 준비가 되었다. 단순히 가지점을 둘러싼 경로에서 적분 계산을 하지 않아야 할 필요가 있다. 이것은 경로를 교차하지 않기 위한 선(**가지선** 또는 좀 더 통상적으로 **가지 자름**)을 하나 그림으로 할 수 있다. 가지 자름은 가지점으로 시작하여야 하고 무한대까지 지속(다시 말하여 일가를 잘 유지하는 일관성을 가진다면)하고 유한한 다른 가지점까지 지속한다. 가지 자름의 정확한 경로는 자유롭게 선택한다. 적절히 선택해야 할 것은 끝점이다.

적당한 가지 자름(들)이 그려지고 나면 원래의 다가 함수는 가지 자름에 의하여 둘러싸인 영역에서 일가로 제약된다. 원래 함수의 한 **가지**로서 일가로 만들어졌다고 한다. 이러한 가지는 한 영역에서 임의의 한 점에서 원래 함수의 값 중 하나로부터 시작할 수 있으므로 다가 함수는 다중 가지점을 가지고 있다고 할 수 있다. $z^{1/2}$의 경우는 이중값, 가짓수가 2이다.

가지점과 이에 대한 가지 자름을 가진 함수는 절단선을 교차하여 연속적일 수 없다는 점을 주목하여야 한다. 따라서 가지 자름의 양변에서 반대 방향의 선적분은 일반적으로 서로 상쇄한다. 따라서 가지 자름은 해석상 영역의 실제 경계선이다. 이는 코시 적분 정리를 다중 연결 지역으로 확장할 때 도입한 의도적 울타리와 대조적이다.

기본적으로 다가 함수 $f(z)$의 모든 가지는 동등하지만 보통 사용되는 가지를 **주가지**(principal branch)라 부르고 가지 위에서 $f(z)$의 값을 **주요 값**이라고 한다. 양의 실수 z에 대해서 양의 값인 $z^{1/2}$의 가지를 주가지로 택하는 것이 보통이다.

복소해석에서 중요한 관찰은 적당한 가지 자름을 그려서 다가 함수를 일가로 제약했다는 것이다. 따라서 가지 자름으로 둘러싸인 영역 내에서는 해석 함수가 되어 해석상 영역 내에서 경로 적분에 대한 코시의 두 정리를 적용할 수 있다.

예제 11.6.3 $\ln z$는 무한히 많은 가지를 가진다.

여기서 $\ln z$의 특이점 구조를 조사하고자 한다. 식 (1.138)에서 본 것처럼 로그는 극 표현에 따르면 다가이다.

$$\ln z = \ln\left(re^{i(\theta+2n\pi)}\right) = \ln r + i(\theta + 2n\pi) \tag{11.55}$$

여기서 n은 **모든** 양 또는 음의 정수이다.

$\ln z$는 $z=0$에서 특이성을 가지는 것(이 점에서 도함수를 갖지 않는다)을 기억하고 $z=0$을 가지점이라 한다. 이제 반시계 방향으로 반지름 r인 원을 경로로, $z=r=re^{i\theta}\,(\theta=0)$에서 초깃값을 $\ln r$라 하고 $z=0$을 둘러싸면 어떤 일이 발생할지 보도록 하자. 원 주변의 모든 경로는 θ에 2π를 더하고 n번 돌고 난 후의 값은 $\ln r + 2n\pi i$를 얻는다. $z=0$에서 $\ln z$의 가지점은 무한 위수이며 이는 다가가 무한하다는 것이다.($z=0$을 **시계** 방향으로 계속 돌면 n의 음의 정숫값을 얻는다.)

$z=0$으로부터 $z=\infty$까지 가지 자름을 그려 $\ln z$를 일가를 가지도록 할 수 있다(비록 직선이 아닌 절단을 이용해야 할 보편적인 이유는 없지만 말이다). 통상 $n=0$인 가지점을 $\ln z$의 주가지로 간주한다. 우연히 식 (1.137)처럼 역삼각함수를 로그 함수로 표현할 수 있어서 이들 또한 무한한 다가를 가지고 실수 z에 대해 실숫값을 주는 가지를 선택하여 주요 값으로 보통 선택한다. $\sin^{-1}x = \arcsin x$ 등의 실변수 형태에 주어진 값들과 비교해 보라. ■

이제 로그 함수를 이용하여 z^p 형태의 특이성 구조를 볼 차례이며 z와 p 모두 복소수이다. 알아보기 위하여 다음과 같이 표현하자.

$$z = e^{\ln z}, \quad \text{따라서} \quad z^p = e^{p\ln z} \tag{11.56}$$

여기서 p가 실 (기약) 유리분수인 s/t 형태이고 그렇지 않으면 무한 다가이다.

예제 11.6.4 다중 가지점

다음 함수를 고려하자.

$$f(z) = (z^2-1)^{1/2} = (z+1)^{1/2}(z-1)^{1/2}$$

우변의 첫 번째 인자 $(z+1)^{1/2}$는 $z=-1$에서 가지점을 갖는다. 두 번째 인자는 $z=+1$에서 가지점을 갖는다. 무한대에서 $f(z)$는 단순 극점을 가진다. $z=1/t$로 치환하면 아주 명확하게 알 수 있으며 $t=0$에서 이항 전개를 하면 다음과 같다.

$$(z^2-1)^{1/2} = \frac{1}{t}(1-t^2)^{1/2} = \frac{1}{t}\sum_{n=0}^{\infty}\binom{1/2}{n}(-1)^n t^{2n} = \frac{1}{t} - \frac{1}{2}t - \frac{1}{8}t^3 + \cdots$$

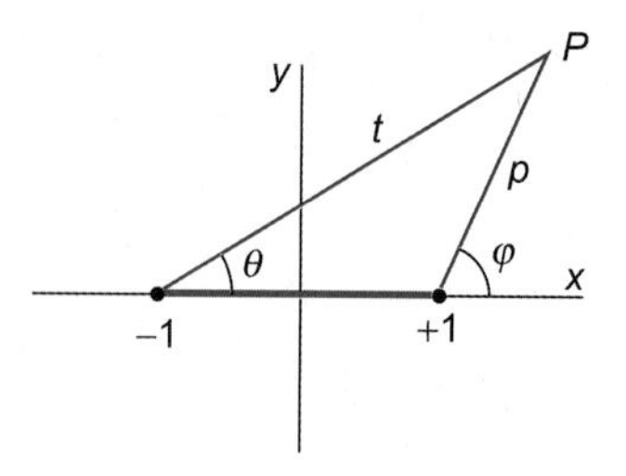

그림 11.12 예제 11.6.4의 가능한 가지 자름과 점 P로부터 가지점까지의 거리

이제 적당한 가지 지름을 만들어 $f(z)$를 일가로 만들고자 한다. 이를 수행하는 방법은 많지만 그림 11.12에서 보인 것처럼 $z=-1$에서 $z=+1$까지 가지 자름을 만들어 조사하고자 한다.

이러한 가지 자름이 $f(z)$를 일가를 갖도록 하는지 아닌지를 결정하려면 아르강 다이어그램 상에서 움직일 때 $f(z)$의 다가 인자에 어떤 일이 일어나는지를 볼 필요가 있다. 그림 11.12는 또한 우리의 의도에 맞는 양들을 잘 규명한다. 특히 가지점에 상대적 위치를 $z=1$에서 $z-1=\rho e^{i\varphi}$로, $z=-1$에서 $z+1=re^{i\theta}$로 쓰자. 이 정의를 이용하여 다음을 얻는다.

$$f(z)=r^{1/2}\rho^{1/2}e^{(\theta+\varphi)/2}$$

이제 해야 할 일은 경로를 따라 움직임에 따라 φ와 θ가 어떻게 변하는가이다. 따라서 $f(z)$를 계산하는 데 옳은 값들을 사용하여야 한다.

그림 11.13의 점 A를 출발점으로 B로 진행하여 F를 통과하여 다시 A로 돌아오는 닫힌 곡선을 고려하자. 출발점에서 $\theta=\varphi=0$을 선택하여 다가 $f(z_A)$를 특정값 $+\sqrt{3}$이 되게 한다. $z=+1$의 **위**를 통과하여 점 B로 가면 θ는 실질적으로 0이지만 φ는 0으로부터 π로 증가하고, 이 각들은 B에서 C로 갈 때 변하지 않지만, D로 갈 때는, θ가 π까지 증가한다. 그러고 나서 점 E로 가는 길은 $z=-1$의 **아래**를 통과한다. 각도는 계속 증가하여 2π로 증가한다. (0이 아니다!) 한편 φ는 실질적으로 π에 머물러 있다. 최종적으로 $z=+1$의 **아래**로 A로 돌아오면 φ는 2π로 증가한다. 따라서 A로 돌아오면 φ와 θ 모두 2π가 된다. 이러한 각도의 거동과 $(\theta+\varphi)/2$[$f(z)$의 편각] 값은 표 11.1에 정리되어 있다.

이 분석으로부터 2개의 국면이 나타난다.

1. 점 B와 C에서 $f(z)$의 위상은 점 E와 F에서와 같지 않다. 이 거동은 가지 자름에서 예상된다.
2. A'(A로 돌아온)은 $f(z)$의 위상은 점 A에서보다 2π만큼 크며, 함수 $f(z)=(z^2-1)^{1/2}$는 **두** 가지점을 둘러싼 경로에 대하여 **일가**이다.

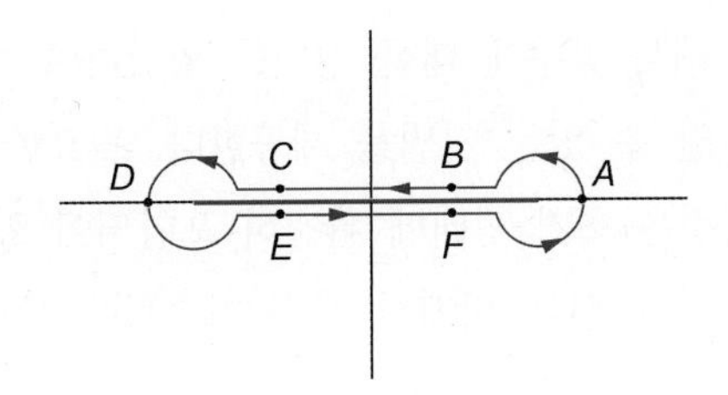

그림 11.13 예제 11.6.4에서 경로와 가지 자름

표 11.1 그림 11.13의 위상각, 경로

점	θ	φ	$(\theta+\varphi)/2$
A	0	0	0
B	0	π	$\pi/2$
C	0	π	$\pi/2$
D	π	π	π
E	2π	π	$\pi/2$
F	2π	π	$3\pi/2$
A	2π	2π	2π

실제로 발생한 것은 닫힌 곡선 주변의 경로 위에서 두 다가 인자가 각각 부호에 기여하여 두 인자는 동시에 원래 $f(z)$의 부호를 회복하게 된다.

$f(z)$가 일가를 갖도록 하는 다른 방법은 각 가지점으로부터 무한대까지 가지 자름을 만드는 것이었다. 이해할 만한 방법은 모든 $x>1$, $x<-1$에 대하여 실수축에서 가지 자름을 만드는 것일 것이다. 이 대체 방법은 연습문제 11.6.2와 11.6.4에서 탐색될 것이다. ■

■ 해석 접속

11.5절에서 한 영역 내에서 해석적인 함수 $f(z)$는 해석성의 영역 내부점 z_0에 대하여 테일러 급수를 유일하게 전개할 수 있다. 그리고 얻은 전개는 z_0에 가장 가까운 $f(z)$의 특이점으로 확장되는 수렴 반지름 내에서 수렴할 것이다.

- 테일러 급수의 계수들은 $f(z)$의 도함수에 비례한다.
- 해석 함수는 방향에 관계없이 모든 차수의 도함수를 갖는다. 따라서,
- $f(z)$의 값들은 z_0가 내부점인 단일 유한 선분 위에서 $z=z_0$에서 $f(z)$의 모든 도함수를 결정하기에 충분하다.

만약 두 표면적으로 다른 해석 함수(예: 닫힌 표현 대 적분 표현이나 멱급수)가 직선 구간에서 값들이 일치한다면 단일 유한한 두 함수의 형태가 정의되는 영역 내에서 실제로 **같은 함수**이다.

위의 결론은 해석 함수에 대한 정의를 확장하여 처음 정의되어 사용한 특정 함수 형태의 범위 넘어까지 갈 수 있는 기법을 제공한다. 필요한 일은 정의의 범위가 다른 함수 형태를 찾는 것인데 이것은 초기 형태에 완전히 포함되어 있지 않으며 두 함수 형태가 정의된 영역 내에서 최소한 유한 선분 위에서 같은 함숫값을 준다.

이 접근법을 좀 더 확고히 하기 위해 그림 11.14에 나타낸 상황을 보도록 하자. 여기서 $f(z)$는 z_0에 최근접 특이점(z_s로 표시된)으로 정의된 수렴원 C_0를 가진 점 z_0에 대한 테일러 전개에 의하여 정의된다. 이제 C_0 내부의 어떤 점 z_1에 대한 테일러 전개를 시키면[$f(z)$가 z_1의 근방에서 알려진 값을 갖기 때문에 가능하다], 이 새로운 전개는 C_0의 완전히 내부에 있지 않은 수렴원 C_1을 가지고, 따라서 C_1과 C_2의 합집합 영역에서 해석적인 함수를 정의한다. C_0와 C_1의 교집합 내에서 z에 대한 $f(z)$ 실제값을 얻고자 하면 어디서든 테일러 전개를 이용할 수 있다. 하지만 오직 한 원 내부에서 그곳에서만 성립하는 테일러 전개를 이용해야만 한다는 점을 주목하라(다른 곳에서 전개는 수렴하지 않을 것이다). 위 분석의 일반화는 아름답고 가치 있는 결과로 이끄는데, 두 해석 함수가 어떠한 영역에서 일치한다면 또는 유한 선분 위에서조차 일치한다면 이들은 같은 함수이고 곧 두 함수 정의의 전 영역에서 정의된다.

바이어슈트라스를 따라 한 해석 함수의 기술을 가질 수 있는 영역으로 확장을 하는 과정을 **해석 접속**(analytic continuation)이라 하고 이 과정은 반복적으로 함수가 정의되는 영역을 최대화하는 것이다. 그림 11.15의 상황을 보자. 여기서 $f(z)$의 유일한 특이점은 z_s에 있고 $f(z)$는 원래 z_0, 수렴원이 C_0에 대한 테일러 전개로 정의되었다. 원들 C_1, ...의 급수

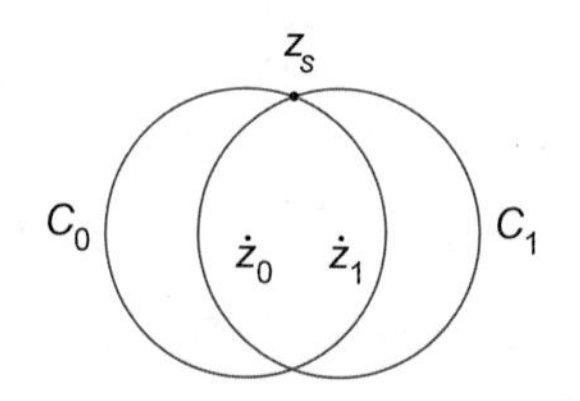

그림 11.14 해석 접속, 한 과정

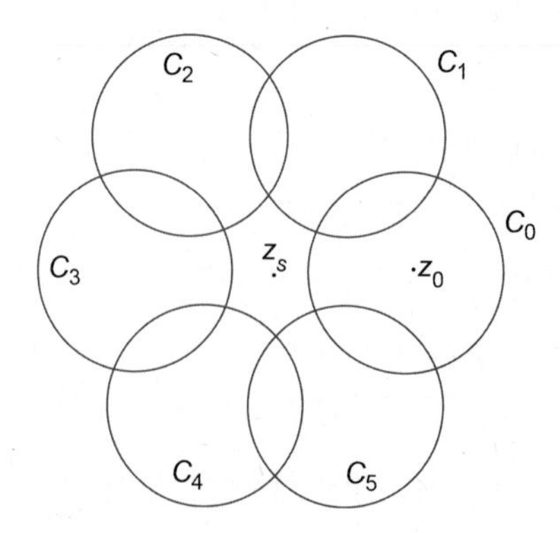

그림 11.15 해석 접속, 다 과정

들로 나타낸 해석 접속을 하여 그림에서 보여지는 해석의 고리 모양 전 영역을 덮을 수 있다. 그리고 원래의 테일러 급수로 다른 원 내부 영역에 적용 가능한 새로운 전개를 만들어낼 수 있다.

예제 11.6.5 **해석 접속**

다음 두 멱급수 전개를 보자.

$$f_1(z) = \sum_{n=0}^{\infty} (-1)^n (z-1)^n \tag{11.57}$$

$$f_2(z) = \sum_{n=0}^{\infty} (i)^{n-1} (z-i)^n \tag{11.58}$$

각 급수는 단위크기의 수렴 반지름을 갖는다. 수렴원이 겹치는 것을 그림 11.16에서 확인할 수 있다.

겹치는 영역에서 이 전개가 같은 해석 함수인지를 결정하기 위해 겹친 영역의 최소한의 한 선분에서 $f_1(z) = f_2(z)$인지 확인할 수 있다. 적당한 직선은 원점과 $1+i$를 연결하고 중점이 $(1+i)/2$를 통과하는 대각선이다. $z = \left(\alpha + \frac{1}{2}\right)(1+i)$로 놓고($\alpha = 0$이면 겹친 영역의 내부점이 되도록 선택된다) $\alpha = 0$에 대하여 f_1, f_2를 전개하여 멱급수가 일치하는지를 알아낸다. 처음에는 다음을 얻는다(α의 함수).

$$f_1 = \sum_{n=0}^{\infty} (-1)^n \left[(1+i)\alpha - \frac{1-i}{2}\right]^n$$

$$f_2 = \sum_{n=0}^{\infty} i^{n-1} \left[(1+i)\alpha + \frac{1-i}{2}\right]^n$$

이항 정리를 적용하여 α에 대한 급수를 얻고, 두 합의 순서를 바꾸면,

$$f_1 = \sum_{j=0}^{\infty} (-1)^j (1+i)^j \alpha^j \sum_{n=j}^{\infty} \binom{n}{j} \left(\frac{1-i}{2}\right)^{n-j}$$

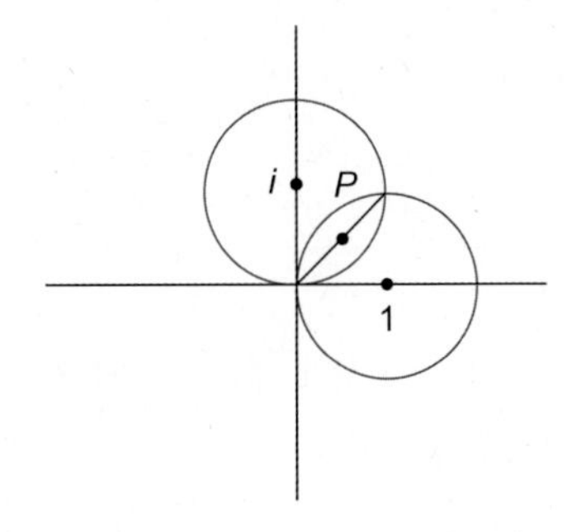

그림 11.16 예제 11.6.5의 멱급수 전개의 수렴 반지름

$$f_2 = \sum_{j=0}^{\infty} i^{j-1}(1+i)^j \alpha^j \sum_{n=j}^{\infty} i^{n-j}\binom{n}{j}\left(\frac{1-i}{2}\right)^{n-j}$$
$$= \sum_{j=0}^{\infty} \frac{1}{i}(-1)^j (1-i)^j \alpha^j \sum_{n=j}^{\infty}\binom{n}{j}\left(\frac{1+i}{2}\right)^{n-j}.$$

더 진행하려면 n에 대한 합을 계산할 필요가 있다. 연습문제 1.3.5에서 보인 것을 이용하여

$$\sum_{n=j}^{\infty}\binom{n}{j}x^{n-j} = \frac{1}{(1-x)^{j+1}}$$

다음을 얻는다.

$$f_1 = \sum_{j=0}^{\infty}(-1)^j(1+i)^j\alpha^j\left(\frac{2}{1+i}\right)^{j+1} = \sum_{j=0}^{\infty}\frac{(-1)^j 2^{j+1}\alpha^j}{1+i}$$
$$f_2 = \sum_{j=0}^{\infty}\frac{1}{i}(-1)^j(1-i)^j\alpha^j\left(\frac{2}{1-i}\right)^{j+1} = \sum_{j=0}^{\infty}\frac{(-1)^j 2^{j+1}\alpha^j}{i(1-i)} = f_1$$

이 식에서 f_1, f_2는 같은 해석 함수이며 그림 11.16의 두 원의 합집합에서 정의되었다.

우연히 두 f_1, f_2는 모두 $1/z$(각각 1과 i에 대하여)의 전개이며, $1/z$는 f_1, f_2의 해석 접속 또는 $z=0$의 특이점을 제외한 전 복소평면으로 확장되었다고 간주할 수 있다. α의 멱으로 전개하는 것은 또한 $1/z$ 전개이기도 하다. 하지만 타당한 영역은 중심 $(1+i)/2$인 반지름 $1/\sqrt{2}$의 원에서만이며 $f(z)$를 C_1과 C_2의 합집합 외부까지 해석 접속을 할 수 없다. ■

멱급수를 이용하는 것은 해석 접속을 수행하는 기구일 뿐 아니라 대체적이고 강력한 **함수 관계**(functional relation)를 이용하는 것이다. 이는 다른 z에서 같은 해석 함수 $f(z)$의 값을 관련짓는 공식이다. 함수 관계의 예로서 표 1.2의 감마 함수의 적분 표현을 조작(12장 참고)하여 $\Gamma(z+1) = z\Gamma(z)$를 보일 수 있다. 이는 $n! = n(n-1)!$의 기초적 결과와 잘 일치한다. 이 함수 관계는 해석적으로 $\Gamma(z)$를 접속하여 적분 표현이 수렴하지 않은 z값까지 확장하는 데 사용할 수 있다.

연습문제

11.6.1 본질적 특이성의 예로서 z가 0에 접근할 때 $e^{1/z}$를 고려하자. 어떠한 복소수 $z_0(z_0 \neq 0)$에 대하여 다음을 보이시오.

$$e^{1/z} = z_0$$

11.6.2 실수축상 $x > 1$과 $x < -1$에 대하여 가지 자름을 만들면 다음 함수는 일가를 가짐을 보이시오.

$$w(z) = (z^2 - 1)^{1/2}$$

11.6.3 함수 $f(z)$는 다음과 같이 표현될 수 있다.

$$f(z) = \frac{f_1(z)}{f_2(z)}$$

여기서 $f_1(z)$와 $f_2(z)$는 해석적이다. 분모 $f_2(z)$는 $z = z_0$에서 사라지고 $f(z)$는 $z = z_0$에서 극점을 가짐을 보인다. 하지만 $f_1(z_0) \neq 0$, $f'_2(z_0) \neq 0$이다. $f(z)$의 $z = z_0$에서 로랑 전개의 $(z - z_0)^{-1}$의 계수인 a_{-1}는 다음과 같이 주어짐을 보이시오.

$$a_{-1} = \frac{f_1(z_0)}{f_2{}'(z_0)}$$

11.6.4 연습문제 11.6.2의 함수에 대한 유일한 가지를 정하는 것은 $f(i)$에 대한 값과 예제 11.6.4에서 $f(i)$의 값과 같게 만든다. 연습문제 11.6.2와 예제 11.6.4가 같은 다가 함수에 관하여 기술하지만 여러 z에 대하여 할당된 구체적인 값이 가지 자름의 위치 차이 때문에 모든 곳에서 일치할 수는 없을 것이다. 이 기술이 복소평면에서 일치하는 영역과 일치하지 않은 영역을 찾아내고 차이를 논하시오.

11.6.5 다음 함수의 모든 특이점을 찾으시오.

$$z^{-1/3} + \frac{z^{-1/4}}{(z-3)^3} + (z-2)^{1/2}$$

또한 특이점들의 특성을 밝혀내시오(즉 위수 2인 가지점, 위수 5인 극점 등). 무한점에서 있을 수 있는 특이점도 포함시키시오.

11.6.6 함수 $F(z) = \ln(z^2 + 1)$은 $(x,\ y) = (0,\ -1)$부터 $(-\infty,\ -1)$까지, $(0,\ +1)$부터 $(0,\ +\infty)$까지 직선형 가지 자름을 하여 일가 함수로 만들 수 있다(그림 11.17 참고). $F(0) = -2\pi i$이면 $F(i-2)$의 값을 구하시오.

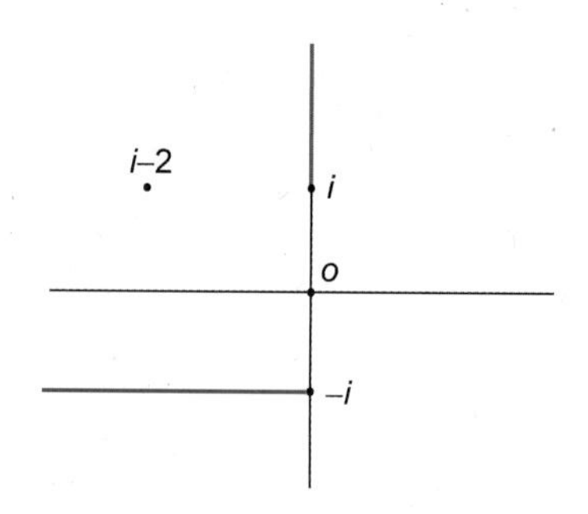

그림 11.17 연습문제 11.6.6의 가지 자름

11.6.7 복소평면에서 로그 함수는 음의 값을 가짐을 보이시오. 특히 $\ln(-1)$을 구하시오.

답. $\ln(-1) = i\pi$

11.6.8 정수가 아닌 m에 대하여 연습문제 11.5.2의 이항 전개는 적당히 정의된 함수 $(1+z)^m$의 가지에서만 타당함을 보이시오. z평면이 어떻게 가지 자름이 되는지 보이시오. 선택한 자름에 비추어 $|z| < 1$을 가지에서 이항 전개에 대한 수렴 반지름으로 왜 잡았는지를 설명하시오.

11.6.9 연습문제 11.5.2와 11.6.8의 테일러 전개는 정수가 아닌 m에 대하여 적당히 선택된 함수 $(1+z)^m$의 가지 외의 다른 가지에서는 적당하지 **않다**. (다른 가지에서는 같은 테일러 전개를 가질 수 없는데 이들은 구별이 가능하기 때문임을 기억하라.) 다른 모든 가지에 대한 앞의 연습문제들에서 사용한 것과 같은 가지 자름을 이용하여 상응하는 테일러 전개를 구하고 위상을 할당하고 테일러 계수 등의 세부 사항까지 구하시오.

11.6.10 (a) $|z-1|$의 작은 값에 대해서 타당한 점 $z=1$에 대한 $f(z) = [z(z-1)]^{-1}$의 로랑 전개를 하시오. 이 전개가 맞은 영역을 정확히 제시하시오. 이 식은 식 (11.49)의 무한급수에 대한 해석 접속이다.

(b) $|z-1|$의 큰 값에 대해서 타당한 점 $z=1$에 대한 $f(z)$의 로랑 전개를 구하시오.

[힌트] 함수에 대하여 부분 분수 분해를 하고 등비수열을 이용하라.

11.6.11 (a) 주어진 $f_1(z) = \int_0^\infty e^{-zt}dt$ (t는 실수)에 대하여 $f_1(z)$가 존재하고 해석적인 정의역은 $\Re e(z) > 0$임을 보이시오.

(b) $\Re e(z) > 0$에서 $f_1(z)$는 $f_2(z) = 1/z$와 같음과 따라서 $z=0$를 제외한 전 z평면상에서 $f_1(z)$의 해석 접속임을 보이시오.

(c) 점 $z = -i$에 대하여 $1/z$를 전개하시오. 다음을 얻게 될 것이다.

$$f_3(z) = \sum_{n=0}^{\infty} a_n (z+i)^n$$

$f_3(z)$ 공식의 정의역은 어디인가?

답. $\frac{1}{z} = i \sum_{n=0}^{\infty} i^{-n}(z+i)^n, \ |z+i| < 1$

11.7 레지듀 해석

■ 레지듀 정리

어떤 함수의 로랑 전개가 다음과 같다.

$$f(z) = \sum_{n=-\infty}^{\infty} a_n (z - z_0)^n$$

그러면 이 식은 고립된 특이점 z_0를 둘러싸는 반시계 방향의 닫힌 경로를 이용하여 항 1개씩 적분하고, 식 (11.29)를 적용하면 다음을 얻는다.

$$a_n \oint (z - z_0)^n dz = 0, \quad n \neq -1 \tag{11.59}$$

하지만 $n = -1$에 대해서 식 (11.29)에서 다음을 얻는다.

$$a_{-1} \oint (z - z_0)^{-1} dz = 2\pi i a_{-1} \tag{11.60}$$

식 (11.59)와 (11.60)을 정리하면 다음을 얻는다.

$$\oint f(z) dz = 2\pi i a_{-1} \tag{11.61}$$

상수 a_{-1}는 로랑 전개에서 $(z - z_0)^{-1}$의 계수이며 $z = z_0$에서 $f(z)$의 **레지듀**(residue)라고 한다.

이제 닫힌 경로 C 위에서 점들 z_1, z_2, ...에서 고립된 특이점을 가진 함수의 적분 계산을 고려하자. 이 적분은 경로를 그림 11.18처럼 변형하여 취급할 수 있다. 코시 적분 정리(11.3절)는 다음과 같이 된다.

$$\oint_C f(z) dz + \oint_{C_1} f(z) dz + \oint_{C_2} f(z) dz + \cdots = 0 \tag{11.62}$$

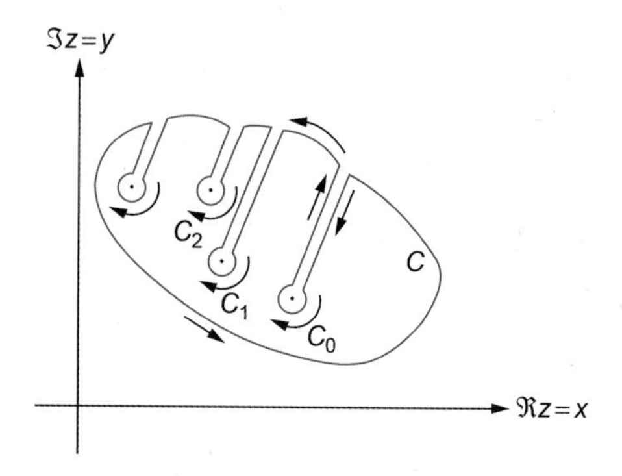

그림 11.18 고립된 특이점의 제외

여기서 C는 양의 방향인 반시계 방향이지만 경로 C_1, C_2, ... 각각 z_1, z_2, ...을 둘러싼 곡선들은 모두 시계 방향이다. 따라서 식 (11.61)을 쓰면 각각의 고립된 특이점에 대한 C_i 적분은 다음과 같은 값을 갖는다.

$$\oint_{C_i} f(z)dz = -2\pi i a_{-1,\,i} \tag{11.63}$$

여기서 $a_{-1,i}$는 특이점 $z=z_i$에 대한 로랑 전개로부터 얻을 수 있는 레지듀이다. 음의 부호는 시계 방향 적분으로부터 온 것이다. 식 (11.62)와 (11.63)을 조합하여 다음을 얻는다.

$$\begin{aligned}\oint_C f(z)dz &= 2\pi i(a_{-1,\,1} + a_{-1,\,2} + \cdots) \\ &= 2\pi i(\text{포함된 레지듀의 합})\end{aligned} \tag{11.64}$$

이 식이 **레지듀 정리**(residue theorem)이다. 하나의 경로 적분 집합을 계산하는 문제는 특이점들에서 레지듀를 계산하는 대수 문제로 교체되었다.

■ 레지듀 계산

물론 $(z-z_0)^{-1}$의 계수인 a_{-1}를 알아내기 위해 $z=z_0$에 대하여 $f(z)$의 전 로랑 전개를 얻는 것은 필요하지 않다. $f(z)$가 $z-z_0$에서 단순 극점을 가진다면 $f(z)$의 전개에 계수가 a_n인 경우 다음과 같다.

$$(z-z_0)f(z) = a_{-1} + a_0(z-z_0) + a_1(z-z_0)^2 + \cdots \tag{11.65}$$

그리고 $(z-z_0)f(z)$가 인자 $z-z_0$의 명백한 소거를 주는 형태가 아닐 수도 있음을 인식하고 $z \to z_0$에 따른 식 (11.65)의 극한을 취하면

$$a_{-1} = \lim_{z \to z_0} ((z - z_0) f(z)) \tag{11.66}$$

을 얻는다. $z - z_0$에서 $n > 1$인 위수의 극점이 있다면 $(z - z_0)^n f(z)$는 다음의 전개를 가져야 한다.

$$(z - z_0)^n f(z) = a_{-n} + \cdots + a_{-1}(z - z_0)^{n-1} + a_0 (z - z_0)^n + \cdots \tag{11.67}$$

여기서 a_{-1}는 $(z - z_0)^n f(z)$의 테일러 전개에서 $(z - z_0)^{n-1}$의 계수이며 곧 다음을 만족함을 알아낼 수 있다.

$$a_{-1} = \frac{1}{(n-1)!} \lim_{z \to z_0} \left[\frac{d^{n-1}}{dz^{n-1}} \left((z - z_0)^n f(z) \right) \right] \tag{11.68}$$

여기서 극한은 관련 표현이 불확정일 수 있음을 설명하고 있다. 때때로 식 (11.68)의 일반 공식은 멱급수 전개의 신중한 이용보다 더 복잡하다. 예제 11.7.1의 항목 4와 5를 보라.

본질적 특이점은 또한 잘 정의된 레지듀를 가지지만 이들을 발견하는 것은 힘들다. 원리상 $n = -1$인 식 (11.48)을 이용할 수 있다. 하지만 관련 적분이 취급이 불능인 것 같다. 이따금 레지듀에 이르는 가장 간단한 길은 로랑 전개를 하는 것이다.

예제 11.7.1 레지듀 계산

몇 예가 있다.

1. $z = -\frac{1}{4}$에서 $\frac{1}{4z+1}$의 레지듀는 $\lim_{z = -\frac{1}{4}} \left(\frac{z + \frac{1}{4}}{4z+1} \right) = \frac{1}{4}$이다.

2. $z = 0$에서 $\frac{1}{\sin z}$의 레지듀는 $\lim_{z \to 0} \left(\frac{z}{\sin z} \right) = 1$이다.

3. $z = 2e^{\pi i}$에서 $\frac{\ln z}{z^2 + 4}$의 레지듀는 다음과 같다.

$$\lim_{z \to 2e^{\pi i}} \left(\frac{(z - 2e^{\pi i}) \ln z}{z^2 + 4} \right) = \frac{(\ln 2 + \pi i)}{4i} = \frac{\pi}{4} - \frac{i \ln 2}{4}$$

4. $z = \pi$에서 $\frac{z}{\sin^2 z}$의 레지듀. 극점은 위수 2이며 레지듀는 다음과 같다.

$$\frac{1}{1!} \lim_{z \to \pi} \left(\frac{d}{dz} \frac{z(z - \pi)}{\sin^2 z} \right)$$

하지만 치환 $w=z-\pi$를 하면 더 쉬워진다. $\sin^2 z=\sin^2 w$를 기억하면 $w=0$에 대한 $(w+\pi)/\sin^2 w$의 전개에서 $1/w$의 계수로서 레지듀를 알아낼 수 있다. 이 전개는 다음과 같이 쓸 수 있다.

$$\frac{w+\pi}{\left(w-\frac{w^3}{3!}+\cdots\right)^2}=\frac{w+\pi}{w^2-\frac{w^4}{3}+\cdots}$$

분모는 온전히 w의 짝수 멱이라서 분자의 π는 레지듀에 기여를 하지 않는다. 따라서 분자의 w와 분모의 선행 항으로부터 레지듀가 1임을 안다.

5. $z=0$에서 $f(z)=\dfrac{\cot\pi z}{z(z+2)}$의 레지듀.

$z=0$에서 극점은 위수 2이며 식 (11.48)의 직접 응용은 복잡한 불확정적 표현이 되며 로피탈 규칙을 다중 사용해야 하는 형태이다. 아마도 더 쉬운 방법은 $z=0$에 대한 전개의 첫항을 도입하는 것이다.

$$\cot\pi z=(\pi z)^{-1}+O(z),\quad 1/(z+2)=\frac{1}{2}[1-(z/2)+O(z^2)]$$

다음을 얻는다.

$$f(z)=\frac{1}{z}\left[\frac{1}{\pi z}+O(z)\right]\left(\frac{1}{2}\right)\left[1-\frac{z}{2}+O(z^2)\right]$$

여기로부터 z^{-1}의 계수로서 레지듀를 읽어 낸다. 즉 $-1/4\pi$이다.

6. $z=0$에서 $e^{-1/z}$의 레지듀. 본질적 특이점에서 레지듀이다. $w=-1/z$에서 e^w의 테일러 급수로부터 다음을 얻는다.

$$e^{-1/z}=1-\frac{1}{z}+\frac{1}{2!}\left(-\frac{1}{z}\right)^2+\cdots$$

여기로부터 레지듀의 값 -1을 읽어낸다. ■

■ 코시 주요 값

이따금 고립된 극점은 적분 경로를 발산하게 함으로써 직접 나타난다. 간단한 예는 실적분을 계산하려는 노력에서 제공된다.

$$\int_{-a}^{b}\frac{dx}{x} \tag{11.69}$$

이 식은 $x=0$에서 로그 특이성 때문에 발산한다. x^{-1}의 부정 적분은 $\ln x$임을 기억하라. 하지만 식 (11.69)에서 적분이 다음과 같은 극한의 형태를 치환하여 수렴 형태를 얻는다면 의미가 있다.

$$\lim_{\delta\to 0^+}\int_{-a}^{-\delta}\frac{dx}{x}+\int_{\delta}^{b}\frac{dx}{x} \tag{11.70}$$

x의 음의 값에 대한 로그에 관련된 문제점을 피하고자 첫 번째 적분의 변수를 $y=-x$로 치환하면 두 적분은 차례로 $\ln\delta-\ln a$와 $\ln b-\ln\delta$로 합은 $\ln b-\ln a$이다. 무슨 이유인가 하면 $1/x$가 양의 값에서 0에 접근함에 $+\infty$로 증가한 것은 $1/x$가 음의 값에서 0에 접근함에 $-\infty$로 감소하는 것이 서로 보완하였기 때문이다. 이러한 상황은 그림 11.19에 그래프로 나타내었다.

기술하고 있는 이 과정은 식 (11.69)의 원래 적분을 수렴하게 하지는 **않는다**는 것을 주목할 필요가 있다. 이 적분이 수렴하려면 δ_1, δ_2가 **독립적으로** 0에 접근할 때 다음이 존재(적분은 유일한 값을 가져야 한다는 의미)해야 한다.

$$\lim_{\delta_1,\delta_2\to 0^+}\left[\int_{-a}^{-\delta_1}\frac{dx}{x}+\int_{\delta_2}^{b}\frac{dx}{x}\right]$$

하지만 δ_1, δ_2가 0에 접근 비율이 다른 것이 적분값의 변화를 초래한다. 예를 들어 $\delta_2=2\delta_1$이면 식 (11.70)과 같은 경우의 계산은 $(\ln\delta_1-\ln a)+(\ln b-\ln\delta_2)=\ln b-\ln a-\ln 2$와 같다.

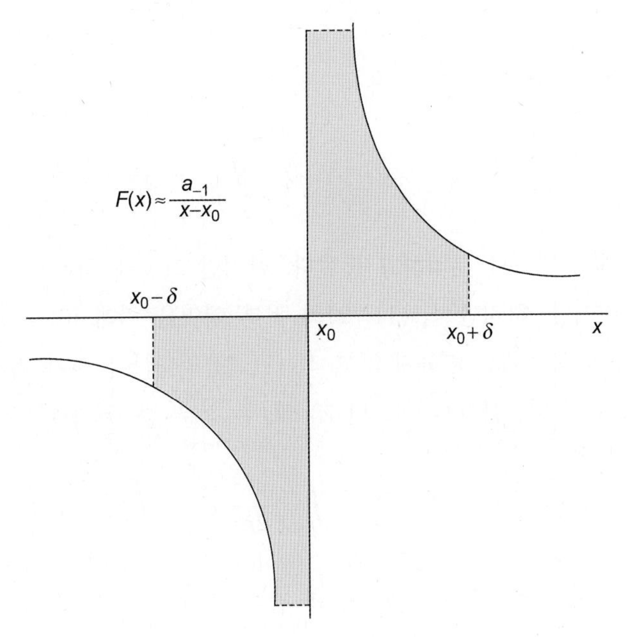

그림 11.19 코시 주요 값 무효화, 1/z의 적분

극한은 정해진 값을 가지지 않고 적분 발산에 대한 원래의 설명을 확인하게 된다.

위의 예를 일반화시켜 점 x_0를 극한으로 적분 경로상의 고립된 특이점을 가진 함수 $f(x)$의 실적분의 **코시 주요 값**(Cauchy principal value)을 정의한다.

$$\lim_{\delta \to 0^+} \int^{x_0 - \delta} f(x)dx + \int_{x_0 + \delta} f(x)dx \tag{11.71}$$

코시 주요 값은 때때로 적분 기호 앞에 P 기호를 표시하기도 하거나 적분 기호에 가로선을 그리기도 한다. 다음과 같다.

$$P\int f(x)dx, \qquad ⨍ f(x)dx$$

이 표현은 물론 특이점의 존재가 알려져 있다는 것을 가정한다.

예제 11.7.2 **코시 주요 값**

다음 적분을 생각하자.

$$I = \int_0^{\infty} \frac{\sin x}{x} dx \tag{11.72}$$

$\sin x$에 동등한 공식

$$\sin x = \frac{e^{ix} - e^{-ix}}{2!}$$

으로 치환하여 다음을 얻는다.

$$I = \int_0^{\infty} \frac{e^{ix} - e^{-ix}}{2ix} dx \tag{11.73}$$

I를 2개의 항으로 분리하고자 한다. 하지만 그렇게 하려면 각 항은 로그 발산 적분이 되어 버릴 것이다. 하지만 식 (11.72)의 적분 영역을 원래 $(0,\ \infty)$에서 $(\delta,\ \infty)$로 바꾸면 적분은 작은 δ의 극한에서 변하지 않고 식 (11.73)의 적분은 δ가 정확히 0이 되지 않는 한 수렴 상태에 머무른다. 따라서 식 (11.73)의 두 적분 중 두 번째 것을 고쳐 쓰면 다음을 얻는다.

$$\int_{\delta}^{\infty} \frac{e^{-ix}}{2ix} dx = \int_{-\infty}^{-\delta} \frac{e^{ix}}{2ix} dx$$

합쳐서 I가 되는 두 적분은 다음과 같이 코시 주요 값 적분으로 쓸 수 있다($\delta \to 0^+$의 극한에서).

$$I = \int_{-\infty}^{\infty} \frac{e^{ix}}{2ix} dx \tag{11.74}$$

■

코시 주요 값은 복소 변수 이론을 암시한다. 이제 적분 경로를 $x_0 - \delta$에서 $x_0 + \delta$로 가는 것처럼 중간에 불연속을 가지는 대신에 경로의 두 부분을 복소평면에서 원호로 x_0 특이점의 위 또는 아래로 연결해서 지나간다고 가정하자. 특이점을 z_0라 하고 기존의 복소 변수 표현으로 논의를 진행하고자 한다. 따라서 호는 반지름 δ인 반원이 되고 특이점 **아래**는 반시계 방향 또는 특이점 **위**는 시계 방향이다. 특이성을 $1/(z - z_0)$보다 더 강하지 않은 것으로 해석을 제약한다. 즉 단순 극점을 취급하는 것이다. 함수 $f(z)$의 로랑 전개가 적분되는 것을 보면 다음 항들을 가질 것이다.

$$\frac{a_{-1}}{z - z_0} + a_0 + \cdots$$

그리고 반지름 δ인 반원 위에서 적분한다($\delta \to 0^+$의 극한에서). 2개 중 하나의 형태(극 표현으로 $z - z_0 = re^{i\theta}$, $dz = ire^{i\theta}$, $r = \delta$)는 다음과 같다.

$$I_{\text{over}} = \int_{\pi}^{0} d\theta\, i\delta e^{i\theta} \left[\frac{a_{-1}}{\delta e^{i\theta}} + a_0 + \cdots \right] = \int_{\pi}^{0} \left(ia_{-1} + i\delta e^{i\theta} a_0 + \cdots \right) d\theta \to -i\pi a_{-1} \tag{11.75}$$

$$I_{\text{under}} = \int_{\pi}^{2\pi} d\theta\, i\delta e^{i\theta} \left[\frac{a_{-1}}{\delta e^{i\theta}} + a_0 + \cdots \right] = \int_{\pi}^{2\pi} \left(ia_{-1} + i\delta e^{i\theta} a_0 + \cdots \right) d\theta \to i\pi a_{-1} \tag{11.76}$$

식 (11.75)와 (11.76)의 첫째 항들은 $\delta \to 0^+$의 극한에서 0이 됨을 주목하고 각각의 방정식은 극 주변을 한 번 일주해서 얻는 값의 반이 크기와 같은 결과이다. 반원의 부호는 경로의 방향에서 예상되는 것에 상응하고 두 반원 적분의 평균은 0이다.

가끔 z_0의 단순 극점을 가진 2개의 코시 주요 값 적분 $P\int f(z)dz$를 포함하는 닫힌 경로에서 함수 $f(z)$의 경로 적분을 계산해야 할 필요가 있다. 특이점에서 이 코시 주요 값 적분을 연결하는 반원과 경로가 닫힌 곡선이 되는 데 필요한 모든 다른 곡선 C가 필요하다(그림 11.20 참고).

각 기여는 다음과 같이 조합된다. 그림에서 경로는 z_0를 **위로** 넘어감을 주목하라.

$$⨍ f(z)dz + I_{\text{over}} + \int_{C_2} f(z)dz = 2\pi i \sum \text{레지듀}(z_0\text{를 제외한 것})$$

이 식을 정리하면 다음과 같다.

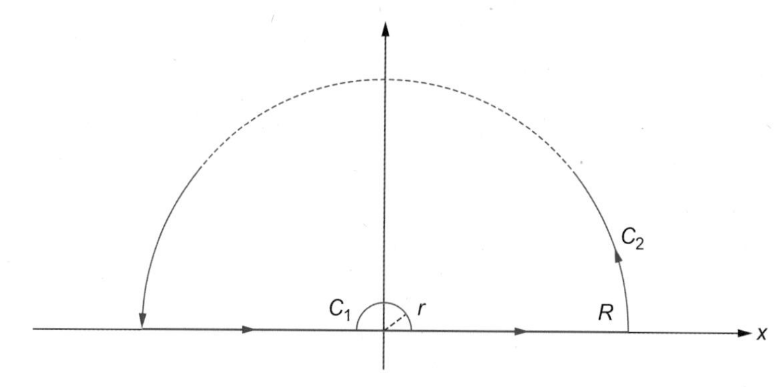

그림 11.20 코시 주요 값 적분을 포함하는 경로

$$\oint f(z)dz = -I_{\text{over}} + \int_{C_2} f(z)dz + 2\pi i \sum \text{레지듀}(z_0\text{를 제외한 것}) \tag{11.77}$$

한편 경로를 z_0를 **밑으로** 통과하도록 선택할 수도 있다. 여기서 식 (11.77) 대신에 다음을 얻는다.

$$\oint f(z)dz = -I_{\text{under}} - \int_{C_2} f(z)dz + 2\pi i \sum \text{레지듀}(z_0\text{를 제외한 것}) + 2\pi i a_{-1} \tag{11.78}$$

여기서 z_0의 극점의 레지듀는 a_{-1}로 나타낸다. 식 (11.77)과 (11.78)은 $2\pi i a_{-1} - I_{\text{under}} = -I_{\text{over}}$이기 때문에 잘 일치한다. 그래서 코시 주요 값 적분을 구하고자 하는 의도에 대해 원래 적분 경로에서 특이점 아래 또는 위인지에 차이가 발생하지 않는다.

■ 유리형 함수의 극점 전개

오직 고립된 극점을 특이점으로 가지고 있는 해석 함수 $f(z)$를 **유리형 함수**(meromorphic)라 한다. 미타그레플레르(Mittag-Leffler)는 단일 정칙점 주변에 대한 전개(테일러 전개) 또는 고립된 특이점(로랑 전개)에 대해 전개하는 대신에 $f(z)$의 다른 극점에 대한 각각의 전개 또한 가능하다는 것을 보여준다. 미타그레플레르 정리는 $z=0$과 (무한대를 제외한) 다른 모든 점(점 z_1, z_2, ...에 대해 대응 b_1, b_2, ...인 불연속인 단순 극점을 제외한)에서 $f(z)$가 해석적이라고 가정한다. 극의 순서를 $0 \le |z_1| \le |z_2| \le \cdots$와 같이 선택하고 큰 z의 극한에서 $|f(z)/z| \to 0$을 가정한다. 그러면 미타그레플레르 정리는 다음을 의미한다.

$$f(z) = f(0) + \sum_{n=1}^{\infty} b_n \left(\frac{1}{z - z_n} + \frac{1}{z_n} \right) \tag{11.79}$$

이 정리를 증명하기 위해 예비 관찰로 식 (11.79)의 합 부분을 다음과 같이 쓴다.

$$\frac{zb_n}{z_n(z_n - z)}$$

이는 경로 적분에 유용하게 쓰려는 것을 의미한다.

$$I_N = \oint_{C_N} \frac{f(w)dw}{w(w-z)}$$

여기서 w는 다른 복소 변수이며 C_N은 $f(z)$의 첫 N극을 포함하는 원이다. C_N의 반지름은 R_N이고 총 호의 길이는 $2\pi R_N$, 피적분 함수의 절댓값은 점근적으로 $|f(R_N)|/R_N^2$, 큰 z에서 $f(z)$의 거동은 $\lim_{R_N \to \infty} I_N = 0$를 보장한다.

이제 레지듀 정리를 이용하여 I_N의 대체 표현을 얻는다. C_N은 $w=0$, $w=z$, $w=z_n$ $(n=1, \ldots, N)$의 단순 극점을 둘러싸고 $f(w)$는 $w=0$, $w=z$에서 특이하지 않다. 그리고 z_n에서 $f(z)/w(w-z)$의 레지듀는 $b_n/z_n(z_n-z)$를 인식하면 다음을 얻는다.

$$I_N = 2\pi i \frac{f(0)}{-z} + 2\pi i \frac{f(z)}{z} + \sum_{n=1}^{N} \frac{2\pi i b_n}{z_n(z_n - z)}$$

큰 N의 극한을 취하면 $I_N = 0$이고 미타그레플레르 정리, 식 (11.79)를 얻는다. $\lim_{z\to\infty} |f(z)/z| = 0$을 만족하면 극점 전개는 수렴한다.

미타그레플레르 정리는 여러 흥미로운 극점 전개로 이끈다. 다음 예들을 보자.

예제 11.7.3 $\tan z$의 **극점 전개**

$\tan z$를 다음과 같이 쓰자.

$$\tan z = \frac{e^{iz} - e^{-iz}}{i(e^{iz} + e^{-iz})}$$

간단히 $\tan z$의 유일한 특이성은 z의 실숫값들에 대해서만 있음을 알 수 있고 이들은 $\cos x$가 0일 때, 즉 $\pm\pi/2$, $\pm 3\pi/2$, ...이다. 또는 일반적으로 $z_n = \pm(2n+1)\pi/2$이다. 이 점들에 대한 레지듀를 얻기 위해 (로피탈 규칙을 이용하여) 극한을 취한다.

$$\begin{aligned} b_n &= \lim_{z \to \frac{(2n+1)\pi}{2}} \frac{(z-(2n+1)\pi/2)\sin z}{\cos z} \\ &= \left. \frac{\sin z + (z-(2n+1)\pi/2)\cos z}{-\sin z} \right|_{z=\frac{(2n+1)\pi}{2}} = -1 \end{aligned}$$

모든 극점에 대하여 같은 값이다.

$\tan(0)=0$과 반지름 $(N+1)\pi$의 원 속의 극점은 각각의 부호에 대해 0에서 N까지이며 식 (11.79)(하지만 이번에는 N까지 합)에서 다음의 결과를 얻는다.

$$\tan z = \sum_{n=0}^{N}(-1)\left(\frac{1}{z-(2n+1)\pi/2}+\frac{1}{(2n+1)\pi/2}\right)$$

$$+\sum_{n=0}^{N}(-1)\left(\frac{1}{z+(2n+1)\pi/2}+\frac{1}{-(2n+1)\pi/2}\right)$$

$$=\sum_{n=0}^{N}(-1)\left(\frac{1}{z-(2n+1)\pi/2}+\frac{1}{z+(2n+1)\pi/2}\right)$$

이 항들을 공통분모에서 조합하고 극한 $\lim N\to\infty$을 취하면 다음의 보통 형태의 전개에 도달한다.

$$\tan z = 2z\left(\frac{1}{(\pi/2)^2-z^2}+\frac{1}{(3\pi/2)^2-z^2}+\frac{1}{(5\pi/2)^2-z^2}+\cdots\right) \tag{11.80}$$

■

예제 11.7.4 $\cot z$의 극점 전개

이 예제는 앞에 있는 것처럼 전개한다. 예외로 $\cot z$는 $z=0$에서 단순 극점을 가지고 레지듀는 $+1$이다. 따라서 특이성을 제거하고 대신 $\cot z - 1/z$를 고려한다. 특이점은 $\pm n\pi (n\neq 0)$에서 단순 극점이며 (이번에도 로피탈 규칙으로 얻어지는) 레지듀는 다음과 같다.

$$b_n = \lim_{z\to n\pi}(z-n\pi)\cot z = \lim_{z\to n\pi}\frac{(z-n\pi)(z\cos z-\sin z)}{z\sin z}$$

$$=\left.\frac{z\cos z-\sin z+(z-n\pi)(-z\sin z)}{\sin z + z\cos z}\right|_{z=n\pi}=+1$$

$\cot z-1/z$는 $z=0$에서 0이 되는 것($\cot z$ 전개의 둘째 항은 $-z/3$이다)을 기억하면 다음을 얻는다.

$$\cot z-\frac{1}{z}=\sum_{n=1}^{N}\left(\frac{1}{z-n\pi}+\frac{1}{n\pi}+\frac{1}{z+n\pi}+\frac{1}{-n\pi}\right)$$

이 식을 정리하면 다음과 같다.

$$\cot z = \frac{1}{z}+2z\left(\frac{1}{z^2-\pi^2}+\frac{1}{z^2-(2\pi)^2}+\frac{1}{z^2-(3\pi)^2}+\cdots\right) \tag{11.81}$$

식 (11.80)과 (11.81)을 비롯하여 다음 두 극점 전개도 중요하다.

$$\sec z = \pi\left(\frac{1}{(\pi/2)^2 - z^2} - \frac{3}{(3\pi/2)^2 - z^2} + \frac{5}{(5\pi/2)^2 - z^2} - \cdots\right) \tag{11.82}$$

$$\csc z = \frac{1}{z} - 2z\left(\frac{1}{z^2 - \pi^2} - \frac{1}{z^2 - (2\pi)^2} + \frac{1}{z^2 - (3\pi)^2} + \cdots\right) \tag{11.83}$$

■

■ 극점과 영점의 개수 세기

함수 $f(z)$의 극점과 영점의 숫자에 대한 정보를 얻을 수 있다. 이 함수는 그렇지 않으면 로그 도함수, 즉 $f'(z)/f(z)$을 고려하기 때문에 어떤 닫힌 영역 내에서는 해석적인 함수이다. 이 분석의 출발점은 점 z_0에 대하여 $f(z)$에 대한 표현을 쓰는 것인데 점 z_0는 영점이거나 다음 형태의 극점이다.

$$f(z) = (z - z_0)^{\mu} g(z)$$

$g(z)$는 $z = z_0$에서 유한하고 영점이 아니다. 이 요구조건은 z_0 근방의 $f(z)$의 극한 거동을 나타내고 $(z - z_0)^{\mu}$에 비례하고, $z = z_0$ 근방에서 $f'(z)/f(z)$가 다음 형태가 된다고 가정한다.

$$\frac{f'(z)}{f(z)} = \frac{\mu(z - z_0)^{\mu - 1} g(z) + (z - z_0)^{\mu} g'(z)}{(z - z_0)^{\mu} g(z)} = \frac{\mu}{z - z_0} + \frac{g'(z)}{g(z)} \tag{11.84}$$

식 (11.84)는 모든 0이 아닌 μ에 대해(즉 z_0가 0이거나 극점) f'/f가 $z = z_0$에서 레지듀 μ인 단순 극점을 가진다는 것을 보여준다. $g(z)$는 0이 되지 않고 유한해야 함을 요구받기 때문에 식 (11.84)의 둘째 항은 특이적일 수 없다.

식 (11.84)에 레지듀 정리를 극점을 제외하고는 $f(z)$가 해석적인 닫힌 영역에 대해서 적용하면, 닫힌 경로의 f'/f 적분은 다음 결과를 주게 되는 것을 알 수 있다.

$$\oint_C \frac{f'(z)}{f(z)} dz = 2\pi i (N_f - P_f) \tag{11.85}$$

여기서 P_f는 C로 둘러싸인 영역 내 $f(z)$의 극점의 수이며, 각 극점은 자신의 위수를 곱하고 N은 C로 둘러싸인 영역 내 $f(z)$의 영점의 수, 각 영점은 자신들의 중복 수를 곱한다.

영점을 셈하는 것은 종종 **루셰의 정리**(Rouché's theorem)를 이용하여 손쉽게 계산할 수 있고 이 정리는 다음과 같다.

> $f(z)$와 $g(z)$가 곡선 C와 C 위의 $|f(z)| > |g(z)|$에 의하여 둘러싸인 영역에서 해석적이면 C에 의하여 구속된 영역에서 $f(z)$와 $f(z) + g(z)$의 영점의 수는 같다.

로셰의 정리를 증명하기 위해 식 (11.85)로부터 다음과 같이 쓰자.

$$\oint_C \frac{f'(z)}{f(z)}dz = 2\pi i N_f, \qquad \oint_C \frac{f'(z)+g'(z)}{f(z)+g(z)}dz = 2\pi i N_{f+g}$$

여기서 N_f는 C 내부의 영점의 수를 표시한다. 따라서 f'/f의 부정 적분이 $\ln f$이기 때문에 N_f는 C가 반시계 방향으로 한 번 일주했을 때 2π를 통과하는 f번 회전의 편각의 횟수이다. 비슷하게 N_{f+g}는 경로 C로 한 번 일주했을 때 2π를 통과하는 $f+g$번 회전의 편각의 횟수이다.

다음은 이렇게 쓴다.

$$f+g = f\left(1+\frac{g}{f}\right), \qquad \arg(f+g) = \arg(g) + \arg\left(1+\frac{g}{f}\right) \tag{11.86}$$

곱의 편각은 구성 인자들의 편각의 합과 같다는 사실을 이용하였다. 그러면 2π를 통과하는 $\arg(f+g)$의 회전수는 $\arg(f)$ **더하기** $\arg(1+g/f)$의 회전수와 같다. 하지만 $|g/f|<1$이기 때문에 $1+g/f$의 실수 부분은 절대로 음이 되지 않고, 따라서 이 함수의 편각은 $-\pi/2 < \arg(1+g/f) < \pi/2$의 영역으로 제약된다. 따라서 $\arg(1+g/f)$는 2π를 통과하는 회전이 될 수 없고, $\arg(f+g)$의 회전수는 $\arg f$의 회전수와 같아야 하며 $f+g$와 f는 C 내부의 같은 영점의 수를 가져야 한다. 이것으로 로셰의 정리의 증명을 마친다.

예제 11.7.5 영점의 개수 세기

1과 3 사이의 모듈을 가진 $F(z) = z^3 - 2z + 11$의 영점의 수를 결정하는 문제이다. $F(z)$는 모든 유한한 z에 대하여 해석적이므로 원리상 단순히 식 (11.85)를 $|z|=1$(시계 방향)의 원과 $|z|=3$(반시계 방향)의 원에 적용하여 $P_F = 0$으로 놓고 N_F에 대하여 푼다. 하지만 이러한 접근은 실제 증명하기 어렵다. 대신 로셰의 정리를 써서 문제를 단순화할 수 있다.

먼저 $|z|=1$ 내부의 영점의 수를 계산하는데 $F(z) = f(z) + g(z)$로 놓고 $f(z) = 11$, $g(z) = z^3 - 2z$라 한다. $|z|=1$일 때 $|f(z)| > |g(z)|$는 명백하므로 로셰의 정리에 의하여 f와 $f+g$는 이 원 내부에서는 같은 수의 영점을 가진다. $f(z) = 11$은 영점을 가지지 않으므로 $F(z)$의 모든 영점은 $|z|=1$ 외부에 있다고 결론을 얻는다.

이제 $|z|=3$ 내부에서 $f(z) = z^3$, $g(z) = 11 - 2z$로 놓고 영점의 수를 계산한다. $|z|=3$일 때 $|f(z)| = 27 > |g(z)|$를 얻고 따라서 F, f는 같은 수의 영점을 갖는데, 말하자면 3개($z=0$에서 f의 삼중근)를 가진다. 그러므로 이 문제의 답은 F는 3개의 영점을 가지고 모든 1과 3 사이의 모듈을 가진다. ■

■ 전해석 함수의 곱 전개

모든 유한한 z에 대하여 해석적인 함수 $f(z)$는 **전해석** 함수라고 하는 것을 기억하기 바란다. 식 (11.84)에서 $f(z)$가 전해석 함수이면 $f'(z)/f(z)$는 유리형 함수이고 이 함수의 극점은 모두 단순 극점이다. 간략히 하기 위해 f가 단순하고 점 z_n에 영점들이 있으면 식 (11.84)의 μ는 1이며 미타그레플레르 정리를 적용하여 f'/f를 극점 전개로 쓰면

$$\frac{f'(z)}{f(z)}=\frac{f'(0)}{f(0)}+\sum_{n=1}^{\infty}\left[\frac{1}{z-z_n}+\frac{1}{z_n}\right] \tag{11.87}$$

이다. 식 (11.87)을 적분하면 다음을 얻는다.

$$\begin{aligned}\int_0^z \frac{f'(z)}{f(z)}dz &= \ln f(z)-\ln f(0)\\ &=\frac{zf'(0)}{f(0)}+\sum_{n=1}^{\infty}\left[\ln(z-z_n)-\ln(-z_n)+\frac{z}{z_n}\right]\end{aligned}$$

지수화하면 곱 전개를 얻는다.

$$f(z)=f(0)\exp\left(\frac{zf'(0)}{f(0)}\right)\prod_{n=1}^{\infty}\left(1-\frac{z}{z_n}\right)e^{z/z_n} \tag{11.88}$$

곱 전개의 예들로

$$\sin z = z\prod_{\substack{n=-\infty\\ n\neq 0}}^{\infty}\left(1-\frac{z}{n\pi}\right)e^{z/n\pi}=z\prod_{n=1}^{\infty}\left(1-\frac{z^2}{n^2\pi^2}\right) \tag{11.89}$$

$$\cos z=\prod_{n=1}^{\infty}\left(1-\frac{z^2}{(n-1/2)^2\pi^2}\right) \tag{11.90}$$

이 있다. sin$z$의 곱 전개 식은 식 (11.88)로부터 직접 얻을 수 없다. 하지만 이 식의 유도는 연습문제 11.7.5의 주제이다. 또한 12장에서 논의될 감마 함수는 곱 전개하고 있음을 지적하고자 한다.

연습문제

11.7.1 다음 각 함수의 특이점의 본질을 찾고 레지듀를 구하시오($a>0$).

(a) $\dfrac{1}{z^2+a^2}$ (b) $\dfrac{1}{(z^2+a^2)^2}$

(c) $\dfrac{z^2}{(z^2+a^2)^2}$ (d) $\dfrac{\sin 1/z}{z^2+a^2}$

(e) $\dfrac{ze^{+iz}}{z^2+a^2}$ (f) $\dfrac{ze^{+iz}}{z^2-a^2}$

(g) $\dfrac{e^{+iz}}{z^2-a^2}$ (h) $\dfrac{z^{-k}}{z+1}$, $0<k<1$

[힌트] 무한대의 점의 경우 $|z|\to 0$인 변환 $w=1/z$을 이용하라. 레지듀의 경우 $f(z)dz$를 $g(w)dw$로 변환하고 $g(w)$의 거동을 관찰하라.

11.7.2 $z=0$과 $z=-1$에서 $\pi\cot\pi z/z(z+1)$의 레지듀를 구하시오.

11.7.3 $x>0$에 대한 지수 적분 함수 $\mathrm{Ei}(x)$의 고전적 정의는 다음 코시 주요 값 적분이다.

$$\mathrm{Ei}(x)=\fint_{-\infty}^{x}\frac{e^t}{t}dt$$

여기서 적분 영역은 $x=0$에서 절단된다. 이 정의는 양의 x에 대하여 수렴하는 결과를 줌을 보이시오.

11.7.4 $x=1$의 특이점을 취급하기 위해 코시 주요 값 적분을 쓰면 $0<p<1$에 대하여 다음과 같음을 보이시오.

$$\fint_0^{\infty}\frac{x^{-p}}{x-1}dx=-\pi\cot p\pi$$

11.7.5 식 (11.88)은 $\sin z$의 곱 전개에 직접 적용할 수 없는 이유를 설명하시오. 식 (11.89)의 전개는 대신 $\sin z/z$를 전개하여 얻어짐을 보이시오.

11.7.6 다음 관찰로 시작한다.

1. $f(z)=a_nz^n$는 n개의 영점을 가진다.
2. 충분히 큰 $|R|$에 대하여 $\left|\sum_{m=0}^{n-1}a_mR^m\right|<|a_nR^n|$이다.

로셰의 정리를 이용하여 대수의 기본 정리(모든 n차 다항식은 n개의 근을 가진다)를 증명하시오.

11.7.7 로셰의 정리를 이용하여 $F(z)=z^6-4z^3+10$의 모든 영점은 원 $|z|=1$과 $|z|=2$ 사이에 있음을 보이시오.

11.7.8 식 (11.82)와 (11.83)에서 주어진 $\sec z$와 $\csc z$의 극점 전개를 유도하시오.

11.7.9 주어진 $f(z)=(z^2-3z+2)/z$에 대하여 부분 분수 분해를 f'/f에 적용하고 $\oint_C f'(z)/f(z)dz = 2\pi i(N_f-P_f)$를 직접 보이시오. 여기서 N_f, P_f는 각각 영점의 개수와 C로 둘러싸인 극점의 개수이다(이들의 곱도 포함).

11.7.10 특이점 주변의 적분 경로 반은 일주한 적분의 반과 같다는 말은 단순 극점의 경우로만 제약된다. 구체적 예를 들어 다음을 증명하시오.

$$\int_{\text{Semicircle}} f(z)dz = \frac{1}{2}\oint_{\text{Circle}} f(z)dz$$

이 식은 더 높은 위수의 극점을 포함하는 적분에서는 반드시 맞지는 않는다.

[힌트] $f(z)=z^{-2}$로 시도하라.

11.7.11 함수 $f(z)$는 $z=x_0$의 위수 3의 극점을 제외한 실수축에서 해석적이다. $z=x_0$에 대한 로랑 전개는 다음과 같은 형태를 갖는다.

$$f(z)=\frac{a_{-3}}{(z-x_0)^3}+\frac{a_{-1}}{z-x_0}+g(z)$$

여기서 $g(z)$는 $z=x_0$에서 해석적이다. 코시 주요 값 기법이 적용 가능함을 보이시오. 즉 다음을 의미한다.

(a) $\lim_{\delta\to 0}\left\{\int_{-\infty}^{x_0-\delta} f(x)dx+\int_{x_0+\delta}^{\infty} f(x)dx\right\}$가 유한하다.

(b) $\int_{C_{x_0}} f(z)dz=\pm i\pi a_{-1}$, 여기서 C_{x_0}는 $z=x_0$에 대한 **작은 반원**을 의미한다.

11.7.12 단위 계단 함수는 다음과 같이 정의된다. (연습문제 1.15.13과 비교하라.)

$$u(s-a)=\begin{cases}0, & s<a\\ 1, & s>a\end{cases}$$

$u(s)$는 적분 표현을 가짐을 보이시오.

(a) $u(s)=\lim_{\varepsilon\to 0^+}\frac{1}{2\pi i}\int_{-\infty}^{\infty}\frac{e^{ixs}}{x-i\varepsilon}dx$

(b) $u(s)=\frac{1}{2}+\frac{1}{2\pi i}⨍_{-\infty}^{\infty}\frac{e^{ixs}}{x}dx$

[주의] 매개변수 s는 실수이다.

11.8 정적분 구하기

정적분은 수리물리뿐 아니라 순수 수학 문제에 자주 등장한다. 1장에서 적분 계산의 여러 방법을 복습했고 경로 적분 방법은 강력하고 학습할 만함을 주목하였다. 이제 물리적으로 관련된 적분 한계를 가진 다양하고 폭넓은 응용이 가능한 여러 방법을 탐색할 수 있는 위치에 도달하였다. 삼각함수를 포함하는 적분에 대한 응용으로 시작하고자 한다. 이 삼각함수는 자주 적분 변수(원래는 각도)의 형태가 복소 변수 z로 변환이 가능하고 적분은 단위원 위에서 경로 적분으로 바뀐다.

■ 삼각함수, 영역 $(0,\ 2\pi)$

다음 형태의 적분을 고려한다.

$$I=\int_0^{2\pi} f(\sin\theta,\ \cos\theta)d\theta \tag{11.91}$$

여기서 f는 모든 θ값에 대하여 유한하다. 또한 f는 $\sin\theta$와 $\cos\theta$의 유리함수가 되어야 하고 그래서 일가를 가질 것이 요구된다. 변수를 치환하여

$$z=e^{i\theta}, \qquad dz=ie^{i\theta}d\theta$$

를 만든다. θ의 영역은 말하자면 $(0,\ 2\pi)$이고 $e^{i\theta}$에 해당하며 닫힌 경로를 구성하는 단위원 주변을 반시계 방향으로 움직인다. 그러고 나서 다음 치환을 한다.

$$d\theta=-i\frac{dz}{z}, \qquad \sin\theta=\frac{z-z^{-1}}{2i}, \qquad \cos\theta=\frac{z+z^{-1}}{2} \tag{11.92}$$

여기서 식 (1.133)을 이용하여 $\sin\theta$와 $\cos\theta$를 표현하였다. 원래 적분은 이제 다음과 같아진다.

$$I=-i\oint f\left(\frac{z-z^{-1}}{2i},\ \frac{z+z^{-1}}{2}\right)\frac{dz}{z} \tag{11.93}$$

여기서 적분 경로는 단위원이다. 레지듀 정리에 의하여 식 (11.64)는 다음과 같다.

$$I=(-i)2\pi i\sum \text{단위원 내의 레지듀} \tag{11.94}$$

f/z의 레지듀를 이용하여야 하는 것을 주지하라. 2개의 예비 예제가 있다.

예제 11.8.1 분모에 cos 있는 적분

이 문제는 다음의 정적분을 계산하는 것이다.

$$I=\int_0^{2\pi}\frac{d\theta}{1+a\cos\theta}, \qquad |a|<1$$

식 (11.93)에 의하여 주어진 식은 다음과 같이 된다.

$$\begin{aligned}I&=-i\oint_{\text{unit circle}}\frac{dz}{z\,[1+(a/2)(z+z^{-1})]}\\&=-i\frac{2}{a}\oint\frac{dz}{z^2+(2/a)z+1}\end{aligned}$$

분모가 가지는 근은 다음과 같다.

$$z_1=-\frac{1+\sqrt{1-a^2}}{a}, \qquad z_2=-\frac{1-\sqrt{1-a^2}}{a}$$

$z_1z_2=1$을 기억하고 z_2가 단위원 안에 있고 z_1은 원 밖이란 것을 쉽게 알 수 있다. 적분을 다음 형태

$$\oint\frac{dz}{(z-z_1)(z-z_2)}$$

로 쓰면 $z=z_2$에서 피적분 함수의 레지듀는 $1/(z_2-z_1)$이고, 레지듀 정리를 적용하면 다음을 얻는다.

$$I=-i\frac{2}{a}\cdot 2\pi i\frac{1}{z_2-z_1}$$

z_1과 z_2값을 대입하여 다음의 결과를 얻는다.

$$\int_0^{2\pi}\frac{d\theta}{1+a\cos\theta}=\frac{2\pi}{\sqrt{1-a^2}}, \qquad |a|<1$$

■

예제 11.8.2 또 다른 삼각 적분

다음을 고려하자.

$$I=\int_0^{2\pi}\frac{\cos 2\theta\,d\theta}{5-4\cos\theta}$$

식 (11.92)와 (11.93)에서 밝힌 치환을 수행하면 적분 I는 다음 형태를 갖는다.

$$I = \oint \frac{\frac{1}{2}(z^2 + z^{-2})}{5 - 2(z + z^{-1})}\left(\frac{-idz}{z}\right)$$
$$= \frac{i}{4}\oint \frac{(z^4+1)dz}{z^2\left(z - \frac{1}{2}\right)(z-2)}$$

여기서 적분은 단위원 주변을 따른다. $\cos 2\theta$를 $(z^2 + z^{-2})/2$로 놓는 것은 $\sin z$, $\cos z$ 항으로 먼저 간소화하기보다 더 쉽다. 피적분 함수는 $z = 0$(위수 2)에서 극점을 가지고 $z = 1/2$과 $z = 2$에서 단순 극점을 가진다. 오직 $z = 0$과 $z = 1/2$의 극점만이 경로 안에 있다.

$z = 0$에서 피적분 함수의 레지듀는 다음과 같다.

$$\frac{d}{dz}\left[\frac{z^4+1}{\left(z - \frac{1}{2}\right)(z-2)}\right]_{z=0} = \frac{5}{2}$$

한편 $z = 1/2$에서 레지듀는 다음과 같다.

$$\left[\frac{z^4+1}{z^2(z-2)}\right]_{z=1/2} = -\frac{17}{6}$$

레지듀 정리를 적용하면 다음을 얻는다.

$$I = \frac{i}{4}(2\pi i)\left[\frac{5}{2} - \frac{17}{6}\right] = \frac{\pi}{6}$$ ■

이러한 형태의 적분은 변형한 후 레지듀 정리를 적용할 수 있는 경로 적분과 정확하게 동등한 형태가 되었음을 강조하고 싶다. 추가의 예들은 연습문제에 있다.

■ 적분, 영역 $-\infty$에서 ∞

다음과 같은 적분을 고려해보자.

$$I = \int_{-\infty}^{\infty} f(x)dx \tag{11.95}$$

여기서 다음을 가정하였다.

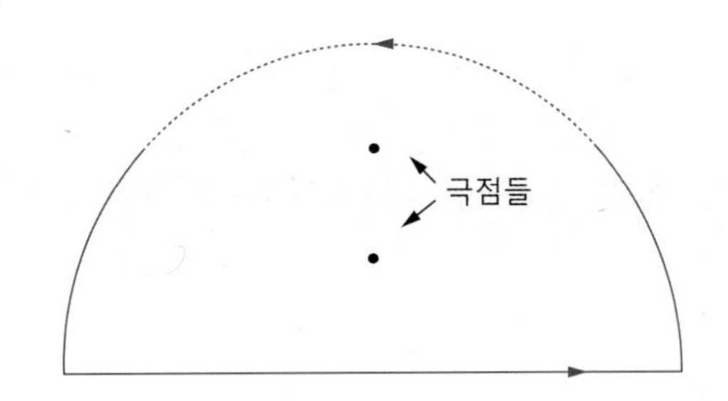

그림 11.21 상반평면에서 큰 반원에 의한 닫힌 경로

- $f(z)$는 유한개의 극점을 제외하고 상반평면에서 해석적이다. 잠시 실수축에 극점이 없다고 가정하자. 이 조건을 만족하지 않는 경우는 추후에 고려할 것이다.
- 상반평면($0 \le \arg z \le \pi$)에서 $|z| \to \infty$의 극한에서 $f(z)$는 $1/z$보다 더욱 더 강하게 0이 되지 않는다.

상반평면에서 아무것도 유일한 것은 없음을 기억하라. 여기서 기술하는 방법은 $f(z)$가 하반평면에서 충분히 강하게 0이 되지 않는다면 눈에 띄도록 변형하여 적용할 수 있다.

위에서 언급한 두 번째 가정은 그림 11.21에서 보인 경로상의 경로 적분 $\oint f(z)dz$를 계산하는 데 유용한데, 반지름 $R(R \to \infty)$인 호의 기여는 경로 적분에 무시할 만하므로 적분 I는 실수축을 따른 적분으로 주어진다. 따라서

$$I = \oint f(z)dz$$

이다. 그리고 경로 적분은 레지듀 정리를 적용하여 계산할 수 있다.

이런 종류의 상황은 자주 있으므로 큰 호의 기여가 무시할 수 있는 적분의 조건을 형식화하고자 한다.

모든 $z = Re^{i\theta}$ $(\theta_1 \le \theta \le \theta_2)$에 대하여 $\lim_{R \to \infty} zf(z) = 0$이면

$$\lim_{R \to \infty} \int_C f(z)dz = 0 \tag{11.96}$$

이다. 여기서 C는 원점이 중심인 반지름 R인의 원 위에서 각도 영역 θ_1에서 θ_2의 호이다.

식 (11.96)을 증명하기 위해 C 위의 적분을 간단히 극 형태로 나타내면 다음과 같다.

$$\lim_{R \to \infty} \left| \int_C f(z)dz \right| \le \int_{\theta_1}^{\theta_2} \lim_{R \to \infty} \left| f(Re^{i\theta}) iRe^{i\theta} \right| d\theta$$

$$\leq (\theta_2 - \theta_1) \lim_{R \to \infty} | f(Re^{i\theta}) Re^{i\theta} | = 0$$

이제 그림 11.21의 경로를 이용하고 C를 반원 호의 $\theta = 0$으로부터 $\theta = \pi$를 표시하면

$$\begin{aligned} \oint f(z) dz &= \lim_{R \to \infty} \int_{-R}^{R} f(x) dx + \lim_{R \to \infty} \int_{C} f(x) dz \\ &= 2\pi i \sum \text{레지듀(상반평면)} \end{aligned} \tag{11.97}$$

이다. 여기서 두 번째 가정은 C 위의 적분이 0이 되도록 한다.

예제 11.8.3 유리형 함수의 적분

다음을 계산하자.

$$I = \int_0^{\infty} \frac{dx}{1+x^2}$$

이 식은 필요한 형태가 아니고, 피적분 함수는 우함수임을 기억하여 다음과 같이 쓴다.

$$I = \frac{1}{2} \int_{-\infty}^{\infty} \frac{dx}{1+x^2} \tag{11.98}$$

$f(z) = 1/(1+z^2)$가 유리형 함수임을 기억하라. 유한한 z에 대하여 모든 특이점은 극점이고 큰 $|z|$의 극한에서 $zf(z)$이 0이 되는 성질을 갖는다. 따라서 식 (11.97)을 적용하면

$$\frac{1}{2} \int_{-\infty}^{\infty} \frac{dx}{1+x^2} = \frac{1}{2} (2\pi i) \sum \frac{1}{1+z^2} \text{의 레지듀(상반평면)}$$

이다. 이 문제와 다른 모든 유사한 문제에 대하여 다음의 질문이 생긴다. 극점은 어디에 있을까? 적분을 다음과 같이 고쳐 쓰자.

$$\frac{1}{z^2+1} = \frac{1}{(z+i)(z-i)}$$

그러면 이들은 $z = i$, $z = -i$에서 단순 극점(위수 1)이다. 레지듀는 다음과 같다.

$$z = i: \ \frac{1}{z+i} \bigg|_{z=i} = \frac{1}{2i}, \qquad z = -i: \ \frac{1}{z-i} \bigg|_{z=-i} = -\frac{1}{2i}$$

하지만 $z = +i$의 극점만이 경로에 둘러싸여 결과는 다음과 같다.

$$\int_0^{\infty} \frac{dx}{1+x^2} = \frac{1}{2} (2\pi i) \frac{1}{2i} = \frac{\pi}{2} \tag{11.99}$$

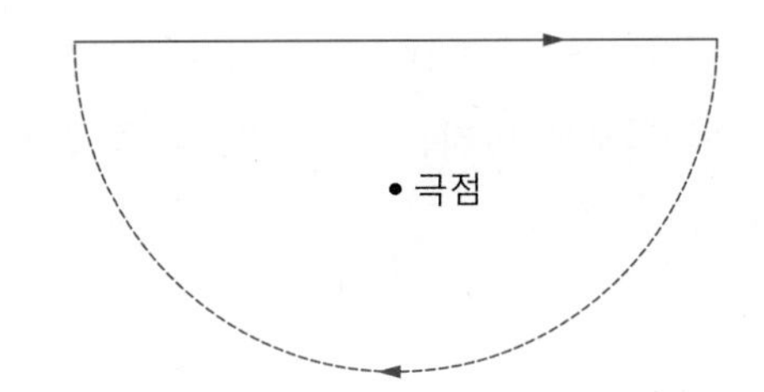

그림 11.22 하반평면의 큰 반원에 의한 닫힌 경로

이 결과는 거의 놀랍지 않다. 벌써 알고 있었던 것으로 추정된다.

$$\int_0^\infty \frac{dx}{1+x^2} = \tan^{-1}x\Big|_0^\infty = \arctan x\Big|_0^\infty = \frac{\pi}{2}$$

하지만 이후의 예제에서 보이겠지만 여기서 나타낸 기법은 더 기초적인 방법이 어렵거나 불가능할 때 쉽게 적용할 수 있음을 예시한다.

이 예제를 마치기 전에 하반평면의 반원으로 구성된 닫힌 경로도 동등하게 구할 수 있음을 주목하라. 왜냐하면 $zf(z)$가 상반평면뿐 아니라 하반평면의 호에서도 0이 되기 때문이다. 따라서 실수축을 따라 $-\infty$에서 $+\infty$로 가는 경로를 택하면 경로는 **시계 방향**이다(그림 11.22 참고). 따라서 $z=-i$를 둘러싼 극점의 레지듀 곱하기 $-2\pi i$를 할 필요가 있다. 따라서 $I=-\frac{1}{2}(2\pi i)(-1/2i)$를 얻고 이 값은 이전에 얻었던 결과, 즉 $\pi/2$와 같은 결과를 얻는다. ■

■ 복소 지수함수를 포함한 적분

다음의 정적분을 보자.

$$I = \int_{-\infty}^\infty f(x)e^{iax}dx \tag{11.100}$$

여기서 a는 실수이며 양수이다. (이 적분은 푸리에 변환이다. 14장을 참고하라.) 다음 조건들을 가정한다.

- $f(z)$는 유한한 수의 극점을 제외하고 상반평면에서 해석적이다.
- $\lim_{|z|\to\infty} f(z)=0,\ 0 \le \arg z \le \pi$

위의 적분 $\int_{-\infty}^\infty f(x)dx$의 $f(z)$에 대해 적용된 두 번째 조건은 덜 제약적임을 기억하라.

다시 한번 그림 11.21에 보인 반원 경로를 이용한다. 레지듀 해석의 응용은 앞에서 고려한 예제들과 같지만 여기서는 (무한) 반원 위의 적분은 0이 되는 것을 보이는 좀 더 어려운 일을 해야 한다. 이 적분은 반지름 R의 반원에 대하여 다음과 같이 된다.

$$I_R = \int_0^\pi f(Re^{i\theta}) e^{iaR\cos\theta - aR\sin\theta} iRe^{i\theta} d\theta$$

여기서 θ 적분은 상반평면($0 \le \theta \le \pi$) 위에서 수행한다. R가 충분히 커서 모든 θ에 대하여 적분 영역 안에서 $|f(z)| = |f(Re^{i\theta})| < \varepsilon$이라 한다. $f(z)$의 두 번째 가정은 $R \to \infty$에 $\varepsilon \to 0$이다. 따라서

$$|I_R| \le \varepsilon R \int_0^\pi e^{-aR\sin\theta} d\theta = 2\varepsilon R \int_0^{\pi/2} e^{-aR\sin\theta} d\theta \tag{11.101}$$

이다. 이제 $[0, \pi/2]$ 영역에서

$$\frac{2}{\pi}\theta \le \sin\theta$$

를 주목하면, 이는 그림 11.23에서 쉽게 볼 수 있다. 이 부등식을 식 (11.101)에 대입하면

$$|I_R| \le 2\varepsilon R \int_0^{\pi/2} e^{-2aR\theta/\pi} d\theta = 2\varepsilon R \frac{1 - e^{-aR}}{2aR/\pi} < \frac{\pi}{a}\varepsilon$$

을 얻으며, 다음을 보여준다.

$$\lim_{R \to \infty} I_R = 0$$

이 결과는 기념할 만큼 중요하다. 때때로 **조르당의 보조정리**(Jordan's lemma)로 알려져 있다. 정식으로 언급하면

> $0 \le \theta \le \pi$ 영역의 모든 $z = Re^{i\theta}$에 대하여 $\lim_{R = \infty} f(z) = 0$이면
>
> $$\lim_{R \to \infty} \int_C e^{iaz} f(z) dz = 0 \tag{11.102}$$
>
> 이다. 여기서 $a > 0$이고 C는 중심이 원점인 상반평면에서 반지름 R인 반원이다.

조르당의 보조정리에서 상반평면과 하반평면은 동등하지 않다. 왜냐하면 조건 $a > 0$은 지수 $-aR\sin\theta$가 음수이며 상반평면에서는 무시할 만한 결과를 주기 때문이다. 하반평면에서는 지수는 양수이며 큰 반원에서 적분은 발산한다. 물론 $a < 0$의 경우 하반평면의 반원을 이용

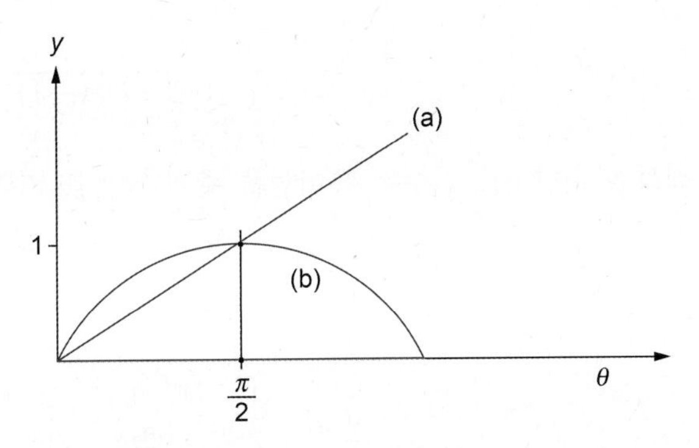

그림 11.23 (a) $y=(2/\pi)\theta$ (b) $y=\sin\theta$

하게 될 경우를 고려하여 정리를 확장할 수 있다.

이제 식 (11.100)으로 표현된 적분으로 돌아와서 그림 11.21에서 표시된 경로를 이용하면 레지듀 정리의 응용은 일반적인 결과를 준다($a>0$인 경우).

$$\int_{-\infty}^{\infty} f(x)e^{iax}dx = 2\pi i\sum e^{iaz}f(z)\text{의 레지듀(상반평면)} \tag{11.103}$$

여기서 조르당의 보조정리를 이용하여 큰 반원으로부터의 경로 적분 기여는 0이 되게 한다.

예제 11.8.4 **진동 적분**

다음을 고려하자.

$$I=\int_0^{\infty}\frac{\cos x}{x^2+1}dx$$

여기서 $\cos x=(e^{ix}+e^{-ix})/2$를 도입하여 먼저 조작하면 다음과 같다.

$$\begin{aligned} I &= \frac{1}{2}\int_0^{\infty}\frac{e^{ix}dx}{x^2+1}+\frac{1}{2}\int_0^{\infty}\frac{e^{-ix}dx}{x^2+1} \\ &= \frac{1}{2}\int_0^{\infty}\frac{e^{ix}dx}{x^2+1}+\frac{1}{2}\int_0^{-\infty}\frac{e^{ix}d(-x)}{(-x)^2+1}=\frac{1}{2}\int_{-\infty}^{\infty}\frac{e^{ix}dx}{x^2+1} \end{aligned}$$

즉 I는 현재 논의하는 형태가 된다.

이제 이 문제에서 $f(z)=1/(z^2+1)$은 큰 $|z|$에 대해 확실히 0으로 접근하고 지수함수 인자는 $a=+1$인 e^{iaz}임을 기억하라. 따라서 식 (11.103)을 이용하여 그림 11.21에 보인 경로로 적분을 계산한다.

레지듀가 필요한 양은

$$\frac{e^{iz}}{z^2+1} = \frac{e^{iz}}{(z+i)(z-i)}$$

이고 전해석 함수인 지수함수는 특이점을 주지 않음을 기억하라. 그러므로 특이성은 $z=\pm i$에서 단순 극점이다. 오직 $z=+i$의 극점만이 경로 안에 있고 레지듀는 $e^{i^2}/2i$로 간단히 $1/2ie$이다. 따라서 적분은 다음 값을 가진다.

$$I = \frac{1}{2}(2\pi i)\frac{1}{2ie} = \frac{\pi}{2e}$$ ■

다음 예제는 중요한 적분이며, 이 적분은 주요 값 개념을 포함하고 경로는 피상적으로는 극점을 통과할 필요가 있다.

예제 11.8.5 **적분 경로상의 특이점**

이제 다음 적분을 보자.

$$I = \int_0^{\infty} \frac{\sin x}{x} dx \tag{11.104}$$

피적분 함수를 $(e^{iz} - e^{-iz})/2iz$로 쓰고 예제 11.8.4에서 수행했던 시도는 I는 2개의 적분으로 분리되면 발산한다는 문제에 도달한다. 이 문제는 적분의 코시 주요 값을 논의할 때 이미 접하였다. 식 (11.74)를 참고하여 I를 다음과 같이 쓰자.

$$I = ⨍_{-\infty}^{\infty} \frac{e^{ix}dx}{2ix} \tag{11.105}$$

이는 적당한 닫힌 경로의 $e^{iz}/2iz$ 적분을 고려한다는 것을 암시한다.

$x=0$에 틈은 무한히 작지만 이 점은 $e^{iz}/2iz$의 극점이고 $-\delta$, $+\delta$의 점을 잇는 작은 반원을 그려 이를 피하는 경로를 그려야 한다. 식 (11.75)의 논의와 식 (11.76)을 비교해 보라. 그림 11.20에서처럼 극점 **위**의 작은 반원을 선택하면 특이점이 **없는** 경로를 얻는다.

이 경로 주변의 적분은 이제 (1) 두 반원 선분으로 구성되어 식 (11.105)의 주요 값 적분, (2) 반지름 R의 큰 반원 $C_R(R \to \infty)$, (3) 반지름 r의 반원 $C_r(r \to 0)$의 경우 **시계 방향**이다. 따라서

$$\oint \frac{e^{iz}}{2iz}dz = I + \int_{C_r} \frac{e^{iz}}{2iz}dz + \int_{C_R} \frac{e^{iz}}{2iz}dz = 0 \tag{11.106}$$

이다. 조르당의 보조정리에 의하여 C_R 상의 적분은 없어진다. 식 (11.75)에서 논한 것처럼

시계 방향 경로 C_r는 $z=0$의 극점 주변의 길이이며 한 바퀴 값의 반만 기여한다. 즉 (시계 방향 이동) $-\pi i$ 곱하기 $z=0$에서 $e^{iz}/2iz$의 레지듀이다. 이 레지듀의 값은 $1/2i$이고 따라서 $\int_{C_r} = -\pi i(1/2i) = -\pi/2$이며, 식 (11.106)을 I에 대해 풀면 다음을 얻는다.

$$I = \int_0^{\infty} \frac{\sin x}{x} dx = \frac{\pi}{2} \tag{11.107}$$

상반평면에서 경로를 닫을 필요가 있다는 것을 기억하라. 하반평면의 큰 원 위에서 e^{iz}는 무한히 크며 조르당의 보조정리는 적용할 수 없다. ■

■ 다른 적분 기법

이따금 영역 $(0, \infty)$의 적분을 접한다. 이 영역은 대칭성이 모자라서 $(-\infty, \infty)$로 영역을 확장할 필요가 있다. 하지만 복소평면에서 방향을 알아내는 것이 가능하다. 복소평면에서 피적분 함수는 같은 값을 갖거나 편리하게 원래 적분과 관련되어 계산을 간편하게 하는 경로를 구성할 수 있게 한다.

예제 11.8.6 부채꼴에서 계산

이 문제는 다음 적분을 계산하는 것이다.

$$I = \int_0^{\infty} \frac{dx}{x^3+1}$$

여기서 적분 영역을 쉽게 $(-\infty, \infty)$로 확장할 수 없다. 하지만 편각 $\theta = 2\pi/3$를 따른 선을 따라 z^3는 실직선에서 점에 해당하는 값을 계속 가진다는 점을 기억하자. $(re^{2\pi i/3})^3 = r^3 e^{2\pi i} = r^3$. 따라서 다음을 고려하자.

$$\oint \frac{dz}{z^3+1}$$

이는 그림 11.24에서 보인 경로상의 적분이다. 양의 실수축을 따른 경로의 일부를 A로 하면 이것이 적분 I의 값을 준다. 피적분 함수는 그림의 C로 표시된 큰 원호상의 적분인 큰 값의 $|z|$에 대하여 아주 빠르게 0에 접근하고 사라진다. 남아 있는 경로의 선분 B 상에서 다음을 기억하자. $dz = e^{2\pi i/3}dr$, $z^3 = r^3$. 그리고

$$\int_B \frac{dz}{z^3+1} = \int_{\infty}^{0} \frac{e^{2\pi i/3}dr}{r^3+1} = -e^{2\pi i/3}\int_0^{\infty} \frac{dr}{r^3+1} = -e^{2\pi i/3} I$$

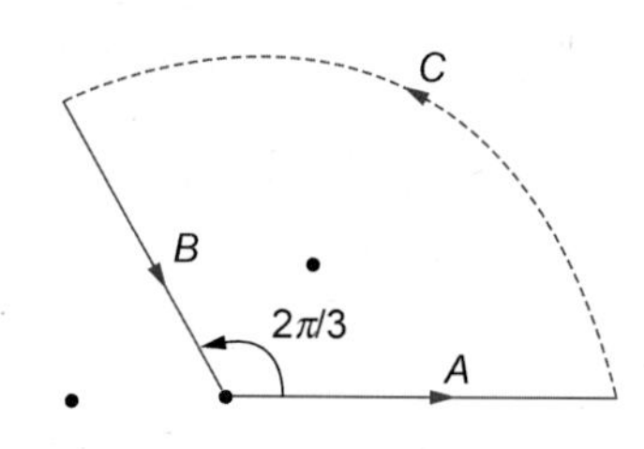

그림 11.24 예제 11.8.6의 경로

이다. 따라서 다음과 같다.

$$\oint \frac{dz}{z^3+1} = \left(1-e^{2\pi i/3}\right) I \tag{11.108}$$

이제 레지듀 정리를 이용하여 경로 적분을 완전하게 계산할 필요가 있다. 피적분 함수는 z^3+1의 3개가 근에서 단순 극점을 가지며 그림 11.24에서 표시한 것처럼 $z_1 = e^{\pi i/3}$, $z_2 = e^{\pi i}$, $z_3 = e^{5\pi i/3}$이다. z_1의 극점은 경로에 둘러싸여 있다. 따라서 $z = z_1$에서 레지듀는 다음과 같다.

$$\lim_{z=z_1} \frac{z-z_1}{z^3+1} = \left.\frac{1}{3z^2}\right|_{z=z_1} = \frac{1}{3e^{2\pi i/3}}$$

레제듀와 $2\pi i$를 곱하면 식 (11.108)에 주어진 경로 적분값을 얻는다. 즉

$$\left(1-e^{2\pi i/3}\right) I = 2\pi i \left(\frac{1}{3e^{2\pi i/3}}\right)$$

이다. $e^{-\pi i/3}$을 곱하여 I에 대하여 풀면 먼저

$$\left(e^{-\pi i/3}-e^{\pi i/3}\right) I = 2\pi i \left(-\frac{1}{3}\right)$$

을 얻고, 쉽게 정리되어

$$I = \frac{\pi}{3\sin \pi/3} = \frac{\pi}{3\sqrt{3}/2} = \frac{2\pi}{3\sqrt{3}}$$

을 얻는다. ∎

■ 가지점의 회피

때때로 가지점을 가진 피적분 함수의 적분을 해결해야 할 수 있다. 이러한 적분에 대해 경로 적분을 이용하려면 가지점을 피하고 특이점만 포함하는 경로를 선택하여야 한다.

예제 11.8.7 **로그를 포함하는 적분**

다음 적분을 보자.

$$I=\int_0^\infty \frac{\ln x\,dx}{x^3+1} \tag{11.109}$$

식 (11.109)의 피적분 함수는 $x=0$이 특이점이다. 하지만 적분은 수렴한다($\ln x$의 부정 적분은 $x\ln x - x$이다). 그러나 복소평면에서는 특이점은 가지점임을 드러낸다. 따라서 이 문제를 경로 적분에 관련된 문제로 고친다면 $z=0$을 피하고 이 점으로부터 $z=\infty$까지 가지 자름을 하여야 한다. 예제 11.8.6의 경로와 유사한 것을 이용하면 편리함이 드러난다. 단, $z=0$에서 작은 우회를 하도록 하고 선택된 경로 밖에 남아 있도록 가지 자름을 그려야 한다. 피적분 함수는 예제 11.8.6에서처럼 같은 점에 극점을 가지고 있으며, 다음 경로 적분을 생각하자.

$$\oint \frac{\ln z\,dz}{z^3+1}$$

여기서 경로와 피적분 함수의 특이점 위치는 그림 11.25에 예시되어 있다.

C로 나타낸 큰 원호 위의 적분은 사라지는데 분모의 인자 z^3가 분자의 약한 발산 인자(z의 어느 양의 멱보다 훨씬 약하게 발산한다) $\ln z$보다 더욱 우세하기 때문이다. 다음 식은 $r\ln r \to 0$으로 사라지기 때문에 작은 r의 호 경로 적분으로부터 또한 아무런 기여를 얻을 수 없다.

$$\lim_{r\to 0}\int_0^{2\pi/3} \frac{\ln(re^{i\theta})}{1+r^3e^{3i\theta}}ire^{i\theta}d\theta$$

A, B로 표시된 선분 위의 적분은 사라지지 않는다. 이 선분 위에서 적분을 계산하기 위

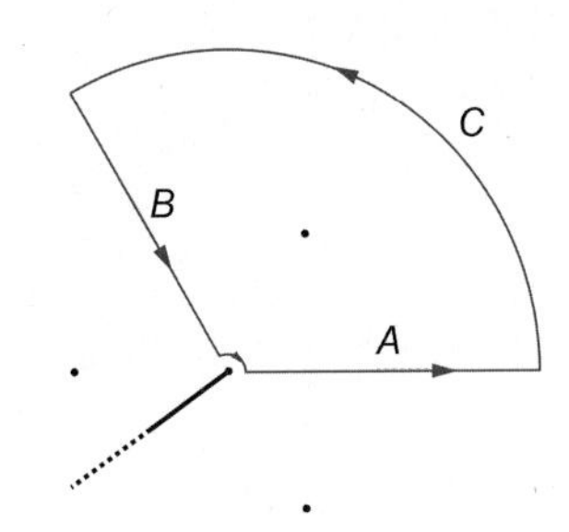

그림 11.25 예제 11.8.7에 대한 경로

하여 다가 함수 $\ln z$의 가지를 적당히 선택할 필요가 있다. 실수축에 $\ln z = \ln x$(n이 0이 아닌 $\ln x + 2n\pi i$는 아니다)가 있도록 가지를 선택하는 것은 자연스러운 일이다. 따라서 A로 표시된 선분 위의 적분은 I의 값을 가진다.[7]

B 위의 적분을 계산하기 위해 이 선분에서 (예제 11.8.6에서처럼) $z^3 = r^3$, $dz = e^{2\pi i/3}dr$ 또한 $\ln z = \ln r + 2\pi i/3$임을 기억하자. 로그 다가의 다른 것을 이용하려는 유혹은 없다. 하지만 나중을 위해 가지 자름을 교차하지 않는 방법으로 움직이며 양의 실수축 상에서 선택한 값으로부터 움직이는 연속적으로 도달하는 값이어야 한다. 양의 실수축으로부터 시계 방향으로 움직이거나(따라서 $\ln z = \ln r - 4\pi i/3$) 또는 $z = 0$ 가지점 근방의 다중 회로를 필요로 하는 다른 값으로 선분 A에 도달할 수 없다.

앞에서 얻은 것에 바탕을 두어 다음을 얻는다.

$$\int_B \frac{\ln z\, dz}{z^3+1} = \int_\infty^0 \frac{\ln r + 2\pi i/3}{r^3+1} e^{2\pi i/3} dr = -e^{2\pi i/3} I - \frac{2\pi i}{3} e^{2\pi i/3} \int_0^\infty \frac{dr}{r^3+1} \tag{11.110}$$

식 (11.110)의 마지막 항의 적분값은 예제 11.8.6을 참고하고 전체 경로 적분의 기여를 조합하여 다음과 같다.

$$\oint \frac{\ln z\, dz}{z^3+1} = \left(1 - e^{2\pi i/3}\right) I - \frac{2\pi i}{3} e^{2\pi i/3} \left(\frac{2\pi}{3\sqrt{3}}\right) \tag{11.111}$$

다음 순서는 레지듀 정리를 이용하여 경로 적분을 계산하는 것이다. $z = z_1$의 극점만이 경로 안쪽에 있다. 계산해야 할 레지듀는 다음과 같다.

$$\lim_{z=z_1} \frac{(z-z_1)\ln z}{z^3+1} = \left.\frac{\ln z}{3z^2}\right|_{z=z_1} = \frac{\pi i/3}{3e^{2\pi i/3}} = \frac{\pi i}{9} e^{-2\pi i/3}$$

또한 식 (11.111)에 레지듀 정리를 적용하면 다음을 얻는다.

$$\left(1 - e^{2\pi i/3}\right) I - \frac{2\pi i}{3} e^{2\pi i/3} \left(\frac{2\pi}{3\sqrt{3}}\right) = (2\pi i)\left(\frac{\pi i}{9}\right) e^{-2\pi i/3} \tag{11.112}$$

I에 대하여 풀면 다음을 얻는다.

$$I = -\frac{2\pi^2}{27} \tag{11.113}$$

식 (11.112)로부터 (11.113)으로 가는 것에 대한 증명은 연습문제 11.8.6으로 남긴다. ■

7 적분이 $x = 0$에서 수렴하기 때문에 값은 이 점에 도달하기 전 무한히 작은 선분에서 끝난다는 사실에 영향을 받지 않는다.

■ 가지 자름의 이용

때때로 불편함보다 가지 자름은 어려운 적분을 계산하는 창조적인 방법을 제공한다.

예제 11.8.8 가지 자름 이용

다음을 계산하자.

$$I = \int_0^\infty \frac{x^p dx}{x^2+1}, \qquad 0 < p < 1$$

경로 적분을 고려하자.

$$\oint \frac{z^p dz}{z^2+1}$$

여기서 경로는 그림 11.26에서 나타내었다. $z=0$은 가지점이고 실수축을 따라 가지 자름을 선택한다. z^p에 절단 바로 위의 흔한 주요 값(x^p)을 부여한다. 따라서 A로 표시된 경로의 선분은 ε에서 ∞로 확장되고 작은 ε의 극한에서 적분 I로 수렴한다. 반지름 ε의 원도 $R \to \infty$에서 경로 적분값에 기여를 하지 않는다. 경로 중 남아 있는 선분 B 위에서 $z = re^{2\pi i}$라고 쓰면 $z^p = r^p e^{2p\pi i}$임을 알 수 있다. z^p에 대한 이 값을 선분 B에서 이용하는데, 수학적으로 양의 방향인 반시계 방향으로 $z=0$을 둘러싸서 B로 가야 하기 때문이다. 선분 B의 경로 적분으로 기여는 곧 알 수 있다.

$$\int_\infty^0 \frac{r^p e^{2p\pi i} dr}{r^2+1} = -e^{2p\pi i} I$$

따라서 다음과 같다.

$$\oint \frac{z^p dz}{z^2+1} = \left(1 - e^{2p\pi i}\right) I \tag{11.114}$$

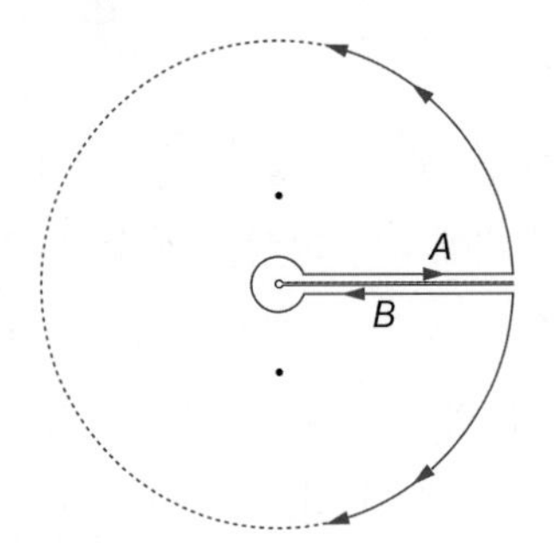

그림 11.26 예제 11.8.8에 대한 경로

레지듀 정리를 적용하기 위하여 $z_1 = i$, $z_2 = -i$에 단순 극점이 있으며 이들을 z^p 계산에 이용하기 위하여 $z_1 = e^{\pi i/2}$, $z_2 = e^{3\pi i/2}$라 할 필요가 있다. $z_2 = e^{-\pi i/2}$를 이용하는 것은 z_2^p를 계산할 때 심각한 실수이다. 레지듀는 다음과 같다.

$$z_1\text{에서 레지듀: } \frac{e^{p\pi i/2}}{2i}, \qquad z_2\text{에서 레지듀: } \frac{e^{3p\pi i/2}}{-2i}$$

식 (11.114)에서 다음을 얻는다.

$$\left(1 - e^{2p\pi i}\right) I = (2\pi i) \frac{1}{2i} \left(e^{p\pi i/2} - e^{3p\pi i/2}\right) \tag{11.115}$$

이 식은 다음과 같이 간소화된다.

$$I = \frac{\pi \sin(p\pi/2)}{\sin p\pi} = \frac{\pi}{2\cos(p\pi/2)} \tag{11.116}$$

계산의 자세한 과정은 연습문제 11.8.7로 남긴다. ■

가지 자름의 이용은 예제 11.8.8에 예시된 것처럼 매우 유용하여 이따금 경로 적분에 인자를 삽입하여 존재하지 않았을 적분을 만들어낸다. 이것을 보이기 위해 앞에서 다른 방법으로 계산한 적분으로 다시 돌아가고자 한다.

예제 11.8.9 가지점의 도입

다시 한번 다음 적분을 계산하자.

$$I = \int_0^\infty \frac{dx}{x^3 + 1}$$

이 식은 예제 11.8.6에서 고려한 것이다. 이번에는 경로 적분을 구성하여 계산해보고자 한다.

$$\oint \frac{\ln z\, dz}{x^3 + 1}$$

그림 11.26에서 묘사된 것처럼 경로를 잡는다. 이 그림은 원래 다른 문제의 예시 때문에 그려진 것으로 이번 문제에서는 피적분 함수의 극점은 그림 11.26에 표시되어 있지 않음을 주목하라. 현재 피적분 함수들에 대한 극점의 위치는 그림 11.24를 보라.

인자 $\ln z$의 도입은 양의 실수축 위와 아래 적분 선분이 서로 완전히 상쇄되게 하지만 우리가 관심 두고 있는 적분에 알짜 기여는 남겨둔다. 현재의 문제에서(그림 11.26의 표시를 이용한다) 다시 한번 작은 원과 큰 원으로부터 기여는 없고 (A 선분에서 로그의 흔한 주요

값을 잡으면) 이 선분의 경로 적분에 기여할 것으로 생각되는 기댓값은

$$\int_A \frac{\ln z\, dz}{z^3+1} = \int_0^\infty \frac{\ln x\, dx}{x^3+1} \tag{11.117}$$

이다. 하지만 선분 B의 기여는

$$\int_B \frac{\ln z\, dz}{z^3+1} = \int_\infty^0 \frac{(\ln x + 2\pi i)dx}{x^3+1} \tag{11.118}$$

이고 식 (11.117)과 (11.118)을 결합하면 로그항은 상쇄되고 다음만 남는다.

$$\oint \frac{\ln z\, dz}{z^3+1} = \int_{A+B} \frac{\ln z\, dz}{z^3+1} = -2\pi i \int_0^\infty \frac{dx}{x^3+1} = -2\pi i I \tag{11.119}$$

로그가 사라졌지만, 로그의 존재는 현재 적분은 우리가 도입한 경로 적분의 값에 비례하게 되었음을 기억해야 한다.

계산을 완성하기 위해 레지듀 정리를 이용하여 경로 적분을 계산할 필요가 있다. 로그 함수를 포함하여 피적분 함수의 레지듀, 특히 로그 인자의 경우는 가지 자름을 잘 고려하여야 함을 기억하여야 한다. 이번 경우 $z_1 = e^{\pi i/3}$, $z_2 = e^{\pi i}$, $z_3 = e^{5\pi i/3}$($e^{-\pi i/3}$가 **아니다**)에 극점이 있다. 이번에 사용하는 경로는 세 극점 모두를 포함한다. 각각의 레지듀(R_i로 표시)는 다음과 같다.

$$R_1 = \left(\frac{\pi i}{3}\right)\frac{1}{3e^{2\pi i/3}}, \qquad R_2 = (\pi i)\frac{1}{3e^{6\pi i/3}}, \qquad R_3 = \left(\frac{5\pi i}{3}\right)\frac{1}{3e^{10\pi i/3}}$$

여기서 각 레지듀의 맨 앞 괄호는 로그 함수로부터 왔다.

식 (11.119)에서 다음을 얻는다.

$$-2\pi i I = 2\pi i(R_1 + R_2 + R_3);$$

$$I = -(R_1 + R_2 + R_3) = -\frac{\pi i}{9}\left[e^{-2\pi i/3} + 3 + 5e^{2\pi i/3}\right] = \frac{2\pi}{3\sqrt{3}}$$

$\ln z$를 도입한 좀 더 어려운 예들은 연습문제에서 만날 수 있다. ■

■ 주기 이용

삼각함수의 주기(또한, 복소평면에서는 쌍곡선 삼각함수)는 관심 있는 적분에 해당하는 여러 기여들이 특이점들을 감싸고, 레지듀 정리를 이용 가능하게 하는 경로들을 만드는 기회를 창출한다. 한 예를 설명한다.

예제 11.8.10 **허수축 상에서 주기적인 피적분 함수**

다음 적분을 계산하고자 한다.

$$I=\int_0^\infty \frac{x\,dx}{\sinh x}$$

그림 11.27에서 보인 경로 위에서 허수 방향에서 쌍곡사인함수의 사인 모양 거동을 고려하자.

$$\oint \frac{z\,dz}{\sinh z} \tag{11.120}$$

경로를 그리는 데 피적분 함수의 특이점을 잘 유념할 필요가 있는데, 극점은 $\sinh z$의 0과 관련되어 있다. 이 점을 유념하고

$$\sinh(x+iy)=\sinh x\cosh iy+\cosh x\sinh iy=\sinh x\cos y+i\cosh x\sin y \tag{11.121}$$

를 얻는다. 그리고 모든 x에 대하여 $\cosh x\ge 1$이며 n이 정수일 때 $z=n\pi i$에 대하여 $\sinh z$가 0이 된다. 뿐만 아니라 $\lim_{z\to 0} z/\sinh z=1$이기 때문에, 지금의 경로 적분의 피적분 함수는 $z=0$에서 극점을 가지지 않고 0이 아닌 정수 n에 대하여 $z=n\pi i$에서 극점을 가진다. 이러한 이유로 그림 11.27의 A로 표시된 경로의 아래 수평선은 $z=0$을 통해 실수축 상에서 직선으로 연속되지만, B, B'으로 표시된 위 수평선($y=\pi$)은 C로 표시된 무한 반원을 가지며 $z=\pi i$의 극점 주변이다.

식 (11.120)의 피적분 함수는 z의 우함수이기 때문에 $-\infty$에서 $+\infty$로 확장되어 있는 선분 A의 적분값은 $2I$를 갖는다. 선분 B, B'에서 적분을 구하려면 먼저 식 (11.121)을 이용해서, 즉 $\sinh(x+i\pi)=-\sinh x$ 그리고 이 선분에서 적분은 음의 x 방향임을 기억해야 한다. 코식 주요 값으로 이 선분에서 적분을 인지하면 다음과 같이 쓸 수 있다.

$$\int_{B+B'}\frac{z\,dz}{\sinh z}=⨍_{-\infty}^{\infty}\frac{x+i\pi}{\sinh x}dx$$

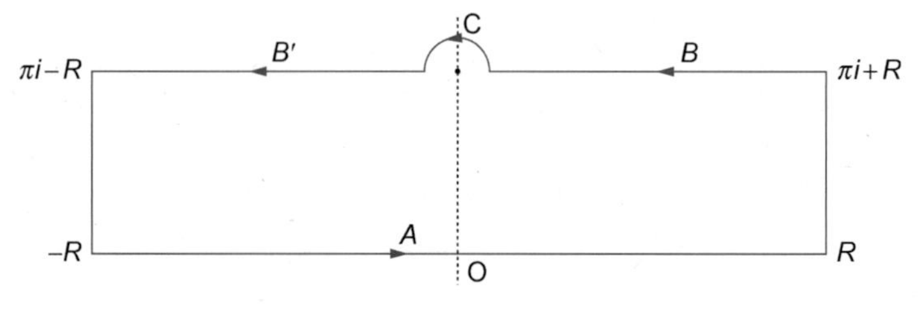

그림 11.27 예제 11.8.10에 대한 경로

$x/\sinh x$가 우함수이고 $z=0$에서 특이점이 없고, $i\pi/\sinh x$는 기함수이기 때문에 적분은 다음과 같이 간단해진다.

$$\int_{-\infty}^{\infty} \frac{x+i\pi}{\sinh x} dx = 2I$$

지금까지 것들을 조합하여 레지듀 정리를 쓰고 피적분 함수가 $x=\pm\infty$에서 수직 연결된 부분은 무시할 만큼 작다는 것을 기억하면 다음을 얻는다.

$$\oint \frac{z\,dz}{\sinh z} = 4I + \int_C \frac{z\,dz}{\sinh z} = 2\pi i\,(z=\pi i\text{에서 } z/\sinh z\text{의 레지듀}) \qquad (11.122)$$

계산을 마치는데, 필요한 레지듀가 다음과 같음을 기억하라.

$$\lim_{z\to\pi i} \frac{z(z-\pi i)}{\sinh z} = \frac{\pi i}{\cosh \pi i} = -\pi i$$

그리고 식 (11.75)와 (11.76)을 비교해보라. 반시계 방향 반원 C는 πi와 위의 레지듀를 곱한 값이 된다. 따라서 다음을 얻는다.

$$4I + (\pi i)(-\pi i) = (2\pi i)(-\pi i), \quad \text{따라서} \quad I = \frac{\pi^2}{4}$$

■

연습문제

11.8.1 예제 11.8.1을 일반화시켜 다음을 보이시오.

$$\int_0^{2\pi} \frac{d\theta}{a \pm b\cos\theta} = \int_0^{2\pi} \frac{d\theta}{a \pm b\sin\theta} = \frac{2\pi}{(a^2-b^2)^{1/2}}, \qquad a > |b|$$

$|b| > |a|$이면 어떻게 되는가?

11.8.2 다음을 보이시오.

$$\int_0^{\pi} \frac{d\theta}{(a+\cos\theta)^2} = \frac{\pi a}{(a^2-1)^{3/2}}, \qquad a > 1$$

11.8.3 $|t| < 1$에 대하여 다음을 보이시오.

$$\int_0^{2\pi} \frac{d\theta}{1-2t\cos\theta+t^2} = \frac{2\pi}{1-t^2}$$

$|t| > 1$이면 어떻게 되는가? $|t| = 1$이면 어떻게 되는가?

11.8.4 다음을 계산하시오.

$$\int_0^{2\pi} \frac{\cos 3\theta \, d\theta}{5 - 4\cos\theta}$$

답. $\pi/12$

11.8.5 레지듀 해석을 써서 다음을 보이시오.

$$\int_0^{\pi} \cos^{2n}\theta \, d\theta = \pi \frac{(2n)!}{2^{2n}(n!)^2} = \pi \frac{(2n-1)!!}{(2n)!!}, \qquad n = 0,\ 1,\ 2,\ \ldots$$

이중 계승 기호는 식 (1.76)에서 정의되었다.

[힌트] $\cos\theta = \frac{1}{2}(e^{i\theta} + e^{-i\theta}) = \frac{1}{2}(z + z^{-1}),\ |z| = 1$

11.8.6 식 (11.112)를 단순화하면 식 (11.113)에서 주어진 결과가 얻어짐을 증명하시오.

11.8.7 예제 11.8.8의 작은 원 또는 큰 원에서 경로 적분에 기여가 없음을 증명하여 자세한 부분까지 완성시키고 식 (11.115)를 단순화시킨 결과가 식 (11.116)이 됨을 보이시오.

11.8.8 다음을 계산하시오.

$$\int_{-\infty}^{\infty} \frac{\cos bx - \cos ax}{x^2} dx, \qquad a > b > 0$$

답. $\pi(a-b)$

11.8.9 다음을 증명하시오.

$$\int_{-\infty}^{\infty} \frac{\sin^2 x}{x^2} dx = \frac{\pi}{2}$$

[힌트] $\sin^2 x = \frac{1}{2}(1 - \cos 2x)$

11.8.10 다음을 보이시오.

$$\int_0^{\infty} \frac{x \sin x}{x^2 + 1} dx = \frac{\pi}{2e}$$

11.8.11 전이 확률의 양자역학적 계산으로 함수 $f(t,\ \omega) = 2(1 - \cos\omega t)/\omega^2$를 얻는다. 다음을 보이시오.

$$\int_{-\infty}^{\infty} f(t,\ \omega)d\omega = 2\pi t$$

11.8.12 다음을 보이시오($a>0$).

(a) $\displaystyle\int_{-\infty}^{\infty} \frac{\cos x}{x^2+a^2}dx = \frac{\pi}{a}e^{-a}$

$\cos x$가 $\cos kx$로 바뀌면 우변은 어떻게 변형되는가?

(b) $\displaystyle\int_{-\infty}^{\infty} \frac{x\sin x}{x^2+a^2}dx = \pi e^{-a}$

$\sin x$가 $\sin kx$로 바뀌면 우변은 어떻게 변형되는가?

11.8.13 $R\to\infty$일 때 그림 11.28에 보인 경로를 이용하여 다음을 증명하시오.

$$\int_{-\infty}^{\infty} \frac{\sin x}{x}dx = \pi$$

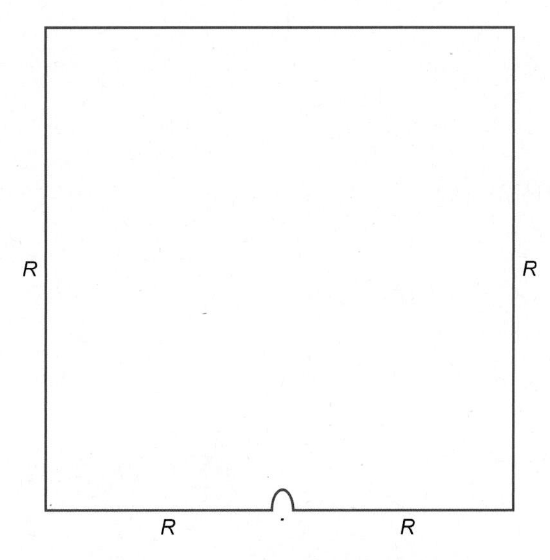

그림 11.28 연습문제 11.8.13에 대한 경로

11.8.14 원자 충돌의 양자론에서 다음의 적분을 접하게 된다.

$$I = \int_{-\infty}^{\infty} \frac{\sin t}{t}e^{ipt}dt$$

p가 실수일 때 다음을 보이시오.

$$I = 0, \quad |p| > 1$$

$$I = \pi, \quad |p| < 1$$

$p = \pm 1$이면 어떻게 되는가?

11.8.15 다음을 보이시오.

$$\int_0^{\infty} \frac{dx}{(x^2+a^2)^2} = \frac{\pi}{4a^3}, \qquad a > 0$$

11.8.16 다음을 계산하시오.

$$\int_{-\infty}^{\infty} \frac{x^2}{1+x^4} dx$$

답. $\pi/\sqrt{2}$

11.8.17 다음을 계산하시오.

$$\int_0^{\infty} \frac{x^p \ln x}{x^2+1} dx, \qquad 0 < p < 1$$

답. $\dfrac{\pi^2}{4} \dfrac{\sin(\pi p/2)}{\cos^2(\pi p/2)}$

11.8.18 다음을 계산하시오.

$$\int_0^{\infty} \frac{(\ln x)^2}{1+x^2} dx$$

(a) 피적분 함수의 적당한 급수 전개로 다음을 얻으시오.

$$4\sum_{n=0}^{\infty}(-1)^n(2n+1)^{-3}$$

(b) 경로 적분을 이용하여 $\dfrac{\pi^3}{8}$를 얻으시오.

[힌트] $x \to z = e^t$. $R \to \infty$로 하고 그림 11.29에서 보인 경로를 이용하라.

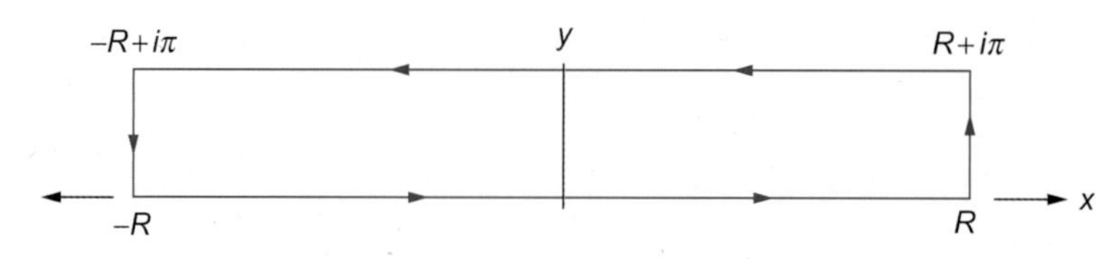

그림 11.29 연습문제 11.8.18에 대한 경로

11.8.19 다음을 증명하시오.

$$\int_0^\infty \frac{\ln(1+x^2)}{1+x^2}dx = \pi \ln 2$$

11.8.20 $-1 < a < 1$에 대하여 다음을 보이시오.

$$\int_0^\infty \frac{x^a}{(x+1)^2}dx = \frac{\pi a}{\sin \pi a}$$

[힌트] 그림 11.26의 경로를 이용하라. $z=0$은 가지점이며 양의 x축을 절단선으로 선택하여야 한다.

11.8.21 다음을 보이시오.

$$\int_{-\infty}^\infty \frac{x^2 dx}{x^4 - 2x^2 \cos 2\theta + 1} = \frac{\pi}{2\sin\theta} = \frac{\pi}{2^{1/2}(1-\cos 2\theta)^{1/2}}$$

연습문제 11.8.16은 이 결과의 특별한 경우이다.

11.8.22 다음을 보이시오.

$$\int_0^\infty \frac{dx}{1+x^n} = \frac{\pi/n}{\sin(\pi/n)}$$

[힌트] 그림 11.30의 경로로 시도하라. $\theta = 2\pi/n$이다.

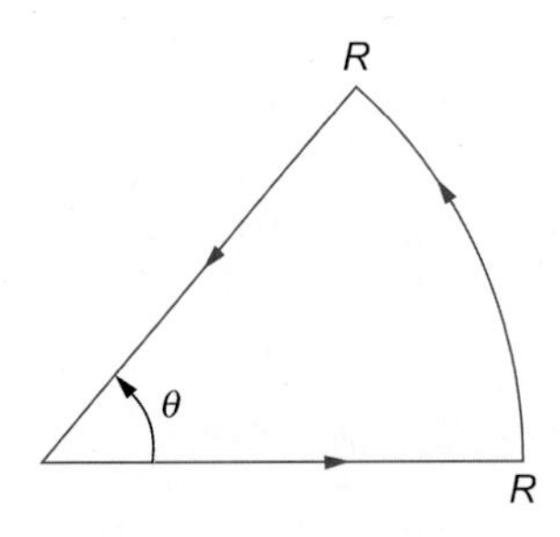

그림 11.30 부채꼴 경로

11.8.23 (a) 다음 식

$$f(z) = z^4 - 2z^2 \cos 2\theta + 1$$

은 $e^{i\theta}$, $e^{-i\theta}$, $-e^{i\theta}$와 $-e^{-i\theta}$에서 영점을 가짐을 보이시오.

(b) 다음을 보이시오.

$$\int_{-\infty}^{\infty} \frac{dx}{x^4 - 2x^2\cos 2\theta + 1} = \frac{\pi}{2\sin\theta} = \frac{\pi}{2^{1/2}(1-\cos 2\theta)^{1/2}}$$

연습문제 11.8.22($n=4$)는 이 결과의 특별한 경우이다.

11.8.24 $0 < a < 1$에 대하여 다음을 보이시오.

$$\int_0^{\infty} \frac{x^{-a}}{x+1} dx = \frac{\pi}{\sin a\pi}$$

[힌트] 가지점을 가지고 있고 절단선이 필요하다. 그림 11.26에 보인 경로를 이용하라.

11.8.25 다음을 보이시오.

$$\int_0^{\infty} \frac{\cosh bx}{\cosh x} dx = \frac{\pi}{2\cos(\pi b/2)}, \qquad |b| < 1$$

[힌트] $\cosh z$의 한 극점을 포함하도록 경로를 선택하라.

11.8.26 다음을 보이시오.

$$\int_0^{\infty} \cos(t^2) dt = \int_0^{\infty} \sin(t^2) dt = \frac{\sqrt{\pi}}{2\sqrt{2}}$$

[힌트] 그림 11.30의 경로로 시도하라. $\theta = \pi/4$이다.

[참고] 적분의 상한이 무한대인 특수한 경우를 프레넬 적분이라고 한다.

11.8.27 다음을 보이시오.

$$\int_0^1 \frac{1}{(x^2 - x^3)^{1/3}} dx = 2\pi/\sqrt{3}$$

[힌트] 그림 11.31의 경로로 시도하라.

11.8.28 a와 b가 양수이고 $ab < 1$인 경우에 다음을 계산하시오.

$$\int_{-\infty}^{\infty} \frac{\tan^{-1} ax\, dx}{x(x^2 + b^2)}$$

피적분 함수는 $x = 0$에서 특이점을 갖지 않는지를 설명하시오.

[힌트] 그림 11.32의 경로로 시도하라. 그리고 식 (1.137)을 이용하여 $\tan^{-1} az$를 표현하라. 상쇄된 후에 선분 B와 B'의 적분을 결합하면 기본 적분이 된다.

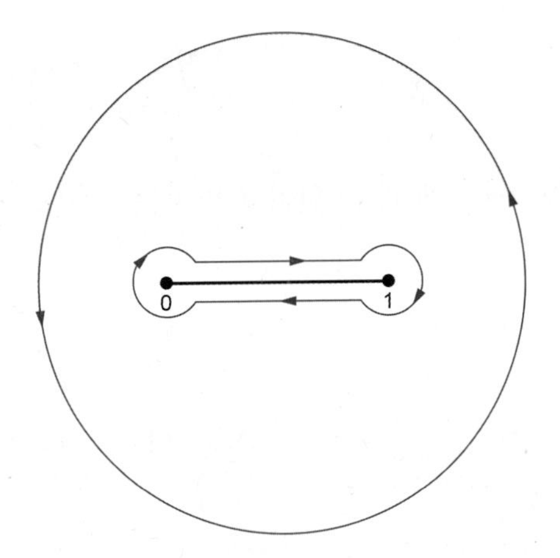

그림 11.31 연습문제 11.8.27에 대한 경로

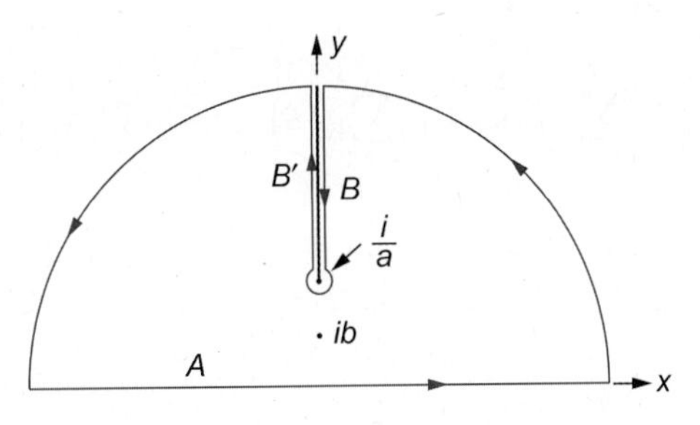

그림 11.32 연습문제 11.8.28에 대한 경로

11.9 합의 계산

코탄젠트는 규칙적인 위치에 극점을 가진다. 그리고 이 극점들이 같은 레지듀를 가지는 유리형 함수라는 사실은 경로 적분을 써서 다양한 무한합을 표현하는 데 사용할 수 있다. $\pi\cot\pi z$는 실수축 상의 모든 정수에서 단순 극점을 가진다는 점을 기억하면 각 레지듀는

$$\lim_{z\to n}\frac{\pi\cos\pi z}{\sin\pi z}=1$$

이다. 이제 다음 적분을 계산한다고 가정해보자.

$$I_N = \oint_{C_N} f(z)\pi \cot \pi z \, dz$$

여기서 경로는 $z=0$에 대한 원이고 반지름은 $N+\frac{1}{2}$(따라서 $\cot\pi z$의 특이점에 가까이 지나지 않는다)이다. $f(z)$는 다른 정수가 아닌 z_j에서 고립된 특이점을 가진다고 가정하며 레지듀 정리를 응용하여 얻을 수 있다(연습문제 11.9.1 참고).

$$I_N \equiv 2\pi i \sum_{n=-N}^{N} f(n) + 2\pi i \sum_j (f\text{의 } z_j \text{ 특이점에서 } f(z)\pi\cot\pi z\text{의 레지듀})$$

원 경로 C_N 상의 적분은 큰 $|z|$에서 $zf(z) \to 0$이면 큰 $|z|$에서 무시할 수 있다.[8] 이 조건을 잘 만족하면 $\lim_{N\to\infty} I_N = N$이고, 다음의 유용한 결과를 얻는다.

$$\sum_{n=-\infty}^{\infty} f(n) = -\sum_j (f\text{의 } z_j \text{ 특이점에서 } f(z)\pi\cot\pi z\text{의 레지듀}) \tag{11.123}$$

$f(z)$가 만족해야 할 조건은 식 (11.123)의 합이 수렴하면 보통 만족되는 성질이다.

예제 11.9.1 합의 계산

다음 합을 고려하자.

$$S = \sum_{n=1}^{\infty} \frac{1}{n^2+a^2}$$

여기서 간단히 하기 위해 a는 음의 정수가 아니라고 가정한다. 이 문제를 우리가 아는 방법으로 취급하기 위해 다음을 또한 기억하자.

$$\sum_{n=-\infty}^{-1} \frac{1}{n^2+a^2} = S$$

따라서

$$\sum_{n=-\infty}^{\infty} \frac{1}{n^2+a^2} = 2S + \frac{1}{a^2} \tag{11.124}$$

이다. 여기서 우변에 $n=0$의 기여 항을 추가하였고 이 값은 S에 포함시키지는 않았다.

---

8 연습문제 11.9.2를 보라.

합은 이제 $f(z)=1/(z^2+a^2)$인 식 (11.123)의 형태를 가지게 되었으며, $f(z)$는 큰 z에 대하여 충분히 빠르게 0에 접근하게 되어 식 (11.123)에 응용할 수 있게 된다. 따라서 $z=\pm ia$에서 단순 극점은 $f(z)$의 유일 특이점이란 점을 관찰하면서 진행하고자 한다. 필요한 레지듀들은 $\pi\cot(\pi z)/(z^2+a^2)$의 레지듀들이고, 그것들은

$$\frac{\pi\cot i\pi a}{2ia}=\frac{-\pi\coth\pi a}{2a},\qquad \frac{\pi\cot(-i\pi a)}{-2ia}=\frac{-\pi\coth(-\pi a)}{-2a}$$

이다. 식 (11.123)과 (11.124)로부터 이 값들은 같다.

$$2S+\frac{1}{a^2}=\frac{\pi\coth\pi a}{a}$$

이 식은 간단히 풀려 S를 얻는다.

$$S=\frac{\pi\coth\pi a}{2a}-\frac{1}{2a^2}$$ ■

다른 형태의 합은 $\cot\pi z$를 다른 규칙적 반복 레지듀를 가진 함수로 대체하면 계산할 수 있다. 예를 들어 $\pi\csc\pi z$의 레지듀는 $+1$과 -1 사이를 부호가 교차되는 다른 규칙을 가진다. $\pi\tan\pi z$의 레지듀는 모든 +1이지만 점 $n+\frac{1}{2}$에서 나타난다. 그리고 $\pi\sec\pi z$의 레지듀는 반정수에서 ± 1을 가지고 부호가 바뀐다. 독자의 편의를 위해 표 11.2에 지금까지 논의한 합의 네 가지 형태에 대한 경로 적분 공식을 정리하였다.

표 11.2 경로 적분 이용한 합산 공식

합	공식
$\sum_{n=-\infty}^{\infty} f(n)$	$-\sum$(f의 z_j 특이점에서 $f(z)\pi\cot\pi z$의 레지듀)
$\sum_{n=-\infty}^{\infty} (-1)^n f(n)n$	$-\sum$(f의 z_j 특이점에서 $f(z)\pi\csc\pi z$의 레지듀)
$\sum_{n=-\infty}^{\infty} f\left(n+\frac{1}{2}\right)$	$\sum$(f의 z_j 특이점에서 $f(z)\pi\tan\pi z$의 레지듀)
$\sum_{n=-\infty}^{\infty} (-1)^n f\left(n+\frac{1}{2}\right)$	$\sum$(f의 z_j 특이점에서 $f(z)\pi\sec\pi z$의 레지듀)

이제 $f(z)$가 z에서 정숫값을 가진 극을 가질 때 어떻게 해야 할지를 예시할 시점이며, 또 다른 예제 하나로 이 절을 마치고자 한다.

예제 11.9.2 다른 합

다음 합을 고려하자.

$$S=\sum_{n=1}^{\infty}\frac{1}{n(n+1)}$$

합을 $n=-\infty$까지 확장하기 위해 다음을 기억하자.

$$S=\sum_{n=-\infty}^{-2}\frac{1}{n(n+1)}$$

따라서

$$2S=\sum_{n=-\infty}^{\infty}{}'\frac{1}{n(n+1)} \tag{1.125}$$

이다. 여기서 합에서 프라임 기호는 $n=0$, $n=-1$의 항을 생략하였음을 표시한다. 식 (11.123)의 유도는 합으로부터 특이점인 $n=0$, $n=-1$을 생략하고 $f(z)\pi\cot\pi z$의 레지듀가 있는 점 $z=0$, $z=-1$을 포함시킨다면 이 방정식을 적용할 수 있음을 나타내는 것이다.

이러한 관찰에서 이번 문제에서 다음을 얻는다.

$$2S=-(z=0\text{과 } z=-1\text{에서 } \pi\cot\pi z/z(z+1)\text{의 레지듀의 합})$$

$z=0$, $z=-1$에서 특이점은 위수가 2인 극점이며 여기서 레지듀는 예제 11.7.1의 5항에서 예시된 방법으로 가장 간단히 계산된다. 연습문제 11.7.2에서 보인 레지듀는 각 극점에서 -1이다. 문제 풀이를 마치기 위해

$$2S=-(-1-1)=2, \quad \text{따라서} \quad S=1$$

이다.

이 경우 결과는 부분 분수 전개를 하여 간단히 증명할 수 있다.

$$\frac{1}{n(n+1)}=\frac{1}{n}-\frac{1}{n+1}$$

합 S에 대입하면 모든 항은 $1/n$의 첫항만 남기고 모두 상쇄되어 $S=1$을 얻는다. ■

연습문제

11.9.1 $z=z_0$에서 $f(z)$가 해석적이고 $z=z_0$에서 $g(z)$가 레지듀가 b_0인 단순 극점을 가지면 $f(z)g(z)$는 $z=z_0$에서 레지듀가 $f(z_0)b_0$인 단순 극점을 가짐을 보이시오.

11.9.2 큰 $|z|$에 대하여 $\cot z$의 극에 극히 가깝지 않다면 이 함수는 위수 1의 크기를 가지고 I_N의 극한 거동에 영향을 주지 않음을 보이시오.

11.9.3 다음을 계산하시오.

$$\frac{1}{1^3}-\frac{1}{3^3}+\frac{1}{5^3}-\cdots$$

11.9.4 다음을 계산하시오.

$$\sum_{n=1}^{\infty}\frac{1}{n(n+2)}$$

11.9.5 다음을 계산하시오.

$$\sum_{n=-\infty}^{\infty}\frac{(-1)^n}{(n+a)^2}$$

여기서 a는 실수이며 정수가 아니다.

11.9.6 (a) 경로 적분에 기반한 방법으로 다음을 계산하시오.

$$\sum_{n=0}^{\infty}\frac{1}{(2n+1)^2}$$

(b) 제타 함수에 관련된 적합한 표현에 대해 여러분의 답을 연관 지어 결과를 확인하시오.

11.9.7 다음을 보이시오.

$$\frac{1}{\cosh(\pi/2)}-\frac{1}{3\cosh(3\pi/2)}+\frac{1}{5\cosh(5\pi/2)}-\cdots=\frac{\pi}{8}$$

11.9.8 $-\pi<\varphi<\pi$에 대하여 다음을 보이시오.

$$\sum_{n=1}^{\infty}(-1)^n\frac{\sin n\varphi}{n^3}=\frac{\varphi}{12}(\varphi^2-\pi^2)$$

11.10 다른 주제들

■ 슈바르츠 반사 원리

이 주제의 시작점은 정수 n과 실수 x_0에 대하여 $g(z)=(z-x_0)^n$이 다음을 만족함을 관찰하는 것이다.

$$g^*(z)=\left[(z-x_0)^n\right]^*=(z^*-x_0)^n=g(z^*) \tag{11.126}$$

식 (11.126)의 결과의 일반화를 슈바르츠 반사 원리라고 한다.

함수 $f(z)$가 (1) 실수축을 포함한 어떤 영역에서 해석적이고, (2) z가 실수일 때 실수이면

$$f^*(z)=f(z^*) \tag{11.127}$$

이다.

$f(z)$를 실수축 상의 해석성 영역 내의 어떤 점 x_0에 대하여 전개한다면

$$f(z)=\sum_{n=0}^{\infty}(z-x_0)^n\frac{f^{(n)}(x_0)}{n!}$$

이다. $f(z)$가 $z=x_0$에서 해석적이므로 위의 테일러 전개는 존재한다. $f(z)$는 z가 실수이면 실수이므로 $f^{(n)}(x_0)$도 모든 n에 대하여 실수이어야 한다. 따라서 식 (11.126)을 이용하면 슈바르츠 반사 원리, 식 (11.127)은 즉시 유도된다. 이로써 수렴원 내에서 증명이 완성된다. 해석 접속은 따라서 이 결과의 확장을 허락하여 전 해석 영역으로 넓힌다.

반사 원리는 또한 로랑 전개의 고려에서도 유도될 수 있음을 기억하라. 연습문제 11.10.2를 보라.

■ 사상

해석 함수 $w(z)=u(x,\ y)+iv(x,\ y)$는 xy평면의 점 또는 곡선이 uv평면의 해당 점 또는 곡선과 연관될 수 있는 **사상**(mapping)으로 간주할 수 있다. 상대적으로 쉬운 예로 변환 $w=1/z$를 생각하자. $z=re^{i\theta}$, $w=\rho e^{i\varphi}$인 극 형태를 조사하면 $\rho=1/r$, $\varphi=-\theta$를 알고 이 변환은 단위원의 내부가 외부로 간다는 결론을 내릴 수 있다(그림 11.33 참고). z평면에

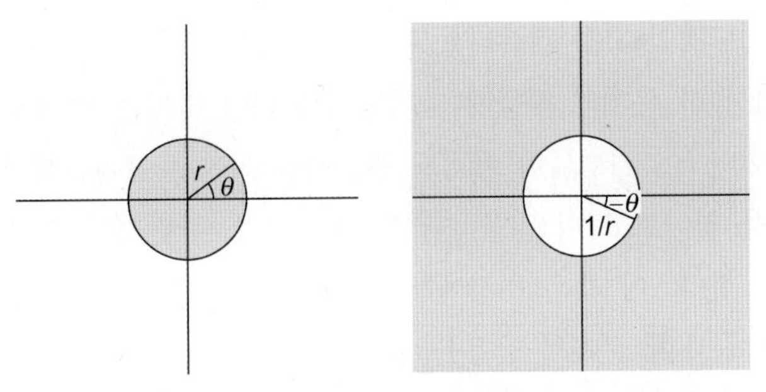

그림 11.33 사상 $w=1/z$. 음영 영역은 서로 변환되었다.

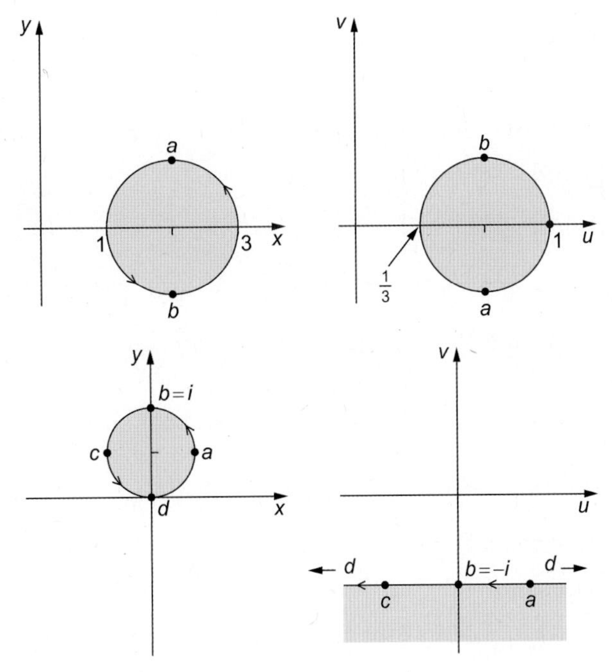

그림 11.34 왼쪽 창: z평면의 원. 오른쪽 창: $w=1/z$ 아래의 w평면에서 이들의 변환

서 다른 위치의 원도 $w=1/z$ 변환 때문에 다른 원으로 가게 된다. (또는 직선, 무한히 큰 반지름의 원으로 생각할 수 있다.) 이 말은 연습문제 11.10.6의 주제이기도 하다. 이러한 두 원의 변환은 그림 11.34의 4개의 창에 나와 있다. 그림 11.33과 그림 11.34의 원의 내부가 변환되는 것을 비교해보라. 이 변환은 그림에서 사상된 여러 점과 위치의 표시로부터 볼 수 있듯이 길이를 보존하지는 않는다.

역사적으로 사상 개념은 2차원 정전기 문제, 유체역학, 그 외 고전역학의 다른 영역의 해를 쉽게 풀려는 변환을 규명하고 찾는 데 유용하였다. 이런 사상의 중요한 국면은 이들이 **등각**(conformal)이라는 것이며 의미는 (변환의 특이성을 제외하고) 교차하는 곡선의 각도는 변환에도 변하지 않는다는 것이다. 이 국면은 등전위선, 역선(유선) 간의 관계를 보존한다.

거의 일반적인 고속 컴퓨터를 이용하기 때문에 등각 사상에 기반한 과정은 대부분의 물리학 문제와 공학 문제의 해들에만 더는 집중되어 있지는 않다. 귀결로 여기서 더 언급하지 않으려고 한다. 이 기법들이 아직도 관련성을 가지는 문제들에 대하여서는 독자들은 이 책의 이전 판을 찾아보고 더 읽을 거리도 찾아보라. 관련지어 스피겔(Spiegel)의 책에 주의를 기울이고자 한다. 이 책은 (8장에서) 많은 수의 사상을 기술하고 (9장에서) 유체 흐름, 정전기, 열전도에 대한 문제의 응용을 할애하고 있다.

연습문제

11.10.1 함수 $f(z)=u(x, y)+iv(x, y)$는 슈바르츠 반사 원리의 조건을 만족한다. 다음을 보이시오.

(a) u는 y의 우함수이다.

(b) v는 y의 기함수이다.

11.10.2 함수 $f(z)$는 실수 계수 a_n의 원점에 대한 로랑 급수로 전개할 수 있다. 이 함수의 켤레 복소수는 같은 함수의 z^*의 함수임을 보이시오. 즉

$$f^*(z)=f(z^*)$$

임을 보이시오. 다음에 대하여 명백히 보이시오.

(a) $f(z)=z^n$, n은 정수

(b) $f(z)=\sin z$

(c) $f(z)=iz(a_1=i)$, 앞의 진술이 맞지 않음을 보이시오.

11.10.3 함수 $f(z)$가 실수축을 포함하는 정의역에서 해석적이다. z가 실수, 즉 $z=x$일 때 $f(x)$는 순허수이다.

(a) 다음을 보이시오.

$$f(z^*)=-[f(z)]^*$$

(b) $f(z)=iz$의 세부적 경우에 $f(z)$, $f(z^*)$, $f^*(z)$의 직각 형(Cartesian form)을 쓰시오. 문항 (a)의 일반적 결과를 쓰지 마시오.

11.10.4 다음 변환으로 z평면에서 원점에 중심이 있는 원이 변형되는가?

(a) $w_1(z)=z+\dfrac{1}{z}$

(b) $z\neq 0$에 대하여 $w_2(z)=z-\dfrac{1}{z}$

$|z| \to 1$일 때 어떻게 되는가?

11.10.5 다음의 변환에서 z평면의 어느 부분이 w평면의 단위원의 내부에 해당하는가?

(a) $w = \dfrac{z-1}{z+1}$

(b) $w = \dfrac{z-i}{z+i}$

11.10.6 (a) $z = x + iy$, $w = u + iv$로 놓고 $w = 1/z$가 다음과 같이 정의된 xy평면의 원 $(x-a)^2 + (y-b)^2 = r^2$을 $(u-A)^2 + (v-B)^2 = R^2$로 변환됨을 보이시오.

(b) z평면에서 원의 중심은 w평면에서 원의 중심으로 변환되는가?

11.10.7 xy평면에서 한 곡선이 점 z_0를 $dz = e^{i\theta}ds$의 방향으로 통과한다. 여기서 s는 곡선상의 호 길이에 해당한다. 따라서 $w = f(z)$, $f(z)$는 $z = z_0$에서 해석적이면 $dw = (dw/dz)dz = f'(z)e^{i\theta}ds$를 얻는다. 여기서 dw는 xy 곡선이 w평면에서 $w_0 = f(z_0)$를 지나는 사상의 방향이다. 이 관찰로 $f'(z_0) \neq 0$이며 z평면에서 두 곡선의 교차 각은 w평면에서도 같음(크기와 방향 모두 같다)을 증명하시오.

❖ 더 읽을 거리

Ahlfors, L. V., *Complex Analysis*, 3rd ed. New York: McGraw-Hill (1979). This text is detailed, thorough, rigorous, and extensive.

Churchill, R. V., J. W. Brown, and R. F. Verkey, *Complex Variables and Applications*, 5th ed. New York: McGraw-Hill (1989). This is an excellent text for both the beginning and advanced student. It is readable and quite complete. A detailed proof of the Cauchy-Goursat theorem is given in Chapter 5.

Greenleaf, F. P., *Introduction to Complex Variables*. Philadelphia: Saunders (1972). This very readable book has detailed, careful explanations.

Kurala, A., *Applied Functions of a Complex Variable*. New York: Wiley (Interscience) (1972). An intermediatelevel text designed for scientists and engineers. Includes many physical applications.

Levinson, N., and R. M. Redheffer, *Complex Variables*. San Francisco: Holden-Day (1970). This text is written for scientists and engineers who are interested in applications.

Morse, P. M., and H. Feshbach, *Methods of Theoretical Physics*. New York: McGraw-Hill (1953). Chapter 4 is a presentation of portions of the theory of functions of a complex variable of interest to theoretical physicists.

Remmert, R., *Theory of Complex Functions.* New York: Springer (1991).

Sokolnikoff, I. S., and R. M. Redheffer, *Mathematics of Physics and Modern Engineering*, 2nd ed. New York: McGraw-Hill (1966). Chapter 7 covers complex variables.

Spiegel, M. R., *Complex Variables*, in *Schaum's Outline Series.* New York: McGraw-Hill (original 1964, reprinted 1995). An excellent summary of the theory of complex variables for scientists.

Titchmarsh, E. C., *The Theory of Functions*, 2nd ed. New York: Oxford University Press (1958). A classic.

Watson, G. N., *Complex Integration and Cauchy's Theorem.* New York: Hafner (original 1917, reprinted 1960). A short work containing a rigorous development of the Cauchy integral theorem and integral formula. Appli-cations to the calculus of residues are included. *Cambridge Tracts in Mathematics, and Mathematical Physics*, No. 15.

CHAPTER 12

감마 함수·베셀 함수·르장드르 함수

감마 함수

감마 함수는 아마도 물리학 문제를 논의하는 데 가장 자주 등장하는 특수 함수일 것이다. 독립변수가 정숫값인 경우 함수는 감마 계승 함수로서 모든 테일러 전개에서 등장한다. 나중에 보게 되겠지만, 독립변수가 반정수인 경우도 자주 나타나고, 비정수 차수의 베셀 함수의 예에서 보듯 많은 함수의 전개에서 일반적인 비정숫값에 대해서도 필요하다.

감마 함수는 유리수 계수로 주어진 어떤 미분 방정식도 만족하지 않는 함수의 종류라는 것이 증명되어 있다. 특히, 감마 함수는 초기하 미분 방정식(13.5절)이나 합류 초기하 방정식(13.6절)을 만족하지 않는 수리물리학에서 매우 드문 함수 중의 하나이다. 대부분의 물리 이론이 미분 방정식에 의해 지배되기 때문에, 감마 함수는 (그 자체로) 보통 관심 있는 물리량을 기술하지 않고, 물리적으로 의미 있는 양들을 전개할 때, 인자로 등장하는 경향이 있다.

12.1 정의, 성질

적어도 감마 함수에 대해서는 세 가지 다른 편리한 정의가 보통 쓰인다. 우리의 첫 번째 할 일은 이들 정의를 진술하고, 몇몇 간단하고 직접적인 결과를 개발하고, 이 세 가지 형태가 동등함을 보이는 것이다.

■ 무한대 극한(오일러)

첫 번째 정의는 오일러를 따라 이름 붙여진 정의로

$$\Gamma(z) \equiv \lim_{n\to\infty} \frac{1\cdot 2\cdot 3 \cdots n}{z(z+1)(z+2)\cdots(z+n)} n^z, \qquad z \neq 0,\ -1,\ -2,\ -3, \ldots \quad (12.1)$$

이다. 이 $\Gamma(z)$의 정의는 $\Gamma(z)$의 바이어슈트라스 무한곱 형태를 만드는 데 유용하고, $\ln\Gamma(z)$의 도함수를 얻는 데에도 유용하다. 이 장의 이곳과 또 다른 곳에서 z는 실수일 수도 있고 복소수일 수도 있다. z를 $z+1$로 대치하면

$$\Gamma(z+1) = \lim_{n\to\infty} \frac{1\cdot 2\cdot 3 \cdots n}{(z+1)(z+2)(z+3)\cdots(z+n+1)} n^{z+1}$$
$$= \lim_{n\to\infty} \frac{nz}{z+n+1} \cdot \frac{1\cdot 2\cdot 3 \cdots n}{z(z+1)(z+2)\cdots(z+n)} n^z$$

$$= z\Gamma(z) \tag{12.2}$$

를 얻는다. 이것은 감마 함수의 기본적인 함수 관계이다. 이것이 **차이**(difference)에 대한 식이라는 것을 주목하라.

또 정의로부터

$$\Gamma(1) = \lim_{n\to\infty} \frac{1 \cdot 2 \cdot 3 \cdots n}{1 \cdot 2 \cdot 3 \cdots n(n+1)} n = 1 \tag{12.3}$$

이다. 이제 식 (12.2)를 반복해서 적용하면,

$$\begin{aligned} &\Gamma(2) = 1 \\ &\Gamma(3) = 2\Gamma(2) = 2 \\ &\Gamma(4) = 3\Gamma(3) = 2 \cdot 3, \qquad \text{등등} \end{aligned}$$

를 얻는다. 따라서

$$\Gamma(n) = 1 \cdot 2 \cdot 3 \cdots (n-1) = (n-1)!. \tag{12.4}$$

■ 정적분(오일러)

자주 오일러 적분이라고 불리는, 이미 표 1.2에 제시된 두 번째 정의는,

$$\Gamma(z) \equiv \int_0^\infty e^{-t} t^{z-1} dt, \qquad \Re e(z) > 0 \tag{12.5}$$

이다. z에 대한 제한은 적분의 발산을 피하기 위해서 필요하다. 감마 함수가 물리 문제에 나타날 때, 자주 이 형태이거나 이 형태를 조금 변형한 것으로,

$$\Gamma(z) = 2\int_0^\infty e^{-t^2} t^{2z-1} dt, \qquad \Re e(z) > 0 \tag{12.6}$$

이거나

$$\Gamma(z) \int_0^1 \left[\ln\left(\frac{1}{t}\right)\right]^{z-1} dt, \qquad \Re e(z) > 0 \tag{12.7}$$

이다. $z = \frac{1}{2}$일 때, 식 (12.6)은 단지 가우스 오차 적분이고, 식 (1.148)과 비교하면

$$\Gamma\left(\frac{1}{2}\right) = \sqrt{\pi} \tag{12.8}$$

이라는 흥미로운 결과를 얻는다. 식 (12.6)을 일반화한 가우스 적분은 연습문제 12.1.10에서 생각해본다.

식 (12.1)과 (12.5)의 두 정의가 동등함을 보이기 위해, 2개의 변수로 이루어진 함수를 생각해보라.

$$F(z, n) = \int_0^n \left(1 - \frac{t}{n}\right)^n t^{z-1} dt, \qquad \mathfrak{Re}(z) > 0 \tag{12.9}$$

여기서 n은 양의 정수이다. 이 형태는 지수함수가 다음과 같이 정의되기 때문에 선택하였다.

$$\lim_{n \to \infty} \left(1 - \frac{t}{n}\right)^n \equiv e^{-t} \tag{12.10}$$

식 (12.10)을 식 (12.9)에 대입하면, $F(z, n)$에서 n이 무한일 때, 식 (12.5)에서 주어진 $\Gamma(z)$에 해당함을 안다.

$$\lim_{n \to \infty} F(z, n) = F(z, \infty) = \int_0^\infty e^{-t} t^{z-1} dt \equiv \Gamma(z) \tag{12.11}$$

남은 일은 이 극한과 식 (12.1)이 동일함을 보이는 것이다.

$F(z, n)$으로 돌아가서 부분 적분을 연달아 적용해서 그것을 구한다. 편의상 $u = t/n$으로 치환한다. 그러면

$$F(z, n) = n^z \int_0^1 (1-u)^n u^{z-1} du \tag{12.12}$$

가 된다. 처음 부분 적분을 하면

$$\frac{F(z, n)}{n^z} = (1-u)^n \frac{u^z}{z}\bigg|_0^1 + \frac{n}{z} \int_0^1 (1-u)^{n-1} u^z du \tag{12.13}$$

이 되는데, ($z \neq 0$이므로) 양 끝점에서 0이 되는 것에 주의하라. 이것을 n번 되풀이하면 매번 양 끝점에서 0이 되고, 마지막으로

$$\begin{aligned} F(z, n) &= n^z \frac{n(n-1) \cdots 1}{z(z+1) \cdots (z+n-1)} \int_0^1 u^{z+n-1} du \\ &= \frac{1 \cdot 2 \cdot 3 \cdots n}{z(z+1)(z+2) \cdots (z+n)} n^z \end{aligned} \tag{12.14}$$

를 얻는다. 이는 식 (12.1)의 우변의 표현과 일치한다. 따라서

$$\lim_{n\to\infty} F(z,\ n) = F(z,\ \infty) \equiv \Gamma(z)$$

이다. 여기서 $\Gamma(z)$는 식 (12.1)에서 주어진 형태이고, 따라서 증명이 끝났다.

■ 무한곱(바이어슈트라스)

세 번째 정의(바이어슈트라스 형태)는 무한곱 형태의

$$\frac{1}{\Gamma(z)} \equiv z e^{\gamma z} \prod_{n=1}^{\infty} \left(1 + \frac{z}{n}\right) e^{-z/n} \tag{12.15}$$

이다. 여기서 γ는 오일러-마스케로니 상수로서

$$\gamma = 0.5772156619 \cdots \tag{12.16}$$

이고, 식 (1.13)의 극한으로 소개되었다. 극한의 존재 유무는 연습문제 1.2.13의 주제이다.

이 무한곱 형태는 $\Gamma(z)$의 다양한 성질을 증명하는 데 유용하다. 그것은 식 (12.1)의 원래 정의로부터 유도될 수 있는데, 이는 그것을

$$\Gamma(z) = \lim_{n\to\infty} \frac{1 \cdot 2 \cdot 3 \cdots n}{z(z+1) \cdots (z+n)} n^z = \lim_{n\to\infty} \frac{1}{z} \prod_{m=1}^{n} \left(1 + \frac{z}{m}\right)^{-1} n^z \tag{12.17}$$

과 같이 다시 적는 것으로 가능하다. 식 (12.17)의 역을 취하고

$$n^{-z} = e^{(-\ln n)z} \tag{12.18}$$

을 이용하면

$$\frac{1}{\Gamma(z)} = z \lim_{n\to\infty} e^{(-\ln n)z} \prod_{m=1}^{n} \left(1 + \frac{z}{m}\right) \tag{12.19}$$

를 얻는다. 식 (12.19)의 우변을 다음 식으로 나누고 좌변을 곱하면

$$\exp\left[\left(1 + \frac{1}{2} + \frac{1}{3} + \cdots + \frac{1}{n}\right) z\right] = \prod_{m=1}^{n} e^{z/m} \tag{12.20}$$

다음을 얻는다.

$$\frac{1}{\Gamma(z)} = z \left\{ \lim_{n\to\infty} \exp\left[\left(1 + \frac{1}{2} + \frac{1}{3} + \cdots + \frac{1}{n} - \ln n\right) z\right] \right\} \times \left[\lim_{n\to\infty} \prod_{m=1}^{n} \left(1 + \frac{z}{m}\right) e^{-z/m} \right] \tag{12.21}$$

식 (1.13)과 비교하면, 지수함수의 괄호 안에 있는 수가 극한으로 오일러-마스케로니 상수로 근접하는 것을 알 수 있다. 따라서 식 (12.15)를 확인할 수 있다.

■ 함수 관계

식 (12.2)에서 감마 함수에 대해서 가장 중요한 함수 관계를 얻었다.

$$\Gamma(z+1)=z\Gamma(z) \tag{12.22}$$

복소수값 함수로 보면, 이 식은 식 (12.5)의 적분 표현에서 수치로 구한 값의 음의 z로도 확장하는 것을 허락한다. 오일러의 극한 식이 $0,\ -1,\ \ldots$이 아닌 z값에는 $\Gamma(z)$가 해석 함수라는 것을 말해주지만, 적분으로부터 계단식으로 점을 찍어나가는 것이 더 효과적인 수치적 접근법이다.

감마 함수는 몇몇 다른 함수 관계도 만족하는데, 이중 가장 흥미로운 식 중의 하나가 **반사식**(reflection formula)이다.

$$\Gamma(z)\Gamma(1-z)=\frac{\pi}{\sin z\pi} \tag{12.23}$$

이 관계식은 $z=1/2$ 선 주위로 반사하는 것에 의해서 관련되어 있는 (정수가 아닌 z에 대해서) $\Gamma(z)$의 값을 연결시켜준다.

반사식을 증명하는 한 가지 방법은 오일러 적분의 곱에서 출발한다.

$$\begin{aligned}\Gamma(z+1)\Gamma(1-z)&=\int_0^\infty s^z e^{-s}ds\int_0^\infty t^{-z}e^{-t}dt\\&=\int_0^\infty \frac{v^z dv}{(v+1)^2}\int_0^\infty u e^{-u}du\end{aligned} \tag{12.24}$$

식 (12.24)의 둘째 줄을 얻을 때, 지수와 피적분 함수의 곱한 수를 결합하는 것이 제안해 주는 것과 같이, 변수 $s,\ t$를 $u=s+t,\ v=s/t$로 변환하였다. 이 변환의 야코비안을 삽입하는 것이 필요하다.

$$\begin{aligned}J^{-1}&=-\begin{vmatrix}1 & 1\\ \dfrac{1}{t} & -\dfrac{s}{t^2}\end{vmatrix}\\&=\frac{s+t}{t^2}=\frac{(v+1)^2}{u}\end{aligned}$$

$v+1=u/t$라는 것을 알면, 마지막 치환은 분명하다.

식 (12.24)로 돌아가면, u에 대한 적분은 기본적인 적분이고 1이다! 반면, v에 대한 적분은 경로(contour) 적분 방법으로 구할 수 있다. 이는 연습문제 11.8.20의 주제이고 그 값은

$$\int_0^\infty \frac{v^z dv}{(v+1)^2} = \frac{\pi z}{\sin \pi z} \tag{12.25}$$

이다. 이 결과들을 이용하고, 식 (12.24)의 $\Gamma(z+1)$을 $z\Gamma(z)$로 바꾸고 결과 식의 양변에서 z를 소거하면, 식 (12.23)을 보이는 것을 완성한다.

만약 $z=1/2$로 놓으면, 식 (12.23)의 특수한 경우가 나온다. 그러고 나서 (양의 제곱근을 취하면)

$$\Gamma\left(\frac{1}{2}\right) = \sqrt{\pi} \tag{12.26}$$

을 얻고, 이는 식 (12.8)과 일치한다.

또 다른 함수 관계는 르장드르의 2배 공식(Legendre's duplication formula)이다.

$$\Gamma(1+z)\Gamma\left(z+\frac{1}{2}\right) = 2^{-2z}\sqrt{\pi}\,\Gamma(2z+1) \tag{12.27}$$

정숫값의 z에 대해서 지금 증명해보자. z가 음이 아닌 정수 n이라고 하면, $\Gamma(n+1)=n!$, $\Gamma(2n+1)=(2n)!$, 그리고

$$\Gamma\left(n+\frac{1}{2}\right) = \Gamma\left(\frac{1}{2}\right)\cdot\left[\frac{1}{2}\cdot\frac{3}{2}\cdots\frac{2n-1}{2}\right] = \sqrt{\pi}\,\frac{1\cdot 3\cdots(2n-1)}{2^n} = \sqrt{\pi}\,\frac{(2n-1)!!}{2^n} \tag{12.28}$$

을 씀으로써 증명을 시작한다. 여기서 식 (12.26)을 사용했고, 이중 계승 표기는 처음에 식 (1.75)와 (1.76)에서 소개하였다. 이중 계승 표기는 물리 응용에서 충분히 자주 쓰이고, 그것에 익숙해지는 것은 필수적이다. 또한 여기서부터 계속 특별한 언급없이 사용될 것이다. $n! = 2^{-n}(2n)!!$임을 알면, 식 (12.27)이 바로 따라온다.

그런데 감마 함수에 반정수 독립변수를 넣은 것이 물리 문제에서 자주 나타나는 것에 주목하기 바란다. 또한 식 (12.28)은 그것들을 닫힌 형태로 적는 방법을 보여준다.

■ 해석적 성질

바이어슈트라스의 정의는 금방 $\Gamma(z)$가 $z=0,\ -1,\ -2,\ -3,\ \ldots$에서 단순 극점을 갖고, 유한한 복소평면에서는 극점이 없다는 것을 보여주는데, 이것은 $\Gamma(z)$가 영점이 없다는 것을 의미한다. 이 행동은 만약 $\pi/(\sin\pi z)$가 0이 될 수 없다는 것을 주목한다면 식 (12.23)에서

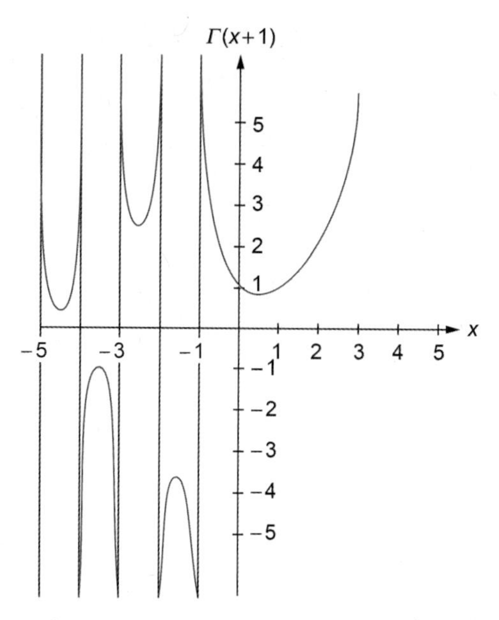

그림 12.1 실수 x에 대한 감마 함수 $\Gamma(x+1)$

도 알 수 있다. 실수인 z에 대한 $\Gamma(z)$의 그림은 그림 12.1에 나타냈다. 음의 z값에 대해서 길이가 1인 영역을 지날 때마다 부호가 바뀌는 것과, $\Gamma(1)=\Gamma(2)=1$인 것과, 감마 함수가 $z=1$과 $z=2$ 사이, 즉 $z_0=0.46143\cdots$일 때 최소가 되고 그 값은 $\Gamma(z_0)=0.88560\cdots$임을 주목한다. $z=-n$(n은 0보다 큰 정수)일 때, 레지듀 R_n은

$$R_n=\lim_{\varepsilon\to 0}(\varepsilon\Gamma(-n+\varepsilon))=\lim_{\varepsilon\to 0}\frac{\varepsilon\Gamma(-n+1+\varepsilon)}{-n+\varepsilon}=\lim_{\varepsilon\to 0}\frac{\varepsilon\Gamma(-n+2+\varepsilon)}{(-n+\varepsilon)(-n+1+\varepsilon)}$$

$$=\lim_{\varepsilon\to 0}\frac{\varepsilon\Gamma(1+\varepsilon)}{(-n+\varepsilon)\cdots(\varepsilon)}=\frac{(-1)^n}{n!} \tag{12.29}$$

이며, 이것은 $z=-n$일 때 크기는 $1/n!$이고 부호는 교대로 나타남을 보여준다.

■ 슐레플리 적분

베셀 함수에 대해서 점근 급수를 공부하는 데 유용한 감마 함수의 경로 적분 표현이 **슐레플리 적분**(Schlaefli integral)이다.

$$\int_C e^{-t}t^{\nu}dt=(e^{2\pi i\nu}-1)\Gamma(\nu+1) \tag{12.30}$$

여기서 C는 그림 12.2에 나타낸 경로이다. 이 경로 적분 표현은 ν가 정수가 아닐 때에만 유용하다. 정수 ν에 대해서는 피적분 함수가 전해석 함수이다. 식 (12.30)의 양변이 0이 되고,

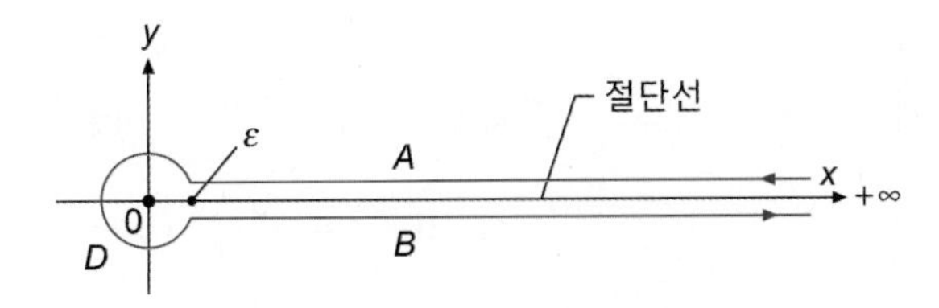

그림 12.2 감마 함수 경로

아무런 정보도 주지 않는다. 그러나 정수가 아닌 ν에 대해서, $t=0$은 피적분 함수의 가지 자름(branch cut) 점이 되고 식 (12.30)의 우변이 0이 아닌 결과로 계산된다. 앞선 장들에서 고려했던 경로 표현과 달리 여기서의 경로는 열려 있음을 주목하라. 가지 자름 때문에 $z=+\infty$에서 경로를 닫을 수 없고, 또한 e^{-t}가 매우 큰 음의 t의 극한에서 무한대가 되기 때문에 큰 원으로 경로를 닫을 수도 없다.

식 (12.30)을 검증하기 위해서($\nu+1>0$에 대해서) 적분 경로(path)의 다양한 부분으로부터의 기여의 값을 구하는 것을 진행해보자. 실수축 상의 ∞로부터 $+\varepsilon$까지의 적분은 $\arg(z)=0$으로 선택하면 $-\Gamma(\nu+1)$의 값을 준다. $+\varepsilon$에서 ∞(제4분면에서)까지의 적분은 $e^{2\pi i\nu}\Gamma(\nu+1)$이 되고, 이때 z의 편각은 2π로 증가하였다. $\nu>-1$일 때, 원점 주위를 도는 원은 기여하는 바가 없고, 따라서 식 (12.30)이 따라온다. 이제 이 식이 성립하므로, 피해야 할 다른 특이점이 없기 때문에 경로를 원하는 대로 변형할 수 있다(가지점이나 가지 자름을 피한다는 가정하에).

식 (12.30)을 더 대칭적인 형태로 변형하는 것이 종종 편리하다.

$$\int_C e^{-t}t^{\nu}dt = 2ie^{i\nu\pi}\Gamma(\nu+1)\sin(\nu\pi) \tag{12.31}$$

여기서 C는 그림 12.2의 경로 혹은 원점 주위를 돌고, 가지 자름을 지나지 않고, 가지 자름의 위아래 각각에서 $x=+\infty$인 곳에서 시작하고 끝나는 변형된 경로일 수 있다.

위의 분석은 $\nu>-1$에 대해 식 (12.30)과 (12.31)을 성립하게 한다. 그러나 원점에서 멀리 떨어져 있는 한 $\nu<-1$에 대해서 적분이 존재함을 주목하고, 따라서 다른 비정수인 ν에 대해서도 성립한다. 여기서 알아낸 점은 이 경로 적분 표현이 모든 비정수 ν에 대한 오일러 적분, 식 (12.5)의 해석적 연속을 제공한다는 점이다.

■ 계승 기호

지금까지 감마 함수에 대한 논의는 르장드르에 의해 처음 소개된 고전 표기법의 언어로 제시되었다. (전통적으로 정수에 대해 사용된) 계승 표기에 좀 더 가깝게 일치하도록 하고, 식 (12.5)의 오일러의 감마 함수에 대한 적분 표현을 단순화하는 시도에서, 몇몇 저자들은

$z!$의 표현을 z가 임의의 복소수값일지라도 $\Gamma(z+1)$로 쓰는 것을 선택해왔다. 가끔 계승 함수에 대해 심지어 가우스 표기법인 $\Pi(z)$로 쓰는 것을 보기도 한다.

$$\Pi(z) = z! = \Gamma(z+1)$$

비정수 독립변수에 대한 계승이든지 가우스 표기법이든지 대부분의 진지한 연구자들은 현재 좋아하지 않으므로, 이 책에서는 사용하지 않겠다.

예제 12.1.1 **맥스웰-볼츠만 분포**

고전 통계 물리에서, 맥스웰-볼츠만 통계에 따라 에너지 E인 상태가 점유되는데, k가 볼츠만 상수이고, T가 절대 온도일 때, 확률은 $e^{-E/kT}$에 비례하는 확률로 그렇게 된다. 보통 $\beta = 1/kT$로 정의하고 에너지 E인 상태가 점유될 확률을 $p(E) = Ce^{-\beta E}$로 적는다. 만약 에너지 E에서 작은 에너지 간격 dE 안에 있는 상태 수가 주어진다면, 밀도 분포 함수 $n(E)$를 이용하여, $n(E)dE$와 같이 에너지 E인 상태의 전체 확률은 $Cn(E)e^{-\beta E}dE$의 형태를 띤다. 그런 조건 하에서, **아무** 상태에 있는 전체 점유 확률(즉, 1)은 반드시

$$1 = C\int n(E)e^{-\beta E}dE \tag{12.32}$$

이고, 이것은 **정규화 상수**(normalization constant) C를 정할 수 있게 하며, 그런 고전 계의 평균 에너지 $\langle E \rangle$는

$$\langle E \rangle = C\int En(E)e^{-\beta E}dE \tag{12.33}$$

이 될 것이다. 내부에 구조가 없는 이상기체의 경우, $n(E)$가 $E^{1/2}$에 비례함을 보일 수 있고, E가 기체 분자의 운동 에너지이고 $(0, \infty)$의 값을 가질 수 있다. 그러면 C를

$$1 = C\int_0^{\infty} E^{1/2}e^{-\beta E}dE = C\frac{\Gamma\left(\frac{3}{2}\right)}{\beta^{3/2}} = C\frac{\sqrt{\pi}}{2\beta^{3/2}} \quad \text{또는} \quad C = \frac{2\beta^{3/2}}{\sqrt{\pi}}$$

에서 구할 수 있고,

$$\langle E \rangle = C\int_0^{\infty} E^{3/2}e^{-\beta E}dE = C\frac{\Gamma\left(\frac{5}{2}\right)}{\beta^{5/2}} = \left(\frac{2\beta^{3/2}}{\sqrt{\pi}}\right)\frac{\sqrt{\pi}}{\beta^{5/2}}\left(\frac{1}{2}\cdot\frac{3}{2}\right) = \frac{3}{2}kT$$

이고, 이것이 온도가 T인 내부에 구조가 없는 고전 기체의 분자당 평균 운동 에너지 값이다.

확률 이론에서 여기서 쓰인 분포가 **감마 분포**(gamma distribution)라고 알려져 있다. ■

연습문제

12.1.1 다음 점화 관계식

$$\Gamma(z+1) = z\Gamma(z)$$

을 식 (12.5)의 오일러 적분

$$\Gamma(z) = \int_0^\infty e^{-t}t^{z-1}dt$$

로부터 유도하시오.

12.1.2 제2종 르장드르 함수에 대한 멱급수 해에서 다음과 같은 표현을 만나게 된다.

$$\frac{(n+1)(n+2)(n+3)\cdots(n+2s-1)(n+2s)}{2\cdot 4\cdot 6\cdot 8\cdots(2s-2)(2s)\cdot(2n+3)(2n+5)(2n+7)\cdots(2n+2s+1)}$$

여기서 s는 양의 정수이다.

(a) 계승을 써서 이 표현을 다시 적으시오.

(b) 포흐하머(Pochhammer) 기호를 이용하여 이 표현을 다시 적으시오[식 (1.72) 참고].

12.1.3 $\Gamma(z)$를 다음과 같이 적을 수 있음을 보이시오.

$$\Gamma(z) = 2\int_0^\infty e^{-t^2}t^{2z-1}dt, \qquad \Re e(z) > 0$$

$$\Gamma(z) = \int_0^1 \left[\left(\ln\frac{1}{t}\right)\right]^{z-1}dt, \qquad \Re e(z) > 0$$

12.1.4 맥스웰 분포에서 질량이 m이고 속력이 v와 $v+dv$ 사이에 있는 입자의 비율은

$$\frac{dN}{N} = 4\pi\left(\frac{m}{2\pi kT}\right)^{3/2}\exp\left(-\frac{mv^2}{2kT}\right)v^2dv$$

이다. 여기서 N은 전체 입자의 개수이고, k는 볼츠만 상수, T는 절대 온도이다. v^n의 평균값 또는 기댓값은 $\langle v^n\rangle = N^{-1}\int v^n dN$으로 정의된다.

$$\langle v^n\rangle = \left(\frac{2kT}{m}\right)^{n/2}\frac{\Gamma\left(\frac{n+3}{2}\right)}{\Gamma\left(\frac{3}{2}\right)}$$

임을 보이시오. 이것은 연습문제 12.1.1의 연장이고, 여기서 분포는 $dE = mvdv$와 더불어

$E = mv^2/2$ 인 운동 에너지의 분포이다.

12.1.5　다음 적분을 감마 함수로 변형하여 증명하시오.

$$-\int_0^1 x^k \ln x \, dx = \frac{1}{(k+1)^2}, \qquad k > -1$$

12.1.6　다음을 증명하시오.

$$\int_0^\infty e^{-x^4} dx = \Gamma\left(\frac{5}{4}\right)$$

12.1.7　다음을 증명하시오.

$$\lim_{x \to \infty} \frac{\Gamma(ax)}{\Gamma(x)} = \frac{1}{a}$$

12.1.8　$\Gamma(z)$ 의 극점의 위치를 찾으시오. 그것들이 단순 극점임을 보이고, 레지듀를 정하시오.

12.1.9　$k \neq 0$ 일 때, 방정식 $\Gamma(x) = k$ 는 무한 개의 실수 근을 가짐을 보이시오.

12.1.10　정수 s 에 대하여 다음을 보이시오.

(a) $\displaystyle\int_0^\infty x^{2s+1} \exp(-ax^2) dx = \frac{s!}{2a^{s+1}}$

(b) $\displaystyle\int_0^\infty x^{2s} \exp(-ax^2) dx = \frac{\Gamma\left(s + \frac{1}{2}\right)}{2a^{s+1/2}} = \frac{(2s-1)!!}{2^{s+1} a^s} \sqrt{\frac{\pi}{a}}$

이 가우스 적분은 통계역학에서 매우 중요하다.

12.1.11　$(1+x)^{1/2}$ 를 x 에 대해 전개한 n 번째 항의 계수를

(a) 정수의 계승으로 표현하시오.

(b) 이중 계승(!!) 함수로 표현하시오.

답. $a_n = (-1)^{n+1} \dfrac{(2n-3)!}{2^{2n-2} n!(n-2)!} = (-1)^{n+1} \dfrac{(2-3)!!}{(2n)!!}, \; n = 2, 3, \ldots$

12.1.12　$(1+x)^{-1/2}$ 를 x 에 대해 전개한 n 번째 x 항의 계수를

(a) 정수의 계승으로 표현하시오.

(b) 이중 계승(!!) 함수로 표현하시오.

답. $a_n = (-1)^n \dfrac{(2n)!}{2^{2n}(n!)^2} = (-1)^n \dfrac{(2n-1)!!}{(2n)!!}, \; n = 1, 2, 3, \ldots$

12.1.13 르장드르 다항식 P_n은 다음과 같이 쓸 수 있다.

$$P_n(\cos\theta) = 2\frac{(2n-1)!!}{(2n)!!}\left\{\cos n\theta + \frac{1}{1}\cdot\frac{n}{2n-1}\cos(n-2)\theta \right.$$
$$+\frac{1\cdot 3}{1\cdot 2}\frac{n(n-1)}{(2n-1)(2n-3)}\cos(n-4)\theta$$
$$\left. +\frac{1\cdot 3\cdot 5}{1\cdot 2\cdot 3}\frac{n(n-1)(n-2)}{(2n-1)(2n-3)(2n-5)}\cos(n-6)\theta + \cdots\right\}$$

$n = 2s+1$이라고 하자. 그러면 위의 식은 다음과 같이 쓸 수 있음을 보이시오.

$$P_n(\cos\theta) = P_{2s+1}(\cos\theta) = \sum_{m=0}^{s} a_m \cos(2m+1)\theta$$

12.1.14 (a) n이 정수일 때, $\Gamma(1/2-n)\Gamma(1/2+n) = (-1)^n\pi$임을 보이시오.

(b) $\Gamma(1/2+n)$과 $\Gamma(1/2-n)$을 각각 $\pi^{1/2}$와 이중 계승 함수를 이용하여 표현하시오.

답. $\Gamma\left(\frac{1}{2}+n\right) = \frac{(2n-1)!!}{2^n}\pi^{1/2}$

12.1.15 만약 $\Gamma(x+iy) = u+iv$라면, $\Gamma(x-iy) = u-iv$임을 보이시오. 이것은 슈바르츠 반사 원리의 특별한 경우이다(11.10절 참고).

12.1.16 $|\Gamma(\alpha+i\beta)| = |\Gamma(\alpha)|\prod_{n=0}^{\infty}\left[1+\frac{\beta^2}{(\alpha+n)^2}\right]$를 증명하시오.

12.1.17 양의 정수 n에 대하여 다음을 증명하시오.

$$|\Gamma(n+ib+1)| = \left(\frac{\pi b}{\sinh \pi b}\right)^{1/2}\prod_{s=1}^{n}(s^2+b^2)^{1/2}$$

12.1.18 실수 x, y에 대하여 $|\Gamma(x)| \geq |\Gamma(x+iy)|$임을 보이시오.

12.1.19 $\left|\Gamma\left(\frac{1}{2}+iy\right)\right|^2 = \frac{\pi}{\cosh \pi y}$임을 보이시오.

12.1.20 통계의 정규분포와 관련된 확률밀도는 x의 범위가 $(-\infty, \infty)$일 때,

$$f(x) = \frac{1}{\sigma(2\pi)^{1/2}}\exp\left[-\frac{(x-\mu)^2}{2\sigma^2}\right]$$

로 주어진다. 다음을 보이시오.

(a) x의 평균값 $\langle x\rangle$는 μ와 같다.

(b) 표준편차 $(\langle x^2\rangle - \langle x\rangle^2)^{1/2}$는 σ로 주어진다.

12.1.21 다음의 감마 분포

$$f(x) = \begin{cases} \dfrac{1}{\beta^{\alpha}\Gamma(\alpha)} x^{\alpha-1} e^{-x/\beta}, & x > 0 \\ 0, & x \le 0 \end{cases}$$

에 대하여 다음을 보이시오.

(a) x의 평균값 $\langle x\rangle$는 β와 같다.

(b) $\langle x^2\rangle - \langle x\rangle^2$로 정의된 분산 σ^2는 $\alpha\beta^2$의 값을 가진다.

12.1.22 쿨롱 퍼텐셜에 의해 산란된 입자의 파동 함수는 $\psi(r, \theta)$이다. γ는 $\gamma > 0$인 차원이 없는 매개변수이고, 원점에서의 파동 함수가

$$\psi(0) = e^{-\pi\gamma/2}\Gamma(1+i\gamma)$$

과 같이 주어졌을 때,

$$|\psi(0)|^2 = \frac{2\pi\gamma}{e^{2\pi\gamma}-1}$$

임을 보이시오.

12.1.23 식 (12.31)의 경로 적분 표현

$$2i\Gamma(\nu+1)\sin\nu\pi = \int_C e^{-t}(-t)^{\nu}dt$$

을 유도하시오.

12.2 스털링 급수

통계역학에서 매우 큰 값의 n에 대하여 $\ln(n!)$을 계산해야 할 필요가 있고 종종 정수가 아닌 z에 대하여 $|z|$가 매우 커서 매클로린 급수를 사용한 후 이어서 $\Gamma(z+1) = z\Gamma(z)$의 함수 관계식을 계속 사용하는 것이 불편하고 비실용적일 때, $\ln\ \Gamma(z)$가 필요할 때가 있다. 이러한 필요성은 **스털링 급수**(Stirling's series) 또는 **스털링 공식**(Stirling's formula)이라고 알려진 $\ln\ \Gamma(z)$에 대한 점근 전개에 의해서 충족될 수 있다. 원리적으로 최급강하법에

의하여 그러한 점근 공식을 유도할 수 있지만(그리고 실제로 전개의 처음 이끄는 항을 이 방법으로 이미 얻었다) 점근 전개 전체를 얻어내는 비교적 간단한 방법은 오일러-매클로린 적분 공식을 이용하는 것이다.

■ 오일러-매클로린 적분 공식의 유도

$(0, \infty)$ 구간의 정적분을 구하는 데 쓰이는 오일러-매클로린 공식은

$$\int_0^\infty f(x)dx = \frac{1}{2}f(0) + f(1) + f(2) + f(3) + \cdots$$

$$+ \frac{B_2}{2!}f'(0) + \frac{B_4}{4!}f^{(3)}(0) + \frac{B_6}{6!}f^{(5)}(0) + \cdots \tag{12.34}$$

이고, 여기서 B_n은 베르누이 수이다.

$$B_2 = \frac{1}{6}, \qquad B_4 = -\frac{1}{30}, \qquad B_6 = \frac{1}{42}, \qquad B_8 = -\frac{1}{30}, \qquad \cdots$$

식 (12.34)를 정적분에 적용하여 나아간다(음의 실수축 상에 있지 않은 z에 대하여).

$$\int_0^\infty \frac{dx}{(z+x)^2} = \frac{1}{z}$$

즉

$$f(1) + f(2) + \cdots = \sum_{n=1}^\infty \frac{1}{(z+n)^2} = \psi^{(1)}(z+1)$$

임을 주목한다. 이는 감마 함수와 연결되고 우리의 현재 전략을 사용하는 이유이다. 또한

$$f^{(2n-1)}(0) = \left(\frac{d}{dx}\right)^{2n-1} \frac{1}{(z+x)^2}\bigg|_{x=0} = -\frac{(2n)!}{z^{2n+1}}$$

임을 알고, 따라서 전개는

$$\frac{1}{z} = \int_0^\infty \frac{dx}{(z+x)^2} = \frac{1}{2z^2} + \psi^{(1)}(z+1) - \frac{B_2}{z^3} - \frac{B_4}{z^5} - \cdots$$

가 된다. $\psi^{(1)}(z+1)$에 대해서 풀면,

$$\psi^{(1)}(z+1) = \frac{d}{dz}\psi(z+1) = \frac{1}{z} - \frac{1}{2z^2} + \frac{B_2}{z^3} + \frac{B_4}{z^5} + \cdots$$

$$= \frac{1}{z} - \frac{1}{2z^2} + \sum_{n=1}^\infty \frac{B_{2n}}{z^{2n+1}} \tag{12.35}$$

이다. 베르누이 수는 강하게 발산하기 때문에, 이 급수는 수렴하지 않는다. 그것은 반수렴하거나 점근하는 급수이고, 작은 수의 항만 남기면 유용하다.

한 번 적분하면 디감마 함수를 얻는다.

$$\begin{aligned}\psi(z+1) &= C_1 + \ln z + \frac{1}{2z} - \frac{B_2}{2z^2} - \frac{B_4}{4z^4} - \cdots \\ &= C_1 + \ln z + \frac{1}{2z} - \sum_{n=1}^{\infty} \frac{B_{2n}}{2nz^{2n}} \end{aligned} \qquad (12.36)$$

여기서 C_1은 여전히 결정해야 하는 수이다. 다음 소절에서 $C_1 = 0$임을 증명할 것이다. 식 (12.36)은 그러면 디감마 함수에 대한 또 다른 표현을 주는데, 이는 종종 더 유용하다.

■ 스털링 공식

식 (12.36)을 적분해서 얻은 디감마 함수의 부정 적분은

$$\ln \Gamma(z+1) = C_2 + \left(z + \frac{1}{2}\right)\ln z + (C_1 - 1)z + \frac{B_2}{2z} + \cdots + \frac{B_{2n}}{2n(2n-1)z^{2n-1}} + \cdots \qquad (12.37)$$

이고, 여기서 C_2는 또 다른 적분 상수이다. 이제 C_1과 C_2를 정할 준비가 되었는데, 식 (12.27)의 르장드르 2배 공식과 일관된 점근 전개를 요구함으로써 이를 할 수 있다. 식 (12.37)을 2배 공식의 로그에 집어넣으면, 그 공식이 만족하는 것은 $C_1 = 0$이고 C_2는

$$C_2 = \frac{1}{2}\ln 2\pi \qquad (12.38)$$

의 값을 가짐을 말해주는 것을 알 수 있다. 따라서 B_{2n}의 값들을 삽입하면 마지막 결과는

$$\ln \Gamma(z+1) = \frac{1}{2}\ln 2\pi + \left(z + \frac{1}{2}\right)\ln z - z + \frac{1}{12z} - \frac{1}{360z^3} + \frac{1}{1260z^5} - \cdots \qquad (12.39)$$

이다. 이것이 스털링 급수이며, 점근 전개이다. 오차의 절댓값은 무시된 첫항의 절댓값보다 작다.

감마 함수의 점근 행동에서 처음 이끄는 항은 최급강하법을 설명할 때 사용된 예의 하나이다.

$$\Gamma(z+1) \sim \sqrt{2\pi}\, z^{z+1/2} e^{-z}$$

는

$$\ln \Gamma(z+1) \sim \frac{1}{2}\ln 2\pi + \left(z+\frac{1}{2}\right)\ln z - z$$

이고, 식 (12.39)에 있는 모든 항을 주며, $|z|$가 큰 극한에서 사라지지 않는다.

$\Gamma(s+1)$에 대한 스털링 급수의 놀랄만한 정확도에 대한 감을 주는 데 도움을 주기 위해서 그림 12.3에 $\Gamma(s+1)$에 대한 스털링 급수의 첫항의 비율을 그려놓았다. 표 12.1에서 $\Gamma(s+1)$에 대한 첫항의 비율과 $\Gamma(s+1)$에 대한 둘째 항까지 유지한 비율이 나와 있다. 이 형태의 유도는 연습문제 12.4.1이다.

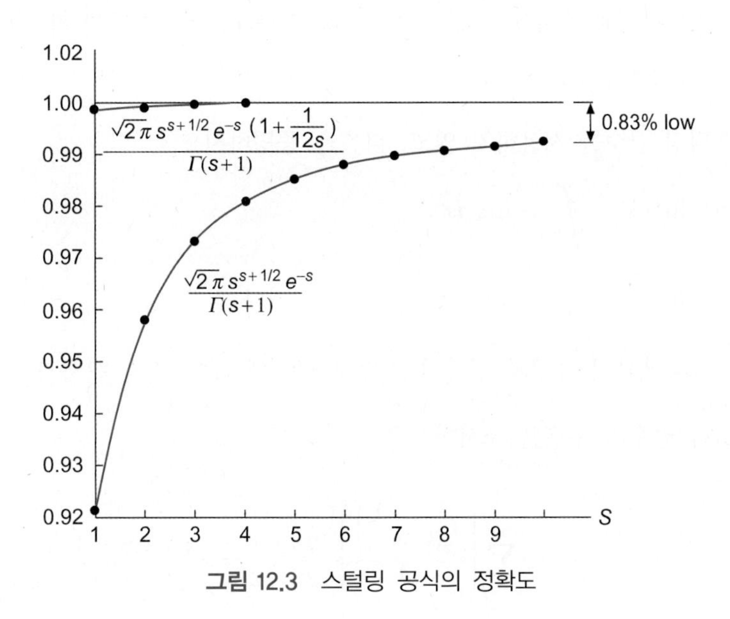

그림 12.3 스털링 공식의 정확도

표 12.1 $\Gamma(s+1)$에 대한 첫항과 둘째 항까지의 비율

s	$\frac{1}{\Gamma(s+1)}\sqrt{2\pi}\, s^{s+1/2}e^{-s}$	$\frac{1}{\Gamma(s+1)}\sqrt{2\pi}\, s^{s+1/2}e^{-s}\left(1+\frac{1}{12s}\right)$
1	0.92213	0.99898
2	0.95950	0.99949
3	0.97270	0.99972
4	0.97942	0.99983
5	0.98349	0.99988
6	0.98621	0.99992
7	0.98817	0.99994
8	0.98964	0.99995
9	0.99078	0.99996
10	0.99170	0.99998

연습문제

12.2.1 스털링 급수를 다시 써서 $\ln\Gamma(z+1)$ 대신에 $\Gamma(z+1)$을 구하시오.

$$\text{답. } \Gamma(z+1) = -\sqrt{2\pi}\, z^{z+1/2} e^{-z}\left(1 + \frac{1}{12z} + \frac{1}{288z^2} - \frac{139}{51{,}840z^3} + \cdots\right)$$

12.2.2 52!의 값을 스털링 공식을 이용하여 추정하시오. 이는 트럼프 카드를 재배열하는 가능한 모든 방법의 수이다.

12.2.3 르장드르 2배 공식의 로그를 사용하여 C_1과 C_2의 상숫값이 각각 0과 $\frac{1}{2}\log 2\pi$임을 보이시오(그림 3.4 참고).

12.2.4 스털링 급수를 사용하지 않고, 다음을 증명하시오.

(a) $\ln(n!) < \int_1^{n+1} \ln x\, dx$

(b) $\ln(n!) > \int_1^{n} \ln x\, dx$, n은 2보다 크거나 같은 정수

이 두 적분의 대수적 평균이 스털링 급수에 대한 좋은 근사가 됨을 주목하라.

12.2.5 다음 급수의 수렴을 조사하시오.

$$\sum_{p=0}^{\infty}\left[\frac{\Gamma\left(p+\frac{1}{2}\right)}{p!}\right]^2 \frac{2p+1}{2p+2} = \pi \sum_{p=0}^{\infty} \frac{(2p-1)!!\,(2p+1)!!}{(2p)!!\,(2p+2)!!}$$

이 급수는 전류 고리로 둘러싸이고 그것에 의해 만들어지는 자기장을 기술하려고 할 때 나온다.

12.2.6 $\lim_{x\to\infty} x^{b-a}\frac{\Gamma(x+a+1)}{\Gamma(x+b+1)} = 1$을 증명하시오.

12.2.7 $\lim_{n\to\infty} \frac{(2n-1)!!}{(2n)!!} n^{1/2} = \pi^{-1/2}$을 증명하시오.

12.2.8 N개의 구별 불가능한 입자들이 각각 $\psi_i (i = 1,\ 2,\ \ldots,\ M)$의 상태에 배정된다. 만약 그 다양한 상태에 있는 입자의 수가 각각 $n_1,\ n_2,\ \ldots,\ n_M (M \ll N)$이라면, 이렇게 할 수 있는 가짓수는

$$W = \frac{N!}{n_1!\,n_2!\cdots n_M!}$$

이다. 이런 배정과 관련된 엔트로피는 $S = k\ln W$이고, 여기서 k는 볼츠만 상수이다. $n_i = p_i N$이고 $N \to \infty$ 인 극한에서(따라서 p_i는 i번째 상태에 있는 입자의 비율이다), S를 N과 p_i의 함수로 구하시오.

(a) 큰 N이 되는 극한에서, n_i로 주어진 집합과 관련한 엔트로피를 구하시오. 엔트로피는 계의 크기의 외연적 함수인가? (즉, N에 비례하는가?)

(b) S를 최대로 하는 p_i의 집합을 구하시오.

[힌트] $\sum_i p_i = 1$이고, 이것이 제한된 최대화임을 기억하라(16.3절 참고).

[참고] 이 공식들은 **고전적인 볼츠만** 통계에 해당한다.

12.3 리만 제타 함수

이제 먼저 나왔던 리만 제타 함수 $\zeta(z)$의 조사를 확장할 위치에 있다. 이를 행함에 있어, $\zeta(z)$의 몇몇 성질과 그에 해당하는 감마 함수의 성질 간의 흥미로운 평행한 정도에 주목한다.

이 절을 $\zeta(z)$의 정의를 반복함으로써 시작하는데, 급수가 수렴할 때 이 정의는 유효하다.

$$\zeta(z) \equiv \sum_{n=1}^{\infty} n^{-z} \tag{12.40}$$

n이 2에서 10까지의 정수일 때 $\zeta(n)$의 값들은 34쪽의 표 1.1에 나열하였다.

이제 식 (12.40)의 수렴 범위를 넘어서는 곳까지 $\zeta(z)$를 해석적으로 연장하는 가능성을 생각해보고자 한다. 그렇게 하기 위해서 첫 단계로, 표 1.1에 주어진 적분 표현을 증명한다.

$$\zeta(z) = \frac{1}{\Gamma(z)} \int_0^{\infty} \frac{t^{z-1}dt}{e^t - 1} \tag{12.41}$$

식 (12.41)은 t가 작을 때, 피적분 함수의 행동에 의해 제한되는 유효성 영역을 가지고 있다. 이때 분모가 t에 접근하므로, 전체적인 작은 t에 의존하는 것은 t^{z-2}이다. $z = x + iy$와 $t^{z-2} = t^{x-2} e^{iy\ln t}$라고 적으면, 식 (12.40)과 마찬가지로 식 (12.41)은 $\Re e z > 1$일 때에만 수렴할 것이다.

식 (12.41)의 우변으로부터 시작하여 이를 I라고 표기하고, 피적분 함수의 분자와 분모에 e^{-t}를 곱하고, 분모를 e^{-t}의 거듭제곱으로 분모를 전개하면

$$I = \frac{1}{\Gamma(z)}\int_0^\infty \frac{t^{z-1}e^{-t}dt}{1-e^{-t}} = \frac{1}{\Gamma(z)}\int_0^\infty \sum_{m=1}^\infty t^{z-1}e^{-mt}dt$$

에 도달한다. 그 다음 각각의 항의 적분 변수를 바꾸어, 모든 항이 같은 인자 e^{-t}를 포함하게 만든다.

$$I = \frac{1}{\Gamma(z)}\int_0^\infty \sum_{m=1}^\infty \left(\frac{t}{m}\right)^{z-1} e^{-t}\left(\frac{dt}{m}\right) = \frac{1}{\Gamma(z)}\left(\sum_{m=1}^\infty \frac{1}{m^z}\right)\int_0^\infty t^{z-1}e^{-t}dt$$

$$= \zeta(z)\frac{1}{\Gamma(z)}\int_0^\infty t^{z-1}e^{-t}dt = \zeta(z) \qquad (12.42)$$

식 (12.42)의 둘째 줄에서 합하는 것을 제타 함수로 인지하고, 적분을 $\Gamma(z)$의 오일러 적분 표현, 식 (12.5)로 인지한다. 그러면 처음 인자 $1/\Gamma(z)$를 상쇄하고, 원하는 마지막 결과인 식 (12.41)을 남긴다. 이 과정에서 식 (12.41)의 적분과 감마 함수의 오일러 적분의 유일한 차이는 단순히 e^t 대신에 분모가 $e^t - 1$로 되어 있다는 점을 주의한다.

우리가 찾는 해석적 연장의 그 다음 단계는 식 (12.41)과 같은 피적분 함수로 경로 적분을 도입하는 것이다. 이는 그림 12.2에 보인 감마 함수에 대해서 유용한 것으로 알게 된 동일한 열린 경로를 이용한다. 감마 함수와 똑같이 z를 정수에만 국한하고 싶지 않다. 따라서 피적분 함수는 일반적으로 $t=0$에서 가지점을 갖고, 다시 가지 자름을 양의 실수축 상에 놓았다. $\Re e\, z > 1$인 z에 대해서 고려하는 것으로 제한하여, 그림 12.2에서 A, B, D로 표시된 경로의 부분들로부터의 기여의 합을 I라고 표시하고 이들의 경로 적분을 구한다. $\Re e\, z > 1$에 대하여 작은 원 D는 적분에 기여하는 바가 없고,

$$I_A = \frac{1}{\Gamma(z)}\int_\infty^\varepsilon \frac{t^{z-1}dt}{e^t - 1} = -\zeta(z)$$

$$I_B = \frac{1}{\Gamma(z)}\int_\varepsilon^\infty \frac{t^{z-1}e^{2\pi i(z-1)}dt}{e^t - 1} = e^{2\pi i(z-1)}\zeta(z) = e^{2\pi iz}\zeta(z)$$

이다. 위의 두 식을 결합하면 다음을 얻는다.

$$I = \frac{1}{\Gamma(z)}\int_C \frac{t^{z-1}dt}{e^t - 1} = \left(e^{2\pi iz} - 1\right)\zeta(z) \qquad (12.43)$$

식 (12.43)은 z가 비정수이고 그럴 경우에만 $\zeta(z)$에 관련된 관계식으로서 유용하다.

$\Re e\, z > 1$이라는 제한조건을 없애도록 이제 식 (12.43)의 경로를 변형하고 싶다. 이는 원래 그 식을 얻기 위해 필요한 것이었다. 이 변형은 더 큰 영역의 z로 $\zeta(z)$의 해석적 연장을 하는 것에 해당하고, 변형이 $t=0$ 근처의 발산을 피할 수 있기 때문에 유용할 것이다. 가능한

변형을 고려할 때, 감마 함수와는 다르게 식 (12.43)의 피적분 함수가 $t=2n\pi i(n=\pm 1, \pm 2, \ldots)$ 점들에서 단순 극점을 갖는다. 따라서 만약 경로가 이러한 극점들을 포함하도록 경로를 변형한다면, 그것에 의해 경로 적분값이 변화하는 것을 허용해야만 한다.

만약 처음에 원 D를 $2\pi i$보다 작은 유한한 반지름의 원으로 확장하는 것으로써 경로를 변형한다면, I의 적분값을 바꾸지 않고, 그것의 유효성 범위를 음의 z까지 확장한다. 만약 $z<0$에 대하여 D를 무한대의 반지름을 갖는(그러나 극점들의 어떤 것도 지나지 않도록) 열린 원이 될 때까지 D를 확장한다면, 그때 포함된 극점들로부터의 기여를 포함하는 것으로써 야기된 변화로 경로 적분값은 0으로 줄어들 것이다. 따라서

$$I=\left(e^{2\pi iz}-1\right)\zeta(z)=-\frac{2\pi i}{\Gamma(z)}\sum_{n=1}^{\infty}(t=\pm 2n\pi i\text{에서 } t^{z-1}/(e^t-1)\text{의 레지듀})$$

이다. 극점 $t=+2\pi ni$에서 레지듀는 $(2n\pi e^{\pi i/2})^{z-1}$이고, $t=-2\pi ni$에서는 $(2n\pi e^{3\pi i/2})^{z-1}$이다. 가지 자름을 잘 파악하면서 레지듀의 값을 구해야 함을 주의하고, 조금 더 재배열하면

$$\begin{aligned}(e^{2\pi iz}-1)\zeta(z)&=-\left(\sum_{n=1}^{\infty}\frac{1}{n^{-z+1}}\right)\frac{(2\pi)^z i}{\Gamma(z)}\left(e^{\pi i(z-1)/2}+e^{3\pi i(z-1)/2}\right)\\&=\zeta(1-z)\frac{(2\pi)^z}{\Gamma(z)}\left(e^{3\pi iz/2}+e^{\pi iz/2}\right)\end{aligned}\qquad(12.44)$$

이다. $z<0$이기 때문에 n에 걸친 합이 수렴하고, $\zeta(1-z)$임을 주목하라. 식 (12.44)는 단순하게 만들 수 있다. 그러나 그것의 핵심적인 특징을 미리 보았는데, 즉 그것은 $\zeta(z)$와 $\zeta(1-z)$를 연결하는 함수 관계, 식 (12.23)을 준다. 식 (12.44)를 유도하는 것은 $z<0$에 대해서 행해졌다. 그러나 이제 그 식을 얻었으므로 해석적 연장에 의거하여 그 구성 인자들이 모두 특이하지 않은 모든 z에 대해 그것의 유효성을 단언할 수 있다. 곧 얻을 단순한 형태의 이 공식은 처음에 리만에 의해 발견되었다.

식 (12.44)를 단순화하는 것은 감마 함수의 반사 공식인 식 (12.23)의 도움으로 다음을 인지함으로써 성취할 수 있다.

$$\frac{e^{3\pi iz/2}-e^{\pi iz/2}}{e^{2\pi iz}-1}=\frac{\sin(\pi z/2)}{\sin\pi z}=\frac{\Gamma(z)\Gamma(1-z)}{\Gamma(z/2)\Gamma(1-z/2)}$$

따라서

$$\zeta(z)=\zeta(1-z)\frac{\pi^z 2^z\Gamma(1-z)}{\Gamma(z/2)\Gamma(1-z/2)}=\zeta(1-z)\frac{\pi^{z-1/2}\Gamma((1-z)/2)}{\Gamma(z/2)}\qquad(12.45)$$

가 성립하고, 식 (12.45)의 마지막 구성원은 식 (12.27)의 2배 공식을 이용하여 얻는데, 2배

공식의 z값을 현재의 $-z/2$로 놓는다. 식 (12.45)는 더 대칭적인 형태로 재배열할 수 있어서

$$\Gamma\left(\frac{z}{2}\right)\pi^{-z/2}\zeta(z)=\Gamma\left(\frac{1-z}{2}\right)\pi^{-(1-z)/2}\zeta(1-z) \tag{12.46}$$

과 같이 된다. **제타 함수 반사 공식**(zeta-function reflection formula)이라고 불리는 식 (12.46)은 급수 정의가 수렴하는 $\Re e\, z>1$인 영역의 값으로부터 $\Re e\, z<0$인 반평면에서 $\zeta(z)$를 생성할 수 있게 한다.

급수 정의가 수렴하는 영역에서 $\zeta(z)$가 영점이 없다는 것을 증명할 수 있다. 또한 식 (12.46)으로부터 이것은 $\zeta(z)$가 또한 $\Re e\, z<0$인 반평면에서 $\Gamma(z/2)$가 특이한 점들, 즉 $z=-2,\ -4,\ \ldots,\ -2n,\ \ldots$을 제외하고 모든 z에 대해 0이 아님을 함축한다. $\Gamma(z/2)$는 $z=0$에서 또한 특이하다. 그러나 곧 보게 되듯이, $\zeta(1)$의 특이성은 $\zeta(0)$이 0이 아닌 결과로, $\Gamma(0)$에서의 특이성을 보상한다.

음의 짝수에서 $\zeta(z)$의 영점을 **자명한 영점**(trivial zeros)이라고 부르는데, 그것들이 감마 함수의 특이성으로부터 생겨나기 때문이다. $\zeta(z)$의 다른 영점(그리고 이들은 무한히 많다)들은 $0\le\Re e\, z\le 1$인 영역에 놓여 있어야만 하는데, 리만 제타 함수의 **임계띠**(critical strip)라고 불린다.

임계띠에서 $\zeta(z)$의 값을 구하기 위해서 해석 연장에 의해 $\Re e\, z=0$인 쪽으로 디리클레 급수 $\eta(z)$(이는 $\Re e\, z>1$에 대해 명백히 성립한다)를 정의하는 식으로부터의 공식을 진전시킨다.

$$\zeta(z)=\frac{\eta(z)}{1-2^{1-z}}=\frac{1}{1-2^{1-z}}\sum_{n=1}^{\infty}\frac{(-1)^{n-1}}{n^z} \tag{12.47}$$

이 교대 급수는 모든 $\Re e\, z>0$인 영역에서 수렴한다. 따라서 임계띠 전반에 걸쳐 $\zeta(z)$에 대한 식을 제공한다. 그러나 그것은 수렴이 상대적으로 빠른 곳, 즉 $\Re e\, z>1/2$인 곳에서 가장 잘 이용된다. $\Re e\, z<1/2$에 대한 $\zeta(z)$의 값은 식 (12.46)의 반사 공식을 사용하면, $\Re e\, z\ge 1/2$인 곳의 값으로부터 더 편리하게 얻을 수 있다.

식 (12.47)은 $z=1$에서 $\zeta(z)$의 특이성이 단순 극점이라는 것을 검증하는 데와 그것의 레지듀를 구하는 데 사용될 수 있다. 다음과 같이 진행한다.

$$\begin{aligned}(z=1\text{에서 레지듀})&=\lim_{z\to1}(z-1)\zeta(z)=\lim_{z\to1}\left(\frac{z-1}{1-2^{1-z}}\right)\sum_{n=1}^{\infty}\frac{(-1)^{n-1}}{n}\\&=\left(\frac{1}{\ln 2}\right)(\ln 2)=1\end{aligned} \tag{12.48}$$

여기서 로피탈 규칙을 사용하였고, $d(2^{1-z})/dz=-2^{1-z}\ln 2$임을 알고 있으며, 또한 급수가

식 (1.53)의 급수인 것을 안다. 식 (12.46)으로 돌아가서

$$\lim_{z\to 0}\frac{\zeta(1-z)}{\Gamma(z/2)}=\frac{-s=1\text{에서 }\zeta(s)\text{의 레지듀}}{2(s=0\text{에서 }\Gamma(s)\text{의 레지듀})}=-\frac{1}{2}$$

임을 알면 0이 아닌 다음 결과를 얻는다.

$$\zeta(0)=\Gamma(1/2)\pi^{-1/2}\left(-\frac{1}{2}\right)=-\frac{1}{2} \tag{12.49}$$

실제 유용성에 더하여 이미 리만 제타 함수에 대하여 해석 정수론의 현재 발전에 주요한 역할을 한다는 것을 주목했다. 그러한 조사를 시작하는 시작점은 저 유명한 오일러 소수곱 공식인데, 그것은

$$\zeta(s)(1-2^{-s})=1+\frac{1}{2^s}+\frac{1}{3^s}+\cdots-\left(\frac{1}{2^s}+\frac{1}{4^s}+\frac{1}{6^s}+\cdots\right) \tag{12.50}$$

과 같은 공식화를 통해 얻을 수 있다. 여기서 모든 n^{-s}를 제거하는데, n은 2의 배수이다. 그러면

$$\zeta(s)(1-2^{-s})(1-3^{-s})=1+\frac{1}{3^s}+\frac{1}{5^s}+\frac{1}{7^s}+\frac{1}{9^s}\cdots-\left(\frac{1}{3^s}+\frac{1}{9^s}+\frac{1}{15^s}+\cdots\right)$$

이고, 여기서는 n이 3의 배수인 항들을 제거하였다. 계속하면,

$$\zeta(s)(1-2^{-s})(1-3^{-s})(1-5^{-s})\cdots(1-P^{-s})$$

임을 알고, 여기서 P는 소수이다. 그리고 모든 항은 n^{-s}이라 할 때, P를 통한 어떤 정수의 배수들은 모두 소거되었다. $P\to\infty$인 극한에서

$$\zeta(s)(1-2^{-s})(1-3^{-s})\cdots(1-P^{-s})\to\zeta(s)\prod_{P(\text{prime})=2}^{\infty}(1-P^{-s})=1$$

이 되고

$$\zeta(s)=\prod_{P(\text{prime})=2}^{\infty}(1-P^{-s})^{-1} \tag{12.51}$$

이 된다. 이 식에서 $\zeta(s)$는 무한곱이 된다.[1] 우연치 않게, 위의 유도에서 소거 과정은 수치 계산에서 명백한 응용을 갖는다. 예를 들면 식 (12.50)은 $\zeta(s)(1-2^{-s})$에 대해서 식 (12.40)

1 더 자세한 논의는, 더 읽을 거리의 에드워즈(Edwards), 이비치(Ivíc), 패터슨(Patterson), 그리고 티치마치(Titchmarsh)의 연구를 참조하라.

이 $\zeta(s)$에게 주는 것과 동일한 정확도를 주는데, 항의 수가 반 정도인데도 그렇게 해준다.

소수의 점근적 분포는 ζ'/ζ의 극점과 연관되고, 특히 제타 함수의 자명하지 않은 영점과 연결된다. 리만은 모든 자명하지 않은 영점이 **임계선**(critical lin) $\Re e\, z = 1/2$에 놓여 있다고 가정했고, 만약 이 가설이 맞다면 잠재적으로 중요한 결과들을 증명할 수 있다. 수치적 방법을 사용한 연구는 $\zeta(z)$의 처음 300×10^9 자명하지 않은 영점은 단순하고, 정말로 임계선에 놓여 있음을 검증하였다. 반드룬(J. Van de Lune), 테릴(H. J. J. Te Riele), 윈터(D. T. Winter)의 〈On the zeros of the Riemann zeta function in the critical strip Ⅳ〉라는 논문을 참조하라(*Math. Comput.* 47, 667, 1986).

매우 천재적인 수학자들이 **리만 가설**(Riemann hypothesis)이라고 알려진 것을 증명하고자 하였지만, 150년 동안 증명되지 않았고, 현대 수학에서 가장 중요한 풀리지 않은 문제 중의 하나로 여겨진다. 이 놀라운 문제를 대중적으로 서술한 것은 다음 책들에서 찾을 수 있다.

- M. du Santoy, *The Music of the Primes: Searching to Solve the Greatest Mystery in Mathematics*, New York: Harper-Collins (2003)
- J. Derbyshire, *Prime Obsession: Bernhard Riemann and the Greatest Unsolved Problem in Mathematics*, Washington, DC: Joseph Henry Press (2003)
- K. Sabbagh, *The Riemann Hypothesis: The Greatest Unsolved Problem in Mathematics*, New York: Farrar, Straus and Giroux (2003)

연습문제

12.3.1 대칭 함수 관계

$$\Gamma\left(\frac{z}{2}\right)\pi^{-z/2}\zeta(z) = \Gamma\left(\frac{1-z}{2}\right)\pi^{-(1-z)/2}\zeta(1-z)$$

가

$$\left(e^{2\pi iz}-1\right)\zeta(z) = \zeta(1-z)\frac{(2\pi)^z}{\Gamma(z)}\left(e^{3\pi iz/2}-e^{\pi iz/2}\right)$$

에서 나옴을 증명하시오.

12.3.2 다음 식을 증명하시오.

$$\int_0^\infty \frac{x^n e^x dx}{(e^x-1)^2} = n!\zeta(n)$$

여기서 n은 실수이고, 만약 $n=1$이면 식의 양변이 발산함을 보이시오. 따라서 이 식은 $n>1$이라는 조건을 가진다. 이와 같은 적분은 전달 효과에 대한 양자 이론(열과 전기 전도도)에서 나타난다.

12.3.3 절대 온도 T에서 최외각 전자가 하나인 금속의 저항에 대한 블로흐-그뤼네센(Bloch-Grüneisen) 근사는

$$\rho = C\frac{T^5}{\Theta^6}\int_0^{\Theta/T} \frac{x^5 dx}{(e^x-1)(1-e^{-x})}$$

이고, 여기서 Θ는 금속의 드바이 온도라는 특성이다.

(a) $T\to\infty$에 대해서

$$\rho \approx \frac{C}{4}\cdot\frac{T}{\Theta^2}$$

임을 증명하시오.

(b) $T\to 0$에 대해서

$$\rho \approx 5!\zeta(5)C\frac{T^5}{\Theta^6}$$

을 증명하시오.

12.3.4 $n\geq 1$에 대해서 드바이 함수의 전개를 유도하시오.

$$\int_0^x \frac{t^n dt}{e^t-1} = x^n\left[\frac{1}{n} - \frac{x}{2(n+1)} + \sum_{k=1}^\infty \frac{B_{2k}x^{2k}}{(2k+n)(2k)!}\right], \qquad |x|<2\pi$$

베셀 함수

베셀 함수는 여러 종류의 물리학 문제에서 등장한다. 9.4절에서 원통형 좌표계에서 헬름홀츠나 파동 방정식의 변분법이 원통형 계의 축에서부터의 거리를 기술하는 좌표계에서 베셀 방정식이 되는 것을 보았다. 같은 절에서, 또한 구면 좌표계에서 헬름홀츠 방정식에서 **구면 베셀 함수**(spherical Bessel function)(반정수의 차수를 갖는 베셀 함수와 밀접한 관련이 있는)를 알아보았다. 이들 좌표계에서 편미분 방적식의 해들의 형태에 대해서 요약하면, 원 베셀 함수, 구면 베셀 함수를 파악하는 것뿐만 아니라 독립변수가 허수인 베셀 함수(보통 허수인 양을 드러내놓고 사용하는 것은 피하기 위해 **변형 베셀 함수**라고 표현되는)에 대해서도 알아보았다. 이러한 편미분 방정식들이 양자역학에서 정지된 문제부터 구면이나 원통형 파동의 진행에 대한 문제까지 여러 형태의 문제들을 기술할 수 있기에 베셀 함수와 친해지는 것이 실제 물리학자에게는 중요하다.

원래 문제가 드러나게 원통형이나 구면 기하를 포함하고 있지 않더라도 종종 물리학 문제들은 베셀 함수로 파악되는 적분을 포함한다. 더구나, 베셀과 그와 가까이 연관된 함수들은 많은 표현형과 재미있고 유용한 성질, 상호 관련성을 수학적으로 분석하는 풍부한 영역을 만든다. 중요한 상호 관련성 중 몇몇은 여기에서 개발될 것이다. 이곳에 제공된 자료에 더해 합류 초기하 함수의 관점에서 더 깊은 관계가 있음을 주목하기 바란다.

12.4 제1종 베셀 함수, $J_\nu(x)$

제1종 베셀 함수(보통 J_ν라고 표기)는 베셀 상미분 방정식의 프로베니우스 방법에 의해 얻어지는 함수이다. 베셀 상미분 방정식은

$$x^2 J_\nu'' + x J_\nu' + (x^2 - \nu^2) J_\nu = 0 \tag{12.52}$$

이다. '제1종'이라는 말은 $J_\nu(x)$가 음이 아닌 정수 ν에 대해 $x = 0$에서 정규(regular, 미분 가능하고 연속이다)인 함수를 포함한다는 것을 반영한다. 베셀 상미분 방정식에 대한 $J_\nu(x)$에 선형 독립인 모든 해들은 모든 ν에 대해 $x = 0$에서 비정규이다. 두 번째 해에 대한 특별한 선택은 $Y_\nu(x)$라고 표기되며, **제2종** 베셀 함수라고 불린다.[2]

2 AMS-55의 표기, 그리고 왓슨(Watson)이 그의 결정적인 규약에서 사용한 표기를 사용한다(이 두 가지 연원은 더 읽을

■ 정수 차수에 대한 모함수

베셀 함수에 대한 자세한 공부를 정수 n(양수, 음수 모두에 대해)의 J_n을 생성하는 모함수를 소개하는 것으로부터 시작한다. J_n은 다항 함수가 아니지만 모함수에 의해 정의되는 함수들이 프로베니우스 방법으로 얻은 베셀 상미분 방정식의 해가 됨을 보일 수 있다.

모함수 공식인 로랑 급수는

$$g(x,\ t) = e^{(x/2)(t-1/t)} = \sum_{n=-\infty}^{\infty} J_n(x) t^n \tag{12.53}$$

이다. 베셀 상미분 방정식이 동형이고, 그것의 해가 스케일을 정할 수 없지만, 식 (12.53)은 $J_n(x)$에 대해 정해진 스케일을 고정한다. 식 (12.53)을 프로베니우스 해의 식, 식 (7.48)에 연결시키려면, 지수를 다음과 같이 수정한다.

$$\begin{aligned} g(x,\ t) = e^{xt/2} \cdot e^{-x/2t} &= \sum_{r=0}^{\infty} \left(\frac{x}{2}\right)^r \frac{t^r}{r!} \sum_{s=0}^{\infty} (-1)^s \left(\frac{x}{2}\right)^s \frac{t^{-s}}{s!} \\ &= \sum_{r=0}^{\infty} \sum_{s=0}^{\infty} (-1)^s \left(\frac{x}{2}\right)^{r+s} \frac{t^{r-s}}{r!s!} \end{aligned}$$

이제 합의 지표 r를 $n = r - s$로 바꾸면,

$$g(x,\ t) = \sum_{n=-\infty}^{\infty} \left[\sum_s \frac{(-1)^s}{(n+s)!s!} \left(\frac{x}{2}\right)^{n+2s} \right] t^n \tag{12.54}$$

가 된다. 식 (7.48)과 비교하면, $n \geq 0$에 대하여 다음과 같다.

$$J_n(x) = \sum_{s=0}^{\infty} \frac{(-1)^s}{s!(n+s)!} \left(\frac{x}{2}\right)^{n+2s} \tag{12.55}$$

식 (12.55)로 주어진 J_n은 여기 주어진 정해진 스케일에서 프로베니우스 해이다.

이제 n을 $-n$으로 교체하면, 식 (12.54)의 합은

$$J_{-n}(x) = \sum_{s=n}^{\infty} \frac{(-1)^s}{s!(s-n)!} \left(\frac{x}{2}\right)^{-n+2s}$$

인데, s를 $s+n$으로 바꾸면

거리를 보라). Y_ν는 종종 노이만 함수라고 불리는데, 그런 이유로 N_ν라고 쓰기도 한다. 이 책의 이전 판에서는 N_ν라고 표기하였다.

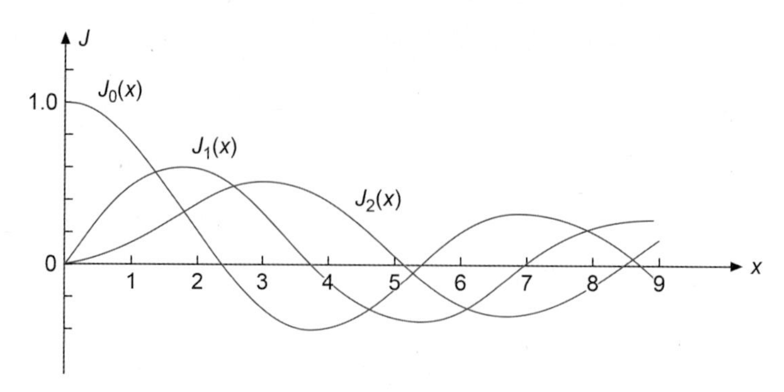

그림 12.4 베셀 함수 $J_0(x)$, $J_1(x)$, $J_2(x)$

$$J_{-n}(x) = \sum_{s=0}^{\infty} \frac{(-1)^{s+n}}{s!(s+n)!} \left(\frac{x}{2}\right)^{n+2s} = (-1)^n J_n(x), \qquad (n\text{은 정수}) \tag{12.56}$$

에 도달한다. 이는 $J_{-n}(x)$ 또한 베셀 상미분 방정식의 해이며, J_n에 선형 종속임을 확인해 준다.

만약 ν가 정수가 아닌 J_ν를 고려한다면, 모함수로부터 어떤 정보도 얻지 못하지만, 프로베니우스 방법은 $+\nu$와 $-\nu$에 대해서 선형 독립인 해를 준다. 이 둘은 모두 같은 ν^2에 대해서 베셀 상미분 방정식, 식 (12.52)의 해이다. 식 (7.46)에서 (7.48)까지의 전개의 세부사항들을 들여다보면, 식 (12.55)의 정수 아닌 ν에 대한 일반화가

$$J_\nu(x) = \sum_{s=0}^{\infty} \frac{(-1)^s}{s!\Gamma(\nu+s+1)} \left(\frac{x}{2}\right)^{\nu+2s}, \qquad (\nu \neq -1,\ -2,\ \ldots) \tag{12.57}$$

이 되고, 식 (12.57)에 주어진 $J_\nu(x)$가 베셀 상미분 방정식의 해임을 안다.

$\nu \geq 0$에 대해서 식 (12.57)의 급수는 모든 x에 대하여 수렴하고, 작은 x에 대해서 $J_\nu(x)$의 값을 구하는 실용적인 방법이다. J_0, J_1, J_2의 그래프는 그림 12.4에 나와 있다. 베셀 함수는 진동하지만 주기함수는 **아니며**, $x \to \infty$에서는 진동하는 진폭이 $x^{-1/2}$와 같이 줄어든다.

■ 점화 관계

베셀 함수 $J_n(x)$는 인접한 n의 함수를 연결하는 점화 관계식뿐 아니라, 도함수 J_n'을 다른 J_n과 연결하는 몇몇 관계식도 만족한다. 그러한 점화 관계식들은 약간은 투시력(혹은 많은 시행착오)을 필요로 하지만, 식 (12.57)의 급수에 대한 연산으로 얻을 수 있다. 그러나 만약 점화 관계식이 이미 알려져 있다면, 그것들의 검증은 정공법으로 알 수 있다. 연습문제 12.4.8을 보라. 여기서 우리의 접근법은 모함수 $g(x, t)$로부터 그것들을 얻는 것이다.

$g(x,\ t)$를 미분하는 것으로부터 출발한다.

$$\frac{\partial}{\partial t}g(x,\ t)=\frac{x}{2}\left(1+\frac{1}{t^2}\right)e^{(x/2)(t-1/t)}=\sum_{n=-\infty}^{\infty}nJ_n(x)t^{n-1}$$

$$\frac{\partial}{\partial x}g(x,\ t)=\frac{1}{2}\left(t-\frac{1}{t}\right)e^{(x/2)(t-1/t)}=\sum_{n=-\infty}^{\infty}J_n{}'(x)t^{n}$$

식 (12.53)의 우변을 지수함수 대신에 넣고, t에 대한 동차식의 계수들을 같다고 놓으면, 베셀 함수에 대한 기본적인 점화식 2개를 얻는다.

$$J_{n-1}(x)+J_{n+1}(x)=\frac{2n}{x}J_n(x) \tag{12.58}$$

$$J_{n-1}(x)-J_{n+1}(x)=2J_n{}'(x) \tag{12.59}$$

식 (12.58)이 세 항에 관한 점화 관계식이기 때문에, J_n을 생성하기 위해 사용하려면 2개의 시작하는 값이 필요하다. 예를 들면, J_0과 J_1이 주어지면, J_2($n<0$인 경우를 포함하여 다른 어떤 정수에 대한 J_n)을 계산할 수 있다.

식 (12.59)의 중요한 특수 경우는

$$J_0{}'(x)=-J_1(x) \tag{12.60}$$

이다. 식 (12.58)과 (12.59)는 합쳐져서(연습문제 12.4.4) 유용한 다른 식들을 형성한다.

$$\frac{d}{dx}[x^nJ_n(x)]=x^nJ_{n-1}(x) \tag{12.61}$$

$$\frac{d}{dx}[x^{-n}J_n(x)]=-x^{-n}J_{n+1}(x) \tag{12.62}$$

$$J_n(x)=\pm J_{n\pm1}{}'+\frac{n\pm1}{x}J_{n\pm1}(x) \tag{12.63}$$

■ 베셀 미분 방정식

기본적인 점화 관계식들[식 (12.58)과 (12.59)]을 만족하는 함수 $Z_\nu(x)$의 집합에 대해서 생각하되, ν가 꼭 정수일 필요는 없고, Z_ν가 꼭 식 (12.57)의 급수에 의해 주어질 필요는 없다고 해보자. 우리의 목표는 이러한 점화 관계식을 만족하는 어떤 함수일지라도 반드시 베셀 상미분 방정식의 해가 된다는 것을 보이는 것이다. (1) 식 (12.59)의 도함수에 $x^2/2$를 곱한 것으로부터 $x^2Z_\nu''(x)$를 만들고, (2) 식 (12.59)에 $x/2$를 곱하여 $xZ_\nu'(x)$를 만들고, (3) 식 (12.58)에 $\nu x/2$를 곱하여 $\nu^2Z_\nu(x)$를 만드는 것으로부터 시작한다. 이들을 모두 모으면

$$x^2 Z_\nu''(x) + x Z_\nu'(x) - \nu^2 Z_\nu(x)$$
$$= \frac{x^2}{2}\left[Z_{\nu-1}'(x) - Z_{\nu+1}'(x) - \frac{\nu-1}{x} Z_{\nu-1}(x) - \frac{\nu+1}{x} Z_{\nu+1}(x)\right] \tag{12.64}$$

가 된다. 식 (12.64)의 대괄호 안의 항들은 식 (12.63)을 이용하면 $-2Z_\nu(x)$로 간단해진다. 따라서 식 (12.64)는

$$x^2 Z_\nu''(x) + x Z_\nu'(x) + (x^2 - \nu^2) Z_\nu(x) = 0 \tag{12.65}$$

와 같이 쓰여지는데, 이는 베셀 상미분 방정식이다. 다시 말하면, 기본 점화식, 식 (12.58)과 (12.59)를 만족하는 $Z_\nu(x)$가 또한 베셀 방정식을 만족하는 것을 보였다. 즉 Z_ν는 베셀 함수이다. 나중에 이용하기 위해서 Z_ν의 독립변수를 x 대신 $k\rho$라고 하면, 식 (12.65)는

$$\rho^2 \frac{d^2}{d\rho^2} Z_\nu(k\rho) + \rho \frac{d}{d\rho} Z_\nu(k\rho) + (k^2\rho^2 - \nu^2) Z_\nu(k\rho) = 0 \tag{12.66}$$

이 된다.

■ 적분 표현형

베셀 함수의 적분 표현을 가지고 있는 것은 매우 유용하다. 모함수 공식으로부터 시작하면, 레지듀 정리를 적용하여 경로 적분값을 알 수 있다.

$$\oint_C \frac{e^{(x/2)(t+1/t)}}{t^{n+1}} dt = \oint_C \sum_m J_m(x) t^{m-n-1} dt = 2\pi i J_n(x) \tag{12.67}$$

여기서 경로 C는 $t=0$에서 특이점 주위를 돈다. 식 (12.67)의 좌변의 적분은 이제 경로를 단위원이 되게 하고, $t = e^{i\theta}$로 적분 변수를 치환하여 편리한 형태로 바꿀 수 있다. 그러면 $dt = ie^{i\theta} d\theta$, $e^{(x/2)(t-1/t)} = e^{ix\sin\theta}$이고,

$$2\pi i J_n(x) = \int_0^{2\pi} \frac{e^{ix\sin\theta}}{e^{(n+1)i\theta}} ie^{i\theta} d\theta = \int_0^{2\pi} e^{i(x\sin\theta - n\theta)} i d\theta \tag{12.68}$$

을 갖게 된다. x가 실수라고 가정하고, 식 (12.68)의 양변의 허수부를 취하면,

$$J_n(x) = \frac{1}{2\pi}\int_0^{2\pi} \cos(x\sin\theta - n\theta) d\theta = \frac{1}{\pi}\int_0^{\pi} \cos(x\sin\theta - n\theta) d\theta \tag{12.69}$$

를 알게 되고, 여기서 마지막 등호는 n이 정수라고 가정했기 때문에 성립한다. 지금 그것이 필요하지 않지만, 이 방정식의 실수부 또한 다음과 같은 흥미로운 식을 준다.

$$\int_0^{2\pi} \sin(x\sin\theta - n\theta)d\theta = 0 \tag{12.70}$$

식 (12.69)의 자주 일어나는 특수한 경우는 다음과 같다.

$$J_0(x) = \frac{1}{2\pi}\int_0^{2\pi} e^{ix\cos\theta}d\theta = \frac{1}{\pi}\int_0^{\pi} \cos(x\sin\theta)d\theta \tag{12.71}$$

식 (12.69)는 J_n의 많은 적분 표현 중의 단 하나일 뿐이고, 이들 중 몇몇은 비정수 차수 J_ν에 대해서 (적당히 변형된 경로를 사용하여) 유도될 수 있다. 이 주제는 이 절의 마지막 소절인 "비정수 차수의 베셀 함수"에서 조사할 것이다.

■ 베셀 함수의 영점

베셀 함수에 의해 기술되는 현상을 지닌 많은 물리학 문제에서 이 함수들(진동하는 성질을 가진)이 어디에서 0이 되는지 관심이 있다. 예를 들면, 정상파와 관련된 문제에서 이러한 영점들은 **마디**(node)의 위치로 파악할 수 있다. 그리고 경계값 문제에서, 적당한 점에서 영점을 놓기 위해 베셀 함수의 독립변수를 선택해야 하는 필요가 있기도 하다.

베셀 함수의 영점에 대한 닫힌 공식은 없다. 그것들은 수치적인 방법으로 구해져야만 한다. 그것들이 필요할 때가 자주 일어나기 때문에, 영점의 표가 AMS-55(더 읽을 거리 참고)와 같은 책과 다양한 온라인 소스[3]로 구할 수 있다. 표 12.2는 $n=0$에서 $n=5$까지의 정수에 대한 $J_n(x)$의 처음 몇몇 영점을 나열한 것이다. 또한 $J_n'(x)$의 영점의 위치도 주어져 있다.

표 12.2 베셀 함수의 영점과 그 지점에서의 1계 도함수

영점의 수	$J_0(x)$	$J_1(x)$	$J_2(x)$	$J_3(x)$	$J_4(x)$	$J_5(x)$
1	2.4048	3.8317	5.1356	6.3802	7.5883	8.7715
2	5.5201	7.0156	8.4172	9.7610	11.0647	12.3386
3	8.6537	10.1735	11.6198	13.0152	14.3725	15.7002
4	11.7915	13.3237	14.7960	16.2235	17.6160	18.9801
5	14.9309	16.4706	17.9598	19.4094	20.8269	22.2178
	$J_0'(x)$	$J_1'(x)$	$J_2'(x)$	$J_3'(x)$	$J_4'(x)$	$J_5'(x)$
1	3.8317	1.8412	3.0542	4.2012	5.3176	6.4156
2	7.0156	5.3314	6.7061	8.0152	9.2824	10.5199
3	10.1735	8.5363	9.9695	11.3459	12.6819	13.9872
4	13.3237	11.7060	13.1704	14.5858	15.9641	17.3128
5	16.4706	14.8636	16.3475	17.7887	19.1960	20.5755

[3] 베셀 함수의 추가적인 근과 1계 도함수의 근은 비티(C. L. Beattie)의 〈Table of first 700 zeros of Bessel functions〉, *Bell Syst. Tech. J.* **37**, 689 (1958)과 Bell Monogr. **3055**에서 찾을 수 있다. 근들은 매스매티카, 메이플, 그리고 다른 수학 기호로 계산하는 소프트웨어로도 접근할 수 있다.

예제 12.4.1 프라운호퍼 회절, 원형 구멍

반지름이 a인 원형 구멍에 수직으로 입사한 파장이 λ인 빛의 회절 이론에서,

$$\Phi \sim \int_0^a r\,dr \int_0^{2\pi} e^{ibr\cos\theta} d\theta \tag{12.72}$$

의 적분을 만나게 된다. 여기서 Φ는 회절된 파동의 진폭이고 (r, θ)는 구멍의 점들이다. 지수 $br\cos\theta$는 입사하는 방향으로부터 각도 α만큼 회절된 (r, θ)를 통과하는 빛의 위상이고,

$$b = \frac{2\pi}{\lambda}\sin\alpha \tag{12.73}$$

이다. 기하는 그림 12.5에 그려져 있다. 위 식이 적용되는 **프라운호퍼** 회절은 구멍을 지나 진행하는 빛이 구멍으로부터 먼 거리에 떨어져 있는 곳에서 관측되는 극한에서 적용된다.

복소수 지수의 행동은 α가 증가함에 따라 진폭이 진동하게 하여, (각각의 파장에 대해) 회절 무늬를 만든다. 무늬를 좀 더 완벽히 이해하기 위해서, 식 (12.72)의 적분을 구할 필요가 있다. 식 (12.71)로부터 식 (12.72)를 줄여서

$$\Phi \sim 2\pi \int_0^a J_0(br)\,r\,dr \tag{12.74}$$

을 얻고, 이것은 식 (12.61)을 이용하여 r로 적분될 수 있다.

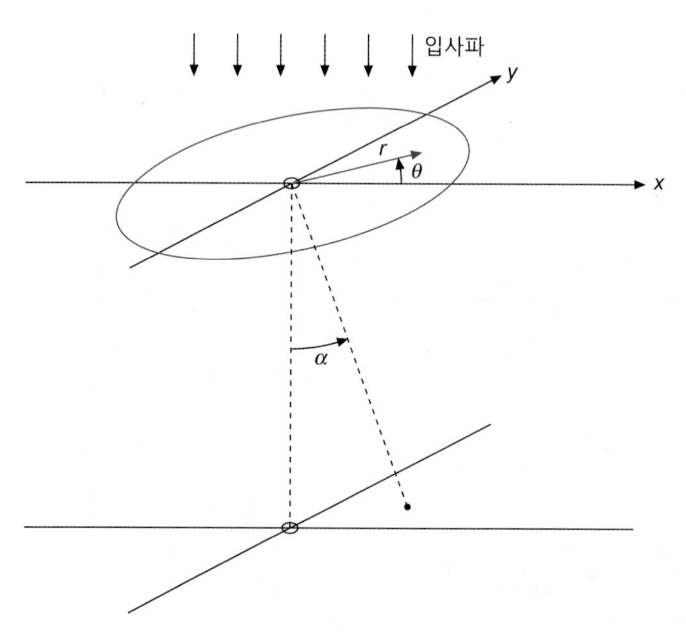

그림 12.5 프라운호퍼 회절의 기하, 원형 구멍

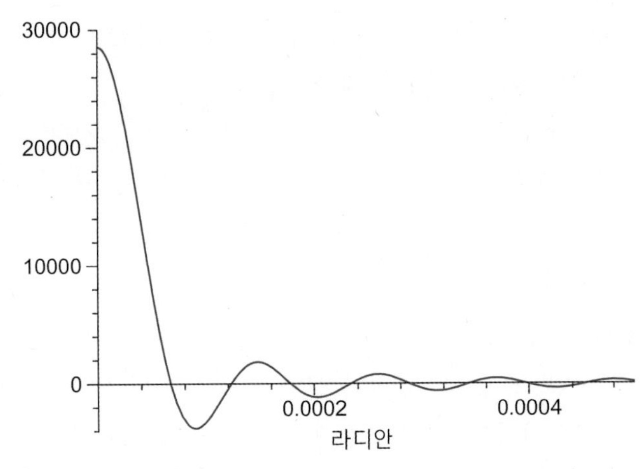

그림 12.6 프라운호퍼 회절의 진폭과 꺾인 각도(초록색 빛, 반지름이 0.5 cm인 구멍)

$$\Phi \sim 2\pi \int_0^a \frac{1}{b^2} \frac{d}{dr}[(br)J_1(br)]dr = \frac{2\pi}{b^2}[brJ_1(br)]_0^a = \frac{2\pi a}{b} J_1(ab) \tag{12.75}$$

여기서 $J_1(0) = 0$인 사실을 이용하였다. 회절 무늬에서 빛의 세기는 Φ^2에 비례한다. 그리고 식 (12.73)의 b에 대해 치환하면

$$\Phi^2 \sim \left(\frac{J_1[(2\pi a/\lambda)\sin\alpha]}{\sin\alpha}\right)^2 \tag{12.76}$$

이다.

가시광선과 적당한 크기의 구멍에 대해서 $2\pi a/\lambda$는 매우 작다. 초록색 빛($\lambda = 5.5 \times 10^{-15}$ cm)과 $a = 0.5$ cm인 구멍에 대해서 $2\pi a/\lambda = 57120$이고, 이러한 매개변수값들은 Φ에 대하여 그림 12.6에 나타난 무늬를 가져 온다. Φ를 그린 그림을 주목하라. (Φ^2를 그린 그림은 $\alpha = 0$에서 최댓값처럼 같은 그래프에서 관측하기에 진동을 너무 작게 만든다.) 진폭이 30,000 정도에서 $\alpha = 0$일 때 Φ는 중앙 최대가 되는데, 다른 부가적인 Φ의 극대, 극소점들은 그 진폭이 $\alpha = 0.001$라디안까지 가는 동안 중앙 최댓값의 1%보다 작은 크기로 줄어든다. 빛의 세기가 Φ^2인 것을 기억하면, 입사광의 회절의 퍼짐이 지극히 작음을 안다. 회절 무늬의 양적인 분석을 위해, 그것의 최솟값들을 구별할 필요가 있다. 그것들은 J_1의 영점들에 해당한다. 표 12.2로부터 첫 번째 최소가 되는 값이 $(2\pi a/\lambda)\sin\alpha = 3.8317$임을 알고, α가 각으로는 14초라는 것을 안다. 만약 이 분석이 17세기에 알려져 있었다면, 빛의 파동 이론에 반대하는 논의는 벌써 붕괴되었을 것이다.

20세기 중반에 같은 회절 무늬가 원자핵에 의해 핵입자들의 산란에서 나타나는데, 이것은 핵입자들의 파동성에 대한 놀라운 시현이었다. ■

베셀 함수와 그 근들의 이용에 대한 더 많은 예들은 다음의 예제와 이 절의 연습문제, 그리고 12.5절의 연습문제에서 제공된다.

예제 12.4.2 원통형 공진 공동

속이 빈 금속 원통에서 전자기파의 진행은 많은 실제 장비들에서 중요하다. 만약 이 원통의 끝부분이 막혀 있다면, **공동**(cavity)이라고 불린다. 공진 공동은 많은 입자 가속기에서 중요한 역할을 한다.

공동의 공명 진동수는 정상파 모양에 해당하는 맥스웰 방정식의 진동하는 해들의 진동수이다. 맥스웰 방정식들을 결합함으로써, 예제 3.6.2에서 전하나 전류가 없는 공간의 전기장 **E**에 대하여 벡터 라플라스 방정식을 유도하였다. 공동의 축을 따라 z축을 잡으면, 우리의 관심사는 E_z에 대한 방정식인데, 식 (3.71)로부터

$$\nabla^2 E_z = -\frac{1}{c^2}\frac{\partial^2 E_z}{\partial t^2} \tag{12.77}$$

의 형태를 찾아냈다. 이 식은 정상파 해 $E_z(x,\ y,\ z,\ t) = E_z(x,\ y,\ z) f(t)$를 갖고, $f(t)$는 각진동수 ω인 삼각함수 진동에 해당하는 실수해 $\sin(\omega t)$와 $\cos(\omega t)$이다. 여기서 이 해가 0이 아닌 E_z 성분을 갖는다고 함축적으로 생각하였고 $B_z = 0$으로 놓을 것이다. 그래서 보통 TM(transverse magnetic) 진동 모드라고 불리는 해를 얻으려고 한다. 또 다른 해, 즉 $E_z = 0$이고 B_z가 0이 아닌 해는 TE(transverse electric) 모드에 해당한다.

따라서 그림 12.7에 나와 있는 공동에서의 문제에 대해서 공간에 대한 편미분 방정식의 해들을 찾는다. 이 방정식은

$$\nabla^2 E_z + k^2 E_z = 0, \qquad k = \frac{\omega}{c} \tag{12.78}$$

이다. 이 예들의 목적은 식 (12.78)이 공동의 벽에서의 경계조건과 일관되는 해를 가지도록 ω의 값들을 찾는 일이다. 금속 벽이 완전한 도체라고 가정하면, 경계조건은 그곳에서 전기장의 접선 방향 성분이 0이 된다는 것이다. 공동이 $z = 0$과 $z = h$에서 평면으로 막혀 있고, (원통형 좌표계 ρ, φ에서) $\rho = a$에서 굴곡진 면에 의해 경계지어져 있다면, 경계조건은 z방향으로 끝에서는 $E_x = E_y = 0$이고, $\rho = a$의 경계에서는 $E_\varphi = E_z = 0$이다.

$B_z = 0$인 해가 E_z에 대해서 알아냈으면, 나머지 **B**와 **E**의 성분들은 정해진 값을 갖게 된다. 더 자세한 세부사항은 더 읽을 거리의 잭슨(J. D. Jackson)의 《Electrodynamics》을 참조하라.

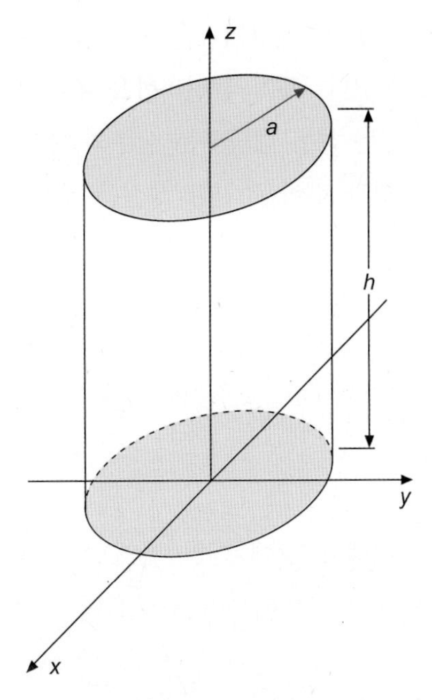

그림 12.7 공진 공동

식 (12.78)은 변수 분리법으로 풀 수 있고, 그 해는 식 (9.64)에서 주어진 형태

$$E_z(\rho,\ \theta,\ z) = P_{lm}(\rho)\Phi_m(\varphi)Z_l(z) \tag{12.79}$$

이다. 여기서 $\Phi_m(\theta) = e^{\pm im\varphi}$이거나 이를 사인이나 코사인으로도 동등하게 나타낸 것인 반면, $Z_l(z)$와 $P_{lm}(\rho)$는 상미분 방정식

$$\frac{d^2 Z_l}{dz^2} = -l^2 Z_l \tag{12.80}$$

$$\rho\frac{d}{d\rho}\left(\rho\frac{dP_{lm}}{d\rho}\right) + \left((k^2 - l^2)\rho^2 - m^2\right)P_{lm} = 0 \tag{12.81}$$

의 해이다. 식 (12.80)은 식 (9.58)에 해당하는데, Z_l이 진동하는 것으로 드러날 것으로 기대하는 점에서 분리상수의 부호를 다르게 선택한 것이다. 이 변화는 식 (9.60)의 n^2을 $k^2 - l^2$이 되게 하는 원인이고, 식 (12.81)은 식 (9.63)에 정확히 해당한다.

식 (12.81)이 베셀 상미분 방정식임을 인지하고, 식 (12.80)을 고전 조화 진동자에 대한 상미분 방정식으로 인지하면, 경계조건을 적용했을 때

$$E_z = J_m(n\rho)e^{\pm im\varphi}[A\sin lz + B\cos lz] \tag{12.82}$$

를 안다. 그리고 일반해는 다른 n, m, l에 위 식의 임의의 선형 결합이 될 것이다. ρ의 값이

공동 안에 있으므로 $\rho = 0$에서의 정규성을 유지하기 위해서 베셀 상미분 방정식의 해가 제1종이 되도록 선택하였다. 표기의 편리함을 위해서 복소수 지수로 φ에 대한 의존을 적었다. 물리적으로 의미 있는 해는 해당하는 실수의 양인 $\sin m\varphi$와 $\cos m\varphi$의 임의의 조합이 될 것이다. φ에서 연속성과 값이 유일한 성질은 m의 값이 정수라는 것을 말해준다.

곡면인 경계에서 $E_z = 0$이라는 조건은 $J_m(na) = 0$이라는 것으로 해석할 수 있다. α_{mj}가 J_m의 양의 영점을 표현한다고 하면,

$$na = \alpha_{mj} \quad \text{또는} \quad k^2 - l^2 = \left(\frac{\alpha_{mj}}{a}\right)^2 \tag{12.83}$$

임을 안다.

해를 완성하기 위해서, Z에 대한 경계조건을 알아낼 필요가 있다. z방향으로 끝에서는 $\partial E_x/\partial x = \partial E_y/\partial y = 0$이기 때문에 $\nabla \cdot \mathbf{E}$에 대한 맥스웰 방정식으로부터

$$\frac{\partial E_x}{\partial x} + \frac{\partial E_y}{\partial y} + \frac{\partial E_z}{\partial z} = 0 \quad \longrightarrow \quad \frac{\partial E_z}{\partial z} = 0 \tag{12.84}$$

이다. 따라서 $Z'(0) = Z'(h) = 0$인 요구사항을 갖고 있고,

$$Z = B\cos lz, \qquad l = \frac{p\pi}{h}, \quad p = 0,\ 1,\ 2,\ \ldots \tag{12.85}$$

를 선택해야 한다.

식 (12.83)과 (12.85)를 결합하면,

$$k^2 = \left(\frac{\alpha_{mj}}{a}\right)^2 + \left(\frac{p\pi}{h}\right)^2 = \frac{\omega^2}{c^2} \tag{12.86}$$

임을 알고, 따라서 공명 진동수에 대해서

$$\omega_{mjp} = c\sqrt{\frac{\alpha_{mj}^2}{a^2} + \frac{p^2\pi^2}{h^2}}, \qquad \begin{cases} m = 0,\ 1,\ 2,\ \ldots \\ j\ = 1,\ 2,\ 3,\ \ldots \\ p\ = 0,\ 1,\ 2,\ \ldots \end{cases} \tag{12.87}$$

의 식을 제공한다.

다시 말하면, 지표 $m,\ j,\ p$로 표기된 우리가 찾은 함수들은 시간에 대한 의존과 전체적인 진폭이 $Ce^{\pm i\omega_{mjp}t}$인 TM 성격의 정상파 해의 공간 부분의 해이다. ■

■ 비정수 차수의 베셀 함수

ν가 정수가 아닌 J_ν가 모함수로 접근하는 것에 의해 생성되지 않는 반면, 테일러 급수 전개로부터 기꺼이 파악할 수 있다. 그리고 그것들은 전통적으로 정수 n의 J_n의 스케일과 일관된 스케일을 갖는다. 그렇다면 그것들은 모함수로부터 유도된 동일한 점화 관계를 만족한다.

만약 ν가 정수가 아니면, 실제로 중요한 단순화하는 법이 있다. J_ν와 $J_{-\nu}$ 함수는 같은 상미분 방정식의 독립인 해이고, 식 (12.56) 형태의 관계가 존재하지 않는다. 반면, $\nu = n$(n은 정수)에 대해서는 또 다른 해가 필요하다. 이 두 번째 해를 개발하고 그것의 성질을 조사하는 것이 12.6절의 주제이다.

연습문제

12.4.1 모함수 곱 $g(x,\ t)g(x,\ -t)$으로부터

$$1 = [J_0(x)]^2 + 2[J_1(x)]^2 + 2[J_2(x)]^2 + \cdots$$

이고, 따라서 $|J_0(x)| \le 1$이고 $|J_n(x)| \le 1/\sqrt{2}$ $(n = 1,\ 2,\ 3,\ \ldots)$임을 증명하시오.

[힌트] 멱급수의 유일성을 이용하라(1.2절).

12.4.2 $g(x,\ t) = g(u+v,\ t) = g(u,\ t)g(v,\ t)$를 이용하여

(a) $J_n(u+v) = \sum_{s=-\infty}^{\infty} J_s(u) J_{n-s}(v)$

(b) $J_0(u+v) = J_0(u)J_0(v) + 2\sum_{s=1}^{\infty} J_s(u) J_{-s}(v)$

를 증명하시오. 이들은 베셀 함수에 대한 덧셈정리이다.

12.4.3 모함수

$$e^{(x/2)(t-1/t)} = \sum_{n=-\infty}^{\infty} J_n(x) t^n$$

만을 이용하고, $J_n(x)$의 드러난 급수 형태는 이용하지 않은 채로 $J_n(x)$가 n의 값이 홀수나 짝수일 때 홀수 혹은 짝수의 패리티를 가짐을 증명하시오. 다시 말하면

$$J_n(x) = (-1)^n J_n(-x).$$

12.4.4 기본적인 점화식, 식 (12.58)과 (12.59)를 이용하여 다음 식들을 증명하시오.

(a) $\dfrac{d}{dx}[x^n J_n(x)] = x^n J_{n-1}(x)$

(b) $\dfrac{d}{dx}[x^{-n} J_n(x)] = -x^{-n} J_{n+1}(x)$

(c) $J_n(x) = J_{n+1}{}' + \dfrac{n+1}{x} J_{n+1}(x)$

12.4.5 야코비-앙거(Jacobi-Anger) 전개를 유도하시오.

$$e^{i\rho\cos\varphi} = \sum_{m=-\infty}^{\infty} i^m J_m(\rho) e^{im\varphi}$$

이것은 원통형 파동의 급수로 평면파를 전개한 것이다.

12.4.6 다음을 증명하시오.

(a) $\cos x = J_0(x) + 2\sum_{n=1}^{\infty}(-1)^n J_{2n}(x)$

(b) $\sin x = 2\sum_{n=0}^{\infty}(-1)^n J_{2n+1}(x)$

12.4.7 모함수를 마법의 영역에서 제거하도록 돕기 위해 점화 관계식, 식 (12.58)로부터 그것이 **유도**될 수 있는 것을 증명하시오.

[힌트] (a) 모함수의 형태가

$$g(x,\ t) = \sum_{m=-\infty}^{\infty} J_m(x) t^m$$

임을 가정하라.

(b) 식 (12.58)에 t^n을 곱하고 n에 대해서 더하라.

(c) 위의 결과를 다음과 같이 다시 적어라.

$$\left(t + \frac{1}{t}\right) g(x,\ t) = \frac{2t}{x}\frac{\partial g(x,\ t)}{\partial t}$$

(d) 영차항 t^0의 계수가 식 (12.57)에서 주어진 대로 $J_0(x)$가 되도록 적분하고, 적분 '상수' (x에 대한 함수)를 조정하라.

12.4.8 직접 미분하여 다음 수식

$$J_\nu(x) = \sum_{s=0}^{\infty} \frac{(-1)^s}{s!\Gamma(s+\nu+1)} \left(\frac{x}{2}\right)^{\nu+2s}$$

가 2개의 점화 관계식

$$J_{\nu-1}(x) + J_{\nu+1}(x) = \frac{2\nu}{x} J_\nu(x)$$

$$J_{\nu-1}(x) - J_{\nu+1}(x) = 2J_\nu{}'(x)$$

를 만족함을 보이고 베셀 방정식

$$x^2 J_\nu{}''(x) + xJ_\nu{}'(x) + (x^2 - \nu^2) J_\nu(x) = 0$$

을 만족함을 보이시오.

12.4.9 다음을 증명하시오.

$$\frac{\sin x}{x} = \int_0^{\pi/2} J_0(x\cos\theta)\cos\theta\, d\theta, \qquad \frac{1-\cos x}{x} = \int_0^{\pi/2} J_1(x\cos\theta) d\theta$$

[힌트] 정적분

$$\int_0^{\pi/2} \cos^{2s+1}\theta\, d\theta = \frac{2 \cdot 4 \cdot 6 \cdots (2s)}{1 \cdot 3 \cdot 5 \cdots (2s+1)}$$

가 유용할 것이다.

12.4.10 다음을 유도하시오.

$$J_n(x) = (-1)^n x^n \left(\frac{1}{x}\frac{d}{dx}\right)^n J_0(x)$$

[힌트] 수학적 귀납법을 이용하라(1.4절).

12.4.11 2개의 연속된 $J_n(x)$의 영점 사이에 $J_{n+1}(x)$의 영점이 하나 존재하고 그것이 유일함을 증명하시오.

[힌트] 식 (12.61)과 (12.62)가 유용할 것이다.

12.4.12 원형 구멍이 있는 계에 대한 안테나의 전자파 방사 패턴을 분석할 때

$$g(u) = \int_0^1 f(r) J_0(ur) r\, dr$$

가 이용된다. 만약 $f(r) = 1 - r^2$이면

$$g(u) = \frac{2}{u^2} J_2(u)$$

임을 증명하시오.

12.4.13 핵 산란 실험에서 미분 단면적은 $d\sigma/d\Omega = |f(\theta)|^2$로 주어진다. 근사적인 해결책은

$$f(\theta) = \frac{-ik}{2\pi} \int_0^{2\pi} \int_0^R \exp[ik\rho \sin\theta \sin\varphi] \rho \, d\rho \, d\varphi$$

으로 이끈다. 여기서 θ는 산란되는 입자가 산란되는 각도이다. R는 핵의 반지름이다.

$$\frac{d\sigma}{d\Omega} = (\pi R^2) \frac{1}{\pi} \left[\frac{J_1(kR\sin\theta)}{\sin\theta} \right]^2$$

을 증명하시오.

12.4.14 함수의 집합 $C_n(x)$들이 다음의 점화 관계식

$$C_{n-1}(x) - C_{n+1}(x) = \frac{2n}{x} C_n(x)$$

$$C_{n-1}(x) + C_{n+1}(x) = 2C_n'(x)$$

를 만족한다.

(a) $C_n(x)$가 만족하는 2계 상미분 방정식은 무엇인가?

(b) 변수를 변환하여 상미분 방정식을 베셀 방정식으로 변환하시오. 이것은 $C_n(x)$가 변환된 독립변수의 베셀 함수로 표현될 수 있다는 것을 말해준다.

12.5 직교성

베셀 함수의 직교 성질을 밝혀내기 위해서, 베셀 상미분 방정식을 스텀-리우빌 고윳값 문제로 인식할 수 있는 형태로 적는 것으로 시작하는 것이 편리하다. 식 (8.15)로부터 시작하여 스텀-리우빌 문제는 상세하게 일반적인 성질에 대해 토의하였다. 만약 식 (12.66)을 ρ^2으로 나누고 약간만 재배치하면

$$-\left(\frac{d^2}{d\rho^2}+\frac{1}{\rho}\frac{d}{d\rho}-\frac{\nu^2}{\rho^2}\right)Z_\nu(k\rho)=k^2Z_\nu(k\rho) \tag{12.88}$$

을 얻는데, $Z_\nu(k\rho)$는 연산자

$$\mathcal{L}=-\left(\frac{d^2}{d\rho^2}+\frac{1}{\rho}\frac{d}{d\rho}-\frac{\nu^2}{\rho^2}\right) \tag{12.89}$$

의 고유함수이고, k^2은 고윳값이다. 종종 그 해가 원통형 좌표계 $(\rho,\ \phi,\ z)$에서 $P(\rho)\Phi(\varphi)Z(z)$와 같은 곱으로 분리되는 문제에 관심이 있으므로, 보통 $\Phi(\varphi)=e^{im\varphi}$이고 m은 정수(따라서 $\nu^2\to m^2$)이고 $P(\rho)=J_m(k\rho)$임을 안다. $\rho=0$이 해를 찾는 범위의 내부에 있고 그곳에서 발산하지 않는 해를 원하기 때문에 P를 제1종 베셀 함수로 선택한다.

스텀-리우빌 이론으로부터 식 (12.89)의 $\mathcal{L}$을 자체 수반(상미분 방정식으로서)으로 만들기 위해 필요한 가중인자가 $w(\rho)=\rho$라는 것을 알고 두 고유함수 $J_\nu(k\rho)$와 $J_\nu(k'\rho)$에 대해 직교 적분, 즉 식 (8.20)의 하나의 경우에 해당하는 것이(ν가 정수이든 아니든 간에)

$$\frac{a\left[k'J_\nu(ka)J_\nu{}'(k'a)-kJ_\nu{}'(ka)J_\nu(k'a)\right]}{k^2-k'^2}=\int_0^a\rho J_\nu(k\rho)J_\nu(k'\rho)d\rho \tag{12.90}$$

이다. 식 (12.90)을 적는 데 있어서 경계항에서 ρ라는 인자의 존재가 $\rho=0$의 하한으로부터 기여가 전혀 없음을 야기한다는 사실을 이용하였다.[4]

식 (12.90)은 만약 그 식의 좌변이 사라지게 만들 수 있다면 각기 다른 k의 $J_\nu(k)$가 (가중인자 ρ를 포함하여) 서로 직교함을 보여준다. $J_\nu(ka)=J_\nu(k'a)=0$이 되도록 k와 k'을 선택함으로써 그렇게 할 수 있다. 다시 말하면, ka와 $k'a$가 J_ν의 영점이 되는 k와 k'을 요구하는 것이고, 이때 우리의 베셀 함수들은 디리클레 경계조건을 만족하게 된다.

만약 $\alpha_{\nu i}$를 J_ν의 i번째 영점이라고 하면, 위의 분석은 구간 $[0,\ a]$에 대하여 다음의 직교 공식에 해당한다.

$$\int_0^a\rho J_\nu\left(\alpha_{\nu i}\frac{\rho}{a}\right)J_\nu\left(\alpha_{\nu j}\frac{\rho}{a}\right)d\rho=0,\qquad i\neq j \tag{12.91}$$

우리의 모든 베셀 함수의 집합의 모든 원소가 같은 값의 지표 ν를 갖는다는 것에 주목하라. 다른 것은 단지 J_ν의 독립변수의 축척(스케일)이다. 직교하는 집합의 연속적인 원소들은 구간 $(0,\ a)$에서 진동의 수가 점점 증가한다. 가중인자 ρ는 반지름 a의 원 안의 영역에 걸쳐서 **가중치가 없는** 직교에 해당한다. 단위원 안에서 직교인 차수 $\nu=1$인 처음 세 베셀 함수

---

4 이것은 모든 $\nu\geq-1$에 대해서 성립하며, 이는 제2종 베셀 함수를 논할 때 더 분명하게 될 것이다.

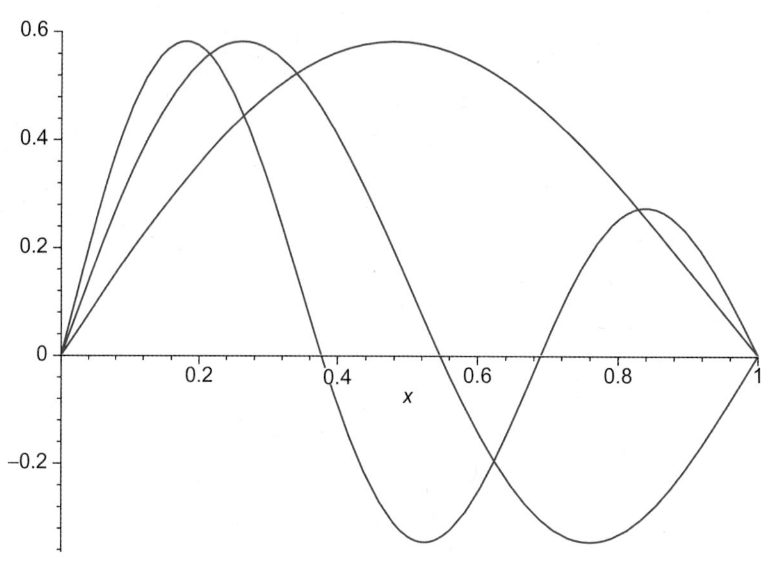

그림 12.8 구간 $0 \le \rho \le 1$에서 $n=1,\ 2,\ 3$일 때 베셀 함수 $J_1(\alpha_{1n}\rho)$

들을 그림 12.8에 나타내었다.

앞으로의 분석에 다른 대안은 노이만 경계조건 $J_\nu'(ka)=0$에 해당하는 k를 선택함으로써 $\rho=a$에서 식 (12.90)의 경계항이 확실히 없어지게 하는 것이 될 것이다. 이렇게 얻은 함수들도 직교 집합을 형성할 것이다.

■ 정규화

우리의 직교하는 베셀 함수의 집합은 정규화되어 있지 않다. 전개에 사용하기 위해서는 정규화 적분이 필요하다. 이러한 적분들은 경계항이 사라지든 사라지지 않든 간에 모든 k와 k'에 대해 유효한 식 (12.90)으로 되돌아감으로써 개발할 수 있다. 등식의 양변에서 $k'\to k$로 보내는 극한을 택하고, 좌변에서 분모와 분자를 k'에 대해 미분하는 것에 해당하는 로피탈 규칙을 사용하여 좌변의 값을 구하면

$$\int_0^a \rho[J_\nu(k\rho)]^2 d\rho = \lim_{k'\to k} \frac{a\left[J_\nu(ka)\dfrac{d}{dk'}(k'J_\nu'(k'a)) - kJ_\nu'(ka)\dfrac{d}{dk'}(J_\nu(k'a))\right]}{\dfrac{d}{dk'}(k^2-k'^2)}$$

이다. 이 방정식을 $ka=\alpha_{\nu i}$인 경우에 대해서 간단히 하면 $J_\nu(ka)=0$으로 놓고

$$\int_0^a \rho\left[J_\nu\!\left(\alpha_{\nu i}\frac{\rho}{a}\right)\right]^2 d\rho = \frac{-a^2k[J_\nu'(ka)]^2}{-2k} = \frac{a^2}{2}[J_\nu'(\alpha_{\nu i})]^2 \qquad (12.92)$$

에 도달한다. 이제 $\alpha_{\nu i}$가 J_ν의 영점이기 때문에 식 (12.63)은 $J_\nu'(\alpha_{\nu i}) = -J_{\nu+1}(\alpha_{\nu i})$임을 파악하게 해준다. 그러면 식 (12.92)로부터 원하는 결과

$$\int_0^a \rho \left[J_\nu\left(\alpha_{\nu i}\frac{\rho}{a}\right)\right]^2 d\rho = \frac{a^2}{2}\left[J_{\nu+1}(\alpha_{\nu i})\right]^2 \tag{12.93}$$

을 얻는다.

■ 베셀 급수

고정된 ν와 $j = 1, 2, 3, \ldots$에 대해 베셀 함수들의 집합 $J_\nu(\alpha_{\nu j}\rho/a)$을 가정하면, 잘 행동하면서 임의의 함수 $f(\rho)$는 베셀 급수로 전개할 수 있다.

$$f(\rho) = \sum_{j=1}^{\infty} c_{\nu j} J_\nu\left(\alpha_{\nu j}\frac{\rho}{a}\right), \qquad 0 \le \rho \le a, \quad \nu > -1 \tag{12.94}$$

계수 $c_{\nu j}$들은 직교 전개에 대한 보통의 규칙으로 결정된다. 식 (12.93)의 도움으로

$$c_{\nu j} = \frac{2}{a^2\left[J_{\nu+1}(\alpha_{\nu j})\right]^2}\int_0^a f(\rho) J_\nu\left(\alpha_{\nu j}\frac{\rho}{a}\right)\rho d\rho \tag{12.95}$$

를 얻는다.

예전에 지적했듯이 $\rho = a$에서 노이만 경계조건 $J_\nu'(k\rho) = 0$을 부여함으로써 주어진 차수 ν에 대하여 직교하는 베셀 함수의 집합을 얻을 수 있다. 이때 $k = \beta_{\nu j}/a$이고, $\beta_{\nu j}$는 J_ν'의 j번째 영점이다. 이 함수들은 직교 전개에 사용될 수 있다. 이런 접근법은 연습문제 12.5.2와 12.5.5에서 탐구될 것이다.

다음 예제는 베셀 급수의 유용성을 설명해준다.

예제 12.5.1 빈 원통에서의 정전기 퍼텐셜

원통형 좌표계 (ρ, φ, z)가 $\rho = a$와 $z = 0$, $z = h$로 막힌 빈 원통을 생각해보자. 밑바닥 $(z = 0)$과 곡면에서는 접지가 되어 있다고 가정하고, 따라서 퍼텐셜 $\psi = 0$이다. 반면, $z = h$의 끝 마개는 알려진 퍼텐셜 분포 $V(\rho, \varphi, h)$를 갖고 있다. 문제는 원통 내부의 전체에 있는 퍼텐셜 $V(\rho, \varphi, z)$를 결정하는 것이다.

9.4절에서 논의된 과정을 따라 원통형 좌표계에서 라플라스 방정식의 변수변분법에 의한 해를 찾는 것으로부터 시작하자. 첫 번째 단계는 곱의 해의 정체를 밝히는 것이다. 이는 식 (9.64)에서처럼

$$\psi_{lm}(\rho,\ \varphi,\ z) = P_{lm}(\rho)\Phi_m(\varphi)Z_l(z) \tag{12.96}$$

의 형태를 갖는다. 여기서 $\Phi_m = e^{\pm im\varphi}$이고,

$$\frac{d^2}{dz^2}Z_l(z) = l^2 Z_l(z) \tag{12.97}$$

$$\rho^2\frac{d^2}{d\rho^2}P_{lm} + \rho\frac{d}{d\rho}P_{lm} + (l^2\rho^2 - m^2)P_{lm} = 0 \tag{12.98}$$

이다. P_{lm}에 관한 방정식은 베셀 상미분 방정식이고 여기에 관련된 해는 $J_m(l\rho)$이다. $\rho = a$에서의 경계조건을 만족하기 위해 $l = \alpha_{mj}/a$로 선택할 필요가 있다. 여기서 j는 양의 정수이고 α_{mj}는 J_m의 j번째 영점이다.

Z_l에 대한 방정식은 $e^{\pm lz}$의 해를 갖는다. $z = 0$에서의 경계조건을 만족하기 위해서 이 해들의 선형 결합을 만드는데, 이것은 $\sinh lz$와 동등하다. 이런 관찰을 종합하면, $z = h$를 제외한 모든 경계조건을 만족하는 라플라스 방정식의 가능한 해는

$$\psi_{mj} = c_{mj}J_m\left(\alpha_{mj}\frac{\rho}{a}\right)e^{im\varphi}\sinh\left(\alpha_{mj}\frac{z}{a}\right) \tag{12.99}$$

와 같이 적을 수 있다. 라플라스 방정식이 동차이므로, 임의의 c_{mj}를 갖는 ψ_{mj}의 선형 결합도 해가 되고, 남은 과제는 $z = h$에서의 경계조건을 만족하는 선형 결합을 찾는 일이다. 따라서

$$V(\rho,\ \varphi,\ z) = \sum_{m=-\infty}^{\infty}\sum_{j=1}^{\infty}\psi_{mj} \tag{12.100}$$

이고, $z = h$에서의 경계조건은

$$\sum_{m=-\infty}^{\infty}\sum_{j=1}^{\infty}c_{mj}J_m\left(\alpha_{mj}\frac{\rho}{a}\right)e^{im\varphi}\sinh\left(\alpha_{mj}\frac{h}{a}\right) = V(\rho,\ \varphi,\ h) \tag{12.101}$$

과 같이 표현한다.

해는 각각의 직교 성질이 계수를 결정하는 데 사용 가능한 베셀 함수와 삼각함수의 급수이다. 식 (12.95)와 아래의 공식

$$\int_0^{2\pi} e^{-im\varphi}e^{im'\varphi} = 2\pi\delta_{mm'} \tag{12.102}$$

로부터

$$c_{mj} = \left[\pi a^2 \sinh\left(\alpha_{mj}\frac{h}{a}\right) J_{m+1}^2(\alpha_{mj})\right]^{-1}$$
$$\int_0^{2\pi} d\varphi \int_0^a V(\rho,\ \varphi,\ h) J_m\left(\alpha_{mj}\frac{\rho}{a}\right) e^{-im\varphi} \rho d\rho \qquad (12.103)$$

이 된다. 이 식들은 정적분이고 다시 말하면 특정한 수이다. 식 (12.99)에 다시 대입하면, 식 (12.100)의 급수는 정해지고, 퍼텐셜 $V(\rho,\ \varphi,\ z)$가 정해진다. ■

연습문제

12.5.1 다음을 증명하시오.

$$(k^2 - k'^2)\int_0^a J_\nu(kx) J_\nu(k'x) x dx = a[k' J_\nu(ka) J_\nu'(k'a) - k J_\nu'(ka) J_\nu(k'a)]$$

여기서 $J_\nu'(ka) = \frac{d}{d(kx)} J_\nu(kx)|_{x=a}$, 그리고

$$\int_0^a [J_\nu(kx)]^2 x dx = \frac{a^2}{2}\left\{[J_\nu'(ka)]^2 + \left(1 - \frac{\nu^2}{k^2 a^2}\right)[J_\nu(ka)]^2\right\}, \qquad \nu > -1$$

이다. 이 두 적분은 **제1, 제2 롬멜 적분**(first and second Lommel integral)이라고 불린다.

12.5.2 (a) 만약 $\beta_{\nu m}$이 $(d/d\rho) J_\nu(\beta_{\nu m}\rho/a)$의 m번째 영점이라면 베셀 함수는 구간 $[0,\ a]$에 걸쳐서 직교하며, 직교 적분은

$$\int_0^a J_\nu\left(\beta_{\nu m}\frac{\rho}{a}\right) J_\nu\left(\beta_{\nu n}\frac{\rho}{a}\right) \rho d\rho = 0, \qquad m \neq n, \quad \nu > -1$$

임을 보이시오.

(b) $m = n$일 때 상응하는 정규화 적분을 유도하시오.

답. (b) $\frac{a^2}{2}\left(1 - \frac{\nu^2}{\beta_{\nu m}^2}\right)[J_\nu(\beta_{\nu m})]^2,\ \nu > -1$

12.5.3 직교 방정식, 식 (12.91)과 정규화 방정식, 식 (12.93)이 $\nu > -1$에 대해서 성립함을 검증하시오.

[힌트] 멱급수 전개를 이용하여, $\rho \to 0$일 때 식 (12.90)의 행동을 검증하라.

12.5.4 식 (11.49)로부터 $J_\nu(z)$가 $\nu > -1$일 때, 복소수 근(허수부가 0이 아닌)이 없다는 증명을 전

개하시오.

[힌트] (a) 순허수 근을 제거하기 위해서 $J_\nu(z)$의 급수 형태를 이용하라.

(b) $\alpha_{\nu m}$이 복소수라고 가정하고, $\alpha_{\nu m}$을 $\alpha_{\nu m}^*$로 치환하라.

12.5.5 (a) 다음 급수 전개

$$f(\rho) = \sum_{m=1}^{\infty} c_{\nu m} J_\nu\left(\alpha_{\nu m} \frac{\rho}{a}\right), \qquad 0 \le \rho \le a, \quad \nu > -1$$

에서 $J_\nu(\alpha_{\nu m}) = 0$일 때, 계수가 다음과 같이 주어짐을 보이시오.

$$c_{\nu m} = \frac{2}{a^2 [J_{\nu+1}(\alpha_{\nu m})]^2} \int_0^a f(\rho) J_\nu\left(\alpha_{\nu m} \frac{\rho}{a}\right) \rho \, d\rho$$

(b) 다음 급수 전개

$$f(\rho) = \sum_{m=1}^{\infty} d_{\nu m} J_\nu\left(\beta_{\nu m} \frac{\rho}{a}\right), \qquad 0 \le \rho \le a, \quad \nu > -1$$

에서 $(d/d\rho) J_\nu(\beta_{\nu m}\rho/a)|_{\rho=a} = 0$일 때, 계수들이 다음 식으로 주어짐을 보이시오.

$$d_{\nu m} = \frac{2}{a^2 (1 - \nu^2/\beta_{\nu m}^2)[J_\nu(\beta)_{\nu m}]^2} \int_0^a f(\rho) J_\nu\left(\beta_{\nu m} \frac{\rho}{a}\right) \rho \, d\rho$$

12.5.6 양끝이 막힌 원통의 양끝에서 퍼텐셜이 $\psi(\rho, \varphi)$이다. 곡면의 원통 표면에서는 퍼텐셜이 0이다. 원통 내부의 모든 점에서 퍼텐셜을 구하시오.

[힌트] 퍼텐셜의 대칭성을 이용하기 위해 좌표계를 선택하고 z에 대한 의존성을 조정하라.

12.5.7 함수 $f(x)$가 다음과 같이 베셀 급수로 표현된다.

$$f(x) = \sum_{n=1}^{\infty} a_n J_m(\alpha_{mn} x)$$

여기서 α_{mn}은 J_m의 n번째 근이다. 파세발 관계식

$$\int_0^1 [f(x)]^2 x \, dx = \frac{1}{2} \sum_{n=1}^{\infty} a_n^2 [J_{m+1}(\alpha_{mn})]^2$$

을 증명하시오.

12.5.8 다음을 증명하시오.

$$\sum_{n=1}^{\infty}(\alpha_{mn})^{-2} = \frac{1}{4(m+1)}$$

[힌트] x^m을 베셀 급수로 전개하고, 파세발 관계를 적용하라.

12.5.9 길이가 l이고, 반지름이 a인 원통의 마개에서 퍼텐셜이

$$\psi\left(z = \pm\frac{l}{2}\right) = 100\left(1 - \frac{\rho}{a}\right)$$

이다. 휘어진 면(옆면)에서의 퍼텐셜은 0이다. 연습문제 12.5.6의 베셀 급수를 이용하여 $\rho/a = 0.0(0.2)1.0$, $z/l = 0.0(0.1)0.5$에 대한 정전기 퍼텐셜 값을 계산하시오. $a/l = 0.5$로 잡아라.

[힌트] $\int_0^{\alpha_{0n}}\left(1 - \frac{y}{\alpha_{0n}}\right)J_0(y)y\,dy$가 다음과 같음을 보여라.

$$\frac{1}{\alpha_{0n}}\int_0^{\alpha_{0n}} J_0(y)dy$$

나중 것의 값을 구하는 것이 먼저 것보다 더 빠르고 더 정확하다.

[참고] $\rho/a = 0.0$과 $z/l = 0.5$에 대하여, 수렴하는 것이 느리고 첫 20항까지가 100을 주지 않고 98.4를 준다.

체크. $\rho/a = 0.4$, $z/l = 0.3$에 대하여 $\psi = 24.558$이다.

12.6 노이만 함수, 제2종 베셀 함수

상미분 방정식 이론에 따르면, 베셀 방정식은 2개의 독립인 해를 갖는다. 실제로 정수가 아닌 ν에 대해서 이미 2개의 해를 발견했고, 식 (12.57)의 무한 급수를 사용하여 $J_\nu(x)$와 $J_{-\nu}(x)$로 이름 붙였다. 문제는 ν가 정수일 때다. 식 (12.56)은 성립하고, 하나의 해만 갖는다. 두 번째 해는 7.6절의 방법으로 개발할 수 있다. 이는 완벽히 훌륭한 베셀 방정식의 두 번째 해를 제공한다. 그러나 그 해는 표준적인 형태는 아니어서, **제2종 베셀 함수**(Bessel function of the second kind) 또는 다른 이름으로 **노이만 함수**(Neumann function)라고 불린다.

■ 정의와 급수 형태

노이만 함수의 표준적인 정의는 다음의 $J_\nu(x)$와 $J_{-\nu}(x)$의 선형 결합이다.

$$Y_\nu(x) = \frac{\cos\nu\pi J_\nu(x) - J_{-\nu}(x)}{\sin\nu\pi} \tag{12.104}$$

정수가 아닌 ν에 대해서 $Y_\nu(x)$는 명백하게 베셀 방정식을 만족한다. 왜냐하면 알려진 해들 $J_\nu(x)$와 $J_{-\nu}(x)$의 선형 결합이기 때문이다. 작은 x에 대해(그리고 정수가 아닌 ν) $Y_\nu(x)$의 행동은 식 (12.57) $J_{-\nu}(x)$의 멱급수 전개로부터 결정된다. 식 (12.23)의 요구조건에 의해

$$\begin{aligned} Y_\nu(x) &= -\frac{1}{\sin\nu\pi}\left[\frac{1}{\Gamma(1-\nu)}\left(\frac{x}{2}\right)^{-\nu} - \cdots\right] \\ &= -\frac{\Gamma(\nu)\Gamma(1-\nu)}{\pi}\left[\frac{1}{\Gamma(1-\nu)}\left(\frac{x}{2}\right)^{-\nu} - \cdots\right] \\ &= -\frac{\Gamma(\nu)}{\pi}\left(\frac{x}{2}\right)^{-\nu} + \cdots \end{aligned} \tag{12.105}$$

와 같이 쓸 수 있다. 그러나 정수 ν에 대해서 식 (12.104)는 결정불능이다. 사실 정수 n에 대하여 $Y_n(x)$는

$$Y_n(x) = \lim_{\nu\to n} Y_\nu(x) \tag{12.106}$$

로 정의되어 있다.

식 (12.106)으로 표현되는 극한이 존재하고 0과 꼭 같지 않다는 것을 결정하기 위해 [$Y_n(x)$가 의미 있는 정의를 갖기 위해] 식 (12.104)에 로피탈 규칙을 적용하여 우선

$$Y_n(x) = \frac{1}{\pi}\left[\frac{dJ_\nu}{d\nu} - (-1)^n \frac{dJ_{-\nu}}{d\nu}\right]_{\nu=n} \tag{12.107}$$

을 얻는다. 식 (12.57)로부터 J_ν와 $J_{-\nu}$의 전개식을 삽입하면, $(x/2)^{2s\pm\nu}$의 미분과 합쳐져서 $(2/\pi)J_n(x)\ln(x/2)$가 되는데, 반면 $1/\Gamma(s\pm n+1)$의 도함수는 $\psi(s\pm n+1)/\Gamma(s\pm n+1)$을 포함하는 항이 되고, 여기서 ψ는 디감마 함수이다. 연습문제 12.6.8의 증명 주제인 마지막 결과는

$$Y_n(x) = \frac{2}{\pi}J_n(x)\ln\left(\frac{x}{2}\right) - \frac{1}{\pi}\sum_{k=0}^{n-1}\frac{(n-k-1)!}{k!}\left(\frac{x}{2}\right)^{2k-n}$$

$$-\frac{1}{\pi}\sum_{k=0}^{\infty}\frac{(-1)^k}{k!(n+k)!}[\psi(k+1)+\psi(n+k+1)]\left(\frac{x}{2}\right)^{2k+n} \tag{12.108}$$

이다.

식 (12.108)은 $n>0$에 대하여 작은 x에 대한 가장 빨리 발산하는 항이 식 (12.105)에 주어진 정수가 아닌 n에 대한 결과와 일치함을 보여준다. 또한 정수 n에 대한 모든 해는 정상 함수 J_n에 로그로 곱해진 로그항을 지니고 있음을 안다. 전에 상미분 방정식을 공부하면서, 두 번째 해가 보통 지표 방정식이 멱급수의 지수를 정수가 되게 할 때, 이러한 형태의 기여를 갖게 된다는 것을 알고 있다. 이것은 우리가 진정으로 베셀 상미분 방정식의 두 번째 해를 갖게 되었다는 것을 확인해준다.

$Y_0(x)$의 전개를 좀 더 드러나는 형태로 얻는 것은 좀 흥미롭다. 식 (12.108)로 돌아가면, 처음 합이 빈 항이 되고, 비교적 간단한 전개식을 갖는다.

$$\begin{aligned} Y_0(x) &= \frac{2}{\pi}J_0(x)\ln\left(\frac{x}{2}\right)-\frac{2}{\pi}\sum_{k=0}^{\infty}\frac{(-1)^k}{k!k!}[-\gamma+H_k]\left(\frac{x}{2}\right)^{2k} \\ &= \frac{2}{\pi}J_0(x)\left[\gamma+\ln\left(\frac{x}{2}\right)\right]-\frac{2}{\pi}\sum_{k=1}^{\infty}\frac{(-1)^k}{k!k!}H_k\left(\frac{x}{2}\right)^{2k} \end{aligned} \tag{12.109}$$

여기서 H_k는 조화 수 $\sum_{m=1}^{k} m^{-1}$이고, γ는 오일러-마스케로니 상수다.

노이만 함수 $Y_n(x)$는 $x=0$에서 비정상이나, x를 증가시키면 진동하는데, 이는 그림 12.9의 Y_0, Y_1, Y_2에서 볼 수 있다. 식 (12.104)의 정의는 진동하는 행동이 J_n의 행동과

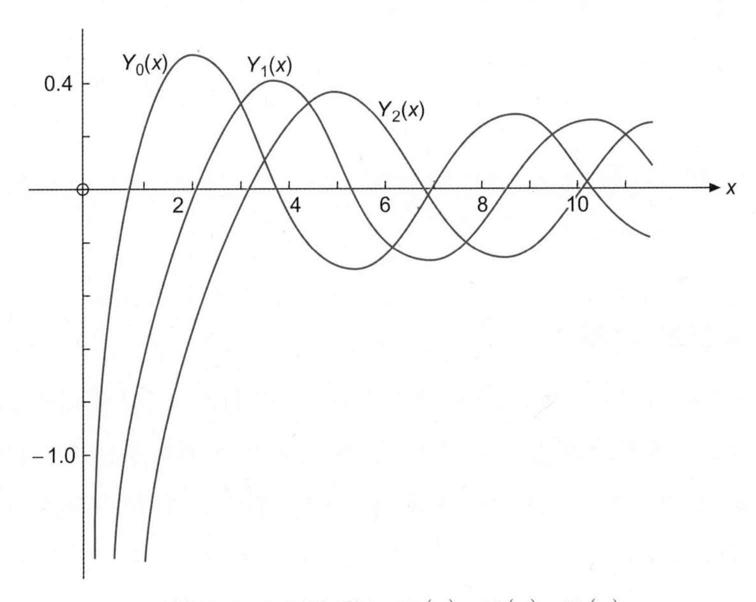

그림 12.9 노이만 함수 $Y_0(x)$, $Y_1(x)$, $Y_2(x)$

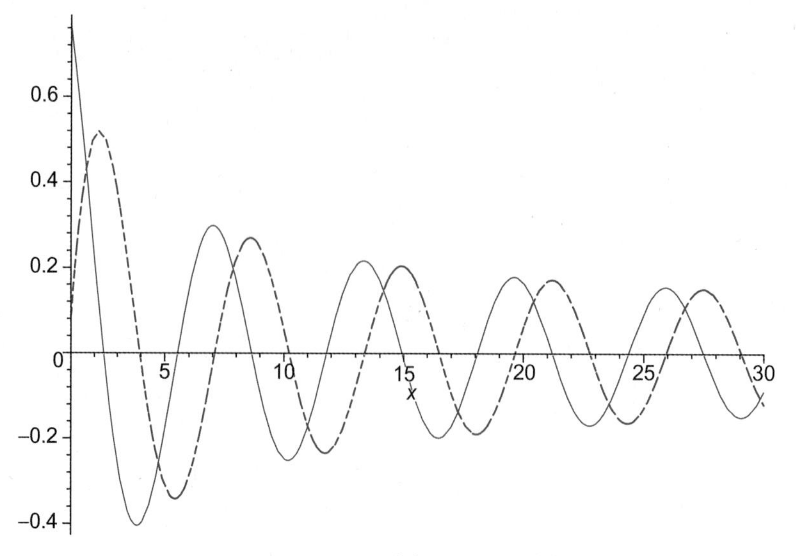

그림 12.10 구간 $1 \le x \le 30$에서의 $J_0(x)$(실선), $Y_0(x)$(점선)의 진동하는 행동

동일한 스케일이 되도록 사인 함수와 코사인 함수의 상대적인 행동과 비슷하게 x가 매우 커지면 $\pi/2$만큼의 위상 차이가 나도록 특별하게 선택된 것이다. 그러나 사인과 코사인과는 달리 J_n과 Y_n은 x가 커질 때에만 정확한 주기성을 갖는다. 그림 12.10은 x의 큰 영역에서 $J_0(x)$와 $Y_0(x)$를 비교한다.

■ 적분 표현형

다른 모든 베셀 함수와 마찬가지로 $Y_\nu(x)$도 적분 표현을 갖는다. $Y_0(x)$에 대하여

$$Y_0(x) = -\frac{2}{\pi}\int_0^\infty \cos(x\cosh t)dt = -\frac{2}{\pi}\int_1^\infty \frac{\cos(xt)}{(t^2-1)^{1/2}}dt, \quad x > 0 \qquad (12.110)$$

을 갖는다. 연습문제 12.6.7을 보라. 위의 적분이 $J_0(x)$에 선형 독립인 베셀 상미분 방정식의 해임을 보여준다.

■ 점화 관계

$Y_\nu(x)$(정수가 아닌 ν)에 대하여 식 (12.104)를 $J_n(x)$에 대한 점화 관계식, 식 (12.58)과 (12.59)에 대입하면, 곧바로 $Y_\nu(x)$가 같은 점화 관계를 만족한다는 것을 알 수 있다. 이것은 Y_ν가 베셀 상미분 방정식에 대한 해가 된다는 증명을 구성한다. 그런데 그 역이 성립하지 않는다는 것을 주의하라. 모든 해들이 같은 점화 관계를 만족할 필요는 없다. 관계식이 서로 다른 ν의 해에 부여된 스케일에 의존하기 때문이다.

■ 론스키안 공식

자체 수반 형태(그러니까 $q=p'$)의 상미분 방정식 $p(x)y''+q(x)y'+r(x)y=0$이 연습문제 7.6.1에서 해 u와 v를 연결하는 다음 론스키안 공식을 가짐을 알게 되었다.

$$u(x)v'(x)-u'(x)v(x)=\frac{A}{p(x)} \tag{12.111}$$

베셀 방정식을 자체 수반 형태로 만들기 위해서는 그것을 $xy''+y'+(x-\nu^2/x)y=0$으로 적을 필요가 있다. 따라서 현재 목표를 위해 $p(x)=x$이고, 따라서 각각의 정수가 아닌 ν에 대해서

$$J_\nu J'_{-\nu}-J_\nu' J_{-\nu}=\frac{A_\nu}{x} \tag{12.112}$$

가 성립한다. A_ν가 상수이지만 ν에 의존할 것으로 기대되므로, 각각의 ν에 대해서 편한 점, 예를 들면 $x=0$에서 그 값을 알아낼 수 있다. 식 (12.57)의 멱급수로부터 작은 x에 대해서 다음의 극한 행동을 얻는다.

$$\begin{aligned} J_\nu &\to \frac{1}{\Gamma(1+\nu)}\left(\frac{x}{2}\right)^\nu, & J_\nu' &\to \frac{\nu}{2\Gamma(1+\nu)}\left(\frac{x}{2}\right)^{\nu-1} \\ J_{-\nu} &\to \frac{1}{\Gamma(1-\nu)}\left(\frac{x}{2}\right)^{-\nu}, & J_{-\nu} &\to \frac{1}{\Gamma(1-\nu)}\left(\frac{x}{2}\right)^{-\nu} \end{aligned}, \tag{12.113}$$

식 (12.112)에 대입하면 식 (12.23)을 이용하여

$$J_\nu(x)J'_{-\nu}(x)-J_\nu'(x)J_{-\nu}(x)=\frac{-2\nu}{x\Gamma(1+\nu)\Gamma(1-\nu)}=-\frac{2\sin\nu\pi}{\pi x} \tag{12.114}$$

를 얻는다. 식 (12.114)가 $x\to0$에 대해서 얻었지만, 식 (12.112)와 비교하면 모든 x에 대해 참이어야만 하고 $A_\nu=-(2/\pi)\sin\nu\pi$임을 보여준다. A_ν는 ν가 정수일 때는 0이 됨을 주의하라. 이것은 J_n와 J_{-n}의 론스키안임을 보여주고, 이 베셀 함수가 선형 종속임을 보여준다.

점화 관계식을 이용하면 많은 다른 형태를 개발할 수 있게 된다. 그중에는

$$J_\nu J_{-\nu+1}+J_{-\nu}J_{\nu-1}=\frac{2\sin\nu\pi}{\pi x} \tag{12.115}$$

$$J_\nu J_{-\nu-1}+J_{-\nu}J_{\nu+1}=-\frac{2\sin\nu\pi}{\pi x} \tag{12.116}$$

$$J_\nu Y_\nu'-J_\nu' Y_\nu=\frac{2}{\pi x} \tag{12.117}$$

$$J_\nu Y_{\nu+1} - J_{\nu+1} Y_\nu = -\frac{2}{\pi x} \tag{12.118}$$

들이 있다. 더 많은 것들은 더 읽을 거리에서 찾을 수 있을 것이다.

7장에서 론스키안이 두 가지 점에서 매우 중요한 가치가 있음을 기억할 것이다. (1) 미분 방정식의 해들이 선형 독립인지 선형 종속인지를 확인할 때와 (2) 두 번째 해의 적분 형태를 개발할 때이다. 여기서 론스키안과 베셀 함수의 론스키안으로 유도한 조합의 특별한 형태는 다양한 베셀 함수의 일반적인 행동을 개발하는 데 우선적으로 쓸모가 있다. 론스키안은 또한 베셀 함수의 표를 검토하는 데에도 대단히 유용하다.

■ 노이만 함수의 사용

노이만 함수 $Y_\nu(x)$는 다음의 많은 이유로 중요하다.

1. 그것들은 베셀 방정식의 두 번째 독립인 해다. 따라서 일반해를 완성한다.
2. 그것들은 $x=0$에서의 정규성 요구에 의해 제외되지 않는 경우에 물리 문제를 푸는 데 필요하다. 동축 케이블에서의 전자기파, 양자역학적 산란 이론이 그런 특별한 예이다.
3. 그것들은 2개의 한켈 함수를 야기한다. 한켈 함수의 정의와 사용, 특히 파동 전파에 대한 공부에 있어서의 정의와 사용은 12.7절에서 논의될 것이다.

예제 12.6.1 동축 파동 가이드

중심이 같고 전도성인 원통형 표면 $\rho=a$와 $\rho=b$ 사이에 국한된 전자기파에 대해서 관심이 있다. 파동 전파를 지배하는 방정식들은 예제 12.4.2에서 논의된 그것들과 같다. 그러나 경계조건이 이번에는 다르고, 우리의 관심사는 진행파들이다.

파동 전파 문제에 대해서, 해를 복소수 지수 항들로 쓰는 것이 편리하다. 관련된 실제 물리량들은 최종적으로 그것들의 실수(또는 허수)부로 파악할 수 있다. 따라서 식 (12.82)(원통형 공동의 정상파에 대한 해) 대신, 이제 E_z에 대해서 ρ에 대한 의존성이 J_m과 Y_m을 둘 다 포함해야만 하는 해들을 갖게 된다. 시간에 대한 의존성까지 포함하면, TM 해에 대하여 변수 분리된 형태

$$E_z = \left[c_{mn} J_m(\gamma_{mn}\rho) + d_{mn} Y_m(\gamma_{mn}\rho)\right] e^{\pm im\varphi} e^{i(lz-\omega t)} \tag{12.119}$$

의 해를 갖고, 여기서 l은 임의의 실숫값을 가질 수 있다(z방향의 경계조건이 없다). 지표 n은 서로 다른 가능한 γ_{mn}의 값임이 드러난다. 식 (12.81)에서처럼 γ_{mn}, l, ω 사이의 관계는 다음과 같다.

$$\frac{\omega^2}{c^2} = \gamma_{mn}^2 + l^2 \tag{12.120}$$

가장 일반적인 TM 진행파 해는 γ_{mn}, c_{mn}, d_{mn}이 $\rho = a$와 $\rho = b$에서 E_z가 0이 되도록 선택된 식 (12.119)에 의하여 주어진 모든 형태의 함수의 임의의 선형 결합이 될 것이다. 이 문제와 예제 12.4.2의 문제의 주된 차이점은 E_z에 대한 조건이 베셀 함수 J_m의 영점으로 주어지는 것이 아니라, J_m과 Y_m의 선형 결합의 영점으로 주어진다는 점이다. 구체적으로,

$$c_{mn} J_m(\gamma_{mn} a) + d_{mn} Y_m(\gamma_{mn} a) = 0 \tag{12.121}$$

$$c_{mn} J_m(\gamma_{mn} b) + d_{mn} Y_m(\gamma_{mn} b) = 0 \tag{12.122}$$

를 요구한다. 이런 초월 방정식들은 각각의 관련된 m에 대하여 풀릴 수 있고, γ_{mn}과 d_{mn}/c_{mn}에 대하여 (n으로 분류되는) 무한 해 집합을 만든다. 이 과정의 예가 연습문제 12.6.10이다.

이제 ω에 대한 방정식으로 돌아오면, m과 n을 지표로 하는 해에 대하여 그것이 얻을 수 있는 가장 작은 값은 $c\gamma_{mn}$임을 보게 되는데, 이는 전자기파의 각진동수 ω가 이 **컷오프**와 같거나 커야 TM 파동이 전파될 수 있음을 보여준다. 일반적으로 γ_{mn}의 더 큰 값은 수직 방향 진동의 자유도가 더 큰 것에 해당하고, 더 큰 수직 방향 진동이 있는 모드는 더 높은 컷오프 진동수를 가질 것이다.

원형 파동 가이드에 대해서, TE 전파 모드가 있을 것이고, 모드에 의존하는 컷오프가 있을 것이다. 그러나 동축 가이드는 또한 TEM(수직 방향 전기와 자기) 모드의 진행파도 지원한다. 원형 파동 가이드에서는 가능하지 않은 이러한 모드들은 컷오프를 갖지 않고 속박된 평면 파동과 동등하며, 동축 도체의 전류 흐름(반대 방향의)에 해당한다. ■

연습문제

12.6.1 노이만 함수 Y_n(n은 정수)이 다음 점화 관계식을 만족함을 증명하시오.

$$Y_{n-1}(x) + Y_{n+1}(x) = \frac{2n}{x} Y_n(x)$$

$$Y_{n-1}(x) - Y_{n+1}(x) = 2Y_n{}'(x)$$

[힌트] 이러한 관계식들은 J_ν에 대한 점화 관계식을 미분함으로써, 또는 Y_ν의 극한 형태를 이용하는 데 모든 것을 0으로 나누지는 **않음**으로써 증명할 수 있다.

12.6.2 정수 n에 대하여

$$Y_{-n}(x) = (-1)^n Y_n(x)$$

을 증명하시오.

12.6.3 다음을 증명하시오.

$$Y_0'(x) = -Y_1(x)$$

12.6.4 X와 Z가 베셀 방정식의 임의의 두 해일 때,

$$X_\nu(x) Z_\nu'(x) - X_\nu'(x) Z_\nu(x) = \frac{A_\nu}{x}$$

을 증명하시오. 여기서 A_ν는 ν에 의존할지 모르나 x에는 의존하지 않는다. 이것은 연습문제 7.6.11의 특별한 경우이다.

12.6.5 론스키안 공식

$$J_\nu(x) J_{-\nu+1}(x) + J_{-\nu}(x) J_{\nu-1}(x) = \frac{2\sin\nu\pi}{\pi x}$$
$$J_\nu(x) Y_\nu'(x) - J_\nu'(x) Y_\nu(x) = \frac{2}{\pi x}$$

을 검증하시오.

12.6.6 론스키안 상수를 구하는데, x가 0에 가까이 가도록 하는 것의 대안으로서, 멱급수 전개의 유일성을 끄집어낼 수 있다. $u_\nu(x) v'_\nu(x) - u'_\nu(x) v_\nu(x)$의 급수 전개에서 x^{-1}의 계수는 A_ν이다. 급수 전개에 의해 $J_\nu(x) J'_{-\nu}(x) - J'_\nu(x) J_{-\nu}(x)$의 x^0과 x^1의 계수들이 각각 0임을 보이시오.

12.6.7 (a) 미분하고 $\nu = 0$에 대한 베셀 상미분 방정식에 대입함으로써 $\int_0^\infty \cos(x\cosh t)dt$가 해임을 보이시오.

(b) $Y_0(x) = -\frac{2}{\pi}\int_0^\infty \cos(x\cosh t)dt$가 $J_0(x)$에 선형 독립임을 보이시오.

12.6.8 식 (12.108)에 주어진 $Y_n(x)$에 대한 전개식을 검증하시오.

[힌트] 식 (12.107)로부터 시작하여 J_ν와 $J_{-\nu}$의 멱급수 전개에 대해서 표시된 미분을 하라. 디감마 함수 ψ가 감마 함수의 미분으로부터 생겨난다. (이 책에서는 유도하지 않은) 항등식 $\lim_{z \to -n} \psi(z)/\Gamma(z) = (-1)^{n-1} n!$이 필요할 것인데, 여기서 n은 양의 정수이다.

12.6.9 만약 베셀 상미분 방정식(J_ν의 해를 갖는)이 ν에 대해서 미분되면,

$$x^2 \frac{d^2}{dx^2}\left(\frac{\partial J_\nu}{\partial \nu}\right) + x\frac{d}{dx}\left(\frac{\partial J_\nu}{\partial \nu}\right) + (x^2 - \nu^2)\frac{\partial J_\nu}{\partial_\nu} = 2\nu J_\nu$$

을 얻는다. 위의 방정식을 이용하여 $Y_n(x)$가 베셀 상미분 방정식의 해임을 보이시오.

[힌트] 식 (12.107)이 유용할 것이다.

12.6.10 $m=0,\ a=1,\ b=2$에 대하여, 동축 파동 가이드인 TM 경계조건은 $f(\lambda)=0$이고, 여기서

$$f(x) = \frac{J_0(2x)}{Y_0(2x)} - \frac{J_0(x)}{Y_0(x)}$$

이다. 이 함수는 그림 12.11에 그려져 있다.

(a) 근의 근사적인 위치를 알아내기 위해 $x = 0.0(0.1)10.0$에 대해서 $f(x)$의 값을 계산하고, x에 따라 $f(x)$를 그리시오.

(b) 높은 정확도로 처음 세 근을 결정하기 위해서 근을 구하는 프로그램을 호출하시오.

답. (b) 3.1230, 6.2734, 9.4182

[참고] 더 큰 근들은 길이가 π에 접근하는 간격에서 나올 것으로 기대할 수 있다. 왜 그런가? AMS-55(더 읽을 거리 참고)는 근에 대한 근사식을 준다. 함수 $g(x) = J_0(x)Y_0(2x) - J_0(2x)Y_0(x)$는 이전에 논의되었던 $f(x)$보다 훨씬 더 잘 행동한다.

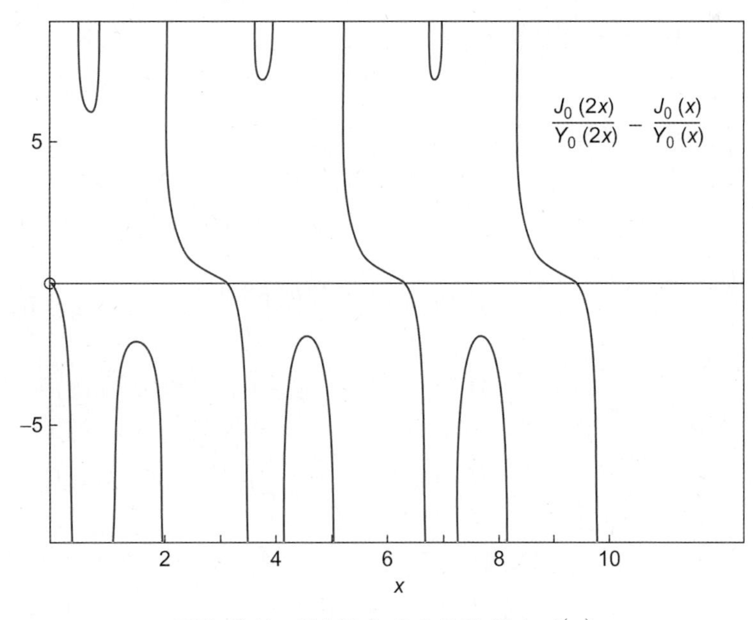

그림 12.11 연습문제 12.6.10의 함수 $f(x)$

12.7 한켈 함수

한켈 함수(Hankel function)는 구면이나 원통형 파동의 전파에 관련된 문제에서 특히 유용한 점근 성질을 가진 베셀 상미분 방정식의 해이다. J_ν와 Y_ν가 이 상미분 방정식의 완전한 해이기 때문에, 한켈 함수는 완전히 새로운 것이 아니고, 이미 찾은 해의 선형 결합이다. 여기서 숨김없이 대수적인 정의를 통해 그것들을 소개한다.

■ 정의

제1종, 제2종 베셀 함수, 즉 $J_\nu(x)$와 $Y_\nu(x)$로부터 시작하여 2개의 한켈 함수 $H_\nu^{(1)}(x)$와 $H_\nu^{(2)}(x)$를 정의한다. (가끔, 요새는 부정기적으로 **제3종 베셀 함수**라고 불린다.)

$$H_\nu^{(1)}(x) = J_\nu(x) + i\,Y_\nu(x) \tag{12.123}$$

$$H_\nu^{(2)}(x) = J_\nu(x) - i\,Y_\nu(x) \tag{12.124}$$

이것은 마치

$$e^{\pm i\theta} = \cos\theta \pm i\sin\theta \tag{12.125}$$

와 정확히 비슷하다. 독립변수가 실수일 때, $H_\nu^{(1)}(x)$와 $H_\nu^{(2)}(x)$는 켤레 복소수가 된다. 점근 형태를 고려하면, 이 비유의 정도는 더 잘 보인다. 실제, 한켈 함수를 유용하게 만드는 것은 그것들의 점근 행동이다.

$H_\nu^{(1)}(x)$와 $H_\nu^{(2)}(x)$의 급수 전개는 식 (12.57)과 (12.109)를 결합하면 얻을 수 있다. 처음 항만 종종 관심이 있을 때가 많은데,

$$H_0^{(1)}(x) \approx i\frac{2}{\pi}\ln x + 1 + i\frac{2}{\pi}(\gamma - \ln 2) + \cdots \tag{12.126}$$

$$H_\nu^{(1)}(x) \approx -i\frac{\Gamma(\nu)}{\pi}\left(\frac{2}{x}\right)^\nu + \cdots, \qquad \nu > 0 \tag{12.127}$$

$$H_0^{(2)}(x) \approx -i\frac{2}{\pi}\ln x + 1 - i\frac{2}{\pi}(\gamma - \ln 2) + \cdots \tag{12.128}$$

$$H_\nu^{(2)}(x) \approx i\frac{\Gamma(\nu)}{\pi}\left(\frac{2}{x}\right)^\nu + \cdots, \qquad \nu > 0 \tag{12.129}$$

로 주어진다. 이 식들에서 γ는 식 (1.13)에 정의된 오일러-마스케로니 상수이다.

한켈 함수들은 J_ν와 Y_ν의 선형 결합(상수항을 포함한)이므로, 식 (12.58) 및 (12.59)와

동일한 점화 관계식을 만족한다. $H_\nu^{(1)}(x)$와 $H_\nu^{(2)}(x)$ 2개의 함수에 대하여

$$H_{\nu-1}(x) + H_\nu + 1(x) = \frac{2\nu}{x} H_\nu(x) \tag{12.130}$$

$$H_{\nu-1}(x) - H_\nu + 1(x) = 2H_\nu{}'(x) \tag{12.131}$$

이고, 다양한 론스키안 공식이 개발될 수 있다. 다음이 이에 포함된다.

$$H_\nu^{(2)} H_{\nu+1}^{(1)} - H_\nu^{(1)} H_{\nu+1}^{(2)} = \frac{4}{i\pi x} \tag{12.132}$$

$$J_{\nu-1} H_\nu^{(1)} - J_\nu H_{\nu-1}^{(1)} = \frac{2}{i\pi x} \tag{12.133}$$

$$J_{\nu-1} H_\nu^{(2)} - J_\nu H_{\nu-1}^{(2)} = -\frac{2}{i\pi x} \tag{12.134}$$

12.8 변형 베셀 함수, $I_\nu(x)$와 $K_\nu(x)$

라플라스나 헬름홀츠 방정식들은 원통형 좌표계에서 분리되어 원통의 중심축에서부터의 거리를 기술하는 좌표 ρ에서 베셀 상미분 방정식이 될 수 있다. 이런 경우라면, ρ에 관한 함수로서의 해의 행동은 원천적으로 진동한다. 우리가 보았듯이 베셀 함수 $J_\nu(k\rho)$, 또한 $Y_\nu(k\rho)$는 임의의 ν값에 대하여 무한개의 영점을 가지고 있다. 그리고 이 성질은 경계조건을 만족하는 것을 야기하는 데 유용하다. 그러나 9.4절에서 보았듯이, 변수들이 분리되었을 때 생기는 연결하는 상수들은 베셀 상미분 방정식을 제공하는 데 필요한 반대의 부호를 가질 수도 있다. 그러면 좌표 ρ에 대한 방정식이

$$\rho^2 \frac{d^2}{d\rho^2} P_\nu(k\rho) + \rho \frac{d}{d\rho} P_\nu(k\rho) - (k^2\rho^2 + \nu^2) P_\nu(k\rho) = 0 \tag{12.135}$$

을 띨 수 있다. **변형 베셀 방정식**이라고 불리는 식 (12.135)는 베셀 상미분 방정식에서 단지 $k^2\rho^2$의 부호가 바뀌었을 뿐이다. 그러나 이런 조그마한 변화가 해의 성질을 바꾸는 데 충분하다. 더 자세하게 금방 논의하게 될 테지만, 식 (12.135)에 대한 해는 **변형 베셀 함수**라고 불리고, 진동하지 **않으며**, (삼각함수라기보다는) 지수함수의 성격을 갖는다.

운이 좋게도, 베셀 상미분 방정식에 관련해서 우리가 개발한 지식들이 변형 베셀 방정식에 대해 매우 유용하다. 왜냐하면 $k \to ik$로 치환하면, 기존의 베셀 상미분 방정식이 변형된 형태

로 바뀌기 때문이다. 그리고 만약 $P_\nu(k\rho)$가 베셀 상미분 방정식의 해라면 $P_\nu(ik\rho)$는 반드시 변형 베셀 상미분 방정식의 해이다. 이 사실을 진술하는 방법 중 하나는 식 (12.135)의 해가 허수의 독립변수를 갖는 베셀 함수라는 사실을 주의하는 것이다.

■ 급수해

베셀 상미분 방정식의 임의의 해도 i를 독립변수에 집어넣으면 변형 상미분 방정식의 해로 바뀌기 때문에 급수 전개를 보는 것으로 시작하자.

$$J_\nu(ix) = \sum_{s=0}^{\infty} \frac{(-1)^s}{s!\Gamma(s+\nu+1)} \left(\frac{ix}{2}\right)^{\nu+2s} = i^\nu \sum_{s=0}^{\infty} \frac{1}{s!\Gamma(s+\nu+1)} \left(\frac{x}{2}\right)^{\nu+2s} \tag{12.136}$$

합하는 모든 항들이 같은 부호를 갖고 있기 때문에 $J_\nu(ix)$는 진동하는 행동을 보일 수 없음이 명백하다. 변형 베셀 방정식이 실수가 되도록 하는 것으로 선택하는 것이 편리하고, 따라서 **제1종 변형 베셀 함수** $I_\nu(x)$를 다음과 같이 정의한다.

$$I_\nu(x) = i^{-\nu} J_\nu(ix) = e^{-i\nu\pi/2} J_\nu(xe^{i\pi/2}) = \sum_{s=0}^{\infty} \frac{1}{s!\Gamma(s+\nu+1)} \left(\frac{x}{2}\right)^{\nu+2s} \tag{12.137}$$

$\nu \geq 0$인 J_ν와 같이, I_ν는 원점에서 유한하고, 모든 x에 대하여 멱급수 전개가 수렴한다. 작은 x에서, 그것의 극한 행동은

$$I_\nu(x) = \frac{x^\nu}{2^\nu \Gamma(\nu+1)} + \cdots \tag{12.138}$$

의 형태가 될 것이다. J_ν와 $J_{-\nu}$의 관계로부터 I_ν와 $I_{-\nu}$는 ν가 정수 n이 아닐 때, 선형 종속임을 결론지을 수 있다. I_n의 정의에서 인자 i^{-n}을 고려하면, 선형 종속은

$$I_n(x) = I_{-n}(x) \tag{12.139}$$

이다. I_0과 I_1의 그래프는 그림 12.12에 나와 있다.

■ I_ν의 점화 관계

$I_\nu(x)$가 만족하는 점화 관계식은 급수 전개로부터 개발될 수 있으나, 이미 존재하는 $J_\nu(x)$의 점화 관계식으로부터 작동하는 것이 아마도 더 쉬울 것이다. 시작점은 식 (12.58)인데, ix에 대해 적으면

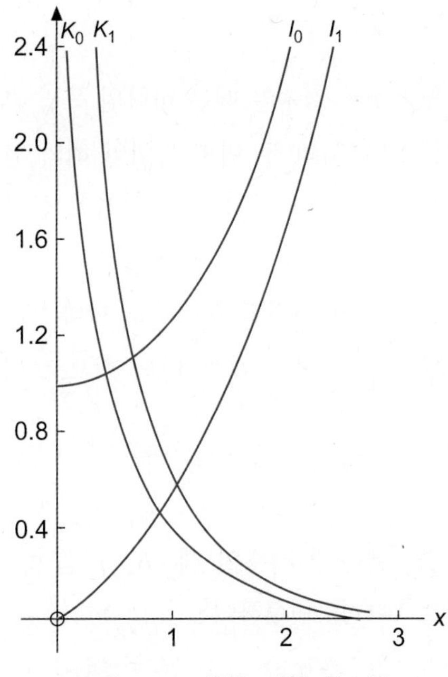

그림 12.12 변형 베셀 함수들

$$J_{\nu-1}(ix)+J_{\nu+1}(ix)=\frac{2n}{ix}J_n(ix) \tag{12.140}$$

이다. 식 (12.137)을 따라 관계된 J를 I로 바꾸면

$$J_\nu(ix)=i^\nu I_\nu(x) \tag{12.141}$$

이 된다. 따라서

$$i^{\nu-1}I_{\nu-1}(x)+i^{\nu+1}I_{\nu+1}(x)=\frac{2\nu}{ix}i^\nu I_\nu(x)$$

이고, 이것은

$$I_{\nu-1}(x)-I_{\nu+1}(x)=\frac{2\nu}{x}I_\nu(x) \tag{12.142}$$

로 간단히 변형된다. 비슷한 방법으로 식 (12.59)는

$$I_{\nu-1}(x)+I_{\nu+1}(x)=2I_\nu{}'(x) \tag{12.143}$$

로 변형된다. 위의 분석은 또한 연습문제 12.4.14의 주제이다.

■ 두 번째 해 K_ν

이미 지적했듯이, ν가 정수일 때는 하나의 독립해만 가지고 있다. 이는 베셀 함수 J_ν의 경우와 똑같다. 식 (12.135)의 두 번째 독립인 해의 선택은 필연적으로 편의의 문제이다. 여기서 주어진 두 번째 해는 점근 행동에 기반하여 선택된다. 이 해에 대한 선택과 표기의 혼란은 이 분야의 다른 어떤 부분보다 훨씬 심하다.[5] 또한 일반적인 표기가 없다. K_ν는 어떤 때는 휘태커(Whittaker) 함수라고 불리기도 한다. AMS-55(더 읽을 거리 참고)를 따르면, 여기서 두 번째 해를 한켈 함수 $H_\nu^{(1)}(x)$의 항으로 정의하는데,

$$K_\nu(x) \equiv \frac{\pi}{2} i^{\nu+1} H_\nu^{(1)}(ix) = \frac{\pi}{2} i^{\nu+1} [J_\nu(ix) + i Y_\nu(ix)] \tag{12.144}$$

가 된다. 인자 $i^{\nu+1}$은 x가 실수일 때, $K_\nu(x)$를 실수로 만든다.[6] 식 (12.104)와 (12.137)을 사용하면, 식 (12.144)를 변형하여[7]

$$K_\nu(x) = \frac{\pi}{2} \frac{I_{-\nu}(x) - I_\nu(x)}{\sin \nu\pi} \tag{12.145}$$

를 얻는데, 이는 $Y_\nu(x)$에 대한 식 (12.104)와 유사하다. K_ν에 대한 점화 관계식은

$$K_{\nu-1}(x) - K_{\nu+1}(x) = -\frac{2\nu}{x} K_\nu(x) \tag{12.146}$$

$$K_{\nu-1}(x) + K_{\nu+1}(x) = -2K_\nu{}'(x) \tag{12.147}$$

이다. 점화 관계식에서의 이런 차이를 피하기 위해서 어떤 저자들[8]은 K_ν의 정의에 추가적으로 인자 $\cos\nu\pi$를 포함시켰다. 이는 K_ν가 I_ν와 동일한 점화 관계식을 만족하도록 한다. 그러나 $\nu = \frac{1}{2}, \frac{3}{2}, \frac{5}{2}, \ldots$에 대하여 $K_\nu = 0$인 단점이 있다.

$K_\nu(x)$의 급수 전개는 $H_\nu^{(1)}(ix)$의 급수 형태로부터 직접 나온다. 이것은 우리가 $\ln ix$의 가지를 선택하게 해준다. 식 (12.126)과 (12.127)을 이용하면, 가장 차수가 낮은 항들은

$$K_0(x) = -\ln x - \gamma + \ln 2 + \cdots \tag{12.148}$$

---

5 표기법의 논의와 비교는 *Math. Tables Aids Comput.* **1**: 207-308 (1944)와 AMS-55(더 읽을 거리 참고)에서 찾을 수 있다.

6 만약 ν가 정수가 아니라면, $K_\nu(z)$는 분수 지수의 존재 때문에 $z=0$에서 가지점을 갖는다. 만약 $\nu = n$(정수)이라면, $K_n(z)$는 $\ln z$ 항 때문에 $z=0$에서 가지점을 갖는다. 보통 $K_n(z)$가 실수 z에 대해 실수인 가지를 갖는 것으로 파악한다.

7 정수 지표 n에 대해서 $\nu \to n$인 극한을 취한다.

8 예를 들어, 휘태커와 왓슨(더 읽을 거리 참고)

$$K_\nu(x) = 2^{\nu-1}\Gamma(\nu)x^{-\nu} + \cdots \tag{12.149}$$

가 된다. sinh 함수가 사인 함수에 관계하는 것과 마찬가지로 변형 베셀 함수 I_ν는 베셀 함수 J_ν에 관계하므로, 변형 베셀 함수 I_ν와 K_ν는 종종 **쌍곡 베셀 함수**(hyperbolic Bessel function)라고 불린다. K_0과 K_1은 그림 12.12에 나와 있다.

■ 적분 표현형

$I_0(x)$와 $K_0(x)$는 적분 표현

$$I_0(x) = \frac{1}{\pi}\int_0^\pi \cosh(x\cos\theta)d\theta \tag{12.150}$$

$$K_0(x) = \int_0^\infty \cos(x\sinh t)dt = \int_0^\infty \frac{\cos(xt)dt}{(t^2+1)^{1/2}}, \qquad x > 0 \tag{12.151}$$

을 갖는다. 식 (12.150)은 $J_0(x)$에 대한 식 (12.71)로부터 유도될 수 있다. 이러한 적분 표현들은 점근 형태를 개발할 때와 푸리에 변환(14장)과 관련하여 유용하다.

12.9 구면 베셀 함수

9.4절에서 구면 좌표계에서 헬름홀츠 방정식을 변수 분리하는 것을 논의하였다. 잘 일어나는 경우인 경계조건이 구면 대칭을 가지는 경우에, 반지름 방향 방정식은 식 (9.80)에 주어진 형태를 가진다. 즉,

$$r^2\frac{d^2R}{dr^2} + 2r\frac{dR}{dr} + \left[k^2r^2 - l(l+l)\right]R = 0 \tag{12.152}$$

이다. 매개변수 k는 원래 헬름홀츠 방정식으로부터 온 것이고, $l(l+1)$은 지표 l(경계조건에 의해 정수가 되도록 요구받은)에 의해 파악되는 각방정식의 해와 관련된 분리상수이다.

9.4절에서 다음의 치환

$$R(kr) = \frac{Z(kr)}{(kr)^{1/2}} \tag{12.153}$$

가 식 (12.152)를

$$r^2 \frac{d^2 Z}{dr^2} + r\frac{dZ}{dr} + \left[k^2 r^2 - \left(l + \frac{1}{2}\right)^2\right] Z = 0 \tag{12.154}$$

과 같이 다시 쓸 수 있게 하는 사실을 논의하였다. 이것은 식 (9.84)에서 차수가 $l + \frac{1}{2}$인 베셀 방정식임을 파악하였다.

이제 $Z(kr)$을 $J_{l+1/2}(kr)$과 $Y_{l+1/2}(kr)$의 선형 결합으로 파악한다. 따라서 돌아가면, $R(kr)$을 반정수 차수를 갖는 베셀 함수로 쓸 수 있다는 것이고, ($J_{l+1/2}$에 대하여) 다음 식으로 서술된다.

$$R(kr) = \frac{C}{\sqrt{kr}} J_{l+1/2}(kr)$$

$R(kr)$이 구면 좌표계에서 반지름 방향 함수를 기술하므로, **구면 베셀 함수**(spherical Bessel function)라는 용어를 사용한다. 식 (12.152)가 동차식이므로, 구면 베셀 함수를 어떤 스케일로도 자유롭게 정의할 수 있다. 보통 사용하는 스케일은 다음 소절에서 도입될 것이다.

■ 정의

다음 방정식으로 구면 베셀 함수를 정의한다. 정수가 아닌 수를 지표로 하는 구면 베셀 함수를 도입하는 것은 보통 유용하지 않으므로, n이 정수라고 가정한다. (그러나 꼭 양수이거나 0일 필요는 없다.)

$$\begin{aligned}
j_n(x) &= \sqrt{\frac{\pi}{2x}} J_{n+1/2}(x) \\
y_n(x) &= \sqrt{\frac{\pi}{2x}} Y_{n+1/2}(x) \\
h_n^{(1)}(x) &= \sqrt{\frac{\pi}{2x}} H_{n+1/2}^{(1)}(x) = j_n(x) + i y_n(x) \\
h_n^{(2)}(x) &= \sqrt{\frac{\pi}{2x}} H_{n+1/2}^{(2)}(x) = j_n(x) - i y_n(x)
\end{aligned} \tag{12.155}$$

$Y_{n+1/2}$의 정의를 언급하자면

$$Y_{n+1/2}(x) = \frac{\cos\left(n + \frac{1}{2}\right)\pi J_{n+1/2}(x) - J_{-n-1/2}(x)}{\sin\left(n + \frac{1}{2}\right)\pi} = (-1)^{n+1} J_{-n-\frac{1}{2}}(x)$$

이고, 이는

$$y_n(x) = (-1)^{n+1} j_{-n-1}(x) \tag{12.156}$$

를 의미한다.

이러한 구면 베셀 함수들은(그림 12.13, 12.14) 급수 형태로 표현 가능하다. 식 (12.57)을 이용하면, 처음에

$$j_n(x) = \sqrt{\frac{\pi}{2x}} \sum_{s=0}^{\infty} \frac{(-1)^s}{s!\Gamma\left(s+n+\frac{3}{2}\right)} \left(\frac{x}{2}\right)^{2s+n+1/2} \tag{12.157}$$

을 갖는다.

$$\Gamma\left(s+n+\frac{3}{2}\right) = \Gamma\left(n+\frac{3}{2}\right)\left(n+\frac{3}{2}\right)_s \tag{12.158}$$

를 적고, 여기서 $(\ldots)_s$는 포흐하머 기호이고 식 (1.72)에 정의되어 있다. 그러면 식 (12.157)을

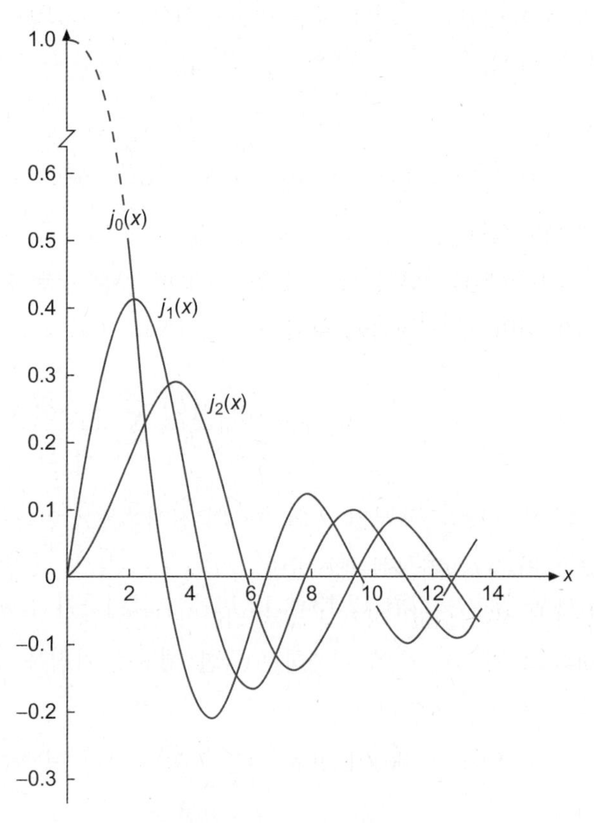

그림 12.13 구면 베셀 함수

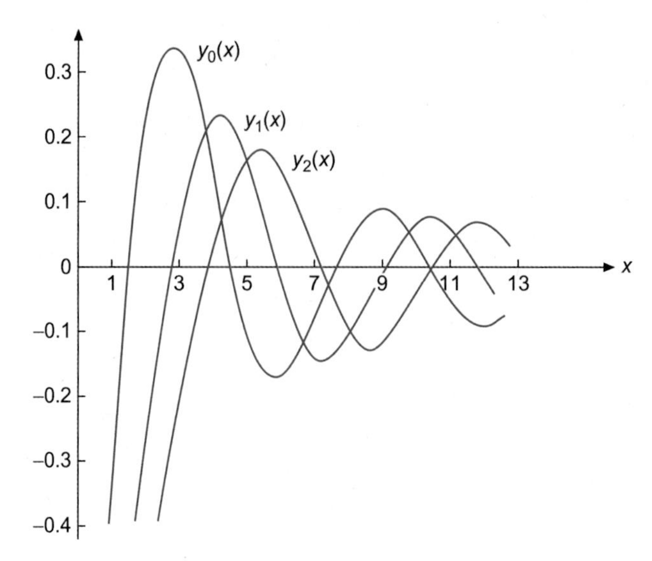

그림 12.14 구면 노이만 함수

$$j_n(x)=\sqrt{\frac{\pi}{2x}}\left(\frac{x}{2}\right)^{n+1/2}\frac{1}{\Gamma\left(n+\frac{3}{2}\right)}\sum_{s=0}^{\infty}\frac{(-1)^s}{s!\left(n+\frac{3}{2}\right)_s}\left(\frac{x}{2}\right)^{2s}$$

$$=\frac{x^n}{(2n+1)!!}\sum_{s=0}^{\infty}\frac{(-1)^s}{s!\left(n+\frac{3}{2}\right)_s}\left(\frac{x}{2}\right)^{2s} \tag{12.159}$$

의 형태로 가져갈 수 있다. 식 (12.159)의 마지막 줄은 $\Gamma\left(n+\frac{3}{2}\right)$을 이중 계승 표기(연습문제 12.1.14와 비교)를 이용하여 적어서 도달하였다.

만약 $y_n(x)$에 대하여 $j_n(x)$에 대해 사용한 같은 방법을 사용하여 급수 전개를 개발한다면[단, 식 (12.156)으로부터 출발하여]

$$y_n(x)=-\frac{(2n-1)!!}{x^{n+1}}\sum_{s=0}^{\infty}\frac{(-1)^s}{s!\left(\frac{1}{2}-n\right)_s}\left(\frac{x}{2}\right)^{2s} \tag{12.160}$$

을 얻는다.

구면 베셀 함수는 그림 12.13과 12.14에서 보이듯이 진동한다. $j_{n(x)}$가 $x=0$에서 정상임을 주의하고, 거기서 x^n에 비례하는 극한 행동을 가짐을 주의하라. y_n은 모두 비정상이고, 그 점을 x^{-n-1}로 접근한다.

식 (12.159)와 (12.160)에 있는 무한 급수는 닫힌 형태로(그러나 n이 증가할수록 어려움도 증가한다) 값을 구할 수 있다. $n=0$인 특별한 경우, 식 (12.159)에 $s!=2^{-s}(2s)!!$과

$(3/2)_s = 2^{-s}(2s+1)!!$을 대입할 수 있고,

$$j_0(x) = \sum_{s=0}^{\infty} \frac{(-1)^s 2^{2s}}{(2s)!!(2s+1)!!} \left(\frac{x}{2}\right)^{2s} = \sum_{s=0}^{\infty} \frac{(-1)^s}{(2s+1)!} x^{2s}$$
$$= \frac{\sin x}{x} \tag{12.161}$$

에 도달한다. y_0에 대해서 비슷한 처리를 하면,

$$y_0(x) = -\frac{\cos x}{x} \tag{12.162}$$

가 나온다. 구면 한켈 함수의 정의, 식 (12.155)로부터,

$$h_0^{(1)}(x) = \frac{1}{x}(\sin x - i\cos x) = -\frac{i}{x}e^{ix} \tag{12.163}$$

$$h_0^{(2)}(x) = \frac{1}{x}(\sin x + i\cos x) = \frac{i}{x}e^{-ix} \tag{12.164}$$

를 갖게 된다.

구면 베셀 함수에 대해 점화 관계식의 가용성을 기대하고 있었고, y_0이 그냥 $-j_{-1}$이기 때문에, 모든 j_n과 y_n이 사인과 코사인의 선형 결합일 것으로 기대한다. 실제로 점화식은 n이 작을 때, 이런 함수들을 얻는 좋은 방법이다. 그러나 여기서 다른 접근법을 파악하고 있다. 이 방법은 한켈 함수에 대한 점근 전개가 차수가 반정수일 때는 실제로 어디에선가 끝나고, 따라서 정확하고 닫힌 표현을 준다는 점이다.

$$h_n^{(1)}(x) = \sqrt{\frac{\pi}{2x}} H_{n+1/2}^{(1)}(x)$$
$$= (-i)^{n+1}\frac{e^{ix}}{x}\left[P_{n+1/2}(x) + iQ_{n+1/2}(x)\right] \tag{12.165}$$

로부터 시작한다. 이제 $P_{n+1/2}$과 $Q_{n+1/2}$들은 **다항식들**이고, 식 (12.165)를

$$h_n^{(1)}(x) = (-i)^{n+1}\frac{e^{ix}}{x}\sum_{s=0}^{n}\frac{i^s}{s!(8x)^s}\frac{(2n+2s)!!}{(2n-2s)!!}$$
$$= (-i)^{n+1}\frac{e^{ix}}{x}\sum_{s=0}^{n}\frac{i^s}{s!(2x)^s}\frac{(n+s)!}{(n-s)!} \tag{12.166}$$

의 형태로 가져올 수 있다. 실수인 x에 대해서 $j_n(x)$는 이것의 실수부이고, $y_n(x)$는 허수부이며, $h_n^{(2)}(x)$는 켤레 복소수이다. 특정해보면,

$$h_1^{(1)}(x) = e^{ix}\left(-\frac{1}{x} - \frac{i}{x^2}\right) \tag{12.167}$$

$$h_2^{(1)}(x) = e^{ix}\left(\frac{i}{x} - \frac{3}{x^2} - \frac{3i}{x^3}\right) \tag{12.168}$$

$$j_1(x) = \frac{\sin x}{x^2} - \frac{\cos x}{x} \tag{12.169}$$

$$j_2(x) = \left(\frac{3}{x^3} - \frac{1}{x}\right)\sin x - \frac{3}{x^2}\cos x \tag{12.170}$$

$$y_1(x) = -\frac{\cos x}{x^2} - \frac{\sin x}{x} \tag{12.171}$$

$$y_2(x) = -\left(\frac{3}{x^3} - \frac{1}{x}\right)\cos x - \frac{3}{x^2}\sin x \tag{12.172}$$

이다.

■ 점화 관계

이제 주목해서 볼 점화 관계식은 고차항의 구면 베셀 함수를 개발하는 편리한 방법을 제공한다. 이러한 점화 관계식은 멱급수 전개로부터 유도될 수 있지만, 알려진 점화 관계식, 식 (12.59)와 (12.60)에 대입하는 것이 더 쉽다.

$$f_{n-1}(x) + f_{n+1}(x) = \frac{2n+1}{x} f_n(x) \tag{12.173}$$

$$nf_{n-1}(x) - (n+1)f_{n+1}(x) = (2n+1)f'_n(x) \tag{12.174}$$

이들 관계식을 재배열하거나, 식 (12.61)과 (12.62)에 대입하면,

$$\frac{d}{dx}[x^{n+1}f_n(x)] = x^{n+1}f_{n-1}(x) \tag{12.175}$$

$$\frac{d}{dx}[x^{-n}f_n(x)] = -x^{-n}f_{n+1}(x) \tag{12.176}$$

을 얻는다. 이들 방정식들에서 f_n이 j_n, y_n, $h_n^{(1)}$, $h_n^{(2)}$를 대표할 수 있다.

수학적 귀납법(1.4절)에 의해 **레일리 공식**(Rayleigh formula)을 성립시킬 수 있다.

$$j_n(x) = (-1)^n x^n \left(\frac{1}{x}\frac{d}{dx}\right)^n \left(\frac{\sin x}{x}\right) \tag{12.177}$$

$$y_n(x) = -(-1)^n x^n \left(\frac{1}{x}\frac{d}{dx}\right)^n \left(\frac{\cos x}{x}\right) \tag{12.178}$$

$$h_n^{(1)}(x) = -i(-1)^n x^n \left(\frac{1}{x}\frac{d}{dx}\right)^n \left(\frac{e^{ix}}{x}\right) \tag{12.179}$$

$$h_n^{(2)}(x) = i(-1)^n x^n \left(\frac{1}{x}\frac{d}{dx}\right)^n \left(\frac{e^{-ix}}{x}\right) \tag{12.180}$$

■ 극한값

$x \ll 1$에 대하여[9] 식 (12.159)와 (12.160)

$$j_n(x) \approx \frac{x^n}{(2n+1)!!} \tag{12.181}$$

$$y_n(x) \approx -\frac{(2n-1)!!}{x^{n+1}} \tag{12.182}$$

작은 x에 대하여 구면 한켈 함수의 극한값은 $\pm i y_n(x)$이다.

j_n, y_n, $h_n^{(1)}$, $h_n^{(2)}$의 점근값들은 해당하는 베셀 함수의 점근 형태로부터 얻어질 수 있다.

$$j_n(x) \sim \frac{1}{x}\sin\left(x - \frac{n\pi}{2}\right) \tag{12.183}$$

$$y_n(x) \sim -\frac{1}{x}\cos\left(x - \frac{n\pi}{2}\right) \tag{12.184}$$

$$h_n^{(1)}(x) \sim (-i)^{n+1}\frac{e^{ix}}{x} = -i\frac{e^{i(x-n\pi/2)}}{x} \tag{12.185}$$

$$h_n^{(2)}(x) \sim i^{n+1}\frac{e^{-ix}}{x} = i\frac{e^{-i(x-n\pi/2)}}{x} \tag{12.186}$$

임을 안다. 이러한 구면 베셀 형태에 대한 조건은 $x \gg n(n+1)/2$이다. 이러한 점근값들로부터 $j_n(x)$와 $y_n(x)$는 **정상 구면파**(standing spherical wave)를 기술하는 데 적당하다는 것을 알고, $h_n^{(1)}(x)$와 $h_n^{(2)}(x)$는 **진행 구면파**(traveling spherical wave)에 해당한다는 것을 안다. 만약 진행파의 시간에 대한 의존을 $e^{-i\omega t}$로 정하면, $h_n^{(1)}(x)$는 바깥으로 진행하는 파동을 주고, $h_n^{(2)}(x)$는 들어오는 파동을 준다. 전자기학에서의 복사 이론이나, 양자역학에서 산란 이론은 많은 응용을 제공한다.

---

9 급수에서 두 번째 항이 첫항에 비해서 무시 가능하다는 조건은 실제로 $j_n(x)$에 대하여 $x \ll 2[(2n+2)(2n+3)/(n+1)]^{1/2}$이다.

■ 직교성과 영점

정상적인 베셀 함수, 식 (11.49), (11.50)에 대한 직교 적분을 택하여

$$\int_0^a J_\nu\left(\alpha_{\nu p}\frac{\rho}{a}\right)J_\nu\left(\alpha_{\nu q}\frac{\rho}{a}\right)\rho\, d\rho = \frac{a^2}{2}\left[J_{\nu+1}(\alpha_{\nu p})\right]^2\delta_{pq}$$

이고 j_n으로 다시 쓰면

$$\int_0^a j_n\left(\alpha_{np}\frac{r}{a}\right)j_n\left(\alpha_{nq}\frac{r}{a}\right)r^2\, dr = \frac{a^3}{2}\left[j_{n+1}(\alpha_{np})\right]^2\delta_{pq} \tag{12.187}$$

을 얻는다. 여기서 α_{np}는 j_n의 p번째 양의 영점이다.

J_ν의 직교성에 대한 공식에 대비되어, 식 (12.187)은 가중인자 r가 아니라 r^2을 가짐을 주의하라. 이것은 당연히 $j_n(x)$의 정의에서 인자 $x^{-1/2}$로부터 온다. 그러나 만약 적분이 선형 간격보다 **구면 부피**(spherical volume)에 걸친 것이라고 이해된다면 그것은 모든 부피 요소의 균일한 가중치에 해당하는 인자라는 결과 또한 갖는다. (만약 적분이 그 경우에 원 안에 있는 면적에 걸친 것이라고 이해하면 J_ν 적분에 대한 가중치 ρ는 균일한 가중치를 생성한다는 것을 기억하라.)

정상 베셀 함수에 대해서 $(0, a)$에서 수직인 함수들은 모두 디리클레 경계조건 $r=a$에서 0을 만족한다. 따라서 j_n의 영점들의 값을 아는 것은 유용하다는 것을 안다. 작은 n에 대해 처음 몇 영점과 또한 j_n'의 영점들은 표 12.3에 나열되어 있다.

다음의 예제는 j_n의 영점이 중요한 역할을 하는 문제를 설명한다.

표 12.3 구면 베셀 함수의 영점과 그 지점에서의 1계 도함수

영점의 수	$j_0(x)$	$j_1(x)$	$j_2(x)$	$j_3(x)$	$j_4(x)$	$j_5(x)$
1	3.1416	4.4934	5.7635	6.9879	8.1826	9.3558
2	6.2832	7.7253	9.0950	10.4171	11.7049	12.9665
3	9.4248	10.9041	12.3229	13.6980	15.0397	16.3547
4	12.5664	14.0662	15.5146	16.9236	18.3013	19.6532
5	15.7080	17.2208	18.6890	20.1218	21.5254	22.9046
	$j_0'(x)$	$j_1'(x)$	$j_2'(x)$	$j_3'(x)$	$j_4'(x)$	$j_5'(x)$
1	4.4934	2.0816	3.3421	4.5141	5.6467	6.7565
2	7.7253	5.9404	7.2899	8.5838	9.8404	11.0702
3	10.9041	9.2058	10.6139	11.9727	13.2956	14.5906
4	14.0662	12.4044	13.8461	15.2445	16.6093	17.9472
5	17.2208	15.5792	17.0429	18.4681	19.8624	21.2311

예제 12.9.1 구 안의 입자

구면 베셀 함수의 사용을 설명하는 것은 반지름이 a인 구에서 질량 m인 양자역학적 입자의 문제에서 주어진다. 양자 이론은 입자를 기술하는 파동 함수 ψ가 슈뢰딩거 방정식을 만족한다.

$$-\frac{\hbar^2}{2m}\nabla^2\psi = E\psi \tag{12.188}$$

이는 (1) $\psi(r)$는 모든 $0 \le r \le a$에 대해서 유한하고, (2) $\psi(a)=0$의 조건을 따른다. 이것은 $r \le a$에서는 $V=0$이고, $r > a$에서는 $V=\infty$인 네모 우물 퍼텐셜에 해당한다. 여기서 $\hbar$는 플랑크 상수를 2π로 나눈 것이다. 경계조건이 있는 식 (12.188)은 고윳값 방정식이다. 고윳값 E는 입자의 에너지로 가능한 값들이다.

파동 방정식이 허용하는 해에 대해 에너지의 최솟값을 정하도록 하자. 식 (12.188)은 헬름홀츠 방정식인데, 변수 분리를 하면 식 (12.152)에서 예전에 주어진 반지름 방향 방정식이 된다.

$$\frac{d^2R}{dr^2}+\frac{2}{r}\frac{dR}{dr}+\left[k^2-\frac{l(l+1)}{r^2}\right]R=0 \tag{12.189}$$

여기서

$$k^2 = 2mE/\hbar^2 \tag{12.190}$$

이고, l(각방정식으로부터 결정된)은 음이 아닌 정수이다. 식 (12.154)와 구면 베셀 함수들의 정의, 식 (12.155)와 비교하면, 식 (12.189)에 대한 일반해는

$$R = A_{jl}(kr) + By_l(kr) \tag{12.191}$$

이다. 현재 문제의 경계조건을 만족하기 위해서 $r=0$에서 특이하기 때문에 y_l의 해는 거부해야만 하고, k를 $j_l(ka)=0$이 되도록 선택해야만 한다. $r=a$에서의 이 경계조건은 만약

$$k \equiv k_{li} = \frac{\alpha_{li}}{a} \tag{12.192}$$

이면 만족된다. 여기서 α_{li}는 j_l의 i번째 양의 영점이다. 식 (12.190)으로부터 가장 작은 E는 가장 작은 허용되는 k에 해당하고, 또한 가장 작은 α_{li}에 해당하는 것을 안다. 따라서 표 12.3을 훑어보면, j_0의 처음 영점으로 가장 작은 α_{li}를 파악한다. 이것은 $l=0$ 값이 운동 에너지가 없는 각도 함수와 연관된다는 것을 안 후에 기대할 수 있는 결과이다.

값 $\alpha_{01}/a = \pi/a^{10}$의 값에 부여된 k로 E에 대한 식 (12.190)을 풀어서 이 예제를 결론짓

는다.

$$E_{\min} = \frac{\pi^2\hbar^2}{2ma^2} = \frac{\hbar^2}{8ma^2} \tag{12.193}$$

이 예제는 양자역학에서 구속된 상태에 대해 공통인 몇몇 성질들을 기술한다. 먼저, 어떤 유한한 구면에 대해서도 입자는 양의 최소, 또는 영점 에너지를 가질 것이다. 둘째, 입자가 연속적인 범위의 에너지 값을 가질 수 없다는 것을 주의한다. 슈뢰딩거 방정식의 고윳값에 해당하는 불연속적인 값으로 제한된다. 셋째, 이 구면 대칭인 문제에서 가능한 에너지 값들은 l에 의존한다. 마지막으로, 이 문제의 조건에 놓인 j_l의 직교성은 우리에게 같은 l에 해당하지만 다른 i에 해당하는 고유함수들이 직교한다는 것을 보여준다는 점을 주의하라. (이들은 구면 극 좌표계에 해당하는 가중인자를 갖는다.) ■

우리는 이 소절을 축척(특정한 r값에 대해서 0인)에 관한 직교성에 더하여, 구면 베셀 함수가 지표들에 관해 직교성을 지닌다는 것을 관찰함으로써 접고자 한다.

$$\int_{-\infty}^{\infty} j_m(x) j_n(x) dx = 0, \qquad m \neq n,\ m,\ n \geq 0 \tag{12.194}$$

이다. 증명은 연습문제 12.9.12로 남겨 두었다. 만약 $m = n$(연습문제 12.9.13과 비교)이면,

$$\int_{-\infty}^{\infty} [j_n(x)]^2 dx = \frac{\pi}{2n+1} \tag{12.195}$$

이다.

구면 베셀 함수들은 구면파와 관련하여 다시 등장할 것이다. 그러나 더 그것들을 고려하는 것은 해당하는 각도 함수, 르장드르 함수들이 더 완벽하게 논의된 이후로 미룬다.

■ 변형 구면 베셀 함수

단지 k^2의 부호가 식 (12.152)와 다른 반지름 방향 방정식

$$r^2 \frac{d^2R}{dr^2} + 2r\frac{dR}{dr} - [k^2r^2 + l(l+1)]R = 0 \tag{12.196}$$

과 관련된 문제들은 종종 물리에서 발생한다. 이 방정식에 대한 해들은 허수의 독립변수를

[10] 표 12.3의 대부분의 값들은 수치적으로만 접근 가능하다. 그러나 j_0의 영점은 그들의 간단한 형태 $\alpha_{0m} = m\pi$로 인해 잘 파악될 수 있다.

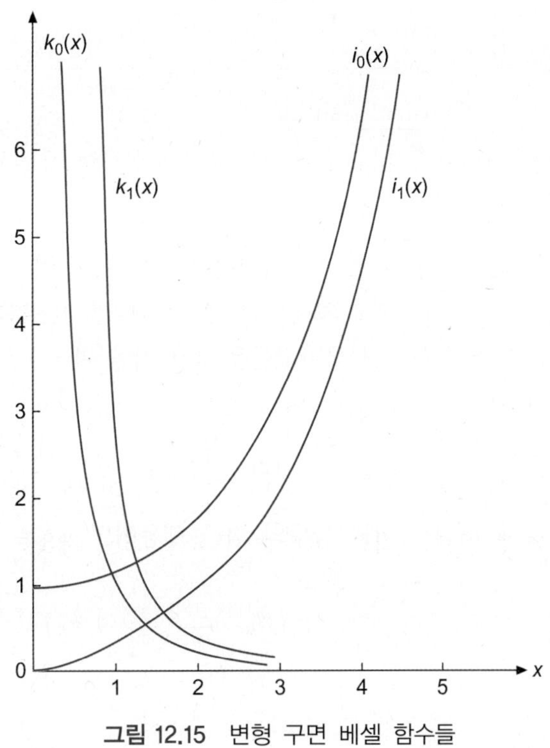

그림 12.15 변형 구면 베셀 함수들

갖는 구면 베셀 함수들이다. 이것은 **변형 구면 베셀 함수**(그림 12.15)를 다음과 같이 정의하게 한다.

$$i_n(x) = \sqrt{\frac{\pi}{2x}}\, I_{n+1/2}(x) \tag{12.197}$$

$$k_n(x) = \sqrt{\frac{2}{\pi x}}\, K_{n+1/2}(x) \tag{12.198}$$

k_n의 정의에서 축척인자가 다른 구면 베셀 함수의 그것과는 다르다는 것을 주의하라.

위의 정의로, 이들 함수들은 다음의 점화 관계식을 갖는다.

$$\begin{aligned} i_{n-1}(x) - i_{n+1}(x) &= \frac{2n+1}{x} i_n(x) \\ n i_{n-1}(x) + (n+1) i_{n+1}(x) &= (2n+1) i_n{}'(x) \\ k_{n-1}(x) - k_{n+1}(x) &= -\frac{2n+1}{x} k_n(x) \\ n k_{n-1}(x) + (n+1) k_{n+1}(x) &= -(2n+1) k_n{}'(x) \end{aligned} \tag{12.199}$$

이들 중 처음 몇몇 함수들은

$$\begin{aligned} i_0(x) &= \frac{\sinh x}{x}, & k_0(x) &= \frac{e^{-x}}{x} \\ i_1(x) &= \frac{\cosh x}{x} - \frac{\sinh x}{x^2}, & k_1(x) &= e^{-x}\left(\frac{1}{x} + \frac{1}{x^2}\right) \\ i_2(x) &= \sinh x\left(\frac{1}{x} + \frac{3}{x^3}\right) - \frac{3\cosh x}{x^2}, & k_2(x) &= e^{-x}\left(\frac{1}{x} + \frac{3}{x^2} + \frac{3}{x^3}\right) \end{aligned} \tag{12.200}$$

와 같다.

변형 구면 베셀 함수의 극한값들은 x가 작을 때

$$i_n(x) \approx \frac{x^n}{(2n+1)!!}, \qquad k_n(x) \approx \frac{(2n-1)!!}{x^{n+1}} \tag{12.201}$$

이고, 큰 z에 대해서 이들 함수의 점근 행동이

$$i_n(x) \sim \frac{e^x}{2x}, \qquad k_n(x) \sim \frac{e^{-x}}{x} \tag{12.202}$$

이다.

예제 12.9.2 유한 구면 우물에 있는 입자

마지막 예제로, 반지름이 a인 구면 퍼텐셜에 잡혀 있는 입자의 문제로 돌아 간다(예제 12.9.1). 그러나 입자를 $V = \infty$인 퍼텐셜 장벽에 가두는 대신($r = a$에서 파동 함수 ψ가 사라지는 것을 요구하는 것과 등등한), 이번에는 유한한 깊이의 우물을 생각해본다. 이는

$$V(r) = \begin{cases} V_0 < 0, & 0 \le r \le a \\ 0, & r > a \end{cases}$$

에 해당한다. 만약 입자가 $E < 0$인 에너지를 갖는다면, 그것은 퍼텐셜 우물 속과 근처에 국소화될 것이다. 이때 파동 함수는 r이 a보다 큰 값으로 증가함에 따라 0으로 작아지는 파동 함수를 갖는다. 이 문제의 간단한 경우가 고윳값 문제(예제 8.3.3)의 예 중의 하나이다. 그러나 이 경우 그것의 해가 베셀 함수라고 파악하는 충분한 일반성을 가지고 진행하지는 않았다.

이 문제는 슈뢰딩거 방정식에 의해 지배받는다. 이것은 이제

$$-\frac{\hbar^2}{2m}\nabla^2\psi + V(r)\psi = E\psi$$

의 형태를 갖는다. 이것은 고윳값 방정식인데, ψ가 모든 r에 대해서 연속이고 미분 가능하고, 정규화된다는 (따라서 큰 r에서는 점근적으로 0으로 접근하는) 조건을 따르는 3차원 공간에 걸친 ψ와 E를 구해야 하는 문제이다. 여기서 m은 입자의 질량이고, $\hbar$는 플랑크 상수

를 2π로 나눈 것이다.

이 문제가 예제 12.9.1보다 더 어려운 문제이긴 하지만, 만약 그것이 각각 $0 \le r \le a$인 영역과 $r > a$인 영역에 대한 2개의 분리된 문제와 동등하다는 것을 깨닫는다면, 어느 정도 손을 댈 수 있다. 여기서 각각의 퍼텐셜은 상숫값을 가지지만, (1) 같은 에너지 고윳값 E를 갖고, (2) $r = a$에서 부드럽게 연결되는 조건을 따른다. (따라서 r에 대한 도함수가 존재한다.)

슈뢰딩거 방정식이 변수 분리법에 의해 처리되면, 그것의 반지름 방향 성분으로

$$\frac{d^2R}{dr^2} + \frac{2}{r}\frac{dR}{dr} + \left(\frac{2m}{\hbar^2}[E - V(r)] - \frac{l(l+1)}{r^2}\right)R = 0$$

을 얻는다. 여기서 R는 $E - V(r)$의 부호에 따라 구면 베셀 함수, 식 (12.154)나 변형 구면 베셀 함수, 식 (12.196)이다. 만약 $r \le a$에서 $V_0 < E < 0$이면 $E - V(r) > 0$이고, 이것은 허용된 해가 j_l과 관련되고 베셀 상미분 방정식을 주고, $r > a$에서 $E - V(r) < 0$이고, 필요한 점근 행동을 얻기 위해 k_l 해를 선택해야 하는 변형 베셀 상미분 방정식이 된다.

위를 요약하면, 두 영역에 대하여

$$R_{\text{in}}(r) = Aj_l(kr), \qquad k^2 = \frac{2m}{\hbar^2}(E - V_0) \qquad r \le a$$

$$R_{\text{out}}(r) = Bk_l(k'r), \qquad k'^2 = -\frac{2m}{\hbar^2}E \qquad r > a$$

이다. $r = a$에서 부드러운 연결은

$$R_{\text{in}}(a) = R_{\text{out}}(a) \;\rightarrow\; Aj_l(ka) = Bk_l(k'r) \tag{12.203}$$

$$\left.\frac{dR_{\text{in}}}{dr}\right|_{r=a} = \left.\frac{dR_{\text{out}}}{dr}\right|_{r=a} \;\rightarrow\; kAj_l'(ka) = k'Bk_l'(k'a) \tag{12.204}$$

에 해당한다. $l = 0$에 대해서 이 문제는 예제 8.3.3에서 고려한 해로 단순화되고, 여기서 그것을 푸는 수치적인 방법을 표시했다. 그러나 이제 모든 l에 대한 해를 얻어야 하는 위치에 서 있다. ■

연습문제

12.9.1 식 (12.165)로부터 시작하여 식 (12.166)을 어떻게 얻을 수 있는지 보이시오.

12.9.2 만약

$$y_n(x) = \sqrt{\frac{\pi}{2x}}\, Y_{n+1/2}(x)$$

이면, 그것은 자동적으로

$$(-1)^{n+1}\sqrt{\frac{\pi}{2x}}\, J_{-n-1/2}(x)$$

과 같음을 보이시오.

12.9.3 $j_n(z)$와 $y_n(z)$의 삼각함수-다항식 형태를 유도하시오.[11]

$$\begin{aligned} j_n(z) &= \frac{1}{z}\sin\left(z - \frac{n\pi}{2}\right)\sum_{s=0}^{[n/2]}\frac{(-1)^s(n+2s)!}{(2s)!(2z)^{2s}(n-2s)!} \\ &\quad + \frac{1}{z}\cos\left(z - \frac{n\pi}{2}\right)\sum_{s=0}^{[(n-1)/2]}\frac{(-1)^s(n+2s+1)!}{(2s+1)!(2z)^{2s}(n-2s-1)}, \\ y_n(z) &= \frac{(-1)^{n+1}}{z}\cos\left(z + \frac{n\pi}{2}\right)\sum_{s=0}^{[n/2]}\frac{(-1)^s(n+2s)!}{(2s)!(2z)^{2s}(n-2s)!} \\ &\quad + \frac{(-1)^{n+1}}{z}\sin\left(z + \frac{n\pi}{2}\right)\sum_{s=0}^{[(n-1)/2]}\frac{(-1)^s(n+2s+1)!}{(2s+1)!(2z)^{2s+1}(n-2s-1)!} \end{aligned}$$

12.9.4 $J_\nu(x)$의 적분 표현

$$J_\nu(x) = \frac{1}{\pi^{1/2}\Gamma\left(\nu + \frac{1}{2}\right)}\left(\frac{x}{2}\right)^\nu \int_{-1}^{1} e^{\pm ixp}(1-p^2)^{\nu-1/2}dp$$

을 이용하여 구면 베셀 함수 $j_n(x)$가 삼각함수로 표현 가능함을 보이시오. 예를 들면,

$$j_0(x) = \frac{\sin x}{x}, \qquad j_1(x) = \frac{\sin x}{x^2} - \frac{\cos x}{x}$$

이다.

---

[11] 합의 상한인 $[n/2]$는 $n/2$를 넘지 않는 가장 큰 **정수**를 의미한다.

12.9.5 (a) 구면 베셀 함수들 $j_n(x)$, $y_n(x)$, $h_n^{(1)}(x)$, $h_n^{(2)}(x)$에 의해서 만족되는 점화 관계식

$$f_{n-1}(x)+f_{n+1}(x)=\frac{2n+1}{x}f_n(x)$$
$$nf_{n-1}(x)-(n+1)f_{n+1}(x)=(2n+1)f_n{}'(x)$$

을 유도하시오.

(b) 이 두 점화 관계식으로부터, 구면 베셀 함수 $f_n(x)$가 미분 방정식

$$x^2 f_n{}''(x)+2xf_n{}'(x)+\left[x^2-n(n+1)\right]f_n(x)=0$$

을 만족함을 보이시오.

12.9.6 수학적 귀납법(1.4절)으로 임의의 음이 아닌 정수 n에 대하여

$$j_n(x)=(-1)^n x^n\left(\frac{1}{x}\frac{d}{dx}\right)^n\left(\frac{\sin x}{x}\right)$$

을 증명하시오.

12.9.7 구면 베셀 함수의 직교성 논의로부터 $j_n(x)$와 $n_n(x)$의 론스키안 관계가

$$j_n(x)y_n{}'(x)-j_n{}'(x)y_n(x)=\frac{1}{x^2}$$

임을 보이시오.

12.9.8 다음

$$h_n^{(1)}(x)h_n^{(2)\prime}(x)-h_n^{(1)\prime}(x)h_n^{(2)}(x)=-\frac{2i}{x^2}$$

을 검증하시오.

12.9.9 구면 베셀 함수의 푸아송 적분 표현을 검증하시오.

$$j_n(z)=\frac{z^n}{2^{n+1}n!}\int_0^\pi \cos(z\cos\theta)\sin^{2n+1}\theta\,d\theta$$

12.9.10 $K_\nu(x)$에 대해 잘 알려진 적분 표현은

$$K_\nu(x)=\frac{2^\nu \Gamma\left(\nu+\frac{1}{2}\right)}{\sqrt{\pi}\,x^\nu}\int_0^\infty \frac{\cos xt}{(t^2+1)^{\nu+1/2}}dt$$

의 형태를 갖는다. 이 식으로부터 출발하여

$$k_n(x) = \frac{2^{n+2}(n+1)!}{\pi x^{n+1}} \int_0^\infty \frac{k^2 j_0(kx)}{(k^2+1)^{n+2}} dk$$

을 보이시오.

12.9.11 $\displaystyle\int_0^\infty J_\mu(x) J_\nu(x) \frac{dx}{x} = \frac{2}{\pi} \frac{\sin[(\mu-\nu)\pi/2]}{\mu^2-\nu^2}$, $\mu+\nu>0$을 보이시오.

12.9.12 식 (12.194)를 유도하시오.

$$\int_{-\infty}^\infty j_m(x) j_n(x) dx = 0, \qquad \begin{cases} m \neq n, \\ m\ n \geq 0 \end{cases}$$

12.9.13 식 (12.195)를 유도하시오.

$$\int_{-\infty}^\infty [j_n(x)]^2 dx = \frac{\pi}{2n+1}$$

12.9.14 회절 이론에서 발생하는 프레넬 적분(그림 12.16과 연습문제 12.9.2)은

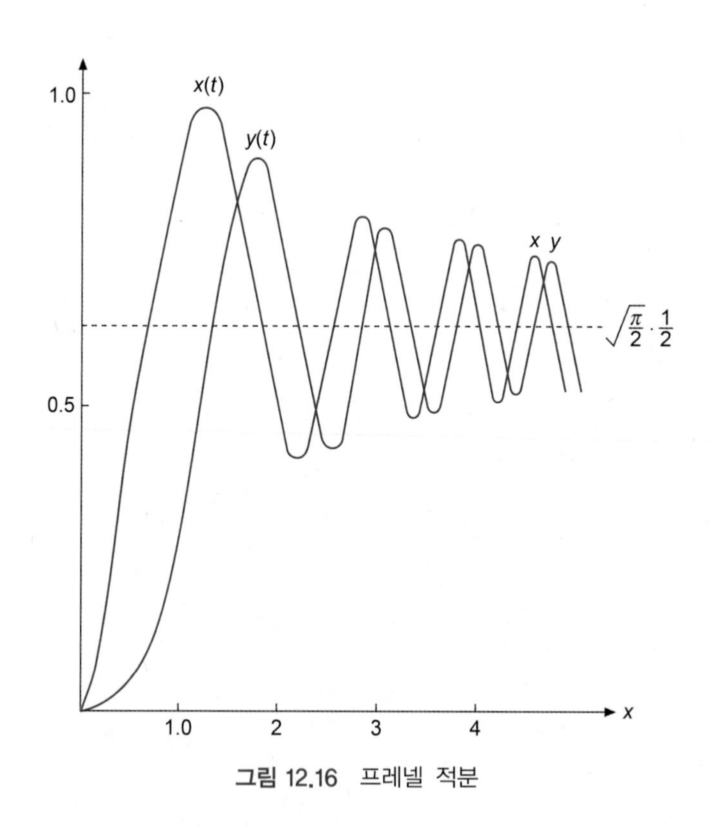

그림 12.16 프레넬 적분

$$x(t) = \sqrt{\frac{\pi}{2}}\, C\left(\sqrt{\frac{\pi}{2}}\, t\right) = \int_0^t \cos(v^2)dv$$

$$y(t) = \sqrt{\frac{\pi}{2}}\, s\left(\sqrt{\frac{\pi}{2}}\, t\right) = \int_0^t \sin(v^2)dv$$

으로 주어진다. 이들 적분이 구면 베셀 함수의 급수로 다음과 같이 전개될 수 있다는 것을 보이시오.

$$x(s) = \frac{1}{2}\int_0^s j_{-1}(u)u^{1/2}du = s^{1/2}\sum_{n=0}^{\infty} j_{2n}(s)$$

$$y(s) = \frac{1}{2}\int_0^s j_0(u)u^{1/2}xdu = s^{1/2}\sum_{n=0}^{\infty} j_{2n+1}(s)$$

[힌트] 적분과 합이 같다는 것을 성립시키기 위하여, 그것들의 도함수로 일을 하기를 바랄지 모른다. 식 (12.59)와 (12.63)의 구면 베셀 함수의 유사함이 도움이 될 수도 있다.

12.9.15 반지름이 a인 속이 빈 구(헬름홀츠 공진기)가 정상파 음파를 지니고 있다. 반지름 a와 음파의 속력 v를 사용하여 진동의 최소 진동수를 찾으시오. 음파는 파동 방정식

$$\nabla^2\psi = \frac{1}{v^2}\frac{\partial^2\psi}{\partial t^2}$$

을 만족하고 $r = a$에서 경계조건은 $\frac{\partial\psi}{\partial r} = 0$이다. 편미분 방정식의 공간 부분은 예제 12.9.1에서 논의한 편미분 방정식과 동일하다. 그러나 그 예제의 디리클레 경계조건과 대비하여 여기서는 노이만 경계조건을 갖고 있다.

답. $\nu_{\min} = 0.3313v/a,\ \lambda_{\max} = 3.018a$

12.9.16 (a) $i_n(x)$의 패리티($x \to -x$일 때 행동)가 $(-1)^n$임을 보이시오.

(b) $k_n(x)$는 정해진 패리티가 없음을 보이시오.

12.9.17 변형 구면 베셀 함수들의 론스키안은

$$i_n(x)k_n'(x) - i'_n(x)k_n(x) = -\frac{1}{x^2}$$

임을 보이시오.

르장드르 함수

르장드르 함수는 물리에서 중요한데, 이는 중심힘이 작용하는 문제에 대해서 라플라스나 헬름홀츠 방정식(또는 그것들의 일반화된 것들)들이 구면 좌표계에서 분리되는 경우에 생겨나기 때문이다. 따라서 르장드르 함수는 원자의 파동 함수를 기술할 때, 정전기학의 다양한 문제들에서, 그리고 다른 많은 이론들에서 등장한다. 더불어, 르장드르 다항식은 사인 함수와 코사인 함수의 범위인 $(-1, +1)$ 구간에서 편리한 수직인 함수 집합을 제공한다. 그리고 교육적인 관점에서 그것들은 다루기 쉬운 함수 집합을 제공하고, 수직인 다항식의 일반적인 성질을 훌륭하게 설명하는 것을 형성한다. 여기서는 쓰임새가 크고 중요한 부가적인 공부 재료와 함께 그것들을 확장하고자 한다.

위에서 지적한 대로, 르장드르 함수는 구면 극 좌표계 (r, θ, φ)로 방정식이 쓰여 있을 때 만나게 된다. 예를 들면

$$-\nabla^2\psi + V(r)\psi = \lambda\psi$$

은 변수 분리법에 의해서 풀린다. 이 방정식이 구면 대칭인 영역에 대해서 풀릴 것이고, $V(r)$는 좌표계의 중심에서의 거리의 함수(그리고 따라서 세 성분을 가지는 위치 벡터 $\mathbf{r}$의 함수가 아닌)라는 것을 주의하라. 식 (9.77)과 (9.78)에서처럼 $\psi = R(r)\Theta(\theta)\Phi(\varphi)$라고 쓰고 원래의 편미분 방정식을 3개의 1차원 상미분 방정식으로 분해한다.

$$\frac{d^2\Phi}{d\varphi^2} = -m^2\Phi \tag{12.205}$$

$$\frac{1}{\sin\theta}\frac{d}{d\theta}\left(\sin\theta\frac{d\Theta}{d\theta}\right) - \frac{m^2\Theta}{\sin^2\theta} + l(l+1)\Theta = 0 \tag{12.206}$$

$$\frac{1}{r^2}\frac{d}{dr}\left(r^2\frac{dR}{dr}\right) + [\lambda - V(r)]R - \frac{l(l+1)R}{r^2} = 0 \tag{12.207}$$

m^2과 $l(l+1)$은 변수들이 분리될 때 생겨나는 상수들이다. φ에 대한 상미분 방정식은 쉽게 풀리고 자연적인 경계조건(9.4절 참조)을 갖는데, 이에 따르면 m은 정수여야 하고, 함수 Φ는 $e^{\pm im\varphi}$나 $\sin(m\varphi)$, $\cos(m\varphi)$로 쓸 수 있다.

Θ 방정식은 이제 $x = \cos\theta$로 치환하면[식 (9.79)와 비교],

$$(1-x^2)P''(x) - 2xP'(x) - \frac{m^2}{1-x^2}P(x) + l(l+1)P(x) = 0 \tag{12.208}$$

에 도달한다. 이것이 **연관 르장드르 방정식**이다. 먼저 다룰 $m=0$인 특별한 경우가 **르장드르 상미분 방정식**이다.

12.10 르장드르 다항식

르장드르 다항식

$$(1-x^2)P''(x)-2xP'(x)+\lambda P(x)=0 \tag{12.209}$$

는 $x=\pm 1$과 $x=\infty$에서(표 7.1 참고)에서 정상 특이점들을 갖고, 따라서 $x=0$ 주위에서 수렴 반지름이 1인 급수해를 갖는다. 다시 말하면 급수해가 $|x|<1$에 대하여(모든 매개변수 λ값에 대하여) 수렴한다. 8.3절에서 λ의 대부분의 값에서 급수해가 $x=\pm 1$에서(이는 $\theta=0$과 $\theta=\pi$에 해당) 발산할 것이라는 것을 알았다. 그러나 만약 λ가 l이 정수이고 $l(l+1)$의 값을 가진다면, 급수는 x^l 이후 항들은 잘려나갈 것이고, 차수가 l인 다항식만 남는다.

이제 **르장드르 다항식**이라고 불리고, P_l이라고 지정된 연속된 차수의 다항식으로서 르장드르 방정식에 대한 원하는 해를 파악하였으므로 모함수 접근법으로 그것들을 개발해보자. 이러한 과정은 P_l에 대해 스케일을 정할 것이고, 점화 관계식과 그에 관련된 공식들을 유도하는 데 좋은 시작점을 제공한다.

르장드르 상미분 방정식의 다항식 해에 대한 모함수는 다음과 같이 주어진다.

$$g(x,\ t)=\frac{1}{\sqrt{1-2xt+t^2}}=\sum_{n=0}^{\infty}P_n(x)t^n \tag{12.210}$$

식 (12.211)의 마지막 단계는 $1/(1-t)$를 이항 정리를 써서 전개하는 것이다.

$$g(1,\ t)=\frac{1}{\sqrt{1-2t+t^2}}=\frac{1}{1-t}=\sum_{n=0}^{\infty}t^n \tag{12.211}$$

식 (12.210)과 비교하면 그것이 예언하는 스케일링은 $P_n(1)=1$이다.

다음으로 만약 x를 $-x$로 바꾸고, t를 $-t$로 바꾸면 무슨 일이 일어날지 생각해보라. 식 (12.210)에서 $g(x,\ t)$의 값은 이 치환에 의해 영향받지 않는다. 그러나 우변은 다른 형태를 띠게 된다.

$$\sum_{n=0}^{\infty}P_n(x)t^n=g(x,\ t)=g(-x,\ -t)=\sum_{n=0}^{\infty}P_n(-x)(-t)^n \tag{12.212}$$

이것은

$$P_n(-x)=(-1)^nP_n(x) \tag{12.213}$$

를 증명한다. 위의 결과로부터 $P_n(-1)=(-1)^n$이 분명하다. 그리고 $P_n(x)$는 x^n과 같은 패리티를 갖는다.

또 다른 유용한 특별한 값은 $P_n(0)$이다. P_{2n}과 P_{2n+1}을 짝수와 홀수 지표값을 구분하기 위해서 사용하면 P_{2n+1}이 패리티, 즉 $x \to -x$에 대해 홀이므로 반드시 $P_{2n+1}(0)=0$이다. $P_{2n}(0)$을 구하기 위해서 이항 전개에 의존한다.

$$g(0,\ t)=(1+t^2)^{-1/2}=\sum_{n=0}^{\infty}\binom{-1/2}{n}t^{2n}=\sum_{n=0}^{\infty}P_{2n}(0)t^{2n} \tag{12.214}$$

그러면 식 (1.74)를 이용하여 이항 전개의 계수값을 구하면

$$P_{2n}(0)=(-1)^n\frac{(2n-1)!!}{(2n)!!} \tag{12.215}$$

을 얻는다.

르장드르 다항식의 중요한 항들의 특성을 파악하는 것은 유용하다. 이항 정리를 모함수에 적용하면,

$$(1-2xt+t^2)^{-1/2}=\sum_{n=0}^{\infty}\binom{-1/2}{n}(-2xt+t^2)^n \tag{12.216}$$

이고 이로부터 t^n에 곱할 수 있는 x의 최고차수는 x^n임을 알 수 있다. 그리고 마지막 인자의 전개에서 $(-2xt)^n$으로부터 얻을 수 있다. 따라서

$$P_n(x)\text{에서 } x^n\text{의 계수는 } \binom{-1/2}{n}(-2)^n=\frac{(2n-1)!!}{n!} \tag{12.217}$$

이다.

이러한 결과들은 중요하므로, 다음과 같이 요약한다.

> $P_n(x)$는 부호와 스케일을 가지고 있다. 즉 $P_n(1)=1$이고, $P_n(-1)=(-1)^n$이다. $P_{2n}(x)$는 x에 대해 우함수이고, $P_{2n+1}(x)$은 기함수이다. $P_{2n+1}(0)=0$이고, $P_{2n}(0)$은 식 (12.215)로 주어진다. $P_n(x)$는 x에 대해 n차 다항식이고, 그 계수는 식 (12.217)로 주어진다. $P_n(x)$는 x에 대해 차수가 교차하는 계승 x^n, x^{n-2}, ..., (x^0 또는 x^1)을 갖는다.

P_n이 차수가 n이고 교차하는 계승을 가진다는 사실로부터 $P_0(x)=$상수이고, $P_1(x)=$(상수)x임이 명백하다. 스케일 요구조건으로부터 이것들은 $P_0(x)=1$, $P_1(x)=x$로 귀결된다.

식 (12.216)으로 돌아가면, 르장드르 다항식에 대하여 드러나는 닫힌 표현을 얻을 수 있다. 우리에게 필요한 모든 것은 $(-2xt+t^2)^n$이라는 양을 전개하고, 각각의 t의 계승과 관련된 x의 의존을 파악하기 위해 더하는 것을 잘 재배치하는 것이다. 일반적인 결과는 다음 소절에서 개발될 점화식보다는 덜 유용하며,

$$P_n(x) = \sum_{k=0}^{[n/2]} (-1)^k \frac{(2n-2k)!}{2^n k!(n-k)!(n-2k)!} x^{n-2k} \qquad (12.218)$$

이다. 여기서 $[n/2]$는 $n/2$보다 작은 가장 큰 정수를 표시한다. 이 식은 n이 짝수일 때는 $P_n(x)$가 짝수승의 x항을 갖고 짝수 패리티가 된다는 요구조건과 일관되고, 한편 n이 홀수일 때는 홀수승의 x항을 갖고 홀수 패리티가 된다는 요구조건과 일관된다. 식 (12.218)은 연습문제 12.10.2의 주제이다.

■ 점화 관계

모함수 방정식으로부터 $g(x,\ t)$를 x나 t로 미분하여 점화식을 생성할 수 있다.

$$\frac{\partial g(x,\ t)}{\partial t} = \frac{x-t}{(1-2xt+t^2)^{3/2}} = \sum_{n=0}^{\infty} n P_n(x) t^{n-1} \qquad (12.219)$$

로부터 시작한다. 이 식은 재배열하여

$$(1-2xt+t^2)\sum_{n=0}^{\infty} n P_n(x) t^{n-1} + (t-x)\sum_{n=0}^{\infty} P_n(x) t^n = 0 \qquad (12.220)$$

이 되고, 전개하면

$$\sum_{n=0}^{\infty} n P_n(x) t^{n-1} - 2\sum_{n=0}^{\infty} nx P_n(x) t^n + \sum_{n=0}^{\infty} n P_n(x) t^{n+1} + \sum_{n=0}^{\infty} P_n(x) t^{n+1} - \sum_{n=0}^{\infty} x P_n(x) t^n = 0 \qquad (12.221)$$

에 도달한다. 여러 항으로부터 t^n의 계수들을 모아 그 결과를 0으로 놓으면 식 (12.221)은

$$(2n+1)x P_n(x) = (n+1)P_{n+1}(x) + n P_{n-1}(x), \qquad n = 1,\ 2,\ 3,\ \ldots \qquad (12.222)$$

과 동등한 것으로 보인다. 식 (12.222)는 이전에 파악했던 P_0과 P_1의 시작값으로부터 뒤따라오는 P_n들을 생성할 수 있게 해준다. 예를 들면,

$$2P_2(x) = 3xP_1(x) - P_0(x) \quad \rightarrow \quad P_2(x) = \frac{1}{2}(3x^2-1) \qquad (12.223)$$

표 12.4 르장드르 다항식

$$P_0(x) = 1$$

$$P_1(x) = x$$

$$P_2(x) = \frac{1}{2}(3x^2 - 1)$$

$$P_3(x) = \frac{1}{2}(5x^3 - 3x)$$

$$P_4(x) = \frac{1}{8}(35x^4 - 30x^2 + 3)$$

$$P_5(x) = \frac{1}{8}(63x^5 - 70x^3 + 15x)$$

$$P_6(x) = \frac{1}{16}(63x^5 - 315x^4 + 105x^2 - 5)$$

$$P_7(x) = \frac{1}{16}(429x^7 - 693x^5 + 315x^3 - 35x)$$

$$P_8(x) = \frac{1}{128}(6435x^8 - 12012x^6 + 6930x^4 - 1260x^2 + 35)$$

이다. 이 과정을 계속하면 표 12.4에 주어진 르장드르 다항식들의 목록을 만들 수 있다.

또한 $g(x, t)$를 x로 미분하여 $P_n{}'$을 포함한 점화식을 얻을 수 있다. 이것은

$$\frac{\partial g(x, t)}{\partial x} = \frac{t}{(1 - 2xt + t^2)^{3/2}} = \sum_{n=0}^{\infty} P_n{}'(x) t^n$$

을 준다. 또는

$$(1 - 2xt + t^2) \sum_{n=0}^{\infty} P_n{}'(x) t^n - t \sum_{n=0}^{\infty} P_n(x) t^n = 0 \tag{12.224}$$

이다. 이전과 같이 t의 각각의 지수승의 계수를 0으로 놓으면

$$P'_{n+1}(x) + P'_{n-1}(x) = 2xP_n{}'(x) + P_n(x) \tag{12.225}$$

를 얻는다. 좀 더 유용한 관계식은 식 (12.222)를 x로 미분하고 2를 곱하면 알아낼 수 있다. 이것에 식 (12.225)에 $(2n+1)$을 곱한 것을 더하여 $P_n{}'$항을 없앤다. 그 결과는

$$P'_{n+1}(x) - P'_{n-1}(x) = (2n+1) P_n(x) \tag{12.226}$$

이다.

식 (12.225)와 (12.226)으로부터 시작하여, 많은 추가 관계식을 개발할 수 있다.[12] 이들에는

12 어떻게 결합하는지를 나타내기 위한 괄호 안의 숫자는 식을 나타내는 숫자로, 이들 도함수 식들 중 일부는 다음과 같이 얻을 수 있다.

$$P'_{n+1}(x) = (n+1)P_n(x) + xP_n'(x) \tag{12.227}$$

$$P'_{n-1}(x) = -nP_n(x) + xP_n'(x) \tag{12.228}$$

$$(1-x^2)P'_n(x) = nP_{n-1}(x) - nxP_n(x) \tag{12.229}$$

$$(1-x^2)P'_n(x) = (n+1)xP_n(x) - (n+1)P_{n+1}(x) \tag{12.230}$$

까지 포함된다. 르장드르 상미분 방정식으로부터 모함수 $g(x,\ t)$를 유도하였고, 그러고 난 뒤 $g(x,\ t)$를 이용하여 점화식을 얻었기 때문에 그 상미분 방정식은 자동적으로 이들 점화 관계식과 일관된다. 그럼에도 불구하고, 이 일관성을 검증하는 것은 흥미롭다. 그 이유는 점화식을 만족하는 **임의의** 함수 집합은 르장드르 상미분 방정식의 해의 집합이 될 것이고, 그걸 봤다는 것은 제2종 르장드르 함수(P_l 다항식과 선형 독립인 해인)에 관련되었다는 것이기 때문이다. 점화식을 만족하는 함수들이 또한 르장드르 상미분 방정식을 만족한다는 것을 보이는 일은 연습문제 12.10.1의 주제이다.

■ $P_n(\cos\theta)$의 위 경계와 아래 경계

모함수는 $|P_n(\cos\theta)|$의 상한을 정하는 데 사용할 수 있다.

$$\begin{aligned}(1-2t\cos\theta+t^2)^{-1/2} &= (1-te^{i\theta})^{-1/2}(1-te^{-i\theta})^{-1/2} \\ &= \left(1+\frac{1}{2}te^{i\theta}+\frac{3}{8}t^2e^{2i\theta}+\cdots\right)\left(1+\frac{1}{2}te^{-i\theta}+\frac{3}{8}t^2e^{-2i\theta}+\cdots\right)\end{aligned} \tag{12.231}$$

이다. 식 (12.231)에서 금방 두 가지를 관찰할 수 있는데, 먼저 처음 괄호의 임의의 항에다가 둘째 괄호의 임의의 항을 곱하면, 그 곱의 t의 차수는 $e^{im\theta}$의 알짜 지수 m이 짝수이고 오직 이때만 짝이 될 것이다. 둘째, $t^n e^{im\theta}$의 형태인 모든 항들에 대하여, $t^n e^{-im\theta}$인 형태의 또 다른 항이 존재할 것이다. 그 두 항은 반드시 양인(양쪽 괄호 합하는 모든 항들의 계수가 각각 양이므로), 같은 계수를 갖는 일이 일어날 것이다. 이 두 가지 관찰은 다음을 의미한다.

(1) 전개하는 항들을 한 번에 2개씩 택하면, t^n의 계수를

$$\frac{1}{2}a_{nm}(e^{im\theta}+e^{-im\theta}) = a_{nm}\cos m\theta$$

의 형태의 선형 결합으로 쓸 수 있다. 여기서 a_{nm}은 모두 **양**이다.

$2\cdot\frac{d}{dx}(12.222)+(2n+1)\cdot(12.225) \Rightarrow (12.226)$, $\frac{1}{2}\{(12.225)+(12.226)\} \Rightarrow (12.227)$,
$\frac{1}{2}\{(12.225)-(12.226)\} \Rightarrow (12.228)$, $(12.227)_{n\to n-1}+x(12.228) \Rightarrow (12.229)$

(2) n과 m의 패리티는 같아야 한다(둘 다 짝이든지 홀이든지).

되돌아가면, 이것은

$$P_n(\cos\theta) = \sum_{m=0 \text{ or } 1}^{n} a_{nm} \cos m\theta \tag{12.232}$$

임을 의미한다. 이 표현은 명백히 $\theta = 0$일 때 최대이고, 식 (12.215) 뒤에 있는 요약으로부터 이미 알고 있는 사실, $P_n(1) = 1$이다. 따라서

> 르장드르 다항식 $P_l(x)$는 구간 $(-1, +1)$에서 $x = 1$일 때 전역 최댓값을 갖고, 그 값은 $P_n(1) = 1$이다. 그리고 만약 n이 짝이면, $x = -1$에서도 그러하다. 만약 n이 홀이면, 구간에서 $x = -1$일 때 전역 최솟값을 갖고, $P_n(-1) = -1$이다.

르장드르 다항식의 최댓값과 최솟값은 그림 12.17에 그려진 P_2~P_5의 그래프로 알 수 있다.

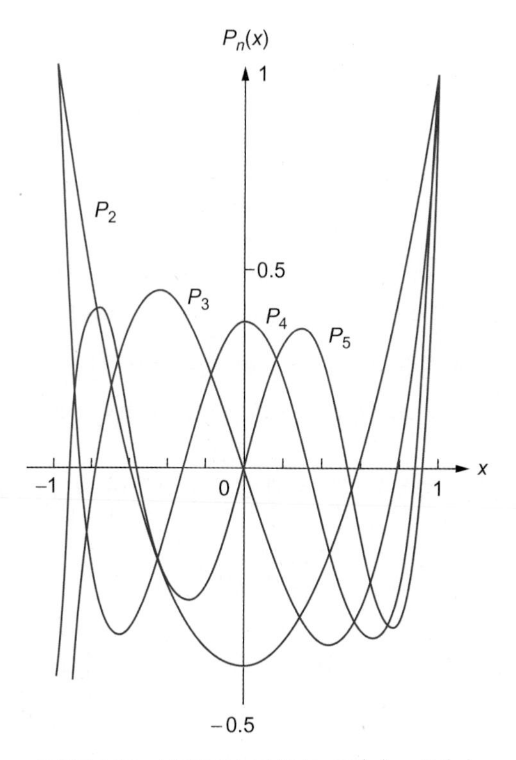

그림 12.17 르장드르 다항식 $P_2(x) \sim P_5(x)$

■ 로드리게스 공식

르장드르 다항식에 대한 **로드리게스 공식**(Rodrigues formula)은

$$\left(\frac{d}{dx}\right)^n (1-x^2)^n \tag{12.233}$$

에 비례해야 함을 안다. 식 (12.233)을 식 (12.210)을 통해 이미 차용된 스케일에 가져 가려면 식 (12.233)에 $(-1)^n/(2^n n!)$을 곱한다. 따라서

$$P_n(x) = \frac{1}{2^n n!}\left(\frac{d}{dx}\right)^n (x^2-1)^n \tag{12.234}$$

이다.

식 (12.234)가 이전에 분석한 것과 일치하는 스케일을 갖는다는 것을 성립시키기 위해서, x의 특정한 하나의 지수의 계수를 검사하는 것으로 충분하다. x^n을 선택해보자. 로드리게스 공식으로부터 x의 지수는 $(x^2-1)^n$의 전개에서 x^{2n}항으로부터만 생겨나고,

$$P_n(x)\text{에서 } x^n\text{의 계수(로드리게스)는 } \frac{1}{2^n n!}\frac{(2n)!}{n!} = \frac{(2n-1)!!}{n!}$$

이다. 이는 이미 식 (12.217)과 일치한다. 이것은 식 (12.234)의 스케일을 확인해준다.

연습문제

12.10.1 르장드르 다항식의 점화 관계식을 조작하여 르장드르 상미분 방정식을 유도하시오. 제안하는 시작점은 식 (12.228), (12.229)이다.

12.10.2 르장드르 다항식 $P_n(x)$에 대하여 다음의 닫힌 식을 유도하시오.

$$P_n(x) = \sum_{k=0}^{[n/2]} (-1)^k \frac{(2n-2k)!}{2^n k!(n-k)!(n-2k)!} x^{n-2k}$$

여기서 $[n/2]$은 $n/2$의 정수부를 대표한다.

[힌트] 식 (12.216)을 좀 더 전개하고, 그 결과인 이중 합을 재배열하라.

12.10.3 연습문제 12.10.2에 주어진 급수를 미분하고 직접 치환하여, $P_n(x)$가 르장드르 상미분 방정식을 만족하는 것을 보이시오. x에 대해 제한이 없음을 주의하라. $-\infty < x < \infty$이고, 실제로는 전체 유한 복소 공간의 z를 가질 수 있다.

12.10.4 모함수 $g(x, t)$를 t에 대해 미분하고 $2t$를 곱하여, $g(x, t)$에 더하면

$$\frac{1-t^2}{(1-2tx+t^2)^{3/2}}=\sum_{n=0}^{\infty}(2n+1)P_n(x)t^n$$

임을 보이시오. 이 결과는 근처의 점전하에 의해 접지된 금속구에 유도된 전하를 계산하는 데 유용하다.

12.10.5 (a) 식 (12.230)을 유도하시오.

$$(1-x^2)P_n{}'(x)=(n+1)xP_n(x)-(n+1)P_{n+1}(x)$$

(b) 식 (12.226)에서 (12.229)까지의 기호 형태와 비슷한 기호 형태로 식 (12.230)의 관계식을 적으시오.

12.10.6 다음을 증명하시오.

$$P_n{}'(1)=\frac{d}{dx}P_n(x)\bigg|_{x=1}=\frac{1}{2}n(n+1)$$

12.10.7 식 (12.231)로부터 $n \le 2$일 때, $\cos n\theta$로 t^2의 계수를 적으시오. 이 계수는 $P_2(\cos\theta)$이다.

12.10.8 다음 점화 관계식

$$(1-x^2)P_n{}'(x)=nP_{n-1}(x)-nxP_n(x)$$

을 르장드르 다항식 모함수로부터 유도하시오.

12.10.9 $\int_0^1 P_n(x)dx$의 값을 구하시오.

[힌트] 점화 관계식을 이용하여 $P_n(x)$를 도함수 항으로 바꾸고 잘 조사하여 적분하라. 또는 모함수를 적분할 수도 있다.

답. $n=2s$일 때 $1(s=0)$, $0(s>0)$

$n=2s+1$일 때, $P_{2s}(0)/(2s+2)=(-1)^s(2s-1)!!/1(2s+2)!!$

12.10.10 $m<n$일 때, $\int_{-1}^1 x^m P_n(x)dx=0$을 보이시오.

[힌트] 로드리게스 공식을 이용하거나 x^m을 르장드르 다항식으로 전개하시오.

12.10.11 다음을 보이시오.

$$\int_{-1}^{1} x^n P_n(x)dx = \frac{2n!}{(2n+1)!!}$$

[주의] 로드리게스 공식을 사용하고 부분 적분을 할 것으로 보이나, 잘 조사해서 식 (12.218)로부터 결과를 얻을 수 있는지 보라.

12.10.12 다음을 보이시오.

$$\int_{-1}^{1} x^{2r} P_{2n}(x)dx = \frac{2^{2n+1}(2r)!(r+n)!}{(2r+2n+1)!(r-n)!}, \qquad r \geq n$$

12.10.13 수치 해석 작업에서는(예를 들어, 가우스-르장드르 구적법), $P_n(x)$가 $[-1, 1]$의 내부에서 n개의 영점을 갖는다는 것을 성립시키는 것이 유용하다. 실제 그런지 보이시오.

[힌트] 롤의 정리는 $(x^2-1)^{2n}$의 1계 도함수가 $[-1, 1]$의 내부에서 하나의 영점을 갖는다는 것을 보여준다. 이 주장을 두 번, 세 번, 그리고 최종적으로 n계 도함수에 대해서 확장하라.

12.11 직교성

르장드르 상미분 방정식이 자체 수반이고, $P''(x)$의 계수, 즉 $(1-x^2)$이 $x=\pm 1$에서 0이 되기 때문에, 서로 다른 n의 해들은 자동적으로 구간 $(-1, 1)$에서 가중치 1로 직교할 것이다.

$$\int_{-1}^{1} P_n(x)P_m(x)dx = 0, \qquad (n \neq m) \tag{12.235}$$

P_n이 실수이므로, 어떠한 켤레 복소수도 직교 적분에서 표시될 필요가 없다. P_n이 종종 독립변수 $\cos\theta$와 함께 사용되므로, 식 (12.235)는

$$\int_{0}^{\pi} P_n(\cos\theta)P_m(\cos\theta)\sin\theta\, d\theta = 0, \qquad (n \neq m) \tag{12.236}$$

와 동등하다는 것에 주목한다.

P_n의 정의는 그것들이 정규화되어 있다는 것을 보장하지는 않는다. 그리고 실제로도 그렇지 않다. 정규화를 성립시키기 위한 한 방법은 모함수를 제곱하는 것으로 시작한다. 그러면 처음에

$$(1-2xt+t^2)^{-1} = \left[\sum_{n=0}^{\infty} P_n(x)t^n\right]^2 \tag{12.237}$$

을 준다. $x=-1$에서 $x=1$까지 적분하고, 직교성, 즉 식 (12.235) 때문에 0이 되는 교차하는 항들을 떨구면,

$$\int_{-1}^{1} \frac{dx}{1-2tx+t^2} = \sum_{n=0}^{\infty} t^{2n} \int_{-1}^{1} [P_n(x)]^2 dx \tag{12.238}$$

를 갖게 된다. $y=1-2tx+t^2$, $dy=-2tdx$로 치환하면

$$\int_{-1}^{1} \frac{dx}{1-2tx+t^2} = \frac{1}{2t} \int_{(1-t)^2}^{(1+t)^2} \frac{dy}{y} = \frac{1}{t} \ln\left(\frac{1+t}{1-t}\right) \tag{12.239}$$

를 얻는다. 이 결과를 멱급수로 전개하면(연습문제 1.6.1),

$$\frac{1}{t} \ln\left(\frac{1+t}{1-t}\right) = 2\sum_{n=0}^{\infty} \frac{t^{2n}}{2n+1} \tag{12.240}$$

이고, 식 (12.238)과 (12.240)에서 t의 지수의 계수를 같게 놓으면,

$$\int_{-1}^{1} [P_n(x)]^2 dx = \frac{2}{2n+1} \tag{12.241}$$

을 가져야 한다. 식 (12.235)와 (12.241)을 결합하면, 직교 조건

$$\int_{-1}^{1} P_n(x) P_m(x) dx = \frac{2\delta_{nm}}{2n+1} \tag{12.242}$$

을 갖는다. 이 결과는 P_n과 P_m에 대한 로드리게스 공식을 이용해서도 얻을 수 있다. 연습문제 12.11.1을 보라.

■ 르장드르 급수

르장드르 다항식의 직교성은 전개를 위한 기저로 그들을 사용하는 것을 자연스럽게 한다. $(-1,\ 1)$에서 정의된 어떤 함수 $f(x)$가 주어져 있을 때, 전개

$$f(x) = \sum_{n=0}^{\infty} a_n P_n(x) \tag{12.243}$$

의 계수는

$$a_n = \frac{2n+1}{2}\int_{-1}^{1} f(x)P_n(x)dx \tag{12.244}$$

의 공식으로 주어진다. 직교성은 이 전개가 유일하다는 것을 보증한다. 전개를 식 (12.218)의 전개를 삽입하여 멱급수로 바꾸고 x의 각 지수의 계수를 모을 수(어쩌면 하고 싶지 않을) 있으므로, 멱급수를 얻을 수 있고, 이것도 반드시 유일한 것을 안다.

르장드르 급수의 중요한 응용은 라플라스 방정식의 해에 적용하는 것이다. 9.4절에서 라플라스 방정식이 구면 극 좌표계에서 분리될 때, 그것의 일반해(구면 대칭의 경우)가

$$\psi(r,\ \theta,\ \varphi) = \sum_{l,\ m}(A_{lm}r^l + B_{lm}r^{-l-1})P_l^m(\cos\theta)(A'_{lm}\sin m\varphi + B'_{lm}\cos m\varphi) \tag{12.245}$$

의 형태를 띤다는 것을 보았다. 여기서 극 방향에서 해가 발산하는 것을 피하기 위해 l은 정수여야 한다. 방위각에 대한 의존이 없는 해를 고려하면(즉, $m=0$) 식 (12.245)는

$$\psi(r,\ \theta) = \sum_{l=0}^{\infty}(a_l r^l + b_l r^{-l-1})P_l(\cos\theta) \tag{12.246}$$

로 간단하게 된다. 종종 문제는 경계가 되는 구의 내부나 외부의 영역에 국한되고, 만약 ψ가 유한해야 한다면, 해는 다음 두 가지 형태 중 하나를 가져야 한다.

$$\psi(r,\ \theta) = \sum_{l=0}^{\infty} a_l r^l P_l(\cos\theta) \qquad (r \le r_0) \tag{12.247}$$

$$\psi(r,\ \theta) = \sum_{l=0}^{\infty} a_l r^{-l-1} P_l(\cos\theta) \qquad (r \ge r_0) \tag{12.448}$$

이런 단순화가 항상 적당한 것은 아니라는 것에 주의하라(예제 12.11.2 참고). 가끔 계수(a_l)들은 알려진 함수의 전개가 아니라 문제의 경계조건에 의해서 결정된다. 뒤따라 나오는 예제들을 보라.

예제 12.11.1 지구의 중력장

르장드르 급수의 한 예가 지구의 표면 외부에 있는 점들에서의 중력 퍼텐셜 U를 기술하는 것이다. 중력은 거리의 제곱에 반비례하므로, 질량이 없는 공간의 퍼텐셜은 라플라스 방정식을 만족한다. 따라서 (만약 경도에 의존하는 방위각 효과를 무시한다면) 그것은 식 (12.248)에서 주어진 형태를 갖는다.

현재의 예를 좀 더 구체화하면, R을 적도에서의 지구 반지름이라고 하고, 전개하는 변수를 차원이 없는 양 R/r로 본다. 지구은 전체 질량 M과 중력 상수 G로 표현하면

$$R = 6378.1 \pm 0.1 \ \text{km}$$

$$\frac{GM}{R} = 62.494 \pm 0.001 \ \text{km}^2/\text{s}^2$$

이고,

$$U(r, \theta) = \frac{GM}{R}\left[\frac{R}{r} - \sum_{l=2}^{\infty} a_l \left(\frac{R}{r}\right)^{l+1} P_l(\cos\theta)\right] \tag{12.249}$$

이다. 이 전개의 맨 앞의 항은 지구가 구면 대칭일 경우에 얻을 결과를 기술한다. 고차항들은 뒤틀어짐을 기술한다. P_1항은 r이 재어지는 원점이 지구의 질량 중심이기 때문에 없다.

인공 위성의 운동은

$$a_2 = (1{,}082{,}635 \pm 11) \times 10^{-9}$$

$$a_3 = (-2{,}531 \pm 7) \times 10^{-9}$$

$$a_4 = (-1{,}600 \pm 12) \times 10^{-9}$$

이다. 이것은 유명한 지구의 배 모양의 뒤틀어짐이다. 다른 계수들은 a_{20}항까지 계산되었다.

가장 최근의 위성 자료는 지구 중력장의 경도 방향의 의존을 결정하는 것도 허용한다. 그러한 의존은 라플라스 급수로 기술된다(12.14절 참고). ■

예제 12.11.2 균일한 장 안의 구

르장드르 급수의 다른 사용에 대한 설명은 중성인 도체 구(반지름 r_0)가 크기가(도체 구를 놓기 전) E_0인 균일한 전기장에 놓여 있는 경우다(그림 12.18 참고). 이 문제는 라플라스 방정식

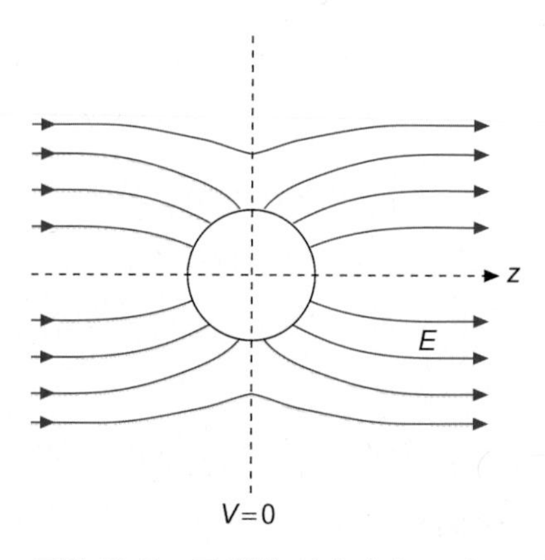

그림 12.18 균일한 장에서의 도체 구

$$\nabla^2 \psi = 0$$

을 만족하는 새롭고, 섭동된 정전기 퍼텐셜 ψ를 찾는 것이다. 도체 구의 중심에 구면 극 좌표계의 중심을 선택하고, 극(z)축은 원래의 균일한 장과 평행하게 놓는다. 이것은 도체 구 표면에서의 경계조건을 적용하는 것을 편리하게 만든다. 변수 분리를 하면, 라플라스 방정식에 대한 해를 필요로 하므로 $r \geq r_0$에 대한 퍼텐셜은 식 (12.246)의 형태가 될 것이라는 것을 주의한다. 이 문제의 축대칭 때문에 해는 φ에 독립이다.

도체 구를 집어 넣는 것이 국소적인 효과를 가질 것이기 때문에 ψ의 점근 행동은

$$\psi(r \to \infty) = -E_0 z = -E_0 r \cos\theta = -E_0 r P_1(\cos\theta) \tag{12.250}$$

이고, 이것은

$$a_n = 0, \qquad n > 1, \qquad a_1 = -E_0 \tag{12.251}$$

과 동등하다. $n > 1$인 모든 n에 대해서 $a_n \neq 0$이라면, 그 항은 r이 클 때 지배하게 되고, 경계조건, 식 (12.250)은 만족될 수 없다. 더불어, 도체 구가 중성이라는 것은 ψ가 $1/r$에 비례하는 기여를 포함하지 않는다는 것을 요구하고, 따라서 $b_0 = 0$이어야 한다.

두 번째 경계조건, 즉 도체 구는 반드시 등퍼텐셜이어야 한다. 따라서 일반성을 잃지 않고, 그 퍼텐셜을 0으로 놓을 수 있다. 그러면 $r = r_0$인 구 표면에서

$$\psi(r_0, \theta) = a_0 + \left(\frac{b_1}{r_0^2} - E_0 r_0\right) P_1(\cos\theta) + \sum_{n=2}^{\infty} b_n \frac{P_n(\cos\theta)}{r_0^{n+1}} = 0 \tag{12.252}$$

을 갖는다. 식 (12.252)가 모든 θ에 대해 성립하기 위해서

$$a_0 = 0, \qquad b_1 = E_0 r_0^3, \qquad b_n = 0, \qquad n \geq 2 \tag{12.253}$$

로 놓는다.

(구 바깥에서) 정전기 퍼텐셜은 따라서 완벽히 결정된다.

$$\begin{aligned} \psi(r, \theta) &= -E_0 r P_1(\cos\theta) + \frac{E_0 r_0^3}{r^2} P_1(\cos\theta) \\ &= -E_0 r P_1(\cos\theta)\left(1 - \frac{r_0^3}{r^3}\right) = -E_0 z\left(1 - \frac{r_0^3}{r^3}\right) \end{aligned} \tag{12.254}$$

9.5절에서 닫힌 경계 상에서 디리클레 경계조건을 가진 라플라스 방정식은 유일한 해를 갖는다는 것을 보였다. 현재 문제에 대한 해를 찾았으므로, 그것은 유일한(더해질 수 있는 상

숫값을 제외하고) 해이다.

더 나아가, 표면에 유도된 전하 밀도가

$$\sigma = -\varepsilon_0 \frac{\partial \psi}{\partial r}\bigg|_{r=r_0} = 3\varepsilon_0 E_0 \cos\theta \tag{12.255}$$

가 됨을 보일 수 있고, 유도된 전기 쌍극자 모멘트의 크기가

$$P = 4\pi r_0^3 \varepsilon_0 E_0 \tag{12.256}$$

임을 보일 수 있다. 연습문제 12.11.9를 보라. ■

예제 12.11.3 고리 모양의 전하에 대한 정전기 퍼텐셜

또 다른 예인, 구면 극 좌표계에서 적도 평면에 대칭적으로 놓여 있고 전체 전하량이 q인 반지름이 a이고 얇은 고리 모양의 도체가 생성하는 정전기 퍼텐셜을 고려하자(그림 12.19 참고). 다시 퍼텐셜 ψ가 라플라스 방정식을 만족한다는 사실에 의존한다. 변수를 분리하고 영역 $r > a$에 대한 해가 $r \to \infty$일 때, 0으로 간다는 사실을 알면, 식 (12.248)에 주어진 형태를 이용한다. 그러면

$$\psi(r, \theta) = \sum_{n=0}^{\infty} c_n \frac{a^n}{r^{n+1}} P_n(\cos\theta), \qquad r > a \tag{12.257}$$

을 얻는다. 계의 원통형 대칭 때문에 φ(방위각) 의존은 없다. 또한 드러나는 인자 a^n을 포함함으로써 모든 계수 c_n이 같은 차원을 갖게 할 수 있음을 주의하라. 이런 선택은 c_n의 정의를 단순히 변형한 것이고, 당연히 꼭 필요한 것은 아니다.

문제는 식 (12.257)에서 c_n을 결정하는 것이다. 이것은 $\theta = 0$, $r = z$에서 $\psi(r, \theta)$의 값을 구하고, 쿨롱의 법칙으로부터의 퍼텐셜을 독립적으로 계산한 것과 비교함으로써 할 수 있다.

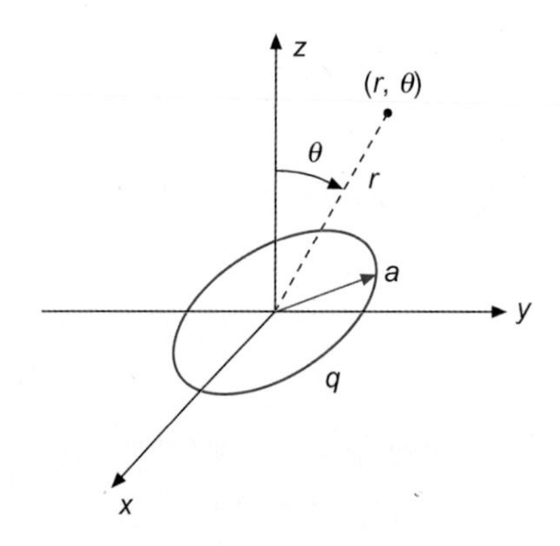

그림 12.19 전하를 띤 도체 고리

결과적으로 z축을 따라 경계조건을 이용한다. 쿨롱의 법칙으로부터(모든 전하는 z축상의 임의의 점에서 동일한 거리에 있다는 사실을 이용하면)

$$\psi(z,\ 0) = \frac{q}{4\pi\varepsilon_0}\frac{1}{(z^2+a^2)^{1/2}} = \frac{q}{4\pi\varepsilon_0 z}\sum_{s=0}^{\infty}\binom{-1/2}{s}\left(\frac{a^2}{z^2}\right)^2$$

$$= \frac{q}{4\pi\varepsilon_0 z}\sum_{s=0}^{\infty}(-1)^s\frac{(2s-1)!!}{(2s)!!}\left(\frac{a}{z}\right)^{2s}, \qquad z > a \tag{12.258}$$

이고, 여기서 식 (1.74)를 이용하여 이항 전개 계수의 값을 구하였다.

이제 식 (12.257)로부터 $\psi(z,\ 0)$을 계산하고, 모든 n에 대하여 $P_n(1)=1$임을 기억하면

$$\psi(z,\ 0) = \sum_{n=0}^{\infty} c_n \frac{a^n}{z^{n+1}} \tag{12.259}$$

를 갖는다. z에서 멱급수 전개가 유일하므로, 식 (12.258)과 (12.259)로부터 해당하는 z의 지수를 같게 놓으면, n이 홀일 때는 $c_n=0$의 결론에 도달하고, n이 짝일 때는 $2s$가 되고,

$$c_{2s} = \frac{q}{4\pi\varepsilon_0 z}(-1)^s\frac{(2s-1)!!}{(2s)!!} \tag{12.260}$$

이며, 정전기 퍼텐셜 $\psi(r,\ \theta)$는

$$\psi(r,\ \theta) = \frac{q}{4\pi\varepsilon_0 r}\sum_{s=0}^{\infty}(-1)^s\frac{(2s-1)!!}{(2s)!!}\left(\frac{a}{r}\right)^{2s}P_{2s}(\cos\theta), \qquad r > a \tag{12.261}$$

이다. 이 문제의 자기장 쪽 비교를 할 수 있는 것은 예제 12.13.2에 나와 있다. ■

연습문제

12.11.1 로드리게스 공식을 이용하여, $P_n(x)$는 직교하고

$$\int_{-1}^{1}[P_n(x)]^2dx = \frac{2}{2n+1}$$

임을 보이시오.

[힌트] 부분 적분하라.

12.11.2 그람-슈미트(5.2절) 과정에 의해 $u_n(x)=x^n(n=0,\ 1,\ 2,\ \ldots)$을 취하여 증가하는 순서로 $w(x)=1$이고 구간은 $-1 \le x \le 1$에서 직교하는 함수의 집합을 만들었다. 이런 방법으로

만든 n번째 함수가 $P_n(x)$에 비례함을 증명하시오.

[힌트] 수학적 귀납법(1.4절)을 이용하라.

12.11.3 $-1 \le x \le 1$ 구간을 이용하여 르장드르 다항식의 급수로 디랙 델타 함수 $\delta(x)$를 전개하시오.

12.11.4 중성자(질량 1)들은 질량수 $A(A>1)$인 핵에 의해 산란되고 있다. 질량 중심 계에서 산란은 등방이다. 그렇다면 실험실 계에서는 중성자의 꺾인 각의 코사인의 평균은

$$\langle \cos\psi \rangle = \frac{1}{2}\int_0^{\pi} \frac{A\cos\theta + 1}{(A^2 + 2A\cos\theta + 1)^{1/2}} \sin\theta \, d\theta$$

이다. 분모의 전개에 의하여 $\langle \cos\psi \rangle = 2/(3A)$임을 보이시오.

12.11.5 구간 $[-1, 1]$에 걸쳐서 정의된 특정한 함수 $f(x)$가 같은 구간에서 르장드르 급수로 전개되어 있다. 이 전개가 유일함을 보이시오.

12.11.6 어떤 함수 $f(x)$가 르장드르 급수로 전개되어 $f(x) = \sum_{n=0}^{\infty} a_n P_n(x)$이다.

$$\int_{-1}^{1} [f(x)]^2 \, dx = \sum_{n=0}^{\infty} \frac{2a_n^2}{2n+1}$$

임을 보이시오. 이것은 르장드르 다항식이 완전한 집합을 형성한다는 진술이다.

12.11.7 (a) $f(x) = \begin{cases} +1, & 0 < x < 1 \\ -1, & -1 < x < 0 \end{cases}$에 대하여

$$\int_{-1}^{1} [f(x)]^2 \, dx = 2\sum_{n=0}^{\infty} (4n+3) \left[\frac{(2n-1)!!}{(2n+2)!!} \right]^2$$

을 보이시오.

(b) 급수의 수렴 테스트를 하여 수렴함을 증명하시오.

(c) 문항 (a)의 적분값은 2이다. 처음 10개 항을 더하여 급수가 수렴하는 속도를 검토하시오.

12.11.8 다음을 증명하시오.

$$\int_{-1}^{1} x(1-x^2) P'_n P'_m \, dx = \frac{2n(n^2-1)}{4n^2-1} \delta_{m,\, n-1} + \frac{2n(n+2)(n+1)}{(2n+1)(2n+3)} \delta_{m,\, n+1}$$

12.11.9 처음에 균일한 전기장 $\mathbf{E}_0$에 반지름이 r_0인 도체 구를 놓는다. 다음을 보이시오.

(a) 유도된 표면 전하 밀도는 $\sigma = 3\varepsilon_0 E_0 \cos\theta$이다.

(b) 유도된 전기 쌍극자 모멘트는 $P = 4\pi r_0^3 \varepsilon_0 E_0$이다.

[참고] 유도된 전기 쌍극자 모멘트는 표면 전하[문항 (a)]로부터 계산될 수도 있고, 최종 전기장 $\mathbf{E}$이 원래 균일한 장에 쌍극자장을 중첩한 것의 결과라는 것을 주목해서도 계산될 수 있다.

12.11.10 $r < a$인 점 (r, θ)인 점들에 대하여 예제 12.11.3의 원형 고리의 정전기 퍼텐셜을 르장드르 전개로 얻어보시오.

12.11.11 예제 12.11.3의 전하를 띤 도체 고리에 의해 만들어진 **전기장**(electric field)을 계산하시오.

(a) $r > a$인 영역 (b) $r < a$인 영역

12.11.12 예제 12.11.3의 연장으로서, 그림 12.20의 전하를 띤 도체 원판에 의해 생성되는 퍼텐셜 $\psi(r, \theta)$를 $r > a$에 대하여 찾으시오. a는 원판의 반지름이다. 원판의 각 면에 있는 전하 밀도 σ는 다음과 같다.

$$\sigma(\rho) = \frac{q}{4\pi a(a^2 - \rho^2)^{1/2}}, \qquad \rho^2 = x^2 + y^2$$

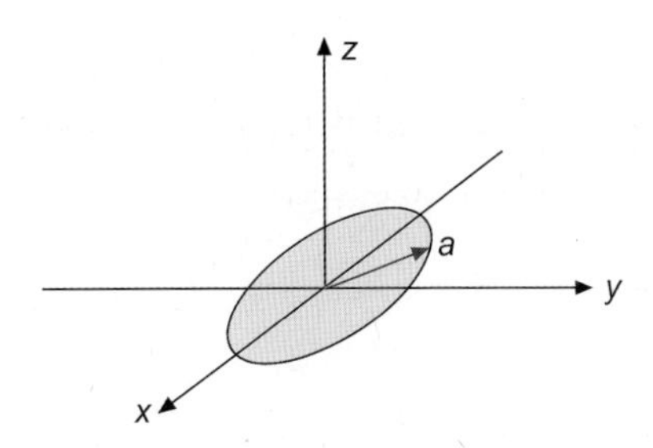

그림 12.20 전하를 띤 도체 원판

[힌트] 자세한 사항은 더 읽을 거리의 스미드(Smythe)의 5.03절을 보라.

답. $\psi(r, \theta) = \dfrac{q}{4\pi\varepsilon_0 r}\displaystyle\sum_{l=0}^{\infty}(-1)^l \frac{1}{2l+1}\left(\frac{a}{r}\right)^{2l} P_{2l}(\cos\theta)$

12.11.13 $r = a$, $0 \le \theta < \pi/2$로 정의되는 반구는 정전기 퍼텐셜 $+V_0$을 갖고 있고, $r = a$, $\pi/2 < \theta \le \pi$인 반구는 정전기 퍼텐셜 $-V_0$을 갖고 있다. 내부의 점들에서 퍼텐셜이

$$\begin{aligned} V &= V_0 \sum_{n=0}^{\infty} \frac{4n+3}{2n+2}\left(\frac{r}{a}\right)^{2n+1} P_{2n}(0) P_{2n+1}(\cos\theta) \\ &= V_0 \sum_{n=0}^{\infty} (-1)^n \frac{(4n+3)(2n-1)!!}{(2n+2)!!}\left(\frac{r}{a}\right)^{2n+1} P_{2n+1}(\cos\theta) \end{aligned}$$

임을 보이시오.

[힌트] 연습문제 12.10.19가 필요하다.

12.11.14 반지름이 a인 도체 구가 그 적도에 얇은 부도체 장벽으로 2개의 전기적으로 분리된 반구로 나뉘어 있다. 위쪽 반구는 퍼텐셜 V_0으로 유지되고 아래는 $-V_0$으로 유지된다.

(a) 구 **외부**의 정전기 퍼텐셜이

$$V(r,\ \theta) = V_0 \sum_{s=0}^{\infty} (-1)^s (4s+3) \frac{(2s-1)!!}{(2s+2)!!} \left(\frac{a}{r}\right)^{2s+2} P_{2s+1}(\cos\theta)$$

임을 보이시오.

(b) 구 바깥 표면의 전기 전하 밀도 σ를 계산하시오. 급수가 $\cos\theta = \pm 1$에서 발산함을 주의하라. 이것은 이 계의 무한 전기용량으로부터(부도체 장벽의 두께가 0) 기대한 것과 같다.

$$답.\ (b)\ \sigma = \varepsilon_0 E_n = -\varepsilon_0 \frac{\partial V}{\partial r}\bigg|_{r=a}$$

$$= \varepsilon_0 V_0 \sum_{s=0}^{\infty} (-1)^s (4s+3) \frac{(2s-1)!!}{(2s)!!} P_{2s+1}(\cos\theta)$$

12.11.15 $\varphi_s(x) = \sqrt{(2s+1)/2}\ P_s(x)$라고 씀으로써, 르장드르 다항식은 1로 재정규화된다. 어떻게 $|\varphi_s\rangle\langle\varphi_s|$가 사영 연산자로 활동하는지 설명하시오. 특히 $|f\rangle = \sum_n a'_n|\varphi_n\rangle$이면,

$$|\varphi_s\rangle\langle\varphi_s|f\rangle = a'_s|\varphi_s\rangle$$

임을 보이시오.

12.12 모함수의 물리적 해석

르장드르 다항식의 모함수는 흥미롭고 중요한 해석을 가지고 있다. 만약 구면 극 좌표계 (r, θ, φ)를 도입하고 전하 q를 양의 z축상의 점 a에 놓는다면(그림 12.21 참고), 점 (r, θ)에서의 퍼텐셜(φ에 독립)은 계산될 수 있고, 코사인 법칙을 사용하면

$$\psi(r,\ \theta) = \frac{q}{4\pi\varepsilon_0}\frac{1}{r_1} = \frac{q}{4\pi\varepsilon_0}(r^2 + a^2 - 2ar\cos\theta)^{-1/2} \tag{12.262}$$

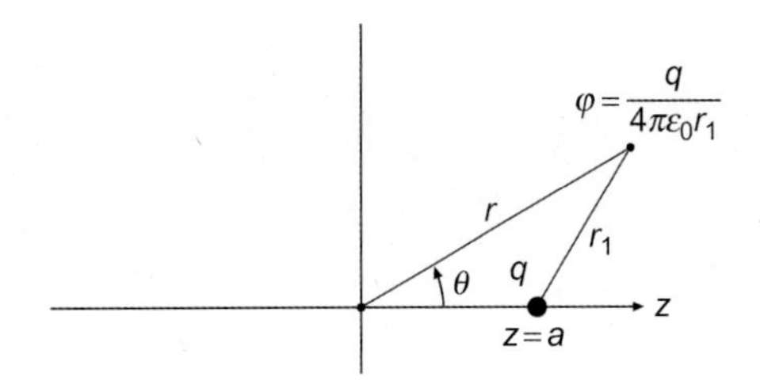

그림 12.21 정전기 퍼텐셜, 원점에서 떨어져 있는 전하 q

이 된다. 식 (12.262)의 표현은 필연적으로 모함수가 등장하는 표현이다. 이에 해당한다는 것을 파악하기 위해 이 방정식을

$$\psi(r,\ \theta) = \frac{q}{4\pi\varepsilon_0 r}\left(1 - 2\frac{a}{r}\cos\theta + \frac{a^2}{r^2}\right)^{-1/2} = \frac{q}{4\pi\varepsilon_0 r}\, g\left(\cos\theta,\ \frac{a}{r}\right) \tag{12.263}$$

$$= \frac{q}{4\pi\varepsilon_0 r}\sum_{n=0}^{\infty} P_n(\cos\theta)\left(\frac{a}{r}\right)^n \tag{12.264}$$

으로 다시 쓸 수 있고, 여기서 모함수 전개를 삽입하여 식 (12.264)에 도달하였다.

식 (12.264)의 급수는 $r > a$일 때만 수렴하고, 수렴하는 빠르기는 r/a가 증가함에 따라 더 나아진다. 만약, 다른 한편으로 $r < a$일 때 $\psi(r,\ \theta)$에 대한 표현을 원한다면, 식 (12.262)를 다르게 재배치하여

$$\psi(r,\ \theta) = \frac{q}{4\pi\varepsilon_0 a}\left(1 - 2\frac{r}{a}\cos\theta + \frac{r^2}{a^2}\right)^{-1/2} \tag{12.265}$$

을 얻으며, 다시 한번 모함수 전개로 인지할 수 있다. 그러나 이번에는 다른 결과

$$\psi(r,\ \theta) = \frac{q}{4\pi\varepsilon_0 a}\sum_{n=0}^{\infty} P_n(\cos\theta)\left(\frac{r}{a}\right)^n \tag{12.266}$$

이고, 이는 $r < a$에서 유효하다.

■ $1/|\mathbf{r}_1 - \mathbf{r}_2|$의 전개

식 (12.264)와 (12.266)은 위치 $\mathbf{r}$에 있는 단위전하와, 위치 $\mathbf{a} = a\hat{\mathbf{e}}_z$에 있는 전하 q가 상호작용하는 것을 기술한다. 정전기 계산을 위해 필요한 인자들을 버리면, 이러한 방정식은 $1/|\mathbf{r} - \mathbf{a}|$에 대한 공식을 만든다. $\mathbf{a}$가 z축에 놓여 있다는 사실은 $1/|\mathbf{r} - \mathbf{a}|$를 계산하는 데에는 실제로 중요성이 없다. 관련된 양들은 r, a, 그리고 $\mathbf{r}$과 $\mathbf{a}$ 사이의 각도 θ이다. 따라서 식 (12.264)나 (12.266)을 좀 더 중립적인 표기로 다시 쓸 수 있는데, $1/|\mathbf{r}_1 - \mathbf{r}_2|$의 값을 크기

r_1, r_2와 $\mathbf{r}_1$과 $\mathbf{r}_2$ 사이의 각도로 줄 수 있다. 이 각을 χ라고 부르자. 만약, $r_>$과 $r_<$을 각각 r_1과 r_2 중 큰 것과 작은 것으로 정의하면, 식 (12.264)와 (12.266)은 하나의 식으로 결합시킬 수 있다.

$$\frac{1}{|\mathbf{r}_1 - \mathbf{r}_2|} = \frac{1}{r_>} \sum_{n=0}^{\infty} \left(\frac{r_<}{r_>} \right)^n P_n(\cos\chi) \tag{12.267}$$

이 식은 $r_1 = r_2$일 때를 제외하고는 모든 점에서 수렴한다.

■ 전기 다극자

식 (12.264)로 다시 돌아오고, 관심을 $r > a$에만 국한하면, 그것을 첫항($n = 0$)이 전하 q가 원점에 있을 때이고, 나머지 항들은 q의 실제 위치로부터 생겨나는 보정을 기술한다는 것을 주의할 수 있다. 전개에서 두 번째 항과 나중항을 좀 더 이해할 수 있는 한 가지 방법은, 만약 그림 12.22와 같이 두 번째 전하 $-q$를 $z = -a$에 더했다면 무슨 일이 일어났을까를 고려하는 것이다. 두 번째 전하에 의한 퍼텐셜은 식 (12.262)의 표현과 비슷하게 주어질 것이다. 단, q와 $\cos\theta$의 부호가 뒤바뀌어야 한다. (r_2의 건너편에 있는 각도는 $\pi - \theta$이다.) 이제

$$\begin{aligned}
\psi &= \frac{q}{4\pi\varepsilon_0} \left(\frac{1}{r_1} - \frac{1}{r_2} \right) \\
&= \frac{q}{4\pi\varepsilon_0 r} \left[\left(1 - 2\frac{a}{r}\cos\theta + \frac{a^2}{r^2} \right)^{-1/2} - \left(1 + 2\frac{a}{r}\cos\theta + \frac{a^2}{r^2} \right)^{-1/2} \right] \\
&= \frac{q}{4\pi\varepsilon_0 r} \left[\sum_{n=0}^{\infty} P_n(\cos\theta) \left(\frac{a}{r} \right)^n - \sum_{n=0}^{\infty} P_n(\cos\theta) \left(-\frac{a}{r} \right)^n \right]
\end{aligned} \tag{12.268}$$

을 갖는다. 만약 식 (12.268)에서 2개의 합을 결합하면, 하나 건너 항들이 사라지고

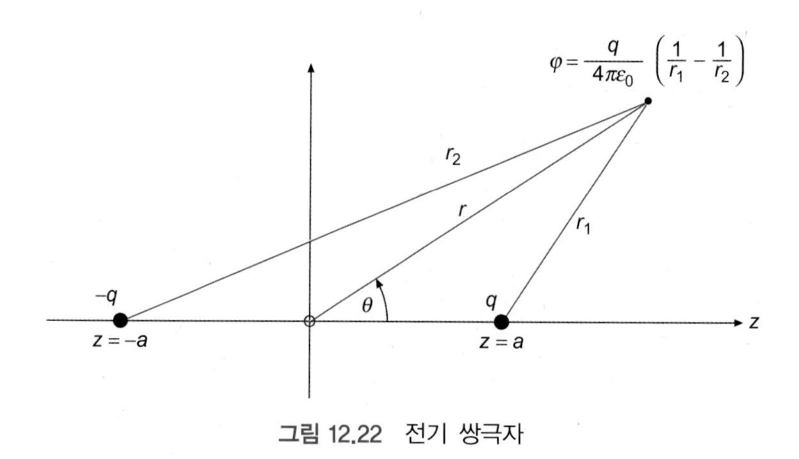

그림 12.22 전기 쌍극자

$$\psi = \frac{2q}{4\pi\varepsilon_0 r}\left[\frac{a}{r}P_1(\cos\theta) + \frac{a^3}{r^3}P_3(\cos\theta) + \cdots\right] \tag{12.269}$$

를 얻는다. 이 전하의 구성은 **전기 쌍극자**(electric dipole)라고 불리고, r에 대한 이끄는 의존성이 r^{-2}임을 주의한다. 쌍극자의 세기(**쌍극자 모멘트**라고 불린다)는 $2qa$라고 파악할 수 있는데, 이는 각각의 전하의 크기를 두 전하가 떨어진 거리 $(2a)$와 곱한 것과 같다. 만약 $a \to 0$이면서 $2qa$를 상수로 유지하여 μ라고 하면 첫항을 제외하고 모두 무시 가능하여,

$$\psi = \frac{\mu}{4\pi\varepsilon_0}\frac{P_1(\cos\theta)}{r^2} \tag{12.270}$$

을 갖는다. 이는 쌍극자 모멘트 μ의 **점 쌍극자**(point dipole)의 퍼텐셜이며, 좌표계의 원점($r=0$)에 위치한다. 논의를 원통형 대칭이 있는 경우로 제한했기 때문에, 쌍극자가 극 방향으로 방향이 설정되어 있다. 좀 더 일반적으로 놓인 방향은 연관 르장드르 방정식의 해에 대한 공식을 개발한 후에 고려될 수 있다[식 (12.208)에서 매개변수 m이 0이 아닌 경우].

위의 분석을 반대편으로 위치한 두 쌍극자를 결합하여 확장할 수 있다. 예를 들면, 그림 12.23에 나타낸 구성으로 확장할 수 있다. 따라서 그들의 처음 이끄는 항들이 서로 상쇄되어 이끄는 기여가 $r^{-3}P_2(\cos\theta)$에 비례하는 퍼텐셜이 남게 된다. 이러한 종류의 전하 구성을 **전기 사극자**(electric quadrupole)라고 부르고, 모함수 전개에서 P_2항은 $r=0$에 위치한 **점 사극자**(point quadrupole)의 기여로 파악할 수 있다. 더 나아간 확장 $P_n(\cos\theta)/r^{n+1}$에 비례하는 기여를 갖는 2^n극자는 모함수 전개의 각 항을 점 다극자의 퍼텐셜로 파악할 수 있게 해준다. 따라서 **다극자 전개**(multipole expansion)를 갖는다. 또다시 논의를 원통형 대칭이 있는 경우로 제한했기 때문에, 현재 다극자들이 선형이어야 한다.

다음으로 더 일반적인 전하 분포를 들여다본다. 간단함을 위해 좌표계의 극방향 축의 a_i위치에 각각 놓인 전하 q_i들을 고려하는 것으로 제한할 것이다. 각각의 전하의 모함수 전개를 모두 합하면, 결합된 전개는

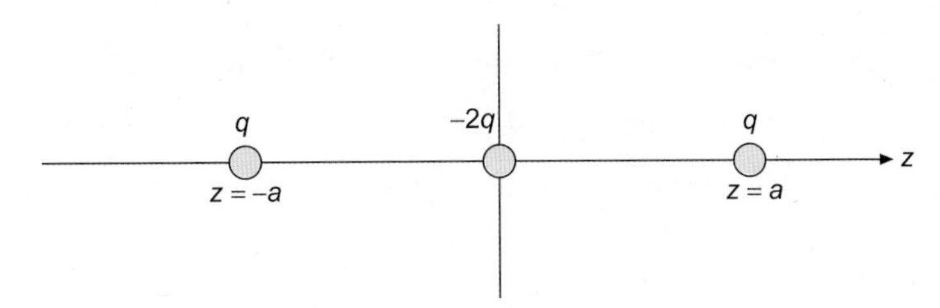

그림 12.23 선형 전기 사극자

$$\psi = \frac{1}{4\pi\varepsilon_0 r}\left[\sum_i q_i + \sum_i \frac{q_i a_i}{r} P_1(\cos\theta) + \sum_i \frac{q_i a_i^2}{r^2} P_2(\cos\theta) + \cdots\right]$$
$$= \frac{1}{4\pi\varepsilon_0 r}\left[\mu_0 + \frac{\mu_1}{r} P_1(\cos\theta) + \frac{\mu_2}{r^2} P_2(\cos\theta) + \cdots\right] \quad (12.271)$$

의 형태를 띤다. 여기서 μ_i는 전하 분포의 **다극자 모멘트**라고 불린다. μ_0은 2^0극, 또는 **단극자**(monopole) 모멘트이고 전하 분포의 전체 알짜 전하량과 같은 값을 갖는다. μ_1은 2^1극, 또는 쌍극자 모멘트이고 $\sum_i q_i a_i$와 같다. μ_2는 2^2극, 또는 사극자 모멘트이고 $\sum_i q_i a_i^2$로 주어진다. 그 외도 그러하다. 일반적인 (선형) 다극자 전개는 각각의 전하의 모든 a_i값들보다 큰 r의 값에 대하여 수렴할 것이다. 다시 말하면, 전개는 전하 분포의 모든 부분보다 좌표 원점에서 거리가 더 먼 점들에서 수렴할 것이다.

이제 다음을 묻는다. 만약 좌표계의 원점을 옮기면 어떻게 될까? 또는 동등하게 r를 $|\mathbf{r}-\mathbf{r}_\mathrm{p}|$로 바꾸는 것을 고려하자. $r > r_p$에 대해서는 $1/|\mathbf{r}-\mathbf{r}_\mathrm{p}|^n$의 이항 전개는 일반적인 형태인

$$\frac{1}{|\mathbf{r}-\mathbf{r}_\mathrm{p}|^n} = \frac{1}{r^n} + C\frac{r_p}{r^{n+1}} + \cdots$$

을 갖고, 이것의 결과는 식 (12.271)의 이끄는 항이 전개하는 중심의 변화에 의해 영향받지 않는다는 것이다. 일상 용어로 해석하면, 이것은 가장 낮은 차수의 0이 아닌 전개 모멘트가 원점의 선택에 대해 독립이라는 것을 의미한다. 구체적으로, 전체 알짜 전하(단극자 모멘트)는 전개 중심의 선택에 대해 항상 독립일 것이다. 쌍극자 모멘트는 알짜 전하가 0일 때에만 전개 점에 대해 독립일 것이다. 사극자 모멘트는 알짜 전하와 쌍극자 모멘트가 모두 사라질 때에만 그런 독립성을 가질 것이다. 다른 항들도 그러하다.

이 절을 다음의 세 가지 관찰 사실로 마무리한다.

- 첫째, 우리의 논의를 불연속적인 전하 분포에 대해서 서술하였지만, 연속 전하 분포에 대해서도 같은 결론에 도달했을 것이다. 이 경우 전하에 대한 합이 **전하 밀도**에 대한 적분이 될 것이다.
- 둘째, 만약 선형 배열에 제한을 둔 것을 해제하면, 우리의 전개는 서로 다른 방향의 다극자 모멘트의 성분들을 포함하게 될 것이다. 3차원 공간에서 쌍극자 모멘트는 세 방향의 성분을 가지게 될 것이다. a는 (a_x, a_y, a_z)로 일반화될 것이고, 고차 다극자는 더 많은 성분들($a^2 \to a_x a_x,\ a_x a_y,\ \ldots$)을 갖게 될 것이다. 이러한 분석의 세부사항은 필요한 배경지식이 자리를 잡으면 다뤄질 것이다.

• 셋째, 다극자 전개는 전기 현상에 국한되지 않고, 거리 제곱에 반비례하는 힘을 가진 다른 곳에도 적용된다. 예를 들면, 행성의 구성은 질량 다극자로 기술된다. 그리고 중력 방사는 질량 사극자의 시간에 따른 행동에 의존한다.

연습문제

12.12.1 그림 12.23에 나타난 전하의 배열에 대하여 정전기 퍼텐셜을 개발하시오. 이것은 선형 전기 사극자이다.

12.12.2 그림 12.24에 나타난 전하의 배열에 대하여 정전기 퍼텐셜을 계산하시오. 이것은 크기는 같지만 방향이 반대인 사극자의 예이다. 사극자의 기여는 상쇄된다. 8극자 항은 상쇄되지 않는다.

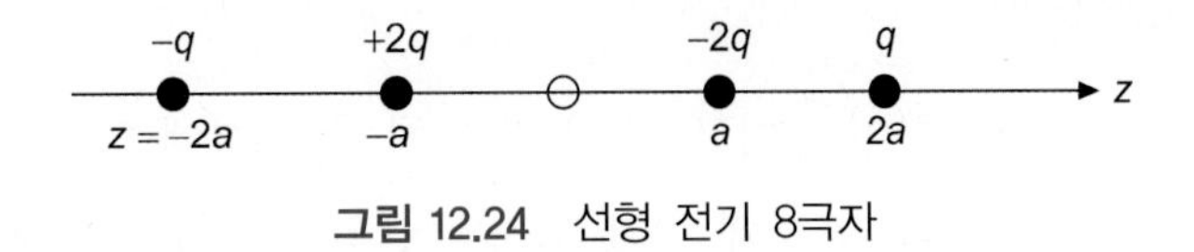

그림 12.24 선형 전기 8극자

12.12.3 $r < a$이고 $z = a$에 있는 전하 q에 의한 정전기 퍼텐셜이

$$\varphi(\mathbf{r}) = \frac{q}{4\pi\varepsilon_0 a}\sum_{n=0}^{\infty}\left(\frac{r}{a}\right)^n P_n(\cos\theta)$$

임을 보이시오.

12.12.4 $\mathbf{E} = -\nabla\varphi$를 이용하여 (순수한) 전기 쌍극자 퍼텐셜에 해당하는 전기장의 성분들을 결정하시오.

$$\varphi(\mathbf{r}) = \frac{2aqP_1(\cos\theta)}{4\pi\varepsilon_0 r^2}$$

여기서 $r \gg a$를 가정하였다.

답. $E_r = +\dfrac{4aq\cos\theta}{4\pi\varepsilon_0 r^3}$, $E_\theta = +\dfrac{2aq\sin\theta}{4\pi\varepsilon_0 r^3}$, $E_\varphi = 0$

12.12.5 **구면 극 좌표계**에서 다음을 보이시오.

$$\frac{\partial}{\partial z}\left[\frac{P_l(\cos\theta)}{r^{l+1}}\right] = -(l+1)\frac{P_{l+1}(\cos\theta)}{r^{l+2}}$$

이것은 다극자의 도함수가 다음 높은 차수의 다극자가 된다는 수학적 주장의 중요한 단계이다.

[힌트] 연습문제 3.10.28과 비교하라.

12.12.6 세기가 $p^{(1)}$인 점 전기 쌍극자가 $z=a$에 놓여 있다. 두 번째 점 전기 쌍극자가 세기는 같지만 반대 방향으로 원점에 놓여 있다. $p^{(1)}a$를 일정하게 유지하면서 $a \to 0$을 취한다. 이 결과가 점 전기 사극자가 되는 결과를 낳음을 보이시오.

[힌트] (증명이 되었다면) 연습문제 12.12.5가 도움이 될 것이다.

12.12.7 점 전기 8극자는 점 전기 사극자(세기가 $p^{(2)}$이고 z방향)를 $z=a$에 놓고, 세기는 같지만 방향이 반대인 점 전기 사극자를 $z=0$에 놓고 $a \to 0$을 취하는데, $p^{(2)}a$=상수 조건을 만족하게 하면 만들 수 있다. 점 전기 8극자에 해당하는 정전기 퍼텐셜은 찾으시오. 점 전기 8극자를 구성한 것으로부터 해당하는 퍼텐셜이 점 사극자 퍼텐셜을 미분함으로써도 얻어질 수 있음을 보이시오.

12.12.8 점전하 q가 반지름이 r_0이고, 속이 빈 도체 구 내부에 있다. 전하 q는 구의 중심에서 a만큼의 거리에 있다. 만약 도체 구가 접지되어 있다면, q와 도체 구에 분포하는 유도된 전하에 의해 생성되는 내부의 퍼텐셜이 q와 그것의 이미지 전하 q'에 의해 생성되는 퍼텐셜과 같음을 보이시오. 이미지 전하는 중심에서 $a' = r_0^2/a$만큼 떨어진 거리에 있고, q와 원점이 만드는 직선 위에 있다(그림 12.25).

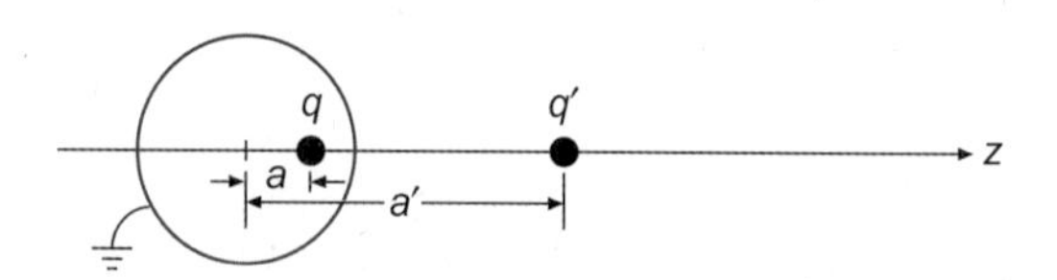

그림 12.25 연습문제 12.12.8의 이미지 전하

[힌트] $a < r_0 < a'$에서 정전기 퍼텐셜을 계산하라. 만약 $q' = -qr_0/a$로 택하면 $r = r_0$에서 퍼텐셜이 사라짐을 보여라.

12.13 연관 르장드르 방정식

이 장의 이전 절에서 논의를 휩쓸었던 방위각 대칭에 대한 제한을 해제하는 것이 중요하므로 연관 르장드르 방정식으로 분석을 확장할 필요가 있다. 따라서 그것의 고윳값이 무엇인지 정하기 전에 식 (12.208)로 돌아가고, 다음의 형태를 가정한다.

$$(1-x^2)P''(x)-2xP'(x)+\left[\lambda-\frac{m^2}{1-x^2}\right]P(x)=0 \tag{12.272}$$

시행착오(혹은 위대한 통찰력)는 이 방정식의 분모에 있는 말썽꾸러기 인자 $1-x^2$가 $P=(1-x^2)^p\mathcal{P}$로 치환하면 제거될 수 있다는 것을 알려준다. 그리고 좀 더 실험을 해보면 지수 p가 $m/2$인 것이 알맞은 선택임을 보여준다. 따라서 있는 그대로의 미분으로부터,

$$P=(1-x^2)^{m/2}\mathcal{P} \tag{12.273}$$

$$P'=(1-x^2)^{m/2}\mathcal{P}'-mx(1-x^2)^{m/2-1}\mathcal{P} \tag{12.274}$$

$$\begin{aligned}P''&=(1-x^2)^{m/2}\mathcal{P}''-2mx(1-x^2)^{m/2-1}\mathcal{P}'\\&\quad+\left[-m(1-x^2)^{m/2-1}+(m^2-2m)x^2(1-x^2)^{m/2-2}\right]\mathcal{P}\end{aligned} \tag{12.275}$$

을 알아낸다. 식 (12.273) ~ (12.275)를 식 (12.272)에 대입하면, 잠재적으로 풀기 쉬워진 방정식

$$(1-x^2)\mathcal{P}''-2x(m+1)\mathcal{P}'+[\lambda-m(m+1)]\mathcal{P}=0 \tag{12.276}$$

을 얻는다. 프로베니우스 방법에 의해 식 (12.276)을 풀 방법을 찾는다. 이때 해는 $\sum_j a_j x^{k+j}$라고 가정한다. 이 상미분 방정식의 지표 방정식은 $k=0$, $k=1$일 때 해를 갖는다. $k=0$인 경우 급수해에 치환하면, 점화식

$$a_{j+2}=a_j\left[\frac{j^2+(2m+1)j-\lambda+m(m+1)}{(j+1)(j+2)}\right] \tag{12.277}$$

이 나온다. 원래의 르장드르 방정식에 대해서와 마찬가지로 $\mathcal{P}(\cos\theta)$의 해가 $-1\le\cos\theta\le+1$에서 특이하지 않은 해를 필요로 한다. 그러나 점화식은 일반적으로 ±1에서 발산하는 멱급수가 나오게 한다.[13]

이 발산을 피하기 위해서, 어떤 음이 아닌 짝수 j에 대하여, 식 (12.277)의 분수의 분자가

[13] 연관 르장드르 방정식의 해는 $(1-x^2)^{m/2}\mathcal{P}(x)$이다. 이것은 $(1-x^2)^{m/2}$ 인자가 $\mathcal{P}(x)$에서의 발산을 보상하여 수렴하게 할 수 있다는 가능성을 제안한다. 이러한 보상은 실제 일어나지 않는다는 것을 보일 수 있다.

0이 되도록 하여 $\mathcal{P}$를 다항식이 되도록 해야 한다. 식 (12.277)에 직접 치환하여, 0인 분자가 $\lambda = l(l+1)$로 주어졌을 때, $j = l - m$에 대하여 얻어진다는 것을 검증할 수 있다. 이 조건은 l이 정수이고, m과 같은 패리티를 갖고 적어도 m보다는 커야 한다는 조건에서 만족된다. $k = 1$일 때 또 다른 지표 방정식을 더 분석하면 이 결과를 l이 m보다 크고 반대 패리티를 가질 때로 확장할 수 있다.

이 시점까지의 결과를 요약하면, 연관 르장드르 방적식의 정상해는 정수 지표 l과 m에 의존한다는 것을 알아냈다. **연관 르장드르 함수**라 불리는 P_l^m으로 그러한 해를 표기하면(위첨자 m이 지수가 아님에 주의),

$$P_l^m(x) = (1 - x^2)^{m/2} \mathcal{P}_l^m(x) \tag{12.278}$$

를 정의한다. 여기서 $\mathcal{P}_l^m$은 차수가 $l - m$인 다항식(l이 m보다 크거나 같은 앞의 관찰과 일관된)이고, 이제 말하게 될 드러나는 형태와 스케일을 갖는다.

편리하고 드러나는 $\mathcal{P}_l^m$의 형태는 정규 르장드로 방정식을 반복해서 미분함으로써 얻어질 수 있다. 인정컨대, 이 전략은 해에 대한 기존 지식 없이 만들어내기 어렵다. 그러나 그전에 경험한 자들의 경험을 사용하는 것이 조금은 이득이 있다. 따라서 (연습문제 1.4.2에서 증명된) 곱의 m계 도함수에 대한 라이프니츠 공식

$$\frac{d^m}{dx^m}[A(x)B(x)] = \sum_{s=0}^{m} \binom{m}{s} \frac{d^{m-s}A(x)}{dx^{m-s}} \frac{d^s B(x)}{dx^s} \tag{12.279}$$

를 르장드르 방정식

$$(1 - x^2)P_l'' - 2xP_l' + l(l+1)P_l = 0$$

$$(1 - x^2)u'' - 2x(m+1)u' + [l(l+1) - m(m+1)]u = 0 \tag{12.280}$$

에 도달한다. 여기서

$$u \equiv \frac{d^m}{dx^m} P_l(x) \tag{12.281}$$

이다. 식 (12.280)을 식 (12.276)과 비교하면, $\lambda = l(l+1)$일 때 둘은 동일한데, 이는 주어진 l에 대하여 다항식 해 $\mathcal{P}$가 해당하는 u로 파악할 수 있음을 의미한다. 구체적으로

$$\mathcal{P}_l^m = (-1)^m \frac{d^m}{dx^m} P_l(x) \tag{12.282}$$

이고, 여기서 인자 $(-1)^m$은 AMS-55(더 읽을 거리 참고)와 일치하도록 유지하기 위해

삽입되었는데, 국가 표준으로 널리 받아들여지고 있다.[14]

이제 연관 르장드르 함수에 대해 완전하고 드러나는 형태를 쓸 수 있다.

$$P_l^m(x) = (-1)^m (1-x^2)^{m/2} \frac{d^m}{dx^m} P_l(x) \tag{12.283}$$

이다. $m=0$일 때 P_l^m이 원래의 르장드르 함수이므로 위 첨자가 0일 때는 생략하는 것이 관습이다. 즉, 예를 들면 $P_l^0 = P_l$이다.

l과 m에 대한 조건은 다음 두 가지 방법으로 진술된다.

(1) 각각의 m에 대하여, 연관 르장드르 상미분 방정식의 해는 l이 m부터 무한까지 바뀔 때, 무한개의 허용된 해가 존재한다.

(2) 각각의 l에 대하여, m값이 $l=0$에서 $l=m$을 갖는 허용된 해가 존재한다.

m이 연관 르장드르 방정식에 m^2으로 등장하므로, 특히 언급하지 않았지만 이 시점까지 $m \geq 0$인 값만 고려하였다. 그러나 P_l에 대한 로드리게스 공식을 식 (12.277)에 대입하면

$$P_l^m(x) = \frac{(-1)^m}{2^l l!}(1-x^2)^{m/2} \frac{d^{l+m}}{dx^{l+m}}(x^2-1)^l \tag{12.284}$$

의 공식을 얻는데, 이것은 $-m$에 대하여 $+m$에 대한 결과와 비슷한 결과를 주진 않는다. 그러나 만약 식 (12.279)를 0부터 $-l$까지의 m값에 적용하면

$$P_l^{-m}(x) = (-1)^m \frac{(l-m)!}{(l+m)!} P_l^m(x) \tag{12.285}$$

를 얻는다. 식 (12.285)는 P_l^m과 P_l^{-m}이 서로 비례한다는 것을 보여준다. 그것의 증명은 연습문제 12.13.3의 주제이다. 둘을 모두 논의하는 이유는 만약 P_l^m과 P_l^{-m}의 상대적 스케일을 기억한다면 연속적인 m값에 대한 P_l^m에 대해서 우리가 개발할 점화식이 $m<0$에 대해서 우리가 잘 이해할 수 있는 결과를 줄 것이라는 사실 때문이다.

■ 연관 르장드르 다항식

P_l^m의 성질을 더 개발하기 위해서, $\mathcal{P}_l^m(x)$ 다항식의 모함수를 개발하는 것이 유용하다. 이는 르장드르 모함수를 x에 대해 미분함으로써 할 수 있다. 결과는

14 그러나 유명한 교재인 잭슨(Jackson)의 《Electrodynamics》 (더 읽을 거리 참고)는 이 위상 인자를 포함하지 않는다. 이 인자는 구면 조화함수(12.14절)의 정의가 보통의 위상 규칙을 갖도록 도입된다.

$$g_m(x,\ t) \equiv \frac{(-1)^m(2m-1)!!}{(1-2xt+t^2)^{m+1/2}} = \sum_{s=0}^{\infty} \mathcal{P}_{s+m}^m(x)t^s \tag{12.286}$$

이다. 모함수를 미분함으로써 얻은 결과 인자 t는 우변에 있는 $\mathcal{P}$에 곱하는 t의 지수를 변화시키는 데 이용되었다.

만약 이제 식 (12.286)을 t에 대해서 미분하면, 처음에

$$(1-2tx+t^2)\frac{\partial g_m}{\partial t} = (2m+1)(x-t)g_m(x,\ t)$$

이고, 점화식을 얻을 때 사용한 이제 익숙한 방법으로 식 (12.286)과 함께 이용하면,

$$(s+1)\mathcal{P}_{s+m+1}^m(x) - (2m+1+2s)x\mathcal{P}_{s+m}^m(x) + (s+2m)\mathcal{P}_{s+m-1}^m = 0 \tag{12.287}$$

이다. $l = s+m$으로 치환하고, 식 (12.287)을 더 유용한 형태로 가져오면

$$(l-m+1)\mathcal{P}_{l+1}^m - (2l+1)x\mathcal{P}_l^m + (l+m)\mathcal{P}_{l-1}^m = 0 \tag{12.288}$$

이다. $m=0$에 대해서 이 관계는 식 (12.222)와 일치한다.

$g_m(x,\ t)$의 형태로부터

$$(1-2xt+t^2)g_{m+1}(x,\ t) = -(2m+1)g_m(x,\ t) \tag{12.289}$$

가 명백하다. 식 (12.289)와 (12.286)으로부터 점화식

$$\mathcal{P}_{s+m+1}^{m+1}(x) - 2x\mathcal{P}_{s+m}^{m+1}(x) + \mathcal{P}_{s+m-1}^{m+1}(x) = -(2m+1)\mathcal{P}_{s+m}^m(x)$$

을 뽑아낼 수 있고, 이것은 위 첨자 $m+1$을 가진 연관 르장드르 다항식을 위 첨자 m을 가진 다항식과 연관시킨다. 다시 $l = s+m$으로 치환하여 식을 간단히 할 수 있는데,

$$\mathcal{P}_{l+1}^{m+1}(x) - 2x\mathcal{P}_l^{m+1}(x) + \mathcal{P}_{l-1}^{m+1}(x) = -(2m+1)\mathcal{P}_l^m(x) \tag{12.290}$$

이다.

■ 연관 르장드르 함수

연관 르장드르 다항식이나 혹은 원래 르장드르 다항식에 대한 공식을 미분한 것에 대한 점화식들은 연관 르장드르 함수에 대한 점화식을 만들게 해준다. 그 공식들의 숫자는 꽤 많은데 이 함수들이 2개의 지표를 갖기 때문이다. 그리고 서로 다른 지표의 조합을 갖는 매우 다양한 공식들이 존재한다. 중요한 결과들은 다음을 포함한다.

$$P_l^{m+1}(x) + \frac{2mx}{(1-x^2)^{1/2}} P_l^m(x) + (l+m)(l-m+1) P_l^{m-1}(x) = 0 \tag{12.291}$$

$$(2l+1) x P_l^m(x) = (l+m) P_{l-1}^m(x) + (l-m+1) P_{l+1}^m(x) \tag{12.292}$$

$$(2l+1)(1-x^2)^{1/2} P_l^m(x) = P_{l-1}^{m+1}(x) - P_{l+1}^{m+1}(x) \tag{12.293}$$

$$\begin{aligned} &= (l-m+1)(l-m+2) P_{l+1}^{m-1}(x) \\ &\quad - (l+m)(l+m-1) P_{l-1}^{m-1}(x) \end{aligned} \tag{12.294}$$

$$(1-x^2)^{1/2} \left(P_l^m(x)\right)' = \frac{1}{2}(l+m)(l-m+1) P_l^{m-1}(x) - \frac{1}{2} P_l^{m+1}(x) \tag{12.295}$$

$$= (l+m)(l-m+1) P_l^{m-1}(x) + \frac{mx}{(1-x^2)^{1/2}} P_l^m(x) \tag{12.296}$$

식 (12.294)를 이용하여, 모든 $m>0$인 모든 P_l^m들은 $m=0$(르장드르 다항식)을 갖는 것으로부터 생성될 수 있고, $m=0$인 다항식들은 $P_0(x)=1$과 $P_1(x)=x$로부터 재귀적으로 얻을 수 있음이 명백하다. 이런 방법으로 (혹은 아래 제시된 다른 방법으로) 연관 르장드르 함수의 표를 만들 수 있다. 그들 중 처음 나오는 원소들은 표 12.5에 나열되어 있다. 이 표는 $P_l^m(x)$를 x의 함수와 θ의 함수로 나타내었는데, $x=\cos\theta$이다.

P_l^m을 얻기 위하여 식 (12.294)가 아닌 다른 점화식을 이용하는 것이 종종 더 쉬울 때가 있는데, 식이 $P_{m-1}^m\,(m>0)$을 포함할 때는 그 양을 0으로 놓을 수 있다는 점을 마음에 두면서 한다. 어떤 값의 l과 m에 대해서 드러나는 식을 얻을 때가 쉬울 때가 있는데, 이들은 재귀를 위한 다른 출발점이 될 수 있다. 따라 나오는 예제를 보라.

표 12.5 연관 르장드르 함수

$P_1^1(x) = -(1-x^2)^{1/2} = -\sin\theta$
$P_2^1(x) = -3x(1-x^2)^{1/2} = -3\cos\theta\sin\theta$
$P_2^2(x) = 3(1-x^2) = 3\sin^2\theta$
$P_3^1(x) = -\frac{3}{2}(5x^2-1)(1-x^2)1/2 = -\frac{3}{2}(5\cos^2\theta-1)\sin\theta$
$P_3^2(x) = 15x(1-x^2) = 15\cos\theta\sin^2\theta$
$P_3^3(x) = -15(1-x^2)^{3/2} = -15\sin^3\theta$
$P_4^1(x) = -\frac{5}{2}(7x^3-3x)(1-x^2)^{1/2} = -\frac{5}{2}(7\cos^3\theta-3\cos\theta)\sin\theta$
$P_4^2(x) = \frac{15}{2}(7x^2-1)(1-x^2) = \frac{15}{2}(7\cos^2\theta-1)\sin^2\theta$
$P_4^3(x) = -105x(1-x^2)^{3/2} = -105\cos\theta\sin^3\theta$
$P_4^4(x) = 105(1-x^2)^2 = 105\sin^4\theta$

예제 12.13.1 P_m^m 으로부터 시작하는 재귀식

연관 르장드르 함수 $P_m^m(x)$는 쉽게 값을 구할 수 있다.

$$P_m^m(x) = \frac{(-1)^m}{2^m m!}(1-x^2)^{m/2}\frac{d^{2m}}{dx^{2m}}(x^2-1)^m = \frac{(-1)^m}{2^m m!}(2m)!(1-x^2)^{m/2}$$
$$= (-1)^m(2m-1)!!(1-x^2)^{m/2} \tag{12.297}$$

식 (12.292)에서 $l=m$이면, P_{m+1}^m을 이제 얻을 수 있다. 이때 P_{m-1}^m을 포함하는 항을 버릴 수 있는데, 왜냐하면 0이기 때문이다.

$$P_{m+1}^m(x) = (2m+1)xP_m^m(x) = (-1)^m(2m+1)!!x(1-x^2)^{m/2} \tag{12.298}$$

를 얻는다. l을 더 증가시키는 것은 식 (12.292)의 드러난 적용에 의해 얻을 수 있다.

$m=2$일 때 P_l^m의 급수에 대한 설명: $P_2^2(x) = (-1)^2(3!!)(1-x^2) = 3(1-x^2)$, 이것은 표의 값과 일치한다. P_3^2는 식 (12.298)로부터 계산된다. $P_3^2(x) = (-1)^2(5!!)x(1-x^2)$가 되고 이것은 표에 나온 결과로 간단히 된다. 마지막으로 P_4^2는 식 (12.292)의 다음 경우에서 얻는다.

$$7xP_3^2(x) = 5P_2^2(x) + 2P_4^2(x)$$

$P_4^2(x)$에 대한 해는 다시 표에 나온 값과 일치한다. ■

■ 패리티와 특별한 값들

이미 P_l은 l이 짝일 때 짝이고 l이 홀일 때 홀임을 성립시켰다. P_l^m을 P_l을 m번 미분하여 형성할 수 있고, 각 미분마다 패리티를 변화시키고, 패리티가 짝인 $(1-x^2)^{m/2}$를 곱하기 때문에 P_l^m은 $l+m$에 의존하는 패리티를 갖는다. 즉,

$$P_l^m(-x) = (-1)^{l+m}P_l^m(x) \tag{12.299}$$

이다.

$x=\pm 1$이나 $x=0$에서 $P_l^m(x)$의 값이 필요한 경우를 종종 만나게 된다. $x=\pm 1$에서는 결과가 간단하다. 인자 $(1-x^2)^{m/2}$는 $P_l^m(\pm 1)$이 $m=0$인 경우를 제외하고 사라지게 하고, 이 경우 $P_l(1)=1$이고, $P_l(-1)=(-1)^l$이다. $x=0$에서 P_l^m의 값은 $l+m$이 짝인지 홀인지에 의존한다. 증명이 연습문제 12.13.3과 12.13.4에 남겨진 그 결과는

$$P_l^m(0) = \begin{cases} (-1)^{(l+m)/2} \dfrac{(l+m-1)!!}{(l-m)!!}, & l+m\text{은 짝수} \\ 0, & l+m\text{은 홀수} \end{cases} \tag{12.300}$$

이다.

■ 직교성

각각의 m에 대하여 l이 다른 P_l^m들이 스텀-리우빌 계의 고유함수인 것으로 파악됨에 따라 직교한다고 증명할 수 있다. 그러나 직교성을 눈에 보이게 보여주는 것과 그것들을 정규화하는 방법으로 그렇게 하는 것은 교육적이다. 식 (12.284)에 있는 로드리게스 공식에 의해 주어진 P_l^m으로 직교 적분을 적는 것으로부터 시작한다. 간단하고 명백하게 하기 위해 $R = x^2 - 1$의 축약된 표기를 도입하여,

$$\int_{-1}^{1} P_p^m(x) P_q^m(x) dx = \frac{(-1)^m}{2^{p+q} p! q!} \int_{-1}^{1} R^m \left(\frac{d^{p+m} R^p}{dx^{p+m}} \right) \left(\frac{d^{q+m} R^q}{dx^{q+m}} \right) dx \tag{12.301}$$

을 얻는다. 먼저 $p < q$인 경우를 고려하는데, 식 (12.301)의 적분이 사라지는 것을 증명하려는 계획이다. 부분 적분을 반복하여 수행하는데,

$$u = R^m \left(\frac{d^{p+m} R^p}{dx^{p+m}} \right) \tag{12.302}$$

을 $p+m+1$번 미분하는 동안 피적분 함수의 나머지

$$dv = \left(\frac{d^{q+m} R^q}{dx^{q+m}} \right) dx \tag{12.303}$$

를 같은 횟수만큼 적분한다. 각각의 $p+m+1 \le q+m$의 부분 적분에 대하여 적분(uv)항은 사라지는데, 이는 적어도 하나의 미분되지 않은 R 인자가 존재하여, $x = \pm 1$에서 사라지기 때문이다. 미분을 반복한 후에

$$\frac{d^{p+m+1}}{dx^{p+m+1}} u = \frac{d^{p+m+1}}{dx^{p+m+1}} \left[R^m \left(\frac{d^{p+m} R^p}{dx^{p+m}} \right) \right] \tag{12.304}$$

을 갖게 되고, 여기서 x의 가장 큰 지수를 가진 양 x^{2p+2m}은 또한 $(2p+2m+1)$번의 미분항을 포함한다. 이 성분들이 0이 아닌 결과를 만들 방법은 없다. 적분되는 항이나 변환된 적분이나 모두 사라지기 때문에 전반적으로 사라지는 결과를 얻으며, 이로써 직교성을 확인한다. 직교성은 m값에 관계없이 단위 가중치를 가짐을 주의하라.

이제 식 (12.301)을 $p=q$일 때 이미 수행한 과정을 반복해서 검토할 것이다. 그러나 이번에는 $p+m$번 부분 적분을 수행한다. 다시 모든 적분항이 사라지는데, 이번에는 u를 반복해서 미분하는 것으로부터 사라지지 않는 기여가 존재한다. 식 (12.302)를 보라. x의 전반적인 승수는 여전히 x^{2p+2m}이고, 미분하는 횟수 또한 $2p+2m$인데, 유일하게 기여하는 항들은 R^m이 $2m$번 미분되는 것과 R^p가 $2p$번 미분되는 것들이다. 따라서 라이프니츠의 공식, 식 (12.279)를 u의 $p+m$번 미분에 적용하면서 기여하는 항들만 살리면,

$$\frac{d^{p+m}}{dx^{p+m}}\left[R^m\left(\frac{d^{p+m}R^p}{dx^{p+m}}\right)\right]=\binom{p+m}{2m}\left(\frac{d^{2m}R^m}{dx^{2m}}\right)\left(\frac{d^{2p}R^p}{dx^{2p}}\right)$$
$$=\frac{(p+m)!}{(2m)!(p-m)!}(2m)!(2p)!=\frac{(p+m)!}{(p-m)!}(2p)! \qquad (12.305)$$

을 갖게 된다. 이 결과를 변환된 적분이 부호 인자 $(-1)^{p+m}$을 수반함을 기억하고, 식 (12.303)의 반복된 적분이 $q=p$일 때는 R^p를 준다는 것을 인지하면서 부분 적분에 대입하면, 식 (12.301)로 돌아가서

$$\int_{-1}^{1}\left[P_p^m(x)\right]^2dx=\frac{(-1)^{2m+p}}{2^{2p}p!p!}\frac{(p+m)!}{(p-m)!}(2p)!\int_{-1}^{1}R^p dx \qquad (12.306)$$

를 갖게 된다. 값을 완벽히 구하기 위해 R^p의 적분이 베타 함수인 것을 파악하고, 구한 값은

$$\int_{-1}^{1}R^p dx=(-1)^p\frac{2(2p)!!}{(2p+1)!!}=(-1)^p\frac{2^{2p+1}p!p!}{(2p+1)!} \qquad (12.307)$$

이다. 이 결과를 대입하여 이전에 확립한 직교 관계와 결합하면

$$\int_{-1}^{1}P_p^m(x)P_q^m(x)dx=\frac{2}{2p+1}\frac{(p+m)!}{(p-m)!}\delta_{pq} \qquad (12.308)$$

과 같다. $x=\cos\theta$라고 치환하면, 구면 극 좌표계에서

$$\int_{0}^{\pi}P_p^m(\cos\theta)P_q^m(\cos\theta)\sin\theta\, d\theta=\frac{2}{2p+1}\frac{(p+m)!}{(p-m)!}\delta_{pq} \qquad (12.309)$$

의 공식을 얻는다.

연관 르장드르 함수의 직교성을 보는 또 다른 시각은 식 (12.308)을 연관 르장드르 다항식 $\mathcal{P}_l^m$으로 다시 쓰는 것이다. 식 (12.278)을 호출하면 식 (12.308)은

$$\int_{-1}^{1}\mathcal{P}_p^m\mathcal{P}_q^m(1-x^2)^m dx=\frac{2}{2p+1}\frac{(p+m)!}{(p-m)!}\delta_{pq} \qquad (12.310)$$

이 되고, 이는 이들 **다항식들**이 각각의 m에 대하여 가중인자 $(1-x^2)^m$으로 직교함을 보인다. 그런 관점에서 각각의 m이 다른 가중치를 가진 다항식 집합에 해당함을 관찰할 수 있다. 그러나 주된 관심사는 일반적으로 다항식이 **아니라** 연관 르장드르 방정식의 해인 함수에 있으므로, 인자 $(1-x^2)^{m/2}$를 포함하고 있는 이러한 함수들이 **단위 가중치를 가지고** 직교한다는 것을 주의하는 것이 보통 더 유의미하다.

특별히 유용하지는 않지만, 또한 P_l^m이 아래 지표가 상수로 고정되었을 때, 위 지표에 대해서 직교성을 가지고 있다는 것도 가능하다.

$$\int_{-1}^{1} P_l^m(x) P_l^n(x)(1-x^2)^{-1} dx = \frac{(l+m)!}{m(l-m)!}\delta_{mn} \tag{12.311}$$

구면 극 좌표계에서 방위각 좌표 φ에 대한 경계조건이 이미 m에 관해 수직이 되도록 하고 보통 m에 관하여 P_l^m의 직교성에 대해서는 걱정을 하지 않기 때문에 이 방정식은 매우 유용하지는 않다.

예제 12.13.2 고리 전류-자기 쌍극자

연관 르장드르 함수를 만나게 되는 중요한 문제는 원형 전류 고리의 자기장에 있다. 이 경우는 방위각에 대한 대칭성을 갖고 있기 때문에 처음 볼 때는 놀라울 수 있다.

시작점은 전류 요소 Ids를 그것이 만드는 벡터 퍼텐셜 $\mathbf{A}$에 연결하는 공식이다. (이는 그린 함수에 대한 장에서 논의되고 또한 잭슨의 《Electrodynamics》 교재에서 논의된다. 더 읽을 거리를 보라.) 이 공식은

$$d\mathbf{A}(\mathbf{r}) = \frac{\mu_0}{4\pi}\frac{Id\mathbf{s}}{|\mathbf{r}-\mathbf{r}_s|} \tag{12.312}$$

이다. 여기서 $\mathbf{r}$는 $\mathbf{A}$의 값을 구하는 위치이고, $\mathbf{r}_s$는 고리 전류의 요소 ds의 위치이다. 반지름이 a인 고리 전류를 구면 극 좌표계의 적도에 그림 12.26에 나온 것처럼 놓는다. 우리의 할 일은 $\mathbf{A}$를 위치의 함수로 결정하고, 그로부터 자기 유도장 $\mathbf{B}$의 성분들을 구하는 것이다.

현재 이 문제에 대해서 기하를 파악하고, 식 (12.312)를 적분하는 것이 원리적으로 가능하다. 그러나 더 실용적인 접근법은 일반적인 고려로부터 해를 기술하는 전개의 함수 형태를 결정하고, 그러고 나서 계산하는 것이 그리 어렵지 않은 대칭성이 높은 점들에 대한 정확한 결과를 요구함으로써 그 전개의 계수들을 결정하는 것이다. 이는 먼저 원형 전하 고리에 의해 생성되는 퍼텐셜을 주는 전개의 함수 형태를 먼저 파악하고, 나중에 고리의 축에서 쉽게 계산되는 퍼텐셜로부터 전개의 계수를 알아낸 예제 12.11.3에서 이용된 방법과 비슷한 방법이다.

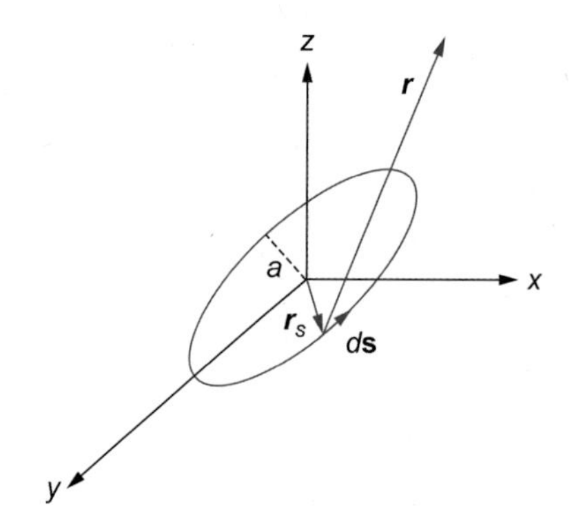

그림 12.26 원형 전류 고리

식 (12.312)의 형태와 문제의 대칭성으로부터 곧장 모든 $\mathbf{r}$에 대하여 $\mathbf{A}$는 z가 일정한 평면에 놓여 있어야 하고, 실제로 $\hat{\mathbf{e}}_\varphi$ 방향을 향해야 한다는 것을 안다. A_φ는 φ에 독립이다. 즉

$$\mathbf{A} = A_\varphi(r, \theta)\hat{\mathbf{e}}_\varphi \tag{12.313}$$

이다. 만약 $\mathbf{A}$가 A_φ 이외의 성분을 가지고 있다면, 0이 아닌 발산을 갖는 데, 이때는 $\mathbf{A}$가 안쪽이나 바깥쪽으로 나가는 항이 있어서 고리의 축에서 특이점을 갖는다.

전류 고리 이외의 모든 점에서는 전류가 없기 때문에 $\mathbf{B}$의 회전에 대한 맥스웰 방정식은

$$\nabla \times \mathbf{B} = \nabla \times (\nabla \times \mathbf{A}) = 0$$

과 같이 줄어들고, $\mathbf{A}$가 φ의 성분만 갖고 있기 때문에 이는 더 줄어들어

$$\nabla \times \left[\nabla \times A_\varphi(r, \theta)\hat{\mathbf{e}}_\varphi\right] = 0 \tag{12.314}$$

이 된다. 식 (12.314)의 좌편은 예제 3.10.4의 주제였고, 그것의 값을 구하는 것은 식 (3.165)에 제시되었다. 그 결과를 0으로 놓는 것은 $A_\varphi(r, \theta)$가 만족하는 방정식을 준다.

$$\frac{\partial^2 A_\varphi}{\partial r^2} + \frac{2}{r}\frac{\partial A_\varphi}{\partial r} + \frac{1}{r^2 \sin\theta}\frac{\partial}{\partial\theta}\left(\sin\theta\frac{\partial A_\varphi}{\partial\theta}\right) - \frac{1}{r^2\sin^2\theta}A_\varphi = 0 \tag{12.315}$$

식 (12.315)는 변수 분리법에 의해서 풀릴 수 있고, $A_\varphi(r, \theta) = R(r)\Theta(\theta)$로 놓으면,

$$r^2\frac{d^2R}{dr^2} + 2\frac{dR}{dr} - l(l+1)R = 0 \tag{12.316}$$

$$\frac{1}{\sin\theta}\frac{d}{d\theta}\left(\sin\theta\frac{d\Theta}{d\theta}\right) + l(l+1)\Theta - \frac{\Theta}{\sin^2\theta} = 0 \tag{12.317}$$

을 갖는다. 이들 식 중 두 번째 식은 식 (12.206)에 주어진 형태의 연관 르장드르 방정식으로 인지될 수 있기 때문에, 분리상수를 l이 정수인 $l(l+1)$을 갖도록 정하였다. 첫 번째 식도 또한 익숙한데, 주어진 l에 대하여 r^l이거나 r^{-l-1}인 해를 갖는다. 두 번째 식은 $P_l^1(\cos\theta)$의 해를 갖는데, 이는 그것의 특정한 형태가 위 지표 $m=1$을 갖는 연관 르장드르 함수임을 말해준다. 우리의 주된 관심사는 r가 전류 고리의 반지름 a보다 클 때 $\mathbf{B}$의 모양에 있으므로 반지름 방향 해 r^{-l-1}만을 유지하고

$$A_\varphi(r,\ \theta)=\sum_{l=1}^{\infty}c_l\left(\frac{a}{r}\right)^{l+1}P_l^1(\cos\theta) \tag{12.318}$$

로 쓴다. 좀 더 상세한 해를 얻을 때, 이것의 $r>a$일 때만 수렴함을 알게 될 것이다. 따라서 식 (12.318)로부터 얻은 $\mathbf{B}$의 값은 전류 고리를 포함한 구의 바깥에서만 유효할 것이다. 만약 이 문제를 $r<a$에 대하여 푸는 데 또한 관심이 있다면, r^l의 지수를 가진 급수해를 만들 필요가 있을 것이다.

식 (12.318)로부터 $\mathbf{B}$의 성분을 계산할 수 있다. 명백히 $B_\varphi=0$이다. 그리고 식 (3.159)를 이용하면,

$$B_r(r,\ \theta)=\nabla\times A_\varphi\hat{\mathbf{e}}_\varphi\Big|_r=\frac{\cot\theta}{r}A_\varphi+\frac{1}{r}\frac{\partial A_\varphi}{\partial\theta} \tag{12.319}$$

$$B_\theta(r,\ \theta)=\nabla\times A_\varphi\hat{\mathbf{e}}_\varphi\Big|_\theta=-\frac{1}{r}\frac{\partial(rA_\varphi)}{\partial r} \tag{12.320}$$

을 갖는다. 식 (12.319)에서 θ 도함수를 구하기 위해

$$\frac{dP_l^1(\cos\theta)}{d\theta}=-\sin\theta\frac{dP_l^1(\cos\theta)}{d\cos\theta}=-l(l+1)P_l(\cos\theta)-\cot\theta\,P_l^1(\cos\theta) \tag{12.321}$$

이 필요한데, 이는 식 (12.296)에서 $m=1$이고 $x=\cos\theta$인 특별한 경우이다. 이제 단도직입적으로 A_φ에 대한 전개를 식 (12.319)와 (12.320)에 대입한다. 식 (12.321) 때문에 식 (12.319)의 $\cot\theta$항은 상쇄되어

$$B_r(r,\ \theta)=-\frac{1}{r}\sum_{l=1}^{\infty}l(l+1)c_l\left(\frac{a}{r}\right)^{l+1}P_l(\cos\theta) \tag{12.322}$$

$$B_\theta(r,\ \theta)=\frac{1}{r}\sum_{l=1}^{\infty}lc_l\left(\frac{a}{r}\right)^{l+1}P_l'(\cos\theta) \tag{12.323}$$

에 도달한다.

우리의 분석을 완성하기 위해서 c_l의 값들을 결정해야 한다. 이를 위해 B_r이 B_z와 동의어

인 극방향 축상의 점들에서 B_r을 계산하기 위해 비오-사바르 법칙을 이용한다. 양의 극방향 축에서 $\theta = 0$이고 $P_l(\cos\theta) = 1$이므로, 식 (12.322)는

$$B_r(z,\ 0) = -\frac{1}{z}\sum_{l=1}^{\infty} l(l+1)c_l\left(\frac{a}{z}\right)^{l+1} = -\frac{a^2}{z^3}\sum_{s=0}^{\infty}(s+1)(s+2)c_{s+1}\left(\frac{a}{z}\right)^s \tag{12.324}$$

로 줄어든다. 문제의 대칭성은 하나 더 단순화를 허락하는데, B_z의 값은 $-z$에서 z에서와 같아야 한다는 것이다. 이로부터 $c_2,\ c_4,\ \ldots$들이 모두 사라진다는 결론을 얻고, 식 (12.324)를

$$B_r(z,\ 0) = -\frac{a^2}{z^3}\sum_{s=0}^{\infty}2(s+1)(2s+1)c_{2s+1}\left(\frac{a}{z}\right)^{2s} \tag{12.325}$$

와 같이 다시 쓸 수 있다.

비오-사바르 법칙(SI단위계에서)은 전류 요소 Ids로부터 변위가 $\mathbf{r_s}$만큼 떨어진 지점에서 B에 기여하는 양을

$$d\mathrm{B} = \frac{\mu_0}{4\pi}I\frac{d\mathbf{s}\times\hat{\mathbf{r}}_s}{r_s^2} \tag{12.326}$$

로 준다. 이제 ds를 전류 고리를 따라 적분하여 $\mathbf{B}$를 계산한다. 기하는 그림 12.27에 나와 있다. 모든 전류 요소로부터 동일한 dB_z는

$$dB_z = \frac{\mu_0 I}{4\pi r_s^2}\sin\chi\, ds$$

의 값을 가지는 것을 주의하라. 여기서 χ는 그림 12.27에 표시된 각이고 r_s는 그림에 표시된 값이다. s에 걸친 적분은 인자 $2\pi a$를 주고, $\sin\chi = a/(a^2+z^2)^{1/2}$임을 안다. 따라서

$$\begin{aligned} B_z &= \frac{\mu_0 Ia^2}{2}(a^2+z^2)^{-3/2} = \frac{\mu_0 Ia^2}{2z^3}\left(1+\frac{a^2}{z^2}\right)^{-3/2} \\ &= \frac{\mu_0 Ia^2}{2z^3}\sum_{s=0}^{\infty}(-1)^s\frac{(2s+1)!!}{(2s)!!}\left(\frac{a}{z}\right)^{2s} \end{aligned} \tag{12.327}$$

이다. 식 (12.327)의 둘째 줄 식에서 이항 전개는 $z > a$일 때 수렴한다.

이제 식 (12.325)와 (12.327)을 조합하여,

$$-2(s+1)(2s+1)c_{2s+1} = \frac{\mu_0 I}{2}(-1)^s\frac{(2s+1)!!}{(2s)!!}$$

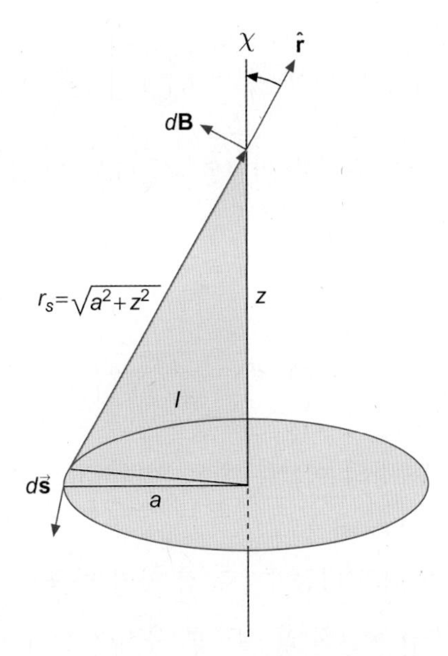

그림 12.27 전류 고리에 적용된 비오-사바르 법칙

을 찾아냈고, 이는

$$c_{2s+1} = \frac{\mu_0 I}{2}(-1)^{s+1}\frac{(2s-1)!!}{(2s+2)!!} \tag{12.328}$$

로 줄어든다.

$c_{2s} = 0$임을 인지하는 형태로 $r > a$에 적용 가능한 **A**와 **B**에 대한 마지막 공식을 쓰면,

$$A_\varphi(r,\ \theta) = \frac{a^2}{r^2}\sum_{s=0}^{\infty} c_{2s+1}\left(\frac{a}{r}\right)^{2s} P_{2s+1}^1(\cos\theta) \tag{12.329}$$

$$B_r(r,\ \theta) = -\frac{a^2}{r^2}\sum_{s=0}^{\infty}(2s+1)(2s+2)c_{2s+1}\left(\frac{a}{r}\right)^{2s} P_{2s+1}(\cos\theta) \tag{12.330}$$

$$B_\theta(r,\ \theta) = \frac{a^2}{r^3}\sum_{s=0}^{\infty}(2s+1)c_{2s+1}\left(\frac{a}{r}\right)^{2s} P_{2s+1}^1(\cos\theta) \tag{12.331}$$

이 된다. 이 공식들은 완전한 타원 적분의 항으로 또한 쓸 수 있다. 스미드(Smythe)를 보고 (더 읽을 거리) 이 책의 13.8절을 보라.

자기 전류 고리와 유한 전기 쌍극자장을 비교하는 것은 흥미롭다. 자기 전류 고리에 대해서 앞의 분석은

$$B_r(r,\ \theta) = \frac{\mu_0 I a^2}{2r^3}\left[P_1 - \frac{3}{2}\left(\frac{a}{r}\right)^2 P_3 + \cdots\right] \tag{12.332}$$

$$B_\theta(r,\ \theta) = \frac{\mu_0 I a^2}{4r^3}\left[-P_1^1 + \frac{3}{4}\left(\frac{a}{r}\right)^2 P_3^1 + \cdots\right] \tag{12.333}$$

를 준다. 유한 전기 쌍극자 퍼텐셜, 식 (12.269)로부터

$$E_r(r,\ \theta) = \frac{qa}{\pi\varepsilon_0 r^3}\left[P_1 + 2\left(\frac{a}{r}\right)^2 P_3 + \cdots\right] \tag{12.334}$$

$$E_\theta(r,\ \theta) = \frac{qa}{2\pi\varepsilon_0 r^3}\left[-P_1^1 - \left(\frac{a}{r}\right)^2 P_3^1 + \cdots\right] \tag{12.335}$$

을 알고 있다. 두 장의 이끄는 항은 일치하고, 이것은 양쪽을 모두 쌍극자장으로 파악하는 근간이 된다.

전기 다극자일 때와 마찬가지로 **점** 자기 다극자를 논의하는 것이 가끔 편리하다. 점 쌍극자는 $a \to 0$, $I \to \infty$, Ia^2를 상수로 유지하면서 만들 수 있다. **자기 모멘트 m**은 $I\pi a^2\mathbf{n}$으로 택할 수 있고, 여기서 $\mathbf{n}$은 전류 고리가 만드는 평면에 수직인 단위벡터이고 방향은 오른손 법칙에 의해 주어진다. ■

연습문제

12.13.1 식 (12.276)에 프로베니우스 방법을 적용하여 식 (12.277)을 얻고, 그 식의 분자가 만약 $\lambda = l(l+1)$이고 $j = l-m$일 때, 0이 됨을 검증하시오.

12.13.2 다음을 증명하시오.

$$P_l^{-m}(x) = (-1)^m \frac{(l-m)!}{(l+m)!} P_l^m(x)$$

여기서 $P_l^m(x)$는

$$P_l^m(x) = \frac{(-1)^m}{2^l l!}(1-x^2)^{m/2} \frac{d^{l+m}}{dx^{l+m}}(x^2-1)^l$$

으로 정의되어 있다.

[힌트] 접근법은 라이프니츠 공식을 $(x+1)^l(x-1)^l$에 적용하는 것이다.

12.13.3 다음을 주어진 세 가지 방법을 모두 이용하여 보이시오.

$$P_{2l}^1(0) = 0$$

$$P_{2l+1}^{1}(0) = (-1)^{l+1}\frac{(2l+1)!!}{(2l)!!}$$

(a) 점화 관계식

(b) 모함수의 전개

(c) 로드리게스 공식

12.13.4 $m > 0$에 대해서 $P_l^m(0)$의 값을 구하시오.

답. $$P_l^m(0) = \begin{cases} (-1)^{(l+m)/2}\dfrac{(l+m-1)!!}{(l-m)!!}, & l+m\text{은 짝수} \\ 0, & l+m\text{은 홀수} \end{cases}$$

12.13.5 유한 쌍극자 퍼텐셜, 식 (12.269)로부터 시작하여 식 (12.334)와 (12.335)로 주어진 전기장 성분에 대한 공식을 검증하시오.

12.13.6 다음을 보이시오.

$$P_l^l(\cos\theta) = (-1)^l(2l-1)!!\sin^l\theta, \qquad l = 0,\ 1,\ 2,\ \ldots$$

12.13.7 연관 르장드르 점화 관계식

$$P_l^{m+1}(x) + \frac{2mx}{(1-x^2)^{1/2}}P_l^m(x) + [l(l+1) - m(m-1)]\,P_l^{m-1}(x) = 0$$

을 유도하시오.

12.13.8 P_l^1을 주는 점화 관계식을

$$P_l^1(x) = f_1(x,\ l)P_l(x) + f_2(x,\ l)P_{l-1}(x)$$

으로 유도하시오. (a)나 (b)의 방법을 따르시오.

(a) 먼저 주어진 점화 관계식을 유도하시오. $f_1(x,\ l)$과 $f_2(x,\ l)$을 드러나게 주시오.

(b) 인쇄된(역주: 문헌에서 찾으라는 뜻) 근사 점화 관계식을 찾으시오.

(1) 문헌을 주시오.

(2) 점화 관계식을 검증하시오.

답. (a) $$P_l^1(x) = \frac{lx}{(1-x^2)^{1/2}}P_l - \frac{l}{(1-x^2)^{1/2}}P_{l-1}$$

12.13.9 $\sin\theta\dfrac{d}{d\cos\theta}P_n(\cos\theta) = P_n^1(\cos\theta)$임을 보이시오.

12.13.10 다음을 보이시오.

(a) $\int_0^\pi \left(\frac{dP_l^m}{d\theta} \frac{dP_{l'}^m}{d\theta} + \frac{m^2 P_l^m P_{l'}^m}{\sin^2\theta} \right) \sin\theta \, d\theta = \frac{2l(l+1)}{2l+1} \frac{(l+m)!}{(l-m)!} \delta_{ll'}$

(b) $\int_0^\pi \left(\frac{P_l^1}{\sin\theta} \frac{dP_{l'}^1}{d\theta} + \frac{P_{l'}^1}{\sin\theta} \frac{dP_l^1}{d\theta} \right) \sin\theta \, d\theta = 0$

이들 적분은 구에 의한 전자기파의 산란 이론에서 생겨난다.

12.13.11 연습문제 12.11.8의 반복으로서, 연관 르장드르 함수를 이용하여 다음을 보이시오.

$$\int_{-1}^{1} x(1-x^2) P'_n(x) P'_m(x) dx = \frac{n+1}{2n+1} \frac{2}{2n-1} \frac{n!}{(n-2)!} \delta_{m,\, n-1} + \frac{n}{2n+1} \frac{2}{2n+3} \frac{(n+2)!}{n!} \delta_{m,\, n+1}$$

12.13.12 $\int_0^\pi \sin^2\theta P_n^1(\cos\theta) d\theta$의 값을 구하시오.

12.13.13 연관 르장드르 함수 $P_l^m(x)$는 자체 수반 상미분 방정식을 만족한다.

$$(1-x^2)\frac{d^2 P_l^m(x)}{dx^2} - 2x \frac{dP_l^m(x)}{dx} + \left[l(l+1) - \frac{m^2}{1-x^2} \right] P_l^m(x) = 0$$

$P_l^m(x)$와 $P_l^k(x)$에 대한 미분 방정식으로부터 $k \neq m$일 때

$$\int_{-1}^{1} P_l^m(x) P_l^k(x) \frac{dx}{1-x^2} = 0$$

을 보이시오.

12.13.14 자기 쌍극자 퍼텐셜을 미분하여 자기 사극자의 벡터 퍼텐셜과 자기 유도장을 결정하시오.

답. $\mathbf{A}_{MQ} = -\frac{\mu_0}{2}(Ia^2)(dz)\frac{P_2^1(\cos\theta)}{r^3}\hat{\mathbf{e}}_\varphi + \text{고차항}$

$\mathbf{B}_{MQ} = \mu_0(Ia^2)(dz)\left[\frac{3P_2(\cos\theta)}{r^4}\hat{\mathbf{e}}_r - \frac{P_2^1(\cos\theta)}{r^4}\hat{\mathbf{e}}_\theta \right] + \cdots$

이것은 반지름이 a인 전류 고리를 $z \to dz$에 놓고 반대 방향으로 흐르는 전류 고리를 $z \to -dz$에 놓는 것에 해당한다. 점 쌍극자의 벡터 퍼텐셜과 자기 유도장은 만약 $dz \to 0$, $a \to 0$, $I \to \infty$의 극한과 $Ia^2 dz$=상수로 유지한다면 이들 전개의 이끄는 항으로 주어진다.

12.13.15 반지름이 a인 원형 도선 고리가 일정한 전류 I를 가지고 있다.

(a) $r < a$이고 $\theta = \pi/2$에 대하여 자기 유도 $\mathbf{B}$를 찾으시오.

(b) 자기 선속 $(\mathbf{B} \cdot d\sigma)$의 적분을 전류 고리의 면적에 걸쳐서 적분하시오. 다시 말하면

$$\int_0^a r\,dr \int_0^{2\pi} d\varphi\, B_z\left(r,\ \theta = \frac{\pi}{2}\right).$$

답. ∞

지구는 그런 전류 고리 안에 있다. 여기서 I는 밴앨렌대의 전하를 띤 입자의 흐름으로부터 생기는 수백만 암페어의 전류로 근사된다.

12.13.16 쌍극자 모멘트가 $\mathbf{m}$인 자기 쌍극자의 벡터 퍼텐셜 $\mathbf{A}$는 $\mathbf{A}(\mathbf{r}) = (\mu_0/4\pi)(\mathbf{m}\times\mathbf{r}/r^3)$으로 주어진다. 직접 계산하여 자기 유도 $\mathbf{B} = \nabla\times\mathbf{A}$가

$$\mathbf{B} = \frac{\mu_0}{4\pi}\frac{3\hat{\mathbf{r}}\,(\hat{\mathbf{r}}\cdot\mathbf{m}) - \mathbf{m}}{r^3}$$

임을 보이시오.

12.13.17 (a) 전류 고리의 자기 유도장이 점 쌍극자 극한에서

$$B_r(r,\ \theta) = \frac{\mu_0}{2\pi}\frac{m}{r^3}P_1(\cos\theta)$$

$$B_\theta(r,\ \theta) = -\frac{\mu_0}{2\pi}\frac{m}{r^3}P_1^1(\cos\theta)$$

임을 보이시오. 여기서 $m = I\pi a^2$이다.

(b) 이 결과를 연습문제 12.13.16의 점 자기 쌍극자의 자기 유도에 대한 결과와 비교하시오. $\mathbf{m} = \hat{\mathbf{z}}m$으로 잡아라.

12.13.18 균일하게 전하를 띤 구면 껍질이 일정한 각속도로 회전하고 있다.

(a) 구 바깥에서 회전축을 따라 자기 유도 $\mathbf{B}$를 계산하시오.

(b) 구 바깥의 모든 점에 대해 $\mathbf{B}$를 구하시오.

12.13.19 핵의 유체-방울 모형에서 구형의 핵이 조금 뒤틀려있다. 반지름이 r_0인 구가 뒤틀려서 새로운 표면이

$$r = r_0[1 + \alpha_2 P_2(\cos\theta)]$$

으로 주어진다. α_2^2의 항으로 뒤틀린 구의 면적을 구하시오.

[힌트] $dA = \left[r^2 + \left(\frac{dr}{d\theta}\right)^2\right]^{1/2} r\sin\theta\, d\theta\, d\varphi$

답. $A = 4\pi r_0^2\left[1 + \frac{4}{5}\alpha_2^2 + \mathcal{O}(\alpha_2^3)\right]$

[참고] 면적 요소 dA는 정해진 φ에 대해 길이 요소 ds를 주의함으로써 얻어진다.

$$ds = (r^2\,d\theta^2 + dr^2)^{1/2} = \left[r^2 + \left(\frac{dr}{d\theta}\right)^2\right]^{1/2} d\theta$$

12.14 구면 조화함수

라플라스, 헬름홀츠 또는 슈뢰딩거 방정식을 구면 극 좌표계에서 푸는 변수 분리법에 대한 먼저의 논의는 구면 대칭 문제에서 가능한 각의 해 $\Theta(\theta)\Phi(\varphi)$는 항상 동일하다는 것을 보였다. 특히 Φ에 대한 해는 하나의 정수 지표 m에 의존하고,

$$\Phi_m(\varphi) = \frac{1}{\sqrt{2\pi}} e^{im\varphi}, \qquad m = \ldots,\ -2,\ -1,\ 0,\ 1,\ 2,\ \ldots \tag{12.336}$$

의 형태로 적혀짐을 알아냈다. 또는 동등하게

$$\Phi_m(\varphi) = \begin{cases} \dfrac{1}{\sqrt{2\pi}}, & m = 0 \\ \dfrac{1}{\sqrt{\pi}}\cos m\varphi, & m > 0 \\ \dfrac{1}{\sqrt{\pi}}\sin|m|\varphi, & m < 0 \end{cases} \tag{12.337}$$

이다. 위의 식들은 Φ_m이 정규화되게 만드는 데 필요한 상수 인자를 포함하고 있고, 서로 다른 m^2의 식들은 자동적으로 스텀-리우빌 문제의 고유함수이기 때문에 직교한다. 식 (12.336)이나 (12.337)에서 $+m$과 $-m$에 대한 함수의 선택이 Φ_m과 Φ_{-m}을 직교하게 만든다는 것을 검증하는 것은 단도직입적으로 할 수 있다. 형식상으로, 우리의 정의들은

$$\int_0^{2\pi} \left[\Phi_m(\varphi)\right]^* \Phi_{m'}(\varphi)\,d\varphi = \delta_{mm'} \tag{12.338}$$

이다.

12.13절에서 $\Theta(\theta)$ 해는 2개의 $-l \le m \le l$을 만족하는 정수 지표 l과 m에 의해 표시되는 연관 르장드르 함수인 것으로 파악될 수 있음을 알아냈다. 이들 함수에 대한 직교 적분,

식 (12.309)로부터 정규화된 해

$$\Theta_{lm}(\cos\theta) = \sqrt{\frac{2l+1}{2}\frac{(l-m)!}{(l+m)!}}\,P_l^m(\cos\theta) \tag{12.339}$$

를 정의할 수 있다. 이는

$$\int_0^\pi \left[\Theta_{lm}(\cos\theta)\right]^* \Theta_{l'm}(\cos\theta)\sin\theta\,d\theta = \delta_{ll'} \tag{12.340}$$

을 만족한다. 이전에 이런 형태의 직교성 조건이 두 함수 Θ가 같은 지표 m을 가질 때에만 적용된다는 것을 유의하였다. 식 (12.340)에서 켤레 복소수는 굳이 필요하지 않은데 그것은 Θ가 실수이기 때문이지만, 일관된 표기를 유지하기 위해서 어쨌든 그렇게 적었다. P_l^m의 독립변수가 $x = \cos\theta$일 때, $(1-x^2)^{1/2} = \sin\theta$임을 주의하고, 따라서 P_l^m은 $\cos\theta$와 $\sin\theta$의 전반적인 차수가 l인 다항식이다.

$\Theta_{lm}\Phi_m$의 곱은 **구면 조화함수**(spherical harmonic)라고 불린다. 이 이름은 Φ_m이 복소수 지수로 정의된 것으로 함의한다. 식 (12.336)을 보라. 따라서

$$Y_l^m(\theta,\ \varphi) \equiv \sqrt{\frac{2l+1}{4\pi}\frac{(l-m)!}{(l+m)!}}\,P_l^m(\cos\theta)e^{im\varphi} \tag{12.341}$$

을 정의한다. 이러한 함수들은 스텀-리우빌 문제의 정규화된 해들이고, 구면 표면에서

$$\int_0^{2\pi} d\varphi \int_0^\pi \sin\theta\,d\theta \left[Y_{l_1}^{m_1}(\theta,\ \varphi)\right]^* Y_{l_2}^{m_2}(\theta,\ \varphi) = \delta_{l_1 l_2}\delta_{m_1 m_2} \tag{12.342}$$

과 같이 직교한다. 연관 르장드르 함수에 대하여 도입한 정의는 원자 분광학에 관한 고전 교재의 저자들을 따라서 콘돈-쇼틀리(Condon-Shortley) 위상으로 알려진 Y_l^m에 대한 특정한 부호를 낳는다. 이 부호 관습은 특히 각운동량의 양자 이론에서 많은 계산들을 간단하게 해주는 것으로 알려져 있다. 이 위상 인자의 효과 중 하나는 양의 m인 구면 조화함수에서 m에 따라 부호를 바꿔주는 것을 도입한다는 점이다. Y_l^m의 이름에 '조화'라는 것이 들어가는 이유는 라플라스 방정식의 해들은 종종 조화함수라고 부르기 때문이다.

처음 몇몇 구면 조화함수의 실수부의 제곱은 그림 12.28에 그려져 있다. 그들의 함수 형태는 표 12.6에 주어져 있다.

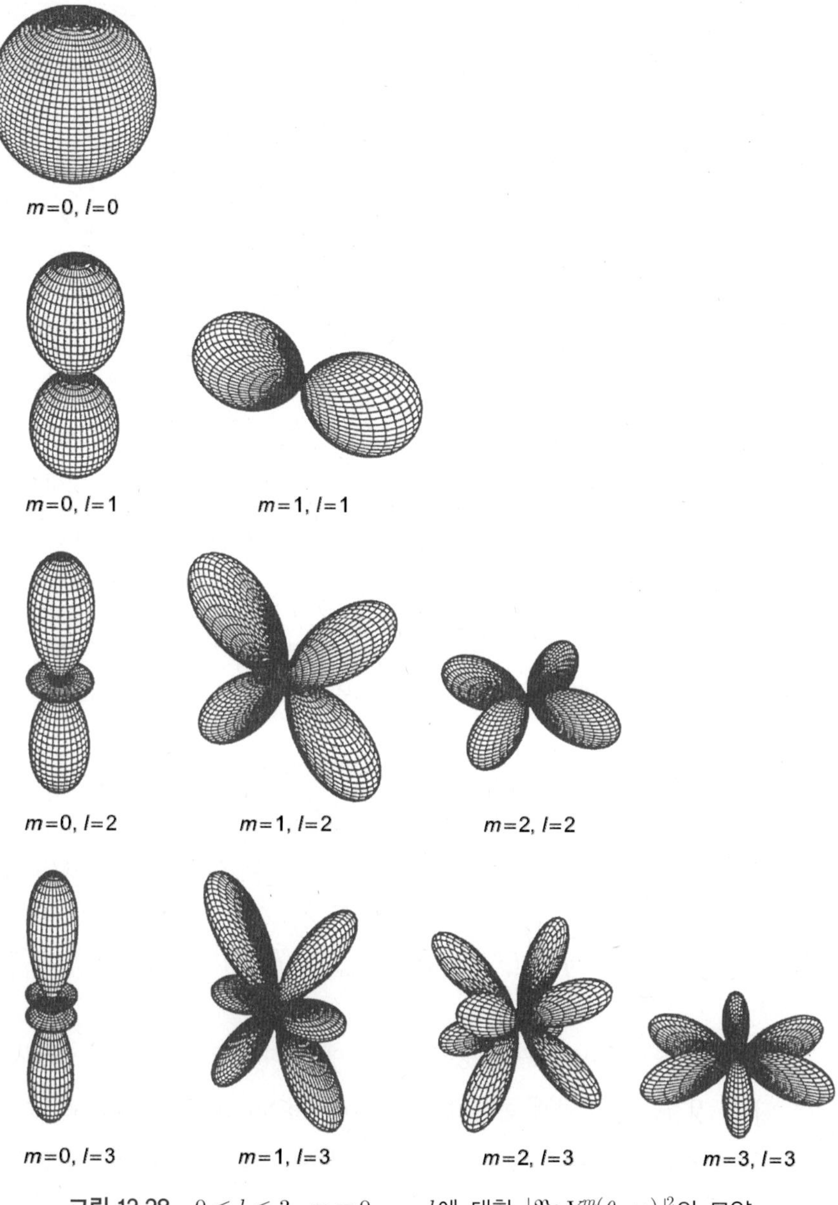

그림 12.28 $0 \le l \le 3$, $m = 0$, ..., l에 대한 $|\Re e\, Y_l^m(\theta, \varphi)|^2$의 모양

■ 직각좌표 표현

몇 가지 목적을 위해 구면 조화함수를 직각좌표계를 이용하여 표현하는 것이 유용하다. 이것은 $\exp(\pm i\varphi)$를 $\cos\varphi \pm i\sin\varphi$로 적고, x, y, z에 대한 공식을 구면 극 좌표계로 사용하는 것으로 할 수 있다. (그러나 전체적인 r에 대한 의존은 필요한데, 각에 관한 양들이 스케일에 독립이어야 하기 때문이다.) 예를 들면,

표 12.6 구면 조화함수(콘돈-쇼틀리 위상)

$$Y_0^0(\theta,\ \varphi)=\frac{1}{\sqrt{4\pi}}$$

$$Y_1^1(\theta,\ \varphi)=-\sqrt{\frac{3}{8\pi}}\sin\theta\, e^{i\varphi}=-\sqrt{\frac{3}{8\pi}}(x+iy)/r$$

$$Y_1^0(\theta,\ \varphi)=-\sqrt{\frac{3}{4\pi}}\cos\theta=\sqrt{\frac{3}{4\pi}}z/r$$

$$Y_1^{-1}(\theta,\ \varphi)=+\sqrt{\frac{3}{8\pi}}\sin\theta\, e^{-i\varphi}=\sqrt{\frac{3}{8\pi}}(x-iy)/r$$

$$Y_2^2(\theta,\ \varphi)=\sqrt{\frac{5}{96\pi}}3\sin^2\theta\, e^{2i\varphi}=3\sqrt{\frac{5}{96\pi}}(x^2-y^2+2ixy)/r^2$$

$$Y_2^1(\theta,\ \varphi)=-\sqrt{\frac{5}{24\pi}}3\sin\theta\cos\theta\, e^{i\varphi}=-\sqrt{\frac{5}{24\pi}}3z(x+iy)/r^2$$

$$Y_2^0(\theta,\ \varphi)=\sqrt{\frac{5}{4\pi}}\left(\frac{3}{2}\cos^2\theta-\frac{1}{2}\right)=\sqrt{\frac{5}{4\pi}}\left(\frac{3}{2}z^2-\frac{1}{2}r^2\right)/r^2$$

$$Y_2^{-1}(\theta,\ \varphi)=\sqrt{\frac{5}{24\pi}}3\sin\theta\cos\theta\, e^{-i\varphi}=+\sqrt{\frac{5}{24\pi}}3z(x-iy)/r^2$$

$$Y_2^{-2}(\theta,\ \varphi)=\sqrt{\frac{5}{96\pi}}3\sin^2\theta\, e^{-2i\varphi}=3\sqrt{\frac{5}{96\pi}}(x^2-y^2-2ixy)/r^2$$

$$Y_3^3(\theta,\ \varphi)=-\sqrt{\frac{7}{2880\pi}}15\sin^3\theta\, e^{3i\varphi}=-\sqrt{\frac{7}{2880\pi}}15\left[x^3-3xy^2+i(3x^2y-y^3)\right]/r^3$$

$$Y_3^2(\theta,\ \varphi)=\sqrt{\frac{7}{480\pi}}15\cos\theta\sin^2\theta\, e^{2i\varphi}=\sqrt{\frac{7}{480\pi}}15z(x^2-y^2+2ixy)/r^3$$

$$Y_3^1(\theta,\ \varphi)=-\sqrt{\frac{7}{48\pi}}\left(\frac{15}{2}\cos^2\theta-\frac{3}{2}\right)\sin\theta\, e^{i\varphi}=-\sqrt{\frac{7}{48\pi}}\left(\frac{15}{2}z^2-\frac{3}{2}r^2\right)(x+iy)/r^3$$

$$Y_3^0(\theta,\ \varphi)=\sqrt{\frac{7}{4\pi}}\left(\frac{5}{2}\cos^3\theta-\frac{3}{2}\cos\theta\right)=\sqrt{\frac{7}{4\pi}}z\left(\frac{5}{2}z^2-\frac{3}{2}r^2\right)/r^3$$

$$Y_3^{-1}(\theta,\ \varphi)=+\sqrt{\frac{7}{48\pi}}\left(\frac{15}{2}\cos^2\theta-\frac{3}{2}\right)\sin\theta\, e^{-i\varphi}=\sqrt{\frac{7}{48\pi}}\left(\frac{15}{2}z^2-\frac{3}{2}r^2\right)(x-iy)/r^3$$

$$Y_3^{-2}(\theta,\ \varphi)=\sqrt{\frac{7}{480\pi}}15\cos\theta\sin^2\theta\, e^{-2i\varphi}=\sqrt{\frac{7}{480\pi}}15z(x^2-y^2-2ixy)/r^3$$

$$Y_3^{-3}(\theta,\ \varphi)=+\sqrt{\frac{7}{2880\pi}}15\sin^3\theta\, e^{-3i\varphi}=\sqrt{\frac{7}{2880\pi}}15\left[x^3-3xy^2-i(3x^2y-y^3)\right]/r^3$$

$$\cos\theta=z/r,\qquad \sin\theta\exp(\pm i\varphi)=\sin\theta\cos\varphi\pm i\sin\theta\sin\varphi=\frac{x}{r}\pm i\frac{y}{r}\tag{12.343}$$

이다. 이러한 양들은 (차원이 0인) 좌표계에서 동차항이다.

더 큰 l값으로 지속하면, 분자가 차수 l로 x, y, z의 동차곱이 되고, 공통의 인자 r^l로 나눠진 비율을 얻게 된다. 표 12.6은 각각의 원소에 대한 직각좌표 표현을 포함하고 있다.

■ 전체 해

9.4절에서 이미 보았듯이 구면 극 좌표계에서 라플라스, 헬름홀츠, 혹은 심지어 슈뢰딩거 방정식의 분리는 일반적인 형태의 방정식으로 쓸 수 있는데,

$$R'' + \frac{2}{r}R' + [f(r) - l(l+1)]\,R = 0 \tag{12.344}$$

$$\left[\frac{1}{\sin\theta}\frac{d}{d\theta}\left(\sin\theta\frac{d}{d\theta}\right) + \frac{1}{\sin^2\theta}\frac{d^2}{d\varphi^2} + l(l+1)\right] Y_l^m(\theta,\ \varphi) = 0 \tag{12.345}$$

과 같다. 식 (12.344)에서 $f(r)$ 함수는 라플라스 방정식에서는 0이고, 헬름홀츠 방정식에서는 k^2이고, 슈뢰딩거 방정식에서는 $E - V(r)$이다(V=퍼텐셜 에너지, E=총에너지이자 고윳값). θ와 φ에 대한 방정식을 식 (12.345)로 결합하였고, 그것의 해 중의 하나가 Y_l^m이다. 이제 여기서 주의하는 데 중요한 것은 결합된 각에 대한 방정식(그리고 경계조건과 그것의 해)은 모든 구면 대칭 문제에 대해서 동일하다는 것이고, 각에 대한 해는 분리상수 $l(l+1)$을 통해서만 반지름 방향 방정식에 영향을 미친다는 것이다. 따라서 반지름 방향 방정식은 l에 대한 해를 갖지만, 지표 m에 대해서는 독립이다.

9.4절에서 표 9.2에 주어진 결과를 가지는 라플라스와 헬름홀츠 방정식에 대한 반지름 방향 방정식을 풀었다. 라플라스 방정식 $\nabla^2\psi = 0$에 대해서 구면 극 좌표계에서 일반적인 해는 임의의 계수를 같은 가능한 다양한 값의 l과 m의 해의 합이다.

$$\psi(r,\ \theta,\ \varphi) = \sum_{l=0}^{\infty}\sum_{m=-l}^{l}\left(a_{lm}r^l + b_{lm}r^{-l-1}\right)Y_l^m(\theta,\ \varphi) \tag{12.346}$$

헬름홀츠 방정식 $(\nabla^2 + k^2)\psi = 0$에 대해서는, 반지름 방향 방정식은 식 (12.152)에서 주어진 형태를 갖고, 따라서 해는

$$\psi(r,\ \theta,\ \varphi) = \sum_{l=0}^{\infty}\sum_{m=-l}^{l}\left(a_{lm}j_l(kr) + b_{lm}y_l(kr)\right)Y_l^m(\theta,\ \varphi) \tag{12.347}$$

의 형태를 띤다.

■ 라플라스 전개

구면 조화함수의 중요성의 일부는 완전성 성질에 있다. 이것은 라플라스 방정식의 스텀-리우빌 형태의 결과이다. 여기서 이 성질은 구의 표면에 걸쳐서 값을 구한 임의의 함수 $f(\theta,\ \varphi)$는 (충분히 연속성 성질을 갖는) 구면 조화함수의 균일 수렴하는 이중 급수로 전개될 수 있다는 것이다.[15] **라플라스 급수**라고 불리는 이 전개는

$$f(\theta,\ \varphi)=\sum_{l=0}^{\infty}\sum_{m=-l}^{l}c_{lm}\,Y_l^m(\theta,\ \varphi) \tag{12.348}$$

의 형태를 띠고,

$$c_{lm}=\left\langle Y_l^m \,\middle|\, f(\theta,\ \varphi)\right\rangle=\int_0^{2\pi}d\varphi\int_0^{\pi}\sin\theta\, d\theta\, Y_l^m(\theta,\ \varphi)^* f(\theta,\ \varphi) \tag{12.349}$$

이다. 라플라스 전개가 자주 쓰이는 것은 구면 표면에서의 경계조건을 만족하는 라플라스 방정식의 일반해를 구체화하는 데에 있다. 이런 상황은 다음 예제에서 서술된다.

예제 12.14.1 구면 조화함수 전개

각좌표 θ와 φ의 어떤 함수 $V(r_0,\ \theta,\ \varphi)$로 퍼텐셜이 구형 경계면에서 특정된 반지름이 r_0인 전하가 없는 구면 내부 영역의 정전기 퍼텐셜을 결정하는 문제를 고려하자. 퍼텐셜 $V(r,\theta,\varphi)$는 $r=r_0$에서 경계조건을 만족하고, $r\le r_0$에서는 모든 점에서 정상인 라플라스 방정식의 해이다. 이는 $r=0$에서 해가 특이점이 되지 않도록 하기 위해서 계수 b_{lm}이 0이 되어 식 (12.346)의 형태가 되어야 함을 의미한다.

$V(r_0,\ \theta,\ \varphi)$의 구면 조화함수 전개, 즉 식 (12.348)에서 계수가

$$c_{lm}=\left\langle Y_l^m(\theta,\ \varphi) \,\middle|\, V(r_0,\ \theta,\ \varphi)\right\rangle$$

인 전개를 얻음으로써 나아간다.

그러면 $r=r_0$에서 구한 식 (12.346)

$$V(r_0,\ \theta,\ \varphi)=\sum_{l=0}^{\infty}\sum_{m=-l}^{l}a_{lm}r_0^l\,Y_l^m(\theta,\ \varphi)$$

를 식 (12.348)의 표현

$$V(r_0,\ \theta,\ \varphi)=\sum_{l=0}^{\infty}\sum_{m=-l}^{l}c_{lm}\,Y_l^m(\theta,\ \varphi)$$

과 비교하여 $a_{lm}=c_{lm}/r_0^l$임을 안다. 따라서

$$V(r,\ \theta,\ \varphi)=\sum_{l=0}^{\infty}\sum_{m=-l}^{l}c_{lm}\left(\frac{r}{r_0}\right)^l Y_l^m(\theta,\ \varphi). \qquad ■$$

15 이 근본적인 정리의 증명은 홉슨(E. W. Hobson)(더 읽을 거리)의 7장을 참고하라.

예제 12.14.2 라플라스 급수-중력장

이 예제는 때로 구면 조화함수를 그것의 실수에 대응하는 것(사인이나 코사인 함수의 언어로)으로 교체하는 것이 적당하다는 관점을 서술한다. 지구, 달, 화성의 중력장은 다음 형태의 라플라스 급수로 기술된다.

$$U(r,\ \theta,\ \varphi) = \frac{GM}{R}\left[\frac{R}{r} - \sum_{l=2}^{\infty}\sum_{m=0}^{l}\left(\frac{R}{r}\right)^{l+1}\left[C_{lm}Y_{ml}^{e}(\theta,\ \varphi) + S_{lm}Y_{ml}^{o}(\theta,\ \varphi)\right]\right] \quad (12.350)$$

여기서 M은 물체의 질량, R은 적도면의 반지름, G는 중력 상수이다. 실함수 Y_{lm}^{e}와 Y_{lm}^{o}는 모스와 페쉬바흐(Morse and Feshbach)(더 읽을 거리)에 의해 정규화되지 않은

$$Y_{ml}^{e}(\theta,\ \varphi) = P_l^m(\cos\theta)\cos m\varphi, \qquad Y_{ml}^{o}(\theta,\ \varphi) = P_l^m(\cos\theta)\sin m\varphi$$

으로 정의된다. 모스와 페쉬바흐는 l 앞에 m을 놓은 것을 주의하라.

위성에서의 측정은 표 12.7에 보이는 C_{20}, C_{22}, S_{22}에 대한 수치적인 값을 냈다.

표 12.7 중력장 계수, 식 (12.349)

계수*	지구	달	화성
C_{20}	1.083×10^{-3}	$(0.200\pm0.002)\times10^{-3}$	$(1.96\pm0.01)\times10^{-3}$
C_{22}	0.16×10^{-5}	$(2.4\pm0.5)\times10^{-5}$	$(-5\pm1)\times10^{-5}$
S_{22}	-0.09×10^{-5}	$(0.5\pm0.6)\times10^{-5}$	$(3\pm1)\times10^{-5}$

* C_{20}은 적도가 부풀어 오른 것을 대표하고, C_{22}와 S_{22}는 방위각에 따른 중력장의 의존을 대표한다.

■

■ 해의 대칭성

주어진 l이지만, 서로 다른 m을 가진 각에 대한 해는 그것들이 지름 방향 방정식에 대해서 같은 해를 이끈다는 점에서 밀접하게 연관되어 있다. $l=0$일 때를 제외하고, 각각의 해 Y_l^m들은 구면 대칭이 아니고, 구면 대칭 문제도 완전한 구면 대칭보다 낮은 대칭인 해를 가질 수 있다는 것은 인지해야만 한다. 이 현상의 고전적인 예가 구면 대칭인 중력 퍼텐셜을 가지는 지구-태양계에 의해 주어진다. 그러나 지구의 실제 궤도는 평면이다. 이런 눈에 분명한 모순은 지구의 궤도 평면이 아무 방향으로라도 해가 존재한다는 것을 유의함으로써 해결된다. 실제 일어나는 것은 '초기 조건'에 의해서 결정된다.

라플라스 방정식으로 돌아가면, 주어진 l에 대한 반지름 방향 해, 즉 r^l이나 r^{-l-1}이 $2l+1$개의 서로 다른 각에 관한 해 $Y_l^m(-l \le m \le l)$과 연관된다는 것을 알고, 이들 중 $(l \ne 0)$ 전부는 구면 대칭이 아니라는 것을 안다. 이 l에 대한 가장 일반적인 해는 이들

$2l+1$개의 서로 직교하는 함수들이 선형 결합이 되어야만 한다. 다른 식으로 말하면, 주어진 l에 대한 라플라스 방정식의 각의 해의 공간은 $2l+1$개의 원소 $Y_l^{-l}(\theta, \varphi)$, ..., $Y_l^l(\theta, \varphi)$를 포함하는 힐베르트 공간이다. 이제, 만약 라플라스 방정식을 원래의 좌표계와 다른 방향을 가진 좌표계 (θ', φ')에서 쓴다고 하면, 여전히 같은 각에 관한 해의 집합을 갖게 되고, 이것은 $Y_l^m(\theta', \varphi')$이 원래의 Y_l^m의 선형 결합이 되어야 한다는 것을 의미한다. 따라서

$$Y_l^m(\theta', \varphi') = \sum_{m'=-l}^{l} D_{m'm}^l \, Y_l^{m'}(\theta, \varphi) \tag{12.351}$$

을 쓸 수 있는데, 여기서 계수 D는 관련된 좌표 회전에 의존한다. 좌표 회전은 라플라스 방정식에 대한 해의 r 의존은 바꿀 수 없다는 것을 주의하라. 따라서 식 (12.351)은 모든 l값에 대한 합을 포함할 필요가 없다. 특정한 예로, $l=1$의 경우 비슷하게 등장하는 3개의 해를 가지고 있으나 방향은 서로 다르다(그림 12.28) . 다르게 생각하면, 표 12.6으로부터 각에 대한 해 Y_1^m은 z/r, $(x+iy)/r$, $(x-iy)/r$에 비례하는 형태를 갖는데, 이는 그것들이 x/r, y/r, z/r의 임의의 결합을 형성할 수 있는 것을 의미한다. 좌표축의 회전이 x, y, z를 서로의 선형 결합으로 바꾸기 때문에 왜 이 3개의 함수의 집합 $Y_1^m(m=0, 1, -1)$이 좌표 회전에 대해서 닫혀 있는지 이해할 수 있다.

$l=2$에 대해서는 5개의 가능한 m값이 있어서, 이 l값에 대한 각 함수는 5개의 독립적인 원소를 포함하는 닫힌 공간을 형성한다.

위의 분석을 분리상수 $l(l+1)$의 다양한 값에 대해 반지름 방향의 상미분 방정식을 풀어서 결정된 고윳값들을 가지는 슈뢰딩거 방정식의 해에 적용하면, 같은 l, 다른 m에 대한 모든 해가 같은 고윳값 E와 같은 반지름 방향 함수를 가지나, 각에 관한 부분의 방향은 다를 것이라는 것을 안다. 같은 에너지를 갖는 상태들은 **축퇴되었다**(degenerate)고 하며, m에 대해 E가 독립인 것은 주어진 l에 대해서 고유상태가 $(2l+1)$개의 축퇴를 갖게 한다.

예제 12.14.3 임의의 방향에 있는 $l=1$에 대한 해

이 문제를 직각좌표계에서 해보자. 라플라스 방정식에 대한 각의 해 Y_1^0은 표 12.6에 나와 있고, z/r에 비례한다. 이것을 목적에 맞게 $(\mathbf{r} \cdot \hat{\mathbf{e}}_z)/r$라고 적고, 여기서 $\hat{\mathbf{e}}_z$는 z방향의 단위벡터이다. $\hat{\mathbf{e}}_z$를 임의의 단위벡터 $\hat{\mathbf{e}}_u = \cos\alpha\hat{\mathbf{e}}_x + \cos\beta\hat{\mathbf{e}}_y + \cos\gamma\hat{\mathbf{e}}_z$로 교체하는 해를 찾는다. 여기서 $\cos\alpha$, $\cos\beta$, $\cos\gamma$는 $\hat{\mathbf{e}}_u$의 방향 코사인이다. 곧바로

$$\frac{(\mathbf{r}\cdot\hat{\mathbf{e}}_u)}{r} = \frac{x}{r}\cos\alpha + \frac{y}{r}\cos\beta + \frac{z}{r}\cos\gamma$$

를 얻는다. 표 12.6의 구면 조화함수의 직각좌표계 표현을 참조하면, 위의 표현이

$$\frac{(\mathbf{r}\cdot\hat{\mathbf{u}})}{r} = \sqrt{\frac{8\pi}{3}}\left(\frac{Y_1^{-1} - Y_1^1}{2}\right)\cos\alpha + \sqrt{\frac{8\pi}{3}}\left(\frac{-Y_1^{-1} - Y_1^1}{2i}\right)\cos\beta + \sqrt{\frac{4\pi}{3}}\,Y_1^0\cos\gamma$$

와 같이 적히는 것을 안다. 이것은 모든 세 Y_1^m들이 Y_1^0을 임의의 방향에서 재생산하기 위해 필요하다는 것을 보여준다. 비슷한 조작이 다른 l과 m값에 대해서도 행해질 수 있다. ■

■ 더 많은 성질들

구면 조화함수의 주된 성질들은 Θ_{lm}과 Φ_m의 성질들로부터 직접 따라 나온다. 간단히 요약하면 다음과 같다.

특별한 값: $\theta = 0$, 즉 구면 좌표계의 극방향에서 φ값이 정해지지 않고, 모든 Y_l^m의 φ에 대한 의존은 사라져야만 한다. 또한 $P_l(1) = 1$인 사실을 이용하면, 일반적으로

$$Y_l^m(0,\ \varphi) = \sqrt{\frac{2l+1}{4\pi}}\,\delta_{m0} \tag{12.352}$$

이다. $\theta = \pi$에 대해서도 비슷한 주장은

$$Y_l^m(\pi,\ \varphi) = (-1)^l\sqrt{\frac{2l+1}{4\pi}}\,\delta_{m0} \tag{12.353}$$

을 이끈다.

점화식: 연관 르장드르 함수에 대해 개발한 점화식을 이용하면, 독립변수 $(\theta,\ \varphi)$를 갖는 구면 조화함수에 대해 다음을 얻는다.

$$\cos\theta\,Y_l^m = \left[\frac{(l-m+1)(l+m+1)}{(2l+1)(2l+3)}\right]^{1/2} Y_{l+1}^m + \left[\frac{(l-m)(l+m)}{(2l-1)(2l+1)}\right]^{1/2} Y_{l-1}^m \tag{12.354}$$

$$e^{\pm i\varphi}\sin\theta\,Y_l^m = \mp\left[\frac{(l\pm m+1)(l\pm m+2)}{(2l+1)(2l+3)}\right]^{1/2} Y_{l+1}^{m\pm1} \pm \left[\frac{(l\mp m)(l\mp m-1)}{(2l-1)(2l+1)}\right]^{1/2} Y_{l-1}^{m\pm1} \tag{12.355}$$

몇몇 적분: 이러한 점화 관계식은 실제로 중요한 몇몇 적분의 준비된 값을 구하는 것을 허락한다. 시작점은 직교 정규화 조건, 식 (12.342)이다. 예를 들어, 구면 조화 상태에 있는 전하를 띤 계와 전자기장의 상호작용의 지배하는 (전기 쌍극자) 모드를 기술하는 행렬 원소들은

$$\int \left[Y_{l'}^{m'} \right]^* \cos\theta \, Y_l^m \, d\Omega$$

에 비례한다. 식 (12.354)를 이용하고 Y_l^m의 직교성을 상기하면,

$$\begin{aligned}\int \left[Y_{l'}^{m'} \right]^* \cos\theta \, Y_l^m \, d\Omega &= \left[\frac{(l-m+1)(l+m+1)}{(2l+1)(2l+3)} \right]^{1/2} \delta_{m'm} \delta_{l', l+1} \\ &\quad + \left[\frac{(l-m)(l+m)}{(2l-1)(2l+1)} \right]^{1/2} \delta_{m'm} \delta_{l', l-1} \end{aligned} \tag{12.356}$$

를 알게 된다. 식 (12.356)은 잘 알려진 쌍극자 복사에 대한 선택 규칙의 근간을 제공한다.

연습문제

12.14.1 $Y_l^m(\theta, \varphi)$의 패리티가 $(-1)^l$임을 보이시오. m에 대한 의존이 사라짐을 주의하라.

[힌트] 구면 극 좌표계에서 패리티 연산에 대해서 연습문제 3.10.25를 참고하라.

12.14.2 $Y_l^m(0, \varphi) = \left(\dfrac{2l+1}{4\pi} \right)^{1/2} \delta_{m0}$을 증명하시오.

12.14.3 핵의 쿨롱 들뜸 이론에서 $Y_l^m(\pi/2, 0)$을 만나게 된다. 다음을 보이시오.

$$\begin{aligned} Y_l^m\left(\frac{\pi}{2}, 0\right) &= \left(\frac{2l+1}{4\pi} \right)^{1/2} \frac{[(1-m)!(l+m)!]^{1/2}}{(1-m)!!(l+m)!!} (-1)^{(l-m)/2}, \qquad l+m\text{은 짝수} \\ &= 0, \qquad l+m\text{은 홀수} \end{aligned}$$

12.14.4 직교하는 방위각 함수는 디랙 델타 함수의 유용한 표현을 만든다. 다음을 보이시오.

$$\delta(\varphi_1 - \varphi_2) = \frac{1}{2\pi} \sum_{m=-\infty}^{\infty} e^{im(\varphi_1 - \varphi_2)}$$

[참고] 이 공식은 φ_1과 φ_2가 $0 \le \varphi \le 2\pi$로 국한된다는 것을 가정한다. 이 제한이 없으면, $\varphi_1 - \varphi_2$에서 2π 구간에 추가적인 델타 함수의 기여가 존재하게 될 것이다.

12.14.5 구면 조화함수의 닫힌 관계

$$\sum_{l=0}^{\infty}\sum_{m=-l}^{+l}\left[Y_l^m(\theta_1,\ \varphi_1)\right]^* Y_l^m(\theta_2,\ \varphi_2)=\frac{1}{\sin\theta_1}\delta(\theta_1-\theta_2)\delta(\varphi_1-\varphi_2)$$
$$=\delta(\cos\theta_1-\cos\theta_2)\delta(\varphi_1-\varphi_2)$$

를 유도하시오.

12.14.6 어떤 함수 $f(r,\ \theta,\ \varphi)$가 라플라스 급수로 표현될 수 있다.

$$f(r,\ \theta,\ \varphi)=\sum_{l,\ m}a_{lm}r^l Y_l^m(\theta,\ \varphi)$$

$\langle\cdots\rangle_{\text{sphere}}$이 원점에 중심이 있는 구에 걸친 평균이라고 하면,

$$\langle f(r,\ \theta,\ \varphi)\rangle_{\text{sphere}}=f(0,\ 0,\ 0)$$

을 증명하시오.

❖ 더 읽을 거리

Abramowitz, M., and I. A. Stegun, eds., *Handbook of Mathematical Functions with Formulas, Graphs, and Mathematical Tables* (AMS-55). Washington, DC: National Bureau of Standards (1972), reprinted, Dover (1974). Contains a wealth of information about gamma functions, incomplete gamma functions, exponential integrals, error functions, and related functions in chapters 4 to 6.

Artin, E., *The Gamma Function* (translated by M. Butler). New York: Holt, Rinehart and Winston (1964). Demon-strates that if a function $f(x)$ is smooth (log convex) and equal to $(n-1)!$ when $x=n=$integer, it is the gamma function.

Davis, H. T., *Tables of the Higher Mathematical Functions.* Bloomington, IN: Principia Press (1933). Volume I contains extensive information on the gamma function and the polygamma functions.

Edwards, H. M., *Riemann's Zeta Function.* New York: Academic Press (1974) and Dover (2003).

Gradshteyn, I. S., and I. M. Ryzhik, *Table of Integrals, Series, and Products.* New York: Academic Press (1980).

Ivić, A., The Riemann Zeta Function. New York: Wiley (1985).

Luke, Y. L., *The Special Functions and Their Approximations*, Vol. 1. New York:

Academic Press (1969).

Luke, Y. L., *Mathematical Functions and Their Approximations.* New York: Academic Press (1975). This is an updated supplement to *Handbook of Mathematical Functions with Formulas, Graphs, and Mathematical Tables* (AMS-55). Chapter 1 deals with the gamma function. Chapter 4 treats the incomplete gamma function and a host of related functions.

Patterson, S. J., *Introduction to the Theory of the Reimann Zeta Function.* Cambridge: Cambridge University Press (1988).

Titchmarsh, E. C., and D. R. Heath-Brown, *The Theory of the Riemann Zeta-Function.* Oxford: Clarendon Press (1986). A detailed, classic work.

Abramowitz, M., and I. A. Stegun, eds., *Handbook of Mathematical Functions with Formulas, Graphs, and Mathematical Tables* (AMS-55). Washington, DC: National Bureau of Standards (1972), reprinted, Dover (1974).

Jackson, J. D., *Classical Electrodynamics*, 3rd ed. New York: Wiley (1999).

Morse, P. M., and H. Feshbach, *Methods of Theoretical Physics*, 2 vols. New York: McGraw-Hill (1953). This work presents the mathematics of much of theoretical physics in detail but at a rather advanced level.

Watson, G. N., *A Treatise on the Theory of Bessel Functions*, 1st ed. Cambridge: Cambridge University Press (1922).

Watson, G. N., *A Treatise on the Theory of Bessel Functions*, 2nd ed. Cambridge: Cambridge University Press (1952). This is the definitive text on Bessel functions and their properties. Although difficult reading, it is invaluable as the ultimate reference.

Whittaker, E. T., and G. N. Watson, *A Course of Modern Analysis*, 4th ed. Cambridge: Cambridge University Press (1962), paperback.

Abramowitz, M., and I. A. Stegun, eds., *Handbook of Mathematical Functions with Formulas, Graphs, and Mathematical Tables* (AMS-55). Washington, DC: National Bureau of Standards (1972), reprinted, Dover (1974).

Hobson, E. W., *The Theory of Spherical and Ellipsoidal Harmonics.* New York: Chelsea (1955). This is a very complete reference, which is the classic text on Legendre polynomials and all related functions.

Jackson, J. D., *Classical Electrodynamics*, 3rd ed. New York: Wiley (1999).

Margenau, H., and G. M. Murphy, *The Mathematics of Physics and Chemistry*, 2nd ed. Princeton, NJ: Van Nostrand (1956).

Morse, P. M., and H. Feshbach, *Methods of Theoretical Physics*, 2 vols. New York: McGraw-Hill (1953). This work is detailed but at a rather advanced level.

Smythe, W. R., *Static and Dynamic Electricity*, 3rd ed. New York: McGraw-Hill (1968), reprinted, Taylor & Francis (1989), paperback. Advanced, detailed, and difficult. Includes use of elliptic integrals to obtain closed formulas.

Whittaker, E. T., and G. N. Watson, *A Course of Modern Analysis*, 4th ed. Cambridge, UK: Cambridge University Press (1962), paperback.

CHAPTER 13

더 많은 특수 함수

이 장에서는 에르미트(Hermite), 라게르(Laguerre), 그리고 제1종, 제2종 체비셰프(Chebyshev)[1]라는 네 종류의 직교 다항식들에 대해 알아보도록 하겠다. 비록 이들 넷은 수리물리학에서 12장의 감마, 베셀, 르장드르 함수들에 비해 그 중요성은 덜 하지만 여전히 사용되고 있어 살펴볼 필요가 있다. 예를 들어 에르미트 다항식은 양자역학에서의 단조화 진동자의 해에 나타나며 라게르 다항식은 수소 원자의 파동 함수 속에 나타난다. 이들을 다루는 일반적인 수학적 기법은 베셀, 르장드르 함수에서의 기법들과 동일하므로 이 함수들을 개략적으로 제시하고 대부분의 자세한 증명은 독자들에게 남겨두도록 하겠다.

이 장에서 다루는 다항식의 집합은 **초기하**(hypergeometric), **합류 초기하**(confluent hypergeometric) 함수(초기하 상미분 방정식의 해)라 알려진 좀 더 일반적인 경우로 관련지어질 수 있다. 실용적인 이유로 이들의 관계에 대한 대부분의 논의는 초기하 함수들과 이에 연관된 명명법들을 정의할 때까지 연기하도록 하겠다. 초기하 함수들과의 관계를 통해 초기하 점화 공식과 그 외 일반적인 성질들이 우리가 현재 살펴보고 있는 다항식 집합에 대한 유용한 관계로 이어질 수 있다는 장점이 있다.

타원 적분에 관한 짧은 내용으로 이 장을 마무리하도록 하겠다. 비록 컴퓨터 성능의 향상에 따라 이 주제의 중요성은 감소하였으나 이들이 유용하게 사용되는 물리 문제들이 존재하고 아직 이 책에서 이들을 뺄 시점은 아니다.

13.1 에르미트 함수

에르미트 함수가 **에르미트** 상미분 방정식의 해라는 사실로부터 시작하도록 하자.

$$H_n''(x) - 2xH_n'(x) + 2nH_n(x) = 0 \tag{13.1}$$

여기서 n은 매개변수이다. $n \geq 0$인 정수에 대해 이 상미분 방정식은 n차의 다항식 해 $H_n(x)$를 가지며, 이 해들은 **에르미트 다항식**으로 알려져 있다.

적절한 경계조건에 대해 에르미트 상미분 방정식은 스텀-리우빌 계이다. 많은 경우 2계 스텀-리우빌 상미분 방정식은 다항식 해를 가지며 이들은 **로드리게스 공식**(Rodrigues formula)이라 불리는 축약되고 유용한 형태로 나타낼 수 있다. 에르미트 다항식은 로드리게스 공식으로부터 얻을 수 있으며 로드리게스 공식은 그 기본이 되는 상미분 방정식으로부터 구할 수

[1] 여기에서는 AMS-55 표기법을 따라 표기하였다. [더 자세한 내용은 더 읽을 거리에 있는 아브라모위츠(Abramowitz)를 참고하라.] 다른 문헌에서는 Tschebyscheff 등의 다른 표기법이 사용되기도 한다.

있다. 또한 로드리게스 공식으로부터 주어진 다항식 집합에 대한 모함수를 찾을 수 있다. 에르미트 다항식을 위한 모함수는 다음과 같다.

$$g(x,\ t) = e^{-t^2+2tx} = \sum_{n=0}^{\infty} H_n(x)\frac{t^n}{n!} \tag{13.2}$$

여기서 우리는 식 (13.2)를 에르미트 다항식의 **정의**로 고려하여 그 자체로써 완벽한 분석이 되게 하고자 한다. 따라서 이 다항식이 에르미트 상미분 방정식을 만족시키는지, 예상되는 로드리게스 공식을 가지는지, 그리고 모함수로부터 얻어질 수 있는 다른 성질들을 가졌는지에 대한 여부를 확인하므로써 진행해나가고자 한다.

■ 점화 관계

에르미트 다항식을 관련되지 않은 한켈 함수로부터 구분하기 위해 위 첨자가 없음을 기억하자. 모함수로부터 에르미트 다항식은 다음의 점화 관계들을 만족함을 알 수 있다.

$$H_{n+1}(x) = 2xH_n(x) - 2nH_{n-1}(x) \tag{13.3}$$

그리고

$$H_n{}'(x) = 2nH_{n-1}(x) \tag{13.4}$$

여기서 에르미트 다항식의 모함수로부터 점화 공식을 구하는 과정을 요약해보도록 하자. t에 대해 모함수 공식을 미분함으로써 다음을 얻을 수 있다.

$$\frac{\partial g}{\partial t} = (-2t+2x)e^{-t^2+2tx} = \sum_{n=0}^{\infty} H_{n+1}(x)\frac{t^n}{n!} \quad \text{또는}$$

$$-2\sum_{n=0}^{\infty} H_n(x)\frac{t^{n+1}}{n!} + 2x\sum_{n=0}^{\infty} H_n(x)\frac{t^n}{n!} = \sum_{n=0}^{\infty} H_{n+1}(x)\frac{t^n}{n!}$$

각각의 t의 거듭제곱에 대해 이 방정식은 만족해야만 하므로 식 (13.3)에 도달할 수 있다. 이와 비슷하게 x에 대한 미분을 이용하여 도출된 다음 관계를 통해 식 (13.4)를 얻을 수 있다.

$$\frac{\partial g}{\partial x} = 2te^{-t^2+2tx} = \sum_{n=0}^{\infty} H_n{}'(x)\frac{t^n}{n!} = 2\sum_{n=0}^{\infty} H_n(x)\frac{t^{n+1}}{n!}$$

모함수의 매클로린 전개를 통해 $H_0(x) = 1$, 그리고 $H_1(x) = 2x$임을 알 수 있고 이를 바탕으로 식 (13.3)의 점화식을 이용하여 원하는 $H_n(x)$를 찾아낼 수 있다.

표 13.1 에르미트 다항식

$H_0(x) = 1$
$H_1(x) = 2x$
$H_2(x) = 4x^2 - 2$
$H_3(x) = 8x^3 - 12x$
$H_4(x) = 16x^4 - 48x^2 + 12$
$H_5(x) = 32x^5 - 160x^3 + 120x$
$H_6(x) = 64x^6 - 480x^4 + 720x^2 - 120$

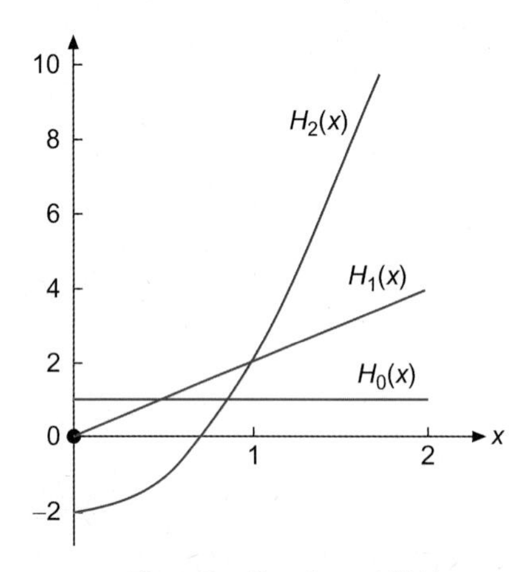

그림 13.1 에르미트 다항식

$$e^{-t^2+2tx} = \sum_{n=0}^{\infty} \frac{(2tx - t^2)^n}{n!} = 1 + (2tx - t^2) + \cdots \tag{13.5}$$

편리하게 참고할 수 있도록 첫 번째 몇 개의 에르미트 다항식들을 표 13.1에 수록하였고 그림 13.1에 그래프로 제시하였다.

■ 특수값

에르미트 다항식의 특수값(special value)은 $x = 0$일 때의 모함수로부터 찾을 수 있다.

$$e^{-t^2} = \sum_{n=0}^{\infty} \frac{(-t^2)^n}{n!} = \sum_{n=0}^{\infty} H_n(0) \frac{t^n}{n!}$$

즉, 아래와 같다.

$$H_{2n}(0) = (-1)^n \frac{(2n)!}{n!}, \qquad H_{2n+1}(0) = 0, \qquad n = 0, 1, \ldots \tag{13.6}$$

또한 모함수로부터 중요한 패리티 관계를 구할 수 있다.

$$H_n(x) = (-1)^n H_n(-x) \tag{13.7}$$

이는 식 (13.3)이 아래의 관계를 보이기 때문이다.

$$g(-x,\ -t) = \sum_{n=0}^{\infty} H_n(-x)\frac{(-t)^n}{n!} = g(x,\ t) = \sum_{n=0}^{\infty} H_n(x)\frac{t^n}{n!}$$

■ 에르미트 상미분 방정식

만약 점화식 (13.4)를 식 (13.3)에 대입한다면 지표 $n-1$을 제거하여 다음을 얻을 수 있다.

$$H_{n+1}(x) = 2xH_n(x) - H_n{}'(x)$$

만약 이 점화 관계를 미분하고 지표 $n+1$에 대해 식 (13.4)를 대입한다면 아래를 구할 수 있고 이는 2계 에르미트 상미분 방정식, 식 (13.1)로 재정렬될 수 있다.

$$H'_{n+1}(x) = 2(n+1)H_n(x) = 2H_n(x) + 2xH_n{}'(x) - H_n{}''(x)$$

이 과정을 통해 모함수로부터 얻어진 에르미트 다항식이 에르미트 상미분 방정식의 해임을 확인하는 과정을 마칠 수 있다.

■ 로드리게스 공식

에르미트 다항식에 대한 로드리게스 공식을 구하는 간단한 방법은 다음에 대한 관찰로부터 시작된다.

$$g(x,\ t) = e^{-t^2+2tx} = e^{x^2}e^{-(t-x)^2} \quad \text{그리고} \quad \frac{\partial}{\partial t}e^{-(t-x)^2} = -\frac{\partial}{\partial x}e^{-(t-x)^2}$$

모함수 공식, 식 (13.2)의 n계 미분과 함께 $t=0$으로 설정함으로써 다음을 알 수 있다.

$$\left.\frac{\partial^n}{\partial t^n}g(x,\ t)\right|_{t=0} = H_n(x)$$

따라서 아래와 같이 로드리게스 공식을 구할 수 있다.

$$\begin{aligned} H_n(x) &= \left.\frac{\partial^n}{\partial t^n}g(x,\ t)\right|_{t=0} = \left.e^{x^2}\frac{\partial^n}{\partial t^n}e^{-(t-x)^2}\right|_{t=0} = \left.(-1)^n e^{x^2}\frac{\partial^n}{\partial x^n}e^{-(t-x)^2}\right|_{t=0} \\ &= (-1)^n e^{x^2}\frac{\partial^n}{\partial x^n}e^{-x^2} \end{aligned} \tag{13.8}$$

■ 급수 전개

식 (13.5)의 매클로린 전개로부터 에르미트 다항식 $H_n(x)$를 급수의 형태로 유도할 수 있다. 우선 이항 전개 $(2x-t)^{\nu}$를 이용하여 다음을 얻을 수 있다.

$$e^{-t^2+2tx} = \sum_{\nu=0}^{\infty} \frac{t^{\nu}}{\nu!}(2x-t)^{\nu} = \sum_{\nu=0}^{\infty} \frac{t^{\nu}}{\nu!} \sum_{s=0}^{\nu} \binom{\nu}{s} (2x)^{\nu-s}(-t)^s$$

$$= \sum_{\nu=0}^{\infty} \sum_{s=0}^{\infty} \frac{t^{\nu+s}}{(\nu+s)!} \frac{(-1)^s (\nu+s)!(2x)^{\nu-s}}{(\nu-s)!s!}$$

처음 합의 지표를 ν에서 $n=\nu+s$로 대체하고 이를 통해 s에 대한 합이 0에서부터 $n/2$와 같거나 $n/2$보다 작은 가장 큰 정수인 $[n/2]$까지 이루어짐을 알 수 있다면 위 전개는 다음의 형태를 가지게 된다.

$$e^{-t^2+2tx} = \sum_{n=0}^{\infty} \frac{t^n}{n!} \sum_{s=0}^{[n/2]} \frac{(-1)^s n!}{(n-2s)!s!}(2x)^{n-2s}$$

이로부터 H_n에 대한 공식을 읽어낼 수 있다.

$$H_n(x) = \sum_{s=0}^{[n/2]} \frac{(-1)^s n!}{(n-2s)!s!}(2x)^{n-2s} \tag{13.9}$$

마지막으로 $H_n(x)$는 다음과 같이 슐레플리 적분으로 나타낼 수 있다.

$$H_n(x) = \frac{n!}{2\pi i} \oint t^{-n-1} e^{-t^2+2tx} dt \tag{13.10}$$

■ 직교성과 정규화

에르미트 다항식의 직교성은 이들이 스텀-리우빌 계에서 나타남을 확인함으로써 보일 수 있다. 비록 에르미트 상미분 방정식은 명백히 자체 수반하지는 **않으나** $\exp(-x^2)$을 곱하여 그렇게 만들 수 있다(연습문제 8.2.2 참고). 직교 적분은 $\exp(-x^2)$을 가중함수로 사용하여 얻어지게 된다.

$$\int_{-\infty}^{\infty} H_m(x) H_n(x) e^{-x^2} dx = 0, \qquad m \neq n \tag{13.11}$$

적분 구간 $(-\infty, \infty)$는 에르미트 연산자 경계조건을 구하기 위해 선택되었다(8.2절 참고).

때때로 가중함수를 에르미트 다항식에 포함시키는 것이 편리하므로 다음을 정의할 수도 있다.

$$\varphi_n(x) = e^{-x^2/2} H_n(x) \tag{13.12}$$

여기서 $\varphi_n(x)$는 더는 다항식이 아니다. 식 (13.1)에 대입함으로 $\varphi_n(x)$에 대한 미분 방정식을 얻을 수 있다.

$$\varphi_n''(x) + (2n+1-x^2)\varphi_n(x) = 0 \tag{13.13}$$

식 (13.13)은 자체 수반하며 해 $\varphi_n(x)$는 단위 가중함수와 함께 구간 $-\infty < x < \infty$에서 직교한다.

이들 함수는 여전히 정규화를 필요로 한다. 한 가지 방법은 (변수 s와 t를 이용하여) 두 가지 경우의 모함수 공식을 결합한 후 e^{-x^2}을 곱하고 $-\infty$로부터 ∞까지 x에 대해 적분하는 것이다. 이러한 과정은 아래의 결과를 나타나게 된다.

$$\int_{-\infty}^{\infty} e^{-x^2} e^{-s^2+2sx} e^{-t^2+2tx} dx = \sum_{m,\, n=0}^{\infty} \frac{s^m t^n}{m!n!} \int_{-\infty}^{\infty} e^{-x^2} H_m(x) H_n(x) dx \tag{13.14}$$

다음으로 식 (13.14) 좌변의 지수들이 $e^{2st}e^{-(x-s-t)^2}$로 결합될 수 있음을 통해 아래와 같이 적분을 계산할 수 있다.

$$\int_{-\infty}^{\infty} e^{-x^2} e^{-s^2+2sx} e^{-t^2+2tx} dx = e^{2st} \int_{-\infty}^{\infty} e^{-(x-s-t)^2} dx = \pi^{1/2} e^{2st}$$

이 결과를 식 (13.14)에 적용하고 멱급수로 전개하여 다음을 구할 수 있다.

$$\pi^{1/2} e^{2st} = \pi^{1/2} \sum_{n=0}^{\infty} \frac{2^n s^n t^n}{n!} = \sum_{m,\, n=0}^{\infty} \frac{s^m t^n}{m!n!} \int_{-\infty}^{\infty} e^{-x^2} H_m(x) H_n(x) dx$$

s와 t의 동일한 거듭제곱 항의 계수들을 같게 놓음으로써 직교성을 확인함과 동시에 정규화 적분을 찾을 수 있다.

$$\int_{-\infty}^{\infty} e^{-x^2} [H_n(x)]^2 dx = 2^n \pi^{1/2} n! \tag{13.15}$$

연습문제

13.1.1 에르미트 다항식이 에르미트 상미분 방정식, 식 (13.1)의 해라는 것을 알고 있다고 가정하자. 또한 점화 관계, 식 (13.3)과 $H_n(0)$의 값들도 알고 있다고 가정하자. 다음에 주어진 모

함수에 대해

$$g(x, t) = \sum_{n=0}^{\infty} H_n(x) \frac{t^n}{n!}$$

(a) x에 대해 $g(x, t)$를 미분하고 점화 관계를 이용하여 $g(x, t)$에 대한 1계 편미분 방정식을 구하시오.

(b) t를 고정하고 x에 대해 적분하시오.

(c) 알려진 $H_n(0)$의 값을 이용하여 $g(0, t)$를 구하시오.

(d) 마지막으로 $g(x, t) = \exp(-t^2 + 2tx)$임을 보이시오.

13.1.2 에르미트 다항식의 성질을 다음의 여러 가지 다른 관점에서 시작하여 찾아가 보시오.

1. 에르미트 상미분 방정식, 식 (13.1)
2. 로드리게스 공식, 식 (13.8)
3. 적분 표현형, 식 (13.10)
4. 모함수, 식 (13.2)
5. 가중인자 $\exp(-x^2)$을 가지고 $(-\infty, \infty)$에서의 직교 다항식의 완전한 집합의 그람-슈미트 만들기(5.2절)

이들 시작점 중 한 관점에서부터 어떻게 다른 관점으로 넘어갈 수 있는지 개략적으로 설명하시오.

13.1.3 $|H_n(x)| \le |H_n(ix)|$를 증명하시오.

13.1.4 식 (13.9)의 급수 형태의 $H_n(x)$를 **오름** 멱급수로 다시 써보시오.

답. $$H_{2n}(x) = (-1)^n \sum_{s=0}^{n} (-1)^{2s} (2x)^{2s} \frac{(2n)!}{(2s)!(n-s)!}$$

$$H_{2n+1}(x) = (-1)^n \sum_{s=0}^{n} (-1)^s (2x)^{2s+1} \frac{(2n+1)!}{(2s+1)!(n-s)!}$$

13.1.5 (a) x^{2r}을 짝수 차수 에르미트 다항식 급수로 전개하시오.

(b) x^{2r+1}을 홀수 차수 에르미트 다항식 급수로 전개하시오.

답. (a) $$x^{2r} = \frac{(2r)!}{2^{2r}} \sum_{n=0}^{r} \frac{H_{2n}(x)}{(2n)!(r-n)!}$$

(b) $$x^{2r+1} = \frac{(2r+1)!}{2^{2r+1}} \sum_{n=0}^{r} \frac{H_{2n+1}(x)}{(2n+1)!(r-n)!}, \quad r = 0, 1, 2, \ldots$$

[힌트] 로드리게스 표현형을 이용하고 부분 적분을 하라.

13.1.6 다음을 보이시오.

(a) $$\int_{-\infty}^{\infty} H_n(x)\exp\left[-\frac{x^2}{2}\right]dx = \begin{cases} 2\pi n!/(n/2)!, & n\text{은 짝수} \\ 0, & n\text{은 홀수} \end{cases}$$

(b) $$\int_{-\infty}^{\infty} xH_n(x)\exp\left[-\frac{x^2}{2}\right]dx = \begin{cases} 0, & n\text{은 짝수} \\ 2\pi\dfrac{(n+1)!}{((n+1)/2)!}, & n\text{은 홀수} \end{cases}$$

13.1.7 (a) 코시 적분 공식을 이용하여 점 $z=-x$를 포함하는 경로와 함께 식 (13.2)에 기초한 $H_n(x)$의 적분 표현형을 구하시오.

답. $$H_n(x) = \frac{n!}{2\pi i}e^{x^2}\oint\frac{e^{-z^2}}{(z+x)^{n+1}}dz$$

(b) 직접 대입하여 이 결과가 에르미트 방정식을 만족함을 보이시오.

13.2 에르미트 함수의 응용

물리학에서 에르미트 함수의 가장 중요한 응용 중의 하나는 식 (13.12)의 함수 $\varphi_n(x)$가 (**조화** 혹은 **훅의 법칙**으로도 알려진) 2차 퍼텐셜 하에서의 운동을 설명하는 양자역학적 단조화 진동자의 고유상태라는 사실에서부터 나타난다. 이 사실로 인해 에르미트 다항식은 기초적인 양자역학 문제뿐만 아니라 가장 낮은 차수에서의 원자 간 퍼텐셜이 조화 퍼텐셜로 표현되는 분자의 진동 상태의 분석에서도 나타난다. 이러한 주제의 중요성을 염두에 두고 이들에 대해 좀 더 자세히 살펴보도록 하겠다.

■ 단조화 진동자

양자역학적 단조화 진동자는 다음 형태의 슈뢰딩거 방정식을 따른다.

$$-\frac{\hbar^2}{2m}\frac{d^2\psi(z)}{dz^2}+\frac{k}{2}z^2\psi(z)=E\psi(z) \tag{13.16}$$

여기서 m은 진동자의 질량이며, k는 $z=0$을 향하는 훅의 법칙 힘에서의 힘상수, $\hbar$는 2π로 나눠진 플랑크 상수, 그리고 E는 진동자의 에너지를 나타내는 고윳값이다. 식 (13.16)은 $z=\pm\infty$에서 $\psi(z)$가 사라지는 경계조건에 대해 풀이가 이루어져야 한다. 변수 변환을 통해 식으로부터 다양한 상수들을 제거하는 것이 편리하므로 다음과 같이 대치해보도록 한다.

$$z = \frac{\hbar^{1/2}x}{(km)^{1/4}}, \qquad \frac{k}{2}z^2 = \frac{\hbar}{2}\sqrt{\frac{k}{m}}\,x^2, \qquad \frac{\hbar^2}{2m}\frac{d^2}{dz^2} = \frac{\hbar}{2}\sqrt{\frac{k}{m}}\frac{d^2}{dx^2}$$

이는 식 (13.16)을 $x = \pm\infty$에서의 경계조건을 가지는 아래와 같은 형태로 전환하게 된다.

$$-\frac{1}{2}\frac{d^2\varphi(x)}{dx^2} + \frac{x^2}{2}\varphi(x) = \lambda\varphi(x) \tag{13.17}$$

이 식에서 고윳값 λ는 E와 다음의 관계를 갖는다.

$$E = \hbar\lambda\sqrt{\frac{k}{m}} \tag{13.18}$$

이제 경계조건을 만족하는 식 (13.17)의 해는 식 (13.13)을 통해 주어질 수 있음을 알 수 있으며 $\varphi_n(x)$에 상응하는 식 (13.17)의 고윳값 λ_n은 $n+\frac{1}{2}$의 값을 가짐을 확인할 수 있다. 식 (13.12)를 고려하고 x를 원래의 변수 z로 표현하므로 식 (13.16)의 (정규화 상수 N_n을 포함한) 고유상태는 다음과 같이 기술될 수 있다.

$$\psi_n(z) = N_n e^{-(\alpha z)^2/2}H_n(\alpha z), \qquad E_n = \left(n+\frac{1}{2}\right)\hbar\sqrt{\frac{k}{m}}, \qquad \alpha = \frac{\hbar^{1/2}}{(km)^{1/4}} \tag{13.19}$$

여기서 n은 정숫값 0, 1, 2, ...로 국한된다. 정규화 상수는 식 (13.15)로부터 추론될 수 있다. 정규화 적분이 변수 z에 대해 이루어지므로 다음을 알 수 있다.

$$N_n = \left(\frac{\alpha}{2^n\pi^{1/2}n!}\right)^{1/2} \tag{13.20}$$

이 진동자 문제의 몇몇 고유상태를 살펴보는 것은 흥미로운 일이다. 참고로 질량 m과 힘 상수 k를 가지는 고전적인 진동자의 경우 다음의 진동 각주파수를 가지며 임의의 진동 에너지를 가질 수 있다.

$$\omega_{\text{class}} = \sqrt{\frac{k}{m}}$$

그 반면 우리의 양자 진동자가 가질 수 있는 진동 에너지는 음의 아닌 정수 n으로 표현되는 $\left(n+\frac{1}{2}\right)\hbar\omega_{\text{class}}$로 제한된다. 양자 진동자가 최소한 총에너지 $\frac{1}{2}\hbar\omega_{\text{class}}$를 가져야 함을 볼 수 있는데, 이는 **영점 에너지**(zero-point energy)라 불리며 그 공간상의 분포가 유한한 범위를 가지는 파동 함수에 의해 기술된다는 사실로부터 기인한다.

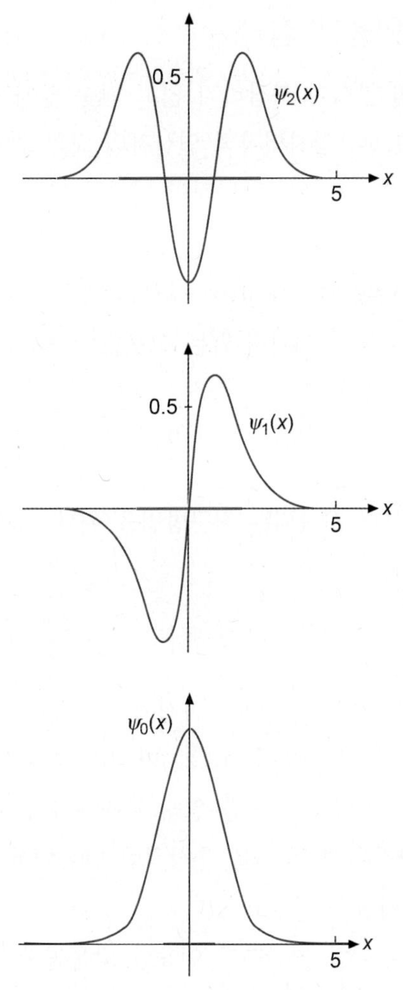

그림 13.2 양자역학적 진동자의 파동 함수들. x축상의 굵은 선은 동일한 총에너지를 가진 고전적 진동자에 허용되는 범위를 나타내고 있다.

양자 진동자가 가지는 3개의 가장 낮은 에너지 고유함수들이 그림 13.2에 나타나 있다. 이들 파동 함수들은 비록 $|z|$가 큰 경우에 지수함수적으로 감소하는 진폭을 가지나 $\pm\infty$까지 펼쳐져 있는 위치 분포를 예견한다. 상응하는 고전적 진동자가 가질 수 있는 z의 범위는 0과 같거나 0보다 큰 그 어떤 값도 가질 수 있는 E로 표현되는 $kz_{\max}^2/2 = E$에 의해 엄격하게 국한된다. 그림 13.2에 양자 진동자의 고윳값과 동일한 에너지를 가지는 고전적 진동자의 변위 범위를 표시해 놓았으며 양자 파동 함수의 지수함수적 감소가 고전적 범위의 끝에서 시작됨을 볼 수 있다.

■ 연산자를 이용한 접근

비록 앞에서의 분석이 복잡하지 않고 단순 양자 진동자에서의 고유상태들의 완전한 집합을 보여줄 수 있으나 양자역학적 연산자의 교환 관계와 다른 대수적 성질을 이용하는 또 다른 접근 방법을 취함으로써 추가적인 이해를 도울 수 있다. 이러한 과정을 위한 우리의 출발점은 식 (13.17)의 미분 연산자 $-d^2/dx^2$가 역학적 양인 p^2을 나타냄을 인식하는 것이다. 여기서 ($\hbar=1$인 단위하에서) $p \leftrightarrow -id/dx$이다. 이에 따라 식 (13.17)의 슈뢰딩거 방정식은 다음과 같이 표현되며 여기서 $\mathcal{H}$는 고윳값 λ를 가지는 해밀토니언 연산자이다.

$$\mathcal{H}\varphi = \frac{p^2+x^2}{2}\varphi = \lambda\varphi \tag{13.21}$$

식 (13.21)로부터 시작되는 접근방법을 위한 열쇠는 x와 p가 기본적인 교환 관계를 만족한다는 사실이다.

$$[x,\ p] = xp - px = i \tag{13.22}$$

이 결과는 식 (5.43)을 끌어냈던 과정에서 자세히 논의되었다. 만약 실질적으로 x와 p에 대해 알고 있는 모든 사실은 식 (13.22)가 전부라는 가정하에 시도한다면 우리가 얻게 되는 결과들이 보통의 공간에서 얻어진 원래의 진동자 문제의 결과들보다 더 일반적이라는 장점이 있다. 이러한 관찰은 최근 더욱 추상적인 방향에서 발전되어 오고 있는 물리적 이론에 대한 많은 연구들의 바탕을 이루고 있다.

올림 연산자와 내림 연산자를 이용한 각운동량 이론의 발달 과정을 생각해볼 때 아래의 두 연산자를 정의하여 비슷한 과정을 유도해볼 수 있다.

$$a = \frac{1}{\sqrt{2}}(x+ip), \qquad a^\dagger = \frac{1}{\sqrt{2}}(x-ip) \tag{13.23}$$

일반적으로 a는 상숫값을 나타내는 데 사용되나 지금의 과정에서는 (x와 d/dx를 포함하는) 연산자라는 사실을 기억하자. 적절한 스텀-리우빌 경계조건에 대해 x와 p는 모두 에르미트이다. 그러나 허수 단위 i로 인해 a는 에르미트가 되지 않으며, (표기에 보인 바와 같이) ip 항의 부호를 바꾸면 a는 그 수반 연산자인 $a^\dagger$로 전환된다.

식 (13.23)을 이용하여 첫 번째로 $a^\dagger a$와 $aa^\dagger$를 구하고자 한다.

$$a^\dagger a = \frac{1}{2}(x-ip)(x+ip) = \frac{1}{2}(x^2+p^2) + \frac{i}{2}(xp-px) = \mathcal{H} + \frac{i}{2}[x,\ p] = \mathcal{H} - \frac{1}{2}$$

$$aa^\dagger = \frac{1}{2}(x+ip)(x-ip) = \frac{1}{2}(x^2+p^2) - \frac{i}{2}(xp-px) = \mathcal{H} - \frac{i}{2}[x,\ p] = \mathcal{H} + \frac{1}{2}$$

이들 식으로부터 유용한 공식을 얻을 수 있다.

$$\mathcal{H}=a^{\dagger}a+\frac{1}{2} \tag{13.24}$$

$$[a,\ a^{\dagger}]=aa^{\dagger}-a^{\dagger}a=1 \tag{13.25}$$

또한 이로부터 다음을 알 수 있다.

$$[\mathcal{H},\ a]=\left[a^{\dagger}a+\frac{1}{2},\ a\right]=[a^{\dagger}a,\ a]=a^{\dagger}aa-aa^{\dagger}a=(a^{\dagger}a-aa^{\dagger})a=-a \tag{13.26}$$

$[\mathcal{H},\ a]$를 (아직은 그 값이 알려져 있지는 않으나) 고윳값 λ_n을 가지는 고유함수 φ_n에 적용하여 다음과 같이 쓸 수 있다.

$$[\mathcal{H},\ a]\varphi_n=H(a\varphi_n)-aH\varphi_n=H(a\varphi_n)-\lambda_n(a\varphi_n)=-(a\varphi_n)$$

이는 쉽게 아래의 형태로 다시 표기될 수 있다.

$$\mathcal{H}(a\varphi_n)=(\lambda_n-1)(a\varphi_n) \tag{13.27}$$

식 (13.27)은 a를 고윳값 λ_n을 가지는 고유함수를 고윳값 λ_n-1을 가지는 또 다른 고유함수로 전환시키는 **내림** 연산자로 해석할 수 있음을 보여준다. 비슷하게 교환자 $[\mathcal{H},\ a^{\dagger}]$로부터 $a^{\dagger}$가 다음의 관계를 따르는 **올림** 연산자라는 사실을 알 수 있는데, 이의 증명은 독자들에게 남기도록 하겠다.

$$\mathcal{H}(a^{\dagger}\varphi_n)=(\lambda_n+1)(a^{\dagger}\varphi_n) \tag{13.28}$$

이들 공식을 통해 주어진 고유함수 φ_n에 대해 고윳값들이 한 계단씩 차이가 나는 고유 상태의 **사다리**를 만들 수 있음을 보여준다. 무한한 사다리의 만들기가 끝나게 되는 유일한 한계는 어떤 φ_n에 대해 $a\varphi_n$ 혹은 $a^{\dagger}\varphi_n$이 0이 될 수도 있다는 가능성이다.

$a\varphi_n$이 사라질 수도 있는 상황을 살펴보기 위해 스칼라곱 $\langle a\varphi_n|a\varphi_n\rangle$을 고려해보면 다음을 알 수 있다.

$$\langle a\varphi_n|a\varphi_n\rangle=\langle\varphi_n|a^{\dagger}a|\varphi_n\rangle=\langle\varphi_n|\mathcal{H}-\frac{1}{2}|\varphi_n\rangle=\langle\varphi_n|\lambda_n-\frac{1}{2}|\varphi_n\rangle \tag{13.29}$$

식 (13.29)는 $\lambda_n=1/2$의 경우에만 $a\varphi_n=0$이 된다는 사실을 보여준다. 또한 이 식은 만약 $\lambda_n<1/2$이 된다면 $a\varphi_n$의 크기가 음이 되어 수학적으로 모순이 된다는 사실도 보여준다. 이러한 관찰들은 함께 λ_n이 가질 수 있는 유일한 값들이 양의 반정수임을 암시하며 만약 그렇지 않다면 내림 연산자 a를 반복적으로 적용하여 식 (13.29)에 의해 금지되어 있는 λ의

값까지도 도달할 수 있게 된다. 올림 연산자 $a^\dagger$를 유효한 φ_n에 적용할 경우 양의 크기를 가지는 새로운 고유함수 $a^\dagger \varphi_n$을 만들 수 있다는 사실의 확인은 독자들에게 남겨두도록 하겠다.

종합적인 결론은 보통의 공간에서 상미분 방정식으로 나타낼 수 있는지의 여부를 떠나서 식 (13.21)로 주어진 형태의 해밀토니언을 가지는 모든 계는 단위 간격의 사다리를 이루는 고윳값들을 가지는 고유상태들을 가지며 이 중 최소 고윳값은 1/2이라는 것이다. 이 사실은 자연스럽게 상태 φ_n을 정수 $n \geq 0$을 이용하여 구분할 수 있게 하고, 따라서 다음과 같이 표기할 수 있다.

$$\mathcal{H}\varphi_n = \lambda_n \varphi_n, \qquad \lambda_n = n + \frac{1}{2}, \qquad n = 0,\ 1,\ 2,\ \ldots \tag{13.30}$$

식 (13.19)와 비교하면 이는 처음 시도하여 얻은 결과와 일치함을 알 수 있다.

이 연산자 대수 연습을 마치기에 앞서 결과적으로 도달하는 상태가 서로 다른 개수의 입자[또는 광자와 같이 그 밀도가 외부 환경과의 상호작용에 의해 쉽게 변할 수 있는 물체를 가리키는 물리학적 용어인 **준입자**(quasiparticle)]들을 가지는 상태들로 해석되는 경우에도 올림 연산자와 내림 연산자의 개념이 나타날 수 있다는 것을 생각해보는 것도 의미 있다. 이러한 상황에서 올림 연산자는 종종 **생성 연산자**(creation operator)로 일컬어지며 내림 연산자는 **소멸**(annihilation 때로는 destruction) **연산자**라 불린다. 이들 용어의 해석은 그 바탕에 깔린 물리에 대한 이해를 따라야 함은 매우 자명하다.

다시 p를 미분 연산자로 다루어보면 식 $a\varphi_0 = 0$은 진동자의 기저(최소 에너지) 상태에 대해 만족하는 미분 방정식으로 확인될 수 있다. 구체적으로는 다음과 같으며 **1계** 상미분 방정식이 된다는 장점이 있다.

$$\sqrt{2}\,a\varphi_0 = (x + ip)\varphi_0 = \left[x + i\left(-i\frac{d}{dx}\right)\right]\varphi_0 = \left[x + \frac{d}{dx}\right]\varphi_0 = 0 \tag{13.31}$$

이 상미분 방정식은 분리 가능하며 적분될 수 있어 앞에서의 분석과 일치하는 다음의 식을 얻을 수 있다.

$$\frac{d\varphi_0}{\varphi_0} = -x\,dx, \qquad \ln\varphi_0 = -\frac{x^2}{2} + \ln c_0, \qquad \varphi_0 = c_0 e^{-x^2/2}$$

이제 임의의 n에 대한 고유상태들은 φ_0에 $a^\dagger$를 반복적으로 적용함으로써 구할 수 있다. 이 과정은 연습문제로 남겨두도록 하겠다.

■ 분자 진동

보른-오펜하이머 근사에서 분자의 동역학과 분광학의 경우 분자의 움직임은 전자 운동, 진동 운동, 그리고 회전 운동으로 나눠진다.

진동 운동을 다루는 데 있어 핵이 평형 위치로부터 벗어나는 것은 가장 낮은 차수에서 2차 퍼텐셜로 묘사될 수 있고 결과적으로 그 진동은 **조화** 진동으로 식별될 수 있다. 이러한 조화 운동은 결합된 단조화 진동자들로 다루어질 수 있으며 예제 6.5.2에 보인 바와 같이 **정상**(normal) 좌표로 전환하여 각각의 핵의 움직임을 분리할 수 있다. 이러한 조화 진동 하에서 진동 파동 함수는 앞에서 주어진 형태를 취하게 되며 이들 파동 함수들과 연관된 성질들의 계산은 에르미트 함수의 곱이 나타나는 적분을 포함하게 된다.

진동 문제에서 나타나는 가장 쉬운 적분은 아래의 형태를 가진다.

$$\int_{-\infty}^{\infty} x^r e^{-x^2} H_n(x) H_m(x) dx$$

$r=1$과 $r=2$($n=m$인 경우)에 대한 예제가 이 절 끝의 연습문제들에 포함되어 있다. 그 외의 많은 예제들은 윌슨(Wilson), 데키우스(Decius), 그리고 크로스(Cross)의 책[2]에서 찾을 수 있다. 분자의 진동 특성 중 일부는 무려 4개의 에르미트 함수들을 포함하는 적분의 계산을 요구하는 경우도 있다. 이 절의 남은 부분에서는 몇 가지 가능한 경우들과 연관된 수학적 처리 과정을 살펴보도록 하겠다.

예제 13.2.1 삼중 에르미트 공식

3개의 에르미트 다항식을 포함하는 다음의 적분을 고려해보자.

$$I_3 \equiv \int_{-\infty}^{\infty} e^{-x^2} H_{m_1}(x) H_{m_2}(x) H_{m_3}(x) dx \tag{13.32}$$

여기서 $N_i \geq 0$은 정수이다. 이 공식은 에르미트 다항식의 직교성과 정규화에 요구되는 I_2의 경우를 일반화한다. [티치마치(E. C. Titchmarsh), *J. Lond. Math. Soc.* 23: 15 (1948)에서 논의되었으며 더 읽을 거리에 있는 그라드쉬(Gradshteyn)과 리직(Ryzhik)의 책 p. 804를 참고하라.] 우선 만약 지표의 합 $m_1+m_2+m_3$가 짝수라면 I_3의 피적분 함수는 짝함수가 되고 지표의 합이 홀수일 경우 홀함수가 된다는 사실을 이해하자. 따라서 $m_1+m_2+m_3$가 짝수일 경우를 제외하고는 I_3는 사라지게 된다. 또한 곱 $H_{m_1}H_{m_2}$가 전개되고 에르미트 다항

---

[2] E. B. Wilson, Jr., J. C. Decius, and P. C. Cross, *Molecular Vibrations*, New York: McGraw-Hill (1955), reprinted, Dover (1980).

식의 합으로 쓰인다면 결과적으로 나타난 다항식 중 가장 큰 지표를 가진 다항식은 $H_{m_1+m_2}$가 되므로 m_1+m_2가 최소 m_3만큼 크지 않는 한 직교성에 의해 I_3는 사라지게 된다. 만약 m_i의 역할들이 순열하다면 이 조건은 계속 유효해야 한다. 이 사실들을 간편하게 요약하는 방법은 m_i가 반드시 **삼각** 조건을 만족해야 한다고 명시하는 것이다. 이들 짝수 지표의 합과 삼각 조건은 르장드르 다항식의 적분에서의 조건과 비슷하다.

I_3를 유도하기 위해 우선 3개의 에르미트 다항식 모함수의 곱에 e^{-x^2}을 곱하고 x에 대해 적분하도록 하자.

$$\begin{aligned} Z_3 &\equiv \int_{-\infty}^{\infty} e^{-x^2}\prod_{j=1}^{3} e^{2xi_j - t_j^2}dx = \int_{-\infty}^{\infty} e^{-(t_1+t_2+t_3-x)^2+2(t_1t_2+t_1t_3+t_2t_3)}dx \\ &= \sqrt{\pi}\,e^{2(t_1t_2+t_1t_3+t_2t_3)} \\ &= \sqrt{\pi}\sum_{N=0}^{\infty}\frac{2^N}{N!}\sum_{\substack{n_1,\,n_2,\,n_3\ge 0\\ n_1+n_2+n_3=N}}\frac{N!}{n_1!n_2!n_3!}t_1^{n_2+n_3}t_2^{n_1+n_3}t_3^{n_1+n_2} \end{aligned} \tag{13.33}$$

식 (13.33)에 도달하는 데 있어 x에 대한 적분이 식 (1.148)의 오차 적분임을 이용하여 결과적으로 나타나는 지수함수를 처음에는 $w=2(t_1t_2+t_1t_3+t_2t_3)$로써 멱급수로 전개하고 이후 w의 거듭제곱을 식 (1.80)에 주어진 이항 정리의 일반화를 통해 전개하였다. 다항 전개 내 t_it_j의 거듭제곱에 대한 지표는 n_k로 나타내었으며, 여기서 i, j, k는 (순서를 가진) 1, 2, 3이다.

다음으로 모함수를 에르미트 다항식을 이용하여 전개하고 그 결과를 Z_3에 대해 얻어진 조금 단순화된 표현과 같게 놓도록 하자.

$$\begin{aligned} Z_3 &= \sum_{m_1,\,m_2\,m_3=0}^{\infty}\frac{t_1^{m_1}t_2^{m_2}t_3^{m_3}}{m_1!m_2!m_3!}\int_{-\infty}^{\infty} e^{-x^2}H_{m_1}(x)H_{m_2}(x)H_{m_3}(x)dx \\ &= \sqrt{\pi}\sum_{n_1,\,n_2,\,n_3=0}^{\infty}\frac{2^N t_1^{n_2+n_3}t_2^{n_1+n_3}t_3^{n_1+n_2}}{n_1!n_2!n_3!} \end{aligned} \tag{13.34}$$

여기서 $N=n_1+n_2+n_3$이다. 식 (13.34)에서 t_j의 동일한 거듭제곱 항의 계수들을 같게 놓음으로써 $m_1=n_2+n_3$, $m_2=n_1+n_3$, $m_3=n_1+n_2$이며

$$N=\frac{m_1+m_2+m_3}{2}$$

그리고 $n_1=N-m_1$, $n_2=N-m_2$, $n_3=N-m_3$라는 사실들을 알 수 있다. 최종적으로 $t_1^{m_1}t_2^{m_2}t_3^{m_3}$의 계수들로부터 다음의 결과를 얻을 수 있다.

$$I_3 = \frac{\sqrt{\pi}\, 2^N m_1! m_2! m_3!}{(N-m_1)!(N-m_2)!(N-m_3)!} \tag{13.35}$$

식 (13.35)는 명백하게 삼각 조건의 필요성을 나타낸다. 만약 m_i의 합이 짝수이면서 이를 만족하지 않는다면 식 (13.35)의 분모에 있는 계승 중의 최소 하나가 음의 정수인 독립변수를 가지게 되어 I_3가 0이 되게 한다. 식 (13.35)에서 m_i의 합이 짝수가 되어야 한다는 조건은 명백하게 드러나지는 않으나 식 (13.34)의 우변은 t_i의 거듭제곱의 합이 짝수인 항들만 포함하므로 I_3의 공식은 이러한 경우로 제한된다. ■

■ 에르미트 곱 공식

$m > 3$인 경우에 대한 적분 I_m은 닫힌 형태로 구할 수 있으나 유한한 합으로 나타난다. 이에 대한 분석은 펠트하임(E. Feldheim)의 *J. Lond. Math.* Soc. **13**: 22 (1938)에서 다루어진 두 에르미트 다항식의 곱에 대한 공식으로부터 시작할 수 있다. 펠트하임의 공식을 유도하기 위해 아래와 같이 표현된 두 모함수의 곱으로부터 시작할 수 있다.

$$\begin{aligned} e^{2x(t_1+t_2)-t_1^2-t_2^2} &= \sum_{m_1, m_2=0}^{\infty} H_{m_1}(x) H_{m_2}(x) \frac{t_1^{m_1}}{m_1!} \frac{t_2^{m_2}}{m_2!} \\ &= e^{2x(t_1+t_2)-(t_1+t_2)^2} e^{2t_1t_2} = \sum_{n=0}^{\infty} H_n(x) \frac{(t_1+t_2)^n}{n!} \sum_{\nu=0}^{\infty} \frac{(2t_1t_2)^\nu}{\nu!} \end{aligned}$$

$(t_1+t_2)^n$을 이항 전개하고 위의 식 두 줄에 있는 t_1과 t_2의 동일한 거듭제곱 항들을 비교함으로써 다음을 구할 수 있다.

$$\begin{aligned} H_{m_1}(x) H_{m_2}(x) &= \sum_{\nu=0}^{\min(m_1, m_2)} H_{m_1+m_2-2\nu}(x) \frac{m_1! m_2! 2^\nu}{\nu!(m_1+m_2-2\nu)!} \binom{m_1+m_2-2\nu}{m_1-\nu} \\ &= \sum_{\nu=0}^{\min(m_1, m_2)} H_{m_1+m_2-2\nu}(x) 2^\nu \nu! \binom{m_1}{\nu}\binom{m_2}{\nu} \end{aligned} \tag{13.36}$$

$\nu = 0$의 경우 $H_{N_1+N_2}$의 계수는 확실히 일이 된다. 아래와 같은 특별한 경우들은 표 12.1에서 유도할 수 있으며 그 결과는 일반적인 이중 곱 공식과 일치한다.

$$H_1^2 = H_2 + 2,\ H_1H_2 = H_3 + 4H_1,\ H_2^2 = H_4 + 8H_2 + 8,\ H_1H_3 = H_4 + 6H_2$$

곱 공식은 $m>2$인 에르미트 다항식의 곱에 대해 일반화되어 있으므로 적분 I_m을 계산할 수 있는 새로운 방법을 제시해준다. 자세한 내용은 리앙(Liang), 웨버(Weber), 하야시(Hayashi),

린(Lin)의 연구[3]를 참고하라.

예제 13.2.2 사중 에르미트 공식

에르미트 곱 공식의 중요한 응용으로써 새롭게 보고된 4개의 에르미트 다항식의 곱이 포함된 적분 I_4의 계산을 들 수 있다. 이에 대해 본 저자 중 한 명과 그 동료들이 분석하였다.

우리가 살펴볼 적분은 아래의 형태를 가진다.

$$I_4 = \int_{-\infty}^{\infty} e^{-x^2} H_{m_1}(x) H_{m_2}(x) H_{m_3}(x) H_{m_4}(x) dx \tag{13.37}$$

에르미트 다항식의 지표들을 정렬하는 것이 편리하므로 $m_1 \geq m_2 \geq m_3 \geq m_4$라 한다. 우리의 접근방법은 $H_{m_1}H_{m_2}$와 $H_{m_3}H_{m_4}$에 곱 공식을 적용하여 우선적으로 다음을 얻는 것이다.

$$I_4 = \sum_{\mu=0}^{\min(m_1, m_2)} 2^\mu \mu! \binom{m_1}{\mu}\binom{m_2}{\mu} \sum_{\nu=0}^{\min(m_3, m_4)} 2^\nu \nu! \binom{m_3}{\nu}\binom{m_4}{\nu}$$
$$\times \int_{-\infty}^{\infty} e^{-x^2} H_{m_1+m_2-2\mu}(x) H_{m_3+m_4-2\nu}(x) dx \tag{13.38}$$

보여진 가중인자와 함께 H_m의 직교성을 이용하여 식 (13.38)의 적분을 다음과 같이 계산할 수 있다.

$$\int_{-\infty}^{\infty} e^{-x^2} H_{m_1+m_2-2\mu}(x) H_{m_3+m_4-2\nu}(x) dx$$
$$= \sqrt{\pi}\, 2^{m_3+m_4-2\nu} (m_3+m_4-2\nu)! \delta_{m_1+m_2-2\mu,\, m_3+m_4-2\nu} \tag{13.39}$$

식 (13.39)의 크로네커 델타는 μ의 값을 다음을 만족시킬 수 있는 일가로 제한한다.

$$\mu = \frac{m_1+m_2-m_3-m_4}{2} + \nu \tag{13.40}$$

따라서 이중 합은 ν에 대한 단일합으로 바뀐다. 이와 함께 식 (13.38)과 (13.39)에 있는 2의 지수들이 더해지면 그 결과는 2^M이 되며 여기서 M은 아래와 같다.

$$M = \frac{m_1+m_2+m_3+m_4}{2} \tag{13.41}$$

---

[3] K. K. Liang, H. J. Weber, M. Hayashi, and S. H. Lin, Computational aspects of Franck-Condon overlap intervals. In Pandalai, S. G., ed., *Recent Research Developments in Physical Chemistry*, Vol. 8, Transworld Research Network (2005).

이제 식 (13.38)에서 μ에 대한 합을 제거하며 μ에 식 (13.40)에서 얻어진 값을 대입하고 이항 계수를 이를 이루고 있는 계승으로 나타냄과 함께 단순화시킬 수 있도록 M을 도입함으로써 다음을 얻을 수 있다.

$$I_4 = \sum_{\nu} \frac{\sqrt{\pi}\, 2^M (m_3 + m_4 - 2\nu)! m_1! m_2! m_3! m_4!}{(M - m_3 - m_4 + \nu)!(M - m_1 - \nu)!(M - m_2 - \nu)!(m_3 - \nu)!(m_4 - \nu)!\nu!} \tag{13.42}$$

I_4에 대한 이 공식은 m_i의 합이 짝수일 경우에만 유효하며 이는 M이(따라서 μ 역시) 정수이어야 한다는 조건과 같은 의미이다. 만약 m_i의 합이 홀수이면 I_4는 홀함수인 피적분 함수를 가지게 되어 대칭성에 의해 사라지게 된다. 식 (13.42)의 합은 합의 분모에 있는 계승들이 음이 아닌 독립변수를 가지게 하는 음이 아닌 정숫값의 ν에 대해 이루어진다. 만약 $m_1 > m_2 + m_3 + m_4$이라면 $M - m_1$이 음이 되므로 이 조건을 만족시키는 ν의 값은 존재하지 않으며 $I_4 = 0$이 된다. 따라서 삼중 에르미트 공식에 적용되었던 삼각 조건의 일반화를 이룰 수 있다. 만약 m_i 중 가장 큰 값이 나머지의 합보다 크다면 더 작은 m들에 대한 H_m이 합쳐져 직교성이 0이 되는 것을 피할 수 있는 충분히 큰 지표를 가지는 에르미트 다항식을 얻을 수 없다.

식 (13.42)의 분모에 있는 계승들을 좀 더 자세히 살펴보면 합의 하한은 (만약 $m_1 \le m_2 + m_3 + m_4$이라면) 항상 $\nu = 0$이라는 것을 알 수 있다. $M - m_3 - m_4$는 항상 음이 아니다. 합의 상한은 m_4 또는 $M - m_1$ 중 작은 값이 된다. ■

에르미트 다항식 곱 공식은 앞에서 다룬 예제들과 달리 서로 다른 지수함수 형태의 가중인자를 가진 에르미트 다항식의 곱에도 적용될 수 있다. 이러한 적분을 다루기 위해 두 에르미트 다항식의 곱에 대한 표준 직교 적분 대신에 일반화된 곱 공식과 연계하여 다음의 적분을 이용한다. [더 읽을 거리에 있는 그라드쉰(Gradshteyn)과 리직(Ryzhik)의 책 p. 803을 참조하라.]

$$\int_{-\infty}^{\infty} e^{-a^2x^2} H_m(x) H_n(x)\,dx = \frac{2^{m+n}}{a^{m+n+1}}(1-a^2)^{(m+n)/2}\,\Gamma\left(\frac{m+n+1}{2}\right) \times \sum_{\nu=0}^{\min(m,n)} \frac{(-m)_\nu(-n)_\nu}{\nu!\left(\frac{1-m-n}{2}\right)_\nu}\left(\frac{a^2}{2(a^2-1)}\right)^{\nu} \tag{13.43}$$

$(-m)_\nu$는 포흐하머 기호이며 식 (13.43)의 ν에 대한 합이 유한한 합이 되게 한다. 또한 합은 초기하 함수로도 식별될 수 있는데, 이에 대해 연습문제 13.5.11을 살펴보라. 여기에서 기술한 과정은 I_m과 비슷한 결과를 유도하지만 좀 더 복잡하다. 자세한 내용은 생략하도록

하겠다.

진동자 퍼텐셜은 핵력과 강입자의 쿼크 모형뿐만 아니라 핵구조(핵 껍질 모형)를 계산하는 데도 널리 사용되고 있다.

연습문제

13.2.1 $\left(2x - \frac{d}{dx}\right)^n 1 = H_n(x)$임을 증명하시오.

[힌트] $n=0$과 $n=1$의 경우를 확인하고 수학적 귀납법을 이용하라(1.4절).

13.2.2 $0 \le m \le n-1$인 정수 m에 대해 $\int_{-\infty}^{\infty} x^m e^{-x^2} H_n(x)dx = 0$임을 보이시오.

13.2.3 두 진동자 상태 m과 n 사이의 전이 확률은 다음에 의존한다.

$$\int_{-\infty}^{\infty} xe^{-x^2} H_n(x)H_m(x)dx$$

이 적분이 $\pi^{1/2}2^{n-1}n!\delta_{m,n-1} + \pi^{1/2}2^n(n+1)!\delta_{m,n+1}$과 같음을 보이시오. 이 결과는 이러한 전이가 두 인접한 에너지 준위 상태들, $m = n \pm 1$ 사이에서만 일어날 수 있음을 보여준다.

[힌트] 2개의 서로 다른 변수 집합 $(x,\ s)$와 $(x,\ t)$를 이용하여 식 (13.2)의 모함수를 그 자신과 곱하라. 또는 식 (13.3)의 점화 관계를 통해 인자 x가 제거될 수도 있다.

13.2.4 $\int_{-\infty}^{\infty} x^2 e^{-x^2} H_n(x)H_n(x)dx = \pi^{1/2}2^n n!\left(n + \frac{1}{2}\right)$임을 보이시오.

이 적분은 우리의 양자 진동자의 평균 제곱 변위를 계산하는 데 나타난다.

[힌트] 점화 관계, 식 (13.3)과 직교 적분을 사용하라.

13.2.5 n과 m, 그리고 적절한 크로네커 델타 함수를 이용하여 다음을 계산하시오.

$$\int_{-\infty}^{\infty} x^2 e^{-x^2} H_n(x)H_m(x)dx$$

답. $2^{n-1}\pi^{1/2}(2n+1)n!\delta_{nm} + 2^n\pi^{1/2}(n+2)!\delta_{n+2,\,m} + 2^{n-2}\pi^{1/2}n!\delta_{n-2,\,m}$

13.2.6 음이 아닌 정수 $n,\ p,\ r$에 대해 아래의 식이 성립함을 보이시오.

$$\int_{-\infty}^{\infty} x^r e^{-x^2} H_n(x)H_{n+p}(x)dx = \begin{cases} 0, & p > r \\ 2^n\pi^{1/2}(n+r)!, & p = r \end{cases}$$

[힌트] 식 (13.3)의 점화 관계를 p번 사용하라.

13.2.7 $\psi_n(x) = e^{-x^2/2} \dfrac{H_n(x)}{(2^n n! \pi^{1/2})^{1/2}}$ 을 가지고 다음을 증명하시오.

$$a\psi_n(x) = \frac{x - ip}{\sqrt{2}} = \frac{1}{\sqrt{2}}\left(x + \frac{d}{dx}\right)\psi_n(x) = n^{1/2}\psi_{n-1}(x)$$
$$a^\dagger\psi_n(x) = \frac{x + ip}{\sqrt{2}} = \frac{1}{\sqrt{2}}\left(x - \frac{d}{dx}\right)\psi_n(x) = (n+1)^{1/2}\psi_{n+1}(x)$$

[참고] 통상의 양자역학적 연산자를 이용한 접근은 $\psi_n(x)$의 형태를 알기 전 이들 올림과 내림의 성질을 정립한다.

13.2.8 (a) 다음의 연산자 항등식을 증명하시오.

$$x + ip = x - \frac{d}{dx} = -\exp\left[\frac{x^2}{2}\right]\frac{d}{dx}\exp\left[-\frac{x^2}{2}\right]$$

(b) 정규화된 단조화 진동자의 파동 함수가 아래와 같다.

$$\psi_n(x) = (\pi^{1/2}2^n n!)^{-1/2}\exp\left[-\frac{x^2}{2}\right]H_n(x)$$

이 식이 다음과 같이도 표현될 수 있음을 보이시오.

$$\psi_n(x) = (\pi^{1/2}2^n n!)^{-1/2}\left(x - \frac{d}{dx}\right)^n\exp\left[-\frac{x^2}{2}\right]$$

[참고] 이는 연습문제 13.2.7의 올림 연산자를 n번 적용한 것과 상응한다.

13.3 라게르 함수

■ 로드리게스 공식과 모함수

라게르 상미분 방정식으로부터 시작해보도록 하자.

$$xy''(x) + (1 - x)y'(x) + ny(x) = 0 \tag{13.44}$$

이 상미분 방정식은 자체 수반하지는 않으나 이를 자체 수반하도록 만드는 데 필요한 가중인자는 통상의 공식으로부터 계산될 수 있다.

$$w(x)=\frac{1}{x}\exp\left[\int\frac{1-x}{x}dx\right]=\frac{1}{x}\exp(\ln x-x)=e^{-x} \tag{13.45}$$

주어진 $w(x)$로 라게르 다항식에 대한 로드리게스 공식과 모함수를 찾을 수 있다. $L_n(x)$로 (축척인자를 제외하고) n번째 라게르 다항식을 나타내면 로드리게스 공식은 다음과 같이 주어진다.

$$L_n(x)=\frac{1}{w(x)}\left(\frac{d}{dx}\right)^n(w(x)p(x)^n)$$

여기서 $p(x)$는 상미분 방정식의 y''의 계수이다. $w(x)$와 $p(x)$에 대한 표현과 함께 라게르 다항식을 종래의 축척으로 나타낼 수 있도록 인자 $1/n!$을 집어넣는다면 로드리게스 공식은 더 완전하고 명확한 형태를 취하게 된다.

$$L_n(x)=\frac{e^x}{n!}\left(\frac{d}{dx}\right)^n(x^ne^{-x}) \tag{13.46}$$

모함수는 이제 슐레플리 형태의 경로 적분의 합으로 쓰일 수 있다.

$$g(x,\ t)=\sum_{t=0}^{\infty}L_n(x)t^n=\frac{1}{w(x)}\sum_{n=0}^{\infty}\frac{c_nt^nn!}{2\pi i}\oint_C\frac{w(z)[p(z)]^n}{(z-x)^{n+1}}dz$$

여기서 경로는 점 x를 감싸며 다른 특이점을 포함하지는 않는다. 계수 c_n이 $1/n!$의 값을 가짐을 고려하고 현재 문제에 적절히 맞추어 이 식은 다음과 같이 표현될 수 있다.

$$g(x,\ t)=\frac{e^x}{2\pi i}\sum_{n=0}^{\infty}\oint_C\frac{e^{-z}(tz)^n}{(z-x)^{n+1}}dz=\frac{e^x}{2\pi i}\oint_C\frac{e^{-z}dz}{(z-x)}\sum_{n=0}^{\infty}\left(\frac{tz}{z-x}\right)^n \tag{13.47}$$

여기서 n에 대한 합이 기하 급수라는 사실을 통해 다음의 모함수를 얻을 수 있다.

$$g(x,\ t)=\frac{e^x}{2\pi i}\oint_C\frac{e^{-z}dz}{z-x-tz} \tag{13.48}$$

피적분 함수는 $z=x/(1-t)$에서 단순 극점을 가지고 $e^{-x/(1-t)}/(1-t)$의 레지듀를 가지므로 $g(x,\ t)$는 다음과 같이 간단히 정리할 수 있다.

$$g(x,\ t)=\frac{e^xe^{-x/(1-t)}}{1-t}=\frac{e^{-xt/(1-t)}}{1-t}=\sum_{n=0}^{\infty}L_n(x)t^n \tag{13.49}$$

모든 사람들이 라게르 다항식을 여기에서 선택되고 구체적인 식 (13.46)과 (13.49)로 제시되고 있는 축척으로 정의하지는 않는다. 그러나 우리가 선택한 방식이 아마도 가장 널리 쓰이고 있으며 AMS-55에서의 방식과도 일치한다.(더 읽을 거리에 있는 아브라모위츠(Abramowitz)를 참고하라.)

■ 라게르 다항식의 성질

식 (13.45)의 모함수를 x와 t에 대해 미분하여 다음과 같이 라게르 다항식에 대한 점화 관계를 구할 수 있다. 미분에 대한 곱 법칙을 이용하여 항등식들을 확인해볼 수 있다.

$$(1-t)^2\frac{\partial g}{\partial t}=(1-x-t)g(x,\ t), \qquad (t-1)\frac{\partial g}{\partial x}=tg(x,\ t) \tag{13.50}$$

식 (13.49)에서 주어진 전개를 이용하여 첫 번째 항등식의 좌변과 우변을 라게르 다항식으로 표현하면 다음을 얻게 된다.

$$\begin{aligned}&\sum_n[(n+1)L_{n+1}(x)-2nL_n(x)]+(n-1)L_{n-1}(x)]t^n\\&=\sum_n[(1-x)L_n(x)-L_{n-1}(x)]t^n\end{aligned}$$

z^n의 계수들을 같게 놓음으로써 아래의 관계를 알 수 있다.

$$(n+1)L_{n+1}(x)=(2n+1-x)L_n(x)-nL_{n-1}(x) \tag{13.51}$$

두 번째 점화 관계를 구하기 위해 식 (13.50)의 두 항등식들을 이용하여 세 번째 항등식을 확인해볼 수 있다.

$$x\frac{\partial g}{\partial x}=t\frac{\partial g}{\partial t}-t\frac{\partial (tg)}{\partial t}$$

라게르 다항식을 통해 유사하게 표현되었을 때 이는 다음에 상응한다.

$$xL_n'(x)=nL_n(x)-nL_{n-1}(x) \tag{13.52}$$

점화 공식을 사용하려면 시작값을 필요로 한다. 로드리게스 공식으로부터 $L_0(x)=1$이며 $L_1(x)=1-x$임을 쉽게 알 수 있다. 식 (13.51)을 계속 적용하여 $n>1$일 때 표 13.2에 주어진 바와 같은 $L_n(x)$를 찾아갈 수 있다. 처음 3개의 라게르 다항식이 그림 13.3에 그려져 있다.

점화 관계 또는 로드리게스 공식으로부터 $L_n(x)$의 멱급수 전개를 찾을 수 있다.

표 13.2 라게르 다항식

$$L_0(x) = 1$$
$$L_1(x) = -x+1$$
$$2!L_2(x) = x^2 - 4x^2 + 2$$
$$3!L_3(x) = -x^3 + 9x^2 - 18x + 6$$
$$4!L_4(x) = x^4 - 16x^3 + 72x^2 - 96x + 24$$
$$5!L_5(x) = -5^5 + 25x^4 - 200x^3 + 600x^2 - 600x + 120$$
$$6!L_6(x) = x^6 - 36x^5 + 450x^4 - 2400x^3 + 5400x^2 - 4320x + 720$$

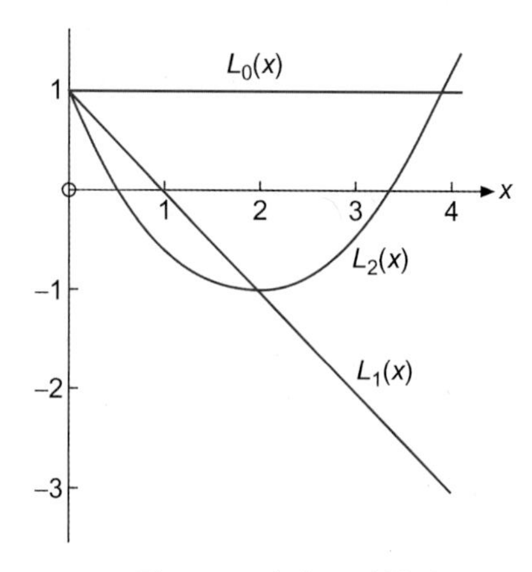

그림 13.3 라게르 다항식

$$\begin{aligned} L_n(x) &= \frac{(-1)^n}{n!}\left[x^n - \frac{n^2}{1!}x^{n-1} + \frac{n^2(n-1)^2}{2!}x^{n-2} - \cdots + (-1)^n n!\right] \\ &= \sum_{m=0}^{n} \frac{(-1)^m n! x^m}{(n-m)!m!m!} = \sum_{s=0}^{n} \frac{(-1)^{n-s} n! x^{n-s}}{(n-s)!(n-s)!s!} \end{aligned} \tag{13.53}$$

또한 식 (13.49)로부터 다음을 구할 수 있다.

$$g(0,\ t) = \frac{1}{1-t} = \sum_{n=0}^{\infty} t^n = \sum_{n=0}^{\infty} L_n(0) t^n$$

이는 $x=0$에서 라게르 다항식이 다음과 같은 특수값을 가짐을 알려준다.

$$L_n(0) = 1 \tag{13.54}$$

모함수와 라게르 상미분 방정식의 형태, 그리고 표 13.2는 $x \to -x$인 패리티 변환 하에서 라게르 다항식은 기수 또는 우수 대칭성을 가지지 않음을 보여준다.

이미 이 절의 앞에서 살펴본 바와 같이 라게르 상미분 방정식은 자체 수반하지는 않으나 가중인자 e^{-x}를 덧붙여 그렇게 만들 수 있다. 또한 이 가중인자와 함께 라게르 다항식이

$x=0$과 $x=\infty$에서 스텀-리우빌 경계조건을 만족하므로 $L_n(x)$가 다음 형태의 직교화 조건을 만족해야 함을 알 수 있다.

$$\int_0^\infty e^{-x} L_m(x) L_n(x) dx = \delta_{mn} \tag{13.55}$$

식 (13.55)는 이 구간과 가중인자에 대해 라게르 다항식이 정규화되어 있음을 말해준다. 연습문제 13.3.3이 이에 대해 다루고 있다.

때로는 (단위 가중인자를 포함하여) 직교화된 라게르 함수를 정의하는 것이 편리하다.

$$\varphi_n(x) = e^{-x/2} L_n(x) \tag{13.56}$$

이 새롭게 직교 정규화된 함수 $\varphi_n(x)$는 자체 수반 상미분 방정식을 만족시키며 구간 $(0 \le x < \infty)$ 내 스텀-리우빌 계의 고유함수를 이룬다.

$$x\varphi_n''(x) + x\varphi_n'(x) + \left(n + \frac{1}{2} - \frac{x}{4}\right)\varphi_n(x) = 0 \tag{13.57}$$

■ 연관 라게르 다항식

특별히 양자역학을 포함한 많은 응용에서 다음과 같이 정의된 연관 라게르(associated Laguerre) 다항식을 필요로 한다.[4]

$$L_n^k(x) = (-1)^k \frac{d^k}{dx^k} L_{n+k}(x) \tag{13.58}$$

식 (13.53)에 주어진 $L_n(x)$의 멱급수(표 13.2와 비교)를 미분함으로써 표 13.3에 보인 구체적인 형태를 얻을 수 있다. 일반적으로 다음과 같이 표현된다.

$$L_n^k(x) = \sum_{m=0}^{n} (-1)^m \frac{(n+k)!}{(n-m)!(k+m)!m!} x^m, \qquad k \ge 0 \tag{13.59}$$

최근 저자 중의 한 명[5]이 매우 간단한 형태를 가진 연관 라게르 다항식의 새로운 모함수를 발견하였다.

$$g_l(x,\ t) = e^{-tx}(1+t)^l = \sum_{n=0}^{\infty} L_n^{l-n}(x) t^n \tag{13.60}$$

---

4 일부 저자들은 $\mathfrak{L}_{n+k}^k(x) = (d^k/dx^k)[L_{n+k}(x)]$를 사용한다. 따라서 여기서의 $L_n^k(x) = (-1)^k \mathfrak{L}_{n+k}^k(x)$이다.

5 H. J. Weber, Connections between real polynomial solutions of hypergeometric-type differential equations with Rodrigues formula, *Cent. Eur. J. Math.* **5**: 415-427 (2007).

표 13.3 연관 라게르 다항식

$$L_0^k = 1$$
$$1!L_1^k = -x + (k+1)$$
$$2!L_2^k = x^2 - 2(k+2)x + (k+1)_2$$
$$3!L_3^k = -x^3 + 3(k+3)x^2 - 3(k+2)2x + (k+1)_3$$
$$4!L_4^k = x^4 - 4(k+4)x^3 + 6(k+3)_2 - 4(k+2)_3 + (k+1)_4$$
$$5!L_5^k = -x^5 + 5(k+5)x^4 - 10(k+4)_2x^3 + 10(k+3)_3x^2 - 5(k+2)_4x + (k+1)_5$$
$$6!L_6^k = x^6 - 6(k+6)x^5 + 15(k+5)_2x^4 - 20(k+4)_3x^3 + 15(k+3)_4x^2 - 6(k+2)_{5x} + (k+1)_6$$
$$7!L_7^k = -x^7 + 7(k+7)x^6 - 21(k+6)_2x^5 + 35(k+5)_3x^4 - 35(k+4)_4x^3 + 21(k+3)_5x^2 - 7(k+2)_6x + (k+1)_7$$

표기된 $(k+n)_m$은 식 (1.72)에서 정의된 포흐하머 기호이다.

이 식을 유도하기보다는 이것이 식 (13.58)의 L_n^k을 정의하는 관계를 만들며 앞서 제시된 보통의 라게르 다항식(다시 말해서 $k=0$인 L_n^k)의 식들과 일관성이 있다는 것을 보여줌으로써 확인하고자 한다.

만약 식 (13.60)의 모두를 $1-t$로 곱한 후 t^n의 계수를 비교한다면 점화 공식을 찾을 수 있다.

$$L_n^{l-n} + L_{n-1}^{l-n+1} = L_n^{l-n+1} \quad \text{혹은} \quad L_n^k - L_n^{k+1} = -L_{n-1}^{k+1} \tag{13.61}$$

다른 한편으로는 x에 대해 식 (13.60)을 미분하여 표현한다면

$$\frac{\partial g_l(x, t)}{\partial x} = \sum_n \frac{dL_n^{l-n}(x)}{dx} t^n = -te^{-tx}(1+t)^l = e^{-tx}(1+t)^l - e^{-tx}(1+t)^{l+1}$$

이고, t^n의 계수를 통해 $dL_n^{l-n}(x)/dx$에 대한 공식, 즉(여기서 $k=l-n$)

$$\frac{dL_n^k(x)}{dx} = L_n^k(x) - L_n^{k+1}(x) \tag{13.62}$$

를 구할 수 있고 식 (13.61)로부터 결과를 대입하여 다음에 도달할 수 있다.

$$\frac{dL_n^k(x)}{dx} = -L_{n-1}^{k+1} \tag{13.63}$$

따라서 모함수가 식 (13.58)을 나타냄을 알 수 있다.

모함수가 맞다는 사실에 대한 확인은 이 결과를 이용하여 $e^{-tx}(1+t)^n$에서 t^n의 계수인

$L_n^0(x)$를 찾아봄으로 마무리하도록 한다. $(1+t)^n$의 이항 전개와 지수함수의 매클로린 급수를 사용하여 다음을 얻을 수 있고 이는 식 (13.53)과 일치한다.

$$L_n^0(x) = \sum_{m=0}^{n} \binom{n}{n-m} \frac{(-x)^m}{m!} = \sum_{m=0}^{n} \frac{(-1)^m n!}{(n-m)!m!m!} x^m$$

또한 식 (13.59)에 주어진 L_n^k의 급수 전개를 확인할 수 있다. 이는 $e^{-tx}(1+t)^{k+n}$에서 t^n의 계수이며 앞서 L_n^0에 대해 수행된 과정과 비슷하게 구할 수 있다.

모함수는 연관 라게르 다항식의 다른 성질을 살펴볼 수 있는 편리한 방법을 제공해준다. $x=0$에 대한 특수값은 아래로부터 얻을 수 있다.

$$\sum_n L_n^{l-n}(0)t^n = (1+t)^l = \sum_{n=0}^{l} \binom{l}{n} t^n$$

그 결과 다음을 알 수 있다.

$$L_n^k(0) = \binom{n+k}{n} \tag{13.64}$$

$L_n^k(x)$의 지표 n에 대한 점화 공식은 모함수 공식을 t에 대해 미분함으로 찾을 수 있다. 이를 통해 t^n의 계수와 $l=k+n$으로 설정하여 다음을 얻는다.

$$(n+1)L_{n+1}^{k-1}(x) = (k+n)L_n^{k-1}(x) - xL_n^k(x) \tag{13.65}$$

$k-1$인 두 항의 위 지표를 식 (13.61)을 이용하여 올리고 비슷한 항들을 함께 모아 낮은 지표 점화 공식을 구할 수 있다.

$$(n+1)L_{n+1}^k(x) - (2n+k+1-x)L_n^k(x) + (n+k)L_{n-1}^k(x) = 0 \tag{13.66}$$

마지막으로 식 (13.65)로 돌아가 x에 대해 한 번 미분하고 $\left[L_{n+1}^{k-1}\right]' = -L_n^k$임을 확인한다면 다음을 알 수 있다.

$$(n+k)\left[L_n^{k-1}\right]' = x\left[L_n^k\right]' + L_n^k - (n+1)L_n^k = x\left[L_n^k\right]' - nL_n^k \tag{13.67}$$

한 번 더 미분하여 얻어진 식은 다음과 같으며

$$x\left[L_n^k\right]'' + (1-n)\left[L_n^k\right]' = (n+k)\left[L_n^{k-1}\right]'' = (n+k)\left[L_n^{k-1}\right]' - (n-k)\left[L_n^k\right]' \tag{13.68}$$

여기서 식 (13.68)의 마지막 표현은 식 (13.62)의 도함수를 $k \to k-1$로 대입한 결과이다.

$(n+k)\left[L_n^{k-1}\right]'$을 위 지표가 k인 형태로 교체하기 위해 식 (13.67)을 사용하면 L_n^k에 대한 상미분 방정식에 도달한다.

$$x\frac{d^2L_n^k(x)}{dx^2}+(k+1-x)\frac{dL_n^k(x)}{dx}+nL_n^k(x)=0 \tag{13.69}$$

이 상미분 방정식은 **연관 라게르 방정식**이라 알려져 있다. 연관 라게르 다항식이 물리 문제에 나타나는 경우 대부분 물리 문제 자체가 식 (13.69)를 포함하기 때문이다. 가장 중요한 응용은 이들을 이용하여 앞으로 나올 예제 13.3.1에서 유도된 수소 원자의 속박 상태를 묘사하는 것이다.

연관 라게르 방정식, 식 (13.69)는 자체 수반형은 아니나 (위 지표 k에 대해) 자체 수반형으로 만들기 위해 필요한 가중인자는 통상적인 방법으로 찾을 수 있다.

$$w_k(x)=\frac{1}{x}\exp\left[\int\frac{k+1-x}{x}dx\right]=x^ke^{-x} \tag{13.70}$$

또한 $x=0$과 $x=\infty$에서 스텀-리우빌 경계조건이 만족된다는 사실에 주목하면 다음 식에 의해 연관 라게르 다항식이 직교화되어 있음을 알 수 있다.

$$\int_0^\infty e^{-x}x^kL_n^k(x)L_m^k(x)dx=\frac{(n+k)!}{n!}\delta_{mn} \tag{13.71}$$

$m=n$일 때 식 (13.71)의 적분값은 식 (13.58)의 모함수를 이용하여 구할 수 있다. 이 과정은 연습문제로 남기도록 한다.

식 (13.71)은 라게르 다항식과 동일한 직교화 구간 $(0,\ \infty)$을 보여주나 각각의 k에 대한 가중함수는 다르다. 각 k에 대해 연관 라게르 다항식은 새로운 직교 다항식 집합을 정의함을 알 수 있다.

연관 라게르 다항식의 로드리게스 표현형은 매우 유용하며 다양한 방법으로 찾을 수 있다. 직접적인 방법은 단순히 식 (13.69)의 2계 도함수 항의 계수인 $p(x)=x$와 함께 식 (13.70)에 주어진 $w_k(x)$ 값을 가지고 아래의 관계를 이용하는 것이다.

$$y_n(x)=\frac{1}{w(x)}\left(\frac{d}{dx}\right)^n\left[wp(x)^n\right]$$

그 결과는 다음과 같다.

$$L_n^k(x)=\frac{e^xx^{-k}}{n!}\frac{d^n}{dx^n}\left(e^{-x}x^{n+k}\right) \tag{13.72}$$

이 식과 $L_n^k(x)$를 포함하는 앞에서 다룬 공식들은 모두 $k=0$인 $L_n(x)$를 포함하는 상응되는 표현으로 적절하게 축약될 수 있다는 점에 주목하라.

$\psi_n^k(x)=e^{-x/2}x^{k/2}L_n^k(x)$로 놓음으로써 $\psi_n^k(x)$가 자체 수반 상미분 방정식을 만족시킨다는 것을 알 수 있다.

$$x\frac{d^2\psi_n^k(x)}{dx^2}+\frac{d\psi_n^k(x)}{dx}+\left(-\frac{x}{4}+\frac{2n+k+1}{2}-\frac{k^2}{4x}\right)\psi_n^k(x)=0 \tag{13.73}$$

종종 $\psi_n^k(x)$는 **라게르 함수**라 한다. 식 (13.57)은 식 (13.73)에서 $k=0$인 특별한 경우이다.

그 외의 유용한 함수를 정의해볼 수 있다.[6]

$$\Phi_n^k(x)=e^{-x/2}x^{(k+1)/2}L_n^k(x) \tag{13.74}$$

연관 라게르 방정식에 대입하면 다음과 같다.

$$\frac{d^2\Phi_n^k(x)}{dx^2}+\left(-\frac{1}{4}+\frac{2n+k+1}{2x}-\frac{k^2-1}{4x^2}\right)\Phi_n^k(x)=0 \tag{13.75}$$

$\Phi_n^k(x)$는 가중함수 x^{-1}과 함께 직교한다.

연관 라게르 상미분 방정식, 식 (13.69)는 n이 정수가 아닐 때도 해를 가지나 이 경우 다항식이 아니며 $x\to\infty$에 대해 xke^x에 비례하여 발산한다. 이 사실은 다음의 예제에서 유용하게 사용된다.

예제 13.3.1 수소 원자

라게르 다항식의 가장 중요한 응용은 수소꼴 원자(H, He^+, Li^{2+} 등)에 대한 슈뢰딩거 방정식의 해를 구하는 것이다. 원점에 고정된 전하 Ze의 원자핵과 하나의 전자를 가지고 그 분포가 파동 함수 ψ로 기술되는 계의 경우 이 방정식은 다음과 같으며

$$-\frac{\hbar^2}{2m}\nabla^2\psi-\frac{Ze^2}{4\pi\epsilon_0 r}\psi=E\psi \tag{13.76}$$

여기서 수소의 경우 $Z=1$이고 He^+의 경우 $Z=2$ 등을 갖는다. 구면 극 좌표계에서 변수를 분리하고 이 식의 해에서 각에 대한 부분이 구면 조화함수이어야 함을 앎으로써 상미분 방정식을 만족하는 $R(r)$을 가지고 $\psi(\mathbf{r})=R(r)Y_L^M(\theta,\varphi)$로 놓는다.

6 이는 1계 도함수를 제거하기 위해 식 (13.73)의 함수 ψ를 수정한 것에 해당한다.

$$-\frac{\hbar^2}{2m}\frac{1}{r^2}\frac{d}{dr}\left(r^2\frac{dR}{dr}\right)-\frac{Ze^2}{4\pi\epsilon_0 r}R+\frac{\hbar^2}{2m}\frac{L(L+1)}{r^2}R=E \tag{13.77}$$

속박 상태의 경우 $r\to\infty$일 때 $R\to 0$이며 이 조건들은 $E<0$일 때만 만족한다는 것을 보일 수 있다. 이와 더불어 $r=0$에서 R은 유한해야만 한다. 양의 에너지를 갖는 속박되지 않은(연속적인) 상태는 고려하지 않는다. 후자가 포함될 때에만 수소 파동 함수는 완전한 집합을 이룬다.

(r을 차원이 없는 지름 변수 ρ로 바꾸는 데서 비롯한) 축약된 표현

$$\alpha=\left[-\frac{8mE}{\hbar^2}\right]^{1/2},\qquad \rho=\alpha r,\qquad \lambda=\frac{mZe^2}{2\pi\epsilon_0\alpha\hbar^2},\qquad \chi(\rho)=R(r) \tag{13.78}$$

을 이용하여 식 (13.85)는 다음과 같이 쓸 수 있다.

$$\frac{1}{\rho^2}\frac{d}{dp}\left(\rho^2\frac{d\chi(\rho)}{d\rho}\right)+\left(\frac{\lambda}{\rho}-\frac{1}{4}-\frac{L(L+1)}{\rho^2}\right)\chi(\rho)=0 \tag{13.79}$$

우리가 현재 목적하는 바를 고려하였을 때, 식 (13.79)의 첫째 항을 아래의 항등식으로 다시 표현하는 것이 도움이 되며

$$\frac{1}{\rho^2}\frac{d}{d\rho}\left(\rho^2\frac{d\chi}{d\rho}\right)=\frac{1}{\rho}\frac{d^2}{d\rho^2}(\rho\chi)$$

결과식에 ρ를 곱하여 아래의 식을 얻을 수 있다.

$$\frac{d}{d\rho^2}(\rho\chi)+\left(\frac{\lambda}{\rho}-\frac{1}{4}-\frac{L(L+1)}{\rho^2}\right)(\rho\chi)=0 \tag{13.80}$$

$\Phi_n^k(x)$에 대한 식 (13.75)와의 비교를 통해 다음이 식 (13.80)을 만족시킨다는 것을 알 수 있다.

$$\rho\chi(\rho)=e^{-\rho/2}\rho^{L+1}L_{\lambda-L-1}^{2L+1}(\rho) \tag{13.81}$$

여기서 식 (13.75)의 k와 n은 각각 $2L+1$과 $\lambda-L-1$로 대체되었다.

매개변수 λ의 값은 $\lambda-L-1$이 음이 아닌 정수가 되도록 제한되어야 한다. 만약 이 조건이 만족되지 않는다면 속박 상태의 전자 분포에서 요구되는 바와 같이 큰 r에서 $\rho\chi(\rho)$가 0으로 가기에 $L_{\lambda-L-1}^{2L+1}$이 너무 빠르게 발산하게 된다. 이미 구면 조화 지표인 L이 반드시 음이 아닌 정수임을 앎으로써 λ가 가질 수 있는 가능한 값들은 최소 $L+1$만큼 큰 정수 n이어야 한다는 사실을 알 수 있다.[7]

경계조건에 의한 λ에 대한 제한은 에너지를 양자화하는 효과를 가진다. $\lambda=n$을 넣으면 식 (13.78)의 표현들을 통해 다음을 찾을 수 있다.

$$E_n = -\frac{Z^2 m}{2n^2\hbar^2}\left(\frac{e^2}{4\pi\epsilon_0}\right)^2 \tag{13.82}$$

전자가 원자핵으로부터 무한대의 위치에 떨어져 있을 때 슈뢰딩거 방정식은 퍼텐셜 에너지가 0임을 전제하고 있는데 음의 부호는 전자가 무한대로 탈출할 수 없는 속박 상태를 여기서 다루고 있음을 반영하고 있다. 식 (13.78)의 다른 표현들도 n을 이용하여 표현할 수 있다.

$$\alpha = \frac{me^2}{2\pi\epsilon_0\hbar^2}\frac{Z}{n} = \frac{2Z}{na_0}, \qquad \rho = \frac{2Z}{na_0}r, \qquad a_0 = \frac{4\pi\epsilon_0\hbar^2}{me^2} \tag{13.83}$$

길이의 차원을 가지는 a_0은 **보어 반지름**(Bohr radius)으로 알려져 있으며 축척인자로 등장하여 (가능한 가장 작은 값인 $n=1$일 때) 퍼텐셜 에너지로 하여금 이 전자-원자핵 간격에 해당하는 평균값을 가지게 한다.

요약하면 최종적으로 나타나는 정규화된 수소 파동 함수는 아래와 같다.

$$\psi_{nLM}(r,\ \theta,\ \varphi) = \left[\left(\frac{2Z}{na_0}\right)^3 \frac{(n-L-1)!}{2n(n+L)!}\right]^{1/2} e^{-\alpha r/2}(\alpha r)^L L_{n-L-1}^{2L+1}(\alpha r)\, Y_L^M(\theta,\ \varphi) \tag{13.84}$$

여기서 ψ_{nLM}에 상응하는 에너지는 단지 이 계의 **주양자수**(principal quantum number)라 일컬어지는 n에만 의존함에 주목하라. 또한 n에 특정한 정숫값이 지정된다면 λ에 대한 조건은 $L \le n-1$을 요구하게 되어 가능한 수소 에너지 상태들의 잘 알려진 모습을 설명할 수 있다. 만약 $n=1$이면 L은 0만 가능하고, $n=2$일 때 $L=0$ 또는 $L=1$을 갖는 등으로 계속된다. ■

연습문제

13.3.1 라이프니츠 공식을 이용하여 식 (13.53)의 $L_n(x)$의 급수 전개가 식 (13.72)의 로드리게스 표현으로부터 따르는지를 보이시오.

13.3.2 (a) 식 (13.53)의 명시적 급수 형을 이용하여 다음을 보이시오.

[7] 이것은 λ에 대한 통상적 표기이다. 이는 $\Phi_n^k(x)$에서의 지표 n과 같은 n이 아니다.

$$L'_n(0) = -n, \qquad L''_n(0) = \frac{1}{2}n(n-1)$$

(b) $L_n(x)$의 명시적 급수 형을 사용하지 않고 이를 다시 증명하시오.

13.3.3 연관 라게르 다항식에 대한 식 (13.71)의 정규화 관계를 유도하여 L_n에 대한 식 (13.55)를 확인하시오.

13.3.4 x^r을 연관 라게르 다항식 $L_n^k(x)$의 급수로 전개하시오. 여기서 k는 고정되어 있으며 n은 0에서 r까지의 범위를 가진다. (또는 r이 정수가 아닐 경우에는 ∞까지이다.)

[힌트] $L_n^k(x)$의 로드리게스 형식이 유용하다.

답. $x^r = (r+k)!r! \sum_{n=0}^{r} \frac{(-1)^n L_n^k(x)}{(n+k)!(r-n)!}, \quad 0 \le x < \infty$

13.3.5 e^{-ax}를 연관 라게르 다항식 $L_n^k(x)$의 급수로 전개하시오. 여기서 k는 고정되어 있으며 n은 0에서 ∞까지의 범위를 가진다.

(a) 여러분의 가정된 전개로부터 계수들을 직접 구하시오.

(b) 모함수로부터 원하는 전개를 구하시오.

답. $e^{-ax} = \frac{1}{(1+a)^{1+k}} \sum_{n=0}^{\infty} \left(\frac{a}{1+a}\right)^n L_n^k(x), \; 0 \le x < \infty$

13.3.6 $\int_0^{\infty} e^{-x} x^{k+1} L_n^k(x) L_n^k(x) dx = \frac{(n+k)!}{n!}(2n+k+1)$을 증명하시오.

[힌트] $xL_n^k = (2n+k+1)L_n^k - (n+k)L_{n-1}^k - (n+l)L_{n+1}^k$를 고려해본다.

13.3.7 양자역학에서 특정 문제가 음이 아닌 정수 n과 k에 대해 다음의 상미분 방정식으로 이어진다고 가정해보자.

$$\frac{d^2y}{dx^2} - \left[\frac{k^2-1}{4x^2} - \frac{2n+k+1}{2x} + \frac{1}{4}\right]y = 0$$

아래의 필요조건을 가지고 $y(x)$를 $y(x) = A(x)B(x)C(x)$의 형태로 쓰시오.

(a) $A(x)$는 $y(x)$가 필요로 하는 점근 거동을 나타내는 **음의** 지수함수이다.

(b) $B(x)$는 $0 \le x \ll 1$에서 $y(x)$의 거동을 나타내는 x의 양의 멱함수이다.

$A(x)$와 $B(x)$를 결정하시오. $C(x)$와 연관 라게르 다항식 간의 관계를 찾으시오.

답. $A(x) = e^{-x/2}, \; B(x) = x^{(k+1)/2}, \; C(x) = L_n^k(x)$

13.3.8 식 (13.84)에서 정규화된 수소 파동 함수의 지름에 대한 부분이 다음과 같다.

$$R_{nL}(r)=\left[\alpha^3\frac{(n-L-1)!}{2n(n+L)!}\right]^{1/2}e^{-\alpha r}(\alpha r)^L L_{n-L-1}^{2L+1}(\alpha r)$$

여기서 $\alpha=2Z/na_0=2Zme^2/4\pi\epsilon_0\hbar^2$이다. 다음을 계산하시오.

(a) $\langle r\rangle=\int_0^\infty rR_{nL}(\alpha r)R_{nL}(\alpha r)r^2dr$

(b) $\langle r^{-1}\rangle=\int_0^\infty r^{-1}R_{nL}(\alpha r)R_{nL}(\alpha r)r^2dr$

$\langle r\rangle$은 원자핵으로부터 전자의 평균 변위인 반면 $\langle r^{-1}\rangle$은 변위의 역수의 평균이다.

답. $\langle r\rangle=\frac{a_0}{2}[3n^2-L(L+1)]$, $\langle r^{-1}\rangle=\frac{1}{n^2a_0}$

13.3.9 수소 파동 함수의 기댓값에 대한 점화 공식을 유도하시오.

$$\frac{s+2}{n^2}\langle r^{s+1}\rangle-(2s+3)a_0\langle r^s\rangle+\frac{s+1}{4}[(2L+1)^2-(s+1)^2]a_0^2\langle r^{s-1}\rangle=0$$

여기서 $s\geq-2L-1$이다.

[힌트] 식 (13.80)을 식 (13.73)과 유사한 형태로 변환하시오. $\rho^{s+2}u'-c\rho^{s+1}u$를 곱하라. 여기서 $u=\rho\Phi$이다. c를 적절히 이용하여 기댓값을 주지 못하는 항들을 제거하라.

13.3.10 $\int_{-\infty}^\infty x^ne^{-x^2}H_n(xy)dx=\sqrt{\pi}\,n!P_n(y)$를 보이시오. 여기서 P_n은 르장드르 다항식이다.

13.4 체비셰프 다항식

르장드르 다항식의 모함수는 다음의 형식으로 일반화될 수 있다.

$$\frac{1}{(1-2xt+t^2)^\alpha}=\sum_{n=0}^\infty C_n^{(\alpha)}(x)t^n \tag{13.85}$$

계수 $C_n^{(\alpha)}(x)$는 초구형 다항식(ultraspherical polynomials)[또는 **게겐바우어 다항식**(Gegenbauer polynomials)]이라 알려져 있다. $\alpha=1/2$에 대해 르장드르 다항식을 얻을 수 있으며 특별한 경우인 $\alpha=0$과 $\alpha=1$은 이 절의 주제인 두 종류의 체비셰프 다항식을 나타낼 수 있다. 체비셰프 다항식의 기본적인 중요성은 수치 해석에 있다.

■ Ⅱ형 다항식

$\alpha = 1$과 함께 $C_n^{(1)}(x)$를 $U_n(x)$로 표현하면 식 (13.85)는 다음과 같다.

$$\frac{1}{1-2xt+t^2} = \sum_{n=0}^{\infty} U_n(x)t^n, \qquad |x| < 1, \qquad |t| < 1 \tag{13.86}$$

이들 함수는 II형 체비셰프(type II Chebyshev) 다항식이라 불린다. 비록 수리물리 분야에서 이들 다항식이 응용되는 경우는 매우 적으나 하나의 독특한 응용은 각운동량 이론에서 쓰이는 4차원 구면 조화식의 유도이다.

■ Ⅰ형 다항식

$\alpha = 0$인 경우는 다소 어렵다. 실제로 모함수는 상수 1이 된다. 식 (13.85)를 t에 대해 미분하므로 이 문제를 피해갈 수 있다. 이는 아래에 제시되어 있다.

$$\frac{-\alpha(-2x+2t)}{(1-2xt+t^2)^{\alpha+1}} = \sum_{n=1}^{\infty} n C_n^{(\alpha)}(x)t^{n-1}$$

또는

$$\frac{x-t}{(1-2xt+t^2)^{\alpha+1}} = \sum_{n=1}^{\infty} \frac{n}{2}\left[\frac{C_n^{(\alpha)}(x)}{\alpha}\right]t^{n-1} \tag{13.87}$$

$C_n^{(0)}(x)$는 다음과 같이 정의한다.

$$C_n^{(0)}(x) = \lim_{\alpha\to\infty} \frac{C_n^{(\alpha)}(x)}{\alpha} \tag{13.88}$$

t에 대한 미분의 목적은 분모에 α가 나타나게 하여 부정형을 얻는 데 있다. 이제 식 (13.87)에 $2t$를 곱하고 $(1-2xt+t^2)/(1-2xt+t^2)$의 형태로 1을 더하면 다음을 얻을 수 있다.

$$\frac{1-t^2}{1-2xt+t^2} = 1 + 2\sum_{n=1}^{\infty} \frac{n}{2} C_n^{(0)}(x)t^n \tag{13.89}$$

아래와 같이 $T_n(x)$를 정의하자.

$$T_n(x) = \begin{cases} 1, & n=0 \\ \dfrac{n}{2} C_n^{(0)}(x), & n>0 \end{cases} \tag{13.90}$$

$n=0$일 경우만 특별히 다룬 것에 주목하자. 14장에서 푸리에 급수(Fourier series)를 다룰 때 $n=0$인 항을 비슷하게 다루는 것을 보게 될 것이다. 또한 $C_n^{(0)}$은 식 (13.88)에 표시된 바와 같이 극한을 나타내는 것이지, 모함수 급수에 직접적으로 $\alpha=0$을 대치한 것이 아님에 주의하자. 이 새로운 정의들을 가지고 다음과 같이 쓸 수 있다.

$$\frac{1-t^2}{1-2xt+t^2}=T_0(x)+2\sum_{n=1}^{\infty}T_n(x)t^n, \qquad |x|\le 1, \qquad |t|<1 \tag{13.91}$$

$T_n(x)$는 I형 체비셰프(type I Chebyshev) 다항식이라 불린다. 참고문헌마다 이들 함수의 표기 및 철자는 다를 수 있음에 유의하자. 여기서는 (더 읽을 거리에 있는) AMS-55의 사용법을 따른다.

■ 점화 관계

t에 대하여 모함수, 식 (13.91)을 미분하고 분모 $(1-2xt+t^2)$를 곱하면 다음을 얻는다.

$$\begin{aligned}-t-(t-x)\left[T_0(x)+2\sum_{n=1}^{\infty}T_n(x)t^n\right]&=(1-2xt+t^2)\sum_{n=1}^{\infty}nT_n(x)t^{n-1}\\&=\sum_{n=1}^{\infty}\left[nT_nt^{n-1}-2xnT_nt^n+nT_nt^{n+1}\right]\end{aligned}$$

여기서 추가적인 단순화 과정을 거친 후 점화 관계를 구할 수 있다.

$$T_{n+1}(x)-2xT_n(x)+T_{n-1}(x)=0, \qquad n>0 \tag{13.92}$$

식 (13.86)에 대한 비슷한 과정을 통해 U_n에 대해 상응하는 점화 관계를 찾을 수 있다.

$$U_{n+1}(x)-2xU_n(x)+U_{n-1}(x)=0, \qquad n>0 \tag{13.93}$$

$n=0$과 1에 대해 모함수를 직접 이용하고 높은 차수의 다항식에 대해서는 이들 점화 관계를 적용함으로써 표 13.4를 구할 수 있다. T_n과 U_n의 그래프는 그림 13.4와 13.5에 제시되어 있다.

변수 x에 대한 $T_n(x)$와 $U_n(x)$의 모함수의 미분은 도함수를 포함하는 다양한 점화 관계를 찾을 수 있도록 해준다. 한 예로, 식 (13.89)로부터 다음을 구할 수 있는데

$$(1-2xt+t^2)2\sum_{n=1}^{\infty}T_n{}'(x)t^n=2t\left[T_0(x)+2\sum_{n=1}^{\infty}T_n(x)t^n\right]$$

표 13.4 체비셰프 다항식: I형(왼쪽), II형(오른쪽)

$T_0 = 1$	$U_0 = 1$
$T_1 = x$	$U_1 = 2x$
$T_2 = 2x^2 - 1$	$U_2 = 4x^2 - 1$
$T_3 = 4x^3 - 3x$	$U_3 = 8x^3 - 4x$
$T_4 = 8x^4 - 8x^2 + 1$	$U_4 = 16x^4 - 12x^2 + 1$
$T_5 = 16x^5 - 20x^3 + 5x$	$U_5 = 32x^5 - 32x^3 + 6x$
$T_6 = 32x^6 - 48x^4 + 18x^2 - 1$	$U_6 = 64x^6 - 80x^4 + 24x^2 - 1$

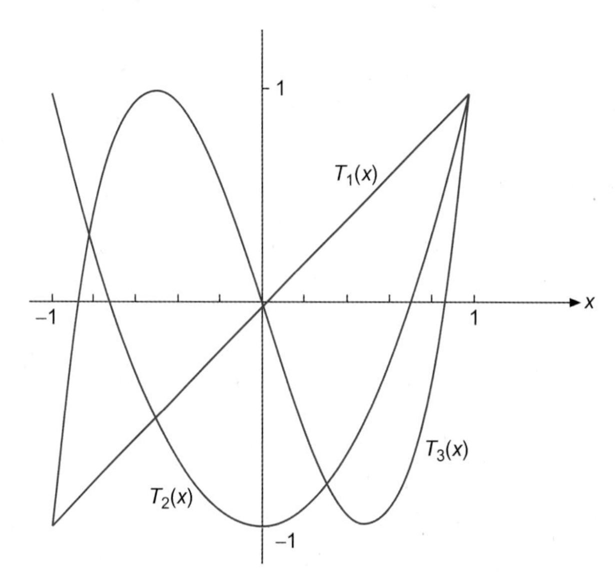

그림 13.4 체비셰프 다항식 T_1, T_2, 그리고 T_3

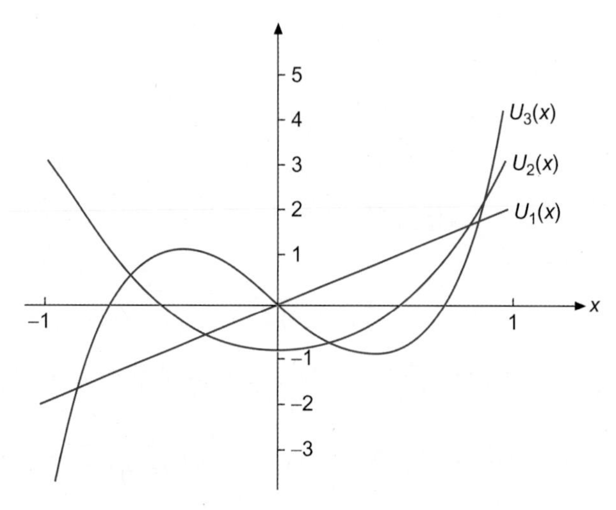

그림 13.5 체비셰프 다항식 U_1, U_2, 그리고 U_3

이를 통해 점화 공식을 찾을 수 있다.

$$2T_n(x) = T'_{n+1}(x) - 2xT'_n(x) + T'_{n-1}(x) \tag{13.94}$$

이 방법으로 찾을 수 있는 다른 유용한 점화 공식은 아래와 같다.

$$(1-x^2)T'_n(x) = -nxT_n(x) + nT_{n-1}(x) \tag{13.95}$$

그리고

$$(1-x^2)U'_n(x) = -nxU_n(x) + (n+1)U_{n-1}(x) \tag{13.96}$$

12.10절의 르장드르 다항식에서와 마찬가지로 이들 다양한 공식들을 이용하여 T''_n를 얻기 위해 지표 $n-1$을 제거함으로써 I형 체비셰프 다항식 $T_n(x)$가 상미분 방정식을 만족한다는 사실을 알 수 있다.

$$(1-x^2)T''_n(x) - xT'_n(x) + n^2T_n(x) = 0 \tag{13.97}$$

II형 체비셰프 다항식 $U_n(x)$는 다음을 만족한다.

$$(1-x^2)U''_n(x) - 3xU'_n(x) + n(n+2)U_n(x) = 0 \tag{13.98}$$

물론 이들 상미분 방정식으로부터 체비셰프 다항식들을 정의할 수도 있지만 그 대신에 우리는 모함수를 기반으로 한 유도 과정을 고려하였다.

체비셰프 다항식에 대해 사용되었던 것과 비슷한 과정들이 일반적인 초구형 다항식에도 적용될 수 있으며, 그 결과 **초구형 상미분 방정식**을 얻을 수 있다.

$$(1-x^2)\frac{d^2}{dx^2}C_n^{(\alpha)}(x) - (2\alpha+1)x\frac{d}{dx}C_n^{(\alpha)}(x) + n(n+2\alpha)C_n^{(\alpha)}(x) = 0 \tag{13.99}$$

■ 특수값

다시 모함수로부터 시작하여 다양한 다항식들의 특수값을 구할 수 있다.

$$\begin{gathered} T_n(1) = 1, \qquad T_n(-1) = (-1)^n \\ T_{2n}(0) = (-1)^n, \qquad T_{2n+1}(0) = 0, \\ U_n(1) = n+1, \qquad U_n(-1) = (-1)^n(n+1) \\ U_{2n}(0) = (-1)^n, \qquad U_{2n+1}(0) = 0 \end{gathered} \tag{13.100}$$

식 (13.100)의 확인은 연습문제로 남겨두도록 하겠다.

다항식 T_n과 U_n은 $t \to -t$, $x \to -x$로의 치환에 대해 불변하는 모함수로부터 따르는 다음의 패리티 관계를 만족한다.

$$T_n(x) = (-1)^n T_n(-x), \qquad U_n(x) = (-1)^n U_n(-x) \tag{13.101}$$

$T_n(x)$와 $U_n(x)$에 대한 로드리게스 표현은 아래와 같다.

$$T_n(x) = \frac{(-1)^n \pi^{1/2}(1-x^2)^{1/2}}{2n\Gamma\left(n+\frac{1}{2}\right)} \frac{d^n}{dx^n}[(1-x^2)^{n-1/2}] \tag{13.102}$$

그리고

$$U_n(x) = \frac{(-1)^n (n+1)\pi^{1/2}}{2^{n+1}\Gamma\left(n+\frac{3}{2}\right)(1-x^2)^{1/2}} \frac{d^n}{dx^n}[(1-x^2)^{n+1/2}] \tag{13.103}$$

■ 삼각함수 형

체비셰프 다항식의 성질을 찾아가는 이 시점에서 x를 $\cos\theta$로 대치하여 변수를 바꾸는 것은 유용하다. $x = \cos\theta$와 $d/dx = (-1/\sin\theta)(d/d\theta)$를 가지고 다음을 확인할 수 있다.

$$(1-x^2)\frac{d^2 T_n}{dx^2} = \frac{d^2 T_n}{d\theta^2} - \cot\theta \frac{dT_n}{d\theta}, \qquad xT'_n = -\cot\theta \frac{dT_n}{d\theta}$$

이들 항을 더하면 식 (13.97)은 $\cos n\theta$와 $\sin n\theta$의 해를 가지는 단조화 진동자 방정식이 된다.

$$\frac{d^2 T_n}{d\theta^2} + n^2 T_n = 0 \tag{13.104}$$

특수값($x = 0$과 1에서의 경계조건)은 다음을 확인해준다.

$$T_n = \cos n\theta = \cos(n \arccos x) \tag{13.105}$$

$n \neq 0$일 때 식 (13.104)의 두 번째 선형 독립해는 아래와 같이 주어진다.

$$V_n = \sin n\theta = \sin(n \arccos x) \tag{13.106}$$

II형 체비셰프 공식, 식 (13.98)의 상응하는 해는 다음이 된다.

$$U_n = \frac{\sin(n+1)\theta}{\sin\theta} \tag{13.107}$$

$$W_n = \frac{\cos(n+1)\theta}{\sin\theta} \tag{13.108}$$

I형과 II형, 두 해들의 집합은 서로 연관되어 있다.

$$V_n(x) = (1-x^2)^{1/2} U_{n-1}(x) \tag{18.109}$$

$$W_n(x) = (1-x^2)^{-1/2} T_{n+1}(x) \tag{13.110}$$

모함수를 통해 알아본 바와 같이 $T_n(x)$와 $U_n(x)$는 다항식이다. 명백하게 $V_n(x)$와 $U_n(x)$는 다항식이 **아니다**. 다음으로부터

$$\begin{aligned} T_n(x) + iV_n(x) &= \cos n\theta + i\sin n\theta \\ &= (\cos\theta + i\sin\theta)^n = \left[x + i(1-x^2)^{1/2}\right]^n, \qquad |x| \le 1 \end{aligned} \tag{13.111}$$

이항 정리를 적용하여 아래의 표현을 구할 수 있다.

$$T_n(x) = x^n - \binom{n}{2} x^{n-2}(1-x^2) + \binom{n}{4} x^{n-4}(1-x^2)^2 - \cdots \tag{13.112}$$

그리고 $n > 0$에 대해 다음과 같다.

$$V_n(x) = \sqrt{1-x^2}\left[\binom{n}{1}x^{n-1} - \binom{n}{3}x^{n-3}(1-x^2) + \cdots\right] \tag{13.113}$$

모함수 또는 상미분 방정식으로부터 $n/2$의 정수 부분인 $[n/2]$를 가지고 $n \ge 1$에 대해 다음의 멱급수 표현을 찾을 수 있다.

$$T_n(x) = \frac{n}{2}\sum_{m=0}^{[n/2]} (-1)^m \frac{(n-m-1)!}{m!(n-2m)!}(2x)^{n-2m} \tag{13.114}$$

그리고

$$U_n(x) = \sum_{m=0}^{[n/2]} (-1)^m \frac{(n-m)!}{m!(n-2m)!}(2x)^{n-2m} \tag{13.115}$$

■ 수치 해석 응용

$n > 0$인 체비셰프 다항식 $T_n(x)$의 중요한 특징은 x가 변함에 따라 극값 $T_n = +1$과 $T_n = -1$ 사이에서 진동한다는 점이다. 이 거동은 식 (13.105)를 통해 잘 볼 수 있으며 그림

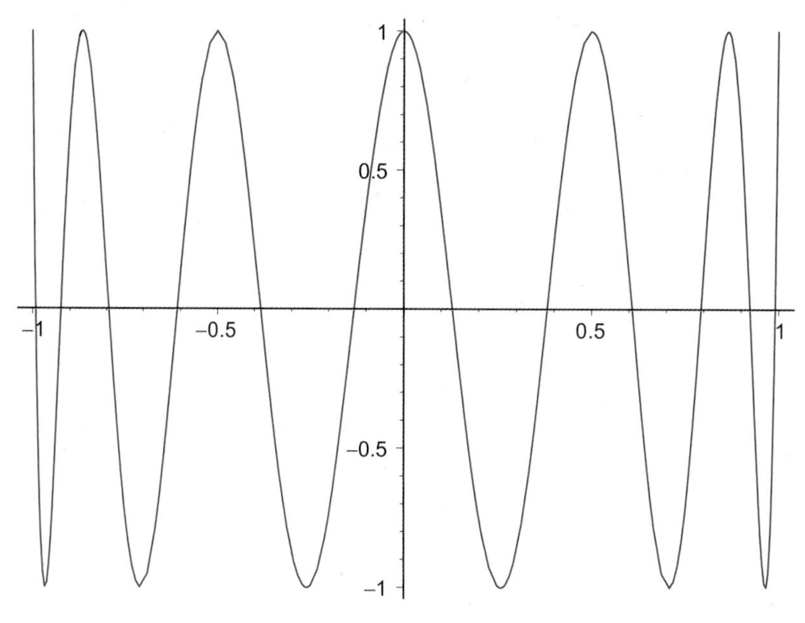

그림 13.6 체비셰프 다항식 T_{12}

13.6에 T_{12}의 그래프가 나타나 있다. 만약 함수가 T_n으로 전개되고 연속된 T_n의 기여가 빠르게 감소하도록 이 전개가 충분히 확장된다면 절단오차에 대한 적절한 근사는 전개에 포함되지 않는 첫 번째 T_n에 비례할 것이다. 이 근사에서 T_n이 0이 되는 x의 n값에서 무시할 수 있는 오차가 있을 것이며 0 사이에 존재하는 T_n의 극값에서 (모두 크기는 같으나 부호가 교대로 변하는) 최대 오차가 있을 것이다. 이 관점에서 오차는 최대최소 원리(minimax principle)를 만족한다. 이는 무시해도 될 정도의 오차 점 사이의 영역에 오차의 최대를 고르게 분포시켜 오차의 최대를 최소화시킴을 의미한다.

예제 13.4.1 최대 오차의 최소화

그림 13.7은 (a) 매클로린 급수, (b) 르장드르 전개, (c) 체비셰프 전개의 다양한 방법들로 얻어진 $[-1,\ 1]$ 사이에서의 e^x의 넷째 항까지의 전개에서 나타나는 오차들을 보여준다. $x=0$에서 멱급수는 최적이며 오차는 $|x|$값이 증가함에 따라 함께 증가한다. 직교 전개들은 $x=\pm 1$과 3개의 중간값 x에서 최대 오차를 가지고 $[-1,\ 1]$ 영역 안에서 맞추어질 수 있음을 알 수 있다. 그러나 르장드르 전개는 내부 점에서보다 ± 1에서 더 큰 오차를 가지며 그 반면 체비셰프 전개는 ± 1에서 더 작은 오차를 가지고 (다른 최댓값 지점에서 수반되는 오차의 증가와 함께) 모든 오차의 최댓값들이 비슷한 결과를 보인다. 이 선택이 대체로 최대 오차를 최소화해준다. ■

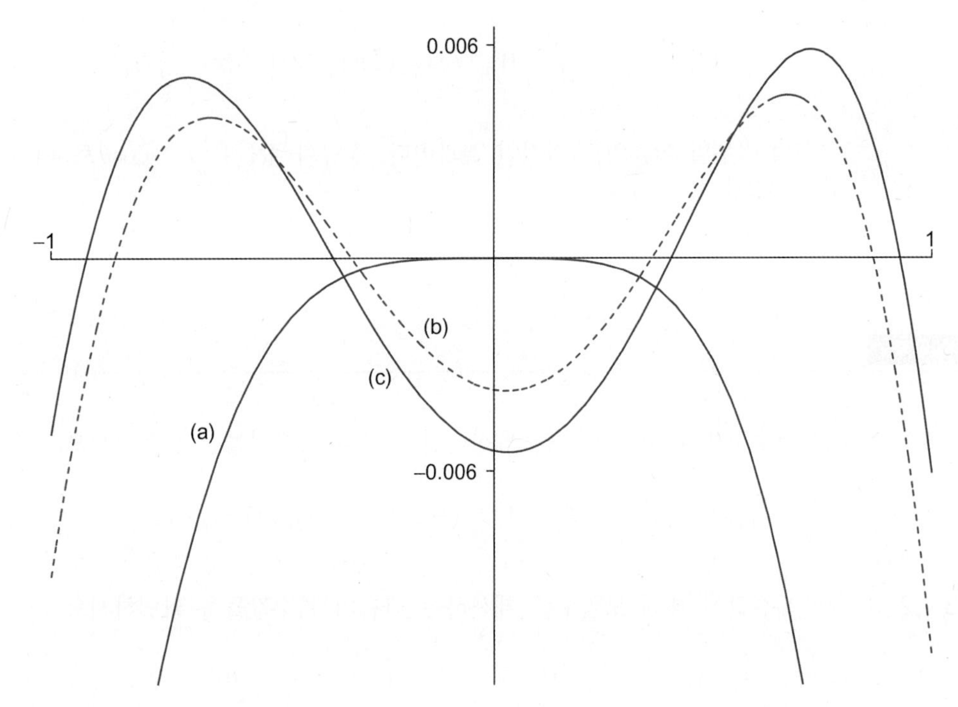

그림 13.7 e^x의 넷째 항까지 근사에서의 오차: (a) 매클로린 급수, (b) 르장드르 전개, 그리고 (c) 체비셰프 전개

■ 직교성

만약 식 (13.97)을 자체 수반형(8.2절)에 넣는다면 가중인자로써 $w(x) = (1-x^2)^{-1/2}$를 얻을 수 있다. 식 (13.98)에 대해 상응하는 가중인자는 $(1-x^2)^{+1/2}$이다.

다음의 결과적으로 나타나는 직교 적분들은

$$\int_{-1}^{1} T_m(x)T_n(x)(1-x^2)^{-1/2}dx = \begin{cases} 0, & m \neq n \\ \dfrac{\pi}{2}, & m = n \neq 0 \\ \pi, & m = n = 0 \end{cases} \tag{13.116}$$

$$\int_{-1}^{1} V_m(x)V_n(x)(1-x^2)^{-1/2}dx = \begin{cases} 0, & m \neq n \\ \dfrac{\pi}{2}, & m = n \neq 0 \\ 0, & m = n = 0 \end{cases} \tag{13.117}$$

$$\int_{-1}^{1} U_m(x)U_n(x)(1-x^2)^{1/2}dx = \frac{\pi}{2}\delta_{mn} \tag{13.118}$$

이다. 그리고

$$\int_{-1}^{1} W_m(x) W_n(x)(1-x^2)^{1/2} dx = \frac{\pi}{2}\delta_{mn} \tag{13.119}$$

는 스텀-리우빌 이론의 직접적인 결과이다. 정규화 값들은 $x = \cos\theta$로 대치하여 가장 잘 구할 수 있다.

연습문제

13.4.1 x의 특수값에 대해 모함수를 계산하여 다음의 특수값들을 확인하시오.

$$T_n(1) = 1, \qquad T_n(-1) = (-1)^n, \qquad T_{2n}(0) = (-1)^n, \qquad T_{2n+1}(0) = 0$$

13.4.2 x의 특수값에 대해 모함수를 계산하여 다음의 특수값들을 확인하시오.

$$U_n(1) = n+1, \qquad U_n(-1) = (-1)^n (n+1), \qquad U_{2n}(0) = (-1)^n, \qquad U_{2n+1}(0) = 0$$

13.4.3 또 다른 체비셰프 모함수는 아래와 같다.

$$\frac{1-xt}{1-2xt+t^2} = \sum_{n=0}^{\infty} X_n(x) t^n, \qquad |t| < 1$$

$X_n(x)$가 $T_n(x)$과 $U_n(x)$에 어떻게 관계되는지를 보이시오.

13.4.4 다음에 주어진 관계

$$(1-x^2) U''_n(x) - 3x U'_n(x) + n(n+2) U_n(x) = 0$$

에 대해 식 (13.106)의 $V_n(x)$가 아래의 체비셰프 방정식을 만족함을 보이시오.

$$(1-x^2) V''_n(x) - x V'_n(x) + n^2 V_n(x) = 0$$

13.4.5 $T_n(x)$와 $V_n(x)$의 론스키안이 다음과 같이 주어짐을 보이시오.

$$T_n(x) V'_n(x) - T'_n(x) V_n(x) = -\frac{n}{(1-x^2)^{1/2}}$$

이는 T_n과 $V_n (n \neq 0)$이 식 (13.97)의 독립해들임을 확인시켜준다. 반대로 $n = 0$에 대해서는 선형 독립적이지 않다. $n = 0$에서 어떠한 일들이 일어나는가? '두 번째' 해는 어디에 있겠는가?

13.4.6 $W_n(x) = (1-x^2)^{-1/2} T_{n+1}(x)$가 다음의 해임을 보이시오.

$$(1-x^2) W''_n(x) - 3x W'_n(x) + n(n+2) W_n(x) = 0$$

13.4.7 $U_n(x)$와 $W_n(x) = (1-x^2)^{-1/2} T_{n+1}(x)$의 론스키안을 계산하시오.

13.4.8 $n=0$의 경우 $V_n(x) = (1-x^2)^{1/2} U_{n-1}(x)$는 정의되어 있지 않다. $T_n(x)(n=0)$에 대한 체비셰프 미분 방정식의 두 번째 독립적인 해가 $V_0(x) = \arccos x$(혹은 $\arcsin x$)임을 보이시오.

13.4.9 $V_n(x)$가 $T_n(x)$와 같이 3개의 항으로 이루어진 동일한 점화 관계, 식 (13.92)를 만족함을 보이시오.

13.4.10 $T_n(x)$와 $U_n(x)$의 급수해, 식 (13.114)와 (13.115)를 확인하시오.

13.4.11 $T_n(x)$의 급수 형태, 식 (13.114)를 **오름** 멱급수로 변환하시오.

답. $$T_{2n}(x) = (-1)^n n \sum_{m=0}^{n} (-1)^m \frac{(n+m-1)!}{(n-m)!(2m)!}(2x)^{2m}, \quad n \le 1$$

$$T_{2n+1}(x) = \frac{2n+1}{2} \sum_{m=0}^{n} \frac{(-1)^{m+n}(n+m)!}{(n-m)!(2m+1)!}(2x)^{2m+1}$$

13.4.12 $U_n(x)$의 급수 형태, 식 (13.115)를 오름 멱급수로 다시 쓰시오.

답. $$U_{2n}(x) = (-1)^n \sum_{m=0}^{n} (-1)^m \frac{(n+m)!}{(n-m)!(2m)!}(2x)^{2m}$$

$$U_{2n+1}(x) = (-1)^n \sum_{m=0}^{n} (-1)^m \frac{(n+m+1)!}{(n-m)!(2m+1)!}(2x)^{2m+1}$$

13.4.13 (a) (자체 수반형) T_n의 미분 방정식으로부터 다음을 보이시오.

$$\int_{-1}^{1} \frac{dT_m(x)}{dx} \frac{dT_n(x)}{dx} (1-x^2)^{1/2} dx = 0, \qquad m \ne n$$

(b) 아래를 보여 위의 결과를 확인하시오.

$$\frac{dT_n(x)}{dx} = n U_{n-1}(x)$$

13.4.14 $x = 2x' - 1$로의 대치는 $T_n(x)$를 **편이 체비셰프**(shifted Chebyshev) **다항식** $T_n^*(x')$으로 전환시킨다. 이를 통해 표 13.5에 보인 편이 다항식이 만들어짐과 이들이 직교 정규화 조건

을 만족함을 확인하시오.

$$\int_0^1 T_n^*(x')T_m(x')[x(1-x)]^{-1/2}dx = \frac{\delta_{mn}\pi}{2-\delta_{n0}}$$

표 13.5 편이 I형 체비셰프 다항식

$T_0^* = 1$

$T_1^* = 2x - 1$

$T_2^* = 8x^2 - 8x + 1$

$T_3^* = 32x^3 - 48x^2 + 18x - 1$

$T_4^* = 128x^4 - 256x^3 + 160x^2 - 32x + 1$

$T_5^* = 512x^5 - 1280x^4 + 120x^3 - 400x^2 + 50x - 1$

$T_6^* = 2048x^6 - 6144x^5 + 6912x^4 - 3584x^3 + 840x^2 - 72x + 1$

13.4.15 체비셰프 급수에서 x의 멱함수 전개는 다음의 적분을 유도한다.

$$I_{mn} = \int_{-1}^1 x^m T_n(x)\frac{dx}{\sqrt{1-x^2}}$$

(a) $m < n$에 대해 이 적분이 사라짐을 보이시오.

(b) 홀수인 $m+n$에 대해 이 적분이 사라짐을 보이시오.

13.4.16 아래의 두 방법을 이용하여 $m \geq n$과 짝수인 $m+n$에 대해 다음 적분을 계산하시오.

$$I_{mn} = \int_{-1}^1 x^m T_n(x)\frac{dx}{\sqrt{1-x^2}}$$

(a) $T_n(x)$를 로드리게스 표현형으로 대체하시오.

(b) $x = \cos\theta$를 이용하여 적분을 θ를 변수로 가지는 형태로 변환하시오.

답. $I_{mn} = \pi\frac{m!}{(m-n)!}\frac{(m-n-1)!!}{(m+n)!!}$, $m \geq n$, 짝수인 $m+n$

13.4.17 $-1 \leq x \leq 1$에 대해 다음의 경계들을 확립하시오.

(a) $|U_n(x)| \leq n+1$

(b) $\left|\frac{d}{dx}T_n(x)\right| \leq n^2$

13.4.18 (a) $-1 \leq x \leq 1$에 대해 $|V_n(x)| \leq 1$임을 보이시오.

(b) $-1 \leq x \leq 1$에서 $W_n(x)$가 유계가 아님을 보이시오.

13.4.19 다음에 대해 직교성-정규화 적분을 확인하시오.

(a) $T_m(x)$, $T_n(x)$ (b) $V_m(x)$, $V_n(x)$

(c) $U_m(x)$, $U_n(x)$ (d) $W_m(x)$, $W_n(x)$

[힌트] 이들 모두는 삼각함수 적분으로 전환될 수 있다.

13.4.20 (a) 가중인자 $(1-x^2)^{-1/2}$에 대해 구간 $[-1,\ 1]$에서 $T_m(x)$와 $V_n(x)$가 직교한지 아닌지를 보이시오.

(b) 가중인자 $(1-x^2)^{1/2}$에 대해 구간 $[-1,\ 1]$에서 $U_m(x)$와 $W_n(x)$가 직교한지 아닌지를 보이시오.

13.4.21 다음을 유도하시오.

(a) $T_{n+1}(x)+T_{n-1}(x)=2xT_n(x)$

(b) '상응하는' 코사인 항등식으로부터 나타나는 $T_{m+n}(x)+T_{m-n}(x)=2T_m(x)T_n(x)$

13.4.22 다양한 방정식들이 두 유형의 체비셰프 다항식들을 연관시킨다. 그 예로써 다음을 보이시오.

$$T_n(x)=U_n(x)-xU_{n-1}(x)$$

그리고

$$(1-x^2)U_n(x)=xT_{n+1}(x)-T_{n+2}(x)$$

13.4.23 다음을 보이시오.

$$\frac{dV_n(x)}{dx}=-n\frac{T_n(x)}{\sqrt{1-x^2}}$$

(a) V_n과 T_n의 삼각함수 형을 사용하시오.

(b) 로드리게스 표현형을 사용하시오.

13.4.24 $x=\cos\theta$와 $T_n(\cos\theta)=\cos n\theta$로부터 시작하여 아래를 전개하시오.

$$x^k=\left(\frac{e^{i\theta}+e^{-i\theta}}{2}\right)^k$$

또한 다음을 보이시오.

$$x^k=\frac{1}{2^{k-1}}\left[T_k(x)+\binom{k}{1}T_{k-2}(x)+\binom{k}{2}T_{k-4}+\cdots\right]$$

괄호 안의 급수는 T_1 또는 T_0를 포함하고 있는 항 이후에서 끝이 난다.

13.4.25 아래의 ([−1, 1]에 대해) 체비셰프 전개를 구하시오.

(a) $(1-x^2)^{1/2} = \dfrac{2}{\pi}\left[1-2\sum_{s=1}^{\infty}(4s^2-1)^{-1}T_{2s}(x)\right]$

(b) $\left.\begin{array}{ll} +1, & 0 < x \le 1 \\ -1, & -1 \le x < 0 \end{array}\right\} = \dfrac{4}{\pi}\sum_{s=0}^{\infty}(-1)^s(2s+1)^{-1}T_{2s+1}(x)$

13.4.26 (a) 구간 [−1, 1]에 대해 다음을 보이시오.

$$|x| = \frac{1}{2} + \sum_{s=1}^{\infty}(-1)^{s+1}\frac{(2s-3)!!}{(2s+2)!!}(4s+1)P_{2s}(x)$$
$$= \frac{2}{\pi} + \frac{4}{\pi}\sum_{s=1}^{\infty}(-1)^{s+1}\frac{1}{4s^2-1}T_{2s}(x)$$

(b) $s\to\infty$ 일 때 $P_{2s}(x)$의 계수에 대한 $T_{2s}(x)$의 계수의 비가 $(\pi s)^{-1}$에 접근함을 보이시오. 이는 체비셰프 급수가 상대적으로 빠르게 수렴함을 나타낸다.

[힌트] 르장드르 점화 관계를 가지고 $xP_n(x)$를 도함수들의 선형 조합으로 다시 표현하라. 체비셰프 부분에서는 삼각함수 대치 $x=\cos\theta$와 $T_n(x)=\cos n\theta$가 매우 유용하다.

13.4.27 다음을 보이시오.

$$\frac{\pi^2}{8} = 1 + 2\sum_{s=1}^{\infty}(4s^2-1)^{-2}$$

[힌트] 연습문제 13.4.26의 결과에 파세발 항등식(또는 완전성 관계)을 적용하라.

13.4.28 다음을 보이시오.

(a) $\cos^{-1}x = \dfrac{\pi}{2} - \dfrac{4}{\pi}\sum_{n=0}^{\infty}\dfrac{1}{(2n+1)^2}T_{2n+1}(x)$

(b) $\sin^{-1}x = \dfrac{4}{\pi}\sum_{n=0}^{\infty}\dfrac{1}{(2n+1)^2}T_{2n+1}(x)$

13.5 초기하 함수

7장에서 초기하 방정식[8]이 소개되었다.

$$x(1-x)y''(x)+[c-(a+b+1)x]y'(x)-ab\,y(x)=0 \tag{13.120}$$

이는 $x=0,\ 1$, 그리고 ∞에서의 정상 특이점과 함께 2계 선형 상미분 방정식의 정규형을 가진다. ${}_2F_1$으로 표기되는 한 가지 해는

$$\begin{aligned} y(x) &= {}_2F_1(a,\ b;\ c;\ x) \\ &= 1+\frac{ab}{c}\frac{x}{1!}+\frac{a(a+1)b(b+1)}{c(c+1)}\frac{x^2}{2!}+\cdots, \qquad c\neq 0,\ -1,\ -2,\ -3,\ \ldots \end{aligned}$$

로, **초기하 함수** 또는 **초기하 급수**로 알려져 있다. 실수 a, b 그리고 c에 대해 $c>a+b$를 위한 수렴 구간은 $-1\le x\le 1$이며 $a+b-1<c\le a+b$에 대한 수렴 구간은 $-1\le x<1$이다. $c\le a+b-1$의 경우 초기하 급수는 발산한다.

초기하 급수의 항들은 편리하게 식 (1.72)에 소개한 포흐하머 기호로 표현될 수 있으며, 이에 대한 정의를 다시 한번 제시하도록 하겠다.

$$(a)_n=a(a+1)(a+2)\cdots(a+n-1), \qquad (a)_0=1$$

이 표기법을 이용하면 초기하 함수는 다음과 같다.

$${}_2F_1(a,\ b;\ c;\ x)=\sum_{n=0}^{\infty}\frac{(a)_n(b)_n}{(c)_n}\frac{x^n}{n!} \tag{13.121}$$

이 형태에서 첨자 2와 1의 중요성이 명백해진다. 앞의 첨자 2는 분자에 나오는 2개의 포흐하며 기호를 나타내며 뒤의 첨자 1은 분모에 있는 1개의 포흐하며 기호를 의미한다. 첨자 2와 1은 다른 개수의 포흐하며 기호가 포함되는 '표준' 초기하 함수의 비유를 논의하고자 할 경우에만 유용하다. 우리는 식 (13.121)과 비슷한 형태를 가지나 분자에 단지 하나의 포흐하며 기호를 가지게 되어 ${}_1F_1(a;\ c;\ z)$의 형식을 가지는 **합류 초기하 함수**를 조만간 확인하고자 하므로 첨자를 유지하도록 한다. 또한 분자와 분모의 매개변수들이 세미콜론으로 확연히 구분될 수 있음에 주목하자(실질적으로 첨자를 필요 없게 만든다). 우리는 이들 함수에 대해 가장 널리 쓰이는 표기법을 따르기 위해 첨자들을 유지하도록 한다.

식 (13.121)을 자세히 살펴보면(특별한 a 또는 b의 선택으로 우연히 분모가 상쇄되는 것

8 때때로 가우스 상미분 방정식이라 불리며, 그 해는 가우스 함수라 일컬어진다.

이 아니라면) c가 0이거나 음의 정수일 경우 급수가 (모든 x에 대해) 0이 된다. 다른 한편으로는 만약 a 또는 b가 0이거나 음의 정수일 경우 급수는 끝이 나며 초기하 함수는 다항식이 된다. 대다수의 기본 함수들은 초기하 함수를 이용하여 나타낼 수 있다.[9] 한 예로 다음을 들 수 있다.

$$\ln(1+x) = x\,{}_2F_1(1,\ 1;\ 2;\ -x) \tag{13.122}$$

2계 선형 상미분 방정식인 초기하 방정식은 두 번째 독립해를 갖는다. 통상적인 형태는 다음과 같다.

$$y(x) = x^{1-c}\,{}_2F_1(a+1-c,\ b+1-c;\ 2-c;\ x), \qquad c \neq 2,\ 3,\ 4,\ \ldots \tag{13.123}$$

만약 c가 정수이면 두 해가 일치하거나 혹은 (적분 a 또는 적분 b에 의해 구조되지 않는다면) 둘 중의 한 해가 폭발하게 된다(연습문제 13.5.1 참고). 이럴 경우 두 번째 해는 로그항을 가지고 있을 것으로 예측된다.

초기하 상미분 방정식의 또 다른 표현은 아래를 포함한다.

$$(1-z^2)\frac{d^2}{dz^2}\left[\left(\frac{1-z}{2}\right)y\right] - [(a+b+1)z-(a+b+1-2c)]\frac{d}{dz}\left[\left(\frac{1-z}{2}\right)y\right] - ab\left[\left(\frac{1-z}{2}\right)y\right] = 0 \tag{13.124}$$

$$(1-z^2)\frac{d^2}{dz^2}y(z^2) - \left[(2a+2b+1)z + \frac{1-2c}{z}\right]\frac{d}{dz}y(z^2) - 4ab\,y(z^2) = 0 \tag{13.125}$$

■ 인접한 함수 관계

매개변수 a, b 그리고 c는 베셀, 르장드르, 그리고 다른 특수 함수들에서의 매개변수 n과 마찬가지 방법으로 등장한다. 이들 함수에서 알아본 바와 같이 매개변수 a, b 그리고 c의 단일 단위 변화가 들어가는 점화 관계를 기대할 수 있다. 매개변수가 ± 1만큼 차이가 나는 초기하 함수를 **인접한 함수**(contiguous function)라 한다. 하나 이상의 매개변수에서 동시에 일어나는 단일 단위 변화를 포함하도록 이를 일반화하면 ${}_2F_1(a,\ b;\ c;\ x)$에 인접한 26개의 함수를 찾을 수 있다. 한 번에 둘씩 고려하면 만만치 않은 개수인 총 325개의 방정식을 인접한 함수 간에 구하게 된다. 전형적인 두 가지 예는 다음과 같다.

$$(a-b)\{c(a+b-1)+1-a^2-b^2+[(a-b)^2-1](1-x)\}\,{}_2F_1(a,\ b;\ c;\ x)$$

---

9 세 가지 매개변수 a, b, 그리고 c를 이용하여 거의 모든 것을 나타낼 수 있다.

$$= (c-a)(a-b+1)b\ {}_2F_1(a-1,\ b+1;\ c;\ x)$$
$$+ (c-b)(a-b-1)a\ {}_2F_1(a+1,\ b-1;\ c;\ x) \tag{13.126}$$
$$[2a-c+(b-a)x]\ {}_2F_1(a,\ b;\ c;\ x) = a(1-x)\ {}_2F_1(a+1,\ b;\ c;\ x)$$
$$-(c-a)\ {}_2F_1(a-1,\ b;\ c;\ x) \tag{13.127}$$

그 이상의 인접 관계는 AMS-55 또는 올버(Olver) 등에서 찾을 수 있다(더 읽을 거리).

■ 초기하 표현형

이 책에서 소개된 다양한 특수 함수들은 초기하 함수를 이용하여 표현될 수 있다. 이는 이 함수들이 해로 나타나는 상미분 방정식이 초기하 상미분 방정식의 특별한 경우라는 점을 통해 확인할 수 있다. 또한 동의한 축척하에서 함수를 표현하는 데 필요한 인자들을 결정하는 것이 요구된다. 몇 가지 예는 다음과 같다.

1. 초구형 함수 $C_n^{(\alpha)}(x)$는 식 (13.99)로 주어진 상미분 방정식을 만족한다. 또한 이 방정식이 초기하 방정식, 식 (13.120)의 특별한 경우이므로 초구형 함수(그리고 르장드르와 체비셰프 방정식)는 초기하 함수로 표현될 수 있다. 초구형 함수에 대해서는 다음을 얻는다.

$$C_n^{(\alpha)}(x) = \frac{(n+2\alpha)!}{2^\alpha n!\Gamma(\alpha+1)}\ {}_2F_1\left(-n,\ n+2\alpha+1;\ 1+\alpha;\ \frac{1-x}{2}\right) \tag{13.128}$$

여기서 ${}_2F_1$ 함수 앞의 인자는 $C_n^{(\alpha)}$로 하여금 적절한 축척을 가지도록 결정된다.

2. 르장드르와 연관 르장드르 함수에 대해서는 다음을 찾을 수 있다.

$$P_n(x) = {}_2F_1\left(-n,\ n+1;\ 1;\ \frac{1-x}{2}\right) \tag{13.129}$$

$$P_n^m(x) = \frac{(n+m)!}{(n-m)!}\frac{(1-x^2)^{m/2}}{2^m m!}\ {}_2F_1\left(m-n,\ m+n+1;\ m+1;\ \frac{1-x}{2}\right) \tag{13.130}$$

르장드르 함수에 대한 또 다른 표현은 아래와 같다.

$$P_{2n}(x) = (-1)^n\frac{(2n)!}{2^{2n}n!n!}\ {}_2F_1\left(-n,\ n+\frac{1}{2};\ \frac{1}{2};\ x^2\right)$$
$$= (-1)^n\frac{(2n-1)!!}{(2n)!!}\ {}_2F_1\left(-n,\ n+\frac{1}{2};\ \frac{1}{2};\ x^2\right) \tag{13.131}$$
$$P_{2n+1}(x) = (-1)^n\frac{(2n+1)!}{2^{2n}n!n!}x\ {}_2F_1\left(-n,\ n+\frac{3}{2};\ \frac{3}{2};\ x^2\right)$$

$$= (-1)^n \frac{(2n-1)!!}{(2n)!!} x \, {}_2F_1\left(-n, \; n+\frac{3}{2}; \; \frac{3}{2}; \; x^2\right) \tag{13.132}$$

3. 체비셰프 함수들은 다음의 표현형을 갖는다.

$$T_n(x) = {}_2F_1\left(-n, \; n; \; \frac{1}{2}; \; \frac{1-x}{2}\right) \tag{13.133}$$

$$U_n(x) = (n+1) {}_2F_1\left(-n, \; n+2; \; \frac{3}{2}; \; \frac{1-x}{2}\right) \tag{13.134}$$

$$V_n(x) = n\sqrt{1-x^2} \, {}_2F_1\left(-n+1, \; n+1; \; \frac{3}{2}; \; \frac{1-x}{2}\right) \tag{13.135}$$

앞의 인자들은 완벽한 멱급수를 직접 비교하거나 변수의 특정 거듭제곱의 계수를 비교하거나 또는 $x=0$ 또는 1에서 계산하여 결정될 수 있다.

초기하 급수는 정수가 아닌 지표를 가진 함수를 정의하는 데 사용될 수 있다. 물리적 응용은 매우 적다.

연습문제

13.5.1 (a) 정수인 c와 정수가 아닌 a, b에 대해 다음이 초기하 방정식에 오직 한 가지 해만을 부여함을 보이시오.

$${}_2F_1(a, \; b; \; c; \; x) \text{ 그리고 } x^{1-c} \, {}_2F_1(a+1-c, \; b+1-c; \; 2-c; \; x)$$

(b) 만약 a가 정수라면, 예를 들어 $a=-1$ 그리고 $c=-2$, 어떻게 되겠는가?

13.5.2 식 (13.126)으로 주어진 인접한 초기하 함수 관계에 상응하는 르장드르, I형 체비셰프, 그리고 II형 체비셰프 점화 관계를 찾으시오.

13.5.3 아래의 다항식들을 독립변수 x^2을 가지는 초기하 함수로 전환하시오.

(a) $T_{2n}(x)$ (b) $x^{-1}T_{2n+1}(x)$

(c) $U_{2n}(x)$ (d) $x^{-1}U_{2n+1}(x)$

답. (a) $T_{2n}(x) = (-1)^n \, {}_2F_1\left(-n, \; n; \; \frac{1}{2}; \; x^2\right)$

(b) $x^{-1}T_{2n+1}(x) = (-1)^n (2n+1) {}_2F_1\left(-n, \; n+1; \; \frac{3}{2}; \; x^2\right)$

(c) $U_{2n}(x) = (-1)^n {}_2F_1\left(-n,\ n+1;\ \frac{1}{2};\ x^2\right)$

(d) $x^{-1}U_{2n+1}(x) = (-1)^n(2n+2){}_2F_1\left(-n,\ n+2;\ \frac{3}{2};\ x^2\right)$

13.5.4 체비셰프 함수의 초기하 표현형에서 선행 인자를 유도 또는 확인하시오.

13.5.5 제2종 르장드르 함수 $Q_\nu(z)$가 다음과 같이 주어짐을 확인하시오.

$$Q_\nu(z) = \frac{\pi^{1/2}\nu!}{\Gamma\left(\nu+\frac{3}{2}\right)(2z)^{\nu+1}}\,{}_2F_1\left(\frac{\nu}{2}+\frac{1}{2},\ \frac{\nu}{2}+1;\ \frac{\nu}{2}+\frac{3}{2};\ z^{-2}\right)$$

여기서 $|z|>1$, $|\arg z|<\pi$, 그리고 $\nu \neq -1, -2, -3, \ldots$이다.

13.5.6 아래와 같이 정의된 불완전 베타 함수에 대해

$$B_x(p,\ q) = \int_0^x t^{p-1}(1-t)^{q-1}dt$$

다음을 보이시오.

$$B_x(p,\ q) = p^{-1}x^p\,{}_2F_1(p,\ 1-q;\ p+1;\ x)$$

13.5.7 다음의 적분 표현형을 확인하시오.

$${}_2F_1(a,\ b;\ c;\ z) = \frac{\Gamma(c)}{\Gamma(b)\Gamma(c-b)}\int_0^1 t^{b-1}(1-t)^{c-b-1}(1-tz)^{-a}dt$$

매개변수 b와 c에는 어떤 제한이 주어져야 하는가?

[참고] 비록 이 적분 표현형을 확립하는 데 사용된 멱급수는 $|z|<1$에서만 유효하나 해석 연속화에 의해 정립될 수 있는 바와 같이 이 표현형은 일반적인 z에 대해서도 유효하다. 정수가 아닌 a에 대해 1에서 ∞까지의 z평면에서의 실수축은 절단선이다.

[힌트] 이 적분은 의심스럽게도 베타 함수처럼 보이는데, 베타 함수의 급수로 전개될 수 있다.

답. $c>b>0$

13.5.8 다음을 증명하시오.

$${}_2F_1(a,\ b;\ c;\ 1) = \frac{\Gamma(c)\Gamma(c-a-b)}{\Gamma(c-a)\Gamma(c-b)},\quad c\neq 0,\ -1,\ -2,\ \ldots,\quad c>a+b$$

[힌트] 연습 문제 13.5.7의 적분 표현형을 써볼 기회이다.

13.5.9 다음을 증명하시오.

$$ {}_2F_1(a,\ b;\ c;\ x) = (1-x)^{-a}\,{}_2F_1\left(a,\ c-b;\ c;\ \frac{-x}{1-x}\right) $$

[힌트] 적분 표현형을 시도해보라.

[참고] 이 관계는 $T_n(x)$의 로드리게스 표현형을 구하는 데 있어 유용하다(연습문제 13.5.10 참고).

13.5.10 $T_n(x)$의 로드리게스 표현형을 유도하시오.

$$ T_n(x) = \frac{(-1)^n \pi^{1/2}(1-x^2)^{1/2}}{2^n\left(n-\frac{1}{2}\right)!}\frac{d^n}{dx^n}\left[(1-x^2)^{n-1/2}\right] $$

[힌트] 한 가지 가능성은 $z=(1-x)/2$를 가지고 초기하 함수 관계를 이용하는 것이다.

$$ {}_2F_1(a,\ b;\ c;\ z) = (1-z)^{-a}\,{}_2F_1\left(a,\ c-b;\ c;\ \frac{-z}{1-z}\right) $$

또 다른 방법은 $y=(1-x^2)^{n-1/2}$에 대해 1계 미분 방정식을 구하는 것이다. 이 방정식의 반복적인 미분을 통해 체비셰프 방정식을 얻을 수 있다.

13.5.11 식 (13.43)의 합이 초기하 함수로 표현될 수 있음을 보이시오.

$$ \sum_{\nu=0}^{\min(m,n)} \frac{(-m)_\nu(-n)_\nu}{\nu!\left(\frac{1-m-n}{2}\right)_\nu}\left(\frac{a^2}{2(a^2-1)}\right)^\nu $$

13.5.12 다음을 확인하시오.

$$ {}_2F_1(-n,\ b;\ c;\ 1) = \frac{(c-b)_n}{(c)_n} $$

[힌트] 식 (13.127)의 인접한 함수 관계와 수학적 귀납법(1.4절)을 사용해볼 기회이다. 또는 적분 표현형과 베타 함수를 이용하라.

13.6 합류 초기하 함수

아래의 합류 초기하 함수[10]는 $x=0$에서 정상 특이점을, 그리고 $x=\infty$에서 비정상 특이점을 갖는다.

$$xy''(x)+(c-x)y'(x)-ay(x)=0 \tag{13.136}$$

이는 유한한 x에서의 특이점 중 하나가 무한에서의 특이점과 결합하여 특이점이 비정상이 되는 극한의 경우에서 13.5절의 초기하 방정식으로부터 얻어질 수 있다. 합류 초기하 방정식의 첫 번째 해는 다음과 같다.

$$\begin{aligned} y(x) &= {}_1F_1(a;\ c;\ x) = M(a,\ c,\ x) \\ &= 1+\frac{a}{c}\frac{x}{1!}+\frac{a(a+1)}{c(c+1)}\frac{x^2}{2!}+\cdots, \qquad c\neq 0,\ -1,\ -2,\ \ldots \end{aligned} \tag{13.137}$$

(세미콜론이 아닌 쉼표를 사용한) $M(a,\ c,\ x)$의 표기는 이 해에 대한 표준이 되어 왔다. 모든 유한한 x(또는 복소 z)에 대해 수렴한다. 포흐하머 기호를 사용한다면 다음과 같다.

$$M(a,\ c,\ x)=\sum_{n=0}^{\infty}\frac{(a)_n}{(c)_n}\frac{x^n}{n!} \tag{13.138}$$

만약 매개변수 a가 0 또는 음의 정수라면 $M(a,\ c,\ x)$는 확실히 다항식이 된다. 대략 많은 수의 기본 함수들이 합류 초기하 함수로 나타내어질 수 있다. 그 예로 오차 함수와 불완전 감마 함수를 들 수 있다.

$$\mathrm{erf}(x)=\frac{2}{\pi^{1/2}}\int_0^x e^{-t^2}dt=\frac{2}{\pi^{1/2}}x\,M\left(\frac{1}{2},\ \frac{3}{2},\ -x^2\right) \tag{13.139}$$

$$\gamma(a,\ x)=\int_0^x e^{-t}t^{a-1}dt=a^{-1}x^aM(a,\ a+1,\ -x), \qquad \Re e(a)>0 \tag{13.140}$$

식 (13.136)의 두 번째 해는 다음과 같이 주어진다.

$$y(x)=x^{1-c}M(a+1-c,\ 2-c,\ x), \qquad c\neq 2,\ 3,\ 4,\ \ldots \tag{13.141}$$

명백하게 $c=1$에 대해 첫 번째 해와 일치한다.

식 (13.136)의 두 번째 해의 표준형은 식 (13.137)과 (13.141)의 선형 조합이다.

10 때때로 **쿠머 방정식**(Kummer's equation)이라 한다. 따라서 해들은 **쿠머 함수**이다.

$$U(a,\ c,\ x) = \frac{\pi}{\sin \pi c}\left[\frac{M(a,\ c,\ x)}{\Gamma(a-c+1)\Gamma(c)} - \frac{x^{1-c}M(a+1-c,\ 2-c,\ x)}{\Gamma(a)\Gamma(-c)}\right] \tag{13.142}$$

식 (14.57)의 노이만 함수의 정의와 유사함에 주목하라. 노이만 함수에서와 같이 특정한 매개변수값에서, 다시 말하면 c가 정수일 때 $U(a,\ c,\ x)$의 정의는 결정할 수 없게 된다.

합류 초기하 방정식의 또 다른 형태는 독립변수 x를 x^2으로 바꾸어 얻을 수 있다.

$$\frac{d^2}{dx^2}y(x^2) + \left[\frac{2c-1}{x} - 2x\right]\frac{d}{dx}y(x^2) - 4ay(x^2) = 0 \tag{13.143}$$

초기하 함수와 같이 매개변수 a와 c가 ± 1씩 변하는 인접한 함수들이 존재한다. 두 매개변수가 동시에 변하는 경우들을 포함하여 여덟 가지의 가능성을 가지게 된다. 원래의 함수와 인접한 함수의 쌍들을 취해 총 28개의 방정식을 찾을 수 있다. 베셀, 에르미트, 라게르 함수들의 점화 관계는 이들 방정식의 특별한 경우들이다.

■ 적분 표현형

종종 합류 초기하 함수들을 적분형으로 나타내는 것이 편리하다. 다음을 찾을 수 있다(연습문제 13.6.10).

$$M(a,\ c,\ x) = \frac{\Gamma(c)}{\Gamma(a)\Gamma(c-a)}\int_0^1 e^{xt}t^{a-1}(1-t)^{c-a-1}dt, \qquad c > a > 0 \tag{13.144}$$

$$U(a,\ c,\ x) = \frac{1}{\Gamma(a)}\int_0^\infty e^{-xt}t^{a-1}(1+t)^{c-a-1}dt, \qquad \mathfrak{Re}(x) > 0,\ a > 0 \tag{13.145}$$

적분 표현형을 유도하거나 확인할 수 있는 중요한 세 가지 방법은 아래와 같다.

1. 모함수 전개와 로드리게스 표현형의 변환: 베셀 그리고 르장드르 함수가 이 방법에 대한 예가 될 수 있다.
2. 급수를 얻기 위한 직접적인 적분: 이 직접적인 방법은 베셀 함수의 표현형과 초기하 적분(연습문제 13.5.7)에 대해 유용하다.
3. (a) 적분 표현형이 상미분 방정식을 만족시킴에 관한 확인. (b) 다른 해의 배제. (c) 정규화에 관한 확인. 식 (13.144)와 (13.145)를 확립하는 데 사용될 수도 있다.

■ 합류 초기하 표현형

합류 초기하 함수들로 나타내질 수 있는 특수 함수들은 다음을 포함한다.

1. **베셀 함수**

$$J_\nu(x) = \frac{e^{-ix}}{\Gamma(\nu+1)}\left(\frac{x}{2}\right)^\nu M\left(\nu+\frac{1}{2},\ 2\nu+1,\ 2ix\right) \tag{13.146}$$

그 반면 제1종 변형 베셀 함수에 대해서는 아래와 같다.

$$I_\nu(x) = \frac{e^{-x}}{\Gamma(\nu+1)}\left(\frac{x}{2}\right)^\nu M\left(\nu+\frac{1}{2},\ 2\nu+1,\ 2x\right) \tag{13.147}$$

2. **에르미트 함수**

식 (13.150)을 이용하면 다음과 같다.

$$H_{2n}(x) = (-1)^n \frac{(2n)!}{n!} M\left(-n,\ \frac{1}{2},\ x^2\right) \tag{13.148}$$

$$H_{2n+1}(x) = (-1)^n \frac{2(2n+1)!}{n!} xM\left(-n,\ \frac{3}{2},\ x^2\right) \tag{13.149}$$

3. **라게르 함수**

$$L_n(x) = M(-n,\ 1,\ x) \tag{13.150}$$

$x=0$에 대해 식 (13.54)를 참고하면 상수는 1로 고정된다. 연관 라게르 함수에 대해서는 다음과 같다.

$$L_n^m(x) = (-1)^m \frac{d^m}{dx^m} L_{n+m}(x) = \frac{(n+m)!}{n!m!} M(-n,\ m+1,\ x) \tag{13.151}$$

이와 다르게 식 (13.151)을 멱급수 해, 식 (13.59)와 비교하여 확인할 수도 있다. 로드리게스 표현형과 다르게 초기하 형태에서는 지표 n과 m이 정수일 필요는 없으나 만약 이들이 정수가 아니라면 $L_n^m(x)$는 다항식이 되지 않는다.

■ 추가적인 관찰

특수 함수들을 초기하 함수와 합류 초기하 함수로 표현하는 데는 특별한 장점이 있다. 후자의 일반적인 거동이 알려져 있으면 우리가 조사해 온 특수 함수의 거동도 특수한 경우로써 이들을 따른다. 이 사실은 점근 거동을 결정하거나 정규화 적분을 계산하는 데 있어 유용할 수 있다. $M(a,\ c,\ x)$와 $U(a,\ c,\ x)$의 점근 거동은 이들 함수의 적분 표현형, 식 (13.144)와 (13.145)로부터 편리하게 구할 수 있다. 추가적인 장점은 특수 함수 간의 관계가 명백해진다는 것이다. 예를 들어 식 (13.148), (13.149), 그리고 (13.151)을 살펴보면 라게르 함수와 에르미트 함수가 서로 연관되어 있다는 것을 알 수 있다.

식 (13.136)의 합류 초기하 방정식은 확실히 자체 수반형은 아니다. 이와 함께 다른 이유들로 인해 다음과 같이 정의하는 것이 편리하다.

$$M_{k\mu}(x) = e^{-x/2}x^{\mu+1/2}M\left(\mu - k + \frac{1}{2},\ 2\mu+1,\ x\right) \tag{13.152}$$

새로운 함수 $M_{k\mu}(x)$는 휘태커(Whittaker) 함수라 불리며 자체 수반 방정식을 만족한다.

$$M_{k\mu}''(x) + \left(-\frac{1}{4} + \frac{k}{x} + \frac{\frac{1}{4} - \mu^2}{x^2}\right)M_{k\mu}(x) = 0 \tag{13.153}$$

상응하는 두 번째 해는 아래와 같다.

$$W_{k\mu}(x) = e^{-x/2}x^{\mu+1/2}U\left(\mu - k + \frac{1}{2},\ 2\mu+1,\ x\right) \tag{13.154}$$

연습문제

13.6.1 오차 함수의 합류 초기하 표현형을 확인하시오.

$$\mathrm{erf}(x) = \frac{2x}{\pi^{1/2}}M\left(\frac{1}{2},\ \frac{3}{2},\ -x^2\right)$$

13.6.2 프레넬 적분 $C(x)$와 $s(x)$는 아래와 같이 표현된다.

$$C(x) = \int_0^x \cos\frac{\pi u^2}{2}du, \qquad s(x) = \int_0^x \sin\frac{\pi u^2}{2}du$$

이들 $C(x)$와 $s(x)$가 다음과 같이 합류 초기하 함수로 표현될 수 있음을 보이시오.

$$C(x) + is(x) = xM\left(\frac{1}{2},\ \frac{3}{2},\ \frac{i\pi x^2}{2}\right)$$

13.6.3 직접적인 미분과 대치를 통해

$$y = ax^{-a}\int_0^x e^{-t}t^{a-1}dt = ax^{-a}\gamma(a,\ x)$$

가 다음을 만족함을 확인하시오.

$$xy'' + (a+1+x)y' + ay = 0$$

13.6.4 제2종 변형 베셀 함수 $K_\nu(x)$가 아래와 같이 주어짐을 보이시오.

$$K_\nu(x) = \pi^{1/2} e^{-x}(2x)^\nu U\left(\nu + \frac{1}{2},\ 2\nu+1,\ 2x\right)$$

13.6.5 코사인적분 $\mathrm{Ci}(x)$와 사인 적분 $\mathrm{si}(x)$는 아래와 같이 정의된다.

$$\mathrm{Ci}(x) = -\int_x^\infty \frac{\cos t}{t} dt, \qquad \mathrm{si}(x) = -\int_x^\infty \frac{\sin t}{t} dt$$

이들 코사인 적분과 사인 적분이 합류 초기하 함수를 통해 다음과 같이 표현될 수 있음을 보이시오.

$$\mathrm{Ci}(x) + i\,\mathrm{si}(x) = -e^{ix} U(1,\ 1,\ -ix)$$

이 관계는 큰 값의 x에 대해 $\mathrm{Ci}(x)$와 $\mathrm{si}(x)$를 수치 계산하는 데 유용하다.

13.6.6 다음을 보임으로써 식 (13.149)의 에르미트 다항식 $H_{2n+1}(x)$의 합류 초기하 형태를 확인하시오.

(a) $a = -n$, $c = 3/2$, 그리고 독립변수 x^2을 가지고 $H_{2n+1}(x)/x$가 합류 초기하 방정식을 만족한다.

(b) $\lim_{x \to 0} \dfrac{H_{2n+1}(x)}{x} = (-1)^n \dfrac{2(2n+1)!}{n!}$

13.6.7 아래의 인접한 합류 초기하 함수 방정식으로부터 식 (13.66)의 연관 라게르 함수 점화 관계가 도출될 수 있음을 보이시오.

$$(c-a)M(a-1,\ c,\ x) + (2a-c+x)M(a,\ c,\ x) - aM(a+1,\ c,\ x) = 0$$

13.6.8 쿠머 변환을 확인하시오.

(a) $M(a,\ c,\ x) = e^x M(c-a,\ c,\ -x)$

(b) $U(a,\ c,\ x) = x^{1-c} U(a-c+1,\ 2-c,\ x)$

13.6.9 다음을 증명하시오.

(a) $\dfrac{d^n}{dx^n} M(a,\ c,\ x) = \dfrac{(a)_n}{(b)_n} M(a+n,\ b+n,\ x)$

(b) $\frac{d^n}{dx^n}U(a,\ c,\ x)=(-1)^n(a)_n U(a+n,\ c+n,\ x)$

13.6.10 아래의 적분 표현형을 확인하시오.

(a) $M(a,\ c,\ x)=\frac{\Gamma(c)}{\Gamma(a)\Gamma(c-a)}\int_0^1 e^{xt}t^{a-1}(1-t)^{c-a-1}dt,\ c>a>0$

(b) $U(a,\ c,\ x)=\frac{1}{\Gamma(a)}\int_0^\infty e^{-xt}t^{a-1}(1+t)^{c-a-1}dt,\ \Re e(x)>0,\ a>0$

문항 (b)의 경우 어떤 조건에서 $\Re e(x)=0$이 허락되는가?

13.6.11 연습문제 13.6.10(a)의 $M(a,\ c,\ x)$의 적분 표현형으로부터 다음을 보이시오.

$$M(a,\ c,\ x)=e^x M(c-a,\ c,\ -x)$$

[힌트] 적분 변수 t를 $1-s$로 바꾸어 적분으로부터 인자 e^x를 풀어내도록 한다.

13.6.12 연습문제 13.6.10(b)의 $U(a,\ c,\ x)$의 적분 표현형으로부터 지수 적분이 다음과 같이 주어짐을 보이시오.

$$E_1(x)=e^{-x}U(1,\ 1,\ x)$$

[힌트] $E_1(x)$의 적분 변수 t를 $x(1+s)$로 바꾸도록 한다.

13.6.13 연습문제 13.6.10의 $M(a,\ c,\ x)$와 $U(a,\ c,\ x)$의 적분 표현형으로부터 점근 전개를 도출하시오.

(a) $M(a,\ c,\ x)$ (b) $U(a,\ c,\ x)$

답. (a) $\frac{\Gamma(c)}{\Gamma(a)}\frac{e^x}{x^{c-a}}\left\{1+\frac{(1-a)(c-a)}{1!x}+\frac{(1-a)(2-a)(c-a)(c-a+1)}{2!x^2}+\cdots\right\}$

(b) $\frac{1}{x^a}\left\{1+\frac{a(1+a-c)}{1!(-x)}+\frac{a(a+1)(1+a-c)(2+a-c)}{2!(-x)^2}+\cdots\right\}$

13.6.14 두 합류 초기하 함수 $M(a,\ c,\ x)$와 $U(a,\ c,\ x)$의 론스키안이 다음과 같이 주어짐을 보이시오.

$$MU'-M'U=-\frac{(c-1)!}{(a-1)!}\frac{e^x}{x^c}$$

a가 0이거나 음의 정수일 때 어떻게 되는가?

13.6.15 쿨롱 파동 방정식(쿨롱 퍼텐셜을 가진 슈뢰딩거 방정식의 지름 부분)은 아래와 같다.

$$\frac{d^2y}{dr^2}+\left[1-\frac{2\eta}{r}-\frac{L(L+1)}{r^2}\right]y=0$$

정상 해 $y=F_L(\eta,\ r)$가 다음과 같이 주어짐을 보이시오.

$$F_L(\eta,\ r)=C_L(\eta)r^{L+1}e^{-ir}M(L+1-i\eta,\ 2L+2,\ 2ir)$$

13.6.16 (a) 식 (13.81)의 수소 원자 파동 함수의 지름에 대한 부분이 다음과 같이 표현될 수 있음을 보이시오.

$$e^{-\alpha r/2}(\alpha r)^L L_{n-L-1}^{2L+1}(\alpha r)=$$
$$\frac{(n+L)!}{(n-L-1)!(2L+1)!}e^{-\alpha r/2}(\alpha r)^L M(L+1-n,\ 2L+2,\ \alpha r)$$

(b) 앞서 전자의 총(운동+퍼텐셜)에너지 E가 음이라고 가정하였다. $E>0$인 속박되지 않은 수소 전자에 대해 (정규화되지 않은) 지름 파동 함수를 다시 표현해보시오.

답. $e^{i\alpha r/2}(\alpha r)^L M(L+1-in,\ 2L+2,\ -i\alpha r)$, 나가는 파동. 이 표현형은 광이온화와 재결합 계수를 계산할 수 있는 매우 효과적인 또 다른 방법을 제시해준다.

13.6.17 다음을 계산하시오.

(a) $\int_0^\infty [M_{k\mu}(x)]^2 dx$ (b) $\int_0^\infty [M_{k\mu}(x)]^2 \frac{dx}{x}$

(c) $\int_0^\infty [M_{k\mu}(x)]^2 \frac{dx}{x^{1-a}}$

여기서 $2\mu=0,\ 1,\ 2,\ \dots,\ k-\mu-\frac{1}{2}=0,\ 1,\ 2,\ \dots,\ a>-2\mu-1$이다.

답. (a) $2k(2\mu)!$, (b) $(2\mu)!$, (c) $(2k)^a(2\mu)!$

13.7 다이로그 함수

다음과 같이 정의되며

$$\mathrm{Li}_2(z)=-\int_0^z \frac{\ln(1-t)}{t}dt \tag{13.155}$$

위 적분의 수렴 구간을 넘어서는 해석 연속화를 가지는 **다이로그 함수**(dilogarithm)는 원자물리의 소수체 문제에서의 행렬 요소 계산과 양자 전기역학에서의 다양한 섭동-이론적 기여에서 나타난다. 역사적으로 물리학자들 사이에 이 특수 함수가 잘 알려지지 않아 이 함수가 등장하는 많은 분야들이 최근에야 인식되어 오고 있다.

■ 전개와 해석 성질

식 (13.155)의 로그를 전개하고 식 (1.97)의 급수를 이용하면 급수 전개를 직접 얻을 수 있다.

$$\mathrm{Li}_2(z) = \sum_{n=1}^{\infty} \frac{z^n}{n^2} \tag{13.156}$$

여기서 추가적인 $2\pi i$의 배수 없이 로그가 삽입되어 $z=0$에서 특이점이 아닌 Li_2의 가지를 얻을 수 있다.

$-\ln(1-z)$를 $\mathrm{Li}_2(z)$로 전환하는 연산자의 추가적인 응용은 비록 자주 나타나지는 않으나 물리에서 등장하는 **다중 로그**(polylogarithm)를 생성한다.

$$\mathrm{Li}_p(z) = \int_0^z \mathrm{Li}_{p-1}(t)\frac{dt}{t} = \sum_{n=1}^{\infty} \frac{z^n}{n^p} \qquad p = 3,\ 4,\ \ldots \tag{13.157}$$

그러나 이 책에서는 이 배열의 첫 번째 구성원인 Li_2에 국한하여 논의하고자 한다.

식 (13.156)의 Li_2의 급수 전개는 $|z|=1$인 수렴원을 가지며 이 원 위의 모든 z에 대해 수렴한다. 전개 형태에서는 수렴 반지름을 제한하는 특이점이 명백하지 않으나 식 (13.155)를 살펴보면 $z=1$에 있는 가지점으로 식별할 수 있다. 관례적으로 양의 실수축 아래와 $z=1$에서부터 $z=\infty$까지를 따라 절단선을 그리고 Li_2의 주요 값을 식 (13.156)과 해석 연속화에 상응하는 값으로 정의한다.

식 (13.156)의 형태로부터 $-1 \le z \le 1$ 사이의 실수 z에 대해서는 $\mathrm{Li}_2(z)$ 역시 실수라는 사실이 명백하다. $z>1$의 경우 식 (13.155)로부터 적분 구간의 일부에서 인자 $\ln(1-t)$가 불가피하게 복소수가 되어 실수 z에 대해서도 $\mathrm{Li}_2(z)$는 더 이상 실수가 되지 못함을 볼 수 있다. 그러나 모든 음의 실숫값 t에 대해 $\ln(1-t)$의 주요 값은 실수로 남게 되어 음의 실숫값 z에 대해서는 비슷한 문제가 나타나지 않는다.

식 (13.155)의 적분의 거동을 좀 더 자세히 살펴보았을 때 처음 $t=0$으로부터 $t=1$ 바로 위에 있는 가지점을 향하고 이후 z를 향하는 직선을 따르는 (t상에서의) 경로에 대해 적분을 수행하여 점 z에 도달한다면 경로의 마지막 부분에 대해 시계 방향으로 θ만큼 $1-t$의

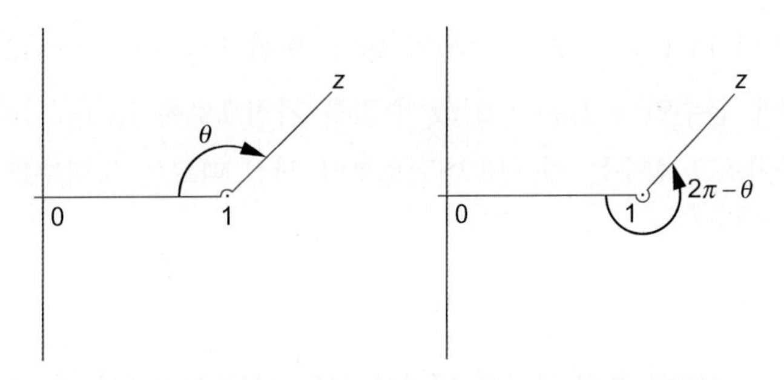

그림 13.8 다이로그 함수의 적분 표현형에 대한 경로

편각을 변화시키게 되어 피적분 함수의 분자에 $-i\theta$만큼을 더하게 된다(그림 13.8 참고).

이러한 분자로 더해짐은 $\mathrm{Li}_2(z)$의 계산이 아래의 형태를 가지게 한다.

$$\mathrm{Li}_2(z) = -\int_0^1 \frac{\ln(1-t)}{t}dt - \int_1^z \frac{\ln(|1-t|)}{t}dt + i\theta\int_1^z \frac{dt}{t}$$

$$= \mathrm{Li}_2(1) - \int_1^z \frac{\ln(|1-t|)}{t}dt + i\theta \ln z \qquad (z=1 \text{ 위의 경로}) \qquad (13.158)$$

만약 동일한 점 z에 도달하기 위한 위의 분석을 실수축 아래에서 $z=1$을 감싸며 지나가는 (t상에서의) 경로에 대해 반복한다면 $1-t$의 편각은 $2\pi-\theta$만큼 반시계 방향으로 변할 것이며, 따라서 다음과 같아지게 된다.

$$\mathrm{Li}_2(z) = \mathrm{Li}_2(1) - \int_1^z \frac{\ln(|1-t|)}{t}dt - i(2\pi-\theta)\ln z \qquad (z=1 \text{ 아래의 경로}) \qquad (13.159)$$

식 (13.158)과 (13.159)의 비교를 통해 비록 동일한 z를 고려하고 있지만, 이들 두 서로 다른 가지에 대해 $\mathrm{Li}_2(z)$의 값들이 $2\pi i \ln z$만큼 차이가 남을 알 수 있다. 만약 z가 복소수이면 이 차이는 단순히 위상을 변화시키거나 허수부에 π의 배수를 더하는 것 이상으로 복잡한 영향을 $\mathrm{Li}_2(z)$의 실수부와 허수부 모두에 미친다. 따라서 다이로그 함수를 사용할 때에는 함수가 계산될 가지를 주의하여 결정해야만 한다. 실제로 가능한 한 다이로그 함수를 포함하고 (맥락을 통해) 실숫값을 가짐이 알려진 함수들은 (다음 소절에 나타나는 것과 같은 공식들을 이용하여) 실수이며 $z<1$인 z의 값에 대해 공식 내의 다이로그 함수가 성립할 수 있도록 다루어져야 한다.

■ 성질과 특수값

식 (13.156)으로부터 $\mathrm{Li}_2(0)=0$임을 알 수 있다. $z=1$로 하면 $\zeta(2)$에 대한 급수를 얻을

수 있어 $\mathrm{Li}_2(1)=\zeta(2)=\pi^2/6$가 된다. 또한 $\mathrm{Li}_2(-1)=-\eta(2)$를 가지게 되는데, 여기서 디리클레 급수인 $\eta(2)$는 $\zeta(2)/2$의 값을 가짐으로써 $\mathrm{Li}_2(-1)=-\pi^2/12$가 된다.

다이로그 함수는 식 (13.155)로부터 직접 따르는 도함수를 가지며

$$\frac{d\,\mathrm{Li}_2(z)}{dz}=-\frac{\ln(1-z)}{z} \tag{13.160}$$

식 (13.156)의 수렴 구간을 넘어서 쉬운 해석 연속화를 가능하게 하는 몇 가지 함수 관계를 갖는다. 이들 중 몇몇은 아래와 같다.

$$\mathrm{Li}_2(z)+\mathrm{Li}_2(1-z)=\frac{\pi^2}{6}-\ln z\ln(1-z) \tag{13.161}$$

$$\mathrm{Li}_2(z)+\mathrm{Li}_2(z^{-1})=-\frac{\pi^2}{6}-\frac{1}{2}\ln^2(-z) \tag{13.162}$$

$$\mathrm{Li}_2(z)+\mathrm{Li}_2\left(\frac{z}{z-1}\right)=-\frac{1}{2}\ln^2(1-z) \tag{13.163}$$

이들 관계는 방정식들의 양변의 도함수들이 같고 편리한 z의 값에 대해 두 변의 값이 상응함을 보임으로써 가장 쉽게 정립될 수 있다. 이들 함수 관계는 식 (13.155)의 급수가 빠르게 수렴하는 $|z|\le\frac{1}{2}$ 구간 내 실수 선상의 값으로부터의 모든 실수 z에 대해 $\mathrm{Li}_2(z)$를 결정할 수 있게 한다.

함수 관계들로부터 $\mathrm{Li}_2(z)$의 주요 값이 기본 함수들로 표현될 수 있는 몇몇 특정한 z값들을 식별할 수 있다. 한 예로 $\mathrm{Li}_2(1/2)=-\frac{1}{2}\ln^2(2)+\pi^2/12$이다. 그러나 대부분의 z에 대해 닫힌 표현은 가능하지 않다.

예제 13.7.1 공식의 유용성 확인

다음의 적분은 He 원자의 전자 구조 계산에서 나타난다.

$$I=\frac{1}{8\pi^2}\iint d^3r_1 d^3r_2\frac{e^{-\alpha r_1-\beta r_2-\gamma r_{12}}}{r_1^2r_2^2r_{12}}$$

여기서 $\mathbf{r}_i$는 (좌표계의 원점에 위치한) 원자핵으로부터 상대적인 두 전자의 위치를 나타내며, 이 적분은 $\mathbf{r}_1$과 $\mathbf{r}_2$, $r_i=|\mathbf{r}_i|$, 그리고 $r_{12}=|\mathbf{r}_1-\mathbf{r}_2|$인 3차원의 전체 공간에 대해 이루어지게 된다.

이 적분은 아래와 같은 값을 갖는다.

$$I = \frac{1}{\gamma}\left[\frac{\pi^2}{6} + \mathrm{Li}_2\left(\frac{\gamma-\beta}{\alpha+\gamma}\right) + \mathrm{Li}_2\left(\frac{\gamma-\alpha}{\beta+\gamma}\right) + \frac{1}{2}\ln^2\left(\frac{\alpha+\gamma}{\beta+\gamma}\right)\right]$$

이제 각 항들이 실수인지를 물어보고자 한다.

I의 정의로부터 $\alpha+\beta$, $\alpha+\gamma$, 그리고 $\beta+\gamma$가 모두 양일 경우에만 수렴함을 알 수 있다. 그렇지 않으면, 입자가 다른 둘로부터 멀리 떨어져 있는 일부 공간에서 전반적인 지수들이 제한 없이 증가할 것이다. 이제 적분에 대한 공식을 살펴보면 $\ln^2$ 항은 그 독립변수가 두 양수의 비이므로 실수라는 것을 바로 알 수 있다. 첫 번째 Li_2 항은 아래와 같이 표현될 수 있는데

$$\mathrm{Li}_2\left(\frac{\gamma-\beta}{\alpha+\gamma}\right) = \mathrm{Li}_2\left(1 - \frac{\alpha+\beta}{\alpha+\gamma}\right)$$

Li_2의 독립변수가 실수이며 $+1$보다 작음을 보여주므로 이 Li_2의 계산 결과는 실수라는 것을 의미한다. 비슷한 관찰을 Li_2의 두 번째 경우에 적용할 수 있다. 이를 통해 우리의 공식이 이 다가 함수의 주요 값들을 이용하는 명확한 계산에 적절한 형태라는 것을 결론지을 수 있다.

연습문제

13.7.1 식 (13.156)의 $\mathrm{Li}_2(z)$의 전개가 원 $|z|=1$상 모든 곳에서 수렴함을 증명하시오.

13.7.2 식 (13.161)에서 (13.163)까지의 함수 관계를 이용하여 $\mathrm{Li}_2(1/2)$의 주요 값을 구하시오.

13.7.3 $\mathrm{Li}_2(1/2)$의 모든 다중값을 구하시오.

13.7.4 식 (13.161)이 다이로그 함수의 주 가지 상에서 $z=0$의 경우 예상되는 결과를 주는 이유를 설명하시오.

13.7.5 다음을 보이시오.

$$\mathrm{Li}_2\left(\frac{1+z^{-1}}{2}\right) = -\,\mathrm{Li}_2\left(\frac{1+z}{1-z}\right) - \frac{1}{2}\ln^2\left(\frac{1-z^{-1}}{2}\right)$$

13.7.6 다음 적분은 (원자핵으로부터 전자들의 거리뿐만 아니라 전자-전자 거리도 명확하게 포함하는) 상관 파동 함수를 이용한 Li 원자의 전자 에너지 계산에서 나타난다.

$$I = \iiint d^3r_1 d^3r_2 d^3r_3 \frac{e^{-\alpha_1 r_1 - \alpha_2 r_2 - \alpha_3 r_3}}{r_1 r_2 r_3 r_{12} r_{13} r_{23}}$$

여기서 $r_i = |\mathbf{r}_i|$, $r_{ij} = |\mathbf{r}_i - \mathbf{r}_j|$이며, 적분은 각 $\mathbf{r}_i$의 전체 3차원 공간에 대해 이루어진다. I의 수렴을 위해 모든 $\alpha_j > 0$임이 요구되는데, 이들의 상대적 크기에 대해서는 제한이 없다.

아래와 같이 정의된 보조 양

$$\zeta_1 = \frac{\alpha_1}{\alpha_2 + \alpha_3}, \qquad \zeta_2 = \frac{\alpha_2}{\alpha_1 + \alpha_3}, \qquad \zeta_3 = \frac{\alpha_3}{\alpha_1 + \alpha_2}$$

을 통해 이 적분은 다음의 값을 갖는다.

$$I = \frac{32\pi^3}{\alpha_1\alpha_2\alpha_3}\left(-\frac{\pi^2}{2} + \sum_{j=1}^{3}\left[\mathrm{Li}_2(\zeta_j) - \mathrm{Li}_2(-\zeta_j) + \ln\zeta_j \ln\left(\frac{1-\zeta_j}{1+\zeta_j}\right)\right]\right)$$

I를 최종 표현의 모든 항들이 실수 양으로 계산됨이 보장됨과 동시에 주요 값들로 계산될 수 있는 [레미디(Remiddi)[11]에 의해 처음 발견된] 형태로 재배열하시오.

13.8 타원 적분

타원 적분(elliptic integral)은 종종 물리 문제에 등장하므로 그 정의와 성질을 요약해볼 만 한 가치가 있다. 컴퓨터의 출현 이전에는 물리학자와 공학자들이 타원 적분을 직접 손으로 계산하는 방법들과 친숙해지는 것이 중요하였으나 시간이 지남에 따라 이에 대한 필요는 사라졌으며 이 함수들을 위한 전개 방법은 여기서 강조하지 않도록 하겠다. 그러나 타원 적분이 등장하는 문제를 살펴보는 데 있어 다음의 예제가 적당한 사례이다.

예제 13.8.1 단순 진자의 주기

작은 진폭의 진동에 대해 진자(그림 13.9)는 주기 $T = 2\pi(l/g)^{1/2}$를 가진 단조화 운동을 보인다. 그러나 $\sin\theta_M$이 θ_M으로 근사될 수 없는 충분히 큰 최대 진폭 θ_M에 대해 뉴턴의 운동 제2법칙과 결과되는 상미분 방정식의 해의 직접적인 적용은 어려워진다. 이러한 경우 에너지 보존에 대한 공식을 기술함으로써 접근하는 것이 적절하다. 진자가 매달려 있는 지점을 퍼텐셜 에너지가 0인 지점으로 설정하면 각 θ에서 질량 m, 길이 l인 진자의 퍼텐셜 에너지는 $-mgl\cos\theta$가 되며 그 총에너지(각 θ_M에서 퍼텐셜 에너지)는 $-mgl\cos\theta_M$이다. 진자는

---

[11] E. Remiddi, Analytic value of the atomic three-electron correlation integral with Slater wave functions. *Phys. Rev. A* **44**: 5492 (1991).

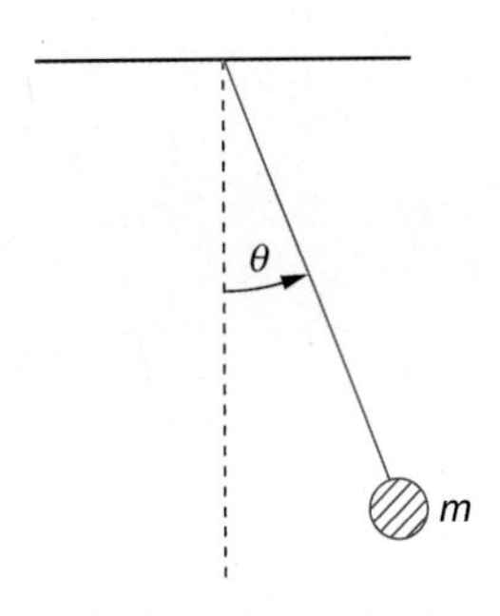

그림 13.9 단순 진자

운동 에너지 $ml^2(d\theta/dt)^2/2$를 가지므로 에너지 보존은 아래를 요구한다.

$$\frac{1}{2}ml^2\left(\frac{d\theta}{dt}\right)^2 - mgl\cos\theta = -mgl\cos\theta_M \tag{13.164}$$

$d\theta/dt$에 대해 풀면 다음을 얻을 수 있고

$$\frac{d\theta}{dt} = \pm\left(\frac{2g}{l}\right)^{1/2}(\cos\theta - \cos\theta_M)^{1/2} \tag{13.165}$$

여기서 질량 m은 상쇄되어 있다. $t=0$에서 초기 조건으로 $\theta=0$과 $d\theta/dt>0$으로 놓는다. $\theta=0$으로부터 $\theta=\theta_M$까지의 적분을 통해 다음을 얻을 수 있다.

$$\int_0^{\theta_M}(\cos\theta - \cos\theta_M)^{-1/2}d\theta = \left(\frac{2g}{l}\right)^{1/2}\int_0^t dt = \left(\frac{2g}{l}\right)^{1/2}t \tag{13.166}$$

이는 한 순환의 $\frac{1}{4}$에 해당하므로 시간 t는 주기 T의 $\frac{1}{4}$이다. $\theta \le \theta_M$임에 주목하고 약간의 통찰력을 가지고 반각 대치를 시도해볼 수 있다.

$$\sin\left(\frac{\theta}{2}\right) = \sin\left(\frac{\theta_M}{2}\right)\sin\varphi \tag{13.167}$$

이를 통해 식 (13.166)은 다음이 된다.

$$T = 4\left(\frac{l}{g}\right)^{1/2}\int_0^{\pi/2}\left(1 - \sin^2\left(\frac{\theta_M}{2}\right)\sin^2\varphi\right)^{-1/2}d\varphi \tag{13.168}$$

식 (13.168)의 적분은 기본 함수로 축약되지는 않지만, 실제 이는 표준 형태의 **타원 적분**이다. 물리 문제에서의 타원 적분에 관한 추가적인 예들은 연습문제에서 찾아볼 수 있다. ■

■ 정의

제1종 타원 적분은

$$F(\varphi \backslash \alpha) = \int_0^{\varphi} (1 - \sin^2\alpha \sin^2\theta)^{-1/2} d\theta \tag{13.169}$$

로 정의되거나 혹은

$$F(x|m) = \int_0^{x} \left[(1 - t^2)(1 - mt^2)\right]^{-1/2} dt, \qquad 0 \le m < 1 \tag{13.170}$$

으로 정의된다. 이는 AMS-55(더 읽을 거리)의 표기법이다. 구체적인 함수 형태를 식별하기 위해 \와 |의 분리 기호를 사용함에 주목하라. 이들 적분의 상한이 $\varphi = \pi/2$ 또는 $x = 1$일 때 **제1종 완전 타원 적분**을 갖는다.

$$\begin{aligned} K(m) &= \int_0^{\pi/2} (1 - m\sin^2\theta)^{-1/2} d\theta \\ &= \int_0^{1} \left[(1 - t^2)(1 - mt^2)\right]^{-1/2} dt \end{aligned} \tag{13.171}$$

여기서 $m = \sin^2\alpha$이며 $0 \le m < 1$이다.

제2종 타원 적분은

$$E(\varphi \backslash \alpha) = \int_0^{\varphi} (1 - \sin^2\alpha \sin^2\theta)^{1/2} d\theta \tag{13.172}$$

로 정의되거나 혹은

$$E(x|m) = \int_0^{x} \left(\frac{1 - mt^2}{1 - t^2}\right)^{1/2} dt, \qquad 0 \le m \le 1 \tag{13.173}$$

으로 정의된다. 다시 한번 $\varphi = \pi/2$, $x = 1$의 경우에 대해 **제2종 완전 타원 적분**을 갖는다.

$$\begin{aligned} E(m) &= \int_0^{\pi/2} (1 - m\sin^2\theta)^{1/2} d\theta \\ &= \int_0^{1} \left(\frac{1 - mt^2}{1 - t^2}\right)^{1/2} dt, \qquad 0 \le m \le 1 \end{aligned} \tag{13.174}$$

■ 급수 전개

$0 \le m < 1$의 범위 내에서 $K(m)$의 분모는 식 (1.74)의 이항 급수를 가지고 전개될 수 있다.

$$(1-m\sin^2\theta)^{-1/2} = \sum_{n=0}^{\infty} \frac{(2n-1)!!}{(2n)!!} m^n \sin^{2n}\theta$$

결과적으로 얻어진 급수는 각 항별로 적분될 수 있는데, 각 개별 항의 적분은 베타 함수가 되며 다음을 얻게 된다.

$$K(m) = \frac{\pi}{2}\left\{1+\sum_{n=1}^{\infty}\left[\frac{(2n-1)!!}{(2n)!!}\right]^2 m^n\right\} \tag{13.175}$$

비슷하게(연습문제 13.8.2 참고) 다음을 얻을 수 있다.

$$E(m) = \frac{\pi}{2}\left\{1-\sum_{n=1}^{\infty}\left[\frac{(2n-1)!!}{(2n)!!}\right]^2 \frac{m^n}{2n-1}\right\} \tag{13.176}$$

이들 급수는 초기하 함수임을 확인할 수 있다. 13.5절의 일반적인 정의와의 비교를 통해 아래를 알 수 있다.

$$\begin{aligned} K(m) &= \frac{\pi}{2}\,{}_2F_1\left(\frac{1}{2},\ \frac{1}{2};\ 1;\ m\right) \\ E(m) &= \frac{\pi}{2}\,{}_2F_1\left(-\frac{1}{2},\ \frac{1}{2};\ 1;\ m\right) \end{aligned} \tag{13.177}$$

완전 타원 적분이 그림 13.10에 그려져 있다.

■ 극한값

식 (13.175)와 (13.176)의 급수들로부터 또는 정의하는 적분들로부터 다음을 알 수 있다.

$$\lim_{m\to 0} K(m) = \frac{\pi}{2}, \qquad \lim_{m\to 0} E(m) = \frac{\pi}{2} \tag{13.178}$$

$m\to 1$에 대해 급수 전개는 크게 소용이 없으나 적분은 아래의 결과를 알려준다.

$$\lim_{m\to 1} K(m) = \infty, \qquad \lim_{m\to 1} E(m) = 1 \tag{13.179}$$

$K(m)$에서의 발산은 로그적이다.

타원 적분은 적분을 계산하는 데 있어 과거에 널리 쓰여 왔다. 한 예로 다음 형태의 일반

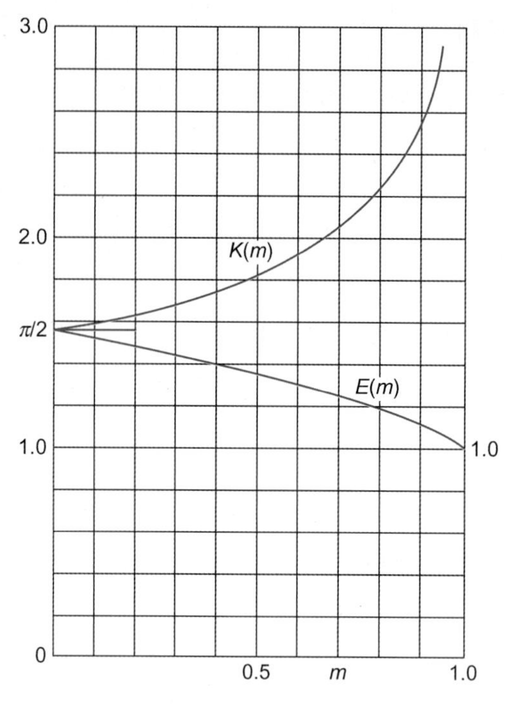

그림 13.10 완전 타원 적분 $K(m)$과 $E(m)$

적인 적분들은

$$I=\int_0^x R\left(t,\ \sqrt{a_4t^4+a_3t^3+a_2t^2+a_1t^1+a_0}\right)dt$$

타원 적분을 이용하여 표현될 수 있으며 여기서 R은 독립변수들의 유리 함수이다. 얀케와 엠데(Jahnke and Emde)(더 읽을 거리)는 이러한 변환에 대한 정보를 제공하고 있다. 직접적인 수치 계산을 가능하게 하는 컴퓨터들로 인해 이러한 타원 적분 기법에 대한 관심은 줄어들고 있다. 타원 함수, 적분 그리고 관련된 야코비 세타 함수에 대한 더 광범위한 설명은 휘태커(Whittaker)와 왓슨(Watson)의 책에서 찾아볼 수 있다. 타원 적분에 관련된 많은 공식들과 표들은 AMS-55에서 볼 수 있으며 추가적인 더 많은 공식들은 올버(Olver) 등에서 찾을 수 있다. (이들의 출처는 더 읽을 거리에 나와 있다.)

연습문제

13.8.1 타원 $x^2/a^2+y^2/b^2=1$은 $x=a\sin\theta,\ y=b\cos\theta$를 가지고 매개변수화하여 나타내질 수 있다. 첫 번째 사분면 내의 호의 길이가 아래와 같음을 보이시오.

$$a\int_0^{\pi/2}(1-m\sin^2\theta)^{1/2}d\theta = a\,E(m)$$

여기서 $0 \le m = (a^2-b^2)/a^2 \le 1$이다.

13.8.2 다음 급수 전개를 유도하시오.

$$E(m) = \frac{\pi}{2}\left\{1-\left(\frac{1}{2}\right)^2\frac{m}{1}-\left(\frac{1\cdot 3}{2\cdot 4}\right)^2\frac{m^2}{3}-\ \cdots\right\}$$

13.8.3 다음을 보이시오.

$$\lim_{m\to 0}\frac{(K-E)}{m} = \frac{\pi}{4}$$

13.8.4 그림 13.11에 나타난 바와 같이 xy평면 상 원형 도선 고리에 전류 I가 흐른다.

$$A_\varphi(\rho,\ \varphi,\ z) = \frac{a\,\mu_0 I}{2\pi}\int_0^{\pi}\frac{\cos\alpha\, d\alpha}{(a^2+\rho^2+z^2-2a\rho\cos\alpha)^{1/2}}$$

로 벡터 퍼텐셜이 주어졌을 때, 다음을 보이시오.

$$A_\varphi(\rho,\ \varphi,\ z) = \frac{\mu_0 I}{\pi k}\left(\frac{a}{\rho}\right)^{1/2}\left[\left(1-\frac{k^2}{2}\right)K(k^2)-E(k^2)\right]$$

여기서 k^2은 아래로 정의된다.

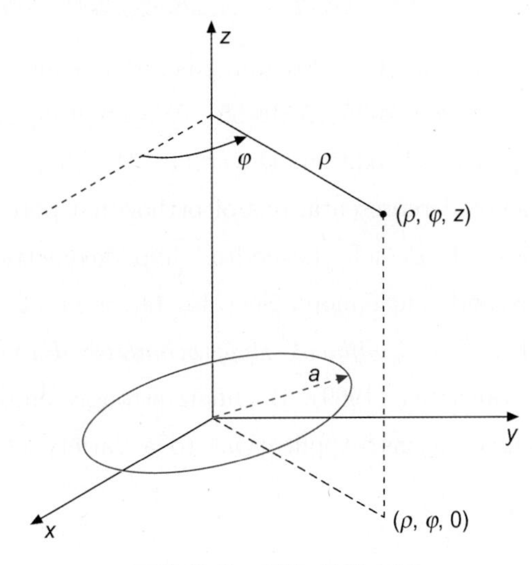

그림 13.11 원형 도선 고리

$$k^2 = \frac{4a\rho}{(a+\rho)^2 + z^2}$$

[참고] 이 연습문제의 B로의 확장은 스미드(Smythe)[12]에 나와 있다.

13.8.5 원형 전류 고리의 자기 벡터 퍼텐셜의 해석은 아래의 표현을 이끌어낸다.

$$f(k^2) = k^{-2}\left[(2-k^2)K(k^2) - 2E(k^2)\right]$$

여기서 $K(k^2)$과 $E(k^2)$은 제1종과 제2종 완전 타원 적분들이다. $k^2 \ll 1$ ($r \gg$ 고리 반지름)에 대해 다음을 보이시오.

$$f(k^2) \approx \frac{\pi k^2}{16}$$

13.8.6 다음을 보이시오.

(a) $\dfrac{dE(k^2)}{dk} = \dfrac{1}{k}(E - K)$

(b) $\dfrac{dK(k^2)}{dk} = \dfrac{E}{k(1-k^2)} - \dfrac{K}{k}$

[힌트] 문항 (b)의 경우 급수 전개를 비교함으로써 다음을 보이시오.

$$E(k^2) = (1-k^2)\int_0^{\pi/2}(1 - k\sin^2\theta)^{-3/2}d\theta$$

❖ 더 읽을 거리

Abramowitz, M., and I. A. Stegun, eds., *Handbook of Mathematical Functions*, Applied Mathematics Series-55 (AMS-55). Washington, DC: National Bureau of Standards (1964), paperback edition, Dover (1974). Chapter 22 is a detailed summary of the properties and representations of orthogonal polynomials. Other chapters summarize properties of Bessel, Legendre, hypergeometric, and confluent hypergeometric functions and much more. See also Olver et al., below.

Buchholz, H., *The Confluent Hypergeometric Function*. New York: Springer Verlag (1953), translated (1969). Buchholz strongly emphasizes the Whittaker rather than the Kummer forms. Applications to a variety of other transcendental functions.

12 W. R. Smythe, *Static and Dynamic Electricity*, 3rd ed. New York: McGraw-Hill (1969), p. 270.

Erdelyi, A., W. Magnus, F. Oberhettinger, and F. G. Tricomi, *Higher Transcendental Functions*, 3 vols. New York: McGraw-Hill (1953), reprinted, Krieger (1981). A detailed, almost exhaustive listing of the properties of the special functions of mathematical physics.

Fox, L., and I. B. Parker, *Chebyshev Polynomials in Numerical Analysis*. Oxford: Oxford University Press (1968). A detailed, thorough, but very readable account of Chebyshev polynomials and their applications in numerical analysis.

Gradshteyn, I. S., and I. M. Ryzhik, *Table of Integrals, Series and Products* (A. Jeffrey and D. Zwillinger, eds.), 7th ed. New York: Academic Press (2007).

Jahnke, E., and F. Emde, *Tables of Functions with Formulae and Curves*. Leipzig: Teubner (1933), Dover (1945).

Jahnke, E., F. Emde, and F. Lösch, *Tables of Higher Functions*, 6th ed. New York: McGraw-Hill (1960). An enlarged update of the work by Jahnke and Emde.

Lebedev, N. N., *Special Functions and Their Applications* (translated by R. A. Silverman). Englewood Cliffs, NJ: Prentice-Hall (1965), paperback, Dover (1972).

Luke, Y. L., *The Special Functions and Their Approximations*, 2 vols. New York: Academic Press (1969). Volume 1 is a thorough theoretical treatment of gamma functions, hypergeometric functions, confluent hyper-geometric functions, and related functions. Volume 2 develops approximations and other techniques for numerical work.

Luke, Y. L., *Mathematical Functions and Their Approximations*. New York: Academic Press (1975). This is an updated supplement to Handbook of *Mathematical Functions with Formulas, Graphs and Mathematical Tables* (AMS-55).

Magnus, W., F. Oberhettinger, and R. P. Soni, *Formulas and Theorems for the Special Functions of Mathematical Physics*. New York: Springer (1966). An excellent summary of just what the title says.

Olver, F. W. J., D. W. Lozier, R. F. Boisvert, and C. W. Clark, eds., *NIST Handbook of Mathematical Functions*. Cambridge: Cambridge University Press (2010). Update of AMS-55 (Abramowitz and Stegun, above), but links to computer programs are provided instead of tables of data.

Rainville, E. D., *Special Functions*. New York: Macmillan (1960), reprinted, Chelsea (1971). This book is a coherent, comprehensive account of almost all the special functions of mathematical physics that the reader is likely to encounter.

Sansone, G., *Orthogonal Functions* (translated by A. H. Diamond). New York: Interscience (1959), reprinted, Dover (1991).

Slater, L. J., *Confluent Hypergeometric Functions*. Cambridge: Cambridge University

Press (1960). This is a clear and detailed development of the properties of the confluent hypergeometric functions and of relations of the confluent hypergeometric equation to other ODEs of mathematical physics.

Sneddon, I. N., *Special Functions of Mathematical Physics and Chemistry*, 3rd ed. New York: Longman (1980).

Whittaker, E. T., and G. N. Watson, *A Course of Modern Analysis*. Cambridge: Cambridge University Press, reprinted (1997). The classic text on special functions and real and complex analysis.

CHAPTER 14

푸리에 급수

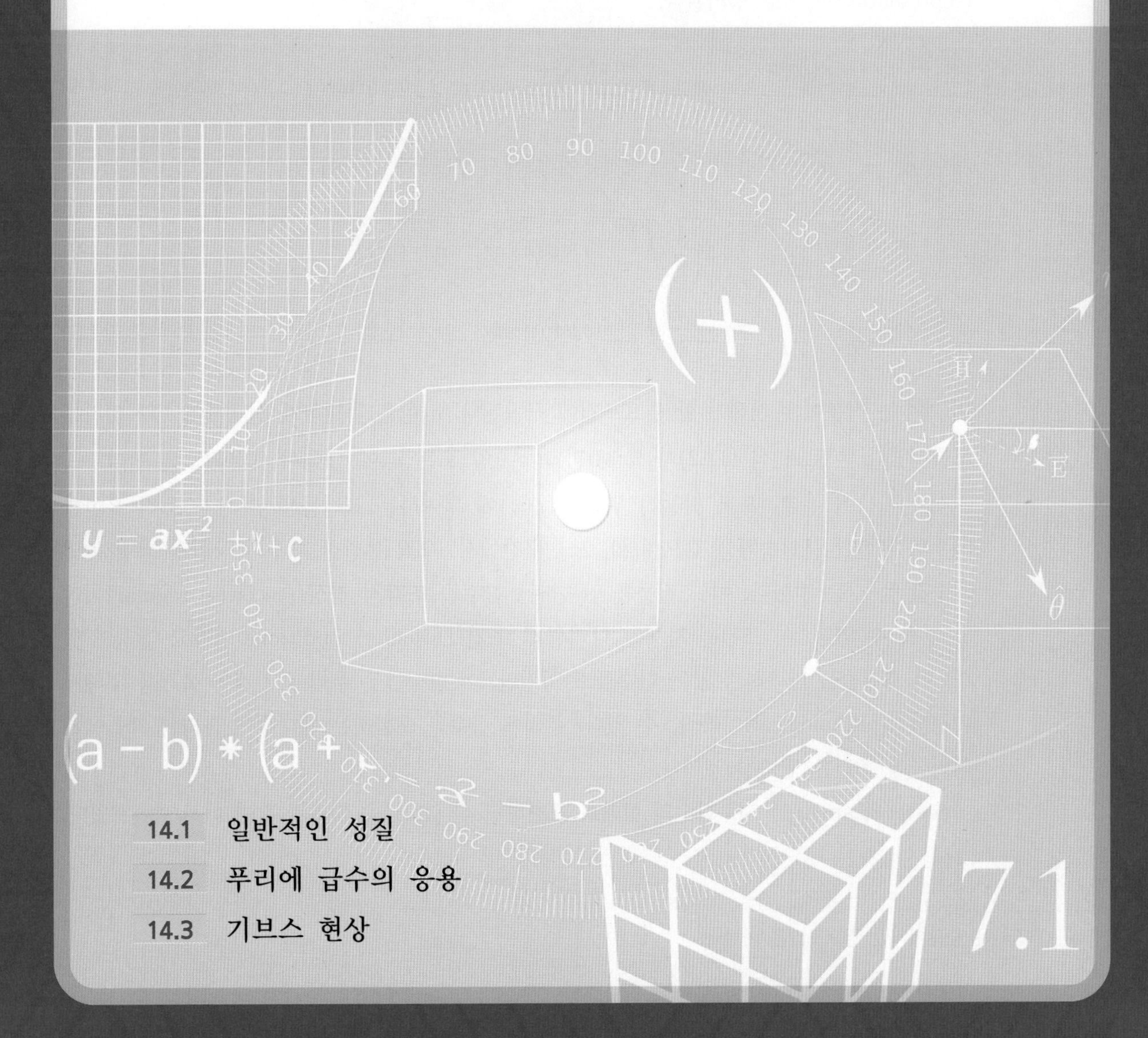

주기적인 현상 ― 파동, 회전하는 기계(조화 운동), 또는 반복적으로 부여되는 다른 힘 ― 은 주기적인 함수에 의해서 기술된다. 푸리에 급수는 주기적인 경계조건과 함께 상미분 방정식과 편미분 방정식을 푸는 데 기본적인 도구이다. 비주기적인 현상에 대한 푸리에 적분은 15장에서 다룬다. 이 분야를 공통적으로 **푸리에 분석**이라고 한다.

14.1 일반적인 성질

푸리에 급수는 다음과 같이 사인과 코사인의 급수로 함수의 전개 또는 함수의 표현형(representation)으로 정의된다.

$$f(x) = \frac{a_0}{2} + \sum_{n=1}^{\infty} a_n \cos nx \sum_{n=1}^{\infty} b_n \sin nx \tag{14.1}$$

계수 a_0, a_n, b_n는 다음과 같은 정적분에 의해서 $f(x)$와 연관이 있다.

$$a_n = \frac{1}{\pi}\int_0^{2\pi} f(s)\cos ns\, ds, \quad n = 0,\ 1,\ 2,\ \ldots \tag{14.2}$$

$$b_n = \frac{1}{\pi}\int_0^{2\pi} f(s)\sin ns\, ds, \quad n = 1,\ 2,\ \ldots \tag{14.3}$$

위 계수는 적분이 존재해야 할 필요조건에 구속된다. a_0항은 특별하게 선택하여 1/2 인자를 포함시켰다. 이로써 식 (14.2)가 $n=0$과 $n>0$인 모든 a_n에 대해서 적용되도록 한다.

식 (14.1)이 유효하도록 만들기 위해서 $f(x)$에 부여하는 조건들은 $f(x)$가 오직 유한한 개수의 유한한 불연속점을 갖으며 $[0,\ 2\pi]$ 구간에서[1] 오직 유한한 개수의 극한값(최댓값 및 최솟값)을 갖는 것이다. 이 조건들을 만족하는 함수를 **조각적 정상**(piecewise regular)이라고 부를 수 있다. 이 조건들 자체는 **디리클레 조건**(Dirichlet conditions)이라고 알려져 있다. 이 조건들을 만족하지 않는 함수들도 있지만, 이 함수들은 푸리에 전개의 목적을 위해서 비정상적(pathological)이라 할 수 있다. 푸리에 급수를 포함하는 대다수의 물리 문제들에서 디리클레 조건은 만족될 것이다.

$\cos nx$와 $\sin nx$를 지수함수의 형태로 표현하면 식 (14.1)을 다음과 같이 다시 쓸 수 있다.

---

[1] 이 조건들은 충분이지만 필요조건은 아니다.

$$f(x) = \sum_{n=-\infty}^{\infty} c_n e^{inx} \tag{14.4}$$

위 식에서

$$c_n = \frac{1}{2}(a_n - ib_n), \quad c_{-n} = \frac{1}{2}(a_n + ib_n), \quad n > 0 \tag{14.5}$$

그리고

$$c_0 = \frac{1}{2}a_0 \tag{14.6}$$

이다.

■ 스텀-리우빌 이론

다음 상미분 방정식은

$$-y''(x) = \lambda y(x)$$

$[0, 2\pi]$ 구간 위에서 $y(0) = y(2\pi)$, $y'(0) = y'(2\pi)$의 경계조건이 주어지는 스텀-리우빌 문제이고, 이 경계조건에 의해서 에르미트가 된다. 따라서 이의 고유함수, $\cos nx (n=0,\ 1,\ ...)$와 $\sin nx (n=1,\ 2,\ ...)$, 또는 $\exp(inx)(n=...,\ -1,\ 0,\ 1,\ ...)$는 완전한 집합을 이루고, 다른 고윳값을 갖는 고유함수는 서로 직교이다. 고유함수는 n^2의 고윳값을 가지므로, 다른 $|n|$값을 갖는 고유함수는 자동적으로 직교이며, 같은 $|n|$값을 갖는 고유함수는 필요하다면 직교하게 만들 수 있다. 다음과 같이 스칼라곱을 정의하면,

$$\langle f | g \rangle = \int_0^{2\pi} f^*(x) g(x) dx$$

$n \neq 0$인 경우 $\langle e^{inx} | e^{-inx} \rangle = 0$임을 쉽게 확인할 수 있고, $\cos nx$와 $\sin nx$를 복소 지수함수로 써서 $\langle \sin nx | \cos nx \rangle = 0$임을 또한 쉽게 보일 수 있다. 고유함수를 정규화하기 위해서, 간단한 접근 방식은 정수배의 진동에 대한 $\sin^2 nx$ 또는 $\cos^2 nx$의 평균값이 1/2로 주어진다는 것을 인지하는 것인데, 즉

$$\int_0^{2\pi} \sin^2 nx\, dx = \int_0^{2\pi} \cos^2 nx\, dx = \pi \quad (n \neq 0)$$

그리고 $\langle e^{inx} | e^{inx} \rangle = 2\pi$이다.

위에서 확인한 관계식으로부터 고유함수 $\varphi_n = e^{inx}/\sqrt{2\pi}\ (n = ...,\ -1,\ 0,\ 1,\ ...)$는 직교

정규화된 집합을 이루고, 다음 경우도 마찬가지이다.

$$\varphi_0 = \frac{1}{\sqrt{2\pi}}, \quad \varphi_n = \frac{\cos nx}{\sqrt{\pi}}, \quad \varphi_{-n} = \frac{\sin nx}{\sqrt{\pi}}, \quad (n = 1,\ 2,\ \ldots)$$

따라서 이 함수들로 전개한 형태는 식 (14.1)에서 (14.3)까지 또는 식 (14.4)에서 (14.6)까지 주어진 대로이다. 스텀-리우빌 작용자의 고유함수는 완전한 집합을 이루므로, L^2 함수들의 푸리에 급수 전개는 적어도 평균적으로 수렴한다.

■ 불연속적인 함수

푸리에 전개와 멱급수의 양상에는 두드러진 차이가 있다. 멱급수는 본질적으로 한 점의 주위에서 전개이고, 그 점 주위에서 전개하고자 하는 함수의 정보만을 — 물론 함수의 도함수들도 포함해서 — 이용한다. 이미 알고 있듯이, 그러한 전개는 가장 가까운 특이점의 위치로 정의되는 수렴 반지름 내에서만 수렴한다. 한편, 푸리에 급수(또는 직교인 함수들로 된 임의의 전개)의 경우에 전개하는 전 구간의 정보를 이용하므로, 구간 내에서 '비정상적인 양상을 보이지 않는(nonpathological)' 특이점들이 있는 함수도 기술할 수 있다. 그러나 직교 전개로 주어진 함수의 표현형은 단지 **평균적으로 수렴할 것**이 보장된다. 이러한 특징은 불연속적인 점들이 있는 함수의 전개에서 역할을 하게 되는데, 이 경우 전개는 유일한 값으로 수렴하지 않는다. 그러나 푸리에 전개의 경우에, 디리클레 조건을 만족하는 함수 $f(x)$가 점 x_0에서 불연속적이라면 그 점에서 계산한 푸리에 전개는 그 점의 왼쪽과 오른쪽 점근값의 대수적인 평균값이 된다.

$$f_{\text{Fourier series}}(x_0) = \lim_{\varepsilon \to 0}\left[\frac{f(x_0+\varepsilon)+f(x_0-\varepsilon)}{2}\right] \tag{14.7}$$

식 (14.7)의 증명은 제프리와 제프리(Jeffreys and Jeffreys) 또는 카슬로(Carslaw)(더 읽을 거리)에 나와 있다. 전개할 함수가 연속적이지만 1계 도함수 값이 유한하고 불연속적이면, 푸리에 전개는 균일한 수렴성을 드러낸다는 것을 또한 보일 수 있다[더 읽을 거리 처칠(Churchill) 참고]. 이러한 특징들에 의해서 푸리에 전개는 다양한 종류의 불연속점을 갖는 함수들에 유용하게 된다.

예제 14.1.1 톱니 파동

푸리에 급수의 수렴과 급수에서 유한개의 항만 사용하는 경우에 오차에 대해 알아보기 위해서 다음 함수의 전개를 고려하자.

$$f(x) = \begin{cases} x, & 0 \le x < \pi \\ x - 2\pi, & \pi < x \le 2\pi \end{cases} \tag{14.8}$$

이 함수는 그림 14.1에서 보이듯이 톱니 모양의 파동이다. 식 (14.2)와 (14.3)을 이용하여 함수의 전개는 다음과 같다.

$$f(x)=2\left[\sin x-\frac{\sin 2x}{2}+\frac{\sin 3x}{3}-\ \cdots\ +(-1)^{n+1}\frac{\sin nx}{n}+\ \cdots\right] \tag{14.9}$$

그림 14.2는 $0 \le x < 2\pi$ 구간에서 $f(x)$를 급수의 4, 6, 10개의 항들의 합으로 보여준다. 세 가지 특징에 대해서 언급할 가치가 있다.

1. 항의 숫자가 증가할수록 표현형의 정밀도는 꾸준히 증가한다.
2. $x=\pi$에서 $f(x)$가 $+\pi$에서 $-\pi$로 불연속적으로 변하는데, 모든 곡선들은 이 두 값의 평

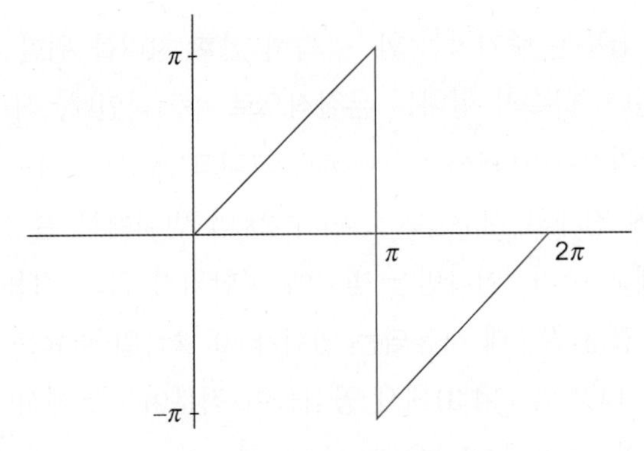

그림 14.1 톱니 모양의 파동

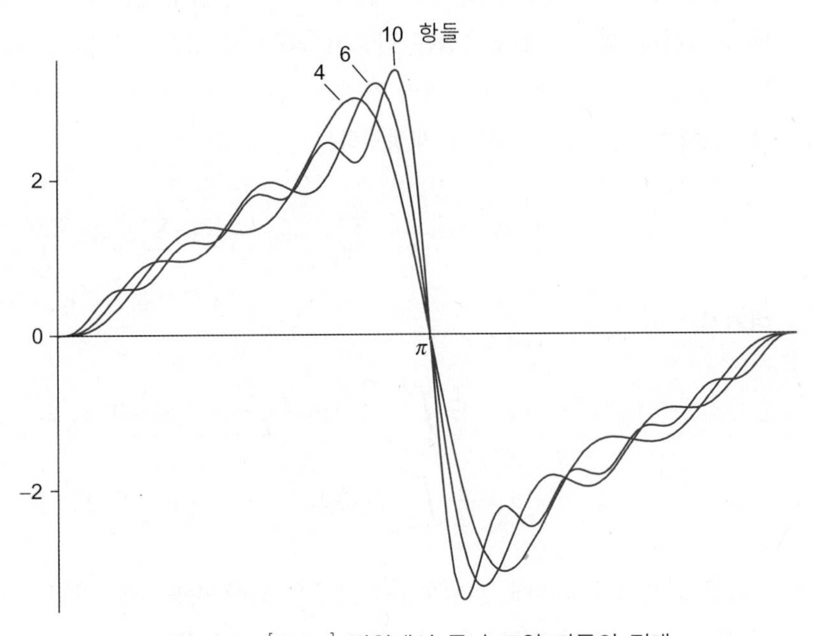

그림 14.2 $[0,\ 2\pi]$ 범위에서 톱니 모양 파동의 전개

균값, 즉 $f(\pi)=0$을 지나간다.

3. 불연속점 $x=\pi$ 근처에서, 오버슈트가 지속되고 줄어들 기미를 보이지 않는다.

부수적인 관심사로, 식 (14.9)에서 $x=\pi/2$를 택하면, 다음과 같이

$$f\left(\frac{\pi}{2}\right)=\frac{\pi}{2}=2\left[1-0-\frac{1}{3}-0+\frac{1}{5}-0-\frac{1}{7}+\cdots\right]$$

$\pi/4$에 대한 라이프니츠 공식이 나오는데, 이는 연습문제 1.3.2에서 다른 방식으로 얻은 바 있다. ■

■ 주기적인 함수

푸리에 급수는 주기적인 함수, 특히 신호 처리를 위한 파동 형태를 표현하는 데 광범위하게 사용된다. 급수의 형태는 본질적으로 주기적인데, 식 (14.1)과 (14.4)에서 전개는 2π의 주기로 주기적이며, $\sin nx$, $\cos nx$, 그리고 $\exp(inx)$는 그 구간에서 n번의 주기 진동을 한다. 푸리에 전개의 계수들은 길이가 2π인 범위에서 결정되는 반면, 전개 자체는 — 해당 함수가 실제로 주기적이라면 — 범위에 국한되지 않고 적용된다. 또한 주기성이 뜻하는 바는, 계수들을 결정하는 데 사용되는 범위가 $[0,\ 2\pi]$일 필요는 없고 같은 길이의 다른 구간이어도 된다. 식 (14.2)와 (14.3)에서 공식들이 적분이 $-\pi$에서 π까지로 바뀌는 상황들이 종종 있다. 사실 연습문제 14.1.1을 $f(x)=x$를 $-\pi<x<\pi$에 대해서 다루는 것으로 바꾸어 말하는 것이 더 자연스러웠을 것이다. 이 경우에 물론 불연속점이 없어지거나 푸리에 급수의 형태가 바뀌지 않는다. 불연속점은 단순히 x구간의 양끝으로 옮겨진다.

실제로 상황에서 푸리에 전개의 자연스러운 구간은 파형의 파장이므로, 푸리에 급수를 식 (14.1)이 다음과 같이 되도록 재정의하는 것이 합당할 수도 있다.

$$f(x)=\frac{a_0}{2}+\sum_{n=1}^{\infty}a_n\cos\frac{n\pi x}{L}+\sum_{n=1}^{\infty}b_n\sin\frac{n\pi x}{L} \tag{14.10}$$

여기서,

$$a_n=\frac{1}{L}\int_{-L}^{L}f(s)\cos\frac{n\pi s}{L}ds,\quad n=0,\ 1,\ 2,\ \ldots \tag{14.11}$$

$$b_n=\frac{1}{L}\int_{-L}^{L}f(s)\sin\frac{n\pi s}{L}ds,\quad n=1,\ 2,\ \ldots \tag{14.12}$$

많은 문제에서 푸리에 전개의 x 의존성은 **위상 속도** v로(가령 $+x$로) 움직이고 있는 파형 분포의 공간적인 의존성을 기술한다. 이는 x 대신 $x-vt$로 쓸 필요가 있다는 것을 의미

하고, 파형이 같은 형태를 유지하면서 움직인다는 암묵적인 가정을 내포한다.[2] 이제 푸리에 전개의 개개의 항에 대해서 흥미로운 해석을 할 수 있다. 다음과 같은 항을 예로 들면

$$\cos\left[\frac{n\pi}{L}(x-vt)\right]$$

주목할 만한 것은 이는 파장이 $2L/n$인 기여분을 기술한다는 것이다. (일정한 t에 대해서 x가 같은 양만큼 증가할 때, 코사인 함수의 독립변수는 2π만큼 증가한다.) 또 주목할 것은 진동 주기는 $T = 2L/nv$(일정한 x에 대해서 코사인 함수의 한 주기 동안 t의 변화)인데, 이는 진동수 $\nu = nv/2L$에 해당된다. $n=1$인 경우의 진동수를 **기본 진동수**(fundamental frequency)라고 하고 이를 $\nu_0 = v/2L$로 나타낸다면, 푸리에 급수에서 $n>1$인 항들은 상음 또는 $n\nu_0$의 진동수를 갖는 기본 진동수의 **배음**(harmonics)으로 기술하는 것으로 간주한다.

푸리에 분석에 적당한 전형적인 문제는 진동 운동하는 입자가 주기적인 주어진 힘을 받는 경우이다. 이 문제를 선형 상미분 방정식으로 기술한다면, 주어진 힘의 푸리에 전개를 할 수 있고 각각의 배음에 대해 개별적으로 풀 수 있다. 이로써 푸리에 전개는 실용적인 도구이자 좋은 분석 장치가 된다. 그러나 푸리에 전개의 유용성은 문제의 선형성에 크게 의존한다. 왜냐하면 비선형 문제에서, 전체 해를 구성요소의 해들의 중첩으로 나타낼 수 없기 때문이다.

앞서서 제안했듯이, 푸리에 급수의 모든 항에서 위상 속도 v가 일정하다는 가정하에 논의를 진행해왔다. 이 가정은 파동 운동을 매개하는 매질이 힘의 모든 진동수에 똑같이 반응할 수 있다는 개념에 해당된다고 본다. 예를 들어, 매질이 너무 무거운 입자로 구성되어서 높은 진동수에 빨리 반응하지 못한다면, 파형의 해당 성분은 감쇠되어 전파하는 파동에서 사라져 버리게 될 것이다. 역으로, 매질에 특정한 진동수에서 공명이 일어나는 성분이 있다면, 해당 진동수에서 반응은 증폭될 것이다. 푸리에 전개는 물리학자(그리고 공학자)에게 파형을 분석하고 원하는 행태를 보이는 매질(예를 들어, 전기회로)을 설계하는 데 강력한 도구가 된다.

때때로 다음과 같은 질문을 제기할 수 있다. “배음은 그 자체로 존재하는가 또는 푸리에 분석에 의해서 만들어지는가?” 하나의 답을 주기 위해서, 함수를 배음으로 분해하는 것을 벡터를 수직 성분으로 분해하는 것과 비교할 수 있다. 성분들은 고립시킬 수 있고 관찰될 수 있다는 의미에서 존재했을지 모르지만, 분명히 분해 방법은 유일하지는 않다. 따라서 많은 저자들은 배음은 우리의 전개하는 선택에 의해 만들어진다고 말하는 것을 선호한다. 직교 함수들의 다른 집합으로 다르게 전개하면 다른 분해를 줄 것이다. 더 자세한 토론은 American Journal of Physics[3]에 출판된 일련의 노트나 논문을 참고하기 바란다.

만약에 함수가 주기적이지 않다면 어떨까? 그래도 여전히 푸리에 전개를 얻을 수 있으나,

---

2 물리적인 매질의 파동에 대해서 이 가정은 항상 참은 아닌데, 이유는 매질의 반응 성질이 시간에 의존하기 때문이다.

3 B. L. Robinson, Concerning frequencies resulting from distortion. *Am. J. Phys.* **21**: 391 (1953); F. W. Van Name, Jr., Concerning frequencies resulting from distortion. *Am J. Phys.* **22**: 94 (1954).

(a) 결과는 물론 전개할 때 (위치와 길이 모두에 관해서) 구간을 어떻게 선택하느냐에 의존할 것이고, (b) 전개를 얻을 때 전개하는 구간의 바깥에 대한 정보를 이용하지 않았기 때문에 전개가 함수의 합당한 근사를 줄 수 있을지 현실적으로 기대할 수 없다.

■ 대칭성

함수 $f(x)$가 x의 양함수 또는 음함수라고 하자. 이 함수가 양함수이면, 이의 푸리에 전개는 어떤 음함수의 항을 포함할 수 없다. (모든 항들은 선형 독립이므로, 어떤 음함수의 항도 다른 음함수의 항들로 제거할 수 없다.) 이 함수의 전개가 $[-\pi,\ \pi]$ 구간에서 얻어지면 다음과 같은 형태를 띠게 된다.

$$f(x)=\frac{a_0}{2}+\sum_{n=1}^{\infty}a_n\cos nx,\quad f(x)\text{는 양함수} \tag{14.13}$$

반면에, $f(x)$가 음함수이면, 다음과 같은 결과를 가져야 한다.

$$f(x)=\sum_{n=1}^{\infty}b_n\sin nx,\quad f(x)\text{는 음함수} \tag{14.14}$$

양쪽의 경우에, 계수를 결정할 때 식 (14.2)와 (14.3)으로부터 $[0,\ \pi]$ 구간만 고려하면 된다. 왜냐하면 인접한 길이 π의 구간은 적분에 같은 기여를 하기 때문이다. 식 (14.13)과 (14.14)의 급수를 때로는 **푸리에 코사인 급수**, **푸리에 사인 급수**라고 부른다.

$[0,\ \pi]$ 구간에서 정의된 함수가 있다면, 이는 푸리에 사인 급수나 푸리에 코사인 급수로 나타낼 수 있고, 정의된 구간에서 비슷한 결과를 얻는다. (함수가 간섭하는 특이점을 가지고 있지 않으면 멱급수로도 나타낼 수 있다.) 그러나 구간 바깥에서 결과는 현저하게 달라질 수 있는데, 이는 전개가 대칭성과 주기성에 대한 다른 가정들에 의존하기 때문이다.

예제 14.1.2 $f(f)=x$의 다른 전개

범위 $[0,\ \pi]$의 함숫값에 바탕을 두고 $f(x)=x$를 전개하기 위해서 세 가지 방법을 고려한다.

- 함수의 멱급수 전개는 (분명히) 멱급수 전개인 $f(x)=x$를 가질 것이다.
- 예제 14.1.1과 비교하여, 함수의 푸리에 사인 급수는 식 (14.9)에 주어진 형태를 가질 것이다.
- 함수의 푸리에 코사인 급수는 다음과 같이 결정된 계수를 갖는다.

$$a_n=\frac{2}{\pi}\int_0^{\pi}x\cos nx\,dx=\begin{cases}\pi, & n=0\\ -\dfrac{4}{n^2\pi}, & n=1,3,5,\ \ldots\\ 0, & n=2,4,6,\ \ldots\end{cases}$$

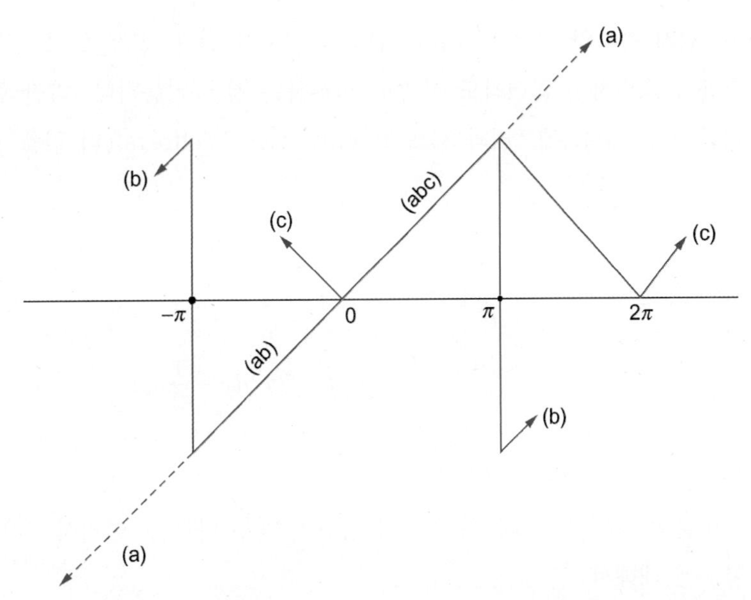

그림 14.3 $[0, \pi]$ 위의 $f(x)=x$의 전개. (a) 멱급수, (b) 푸리에 사인 함수, (c) 푸리에 코사인 함수

이는 다음과 같은 전개에 해당된다.

$$f(x)=\frac{\pi}{2}-\sum_{n=0}^{\infty}\frac{4}{\pi}\frac{\cos(2n+1)x}{(2n+1)^2}$$

이 모든 3개의 전개식들이 정의된 범위인 $[0, \pi]$에서 $f(x)$를 잘 표현하지만, 범위 바깥에서는 두드러지게 다른 경향을 보이게 된다. 그림 14.3에서 $[0, \pi]$보다 큰 범위에 대해서 이 3개의 전개식들을 비교할 수 있다. ■

■ 푸리에 급수에 대한 작용자

급수를 항별로 적분을 하면

$$f(x)=\frac{a_0}{2}+\sum_{n=1}^{\infty}a_n\cos nx+\sum_{n=1}^{\infty}b_n\sin nx \tag{14.15}$$

다음과 같은 결과를 준다.

$$\int_{x_0}^{x}f(x)dx=\frac{a_0x}{2}\bigg|_{x_0}^{x}+\sum_{n=1}^{\infty}\frac{a_n}{n}\sin nx\bigg|_{x_0}^{x}-\sum_{n=1}^{\infty}\frac{b_n}{n}\cos nx\bigg|_{x_0}^{x} \tag{14.16}$$

명백하게도, 적분의 효과는 각 계수의 분모에 n의 차수를 더하는 것이다. 이는 결과적으로 전보다 더 빨리 수렴하게 한다. 따라서 수렴하는 푸리에 급수를 항상 항별로 적분할 수 있어

서, 원래 함수의 적분에 균등 수렴하는 급수가 된다. 실제로 식 (14.15)에 있는 원래의 급수 자체가 수렴하지 않더라도 항별로 적분하는 것은 가능하다. 다만 함수 $f(x)$가 적분 가능하기만 하면 된다. 제프리와 제프리(Jeffreys and Jeffreys)(더 읽을 거리)에서 이에 대한 토론을 찾을 수 있다.

엄격하게 말하자면, 식 (14.16)은 푸리에 전개가 아닐 수도 있다. 즉, $a_0 \neq 0$이면 $\frac{1}{2}a_0 x$ 항이 있을 것이다. 그러나

$$\int_{x_0}^{x} f(x)dx - \frac{1}{2}a_0 x \tag{14.17}$$

은 여전히 푸리에 급수일 것이다.

미분의 경우에는 적분의 경우와 상황이 매우 다르다. 여기서 주의해야 할 점이 있다. 다음 함수에 대해서

$$f(x) = x, \quad -\pi < x < \pi \tag{14.18}$$

급수를 고려하자. (예제 14.1.1에서) 다음과 같이 쉽게 푸리에 급수를 구했다.

$$x = 2\sum_{n=1}^{\infty}(-1)^{n+1}\frac{\sin nx}{n}, \quad -\pi < x < \pi \tag{14.19}$$

이를 항별로 미분하면 다음을 얻는다.

$$1 = 2\sum_{n=1}^{\infty}(-1)^{n+1}\cos nx \tag{14.20}$$

이는 수렴하지 않는다. **경고:** 도함수의 수렴도를 알아보라.

(예제 14.2.9에서 다루었던) 그림 14.4에 보이는 삼각파에 대해서, 푸리에 전개는 다음과 같다.

$$f(x) = \frac{\pi}{2} - \frac{4}{\pi}\sum_{n=1,\,\text{odd}}^{\infty}\frac{\cos nx}{n^2} \tag{14.21}$$

이는 식 (14.19)의 전개보다도 더 빨리 수렴한다. 사실상 이는 균등 수렴을 보여준다. 이를 항별로 미분하면 다음을 얻는다.

$$f'(x) = \frac{4}{\pi}\sum_{n=1,\,\text{odd}}^{\infty}\frac{\sin nx}{n} \tag{14.22}$$

이는 다음과 같이 네모파의 푸리에 전개이다.

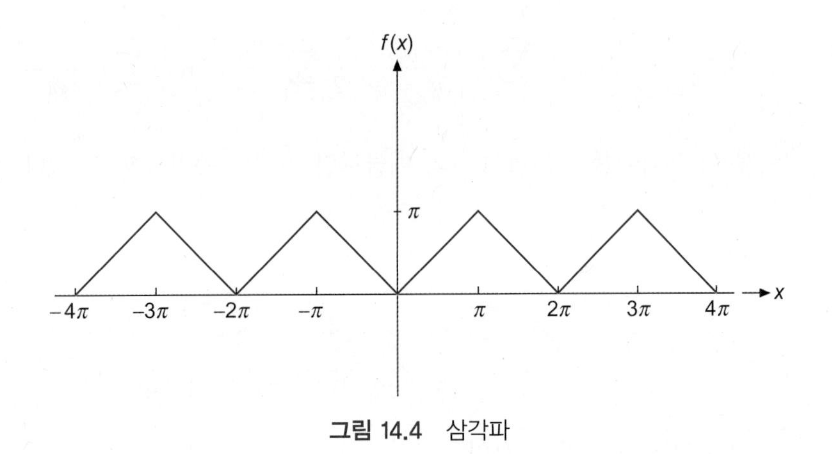

그림 14.4 삼각파

$$f'(x) = \begin{cases} 1, & 0 < x < \pi \\ -1, & -\pi < x < 0 \end{cases} \tag{14.23}$$

그림 14.3을 잘 관찰하면 이는 실제로 삼각파의 도함수라는 것을 확인할 수 있다.

- 적분의 역과정으로, 미분의 작용으로 각 항의 분자에 n의 차수를 더하였다. 이는 수렴의 비율을 줄이고, 처음의 경우에서 언급했던 것처럼 미분된 급수를 발산하게 할 수 있다.
- 일반적으로 미분할 급수가 균등 수렴이면, 항별로 미분하는 것이 허용된다.

■ 푸리에 급수의 합

푸리에 급수로 표현된 함수를 확인하는 가장 효과적인 방법은 종종 단순히 전개를 표에서 확인하는 것이다. 그러나 급수를 합하는 데 관심이 있다면, 삼각함수들을 해당 복소 지수함수의 형태로 대체하고 푸리에 급수를 $e^{\pm ix}$의 하나 또는 그 이상의 멱급수로 동일시하는 것이 유용한 접근 방법이다.

예제 14.1.3 푸리에 급수의 합

$\sum_{n=1}^{\infty} (1/n)\cos nx,\ x \in (0,\ 2\pi)$에 대해 급수를 고려하자. 이 급수가 단지 조건 수렴하기 때문에($x = 0$에서 발산한다) 다음을 택한다.

$$\sum_{n=1}^{\infty} \frac{\cos nx}{n} = \lim_{r \to 1} \sum_{n=1}^{\infty} \frac{r^n \cos nx}{n}$$

이는 $|r| < 1$에 대해서 절대 수렴한다. 삼각함수를 지수함수 형태로 바꾸어서 멱급수로 만드는 과정을 택한다.

$$\sum_{n=1}^{\infty}\frac{r^n\cos nx}{n}=\frac{1}{2}\sum_{n=1}^{\infty}\frac{r^n e^{inx}}{n}+\frac{1}{2}\sum_{n=1}^{\infty}\frac{r^n e^{-inx}}{n}$$

이제 이 멱급수를 $-\ln(1-z)$의 매클로린 전개로 동일시할 수 있다. 여기에서, $z=re^{ix}$ 또는 re^{-ix}이다. 식 (1.97)로부터 다음을 얻는다.

$$\begin{aligned}\sum_{n=1}^{\infty}\frac{r^n\cos nx}{n}&=-\frac{1}{2}[\ln(1-re^{ix})+\ln(1-re^{-ix})]\\&=-\ln[(1+r^2)-2r\cos x]^{1/2}\end{aligned}$$

$r=1$로 택하면 다음을 보인다.

$$\begin{aligned}\sum_{n=1}^{\infty}\frac{\cos nx}{n}&=-\ln(2-2\cos x)^{1/2}\\&=-\ln\left(2\sin\frac{x}{2}\right),\quad(0<x<2\pi)\end{aligned}\tag{14.24}$$

이 표현의 양쪽은 $x\to 0$과 $x\to 2\pi$에서 발산한다.[4] ■

연습문제

14.1.1 함수 $f(x)$(제곱하여 적분 가능한 함수)를 **유한한** 푸리에 급수로 표현하려고 한다. 급수의 정확도를 측정하는 편리한 방법은 다음과 같이 차이의 제곱을 적분하는 것이다.

$$\Delta_p=\int_0^{2\pi}\left[f(x)-\frac{a_0}{2}-\sum_{n=1}^{p}(a_n\cos nx+b_n\sin nx)\right]^2 dx$$

Δ_p를 최소화하는 필요조건, 즉 다음 식이 모든 n에 대해서 성립하면,

$$\frac{\partial\Delta_p}{\partial a_n}=0,\qquad\frac{\partial\Delta_p}{\partial b_n}=0$$

식 (14.2)와 (14.3)에 주어진 대로 a_n과 b_n을 선택하는 것이 됨을 보이시오.

[참고] 계수 a_n과 b_n은 p에 의존하지 않는다. 이 비의존성은 직교성의 결과이고 $f(x)$를 멱급수로 전개했다면 성립되지 않을 것이다.

4 오른쪽에 x를 $|x|$로 대체하면, 식 (14.24)의 유효한 범위를 $[-\pi,\ \pi]$로 이동시킬 수 있다. (단, $x=0$은 제외된다.)

14.1.2 복잡한 파형의 분석에서(바다의 조석, 지진, 음의 색조 등), 다음과 같이 푸리에 급수를 택하는 것이 더 편리할 수도 있다.

$$f(x) = \frac{a_0}{2} + \sum_{n=1}^{\infty} \alpha_n \cos(nx - \theta_n)$$

다음 조건을 만족할 때 위의 식이 식 (14.1)과 동일함을 보이시오.

$$a_n = \alpha_n \cos\theta_n, \qquad \alpha_n^2 = a_n^2 + b_n^2$$
$$b_n = \alpha_n \sin\theta_n, \quad \tan\theta_n = b_n/a_n$$

[참고] n의 함수로서 α_n^2은 소위 **파워 스펙트럼**(power spectrum)을 정의한다. α_n^2의 중요성은 θ_n의 이동에 대해서 불변하다는 데에 있다.

14.1.3 함수 $f(x)$가 다음과 같이 지수함수의 푸리에 급수로 전개된다.

$$f(x) = \sum_{n=-\infty}^{\infty} c_n e^{inx}$$

$f(x)$가 실수이면, $f(x) = f^*(x)$, 계수 c_n에 무슨 제한조건이 부여되는가?

14.1.4 $\int_{-\pi}^{\pi} [f(x)]^2$이 유한하다고 가정하여 다음을 보이시오.

$$\lim_{m\to\infty} a_m = 0, \qquad \lim_{m\to\infty} b_m = 0$$

[힌트] $s_n(x)$가 n번째 부분합일 때, $[f(x) - s_n(x)]^2$을 적분하고, 베셀의 부등식(5.1절)을 이용하라. 주어진 유한한 구간에서 $f(x)$의 제곱이 적분 가능하다고 가정하는 것은($\int_{-\pi}^{\pi} |f(x)|^2 dx$는 유한함) 또한 $\int_{-\pi}^{\pi} |f(x)|$가 유한하다는 것을 의미한다. 역은 성립하지 않는다.

14.1.5 이 절의 합산 기법을 적용하여 다음을 보이시오.

$$\sum_{n=1}^{\infty} \frac{\sin nx}{n} = \begin{cases} \frac{1}{2}(\pi - x), & 0 < x \le \pi \\ -\frac{1}{2}(\pi + x), & -\pi \le x < 0 \end{cases}$$

이것은 그림 14.5에서 보이듯이 역전된 톱니 파동이다.

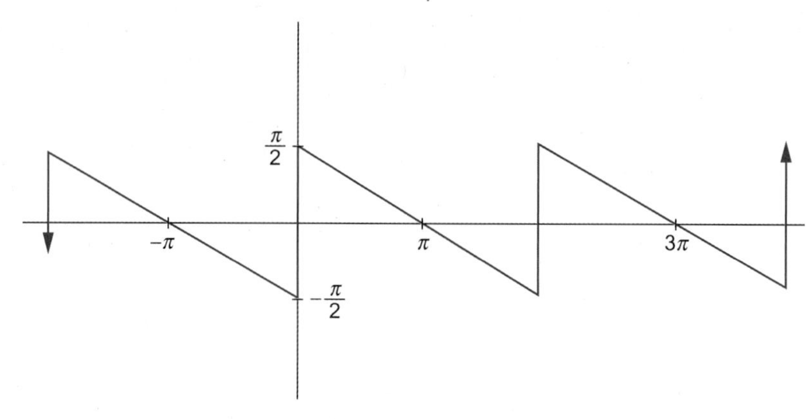

그림 14.5 역전된 톱니 파동

14.1.6 급수 $\sum_{n=1}^{\infty}(-1)^{n+1}\frac{\sin nx}{n}$를 합하여 결과가 $x/2$와 같음을 보이시오.

14.1.7 삼각함수의 급수 $\sum_{n=0}^{\infty}\frac{\sin(2n+1)x}{2n+1}$를 합하여 결과가 다음과 같음을 보이시오.

$$\begin{cases} \pi/4, & 0 < x < \pi \\ -\pi/4, & -\pi < x < 0 \end{cases}$$

14.1.8 $f(z) = \ln(1+z) = \sum_{n=1}^{\infty}\frac{(-1)^{n+1}z^n}{n}$이라고 하자. 이 급수는 $|z| \le 1$에 대해서($z=-1$은 제외), $\ln(1+z)$로 수렴한다.

(a) 실수 부분으로부터 다음을 보이시오.

$$\ln\left(2\cos\frac{\theta}{2}\right) = \sum_{n=1}^{\infty}(-1)^{n+1}\frac{\cos n\theta}{n}, \quad -\pi < \theta < \pi$$

(b) 변수 치환을 이용하여 문항 (a)를 다음으로 변환하시오.

$$-\ln\left(2\sin\frac{\theta}{2}\right) = \sum_{n=1}^{\infty}\frac{\cos n\theta}{n}, \quad 0 < \theta < 2\pi$$

14.1.9 (a) $f(x) = x$를 $(0,\ 2L)$ 구간에서 전개하시오. 얻은 급수(답의 오른쪽)를 $(-2L,\ 2L)$에 대하여 스케치하시오.

답. $x = L - \frac{2L}{\pi}\sum_{n=1}^{\infty}\frac{1}{n}\sin\left(\frac{n\pi x}{L}\right)$

(b) $f(x)=x$를 **절반** 구간인 $(0,\ L)$에서 사인 급수로 전개하시오. 얻은 급수(답의 오른쪽)를 $(-2L,\ 2L)$에 대하여 스케치하시오.

답. $x=\dfrac{4L}{\pi}\displaystyle\sum_{n=0}^{\infty}\dfrac{1}{2n+1}\sin\left(\dfrac{(2n+1)\pi x}{L}\right)$

14.1.10 어떤 문제에서는 $\sin\pi x$를 $[0,\ 1]$ 구간에서 포물선 $ax(1-x)$로 근사하는 것이 편리하다. 여기서 a는 상수이다. 이 근사의 정확도에 대한 느낌을 얻기 위해서, $4x(1-x)$를 ($-1 \leq x \leq 1$ 구간에서) 푸리에 사인 급수로 전개하시오.

$$f(x)=\left\{\begin{matrix}4x(1-x), & 0\leq x\leq 1\\ 4x(1+x), & -1\leq x\leq 0\end{matrix}\right\}=\sum_{n=1}^{\infty}b_n\sin n\pi x$$

답. $b_n=\dfrac{32}{\pi^3}\dfrac{1}{n^3}$, n은 홀수

$b_n=0$, n은 짝수

이 근사는 그림 14.6에 나타나 있다.

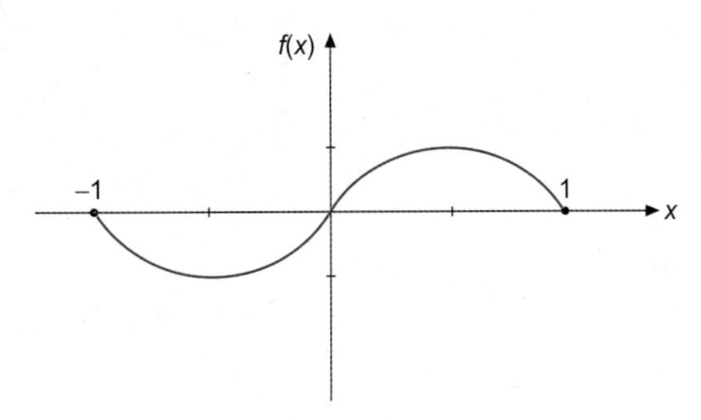

그림 14.6 사인파동의 포물선 근사

14.1.11 $\delta(\varphi_1-\varphi_2)=\dfrac{1}{2\pi}\displaystyle\sum_{m=-\infty}^{\infty}e^{im(\varphi_1-\varphi_2)}$이 디랙 델타 함수라는 것을 확인하기 위해서, 이 표현이 다음을 만족함을 보이시오.

$$\int_{-\pi}^{\pi}f(\varphi_1)\frac{1}{2\pi}\sum_{m=-\infty}^{\infty}e^{im(\varphi_1-\varphi_2)}d\varphi_1=f(\varphi_2)$$

[힌트] $f(\varphi_1)$을 지수함수의 푸리에 급수로 나타내어라.

14.1.12 $-\pi<x<\pi$에서 $f(x)=x$의 푸리에 전개를 적분하여 다음을 보이시오.

$$\frac{\pi^2}{12}=\sum_{n=1}^{\infty}\frac{(-1)^{n+1}}{n^2}=1-\frac{1}{4}+\frac{1}{9}-\frac{1}{16}+1\cdots$$

[참고] $f(x)=x$에 대한 급수는 예제 14.1.1의 주제였다. 정의 구간을 $[0,\ 2\pi]$에서 $[-\pi,\ \pi]$로 바꾸어도 전개에 영향을 주지 않음을 확인하라.

14.1.13 (a) $f(x)$의 푸리에 전개가 균등 수렴한다고 가정하여 다음을 보이시오.

$$\frac{1}{\pi}\int_{-\pi}^{\pi}[f(x)]^2dx=\frac{a_0^2}{2}+\sum_{n=1}^{\infty}(a_n^2+b_n^2)$$

이는 파세발(Parseval) 항등식이다. 이는 푸리에 전개에 대한 완전성 관계이다.

(b) 다음이 주어져 있을 때

$$x^2=\frac{\pi^2}{3}+4\sum_{n=1}^{\infty}\frac{(-1)^n\cos nx}{n^2},\quad -\pi\le x\le\pi$$

파세발 항등식을 이용하여 $\zeta(4)$를 닫힌 형태로 구하시오.

(c) 균등 수렴의 조건은 필요조건이 아니다. 이를 보이기 위해서 파세발 항등식을 다음의 네모파에 적용하시오.

$$f(x)=\begin{cases}-1, & -\pi<x<0\\ 1, & 0<x<\pi\end{cases}$$
$$=\frac{4}{\pi}\sum_{n=1}^{\infty}\frac{\sin(2n-1)x}{2n-1}$$

14.1.14 다음이 주어질 때,

$$\varphi_1(x)\equiv\sum_{n=1}^{\infty}\frac{\sin nx}{n}=\begin{cases}-\dfrac{1}{2}(\pi+x), & -\pi\le x<0\\ \dfrac{1}{2}(\pi-x), & 0<x\le\pi\end{cases}$$

적분하여 다음을 보이시오.

$$\varphi_2(x)\equiv\sum_{n=1}^{\infty}\frac{\cos nx}{n^2}=\begin{cases}\dfrac{1}{4}(\pi+x)^2-\dfrac{\pi^2}{12}, & -\pi\le x\le 0\\ \dfrac{1}{4}(\pi-x)^2-\dfrac{\pi^2}{12}, & 0\le x\le\pi\end{cases}$$

14.1.15 다음이 주어질 때,

$$\psi_{2s}(x)=\sum_{n=1}^{\infty}\frac{\sin nx}{n^{2s}},\qquad \psi_{2s+1}(x)=\sum_{n=1}^{\infty}\frac{\cos nx}{n^{2s+1}}$$

다음의 점화 관계식들을 유도하시오.

(a) $\psi_{2s}(x) = \int_0^x \psi_{2s-1}(x)dx$

(b) $\psi_{2s+1}(x) = \zeta(2s+1) - \int_0^x \psi_{2s}(x)dx$

[참고] 이번과 이전 문제에서 $\psi_s(x)$, $\varphi_s(x)$ 함수들은 **클라우센 함수**(Clausen function)라고 알려져 있다. 이론상 이 함수들을 이용해서 푸리에 급수의 수렴 비율을 향상시킬 수 있다. 흔히 있는 일이지만, 우리가 얼마나 많은 분석적인 일을 하고, 얼마나 많은 산술적인 일을 컴퓨터에 요구하는지에 대한 질문이 있다. 컴퓨터가 지속적으로 더 강력해질수록, 우리가 일을 적게 하고 컴퓨터에 더 많은 일을 요구하도록 점진적으로 균형이 이루어진다.

14.1.16 $f(x) = \sum_{n=1}^{\infty} \frac{\cos nx}{n+1}$를 다음과 같이 쓸 수 있음을 보이시오.

$$f(x) = \psi_1(x) - \varphi_2(x) + \sum_{n=1}^{\infty} \frac{\cos nx}{n^2(n+1)}$$

여기에서 $\psi_1(x)$, $\varphi_2(x)$는 연습문제 14.1.14와 14.1.15에서 정의된 클라우센 함수들이다.

14.2 푸리에 급수의 응용

이 절에서는 전형적인 2개의 문제와 유용한 푸리에 급수를 작은 표에 제시하고, 상당수의 연습문제를 통해서 응용에서 야기되는 몇 가지 기술적인 면들을 예시한다.

예제 14.2.1 네모파

푸리에 급수의 한 가지 응용으로서 '네모파'(그림 14.7)의 푸리에 성분 분석이 있는데, 급격하게 증가하는 펄스를 다루기 위해서 전자 회로를 설계할 때 적용된다. 다음과 같이 파동이 정의된다고 하자.

$$\begin{aligned} f(x) &= 0, \quad -\pi < x < 0 \\ f(x) &= h, \quad 0 < x < \pi \end{aligned} \tag{14.25}$$

식 (14.2)와 (14.3)으로부터 다음을 구한다.

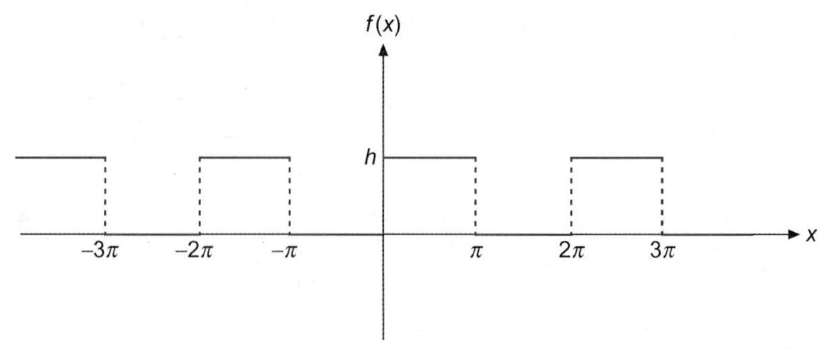

그림 14.7 네모파

$$a_0 = \frac{1}{\pi}\int_0^\pi h dt = h$$

$$a_0 = \frac{1}{\pi}\int_0^\pi h \cos nt \, dt = 0, \quad n = 1, 2, 3, \dots$$

$$b_n = \frac{1}{\pi}\int_0^\pi h \sin nt \, dt = \frac{h}{n\pi}(1 - \cos n\pi)$$

$$= \begin{cases} \dfrac{2h}{n\pi}, & n\text{은 홀수} \\ 0, & n\text{은 짝수} \end{cases}$$

결과적으로 급수는 다음과 같다.

$$f(x) = \frac{h}{2} + \frac{2h}{\pi}\left(\frac{\sin x}{1} + \frac{\sin 3x}{3} + \frac{\sin 5x}{5} + \cdots\right) \tag{14.26}$$

첫째 항을 제외하고(이는 $[-\pi, \pi]$ 구간에 대한 $f(x)$의 평균을 표현한다), 모든 코사인 항들은 사라졌다. $f(x) - h/2$는 기함수이므로 푸리에 사인 급수이다. 이 사인 급수에는 홀수 항들만 나타나므로 $n^{(-1)}$으로 감소하기만 한다. 이러한 **조건 수렴**은 교대 조화 급수의 경우와 같다. 이는 물리적으로 네모파는 **많은 고주파 성분들**을 포함하고 있다는 것을 의미한다. 전자 기구가 이러한 성분들을 통과시키지 못한다면, 입력된 네모파는 아마도 비결정성의 방울로 거의 둥글게 깎인 채로 나타날 것이다. ■

예제 14.2.2 **전파 정류기**

두 번째 예로서, 전파 정류기의 출력은 얼마나 완전한 직류에 근접하는지 질문해보자. 그림 14.8에서 보듯이, 정류기는 입사하고 있는 사인파동의 양의 피크는 통과시키고 음의 피크는 뒤집는다. 이는 다음과 같은 결과를 준다.

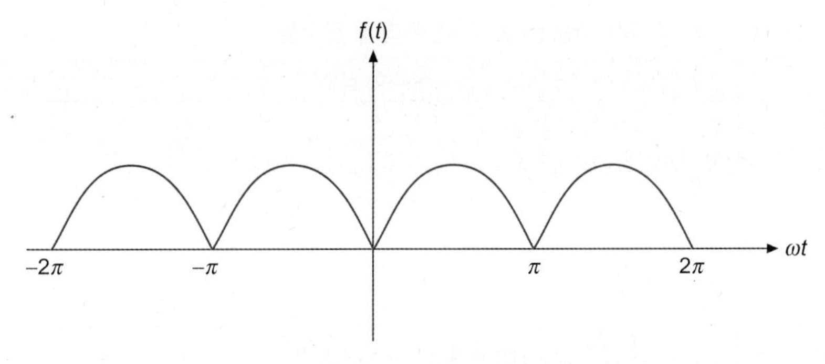

그림 14.8 전파 정류기

$$f(t)=\begin{cases}\sin\omega t, & 0<\omega t<\pi\\ -\sin\omega t, & -\pi<\omega t<0\end{cases}\tag{14.27}$$

여기에서 정의된 $f(t)$는 우함수이므로, $\sin n\omega t$ 형태의 항은 나타나지 않을 것이다. 다시 한번 식 (14.2)와 (14.3)으로부터 다음과 같은 결과를 얻는다.

$$\begin{aligned}a_0&=-\frac{1}{\pi}\int_{-\pi}^{0}\sin\omega t\,d(\omega t)+\frac{1}{\pi}\int_{0}^{\pi}\sin\omega t\,d(\omega t)\\&=\frac{2}{\pi}\int_{0}^{\pi}\sin\omega t\,d(\omega t)=\frac{4}{\pi},\\a_n&=\frac{2}{\pi}\int_{0}^{\pi}\sin\omega t\cos n\omega t\,d(\omega t)\\&=\begin{cases}-\dfrac{2}{\pi}\dfrac{2}{n^2-1}, & n\text{은 짝수}\\ 0, & n\text{은 홀수}\end{cases}\end{aligned}$$

참고로 $[0,\ \pi]$는 사인과 코사인에 대해서 동시에 직교 구간이 아니고, n이 짝수일 때 0이 되지 않는다. 결과적으로 급수는 다음과 같다.

$$f(t)=\frac{2}{\pi}-\frac{4}{\pi}\sum_{n=2,4,6,\ldots}^{\infty}\frac{\cos n\omega t}{n^2-1}\tag{14.28}$$

원래 진동수 ω는 사라졌고, 사실상 모든 홀수 조파도 또한 나타나지 않는다. 최소 진동수는 2ω이다. 고주파 성분들은 $n^{(-2)}$로 감소하며, 이는 전파 정류기가 직류에 근접하도록 잘 동작한다는 것을 보여준다. 이 근사가 적당한지 여부는 특정한 응용 문제에 달려 있다. 나머지 교류 성분들이 바람직하지 않으면, 이들은 적당한 필터 회로로 더 제거할 수 있다. ■

이 예들을 통해서 푸리에 전개의 두 가지 특징을 도출한다.[5]

표 14.1 이 책에서 사용된 몇 가지 푸리에 급수들

	푸리에 급수	참고
1.	$\sum_{n=1}^{\infty}\frac{\sin nx}{n}=\begin{cases}-\frac{1}{2}(\pi+x) & -\pi\le x<0\\ \frac{1}{2}(\pi-x), & 0\le x<\pi\end{cases}$	연습문제 14.1.5 연습문제 14.2.8
2.	$\sum_{n=1}^{\infty}(-1)^{n+1}\frac{\sin nx}{n}=\frac{x}{n},\quad -\pi<x<\pi$	연습문제 14.1.6 연습문제 14.2.7
3.	$\sum_{n=1}^{\infty}\frac{\sin(2n+1)x}{2n+1}=\begin{cases}-\pi/4 & -\pi<x<0\\ +\pi/4, & 0<x<\pi\end{cases}$	연습문제 14.1.7 식 (14.26)
4.	$\sum_{n=1}^{\infty}\frac{\cos nx}{n}=-\ln\left[2\sin\left(\frac{\lvert x\rvert}{2}\right)\right],\quad -\pi<x<\pi$	연습문제 14.1.8(b) 식 (14.24)
5.	$\sum_{n=1}^{\infty}(-1)^{n}\frac{\cos nx}{n}=-\ln\left[2\cos\left(\frac{x}{2}\right)\right],\quad -\pi<x<\pi$	연습문제 14.1.8(a)
6.	$\sum_{n=1}^{\infty}\frac{\cos(2n+1)x}{2n+1}=\frac{1}{2}\ln\left[\cot\frac{\lvert x\rvert}{2}\right],\quad -\pi<x<\pi$	연습문제 14.2.5

- $f(x)$가 불연속점들을 가진다면(예제 14.2.1의 네모파에서처럼), n번째 계수는 $\mathcal{O}(1/n)$ 정도로 감소할 것이 기대된다. 수렴은 다만 조건적이다.
- $f(x)$가 연속적이라면(아마도 예제 14.2.2의 전파 정류기에서처럼 도함수가 불연속적일지라도), n번째 계수는 $1/n^2$로 감소, 즉 절대 수렴이 기대된다.

이 절을 마무리하면서, 표 14.1에 이 장의 예제나 연습문제에서 소개되었던 푸리에 급수의 목록이 제공되어 있다. 좀 더 방대한 목록은 더 읽을 거리, 특히 오베르헤팅거(Oberhettinger)의 논문뿐만 아니라 카슬로(Carslaw), 처칠(Churchill), 지그문트(Zygmund)의 책에서 찾을 수 있다.

연습문제

14.2.1 네모파의 푸리에 전개, 식 (14.26)을 멱급수로 변환하시오. x^1의 계수는 **발산하는** 급수에 해당됨을 보이시오. x^3의 계수에 대해서도 이를 반복하시오.

[참고] 멱급수의 경우에 불연속점을 다룰 수 없다. 무한대의 계수들은 멱급수의 기본적인 한계점을 극복하려는 시도의 결과이다.

[5] G. Raisbeek, Order of magnitude of Fourier coefficients. *Am. Math. Mon.* **62**: 149 (1955).

14.2.2 구간 $-\pi < x < \pi$에서 디랙 델타 함수 $\delta(x)$의 푸리에 급수를 유도하시오.

(a) 상수항에 어떤 의미를 부여할 수 있는가?

(b) 이 표현은 어떤 영역에서 유효한가?

(c) 다음의 항등식을 이용해서 $\delta(x)$의 푸리에 표현형이 식 (5.27)과 일관됨을 보이시오.

$$\sum_{n=1}^{N} \cos nx = \frac{\sin(Nx/2)}{\sin(x/2)} \cos\left[\left(N + \frac{1}{2}\right)\frac{x}{2}\right]$$

14.2.3 $\delta(x-t)$를 푸리에 급수로 전개하시오. 이 결과를 식 (5.27)의 이항 형태와 비교하시오.

답. $$\delta(x-t) = \frac{1}{2\pi} + \frac{1}{\pi}\sum_{n=1}^{\infty}(\cos nx \cos nt + \sin nx \sin nt)$$
$$= \frac{1}{2\pi} + \frac{1}{\pi}\sum_{n=1}^{\infty}\cos n(x-t)$$

14.2.4 디랙 델타 함수의 푸리에 전개를 적분하여(연습문제 14.2.2) 네모파의 푸리에 표현형, $h=1$인 식 (14.26)이 유도됨을 보이시오.

[참고] 상수항 $(1/2\pi)$를 적분하면 $x/2\pi$가 나온다. 이 결과를 어떻게 이용할 것인가?

14.2.5 표 14.1의 4번째, 5번째 줄에 있는 푸리에 급수로부터 다음을 보이시오.

$$\sum_{n=0}^{\infty} \frac{\cos(2n+1)x}{2n+1} = \frac{1}{2}\ln\left[\cot\frac{|x|}{2}\right]$$

14.2.6 다음의 푸리에 급수 표현을 유도하시오.

$$f(t) = \begin{cases} 0, & -\pi \le \omega t \le 0 \\ \sin \omega t, & 0 \le \omega t \le \pi \end{cases}$$

이는 간단한 반파 정류기의 출력에 해당된다. 이는 태양열 효과의 근사인데 대기 중에 '물결'을 형성한다.

답. $$f(t) = \frac{1}{\pi} + \frac{1}{2}\sin \omega t - \frac{2}{\pi}\sum_{n=2,4,6,\dots}^{\infty}\frac{\cos n\omega t}{n^2-1}$$

14.2.7 톱니 파동은 다음과 같이 주어진다.

$$f(x) = x, \qquad -\pi < x < \pi$$

$f(x) = 2\sum_{n=1}^{\infty}\frac{(-1)^{n+1}}{n}\sin nx$ 임을 보이시오.

14.2.8　다른 톱니 파동은 다음과 같이 기술된다.

$$f(x)=\begin{cases}-\frac{1}{2}(\pi+x), & -\pi \le x < 0 \\ +\frac{1}{2}(\pi-x), & 0 < x \le \pi\end{cases}$$

$f(x)=\sum_{n=1}^{\infty}(\sin nx/n)$임을 보이시오.

14.2.9　삼각파(그림 14.4)는 다음과 같이 표현된다.

$$f(x)=\begin{cases}x, & 0 < x < \pi \\ -x, & -\pi < x < 0\end{cases}$$

$f(x)$를 푸리에 급수로 표현하시오.

답. $f(x)=\frac{\pi}{2}-\frac{4}{\pi}\sum_{n=1,3,5,\ldots}\frac{\cos nx}{n^2}$

14.2.10　다음을 구간 $[-\pi, \pi]$에서 전개하시오.

$$f(x)=\begin{cases}1, & x^2 < x_0^2 \\ 0, & x^2 > x_0^2\end{cases}$$

[참고] 폭이 가변적인 네모파는 전자 음악에서 중요하다.

14.2.11　반지름이 a인 금속 실린더 튜브가 길이 방향으로 접촉하지 않도록 두 쪽으로 나뉘어 있다고 하자. 위의 반쪽은 전기 퍼텐셜 $+V$로, 아래의 반쪽은 전기 퍼텐셜 $-V$로 유지된다(그림 14.9 참고). 라플라스 방정식에서 변수를 분리하여 $r \le a$에 대해 정전기 퍼텐셜에 대해서 해를 구하시오. $r=a$에 대한 해와 네모파에 대한 푸리에 급수 사이에 닮은 점을 관찰하시오.

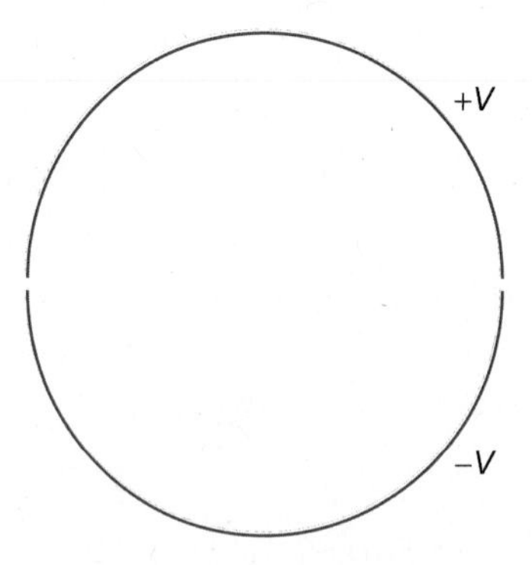

그림 14.9 조각난 튜브의 단면

14.2.12 금속 실린더가 위에서처럼 균일한 전기장 E_0에 놓여 있다. 이때 실린더 축은 전기장의 방향에 수직이다.

(a) 섭동된 정전기 퍼텐셜을 구하시오.

(b) 실린더 위의 유도된 표면 전하를 각도 위치의 함수로 구하시오.

14.2.13 (a) 다음의 푸리에 급수 표현형을 구하시오.

$$f(x) = \begin{cases} 0, & -\pi < x \le 0 \\ x, & 0 \le x < \pi \end{cases}$$

(b) 푸리에 전개로부터 다음을 보이시오.

$$\frac{\pi^2}{8} = 1 + \frac{1}{3^2} + \frac{1}{5^2} + \cdots$$

14.2.14 다음 단위 계단 함수의 푸리에 전개를 적분하시오.

$$f(x) = \begin{cases} 0, & -\pi < x < 0 \\ 1, & 0 < x < \pi \end{cases}$$

적분한 급수가 문제 14.2.13과 일치함을 보이시오.

14.2.15 구간 $(-\pi, \pi)$에서 $\delta_n(x) = \begin{cases} n, & |x| < 1/2n \\ 0, & |x| > 1/2n \end{cases}$이다.

이 파형은 그림 14.10에 보인 펄스이다.

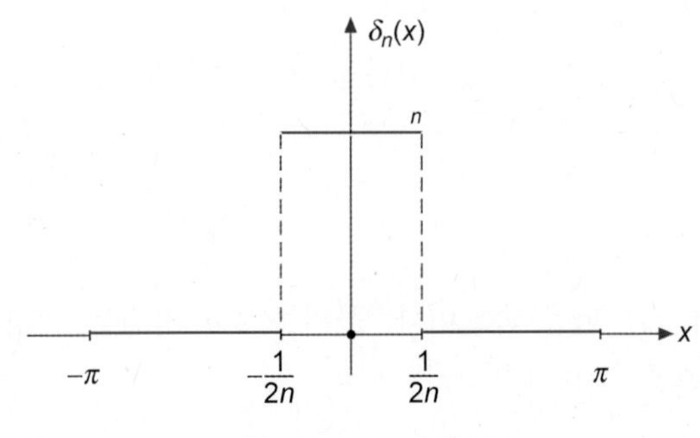

그림 14.10 직사각 펄스

(a) $\delta_n(x)$를 푸리에 코사인 급수로 전개하시오.

(b) 이 푸리에 급수가 $n \to \infty$ 극한에서 $\delta(x)$의 푸리에 전개와 일치함을 보이시오.

14.2.16 예제 14.2.15의 푸리에 전개의 델타 함수 성질을 확인하기 위해서, 구간 $[-\pi, \pi]$에서 유한

하고 $x=0$에서 연속적인 임의의 함수 $f(x)$에 대해서 다음을 보이시오.

$$\int_{-\pi}^{\pi} f(x)[\delta_{\infty}(x)\text{의 푸리에 전개}]dx = f(0)$$

14.2.17 (a) 디랙 델타 함수 $\delta(x-a)$를 절반 구간 $(0,\ L)(0<a<L)$에서 푸리에 사인 급수로 전개하면 다음과 같이 주어짐을 보이시오.

$$\delta(x-a)=\frac{2}{L}\sum_{n=1}^{\infty}\sin\left(\frac{n\pi a}{L}\right)\sin\left(\frac{n\pi x}{L}\right)$$

이 급수는 실제로 구간 $(-L,\ L)$에서 $-\delta(x+a)+\delta(x-a)$를 기술함을 참고하라.

(b) 위 식의 양변을 0에서 x까지 적분하여 네모파의 코사인 전개가

$$f(x)=\begin{cases}0, & 0\le x<a\\ 1, & a<x<L\end{cases}$$

$0\le x<L$에 대해서 다음과 같음을 보이시오.

$$f(x)=\frac{2}{\pi}\sum_{n=1}^{\infty}\frac{1}{n}\sin\left(\frac{n\pi a}{L}\right)-\frac{2}{\pi}\sum_{n=1}^{\infty}\frac{1}{n}\sin\left(\frac{n\pi a}{L}\right)\cos\left(\frac{n\pi x}{L}\right)$$

(c) $\frac{2}{\pi}\sum_{n=1}^{\infty}\frac{1}{n}\sin\left(\frac{n\pi a}{L}\right)$는 $(0,\ L)$에서 $f(x)$의 평균값임을 보이시오.

14.2.18 푸리에 계수를 직접 계산하여 네모파의 푸리에 코사인 전개, 문제 14.2.17(b)를 확인하시오.

14.2.19 (a) 끈 하나가 $x=0$과 $x=L$에 고정되어 있다. 진폭이 작은 진동을 가정하면, 진폭 $y(x,\ t)$가 다음 파동 방정식을 만족함을 알 수 있다.

$$\frac{\partial^2 y}{\partial x^2}=\frac{1}{v^2}\frac{\partial^2 y}{\partial t^2}$$

여기서 v는 파동 속도이다. 끈의 $x=a$ 지점을 예리하게 쳐서 진동하게 만들었다. 그러면 다음을 얻는다.

$$y(x,\ 0)=0,\quad \frac{\partial y(x,\ t)}{\partial t}=Lv_0\delta(x-a),\quad t=0$$

상수 L은 $\delta(x-a)$의 차수(길이의 역수)를 맞추기 위해서 도입되었다. 연습문제 14.2.17(a)에서 주어진 $\delta(x-a)$를 이용해서 주어진 초기 조건에서 파동 방정식을 푸시오.

답. $y(x, t) = \frac{2v_0 L}{\pi v} \sum_{n=1}^{\infty} \frac{1}{n} \sin\frac{n\pi a}{L} \sin\frac{n\pi x}{L} \sin\frac{n\pi vt}{L}$

(b) 끈의 수직 방향의 속도 $\partial y(x, t)/\partial t$는 다음과 같이 주어짐을 보이시오.

$$\frac{\partial y(x, t)}{\partial t} = 2v_0 \sum_{n=1}^{\infty} \sin\frac{n\pi a}{L} \sin\frac{n\pi x}{L} \sin\frac{n\pi vt}{L}$$

14.2.20 $x=0$과 $x=L$에 고정된 끈이 자유롭게 진동하고 있다. 이 운동은 다음의 파동 방정식으로 기술된다.

$$\frac{\partial^2 u(x, t)}{\partial t^2} = v^2 \frac{\partial^2 u(x, t)}{\partial x^2}$$

다음과 같은 형태의 푸리에 전개를 가정하고

$$u(x, t) = \sum_{n=1}^{\infty} b_n(t) \sin\frac{n\pi x}{L}$$

계수 $b_n(t)$를 결정하시오. 초기 조건은 다음과 같이 주어진다.

$$u(x, 0) = f(x), \qquad \frac{\partial}{\partial t} u(x, 0) = g(x)$$

[참고] 이는 평범한 푸리에 직교 적분 구간의 절반에 해당된다. 그러나 여기에서 사인 함수만 포함시키는 한, 스텀-리우빌 경계조건은 여전히 만족되고 함수들은 직교이다.

답. $b_n(t) = A_n \cos\frac{n\pi vt}{L} + B_n \sin\frac{n\pi vt}{L}$,

$A_n = \frac{2}{L}\int_0^L f(x) \sin\frac{n\pi x}{L} dx$, $B_n = \frac{2}{n\pi v}\int_0^L g(x) \sin\frac{n\pi x}{L} dx$

14.2.21 (a) 연습문제 14.2.20의 진동하는 끈 문제를 계속 고려한다. 이제 저항이 있는 매질이 있어서 다음과 같은 식에 의해서 진동이 감쇠한다고 가정한다.

$$\frac{\partial^2 u(x, t)}{\partial t^2} = v^2 \frac{\partial^2 u(x, t)}{\partial t^2} - k \frac{\partial u(x, t)}{\partial t}$$

푸리에 전개를 다음과 같이 도입하고

$$u(x, t) = \sum_{n=1}^{\infty} b_n(t) \sin\frac{n\pi x}{L}$$

다시 한번 계수 $b_n(t)$를 결정하시오. 초기 및 경계조건을 연습문제 14.2.20에서와 같이 택하자. 감쇠가 작다고 가정한다.

(b) 감쇠가 크다고 가정하고 반복하시오.

답. (a) $b_n(t) = e^{-kt/2}[A_n \cos\omega_n t + B_n \sin\omega_n t]$, $\omega_n^2 = \left(\frac{n\pi v}{L}\right) - \left(\frac{k}{2}\right)^2 > 0$,

$$A_n = \frac{2}{L}\int_0^L f(x)\sin\frac{n\pi x}{L}dx,\ B_n = \frac{2}{\omega_n L}\int_0^L g(x)\sin\frac{n\pi x}{L}dx + \frac{k}{2\omega_n}A_n$$

(b) $b_n(t) = e^{-kt/2}[A_n \cosh\sigma_n t + B_n \sinh\sigma_n t]$, $\sigma_n^2 = \left(\frac{k}{2}\right)^2 - \left(\frac{n\pi v}{L}\right)^2 > 0$

$$A_n = \frac{2}{L}\int_0^L f(x)\sin\frac{n\pi x}{L}dx,\ B_n = \frac{2}{\sigma_n L}\int_0^L g(x)\sin\frac{n\pi x}{L}dx + \frac{k}{2\sigma_n}A_n$$

14.3 기브스 현상

기브스 현상은 오버슈트의 문제이고, 간단한 불연속점에서 푸리에 급수나 다른 고유함수 급수의 특이한 성질이다. 그림 14.2에 한 예가 주어져 있다.

■ 푸리에 급수의 부분합

기브스 현상을 더 잘 이해하기 위해서 푸리에 급수의 부분합을 하는 방법을 검토해보자. 이 과정이 푸리에 급수를 이상적으로 적용하여 실제적인 문제에 편리한 해답을 줄 수 있을지 모르지만, 현재 학습하는 데 필요한 통찰력을 제공할 수 있다.

함수 $f(x)$를 지수함수 형태의 푸리에 급수로부터 시작하여, 급수를 줄여서 $n \le |r|$인 항들만 유지하고 줄인 급수를 $f_r(x)$로 다음과 같이 표시하자.

$$f_r(x) = \sum_{n=-r}^{r} c_n e^{inx}, \qquad c_n = \frac{1}{2\pi}\int_{-\pi}^{\pi} f(t)e^{-int}dt$$

이 방정식을 현재의 논의에 유용한 방식으로 조합하면,

$$f_r(x) = \frac{1}{2\pi}\int_{-\pi}^{\pi} f(t)\sum_{n=-r}^{r} e^{i(x-t)}dt \tag{14.29}$$

가 된다. 식 (14.29)의 합은 기하 급수이다. 식 (1.96)으로부터 쉽게 얻을 수 있는 다음 결과

를 이용하여

$$\sum_{n=-r}^{r} y^n = \frac{y^{-r} - y^{r+1}}{1-y} = \frac{y^{r+\frac{1}{2}} - y^{-(r+\frac{1}{2})}}{y^{1/2} - y^{-1/2}}$$

로 놓은 다음에 결과적으로 얻은 표현을 사인 함수의 몫으로서 확인할 수 있다.[6]

$$\sum_{n=-r}^{r} e^{in(x-t)} = \frac{e^{i(r+\frac{1}{2})(x-t)} - e^{-i(r+\frac{1}{2})(x-t)}}{e^{i(x-t)/2} - e^{-i(x-t)/2}} = \frac{\sin\left[\left(r+\frac{1}{2}\right)(x-t)\right]}{\sin\frac{1}{2}(x-t)} \tag{14.30}$$

식 (14.30)과 식 (14.29)를 입력하여 다음과 같은 결과에 도달한다.

$$f_r(x) = \frac{1}{2\pi}\int_{-\pi}^{\pi} f(t) \frac{\sin\left[\left(r+\frac{1}{2}\right)(x-t)\right]}{\sin\frac{1}{2}(x-t)} dt \tag{14.31}$$

이는 $t = x$를 포함한 모든 점에서 수렴한다. 식 (14.31)은 다음 양이

$$\frac{1}{2\pi}\frac{\sin\left[\left(r+\frac{1}{2}\right)(x-t)\right]}{\sin\frac{1}{2}(x-t)}$$

r가 큰 극한에서 디랙 델타 분포임을 보여준다.

■ 네모파

수치 계산의 편의를 위해서 다음의 주기적인 네모파를 표현하는 푸리에 급수의 성질을 고려하자.

$$f(x) = \begin{cases} \frac{h}{2}, & 0 < x < \pi \\ -\frac{h}{2}, & -\pi < x < 0 \end{cases} \tag{14.32}$$

이는 실제적으로 예제 14.2.1에서 사용된 네모파이고, 이의 푸리에 전개는 바로 다음과 같이 주어진다.

6 이 급수는 r개의 슬릿으로 되어 있는 회절격자의 분석에서 나타난다.

$$f(x)=\frac{2h}{\pi}\left(\frac{\sin x}{1}+\frac{\sin 3x}{3}+\frac{\sin 5x}{5}+\cdots\right) \tag{14.33}$$

식 (14.31)을 네모파에 적용하면 다음과 같다.

$$f_r(x)=\frac{h}{4\pi}\int_0^{\pi}\frac{\sin\left[\left(r+\frac{1}{2}\right)(x-t)\right]}{\sin\frac{1}{2}(x-t)}dt-\frac{h}{4\pi}\int_{-\pi}^{0}\frac{\sin\left[\left(r+\frac{1}{2}\right)(x-t)\right]}{\sin\frac{1}{2}(x-t)}dt$$

첫 번째 적분에서 $x-t=s$로, 두 번째 적분에서 $x-t=-s$로 변수를 치환하면 다음을 얻는다.

$$f_r(x)=\frac{h}{4\pi}\int_{-\pi+x}^{x}\frac{\sin\left(r+\frac{1}{2}\right)s}{\sin\frac{1}{2}s}ds-\frac{h}{4\pi}\int_{-\pi-x}^{-x}\frac{\sin\left(r+\frac{1}{2}\right)s}{\sin\frac{1}{2}s}ds \tag{14.34}$$

식 (14.34)의 적분은 모두 피적분 함수가 같고 정적분이 같은데, 이를 $\Phi(t)$로 표시한다. 따라서 다음과 같이 쓸 수 있다.

$$\begin{aligned} f(r)&=\frac{h}{4\pi}[\Phi(x)-\Phi(-\pi+x)]-\frac{h}{4\pi}[\Phi(-x)-\Phi(-\pi-x)] \\ &=\frac{h}{4\pi}[\Phi(x)-\Phi(-x)]-\frac{h}{4\pi}[\Phi(-\pi+x)-\Phi(-\pi-x)] \end{aligned} \tag{14.35}$$

여기에서, 식 (14.35)의 둘째 줄은 분명히 첫째 줄을 재배치한 것이다. 그러나 이 둘째 줄은 유용한데, 이는 $f_r(x)$를 또한 다음과 같이 쓸 수 있음을 보여줄 수 있기 때문이다.

$$f_r(x)=\frac{h}{4\pi}\int_{-x}^{x}\frac{\sin\left(r+\frac{1}{2}\right)s}{\sin\frac{1}{2}s}ds-\frac{h}{4\pi}\int_{-\pi-x}^{-\pi+x}\frac{\sin\left(r+\frac{1}{2}\right)s}{\sin\frac{1}{2}s}ds \tag{14.36}$$

이제 불연속점 $x=0$ 근처에서 부분합을 고려할 준비가 되었다. 작은 x에 대해서, 두 번째 피적분 함수의 분모가 -1에 접근하고, 두 번째 적분은 따라서 $x\to 0$의 극한에서 무시할 수 있게 된다. 반면에, 첫 번째 피적분 함수는 $s=0$ 근처에서 커지고, 첫 번째 적분값은 r와 x의 크기에 의존한다. 새로운 변수 $p=r+\frac{1}{2}$과 $\xi=ps$를 이제 도입하면(피적분 함수가 s의 우함수라는 것을 유의하면) 다음을 얻는다.

$$f_r(x)\approx\frac{h}{2\pi}\int_0^{px}\frac{\sin\xi}{\sin(\xi/2p)}\frac{d\xi}{p} \tag{14.37}$$

■ 오버슈트의 계산

이제 푸리에 급수의 오버슈트를 계산할 준비가 되었다. 식 (14.37)로부터, 모든 유한한 r에 대해서 $f_r(0)$은 0일 것이고, 이는 $x=0$에서 2개의 네모파의 함숫값 $(+h/2$와 $-h/2)$의 평균을 준다. 그러나 (r를 고정한 상태로) 식 (14.37)은 또한 px가 0이 아니면 $f_r(x)$가 증가할 것이고, $px=\pi$에서 최대가 된다. 이 최댓값은 오버슈트를 일으킨다는 것을 잠시 후에 보일 것이다. 이는 $x=\pi/p$, 근사적으로 $x=\pi/r$에서 주어진다. 따라서 오버슈트 최댓값의 위치는 푸리에 전개에서 택한 항들의 숫자에 대략 반비례한 방식으로 $x=0$과 다를 것이다.

$f_r(x)$의 최댓값을 추산하기 위해서 식 (14.37)에 $px=\pi$를 대체하고, $\sin(\xi/2p)\approx\xi/2p$의 근사를 잘해서 단순화시킨다.

$$f_r(x_{\max})=\frac{h}{2\pi}\int_0^{\pi}\frac{\sin\xi\, d\xi}{p\sin(\xi/2p)}\approx\frac{h}{\pi}\int_0^{\pi}\frac{\sin\xi}{\xi}d\xi \tag{14.38}$$

식 (14.38)의 첫 번째 적분의 상한이 무한대라면 다음을 얻을 것이고,

$$\int_0^{\infty}\frac{\sin\xi}{\xi}d\xi=\frac{\pi}{2} \tag{14.39}$$

이는 예제 11.8.5에서 얻은 결과이다. 참고로 이와 같이 대체하면 $f_r(x)$가 $h/2$의 값을 갖게 하는데, 이는 $x>0$에서 $f(x)$의 정확한 값에 해당된다.

식 (14.38)의 적분을 무한대 구간으로 만들기 위해서 다음 적분을 더한다.

$$\int_{\pi}^{\infty}\frac{\sin\xi}{\xi}d\xi=-\operatorname{si}(\pi) \tag{14.40}$$

표 1.2에 소개된 사인 적분 함수 $\operatorname{si}(x)$로 이 적분으로 동일시되었다. 따라서 다음을 얻는다.

$$\int_0^{\pi}\frac{\sin\xi}{\xi}d\xi=\frac{\pi}{2}+\operatorname{si}(\pi) \tag{14.41}$$

$\operatorname{si}(x)$의 그래프는 $\operatorname{si}(\pi)>0$임을 보여주고, 이는 오퍼슈트임을 나타낸다. 적분이 $\pi/2$보다 크다는 것에 대한 직접적인 입증을 추론하기 위해서 다음과 같이 쓴다.

$$\left(\int_0^{\infty}-\int_{\pi}^{3\pi}-\int_{3\pi}^{5\pi}-\cdots\right)\frac{\sin\xi}{\xi}d\xi=\int_0^{\pi}\frac{\sin\xi}{\xi}d\xi \tag{14.42}$$

왼쪽의 첫 번째 적분은 $\pi/2$의 값을 갖는 반면, 빼어지는 각 항은 음수이고, 따라서 양수로 기여한다.

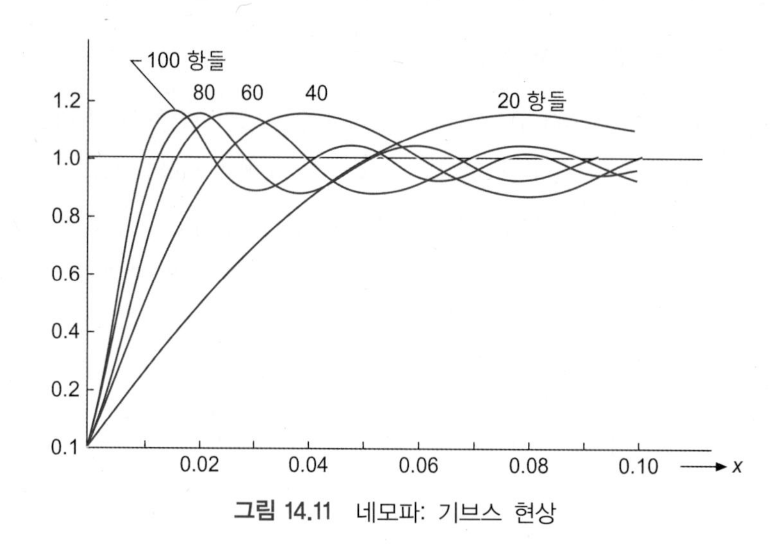

그림 14.11 네모파: 기브스 현상

가우스 구적법이나 멱급수 전개 그리고 항별 적분은 다음 결과를 준다.

$$\frac{2}{\pi}\int_0^{\pi}\frac{\sin\xi}{\xi}d\xi = 1.1789797\cdots \tag{14.43}$$

이는 푸리에 급수가 네모파의 양수인 지점을 18%만큼 오버슈트하고, 음수인 지점을 같은 양만큼 언더슈트하는 경향이 있다는 것을 의미한다. 이 양상은 그림 14.11에 예시되어 있다. 더 많은 항을 더하면(r를 증가시키면), 이 오버슈트는 제거되지 못하고 다만 불연속점으로 더 가까이 옮겨지게 된다. 오버슈트는 기브스 현상이고, 이로 인해서 푸리에 급수의 표현형은 정밀한 수치 연구에 적용하기에 거의 믿을 수 없게 되는데, 특히 불연속점 근처에서 그러하다.

기브스 현상은 푸리에 급수에 국한되지 않는다. 이는 다른 고유함수 전개에서도 발생한다. 더 자세한 내용은 톰프슨(W. J. Thompson)의 Fourier series and the Gibbs phenomenon, *Am. J. Phys.* 60: 425 (1992)를 보라.

연습문제

14.3.1 이 절의 부분합하는 기술을 이용해서 $f(x)$의 불연속점에서 $f(x)$의 푸리에 급수는 오른쪽과 왼쪽의 극한값들의 산술 평균이 됨을 보이시오.

$$f(x_0) = \frac{1}{2}[f(x_0+0)+f(x_0-0)]$$

$\lim_{r \to \infty} s_r(x_0)$을 계산할 때, 피적분 함수의 일부를 디랙 델타 함수로 동일시하는 것이 편리할 수도 있다.

14.3.2 다음을 이용해서 식 (14.33)에 있는 급수의 부분합 s_n을 결정하시오.

(a) $\dfrac{\sin mx}{m} = \displaystyle\int_0^x \cos my\, dy$

(b) $\displaystyle\sum_{p=1}^{n} \cos(2p-1)y = \frac{\sin 2ny}{2\sin y}$

식 (14.40)에 주어진 결과와 일치하는가?

14.3.3 (a) 다음 기브스 현상 적분의 값을 유효 숫자 12자리의 정밀도로 수치적인 구적법으로 계산하시오.

$$I = \frac{2}{\pi}\int_0^{\pi} \frac{\sin t}{t} dt$$

(b) 이 결과를 (1) 적분을 급수로 전개하여, (2) 항별 적분으로, (3) 적분한 급수를 계산하여 검토하시오. 이를 위해 이중 정밀도 계산이 요구된다.

답. $I = 1.178979744472$

❖ 더 읽을 거리

Carslaw, H. S., *Introduction to the Theory of Fourier's Series and Integrals*, 2nd ed. London: Macmillan (1921); 3rd ed., paperback, Dover (1952). This is a detailed and classic work; includes considerable discussion of Gibbs phenomenon in chapter IX.

Churchill, R. V., *Fourier Series and Boundary Value Problems*, 5th ed., New York: McGraw-Hill (1993). Discusses uniform convergence in Section 38.

Jeffreys, H., and B. S. Jeffreys, *Methods of Mathematical Physics*, 3rd ed. Cambridge: Cambridge University Press (1972). Termwise integration of Fourier series is treated in section 14.06.

Kufner, A., and J. Kadlec, *Fourier Series*. London: Iliffe (1971). This book is a clear account of Fourier series in the context of Hilbert space.

Lanczos, C., Applied *Analysis*. Englewood Cliffs, NJ: Prentice-Hall (1956), reprinted, Dover (1988). The book gives a well-written presentation of the Lanczos convergence technique (which suppresses the Gibbs phe-nomenon oscillations). This and several other topics are presented from the point of view of a mathematician who wants useful numerical results and not just abstract existence theorems.

Oberhettinger, F., *Fourier Expansions; A Collection of Formulas.* New York: Academic Press (1973).

Zygmund, A., *Trigonometric Series.* Cambridge: Cambridge University Press (1988). The volume contains an extremely complete exposition, including relatively recent results in the realm of pure mathematics.

CHAPTER 15

적분 변환

15.1 소개

수리물리에서는 다음과 같은 형태로 연결되어 있는 함수의 쌍들을 빈번하게 접하게 된다.

$$g(x) = \int_a^b f(t)K(x, t)dt \tag{15.1}$$

여기에서 a, b와 $K(t, x)$[**커널**(Kernel)이라고 부른다]는 모든 함수의 쌍 f, g에 대해서 같다고 할 것이다. 식 (15.1)에서 표현된 관계식을 좀 더 상징적인 형태로 쓸 수 있다.

$$g(x) = \mathcal{L}f(t) \tag{15.2}$$

따라서 식 (15.1)을 작용자 방정식으로 해석할 수 있음을 강조한다. 함수 $g(x)$는 작용자 $\mathcal{L}$에 의한 $f(t)$의 적분 변환이라고 부르고, 특정한 변환은 a, b와 $K(x, t)$의 선택에 의해서 결정된다. 식 (15.1)에 의해 정의된 작용자는 선형일 것이다.

$$\int_a^b [f_1(t) + f_2(t)]K(x, t)dt = \int_a^b f_1(t)K(x, t)dt + \int_a^b f_2(t)K(x, t)dt \tag{15.3}$$

$$\int_a^b cf(t)K(\alpha, t)dt = c\int_a^b f(t)K(\alpha, t)dt \tag{15.4}$$

변환이 유용하기 위해서는 변환의 효과를 '원상태'로 되돌릴 수 있어야 함을 곧 볼 것이다. 실용적인 관점에서 이는 작용자 $\mathcal{L}^{-1}$이 존재해야 할 뿐만 아니라, 받아들일 수 있는 한 광범위한 범위의 $g(x)$에 대해서 합당하게 편리하고 강력한 방법으로 다음을 계산할 수 있음을 의미한다.

$$\mathcal{L}^{-1}g(x) = f(t) \tag{15.5}$$

역변환을 하는 과정은 $K(x, t)$의 특정한 성질에 의존하여 다양한 형태를 띠게 되므로, 식 (15.1)에 $\mathcal{L}$에 대한 것처럼 일반적인 공식을 쓸 수 없다.

표면적으로 합당하게 보이더라도 모든 커널 $K(x, t)$에 대해서 작용자 $\mathcal{L}$이 역변환을 갖는 것은 아니고, 심지어 단순하게 선택한 커널에 대해서도 $\mathcal{L}$과 $\mathcal{L}^{-1}$은 상당히 제한적인 종류의 함수들에 대해서만 존재하기도 한다. 따라서 이 장의 전체적인 전개는 (모든 주어진 적분 변환에 대해서) 지시된 작용이 가능한 함수에 제한을 둔다.

적분 변환의 학습을 착수하기 전에, "왜 적분 변환이 유용한가?"라고 질문할 수 있다. 가장 공통적인 응용으로써 그림 15.1에 도표로 예시한 상황들을 들 수가 있는데, 최초의 공식화(대개 보통 공간, 때때로 **직접적인** 또는 **물리적인 공간**이라고 불린다)에서는 풀기 어려운

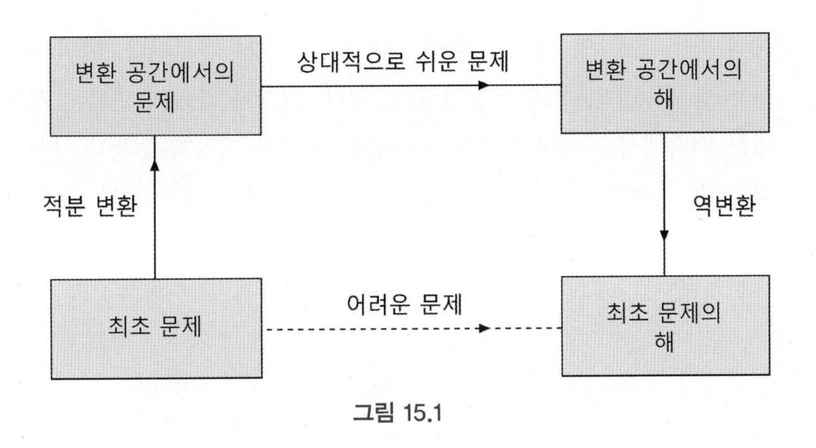

그림 15.1

문제에 해당된다. 그러나 문제의 변환은 상대적으로 쉽게 풀리기도 한다. 그러면 우리의 전략은 문제를 변환 공간에서 공식화하고 푼 다음에 직접적인 공간으로 해를 변환시키는 것이다. 이 전략은 종종 통하는데, 그 이유는 가장 널리 알려진 적분 변환은 미분과 적분 작용자로 간단한 방법으로 바뀌어서 미분, 적분 방정식이 상대적으로 간단한 형태를 띠게 되기 때문이다. 이 특징에 대해서 이 장에서 나중에 자세하게 토론하고 예시할 것이다.

적분 변환이 빈번하게 사용되는 또 다른 예는 최초에 명확한 형태로 주어진 함수에 대한 **적분 표현형**을 만드는 것이다. 이 방식은 복잡성을 증가시키는 방향인 것으로 보이지만, 변환된 미분과 적분 작용자는 상대적으로 간단한 특성을 보이는 데 가치가 있다. 적분 표현형과 관련된 절차는 이 장의 후반부에 제시되어 있다.

■ 몇 가지 중요한 변환들

가장 폭넓게 이용되어 왔던 적분 변환은 **푸리에 변환**으로 다음과 같이 정의된다.

$$g(\omega)=\frac{1}{\sqrt{2\pi}}\int_{-\infty}^{\infty}f(t)e^{i\omega t}dt \tag{15.6}$$

이 변환에 대한 표기법은 통일되어 있지 않고, 어떤 저자들은 전인자(prefactor) $1/\sqrt{2\pi}$를 생략하기도 하는데, 여기서는 이를 유지해서 변환과 역변환이 좀 더 대칭적인 공식이 되도록 한다. 주기적인 시스템을 포함하는 응용에서 종종 커널이 $\exp(2\pi i\omega t/a_0)$인 정의를 볼 수 있다. 여기서 a_0는 격자 상수이다. 표기법에서 이러한 차이들로 수학이 바뀌지는 않지만, 공식들이 2π나 a_0의 항만큼 다르게 된다. 따라서 다른 문헌에서 내용을 취합할 때 주의가 필요하다.

부호 ω를 변환 변수로 지정하는 표기법으로 푸리에 변환을 정의하였다. 그 이유는 신호처리를 연구할 때(푸리에 변환이 중요하게 사용된다), 함수 $f(t)$가 대개 신호(전형적으로 모종의 파동 분포)의 시간상 양태를 대개 나타내기 때문이다. 이의 푸리에 변환 $g(\omega)$는 그러면 해당 진동수 분포로 동일시될 수 있다. 그러나 푸리에 변환은 신호 처리 문제와 동떨어져 있는 맥락에서 나타나는 경우가 있음을 지적할 가치가 있는데, 이는 적분의 계산, 양자역학의 대체 가능한 공식화, 그리고 넓은 범위의 다른 수학적인 과정에서 이점을 갖고 사용될 수 있다.

역사적으로 매우 중요한 두 번째 변환은 **라플라스 변환**이다.

$$F(s) = \int_0^\infty e^{-ts} f(t) dt \tag{15.7}$$

유용한 특징 중에 하나는 변환에 의해서 미분 방정식이 대수 방정식으로 바뀐다는 사실이다. (15.8절에서 자세히 보게 될 것이다.) 대수 방정식은 미분 방정식에 비해 대개 더 쉽게 풀리기 때문에, 이 특징은 그림 15.1에 예시한 전략에 적합하다. 라플라스 변환의 약점은 역변환 공식을 사용하기 상대적으로 어렵다는 것이다. 역사적으로, 라플라스 변환의 표(역변환을 동일시하는 데 사용될 수 있다)를 개발하여 이 어려움을 다루게 되었다. 디지털 컴퓨터가 좀 더 강력해짐에 따라 라플라스 변환의 유용성은 쇠퇴하였지만, 이는 여전히 충분히 유용하므로 이 장에서 어느 정도 자세히 다룬다.

중요하게 사용되어 왔던 다른 변환들 중에 다음에 두 가지를 언급하자.

1. **한켈**(Hankel) **변환**,

$$g(\alpha) = \int_0^\infty f(t) t J_n(\alpha t) dt. \tag{15.8}$$

   이 변환은 식 (12.94)와 (12.95)에서 공부한 베셀 급수의 연속적인 극한을 표현한다.

2. **멜린**(Mellin) **변환**,

$$g(\alpha) = \int_0^\infty f(t) t^{\alpha-1} dt. \tag{15.9}$$

   이름을 따로 쓰지 않았지만 사실상 멜린 변환을 사용하였는데, 예를 들어 $g(\alpha) = \Gamma(\alpha)$는 $f(t) = e^{-t}$의 멜린 변환이다. 많은 멜린 변환들은 티치마치(Titchmarsh)(더 읽을거리 참고)의 본문에 주어져 있다.

15.2 푸리에 변환

이제 푸리에 변환의 좀 더 자세한 토론을 진행한다.

$$g(\omega)=\frac{1}{\sqrt{2\pi}}\int_{-\infty}^{\infty}f(t)e^{i\omega t}dt \tag{15.10}$$

식 (15.10)의 지수함수를 사인과 코사인으로 다시 적고 함수를 x의 우함수나 기함수로 제한을 두면, 최초 형태의 변형을 얻는데, 이는 또한 유용한 적분 변환이다.

$$g_c(\omega)=\sqrt{\frac{2}{\pi}}\int_{0}^{\infty}f(t)\cos\omega t\,dt \tag{15.11}$$

$$g_s(\omega)=\sqrt{\frac{2}{\pi}}\int_{0}^{\infty}f(t)\sin\omega t\,dt \tag{15.12}$$

이 공식들로 **푸리에 코사인**와 **푸리에 사인** 변환을 정의한다. 이들의 커널은 실수인데, 파동 운동을 연구하고, 파동에서 정보를 추출하는데, 특히 위상 정보가 수반되어 있는 경우에 자연스럽게 사용된다. 예를 들어서, 별 간섭계의 출력에는 별의 디스크를 따라서 밝기의 푸리에 변환이 수반되어 있다. 원자에서 전자 분포는 산란된 X선 진폭의 푸리에 변환으로부터 얻을 수 있다.

예제 15.2.1 몇 가지 푸리에 변환들

1. $f(t)=e^{-\alpha|t|}\ (\alpha>0)$. 절댓값을 다루기 위해서 변환 적분을 두 영역으로 나눈다.

$$\begin{aligned} g(\omega)&=\sqrt{\frac{1}{2\pi}}\int_{-\infty}^{0}e^{\alpha t+i\omega t}dt+\sqrt{\frac{1}{2\pi}}\int_{0}^{\infty}e^{-\alpha t+i\omega t}dt \\ &=\sqrt{\frac{1}{2\pi}}\left[\frac{1}{\alpha+i\omega}+\frac{1}{\alpha-i\omega}\right]=\sqrt{\frac{1}{2\pi}}\,\frac{2\alpha}{\alpha^2+\omega^2} \end{aligned} \tag{15.13}$$

이 결과의 두 가지 특징에 주의한다. (1) 이는 실수이다. 변환의 형태로부터 $f(t)$가 우함수이면, 이 변환은 실수일 것이다. (2) $f(t)$가 더 국소적일수록 $g(\omega)$는 덜 국소적이 된다. 변환은 $\omega\gg\alpha$에까지 작지 않은 값을 갖는다. α가 클수록 $f(t)$는 더 국소적이 된다.

2. $f(t)=\delta(t)$. 쉽게 다음을 얻는다.

$$g(\omega)=\sqrt{\frac{1}{2\pi}}\int_{-\infty}^{\infty}\delta(t)e^{i\omega t}dt=\sqrt{\frac{1}{2\pi}} \tag{15.14}$$

이는 궁극적으로 국부적인 $f(t)$이고, $g(\omega)$는 완전히 비국소적이 된다. 이는 모든 ω에 대해 같은 값을 갖는다.

3. $f(t) = 2\alpha\sqrt{1/2\pi}/(\alpha^2 + t^2)$ $(\alpha > 0)$. 이 변환을 계산하는 한 가지 방법은 경로 적분이다. 처음에 다음과 같이 쓰고 시작하는 것이 편리하다.

$$g(\omega) = \frac{1}{2\pi}\int_{-\infty}^{\infty} \frac{2\alpha e^{i\omega t}}{(t - i\alpha)(t + i\alpha)}dt$$

피적분 함수는 2개의 극점을 갖는다. 하나는 $t = i\alpha$이고 레지듀가 $e^{-\alpha\omega}/i$이고, 다른 하나는 $t = -i\alpha$이고 레지듀가 $e^{+\alpha\omega}/(-i)$이다. $\omega > 0$이면, 상반평면에 있는 큰 반원 위에서 피적분 함수는 무시할 만하고, 그림 15.2(a)에서 있는 경로에 대한 적분은 $g(\omega)$를 위해서 필요한 것에 해당된다. 이 경로는 $t = i\alpha$에 있는 극점만을 포함하므로, 다음을 얻는다.

$$g(\omega) = \frac{1}{2\pi}(2\pi i)\frac{e^{-\alpha\omega}}{i} \quad (\omega > 0) \tag{15.15}$$

그러나 $\omega < 0$이면, 그림 15.2(b)에서처럼 하반평면에서 경로를 닫아야 하는데, 이는 반시계 방향으로(따라서 음의 부호를 준다) $t = -i\alpha$에 있는 극점을 포함한다. 이 과정으로 다음을 유도한다.

$$g(\omega) = \frac{1}{2\pi}(-2\pi i)\frac{e^{+\alpha\omega}}{-i} \quad (\omega < 0) \tag{15.16}$$

$\omega = 0$이면, 그림 15.2의 어떤 경로에 대해서도 경로 적분을 수행할 수 없지만, 그렇게 복잡하게 접근할 필요가 없고 기본적인 적분을 얻는다.

$$g(0) = \frac{1}{2\pi}\int_{-\infty}^{\infty} \frac{2\alpha}{t^2 + \alpha^2}dt = 1 \tag{15.17}$$

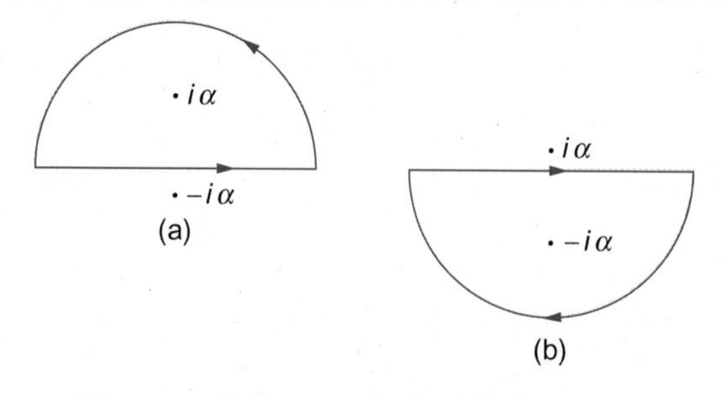

그림 15.2 예제 15.2.1의 세 변환에 대한 경로

식 (15.15) ~ (15.17)을 종합하여 간단히 하면 다음을 얻는다.

$$g(\omega) = e^{-\alpha|\omega|}$$

여기서 첫 번째 예제의 변환을 푸리에 변환을 해서 최초의 변환되지 않은 함수로 복구하였다. 이는 역푸리에 변환의 예상되는 형태에 대해서 흥미로운 실마리를 제공한다. 이것이 유일한 실마리인데, 이는 예제가 실수인(즉, 복소수가 아닌) 변환을 수반하기 때문이다. ■

중요한 푸리에 변환은 다음과 같다.

예제 15.2.2 가우스 함수의 푸리에 변환

$a > 0$인 가우스 함수 e^{-at^2}의 푸리에 변환

$$g(\omega) = \frac{1}{\sqrt{2\pi}} \int_{-\infty}^{\infty} e^{-at^2} e^{i\omega t} dt$$

은 지수에서 완전제곱을 해서 분석적으로 계산할 수 있다.

$$-at^2 + i\omega t = -a\left(t - \frac{i\omega}{2a}\right)^2 - \frac{\omega^2}{4a}$$

이는 제곱을 계산함으로써 검증할 수 있다. 이 항등식으로 대체하고 적분 변수를 t에서 $s = t - i\omega/2a$로 바꾸면, 다음을 얻는다(T가 큰 값을 갖는 극한에서).

$$g(\omega) = \frac{1}{\sqrt{2\pi}} e^{-\omega^2/4a} \int_{-T-i\omega/2a}^{T-i\omega/2a} e^{-as^2} ds \tag{15.18}$$

그림 15.3에서 보이듯이 s 적분은 실수축에 평행하지만 $i\omega/2a$만큼 실수축 밑에 있는 경로 위에 있다. 그러나 이 경로와 $\pm T$에서 실수축을 연결하는 부분들은 경로 적분에서 무시할 만하고 그림 15.3에 있는 경로들은 특이점을 포함하지 않으므로, 식 (15.18)의 적분은 실수축을 따라서 적분하는 것도 동등하다. 적분을 $\pm\infty$로 바꾸고 새로운 변수 $\xi = s/\sqrt{a}$로 바꾸면, 다음에 도달한다.

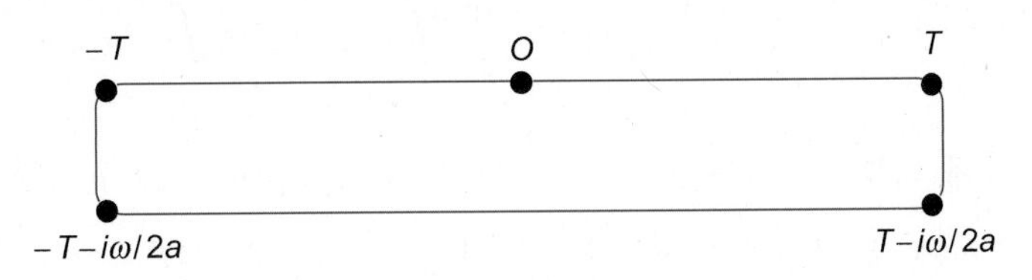

그림 15.3 예제 15.2.2의 가우스 변환에 대한 경로

$$\int_{-\infty}^{\infty} e^{-as^2}dt = \frac{1}{\sqrt{a}}\int_{-\infty}^{\infty} e^{-\xi^2}d\xi = \sqrt{\frac{\pi}{a}}$$

여기서 식 (1.148)을 이용해서 오차 함수 적분을 계산하였다. 이 결과로 대체하면 다음을 얻는다.

$$g(\omega) = \frac{1}{\sqrt{2a}}\exp\left(-\frac{\omega^2}{4a}\right) \tag{15.19}$$

이는 다시 가우스 함수이고, 이제 ω 공간에서 주어진다. a를 증가시키면, 최초의 가우스 함수 e^{-at^2}는 더 좁아지는 반면 이의 푸리에 변환은 더 넓어지는데, 이 양상은 지수함수 $e^{-\omega^2/4a}$에 의해서 지배적으로 결정된다. ■

■ 푸리에 적분

델타 함수를 처음 접했을 때, 이의 표현형은 다음 식에서 n이 큰 값의 극한으로 얻어지는데

$$\delta_n(t) = \frac{1}{2\pi}\int_{-n}^{n} e^{i\omega t}d\omega \tag{15.20}$$

푸리에 분석에 특별히 유용하다는 것을 확인했다. 이제 이 표현형을 이용하여 **푸리에 적분**이라고 알려진 중요한 결과를 얻는다. 다음과 같이 매우 명백한 방정식을 쓴다.

$$\begin{aligned} f(x) &= \lim_{n\to\infty}\int_{-\infty}^{\infty} f(t)\delta_n(t-x)dt \\ &= \lim_{n\to\infty}\frac{1}{2\pi}\int_{-\infty}^{\infty} f(t)\left[\int_{-n}^{n} e^{i\omega(t-x)}d\omega\right]dt \end{aligned} \tag{15.21}$$

이제 적분 순서를 바꾸고 $n\to\infty$로 극한을 택하면 다음에 도달한다.

$$f(x) = \frac{1}{2\pi}\int_{-\infty}^{\infty} d\omega\int_{-\infty}^{\infty} dt\, f(t)e^{i\omega(t-x)}$$

마지막으로, 이 방정식을 다음과 같은 형태로 재배열한다.

$$f(x) = \frac{1}{2\pi}\int_{-\infty}^{\infty} e^{-i\omega x}d\omega\int_{-\infty}^{\infty} f(t)e^{i\omega t}dt \tag{15.22}$$

푸리에 적분, 식 (15.22)는 $f(x)$의 적분 표현형이고, (t에 대한) 안쪽 적분을 수행하고 ω에 대한 적분을 그대로 두면 이는 좀 더 명백해질 것이다. 사실상 안쪽 적분을 ($\sqrt{1/2\pi}$ 인자를

별도로 하고) $f(t)$의 푸리에 변환이라고 동일시하고, 이를 식 (15.10)에서처럼 $g(\omega)$라고 식별하면, 식 (15.22)를 다음과 같이 다시 쓸 수 있다.

$$f(t) = \sqrt{\frac{1}{2\pi}} \int_{-\infty}^{\infty} g(\omega) e^{-i\omega t} d\omega \tag{15.23}$$

이는 함수 $f(t)$의 푸리에 변환이 있을 때마다 이를 이용해서 이 함수의 **푸리에 적분 표현형**을 만들 수 있다는 것을 보여준다.

푸리에 적분 공식은 식 (15.23)에서처럼 신호 처리에서 푸리에 분석의 가치를 예시한다. $f(t)$가 임의의 신호이면, 식 (15.23)은 신호를 각진동수 ω이고 진폭이 $g(\omega)$인 파동 $e^{-i\omega t}$[1]의 중첩으로 기술한다. 따라서 푸리에 적분은 시간 의존성 $f(t)$나 각진동수 분포 $g(\omega)$로 신호를 표현할 수 있다는 것을 근본적으로 정당화시킨다.

푸리에 적분을 끝내기 전에, 이의 유도에서 적분의 순서를 역전시키고 n을 무한대로 택하는 과정을 엄밀하게 정당화시키지 않았다는 것을 언급해야 한다. 흥미가 있는 독자는 예를 들어서 스네돈(I. N. Sneddon)(더 읽을 거리)의 《Fourier Transforms》라는 책에서 좀 더 엄밀한 논의를 발견할 수 있다.

예제 15.2.3 **푸리에 적분 표현형**

예제 15.2.1의 첫 번째 변환으로부터, $f(t) = e^{-\alpha|t|}$는 $g(\omega) = \sqrt{1/2\pi}\, 2\alpha/(\alpha^2 + \omega^2)$의 형태의 푸리에 변환을 갖는다는 것을 알아보았다. 이를 식 (15.23)에 대입하면 다음을 얻는다.

$$e^{-\alpha|t|} = f(t) = \frac{1}{2\pi} \int_{-\infty}^{\infty} \frac{2\alpha e^{-i\omega t}}{\alpha^2 + \omega^2} d\omega = \frac{\alpha}{\pi} \int_{-\infty}^{\infty} \frac{e^{-i\omega t}}{\alpha^2 + \omega^2} d\omega \tag{15.24}$$

식 (15.24)는 $e^{-\alpha|t|}$의 적분 표현형을 주는데, 이는 절댓값 표시를 갖지 않고 다양한 분석적인 조작을 위해서 유용한 출발점을 줄 수 있다. 물리에 즉각적으로 응용할 수 있는 몇 가지 더 구체적인 예를 곧 보게 될 것이다. ■

■ 역푸리에 변환

독자가 알아차렸을 수도 있는데, 식 (15.23)은 **역푸리에 변환**의 공식이다. 보통('직접적인') 그리고 역푸리에 변환은 매우 비슷한 (그러나 그렇게 똑같지는 않은) 공식에 의해서 주어진다. 유일한 차이는 복소 지수함수의 부호이다. 이 부호의 차이에 의해서, 푸리에 변환을 연속적으로 두 번 적용하는 것은 변환 다음에 역변환을 적용하는 것과 같지 않고, 이 차이는

---

[1] 파동 $e^{-i\omega t}$는 주기가 $2\pi/\omega$이고, 따라서 진동수는 $\nu = \omega/2\pi$이다. 각진동수(주기가 아니라 단위시간당 라디안)는 $2\pi\nu = \omega$이다.

$g(\omega)$가 실수가 아닐 때 나타난다.[2]

앞 소절의 분석은 푸리에 코사인과 사인 변환에도 적용될 수 있다. 모든 세 가지 경우의 푸리에 변환과 역변환에 대한 공식을 편의상 다음과 같이 요약한다.

$$g(\omega) = \frac{1}{\sqrt{2\pi}} \int_{-\infty}^{\infty} f(t) e^{i\omega t} dt \tag{15.25}$$

$$f(t) = \frac{1}{\sqrt{2\pi}} \int_{-\infty}^{\infty} g(\omega) e^{-i\omega t} d\omega \tag{15.26}$$

$$g_c(\omega) = \sqrt{\frac{2}{\pi}} \int_0^{\infty} f(t) \cos \omega t \, dt \tag{15.27}$$

$$f_c(t) = \sqrt{\frac{2}{\pi}} \int_0^{\infty} g(\omega) \cos \omega t \, d\omega \tag{15.28}$$

$$g_s(\omega) = \sqrt{\frac{2}{\pi}} \int_0^{\infty} f(t) \sin \omega t \, dt \tag{15.29}$$

$$f_s(t) = \sqrt{\frac{2}{\pi}} \int_0^{\infty} g(\omega) \sin \omega t \, d\omega \tag{15.30}$$

푸리에 사인과 코사인 변환은 $0 \le t < \infty$에 대한 정보만 이용한다. 따라서 해당되는 역변환을 음수의 t에 대해서 계산하는 것이 가능하지만, 결과는 그러한 t의 값에서 실제 상황과 무관할 수 있다. 함수 $f(t)$가 우함수라면, 이는 코사인 변환으로 음수의 t에서 주어질 수 있는 반면, 기함수는 사인 변환으로 음수의 t에서 적절하게 기술할 수 있다.

예제 15.2.4 유한한 파동열

푸리에 변환의 중요한 응용은 유한한 펄스를 사인 모양 파동으로 분해하는 것이다. 무한한 파동열 $\sin \omega_0 t$를 커(Kerr) 셀이나 기포화 색소의 셀 셔터로 잘라서 다음을 얻는다고 상상해 보자.

$$f(t) = \begin{cases} \sin \omega_0 t, & |t| < \dfrac{N\pi}{\omega_0} \\ 0, & |t| > \dfrac{N\pi}{\omega_0} \end{cases} \tag{15.31}$$

이는 최초의 파동열(그림 15.4)의 N 주기에 해당된다. $f(t)$가 기함수이므로, 푸리에 사인 변환, 식 (15.28)을 이용해서 다음을 얻는다.

---

[2] 우함수의 푸리에 변환은 실수이다. 반면에 기함수의 변환은 허수이다. 우함수나 기함수도 아닌 함수의 푸리에 변환은 복소수이다.

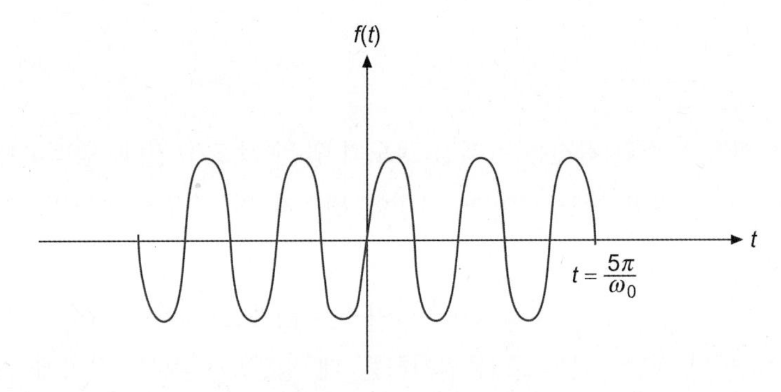

그림 15.4 유한한 파동열

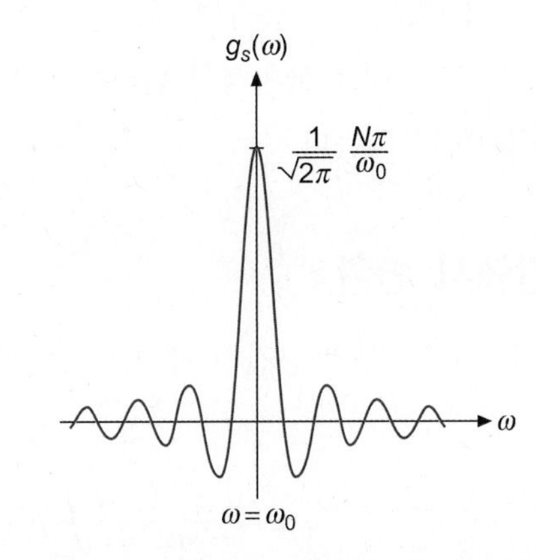

그림 15.5 유한한 파동열의 푸리에 변환

$$g_s(\omega)=\sqrt{\frac{2}{\pi}}\int_0^{N\pi/\omega_0}\sin\omega_0 t\,\sin\omega t\,dt \tag{15.32}$$

적분하면 진폭 함수를 얻는다.

$$g_s(\omega)=\sqrt{\frac{2}{\pi}}\left[\frac{\sin[(\omega_0-\omega)(N\pi/\omega_0)]}{2(\omega_0-\omega)}-\frac{\sin[(\omega_0+\omega)(N\pi/\omega_0)]}{2(\omega_0+\omega)}\right] \tag{15.33}$$

$g_s(\omega)$가 진동수에 어떻게 의존하는지를 보는 것은 상당히 흥미롭다. ω_0가 크고 $\omega\approx\omega_0$이면, 분모를 보면 첫째 항만이 중요해질 것이다. 이는 그림 15.5에 그려져 있다. 이는 단일 슬릿의 회절 유형에 대한 진폭 곡선이다. 이는 다음에서 0이 된다.

$$\frac{\omega_0-\omega}{\omega_0}=\frac{\Delta\omega}{\omega_0}=\pm\frac{1}{N},\ \pm\frac{2}{N},\ \cdots \tag{15.34}$$

큰 N에 대해서, $g_s(\omega)$가 디랙 델타 분포에 비례하는 것으로 해석할 수도 있다.

진동수 분포의 많은 부분이 중심에 있는 최댓값에 속하므로, 최댓값의 반진폭너비

$$\triangle \omega = \frac{\omega_0}{N} \tag{15.35}$$

는 파형 펄스의 각진동수 퍼짐 정도의 좋은 척도가 된다. 명백하게, N이 크다면(긴 펄스) 진동수의 퍼짐이 작을 것이다. 반면에 펄스가 짧게 잘려 있다면, 즉 N이 작으면 진동수 분포는 더 넓어질 것이다.

진동수의 퍼짐과 펄스 길이 사이에 역관계는 유한한 파동 분포의 기본적인 성질이다. 즉 신호를 특정한 진동수로 동일시하는 데 정밀도는 펄스 길이에 의존한다. 이와 같은 원리는 양자역학의 **하이젠베르크 불확정성 원리**로 표현된다. 이는 위치의 불확정성(펄스 길이에 해당되는 양자역학의 변수)은 운동량의 불확정성(양자역학에서 진동수와 유사한 것)에 반비례 관계에 있다. 양자역학에서 불확정성 원리는 물질의 파동 본성의 결과이고 추가적인 임시변통의 가정에 의존하지 않는다. ■

■ 3차원 공간에서 변환

푸리에 변환 연산자를 3차원 공간의 각 차원에 적용하면, 다음과 같은 매우 유용한 공식을 얻는다.

$$g(\mathbf{k}) = \frac{1}{(2\pi)^{3/2}} \int f(\mathbf{r}) e^{i\mathbf{k}\cdot\mathbf{r}} d^3 r \tag{15.36}$$

$$f(\mathbf{r}) = \frac{1}{(2\pi)^{3/2}} \int g(\mathbf{k}) e^{-i\mathbf{k}\cdot\mathbf{r}} d^3 k \tag{15.37}$$

이 적분은 모든 공간에 대한 것이다. 증명하고자 하면, 한 방정식의 왼쪽을 다른 방정식의 피적분 함수로 치환하고, 적분의 순서를 택해서 복소 지수함수들을 3차원의 각 차원에서 델타 함수로 동일시하도록 한다. 식 (15.37)은 함수 $f(\mathbf{r})$를 연속적인 평면파로 전개하는 것으로 해석할 수 있다. 반면, $g(\mathbf{k})$는 파동 $e^{-i\mathbf{k}\cdot\mathbf{r}}$의 진폭이 된다.

예제 15.2.5 몇 가지 3차원 변환

1. 유카와 퍼텐셜 $e^{-\alpha r}/r$의 푸리에 변환을 찾아보자. $[\cdots]^T$의 표기를 이용하여 포함된 객체의 푸리에 변환을 표시하면 다음과 같다.

$$\left[\frac{e^{-\alpha r}}{r}\right]^T(\mathbf{k}) = \frac{1}{(2\pi)^{3/2}} \int \frac{e^{-\alpha r}}{r} e^{i\mathbf{k}\cdot\mathbf{r}} d^3 r \tag{15.38}$$

아마도 계속 진행하는 가장 간단한 방법은 $e^{-i\mathbf{k}\cdot\mathbf{r}}$에 대한 구면파 전개, 식 $e^{i\mathbf{k}\cdot\mathbf{r}} = 4\pi \sum_{l=0}^{\infty} \sum_{m=-l}^{l} i^l j_l(kr) Y_l^m(\Omega_k) Y_l^m(\Omega_r)^*$을 도입하는 것이다. 그러면 식 (15.38)을 구면 극

좌표계에서 쓰면 다음과 같은 형태가 된다.

$$\left[\frac{e^{-\alpha r}}{r}\right]^{T}(\mathbf{k})=\frac{4\pi}{(2\pi)^{3/2}}\int_{0}^{\infty} r\,dr\int d\Omega_{r}\sum_{lm} i^{l}e^{-\alpha r}j_{l}(kr)\,Y_{l}^{m}(\Omega_{k})^{*}\,Y_{l}^{m}(\Omega_{r}) \quad (15.39)$$

각도 적분의 모든 항들은 사라지는데, 단 $l=m=0$인 항은 예외이다. 이 항에 대해서는, 각 Y_0^0은 상숫값 $1/\sqrt{4\pi}$를 갖고, 식 (15.39)는 다음과 같이 바뀌게 된다.

$$\left[\frac{e^{-\alpha r}}{r}\right]^{T}(\mathbf{k})=\frac{4\pi}{(2\pi)^{3/2}}\int_{0}^{\infty} r\,e^{-\alpha r}j_{0}(kr)dr \quad (15.40)$$

$j_0(kr)=\sin kr/kr$을 대입하면 r 적분은 기본적인 적분이 되고, 다음에 도달한다.

$$\left[\frac{e^{-\alpha r}}{r}\right]^{T}(\mathbf{k})=\frac{1}{(2\pi)^{3/2}}\frac{4\pi}{k^{2}+\alpha^{2}} \quad (15.41)$$

식 (15.41)에서 명백하듯이, 변환이 $1/(2\pi)^{3/2}$ 인자가 없도록 바꾸었다면, 잘 알려진 결과인 $4\pi/(k^2+\alpha^2)$을 얻을 수 있었을 것이다.

2. 유카와 퍼텐셜의 푸리에 변환보다 훨씬 더 중요한 것은 쿨롱 퍼텐셜 $1/r$에 대한 것이다. 이 변환을 직접적으로 계산하려면 수렴 문제가 발생하는데, 이를 $\alpha=0$인 유카와 퍼텐셜의 극한으로 계산하는 것이 쉽다. 따라서 다음과 같이 굉장히 중요한 결과를 얻는다.

$$\left[\frac{1}{r}\right]^{T}(\mathbf{k})=\frac{1}{(2\pi)^{3/2}}\frac{4\pi}{k^{2}} \quad (15.42)$$

3. 푸리에 변환과 그 역변환의 관계로부터, 식 (15.42)는 쉽게 역변환시킬 수 있다.

$$\left[\frac{1}{r^{2}}\right]^{T}(\mathbf{k})=\left(\frac{\pi}{2}\right)^{1/2}\frac{1}{k} \quad (15.43)$$

4. 또 다른 유용한 푸리에 변환은 수소 $1s$ 궤도, 즉 $\exp(-Zr)$ (정상화되지 않은 형태)에 대한 것이다. 이 변환을 계산하는 간단한 방법은 유카와 퍼텐셜의 변환을 식 (15.41)의 변수 α로 미분하는 것이다. 이 변수에 대한 미분과 변환 작용자가 교환 가능하다는 것을 염두에 두면(이때 변환 작용자는 다른 변수에 대한 적분을 수반한다), 다음을 얻는다.

$$-\frac{\partial}{\partial Z}\left[\frac{e^{-Zr}}{r}\right]^{T}(\mathbf{k})=\left[e^{-Zr}\right]^{T}(\mathbf{k})=\frac{1}{(2\pi)^{3/2}}\frac{8\pi Z}{(k^{2}+Z^{2})^{2}} \quad (15.44)$$

5. 다음으로, 구면 조화함수(즉, 각운동량의 고유함수)의 각도 의존성을 갖는 임의의 함수를 고려한다. 구면 극 좌표를 사용하여 다음을 들여다보자.

$$\left[f(r)\,Y_l^m(\Omega_r)\right]^T(\mathbf{k}) = \frac{1}{(2\pi)^{3/2}}\int_0^\infty f(r)r^2dr\int d\Omega_r\, Y_l^m(\Omega_r)e^{i\mathbf{k}\cdot\mathbf{r}}$$
$$= \frac{4\pi}{(2\pi)^{3/2}}\int_0^\infty f(r)r^2dr\int d\Omega_r\, Y_l^m(\Omega_r)$$
$$\times\sum_{l'm'} i^{l'} j_{l'}(kr)\,Y_{l'}^{m'}(\Omega_k)\,Y_{l'}^{m'}(\Omega_r)^*$$

여기서 $\exp(i\mathbf{k}\cdot\mathbf{r})$에 대해 구면파 전개, 식 $e^{i\mathbf{k}\cdot\mathbf{r}} = 4\pi\sum_{l=0}^{\infty}\sum_{m=-l}^{l} i^l j_l(kr)\,Y_l^m(\Omega_k)\,Y_l^m(\Omega_r)^*$을 대입하였다. Y_l^m들은 직교 정규화되어 있기 때문에, 합은 하나의 항으로 바뀌고 다음을 얻는다.

$$\left[f(r)\,Y_l^m(\Omega_r)\right]^T(\mathbf{k}) = \frac{4\pi i^l}{(2\pi)^{3/2}}\,Y_l^m(\Omega_k)\int_0^\infty f(r)j_l(kr)r^2dr \tag{15.45}$$

식 (15.45)는 구면 조화함수의 각도 의존성을 갖는 함수는 같은 구면 조화함수를 포함하는 변환을 갖고, 변환의 방사상 의존성은 실제적으로 한켈 변환에 해당된다. 식 (15.8)과 비교하라.

6. 마지막 예로서, 3차원 가우스 함수의 푸리에 변환을 고려한다. 다시 구면 극 좌표계와 구면파 전개를 이용하면(구면 대칭인 함수의 변환에 일반적으로 적용되는 과정), 다음을 얻는다.

$$\left[e^{-ar^2}\right]^T(\mathbf{k}) = \frac{4\pi}{(2\pi)^{3/2}}\int_0^\infty r^2e^{-ar^2}j_0(kr)dr \tag{15.46}$$

예제 15.2.2의 경우와 비슷한 방법을 이용하면 다음을 알아낸다.

$$\left[e^{-ar^2}\right]^T(\mathbf{k}) = \frac{1}{(2a)^{3/2}}e^{-k^2/4a} \tag{15.47}$$

이 결과는 데카르트 좌표계를 이용하고 3차원의 각 차원에 예제 15.2.2의 결과를 이용하여 또한 얻을 수 있다. ■

연습문제

15.2.1 (a) $g(-\omega) = g^*(\omega)$는 $f(x)$가 실수가 되기 위한 필요충분조건임을 보이시오.
(b) $g(-\omega) = -g^*(\omega)$는 $f(x)$가 순허수가 되기 위한 필요충분조건임을 보이시오.

15.2.2 함수

$$f(x) = \begin{cases} 1, & |x| < 1 \\ 0, & |x| > 1 \end{cases}$$

는 대칭적인 유한한 계단 함수이다.

(a) $f(x)$의 푸리에 코사인 변환 $g_c(\omega)$를 구하시오.

(b) 역코사인 변환을 택하여 다음을 보이시오.

$$f(x) = \frac{2}{\pi}\int_0^\infty \frac{\sin\omega \cos\omega x}{\omega} d\omega$$

(c) 문항 (b)로부터 다음을 보이시오.

$$\int_0^\infty \frac{\sin\omega \cos\omega x}{\omega} d\omega = \begin{cases} 0, & |x| > 1 \\ \frac{\pi}{4}, & |x| = 1 \\ \frac{\pi}{2}, & |x| < 1 \end{cases}$$

15.2.3 (a) e^{-at}의 푸리에 사인과 코사인 변환이 다음과 같음을 보이시오.

$$g_s(\omega) = \sqrt{\frac{2}{\pi}} \frac{\omega}{\omega^2 + a^2}, \qquad g_c(\omega) = \sqrt{\frac{2}{\pi}} \frac{a}{\omega^2 + a^2}$$

[힌트] 한 변환은 다른 변환과 부분 적분에 의해서 연결될 수 있다.

(b) 다음을 보이시오.

$$\int_0^\infty \frac{\omega \sin\omega x}{\omega^2 + a^2} d\omega = \frac{\pi}{2} e^{-ax}, \quad x > 0$$

$$\int_0^\infty \frac{\cos\omega x}{\omega^2 + a^2} d\omega = \frac{\pi}{2a} e^{-ax}, \quad x > 0$$

이 결과는 경로 적분에 의해서 또한 얻을 수 있다(연습문제 11.8.12).

15.2.4 삼각형 펄스(그림 15.6)의 푸리에 변환을 구하시오.

$$f(x) = \begin{cases} h(1 - a|x|), & |x| < 1/a \\ 0, & |x| > 1/a \end{cases}$$

[참고] 이 함수는 $h = a$이고 $a \to \infty$일 때 또 다른 델타 함수를 준다.

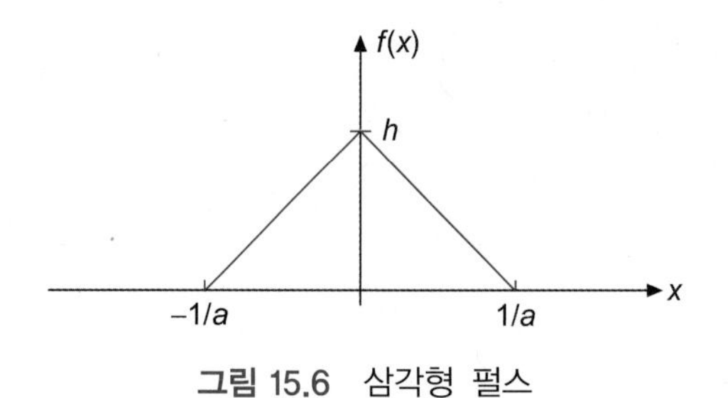

그림 15.6 삼각형 펄스

15.2.5 다음의 수열을 고려한다.

$$\delta_n(x) = \begin{cases} n, & |x| < 1/2n \\ 0, & |x| > 1/2n \end{cases}$$

이는 식 (1.152)이다. $\delta_n(x)$를 푸리에 적분으로 표현하시오(푸리에 적분 정리, 역변환 등을 통해서). 마지막으로, 다음과 같이 쓸 수 있음을 보이시오.

$$\delta(x) = \lim_{n \to \infty} \delta_n(x) = \frac{1}{2\pi} \int_{-\infty}^{\infty} e^{-ikx} dk$$

15.2.6 수열을 이용하여

$$\delta_n(x) = \frac{n}{\sqrt{\pi}} \exp(-n^2 x^2)$$

다음을 보이시오.

$$\delta(x) = \frac{1}{2\pi} \int_{-\infty}^{\infty} e^{-ikx} dk$$

[힌트] $\delta(x)$는 피적분 함수의 일부로서 작용한다는 성질로 정의됨을 기억하라.

15.2.7 다음 공식

$$\delta(t-x) = \frac{1}{2\pi} \int_{-\infty}^{\infty} e^{i\omega(t-x)} d\omega = \frac{1}{2\pi} \int_{-\infty}^{\infty} e^{i\omega t} e^{-i\omega x} d\omega$$

은 고유함수 전개의 연속적인 극한으로써 동일시할 수 있다. 위에 주어진 지수함수 표현형에 해당되는, $\delta(t-x)$의 사인과 코사인 표현형을 유도하시오.

답. $\frac{2}{\pi} \int_0^{\infty} \sin\omega t \sin\omega x \, d\omega, \; \frac{2}{\pi} \int_0^{\infty} \cos\omega t \cos\omega x \, d\omega$

15.2.8 공진 공동에서 진동수 ω_0인 전자기 진공은 다음과 같이 감소한다.

$$A(t) = \begin{cases} A_0 e^{-\omega_0 t/2Q} e^{-i\omega_0 t}, & t > 0 \\ 0, & t < 0 \end{cases}$$

변수 Q는 주기당 저장된 에너지와 에너지 손실 비율의 척도이다. 진동의 진동수 분포 $a^*(\omega)a(\omega)$ [여기서 $a(\omega)$는 $A(t)$의 푸리에 변환이다]를 계산하시오.

[참고] Q가 클수록 공진선은 더욱 뾰족할 것이다.

답. $a^*(\omega)a(\omega) = \dfrac{A_0^2}{2\pi} \dfrac{1}{(\omega-\omega_0)^2 + (\omega_0/2Q)^2}$

15.2.9 다음을 증명하시오.

$$\frac{h}{2\pi i}\int_{-\infty}^{\infty} \frac{e^{-i\omega t}d\omega}{E_0 - i\Gamma/2 - h\omega} = \begin{cases} \exp\left(-\dfrac{\Gamma t}{2h}\right)\exp\left(-i - \dfrac{E_0 t}{h}\right), & t > 0 \\ 0, & t < 0 \end{cases}$$

이 푸리에 적분은 방해물 투과, 산란, 시간에 의존하는 섭동 이론 등 양자역학의 다양한 문제에서 나타난다.

15.2.10 다음에서 서로 푸리에 적분 변환이라는 것을 확인하시오.

(a) $\begin{cases} \sqrt{\dfrac{2}{\pi}} \cdot \dfrac{1}{\sqrt{a^2 - x^2}}, & |x| < a \\ 0, & |x| > a \end{cases}$ 그리고 $J_0(ay)$

(b) $\begin{cases} 0 & |x| < a \\ -\sqrt{\dfrac{2}{\pi}} \cdot \dfrac{1}{\sqrt{x^2 + a^2}}, & |x| > a \end{cases}$ 그리고 $Y_0(a|y|)$

(c) $\sqrt{\dfrac{\pi}{2}} \dfrac{1}{\sqrt{x^2 + a^2}}$ 그리고 $K_0(a|y|)$

(d) 왜 $I_0(ay)$는 이 목록에 포함되지 않았는지 제안할 수 있는가?

[힌트] J_0, Y_0와 K_0은 지수함수 표현형을 이용하고 적분의 순서를 바꾸고 디랙 델타 함수의 지수함수 표현형, 식 (15.20)을 이용하여 쉽게 변환될 수 있다. 이 함수들은 푸리에 코사인 변환으로 동등하게 잘 다루어질 수 있다.

15.2.11 다음에서 서로 푸리에 적분 변환이라는 것을 보이시오.

$$i^n J_n(t) \quad \text{그리고} \quad \begin{cases} \sqrt{\dfrac{2}{\pi}}\, T_n(x)(1-x^2)^{-1/2}, & |x| < 1 \\ 0, & |x| > 1 \end{cases}$$

$T_n(x)$는 n차 체비셰프 다항식이다.

[힌트] $T_n(\cos\theta) = \cos n\theta$로 $T_n(x)(1-x^2)^{-1/2}$의 변환은 $J_n(x)$의 적분 표현형이 된다.

15.2.12 다음의 푸리에 지수함수 변환

$$f(\mu) = \begin{cases} P_n(\mu), & |\mu| \le 1 \\ 0, & |\mu| > 1 \end{cases}$$

이 $(2i^n/2\pi)j_n(kr)$라는 것을 보이시오. 여기서 $Pn(\mu)$는 르장드르 다항식이고 $j_n(kr)$는 구면 베셀 함수이다.

15.2.13 (a) $f(x) = x^{-1/2}$는 푸리에 코사인과 사인 변환에 대해서 **자체 비례 관계**에 있다. 즉,

$$\sqrt{\frac{2}{\pi}} \int_0^\infty x^{-1/2} \cos xt \, dx = t^{-1/2}$$

$$\sqrt{\frac{2}{\pi}} \int_0^\infty x^{-1/2} \sin xt \, ds = t^{-1/2}$$

임을 보이시오.

(b) 앞선 결과를 이용하여 프레넬 적분을 계산하시오.

$$\int_0^\infty \cos(y^2) dy, \qquad \int_0^\infty \sin(y^2) dy$$

15.2.14 $\left[\frac{1}{r^2}\right]^T(\mathbf{k}) = \left(\frac{\pi}{2}\right)^{1/2} \frac{1}{k}$을 보이시오.

15.2.15 이중 변수의 함수에 대한 푸리에 변환 공식은 다음과 같다.

$$F(u, v) = \frac{1}{2\pi} \iint f(x, y) e^{i(ux+vy)} dx\, dy$$

$$f(x, y) = \frac{1}{2\pi} \iint F(u, v) e^{-i(ux+vy)} du\, dv$$

여기서 적분은 xy나 uv 전체 평면에 대해서 주어져 있다. $f(x, y) = f([x^2+y^2]^{1/2}) = f(r)$에 대해서 0차 한켈 변환은

$$F(\rho) = \int_0^\infty r f(r) J_0(\rho r) dr$$

$$f(r) = \int_0^\infty \rho F(\rho) J_0(\rho r) d\rho$$

이다. 이는 푸리에 변환의 특별한 경우라는 것을 보이시오.

[참고] 이 기법은 $\nu=0,\ \frac{1}{2},\ 1,\ \frac{3}{2},\ \ldots$ 차수의 한켈 변환을 유도하기 위해 일반화될 수 있다. 반정수 차수 $\nu=\pm\frac{1}{2}$의 한켈 변환은 푸리에 사인과 코사인 변환으로 또한 바꿀 수 있다.

15.2.16 방사성 대칭인 함수의 3차원 푸리에 지수함수 변환은 푸리에 사인 변환으로 다시 쓸 수 있음을 보이시오.

$$\frac{1}{(2\pi)^{3/2}}\int_{-\infty}^{\infty} f(r)e^{i\mathbf{k}\cdot\mathbf{r}}d^3x=\frac{1}{k}\sqrt{\frac{2}{\pi}}\int_0^{\infty} rf(r)\sin kr\,dr$$

15.3 푸리에 변환의 성질

푸리에 변환은 많은 유용한 성질들이 있고, 이중에 많은 성질들은 변환의 정의에서 직접적으로 기인한다. 3차원 변환을 실례로 이용해서 $g(\mathbf{k})$를 $f(\mathbf{r})$의 푸리에 변환이라고 하자.

$$[f(\mathbf{r}-\mathrm{R})]^T(\mathbf{k})=e^{i\mathbf{k}\cdot\mathrm{R}}g(\mathbf{k}) \quad \text{(병진)} \tag{15.48}$$

$$[f(\alpha\mathbf{r})]^T(\mathbf{k})=\frac{1}{\alpha^3}g(\alpha^{-1}\mathbf{k}) \quad \text{(축척 변화)} \tag{15.49}$$

$$[f(-\mathbf{r})]^T(\mathbf{k})=g(-\mathbf{k}) \quad \text{(부호 변화)} \tag{15.50}$$

$$[f^*(-\mathbf{r})]^T(\mathbf{k})=g^*(\mathbf{k}) \quad \text{(켤레 복소수)} \tag{15.51}$$

$$[\nabla f(\mathbf{r})]^T(\mathbf{k})=-i\mathbf{k}\,g\mathbf{k} \quad \text{(그레이디언트)} \tag{15.52}$$

$$[\nabla^2 f(\mathbf{r})]^T(\mathbf{k})=-k^2g(\mathbf{k}) \quad \text{(라플라시안)} \tag{15.53}$$

위에서 처음 4개의 공식들은 변환의 정의식에 적당하게 작용을 수행하여 얻을 수 있다. 자세한 것은 연습문제로 남겨 놓는다. 식 (15.52)와 (15.53)은 역변환 공식으로부터 쉽게 확립할 수 있다. 예를 들어서, 식 (15.37)로부터

$$\begin{aligned}\nabla f(\mathbf{r})&=\frac{1}{(2\pi)^{3/2}}\int g(\mathbf{k})\left[\nabla_r e^{-i\mathbf{k}\cdot\mathbf{r}}\right]d\mathbf{k}\\&=\frac{1}{(2\pi)^{3/2}}\int g(\mathbf{k})\left[(-i\mathbf{k})e^{-i\mathbf{k}\cdot\mathbf{r}}\right]d\mathbf{k}\\&=\frac{1}{(2\pi)^{3/2}}\int\left[-i\mathbf{k}g(\mathbf{k})\right]e^{-i\mathbf{k}\cdot\mathbf{r}}d\mathbf{k}\end{aligned} \tag{15.54}$$

는 $-i\mathbf{k}g(\mathbf{k})$가 실제로 $\nabla f(\mathbf{r})$의 푸리에 변환이라는 것을 보여준다. 이를 입증하기 위해서는 수반되는 적분이 존재해야 함을 기억해 두어야 한다.

변환 공식은 상당히 실제적인 가치가 있는데, 이는 $\mathbf{R}$의 원점에 대해 상대적으로 가장 쉽게 기술되는 함수가 복소 위상 인자 $\exp(i\mathbf{k}\cdot\mathbf{R})$가 있음에도 $\mathbf{k}$ 공간의 원점에 대한 자연스러운 표현형을 갖는 변환을 갖도록 한다. 이 특성은 예를 들어서 다른 공간 점들에 중심을 갖는 원자들을 수반하는 문제들에서 중요해질 것이다. 왜냐하면 그러한 원자들 상에 원자 궤도의 변환은 모두 변환 공간의 한 점에서 중심을 갖게 되기 때문이다. 따라서 변환 공식은 공간적으로 복잡한 문제를 (비록 위상 인자로 인해서 진동하는 특징을 갖지만) 단일 중심의 문제로 전환시킬 수 있다.

그레이디언트나 라플라시안에 대한 공식과 이의 1차원 변종식은 다음과 같다.

$$[f'(t)]^T(\omega) = -i\omega g(\omega) \qquad \text{(1계 도함수)} \tag{15.55}$$

$$\left[\frac{d^n}{dt^n}f(t)\right]^T(\omega) = (-i\omega)^n g(\omega) \qquad (n\text{계 도함수}) \tag{15.56}$$

이 미분 작용자들의 응용은 변환 공간에서 간단한 형태를 갖게 된다. 식 (15.55)로부터 볼 수 있듯이, 미분의 작용은 변환 공간에서 $-i\omega$만큼 곱한 것에 해당된다.

예제 15.3.1 파동 방정식

푸리에 변환 기법을 이용하면 편미분 방정식을 다루는 데 이점이 있다. 이 기법의 실례를 들기 위해서, 기초 물리에서 익숙한 표현을 유도해보자. 무한히 긴 끈이 자유롭게 진동하고 있다. 작은 진동의 진폭 y는 다음의 파동 방정식을 만족한다.

$$\frac{\partial^2 y}{\partial x^2} = \frac{1}{v^2}\frac{\partial^2 y}{\partial t^2} \tag{15.57}$$

여기서 v는 파동 전파의 위상 속도이다. 초기 조건을 다음과 같이 택한다.

$$y(x,0) = f(x), \qquad \left.\frac{\partial y(x,t)}{\partial t}\right|_{t=0} = 0 \tag{15.58}$$

여기서 f는 국한되어 있다고 가정하는데, 이는 $\lim_{x=\pm\infty} f(x) = 0$을 의미한다.

식 (15.57)의 편미분 방정식을 푸는 방법은 α를 변환 변수로 이용해서 2개의 요소의 x 상에서 푸리에 변환을 택하는 것이다. 이는 식 (15.57)에 $e^{i\alpha x}$를 곱하고 x에 대해서 적분하는 것과 동등하다. 단순화시키기 전에 다음을 얻는다.

$$\int_{-\infty}^{\infty} \frac{\partial^2 y(x,\ t)}{\partial x^2} e^{i\alpha x} dx = \frac{1}{v^2} \int_{-\infty}^{\infty} \frac{\partial^2 y(x,\ t)}{\partial t^2} e^{i\alpha x} dx \tag{15.59}$$

편미분 방정식의 해 $y(x,\ t)$의 변환(초기 변수 x에서 변환 변수 α로)으로

$$Y(\alpha,\ t) = \frac{1}{\sqrt{2\pi}} \int_{-\infty}^{\infty} y(x,\ t) e^{i\alpha x} dx \tag{15.60}$$

를 인지하면, 식 (15.59)는 다음과 같이 다시 쓸 수 있다.

$$(-i\alpha)^2 Y(\alpha,\ t) = \frac{1}{v^2} \frac{\partial^2 Y(\alpha, t)}{\partial t^2} \tag{15.61}$$

여기서 $\partial^2 y / \partial x^2$의 변환을 위해서 식 (15.56)을 이용하였고, 변환 연산자와 상관 없는 $\partial^2 / \partial t^2$를 적분 바깥으로 옮겨서 $Y(\alpha,\ t)$만 남겨 놓았다.

최초의 문제는 이제 식 (15.61)로 전환되었으나, 이 새로운 방정식은 단순화시키는 중요한 특징, 즉 나타나는 유일한 도함수는 t에 대한 미분이다. 따라서 최초의 (x와 t 상의) 편미분 방정식을 (t만의) 상미분 방정식으로 성공적으로 대체하였다. 문제는 α(x로부터 전환된 변수)에 단지 대수적으로 의존한다.

편미분 방정식에서 상미분 방정식으로 변환은 의미심장한 결과이다. Y에 대해 표현되는 초기 조건으로 이제 식 (15.61)을 풀이할 준비가 되었다. 식 (15.58)에 있는 양들의 변환을 택하면 다음을 얻는다.

$$\begin{cases} Y(\alpha,\ 0) = \dfrac{1}{\sqrt{2\pi}} \displaystyle\int_{-\infty}^{\infty} f(x) e^{i\alpha x} dx = F(\alpha) \\ \left. \dfrac{\partial Y(\alpha,\ t)}{\partial t} \right|_{t=0} = 0 \end{cases} \tag{15.62}$$

$F(\alpha)$는 (원칙적으로) 알려져 있다는 것을 인지하는 것이 중요한데, 이는 알려져 있는 초기 진폭 $f(x)$의 푸리에 변환이다.

식 (15.62)에 주어진 초기 조건으로 식 (15.61)을 풀면 다음을 얻는다.

$$Y(\alpha,\ t) = F(\alpha) \frac{e^{i\alpha vt} + e^{-i\alpha vt}}{2} \tag{15.63}$$

t의 의존성을 $\cos(\alpha vt)$로 쓸 수 있었지만, 지수함수 형태가 다음으로 수행해야 할 일에 더 적당하다.

α보다 x에 대해서 해를 얻고자 하므로, 마지막 단계는 식 (15.63)의 양변에 역푸리에 변환을 적용하는 것이다.

$$\frac{1}{\sqrt{2\pi}}\int_{-\infty}^{\infty} Y(\alpha,\, t)e^{-i\alpha x}d\alpha = \frac{1}{\sqrt{2\pi}}\int_{-\infty}^{\infty} F(\alpha)\frac{e^{i\alpha vt - i\alpha x} + e^{-i\alpha vt - i\alpha x}}{2}d\alpha \quad (15.64)$$

식 (15.64)의 좌변은 명백히 $y(x,\, t)$인 반면, 우변의 각각의 항은 F의 역변환(즉 f)이다. 첫 번째 지수함수를 $e^{-i\alpha(x-vt)}$로 썼다면 독립변수 $x-vt$의 역변환을 이끌어낼 수 있고, 두 번째 지수함수는 독립변수 $x+vt$의 역변환을 이끌어낸다. 따라서 식 (15.64)를 마지막으로 단순화시키면 다음 형태를 갖는다.

$$y(x,\, t) = \frac{1}{2}[f(x-vt)+f(x+vt)] \quad (15.65)$$

따라서 해는 초기 파형의 진폭의 반은 $+x$를 향해서 (속도 v로) 움직이고 있는 반면, 초기 파형의 다른 반쪽은 (또한 속도 v로) $-x$를 향해서 움직이고 있다. ■

예제 15.3.2 **열흐름 편미분 방정식**

편미분 방정식을 상미분 방정식으로 변환하는 또 다른 예를 보여주기 위해서, 다음의 1차원 열흐름 편미분 방정식을 푸리에 변환하자.

$$\frac{\partial\psi}{\partial t} = a^2\frac{\partial^2\psi}{\partial x^2}$$

여기서 해 $\psi(x,\, t)$는 위치 x와 시간 t에서 온도이다.

x를 y라고 쓴 변환 변수로 바꾸면, $\psi(x,\, t)$를 $\Psi(y,\, t)$로 쓰고 $\partial^2\psi(x,\, t)/\partial x^2$의 변환을 $-y^2\Psi(y,\, t)$로 동일시한다. 그러면 열흐름 방정식은 다음 형태를 갖는다.

$$\frac{\partial\Psi(y,\, t)}{\partial t} = -a^2y^2\Psi(y,\, t)$$

이의 일반적인 해는 다음과 같다.

$$\ln\Psi(y,\, t) = -a^2y^2t + \ln C(y) \quad \text{또는} \quad \Psi = C(y)e^{-a^2y^2t}$$

$C(y)$의 물리적인 중요성은, 이는 Ψ의 초기 공간적인 분포, 다른 말로 하면 초기 온도의 분포 $\psi(x,\, 0)$의 푸리에 변환이라는 것이다. 초기 온도의 분포가 알려져 있다고 가정하면, $C(y)$도 또한 그렇고, 편미분 방정식의 해인 Ψ의 역변환은 다음 형태를 갖는다.

$$\psi(x,\, t) = \frac{1}{2\pi}\int_{-\infty}^{\infty} C(y)e^{-a^2y^2t}e^{-iyx}dy \quad (15.66)$$

$C(y)$의 특정한 형태에 의존하여 좀 더 진전할 수 있다. 초기 온도를 $x=0$에 델타 함수의

스파이크, 즉 $x = t = 0$에서 열에너지의 순간적인 펄스로 가정하면, 이의 푸리에 변환으로 $C(y)$ =상수를 얻는다[식 (15.14) 참고]. $\psi(x,\ t)$의 구체적인 형태를 얻기 위해서 이제 식 (15.66)에서 적분을 계산할 수 있다. C를 상수로 두면, 식 (15.66)의 함수 형태는 (i의 부호를 제외하면) 가우스 분포의 푸리에 변환으로 예제 15.2.2에서 보았던 것이며, 적분을 계산하면 다음을 얻는다.

$$\psi(x,\ t) = \frac{C}{a\sqrt{2t}}\exp\left(-\frac{x^2}{4a^2t}\right)$$

이러한 ψ의 형태는 9.7절에서 얻었지만, 영리한 추측으로 나타났다. 이는 확산 편미분 방정식의 해에 해당되므로 궁극적으로 정당화되었다. ■

예제 15.3.3 쿨롱 그린 함수

푸아송 방정식과 관련된 그린 함수는 다음 편미분 방정식을 만족시킨다.

$$\nabla_r^2 G(\mathbf{r},\ \mathbf{r}') = \delta(\mathbf{r}-\mathbf{r}') \tag{15.67}$$

이 방정식의 양변을 r에 대하여 푸리에 변환을 택하여, $g(\mathbf{k},\ \mathbf{r}')$을 G의 변환이라고 표시하자. $\mathbf{r}'$은 변환에 대하여 영향을 받지 않는다는 것을 참고하자. 식 (15.53)을 이용하여, 식 (15.67)의 좌변은 $-k^2 g(\mathbf{k},\ \mathbf{r}')$이 되는 반면, 우변은 델타 함수가 $\mathbf{r}'$만큼 병진 이동한 것에 해당되는데, 식 (15.48)에 따라서 변환 $e^{i\mathbf{k}\cdot\mathbf{r}'}\delta^T(\mathbf{k})$를 갖는다. 따라서 식 (15.67)은 다음으로 변환한다.

$$-k^2 g(\mathbf{k},\ \mathbf{r}') = \frac{1}{(2\pi)^{3/2}} e^{i\mathbf{k}\cdot\mathbf{r}'}$$

여기서 델타 함수의 변환은 식 (15.14)의 3차원 식에 해당되는 것으로 계산하였다. 이제 g에 대해서 풀 수 있고,

$$g(\mathbf{k},\ \mathbf{r}') = -\frac{1}{(2\pi)^{3/2}}\frac{e^{i\mathbf{k}\cdot\mathbf{r}'}}{k^2}$$

역변환을 택해서 G를 회복할 수 있다.

$$G(\mathbf{r},\ \mathbf{r}') = -\frac{1}{(2\pi)^3}\int \frac{e^{i\mathbf{k}\cdot\mathbf{r}'}}{k^2} e^{-i\mathbf{k}\cdot\mathbf{r}} d^3k = -\frac{1}{(2\pi)^3}\int \frac{d^3k}{k^2} e^{-i\mathbf{k}\cdot(\mathbf{r}-\mathbf{r}')}$$

계산 결과는 $1/k^2$의 역변환의 계산에 비례하지만, 독립변수는 $\mathbf{r}-\mathbf{r}'$이다. 식 (15.43)을 이용하여(이는 실수이기 때문에 역변환에도 적용된다), 다음에 도달한다.

$$G(\mathbf{r}, \mathbf{r}') = -\frac{1}{(2\pi)^{3/2}}\left(\frac{\pi}{2}\right)^{1/2}\frac{1}{|\mathbf{r}-\mathbf{r}'|} = -\frac{1}{4\pi}\frac{1}{|\mathbf{r}-\mathbf{r}'|}$$

이 결과는 다른 방법을 이용해서(참고로 10.2절) 예전에 얻었다. G가 $\mathbf{r}-\mathbf{r}'$의 함수라 가정하지 않았고, 이 형태가 됨을 **찾아내었다**는 것을 주지한다. ■

■ 성공 및 제한점

위의 예들 중 몇 가지는 푸리에 변환이 하는 중요한 역할을 예시했다.

- 푸리에 변환을 이용해서 편미분 방정식을 상미분 방정식으로 전환하여 문제의 '초월성의 정도'를 줄였다.

모든 예들은 또한 그림 15.1에서 도표로 나타냈던 과정에 대해서 예시한다.

- 푸리에 변환은 종종 어려운 문제를 풀 수 있는 문제로 전환시킨다. 그러면 해를 물리적인 공간으로 다시 변환시켜서 유용한 형태를 얻을 수 있다.

이러한 성공에도 불구하고, 미분 방정식으로 주어진 모든 문제들이 푸리에 변환의 해결 방법으로 해결될 수 있는 것이 아님을 주지할 가치가 있다. 일부 제한점들은 필요한 변환과 역변환이 존재한다는 암묵적인 필요성으로부터 기인한다. 또한 푸리에 방법은 해가 유일한 경우에만 작동한다고 기대할 수 있는데, 이는 변환을 택하고 대수 방정식을 푸는 과정이 선형적으로 독립적인 2개나 그 이상의 해들이 아니라 유일한 결과를 주기 때문이다.

보통 경계조건들은 미분 방정식의 해가 유일하기 위한 직접적인 이유이고, (지수함수 형태의) 푸리에 변환이 존재할 필요성은 무한대에서 디리클레 경계조건을 부여한다. $0 \le x < \infty$의 반무한의 범위에 있는 1차원 계에 대해서, 푸리에 사인 변환을 이용하면 유한한 경계인 $x=0$에서 디리클레 조건을 부여하는 반면, 코사인 변환을 이용하는 것은 같은 점에서 노이만 경계조건에 해당된다.

변환 방법으로 미분 방정식을 풀기 위한 추가적인 기회는 라플라스 변환을 이용하여 주어지는데, 이 경우에 경계의 정보를 도입하는 것이 좀 더 자연스럽다. 이는 이 장의 다음 절에서 볼 수 있다.

연습문제

15.3.1 3차원 변환인 경우에 식 (15.48)에서 (15.51)까지 주어져 있듯이, 병진, 축척 변화, 부호 변화 그리고 켤레 복소수에 대한 1차원에 해당되는 식들을 쓰시오.

15.3.2 (a) $f(\mathbf{r})$의 푸리에 변환에 대한 공식에 $\mathbf{r}$를 $\mathbf{r}-\mathbf{R}$로 대체함으로써 병진 공식, 식 (15.48)을 유도할 수 있음을 보이시오.

(b) 문항 (a)에서와 비슷한 방법을 이용해서 축척 변화, 부호 변화, 그리고 켤레 복소수, 식 (15.49)에서 (15.51)까지 공식들을 확립하시오.

15.3.3 식 (15.53), 즉 $\nabla^2 f(\mathbf{r})$의 푸리에 변환에 대한 공식을 유도하시오.

15.3.4 식 (15.55), (15.56), 즉 1차원 푸리에 변환의 도함수에 대한 공식들을 확인하시오.

15.3.5 식 (15.56)의 역, 즉 다음을 유도하시오.

$$[t^n f(t)]^T(\omega) = i^{-n}\frac{d^n}{d\omega^n}g(\omega)$$

15.3.6 (평면) 원천이 있는 1차원 중성자 확산 방정식은 다음과 같다.

$$-D\frac{d^2\varphi(x)}{dx^2} + K^2 D\varphi(x) = Q\delta(x)$$

여기서 $\varphi(x)$는 중성자 선속, $Q\delta(x)$는 $x=0$에 있는 (평면) 원천, D와 K^2는 상수이다. 푸리에 변환을 적용하시오. 변환 공간에서 방정식을 푸시오. 구한 해를 x 공간으로 다시 변환하시오.

답. $\varphi(x) = \dfrac{Q}{2KD}e^{-|Kx|}$

15.4 푸리에 합성곱 정리

푸리에 변환들이 만족하는 중요한 관계는 **합성곱 정리**로 알려져 있다. 곧 알아보겠지만, 이 정리는 미분 방정식의 해, 운동량 파동 함수의 정규화를 확립하는 경우, 물리의 많은 분과에서 나타나는 적분의 계산, 신호 처리의 다양한 응용에 유용하다.

구간 $(-\infty,\ \infty)$에서 정의되는 두 함수 $f(x)$와 $g(x)$의 **합성**을 $f*g$로 표시되는 연산으로 다음과 같이 정의한다.

$$(f*g)(x) \equiv \frac{1}{\sqrt{2\pi}} \int_{-\infty}^{\infty} g(y) f(x-y) dy \tag{15.68}$$

3차원에 해당되는 정의는 다음과 같다.

$$(f*g)(\mathbf{r}) \equiv \frac{1}{(2\pi)^{3/2}} \int g(\mathbf{r}') f(\mathbf{r}-\mathbf{r}') d^3 r' \tag{15.69}$$

여기서 적분은 전체 3차원 공간에 대한 것이다.

이 연산은 때때로 '접힘(folding)'의 독일어인 **팔퉁**(Faltung)으로 나타낸다. 이 이름의 기원을 더 잘 이해하기 위해서 그림 15.7을 보자. 여기서 $f(y)=e^{-y}$와 $f(x-y)=e^{-(x-y)}$이 그려져 있다. 분명히 $f(y)$와 $f(x-y)$는 수직선 $y=x/2$에 대한 반사에 의해 관계되는데, 즉 $f(y)$를 직선 $y=x/2$에 대해 접으면 $f(x-y)$를 만들 수 있다.

여기에서 우리의 관심은 명명법에 주로 있지 않고, 합성의 푸리에 변환을 택할 때 어떤 일이 일어날까 이해하는 것에 있다. $F(t)$와 $G(t)$를 각각 f와 g의 푸리에 변환이라고 하면 다음을 얻는다.

$$\begin{aligned}(f*g)^T(t) &= \frac{1}{\sqrt{2\pi}} \int_{-\infty}^{\infty} dx \left[\frac{1}{\sqrt{2\pi}} \int_{-\infty}^{\infty} dy\, g(y) f(x-y) \right] e^{itx} \\ &= \left[\frac{1}{\sqrt{2\pi}} \int_{-\infty}^{\infty} dy\, g(y) e^{ity} \right] \left[\frac{1}{\sqrt{2\pi}} \int_{-\infty}^{\infty} dx\, f(x-y) e^{it(x-y)} \right] \\ &= \left[\frac{1}{\sqrt{2\pi}} \int_{-\infty}^{\infty} dy\, g(y) e^{ity} \right] \left[\frac{1}{\sqrt{2\pi}} \int_{-\infty}^{\infty} dz\, f(z) e^{z} \right] \\ &= G(t)F(t)\end{aligned} \tag{15.70}$$

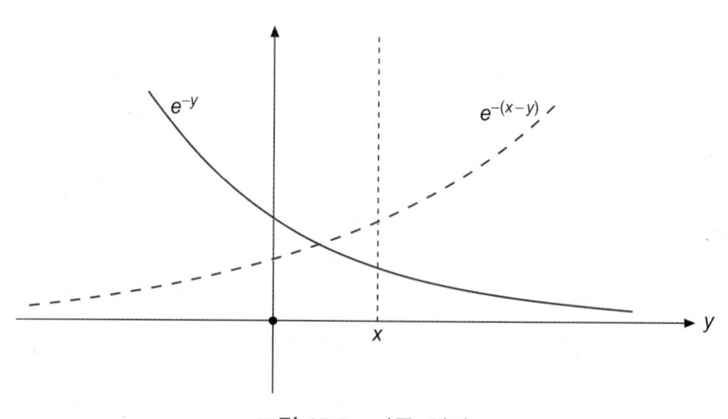

그림 15.7 팔퉁 인자

위의 방정식의 둘째 줄에서 e^{itx}를 두 인자 e^{ity}와 $e^{it(x-y)}$로 단순히 나누었다. 여기에서 두 번째 적분의 적분 변수를 x에서 $z=x-y$로 치환하면 셋째 줄에 다다른다. 이 변수 치환 이후에, 첫 번째 대괄호에는 y만 나타나고, 두 번째 대괄호에는 z만 나타난다. 그러면 넷째 줄에 이어서 적분들을 푸리에 변환으로 동일시한다.

합성 $f*g$의 형태를 갖는 적분들을 종종 접하게 된다. 합성곱 정리는 적분의 푸리에 변환의 구축을 가능하게 하고, 적분 자체는 $(f*g)^T$의 역변환으로부터 주어진다. 이 과정은 다음에 해당된다.

$$\int_{-\infty}^{\infty} g(y)f(x-y)dy = \sqrt{2\pi}(f*g)(x) = \sqrt{2\pi}\frac{1}{\sqrt{2\pi}}\int_{-\infty}^{\infty}(f*g)^T(t)e^{-ixt}dt$$
$$= \int_{-\infty}^{\infty} G(t)F(t)e^{-ixt}dt \tag{15.71}$$

다시 한번 푸리에 분석에 내재되어 있는 흥미를 끄는 특징을 보게 된다. 최초의 적분에 두 함수 $g(y)$와 $f(x-y)$가 다른 독립변수를 갖고 있었던 반면에, 그들의 변환인 $G(t)$와 $F(t)$는 같은 독립변수를 갖는다. 합성곱 정리를 이용한 후에도 여전히 계산할 적분이 남아 있지만, (방금 보았듯이) 이 피적분 함수는 모두 **같은** 점에서 계산되는 양들의 곱으로 구성되어 있다. 변환의 대가는 복소 지수함수의 존재인데, 이는 적분에 진동하는 성질을 부여한다. 따라서 기하학적인 복잡성을 진동하는 복잡성과 맞바꾸었다. 이는 종종 유리한 교환이 될 것이다.

기억해두기 위해, 다음은 식 (15.71)의 3차원 식에 해당된다.

$$\int g(\mathbf{r}')f(\mathbf{r}-\mathbf{r}')d^3r' = \int F(\mathbf{k})G(\mathbf{k})e^{-i\mathbf{k}\cdot\mathbf{r}}d^3k \tag{15.72}$$

■ 파세발 관계

식 (15.71)에서 $x=0$의 특별한 값을 택하면, 상대적으로 간단한 결과를 얻는다.

$$\int_{-\infty}^{\infty} f(-y)g(y)dy = \int_{-\infty}^{\infty} F(t)G(t)dt \tag{15.73}$$

이 방정식은 $f(y)$를 $f^*(-y)$로 바꾸면 더 쉽게 해석될 수 있다. 그러면 식 (15.73)에서 $f(-y)$를 $f^*(y)$로 대체해야 하는 반면, $F(t)$는 $[f^*(-y)]^T$가 되고, 식 (15.51)을 이용하면 이는 $F^*(t)$로 쓸 수 있다. 이 변환에 의해서 다음을 얻는다.

$$\int_{-\infty}^{\infty} f^*(y)g(y)dy = \int_{-\infty}^{\infty} F^*(t)G(t)dt \tag{15.74}$$

이 방정식은 **파세발 관계**(Parseval relation)로 알려져 있고, 어떤 저자들은 이를 **레일리 정리**(Rayleigh's theorem)라고 부르는 것을 선호한다.

식 (15.74)의 적분들은 스칼라곱의 형태이고, 이들은 f와 g(따라서 또한 F와 G)가 2차 적분이 가능하다면(즉 $\mathcal{L}^2$ 공간의 일원이라면) 존재한다. $\mathcal{F}$를 푸리에 변환 연산자라고 놓으면, 식 (15.74)를 간결한 형태로 다시 쓸 수 있다.

$$\langle f|g\rangle = \langle \mathcal{F}f|\mathcal{F}g\rangle \tag{15.75}$$

이제 왼쪽 반괄호에서 $\mathcal{F}$를 빼내고 대신에 오른쪽 반괄호에 수반 연산자를 쓰면 다음에 도달한다.

$$\langle f|g\rangle = \langle f|\mathcal{F}^\dagger \mathcal{F}g\rangle \tag{15.76}$$

이 방정식은 힐베르트 공간의 모든 f와 g에 대해서 유효해야 하므로, 필연적으로 $\mathcal{F}^\dagger \mathcal{F}$는 단일 연산자로 줄어들고, 이는 다음을 의미한다.

$$\mathcal{F}^\dagger = \mathcal{F}^{-1} \tag{15.77}$$

결론은 푸리에 변환 연산자는 **유니터리**라는 것이다.

다음으로 $g=f$인 특별한 경우를 고려하면, 식 (15.75)는 다음 형태를 갖는다.

$$\langle f|f\rangle = \langle F|F\rangle \tag{15.78}$$

이는 f와 이의 변환인 F가 같은 노름(norm)을 갖는다는 그리 놀랍지 않은 결과를 얻는데, 이는 f를 두 번 변환하면 최악의 경우에 f에 복소 위상 인자만큼 곱해질 것이기 때문이다.

유니터리 성질의 흥미로운 결과는 프라운호퍼 회절 광학을 지배하는 공식에 의해 예시된다. 회절 무늬의 진폭은 구멍을 기술하는 함수의 푸리에 변환으로 나타난다(예제 15.4.3과 비교하라). 세기는 진폭의 제곱에 비례하므로, 파세발 관계는 구멍을 통과하는 에너지($|f|^2$의 적분)는 회절 무늬의 에너지, 즉 $|F|^2$의 적분과 같다는 것을 암시한다. 이 문제에서 파세발 관계는 에너지 보존에 해당된다.

이 소절의 주제는 두 가지 관찰로 마무리된다. 우선, 파세발 관계에 대한 토론의 명백성과 간단함은 적당한 표기를 도입함으로써 크게 향상시킬 수 있다는 것을 인지한다. 수학적인 개념에 대한 통찰력과 직관의 많은 부분이 이를 기술하기 위해서 좋은 표기법을 이용하는 것으로부터 직접 기인한다. 두 번째로, 파세발 관계는 역푸리에 변환과는 독립적으로 개발되어서 역변환을 유도하기 위해 엄밀하게 사용될 수 있다. 자세한 내용은 모스와 페쉬바흐(Morse and Feshbach)(더 읽을 거리)에서 찾을 수 있다.

여기에 합성곱 정리를 이용하는 몇 가지 예시들이 있다.

예제 15.4.1 전하 분포의 퍼텐셜

전하 분포 $\rho(\mathbf{r}')$에 의해서 생성되는 모든 점 $\mathbf{r}$에서의 퍼텐셜을 필요로 한다. 쿨롱 법칙으로부터, 또는 동등하게 푸아송 방정식에 대한 그린 함수로부터 다음을 얻는다.

$$\psi(\mathbf{r}) = \frac{1}{4\pi}\int \frac{\rho(\mathbf{r}')}{|\mathbf{r}-\mathbf{r}'|}d^3r \tag{15.79}$$

ψ에서 적분은 합성곱의 형태이고, 이로써 합성곱은 광범위의 다양한 문제들에서 나타날 것임을 제시하는데, 여기에서 거의 모든 종류의 전하 분포가 존재하고 이의 효과는 상대적인 위치에 의존한다.

$f(\mathbf{r}) = 1/\mathrm{r}$을 택하여 $f(\mathbf{r}-\mathbf{r}') = 1/|\mathbf{r}-\mathbf{r}'|$, $g(\mathbf{r}) = \rho(\mathbf{r})$로 두고, 합성곱 공식, 식 (15.72)를 적용하면

$$\psi(\mathbf{r}) = \frac{1}{4\pi}\int f^T(\mathbf{k})g^T(\mathbf{k})e^{-i\mathbf{k}\cdot\mathbf{r}}d^3k$$

가 유도된다.

$$f^T(\mathbf{k}) = \frac{1}{(2\pi)^{3/2}}\frac{4\pi}{k^2} \quad \text{그리고} \quad g^T(\mathbf{k}) = \rho^T(\mathbf{k})$$

에 의해서

$$\psi(\mathbf{r}) = \frac{1}{(2\pi)^{3/2}}\int \frac{\rho^T(\mathbf{k})}{k^2}e^{-i\mathbf{k}\cdot\mathbf{r}}d^3k \tag{15.80}$$

를 얻는다. ρ의 함수 형태에 따라, 식 (15.80)은 ψ에 대한 최초의 방정식, 식 (15.79)보다도 계산하기 더 쉬울 수도 그렇지 않을 수도 있다. ■

예제 15.4.2 2중 겹침 적분

분자들을 수반하는 양자역학 문제에서, 소위 **겹침 적분**을 종종 접하게 되는데, 이는 두 원자 궤도, 하나는 점 $\mathbf{A}$에 중심을 둔 φ_a와 다른 하나는 점 $\mathbf{B}$에 중심을 둔 φ_b의 스칼라곱이다. 이 겹침 적분은 S_{ab}로 나타내고 다음과 같이 쓸 수 있다.

$$S_{ab} = \int \varphi_a^*(\mathbf{r}-\mathbf{A})\varphi_b(\mathbf{r}-\mathbf{B})d^3r \tag{15.81}$$

이 적분은 전체 3차원 공간에 대한 것이다. S_{ab}를 계산하는 한 가지 방법은 원점이 $\mathbf{A}$에 있는 좌표로 변환하여 시작하는 것인데, 이는 $\mathbf{r}' = \mathbf{r}-\mathbf{A}$로 대체하는 것에 해당되고, 이로써 $\mathbf{r}-\mathbf{B} = \mathbf{r}'-(\mathbf{B}-\mathbf{A})$이므로 다음과 같다.

$$S_{ab} = \int \varphi_a^*(\mathbf{r}')\varphi_b(\mathbf{r}' - \mathbf{R})d^3r'$$

여기서 $\mathbf{R} = \mathbf{B} - \mathbf{A}$이다. S_{ab}의 값은 $\mathbf{A}$와 $\mathbf{B}$에 따로 의존하지 않고 그들의 상대적인 위치를 기술하는 벡터 $\mathbf{R}$에만 의존하는데, 이는 물리적으로 기대가 되는 성질임을 주지한다.

S_{ab}에서 적분은 거의 합성곱의 표준형에 가깝다. ($\mathbf{R} - \mathbf{r}'$ 대신에 $\mathbf{r}' - \mathbf{R}$를 갖는다는 점에서 다르다.) 이 차이는 식 (15.50)을 이용하면 다룰 수 있는데, 알짜 효과는 φ_b^T를 계산할 때 적분 변수 $\mathbf{k}$의 부호를 바꾸는 것이다.

식 (15.72)를 다시 이용하여 다음과 같이 쓴다.

$$S_{ab} = \int \left[\varphi_a^*\right]^T(\mathbf{k})\varphi_b^T(-\mathbf{k})e^{-i\mathbf{k}\cdot\mathbf{R}}d^3k$$

계속해서 φ_a와 φ_b가 슬레이터형 오비탈(STOs, slater type orbitals)이고 모두 같은 가림 변수 ζ를 갖는 특별한 경우를 고려한다. 이 STOs와 그들의 푸리에 변환[이는 식 (15.41)을 변수 α에 대해서 미분하여 얻을 수 있다]은

$$\varphi = \varphi^* = e^{-\zeta r}, \qquad \varphi^T = \frac{1}{(2\pi)^{3/2}}\frac{8\pi\zeta}{(k^2+\zeta^2)^2}$$

이다. φ^T에 대한 공식을 S_{ab}에 대한 적분에 대입하면 다음을 얻는다.

$$S_{ab} = \frac{(8\pi\zeta)^2}{(2\pi)^3}\int \frac{e^{-i\mathbf{k}\cdot\mathbf{R}}}{(k^2+\zeta^2)^4}d^3k$$

이 점에서 이미 합성곱에 바탕을 둔 과정의 이점을 보게 된다. 이 적분은 (쉽게 계산할 수 있든 없든 간에) 중심이 하나인 성질을 갖는데, 궤도 사이의 간격은 복소 지수 인자에 옮겨져 있다.

계산을 마무리하기 위해서 $e^{-i\mathbf{k}\cdot\mathbf{R}}$에 대한 구면파 전개, 식 (16.61)을 이제 대입하고, $\mathbf{k}$의 각도 적분에서 남는 유일한 항은 전개의 $l = 0$인 항으로서 좀 더 단순화됨을 주의한다. $Y_0^0 = 1/\sqrt{4\pi}$이라는 것을 기억하면, 이 항은 $j_0(kR)$로 보여지고, S_{ab}에 대한 공식은 다음과 같이 된다.

$$S_{ab} = \frac{(8\pi\zeta)^2}{(2\pi)^3}\int_0^\infty \frac{j_0(kR)}{(k^2+\zeta^2)^4}4\pi k^2\,dk$$

이제 알려진 1차원 적분을 갖게 되고, 이는 사실상 연습문제 12.9.10에서 접했던 것이다.

$$k_n(x) = \frac{2^{n+2}(n+1)!}{\pi x^{n+1}} \int_0^\infty \frac{k^2 j_0(kx)}{(k^2+1)^{n+2}} dk$$

이 공식에서 x 변수를 ζR로 바꾸고 k를 k/ζ로 대체하면 다음에 도달한다.

$$S_{ab} = \frac{\pi R^3}{3} k_2(\zeta R) = \frac{\pi e^{-\zeta R}}{3\zeta^3}(\zeta^2 R^2 + 3\zeta R + 3) \tag{15.82}$$

k_2의 맹백한 공식을 대입할 때, 상대적으로 간단한 마지막 결과를 얻는다는 것을 주의한다.

이 공식을 얻는 다른 방법들이 있지만(그들 중의 하나는 A와 B를 초점으로 하는 장축 타원체 좌표계를 사용하는 것이다), 여기에서 선택한 방법은 합성곱 방법이 적용될 때 나타나는 논점들과 공식들을 잘 예시한다. ■

■ 다중 합성곱

몇 가지 중요한 문제들은 다중 합성곱의 형태를 띠는데, 1차원의 예시로 먼저 함수 h를 함수 g로 합성곱을 택하고 이 결과를 함수 f로 합성곱을 택한다. 즉 $f*(g*h)$이다. 그러면

$$\begin{aligned}[f*(g*h)](x) &= \frac{1}{\sqrt{2\pi}} \int_{-\infty}^{\infty} dy f(y)(g*h)(x-y) \\ &= \frac{1}{2\pi} \int_{-\infty}^{\infty} dy \int_{-\infty}^{\infty} dt f(y) g(t) h(x-y-t)\end{aligned}$$

이 되고, $t = z - y$로 치환한 후에(따라서 $x - y - t = x - z$이면) 이는 다음이 된다.

$$[f*(g*h)](x) = \frac{1}{2\pi} \int_{-\infty}^{\infty} dy \int_{-\infty}^{\infty} dz f(y) g(z-y) h(x-z) \tag{15.83}$$

F, G 그리고 H를 f, g 그리고 h의 푸리에 변환이라고 놓으면, 이 경우의 합성곱 정리는

$$[f*g*h]^T(\omega) = F(\omega) G(\omega) H(\omega) \tag{15.84}$$

이다. $g*h$를 둘러싸는 괄호를 이제 생략했는데, 왜냐면 f, g 그리고 h를 임의의 순서대로 합성곱을 했어도 같은 결과를 얻을 것이기 때문이다. 역변환을 택하면 다음을 얻는다.

$$\int_{-\infty}^{\infty} dy \int_{-\infty}^{\infty} dz f(y) g(z-y) h(x-z) = (2\pi)^{1/2} \int_{-\infty}^{\infty} F(\omega) G(\omega) H(\omega) e^{-i\omega x} d\omega \tag{15.85}$$

3차원에서 해당되는 공식들은 다음과 같다.

$$[f*(g*h)](\mathbf{r}) = \frac{1}{(2\pi)^3}\int d^3r' \int d^3r'' f(\mathbf{r}')g(\mathbf{r}''-\mathbf{r}')h(\mathbf{r}-\mathbf{r}'') \tag{15.86}$$

$$[g*(g*h)]^T(\mathbf{k}) = F(\mathbf{k})G(\mathbf{k})H(\mathbf{k}) \tag{15.87}$$

$$\int d^3r' \int d^3r'' f(\mathbf{r}')g(\mathbf{r}''-\mathbf{r}')h(\mathbf{r}-\mathbf{r}'') = (2\pi)^{3/2}\int F(\mathbf{k})G(\mathbf{k})H(\mathbf{k})e^{-i\mathbf{k}\cdot\mathbf{r}}d^3k \tag{15.88}$$

예제 15.4.3 두 전하 분포의 상호작용

두 전하 분포 $\rho_1(\mathbf{r})$와 $\rho_2(\mathbf{r})$의 정전기적인 상호작용은 다음의 적분으로 주어진다.

$$V = \int d^3r' \int d^3r'' \frac{\rho_1(\mathbf{r}')\rho_2(\mathbf{r}'')}{|\mathbf{r}''-\mathbf{r}'|} \tag{15.89}$$

이는 식 (50.88)에서처럼 이중 합성곱이지만, 자유 독립변수 $\mathbf{r}$를 0으로 택하였고 h의 독립 변수(현재 예제에서 ρ_2에 해당)에 부호 차이가 있다. 위 식을 고려하고 식 (15.88)을 적용하면 다음을 얻는다.

$$\begin{aligned} V &= (2\pi)^{3/2}\int d^3k\,\rho_1^T(\mathbf{k})\left[\frac{1}{r}\right]^T(\mathbf{k})\rho_2^T(-\mathbf{k}) \\ &= 4\pi\int \frac{d^3k}{k^2}\rho_1^T(\mathbf{k})\rho_2^T(-\mathbf{k}) \end{aligned} \tag{15.90}$$

여기서 식 (15.42)로부터 $(1/r)^T$의 값을 대입하였다. 이 표현은 식 (15.89)에서 최초의 6차원 적분 대신에 3차원 적분으로 주어졌다는 데 분명한 이점이 있다. 이렇게 단순화하기 위한 대가로 ρ_1과 ρ_2의 푸리에 변환을 택했다. ■

■ 곱의 변환

푸리에 직접 변환과 역변환의 공식 사이의 유사성은, 곱의 푸리에 변환은 합성곱으로 동일시할 수 있음을 시사한다. 따라서 식 (15.71)에서 x를 $-x$로 대체시켜서 다시 쓰고, 또한 식에서 적분 변수를 y에서 $-y$로 바꾼다. 그러면 (식에 $1/\sqrt{2\pi}$를 곱해서) 다음을 얻는다.

$$\frac{1}{\sqrt{2\pi}}\int_{-\infty}^{\infty} g(-y)f(y-x)dy = \frac{1}{\sqrt{2\pi}}\int_{-\infty}^{\infty} G(t)F(t)e^{ixt}dt = [G(t)F(t)]^T(x) \tag{15.91}$$

더 간단히 만들면,

$$[G(t)]^T(y) = g(-y) \quad \text{그리고} \quad [F(t)]^T(x-y) = f(y-x)$$

이고, 다음을 얻는다.

$$(F^T * G^T)(x) = [\, G(t)\, F(t) \,]^T (x) \tag{15.92}$$

식 (15.92)에서 함수들을 f와 g로 새로 명명하고 그들 각각의 변화를 F와 G로 쓰면, 원하는 마지막 결과를 얻는다.

$$[\, f\, g \,]^T = F * G \tag{15.93}$$

식 (15.93)은 f와 g가 각각 푸리에 변환을 갖는 경우에만 유용할 것이다. fg가 푸리에 변환을 갖는다는 사실에도 불구하고 이 조건을 만족시키지 않을 수 있다. 따라서 f가 푸리에 변환을 갖지 않지만 매클로린 전개를 갖고, 이로써 x의 양의 멱급수로 나타낼 수 있는 경우를 고려해나간다. 그러면 연습문제 15.3.5의 주제에 해당되는 관계에서 출발하여,

$$[\, x^n g(x) \,]^T (t) = i^{-n} \frac{d^n}{dt^n} G(t)$$

다음과 같이 쓸 수 있다.

$$[\, f\, g \,]^T (t) = f\left(-i \frac{d}{dt}\right) G(t) \tag{15.94}$$

여기서 $-i(d/dt)$ 표현은 f의 **독립변수**(argument)이다(그리고 곱셈 인자는 아니다). f가 아주 간단하지 않으면, 이 표현은 실제 가치가 제한될 수 있다.

■ 운동량 공간

고전역학의 해밀턴 방정식은 위치 변수 q와 해당되는 (**켤레**) 운동량 변수 p 사이에 대칭성을 형식화한다. 이와 같은 대응성은 양자역학에서 이어지는데, (2차원에서 $\hbar = 1$인 단위에서) 기본적인 관계식은 교환자 $[x,\ p] = i$이다. 시간에 무관한 (질량 m인 입자에 대한) 슈뢰딩거 방정식은

$$H\psi \equiv \left[\frac{1}{2m} p^2 + V(x) \right] \psi = E\psi$$

이고, 이는 $p = -i(d/dx)$를 택하여 보통 좀 더 명백하게 되는데, 여기서 파동 함수 ψ는 x의 함수, 즉 $\psi = \psi(x)$이다. 원칙적으로 p를 기본적인 변수로 선택할 수도 있었는데, 이 경우에 $x = +i(d/dp)$를 택하면 교환자의 적당한 값을 얻게 되고, ψ(이제는 φ라고 명명할 것이다)는 p의 함수, 즉 $\varphi = \varphi(p)$이다. 1차원 슈뢰딩거 방정식의 이 두 가지 표현형은 다음 2개의 상미분 방정식에 각각 해당된다.

$$-\frac{1}{2m}\frac{d^2}{dx^2}\psi(x)+V(x)\psi(x)=E\psi(x) \tag{15.95}$$

$$\frac{p^2}{2m}\varphi(p)+V\left(i\frac{d}{dp}\right)\varphi(p)=E\varphi(p) \tag{15.96}$$

이 중 두 번째 방정식에서, V의 독립변수는 다른 연산자이고, V의 형태가 상대적으로 간단하지 않으면, 운동량 공간에서 상미분 방정식은 매우 복잡하고 따라서 풀기 어려울 것이다.

좌표 표현형 $(x,\ -id/dx)$로, 파동 함수 $\exp(ikx)$는 고윳값 k를 갖는 운동량의 고유함수이다. 즉,

$$pe^{ikx}=-i\frac{d}{dx}e^{ikx}=-i(ik)e^{ikx}=ke^{ikx}$$

이고, 이 사실은 운동량 파동 함수가 좌표 파동 함수의 푸리에 변환이라는 것을 제시한다. 따라서 이 중 첫 번째 방정식을 푸리에 변환하여 식 (15.95)와 (15.96)의 일관성을 확인하고자 한다. 이때, $g(t)$가 ψ의 변환이라고 하고, 식 (15.56)을 이용해서 2계 도함수의 변환을 택한다.[3] V가 매클로린 전개를 갖는 경우에, 식 (15.94)를 이용하여 다음을 얻는다.

$$\frac{t^2}{2m}g(t)+V\left(-i\frac{d}{dt}\right)g(t)=Eg(t)$$

(V가 실수라고 가정하고) 이 방정식의 켤레 복소수를 택하면 식 (15.96)과 일치하도록 바꿀 수 있어서, $\varphi(p)\leftrightarrow g^*(t)$로 동일시할 수 있다.

반면에, V가 변환을 갖는다면, 합성곱 공식, 식 (15.93)을 이용해서 식 (15.95)를 다음 적분 방정식으로 전환시킬 수 있다.

$$\frac{p^2}{2m}\varphi(p)+\frac{1}{\sqrt{2\pi}}\int_{-\infty}^{\infty}V^T(p-p')\varphi(p')dp'=E\varphi(p) \tag{15.97}$$

예제 15.4.4 운동량 공간에서 슈뢰딩거 방정식

수소 원자에 대한 시간에 무관한 슈뢰딩거 방정식은 (**하트리 원자 단위** $\hbar=m=e=1$에서) 다음 좌표 표현형을 갖는다.

$$-\frac{1}{2}\nabla^2\psi(\mathbf{r})-\frac{1}{r}\psi(\mathbf{r})=E\psi(\mathbf{r})$$

이 방정식의 푸리에 변환을 택하면, **운동량 공간** 파동 함수 $\varphi(\mathbf{k})$에 대하여 다음을 얻는다.

[3] 여기서 t는 변환 변수인데, 현재 문맥상 시간과는 아무 관계가 없다.

$$\frac{k^2}{2}\varphi(\mathbf{k}) - \frac{1}{(2\pi)^3}\int \frac{4\pi}{|\mathbf{k}-\mathbf{k}'|^2}\varphi(\mathbf{k}')d^3k' = E\varphi(\mathbf{k}) \tag{15.98}$$

식 (15.98)에 도달할 때 식 (15.97)의 3차원 경우를 이용하였고 V의 변환을 위해서 식 (15.42)의 결과를 대입하였다.

원칙적으로 $\varphi(\mathbf{k})$와 해당되는 고윳값 E에 대하여 식 (15.98)를 풀 수 있고, 결과는 최초의 방정식과 동등해야 한다. 이는 이제 택할 방법에 비해 더 어려운 작업이지만, 수소의 바닥상태에 대한 알려진 해의 푸리에 변환은 식 (15.98)의 해라는 것을 곧바로 확인할 수 있다.

식 (15.44)로부터, 수소 $1s$ 파동 함수 e^{-r}는 다음 푸리에 변환을 갖는다는 것을 보일 수 있다.

$$\varphi(\mathbf{k}) = \frac{C}{(k^2+1)^2}$$

여기서 C는 k와 독립적이고 여기 논의와 무관한 값을 갖는다. 이 결과를 식 (15.98)에 대입하면 다음을 얻는다.

$$\frac{1}{2}\frac{Ck^2}{(k^2+1)^2} - \frac{C}{2\pi^2}\int \frac{d^3k'}{|\mathbf{k}-\mathbf{k}'|^2(k'^2+1)^2} = E\frac{C}{(k^2+1)^2} \tag{15.99}$$

$|\mathbf{k}-\mathbf{k}'|^2 = k^2 + 2kk'\cos\theta + k'^2$으로 쓰면, 적분은 좀 길지만 기본적이라는 것을 알게 된다. 이 값을 대입하면, 식 (15.99)는 (공통 인자 C를 상쇄시키면) 다음이 된다.

$$\frac{1}{2}\frac{k^2}{(k^2+1)^2} - \frac{1}{2}\frac{1}{k^2+1} = E\frac{C}{(k^2+1)^2}$$

이 방정식은 $E=-1/2$이라면 만족되는데, 이는 (하트리 원자 단위에서) 수소 $1s$ 상태에 대한 올바른 에너지이다. ■

연습문제

15.4.1 다음에 대해서 식 (15.71)에 대응하는 합성곱 방정식을 구하시오.

(a) 푸리에 사인 변환

$$\frac{1}{2}\int_0^\infty g(y)[f(y+x)+f(y-x)]dy = \int_0^\infty F_s(s)G_s(s)\cos sx\,ds$$

여기서 f와 g는 기함수이다.

(b) 푸리에 코사인 변환

$$\frac{1}{2}\int_0^\infty g(y)[f(y+x)+f(x-y)]dy=\int_0^\infty F_c(s)G_c(s)\cos sxds$$

여기서 f와 g는 우함수이다.

15.4.2 푸리에 사인, 푸리에 코사인 변환 모두에 대해서 파세발 관계식은 다음 형태를 갖는다는 것을 보이시오.

$$\int_0^\infty F(t)G(t)dt=\int_0^\infty f(y)g(y)dy$$

15.4.3 (a) 직사각 펄스는 다음과 같이 기술된다.

$$f(x)=\begin{cases}1, & |x|<a\\ 0, & |x|>a\end{cases}$$

푸리에 지수함수 변환은 다음과 같음을 보이시오.

$$F(t)=\sqrt{\frac{2}{\pi}}\frac{\sin at}{t}$$

이는 물리 광학의 단일 슬릿 회절 문제이다. 슬릿은 $f(x)$로 기술된다. 회절 무늬 **진폭**은 푸리에 변환 $F(t)$로 주어진다.

(b) 파세발 관계를 이용하여 다음을 계산하시오.

$$\int_{-\infty}^\infty \frac{\sin^2 t}{t^2}dt$$

이 적분은 레지듀 계산을 이용하여 또한 계산할 수 있다(연습문제 11.8.9).

답. (b) π

15.4.4 다음 일련의 연산에 의해서 푸아송 방정식 $\nabla^2\psi(\mathbf{r})=-\rho(\mathbf{r})/\varepsilon_0$을 푸시오.

(a) 이 방정식의 양변에 대해서 푸리에 변환을 택한다. $\psi(\mathbf{r})$의 푸리에 변환에 대해서 푼다.

(b) 푸리에 역변환을 한다.

15.4.5 (a) $-2\le x\le 2$에 대해서 $f(x)=1-|x/2|$이고, 다른 경우에 $f(x)=0$으로 주어졌을 때, $f(x)$의 푸리에 변환이 다음과 같음을 보이시오.

$$F(t) = \sqrt{\frac{2}{\pi}} \left(\frac{\sin t}{t} \right)^2$$

(b) 파세발 관계를 이용하여 다음을 계산하시오.

$$\int_{-\infty}^{\infty} \left(\frac{\sin t}{t} \right)^4 dt$$

답. (b) $\frac{2\pi}{3}$

15.4.6 $F(t)$와 $G(t)$가 각각 $f(x)$와 $g(x)$의 푸리에 변환인 경우에 다음을 보이시오.

$$\int_{-\infty}^{\infty} | f(x) - g(x) |^2 dx = \int_{-\infty}^{\infty} | F(t) - G(t) |^2 dt$$

$g(x)$가 $f(x)$의 근사라면, 앞선 관계는 t 공간에서 평균 제곱 편차는 x 공간에서 평균 제곱 편차와 같다는 것을 나타낸다.

15.4.7 파세발 관계를 이용하여 계산하시오.

(a) $\int_{-\infty}^{\infty} \frac{d\omega}{(\omega^2 + a^2)^2}$ (b) $\int_{-\infty}^{\infty} \frac{\omega^2 d\omega}{(\omega^2 + a^2)^2}$

[힌트] 연습문제 15.2.3과 비교하라.

답. (a) $\frac{\pi}{2a^3}$, (b) $\frac{\pi}{2a}$

15.4.8 핵 형태 인자 $F(\mathbf{k})$와 전하 분포 $\rho(\mathbf{r})$는 서로 3차원 푸리에 변환이다.

$$F(\mathbf{k}) = \frac{1}{(2\pi)^{3/2}} \int \rho(\mathbf{r}) e^{i\mathbf{k} \cdot \mathbf{r}} d^3 r$$

측정된 형태 인자가 다음과 같다면,

$$F(\mathbf{k}) = (2\pi)^{-3/2} \left(1 + \frac{k^2}{a^2} \right)^{-1}$$

해당되는 전하 분포를 구하시오.

답. $\rho(\mathbf{r}) = \frac{a^2}{4\pi} \frac{e^{-ar}}{r}$

15.4.9 합성곱 방법을 사용하여 전하 분포 $\rho(\mathbf{r} - \mathbf{A})$와 $\mathbf{C}$에 있는 단위 점전하 사이에 정전기적인 상호작용 에너지에 해당되는 적분을 구하시오.

15.4.10 $\psi(\mathbf{r})$는 보통 공간에서 파동 함수이고 $\varphi(\mathbf{p})$는 대응하는 운동량 함수라면 다음을 보이시오.

(a) $$\frac{1}{(2\pi\hbar)^{3/2}}\int \mathbf{r}\psi(\mathbf{r})e^{-i\mathbf{r}\cdot\mathbf{p}/\hbar}d^3r = i\hbar\nabla_p\varphi(\mathbf{p})$$

(b) $$\frac{1}{(2\pi\hbar)^{3/2}}\int \mathbf{r}^2\psi(\mathbf{r})e^{-i\mathbf{r}\cdot\mathbf{p}/\hbar}d^3r = (i\hbar\nabla_p)^2\varphi(\mathbf{p})$$

[참고] ∇_p는 다음과 같이 운동량 공간에서 그레이디언트이다.

$$\hat{\mathbf{e}}_x\frac{\partial}{\partial p_x}+\hat{\mathbf{e}}_y\frac{\partial}{\partial p_y}+\hat{\mathbf{e}}_z\frac{\partial}{\partial p_z}$$

이 결과는 $\mathbf{r}$의 임의의 양의 정수곱으로 확장이 가능하고, 따라서 $\mathbf{r}$에 대한 매클로린 급수로 전개되는 임의의 (해석) 함수로 확장이 가능하다.

15.4.11 보통 공간에서 파동 함수 $\psi(\mathbf{r}, t)$는 다음의 시간에 의존하는 슈뢰딩거 방정식을 만족한다.

$$i\hbar\frac{\partial\psi(\mathbf{r}, t)}{\partial t} = -\frac{\hbar^2}{2m}\nabla^2\psi + V(\mathbf{r})\psi$$

시간에 의존하는 대응하는 운동량 파동 함수는 다음의 유사한 방정식을 만족함을 보이시오.

$$i\hbar\frac{\partial\psi(\mathbf{p}, t)}{\partial t} = \frac{p^2}{2m}\varphi + V(i\hbar\nabla p)\varphi$$

[참고] $V(\mathbf{r})$는 매클로린 급수로 표현할 수 있다고 가정하고, 연습문제 15.4.10을 이용하라. $V(i\hbar\nabla_p)$는 변수 $\mathbf{r}$의 함수 $V(\mathbf{r})$와 같은, 변수 $i\hbar\nabla_p$의 함수이다.

15.5 신호 처리 응용

시간에 의존하는 전기적인 펄스 $f(t)$는 많은 진동수의 파동들의 중첩으로 간주할 수 있다. 각진동수 ω에 대하여 다음의 기여도를 갖는다.

$$F(\omega)e^{i\omega t}$$

그러면 완전한 펄스는 다음과 같이 쓸 수 있다.

$$f(t) = \frac{1}{2\pi}\int_{-\infty}^{\infty} F(\omega)e^{i\omega t}d\omega \tag{15.100}$$

각진동수 ω는 선형 진동수 ν와 다음과 같이 관계되기 때문에,

$$\nu = \frac{\omega}{2\pi}$$

대부분의 물리학자는 전체 인자 $1/2\pi$를 이 적분과 연관시키므로, 이 공식은 푸리에 변환에 채택한 정의와 $(2\pi)^{(-1/2)}$만큼 차이가 난다.

그러나 ω가 진동수라면, 음수의 진동수는 어떤가? 음수의 ω는 수학적인 방법상 2개의 함수($\cos\omega t$와 $\sin\omega t$)를 별도로 다루는 것을 피하기 위한 것으로 볼 수 있다.

식 (15.100)은 푸리에 변환의 형태를 갖기 때문에, 역변환을 택해서 $F(\omega)$에 대해서 풀 수 있다. 식 (15.100)을 썼던 축척을 기억하여 다음을 얻는다.

$$F(\omega) = \int_{-\infty}^{\infty} f(t)e^{-i\omega t}dt \tag{15.101}$$

식 (15.101)은 각진동수 성분으로 $f(t)$ **펄스의 분해**를 표현한다. 식 (15.100)은 이들 성분들로부터 **펄스의 합성**이다.

입력이 $f(t)$이고 출력이 $g(t)$인, 자동제어장치(servomechanism)나 스테레오 증폭기와 같은 장치를 고려하자. 단일 진동수의 입력 f_ω, 즉 $f_\omega(t) = F(\omega)e^{i\omega t}$인 경우에, 이 장치는 진폭을 변조하고 위상을 바꾸기도 한다. 여기에서 토론하는 상황에 대해서 선형 반응을 가정하는데, 이는 g_ω(f_ω에 해당되는 출력)는 f_ω와 같은 진동수의 신호라고 가정하고 있다는 것을 의미한다. 그러나 흥미로운 장치들의 반응은 진동수에 의존할 것이다. 따라서 g_ω와 f_ω가 다음 형태의 방정식에 의해서 관계된다는 것을 가정한다.

$$g_\omega(t) = \varphi(\omega)f_\omega(t) \tag{15.102}$$

이러한 진폭 그리고 위상 변조 함수 $\varphi(\omega)$를 **전이** 함수라고 부른다. 전자 회로의 계통도를 만들 때, 입력과 출력 전도체가 있는 적절하게 레이블이 붙어 있는 상자로 전이 함수로 특징지어지는 장치를 지정하는 것이 관례적이다(그림 15.8).

전이 함수에 해당되는 작동이 선형이라고 가정하기 때문에, 많은 진동수를 포함하는 펄스로부터 총 출력은 전체 입력을 적분하여 얻을 수 있는데, 이는 다음과 같이 전이 함수로 변조된다.

$$g(t) = \frac{1}{2\pi}\int_{-\infty}^{\infty} \varphi(\omega)F(\omega)e^{i\omega t}d\omega \tag{15.103}$$

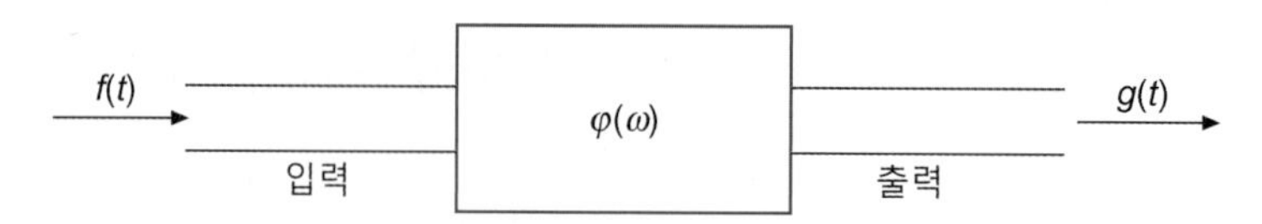

그림 15.8 전이 함수에 의해 기술되는 장치의 계통도

전이 함수는 적용되는 장치의 특징을 짓는다. 일단 (계산이나 측정에 의해서) 이것이 알려지면, 출력 $g(t)$는 임의의 입력 $f(t)$에 대해서 계산할 수 있다.

식 (15.103)은 편리한 형태로 바꿀 수 있는데, 이는 단순히 $\varphi(\omega)F(\omega)$ 곱의 푸리에 변환에 대한 공식이라는 것을 인지하면 가능하다. $F(\omega)$는 변환 $f(t)$를 갖는다는 것을 이미 알고 있다. $\Phi(t)$를 (이 절에서 축척에 따르면) $\varphi(\omega)$의 변환으로 놓으면, 식 (15.93)을 이용하여 식 (15.103)을 변환 f와 Φ의 합성곱으로 다시 쓸 수 있다.

$$g(t)=\int_{-\infty}^{\infty} f(t')\Phi(t-t')dt' \tag{15.104}$$

식 (15.104)를 해석할 때, 입력('원인'), 즉 $f(t')$이 $\Phi(t-t')$에 의해서 변조가 되고, 출력('결과'), 즉 $g(t)$가 만들어진다. **인과관계**(즉 원인은 결과에 앞선다)의 개념을 채택하면, $t'<t$인 시간 t'으로부터만 $g(t)$에 대한 기여를 얻어야 한다. 이는 다음을 요구하면 가능하다.

$$\Phi(t-t')=0, \quad t'>t \tag{15.105}$$

그러면 식 (15.104)는 다음과 같이 된다.

$$g(t)=\int_{-\infty}^{t} f(t')\Phi(t-t')dt' \tag{15.106}$$

식 (15.106)은 임의의 실수 입력 $f(t)$에 대해서 실수 출력 $g(t)$를 주기 때문에, 식 (15.105)의 필요조건에 더하여 $\Phi(t)$는 실수여야 한다는 것을 또한 안다.

예제 15.5.1 전이 함수: 고역 필터

고역 필터는 고진동수 전기 신호를 거의 완벽하게 전달하도록 허용하지만, 낮은 진동수에서는 강하게 감쇠시킨다. 매우 간단한 고역 필터는 그림 15.9에 보인다. 이 전이 함수는 부하가 없을 때(이는 출력 단자에 아무것도 연결되어 있지 않다는 것을 의미한다) 필터의 정상상태를 기술하고, 따라서 진동수 ω의 신호에 대해서 입력, 출력과 전류는 각각 $V_{\text{in}}e^{i\omega t}$, $V_{\text{out}}e^{i\omega t}$, $Ie^{i\omega t}$ 양들의 실수 부분에 해당된다. V_{in}, V_{out}와 I가 복소수가 되도록 허용함으로써, 이 양들에 가능한 위상 차이가 허용된다.

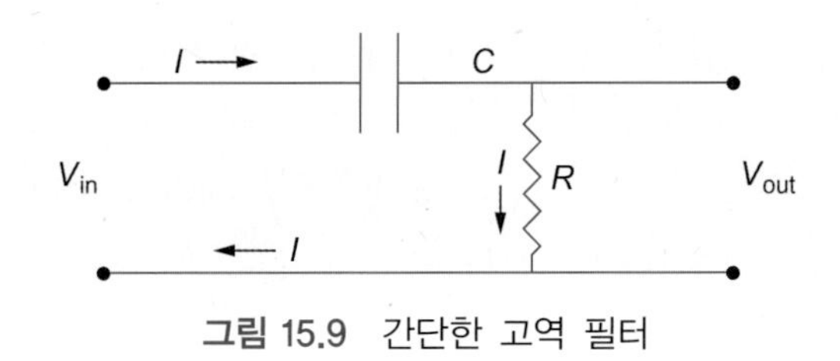

그림 15.9 간단한 고역 필터

전기 회로 분석을 위한 보통 과정을 따라서, 다음의 키르히호프 방정식(회로의 임의의 고리를 따라서 총 전기 퍼텐셜 차는 사라진다)을 푼다.

$$V_{\text{in}} e^{i\omega t} = \int^t \frac{I}{C} e^{i\omega t} dt + RIe^{i\omega t} \tag{15.107}$$

(적분을 없애기 위해서) t에 대해서 미분을 하면 다음을 얻는다.

$$V_{\text{in}} \frac{d}{dt} e^{i\omega t} = \frac{I}{C} e^{i\omega t} + RI \frac{d}{dt} e^{i\omega t}$$

도함수를 계산하면, 이는 다음으로 간결해진다.

$$i\omega V_{\text{in}} = \frac{I}{C} + i\omega RI, \quad \text{해는 } I = \frac{i\omega C V_{\text{in}}}{1 + i\omega RC} \text{이다.} \tag{15.108}$$

$V_{\text{out}} = IR$이므로, 쉽게 전이 함수를 얻는다.

$$\varphi(\omega) = \frac{V_{\text{out}}}{V_{\text{in}}} = \frac{i\omega RC}{1 + i\omega RC} \tag{15.109}$$

필터의 양상을 확인하기 위해서, 큰 ω의 극한에서 $\varphi(\omega) \to 1$인 반면, 작은 ω에서 $\varphi(\omega) \to i\omega RC$이고 이는 작은 ω의 극한에서 사라진다. 이 두 가지의 극한 양상 사이에 전이는 곱 RC의 함수이다. ■

■ 전이 함수에 대한 제한점들

전이 함수 $\varphi(\omega)$를 $\Phi(t)$의 역푸리에 변환으로 쓰고(여전히 이 절의 축척을 사용하여), $\Phi(t)$가 $t < 0$에 대해서 사라진다는 것을 염두에 둔다.

$$\varphi(\omega) = \int_0^\infty \Phi(t) e^{-i\omega t} dt \tag{15.110}$$

이제 φ를 실수와 허수 부분으로 분리하여, 즉 $\varphi(\omega) = u(\omega) + iv(\omega)$이고, 식 (15.110)의 우

변에 대해서도 같은 분리를 하면 다음을 얻는다.

$$
\begin{aligned}
u(\omega) &= \int_0^{\infty} \Phi(t) \cos \omega t \, dt \\
v(\omega) &= -\int_0^{\infty} \Phi(t) \sin \omega t \, dt
\end{aligned}
\tag{15.111}
$$

이 공식들은 $u(\omega)$는 우함수이고, $v(\omega)$는 기함수라는 것을 말해준다.

식 (15.111)은 코사인과 사인 변환이므로, 이들은 역변환을 하여 이 변환이 적용 가능한 범위, 즉 $t>0$에서 $\Phi(t)$에 대한 2개의 대체 가능한 공식을 줄 수 있다. 이 절의 변환 축척을 계속 이용하면 다음과 같다.

$$
\begin{aligned}
\Phi(t) &= \frac{2}{\pi} \int_0^{\infty} u(\omega) \cos \omega t \, d\omega \\
&= -\frac{2}{\pi} \int_0^{\infty} v(\omega) \sin \omega t \, d\omega
\end{aligned}
\qquad (t>0)
\tag{15.112}
$$

이 결과의 즉각적인 중요성은 다음과 같다.

$$
\int_0^{\infty} u(\omega) \cos \omega t \, d\omega = -\int_0^{\infty} v(\omega) \sin \omega t \, d\omega, \quad (t>0) \tag{15.113}
$$

인과관계를 도입하면, 전이 함수의 실수와 허수 부분의 상호 의존성을 가져온다.

u와 v에 대한 조건들이 Φ에 요구되는 성질들과 일치한다는 것을 확인함으로써 이 절을 마치고자 한다. 다음과 같이 쓰고,

$$
\Phi(t) = \frac{1}{2\pi} \int_{-\infty}^{\infty} \varphi(\omega) e^{i\omega t} dt
$$

$e^{i\omega t} = \cos\omega t + i \sin\omega t$와 $\varphi = u + iv$를 대입하면 다음을 얻는다.

$$
\begin{aligned}
\Phi(t) = &\frac{1}{2\pi} \int_{-\infty}^{\infty} [u(\omega) \cos \omega t - v(\omega) \sin \omega t] \, d\omega \\
&+ \frac{i}{2\pi} \int_{-\infty}^{\infty} [u(\omega) \sin \omega t + v(\omega) \cos \omega t] \, d\omega
\end{aligned}
\tag{15.114}
$$

식 (15.114)의 허수 부분은 사라지는데, 이는 피적분 함수가 ω의 기함수이기 때문이다. $t>0$이면, 식 (15.113)으로부터 식 (15.114)의 실수 부분의 두 항들은 같다는 것을 알게 되

고, 예상했던 0이 아닌 결과를 얻는다. 그러나 $t<0$이면, 실수 부분의 둘째 항의 부호가 바뀌고, 따라서 합쳐서 0이 된다.

연습문제

15.5.1 그림 15.10의 왼쪽 패널에 보이는 회로에 대한 전이 함수 $\varphi(\omega)$를 구하시오. 이는 고역, 저역 필터 또는 더 복잡한 필터인가?

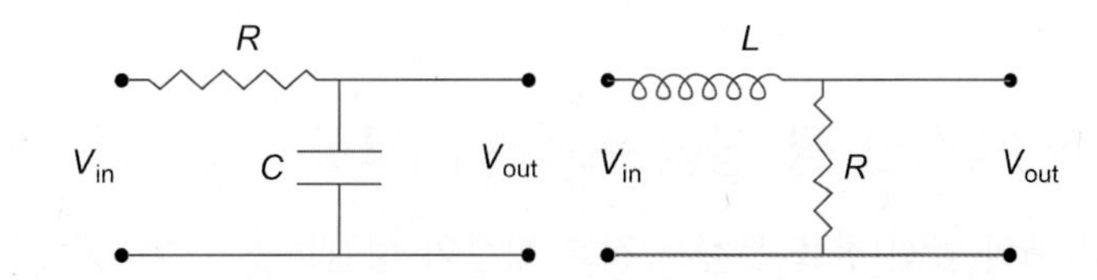

그림 15.10 연습문제 15.5.1(왼쪽)과 연습문제 15.5.2(오른쪽)를 위한 회로

15.5.2 그림 15.10의 오른쪽 패널에 보이는 회로에 대한 전이 함수 $\varphi(\omega)$를 구하시오.
[힌트] 유도기를 따라서 전기 퍼텐셜 차는 LdI/dt로 주어진다.

15.5.3 그림 15.11에 보이는 회로에 대한 전이 함수 $\varphi(\omega)$를 구하시오. 이것은 **대역 필터**이다.
[힌트] 회로의 여러 부분에서 전류는 그림에 보이는 값을 갖는다고 가정하라.

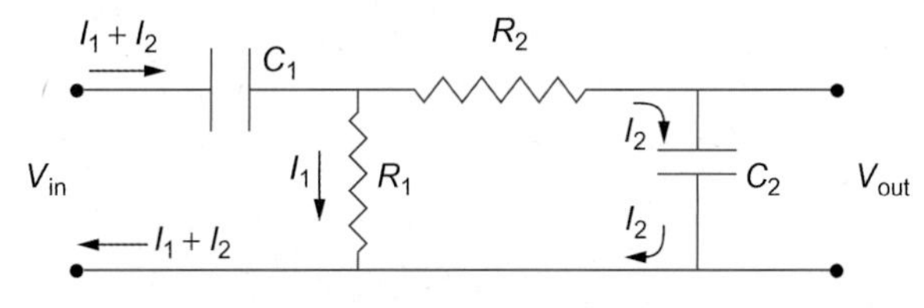

그림 15.11 연습문제 15.5.3을 위한 회로

15.5.4 연습문제 15.5.3에 대한 회로 요소들은 그림 15.12에 보이는 연속적인 전이 함수에 해당된다. 이 연습문제의 전이 함수가 $R_2 \gg R_1$인 극한에서 단지 개개의 전이 함수들의 곱인 이유를 설명하시오.

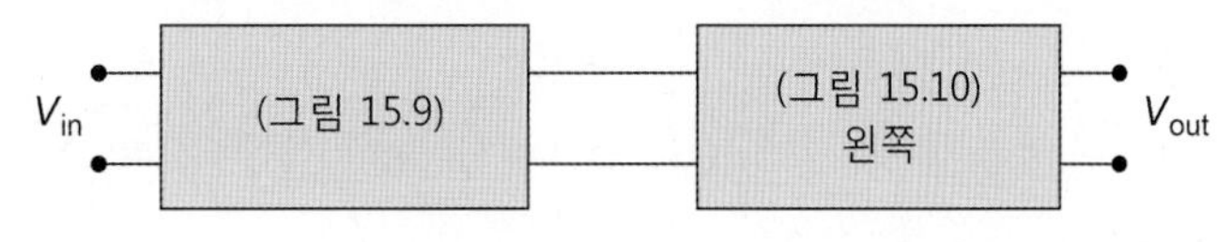

그림 15.12 그림 15.11의 회로를 연속적인 전이 함수로 표현

15.6 이산 푸리에 변환

많은 물리학자들에게 푸리에 변환은 자동적으로 연속적인 푸리에 변환이며, 이는 이 장의 앞선 절들에서 토론해왔던 해석적인 성질들을 가지고 있다. 그러나 디지털 컴퓨터의 사용으로 수치적으로 결정되는 푸리에 변환들로 작업을 할 수 있는 기회가 주어지는데, 이들은 불연속적인 점들의 집합에서 주어진 값들로 구성되어 있다. 따라서 적분은 유한한 합으로 전환된다. 불연속적인 점 집합 위에서 정의된 변환은 연구할 가치가 있는 성질들을 갖고 있고, 이 분야에서 분석이 이 절의 주제이다.

■ 불연속적인 점 집합 위에서 직교성

이 책의 앞선 장을 통해서 직교 함수의 성질들을 소개하고 이용하였는데, 여기에서 직교성은 피적분 함수가 고려 대상인 함수들의 곱을 포함하고 있는 적분은 0이 되는 경우로 정의되었다. 여기에서 논의될 것인데, 불연속적인 점 집합에 대한 직교성은 대신 개개의 점에서 계산된 곱들의 합으로 정의된다. 사인, 코사인과 허수 지수함수는 직교 구간에서 불연속적이고 등간격으로 떨어져 있는 일련의 점들에 대하여 직교가 되는 놀라운 성질을 갖는다.

이 상황을 분석하기 위해서, 다음과 같이 구간 $(0,\ 2\pi)$ 위에 있는 N개의 등간격으로 떨어져 있는 점들 x_k의 집합을 택하자.

$$x_k = \frac{2\pi k}{N},\quad k = 0,\ 1,\ 2,\ \dots,\ N-1 \tag{15.115}$$

그리고 정수 p에 대해서 점 x_k에서만 정의되는 다음 함수 $\varphi_p(x)$를 고려하자.

$$\varphi_p(x) = e^{ipx} \tag{15.116}$$

이 절에서 소개된 논의에 따르면, 이 함수들의 스칼라곱은 다음과 같이 정의된다.

$$\langle \varphi_p | \varphi_q \rangle = \sum_{k=0}^{N-1} \varphi_p^*(x_k)\varphi_q(x_k) \tag{15.117}$$

x_k에 식 (15.115)를 대입하면 스칼라곱은 다음 형태를 갖는다.

$$\langle \varphi_p | \varphi_q \rangle = \sum_{k=0}^{N-1} e^{2\pi ik(q-p)/N} = \sum_{k=0}^{N-1} r^k \tag{15.118}$$

여기에서 $r = e^{2\pi i(q-p)/N}$이다. 이는 유한한 기하 급수이다. $r = 1$이면 이 합은 값 N을 갖지만, 그렇지 않으면 이 항은 $(1-r^N)/(1-r)$로 계산된다. 그러나 $r^N = e^{2\pi i(q-p)}$이고, p와 q는 정숫값으로 제한되었기 때문에 $r^N = 1$이고, 따라서 합은 사라진다. 이 상황을 완벽하게 이해하기 위해서, $r=1$이 되는 조건들을 결정할 필요가 있다. $q=p$이면 명백하게 $r=1$을 얻는다. 참고로, $q-p$가 N의 임의의 정수배이면 또한 $r=1$을 얻는다. 따라서 이 스칼라곱은 형식적으로 다음과 같이 쓸 수 있다.

$$\langle \varphi_p | \varphi_q \rangle = N \sum_{n=-\infty}^{\infty} \delta_{q-p,\, nN} \tag{15.119}$$

크로네커 델타의 무한한 합 중 많아야 하나만 0이 아니고, $q-p$가 N의 배수(그 중 하나는 $q-p=0$)가 아니면 모두 0이 될 것이다.

식 (15.119)는 필요 이상으로 복잡하다. 함수 φ_p는 N개의 점들에 대한 함숫값들로 정의되기 때문에, 그들 중 N개만이 선형 독립이다. 사실상 다음과 같다.

$$\varphi_{p+N}(x_k) = e^{2\pi i(p+N)k/N} = e^{2\pi ipk/N} = \varphi_p(x_k)$$

따라서 식 (15.119)에서 p와 q를 $(0,\ N-1)$ 범위에 국한시킬 수 있고, 그러면 직교 관계는 다음과 같이 된다.

$$\langle \varphi_p | \varphi_q \rangle = N\delta_{pq}, \quad 0 \le p,\ q \le N-1 \tag{15.120}$$

분명하게, 연속적인 함수를 표현하기 위해서 불연속적인 점 집합 위의 함숫값들을 이용하려고 한다면, 해당 분석에서 유지되는 세부 정보의 정도는 점 집합의 크기에 의존할 것이다. 이 절의 후반부에서 이 문제로 되돌아갈 것이다.

■ 이산 푸리에 변환

전통적인 푸리에 변환에 도입된 정의와 유사하게, 점 x_k 위에서 정의된 함수 f의 불연속적인 변환 $g_p(p=0,\ \dots,\ N-1)$은 다음 공식으로 정의한다.

$$g_p = N^{-1/2} \sum_{k=0}^{N-1} e^{2\pi ikp/N} f_k \tag{15.121}$$

이제 $f(x_k)$를 줄여서 f_k로 쓸 것이고, 이와 같은 대체로 최초의 정의 구간 $0 \le x \le 2\pi$로부터 문제를 상당히 분리시켰다. 본질적으로, 이제 N개의 함숫값들로 이루어진 2개의 집합들 사이에 변환을 논의하고 있다.

식 (15.121)을 역변환하면 다음과 같다.

$$f_j = N^{-1/2}\sum_{p=0}^{N-1} e^{-2\pi ijp/N} g_p \tag{15.122}$$

식 (15.122)는 g_p에 대한 공식을 대입하여 다음을 유도함으로써 확인할 수 있다.

$$f_j = N^{-1}\sum_{p=0}^{N-1}\sum_{k=0}^{N-1} e^{2\pi i(k-j)p/N} f_k = \sum_{k=0}^{N-1} \delta_{kj} f_k = f_j$$

이러한 불연속적인 변환들은 연속적인 이웃과 비슷한 성질을 갖는다. 예를 들어, f_{k-j}의 변환(여기서 j는 정수)은 배열 f에서 j 스텝만큼의 병진에 해당되는데, 다음과 같다.

$$[f_{k-j}]_p^T = N^{-1/2}\sum_{k=0}^{N-1} e^{2\pi ikp/N} f_{k-j} = e^{2\pi ijp/N} N^{-1/2}\sum_{k=0}^{N-1} e^{2\pi i(k-j)p/N} f_{k-j}$$

f_k의 주기성 때문에 다음을 유의한다.

$$N^{-1/2}\sum_{k=0}^{N-1} e^{2\pi i(k-j)p/N} f_{k-j} = N^{-1/2}\sum_{k'=-j}^{N-j-1} e^{2\pi ik'p/N} f_{k'} = N^{-1/2}\sum_{k'=0}^{N-1} e^{2\pi ik'p/N} f_{k'}$$

이는 f의 변환에서 p 계수에 대한 공식이다. 따라서 다음 병진 공식을 얻는다.

$$[f_{k-j}]_p^T = e^{2\pi ijp/N} g_p \tag{15.123}$$

다음에 합성곱 정리를 검토하는데, 여기에서 2개의 점 집합 f와 g의 불연속적인 합성곱이 다음과 같이 정의된다.

$$[f*g]_k = N^{-1/2}\sum_{j=0}^{N-1} f_j g_{k-j} \tag{15.124}$$

이 합성곱의 변환을 택하면 다음을 얻는다.

$$N^{-1}\sum_{k=0}^{N-1} e^{2\pi ikp/N}\sum_{j=0}^{N-1} f_j g_{k-j} = \left[N^{-1/2}\sum_{j=0}^{N-1} e^{2\pi ijp/N} f_j\right]\left[N^{-1/2}\sum_{k=0}^{N-1} e^{2\pi i(k-j)p/N} g_{k-j}\right]$$

연속적인 경우와 같이, 복소 지수함수를 2개의 인자로 분리하였다. 이제 두 번째 합의 지표를 k에서 $l = k-j$로 재정의해서, 2개의 대괄호는 완전히 독립적이다. 그러면 각각은 변환으로 인식할 수 있다. (잠시 동안 g_k가 주기적이라는 사실을 이용할 필요가 있다.) 마지막 결과는 다음과 같다.

$$[f*g]_p^T = F_p G_p \tag{15.125}$$

여기서 F와 G는 각각 f와 g의 불연속적인 변환이다. 이 결과는 연속적인 변환에 대한 합성곱 정리와 완전히 유사하다.

불연속적인 변환과 이의 역변환은 유한한 차원 N의 계수 배열들(벡터들)에 대한 선형 변환이라는 관찰로 이 논의를 마친다. 따라서 각각의 변환 연산자는 행과 열이 k 또는 p에 해당되는 $N \times N$ 행렬로 표현될 수 있다. 변환과 이의 역변환이 켤레 복소수라는 사실은 변환이 유니터리라는 것을 의미한다. 게다가 변환과 이 역변환의 형태로부터 이 행렬의 모든 원소들은 복소 지수함수에 비례한다는 것을 알게 된다.

■ 제한점

앞서 언급했듯이, 연속적인 함수에 실제로 바탕을 둔 현상들을 불연속적인 변환으로 재현할 수 있는 가능성은 사용되는 점 집합의 크기에 의존한다. 이산 푸리에 변환의 이용에서 오류와 제한점에 대한 방대한 상세 정보는 해밍(Hamming)(더 읽을 거리)에서 주어진다. 다음의 예제에서 잠재적인 문제들을 예시한다.

예제 15.6.1 이산 푸리에 변환: 위신호

$0 \le x \le 2\pi$ 구간에서 $f(x) = \cos 3x$의 간단한 경우를 고려하여, $N=4$인 이산 푸리에 변환 방법으로 (무모하게) 다루고자 한다. 4개의 점들은 $x=0$, $\pi/2$, π, 그리고 $3\pi/2$에 있고, 4개의 해당되는 함숫값들 f_k는 $(1,\ 0,\ -1,\ 0)$이다. 문제는 이와 같은 4개의 함숫값들은 $g(x) = \cos x$로부터 얻을 수도 있어서, 불연속적인 변환이나 그로부터 유도되는 어떤 정보도 $f(x)$와 $g(x)$ 사이의 양상 차이를 적절하게 반영할 수 없다. 주어진 모든 것이 4개의 값들이 $(1,\ 0,\ -1,\ 0)$이라면, 가장 간단하게 할 수 있는 것은 불연속적인 변환을 택하여 (0, 1, 0, 1)을 얻는 것인데, (역변환에 대한 공식으로부터) 이는 다음에 해당된다.

$$\frac{1}{2}(0,\ 1,\ 0,\ 1) \to \frac{e^{i\pi x/2} + e^{3i\pi x/2}}{2}$$

선택된 점들에서만 계산하면 이 표현은 옳지만, $(0,\ 2\pi)$의 연속적인 구간에 대한 근사로 이용된다면, 이 표현으로부터 $\cos x$, $\cos 3x$, 또는 단위크기를 갖는 두 함수의 어떤 선형 결합 사이에 구별하는 것은 불가능하다.

하나 또는 다른 진동수의 양상을 다른 진동수의 경우로 오해할 수 있는 상황들은 **위신호**(aliasing)라고 부른다. 위신호 오차를 피하는 최선의 방법은 충분히 크기가 큰 점 집합을 이용해서 문제에서 예상되는 정도로 진동의 성질을 수용시키는 것이다. ■

■ 빠른 푸리에 변환

빠른 푸리에 변환(FFT)은 이산 푸리에 변환의 합에서 항들을 인수분해하고 재배열하는 특별한 방법이다. 쿨리와 터키(Cooley and Tukey)[4]에 의해서 과학 커뮤니티의 주목을 받게 되었는데, 이의 중요성은 필요한 수치적인 연산의 숫자를 급격하게 줄여준다는 데에 있다. 이것이 가능한 이유는 변환 행렬이 상당수의 반복된 원소를 포함하고 있기 때문이고, FFT 과정은 계수의 동일한 집합을 오직 한 번만 계산할 수 있는 방식으로 계산을 구성한다. 속도의 증가(그리고 비용의 절감)에서 엄청난 향상을 얻을 수 있기 때문에, 빠른 푸리에 변환은 지난 몇 십년 동안 수치해석에서 몇 개의 정말 중요한 진보 중의 하나로 환영을 받아왔다.

N개의 데이터 점들에 대해서, 이산 푸리에 변환의 직접적인 계산은 약 N^2개의 곱셈을 필요로 한다. N이 2의 배수라고 하면, 쿨리와 투키의 빠른 푸리에 변환 기술은 필요한 곱셈의 숫자를 $(N/2)\log_2 N$으로 줄인다. $N=1024(2^{10})$이라면, 빠른 푸리에 변환은 200배 이상으로 계산 횟수를 줄일 수 있다. 이는 빠른 푸리에 변환이 빠르다고 불리는 이유이고 파형의 디지털 처리에 혁명을 일으킨 이유이다. 내부 연산에 대한 상세한 내용은 쿨리와 터키의 논문과 다른 출처[5]에서 찾을 수 있다.

연습문제

15.6.1 식 (15.120)에 해당되는 불연속적인 직교성의 삼각함수 형태를 유도하시오.

$$\sum_{k=0}^{N-1}\cos(2\pi pk/N)\sin(2\pi qk/N)=0$$

$$\sum_{k=0}^{N-1}\cos(2\pi pk/N)\cos(2\pi qk/N)=\begin{cases}0, & p\neq q\\ N/2, & p=q\neq 0,\ N/2\\ N, & p=q=0,\ N/2\end{cases}$$

$$\sum_{k=0}^{N-1}\sin(2\pi pk/N)\sin(2\pi qk/N)=\begin{cases}0, & p\neq q\\ N/2, & p=q\neq 0,\ N/2\\ 0, & p=q=0,\ N/2\end{cases}$$

[참고] N이 홀수이면, p와 q는 $N/2$ 값을 절대 가질 수 없다.

[힌트] 다음과 같은 삼각함수의 동치를 이용하라.

---

4 J. W. Cooley and J. W. Tukey, *Math. Comput.* **19**: 297 (1965).

5 예를 들어서, G. D. Bergland, A guided tour of the fast Fourier transform, *IEEE Spectrum* **6**: 41 (1969)을 보라. 또한 W. H. Press, B. P. Flannery, S. A. Teukolsky, and W. T. Vetterling, *Numerical Recipes*, 2nd ed., Cambridge: Cambridge University Press (1996), section 12.3을 참고하라.

$$\sin A \cos B = \frac{1}{2}[\sin(A+B) + \sin(A-B)]$$

15.6.2 다음 식 F_p에서 f_k로 어떻게 변환되는지 자세하게 보이시오.

$$F_p = \frac{1}{N^{1/2}} \sum_{k=0}^{N-1} f_k e^{2\pi ipk}, \qquad f_k = \frac{1}{N^{1/2}} \sum_{p=0}^{N-1} F_p e^{-2\pi ipk}$$

15.6.3 N개의 원소를 갖는 점 집합 f_k와 F_p는 서로 이산 푸리에 변환 관계이다. 다음의 대칭성 관계를 유도하시오.

(a) f_k가 실수라면, F_p는 에르미트이고 대칭적이다. 즉, $F_p = F^*_{N-p}$ 이다.

(b) f_k가 순허수이면, $F_p = -F^*_{N-p}$ 이다.

[참고] 문항 (a)의 대칭성은 위신호의 예시이다. F_p가 p에 비례하는 진동수에서 진폭을 기술한다면, 필연적으로 $N-p$에 비례하는 진동수에서 같은 진폭을 예측한다.

15.7 라플라스 변환

■ 정의

함수 $F(t)$의 라플라스 변환 $f(s)$는 다음과 같이 정의[6]된다.

$$f(s) = \mathcal{L}\{F(t)\} = \int_0^\infty e^{-st} F(t) dt \tag{15.126}$$

적분의 존재에 대해서 몇 가지 언급을 한다. $F(t)$의 무한 적분

$$\int_0^\infty F(t) dt$$

은 **존재할 필요는 없다**. 예를 들어서, $F(t)$는 t가 크면 지수함수적으로 발산할 수 있다. 그러나 s_0, M과 $t_0 \ge 0$인 상수가 있어서, 모든 $t > t_0$에 대해서 다음을 만족하면,

6 이는 때때로 **한쪽의 라플라스 변환**이라고 부른다. $-\infty$부터 $+\infty$까지 적분은 **양쪽 라플라스 변환**이라고 일컫는다. 어떤 저자들은 추가 인자 s를 도입한다. 이 추가 인자 s는 거의 이점이 없고 방해가 된다. 더 자세한 것은 제프리와 제프리(Jeffreys and Jeffreys)(더 읽을 거리)의 본문에 14.13절을 보라. 일반적으로, s를 실수, 그리고 양수로 택한다. $\Re e(s) > 0$인 경우에, s를 복소수로 두는 것이 가능하다.

$$|e^{-s_0 t}F(t)| \le M \tag{15.127}$$

라플라스 변환은 $s > s_0$에 대해서 존재할 것이고, 그러면 $F(t)$는 **지수적인 차수**(exponential order)라고 부른다. 반례로, $F(t) = e^{t^2}$는 식 (15.127)에 의해 주어진 조건을 만족하지 않아서, 이는 지수적인 차수가 **아니다**. 따라서 $\mathcal{L}\{e^{t^2}\}$는 존재하지 **않는다**.

$t \to 0$에서 함수 $F(t)$에 있는 충분히 강한 특이점 때문에 라플라스 변환은 또한 존재하지 않을 수도 있다. 예를 들어서,

$$\int_0^\infty e^{-st} t^n dt$$

는 $n \le -1$에 대해서 원점에서 발산한다. 라플라스 변환 $\mathcal{L}\{t^n\}$은 $n \le -1$에 대해서 존재하지 않는다.

2개의 함수 $F(t)$와 $G(t)$에 대해서 적분들이 존재하면,

$$\mathcal{L}\{aF(t) + bG(t)\} = a\mathcal{L}\{F(t)\} + b\mathcal{L}\{G(t)\} \tag{15.128}$$

즉 $\mathcal{L}$에 의해서 표시되는 연산자는 **선형**이다.

■ 기본적인 함수들

라플라스 변환을 도입하기 위해서 연산자를 기본적인 함수들에 적용해보자. 모든 경우에 $t < 0$에 대해서 $F(t) = 0$을 가정한다. 만약

$$F(t) = 1, \quad t > 0$$

라면,

$$\mathcal{L}\{1\} = \int_0^\infty e^{-st} dt = \frac{1}{s}, \quad s > 0 \tag{15.129}$$

이다. 다음으로,

$$F(t) = e^{kt}, \quad t > 0$$

이라 놓자. 라플라스 변환은 다음과 같이 된다.

$$\mathcal{L}\{e^{kt}\} = \int_0^\infty e^{-st} e^{kt} dt = \frac{1}{s-k}, \quad s > k \tag{15.130}$$

이 관계를 이용하여, 어떤 다른 함수들의 라플라스 변환을 얻는다.

$$\cosh kt = \frac{1}{2}(e^{kt} + e^{-kt}), \qquad \sinh kt = \frac{1}{2}(e^{kt} - e^{-kt}) \tag{15.131}$$

과 같기 때문에

$$\mathcal{L}\{\cosh kt\} = \frac{1}{2}\left(\frac{1}{s-k} + \frac{1}{s+k}\right) = \frac{s}{s^2 - k^2} \tag{15.132}$$

$$\mathcal{L}\{\sinh kt\} = \frac{1}{2}\left(\frac{1}{s-k} - \frac{1}{s+k}\right) = \frac{k}{s^2 - k^2} \tag{15.133}$$

을 얻는다. 여기서 모두가 $s > k$에 대해서 유효하다.

다음 관계로부터,

$$\cos kt = \cosh ikt, \qquad \sin kt = -i \sinh ikt$$

사인과 코사인의 변환들을 얻을 수 있는 것은 자명한데, 이때 식 (15.132)와 (15.133)에서 k를 ik로 대치한다.

$$\mathcal{L}\{\cos kt\} = \frac{s}{s^2 + k^2} \tag{15.134}$$

$$\mathcal{L}\{\sin kt\} = \frac{k}{s^2 + k^2} \tag{15.135}$$

여기서 모두가 $s > 0$에 대해서 유효하다. 마지막 변환의 다른 유도 방법은 예제 15.8.1에 주어져 있다. $\int_0^\infty \sin kt\, dt$가 존재하지 않는다는 사실에도 불구하고, $\lim_{s\to 0} \mathcal{L}\{\sin kt\} = 1/k$이라는 것은 흥미로운 사실이다.

마지막으로, $F(t) = t^n$에 대해서 다음을 얻는다.

$$\mathcal{L}\{t^n\} = \int_0^\infty e^{-st} t^n dt$$

이는 바로 감마 함수이다. 따라서 다음이 된다.

$$\mathcal{L}\{t^n\} = \frac{\Gamma(n+1)}{s^{n+1}}, \qquad s > 0, \quad n > -1 \tag{15.136}$$

이 모든 변환들에서 변수 s는 분모에 있고, 따라서 음수의 배수로 나타난다는 것을 유의한다. 변환의 정의, 식 (15.126)과 존재 조건, 식 (15.127)로부터 $f(s)$가 라플라스 변환이라면, $\lim_{s\to\infty} f(s) = 0$이다. 이 점의 중요성은 $f(s)$가 큰 s에 대해서 점근적으로 s의 양수 배수로 주어진다면, 역변환은 존재하지 않는다는 것이다.

■ 헤비사이드 계단 함수

연습문제 1.11.9에서 헤비사이드 계단 함수 $u(t)$를 접하였다. 불연속적인 신호 펄스를 기술하는데 그 유용성 때문에, 이의 라플라스 변환은 흔히 나타난다. 따라서 독자에게 다음의 정의를 상기시킨다.

$$u(t-k)=\begin{cases}0, & t<k \\ 1, & t>k\end{cases} \tag{15.137}$$

변환을 택하면 다음을 얻는다.

$$\mathcal{L}\{u(t-k)\}=\int_k^\infty e^{-st}dt=\frac{1}{s}e^{-ks} \tag{15.138}$$

예제 15.7.1 사각 펄스의 변환

$t=0$에서 $t=t_0$까지 켜져 있는 높이 A인 사각 펄스 $F(t)$의 변환을 계산하자. 그림 15.13을 보라. 헤비사이드 계단 함수를 이용하여, 이 펄스는 다음과 같이 표현할 수 있다.

$$F(t)=A\left[u(t)-u(t-t_0)\right]$$

이의 변환은 따라서 다음과 같다.

$$\mathcal{L}\{F(t)\}=\frac{1}{s}(1-e^{-t_0 s})$$

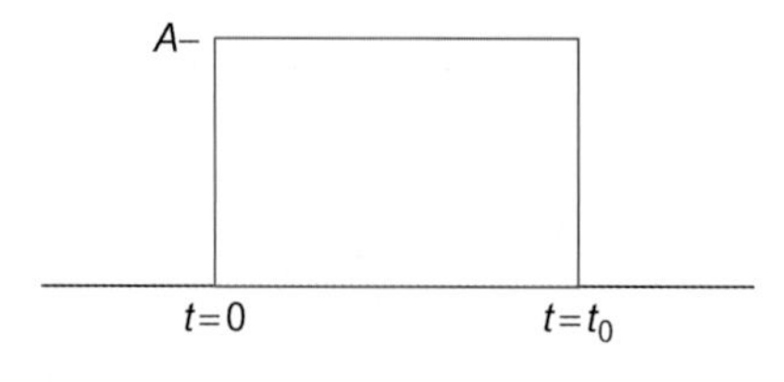

그림 15.13 사각 펄스

■

■ 디랙 델타 함수

미분 방정식에 이용하기 위해서 또 다른 변환이 도움이 되는데, 즉 디랙 델타 함수의 변환이다. 델타 함수의 성질들로부터 다음을 얻는다.

$$\mathcal{L}\{\delta(t-t_0)\}=\int_0^\infty e^{-st}\delta(t-t_0)dt=e^{-st_0}, \qquad t_0>0 \tag{15.139}$$

$t_0 = 0$에 대하여 좀 더 주의해야 하는데, 델타 함수를 정의하기 위해 사용한 수열은 t_0에 대해서 대칭적으로 분포된 성분들을 수반하고, 라플라스 변환을 정의하는 적분은 $t \geq 0$에 제한되어 있기 때문이다. 그러나 라플라스 변환을 사용하여 일관된 결과가 얻어지는 것은 완전히 $t \geq t_0$ 범위 내에 있는 델타 수열을 고려하는 경우인데, 이는 다음과 일치한다.

$$\mathcal{L}\{\delta(t)\} = 1 \tag{15.140}$$

이 델타 함수는 흔히 **충격**(impulse) 함수라고 부르는데, 이는 충격력, 즉 짧은 시간 동안 지속되는 힘을 기술하는 데 유용하기 때문이다.

▪ 역변환

푸리에 변환의 논의에서 이미 보았던 것처럼, 적분 변환을 택하는 것은 역변환을 수행할 수 없다면 보통 거의 가치가 없다. 즉

$$\mathcal{L}\{F(t)\} = f(s)$$

가 주어지면, 다음을 계산할 수 있으면 바람직하다.

$$\mathcal{L}^{-1}\{f(s)\} = F(t) \tag{15.141}$$

그러나 이러한 역변환은 완전히 유일하지는 않다. 두 함수 $F_1(t)$와 $F_2(t)$가 같은 변환 $f(s)$를 가질 수 있는 것은 차이 $N(t) = F_1(t) - F_2(t)$가 **영함수**인 경우인데, 이는 모든 $t_0 > 0$에 대해서 이 차이가 다음을 만족한다는 것을 의미한다.

$$\int_0^{t_0} N(t)dt = 0$$

이 결과는 **러크의 정리**(Lerch's theorem)라고 알려져 있고, 이는 $F_1 = F_2$와 일치하지 않는다. 왜냐하면 F_1과 F_2가 동떨어져 있는 점들에서 서로 다를 수 있기 때문이다. 그러나 물리학자나 공학자가 연구하는 대부분의 문제들에서는 이 모호성이 중요하지 않고, 이를 더 이상 고려하지 않을 것이다.

역변환은 다양한 방법으로 결정할 수 있다.

1. 역변환을 알아내기 위해서 변환표를 만들어서 사용할 수 있다. 마치 로그표를 사용해서 역로그를 찾아보는 것과 같다. 앞선 변환들이 이 표의 시작을 구성한다. 라플라스 변환의 좀 더 완전한 공식들은 더 읽을 거리에 있고, 상대적으로 짧은 변환표는 표 15.1과 같이 나타난다. 표 15.1에 없는 많은 함수 형태들은 부분 분수 전개를 이용하거나 이

표 15.1 라플라스 변환[a]

$f(s)$	$F(t)$	제한점	식
1. 1	$\delta(t)$	+0에서 특이점	(15.140)
2. $\dfrac{1}{s}$	1	$s>0$	(15.129)
3. $\dfrac{\Gamma(n+1)}{s^{n+1}}$	t^n	$s>0,\ n>-1$	(15.136)
4. $\dfrac{1}{s-k}$	e^{kt}	$s>k$	(15.130)
5. $\dfrac{1}{(s-k)^2}$	te^{kt}	$s>k$	(15.176)
6. $\dfrac{s}{s^2-k^2}$	$\cosh kt$	$s>k$	(15.132)
7. $\dfrac{k}{s^2-k^2}$	$\sinh kt$	$s>k$	(15.133)
8. $\dfrac{s}{s^2+k^2}$	$\cos kt$	$s>0$	(15.134)
9. $\dfrac{k}{s^2+k^2}$	$\sin kt$	$s>0$	(15.135)
10. $\dfrac{s-a}{(s-a)^2+k^2}$	$e^{at}\cos kt$	$s>a$	(15.159)
11. $\dfrac{k}{(s-a)^2+k^2}$	$e^{at}\sin kt$	$s>a$	(15.158)
12. $\dfrac{s^2-k^2}{(s^2+k^2)^2}$	$t\cos kt$	$s>0$	(15.177)
13. $\dfrac{2ks}{(s^2+k^2)^2}$	$t\sin kt$	$s>0$	(15.178)
14. $(s^2+a^2)^{-1/2}$	$J_0(at)$	$s>0$	(15.182)
15. $(s^2-a^2)^{-1/2}$	$I_0(at)$	$s>a$	연습문제 15.8.13
16. $\dfrac{1}{a}\cot^{-1}\left(\dfrac{s}{a}\right)$	$j_0(at)$	$s>0$	연습문제 15.8.14
17. $\left.\begin{matrix}\dfrac{1}{2a}\ln\dfrac{s+a}{s-a}\\ \dfrac{1}{a}\coth^{-1}\left(\dfrac{s}{a}\right)\end{matrix}\right\}$	$i_0(at)$	$s>a$	연습문제 15.8.14
18. $\dfrac{(s-a)^n}{s^{n+1}}$	$L_n(at)$	$s>0$	연습문제 15.8.16
19. $\dfrac{1}{s}\ln(s+1)$	$E_1(x)$	$s>0$	연습문제 15.8.17
20. $\dfrac{\ln s}{s}$	$-\ln t-\gamma$	$s>0$	연습문제 15.10.9

[a] γ는 오일러-마스케로니 상수이다.

장에서 나중에 소개되는 라플라스 변환의 성질을 이용해서 표의 항목으로 줄일 수 있다. 이런 점에서 특별히 가치가 있는 것은 병진 그리고 도함수 공식이다. 이러한 표가 실세계 문제를 풀기보다 교과서 문제를 푸는 데 아마도 더 가치가 있으리라는 의문에는 일부 정당성이 있다.

2. $\mathcal{L}^{-1}$에 대한 일반적인 기법은 레지듀 계산을 이용하여 15.10절에서 개발될 것이다.
3. 변환과 역변환은 수치적으로 표현될 수 있다. 더 읽을 거리에서 크릴로프와 스코비야(Krylov and Skoblya)의 문헌을 보라.

예제 15.7.2 부분 분수 전개

함수 $f(s)=k^2/s(s^2+k^2)$는 표 15.1에 열거된 변환으로 나타나지 않지만, 이는 표에 있는 변환으로부터 얻을 수 있는데, 이 함수가 다음과 같이 부분 분수 전개를 갖는다는 점을 관찰할 수 있다.

$$f(s)=\frac{k^2}{s(s^2+k^2)}=\frac{1}{s}-\frac{s}{s^2+k^2}$$

이 부분 분수 기법은 1.5절에서 논의하였고, 현재 예제는 예제 1.5.3의 주제였다.

2개의 부분 분수들 각각은 표 15.1에 있는 항목에 해당되고, 따라서 다음과 같이 $f(s)$의 역변환을 항별로 택할 수 있다.

$$\mathcal{L}^{-1}\{f(s)\}=1-\cos kt$$

역변환의 범위는 $t\geq 0$에 제한됨을 기억하라. ■

예제 15.7.3 계단 함수

이 예제는 정적분을 계산하는 데 어떻게 라플라스 변환을 이용할 수 있는지를 보여준다. 다음을 고려하자.

$$F(t)=\int_0^\infty \frac{\sin tx}{x}dx \tag{15.142}$$

이러한 범위가 정해져 있고 (그리고 부적절한) 적분의 라플라스 변환을 택하고, 이를 $f(s)$라고 명명한다.

$$f(s)=\mathcal{L}\left\{\int_0^\infty \frac{\sin tx}{x}dx\right\}=\int_0^\infty e^{-st}\int_0^\infty \frac{\sin tx}{x}dx\,dt$$

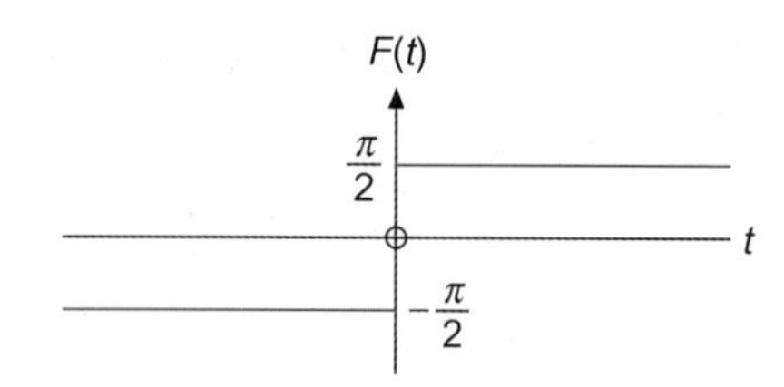

그림 15.14 계단 함수 $F(t)=\int_0^\infty \frac{\sin tx}{x}dx$

이제 적분의 순서를 바꾸면(이는 정당화된다),[7] 다음을 얻는다.

$$f(s)=\int_0^\infty \frac{1}{x}\left[\int_0^\infty e^{-st}\sin tx\,dt\right]dx=\int_0^\infty \frac{dx}{s^2+x^2} \tag{15.143}$$

왜냐하면 대괄호에서 인자는 단지 $\sin tx$의 라플라스 변환이기 때문이다. 우변에 있는 적분은 기본적인 것이고, 다음과 같이 계산된다.

$$f(s)=\int_0^\infty \frac{dx}{s^2+x^2}=\frac{1}{s}\tan^{-1}\left(\frac{x}{s}\right)\Big|_0^\infty=\frac{\pi}{2s} \tag{15.144}$$

표 15.1에 항목 2를 이용해서 역변환을 수행하여 다음을 얻는다.

$$F(t)=\frac{\pi}{2},\quad t>0 \tag{15.145}$$

이는 레지듀 계산에 의한 계산 결과, 식 (11.107)과 일치한다. $F(t)$에서 $t>0$로 가정해왔다. $F(-t)$에 대해서 $\sin(-tx)=-\sin(tx)$라는 것을 주의하기만 하면 되는데, 이는 $F(-t)=-F(t)$를 준다. 마지막으로, $t=0$이라면 $F(0)$은 명확히 0이다. 따라서

$$\int_0^\infty \frac{\sin tx}{x}dx=\frac{\pi}{2}[2u(t)-1]=\begin{cases}\frac{\pi}{2}, & t>0\\ 0, & t=0\\ -\frac{\pi}{2}, & t<0\end{cases} \tag{15.146}$$

이다. 여기서 $u(t)$는 헤비사이드 단위 계단 함수, 식 (15.137)이다. 따라서 $\int_0^\infty(\sin tx/x)dx$는 t의 함수로서 $t=0$에서 높이가 π인 계단을 갖는 계단 함수를 기술한다(그림 15.14 참고). ■

앞선 예제에서 기법은 (1) 두 번째 적분, 즉 라플라스 변환을 도입하고, (2) 적분의 순서

7 적분의 균등 수렴의 논의에 대해서 제프리와 제프리(Jeffreys and Jeffreys)(더 읽을 거리)의 1장을 보라.

를 바꾸어서 적분을 한번 하고, (3) 역변환을 택하는 것이었다. 이는 많은 문제들에 적용되는 기법이다.

연습문제

15.7.1 다음을 증명하시오.

$$\lim_{s \to \infty} sf(s) = \lim_{t \to +0} F(t)$$

[힌트] $F(t)$가 $F(t) = \sum_{n=0}^{\infty} a_n t^n$로 표현될 수 있다는 것을 가정하라.

15.7.2 다음을 보이시오.

$$\frac{1}{\pi} \lim_{s \to 0} \mathcal{L}\{\cos xt\} = \delta(x)$$

15.7.3 다음을 확인하시오.

$$\mathcal{L}\left\{\frac{\cos at - \cos bt}{b^2 - a^2}\right\} = \frac{s}{(s^2+a^2)(s^2+b^2)}, \qquad a^2 \neq b^2$$

15.7.4 부분 분수 전개를 이용하여 다음을 보이시오.

(a) $\mathcal{L}^{-1}\left\{\frac{1}{(s+a)(s+b)}\right\} = \frac{e^{-at} - e^{-bt}}{b-a}, \quad a \neq b$

(b) $\mathcal{L}^{-1}\left\{\frac{s}{(s+a)(s+b)}\right\} = \frac{ae^{-at} - be^{-bt}}{a-b}, \quad a \neq b$

15.7.5 부분 분수 전개를 이용하여 $a^2 \neq b^2$에 대해서 다음을 보이시오.

(a) $\mathcal{L}^{-1}\left\{\frac{1}{(s^2+a^2)(s^2+b^2)}\right\} = -\frac{1}{a^2-b^2}\left\{\frac{\sin at}{a} - \frac{\sin bt}{b}\right\}$

(b) $\mathcal{L}^{-1}\left\{\frac{s^2}{(s^2+a^2)(s^2+b^2)}\right\} = \frac{1}{a^2-b^2}\{a \sin at - b \sin bt\}$

15.7.6 다음을 보이시오.

(a) $\int_0^{\infty} \frac{\cos s}{s^{\nu}} ds = \frac{\pi}{2(\nu-1)!\cos(\nu\pi/2)}, \quad 0 < \nu < 1$

(b) $\int_0^{\infty} \frac{\sin s}{s^{\nu}} ds = \frac{\pi}{2(\nu-1)!\sin(\nu\pi/2)}, \quad 0 < \nu < 2$

왜 ν는 (a)에서 (0, 1)로, (b)에서 (0, 2)로 제한되는가? 이 적분들은 $s^{-\nu}$의 푸리에 변환으로, 그리고 $\sin s$와 $\cos s$의 멜린 변환으로 해석할 수 있다.

[힌트] $s^{-\nu}$를 라플라스 변환 적분, 즉 $\mathcal{L}\{t^{\nu-1}\}/\Gamma(\nu)$로 대체한다. 그리고 s에 대하여 적분한다. 결과적인 적분은 베타 함수로 다루어질 수 있다.

15.7.7 함수 $F(t)$는 매클로린 급수로 다음과 같이 전개될 수 있다.

$$F(t)=\sum_{n=0}^{\infty}a_n t^n$$

그러면

$$\mathcal{L}\{F(t)\}=\int_0^{\infty}e^{-st}\sum_{n=0}^{\infty}a_n t^n dt=\sum_{n=0}^{\infty}a_n\int_0^{\infty}e^{-st}t^n dt$$

이다. $f(s)$, 즉 $F(t)$의 라플라스 변환은 s^{-1}보다 큰 s의 지수를 포함하지 않는다는 것을 보이시오. $\mathcal{L}\{\delta(t)\}$를 계산함으로써 결과를 확인하고, 이의 모순성에 대해서 논의하시오.

15.7.8 합류 초기하 함수 $M(a,\ c;\ x)$의 라플라스 변환이 다음과 같음을 보이시오.

$$\mathcal{L}\{M(a,\ c;\ x)\}=\frac{1}{s}\,{}_2F_1\left(a,\ 1;\ c;\ \frac{1}{s}\right)$$

15.8 라플라스 변환의 성질

■ 도함수의 변환

라플라스 변환의 주요 응용은 아마도 미분 방정식을 더 쉽게 풀 수 있는 더 간단한 형태로 전환시키는 데에 있다. 예를 들어서, 계수가 상수인 결합된 미분 방정식은 동시적으로 선형 대수 방정식으로 변환된다. 미분 방정식의 학습을 위해서, 함수의 도함수에 대한 라플라스 변환 공식이 필요하다.

$F(t)$의 1계 도함수를 변환하자.

$$\mathcal{L}\{F'(t)\}=\int_0^{\infty}e^{-st}\frac{dF(t)}{dt}dt$$

부분 적분을 하면 다음을 얻는다.

$$\mathcal{L}\{F'(t)\} = e^{-st}F(t)\big|_0^\infty + s\int_0^\infty e^{-st}F(t)dt$$
$$= s\mathcal{L}\{F(t)\} - F(0) \tag{15.147}$$

엄격하게 말하자면, $F(0)=F(+0)$[8]이고, dF/dt는 $0 \le t < \infty$에 대해서 최소 구간 연속일 필요가 있다. 자연스럽게, $F(t)$와 이의 도함수는 모두 적분이 발산하지 않도록 주어져야 한다. 고계 도함수들로 확장하면 다음을 주어진다.

$$\mathcal{L}\{F^{(2)}(t)\} = s^2\mathcal{L}\{F(t)\} - sF(+0) - F'(+0) \tag{15.148}$$

$$\mathcal{L}\{F^{(n)}(t)\} = s^n\mathcal{L}\{F(t)\} - s^{n-1}F(+0) - \cdots - F^{(n-1)}(+0) \tag{15.149}$$

라플라스 변환은 푸리에 변환처럼 미분을 곱으로 대체한다. 다음 예제에서 상미분 방정식이 대수 방정식이 된다. 이것이 라플라스 변환의 힘이고 용도이다. 그러나 계수가 상수가 아니라면 어떻게 되는지는 예제 15.8.7를 보라.

초기 조건들, $F(+0)$, $F'(+0)$ 등이 변환에 포함된다는 것을 주의하자. 이 상황은 푸리에 변환과는 다르고, 변환을 정의하는 적분의 유한한 하한($t=0$)으로부터 기인한다. 이 성질로써 라플라스 변환는 초기 조건에 구속된 미분 방정식의 해를 구하는 데 더 강력하다.

예제 15.8.1 도함수 공식의 이용

미분 방정식의 해를 수반하지 않는 문맥에서조차 어떻게 도함수 공식이 사용되는지 보여주는 예가 여기에 있다. 다음과 같은 동치에서 시작하여,

$$-k^2\sin kt = \frac{d^2}{dt^2}\sin kt \tag{15.150}$$

양변에 라플라스 변환 연산자를 적용하면 다음에 도달한다.

$$-k^2\mathcal{L}\{\sin kt\} = \mathcal{L}\left\{\frac{d^2}{dt^2}\sin kt\right\}$$
$$= s^2\mathcal{L}\{\sin kt\} - s\sin(0) - \frac{d}{dt}\sin kt\bigg|_{t=0}$$

$\sin(0)=0$이고 $d/dt\sin kt|_{t=0}=k$이므로, 위의 식은 다음 해를 갖는다.

[8] 이 표기법은 양수의 값으로부터 0에 접근한다는 것을 의미한다.

$$\mathcal{L}\{\sin kt\} = \frac{k}{s^2 + k^2}$$

이 결과는 식 (15.135)를 확증한다. ■

미분 방정식의 해와 관련된 예제를 보자.

예제 15.8.2 단조화 진동자

물리적인 예로서, 용수철 상수가 k인 이상적인 용수철의 영향으로 진동하는 질량 m을 고려하자. 보통처럼 마찰력은 무시한다. 그러면 뉴턴의 제2법칙은

$$m\frac{d^2X(t)}{dt^2} + kX(t) = 0 \qquad (15.151)$$

이 된다. 초기 조건을 다음으로 택한다.

$$X(0) = X_0, \qquad X'(0) = 0$$

라플라스 변환을 적용하면 다음을 얻는다.

$$m\mathcal{L}\left\{\frac{d^2X}{dt^2}\right\} + k\mathcal{L}\{X(t)\} = 0 \qquad (15.152)$$

$x(s)$로 현재 모르는 변환 $\mathcal{L}[X(t)]$를 표시하고, 식 (15.148)을 이용하여 식 (15.152)를 다음 형태로 바꾼다.

$$ms^2x(s) - msX_0 + kx(s) = 0$$

이는 다음 해를 갖는다.

$$x(s) = X_0\frac{s}{s^2 + \omega_0^2}, \qquad \omega_0^2 \equiv \frac{k}{m}$$

표 15.1로부터 이는 $\cos\omega_0 t$의 변환으로 보이고 기대했던 결과를 준다.

$$X(t) = X_0\cos\omega_0 t \qquad (15.153)$$

■

예제 15.8.3 지구의 장동(nutation)

다소 더 복잡한 예는 지구의 극의 장동(자유 세차 운동)이다. 지구를 강체(편평 타원체)로

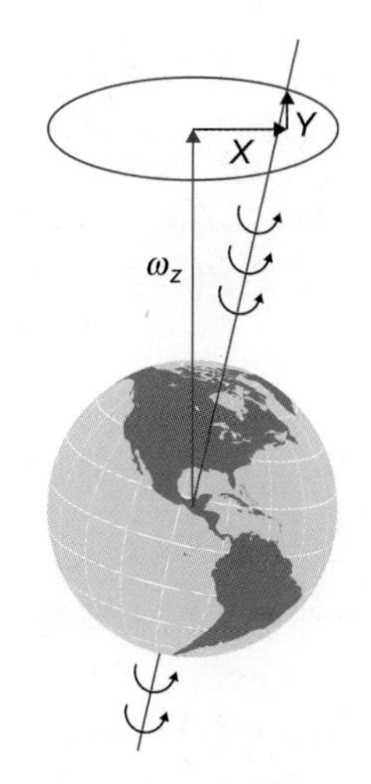

그림 15.15 지구의 회전축과 그 성분들

간주하고, 대칭축을 따라서 z축을 잡는다. 타원체는 관성 모멘트 I_z와 $I_x = I_y$를 갖고, x, y, z축에 대해서 각각 $X(t) = \omega_x(t)$, $Y(t) = \omega_y(t)$, $\omega_z =$상수의 각속도로 회전하고 있다고 가정한다. X와 Y에 대한 오일러 운동 방정식은 다음으로 줄여진다.

$$\frac{dX}{dt} = -aY, \quad \frac{dY}{dt} = +aX \tag{15.154}$$

여기서 $a = [(I_z - I_x)/I_z]\omega_z$이다. 지구에 대해서, X와 Y의 초깃값들은 모두 0은 아니어서, 회전축은 대칭축과 나란하지 않고(그림 15.15 참고), 이런 이유로 회전축은 대칭축에 대해서 세차 운동을 한다. 지구에 대해서, 회전축과 대칭축 사이에 차이는 (극에서 지구 표면에서 측정하면) 약 15미터로 작다.

이 결합된 상미분 방정식들을 푸는 데 첫 번째 단계는 이들의 라플라스 변환을 택하여 다음을 얻는 것이다.

$$sx(s) - X(0) = -ay(s), \quad sy(s) - Y(0) = ax(s)$$

식을 합쳐서 $y(s)$를 소개하면,

$$s^2x(s) - sX(0) + aY(0) = -a^2x(s)$$

또는

$$x(s) = X(0)\frac{s}{s^2 + a^2} - Y(0)\frac{a}{s^2 + a^2} \tag{15.155}$$

를 얻는다. 이 s의 함수들이 표 15.1의 목록에 있는 변환임을 인식하면,

$$X(t) = X(0)\cos at - Y(0)\sin at$$

이다. 비슷하게도,

$$Y(t) = X(0)\sin at + Y(0)\cos at$$

이다.

이는 벡터 $(X,\ Y)$가 $(a > 0$에 대해) z축에 대해 각도 $\theta = at$와 각속도 a로 반시계 방향으로 회전하는 것으로 볼 수 있다.

$Y(0) = 0$이 되도록 x와 y축을 선택하여 직접적인 해석을 할 수 있다. 그러면

$$X(t) = X(0)\cos at, \qquad Y(t) = X(0)\sin at$$

이고, 이들은 각속도 a로 반시계 방향으로 반지름 $X(0)$로 원운동 하는 $(X,\ Y)$의 회전에 대한 매개 방정식들이다.

지구에 대해서, 여기에서 정의된 a는 약 300일간의 주기 $2\pi/a$에 해당된다. 실제로 오일러 방정식을 구축할 때 가정했던 이상적인 강체에서 벗어나 있기 때문에, 주기는 약 427일이다.[9]

이와 같은 방정식들은 전자기 이론에서 나타난다. 식 (15.154)에서 다음으로 놓자.

$$X(t) = L_x, \qquad Y(t) = L_y$$

여기서 L_x와 L_y는 균일 자기장 $B_z\mathbf{e}_z$에서 운동하는 전하를 띤 입자의 각운동량 $\mathbf{L}$의 x 성분과 y 성분이다. a를 $a = -g_L B_z$로 놓으면, 여기에서 g_L은 입자의 **자기 회전 비율**인데, 식 (15.148)은 자기장에서 라머 세차 운동을 결정한다. ■

예제 15.8.4 충격력

질량 m인 입자에 작용하는 충격력에 대해서 뉴턴의 제2법칙은 다음 형태를 택한다.

$$m\frac{d^2X}{dt^2} = P\delta(t)$$

여기서 P는 상수이다. 변환하면 다음을 얻는다.

$$ms^2x(s) - msX(0) - mX'(0) = P$$

정지해서 움직이기 시작하는 입자에 대해 $X'(0) = 0$이다. 또한 $X(0) = 0$을 택한다. 그러면

[9] D. Menzel, ed., *Fundamental Formulas of Physics*, Englewood Cliffs, NJ: Prentice-Hall (1955), reprinted, Dover (1960), p. 695.

$$x(s) = \frac{P}{ms^2}$$

이고, 역변환을 택하면

$$X(t) = \frac{P}{m}t,$$

$$\frac{dX(t)}{dt} = \frac{P}{m}, \quad \text{상수}$$

이다.

충격력 $P\delta(t)$의 효과는 (순간적으로) P 단위의 선형 운동량을 입자에 전달하는 것이다.

탄동 검류계에 비슷한 분석이 적용된다. 검류계에 대한 돌림힘은 초기에 $k\iota$로 주어지는데, ι는 전류의 펄스이고, k는 비례 상수이다. ι는 짧게 지속되기 때문에 다음으로 놓는다.

$$k\iota = kq\delta(t)$$

여기서 q는 전류 ι에 의해 전달되는 전체 전하이다. 그러면, I를 관성 모멘트라고 하면

$$I\frac{d^2\theta}{dt^2} = kq\delta(t)$$

이고, 전과 같이 변환하면 전류 펄스의 효과는 kq 단위의 각운동량을 검류계에 전달하는 것이다. ■

■ 축척의 변화

라플라스 변환을 정의하는 공식에 t를 at로 대체하면 쉽게 다음을 얻는다.

$$\begin{aligned}\mathcal{L}\{F(at)\} &= \int_0^\infty e^{-st}F(at)dt = \frac{1}{a}\int_0^\infty e^{-(s/a)(at)}F(at)d(at) \\ &= \frac{1}{a}f\left(\frac{s}{a}\right)\end{aligned} \tag{15.156}$$

■ 치환

라플라스 변환의 정의, 식 (15.126)에서 변수 s를 $s-a$로 대체하면 다음을 얻는다.

$$\begin{aligned}f(s-a) &= \int_0^\infty e^{-(s-a)t}F(t)dt = \int_0^\infty e^{-st}e^{at}F(t)dt \\ &= \mathcal{L}\{e^{at}F(t)\}\end{aligned} \tag{15.157}$$

따라서 s를 $s-a$로 대체하는 것은 $F(t)$에 e^{at}만큼 곱하는 것에 해당되고, 역도 성립된다. 이 결과를 이용하여 변환의 표에서 몇 가지 목록들을 확인할 수 있다. 식 (15.157)로부터,

$$\mathcal{L}\{e^{at}\sin kt\} = \frac{k}{(s-a)^2+k^2}, \quad s > a \tag{15.158}$$

이고

$$\mathcal{L}\{e^{at}\cos kt\} = \frac{s-a}{(s-a)^2+k^2}, \quad s > a \tag{15.159}$$

임을 즉시 알 수 있다. 이들은 표 15.1에서 항목 10과 11에 해당된다.

예제 15.8.5 감쇠 진동자

식 (15.158)과 (15.159)는 속도에 비례하는 감쇠가 있는 진동하는 질점을 고려할 때 유용하다. 그러한 감쇠를 추가하면, 식 (15.151)은 다음이 된다.

$$mX''(t) + bX'(t) + kX(t) = 0 \tag{15.160}$$

여기에서 b는 비례 상수이다. 입자가 $X(0) = X_0$에서 정지한 상태에서 출발하여 $X'(0) = 0$이라고 가정한다. 변환된 방정식은

$$m[s^2x(s) - sX_0] + b[sx(s) - X_0] + kx(s) = 0$$

이고, 이의 해는

$$x(s) = X_0\frac{ms+b}{ms^2+bs+k}$$

이다. 이 변환은 표에 나타나 있지 않지만, 분모를 완전제곱으로 다음과 같이 만들어서 다룰 수 있다.

$$s^2 + \frac{b}{m}s + \frac{k}{m} = \left(s + \frac{b}{2m}\right)^2 + \left(\frac{k}{m} - \frac{b^2}{4m^2}\right)$$

$b^2 < 4km$가 되도록 감쇠가 작은 경우만 고려하면, 마지막 항은 양수이고 ω_1^2로 표시할 것이다. $x(s)$를 다음 형태로 재배열한다.

$$\begin{aligned} x(s) &= X_0\frac{s+b/m}{(s+b/2m)^2+\omega_1^2} \\ &= X_0\frac{s+b/2m}{(s+b/2m)^2+\omega_1^2} + X_0\frac{\omega_1(b/2m\omega_1)}{(s+b/2m)^2+\omega_1^2} \end{aligned}$$

이들은 식 (15.158)과 (15.159)에서 접했던 같은 변환들이므로, $x(s)$에 대한 공식의 역변환을 택하여 다음에 도달할 수 있다.

$$\begin{aligned} X(t) &= X_0 e^{-(b/2m)t}\left(\cos\omega_1 t + \frac{b}{2m\omega_1}\sin\omega_1 t\right) \\ &= X_0\frac{\omega_0}{\omega_1}e^{-(b/2m)t}\cos(\omega_1 t - \varphi) \end{aligned} \tag{15.161}$$

여기서 다음처럼 치환했다.

$$\tan\varphi = \frac{b}{2m\omega_1}, \quad \omega_0^2 = \frac{k}{m}$$

물론 $b \to 0$이면, 이 해는 예제 15.8.2에 주어진 비감쇠 운동이 된다. ■

■ *RLC* 아날로그

질점의 감쇠 단조화 진동(예제 15.8.5)과 RLC 회로(저항, 인덕턴스와 전기용량) 사이에 유사성에 주의할 가치가 있다. 그림 15.16을 보라. 어떤 순간에든 고리를 따라서 전기 퍼텐셜 차의 합은 0이 되어야 한다(키르히호프 법칙, 에너지 보존). 이는 다음을 준다.

$$L\frac{dI}{dt} + RI + \frac{1}{C}\int^t I dt = 0 \tag{15.162}$$

(적분을 없애기 위해서) 시간에 대해 식 (15.162)를 미분하면 다음을 얻는다.

$$L\frac{d^2I}{dt^2} + R\frac{dI}{dt} + \frac{1}{C}I = 0 \tag{15.163}$$

$I(t)$를 $X(t)$로, L을 m으로, R을 b로, 그리고 C^{-1}를 k로 대체하면, 식 (15.163)은 역학적인 문제와 동일하다. 이는 물리의 다양한 분야들이 수학에 의해서 통합되는 예에 불과하다.

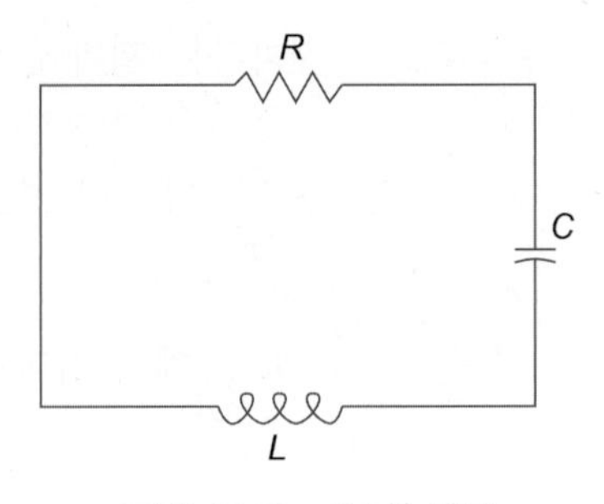

그림 15.16 RLC 회로

더 완전한 논의는 올슨(Olson)[10]의 책에서 찾을 수 있다.

■ 병진

이번에는 $f(s)$에 $b>0$인 e^{-bs}를 곱하면

$$\begin{aligned} e^{-bs}f(s) &= e^{-bs}\int_0^{\infty} e^{-st}F(t)dt \\ &= \int_0^{\infty} e^{-s(t+b)}F(t)dt \end{aligned} \tag{15.164}$$

가 된다. 이제 $t+b=\tau$로 놓자. 식 (15.164)는 다음이 된다.

$$e^{-bs}f(s) = \int_b^{\infty} e^{-s\tau}F(\tau-b)d\tau \tag{15.165}$$

$F(t)$는 $t<0$에 대해 0과 같아서, $0 \le \tau < b$이면 $F(\tau-b)=0$이므로, 적분값을 바꾸지 않고 식 (15.165)에서 하한을 0으로 바꿀 수 있다. 그러면, τ를 표준 라플라스 변환 변수 t로 이름을 바꾸면 다음을 얻는다.

$$e^{-bs}f(s) = \mathcal{L}\{F(t-b)\} \tag{15.166}$$

음수의 t에 대해서 $F(t)=0$이라는 가정에 의존하는 대신에 헤비사이드 단위 계단 함수 $u(\tau-b)$를 대입하여 F로부터 기여를 양수 독립변수로 제한한다면, 식 (15.165)는 다음 형태를 택한다.

$$e^{-bs}f(s) = \int_0^{\infty} e^{-s\tau}F(\tau-b)u(\tau-b)d\tau$$

이런 이유로, 병진 공식, 식 (15.166)은 종종 **헤비사이드 편이 정리**라고 부른다.

예제 15.8.6 전자기파

$E=E_y$ 또는 E_z, 즉 x축으로 전파하는 횡파에 대한 전자기파 방정식은

$$\frac{\partial^2 E(x,\ t)}{\partial x^2} - \frac{1}{v^2}\frac{\partial^2 E(x,\ t)}{\partial t^2} = 0 \tag{15.167}$$

이다. $x=0$에 있는 파원이 시간 $t=0$에 시작하여 양수 x로만 전파하는, 시간에 의존하는

[10] H. F. Olson, *Dynamical Analogies*, New York: Van Nostrand (1943).

신호 $E(0,\ t)$를 발생시킨다. 이때, 초기 조건은 $x>0$에 대해서

$$E(x,\ 0)=0, \qquad \left.\frac{\partial E(x,\ t)}{\partial t}\right|_{t=0}=0$$

이다. 식 (15.167)을 t에 대해서 변환하면 다음을 얻는다.

$$\frac{\partial^2}{\partial x^2}\mathcal{L}\{E(x,\ t)\}-\frac{s^2}{v^2}\mathcal{L}\{E(x,\ t)\}+\frac{s}{v^2}E(x,\ 0)+\frac{1}{v^2}\left.\frac{\partial E(x,\ t)}{\partial t}\right|_{t=0}=0$$

이는 초기 조건에 의해서 다음과 같이 단순화된다.

$$\frac{\partial^2}{\partial x^2}\mathcal{L}\{E(x,\ t)\}=\frac{s^2}{v^2}\mathcal{L}\{E(x,\ t)\} \tag{15.168}$$

식 (15.168)(이는 x에 대한 **상미분 방정식**이다)의 일반해는

$$\mathcal{L}\{E(x,\ t)\}=f_1(s)e^{-(s/v)x}+f_2(s)e^{+(s/v)x} \tag{15.169}$$

이다. 이 결과를 좀 더 완전히 이해하기 위해서, 먼저 $f_2(s)=0$인 경우를 고려하자. 그러면 식 (15.169)는 다음이 된다.

$$\mathcal{L}\{E(x,\ t)\}=e^{-(x/v)s}f_1(s) \tag{15.170}$$

이는 식 (15.166)과 같은 형태임을 알 수 있고,

$$E(x,\ t)=F\left(t-\frac{x}{v}\right)$$

임을 의미한다. 여기서 F는 라플라스 변환이 f_1인 함수, 즉 $E(0,\ t)$이다.[11] 독립변수가 음수일 때 F가 0이라고 가정했기 때문에, 이 공식은 더 명백한 형태로 쓸 수 있다.

$$E(x,\ t)=\begin{cases} F\left(t-\frac{x}{v}\right)=E\left(0,\ t-\frac{x}{v}\right), & t\geq \frac{x}{v} \\ 0, & t<\frac{x}{v}\end{cases} \tag{15.171}$$

이 해는 속도 v로 양수의 x 방향으로 움직이는 파동(또는 펄스)을 표현한다. $x>vt$에 대해서 그 영역은 영향을 받지 않는데, 이는 펄스는 도달할 시간이 없었기 때문이라는 것을 주의한다. $f_1(s)=0$인 식 (15.169)의 해를 택했다면, 다음을 얻을 것이다.

[11] x를 0으로 놓은 식 (15.170)을 고려하자.

$$E(x,\ t)=\begin{cases} F\left(t+\dfrac{x}{v}\right)=E\left(0,\ t+\dfrac{x}{v}\right), & t\geq -\dfrac{x}{v} \\ 0, & t<-\dfrac{x}{v} \end{cases} \tag{15.172}$$

이 해는 (양의 x를 향해서 전파하는 경우에) 인과관계를 깨기 때문에 배제해야 한다.

이 문제의 해, 식 (15.171)은 미분과 치환을 통해서 최초의 편미분 방정식, 식 (15.167)이 됨을 확증할 수 있다. ■

■ 변환의 도함수

최소 구간 연속인 $F(t)$와 s를 택하여 $e^{-st}F(t)$가 큰 s에 대해서 지수함수적으로 수렴한다면, 적분

$$\int_0^{\infty} e^{-st}F(t)dt$$

는 균등 수렴을 하고, (적분 부호 안으로) s에 대해서 미분 가능할 수 있다. 그러면

$$f'(s)=\int_0^{\infty}(-t)e^{-st}F(t)dt=\mathcal{L}\{-tF(t)\} \tag{15.173}$$

이다. 이 과정을 계속하면 다음을 얻는다.

$$f^{(n)}(s)=\mathcal{L}\{(-t)^n F(t)\} \tag{15.174}$$

이렇게 해서 얻은 모든 적분들은 균등 수렴하는데, 이는 $e^{-st}F(t)$가 지수함수적으로 감소하는 양상이기 때문이다.

이 기법을 응용해서 다른 변환을 만들어낼 수 있다. 예를 들어서

$$\mathcal{L}\{e^{kt}\}=\int_0^{\infty}e^{-st}e^{kt}dt=\frac{1}{s-k},\quad s>k \tag{15.175}$$

이다. s에 대해서 (또는 k에 대해서) 미분하면 다음을 얻는다.

$$\mathcal{L}\{te^{kt}\}=\frac{1}{(s-k)^2},\quad s>k \tag{15.176}$$

k를 ik로 대체하고 식 (15.176)을 실수와 허수 부분으로 분리하면 다음을 얻는다.

$$\mathcal{L}\{t\cos kt\}=\frac{s^2-k^2}{(s^2+k^2)^2} \tag{15.177}$$

$$\mathcal{L}\{t\sin kt\} = \frac{2ks}{(s^2+k^2)^2} \tag{15.178}$$

이 표현들은 $s>0$에 대해서 유효하다.

예제 15.8.7 베셀 방정식

미분된 라플라스 변환의 흥미로운 응용은 $n=0$인 베셀 방정식의 해에서 나타난다. 12장으로부터 다음을 얻는다.

$$x^2y''(x)+xy'(x)+x^2y(x)=0$$

이 상미분 방정식은 예제 15.8.2에 예시된 방법으로 풀 수 없는데, 이는 도함수들에 독립변수 x의 함수들이 곱해져 있기 때문이다. 그러나 식 (15.174)에 바탕을 둔 다른 접근 방식이 가능하다. x로 나누고 $t=x$와 $F(t)=y(x)$로 치환하여 현재 표기와 일치하기만 하면, 베셀 방정식은 다음과 같이 된다.

$$tF''(t)+F'(t)+tF(t)=0 \tag{15.179}$$

정상 해가 필요하고, $F(0)$이 0이 아니므로, $F(0)=1$로 놓음으로써 해를 척도 변환한다. 식 (15.179)에서 $t=0$으로 놓으면, $F'(+0)=0$을 얻는다. 추가적으로, 모르는 $F(t)$가 변환을 갖는다고 가정한다. 식 (15.179)를 변환하고, 도함수를 위해서 식 (15.147)과 (15.148)을 이용하고, t의 인자를 덧붙이기 위해서 식 (15.173)을 이용하여 다음을 얻는다.

$$-\frac{d}{ds}\left[s^2f(s)-s\right]+sf(s)-1-\frac{d}{ds}f(s)=0 \tag{15.180}$$

재배열하고 간단히 만들면

$$(s^2+1)f'(s)+sf(s)=0$$

을 얻거나 또는 1계 상미분 방정식을 얻는다.

$$\frac{df}{f}=-\frac{sds}{s^2+1}$$

적분하면

$$\ln f(s)=-\frac{1}{2}\ln(s^2+1)+\ln C$$

가 되고, 이는 다음과 같이 다시 쓸 수 있다.

$$f(s) = \frac{C}{\sqrt{s^2+1}} \tag{15.181}$$

변환이 J_0의 멱급수 전개를 준다는 것을 확인하기 위해서, 식 (15.181)에 주어지듯이 $f(s)$를 s의 음수 배수이고, $s > 1$에 대해서 수렴하는 급수로 전개한다.

$$\begin{aligned} f(s) &= \frac{C}{s}\left(1+\frac{1}{s^2}\right)^{-1/2} \\ &= \frac{C}{s}\left[1-\frac{1}{2s^2}+\frac{1\cdot 3}{2^2\cdot 2!s^4}-\cdots+\frac{(-1)^n(2n)!}{(2^2n!)^2s^{2n}}+\cdots\right] \end{aligned}$$

항별로 역변환하여 다음을 얻는다.

$$F(t) = C\sum_{n=0}^{\infty}\frac{(-1)^n t^{2n}}{(2^n n!)^2}$$

C를 1로 놓으면, 초기 조건 $F(0)=1$에 의해서 요구되듯이 $J_0(t)$, 즉 익숙한 0차 베셀 함수를 회복한다. 따라서

$$\mathcal{L}\{J_0(t)\} = \frac{1}{\sqrt{s^2+1}} \tag{15.182}$$

이다. 이러한 간단하고 닫혀 있는 형태는 $J_0(t)$의 라플라스 변환이다. 식 (15.156)을 이용하여 $J_0(at)$를 얻도록 척도 변환을 하면, 표 15.1의 항목 14를 확증한다.

식 (15.182)의 유도 과정에서 $s > 1$임을 가정했다는 것을 주의한다. $s > 0$이라는 증명은 연습문제 15.8.10의 주제이다. ■

이러한 응용이 성공적이고 상대적으로 쉬웠던 것은 베셀 방정식에서 $n=0$을 택했기 때문이라는 것을 주의할 가치가 있다. 이는 x(또는 t)의 인자를 나누는 것을 가능하게 만들었다. 이와 같이 하지 않았더라면, $t^2F(t)$ 형태의 항들로부터 $f(s)$의 2계 도함수가 도입되었을 것이다. 결과적인 방정식은 최초의 것보다 풀기 더 쉽지 않았을 것이다. 이 관찰은 계수가 상수인 선형 상미분 방정식을 넘어설 때 라플라스 변환이 여전히 적용되지만, 이것이 도움이 되리라는 보장이 없다.

$n \neq 0$인 베셀 방정식에 대한 응용은 더 읽을 거리에서 찾을 수 있다. 그 대신에, 다음의 결과가 주어지면,

$$\mathcal{L}\{J_n(at)\} = \frac{a^{-n}(\sqrt{s^2+a^2}-s)^n}{\sqrt{s^2+a^2}} \tag{15.183}$$

$J_n(t)$를 무한 급수로 표현하고 항별로 변환하여 이 공식의 유효성을 검증할 수 있다.

■ 변환의 적분

다시 한번, $F(t)$를 최소 구간 연속이고 x가 충분히 커서 $e^{-xt}F(t)$가 $(x \to \infty$에 대해서) 지수함수적으로 감소하는 경우에, 다음 적분

$$f(x) = \int_0^\infty e^{-xt} f(t) dt$$

는 x에 대하여 균등 수렴한다. 이는 다음 방정식에서 적분의 순서를 역전하는 것을 정당화한다.

$$\int_s^\infty f(x) dx = \int_s^\infty dx \int_0^\infty dt\, e^{-xt} F(t) = \int_0^\infty e^{-st} \frac{F(t)}{t} dt$$
$$= \mathcal{L}\left\{ \frac{F(t)}{t} \right\} \qquad (15.184)$$

표 15.2 라플라스 변환 연산자들

연산자		식
1. 라플라스 변환	$f(s) = \mathcal{L}\{F(t)\} \int_0^\infty e^{-st} F(t) dt$	(15.99)
2. 도함수의 변환	$sf(s) - F(+0) = \mathcal{L}\{F'(t)\}$	(15.123)
	$s^2 f(s) - sF(+0) - F'(+0) = \mathcal{L}\{F''(t)\}$	(15.124)
3. 적분의 변환	$\frac{1}{s} f(s) = \mathcal{L}\left\{ \int_0^t F(x) dx \right\}$	연습문제 15.9.1
4. 축척의 변화	$\frac{1}{a} f\left(\frac{s}{a}\right) = \mathcal{L}\{F(at)\}$	(15.156)
5. 치환	$f(s-a) = \mathcal{L}\{e^{at} F(t)\}$	(15.152)
6. 병진	$e^{-bs} f(s) = \mathcal{L}\{F(t-b)\}$	(15.164)
7. 변환의 도함수	$f^{(n)}(s) = \mathcal{L}\{(-t)^n F(t)\}$	(15.173)
8. 변환의 적분	$\int_s^\infty f(x) dx = \mathcal{L}\left\{ \frac{F(t)}{t} \right\}$	(15.189)
9. 합성곱	$f_1(s) f_2(s) = \mathcal{L}\left\{ \int_0^t F_1(t-z) F_2(z) dz \right\}$	(15.193)
10. 역변환, 브롬위치 적분[a]	$\frac{1}{2\pi i} \int_{\beta - i\infty}^{\beta + i\infty} e^{st} f(s) ds = F(t)$	(15.212)

[a] $e^{-\beta t}F(t)$가 $t \to +\infty$ 극한에서 사라지도록 β는 충분히 커야 한다.

여기에서 첫째 줄의 마지막 부분은 x에 대하여 적분함으로써 얻어진다. $f(s)$가 균등 수렴의 영역에 있도록 하한 s는 충분히 큰 값을 택해야 한다. $F(t)/t$가 $t=0$에서 유한하거나 t^{-1}보다 덜 강하게 감소할 때(따라서 $\mathcal{L}\{F(t)/t\}$가 존재한다면), 식 (15.184)는 유효하다.

편의를 위해서, 표 15.2에 라플라스 변환의 정의와 성질들을 요약한다. 합성곱과 역변환에 대한 공식들을 표에 포함하였는데, 이들은 15.9절과 15.10절에서 논의될 것이다.

연습문제

15.8.1 2계 도함수의 변환에 대한 표현을 이용하여 $\cos kt$의 변환을 구하시오.

15.8.2 질점 m이 용수철 상수가 k인 늘어나지 않은 용수철의 한쪽 끝에 연결되어 있다(그림 15.17). 시간 $t=0$에서 시작하여 용수철의 자유로운 끝이 질점으로부터 등가속도 a로 움직이고 있다. 라플라스 변환을 이용하여,

(a) m의 위치 x를 시간의 함수로 구하시오.

(b) 작은 t에 대해서 $x(t)$의 극한 형태를 결정하시오.

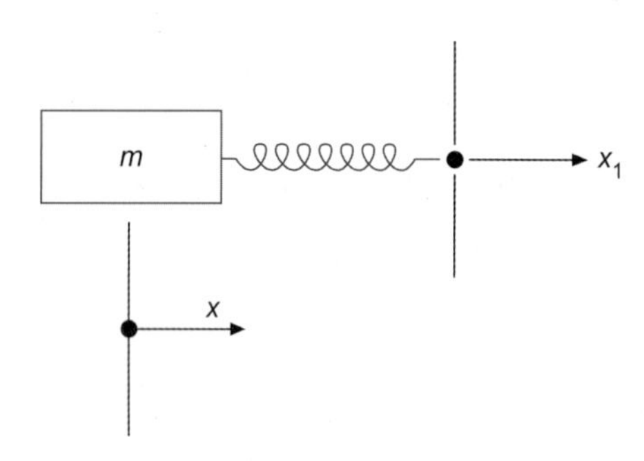

그림 15.17 용수철, 연습문제 15.8.2

답. (a) $x=\frac{1}{2}at^2-\frac{a}{\omega^2}(1-\cos\omega t),\ \omega^2=\frac{k}{m}$

(b) $x=\frac{a\omega^2}{4!}t^4,\ \omega t \ll 1$

15.8.3 방사능 핵이 다음의 법칙에 따라 붕괴한다.

$$\frac{dN}{dt}=-\lambda N$$

여기서 N은 주어진 핵종의 농축량이고 λ는 이의 특정한 붕괴 상수이다. 이 방정식은 붕괴

율이 존재하는 방사능 핵들의 숫자에 비례한다고 기술하는 것으로 해석할 수 있다. 핵들은 독립적으로 붕괴한다.

이제 n개의 다른 핵종으로 이루어진 일련의 방사능 붕괴를 고려한다. 즉, 핵종 1은 핵종 2로 붕괴하고, 핵종 2는 핵종 3으로 붕괴하는 등, 결국 안정적인 핵종 n에 도달한다. 다양한 핵종들의 농축량은 상미분 방정식들을 만족한다.

$$\frac{dN_1}{dt} = -\lambda_1 N_1, \qquad \frac{dN_2}{dt} = \lambda_1 N_1 - \lambda_2 N_2, \qquad \cdots, \qquad \frac{dN_n}{dt} = \lambda_{n-1} N_{n-1}$$

(a) $n=3$의 경우, $N_1(0)=N_0$, $N_2(0)=0$, 그리고 $N_3(0)=0$에 대해서 $N_1(t)$, $N_2(t)$, $N_3(t)$를 구하시오.

(b) $\lambda_1 \approx \lambda_2$일 때 작은 t에 대해서 유효한 N_2, N_3에 대한 근사적인 표현을 구하시오.

(c) (1) $\lambda_1 \gg \lambda_2$, (2) $\lambda_1 \ll \lambda_2$일 때 큰 t에 대해서 유효한 N_2, N_3에 대한 근사적인 표현을 구하시오.

답. (a) $N_1(t) = N_0 e^{-\lambda_1 t}$, $N_2(t) = N_0 \dfrac{\lambda_1}{\lambda_2 - \lambda_1}(e^{-\lambda_1 t} - e^{-\lambda_2 t})$,

$$N_3(t) = N_0\left(1 - \frac{\lambda_2}{\lambda_2 - \lambda_1} e^{-\lambda_1 t} + \frac{\lambda_1}{\lambda_2 - \lambda_1} e^{-\lambda_2 t}\right)$$

(b) $N_2 \approx N_0 \lambda_1 t$, $N_3 \approx \dfrac{N_0}{2}\lambda_1 \lambda_2 t^2$

(c) (1) $N_2 \approx N_0 e^{\lambda_2 t}$, $N_3 \approx N_0(1 - e^{-\lambda_2 t})$, $\lambda_1 t \gg 1$

(2) $N_2 \approx N_0(\lambda_1/\lambda_2)e^{-\lambda_1 t}$, $N_3 \approx N_0(1 - e^{-\lambda_1 t})$, $\lambda_2 t \gg 1$

15.8.4 원자로에서 동위원소의 생성률은 다음과 같이 주어진다.

$$\frac{dN_2}{dt} = \varphi\,[\sigma_1 N_1(0) - \sigma_2 N_2(t)] - \lambda_2 N_2(t)$$

여기서 $N_1(0)$은 최초의 동위원소의 농축량(상수라고 가정)이고, N_2는 새롭게 생성된 동위원소의 농축량이다. 우변에 처음 두 항들은 중성자 흡수에 의한 새로운 동위원소의 생성 및 파괴를 기술하고, φ는 중성자 선속($\mathrm{cm^{-2}s^{-1}}$ 단위), σ_1과 σ_2($\mathrm{cm^2}$ 단위)는 중성자 흡수 단면적이다. 마지막 항은 새로운 동위원소의 방사능 붕괴를 붕괴 상수 λ_2로 기술한다.

(a) 새로운 동위원소의 농축량 N_2를 시간의 함수로 구하시오.

(b) 최초의 동위원소 $^{153}\mathrm{Eu}$에 대해서, $\sigma_1 = 400\times 10^{-24}\ \mathrm{cm^2}$, $\sigma_2 = 1000\times 10^{-24}\ \mathrm{cm^2}$, $\lambda_2 = 1.4\times 10^{-9}\ \mathrm{s^{-1}}$이다. $N_1(0) = 10^{20}$이고 $\varphi = 10^9\ \mathrm{cm^{-2}s^{-1}}$라면, 1년 동안 연속적

인 방사 후에 ^{154}Eu의 농축량 N_2를 구하시오. N_1이 상수라는 가정이 정당화되는가?

15.8.5 원자로에서 ^{135}Xe은 ^{235}U의 직접적인 핵분열 생성물이나 반감기가 6.7시간인 ^{135}I(다른 핵분열 생성물)의 붕괴에 의해서 생성된다. ^{135}Xe의 반감기는 9.2 시간이다. ^{135}Xe은 열중성자들을 강하게 흡수해서 원자로에 '독'이 되기 때문에 해당 농축량이 큰 관심사이다. 관련된 방정식들은

$$\frac{dN_{\mathrm{I}}}{dt} = \varphi\gamma_{\mathrm{I}}(\sigma_f N_{\mathrm{U}}) - \lambda_{\mathrm{I}} N_{\mathrm{I}}$$

$$\frac{dN_{\mathrm{Xe}}}{dt} = \varphi\left[\gamma_{\mathrm{Xe}}(\sigma_f N_{\mathrm{U}}) - \sigma_{\mathrm{Xe}} N_{\mathrm{Xe}}\right] + \lambda_{\mathrm{I}} N_{\mathrm{I}} - \lambda_{\mathrm{Xe}} N_{\mathrm{Xe}}$$

이다. 여기서 N_{I}, N_{Xe}, N_{U}는 ^{135}I, ^{135}Xe, ^{235}U의 농축량이고, N_{U}는 상수라고 가정한다. 원자로에서 중성자 선속 φ는 단면적 σ_f로 ^{235}U의 핵분열을 일으키고 단면적이 $\sigma_{\mathrm{Xe}} = 3.5 \times 10^{-18}\ \mathrm{cm}^2$인 중성자 흡수에 의해서 ^{135}Xe을 제거한다. ^{135}I에 의한 중성자 흡수는 무시할 만하다. 핵분열당 ^{135}I와 ^{135}Xe의 양은 각각 $\gamma_{\mathrm{I}} = 0.060$과 $\gamma_{\mathrm{Xe}} = 0.003$이다.

(a) 중성자 선속 φ와 생성물 $\sigma_f N_{\mathrm{U}}$로 $N_{\mathrm{Xe}}(t)$를 나타내시오.

(b) $N_{\mathrm{Xe}}(t \to \infty)$를 구하시오.

(c) N_{Xe}가 평형 상태에 도달한 후 원자로가 정지되어 $\varphi = 0$이 된다. 정지된 후에 $N_{\mathrm{Xe}}(t)$를 구하시오. 단기간에 N_{Xe}이 증가되는데, 이는 원자로를 다시 가동시키는 것을 몇 시간 동안 간섭할 수 있다.

[힌트] 방사능 동원원소의 반감기 $t_{1/2}$는 샘플에서 핵종의 절반이 붕괴하는 데 필요한 시간이다. 붕괴율 $dN/dt = -\lambda N$에 대해서 반감기는 $t_{1/2} = \ln 2/\lambda$의 값을 갖고, λ는 $\lambda = \ln 2/t_{1/2} = 0.693/t_{1/2}$로 계산될 수 있다.

15.8.6 감쇠 단조화 진동자를 기술하는 식 (15.160)을 푸는데, $X(0) = X_0$, $X'(0) = 0$과 다음 조건을 가정하시오.

(a) $b^2 = 4mk$ (임계 감쇠)

(b) $b^2 > 4mk$ (과감쇠)

답. (a) $X(t) = X_0 e^{-(b/2m)t}\left(1 + \frac{b}{2m}t\right)$

15.8.7 감쇠 단조화 진동자를 기술하는 식 (15.160)을 푸는데, 이번에는 $X(0) = 0$, $X'(0) = v_0$와 다음 조건을 가정하시오.

(a) $b^2 < 4mk$ (저감쇠)

(b) $b^2 = 4mk$ (임계 감쇠)

(c) $b^2 > 4mk$ (과감쇠)

답. (a) $X(t) = \dfrac{v_0}{\omega_1} e^{-(b/2m)t} \sin\omega_1 t$

(b) $X(t) = v_0 t e^{-(b/2m)t}$

15.8.8 마찰이 있는 매질에서 떨어지는 물체의 운동은 마찰력이 속도에 비례할 때 다음과 같이 기술될 수 있다.

$$m\frac{d^2X(t)}{dt^2} = mg - b\frac{dX(t)}{dt}$$

다음 초기 조건

$$X(0) = \left.\frac{dX}{dt}\right|_{t=0} = 0$$

에 대해서 $X(t)$와 $dX(t)/dt$를 구하시오.

15.8.9 **신호 회로.** 어떤 전자 기기에서 저항, 인덕턴스와 전기용량이 그림 15.18에서 보이듯이 회로에 놓여 있다고 하자. 전기용량에 대해서 일정한 전압이 걸려져 있어서 계속해서 충전을 한다. 시간 $t=0$에서 회로는 전압원에서 끊어진다. R, L, 그리고 C 요소에 각각 걸리는 전압을 시간의 함수로 구하시오. R는 작다고 가정한다.

[힌트] 키르히호프 법칙에 의해서

$$I_{RL} + I_C = 0, \quad E_R + E_L = E_C$$

인데, 여기에서

$$E_R = I_{RL}R, \quad E_L = L\frac{dI_{RL}}{dt}, \quad E_C = \frac{q_0}{C} + \frac{1}{C}\int_0^t I_C\,dt$$

이고 q_0는 축전기의 초기 전하량이다.

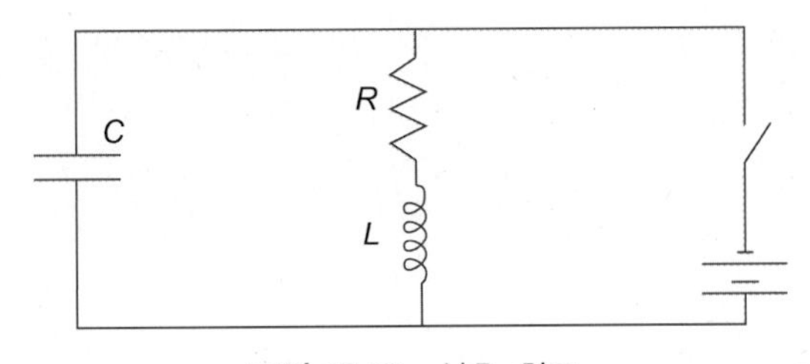

그림 15.18 신호 회로

15.8.10 경로 적분으로 표현된 $J_0(t)$로 라플라스 변환 연산을 적용하고, 적분의 순서를 바꾸어서, $s>0$인 경우 다음을 보이시오.

$$\mathcal{L}\{J_0(t)\}=(s^2+1)^{-1/2}$$

15.8.11 베셀 함수의 점화 관계식을 이용하여 $\mathcal{L}\{J_0(t)\}$로부터 $J_n(t)$의 라플라스 변환을 개발하시오. [힌트] 이는 수학적 귀납법을 이용할 기회이다(1.4절).

15.8.12 원기둥 좌표계에서 구형의 전류 고리의 자기장을 계산하면 다음 적분이 나온다.

$$\int_0^\infty e^{-kz}kJ_1(ka)dk, \qquad \Re e\, z \geq 0$$

이 적분이 $a/(z^2+a^2)^{3/2}$과 같음을 보이시오.

15.8.13 다음을 보이시오.

$$\mathcal{L}\{I_0(at)\}=(s^2-a^2)^{-1/2}, \qquad s>a$$

15.8.14 다음의 라플라스 변환을 증명하시오.

(a) $\mathcal{L}\{j_0(at)\}=\mathcal{L}\left\{\frac{\sin at}{at}\right\}=\frac{1}{a}\cot^{-1}\left(\frac{s}{a}\right)$

(b) $\mathcal{L}\{y_0(at)\}$는 존재하지 않는다.

(c) $\mathcal{L}\{i_0(at)\}=\mathcal{L}\left\{\frac{\sinh at}{at}\right\}=\frac{1}{2a}\ln\frac{s+a}{s-a}=\frac{1}{a}\coth^{-1}\left(\frac{s}{a}\right)$

(d) $\mathcal{L}\{k_0(at)\}$는 존재하지 않는다.

15.8.15 라게르 방정식의 라플라스 방정식을 개발하시오.

$$tF''(t)+(1-t)F'(t)+nF(t)=0$$

변환의 도함수 및 도함수의 변환이 필요함을 주의한다. 일반적인 값 n에 대해서 가능한 한 개발하고, 이후에 $n=0$으로 놓는다.

15.8.16 라게르 다항식 $L_n(at)$의 라플라스 변환은 다음으로 주어짐을 보이시오.

$$\mathcal{L}\{L_n(at)\}=\frac{(s-a)^n}{s^{n+1}}, \quad s>0$$

15.8.17 다음을 보이시오.

$$\mathcal{L}\{E_1(t)\} = \frac{1}{s}\ln(s+1), \qquad s > 0$$

여기에서

$$E_1(t) = \int_t^\infty \frac{e^{-\tau}}{\tau} d\tau = \int_1^\infty \frac{e^{-xt}}{x} dx$$

이다. $E_1(t)$는 표 1.2에서 이 책에서 처음 접한 지수 적분 함수이다.

15.8.18 (a) 식 (15.184)로부터 다음을 보이시오.

$$\int_0^\infty f(x)dx = \int_0^\infty \frac{F(t)}{t} dt$$

단, **적분이 존재한다고 가정한다.**

(b) 앞선 결과로부터 다음을 보이시오.

$$\int_0^\infty \frac{\sin t}{t} dt = \frac{\pi}{2}$$

이는 식 (15.146) 및 (11.107)과 일치한다.

15.8.19 (a) 다음을 보이시오.

$$\mathcal{L}\left\{\frac{\sin kt}{t}\right\} = \cot^{-1}\left(\frac{s}{k}\right)$$

(b) ($k=1$에 대해서) 이 결과를 이용하여 다음을 증명하시오.

$$\mathcal{L}\{\mathrm{si}(t)\} = -\frac{1}{s}\tan^{-1} s$$

여기서

$$\mathrm{si}(t) = -\int_t^\infty \frac{\sin x}{x} dx$$

는 사인 적분이다.

15.8.20 $F(t)$가 주기 a로 주기적이어서(그림 15.19) 모든 $t \geq 0$에 대해서 $F(t+a) = F(t)$라면 다음을 보이시오.

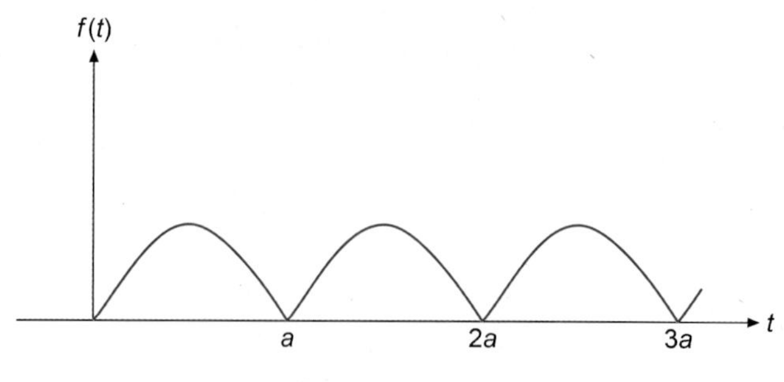

그림 15.19 주기 함수

$$\mathcal{L}\{F(t)\} = \frac{1}{1-e^{-as}} \int_0^a e^{-st} F(t) dt$$

이 적분은 이제 $F(t)$의 **첫 번째 주기**에 대하여서만 주어짐을 주의하라.

15.8.21 다음과 같이 정의된 (주기가 a인) 네모파의 라플라스 변환을 구하시오.

$$F(t) = \begin{cases} 1, & 0 < t < a/2 \\ 0, & a/2 < t < a \end{cases}$$

답. $f(s) = \dfrac{1}{s} \dfrac{1-e^{-as/2}}{1-e^{-as}}$

15.8.22 다음을 보이시오.

(a) $\mathcal{L}\{\cosh at \cos at\} = \dfrac{s^3}{s^4 + 4a^4}$

(b) $\mathcal{L}\{\cosh at \sin at\} = \dfrac{as^2 + 2a^3}{s^4 + 4a^4}$

(c) $\mathcal{L}\{\sinh at \cos at\} = \dfrac{as^2 - 2a^3}{s^4 + 4a^4}$

(d) $\mathcal{L}\{\sinh at \sin at\} = \dfrac{2a^2 s}{s^4 + 4a^4}$

15.8.23 다음을 보이시오.

(a) $\mathcal{L}^{-1}\{(s^2 + a^2)^{-2}\} = \dfrac{1}{2a^3} \sin at - \dfrac{t}{2a^2} \cos at$

(b) $\mathcal{L}^{-1}\{s(s^2 + a^2)^{-2}\} = \dfrac{t}{2a} \sin at$

(c) $\mathcal{L}^{-1}\{s^2(s^2 + a^2)^{-2}\} = \dfrac{1}{2a} \sin at + \dfrac{t}{2} \cos at$

(d) $\mathcal{L}^{-1}\{s^3(s^2+a^2)^{-2}\} = \cos at - \dfrac{at}{2}\sin at$

15.8.24 다음을 보이시오.

$$\mathcal{L}\{(t^2-k^2)^{-1/2}u(t-k)\} = K_0(ks)$$

[힌트] $K_0(ks)$의 적분 표현형을 라플라스 변환 적분으로 바꾸도록 시도하라.

15.9 라플라스 합성곱 정리

라플라스 변환의 가장 중요한 성질 중의 하나는 합성곱 또는 팔퉁 정리에 의해서 주어진다. 2개의 변환들을 택하고

$$f_1(s) = \mathcal{L}\{F_1(t)\}, \qquad f_2(s) = \mathcal{L}\{F_2(t)\}$$

그들의 곱을 하자.

$$f_1(s)f_2(s) = \int_0^\infty e^{-sx}F_1(x)dx\int_0^\infty e^{-sy}F_2(y)dy \tag{15.185}$$

새로운 변수 $t = x+y$를 도입하고 x와 y 대신에 t와 y에 대해서 적분하면, 적분 구간은 $(0 \le t \le \infty)$와 $(0 \le y \le t)$가 된다. $(x,\ y)$에서 $(t,\ y)$로 변환의 야코비안은 1이라는 것을 주의하면 다음을 얻는다.

$$\begin{aligned} f_1(s)f_2(s) &= \int_0^\infty e^{-st}dt\int_0^t F_1(t-y)F_2(y)dy \\ &= \mathcal{L}\left\{\int_0^t F_1(t-y)F_2(y)dy\right\} \\ &= \mathcal{L}\{F_1 * F_2\} \end{aligned} \tag{15.186}$$

여기서 푸리에 변환과 비슷하게 다음과 같은 표기법을 이용하고,

$$\int_0^t F_1(t-z)F_2(z)dz \equiv F_1 * F_2 \tag{15.187}$$

이 연산은 F_1와 F_2의 **합성곱**이라고 부른다. 합성곱은 다음과 같이 대칭적이라는 것을 보일

수 있다.

$$F_1 * F_2 = F_2 * F_1 \tag{15.188}$$

역변환을 수행하면 다음을 또한 구한다.

$$\mathcal{L}^{-1}\{f_1(s)f_2(s)\} = \int_0^t F_1(t-z)F_2(z)dz = F_1 * F_2 \tag{15.189}$$

합성곱 공식들은 새로운 변환을 구하거나 어떤 경우에는 부분 분수 전개에 대한 대체로써 유용하다. 또한 적분 방정식의 해에서 사용된다.

예제 15.9.1 **감쇠가 있는 구동형 진동자**

합성곱 정리를 이용하는 예시로서, 감쇠가 있고 구동력이 $F(t)$인 용수철 위에 질점 m의 문제로 돌아가보자. 운동 방정식, 식 (15.160)은 이제 다음이 된다.

$$mX''(t) + bX'(t) + kX(t) = F(t) \tag{15.190}$$

초기 조건들 $X(0)=0$, $X'(0)=0$을 이용하여 이 예시를 단순화하면, 변환식은 다음과 같고

$$ms^2x(s) + bsx(s) + kx(s) = f(s)$$

해는

$$x(s) = \frac{f(s)}{m}\frac{1}{(s+b/2m)^2+\omega_1^2} \tag{15.191}$$

이다. 여기서 예제 15.8.5에서처럼 다음이 주어진다.

$$\omega_0^2 \equiv \frac{k}{m}, \qquad \omega_1^2 \equiv \omega_0^2 - \frac{b^2}{4m^2} \tag{15.192}$$

식 (15.191)의 우변을 2개의 알려진 변환들의 곱으로 동일시하자.

$$\frac{f(s)}{m} = \frac{1}{m}\mathcal{L}\{F(t)\}, \qquad \frac{1}{(s+b/2m)^2+\omega_1^2} = \frac{1}{\omega_1}\mathcal{L}\left\{e^{-(b/2m)t}\sin\omega_1 t\right\}$$

여기서 두 번째 식은 식 (15.158)의 경우이다.

합성곱 정리, 식 (15.189)를 적용하면 최초의 문제에 해를 적분으로 얻는다.

$$X(t) = \mathcal{L}^{-1}\{x(s)\} = \frac{1}{m\omega_1}\int_0^t F(t-z)e^{-(b/2m)z}\sin\omega_1 z\,dz \tag{15.193}$$

계속해서 구동력 $F(t)$에 대한 2개의 특별한 경우들을 고려한다. 우선 충격력 $F(t)=P\delta(t)$를 택한다. 그러면

$$X(t)=\frac{P}{m\omega_1}e^{-(b/2m)t}\sin\omega_1 t \tag{15.194}$$

이고, 여기서 P는 충격에 의해 전달된 운동량을 표현하고, 상수 P/m은 초기 속도 $X'(0)$에 해당된다.

두 번째 경우로, $F(t)=F_0\sin\omega t$로 놓자. 식 (15.193)을 다시 이용할 수 있으나, 부분 분수 전개가 아마도 더 편리하다. 다음

$$f(s)=\frac{F_0\omega}{s^2+\omega^2}$$

으로 식 (15.191)을 부분 분수 형태로 쓸 수 있다.

$$\begin{aligned} x(s)&=\frac{F_0\omega}{m}\frac{1}{s^2+\omega^2}\frac{1}{(s+b/2m)^2+\omega_1^2} \\ &=\frac{F_0\omega}{m}\left[\frac{a's+b'}{s^2+\omega^2}+\frac{c's+d'}{(s+b/2m)^2+\omega_1^2}\right] \end{aligned} \tag{15.195}$$

여기서 계수 a', b', c', d'(s와 독립적)은 결정되어야 한다. 직접적인 계산으로 a'과 b'에 대해서 다음을 보여준다.

$$\begin{aligned} -\frac{1}{a'}&=\frac{b}{m}\omega^2+\frac{m}{b}(\omega_0^2-\omega^2)^2 \\ -\frac{1}{b'}&=-\frac{m}{b}(\omega_0^2-\omega^2)\left[\frac{b}{m}\omega^2+\frac{m}{b}(\omega_0^2-\omega^2)^2\right] \end{aligned}$$

a'과 b'을 포함하는 $x(s)$의 항들은 라플라스 변환의 역을 택하면 다음과 같은 해의 정상 상태 성분을 준다.

$$X(t)=\frac{F_0}{\left[b^2\omega^2+m^2(\omega_0^2-\omega^2)^2\right]^{1/2}}\sin(\omega t-\varphi) \tag{15.196}$$

여기서

$$\tan\varphi=\frac{b\omega}{m(\omega_0^2-\omega^2)}$$

이다. 분모를 미분하면 진폭은 $\omega=\omega_2$일 때 최댓값을 갖는다는 것을 알아낸다. 여기서

$$\omega_2^2 = \omega_0^2 - \frac{b^2}{2m^2} = \omega_1^2 - \frac{b^2}{4m^2} \tag{15.197}$$

이다. 이는 공명 조건이다.[12] 공명에서 진폭은 $F_0/b\omega_1$이 되고, 감쇠를 무시한다면($b=0$), 이는 질점 m이 공명에서 무한대의 진동을 한다는 것을 보여준다.

이 계산은 전이 함수(예제 15.5.1과 비교)를 결정할 때 사용되었던 것과 다른데, 이 경우에 고정 진동수에서 정상 상태의 해를 가정하지 않았다. (푸리에 변환보다는) 라플라스 변환을 이용하면, 정상 상태뿐만 아니라 일시적인 해의 성분들을 허용한다. 일시적인 해는, 자세히 다루지는 않겠지만 c'과 d'을 포함하는 식 (15.195)의 항들로부터 기인한다. 이러한 항들은 분모에 $(s+b/2m)^2$의 양을 포함하고, 이는 지수 인자 $e^{-bt/2m}$을 포함하는 역변환의 항들을 생성한다. 다시 말하면, 이러한 항들은 지수함수적으로 소멸하는 일시적인 해를 기술한다.

다음의 세 가지 다른 고유 진동수들이 있다는 것을 주의할 가치가 있다.

감쇠가 있는 구동형 진동에 대한 공명: $\omega_2^2 = \omega_0^2 - \dfrac{b^2}{2m^2}$

감쇠가 있는 자유 진동의 진동수: $\omega_1^2 = \omega_0^2 - \dfrac{b^2}{4m^2}$

감쇠가 없는 자유 진동의 진동수: $\omega_0^2 = \dfrac{k}{m}$

이러한 진동수들은 감쇠가 0이면 서로 일치한다. ■

식 (15.190)은 임의의 구동력에 대한 동역학계의 반응에 대한 상미분 방정식이라는 것을 상기한다. 최종적인 반응은 명백하게 구동력과 동역학계의 특징들에 모두 의존한다. 이러한 이중 의존성은 변환 공간에서 분리가 된다. 식 (15.191)에서 반응(출력)의 변환은 구동력(입력)을 기술하는 인자와 동역학계를 기술하는 다른 인자의 곱으로 나타난다. 이는 15.5절에서 신호 처리 과정의 응용에 푸리에 변환을 이용하는 것을 논의할 때 알아냈던 것과 비슷한 인수분해이다.

---

12 연습문제 15.2.8에서 구했듯이, 진폭(의 제곱)은 전형적인 공명을 일으키는 분모(로런츠 선 모양)를 갖고 있다.

연습문제

15.9.1 합성곱 정리로부터 다음을 보이시오.

$$\frac{1}{s}f(s)=\mathcal{L}\left\{\int_0^t F(x)dx\right\}$$

여기서 $f(s)=\mathcal{L}\{F(t)\}$이다.

15.9.2 만약 $F(t)=t^a$이고 $G(t)=t^b$ $(a>-1,\ b>-1)$라면,

(a) 합성곱 $F*G$는 다음과 같이 주어짐을 보이시오.

$$F*G=t^{a+b+1}\int_0^1 y^a(1-y)^b dy$$

(b) 합성곱 정리를 이용함으로써 다음을 보이시오.

$$\int_0^1 y^a(1-y)^b dy=\frac{a!b!}{(a+b+1)!}=B(a+1,\ b+1)$$

여기서 B는 베타 함수이다.

15.9.3 합성곱 적분을 이용하여 다음을 계산하시오.

$$\mathcal{L}^{-1}\left\{\frac{s}{(s^2+a^2)(s^2+b^2)}\right\},\quad a^2\neq b^2$$

15.9.4 저감쇠인 진동자가 힘 $F_0\sin\omega t$에 의해 구동된다. 초기 조건 $X(0)=X'(0)=0$에서 변위 $X(t)$를 시간의 함수로 구하시오. 해는 2개의 단조화 운동, 즉 하나는 구동력의 진동수로 진동하는 것, 다른 하나는 자유 진동자의 진동수 ω_0로 진동하는 것의 선형 결합이라는 것을 주의하라.

답. $X(t)=\dfrac{F_0/m}{\omega^2-\omega_0^2}\left(\dfrac{\omega}{\omega_0}\sin\omega_0 t-\sin\omega t\right)$

15.10 역라플라스 변환

■ 브롬위치 적분

이제 다음 방정식에서 나타나는 역라플라스 변환 $\mathcal{L}^{-1}$에 대한 표현식을 개발한다.

$$F(t)=\mathcal{L}^{-1}\{f(s)\} \tag{15.198}$$

한 가지 접근 방법은 푸리에 변환에 있는데, 이에 대한 역관계식을 알고 있다. 그러나 어려운 점이 있다. 푸리에 변환 가능한 함수는 디리클레 경계조건을 만족해야 했다. 특히, $g(\omega)$가 유효한 푸리에 변환이기 위해서,

$$\lim_{\omega\to\infty} g(\omega)=0 \tag{15.199}$$

이어서, 무한 적분이 잘 정의될 것이 요구되었다.[13] 이제 지수함수적으로 발산할 수 있는 함수 $F(t)$를 다루고자 한다. 이 어려움을 극복하기 위해서, 지수 인자 $e^{\beta t}$를 (아마도) 발산하는 $F(t)$로부터 분리하여 다음과 같이 쓴다.

$$F(t)=e^{\beta t}G(t) \tag{15.200}$$

$F(t)$가 $e^{\alpha t}$로 발산한다면, β는 α보다 클 것을 요구하고, 따라서 $G(t)$는 **수렴**할 것이다. 이제 $t<0$에 대해서 $G(t)=0$이고, 다른 경우에는 식 (15.22)에서처럼 푸리에 적분으로 표현될 수 있도록 적정하게 제한되어 있다면, 다음을 얻는다.

$$G(t)=\frac{1}{2\pi}\int_{-\infty}^{\infty} e^{iut}du\int_0^{\infty} G(v)e^{-iuv}dv \tag{15.201}$$

식 (15.201)을 식 (15.200)에 대입하면 다음을 얻는다.

$$F(t)=\frac{e^{\beta t}}{2\pi}\int_{-\infty}^{\infty} e^{iut}du\int_0^{\infty} F(v)e^{-\beta v}e^{-iuv}dv \tag{15.202}$$

이제 $s=\beta+iu$로 변수 변환을 하면, 식 (15.202)에서 v에 대한 적분을 라플라스 변환 형태를 갖는다.

$$\int_0^{\infty} F(v)e^{-sv}dv=f(s)$$

---

13 델타 함수를 다루기 위해서 예외를 두었는데, 이 경우에도 $g(\omega)$는 모든 ω에 대해서 유한했다.

변수 s는 이제 복소수이지만, 수렴을 보장하기 위해서 $\mathfrak{Re}(s) \geq \beta$로 제한되어야 한다. 라플라스 변환으로 양의 실수축 위의 특정화된 함수를 $\mathfrak{Re}\, s \geq \beta$인 복소평면으로 확장하였음을 인지하자.[14]

이제 u 대신에 변수 s를 이용하여 식 (15.202)를 다시 쓸 필요가 있다. 범위 $-\infty < u < \infty$는 s의 복소평면에서 한 경로, 즉 $\beta - i\infty$에서 $\beta + i\infty$까지 연직선이다. 따라서 또한 $du = ds/i$로 치환할 필요가 있다. 이런 변환을 하면, 식 (15.202)는

$$F(t) = \frac{1}{2\pi i} \int_{\beta - i\infty}^{\beta + i\infty} e^{st} f(s) ds \tag{15.203}$$

이 된다. 이것이 **역변환**이다. 경로는 복소평면에서 무한한 연직선이 되었다. 상수 β는 $f(s)$가 $s \geq \beta$에 대해서 정칙(nonsingular)이 되도록 선택하였다는 것을 주의한다. $f(s)$의 정칙성은 $\mathfrak{Re}\, s \geq \beta$라면 복소수 s로 확장되고, 식 (15.203)의 피적분 함수는 적분 경로의 왼쪽에만 특이점을 가질 수 있음을 보일 수 있다. 그림 15.20을 보라.

식 (15.203)에 의해서 주어진 역변환은 **브롬위치 적분**(Bromwich integral)이라고 알려져 있는데, 때로는 이를 **푸리에-멜린 정리** 또는 **푸리에-멜린 적분**이라고 언급한다. 이 적분은 경로 적분의 보통 방법으로 이제 계산될 수 있다(11장). $t > 0$이고, $f(s)$가 고립된 특이점들을 제외하고 해석적이고(그리고 가지점이 없다), 또한 큰 $|s|$에서 작다고 하면, 경로는 적분에 기여하지 않는 왼쪽 반평면에서 무한대 반원으로 닫힐 수 있다. 레지듀 정리(11.8절)를 이용하면,

$$F(t) = \sum (\mathfrak{Re}\, s < \beta\text{에 포함된 레지듀}) \tag{15.204}$$

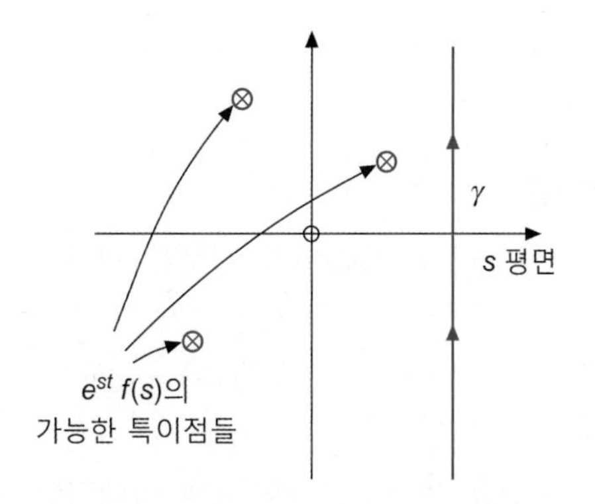

그림 15.20 $e^{st} f(s)$의 가능한 특이점들

---

14 실수 변수만을 이용한 역라플라스 변환의 유도는 C. L. Bohn and R. W. Flynn, Real variable inversion of Laplace transforms: An application in plasma physics, *Am. J. Phys.* **46**: 1250 (1978)을 보라.

이다. 언급할 가치가 있는 것은, 많은 흥미로운 경우에 $f(s)$는 왼쪽 반평면에서 크게 되거나 가지점들을 가질 수 있어서, 브롬위치 적분의 계산은 따라서 상당한 도전을 필요로 할지도 모른다는 것이다.

아마도 $\Re e\, s$의 범위를 음수값으로 계산하는 이러한 수단은 앞서서 $\Re e\, s \geq \beta$를 요구한 것을 볼 때 역설적인 것 같다. $\Re e\, s \geq \beta$ 조건은 $f(s)$를 정의했던 라플라스 변환 적분의 수렴을 보장하기 위해서 부여했다는 것을 상기하면 이 역설은 사라진다. 일단 $f(s)$가 얻어지면, 어떤 복소평면을 선택하든지 해석 함수로서 이 함수의 성질들을 계속해서 활용할 수 있다.

아마도 한 쌍의 예제로부터 식 (15.203)의 계산을 명확히 할 수 있다.

예제 15.10.1 **레지듀 계산을 통한 역변환**

$f(s) = a/(s^2 - a^2)$라면, 브롬위치 적분에 대한 피적분 함수는

$$e^{st} f(s) = \frac{ae^{st}}{s^2 - a^2} = \frac{ae^{st}}{(s+a)(s-a)} \tag{15.205}$$

일 것이다. 식 (15.205)의 형태로부터, 이 피적분 함수는 $s = \pm a$에서 극점들을 갖는다는 것을 알 수 있고, 적분에 대한 β 값은 $|a|$보다 커야 한다. 이들은 단순 극점이기 때문에, $s = a$에서 레지듀는 $e^{at}/2$인 반면, $s = -a$에서 레지듀는 $-e^{-at}/2$일 것이다. 피적분 함수의 형태는 또한 왼쪽 반평면에서 경로를 닫을 수 있게 한다. 식 (15.204)와 일치하게 다음을 얻는다.

$$\text{레지듀} = \left(\frac{1}{2}\right)(e^{at} - e^{-at}) = \sinh at = F(t) \tag{15.206}$$

식 (15.206)은 표 15.1의 라플라스 변환표에서 항목 7과 일치한다. ■

예제 15.10.2 **다중 구간 역변환**

$f(s) = (1 - e^{-as})/s$라면, 브롬위치 적분은 피적분 함수

$$e^{st} f(s) = e^{st}\left(\frac{1 - e^{-as}}{s}\right) \tag{15.207}$$

를 갖고, 경로를 닫을 가능성은 t와 a의 상대적인 크기에 의존한다.

우선 $t > a$를 고려하면, 브롬위치 적분에 대한 경로를 적분값을 바꾸지 않고 왼쪽 반평면에서 닫을 수 있다. 피적분 함수는 전함수이다. (유한한 s 평면의 모든 점에서 해석적이므로, 분자가 매클로린 급수로 전개될 때 분모의 s는 상쇄된다.) 아무런 특이점이 포함되지 않기 때문에, $t > a$에 대해서 $F(t) = 0$이라고 결론을 낸다.

t가 $0 < t < a$ 범위에 있는 경우 다른 상황을 접하게 된다. 피적분 함수를 두 항으로 전개하면,

$$\frac{e^{st}}{s} - \frac{e^{s(t-a)}}{s}$$

첫째 항은 왼쪽 반평면에서 작게 되는 반면(오른쪽 반평면에서 크게 된다), 둘째 항은 반대 양상이다(왼쪽 반평면에서 크고 오른쪽에서는 작다). 분명한 해는 두 항에 대해서 다른 경로들을 이용하는 것인데, 각 항은 개별적으로 비정칙(singular)이고 $s=0$에서 극점을 갖는다. 따라서 첫째 항에 대해 왼쪽 반평면에서 경로를 닫지만, 둘째 항에 대해 오른쪽 반평면에서 경로를 닫는다. 경로의 연직 부분은 $\Re e\, s = \beta > 0$에 있기 때문에, 첫째 항의 적분은 이 특이점을 포함하는 반면, 둘째 항은 이를 포함하지 않는다. 따라서 첫째 적분은 특이점에서 피적분 함수의 레지듀(이 레지듀는 1이다)와 같은 값을 갖는 반면, 두 번째 적분은 사라진다. 이러한 경로들은 그림 15.21에 예시되어 있다.

마지막으로 $t < 0$에 대해서 전체 피적분 함수는 오른쪽 반평면에서 작아지고, 경로는 (전체 피적분 함수에 대해서) 특이점을 포함하지 않으므로 적분은 0이다. 이 세 가지 경우를 정리하면 다음과 같다.

$$F(t) = u(t) - u(t-a) = \begin{cases} 0, & t < 0 \\ 1, & 0 < t < t \\ 0, & t > a \end{cases} \tag{15.208}$$

이는 단위 높이에 길이가 a인 계단 함수이다(그림 15.22). ■

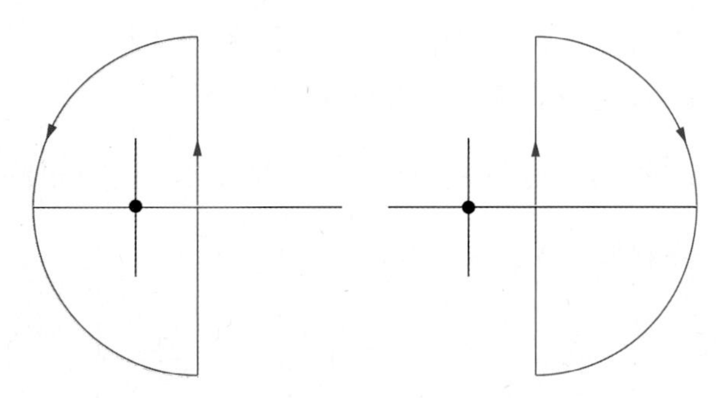

그림 15.21 예제 15.10.2를 위한 경로들

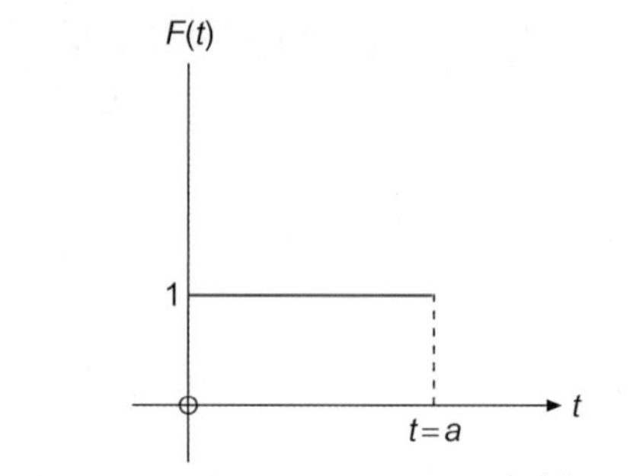

그림 15.22 유한 길이 계단 함수 $u(t)-u(t-a)$

연습문제

15.10.1 코시 적분 공식으로부터 브롬위치 적분을 유도하시오.

[힌트] 역변환 $\mathcal{L}^{-1}$을 다음에 적용하라.

$$f(s)=\frac{1}{2\pi i}\lim_{\alpha\to\infty}\int_{\beta-i\alpha}^{\beta+i\alpha}\frac{f(z)}{s-z}dz$$

여기서 $f(z)$는 $\Re e z \geq \beta$에 대해서 해석적이다.

15.10.2 $\dfrac{1}{2\pi i}\displaystyle\int_{\beta-i\infty}^{\beta+i\infty}e^{st}f(s)ds$에서 시작하여

$$f(s)=\int_0^\infty e^{-sz}F(z)dz$$

를 도입함으로써 적분을 디랙 델타 함수의 푸리에 표현형으로 전환할 수 있음을 보이시오. 이로부터 역라플라스 변환을 유도하시오.

15.10.3 브롬위치 적분을 이용하여 라플라스 변환의 합성곱 정리를 유도하시오.

15.10.4 다음을 구하시오.

$$\mathcal{L}^{-1}\left\{\frac{s}{s^2-k^2}\right\}$$

(a) 부분 분수 전개를 이용하시오.

(b) 브롬위치 적분을 이용해서 반복하시오.

15.10.5 다음을 구하시오.

$$\mathcal{L}^{-1}\left\{\frac{k^2}{s(s^2+k^2)}\right\}$$

(a) 부분 분수 전개를 이용하시오.

(b) 합성곱 정리를 이용해서 반복하시오.

(c) 브롬위치 적분을 이용해서 반복하시오.

답. $F(t)=1-\cos kt$

15.10.6 브롬위치 적분을 이용해서 변환이 $f(s)=s^{-1/2}$가 되는 함수를 구하시오. $f(s)$는 $s=0$에서 가지점을 갖는다는 점을 주의하라. 음의 x축을 절단선으로 택할 수 있다. 그림 15.23을 보라.

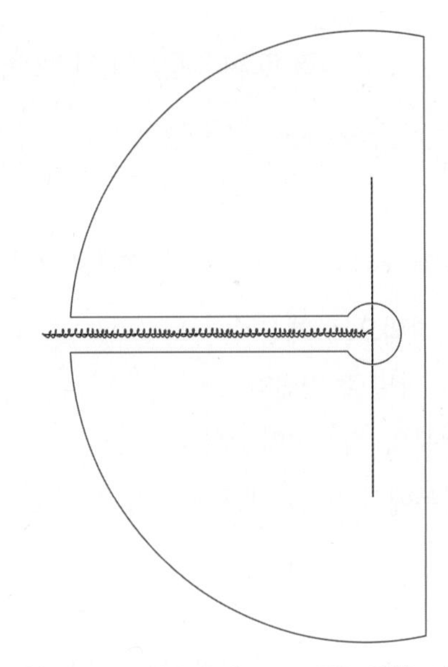

그림 15.23 연습문제 15.10.6을 위한 경로

[힌트] 경로를 닫기 위해 필요한 부분은 경로 적분에 0이 아닌 기여를 할 것이다. 브롬위치 적분에 대한 적당한 값을 얻기 위해서 이를 고려야 할 필요가 있을 것이다.

답. $F(t)=(\pi t)^{-1/2}$

15.10.7 브롬위치 적분을 계산하여 다음을 보이시오.

$$\mathcal{L}^{-1}\left\{(s^2+1)^{-1/2}\right\}=J_0(t)$$

[힌트] 브롬위치 적분을 $J_0(t)$의 적분 표현형으로 전환하라. 그림 15.24는 가능한 경로를 보여준다.

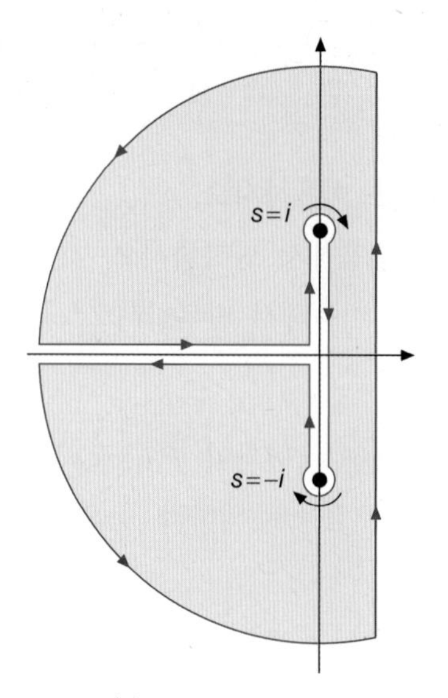

그림 15.24 $J_0(t)$의 역변환을 위해 가능한 경로

15.10.8 역라플라스 변환

$$\mathcal{L}^{-1}\{(s^2-a^2)^{-1/2}\}$$

을 다음 각각의 방법으로 계산하시오.

(a) 급수 전개와 항별로 역변환

(b) 브롬위치 적분의 직접적인 계산

(c) 브롬위치 적분에서 변수 치환: $s=(a/2)(z+z^{-1})$

15.10.9 다음을 보이시오.

$$\mathcal{L}^{-1}\left\{\frac{\ln s}{s}\right\}=-\ln t-\gamma$$

여기서 $\gamma=0.5772\ldots$는 오일러-마스케로니 상수이다.

15.10.10 다음에 대한 브롬위치 적분을 계산하시오.

$$f(s)=\frac{s}{(s^2+a^2)^2}$$

15.10.11 **헤비사이드 전개 정리.** 변환 $f(s)$를

$$f(s)=\frac{g(s)}{h(s)}$$

비율로 쓸 수 있다면, 여기서 $g(s)$와 $h(s)$는 해석 함수들이고, $h(s)$는 $s=s_i$에서 단순, 고립된 영점들을 가지고 있는데, 다음을 보이시오.

$$F(t)=\mathcal{L}^{-1}\left\{\frac{g(s)}{h(s)}\right\}=\sum_i \frac{g(s_i)}{h'(s_i)}e^{s_i t}$$

[힌트] 연습문제 11.6.3을 보라.

15.10.12 브롬위치 적분을 이용하여 $f(s)=s^{-2}e^{-ks}$를 역변환하시오. $F(t)=\mathcal{L}^{-1}\{f(s)\}$를 (이동된) 단위 계단 함수 $u(t-k)$를 써서 표현하시오.

답. $F(t)=(t-k)u(t-k)$

15.10.13 다음 라플라스 변환이 있다고 하자.

$$f(s)=\frac{1}{(s+a)(s+b)},\quad a\neq b$$

다음 세 가지 각각의 방법으로 이 변환의 역변환을 구하시오.

(a) 부분 분수와 표의 이용

(b) 합성곱 정리

(c) 브롬위치 적분

답. $F(t)=\dfrac{e^{-bt}-e^{-at}}{a-b},\quad a\neq b$

❖ 더 읽을 거리

Abramowitz, M., and I. A. Stegun, eds., Handbook of Mathematical Functions with Formulas, Graphs, and Mathematical Tables (AMS-55). Washington, DC: National Bureau of Standards (1972), reprinted, Dover (1974). Chapter 29 contains tables of Laplace transforms.

Champeney, D. C., Fourier Transforms and Their Physical Applications. New York: Academic Press (1973). Fourier transforms are developed in a careful, easy-to-follow manner. Approximately 60% of the book is devoted to applications of interest in physics and engineering.

Erdelyi, A., W. Magnus, F. Oberhettinger, and F. G. Tricomi, Tables of Integral Transforms, 2 vols. New York: McGraw-Hill (1954). This text contains extensive tables of Fourier sine, cosine, and exponential transforms, Laplace and inverse Laplace transforms, Mellin and inverse Mellin transforms, Hankel transforms, and other more specialized integral transforms.

Hamming, R. W., Numerical Methods for Scientists and Engineers, 2nd ed. New York: McGraw-Hill (1973), reprinted, Dover (1987). Chapter 33 provides an excellent description of the fast Fourier transform.

Hanna, J. R., Fourier Series and Integrals of Boundary Value Problems. Somerset, NJ: Wiley (1990). This book is a broad treatment of the Fourier solution of boundary value problems. The concepts of convergence and completeness are given careful attention.

Jeffreys, H., and B. S. Jeffreys, Methods of Mathematical Physics, 3rd ed. Cambridge: Cambridge University Press (1972).

Krylov, V. I., and N. S. Skoblya, Handbook of Numerical Inversion of Laplace Transform (translated by D. Louvish). Jerusalem: Israel Program for Scientific Translations (1969).

Lepage, W. R., Complex Variables and the Laplace Transform for Engineers. New York: McGraw-Hill (1961); Dover (1980). A complex variable analysis that is carefully developed and then applied to Fourier and Laplace transforms. It is written to be read by students, but intended for the serious student.

McCollum, P. A., and B. F. Brown, Laplace Transform Tables and Theorems. New York: Holt, Rinehart and Winston (1965).

Miles, J. W., Integral Transforms in Applied Mathematics. Cambridge: Cambridge University Press (1971). This is a brief but interesting and useful treatment for the advanced undergraduate. It emphasizes applications rather than abstract mathematical theory.

Morse, P. M., and H. Feshbach, Methods of Theoretical Physics. New York: McGraw-Hill (1953). Parseval's relations are derived independently of the inverse Fourier transform in Section 4.8 of this comprehensive, but difficult text.

Papoulis, A., The Fourier Integral and Its Applications. New York: McGraw-Hill (1962). This is a rigorous development of Fourier and Laplace transforms and includes extensive applications in science and engineering.

Roberts, G. E., and H. Kaufman, Table of Laplace Transforms. Philadelphia: Saunders (1966).

Sneddon, I. N., Fourier Transforms. New York: McGraw-HiII (1951), reprinted, Dover (1995). A detailed com-prehensive treatment, this book is loaded with applications to a wide variety of fields of modern and classical physics.

Sneddon, I. N., The Use of Integral Transforms. New York: McGraw-Hill (1974). Written for students in science and engineering in terms they can understand, this book covers all the integral transforms mentioned in this chapter as well as in several others. Many applications are included.

Titchmarsh, E. C., Introduction to the Theory of Fourier Integrals, 2nd ed. New York: Oxford University Press (1937).

Van der Pol, B., and H. Bremmer, Operational Calculus Based on the Two-sided Laplace Integral, 3rd ed. Cambridge, UK: Cambridge University Press (1987). Here is a development based on the integral range $-\infty$ to $+\infty$, rather than the useful 0 to ∞. Chapter V contains a detailed study of the Dirac delta function (impulse function).

Wolf, K. B., Integral Transforms in Science and Engineering. New York: Plenum Press (1979). This book is a very comprehensive treatment of integral transforms and their applications.

CHAPTER 16

변분법

변분법은 어떤 변수의 값이 아니라, 주어진 양(대개 에너지 또는 작용 적분)을 정상으로 만드는 함수나 곡선을 찾는 문제들을 다룬다. 변수가 아닌 함수를 변화시키는 것이기 때문에, 이러한 문제들을 **변분적**(variational)이라고 한다. 달랑베르, 라그랑주(Lagrange), 그리고 해밀턴의 원리와 같은 변분 원리들은 고전역학에서 발전되어 왔다. (최단 광경로에 관한) 페르마(Fermat)의 정리는 전기역학에 이용된다. 라그랑지안 변분 기법은 양자역학과 장이론(field theory)에서도 사용된다. 수리물리학의 이런 다소 다른 분야에 뛰어들기 전에, 물리학과 수학 양쪽 분야에서 변분법이 어떻게 활용되는지 몇 가지 사용 예들을 정리해보자.

1. **기존의 물리학 이론에서**:
   a. 에너지를 핵심개념으로 사용하는 물리학의 다양한 영역들의 통합
   b. 분석의 편리성: 라그랑주 방정식들, 16.2절
   c. 구속조건의 세련된 취급방식, 16.4절

2. **물리학과 공학의 새롭고 복잡한 영역들에 대한 출발점**: 일반 상대성 이론에서, 측지선(geodesic)은 휘어진 리만 공간에서 광펄스(light pulse)의 최소 경로 또는 입자의 자유낙하 경로이다. 변분 원리는 양자장이론에 나온다. 변분 원리는 제어 이론에 널리 사용되어 왔다.

3. **수학적 통합**: 변분 분석은 스텀-리우빌 고유함수들의 완전성에 대한 증명을 제공하고, 고윳값들에 대한 한계를 설정하는 데 사용될 수 있다. 비슷한 결과들이 적분 방정식들에 대한 힐베르트-슈미트 이론에서의 고윳값과 고유함수들에 대해 나타난다.

16.1 오일러 방정식

변분법은 대개 최소화(또는 최대화)되어야 하는 양이 **범함수**(functional)로 나타나는데, 이는 독립변수가 단순한 변수가 아닌 함수 자체인 양을 뜻한다. 간단하지만 상당히 일반적인 경우로써, J가 y의 범함수이며 다음과 같이 정의된다고 하자.

$$J[y] = \int_{x_1}^{x_2} f\left(y(x),\ \frac{dy(x)}{dx},\ x\right) dx \tag{16.1}$$

여기서 f는 세 변수 y, dy/dx, 그리고 x에 대해 정해진 함수지만, J는 y의 선택에 의존하

는 값을 가지게 된다. 대괄호 표기법은 독자에게 J가 범함수임을 상기시키기 위해 자주 사용된다. J가 적분으로 주어지기 때문에, 그 값은 x의 전 구간(여기서 $x_1 \le x \le x_2$)에 걸쳐 $y(x)$의 행동에 의존한다. 변분법에 나오는 전형적인 문제는 (대개 어떤 구속조건들 아래에서) 정의역의 임의의 (또는 모든) 곳에서 y의 작은 변화에 대하여 J가 정상이 되게 만드는 연속적이고 미분 가능한 $y(x)$를 찾는 것이다. J의 이 정상값들은 많은 문제에서 최솟값이나 최댓값이지만, 또한 안장점들일 수도 있다. 물리 문제의 조건들은 보통 y에 대한 변분이 연속성과 미분 가능성을 유지하는 것들로 제한되게 한다.

논의를 덜 복잡하게 해주는 표기법을 도입하는 것이 편리하다. 대개 식 (16.1)을 dy/dx를 y_x로 나타내고 독립변수 x와 $[y]$를 표시하지 않는 표기법을 사용하여 다시 써서, y의 (작은) 변화로 생성된 J의 변분을

$$\delta J = \delta \int_{x_1}^{x_2} f(y,\ y_x,\ x)dx \tag{16.2}$$

와 같이 표시한다. d나 ∂ 대신에 δ를 사용했다는 것에 주목하라. 이러한 구분은 변분이 어떤 변수에 대해서가 아닌 어떤 함수(여기서 y)에 대해서라는 것을 상기시켜준다.

식 (16.2)에 의해 기술되는 상황을 시각적으로 보여주는 데 있어서, $y(x)$를 어떤 **경로**(path) 또는 값들 $y(x_1)$과 $y(x_2)$를 잇는 곡선으로 생각하는 것이 도움이 된다. 사실 변분법이 사용되는 하나의 공통적인 문제는 $y(x_1)$과 $y(x_2)$가 특정한 값을 가지는 구속조건들 아래에서 (그리고 종종 역시 적분으로 주어지는 추가적인 구속조건들 아래에서) $y(x)$를 결정하는 것이다. 식 (16.2)로 표현된 문제들의 종류를 예시하는, 두 가지 간단한 예들이 여기에 있다.

- 균일한 중력장 속에서, 양 끝이 고정된 점에 묶여 있는, 길이가 일정한 끈이나 사슬이 최소 에너지를 가지는 배치 형태의 결정
- 오직 균일한 중력장의 영향 아래에서, 정지 상태에서 출발하여 그 길을 따라 마찰 없이 미끄러지는 어떤 물체의 이동시간(travel time)을 최소화하는, 서로 다른 높이에 있는 두 지점 사이를 잇는 길(track)의 결정[이것은 **최단시간 강하곡선 문제**(brachistochrone problem)로 알려져 있다.]

여기서 고려하는 문제들은, 함숫값, 즉 $y(x)$를 (dy/dx를 살펴봄으로써) 주변에서의 값들과 비교하여 함수의 최솟값을 찾을 수 있는, 미분법에서의 전형적인 최소화보다 훨씬 어렵다. 대신에 우리가 할 수 있는 것은 최적의 경로, 즉 J가 정상이 되도록 하는 함수 $y(x)$가 존재한다는 가정으로 시작하여, 그 다음에 (아직 알지 못하는) 최적의 경로에 대한 J를 무한

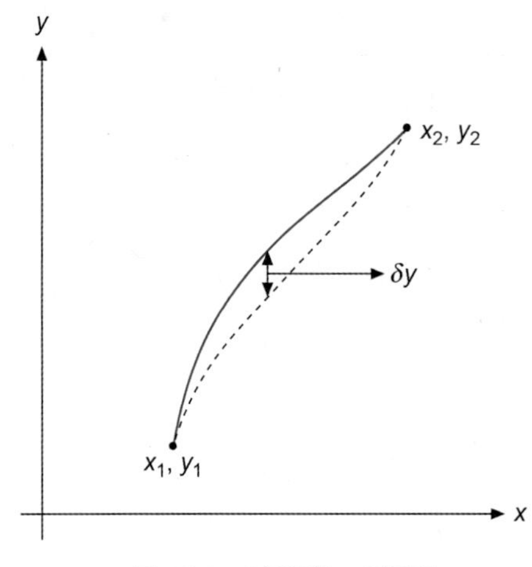

그림 16.1 이웃하는 경로들

히 많은 이웃하는 경로들로부터 얻어지는 것과 비교하는 것이다. 그림 16.1을 보라. 최적의 경로가 없는 범함수 J가 존재하기 때문에 이런 전략조차 때때로 실패할 수 있다.

끝점이 $y(x_1)$과 $y(x_2)$에 고정된 함수 $y(x)$로 관심을 제한하고, y의 **변분**(variation)이라 부르고 δy로 표기되는 $y(x)$의 변형을 고려해보자. 새로운 함수 $\eta(x)$와 변분의 크기를 조절하는 축척인자 α를 도입하여 δy를 기술한다. 함수 $\eta(x)$는 연속적이고 미분 가능하다는 것 이외에는 임의적이고, 끝점이

$$\eta(x_1) = \eta(x_2) = 0 \tag{16.3}$$

으로 고정되어 있어야 한다. 이러한 정의들로부터, 이제 α의 함수인 경로는

$$y(x,\ \alpha) = y(x,\ 0) + \alpha\eta(x) \tag{16.4}$$

이며, $y(x,\ 0)$을 J를 최소화하는 (아직 알려지지 않은) 경로로 선택한다. 그러면 $y(x,\ 0)$에 대해 상대적으로 변분 δy는

$$\delta y = \alpha\eta(x) \tag{16.5}$$

이다.

식 (16.4)를 사용하여, J에 대한 수식을

$$J(\alpha) = \int_{x_1}^{x_2} f\big(y(x,\ \alpha),\ y_x(x,\ \alpha),\ x\big)\, dx \tag{16.6}$$

와 같이 쓸 수 있고, J가 이제 y의 **범함수**라기보다는 α의 **함수**가 되는 더 간단한 수식에 도달했다는 것을 알게 된다. 이것은 이제 어떻게 그것을 최적화할 수 있는지를 안다는 것을

의미한다.[1]

이제 미분법에서 도함수 dy/dx가 0이 되는 것과 유사한 조건

$$\left[\frac{\partial J(\alpha)}{\partial \alpha}\right]_{\alpha=0} = 0 \tag{16.7}$$

을 부여함으로써 J의 정상값을 구해보자.

이제, 이 적분이 가지는 α에 대한 의존성은 $y(x, \alpha)$와 $y_x(x, \alpha) = (\partial/\partial x)y(x, \alpha)$에 담겨 있다. 그러므로[2]

$$\frac{\partial J(\alpha)}{\partial \alpha} = \int_{x_1}^{x_2}\left[\frac{\partial f}{\partial y}\frac{\partial y}{\partial \alpha} + \frac{\partial f}{\partial y_x}\frac{\partial y_x}{\partial \alpha}\right]dx = 0 \tag{16.8}$$

이다. 식 (16.4)로부터

$$\frac{\partial y(x, \alpha)}{\partial \alpha} = \eta(x) \quad \text{그리고} \quad \frac{\partial y_x(x, \alpha)}{\partial \alpha} = \frac{d\eta(x)}{dx} \tag{16.9}$$

이며, 그래서 식 (16.8)은

$$\frac{\partial J(\alpha)}{\partial \alpha} = \int_{x_1}^{x_2}\left(\frac{\partial f}{\partial y}\eta(x) + \frac{\partial f}{\partial y_x}\frac{d\eta(x)}{dx}\right)dx = 0 \tag{16.10}$$

이 된다. $\eta(x)$를 공통인자로 빼내기 위해 둘째 항을 부분 적분하여

$$\int_{x_1}^{x_2}\frac{d\eta(x)}{dx}\frac{\partial f}{\partial y_x}dx = \eta(x)\frac{\partial f}{\partial y_x}\bigg|_{x_1}^{x_2} - \int_{x_1}^{x_2}\eta(x)\frac{d}{dx}\frac{\partial f}{\partial y_x}dx \tag{16.11}$$

로 바꾼다. 적분된 부분은 식 (16.3)에 의해 0이 되고, 식 (16.10)은 다음과 같이 된다.

$$\frac{\partial J(\alpha)}{\partial \alpha} = \int_{x_1}^{x_2}\left[\frac{\partial f}{\partial y} - \frac{d}{dx}\frac{\partial f}{\partial y_x}\right]\eta(x)dx = 0 \tag{16.12}$$

식 (16.12)는 임의의 $\eta(x)$에 대해 만족되어야 하며, $y(x)$에 대한 조건으로 이해되어야 한다. 때때로 식 (16.12)에 $\delta\alpha$가 곱해진 것을 보게 될 것인데, 이는 $\eta(x)\delta\alpha = \delta y$를 이용하면

$$\delta J = \int_{x_1}^{x_2}\left(\frac{\partial f}{\partial y} - \frac{d}{dx}\frac{\partial f}{\partial y_x}\right)\delta y\, dx = 0 \tag{16.13}$$

---

1 $J(\alpha)$가 $\eta(x)$에 대해 임의적으로 의존하는 것은 나중에 어떤 역할을 하게 된다.

2 y와 y_x가 f의 서로 다른 독립변수들로 나타나기 때문에, 서로 **독립적인** 변수들로 취급되고 있다는 것에 주목하라.

을 준다. 식 (16.13)은 $\delta y(x_1) = \delta y(x_2) = 0$을 만족시키는 임의의 δy에 대하여 풀려야 한다.

이제 식 (16.12)의 해를 구해보자. 그 방정식은 오직 피적분 함수의 나머지를 이루고 있는 괄호 안의 표현이, 있을 수도 있는 고립된 점들을[3] 제외한 모든 곳이라는 의미로, '거의 모든 곳'에서 0이 되는 경우에만 임의의 $\eta(x)$에 대해 만족될 수 있다. 정상값에 대한 조건은 이렇게 해서 수식적으로 편미분 방정식

$$\frac{\partial f}{\partial y} - \frac{d}{dx}\frac{\partial f}{\partial y_x} = 0 \tag{16.14}$$

이며, 이것은 **오일러 방정식**(Euler equation)으로 알려져 있다. f의 형태가 알려져 있기 때문에, 그것은 실제로는 (사실상 오직 하나의 독립변수 x만 있기 때문에) x_1과 x_2에서의 경계조건을 가진 y에 대한 상미분 방정식으로 환원된다. 그런 연관관계에서, 미분 d/dx가 오일러 방정식에 나오고, 그것이 편미분 $\partial/\partial x$와는 다른 의미를 가진다는 것에 주목하는 것이 중요하다. 특히, $f = f(y(x),\ y_x,\ x)$이면, x의 변화에 의한 (모든 요인으로부터의) f의 변화를 나타내는 df/dx는 다음과 같이 계산된다.

$$\frac{df}{dx} = \frac{\partial f}{\partial x} + \frac{\partial f}{\partial y}\frac{dy}{dx} + \frac{\partial f}{\partial y_x}\frac{d^2y}{dx^2}$$

여기서 마지막 항은 $dy_x/dx = d^2y/dx^2$이기 때문에 주어진 것과 같은 형태를 가진다. 우변의 첫째 항은 f의 **명시적**(explicit) x 의존성을 준다. 둘째 항과 셋째 항은 y와 y_x를 통해 **암시적**(implicit) x 의존성을 준다.

식 (16.14)의 오일러 방정식은 영역 $(x_1,\ x_2)$에서 연속적이고 미분 가능한 함수 $y(x)$가 있어 J의 정상값을 주기 위한 필요조건이기는 하지만, 결코 충분조건은 아니다.[4] 충분성의 결여를 보여주는 훌륭한 예는 구면 위의 점들 사이의 정상적인 경로를 결정하는 문제이다. [이 예는 쿠랑과 로빈스(Courant and Robbins)에 의해 제공되었다. 더 읽을 거리를 보라.] 구면 위의 점 A로부터 점 B까지의 최소거리를 주는 경로는 그림 16.2에서 경로 1로 표시된, 대원의 호이다. 그러나 경로 2 또한 오일러 방정식을 만족시킨다. 경로 2는 최대이지만, 오직 그 경로가 대원의 일부이고, (경로 2에 n바퀴를 더한 것 또한 해가 되기 때문에) 한 바퀴보다 작을 경우에만 그렇다. 만일 그 경로가 대원이 될 필요가 없다면, 경로 2로부터의 어떤 이탈도 길이를 늘릴 것이다. 이것은 국소적 최대에 대한 특성이 되기 어렵고, 오일러 방정식의 해가 주어진 문제의 물리적 조건을 만족시키는지를 확인하기 위해 오일러 방정식의

3 식 (5.22)에 나오는 평균의 수렴성에 대한 논의를 비교해보라.

4 충분성 조건에 대한 논의와 수학의 한 부분으로써의 변분법의 발전에 대해서는 더 읽을 거리에 있는 유잉과 세이건(Ewing and Sagan)이 한 일을 보라.

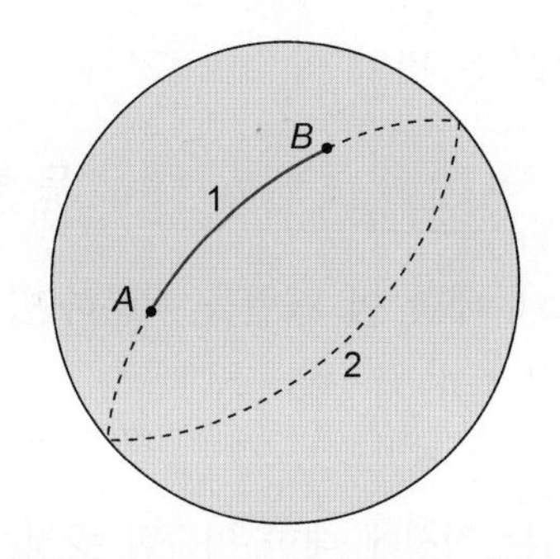

그림 16.2 구면 위의 정상 경로들

해를 검사하는 것이 왜 중요한지를 예시하고 있다.

때때로 어떤 문제는, 물리적 관련성이 있으나 오일러 방정식의 직접적인 적용으로는 구해지지 않는 불연속적인 해를 허용한다. 한 가지 예는 예제 16.1.3의 비누막인데, 여기서 그런 해는 만일 막이 불안정해지거나 깨지면 어떤 일이 발생하는지를 기술한다.

다음은 오일러 방정식의 사용 예들이다.

예제 16.1.1 직선

오일러 방정식의 가장 간단한 응용은 아마도 유클리드 xy 평면에서 두 점 사이의 가장 짧은 거리를 결정하는 데 있다. 거리 요소가

$$ds = [(dx)^2 + (dy)^2]^{1/2} = [1 + y_x^2]^{1/2} dx$$

이기 때문에 거리 J는

$$J = \int_{x_1, y_1}^{x_2, y_2} ds = \int_{x_1}^{x_2} [1 + y_x^2]^{1/2} dx \tag{16.15}$$

처럼 쓸 수 있을 것이다. 식 (16.2)와 비교해보면

$$f(y,\ y_x,\ x) = (1 + y_x^2)^{1/2}$$

임을 알 수 있다. 식 (16.14)에 대입하고, $\partial f / \partial y$가 0이 된다는 것에 주목하면

$$-\frac{d}{dx}\left[\frac{1}{(1 + y_x^2)^{1/2}}\right] = 0$$

또는

$$\frac{1}{(1 + y_x^2)^{1/2}} = C, \quad \text{하나의 상수}$$

를 얻는다. 이 방정식은 만일

$$y_x = a, \quad \text{두 번째 상수}$$

이면 만족된다. y_x에 대한 이 표현을 적분하면,

$$y = ax + b \tag{16.16}$$

를 얻게 되는데, 이는 직선에 대한 익숙한 방정식이다. 상수 a와 b는 이제 그 직선이 두 점 (x_1, y_1)과 (x_2, y_2)를 통과하도록 선택된다. 따라서 오일러 방정식은 유클리드 공간의 두 고정된 점 사이의 가장 짧은[5] 거리는 직선이라는 것을 예측한다. ■

이것을 4차원의 시공간으로 일반화하면 일반 상대성 이론의 중요한 개념인 측지선에 이르게 된다. 측지선에 대한 추가적인 논의는 16.2절에 있다.

예제 16.1.2 블랙홀 주변에서의 광경로

이제 광속이 높이 y에 대해 $v(y) = y/b$로 증가하는 어떤 대기 속에서 광경로를 결정하고 싶다. 여기서 b는 $b > 0$인 어떤 매개변수이다. 이때 $y = 0$에서 $v = 0$인데, 이는 **사건의 지평선**(event horizon)이라 불리는 블랙홀 표면에서의 조건을 흉내내는 것이다. 사건의 지평선은 중력이 너무나 강해서 광속이 0이 되며, 따라서 빛을 가두게 되는 경계이다.

변분 원리(페르마의 원리)는 빛이 (x_1, y_1)으로부터 (x_2, y_2)로의 이동시간이 가장 짧은 경로, 즉

$$\Delta t = \int dt = \int_{x_1, y_1}^{x_2, y_2} \frac{ds}{v} = \int_{x_1, y_1}^{x_2, y_2} \frac{b}{y} ds = b \int_{x_1, y_1}^{x_2, y_2} \frac{\sqrt{dx^2 + dy^2}}{y} = \text{최저} \tag{16.17}$$

가 되는 경로를 택하게 된다는 것이다. 그 경로는 y와 x 사이의 관계에 의해 정의된 선을 따라간다. 이전의 방정식들에서는 x를 독립변수로 택해왔지만, 그렇게 하는 것이 필연적으로 요구되는 것은 아니고, 만일 y를 독립변수로 택하고 식 (16.17)을

$$\Delta t = \int_{y_1}^{y_2} \frac{\sqrt{x_y^2 + 1}}{y} dy \tag{16.18}$$

의 형태로 쓰고 여기서 x_y가 dx/dy를 나타내도록 한다면, 지금 다루고 있는 문제에서 일이 간단해질 것이다. 그러면 오일러 방정식은

---

[5] 기술적으로, 단지 정상적인 J를 주는 $y(x)$를 찾았을 뿐이다. 해를 살펴봄으로써, 쉽게 그 거리가 최소가 되도록 만들 수 있다.

$$\frac{\partial f}{\partial x} - \frac{d}{dy}\frac{\partial f}{\partial x_y} = 0, \quad \text{여기서} \quad f(x,\ x_y,\ y) = \frac{\sqrt{x_y^2+1}}{y}$$

이 될 것이다. $\partial f/\partial x = 0$임을 주목하고 미분 $\partial f/\partial x_y$을 수행하면

$$-\frac{d}{dy}\frac{x_y}{y\sqrt{x_y^2+1}} = 0$$

을 얻게 된다. 이 방정식은 적분될 수 있으며,

$$\frac{x_y}{y\sqrt{x_y^2+1}} = C_1 = \text{상수} \quad \text{또는} \quad x_y = \frac{C_1 y}{\sqrt{1-C_1^2 y^2}}$$

를 준다. $x_y = dx/dy$로 쓰고 이 1계 상미분 방정식에서 dx와 dy를 분리하여, 적분식

$$\int^x dx = \int^y \frac{C_1\, y\, dy}{\sqrt{1-C_1^2 y^2}}$$

를 찾게 되는데, 이는

$$x + C_2 = -\frac{\sqrt{1-C_1^2 y^2}}{C_1} \quad \text{또는} \quad (x+C_2)^2 + y^2 = \frac{1}{C_1^2}$$

을 준다. 이 광경로는 C_1과 C_2의 값에 상관없이 중심이 직선 $y=0$, 즉 사건의 지평선 위에 놓여 있는 원의 호이다. $(x_1,\ y_1)$으로부터 $(x_2,\ y_2)$를 지나는 실제 광경로는 중심이 $y=0$ 위에 있으며 그 두 점을 지나는 원 위에 있을 것이다. 그 경로를 그리는 것은 그림 16.3에 보인 바와 같이 기하학적으로 할 수 있다. $x_1 = x_2$(사건의 지평선에 수직한 경로)가 아닌 한, $v(y)$에 대한 이 모델에서는 빛이 블랙홀로부터 완전히 빠져나가지 않는다는 것에 주목하라.

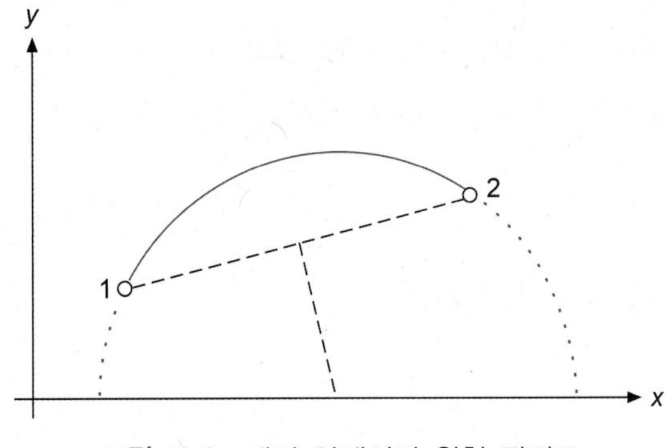

그림 16.3 매질 안에서의 원형 광경로

이 예는 지표 근처에서는 덥고 높은 곳에는 더 차가운 공기가 있는(굴절률은 차가운 공기와 뜨거운 공기의 높이에 따라 변한다) 사막에서 보이는 신기루에 적용될 수 있다. 신기루 문제에 있어서, 적절한 속도 법칙은 $v(y)=v_0-y/b$이다. 그 경우, 원형 광경로는 더 이상 x축에 중심이 있는 볼록한 형태가 아니라 오목한 형태가 된다. ■

■ 오일러 방정식의 다른 형태들

오일러 방정식의 종종 유용한(연습문제 16.1.1) 또 다른 형태는

$$\frac{\partial f}{\partial x}-\frac{d}{dx}\left(f-y_x\frac{\partial f}{\partial y_x}\right)=0 \tag{16.19}$$

이다.

$f=f(y,\ y_x)$, 즉 x가 직접적으로 나타나지 않는 문제에서, 식 (16.19)는

$$\frac{d}{dx}\left(f-y_x\frac{\partial f}{\partial y_x}\right)=0 \tag{16.20}$$

또는

$$f-y_x\frac{\partial f}{\partial y_x}=\text{상수} \tag{16.21}$$

로 간결해진다.

예제 16.1.3 비누막

설명에 도움이 되는 다음 실례로써, x축에 대하여 곡선 $y(x)$를 회전시켜 생성되며 최소 면적이 되는 표면에 의해 연결될 2개의 평행이며 동축인 원형 철사를 살펴보자(그림 16.4 참고). 곡선은 고정된 끝점 $(x_1,\ y_1)$과 $(x_2,\ y_2)$를 통과해야 한다. 여기서 변분 문제는 결과적으로 얻게 되는 표면의 면적이 최소가 되도록 곡선 $y(x)$를 선택하는 것이다. 이 문제에 해당하는 물리적 상황은 2개의 원형 철사 사이에 매달려 있는 비누막의 경우이다.

그림 16.4에 있는 것과 같은 면적 요소에 대해

$$dA=2\pi y\,ds=2\pi y(1+y_x^2)^{1/2}\,dx$$

이다. 그러면 변분 방정식은

$$J=\int_{x_1}^{x_2}2\pi y(1+y_x^2)^{1/2}\,dx$$

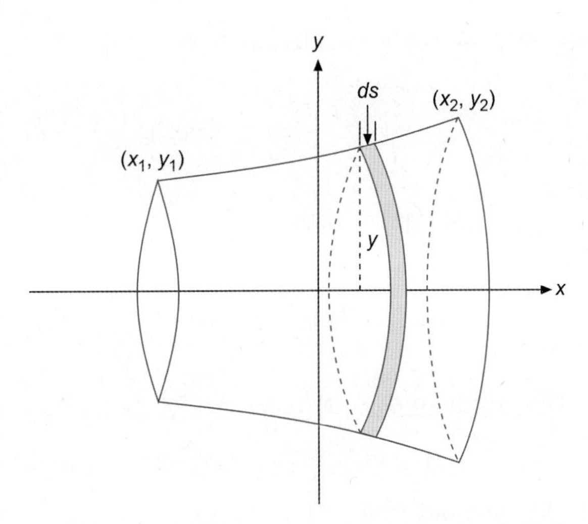

그림 16.4 회전에 의해 만들어진 표면, 비누막 문제

가 된다. 2π를 무시하고

$$f(y,\ y_x,\ x) = y(1+y_x^2)^{1/2}$$

와 같이 놓는다.

$\partial f/\partial x = 0$이기 때문에 식 (16.20)을 적용하면

$$y(1+y_x^2)^{1/2} - \frac{y\,y_x^2}{(1+y_x^2)^{1/2}} = c_1$$

을 얻게 되는데, 이는

$$\frac{y}{(1+y_x^2)^{1/2}} = c_1 \tag{16.22}$$

으로 간단하게 쓸 수 있다. 양변을 제곱하면

$$\frac{y^2}{1+y_x^2} = c_1^2$$

을 얻게 되는데, 이는

$$(y_x)^{-1} = \frac{dx}{dy} = \frac{c_1}{\sqrt{y^2 - c_1^2}} \tag{16.23}$$

으로 다시 정리된다. 다음으로 넘어가는 데 있어 c_1이 dy/dx가 실수가 되는 값을 가지는 것

이 좋다는 것에 주목하라. 식 (16.23)은 적분되어

$$x = c_1 \cosh^{-1} \frac{y}{c_1} + c_2$$

를 줄 수 있고, y에 대하여 풀면

$$y = c_1 \cosh\left(\frac{x - c_2}{c_1}\right) \tag{16.24}$$

를 얻게 된다. 마지막으로, c_1과 c_2는 해가 점 (x_1, y_1)과 (x_2, y_2)를 지나도록 요구함으로써 결정된다. '최소' 면적 표면은 회전에 대한 현수선(catenary of revolution)의 특별한 경우, 또는 **현수면**(catenoid)이다. ■

■ 비누막: 최소 면적

이러한 변분법은 빠지기 쉬운 많은 함정들을 가지고 있다. 오일러 방정식은 **필요한** 조건이며, **미분 가능한 해**를 가정한다는 것을 기억하라. 충분조건은 상당히 얽혀 있다. 자세한 것은 더 읽을 거리를 보라. 이런 위험들 중 일부에 대한 사항은 예제 16.1.3에 나오는 비누막 문제를 $(x_1, y_1) = (-x_0, 1)$, $(x_2, y_2) = (+x_0, 1)$과 함께 좀 더 살펴봄으로써 진전시킬 수 있다. 그러므로 $x = \pm x_0$에 있으며 반지름이 1인 2개의 고리 사이에 펼쳐져 있는 비누막을 살펴보고자 한다. 문제는 비누막에 의해 가정된 곡선 $y(x)$를 예측하는 것이다.

식 (16.24)를 참조하여, 문제가 $x = 0$에 대하여 대칭적이기 때문에 $c_2 = 0$이 된다. 그렇다면

$$y = c_1 \cosh\left(\frac{x}{c_1}\right) \tag{16.25}$$

이고, 끝점에서의 조건은

$$c_1 \cosh\left(\frac{x_0}{c_1}\right) = 1 \tag{16.26}$$

이 된다.

만일 $x_0 = \frac{1}{2}$로 택하면, c_1에 대한 다음과 같은 초월(transcendental) 방정식을 얻게 된다.

$$1 = c_1 \cosh\left(\frac{1}{2c_1}\right) \tag{16.27}$$

이 방정식은 2개의 해를 가진다('깊은' 곡선을 주는 $c_1 = 0.2350$과 '얕은' 곡선을 주는 $c_1 = 0.8483$). 어떤 곡선이 비누막에 의해 가정되어야 하는 것일까? 이 질문에 대답하기 전에, $x_0 = 1$이 되도록 고리를 떼어 놓은 물리적 상황을 살펴보자. 그러면 식 (16.26)은

$$1 = c_1 \cosh\left(\frac{1}{c_1}\right) \tag{16.28}$$

이 되는데, 이 식은 **실수해를 가지고 있지 않다.** 이러한 사실의 물리적 중요성은 단위 반지름을 가진 고리들이 원점으로부터 멀어짐에 따라 비누막이 각각의 수직단면에 동일한 수평 방향의 힘을 더 이상 유지할 수 없는 지점에 도달했다는 것이다. 안정적인 평형은 더 이상 가능하지 않다. 비누막은 깨졌고(비가역적 과정), (전체 면적이 $2\pi = 6.2832\ldots$인) 각각의 고리에 원형 막을 형성했다. 이것은 비누막 문제에 대한 골드슈미트(Goldschmidt) 불연속해로 알려져 있다.

그 다음 질문은 다음과 같다. x_0가 여전히 식 (16.26)에 대한 실수해를 주면서 얼마나 클 수 있는가? 식 (16.26)을 x_0에 대해 풀면

$$x_0 = c_1 \cosh^{-1}(1/c_1) \tag{16.29}$$

이고, x_0가 오직 $c_1 \le 1$에 대해서만 실수이고, 그 최댓값은 $dx_0/dc_1 = 0$일 때 얻어진다는 것을 알게 된다. c_1에 대한 x_0의 도표가 그림 16.5에 있다. 이 도표는 $x_0 = \frac{1}{2}$에서 관측되는 양상을 설명하는 데 도움이 된다. 이 도표로부터 (그리고 좀 더 정확하게는 연습문제 16.1.6으로부터) 오일러 방정식이 $x_0 > x_{\max}$(여기서 $x_{\max} \approx 0.6627$)에 대해서는 해가 없고, 이러한 x_0의 값은 $c_1 \approx 0.5524$일 때 생긴다는 것을 보게 된다. $x_{\max}$보다 작은 x_0의 값에 대해

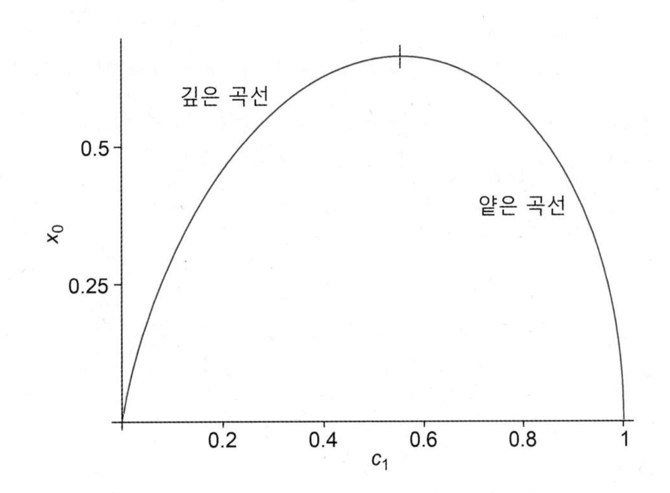

그림 16.5 $x = \pm x_0$에 놓여 있는 단위 반지름 고리들에 대한 식 (16.26)의 해들

서는, $x_0 = \dfrac{1}{2}$에 대해 앞서 구한 '깊은' 그리고 '얕은' 곡선들에 해당하는 2개의 서로 다른 c_1의 값들에 대해 해가 있다.

식 (16.26)의 어떤 해가 비누막을 기술하는가에 대한 질문으로 돌아가서, 각각의 해에 해당하는 면적을 계산해보자. 아래 식 첫째 줄의 마지막 부분에 도달하기 위해 식 (16.22)를 이용하면

$$\begin{aligned} A &= 4\pi \int_0^{x_0} y(1+y_x^2)^{1/2}\,dx = \frac{4\pi}{c_1}\int_0^{x_0} y^2\,dx \\ &= 4\pi c_1 \int_0^{x_0}\left(\cosh\frac{x}{c_1}\right)^2 dx = \pi c_1^2\left[\sinh\left(\frac{2x_0}{c_1}\right) + \frac{2x_0}{c_1}\right] \end{aligned} \tag{16.30}$$

를 얻게 된다. $x_0 = \dfrac{1}{2}$에 대해 식 (16.30)은

$$c_1 = 0.2350 \quad \rightarrow \quad A = 6.8456$$
$$c_1 = 0.8483 \quad \rightarrow \quad A = 5.9917$$

을 주는데, 앞에 것은 잘해야 단지 국소적 최소가 될 수 있다는 것을 보여준다. 더 자세한 조사(더 읽을 거리 Bliss 4장을 비교해보라)를 해보면, 이 표면은 국소적 최소조차 아니라는 것을 보게 된다. $x_0 = \dfrac{1}{2}$에 대해 비누막은 얕은 곡선

$$y = 0.8483\cosh\left(\frac{x}{0.8483}\right)$$

에 의해 기술될 것이다. 이 얕은 현수면(회전에 대한 현수선)은 $0 \le x_0 < 0.528$에 대해 절대 최소일 것이다. 하지만 $0.528 < x < 0.6627$에 대해, 그 면적은 골드슈미트 불연속 해 (6.2832)가 주는 면적보다 크고, 그것은 단지 상대적인 최소일 뿐이다(그림 16.6 참고).

비누막을 다루는 수학적 문제와 실험에 대한 탁월한 논의로 더 읽을 거리에 있는 쿠랑과 로빈스(Courant and Robbins)를 참조한다. 이 소절의 더 큰 의도는 오일러 방정식의 해를 받아들일 때 주의를 기울여야 한다는 정도이다.

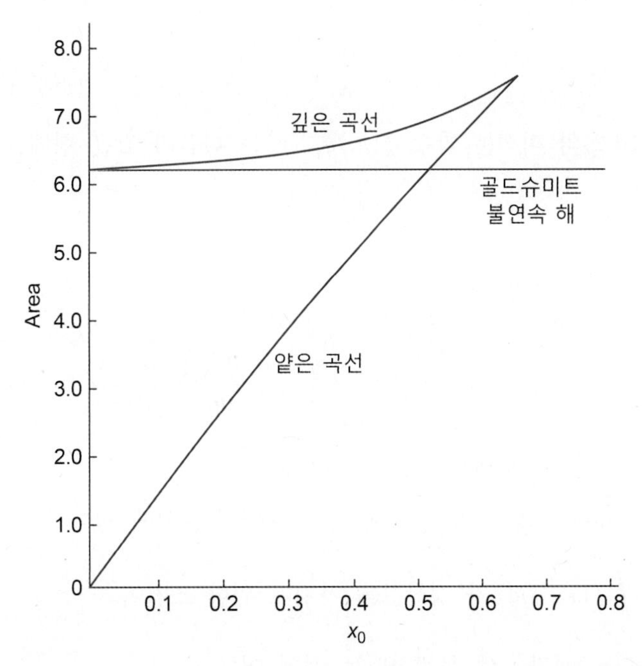

그림 16.6 현수면 면적과 비누막 문제($x = \pm x_0$에 놓여 있는 단위 반지름 고리들)의 불연속 해가 주는 면적

연습문제

16.1.1 $dy/dx \equiv y_x \neq 0$에 대해, 다음 두 가지 형태의 오일러 방정식이 동등하다는 것을 보이시오.

$$\frac{\partial f}{\partial x} - \frac{d}{dx}\frac{\partial f}{\partial y_x} = 0$$

$$\frac{\partial f}{\partial y} - \frac{d}{dx}\left(f - y_x \frac{\partial f}{\partial y_x}\right) = 0$$

16.1.2 다음 적분에서 피적분 함수를 α의 급수로 전개하여 오일러 방정식을 유도하시오.

$$J(\alpha) = \int_{x_1}^{x_2} f\left(y(x,\ \alpha),\ y_x(x,\ \alpha),\ x\right)dx$$

[참고] 정상조건은 $\alpha = 0$에서 구한 $\partial J(\alpha)/\partial\alpha = 0$이다. α에 대해 제곱인 항들은 정상해의 특성(최대, 최소, 또는 안장점)을 확증하는 데 도움이 될 것이다.

16.1.3 y와 y_x가 정의역의 양 끝점에서 고정된 값들을 가진다고 가정하고, $f = f(y_{xx},\ y_x,\ y,\ x)$인 경우 식 (16.14)에 해당하는 오일러 방정식을 구하시오.

답. $\frac{d^2}{dx^2}\left(\frac{\partial f}{\partial y_{xx}}\right)-\frac{d}{dx}\left(\frac{\partial f}{\partial y_x}\right)+\frac{\partial f}{\partial y}=0$

16.1.4 식 (16.2)의 피적분 함수 $f(y,\ y_x,\ x)$는 다음과 같은 형태를 가진다.

$$f(y,\ y_x,\ x)=f_1(x,\ y)+f_2(x,\ y)y_x$$

(a) 오일러 방정식이

$$\frac{\partial f_1}{\partial y}-\frac{\partial f_2}{\partial x}=0$$

에 이르게 된다는 것을 보이시오.

(b) 이것은 적분 J의 경로 선택에 대한 의존성에 있어서 무엇을 의미하는가?

16.1.5 $J=\int f(x,\ y)dx$가 정상값을 가지기 위한 조건이

(a) $f(x,\ y)$가 y에 무관하다는 것에 이르고

(b) 어떠한 x 의존성에 대해서도 전혀 정보를 주지 않는다

는 것을 보이시오. 우리는 (연속적, 미분 가능한) 어떤 해도 얻지 못한다. 의미 있는 변분 문제가 되려면 y 또는 고계 도함수에 대한 의존성이 필수적이다.

[참고] 구속조건이 도입될 때(연습문제 16.4.6과 비교), 상황은 바뀔 것이다.

16.1.6 중심이 $\pm x_0$에 있는 단위 반지름을 가진 2개의 고리 사이에 펼쳐진 비누막은 $x=0$에서 x축과 가장 가까워지며, 축으로부터의 거리는 c_1으로 주어지는데, x_0와 c_1은 식 (16.26)과 (16.29)에 의해 관계되어 있다.

(a) dc_1/dx_0가 $x_0\sinh(x_0/c_1)=1$일 때 무한대가 된다는 것을 보이시오. 이것은 만일 x_0가 이 조건을 만족하는 값 이상으로 커질 경우 비누막이 불안정해진다는 것을 의미한다.

(b) 문항 (a)의 조건이

$$\frac{x_0}{c_1}=\coth\left(\frac{x_0}{c_1}\right)$$

와 동등하다는 것을 보이시오.

(c) x_0/c_1의 임계값을 구하기 위해 문항 (b)의 초월 방정식을 풀고, 그러면 x_0와 c_1의 별개의 값들이 근사적으로 $x_0\approx 0.6627$과 $c_1\approx 0.5524$임을 보이시오.

16.1.7 중심이 x축 위의 $\pm x_0$에 있고, x축에 수직하게 놓여 있는 단위 반지름을 가진 2개의 고리 사이의 공간에 비누막이 펼쳐져 있다. 예제 16.1.3에서 구한 해를 이용하여, 회전으로 얻어

진 휘어진 표면의 면적이 두 고리의 면적과 같아지는 x_0(골드슈미트 불연속 해)를 찾기 위한 초월 방정식을 구성하시오. 방정식을 풀어 x_0를 구하시오.

16.1.8 예제 16.1.1에서, $J[y(x, \alpha)] - J[y(x, 0)]$을 α의 급수들로 전개하시오. α에 대해 선형인 항은 오일러 방정식, 그리고 식 (16.16)의 직선 해에 이르게 된다. α^2항을 조사하고, 직선 거리인 J의 정상값이 **최소**라는 것을 보이시오.

16.1.9 (a) 적분

$$J = \int_{x_1}^{x_2} f(y, y_x, x)dx, \quad \text{여기서} \quad f = y(x)$$

는 극값을 **가지지 않는다**는 것을 보이시오.

(b) $f(y, y_x, x) = y^2(x)$인 경우, 비누막 문제에 대한 골드슈미트 해와 비슷한 불연속 해를 구하시오.

16.1.10 광학에서 페르마의 원리는 (위치에 의존하는) 굴절률이 n인 물질 안에서 광선이

$$\int_{x_1, y_1}^{x_2, y_2} n(y, x)ds$$

가 최소가 되는 경로 $y(x)$를 따른다는 것이다. $y_2 = y_1 = 1$, $-x_1 = x_2 = 1$에 대하여, 다음과 같은 경우에 대한 광선의 경로를 구하시오.

(a) $n = e^y$

(b) $n = a(y - y_0)$, $y > y_0$

16.1.11 정지해 있던 입자가 지표 위의 점 A로부터 (역시 지표 위에 있는) 점 B까지 어떤 터널을 통해 마찰 없이 미끄러지며 움직이고 있다. 통과시간이 최소가 되는 경로가 만족하는 미분방정식을 구하시오. 지구는 밀도가 균일하며 회전하지 않는 구라고 가정하라.

[힌트] 반지름이 R인 지구의 중심으로부터 거리 $r < R$만큼 떨어져 있고 질량이 m인 입자의 퍼텐셜 에너지는 $\frac{1}{2}mg(R^2 - r^2)/R$이며, 여기서 g는 지구 표면에서의 중력 가속도이다. 입자의 경로를 (지구의 중심과 점 A, B를 지나는 평면 안에서) 평면 극 좌표 (r, θ)로 기술하고, A는 $(R, -\varphi)$에, B는 (R, φ)에 놓는 것이 편리하다.

답. r_0를 ($\theta = 0$에서 도달할 수 있는) r의 최솟값이라 하면, 식 (16.21)은 $r_\theta^2 = \dfrac{r^2 R^2 (r^2 - r_0^2)}{r_0^2 (R^2 - r^2)}$을 준다(이 방정식에서 상수는 $\theta = 0$에서 $r_\theta = 0$이 되는 값을 가진다).

이 경로에 대한 해는, 반지름이 $\frac{1}{2}(R-r_0)$인 원이 반지름이 R인 원 안쪽을 구름에 따라 생성되는 하이포사이클로이드(hypocycloid)이다. 통과시간이

$$t=\pi\frac{(R^2-r_0^2)^{1/2}}{(Rg)^{1/2}}$$

과 같이 주어진다는 것을 보이고 싶을 것이다. 자세한 것은 쿠퍼(P. W. Cooper)의 *Am. J. Phys.* **34**: 68 (1966); G. Veneziano, *et al.*, **34**: 701 (1966)을 보라.

16.1.12 어떤 광선이 첫 번째 균질한 매질 안에서 직선 경로를 따르고, 경계면에서 굴절된 다음, 두 번째 매질 안에서 새로운 직선 경로를 따르며 진행한다(그림 16.7 참고). 광학에서의 페르마 원리를 이용하여 굴절에 대한 스넬(Snell)의 법칙

$$n_1\sin\theta_1=n_2\sin\theta_2$$

을 유도하시오.

[힌트] 점 $(x_1,\ y_1)$과 점 $(x_2,\ y_2)$를 고정시키고, 페르마의 원리가 만족되도록 x_0를 변화시켜라.

[참고] 이것은 오일러 방정식 문제가 **아닌데**, 광경로가 x_0에서 미분 가능하지 않기 때문이다.

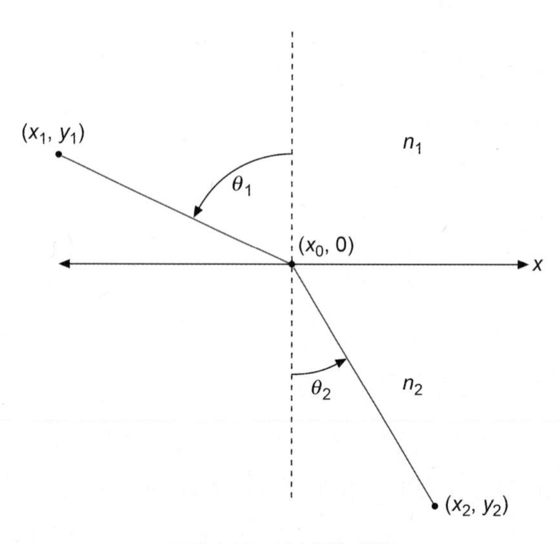

그림 16.7 스넬의 법칙

16.1.13 $x=\pm x_0$에 있는 단위 반지름 고리들에 대한 비누막의 두 번째 형태는 $x=0$인 평면에서 반지름이 a인 하나의 원형 판과 회전에 의해 만들어지는 2개의 현수면들로 이루어지는데, 하

나의 현수면은 원형 판과 고리 하나에 연결되어 있다. 하나의 현수면을 다음과 같이 기술할 수 있다.

$$y = c_1 \cosh\left(\frac{x}{c_1} + c_3\right)$$

(a) $x = 0$과 $x = x_0$에 경계조건을 부여하시오.

(b) 필수적이지는 않지만, 현수면들이 중앙의 원형 판에 연결되는 각도가 120°가 되도록 요구하는 것이 편리하다. 이 세 번째 경계조건을 수학적 용어로 표현하시오.

(c) 현수면들과 중앙의 원형 판의 총 면적이 다음과 같다는 것는 것을 보이시오.

$$A = c_1^2\left[\sinh\left(\frac{2x_0}{c_1} + 2c_3\right) + \frac{2x_0}{c_1}\right]$$

[참고] 이러한 비누막 형태는 물리적으로 구현될 수 있고 안정하지만, 면적은 두 막이 존재하는 고리 사이의 모든 분리 거리에 대해서 단순한 현수막 하나가 가지는 면적보다 크다.

답. (a) $\begin{cases} 1 = c_1 \cosh\left(\dfrac{x_0}{c_1} + c_3\right) \\ a = c_1 \cosh c_3 \end{cases}$

(b) $\dfrac{dy}{dx} = \tan 30° = \sinh c_3$

16.1.14 연습문제 16.1.13에서 기술한 비누막에 대해, x_0의 최댓값을 (수치적으로) 구하시오.

[참고] 이것은 쌍곡선 함수가 내장되어 있는 계산기나 쌍곡 코탄젠트(hyperbolic cotangent) 표를 필요로 한다.

답. $x_{0\,\max} = 0.4078$

16.1.15 정지해 있는 입자가 $(0,\ 0)$으로부터 $(x_0,\ y_0)$으로 중력장 아래에서 마찰 없이 미끄러질 때, 가장 빨리 떨어지는 곡선을 구하시오. 입자가 두 점을 잇는 직선을 따라 떨어질 때 걸리는 시간과 가장 빨리 떨어지는 곡선을 따라 떨어질 때 걸리는 시간의 비가 $(1 + 4/\pi^2)^{1/2}$임을 보이시오.

[힌트] y가 아래쪽으로 증가하도록 택한다. 식 (16.21)을 적용하여 $y_x^2 = (1 - c^2 y)/c^2 y$를 얻는다. 여기서 c는 적분 상수이다. $c^2 y = \sin^2\varphi/2$와 같이 대입하고 $(x_0,\ y_0) = (\pi/2c^2,\ 1/c^2)$와 같이 택하는 것이 도움이 된다.

16.2 더 일반적인 변분들

■ 여러 개의 종속변수들

고전역학에 변분법을 적용하기 위해서, 식 (16.2)에서 y의 역할과 같은 종속변수들이 하나 이상 있는 상황으로 오일러 방정식을 일반화할 필요가 있다. 이러한 일반화는

$$J=\int_{x_1}^{x_2} f\left(u_1(x),\ u_2(x),\ \ldots,\ u_n(x),\ u_{1x}(x),\ u_{2x}(x),\ \ldots,\ u_{nx}(x),\ x\right)dx \qquad (16.31)$$

와 같은 형태를 가지는 범함수 J에 해당한다. 이제 곧 도입할 표기법과 일치하도록 종속변수들을 u_i라 부르고, 전에 했던 것처럼 x에 대한 미분을 표기하기 위해 아래 첨자 x를 사용하여 $u_{ix}=du_i/dx$ 그리고 (나중에) $\eta_{ix}=d\eta_i/dx$로 나타내도록 한다. 16.1절처럼, 각 u_i에 대한 이웃하는 경로들을 비교하여 J의 정상값을 결정한다. u_i가 다음과 같이 주어진다고 하자.

$$u_i(x,\ \alpha)=u_i(x,\ 0)+\alpha\eta_i(x), \qquad i=1,\ 2,\ \ldots,\ n \qquad (16.32)$$

여기서 η_i는 서로 독립적이지만, 16.1절에서 논의된 바와 같은, 연속성과 끝점에서의 구속조건을 따라야 한다. 식 (16.31)에 있는 J를 α에 대해 미분하고, $\alpha=0$(J가 정상이 되는 조건)으로 놓으면,

$$\int_{x_1}^{x_2}\sum_i\left(\frac{\partial f}{\partial u_i}\eta_i+\frac{\partial f}{\partial u_{ix}}\eta_{ix}\right)dx=0 \qquad (16.33)$$

을 얻는다. 각각의 $(\partial f/\partial u_{ix})\eta_{ix}$항을 또 다시 부분 적분한다. 적분된 부분은 0이 되고, 식 (16.33)은 다음과 같이 된다.

$$\int_{x_1}^{x_2}\sum_i\left(\frac{\partial f}{\partial u_i}-\frac{d}{dx}\frac{\partial f}{\partial u_{ix}}\right)\eta_i\,dx=0 \qquad (16.34)$$

η_i는 임의적이고 서로 **독립적**이기 때문에,[6] 합에 있는 각 항은 **독립적으로** 0이 되어야 한다. 방정식들

$$\frac{\partial f}{\partial u_i}-\frac{d}{dx}\frac{\partial f}{\partial u_{ix}}=0, \qquad i=1,\ 2,\ \ldots,\ n \qquad (16.35)$$

6 예를 들어, $\eta_2=\eta_3=\eta_4\cdots=0$과 같이 놓고, 합에서 하나의 항만 남기고 모든 항을 제거하여, η_1을 정확하게 16.1절에서처럼 다룰 수 있었다.

를 얻게 되는데, 이는 오일러 방정식들 전체이며, 각각은 J가 정상값이 되도록 만족되어야 한다.

■ 해밀턴의 원리

식 (16.31)의 가장 중요한 응용은 피적분 함수 f가 라그랑지안 L일 때 나타난다. 라그랑지안(비상대론적 계에 대해서, 상대론적 입자에 대해서는 연습문제 16.2.5 참고)은 어떤 계의 운동 에너지와 퍼텐셜 에너지의 **차이**로 정의된다.

$$L \equiv T - V \tag{16.36}$$

독립변수로 x 대신 시간을, 그리고 $x_i(t)$를 종속변수들로 사용하여, 식 (16.31)을

$$x \to t, \qquad y_i \to x_i(t), \qquad y_{ix} \to \dot{x}_i(t)$$

의 치환을 통해 바꿀 수 있다. $x_i(t)$는 위치, $\dot{x}_i(t) = dx_i/dt$는 시간의 함수로써 입자 i의 속도이다. 그러면 방정식 $\delta J = 0$은 고전역학의 해밀턴 원리(Hamilton's principle)

$$\delta \int_{t_1}^{t_2} L(x_1,\ x_2,\ \ldots,\ x_n,\ \dot{x}_1,\ \dot{x}_2,\ \ldots,\ \dot{x}_n;\ t)\, dt = 0 \tag{16.37}$$

에 대한 수학적 표현이다. 즉, 해밀턴의 원리는 t_1에서 t_2로의 계의 운동이 라그랑지안 L의 시간 적분(또는 작용)이 정상값을 가지는 방식으로 이루어진다는 것이다. 결과적으로 얻게 되는 오일러 방정식들은 대개 **라그랑지안 운동 방정식**(Lagrangian equation of motion)이라고 불리며, 다음과 같다.

$$\frac{d}{dt}\frac{\partial L}{\partial \dot{x}_i} - \frac{\partial L}{\partial x_i} = 0 \qquad (\text{각각의 } i\text{에 대해서}) \tag{16.38}$$

이들 라그랑지안 방정식들은 뉴턴의 운동 방정식들로부터 유도될 수 있고, 뉴턴의 방정식들은 라그랑주의 방정식들로부터 유도될 수 있다. 이들 두 종류의 방정식들은 동등하게 '근본적인' 식들이다.

라그랑지안 공식화는 전통적인 뉴턴의 법칙들보다 나은 이점들을 가지고 있다. 뉴턴의 방정식들이 벡터 방정식들인 반면, 라그랑주의 방정식들은 오직 스칼라량들만 다룬다는 것을 보게 된다. 좌표 x_1, x_2, ...는 좌표들 또는 길이를 나타내는 표준적인 집합일 필요가 없다. 그들은 물리 문제의 조건들에 부합하도록 선택될 수 있다. 라그랑주 방정식들은 좌표계의 선택에 대해 불변이다. (성분 형태로 쓰인) 뉴턴의 방정식들은 명백히 불변이 아니다. 예를 들어, 예제 3.10.27은 $\mathbf{F} = m\mathbf{a}$가 구면 극 좌표에서 성분들로 분해되었을 때 어떤 일이 벌어지

는지를 보여준다.

에너지의 개념을 활용하여, 라그랑지안 공식화를 역학으로부터 전기 회로망과 음향 시스템 등의 다양한 분야로 쉽게 확장할 수 있다. 전자기학으로의 확장이 연습문제에 나와 있다. 이러한 확장의 결과는 분리되어 있었을 물리 분야들의 통합이다. 새로운 분야의 개척에 있어서, 라그랑지안 입자역학에서의 양자화는 전자기장의 양자화에 대한 모형을 제공하였고, 양자 전기역학의 게이지(gauge) 이론에 이르게 하였다.

해밀턴의 원리(라그랑주 방정식으로의 공식화)의 가장 귀중한 이점 중 하나는 대칭성과 보존 법칙 사이의 관계를 쉽게 볼 수 있다는 것이다. 한 가지 예로써, $x_i = \varphi$(방위각)라 하자. 라그랑지안이 φ에 대해 독립적이면(즉, φ가 **무시될 수 있는 좌표**라면), 두 가지 결과를 얻게 된다. (1) φ와 연관된 [**켤레가 되는**(conjugate to)] 각운동량 성분의 불변 또는 보존과, (2) 식 (16.38)로부터, $\partial L/\partial\dot{\varphi}$ =상수이다. 비슷하게, 병진이동에 대한 불변은 선형 운동량의 보존에 이르게 한다.

예제 16.2.1 움직이는 입자, 데카르트 좌표계

질량이 m인 입자가 위치가 데카르트 좌표 x로 기술되는 1차원에서 퍼텐셜 $V(x)$ 아래에서 움직인다. 운동 에너지는 $T = m\dot{x}^2/2$로 주어지고, 따라서 라그랑지안 L은 다음과 같은 형태를 가진다.

$$L = T - V = \frac{1}{2}m\dot{x}^2 - V(x)$$

다음과 같은 식들이 필요하게 된다.

$$\frac{\partial L}{\partial \dot{x}} = m\dot{x}, \qquad \frac{\partial L}{\partial x} = -\frac{dV(x)}{dx} = F(x) \tag{16.39}$$

힘 F를 퍼텐셜의 음의 기울기가 되게 하였다. 식 (16.39)로부터의 결과들을 식 (16.38)에 있는 라그랑지안 운동 방정식에 대입하면,

$$\frac{d}{dt}(m\dot{x}) - F(x) = 0$$

을 얻는 데, 이는 뉴턴의 운동 제2법칙이다. ■

예제 16.2.2 움직이는 입자, 원통형 좌표계

이제 $z = 0$인 xy 평면에서 움직이는 질량이 m인 입자를 살펴보자. 원통형 좌표계 ρ, φ를 사용한다. 운동 에너지는

$$T = \frac{1}{2}m(\dot{x}^2 + \dot{y}^2) = \frac{1}{2}m(\dot{\rho}^2 + \rho^2\dot{\varphi}^2) \tag{16.40}$$

이고, 문제를 간단히 하기 위해 $V = 0$으로 놓는다.

$x(\rho, \varphi) = \rho\cos\varphi$, $y(\rho, \varphi) = \rho\sin\varphi$를 택하고 시간에 대해 미분한 후 제곱함으로써, $\dot{x}^2 + \dot{y}^2$를 원통형 좌표계로 바꿀 수 있었다. 실제로 우리가 한 것은 원통형 좌표계가 축척인자 $h_\rho = 1$, $h_\varphi = \rho$를 가진 직교좌표계이며, 그래서 원통형 좌표계에서 속도 v는 $v_\rho = \dot{\rho}$와 $v_\varphi = \rho\dot{\varphi}$의 성분을 가진다는 것을 알아차리는 것이었다.

이제 라그랑지안 운동 방정식들을 먼저 ρ 좌표에, 그 다음에 φ에 적용한다.

$$\frac{d}{dt}(m\dot{\rho}) - m\rho\dot{\varphi}^2 = 0, \qquad \frac{d}{dt}(m\rho^2\dot{\varphi}) = 0$$

둘째 방정식은 각운동량 보존을 의미하는 식이다. 첫째 식은 원심력과 같게 놓은 지름방향 가속도[7]로 해석될 수 있다. 이런 의미에서, 원심력은 진짜 힘이다. 원심력을 진짜 힘으로 보는 이러한 해석이 일반 상대성 이론에 의해 뒷받침된다는 것은 약간 흥미로운 부분이다. ■

■ 해밀턴 방정식

해밀턴은 라그랑지안에 대한 오일러 방정식이 운동 방정식을 **해밀턴 방정식**(Hamilton's equation)이라 불리는 한 묶음의 연결된 1계 편미분 방정식들로 줄일 수 있다는 것을 처음 보인 사람이다. 이러한 분석의 시작점은 좌표 q_i에 대해 켤레가 되며

$$p_i = \frac{\partial L}{\partial \dot{q}_i} \tag{16.41}$$

과 같이 정의되는 **정규 운동량**(canonical momentum) p_i의 정의이다. 이 정의는, 1차원의 경우 $T = m\dot{q}^2/2$, $p = m\dot{q}$와 같이 주어지는, 데카르트 좌표계에서의 운동량에 대한 기본적인 정의와 일치한다. 식 (16.41)과 (16.38)의 라그랑지안 운동 방정식들로부터 바로 대입하여

$$\dot{p}_i = \frac{\partial L}{\partial q_i} \tag{16.42}$$

을 얻고, 이것은 L의 변분을

---

7 여기에 연습문제 3.10.13을 공략할 수 있는 두 번째 방법이 있다.

$$dL = \sum_i \left(\frac{\partial L}{\partial q_i} dq_i + \frac{\partial L}{\partial \dot{q}_i} d\dot{q}_i \right) + \frac{\partial L}{\partial t} dt = \sum_i (\dot{p}_i dq_i + p_i d\dot{q}_i) + \frac{\partial L}{\partial t} dt \tag{16.43}$$

의 형태로 쓸 수 있게 한다. 이제 **해밀토니안**(Hamiltonian)을

$$H = \sum_i p_i \dot{q}_i - L \tag{16.44}$$

과 같이 정의하고

$$dH = \sum_i (p_i d\dot{q}_i + \dot{q}_i dp_i) - \left(\sum_i (\dot{p}_i dq_i + p_i d\dot{q}_i) + \frac{\partial L}{\partial t} dt \right) = \sum_i (\dot{q}_i dp_i - \dot{p}_i dq_i) - \frac{\partial L}{\partial t} dt \tag{16.45}$$

를 계산한다. 그러나 미분에 대한 연쇄 법칙으로부터,

$$dH = \sum_i \left(\frac{\partial H}{\partial p_i} dp_i + \frac{\partial H}{\partial q_i} dq_i \right) + \frac{\partial H}{\partial t} dt \tag{16.46}$$

도 얻게 된다. 식 (16.45)와 (16.46)에서 dp_i, dq_i, 그리고 dt의 계수들을 각각 같게 하면, 다음과 같은 해밀턴 방정식을 얻는다.

$$\frac{\partial H}{\partial p_i} = \dot{q}_i, \qquad \frac{\partial H}{\partial q_i} = -\dot{p}_i, \qquad \frac{\partial H}{\partial t} = -\frac{\partial L}{\partial t} \tag{16.47}$$

보존계에서, $\partial H/\partial t = 0$이고 H는 상숫값을 가지는데, 이는 계의 총에너지와 같다.

■ 여러 개의 독립변수들

때때로 식 (16.2)와 유사한 방정식에서 피적분 함수 f는 여러 개의 독립변수들을 가진 함수인 어떤 미지의 함수 u, 즉 $u = u(x, y, z)$를 포함하고 있을 것이다. 3차원의 경우에, 예를 들어, 그 방정식은

$$J = \iiint f(u, u_x, u_y, u_z, x, y, z)\, dx\, dy\, dz \tag{16.48}$$

와 같이 되며, 여기서 $u_x = \partial u/\partial x$, $u_y = \partial u/\partial y$, $u_z = \partial u/\partial z$이며, u는 적분 영역의 경계에서 특정한 값들을 가지는 것으로 가정된다.

16.1절의 분석을 일반화하여, u의 변분을 다음과 같이 표현한다.

$$u(x, y, z, \alpha) = u(x, y, z, 0) + \alpha\eta(x, y, z)$$

여기서 η는 임의로 선택될 수 있지만, 경계에서는 0이 되어야 한다. 이제 적분 J는 16.1절에서처럼 α의 함수이고, 변분 문제는 α에 대해 J를 정상으로 만드는 것이다.

식 (16.48)의 적분을 매개변수 α에 대해 미분하고 그 다음 $\alpha=0$으로 놓으면, 다음과 같은 식을 얻는다.

$$\left.\frac{\partial J}{\partial \alpha}\right|_{\alpha=0} = \iiint \left(\frac{\partial f}{\partial u}\eta + \frac{\partial f}{\partial u_x}\eta_x + \frac{\partial f}{\partial u_y}\eta_y + \frac{\partial f}{\partial u_z}\eta_z\right) dx\,dy\,dz = 0$$

이전에 사용했던 것과 비슷한 표기법을 계속해서 사용하자(η_x는 $\partial\eta/\partial x$의 축약형 등).

다시 $(\partial f/\partial u_i)\eta_i$의 각 항을 부분 적분한다. 적분된 부분은 경계에서 0이 되고(편차 η가 그곳에서 0이 되어야 하기 때문), 다음 식을 얻는다.

$$\iiint \left(\frac{\partial f}{\partial u} - \frac{\partial}{\partial x}\frac{\partial f}{\partial u_x} - \frac{\partial}{\partial y}\frac{\partial f}{\partial u_y} - \frac{\partial}{\partial z}\frac{\partial f}{\partial u_z}\right)\eta(x,\ y,\ z)\, dx\,dy\,dz = 0 \qquad (16.49)$$

이제 식 (16.49)에 나오는 표기들을 명확하게 해야 한다. 미분 $\partial/\partial x$는 부분 적분의 결과로 그 방정식에 들어가고, 그러므로 단지 f에서 드러난 x에 대해서만이 아닌, $\partial f/\partial u_x$의 모든 x 의존성에 대해 작용해야 한다. 독자는 이러한 미분이 16.1절에서 d/dx로 쓰였다는 것을 기억할 것이나, 그 표기법은 여기에 완전히 적합하지는 않은데, 이는 관련된 함수들이 y와 z에도 의존하기 때문이다.

우리의 분석을, 변분 $\eta(x,\ y,\ z)$가 임의적이기 때문에 큰 둥근괄호 안에 있는 항이 0과 같아야 한다는, 지금 익숙한 관측으로 종결한다. 이것은 다음과 같은 (3개의) 독립적인 변수들에 대한 오일러 방정식을 준다.

$$\frac{\partial f}{\partial u} - \frac{\partial}{\partial x}\frac{\partial f}{\partial u_x} - \frac{\partial}{\partial y}\frac{\partial f}{\partial u_y} - \frac{\partial}{\partial z}\frac{\partial f}{\partial u_z} = 0 \qquad (16.50)$$

미분 $\partial/\partial x$가 $\partial f/\partial u_x$의 드러나거나 숨어 있는 x 의존성 모두에 대해서 작용한다는 것을 기억하라. 같은 내용이 $\partial/\partial y$와 $\partial/\partial z$에도 적용된다.

예제 16.2.3 라플라스 방정식

여러 개의 독립변수들이 있는 변분 문제는 정전기학에 나온다. 어떤 정전기장은 다음과 같은 에너지 밀도를 가지고 있다.

$$\text{에너지 밀도} = \frac{1}{2}\varepsilon \mathbf{E}^2$$

여기서 $\mathbf{E}$는 전기장이다. 정전기 퍼텐셜 φ의 관점에서는

$$\text{에너지 밀도} = \frac{1}{2}\varepsilon(\nabla\varphi)^2$$

이다. 이제 전하가 없는 어떤 공간에서 (그 장과 연관된) 정전기 에너지가, 경계에서 φ가 특정한 조건들을 만족하도록 하면서, 최소가 되도록 만들고자 한다. 그 공간에서 전하가 없다는 가정은 φ가 그 공간에서 연속적이고 미분 가능하게 만들며, 그러므로 오일러 방정식이 적용되는 상황이 된다. 부피 적분은

$$J = \iiint (\nabla\varphi)^2\,dx\,dy\,dz = \iiint (\varphi_x^2 + \varphi_y^2 + \varphi_z^2)\,dx\,dy\,dz$$

이고, 여기서 φ_x는 $\partial\varphi/\partial x$를 나타낸다. 따라서

$$f(\varphi,\ \varphi_x,\ \varphi_y,\ \varphi_z,\ x,\ y,\ z) = \varphi_x^2 + \varphi_y^2 + \varphi_z^2$$

이며, 식 (16.50)의 오일러 방정식은 (그 방정식에서 u를 φ로 치환하여)

$$-2(\varphi_{xx} + \varphi_{yy} + \varphi_{zz}) = 0$$

을 주게 되는데, 이는 보통의 벡터 표기법에서 다음의 식과 동등하다.

$$\nabla^2\varphi(x,\ y,\ z) = 0$$

이것이 정전기학에서의 라플라스 방정식이다.

자세한 조사를 해보면, 이 정상값이 진정으로 최소라는 것을 알게 된다. 따라서 장의 에너지가 최소가 되게 요구하면 라플라스의 편미분 방정식에 이르게 된다. ■

■ 여러 개의 종속 그리고 독립변수들

어떤 경우에 피적분 함수 f는 하나 이상의 종속변수들과 하나 이상의 독립변수들을 가진다. 다음 식을 살펴보자.

$$f = f(p(x,\ y,\ z),\ p_x,\ p_y,\ p_z,\ q(x,\ y,\ z),\ q_x,\ y_y,\ q_z,\ r(x,\ y,\ z),\ r_x,\ r_y,\ r_z,\ x,\ y,\ z) \tag{16.51}$$

전처럼,

$$p(x,\ y,\ z,\ \alpha) = p(x,\ y,\ z,\ 0) + \alpha\xi(x,\ y,\ z)$$
$$q(x,\ y,\ z,\ \alpha) = q(x,\ y,\ z,\ 0) + \alpha\eta(x,\ y,\ z)$$
$$r(x,\ y,\ z,\ \alpha) = r(x,\ y,\ z,\ 0) + \alpha\zeta(x,\ y,\ z),\ \text{등}$$

으로 진행해보자. η_i가 식 (16.32)에서 그랬던 것처럼 ξ, η, 그리고 ζ가 서로 독립적이라는 것을 명심하고, 동일한 미분과 그리고 부분 적분을 하면,

$$\frac{\partial f}{\partial p} - \frac{\partial}{\partial x}\frac{\partial f}{\partial p_x} - \frac{\partial}{\partial y}\frac{\partial f}{\partial p_y} - \frac{\partial}{\partial z}\frac{\partial f}{\partial p_z} = 0, \tag{16.52}$$

에 이르게 되고, 함수 q와 r에 대해서도 비슷한 방정식들을 얻게 된다. p, q, r, ...을 y_i로, 그리고 x, y, z, ...을 x_i로 바꾸어, 식 (16.52)를 다음과 같이 더 간결한 형태로 표현할 수 있다.

$$\frac{\partial f}{\partial y_i} - \sum_j \frac{\partial}{\partial x_j}\left(\frac{\partial f}{\partial y_{ij}}\right) = 0, \qquad i = 1,\ 2,\ \ldots \tag{16.53}$$

여기서

$$y_{ij} \equiv \frac{\partial y_i}{\partial x_j}$$

이다. 식 (16.53)의 한 가지 응용 예는 연습문제 16.2.10에 나온다.

■ 측지선

특히 일반 상대성 이론에서는 '휘어진 공간', 즉 유클리드 공간 또는 민코프스키 공간의 것보다 더 일반적인 메트릭 텐서에 의해 특성이 결정되는 공간 안의 두 점들 사이의 가장 짧은 경로를 찾아내는 것이 관심사이다. (적절한 측정 기준을 사용하여 계산되었을 때) '국소적 최소'가 되는 경로를 **측지선**(geodesic)이라 한다. 이때, '국소적 최소'라는 것은 작은 변형으로 도달될 수 있는 다른 경로들보다 거리가 더 짧다는 것을 의미한다. 측지선에 대한 이러한 정의는 그림 16.2의 대원을 따르는 두 경로 모두가 측지선이 되는 문제를 야기하는데, 이것은 더 긴 경로조차 작은 변형에 대해 상대적으로 최소의 길이를 가지기 때문이다. 실제로는, 여러 개의 측지선들 중에서 실제로 어떤 것이 가장 짧은 경로에 해당하는지를 찾아내는 것이 대개는 쉽다.

변분법은 측지선들을 찾아내는 타고난 도구이며, 사실 예제 16.1.1에서 직선이 유클리드 공간에서 주어진 점들을 연결하는 측지선이라는 것을 증명하기 위해 사용되었다. 분석을 더 일반적인 거리공간들(metric spaces)로 확장하기 위해, 이웃하는 두 점들 사이의 거리 ds를 그들의 좌표 $dq^i\,(i = 1,\ 2,\ \ldots)$의 변화와 관계짓는 것으로 시작한다. 공변량과 반변량을 후자에 대해 위 첨자를 사용함으로써(좌표의 변위는 반변, 4.3절과 비교) 구분한다는 것에 주목하라. 거리 ds는 스칼라이며, 다음과 같이 주어진다.

$$ds^2 = g_{ij}\,dq^i\,dq^j \tag{16.54}$$

여기서 g_{ij}는 메트릭 텐서인데, 대칭적이지만 관심 있는 많은 경우에 대각선이 아니다. 아인슈타인의 합규칙을 사용하고 있고, 그래서 식 (16.54)의 i와 j는 각각 더해져서 ds^2가 스칼라가 되게 한다는 것에 주목하라. 이 수식은 유클리드 공간에서의

$$ds^2 = dx^2 + dy^2 + dz^2$$

에 대한 뻔한 일반화이지만, 좌표 q_i가 서로 직교하는 것으로 가정되지 않아서 ds^2가 $i \neq j$일 때의 교차항 $dq^i dq^j$를 포함한다는 점에서 다르다.

휘어진 공간에서 어떤 경로는 u라고 부를 독립변수의 함수로써 q_i를 줌으로써 매개변수에 의해 기술될 수 있고, 그러면 두 점 A와 B 사이의 거리는 다음과 같이 표현될 수 있다.

$$\begin{aligned} J &= \int_A^B \frac{ds}{du}\,du = \int_A^B \frac{\sqrt{g_{ij}\,dq^i\,dq^j}}{du}\,du = \int_A^B \sqrt{g_{ij}\frac{dq^i}{du}\frac{dq^j}{du}}\,du \\ &= \int_A^B \sqrt{g_{ij}\dot{q}^i\dot{q}^j}\,du \end{aligned} \tag{16.55}$$

여기서 점 표기법 $\dot{q}^i \equiv dq^i/du$을 빌려 쓰고 있다.

이제 J를 최소화하는 $q^i(u)$를 찾아나갈 수 있으나, 이는 상대적으로 어려운 문제이다. 대신에, [길이(metric)에 의해 효과가 기술되는 중력 이외의] 퍼텐셜의 영향 아래에 있지 않은 어떤 입자에 대해 라그랑지안이

$$L = \frac{m}{2}g_{ij}\dot{q}^i\dot{q}^j \tag{16.56}$$

과 같이 주어지는 상대론적 역학의 라그랑지안 공식화를 따른다. 여기서 점 표기법은 고유시간 τ [또는 (새로운 변수, 예를 들어 u가 $u = a\tau + b$ 형태의 변환에 의해 τ와 관계되어 있다는 것을 의미하는) **아핀 변환**(affine transformation)에 의해 그것과 연관된 임의의 다른 변수]에 대한 미분을 뜻한다. 이것은 J의 최소화를 **작용**을 최소화하는 것으로 대치할 수 있다는 것을 의미한다.

$$\delta\int_A^B g_{ij}\dot{q}^i\dot{q}^j\,du = 0 \tag{16.57}$$

이것은 사실상 식 (16.55)에 있는 근(the radical)을 제거함으로써 문제를 간단하게 한다.

식 (16.57)에서 최소화는 변분법에서 상대적으로 간단한 표준적인 문제이다. 이를 풀기 위하여, 각각의 g_{ij}가 일반적으로 (도함수 $\dot{q}^k$에는 의존하지 않고) 모든 q^k의 함수라는 것에 주

목한다. 각각의 k에 대해 하나의 오일러 방정식이 있을 것이다. 단순화되기 전에 그들은 다음과 같은 형태를 가진다.

$$\frac{\partial g_{ij}\dot{q}^i\dot{q}^j}{\partial q^k} - \frac{d}{du}\frac{\partial g_{ij}\dot{q}^i\dot{q}^j}{\partial \dot{q}^k} = 0 \tag{16.58}$$

식 (16.58)을 계산하기 시작하여,

$$\frac{\partial g_{ij}}{\partial q^k}\dot{q}^i\dot{q}^j - \frac{d}{du}g_{ij}\frac{\partial}{\partial \dot{q}^k}\left(\dot{q}^i\dot{q}^j\right) = \frac{\partial g_{ij}}{\partial q^k}\dot{q}^i\dot{q}^j - \frac{d}{du}\left(g_{kj}\dot{q}^j + g_{ik}\dot{q}^i\right) = 0 \tag{16.59}$$

을 얻는다. 다음과 같은 관계식을 이용하면 좀 더 단순하게 된다.

$$\frac{d\dot{q}^i}{du} = \ddot{q}^j \quad \text{그리고} \quad \frac{dg_{kj}}{du} = \frac{\partial g_{kj}}{\partial q^i}\dot{q}^i$$

(아인슈타인의 합규칙이 여전히 사용되고 있다는 것을 기억하라.) 식 (16.59)는

$$\frac{1}{2}\dot{q}^i\dot{q}^j\left[\frac{\partial g_{ij}}{\partial q^k} - \frac{\partial g_{kj}}{\partial q^i} - \frac{\partial g_{ik}}{\partial q^j}\right] - g_{ik}\ddot{q}^i = 0 \tag{16.60}$$

으로 간결해진다. 마지막 단순화로써, 식 (16.60)에 g^{kl}을 곱하고, 항등식 $g^{kl}g_{ik} = \delta_i^l$을 사용하면, (좀 더 확장된 표기법 안에서) 다음과 같은 **측지선 방정식**(geodesic equation)에 도달한다.

$$\frac{d^2q^l}{du^2} + \frac{dq^i}{du}\frac{dq^j}{du}\frac{1}{2}g^{kl}\left[\frac{\partial g_{kj}}{\partial q^i} + \frac{\partial g_{ik}}{\partial q^j} - \frac{\partial g_{ij}}{\partial q^k}\right] = 0 \tag{16.61}$$

식 (4.63)의 크리스토펠(Christoffel) 기호에 대한 수식과 비교하여, 식 (16.61)을 다음과 같이 다시 쓸 수 있다.

$$\frac{d^2q^l}{du^2} + \frac{dq^i}{du}\frac{dq^j}{du}\Gamma_{ij}^l = 0 \tag{16.62}$$

식 (16.62)가 휘어진 공간에서 측지선을 기술하는 미분 방정식을 주기는 하지만, 그 방정식으로부터 일반 상대성 이론의 중요한 문제들에 대한 명확한 해에 이르는 것은 긴 여정이라는 것에 주목하라. 그런 해들을 조사하는 것은 현시대 연구의 주제이며, 이 책의 범위 밖에 있다.

■ 물리학과의 관계

지금까지 진전시킨 변분법은 다양한 물리 현상들을 우아하게 설명한다. 물리학은 예제 16.2.1과 16.2.2에 나오는 것과 같은 고전역학, 연습문제 16.2.5와 같은 상대론적 역학, 예제 16.2.3과 같은 정전기학, 그리고 연습문제 16.2.10과 같은 전자기 이론을 포함한다. 그 편리함은 최소화되어서는 안 되나, 동시에 이들의 경우에 변분법이 단지 이미 알려진 것에 대한 대체설명을 제공한다는 것을 알아야 한다. 불완전한 이론들의 경우에는 상황이 달라진다.

만일 기초물리학이 아직 알려지지 않았다면, 변분 원리는 유용한 출발점이 될 수 있다.

연습문제

16.2.1 (a) $L = \frac{1}{2}m(\dot{x}^2 + \dot{y}^2)$에 대응하는 운동 방정식을 만드시오.
(b) 어떤 의미에서 방정식의 해가 적분 $\int_{t_1}^{t_2} L dt$를 최소화시키는가?
해의 결과를 '$x =$상수, $y =$상수'의 경우와 비교해보시오.

16.2.2 식 (16.38)의 라그랑지안 운동 방정식으로부터, 안정한 평형 상태에 있는 어떤 계가 최소의 퍼텐셜 에너지를 가진다는 것을 보이시오.

16.2.3 퍼텐셜 V가 상수인 경우에, 구면 좌표계에서 어떤 입자의 라그랑지안 운동 방정식을 적으시오. (a) 원심력과 (b) 코리올리(coriolis) 힘에 대응하는 항들을 찾으시오.

16.2.4 길이 l인 줄에 어떤 질점이 매달려 있는 구형 진자가 θ와 φ로 나타낸 극각과 방위각을 가지고 자유롭게 움직이고 있다(그림 16.8 참고).

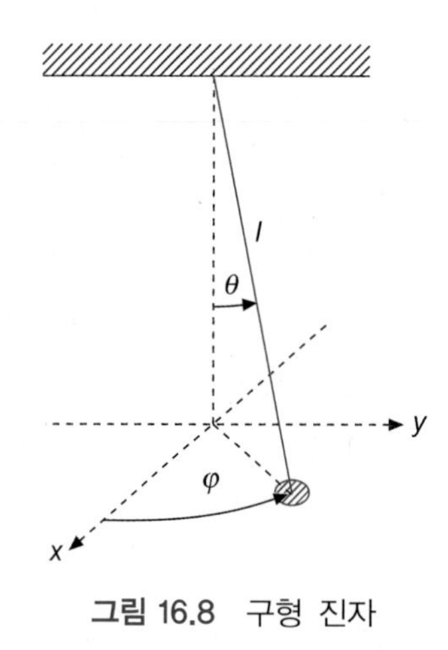

그림 16.8 구형 진자

(a) 이 물리계에 대한 라그랑지안을 구성하시오.

(b) 라그랑지안 운동 방정식을 구하시오.

16.2.5 라그랑지안

$$L = m_0c^2\left(1-\sqrt{1-\frac{v^2}{c^2}}\right) - V(\mathbf{r})$$

이 뉴턴의 운동 제2법칙의 상대론적 형태

$$\frac{d}{dt}\left(\frac{m_0 v_i}{\sqrt{1-v^2/c^2}}\right) = F_i$$

를 준다는 것을 보이시오. 여기서 힘의 성분들은 $F_i = -\partial V/\partial x_i$이다.

16.2.6 스칼라 퍼텐셜 φ와 벡터 퍼텐셜 $\mathbf{A}$에 의해 기술되는 전자기장 안에 있는 전하 q를 가진 입자에 대한 라그랑지안은 다음과 같다.

$$L = \frac{1}{2}mv^2 - q\varphi + q\mathbf{A}\cdot\mathbf{v}$$

이 대전된 입자의 운동 방정식을 찾으시오.

[힌트] $(d/dt)A_j = \partial A_j/\partial t + \sum_i (\partial A_j/\partial x_i)\dot{x}_i$. 힘의 장(force field) $\mathbf{E}$와 $\mathbf{B}$의 퍼텐셜 φ와 $\mathbf{A}$에 대한 의존성은 3.9절에서 다루었다. 특히 식 (3.108)을 보라.

답. $m\ddot{x}_i = q[\mathbf{E} + \mathbf{v}\times\mathbf{B}]_i$

16.2.7 라그랑지안이 다음과 같이 주어지는 어떤 계를 살펴보자.

$$L(q_i, \dot{q}_i) = T(q_i, \dot{q}_i) - V(q_i)$$

여기서 q_i와 $\dot{q}_i$는 변수들의 집합들을 나타낸다. 퍼텐셜 에너지 V는 속도에 무관하며, T와 V 모두 어떠한 드러난 시간 의존성도 가지고 있지 않다.

(a) 다음을 보이시오.

$$\frac{d}{dt}\left(\sum_j \dot{q}_j \frac{\partial L}{\partial \dot{q}_j} - L\right) = 0$$

(b) 상수인 양

$$\sum_j \dot{q}_j \frac{\partial L}{\partial \dot{q}_j} - L$$

은 해밀토니안 H를 정의한다. 앞서 가정한 조건들 아래서 H가 $H = T + V$를 만족하고, 그러므로 총에너지라는 것을 보이시오.

[참고] 운동 에너지 T는 $\dot{q}_i$의 2차 함수이다.

16.2.8 진동하는 끈(작은 진폭을 가지는 진동)에 대한 라그랑지안은 다음과 같다.

$$L = \int \left(\frac{1}{2} \rho u_t^2 - \frac{1}{2} \tau u_x^2 \right) dx$$

여기서 ρ는 (상수) 선질량밀도이고 τ는 (상수) 장력이다. x에 대한 적분은 끈의 길이에 걸쳐서 한다. 해밀턴의 원리를 이제 2개의 독립변수를 가진 라그랑지안 (피적분 함수) 밀도에 적용하면 다음과 같은 고전 파동 방정식에 이른다는 것을 보이시오.

$$\frac{\partial^2 u}{\partial x^2} = \frac{\rho}{\tau} \frac{\partial^2 u}{\partial t^2}$$

16.2.9 예제 16.2.3의 정전기장의 총에너지에 대한 정상값이 **최소**라는 것을 보이시오.

[힌트] J의 α^2항을 조사해보라.

16.2.10 전하밀도 ρ와 전류밀도 $\mathbf{J}$가 있을 때의 전자기장의 (단위부피당) 라그랑지안이 다음과 같이 주어진다.

$$L = \frac{1}{2} \left(\varepsilon_0 \mathbf{E}^2 - \frac{1}{\mu_0} \mathbf{B}^2 \right) - \rho \varphi + \mathbf{J} \cdot \mathbf{A}$$

라그랑주 방정식들이 맥스웰 방정식들 중 2개를 준다를 것을 보이시오. (나머지 2개는 $\mathbf{E}$와 $\mathbf{B}$를 $\mathbf{A}$와 φ를 이용하여 정의한 결과이다.)

[힌트] φ와 $\mathbf{A}$의 성분들을 **종속변수**들로, 그리고 x, y, z, t를 **독립변수**들로 택한다. $\mathbf{E}$와 $\mathbf{B}$는 식 (3.108)에 의해 $\mathbf{A}$와 φ로부터 주어진다.

16.3 제한된 최소/최대

어떤 적분이 (대수 방정식들 또는 다른 적분의 고정된 값들로 주어질 수도 있는) 구속조건들 아래서 최소화되어야 하는 변분법의 문제들을 다루기 위한 준비를 하는 데 있어서, 이제 통상적인 함수의 제한된 극값을 구하는 상황을 살펴보자.

지금 살펴보려고 하는 종류의, 제한이 있는 전형적인 문제는 어떤 함수 $g(x, y, z)$가 상수로 유지되어야 하는 구속조건 아래서, 여러 개의 변수를 가진 함수, 예를 들어 $f(x, y, z)$를 최소화하는 것이다. 방정식 $g(x, y, z)=C$는 어떤 표면을 정의하기 때문에, 우리의 구속조건에 의해 제한된 문제는 일정한 g값을 주는 표면 위에서 $f(x, y, z)$를 최소화하는 것이다. 그러한 구속조건의 존재는 x, y, z 3개의 변수 중 단지 2개만이 실제로 독립적이라는 것을 의미하고, 원리적으로는 z를 x와 y의 함수 $z=z(x, y)$를 얻기 위하여 구속 방정식을 푼 후에 도함수들

$$\frac{\partial}{\partial x} f(x, y, z(x, y)) \qquad \text{그리고} \qquad \frac{\partial}{\partial y} f(x, y, z(x, y))$$

를 0으로 놓음으로써 원하는 최솟값을 구할 수 있었을 것이다. 하지만 그러한 방식은 다루기 어렵거나 어떤 경우에는 구속 방정식을 풀기가 거의 불가능하고, 어떠한 경우라도 이러한 접근방식은 변수 x, y, z를 명백히 동등한 것으로 다루지 않는다. 이러한 이유로, **라그랑지안 곱인수**(Lagrangian multipliers) 방법으로 알려진 대안의 절차를 사용하는 것이 유용하다.

■ 라그랑지안 곱인수

구속조건 $g(x, y, z)=C$ 아래서 $f(x, y, z)$를 최소화하고자 하는 3차원 실례로 계속하자면, 출발점은 구속 방정식이

$$dg=\left(\frac{\partial g}{\partial x}\right)_{yz} dx+\left(\frac{\partial g}{\partial y}\right)_{xz} dy+\left(\frac{\partial g}{\partial z}\right)_{xy} dz=0$$

을 의미한다는 것인데, 여기서 (명확하게 지시된 것처럼) g의 편미분 도함수들은 x, y, 그리고 z를 독립적인 것으로 보고 취해진다. 식 (1.144)를 유도한 것처럼 진행하면, 다음 식을 얻는다.

$$\left(\frac{\partial z}{\partial x}\right)_{y}=-\frac{\left(\frac{\partial g}{\partial x}\right)_{yz}}{\left(\frac{\partial g}{\partial z}\right)_{xy}} \qquad \text{그리고} \qquad \left(\frac{\partial z}{\partial y}\right)_{x}=-\frac{\left(\frac{\partial g}{\partial y}\right)_{xz}}{\left(\frac{\partial g}{\partial z}\right)_{xy}} \tag{16.63}$$

이제 $(\partial f/\partial x)_y$를 0으로 놓으면, (구속조건 $dg=0$을 부과하여) 다음과 같은 식을 얻는다.

$$\left(\frac{\partial f}{\partial x}\right)_{y}=\left(\frac{\partial f}{\partial x}\right)_{yz}+\left(\frac{\partial f}{\partial z}\right)_{xy}\left(\frac{\partial z}{\partial x}\right)_{y}=\left(\frac{\partial f}{\partial x}\right)_{yz}-\frac{\left(\frac{\partial f}{\partial z}\right)_{xy}}{\left(\frac{\partial g}{\partial z}\right)_{xy}}\left(\frac{\partial g}{\partial x}\right)_{yz}$$

$$= \left(\frac{\partial f}{\partial x}\right)_{yz} - \lambda\left(\frac{\partial g}{\partial x}\right)_{yz} = 0 \tag{16.64}$$

여기서

$$\lambda = \frac{\left(\frac{\partial f}{\partial z}\right)_{xy}}{\left(\frac{\partial g}{\partial z}\right)_{xy}} \tag{16.65}$$

이다. 이 λ를 **라그랑지안 곱인수**라 한다.

이제 식 (16.64)에서 x를 y로 치환한 것, 그리고 식 (16.65)의 재배치된 형태로부터 다음과 같이 대칭적인 꼴을 가지는 한 묶음의 수식들을 얻는다.

$$\begin{aligned}
\left(\frac{\partial f}{\partial x}\right)_{yz} - \lambda\left(\frac{\partial g}{\partial x}\right)_{yz} &= 0 \\
\left(\frac{\partial f}{\partial y}\right)_{xz} - \lambda\left(\frac{\partial g}{\partial y}\right)_{xz} &= 0 \\
\left(\frac{\partial f}{\partial z}\right)_{xy} - \lambda\left(\frac{\partial g}{\partial z}\right)_{xy} &= 0
\end{aligned} \tag{16.66}$$

식 (16.66)을 n개의 변수가 있고 k개의 구속조건이 있는 경우로 일반화하면 다음과 같은 식이 된다.

$$\frac{\partial f}{\partial x_i} - \sum_{j=1}^{k} \lambda_j \frac{\partial g_j}{\partial x_i} = 0, \qquad i = 1,\ 2,\ \ldots,\ n \tag{16.67}$$

식 (16.67)의 n개의 방정식들은 $n+k$개의 미지수(n개의 x_i와 k개의 λ_j)를 제한하고, 또한 k개의 구속 방정식들 아래서 풀 수 있어야 한다. 어떤 문제들에서는 라그랑지안 곱인수들을 직접적으로 계산하는 것이 결코 필요하지 않으며, 이러한 이유로 이 방법은 때때로 **(라그랑주의) 미정 곱인수**(undetermined multiplier) 방법으로 불린다.

위에 주어진 공식화가 단지 최소점들만을 찾는 것이 아니라는 것에 주목하라. 동일한 방정식들이 최대점과 안장점들도 찾아낸다. 주어진 특정한 문제로부터 정상점들의 특성을 정의하는 것이 필요하다.

식 (16.66)의 유도는 z를 종속변수로 생각하고 λ가 구해졌다는 측면에서 비대칭적이지만, z 자리에 x 또는 y를 놓고 분석을 수행했을 수도 있다. 이것은, 식 (16.65)가 정의되지 않게 되는, $(\partial g/\partial z)$가 0이 되는 특별한 경우에 최종적 수식에 도달하는 다른 경로를 준다. 이 방법은 오직 구속 함수에 대한 모든 도함수들이 정상점에서 0이 되는 경우에만 실패한다.

예제 16.3.1 표면 대 부피 비율 최소화하기

반지름이 r이고 높이가 h인 직각 원형 원통(right circular cylinder)을 살펴보자. 원통의 표면에 의해 감싸진 고정된 부피에 대해 표면적을 최소화하는 비율 h/r을 구하고자 한다. 연관된 수식들은 표면적 $S = 2\pi(rh + r^2)$, 부피 $V = \pi r^2 h$이다.

식 (16.67)을 하나의 구속조건과 2개의 독립변수들이 있는 경우에 적용하면 다음과 같은 식을 얻는다.

$$\frac{\partial S}{\partial r} - \lambda \frac{\partial V}{\partial r} = 2\pi(h + 2r) - \lambda(2\pi r h) = 0$$

$$\frac{\partial S}{\partial h} - \lambda \frac{\partial V}{\partial h} = 2\pi r - \lambda \pi r^2 = 0$$

이 방정식들로부터 λ를 소거하면 $h/r = 2$를 구하게 된다. 구속 방정식을 사용하지 않았기 때문에, 오직 (현재 문제에 적절한 정보인) 두 변수들 h와 r의 비율만을 얻는다. 하지만 부피 V를 특정하면(즉 구속 방정식을 사용하면), h와 r의 개별적인 값들을 얻는다.

두 가지의 추가적인 관찰내용으로 마무리하자. (1) 해는 명백히 **최소의** S/V비를 준다. 그러나 원리적으로 이것은 문제를 자세히 살펴보고 결정되어야 한다. 지금의 경우에, h/r이 0에 접근함에 따라 S/V는 한계 없이 증가하기 때문에 최대점이 없다. (2) 고정된 V에 대해 S를 최소화하는 것이 고정된 S에 대해 V를 최대화하는 것과 동일한 것이고, 동등한 라그랑지안 곱인수 방정식들에 이르게 된다는 것에 주목한다. ■

연습문제

16.3.0 다음의 문제들은 라그랑지안 곱인수를 사용하여 풀어야 한다.

16.3.1 어떤 (직각 원형 원통 모양의) 환약통(pillbox) 안에 있는 질량이 m인 양자 입자의 바닥상태 에너지는 다음과 같다.

$$E = \frac{\hbar^2}{2m}\left(\frac{(2.4048)^2}{R^2} + \frac{\pi^2}{H^2}\right)$$

여기서 R은 환약통의 반지름이고 H는 높이이다. 고정된 부피에 대하여 에너지를 최소화하는 H에 대한 R의 비를 구하시오.

16.3.2 미국 우체국은 캐나다로 가는 1등급 우편의 길이와 둘레의 합을 총 36인치로 제한하고 있다. 이 조건 아래서 최대의 부피를 가지는 직각평행육면체의 치수를 라그랑지안 곱인수를 사용

하여 구하시오.

16.3.3 열(thermal) 핵반응기가 다음과 같은 구속조건을 따라야 한다.

$$\varphi(a,\ b,\ c) = \left(\frac{\pi}{a}\right)^2 + \left(\frac{\pi}{b}\right)^2 + \left(\frac{\pi}{c}\right)^2 = B^2, \qquad \text{상수}$$

여기서 반응기는 모서리가 a, b, 그리고 c인 직각평행육면체이다. 반응기의 부피를 최대로 하는 a, b, 그리고 c의 비율을 구하시오.

답. $a = b = c$, 정육면체

16.3.4 초점길이가 f인 어떤 렌즈에 대하여, 물체까지의 거리 p와 상까지의 거리 q는 $1/p + 1/q = 1/f$로 관계되어 있다. 고정된 f에 대하여, 물체-상 거리 $(p+q)$의 최솟값을 구하시오. 실물과 실상(p와 q는 양수)이라고 가정하라.

16.3.5 타원 $(x/a)^2 + (y/b)^2 = 1$이 있다. 이 타원 안에 들어가며 면적이 최대가 되는 직사각형을 찾으시오. 타원의 면적에 대한 이 직사각형의 최대 면적의 비가 $2/\pi = 0.6366$임을 보이시오.

16.3.6 어떤 직각평행육면체가 반축이 a, b, 그리고 c인 타원체 안에 들어간다. 이 직각평행육면체의 부피를 최대로 만드시오. 타원체의 부피에 대한 직각평행육면체의 최대 부피의 비가 $2/\pi\sqrt{3} \approx 0.367$임을 보이시오.

16.3.7 구속조건이

$$\frac{d\varphi}{ds} = \frac{\partial\varphi}{\partial x}\cos\alpha + \frac{\partial\varphi}{\partial y}\cos\beta + \frac{\partial\varphi}{\partial z}\cos\gamma$$

일 때, $\varphi(x,\ y,\ z)$의 방향 도함수

$$\cos^2\alpha + \cos^2\beta + \cos^2\gamma = 1$$

의 최댓값을 구하시오.

16.4 구속조건이 있는 변분

앞선 절들에서처럼, 다음 적분을 정상으로 만들 경로를 찾고자 한다.

$$J=\int f\left(y_i,\ \frac{\partial y_i}{\partial x_j},\ x_j\right)dx_j \tag{16.68}$$

이것은 x_j가 한 집합의 독립변수들을, y_i가 한 집합의 종속변수들을 나타내는 일반적인 경우이다. 하지만 이제 하나 또는 그 이상의 구속조건들을 도입한다. 이것은 y_i가 더 이상 서로 독립적이지 않다는 것을 의미한다. 그러면 y_i를 $y_i(\alpha)=y_i(0)+\alpha\eta_i$로 써서 변화시킬 때, 모든 η_i가 임의로 변하지는 않을 것이고, 오일러 방정식들이 적용되지 않을 것이다.

우리의 접근방식은 라그랑주의 미정 곱인수법을 사용하는 것이 될 것이다. 먼저 k번째 구속조건이 다음과 같은 방정식의 형태를 가질 가능성을 살펴보자.

$$\varphi_k\left(y_i,\ \frac{\partial y_i}{\partial x_j},\ x_j\right)=0 \tag{16.69}$$

이것은 하나 이상의 종속 또는 독립변수들이 있어서 식 (16.69)가 y_i를 제한은 하지만 완전히 결정하지는 않는 경우가 아니라면 대개 의미가 없다. 여기서 y_i와 x_j가 변수들의 **집합들**을 나타내기 위해 사용되고 있다는 것을 기억하라. 하나의 미정 곱인수를 도입하고 변분법에 대하여 공부한 것과 조화를 유지하기 위해, 식 (16.69)의 구속조건은 다음과 같은 형태로 쓸 수 있다는 것에 주목한다.

$$\int\lambda_k(x_j)\varphi_k\left(y_i,\ \frac{\partial y_i}{\partial x_j},\ x_j\right)dx_j=0 \tag{16.70}$$

여기서 $\lambda_k(x_j)$는 x_j의 임의의 함수이다. 식 (16.70)은 만일

$$\delta\int\lambda_k(x_j)\,\varphi_k\left(y_i,\ \frac{\partial y_i}{\partial x_j},\ x_j\right)dx_j=0 \tag{16.71}$$

이라면 분명히 만족된다. 그 대신에, 구속조건이 (이제 문제가 정의된 구간에 걸쳐 y_i와 그 도함수들 모두에 의존하는) 적분의 형태일 수도 있다.

$$\int\varphi_k\left(y_i,\ \frac{\partial y_i}{\partial x_j},\ x_j\right)dx_j=\text{상수} \tag{16.72}$$

이 구속조건의 효과는

$$\varphi\int\lambda_k\varphi_k\left(y_i,\ \frac{\partial y_i}{\partial x_j},\ x_j\right)dx_j=0 \tag{16.73}$$

과 같이 씀으로써 식 (16.71)과 일치하는 형태로 만들 수 있다. 이 방정식에서 정상이 되어

야 하는 것은 단지 φ_k의 적분이기 때문에, λ_k가 x_j에 의존하지 않고 단순히 상수라는 것에 주목하라.

이 지점에서, 구속조건들을 미정 곱인수 λ_k에 의존하는 적분으로 썼고, 여기서 λ_k는 $\lambda_k(x_j)$ 또는 그냥 λ_k를 의미하는데, 이는 구속조건이 식 (16.71) 또는 (16.73)으로부터 주어지는 것이냐에 따라 다르다. 그러므로 문제는 16.3절에서 개발된 바와 같은 라그랑지안 인수법을 적용하기에 적당한 형태가 되고, 식 (16.67)과 유사한 공식을 사용할 것이다. 지금 사용하고 있는 표기법에서 다음과 같은 식을 얻는다.

$$\delta \int \left[f\left(y_i,\ \frac{\partial y_i}{\partial x_j},\ x_j\right) + \sum_k \lambda_k \varphi_k \left(y_i,\ \frac{\partial y_i}{\partial x_j},\ x_j\right)\right] dx_j = 0 \tag{16.74}$$

라그랑지안 곱인수 λ_k는, $\varphi(y_i,\ x_j)$가 식 (16.69)와 같은 형태로 주어졌을 때 x_j에 의존할 수도 있다는 것을 기억하라.

이제 전체 피적분 함수를 적분이 정상으로 되어야 하는 하나의 새로운 함수로 다루면서 계속해보자.

$$g\left(y_i,\ \frac{\partial y_i}{\partial x_j},\ x_j\right) = f + \sum_k \lambda_k \varphi_k \tag{16.75}$$

만일 N개의 종속변수 $y_i(i = 1,\ 2,\ \ldots,\ N)$와 m개의 구속조건들$(k = 1,\ 2,\ \ldots,\ m)$이 있다면, $N - m$개의 η_i를 임의로 택할 수 있다. m개의 남아 있는 η_i를 임의로 변화시키는 부분에서, 대신에 m개의 곱인수 λ_k를 오일러 방정식이 만족되는 것을 가능하게 하는 (당장은 알 수 없는) 값들로 놓는다. 전반적인 결과는, 각각의 종속변수 y_i에 대하여 하나의 오일러 방정식이 만족되도록 요구하지만, 오일러 방정식들의 해에 나타나는 m개의 λ_k는 부과된 구속조건들에 부합하는 값이 지정되어야 한다는 것이다. 다시 말해서, 정상값을 주는 함수 g(따라서 f)를 찾기 위해 오일러 방정식들과 구속 방정식들을 동시에 풀어야 한다.

▪ 구속조건이 있는 라그랑지안 공식

구속조건이 없을 때 식 (17.52)의 라그랑주 운동 방정식은 다음과 같이 구해졌다.[8]

$$\frac{d}{dt}\frac{\partial L}{\partial \dot{q}_i} - \frac{\partial L}{\partial q_i} = 0$$

여기서 t(시간)는 하나의 독립변수이고 $q_i(t)$(입자의 위치들)는 종속변수들의 집합이다. 대

[8] 기호 q는 고전역학에서 관례적으로 쓰인다. 그것은 변수가 데카르트 변수일 필요가 (그리고 길이를 나타낼 필요도) 없다는 것을 강조하는 역할을 한다.

개 일반화 좌표 q_i가 구속력을 소거하기 위해 선택되지만, 이것이 필요하지도 않고 항상 바람직한 것도 아니다. (예를 들어, $\varphi_k = 0$과 같이 수학적인 표현으로 나타낼 수 있는) **홀로노믹** (holonomic) 구속조건들이 있을 때, 해밀턴의 원리는

$$\delta \int \left[L(q_i,\ \dot{q}_i,\ t) + \sum_k \lambda_k(t) \varphi_k(q_i,\ t) \right] dt = 0 \tag{16.76}$$

이고, 제한된 라그랑지안 운동 방정식은 다음과 같다.

$$\frac{d}{dt}\frac{\partial L}{\partial \dot{q}_i} - \frac{\partial L}{\partial q_i} = \sum_k a_{ik} \lambda_k \tag{16.77}$$

대개 구속조건은 $\varphi_k = \varphi_k(q_i,\ t)$의 형태이고, 일반화된 속도 $\dot{q}_i$에 의존하지 않는다. 이러한 경우에, 계수 a_{ik}는 다음과 같이 주어진다.

$$a_{ik} = \frac{\partial \varphi_k}{\partial q_i} \tag{16.78}$$

그러면 $a_{ik}\lambda_k$(합 없음)는, 식 (16.77)에서 $-\partial V/\partial q_i$와 정확하게 동일한 방식으로 나타나는, $\hat{q}_i$ 방향으로의 k번째 구속조건으로부터 오는 힘을 나타낸다.

예제 16.4.1 **단순 진자**

설명을 위해, 일정한 중력가속도 g를 특성으로 하는 중력 아래에서 길이 l인 줄에 매달려 호를 그리며 흔들리고 있는 질량 m의 단순 진자를 살펴보자(그림 16.9 참고). 한 가지 구속조건

$$\varphi_1 = r - l = 0 \tag{16.79}$$

이 없을 때, (운동이 수직한 면으로 제한되어 있다고 가정하면) 2개의 일반화 좌표 r과 θ가 있다. 라그랑지안은

$$L = T - V = \frac{1}{2}m(\dot{r}^2 + r^2\dot{\theta}^2) + mgr\cos\theta \tag{16.80}$$

이며, 여기서 퍼텐셜 V는 진자가 $\theta = \pi/2$에서 수평으로 놓일 때 0이 되게 잡는다.

$$a_{r1} = \frac{\partial \varphi_1}{\partial r} = 1, \qquad a_{\theta 1} = \frac{\partial \varphi_1}{\partial \theta} = 0$$

에 주목하면, 식 (16.77)로부터 얻어지는 운동 방정식은 다음과 같다.

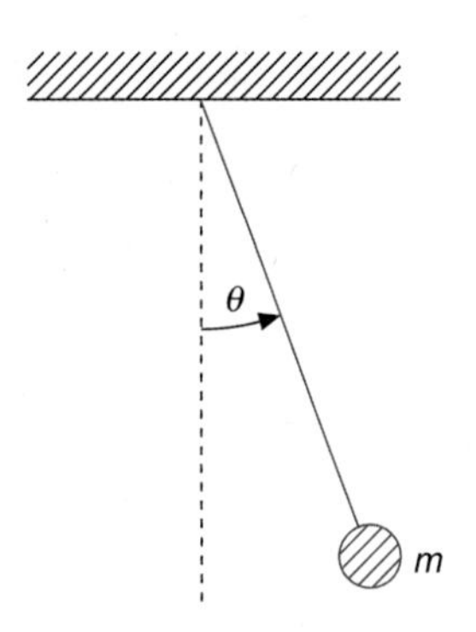

그림 16.9 단순 진자

$$\frac{d}{dt}\frac{\partial L}{\partial \dot{r}} - \frac{\partial L}{\partial r} = \lambda_1, \qquad \frac{d}{dt}\frac{\partial L}{\partial \dot{\theta}} - \frac{\partial L}{\partial \theta} = 0 \tag{16.81}$$

또는

$$\frac{d}{dt}(m\dot{r}) - mr\dot{\theta}^2 - mg\cos\theta = \lambda_1$$

$$\frac{d}{dt}(mr^2\dot{\theta}) + mgr\sin\theta = 0$$

이다. 구속 방정식($r = l,\ \dot{r} = 0$)을 이용하면, 이 방정식들은 다음과 같이 된다.

$$ml\dot{\theta}^2 + mg\cos\theta = -\lambda_1, \qquad ml^2\ddot{\theta} + mgl\sin\theta = 0 \tag{16.82}$$

두 번째 방정식은 진폭이 작을 경우($\sin\theta \approx \theta$) 단조화 운동을 만드는 $\theta(t)$로 풀 수 있으나, 첫 번째 방정식은 줄에 걸리는 장력을 θ와 $\dot{\theta}$으로 표현하고 있다. 식 (16.79)의 구속 방정식이 식 (16.69)의 형태이기 때문에, 라그랑주 곱인수 λ_1이 t의 함수가 된다는 것에 주목하라. 두 번째 방정식이 (초기 조건을 선택하고 나면) $\theta(t)$를 결정하는 데 충분하기 때문에, λ_1의 명시적 형태가 필요할 경우 첫 번째 방정식의 좌변을 계산할 수 있다. ■

예제 16.4.2 통나무에서 미끄러지기

역학에서의 또 다른 예는 그림 16.10에 보인 것과 같이 원통형 표면 위에서 미끄러지는 입자에 대한 문제이다. 목적은 입자가 표면으로부터 떨어져 나가는 지점에 해당하는 임계각 θ_c를 찾는 것이다. 이 임계각은 지름방향의 구속력이 0이 되는 각도이며, 원통 위의 어느 위치로부터 입자가 출발할 때의 초기 속도에 의존한다. 문제가 잘 정의되게 만들기 위해, θ_c가 얻을 수 있는 최댓값을 구하고자 하는데, 이는 낮은 초기 속도에서 얻을 수 있는 극한에 해당한다.

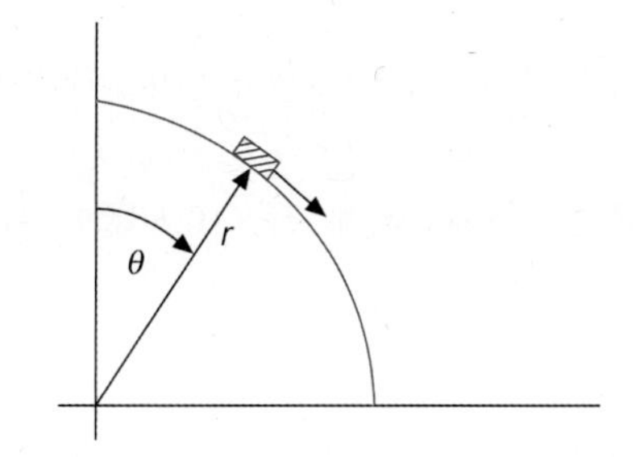

그림 16.10 원통형 표면에서 미끄러지는 입자

지금 다루는 제한된 최소화 방법을 설명하기 위해,

$$L = T - V = \frac{1}{2}m(\dot{r}^2 + r^2\dot{\theta}^2) - mgr\cos\theta \tag{16.83}$$

와 하나의 구속 방정식

$$\varphi_1 = r - l = 0 \tag{16.84}$$

을 택한다. 예제 16.4.1에서처럼 진행하면서

$$a_{r1} = \frac{\partial\varphi_1}{\partial r} = 1, \qquad a_{\theta 1} = \frac{\partial\varphi_1}{\partial\theta} = 0$$

으로 다음과 같은 식에 도달한다.

$$m\ddot{r} - mr\dot{\theta}^2 + mg\cos\theta = \lambda_1(\theta)$$
$$mr^2\ddot{\theta} + 2mr\dot{r}\dot{\theta} - mgr\sin\theta = 0$$

구속력 λ_1이 각 θ의 함수가 되도록 선택하였는데, 이는 θ가 독립변수 t에 대한 일가함수이기 때문에 성립하는 선택이다.

구속값들 $r = l$, $\ddot{r} = \dot{r} = 0$을 대입하면, 이 방정식들은 다음과 같이 간결해진다.

$$-ml\dot{\theta}^2 + mg\cos\theta = \lambda_1(\theta) \tag{16.85}$$
$$ml^2\ddot{\theta} - mgl\sin\theta = 0 \tag{16.86}$$

식 (16.85)를 시간에 대해 미분하고

$$\frac{df(\theta)}{dt} = \frac{df(\theta)}{d\theta}\dot{\theta}$$

이라는 것을 기억하여,

$$-2ml\ddot{\theta} - mg\sin\theta = \frac{d\lambda_1(\theta)}{d\theta} \tag{16.87}$$

를 얻는다. $\ddot{\theta}$항을 소거하기 위해 식 (16.86)과 (16.87)을 결합하면,

$$\frac{d\lambda_1}{d\theta} = -3mg\sin\theta$$

를 얻게 되는데, 이것은 다음과 같이 적분된다.

$$\lambda_1(\theta) = 3mg\cos\theta + C \tag{16.88}$$

상수 C를 정하기 위해, $\theta = 0$에 대해 식 (16.88)을 계산한다.

$$-ml\dot{\theta}^2\big|_{\theta=0} + mg = 3mg + C$$

이것은 $C \le -2mg$이고 초기 속도 $\dot{\theta}(0)$이 0일 때, $C = -2mg$라는 것을 보여준다. C의 이 (가장 큰 임계각을 주는) 값을 사용하여 다음 식을 얻는다.

$$\lambda_1(\theta) = mg(3\cos\theta - 2) \tag{16.89}$$

입자는 구속력이 음수가 아니면, 즉 $\lambda_1(\theta) > 0$에 해당하며 표면이 입자를 바깥쪽으로 밀어내는 한, 표면 위에 있게 된다. 식 (16.89)로부터 $\lambda_1(\theta_c) = 0$이 되는 임계각이 수직으로부터 다음 식을 만족시킨다는 것을 찾게 된다.

$$\cos\theta_c = \frac{2}{3} \quad \text{또는} \quad \theta_c = 48°11'$$

이 각도에서 또는 (모든 마찰을 무시하면) 여기에 이르기 전에 입자가 떨어져 나간다.

이 결과가 중력의 지름방향 성분에 의해 주어지는 구심력의 변화를 살펴봄으로써 훨씬 쉽게 얻어질 수 있다는 것을 인정해야 한다. 이 예제는 독자를 복잡한 물리계로 혼란스럽게 하는 것을 피하면서 라그랑주 미정 곱인수의 사용을 설명하기 위해 선택되었다. ■

예제 16.4.3 슈뢰딩거 파동 방정식

제한된 최소에 대한 마지막 실례로써, 퍼텐셜 V의 영향 아래에 있는 질량이 m인 입자의 양자역학 문제에 대한 오일러 방정식을 찾아보자.

$$\delta J = \int \psi^*(\mathbf{r}) H \psi(\mathbf{r})\, d^3 r \tag{16.90}$$

여기서 구속조건은 ψ가 속박상태의 정규화된 파동 함수라는 것이다.

$$\int \psi^*(\mathbf{r})\psi(\mathbf{r})\,d^3r = 1 \tag{16.91}$$

식 (16.90)은 계의 에너지가 정상이라는 것이며, 해밀토니안 연산자 H는 다음과 같다.

$$H = -\frac{\hbar^2}{2m}\nabla^2 + V(\mathbf{r}) \tag{16.92}$$

식 (16.90)에서 ψ와 ψ^*는 종속변수들이다. 그들은 원칙적으로 복소수이기 때문에, 각각을 서로 다른 변수로 취급할 수 있다. 이점은 5장, 각주 3에서 논의되었다.

식 (16.90)에서 피적분 함수는 **2계** 도함수를 가지고 있지만, 그것을 식 (3.86)의 그린 정리를 이용하여 1계 도함수로 바꾸어 놓으면 편리하다.

$$\int \psi^*(\mathbf{r})\nabla^2\psi(\mathbf{r})\,d^3r = \int_S \psi^*\nabla\psi\cdot d\boldsymbol{\sigma} - \int \nabla\psi^*\cdot\nabla\psi\,d^3r$$

이제 ψ가 연속적이어야 한다는 요건에 의해 표면 항들(surface terms)은 0이 되고, 변분 원리는 다음 식과 같이 된다.

$$\delta\int\left[\frac{\hbar^2}{2m}\nabla\psi^*\cdot\nabla\psi + V\psi^*\psi\right]d^3r = 0 \tag{16.93}$$

그러므로 제한된 변분에 대한 함수 g는, 다시 $\partial/\partial x$를 표시하기 위해 아래 첨자 x를 써서 다음과 같이 주어진다.

$$\begin{aligned} g &= \frac{\hbar^2}{2m}\nabla\psi^*\cdot\nabla\psi + V\psi^*\psi - \lambda\psi^*\psi \\ &= \frac{\hbar^2}{2m}(\psi_x^*\psi_x + \psi_y^*\psi_y + \psi_z^*\psi_z) + V\psi^*\psi - \lambda\psi^*\psi \end{aligned} \tag{16.94}$$

$y_i = \psi^*$에 대해 오일러 방정식은 다음과 같다.

$$\frac{\partial g}{\partial\psi^*} - \frac{\partial}{\partial x}\frac{\partial g}{\partial\psi_x^*} - \frac{\partial}{\partial y}\frac{\partial g}{\partial\psi_y^*} - \frac{\partial}{\partial z}\frac{\partial g}{\partial\psi_z^*} = 0$$

이것은

$$V\psi - \lambda\psi - \frac{\hbar^2}{2m}(\psi_{xx} + \psi_{yy} + \psi_{zz}) = 0$$

또는

$$-\frac{\hbar^2}{2m}\nabla^2\psi + V\psi = \lambda\psi \tag{16.95}$$

를 준다. $y_i = \psi$에 대한 오일러 방정식은 식 (16.95)의 켤레 복소수를 주고, 그러므로 추가적인 정보를 제공하지는 않는다. 식 (16.92)를 참조하여 보면, λ를 물리적으로 양자역학적 계의 에너지라 할 수 있다. 이러한 해석에서, 식 (16.95)는 그 유명한 슈뢰딩거 파동 방정식이다. ■

■ 레일리-리츠 변분기법

물리적으로 중요한 다수의 문제들이 다음과 같은 일반적인 형태의 변분법과 관계될 수 있다.

$$\delta J = \delta \int_a^b \left(p(x)y_x^2 + q(x)y^2\right)dx = 0 \tag{16.96}$$

여기서 $y(a)$와 $y(b)$는 고정된 값을 가지고, 변분은 다음의 구속조건을 만족시켜야 한다.

$$\int_a^b y^2 w(x)dx = \text{상수} \tag{16.97}$$

식 (16.96)과 (16.97)을 제한된 최소화로 다루면, 오일러 방정식은 다음과 같은 형태를 가진다.

$$\frac{d}{dx}\left(p(x)\frac{dy}{dx}\right) - q(x)y + \lambda wy = 0 \tag{16.98}$$

여기서 λ는 라그랑주 곱인수이다. 이러한 상황은 대개 $w(x)$가 음수가 아닌 가중함수이고 $y(a)$와 $y(b)$가

$$p(x)y_x y\Big|_a^b = 0 \tag{16.99}$$

을 의미하는 스텀-리우빌 경계조건을 만족시켜야 하는 상황에서 발생한다. 위에서, 본래 라그랑주 곱인수로 도입되었지만, λ는 또한 식 (16.98)과 (16.99)에 의해 기술되는 스텀-리우빌 계의 고윳값이 되어야 한다는 결론에 이른다. λ에 대한 이와 같은 식별은 이미 예제 16.4.3에서 언급되었다.

이제 논의하는 종류의 문제들은 종종 다음과 같은 형태의 구속조건이 없는 최소화로 표현된다.

$$\delta J = \delta \left(\frac{\displaystyle\int_a^b \left(p(x) y_x^2 + q(x) y^2 \right) dx}{\displaystyle\int_a^b y^2 w(x) dx} \right) = 0 \qquad (16.100)$$

식 (16.100)은 $py_x^2 + qy^2$가 y에 대해 동차이고 분모가 y를 그 함수적 형태를 바꾸지 않고 정규화하기 때문에, 앞서 다루었던 식들과 동등하다. 식 (16.100)을 만족하는 J는 고윳값 λ로 계산된다.

자주 발생하는 경우로서, $p(x)$가 실제로는 x에 의존하지 않을 때 J의 피적분 함수 안에 있는 y_x^2항을 조작하여, 식 (16.96), (16.97), 그리고 (16.100)이 다음과 같은 유용한 형태가 되게 할 수 있다.

$$\delta J = \delta \int_a^b \left(-p\, y_{xx} + q(x) y^2 \right) dx = 0 \qquad \text{(제한된 최소)} \qquad (16.101)$$

$$p \frac{d^2 y}{dx^2} - q(x) y + \lambda w\, y = 0 \qquad (16.102)$$

$$\delta J = \delta \left(\frac{\displaystyle\int_a^b \left(-p\, y\, y_{xx} + q(x) y^2 \right) dx}{\displaystyle\int_a^b y^2 w(x) dx} \right) = 0 \qquad \text{(제한되지 않은, } J = \lambda\text{)} \qquad (16.103)$$

레일리-리츠 변분기법(Rayleigh-Ritz technique)은, 식 (16.98) 또는 (16.102)로 보인 고윳값 문제에 대한 해를 얻기 위한 방법으로, $\delta J = 0$에 대한 위 형태들 중 아무것이나 하나의 직접적인 계산을 이용한다. 이 방법의 활용은 y에 대한 형태를 추측하고 J를 계산하는 것만큼 간단할 수 있지만, 더 정확한 결과는 $y(x)$에 대한 형태가 조정 가능한 매개변수를 가지도록 택한 다음 그 매개변수를 변화시켜 매개변수 공간 안에서 J를 최소화하는 것으로부터 얻어진다. 얻어진 결과의 질은 명백하게 y에 대한 실제 최소 형태가 잘 근사되었느냐에 달려 있다.

■ 바닥상태 고유함수

어떤 복잡한 원자 또는 핵 시스템의 바닥상태 고유함수 y_0와 고윳값 λ_0을 찾고자 한다고 하자.[9] 정확한 해석적 해가 아직 발견되지 않은 고전적 예 하나는 헬륨 원자 문제이다. 고유함수 y_0는 **알려져 있지 않다**. 그러나 그에 대한 근사로써 상당히 좋은 추측을 할 수 있다고

[9] 이것은 λ_0가 가장 작은 고윳값이라는 뜻이다.

가정하고, y라 부르겠다. y_0 또는 어떤 다른 고유함수 $y_i (i = 1, 2, ...)$ 또는 해당하는 고윳값들 λ_i를 모르지만, 고유함수들이 완전한 직교집합을 이루도록 선택될 수 있기 때문에, y를 다음과 같이 전개할 수 있다는 것을 알고 있다.

$$y = c_0 y_0 + \sum_{i=1}^{\infty} c_i y_i \tag{16.104}$$

y를 바닥상태와 직교하지 않도록 현명하게 잘 골라서, $c_0 \neq 0$이라 가정한다. 직교 특성을 적용하면, 파동 함수 y의 기댓값 E_y는 다음과 같이 주어진다.

$$E_y = \frac{\langle y|H|y\rangle}{\langle y|y\rangle} = \frac{\sum_{i=0}^{\infty} |c_i|^2 \lambda_i}{\sum_{i=0}^{\infty} |c_i|^2} \tag{16.105}$$

여기서 슈뢰딩거 방정식을 정의하는 연산자 H는 일반적으로 다음과 같은 형태를 가진다.

$$H = -\frac{\hbar^2}{2m}\frac{d^2}{dx^2} + V(x)$$

그러면 슈뢰딩거 방정식과 그 근사해 E_y는 식 (16.102)와 (16.103)에 해당하는 것으로 보인다. 식 (16.105)의 마지막 식은 식 (16.104)를 대입한 결과이다. 이와 같은 대입은 식 (6.30)에서 수행된 것과 비슷하지만, 그 방정식에서는 (거기서 ψ라 불린) 함수가 정규화된 것으로 가정하였다는 것을 주목하라. 6.4절에서 이미 본 것처럼, E_y에 대한 표현은 고윳값들의 (모든 가중이 $|c_i|^2 \geq 0$인) 가중을 둔 평균이고, 그래서 E_y는 최소한 y_0만큼은 커야 하고, y가 고윳값 λ_i가 λ_0보다 큰 고유함수와 섞여 있는 부분을 가지고 있다면 사실 y_0보다 커야 한다.

y의 크기를 조절하여 $c_0 = 1$이 되게 하고, 식 (16.105)를

$$E_y = \lambda_0 + \frac{\sum_{i=1}^{\infty} c_i^2 \lambda_i}{1 + \sum_{i=1}^{\infty} c_i^2} \tag{16.106}$$

으로 재배치하는 것이 유용한데, 이 형태는, y와 y_0 사이의 차이가 c_i에 대해 선형일지라도, E_y에서의 오차는 c_i에 대해 2차라는 것을 분명하게 보여준다.

그러므로 우리의 분석은 두 가지 중요한 결과를 담고 있다.

(1) 고유함수 y에 있는 오차가 $\mathcal{O}(c_i)$인 반면, λ의 오차는 단지 $\mathcal{O}(c_i^2)$이다. 고유함수에 대한 서툰 근사라도 고윳값을 정확하게 계산할 수도 있다.

(2) 만일 λ_0가 가장 낮은 고윳값(바닥상태)이라면 $E_y > \lambda_0$이고, 그래서 근사는 항상 높은 쪽에 있으나 근사 고유함수 y가 개선됨에 따라 $(c_i \to 0)$ λ_0로 수렴한다.

양자역학의 실제적인 문제에서, y는 종종 매개변수들에 의존하는데, 이들은 E_y를 최소화하기 위해 변화될 수도 있고 그에 따라 바닥상태 에너지 λ_0의 계산을 개선할 수도 있다. 이것이 양자역학 교재에서 논의되는 '변분방법'이며, 예제 8.4.1에 예시되어 있다.

예제 16.4.4 **양자 진동자**

영역 $0 \le x < \infty$에 제한되고 퍼텐셜 $V = kx^2/2$의 영향 아래에 있는 질량이 m인 양자역학적 입자의 바닥상태가 ($\hbar = 1$인 단위계에서) 경계조건 $\psi(0) = \psi(\infty) = 0$이 있는 슈뢰딩거 방정식,

$$-\frac{1}{2m}\frac{d^2\psi}{dx^2} + \frac{kx^2}{2}\psi = E\psi \tag{16.107}$$

의 가장 낮은 고윳값을 가지는 고유상태로 기술된다. 경계조건에 부합하는 추측되는 파동 함수는 $y(x) = x e^{-\alpha x}$이다. 근사 고윳값을 최소화하여 α의 값을 찾아보자.

슈뢰딩거 방정식은 식 (16.102)에 나온 형태여서 식 (16.103)을 사용할 수 있고, 거기서 $p = 1/2m$, $q = kx^2/2$, 그리고 적분영역 $(0, \infty)$과 함께 주어진 것처럼 J의 제한되지 않은 값을 찾을 수 있다. $y_{xx} = \alpha(\alpha x - 2)e^{-\alpha x}$임에 주목하여 다음 식을 얻는다.

$$J = \frac{\displaystyle\int_0^\infty \left(-\frac{\alpha x}{2m}(\alpha x - 2) + \frac{kx^4}{2}\right)e^{-2\alpha x}dx}{\displaystyle\int_0^\infty x^2 e^{-2\alpha x}dx} = \frac{\dfrac{1}{8m\alpha} + \dfrac{3k}{8\alpha^5}}{\dfrac{1}{4\alpha^3}} = \frac{\alpha^2}{2m} + \frac{3k}{2\alpha^2} \tag{16.108}$$

식 (16.108)을 α^2에 대해 미분하고 그 결과를 0으로 놓으면,

$$\frac{1}{2m} - \frac{3k}{2\alpha^4} = 0 \quad \text{또는} \quad \alpha = (3mk)^{1/4}$$

을 얻는다. 이 α값을 식 (16.108)의 J에 대한 표현에 끼워 넣으면, 다음과 같은 식을 찾게 된다.

$$J = \frac{(3mk)^{1/2}}{2m} + \frac{3k}{2(3mk)^{1/2}} = \sqrt{\frac{3k}{m}} \approx 1.732\sqrt{\frac{k}{m}} \tag{16.109}$$

J의 이 값은 바닥상태 에너지의 상한이다. 바닥상태 에너지의 정확한 값은 $1.5\sqrt{k/m}$ 이다.

$y = (x + cx^2)e^{-\alpha x}$ 형태의 좀 더 복잡한 (그리고 유연한) 파동 함수를 택하고, α와 c 모두를 최적화하면, 근사 에너지는 $1.542\sqrt{k/m}$ 으로 향상된다. 그림 16.11에 이 예의 근사 파동 함수와 정확한 파동 함수가 비교되어 있다. 두 번째 근사가, 파동 함수는 상당히 큰 상대 오차를 보이고 있을지라도, 오차가 3% 미만인 고윳값을 주고 있다는 것을 주목하라.

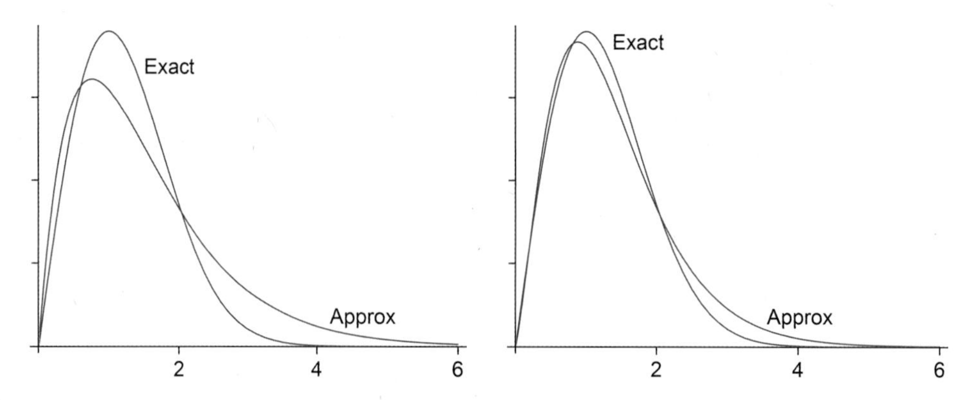

그림 16.11 예제 16.4.4의 양자 진동자에 대한 $k/m = 1$인 경우의 정확한(exact) 그리고 근사적인 근사적인(approximate) 바닥상태 파동 함수들.
왼쪽: 단일항 근사 $y = xe^{-\alpha x}$, 오른쪽: 2항 근사 $y = (x + cx^2)e^{-\alpha x}$

■

예제 16.4.5 선형 매개변수의 변분

레일리-리츠 변분기법이 자주 사용되는 경우는, 어떤 고정된 직교 정규 함수 집합에서의 절단된 전개로써, 슈뢰딩거 방정식

$$H\psi(x) = E\psi(x)$$

의 고유함수에 대한 근사이다. 이 절차의 이점은 파동 함수에 있는 매개변수들이 모두 선형으로 나타나고, 최적화는 행렬의 고윳값 문제가 된다는 것이다.

(종종 **시행함수**라 불리는) 근사함수가

$$y(x) = \sum_{i=1}^{N} c_i \varphi_i(x) \tag{16.110}$$

의 형태로 주어질 때,

$$\langle y|y\rangle = 1\text{의 조건 아래 } J = \langle y|H|y\rangle \quad (16.111)$$

을 최소화하고자 한다. φ_i는 구하고자 하는 고유함수와 아무런 특정한 관계가 없다는 것을 다시 한번 강조한다. 그들은 단순히 두 가지 바람직한 특징을 가지는 어떤 직교 정규 집합의 구성원들일 뿐이다. (1) 그들 중 일부는 고유함수에 대한 적절한 표현을 줄 수 있고, (2) 그들은 이제 정의하려고 하는 행렬요소를 계산하기에 편리하다는 의미에서 다루기 쉽다.

요소 $H_{ij} = \langle\varphi_i|H|\varphi_j\rangle$를 가지는 행렬 H와 성분 c_i를 가지는 열벡터 $\mathbf{c}$를 정의하면, 식 (16.111)을

$$\mathbf{c}^\dagger\mathbf{c} = 1\text{의 조건 아래 } J = \mathbf{c}^\dagger \mathrm{H}\mathbf{c} \quad (16.112)$$

을 최소화하는 것으로 다시 말할 수 있다. 다음으로, 이 수식은 라그랑지안 곱인수를 이용하여, (행렬 방법을 사용하여) (J의 근삿값) λ에 대하여 풀 수 있는, 제한되지 않은(구속조건이 없는) 행렬 고윳값 문제

$$\mathrm{H}\mathbf{c} = \lambda\mathbf{c} \quad (16.113)$$

으로 바뀔 수 있다. 그러므로 레일리-리츠 변분기법의 이와 같은 활용은 연산자 방정식을 유한한 행렬 방정식으로 근사하는 것과 동등한 것으로 보인다. ■

연습문제

16.4.1 질량이 m인 입자가 마찰이 없는 평면 위에 있다. 평면 극 좌표 (r, θ)의 관점에서, (마찰 없이 미끄러질 수 있는 회전하는 방사형 막대로 밀어서 얻을 수 있는) $\theta = \omega t$가 되도록 움직임이 제한되어 있다. 초기 조건

$$t = 0, \qquad r = r_0, \qquad \dot{r} = 0$$

에 대해

(a) 지름방향 위치를 시간의 함수로 구하시오.

답. $r(t) = r_0 \cosh \omega t$

(b) 구속조건에 의해 입자에 가해지는 힘을 구하시오.

답. $F^{(c)} = 2m\dot{r}\omega = 2mr_0\omega^2 \sinh \omega t$

16.4.2 질량이 m인 질점이 평평하고, 수평이며, 마찰이 없는 평면 위에서 움직이고 있다. 이 질점은 끈에 의해 일정한 비율로 지름방향의 안쪽으로 움직이게 제한되어 있다. 평면 극 좌표

(r, θ), $r = r_0 - kt$를 사용하여

(a) 라그랑지안을 구성하시오.
(b) 제한된 라그랑주 방정식을 구하시오.
(c) 각속도 $\omega(t)$를 얻기 위해 θ에 의존하는 라그랑주 방정식을 푸시오. '자유' 적분으로부터 얻게 되는 적분 상수의 물리적 의미는 무엇인가?
(d) 문항 (b)로부터 얻은 $\omega(t)$를 이용하여, $\lambda(t)$를 얻기 위해 r에 의존하는 (제한된) 라그랑주 방정식을 푸시오. 다시 말해서, $r \to 0$에 따라 **구속력**에 무슨 일이 생기는지 설명하시오.

16.4.3 유연한 밧줄이 두 고정된 점에 매달려 있다. 줄의 길이는 고정되어 있다. 줄의 총 중력 퍼텐셜 에너지를 최소화하는 곡선을 구하시오.

답. 쌍곡 코사인

16.4.4 고정된 부피를 가진 물이 일정한 각속도 ω로 원통 안에서 회전하고 있다. 중력과 원심력이 결합된 힘의 장에서 물의 총 퍼텐셜 에너지가 최소가 되는 물의 표면곡선을 구하시오.

답. 포물선

16.4.5 (a) 둘레가 고정되어 있을 때, 최대의 면적을 가지는 평면의 모양은 원이라는 것을 보이시오.
(b) 평면의 면적이 고정되어 있을 때, 최소의 둘레를 가지는 경계의 모양은 원이라는 것을 보이시오.

[힌트] 곡률 반지름 R은 다음과 같이 주어진다.

$$R = \frac{(r^2 + r_\theta^2)^{3/2}}{r r_{\theta\theta} - 2 r_\theta^2 - r^2}$$

[참고] 이 절의 문제인 구속조건 아래서의 변분은 종종 **등주**(isoperimetric) 문제라고 한다. 이 용어는, 이 문제의 문항 (a)에서처럼, 고정된 둘레에 대해 면적을 최대화하는 문제로부터 생겼다.

16.4.6
$$J = \int_a^b \int_a^b K(x, t)\varphi(x)\varphi(t)dx\,dt$$

와 같이 주어지는 J가 정규화 조건

$$\int_a^b \varphi^2(x)dx = 1$$

아래에서 정상값을 가지도록 요구하면, 식 (15.64)에 주어진 형태의 힐베르트-슈미트 적분

방정식에 이른다는 것을 보이시오.

[참고] 커널 $K(x,\ t)$는 대칭적이다.

16.4.7 어떤 미지의 함수가 미분 방정식

$$y'' + \left(\frac{\pi}{2}\right)^2 y = 0$$

과 경계조건 $y(0) = 1$, $y(1) = 0$을 만족시킨다.

(a) $y_{\text{trial}} = 1 - x^2$에 대해 근사 $\lambda = F[y_{\text{trial}}]$을 계산하시오.

(b) 정확한 고윳값과 비교하시오.

답. (a) $\lambda = 2.5$ (b) $\lambda/\lambda_{\text{exact}} = 1.013$

16.4.8 연습문제 16.4.7에서, 시행함수 $y = 1 - x^n$을 사용하시오.

(a) $F[y_{\text{trial}}]$을 최소화하는 n을 찾으시오.

(b) n의 최적값이 비 $\lambda/\lambda_{\text{exact}}$를 1.003으로 이르게 한다는 것을 보이시오.

답. (a) $n = 1.7247$

16.4.9 구 안에 있는 어떤 양자역학적 입자(예제 12.9.1)가 다음 방정식을 만족시킨다.

$$\nabla^2 \psi + k^2 \psi = 0$$

여기서 $k^2 = 2mE/\hbar^2$이다. 경계조건은 $r = a$에서 $\psi = 0$이며, a는 구의 반지름이다. [$\psi = \psi(r)$인] 바닥상태에 대해서, 근사 파동 함수

$$\psi_a(r) = 1 - \left(\frac{r}{a}\right)^2$$

을 사용하여, 근사 고윳값 k_a^2을 계산하시오.

[힌트] $p(r)$과 $w(r)$을 결정하기 위해 방정식을 (구면 극 좌표에서) 자체 수반 형태로 표현하라.

답. $k_a^2 = \dfrac{10.5}{a^2}$, $k_{\text{exact}}^2 = \dfrac{\pi^2}{a^2}$

16.4.10 어떤 양자역학적 진동자의 파동 함수를 다음과 같이 쓸 수도 있다.

$$\frac{d^2\psi(x)}{dx^2} + (\lambda - x^2)\psi(x) = 0$$

여기서 바닥상태에 대해 $\lambda = 1$이다. 식 (13.17)을 보시오. (a^2를 조정할 수 있는 매개변수로

하여) 바닥상태 파동 함수로

$$\psi_{\text{trial}} = \begin{cases} 1 - \dfrac{x^2}{a^2}, & x^2 \le a^2 \\ 0, & x^2 > a^2 \end{cases}$$

과 같이 택하고, 해당하는 바닥상태 에너지를 계산하시오. 오차가 얼마나 되는가?

[참고] 포물선은 가우스 지수함수에 대한 좋은 근사가 아니다. 어떤 개선책을 제시할 수 있는가?

16.4.11 중심 퍼텐셜에 대한 슈뢰딩거 방정식을 다음과 같이 쓸 수 있다.

$$\mathcal{L}u(r) + \frac{\hbar^2 l(l+1)}{2Mr^2} u(r) = Eu(r)$$

각운동량 장벽, $l(l+1)$항은 각도 의존성을 분리함으로써 나온다. 식 (9.80)을 $(-r^2$로 나누어) 비교해보시오. $E > E_0$임을 보이기 위해 레일리-리츠 변분기법을 사용하라. 여기서 E_0는 $\mathcal{L}u_0 = E_0 u_0$의 에너지 고윳값이며, $l = 0$에 해당한다. 이것은 바닥상태가 각운동량이 0인 $l = 0$을 가진다는 것을 의미한다.

[힌트] $u(r)$을 $u_0(r) + \sum_{i=1}^{\infty} c_i u_i$로 전개할 수 있다. 여기서 $\mathcal{L}u_i = E_i u_i$, $E_i > E_0$이다.

❖ 더 읽을 거리

Bliss, G. A., *Calculus of Variations*. The Mathematical Association of America. LaSalle, IL: Open Court Pub-lishing Co. (1925). As one of the older texts, this is still a valuable reference for details of problems such as minimum-area problems.

Courant, R., and H. Robbins, *What Is Mathematics?* 2nd ed. New York: Oxford University Press (1996). Chapter VII contains a fine discussion of the calculus of variations, including soap-film solutions to minimum-area problems.

Ewing, G. M., *Calculus of Variations with Applications*. New York: Norton (1969). Includes a discussion of sufficiency conditions for solutions of variational problems.

Lanczos, C., *The Variational Principles of Mechanics*, 4th ed. Toronto: University of Toronto Press (1970), reprinted, Dover (1986). This book is a very complete treatment of variational principles and their applications to the development of classical mechanics.

Sagan, H., *Boundary and Eigenvalue Problems in Mathematical Physics*. New York:

Wiley (1961), reprinted, Dover (1989). This delightful text could also be listed as a reference for Sturm-Liouville theory, Legendre and Bessel functions, and Fourier series. Chapter 1 is an introduction to the calculus of variations, with applications to mechanics. Chapter 7 picks up the calculus of variations again and applies it to eigenvalue problems.

Sagan, H., *Introduction to the Calculus of Variations*. New York: McGraw-Hill (1969), reprinted, Dover (1983). This is an excellent introduction to the modern theory of the calculus of variations, which is more sophisticated and complete than his 1961 text. Sagan covers sufficiency conditions and relates the calculus of variations to problems of space technology.

Weinstock, R., *Calculus of Variations*. New York: McGraw-Hill (1952), New York: Dover (1974). A detailed, systematic development of the calculus of variations and applications to Sturm-Liouville theory and physical problems in elasticity, electrostatics, and quantum mechanics.

Yourgrau, W., and S. Mandelstam, *Variational Principles in Dynamics and Quantum Theory*, 3rd ed. Philadel- phia: Saunders (1968), New York: Dover (1979). This is a comprehensive, authoritative treatment of vari-ational principles. The discussions of the historical development and the many metaphysical pitfalls are of particular interest.

찾아보기

ㅁ

ㅂ

ㅅ

ㅇ

ㅈ

ㅊ

ㅋ

ㅌ

기타

7판

수리물리학

2020년 3월 9일 7판 1쇄 펴냄 | 2021년 6월 30일 7판 2쇄 펴냄
지은이 Arfken, Weber, and Harris
감 수 이지우 | 옮긴이 강지훈 · 고태준 · 박완일 · 심경무 · 윤영귀 · 이종수 · 이지우 · 이현민
펴낸이 류원식 | 펴낸곳 (주)교문사(청문각)

편집부장 김경수 | 책임편집 안영선 | 본문편집 홍익m&b | 표지디자인 신나리
제작 김선형 | 홍보 김은주 | 영업 함승형 · 박현수 · 이훈섭

주소 (10881) 경기도 파주시 문발로 116(문발동 536-2)
전화 1644-0965(대표) | 팩스 070-8650-0965
등록 1968. 10. 28. 제406-2006-000035호
홈페이지 www.cheongmoon.com | E-mail genie@cheongmoon.com
ISBN 978-89-363-1911-3 (93420) | 값 38,000원

Series and Products

$$f(x) = \sum_{n=0}^{\infty} f^{(n)}(a)\, \frac{(x-a)^n}{n!}\,, \qquad \frac{1}{1-x} = \sum_{n=0}^{\infty} x^n\,, \quad (1+x)^\alpha = \sum_{n=0}^{\infty} \binom{\alpha}{n} x^n\,,$$

$$e^x = \sum_{n=0}^{\infty} \frac{x^n}{n!}\,, \qquad \sin x = \sum_{n=0}^{\infty} \frac{(-1)^n x^{2n+1}}{(2n+1)!}\,, \qquad \cos x = \sum_{n=0}^{\infty} \frac{(-1)^n x^{2n}}{(2n)!}\,,$$

$$\ln(1+x) = \sum_{n=1}^{\infty} \frac{(-1)^{n-1}}{n} x^n\,, \qquad \frac{x}{e^x - 1} = 1 - \frac{x}{2} + \sum_{n=1}^{\infty} B_{2n}\, \frac{x^{2n}}{(2n)!}\,,$$

$$x \cot x = \sum_{n=0}^{\infty} (-1)^n B_{2n}\, \frac{(2x)^{2n}}{(2n)!}\,, \qquad \zeta(s) = \sum_{n=1}^{\infty} \frac{1}{n^s}\,, \qquad \zeta(2n) = (-1)^{n-1}\, \frac{(2\pi)^{2n}}{2(2n)!}\, B_{2n}\,.$$

If $f(z)$ has poles at z_n with respective residues b_n,

$$f(z) = f(0) + \sum_n b_n \left(\frac{1}{z - z_n} + \frac{1}{z_n}\right), \qquad \cot \pi z = \frac{1}{z} + \sum_{n=1}^{\infty} \left(\frac{1}{z-n} + \frac{1}{z+n}\right),$$

$$\frac{f'(z)}{f(z)} = \frac{f'(0)}{f(0)} + \sum_n \left(\frac{1}{z - z_n} + \frac{1}{z_n}\right), \qquad f(z) = f(0)\, e^{z f'(0)/f(0)} \prod_n \left(1 - \frac{z}{z_n}\right) e^{z/z_n}\,,$$

$$\frac{\pi^2}{\sin^2 \pi z} = \sum_{n=-\infty}^{\infty} \frac{1}{(z-n)^2}\,, \qquad \sin \pi z = \pi z \prod_{n=1}^{\infty} \left(1 - \frac{z^2}{n^2}\right),$$

$$\Gamma(z) = \int_0^{\infty} e^{-t} t^{z-1}\, dt\,, \qquad \frac{1}{\Gamma(z)} = z\, e^{\gamma z} \prod_{n=1}^{\infty} \left(1 + \frac{z}{n}\right) e^{-z/n}\,,$$

$$\frac{\Gamma'(z+1)}{\Gamma(z+1)} = -\gamma + \sum_{n=1}^{\infty} \left(\frac{1}{n} - \frac{1}{z+n}\right),$$

$$e^{iz} = e^{-y}(\cos x + i \sin x)\,, \qquad \ln z = \ln |z| + i(\arg z + 2\pi n)\,,$$

$$e^{(x/2)(t-1/t)} = \sum_{n=-\infty}^{\infty} J_n(x)\, t^n\,, \qquad J_\nu(x) = \sum_{n=0}^{\infty} \frac{(-1)^n}{n!\,\Gamma(\nu+n+1)} \left(\frac{x}{2}\right)^{\nu+2n},$$

$$(1 - 2xt + t^2)^{-1/2} = \sum_{l=0}^{\infty} P_l(x)\, t^l\,, \qquad P_l(x) = \frac{1}{2^l\, l!} \left(\frac{d}{dx}\right)^l (x^2-1)^l\,,$$

$$\int_{-1}^{1} P_\mu(x)\, P_\nu(x)\, dx = \frac{2\delta_{\mu\nu}}{2\mu+1}\,,$$

$$e^{i\mathbf{k}\cdot\mathbf{r}} = 4\pi \sum_{l=0}^{\infty} i^l j_l(kr) \sum_{m=-l}^{l} Y_l^m(\theta_k, \varphi_k)^*\, Y_l^m(\theta_r, \varphi_r)\,,$$

$$e^{-t^2+2tx} = \sum_{n=0}^{\infty} H_n(x) \frac{t^n}{n!}, \qquad H_n(x) = (-1)^n e^{x^2} \left(\frac{d}{dx}\right)^n e^{-x^2},$$

$$\frac{e^{-xt/(1-t)}}{1-t} = \sum_{n=0}^{\infty} L_n(x) t^n, \qquad L_n(x) = \frac{e^x}{n!} \left(\frac{d}{dx}\right)^n (x^n e^{-x}),$$

$$\int_{-\infty}^{\infty} H_m(x) H_n(x) e^{-x^2} dx = 2^n \pi^{1/2} n! \, \delta_{mn}, \qquad \int_0^{\infty} L_m(x) L_n(x) e^{-x} dx = \delta_{mn}$$

Fourier Series

$$f(x) = \frac{a_0}{2} + \sum_{n=1}^{\infty} (a_n \cos nx + b_n \sin nx),$$

$$a_n = \frac{1}{\pi} \int_0^{2\pi} f(x) \cos nx \, dx, \qquad b_n = \frac{1}{\pi} \int_0^{2\pi} f(x) \sin nx \, dx$$

Integral Transforms

$$F(\omega) = \frac{1}{\sqrt{2\pi}} \int_{-\infty}^{\infty} f(t) e^{i\omega t} dt, \qquad f(t) = \frac{1}{\sqrt{2\pi}} \int_{-\infty}^{\infty} F(\omega) e^{-i\omega t} d\omega$$

$$\int_{-\infty}^{\infty} F(\omega) G^*(\omega) \, d\omega = \int_{-\infty}^{\infty} f(t) g^*(t) \, dt, \qquad \int_{-\infty}^{\infty} g(y) f(x-y) \, dy = \int_{-\infty}^{\infty} F(\omega) G(\omega) e^{-i\omega x} d\omega$$

$$\frac{1}{4\pi r} = \frac{1}{(2\pi)^3} \int \frac{e^{i\mathbf{k}\cdot\mathbf{r}}}{k^2} d^3k, \qquad \frac{e^{-mr}}{4\pi r} = \frac{1}{(2\pi)^3} \int \frac{e^{i\mathbf{k}\cdot\mathbf{r}}}{k^2+m^2} d^3k$$

Green's Function

$$\nabla^2 V = -\frac{\rho}{\varepsilon_0}, \qquad V(\mathbf{r}) = \frac{1}{4\pi\varepsilon_0} \int \frac{\rho(\mathbf{r}') d^3 r'}{|\mathbf{r} - \mathbf{r}'|}$$

Greek Alphabet

Alpha	A	α	Nu	N	ν
Beta	B	β	Xi	Ξ	ξ
Gamma	Γ	γ	Omicron	O	o
Delta	Δ	δ	Pi	Π	π
Epsilon	E	ϵ, ε	Rho	P	ρ
Zeta	Z	ζ	Sigma	Σ	σ
Eta	H	η	Tau	T	τ
Theta	Θ	θ	Upsilon	Υ	υ
Iota	I	ι	Phi	Φ	ϕ, φ
Kappa	K	κ	Chi	X	χ
Lambda	Λ	λ	Psi	Ψ	ψ
Mu	M	μ	Omega	Ω	ω